云南省自然科学基金重点项目

云南作物种质资源

YUNNAN CROP GERMPLASM RESOURCES

云南省农业科学院　黄兴奇 主编

果树篇　油料篇　小宗作物篇　蔬菜篇

云 南 出 版 集 团 公 司
云 南 科 技 出 版 社
Yunnan Science and Technology Press
·昆明·

特约编辑：侯德勋
责任编辑：肖　娅
责任校对：叶水金
责任印制：翟　苑
封面设计：刘爱静

图书在版编目（CIP）数据

云南作物种质资源．3／黄兴奇主编．—昆明：云南科技出版社，2007.12
ISBN 978-7-5416-2753-8

Ⅰ．云…　Ⅱ．黄…　Ⅲ．作物－种质资源－云南省　Ⅳ．S5

中国版本图书馆 CIP 数据核字（2007）第 198910 号

云南作物种质资源
（果树篇　油料篇　小宗作物篇　蔬菜篇）
云南省农业科学院 编著
云南出版集团公司　云南科技出版社出版发行
（昆明市环城西路 609 号云南新闻出版大楼　邮政编码：650034）
昆明富新春彩色印务有限公司印刷　全国新华书店经销
开本：889mm×1194mm　1/16　印张：52　字数：1331 千
2008 年 2 月第 1 版　2008 年 2 月第 1 次印刷
印数：1-3000　定价：198.00 元
ISBN 978-7-5416-2753-8/S·489

序一

在农业生产中，作物生产是根本。因为作物生产不仅为人类的生命活动提供能量和其他物质基础，而且也为以植物为食的动物和微生物的生命活动提供能量，所以作物生产是第一性的，畜牧生产是第二性的。作物生产能为人类提供多种生活必需品，例如蛋白质、淀粉、糖、油、纤维、燃料、调味品、兴奋剂、维生素、药品和美化环境的花卉等。在作物生产中，粮食生产又是最重要的。自有农业以来，粮食生产占首要地位。粮食安全是保证人类生活、社会安定的头等大事。粮食生产是任何生产所不能取代的。在现代社会中，因地制宜地发展多种作物，才能繁荣经济、保护环境、造福人类。

中国的作物生产发展很快，以粮食作物为例，1949 年全国粮食作物单产 1030kg/hm^2，至 2000 年提高到 4261kg/hm^2，50 年间增长了 3 倍。其中，在改进生产条件的同时，不断选育和使用优良品种起了很大作用。50 年来，中国大宗作物经历了 5 ~ 6 次品种更换，每次都使产量显著提高。今后若想进一步提高产量，仍首先要依靠选育更加高产和适应各种不同条件的品种。作物育种就离不开种质资源。

作物种质资源是作物育种的物质基础，是基因的源泉。它是在一定的自然和农业生态条件下经千百万年自然选择和人工选择的产物，所以说它是自然和人类的一项重要遗产。有人说，一个基因可以改变一个国家的经济命脉。20 世纪 70 年代，成功地利用矮秆基因育成了半矮秆水稻和小麦品种，这些品种在一些发展中国家推广后诱发了“绿色革命”，由此可见一斑。目前，人们还不能创造基因。一个基因一旦从地球上消失，便永不能再生。因此，全世界日益重视种质资源，正在积极地应用先进科学技术对它加以保护、研究和利用。中国同样非常重视这项工作，近 50 年来，进行了 30 多次全国性或地区性作物种质资源考察收集。建成了以长期种质库为中心，复份库、中期库、种质圃相配套的国家种质资源保存体系，长期保存着各种作物的种质资源 37 万份。对保存的部分材料进行了初步的特性鉴定，并建立了种质资源信息系统。正开始利用分子生物技术及其他技术，对种质资源深入研究，从中发掘新基因，提供利用。

云南地处祖国西南边陲，地形、地貌、气候条件十分复杂。境内海拔高差大，高山、深谷与山间盆地交错分布，形成了千差万别的气候条件。复杂的自然生态环境使云南以植物种类丰富著称于世，被誉为“植物王国”。云南的农业环境同样复杂，有“立体农业”之称。加之，民族众多，喜好各异。长期的自然选择和人工选择造就了云南极其丰富和独特的作物种质资源，引起了世人的瞩目。以水稻而论，云南不仅有全国各种类型的籼、粳、糯稻栽培品种，而且中国仅有的三种野生稻（普通野生稻、疣粒野生稻、药用野生稻）都曾在这里生长。云南起源的铁壳麦是小麦的独特亚种。就连引种到中国不足500年的玉米，也在云南演化出特有的蜡质种（糯玉米）。在云南，野生大茶树种类之多居世界之冠。在其他粮食作物、经济作物、园艺作物方面的特有种、亚种、变种、变型不胜枚举。正因如此，科技部资助的第一次作物种质资源综合考察收集（1979—1980年），选定在云南进行；首届国际花卉博览会在昆明召开。50年来，云南省在作物种质资源的收集、保存、研究、利用等方面做了大量富有成效的工作。先后建立了茶树、甘蔗、温带果树砧木国家种质圃和野生稻、猕猴桃等省级种质圃。建成了作物种质资源低温保存库，保存种质资源28000余份。对部分材料进行了农艺性状、抗逆性、抗病性、品质等研究，发掘出一批优异种质资源，并针对其优异特性开展了分子水平的遗传多样性研究，积累了大量宝贵的科学资料，有近百万数据输入电脑，建立种质资源信息管理系统。这些对进一步深入研究和利用种质资源成果打下了良好基础。

欣闻《云南作物种质资源》专著出版，是我国作物种质资源学界的一件大事。我愿意为本专著作序，以表达我的祝贺。本专著由5卷16篇组成。包括云南作物种质资源总论，以及云南的稻种、麦类、玉米、豆类、薯类、油料、蔬菜、花卉、食用菌、果树、茶树、烟草、蚕桑、甘蔗和小宗作物篇，系统地介绍这些种质资源的分布、收集、保存、评价、利用情况，还介绍了云南作物种质资源研究的历史、现状和成果，展望了作物种质资源利用的美好前景。本专著内容丰富，既展示了云南作物种质资源的绚丽多彩，又表明云南省已基本查清了本省作物种质资源的种类和分布，取得了丰硕的科研成果。本专著的出版，不仅是云南省作物种质资源研究的一个里程碑，还为各省树立了良好的典范。本专著由一百多名直接从事作物种质资源研究，具有丰富经验，掌握大量资料的老专家和在研究上崭露头角的年轻科学工作者共同编写，文字流畅，图文并茂，是一部兼备科学性、知识性、实用性的巨著。我相信本专著的出版对推动中国作物种质资源研究工作的发展定能产生重要作用。

中国工程院院士
中国农业科学院研究员　**董玉琛**

2005年7月

序二

世界正面临人口、资源、环境、食物和能源五大危机，要解决这些危机同保护和可持续利用生物多样性有莫大的关系。1992年6月在巴西的里约热内卢(RiodeJaneiro)召开的联合国环境与发展大会上，153个国家的首脑签署了《生物多样性公约》。农作物遗传多样性是生物多样性的重要组成部分，是人类赖以生存的前提。约1万年前的新石器时代，人类开始驯养动物和栽种植物，于是农业诞生了，农作物的遗传多样性也同时出现了。在长期的自然选择和人工选择的共同作用下，使农作物的遗传变异比自然界的生物种来得更丰富和更深刻。

农作物的遗传多样性就是农作物种质资源，又称作物种质资源或作物遗传资源。“农作物种质资源不仅为人类的衣食住行提供了原料，为人类提供营养品和药品，而且为人类生存提供良好的生态环境，并为选育人类所需要的各种作物新品种、开展生物技术研究提供取之不尽的基因来源”（刘旭，2004)。中国幅员广阔，农业历史悠久，生态环境复杂，耕作制度多样，栽培的植物种类繁多，品种类型极其丰富，是世界主要栽培植物的8大起源中心之一。可以说，我国是作物种质资源的古国、大国和富国。

云南是中国的西南边陲省份，由于地形、地貌和气候条件十分复杂，由低纬度和高海拔相交错，形成了由热带到寒温带的立体分布的各种气候类型，加上有众多的民族（26)个聚居，在长期自然选择和人工选择的共同作用下，栽培植物的种类和形成的品种类型特别丰富，为国内外所瞩目。云南又是栽培植物起源的次生中心(secondary origin center)，玉米原产墨西哥和中南美，但世界的蜡质型玉米却起源于云南。原产于西亚和近东的普通小麦(*Triticum aestivum*)，其云南小麦亚种(*T*·*aestivum* ssp.*Yunnanense* King)也起源于云南（当地称“铁壳麦”）。食用菌多达300余种，占世界食用菌种数的一半。全省共收集、整理、保存各类作物种质资源约28000余份，约占全国总数的10%。云南省可以说是“中国作物种质资源的王国”。

1949年以来，国家和云南省对该省的作物种质资源十分重视，进行过多次的调查、收集和大量的鉴定、整理工作。1996年，云南省农业科学院提出总结40年的研究成果，编写《云南作物种质资源》专著的设想。1998年启动，2002年正式列为云南省自然科学基金重大项目，斥资200万元，组织上百位老中青专家参加编写。历时7年，现已基本完成脱稿，全书分 5 卷共 16 篇陆续出版。以一个经济不算富裕的西部省份，能投放这样多的人力、物力、财力是极其难能可贵的，真不愧为作物种质资源建设的“大手笔”，足见该省有关领导的远见卓识。我看，这部专著有几点特色。

（1）丰富性：包括了粮食作物、经济作物、小宗作物、果树作物、花卉作物和食用菌等，充分反映出云南作物种类繁多和品种类型的丰富。

（2）一定的理论性：除设“总论”对作物种质资源作理论性的一般阐述外，在每个作物中又尽可能对其起源、地理分布和分类演化作出分析。

（3）实用性：本专著无疑是一部作物种质资源的“百科全书”，是作物种质资源工作者必备的工具书。

在这里，很自然地缅怀起我的“忘年交”程侃声研究员，我们是 1962 年参加丁颖院士主持的中国水稻品种光温生态研究时认识的。自 1949 年以来他一直在云南从事作物种质资源研究，毕生献给云南省的农业科学事业。他对栽培稻的起源演化和生态分类提出过不少创新性的学术观点，受到国内外同行的关注。参加本书编写的人员中，不少是他过去的同事和学生。本专著的出版也是对程老的最好纪念。本书的公开问世，对云南以至全国作物种质资源工作将起到推动作用，特为之序。

中国科学院院士
华南农业大学教授　盧永根

2005 年 7 月 20 日于广州五山

前言

在元古时期，云南这块古老、神奇的国土大部分地区还沉睡在大洋之下。后经地质构造运动——吕梁运动，海陆分野，出现了滇康古陆。印度板块与欧亚大陆碰撞引发迄今300万年前（上新世至更新世）的喜马拉雅山运动。青藏高原隆起，云南高原抬升。新构造运动伴随着强烈的地块断裂活动，在滇西、滇西北、藏东南形成了典型的“褶皱带”和著称于世的横断山系；在云南省境内形成了“三大山系”、“六大水系”和“九大高原湖泊”，使一个仅有39万平方公里的国土，具备了南自海南岛北至黑龙江的诸多气候类型；造成了若干“地理隔离”、“生态隔离”的生境，带来了“生殖隔离”，避免了“基因交流”，赋于这块土地丰富多彩的生物物种和很多极其珍贵的生物特有属、种。由于北面有高大的青藏高原，所以云南受第四纪冰川影响甚微，使这块土地成为“生物避难所”，而使各个地质时期的不少生物物种得以保存下来。在云南这块仅占中国国土面积1/25的土地上，拥有的动植物资源种类却占到全国的一半以上。因此，动植物王国的美称享誉全球。

在云南生物资源宝库中，作物种质资源占有十分突出的地位。作物种质资源属、种之多，类型之复杂，珍稀之最，为国内外科学工作者所瞩目。但是，在人类加速现代化进程中，人类赖以生存和发展的自然资源遭到空前的破坏。直接为人类提供食物、衣物、用品的作物种质资源，有的逐渐消失，有的濒临灭绝。保护自然资源、维系人类可持续发展，成为当今国际社会的共识。

半个世纪以来，党和国家对农作物种质资源十分重视。云南省农业科学院、中国农业科学院、中国农业大学等单位的农学家、科技人员及云南省有关州市县科技工作者，先后三代人，历经50年艰辛，踏遍了云岭山水、沟壑丛林，长年累月，风餐露宿，先后进行了云南省大规模作物种质资源的考察搜集，获得了大量的实物、种子、标本、图片、资料，搜集、整理、保存了农作物种质资源2.8万份。1980年以来，国内外科技人员，开展了云南作物种质资源鉴定、评价、利用和保护等研究，取得了一大批作物种质资源的重大研究成果，先后获得国家和省的奖励。近20多年来，利用云南作物种质资源，先后培育600多个良种和大批的育种中间亲本材料；在作物物种起源、演化和分类研究方面也取得了令人瞩目的成就。在这里，我们要缅怀已故的程侃声等老一辈科学家及科技人员为此所付出的心血，作出的重大贡献。

为了进一步总结、继承和发扬作物种质资源科学研究的经验，更好地保护和利用云南作物种质资源，从1998年开始筹划编著《云南作物种质资源》专著，因经费所限，进展迟缓。直至2002年，编著此书的工作得到了云南省自然科学基金重大项目立项支持，才及时组织了云南省100多名专家进行本专著的编写。本专著共16篇500多万字，归并成五卷出版，第一卷（含稻作篇、玉米篇、麦作篇、薯类篇）和第二卷（含食用菌篇、桑树篇、烟草篇、茶叶篇）已分别于2005年12月和2007年8月出版，第三卷（含果树篇、油料篇、小宗作物篇、蔬菜篇）已付梓印刷，其他两卷也将陆续出版。

在本专著编研过程中，得到了云南省科学技术厅和云南省农业科学院领导的大力支持。除了组织承担单位云南省农业科学院外，云南农业大学稻作所、云南省烟草科学研究所和中国科学院昆明植物研究所等单位，也都积极热忱地参与了编著。知名学者董玉琛院士、卢永根院士为本专著作序；傅廷栋院士和吴明珠院士等对本专著进行了认真的审核，陈书坤研究员对本专著的拉丁名进行了审校，对保证本专著的质量发挥了重大作用。在此，一并表示深切的谢意。

本专著可作为国内外广大农业科学工作者的工具书和参考书，也可作为农业大专院校师生的教学工具书和重要参考书。

鉴于本专著编著工作量大面广，错误遗漏之处难免，敬请读者批评指正。

编　者

本卷总目

云南作物种质资源

YUNNAN CROP GERMPLASM RESOURCES

果树篇

Volume Fruit

主编： 张文炳　张俊如

Chief editor: Zhang Wenbing　Zhang Junru

副主编： 李学林　唐开学

Deputy editor: Li Xuelin　Tang Kaixue

编写单位： 云南省农业科学院园艺研究所
云南省农业科学院生物技术与种质资源研究所

编写人员：（按姓氏笔画排序）

李学林　李永清　李树发　苏　俊　杨红钧

张文炳　张俊如　张显努　张素芳　袁　媛

唐开学　陶　磅　曾永川　曾芳群　舒　群

潘德明

审稿人员：滕元文　黄麦平　魏蓉城　陈书坤

一、云南省果树分布区

THE DISTRIBUTION OF FRUIT TREES IN YUNNAN PROVINCE

Ⅰ 滇中高原落叶果树区

Ⅱ 滇南高原落叶常绿果树混交区

Ⅲ 滇南边缘滇西南热带常绿果树区

Ⅳ 滇东北高原落叶常绿果树区

Ⅴ 滇西北高原横断山落叶常绿果树区

二、云南的自然环境

云南梅里雪山的卡瓦格博峰(海拔6740m)

滇西潞江坝

滇西横断山脉

美丽的泸沽湖

远眺玉龙雪山(海拔5596m)

滇中坝子

祥云县梨栽培区

三、云南地方和引入果树种质资源

巍山红雪梨 Weishanhongxueli（*P. pyrifolia* **Nakai**）

满天红梨 Mantianhongli（*P. pyrifolia* **Nakai**）

小红雪梨(巍山)
Xiaohongxueli
(***P. pyrifolia*** **Nakai**)

冬雪梨
Dongxueli
(***P. pyrifolia*** **Nakai**)

四楞红雪梨
Silenghongxueli
(***P. pyrifolia*** **Nakai**)

文山红雪梨
Wenshanhongxueli
（*P. pyrifolia* **Nakai**）

美人酥
Meirensu
（*P. pyrifolia* **Nakai**）

宁蒗县红金帅 *Red Golden* Delicious

宁蒗县红富士 *Red Fuji*

宁蒗县红星苹果 *Starking*

元帅苹果 **Delicious**

京春桃
Jingchuntao
（*A. persica* **L.**）

冬桃（11月下旬成熟）
Dongtao
（*A. persica* **L.**）

西府海棠
M.micromalus Makino

火柿和水柿

黄果山楂Huangguoshanzha
(*C.scabrifolia* Rehd.)

浑水塘的花红 *M.asiatica* Nakai

脐橙
Robertson **Navel Orange**
(*C. Sinensis* Osbeck.)

日本甜柿次郎
jiro

华夫人葡萄
Huafurenputao

红玫瑰葡萄 **Muscat Red**

东魁杨梅 Dongkuiyangmei
（*Myrica rubra* **Sieb. et Zucc**）

海沃德猕猴桃 **Hayward**

糯米糍 Nuomici （***Litchi* ssp. *Chinensis* Sonn.**）

石峡龙眼
D. longan var. longan Lour

番石榴
P. guajava L.

西番莲
Passiflora edulis Sims.

芒果 ***Mangfera indica* L.**

番荔枝
***Annona squamosa* Linn.**

新平县腰街荔枝园

香艳梨
***Solanum muricutum* Ait.**

会泽石榴 Huizeshiliu
（***P. granatum* L.**）

华山松果球
***Pinus armandii* Franch.**

四、云南特有的果树种质资源

滇梨
***Pyrus pseudopashia* Yü**

砂梨
***Pyrus pyrifolia* (Burm.)Nakai**

川梨
***Pyrus Pashai* Buch.-Ham.**

晋宁火把梨 Jinninghuobali (***P. pyrifolia* Nakai**)

巍山火把梨 Weishanhuobali (***P. pyrifolia* Nakai**)

昭通黄梨 Zhaotonghuangli (***P. pyrifolia* Nakai**)

宝珠梨 Baozhuli（*P. pyrifolia* **Nakai**）

海拔2300m栽培的红雪梨

砚山香酥梨 Yanshanxiangsuli（*P. pyrifolia* **Nakai**）

250年树龄的丽江山荆子

丽江山荆子结果状（长梗型） ***Malus rockii* Rehd.**

锡金海棠结果状

Malus sikkimensis
(Hook.f)Koehne.

丽江250年生锡金海棠树（古城区文海湖畔）

湖北海棠
M.hupehensis **Rehd.**

垂丝海棠
M.halliana **Koehne.**

楸子（圆叶海棠）
M.prunifolia **(Willd.) Borkh.**

海棠花的果实
M.spectabilis **Borkh.**

维西三叶海棠 ***M.* sp.**

川滇海棠 ***M.prattii* (Hemsl)Schneid.**

沧江海棠 ***M.ombrophila* Hand.-Mazz.**

云南海棠结果状 ***M.yunnanensis*** **(Fr.)Schneid.**

台湾林檎 ***M.formosana*** **Kawak et Koidz.**

富宁林檎 ***M.funingensis*** **Liu yuan.et Zhang**

嫁接的金帅苹果结果状

云南山楂
***Crataegus. scabrifolia* (Franch) Rehd.**

中甸山楂
***C.chungtienensis* W.W.Smith.**

山楂
***C. pinnatifida* Bga.**

枇杷结果状　*E. jajonica* (Thunb.) Lindl.

毛叶木瓜　*C. cathayensis* (Hemst.) Schneid.

西藏木瓜　*C. thibetica* Yü

甜木瓜开花状 ***Chaenomeles* sp.**

云南移椓 ***Docynia Delavayi* (Franch) Schneid.**

藏桃（光核桃）结果状
Amygdalus mira (Koehne) Kov.et Kost.

300年生藏桃树

蘡薁葡萄 *V. thunbergil*

金沙李 Jinshali （*Prunus domestica* **L.**）

梅果

Armeniaca mume **Sieb. et Zucc**

玫瑰李 Meiguili（***Prunus salicina*** **Lind.**）

杏子
Armeniaca vulgaris **Lam.**

小红樱桃 Xiaohongyingtao
〔***C. pseudocerasus*** **(Lindl.) G. Don**〕

中华猕猴桃
Actinidia. chinensis **planch.**

绿皮甜石榴 Lupitianshiliu (***P. granatum*** **L.**)

会泽火炮石榴 Huizehuopaoshiliu
(***P. granatum*** **L.**)

红皮红籽石榴 Hongpihongzishiliu (***P. granatum*** **L.**)

矮杨梅 *Myrica nuna* cheval.

板栗 *Castanea mollissima* Blume.

漾濞核桃 *Juglans sigillata* Dode

云南香橼
C. medica L. var. *yunnanensis* S. Q. Ding,

佛手 *C.medica* L. var. *Sarcodactylis* Swingle

椪柑(建水白桔) Jianshuibaijie
(*C. reticulata* Blanco)

元谋县200~300年酸角树
Tamarindus indica L.

枳椇(拐枣) *Hovenia acerba* Lindl.

余甘子 *Phyllanthus emblica* L.

云南沙棘 *Hippophae rhamnoides* Linn. Subsp. yunnanensis Rousi

细圆齿火棘 *Pyracantha crenulata* Recm.

窄叶火棘 *Pyracantha angustifolia* Schneid.

无花果 *Ficus carica* L.

红果西南草莓 *F. moupinensis* Card.

草莓 *F. ananassa* Ehrb

刺梨 ***Rosa roxburghii*** **Tratt**

大五味子（吊吊果） ***Schizandra chinensis*** **Baill.**

五、资源的保护和利用

新西兰果树专家与中国果树专家王宇霖等考察川梨砧木

牛筋条嫁接枇杷——解放种

桦叶荚蒾 ***V. betulifolium* Batal.**

牛筋条嫁接早酥梨

冬樱桃 ***C. majeslica* Koehne.**

称坨梨 Chentuoli （*P. pyrifolia* **Nakai**）

长把香酥梨 Changbaxiangsuli
（*P. pyrifolia* **Nakai**）

昆明火把梨 Kunminghuobali （*P. pyrifolia* **Nakai**）

巍山冬雪梨 Weishandongxueli
（*P. pyrifolia* **Nakai**）

红果川梨 Hongguochuanli （*Pyrus* **sp.**）

不结果的砀山酥梨

用美人酥红皮梨高接换头

高接后夏季拉枝

高接后第二年开花状

开花后套纸袋

成熟前10~20天去袋着色

前 言

中国是世界上最大的果树原产中心之一，栽培历史悠久；种类繁多，堪称世界之冠，故有“园艺之母”的美称。过去几个世纪，一些国家从中国引种许多果树资源培育出不少新品种，发展了生产和解决了他们生产上的问题，如新西兰引入原产中国的美味猕猴桃（*Actinidia deliciosa* Liang et Ferguson）培育出海沃德（Hayward）等品种行销世界各地，如今在国际市场上仍是独占鳌头。美国引种中国板栗消灭了美国栗疫病（Endothia parasitica）的危害，实例较多不胜例举。

果树种质资源是宝贵的财富，广义包括原种、次生种（野生种和半野生种）、品种、品系等。利用角度不同各有则重，生产上偏重于品种和作砧木的野生、半野生种。科学研究为研究种的起源、演化、培育新品种，野生、半野生、有特异性状的种、类型和品种都加以利用。中国果树资源研究晚于世界上不少国家几个世纪，新中国成立后为了加快利用丰富的资源，为人民创造财富。国家每次制定科学规划均重点列入项目，各省区相继在摸清资源家底基础上，不断发掘出一些珍贵的种质和培育出一些品种，促进了生产和科研发展。

云南土地面积约占全国二十五分之一，由于所处地理位置的特殊性，加之地形、地势、海拔多样性，产生了生态，生物的多型性，全国有高等植物三万多种，云南就有一万八千余种，约占全国的60%，因此有“植物王国”之称。云南的果树也不例外，热带、亚热带、温带、寒温带都有，但丰富多彩的果树资源尚未被充分发掘利用。为了让国内外更多的人士了解云南的果树资源，进行发掘利用促进生产和科研发展，编纂了《云南农作物种质资源·果树篇》。

《云南农作物种质资源·果树篇》全书共分四章，各章中心内容除题上标明外，再按其特点加以描述：

第一章 云南果树资源概述，围绕云南的自然环境、地形、地势、海拔高度和土壤特点等介绍相关的果树种类及其分布。依据果树种类对环境条件要求平面结合垂直分布，首次把云南的果树分布划为5个区，每区列出有代表性的果树种类，提供发展果树生产和调查研究参考。还论述了云南果树的形成，利用历史和生产发展前景，对全省丰富多彩的果树资源的科别列成简表，由简表可以看出云南的果树资源是中国果树起源最重要中心之一。

第二章 云南果树种质资源的考察收集保存研究，云南丰富的果树资源，一直受到国内外重视，提出不同历史时期不同人士考察收集状况。按照一般植物学分类法（其中蔷薇科中部分属的划分、按俞德俊先生的意见处理），作者初步统计出含草本、藤本等全部果树有66科134属499种66个变种，1410个品种（系）。其中以蔷薇科、葡萄科、猕猴桃科、芸香科、桑科、山毛榉科、柿树科、鼠李科等种类最多，经济价值也最高；此外，还有胡桃科、银杏科、松科、漆树科、凤梨科、芭蕉科，虽然种类少，但栽培的面积较大，经济价值也高。每种列出学名、分布地区、产地及其海拔高度，提出保存的方法，保护地点，阐述了地方果树品种，树种对生产上的贡献，及引入国内外的果树在云南省的适应性和生产中起的作用。

第三章 阐明云南主要及特有果树资源，按果实形态结构和利用特征，分仁果、核果、浆果、坚果、柑果、热带亚热带果及其他果7大类。结合云南实际，每类中提出属、种和品种，一些种还附图，做了分类、栽培历史、生产状况、发展前景的概述，使读者了解后便于开发利用，进一步促进生产和科研的发展。

第四章 云南省果树资源的保护与利用，云南丰富的果树资源，历代受诸多因素影响被利用的数量较小。现分别从食果、饮料、观赏、药用、油料、栽培上作砧木和育种研究等方面提出利用状况，及保护和利用需注意的方面，展望云南珍贵的种质资源，在祖国科学技术日新月异不断向前发展的道路上，一定会继续发挥前所末有的作用，为云南争光添彩，为中国人民和世界人民造福！

《云南农作物种质资源·果树篇》的编写，组织了省内多年从事果树种质资源研究、生产、教学的老中青专家，分4章编写而成。第一章由张文炳、张俊如、曾永川、曾芳群（云南省林业科学院）撰写，第二章由张文炳、张俊如、唐开学、李学林撰写，第三章由张文炳、张俊如、李学林、潘德明、李树发、杨红钧、舒群、陶磅、袁媛、张素芳、苏俊撰写，其中热带、亚热带常绿果树由张显努撰写，荔枝、龙眼由李永清（云南农业大学园艺系）撰写，第四章由张文炳、唐开学撰写；摄影、绘图由张文炳、张俊如、曾永川完成。

《云南农作物种质资源·果树篇》初稿完成后承蒙西昌农业专科学校王鸿逵教授与云南省林业科学院高级工程师邵则夏审阅，并提出许多宝贵意见和修改建议，在书稿付梓之前得到西南农业大学园艺系黄麦平教授和浙江大学农业生物技术学院园艺系教授滕元文博士的精心审阅修改，特此表示谢意！

本书主要根据作者近20余年，从事果树资源调查、收集、发掘利用研究，以及参与生产实践的积累，并参阅了历史文献和近期国内外发表的有关资料编写而成。本书充分展示了云南丰富多彩的果树资源，系生产与分类鉴别相结合、图文并茂的书，可供农林生产部门，果树试验研究机构和农林院校教学研究参考。由于作者时间与水平所限，尽管做了大量的工作，书中缺点和错误在所难免，希望读者使用中予以批评指正。

编　者

目 录

第一章 云南果树资源概述

云南简称滇，位于中国西南边疆，北纬21°8′~29°15′，东经97°31′~106°12′之间，属北回归线内陆高原区，东西、南北分别相距885km、910km，总面积约38.3万km^2。东接广西及贵州，北连四川，西北角与西藏接壤，西部、西南部同缅甸相接，南与老挝、越南为邻，全省16个市（州）、129个县（市、区），人口4300万，是由26个民族组成的多民族的省份。

云南地处“世界屋脊”青藏高原东南部，其间，滇藏交界处的梅里雪山最高峰卡瓦格博峰，高达6740m。云南的山地是青藏高原山地的南延部分，不论西部的横断山脉或是东部的云贵高原上的山地，都与西藏东部、四川西部的山脉相连，所以云南的西北部和北部是省内重要山系的集结地区。这里山高谷深，峭壁悬崖，分布着系列高山和江河；随着横断山脉的南伸地势降低，以云岭的支脉点苍山从大理市向南分成两支，由西北向东南延伸，东部的一支叫哀牢山，西部一支叫无量山，海拔约2500m，仅个别山峰超过3000m以上，伸入滇中南部。云岭以东，由金沙江相隔有两支对峙耸立的高山，北面香格里拉（原为中甸县）的一支为哈巴雪山，海拔5396 m，南面玉龙县（原为丽江县）的一支为蜿蜒曲伸的玉龙雪山，海拔5596m以上，山巅高峰气温低，常年积雪不消融，保留着现代冰川。此外在滇东北昭通、曲靖市有五莲峰、乌蒙山、拱王山和梁王山，山体不如西部高大。滇西南澜沧江以西，怒江以东，临沧市境内东面有邦马山，西面有老别山，约海拔3000m。总之云南是一个多山的省份，平均海拔1500~2000m以上的山地约占全省总面积的84%，高原占10%，盆地、河谷约占6%。

云南的地势西北高、东南低，境内有雄伟险峻的高山和山间峡谷，又有起伏和缓的红色高原，还分布着地域较广的岩溶地貌及大大小小的山间盆地和湖泊。由于南北高程和纬度不同，受地势地貌不同影响形成的复杂多样的气候。一般南部纬度、海拔低，气温高，为北热带和南亚热带；随着向北推移，纬度、海拔增高，为中亚热带和北亚热带；再向北为本省的北部，即滇东北、滇西北，纬度、海拔更高，为温带、寒温带；更为少见的是在部分海拔5300m以上的山峰，气候寒冷，为寒带。全省还存在着突出的立体气候，在一个区域内，随海拔高度不同，产生多种气候带的情况。南部山地一般下层热，中间温暖，上层凉。滇中虽为北亚热带气候，但海拔1500m以下称下层，为中亚热带气候；海拔1500~2300m为北亚热带和南亚温带气候；海拔2300m以上的称上层，为温带气候。而省内的北部山地下层偏热为中亚温带，中层温暖为北温带，上层冷凉（寒冷）为温带。为此，全省或一个地区存在着不同的气候条件，又生长着丰富多彩的野生果树和栽培的多种果树。国内外许多文献早已阐述了云南为中国果树资源最丰富的省份，而且还是有些果树的原产中心之一。因各种果树生物学特性不同，所产生的种类分布有所不同。从全省来看，落叶果树主要产地分布在海拔1800~2000m以上气候冷凉的地区，包括以滇西北的德钦县、香格里拉县、维西县、玉龙县、宁蒗县、鹤庆县、剑川县、云龙县和兰坪县、贡山县，以及滇东北的镇雄、彝良县、昭阳区（原为昭通县）、鲁甸县等；常绿果树主要产地在南部的勐腊县、景洪市、勐海县、孟连县、潞西市、盈江县、金平县、河口市、屏边县、富宁县等，除以上所提地区之外，其他地区面积较广，所产生的果树种类，下层有部分常绿果树，上层有落叶果树。长期以来栽培的果树在劳动人民不断利用改进，选择引种之下，在相适应的气候条件下栽培着从热带、亚热带、温带的各种果树。也可以概括为，在南部海拔较低、气温较高的地区，栽培热带、亚热带常绿果树；在滇中、滇东北、滇西北海拔高的地区，主要栽培落叶果树，下层（河谷）海拔低，也栽培一些常绿果树；中间层则是常绿和落叶果树混栽的立体分布状态。这种依气候条件不同，一个地区种植多种果树和栽植多个品种的立体种植现象，有利的一面是能生产多种果品满足供应当地市场需要；不利的一面是由于小气候区域狭窄，面积小，限制了发展，较难形成大宗产品。因此，云南种植的水果种类虽多，但形成大宗产品困难，不利于集约化经营。

云南的果树资源种类繁多，但分布较广的种类少，大多数种类分布狭窄。不少果树产于少数民族居住的边远山区，交通不便，因此，多种野生果树得以保留下来。

云南丰富的果树资源，在封建、半封建，殖民地、半殖民地统治时期，长期未得利用，许多种质还流失国外，在小农经济条件下更谈不上合理开发，造福于人民。1949 年以来，在中国共产党领导下，各级政府按国家经济建设步伐开发利用，特别是 1978 年党的十一届三中全会以来，由云南省人民政府组织有关单位，按照不同地区的生态条件进行规划，加快了建设速度，从而对全省的果树开始了规模性生产，建立热带、亚热带、温带果树生产基地，带动全省果树生产发展。由于云南地处边远，交通不便，开发较晚，资金筹措较为困难，技术力量薄弱等因素，可发展的果树种类虽多，但与外省相比仍存在差距。相信在党中央提出西部大开发战略决策的指导下，调动全省各族人民的积极性，总结过去的经验，吸取国内外的先进经验，合理正确地规划利用云南“得天独厚”的自然资源，一定能够把云南丰富多彩的果树资源利用起来，把美丽的云南建成四季水果飘香的富饶家园，除满足本省市场需要外，创造更多的优质、特色果品销往国内外，形成经济支柱，为云南的富强贡献力量。

第一节　云南的自然环境条件

云南是一个多山的省份，境内高山峡谷江河并列，又有波状起伏的高原，还分布着盆地和丘陵，自然条件异彩纷呈。

一、云南的地形地势特点与果树分布

全省地势西北高，东南低、呈倾斜梯状下降，平均每公里下降 6m。西北部地势高，最高点卡瓦格博峰海拔 6740m，最低点在滇南河口市境内南溪河与红河交会处，海拔仅 76.4m，两地直线距离约 900km，高差达 6663.6m。滇西北迪庆州境内山峰耸立，都在海拔 3000～4500m，山谷河川下切，仅有海拔 1500～2000m，德钦、香格里拉一带，一般海拔 3000～4000m，为地势最高的第一级，主要分布着野生落叶果树。滇中高原大理州、楚雄州及昆明市、曲靖市，处于全省中部地带，地势较和缓，残存的古夷平面较完整，约在海拔 2300～2600m 之间，山间盆地底部海拔 1700～2000m，为第二级，主要分布着落叶果树。滇东南的文山州，滇南的红河州，滇西南的西双版州的边缘，由海拔 1200～1400m 的低山丘陵和海拔 1000m 的盆地、河谷组成，地势较低，为第三级，主要分布着常绿果树。在以上三级地势中，每级高原面上有丘状、分割状高原面，以及大小不等的山间盆地和耸立巍峨的山体，还有陷落和深切的河谷，地形十分复杂。从整体看，南北纬度与海拔高低相一致，即高纬度高海拔，低纬度低海拔。地形地势不同带来地表的光、热、水不同的组合差异，使云南的自然环境更加复杂。明显的表现出滇西北、滇东北的纬度高、海拔高（河谷除外）、气温低、有效积温低，分布着丰富的落叶果树；相反滇南、滇西南，则纬度低、海拔低，气温高，有效积温高，分布着南亚热带、热带常绿果树。两者之间，具有向北是纬度、海拔逐渐增加，落叶果树逐渐增多，向南常绿果树增多的特点。

云南地貌还以中部的由西北向东南倾斜的元江河谷及哀牢山为界，将全省分成东、西两大地貌类型。东侧为滇东、滇中高原区，是云贵高原的组成部分，东与贵州高原连成一体，北与四川盆地相接，地貌主要呈中低山、丘陵形态，古夷面痕迹明显。其内滇东北有五莲峰、乌蒙山、拱王山，其中药山、轿子山山峰较高，海拔4000m以上，集中分布在昭阳区（原为昭通市）以西。昭阳区以北，地势向东北渐降，一般不超过海拔1500m，边缘受金沙江水系切割，地势更低。中部为曲靖市，向南与文山州相连，分布着许多坝子，海拔渐降，地势起伏和缓，多为波状的地貌。曲靖市以西包括昆明市、楚雄州、大理州（部分县）位于全省中部称滇中区，高原面仍较和缓，山脉分布不甚明显，仅在江河沿途，因河流切割，高原面被破坏沿河流方向分布着山地。总体来看，本区中部地势较平缓，北部、东部、南部受金沙江、南盘江、元江及支流切割，地貌破碎，山高谷深，地面崎岖不平。

西侧即滇西纵谷，属青藏高原南延部分，山体与江河相间，自西向东有高黎贡山、怒江，怒山（碧罗雪山）、澜沧江，云岭、金沙江；云岭以东为沙鲁里山向南延伸的哈巴雪山和玉龙雪山。形成高大的山体和深切的峡谷，相间排列呈复状“V”形峡谷，称滇西横断山纵谷（范围是指丽江市、下关一线以西，下关、隆阳区（原为保山市）一线。横断山脉，大部分山地海拔2500m以上，不少山峰海拔超过5000m。该区山颠和谷底的高差大，山峦重迭，谷壁陡峭，巍峨险峻，地貌十分复杂。此区域往南，随着横断山余脉南伸，地势降低。大理市以南主要山脉有云岭的支脉，东部的哀牢山，西部的无量山，两条山脉高度一般海拔2000～2500m。临沧市、镇康县之间有邦马山和老别山等，一般海拔1500～2500m，最高峰也只有3000m左右。山地河流之间，距离逐渐加宽，山体起伏和坡度逐渐和缓，地貌由高山、中山峡谷变为中山宽谷和中山盆地。在此区内，中山、低山、丘陵、谷地、盆地交错分布，地形似“帚状”。再向西部和西南部边缘，西双版纳州、澜沧县、勐连县等地为山间盆地地貌。

云南受地质构造、地形、气候和水流活动的影响，形成断层陷落、构造岩溶和构造侵蚀等3种类型的湖泊20多个，大体分布在元江以东，以及云岭山地以南地区。多数在滇东高原区内，且断陷湖泊较多，面积较大的有昆明市附近的滇池、阳宗海、抚仙湖，以及大理州的洱海等。这对调节气候，引水灌溉果树等都发挥一定作用。

二、云南的气候特点与果树分布

云南省西北部临青藏高原内大陆，南近辽阔的太平洋、印度洋，全年冬春盛行干燥的大陆性季风，夏季盛行湿润的海洋性季风，干湿分明，为此形成各种气候。总体来看，纬度差异不及海拔高低影响大，气候随平面分布不同外，垂直变化十分明显。

全省南部纬度低，地势低，海拔低，气温高，湿度大，长年如夏，一雨成秋，为北热带和南亚热带，野生和栽培各种热带、南亚热带常绿果树；随着向北至中部地区，纬度和海拔有所增高，气候四季如春，一雨成冬，为中亚热带和北亚热带，主要分布各种落叶果树；再向北，是滇西北、滇东北，海拔和地势更高，气温低，冬长无夏，春秋相连，为温带和寒温带，野生分布着各种落叶果树，也是梨、苹果、桃、李等落叶果树主要栽培区。另外是立体特点，即河谷热，半山温暖（温凉）、高山寒，如滇西北的怒江、澜沧江、金沙江河谷，海拔1700m以下，温度高，出产柑桔、芭蕉；海拔1700～2100m的半山区产梨、桃、李、柿、石榴；再往上，海拔2300～2800m，是中山区，气温低，产苹果、梨、桃，还分布着各种耐寒的野生落叶果树；在海拔4000m以上，气温更低，仅有高山杜鹃、落叶松等。

云南的气候，可以概括为4个特点，在一定的气候条件下生长栽培着相适应的果树种类。

（一）热量资源丰富但差异大

云南的热量资源，除滇东北海拔2500m，滇西北海拔3200m以上的地区热量少之外，其他大部分地区都很丰富，但差别也大，大概可以划分为4个区。

1. 热量最丰富的地区

在南部和西南部国境线附近，属北热带气候，大多沿河谷呈树枝状向北分布，盆地呈小块状，山地呈环带状。主要包括哀牢山西侧，海拔750～800m以下地区，主要有金平县、元江县、勐腊县、景洪市和东部的富宁县、河口市、麻栗坡县、屏边县，以及西部的德宏州的边缘部分，年平均气温18～22.0℃，≥10℃活动积温7500～8000℃，最冷月平均气温>15℃，极端最低气温4～6℃，全年无霜。面积占全省国土面积的比例较小，热量资源丰富，野生有丰富的热带果树和栽培各种热带常绿果树，如柑桔类、椰子、菠萝、香蕉、番荔枝、油梨、木菠萝、榴莲等。

2. 热量丰富的地区

分布在北热带范围的北部、哀牢山以东的富宁县、麻栗坡县、马关县、屏边县、文山市、广南县、蒙自县、开远市、建水县等地，海拔1200m以下；哀牢山以西的墨江县、景东县、云县、昌宁县、盈江县一线以南，包括元江县，思茅市、临沧市、保山市、德宏州所辖县，以及北部金沙江河谷的元谋、华坪、巧家县，新村（昆明市东川区）、绥江县东部，海拔800～1400m以下地区，年平均气温17.0～18.0℃，≥10℃活动积温5000～7500℃，最冷月平均气温12～15℃，绝对最低气温2～－2℃。分布着部分热带和南亚热带果树，如芒果、番木瓜、荔枝、龙眼、芭蕉、柑橘类及桃、柿。

3. 热量较丰富的地区

于主要是在滇中地区，处全省中部，面积最大，为云贵高原的主体，包括曲靖市、昆明市、楚雄州、玉溪市、大理州、保山市6个市州的大部，红河州的泸西县、弥勒县、石屏县北部及滇西的玉龙县和剑川县南部，约50多县，海拔1400～2100m之间，年平均气温14～16.5℃，≥10℃活动积温4200～5000℃，最冷月平均气温6～8℃。极端最低气温－2～－5℃（－7℃）。此区主要分布着梨、苹果、桃、李、杏、梅、柿等多种落叶果树。河谷地区为低海拔多热层，还产一些柑桔类水果。

4. 热量少的地区

滇东北包括宣威市北部、会泽县、东川区（高山地带）、昭通市的昭阳区、鲁甸县、彝良县、镇雄县等，以及滇西北的玉龙县、剑川县以西，下关、隆阳区（原为保山市）、营盘街一线以北，包括怒江州、迪庆州和丽江市大部，地处横断山脉，海拔2000（东部）～2800m（西部），年平均气温8～13℃（河谷除外），≥10℃活动积温3200～4000℃，最冷月平均气温3～8℃，极端最低气温－5～－10℃（－13℃），主要产苹果、梨、桃、李、梅等落叶果树，野生落叶果树资源丰富。此线以上，滇东北海拔2400m以上，滇西北海拔3200m以上，属中、高山区，≥10℃活动积温<1600℃，年平均气温在6℃以下，气温低，热量少，仅有野生果树。德钦县巨水等地，海拔3400m，栽培苹果、梨，因面向南，北倚高山，受小气候条件影响，但苹果10月份未成熟采收。这是特殊事例，不能作为代表。野生果树有川梨、锡金海棠、丽江山荆子、云南海棠、沧江海棠、川滇海棠、悬钩子，云南沙棘、滇榧等。这一地区为云杉、冷杉、高山松等的主要产区。

（二）年温差小、日温差大

云南冬夏季节太阳高度角变动范围不大，全年获得的热量比较均匀，大部分地区，11月至翌年4月主要受来自南亚热带副热带大陆西风和沙漠地区干暖气流的控制，高原上空空气稀薄，大气所含水气及尘埃少，天气晴朗，云量少，日照充足气温高；5～10月主要受来自印度洋的季风和太平洋的季风暖湿气流的控制，阴雨天多，云量多，日照较少，全年大部分地区，最热月（7月）平均气温19～22℃，最冷月（1月）平均气温6～7℃左右，年温差比较小，一般在10～12℃。南北又有所不同、南部差异小、北部差异大。差异大致随纬度的升高而增大，变化在

8～20℃之间，相差约12℃。最热月气温南北差异小，最冷月气温南北差异大，滇西北、滇东北经常受北来冷空气影响所致，冬季气温较低，天气冷。

全省大部分地区一日之内，最高气温和最低气温的差值一般在8～11℃，表现出自南而北、日温差逐渐减小，滇南地区最大约差12℃，滇中地区在10～12℃之间，滇西北和滇东北地区（干热河谷除外）一般不超过10℃。

云南一年中夏季无高温，冬季无严寒，年温差小、有利于果树生长发育，不致产生花芽受冻，更不会发生枝干受冻害的危害。一日中，白天气温高，夜间气温低，温差大。因此，光合作用强，同化作用所产生的物质在夜里温度低的状态下，呼吸作用降低，达到了消耗小，营养积累多，有利于提高品质。红色品种在此条件下更有利于花青素的积累，增加红色，提升外观效果。

（三）光多质好

云南为低纬高原地区，一年四季接受的太阳光照时数多。全省年日照时数平均在2200小时，一般都在2000～2500小时，以滇中为多，向滇东北、滇西北、滇东南三面逐渐减少。其中以楚雄州北部、丽江市东部、大理州东部最多，达2600小时。日照百分率多数地区在40%～60%。太阳的辐射量也大，为120～140KCal/cm^2，且短波光线较强，但季节和地区之间不平衡。日照时数和日照百分率以冬春旱季多，夏、秋雨季少，东部少、尤以滇东北与四川、贵州接壤地区，滇南边境、滇西北怒江河谷北段更少，仅1000～1500小时。

果树营养物质的合成，靠根部吸收水分和无机盐类输送到叶部，在阳光照射下，叶绿体与吸收的养分合成有机物质，光照充足光质好，树体的生长发育好，合成物质多，有利于养分积累和着色提高品质。

（四）雨量充沛、冬春干旱、夏秋多雨，分配不均

云南省南临印度洋和太平洋，水气来源充足，地势南低北高，有利于水气凝结，因此，降雨充沛，大部分地区年平均降水量在1000～1100mm。又因地形与海洋远近不同，全省降水量分布不均，大致由东、南、西三面向中部、北部逐渐减少，距海洋近的南部地区降水比北部多；东南季风和西南季风入侵的迎风坡降水比背风坡多，受冷空气影响大的地区降水也多。滇西北金沙江河谷、元江河谷地区降水量最少，仅500～700mm。滇西南的西盟县降水最多达2717mm。此外滇西北怒江峡谷尾部，贡山县沿峡谷暖气流顺河而上，受北部高山（梅里雪山）阻挡，年降雨量达1667mm，为此野生果树资源十分丰富。

全省降水量形成季节上分配不均的差异，主要为冬春和夏秋之间受不同大气环流控制影响，造成干湿季节分明。一般每年11（10月）月至次年5（6月）月，受西风干暖气流控制，天晴日暖日照光足，空气干燥蒸发量大，降水很少，为旱季，降水量仅占全年的15%。此段时期，正值果树生长发育期，萌芽开花新梢生长最需要水，水分供应不足，造成落花落果，枝梢生长衰弱，为此建果园应考虑有无水源这个条件。5月份以后，东南季风和西南季风相继进入，各地先后开始进入雨季。规律是，四周早、中间迟，一直到10月中下旬结束。雨季来得早的地区结束也早，其中又集中在6～8月，占全年降水量的60%。夏秋多雨、果树果实膨大、枝叶生长需水量多有好的一面；雨水多，湿度大易产生病害，应加强防治，还需注意防洪排涝。

（五）气候垂直变化显著

南北地带性的气候变化和海拔高低的气候立体变化共同影响云南的气候，其中，立体气候的影响更明显。云南地势南低北高，造成全省热量由南向北递减的垂直变化，自南向北产生北热带、南亚热带、中亚热带、北亚热带、温带、寒温带等气候型。滇南的西双版纳州及河口市低海

拔地区长年无冬季，为北热带气候；滇中为亚热带气候，而滇西北的香格里拉、德钦县海拔高却是长年无夏季，为寒温带气候。这种在全省范围内气候的垂直变化，在一个局部地区，同一山体范围内也表现得很明显。故民间常流传着“一山分四季、十里不同天”的谚语。如滇东北拱王山，从山脚新村海拔1254m到山顶落雪海拔3227m，相对高差1973m。山脚新村气温高，年平均气温20℃以上，为南亚热带；山腰的汤丹海拔2252m，年平均气温13℃，为北亚热带；山顶落雪年平均气温7.1℃为北温带气候。云南山高谷深，相对高度在1000m以上的地形十分普遍。这种气候的垂直变化，称作“立体气候”，从而产生“立体农业”，大体上海拔1300m以下的低热河谷、坝子产热带果树；海拔1300～1700m的下部有需热量稍少的常绿果树如芭蕉、柑桔类、番木瓜，也混合有桃、李、柿、葡萄等；在海拔1500～2700m的地带主要是落叶果树，有梨、苹果、花红、桃、李、梅、杏等。

三、云南的土壤与果树分布

土壤受气候、生物、地质、地形等互相作用而产生。土壤也有其自身的发育和分布规律，与自然环境条件密切相联系。全省范围内土壤分布表现为，滇西北海拔4200m以上高山地带，为高山寒漠石质土；滇西北、滇东北海拔3800m以上无林高山地带，为高山灌丛草甸土；滇西北海拔3200～3900m的阴坡和平缓地带，为棕壤针叶林土；海拔2900～3200m的滇西北、滇东北和滇中山顶，为暗棕壤土；在海拔2500～3200m，还广泛分布着棕壤土；海拔2500m以下湿度大的地区，分布着黄壤；海拔1500～2600m的亚热带，主要是山地红壤，海拔800～1400m南亚热带丘陵、中低山，主要是赤红土壤；南部边缘海拔800m以下地区，分布着砖红壤；滇中海拔1500～2000m，滇南海拔1000～1600m，分布着较大面积的紫色土；在元江、南盘江和金沙江干热河谷，分布着燥红壤；在长期耕作种植作物影响下，各地分布着水稻土等。此外，因水的移动沿河岸、沟谷旁有冲积土；排水不良的积水地带，有沼泽土。

云南的土壤以红壤为主，约占各类型土壤的60%以上，在此仅就与果树相关的列举以下10种，对其理化特性、利用特点作简述。

1. 砖红壤

分布在南部边缘，海拔800m以下的盆地边缘及山地的下部，以及东南部海拔400m以下河谷热带雨林和季雨林分布区。

2. 红壤、赤红壤

分布在滇中、滇西、滇西北和滇东北的部分地区，海拔1300～2200m。红壤属中亚热带、南亚热带土壤，赤红壤为准热带土壤。

3. 紫色土

分布在亚热带常绿阔叶林、云南松林及草地，滇中海拔1500～2000m，滇南海拔1000～1600m，以曲靖市、楚雄州、大理市、保山市、昭通市等地较多。

4. 燥红壤

分部在亚热带山原中，在大小不同河流切割的河流底部，有焚风效应的地区，气候干燥、雨水少、旱季长、干旱缺水，植被常为干草丛和稀少的灌木，如元江、金沙江干热河谷地带。

5. 红色石灰土

在滇南亚热带地区、零星分布在石灰岩山丘、坡地、谷地，属原始森林植被破坏后，在高温雨少的条件下形成。

6. 冲积土

由水流冲积物形成，分布在河流沿岸、沟谷底部，因受地下水影响，常反潮。其性质，肥力受沉积物源，沉积厚度层次影响差异较大。此类土壤较肥沃，一般光、热、水条件比较好，大部分已开发种植各种作物，有的地方种植不同的常绿和落叶果树。

7. 水稻土

全省从南至北都有分布，面积较广，由各类土经长期水旱耕作发育而成。因成土母质差别，熟化程度不同，自然条件，耕作不同形成各类型的水稻土，如鸡粪土、胶泥田、润泥田、冷浸田等。

8. 褐土

分布在川、滇、藏接壤地区，金沙江、澜沧江，海拔2000～2800m的干热河谷内。

9. 黄壤

分布在北纬24°～26°，海拔1500～2300m高黎贡山西南坡、滇西南、滇东南多雨区。

10. 棕壤

分布在滇西北、滇中，海拔2500～3200m，滇南2400m以上的山地。

土壤为果树生态因素之一，与果树的生长、发育、分布密切相关，砖红壤分布着椰子、菠萝、香蕉等热带果树；红壤土全省面积最大，分布着亚热带、温带果树；燥红壤分布着余甘子、罗望子、柑橘、番木瓜等果树；黄壤、黄棕壤主要分布着温带果树；水稻土是长期耕作下形成的，不同气候区域都有分布，果树的种类从热带果树到温带果树都有。生产时可以依据不同的土壤栽培不同的果树，也可以随着果树的要求改良土壤性质而种植相应的果树。

四、云南果树的分布区

在云南不同生态条件下，生长分布着野生和栽培着热带、亚热带、温带、寒温带果树。这与全国从海南岛至黑龙江，东海之滨到新疆、西藏相差不多，仅是一些种类品种不同，且一些种类为云南特有。云南的果树从南向北有明显的垂直分布特点，在一个地区或一个县，因海拔不同还形成了“立体气候”、“立体农业”，果树也一样是垂直分布较明显。又因社会、经济、科学技术不断地进步和发展，一些种类由于人为的砍伐和经济建设发展需要，过去有的今天没有了，今天有的过几年又没有了。野生果树的形成保留至今，经历了漫长的历史阶段，除人为的影响外，还要抗御各种不良的自然条件才能保留下来，尽管如此要比品种更新来得慢。从不同果树种类分布的区域性，揭示出不同栽培果树的发展和利用。云南的气候带有从北热带到雪山冰漠型等，因此，云南的果树种类非常多，依据南北地带分布和垂直分布相结合，可粗略划分为5个区域（见云南果树分布图），并提出每个分区有代表性的果树种类，以供拟定利用和发展果树计划参考。

（一）云南果树的水平分布

Ⅰ. 滇中高原落叶果树区

位于北纬24°～26°之间，面积大，范围广，东西长、南北窄，呈不规则长方形。东接贵州省、北段东端连接滇东北高原落叶常绿果树区，中段隔金沙江与四川相接，西段接滇西北高原横断山落叶常绿果树区，南接滇南高原落叶常绿果树混交果树区。范围包括曲靖市（会泽、宣威市北部除外）、昆明市、楚雄州（元谋盆地除外）、玉溪市（元江河谷除外）、大理市（宾川除外）、剑川县、玉龙县以东，保山市（大部分县），还包括红河州的泸西县、弥勒县（高山区），共7个市州约40个县市。

境内以高原盆地为主，中部、东部属滇中高原湖盆区，高原面积保存较完整，地势起伏和缓，为中山和浑圆的丘陵地带，大部分地区海拔1700～2100m。海拔2000m以下分布着盆地和断陷湖盆，山原与盆地相对高差200～500m，东南部石灰岩广泛露出。西部于哀牢山和点苍山以西，属横断山系纵谷区中段、南段，接着向西北沿系列山岭河谷延伸，为中山河谷盆地。如隆阳区（原保山市）、腾冲县以北，江河切割强烈，高原面被破坏，形成沿河方向分布，并扩展至平坝河谷阶地。

本区东西部有差别，以楚雄州，大理州所辖地界为界，东部地势平缓、湖泊多、水面多、气温和日照较低，光热条件不如西部。西部为横断山脉南段，地表江河切割较深，地势、地貌仍为省内较平缓的地区，但不如东部。由于受北部重迭高山阻挡，北来寒潮不易侵入，同海拔气温比东部稍高，降水也多、光照充足、年日照多在2400小时以上。

本区大部分地区在海拔2200m以下，以海拔1600~2100m最多，年平均气温13.5~18℃，≥10℃活动积温4000~6000℃，最冷月平均气温6~8℃，最热月平均气温19~21℃，绝对最低温-3~-9℃，无霜期210~300天，大部分属北亚热带和暖温带气候；有“少夏短冬长春秋，四季无寒暑，一雨便成冬”的特点；年降雨量700~1000mm，集中在5~10月，11~4月干旱少雨，干湿季节分明，常有春旱。坝区多冲积土，湖积性水稻土，山区为红壤及部分紫色土，高山区有棕壤、黄壤及草甸土。

本区土地面积约12.3万km^2，海拔1700~2100m，为中暖层区（第二层），面积约占本区总面积的75%。以落叶果树为主，有砂梨、白梨（部分）、苹果、花红、桃、李、柿、葡萄、枣、杏、梅、山楂、枳椇 、猕猴桃、草莓、无花果、石榴、桑、板栗、核桃等。海拔1700m以下为低海拔多热层区，占10%，栽培果树有柑桔、芭蕉、石榴、柿、桃、李、砂梨、葡萄、板栗、花红等；底部低海拔干热河谷有柑桔、芭蕉、石榴、余甘子等；海拔2200m以上为上层区，气候冷凉，面积约占15%，有梨、苹果、花红、桃、李、山楂、木瓜、核桃等。野生果树有川梨、毛桃、山楂、樱桃、湖北海棠、草莓、悬钩子、葡萄、胡颓子、猕猴桃、桑、木通、扁核木、树莓，移依、野柿，君迁子等。但种类不如其他果树区多，交叉分布在最上面一层和中间层。

Ⅱ. 滇南高原落叶常绿果树混交区

位于滇中高原落叶果树区以南，滇南边缘滇西南常绿果树区以北。东接贵州和广西，西连缅甸，处北纬22°~24°之间，北回归线横贯中南部，包括文山州、红河州，以及玉溪市（元江河谷除外），向西越哀牢山至思茅、临沧、保山市一部分或大部分，共30个县。

地势北高南低，海拔1000~2000m，其中以位于中部的哀牢山、无量山最高，海拔达3000m以上，深切的元江、怒江、澜沧江河谷底部仅800m。哀牢山以东为岩溶山原，广布着溶蚀盆地、断裂盆地和湖泊。西南部是横断山的余脉延伸地区。区内水系较多，东有南盘江、中有元江、西有澜沧江、怒江等。地表受河流不断切割，河流之间有一定面积的山原和山间盆地，如弥勒、文山、蒙自、思茅、临沧等坝区，地势大部分海拔1700m以下，属南亚热带和中亚热带气候，“冬暖夏热，一雨成秋”。年平均气温15~20℃，≥10℃活动积温4600~6500℃，最冷月平均气温8~14℃，最热月平均气温20~23℃，绝对最低气温0~-3℃，无霜期253~350天。红河谷地海拔600m以下，属热带稀树草原气候，年平均气温20~24℃，≥10℃活动积温7500℃，最冷月平均气温16℃，终年无霜；年降雨量900~1400mm，元江河谷仅有800mm，年日照为1800~2000小时，富宁、麻栗坡县仅有1800小时。山区丘陵区为红壤，坝区为冲积性水稻土和沉积土。

本区土地面积约11万km^2，中层为中暖层区占本区面积的52%，下层为低海拔热层区约占40%，为南亚热带和中亚热带气候，上层区约占2%~3%为山的顶部，果树很少。栽培果树，下层有芒果、荔枝、龙眼、番木瓜、番石榴、番荔枝、香蕉、芭蕉、柑桔、柚、柠檬等常绿果树。中层有石榴、葡萄、梨（砂梨）、柿、板栗、桃、杏、李、紫果西番莲、花红、山楂。野生果树有川梨、砂梨、湖北海棠、山楂、悬钩子、葡萄、胡颓子、树莓、柿、余甘子、酸角等。

Ⅲ. 滇南边缘滇西南热带常绿果树区

位于云南省南部和西南部边缘，沿国境线，从东向西呈狭窄弓形齿状。北接滇南落叶常绿果树混交区，东接广西，南接越南、老挝，西南接缅甸。范围有富宁、麻栗坡、马关，屏边、河口、金平、江城、绿春、景谷、勐腊、景洪、孟连、澜沧、沧源、耿马、镇康、潞西、瑞丽、陇川、盈江等市县的全部或部分，海拔低的地带，以及元江河谷、元谋盆地。

境内山谷相间，在海拔1500m以下，少数超过2000m。东部海拔400m、西部海拔800m以下，夏长无冬，属北热带湿热气候。年平均气温21℃左右，≥10℃活动积温7300～8300℃，最冷月平均气温12～16℃，最热月平均气温24～27℃，极端最低气温－0.5～2℃，全年无霜。东部海拔400～1100m，西部海拔800～1400m，大部分地区属南亚热带湿润气候，年平均气温17～20℃，≥10℃活动积温6000～7300℃，无霜期290～360天。海拔1700～1900m属中亚热带气候。因地处云南省南部，距海洋较近，雨量多，年降雨量1200～2000mm，为热带雨林季雨林地区，年日照1600～2400小时。土壤有砖红壤、赤红壤、红壤、黄壤、黄棕壤及部分紫色土。

土地面积6.2万km^2，因所处纬度和地势为全省最低，是全省唯一的低海拔高热层占优势的一个区。低海拔高热层区（最下面一层）面积占本区土地面积约72%（占全省低热层的40%左右），属北热带气候；中暖层（中间层）占全区土地面积约27%，属南亚热带气候；最上面一层（第三层）俗语称高寒层，实际属中亚热带气候仅占全区土地面积1%。

本区光、热、水、土地资源较丰富，但热量比典型热带又偏低，地形、地貌复杂，亦有热量高的小气候带，又是静风地区，在全国为独特的地区。这里的热带果树资源十分丰富，是发展热带水果的一块“宝地”。下层有需热量高的椰子、香蕉、菠萝、杨桃、榴连、番荔枝、柠檬、人心果、菠萝蜜、油梨、滇刺枣、芒果、荔枝、龙眼。中层有番木瓜、罗望子、芭蕉、柑桔、余甘子等。上层有桃、李、柿、枣、石榴、枇杷、葡萄、核桃、木瓜等。东部屏边县、河口县、富宁县、麻栗坡县一带分布着较多的野生热带果树，较为特殊的有苹果属中的台湾林檎、尖咀林檎、富宁林檎，大叶龙眼、小叶龙眼、钝叶龙眼、河口猕猴桃、阔叶猕猴桃，南亚枇杷、麻栗坡枇杷等。该区是热带南亚热带果树资源起源中心，也是热带南亚热带果树资源多样性保存中心。

Ⅳ. 滇东北高原落叶常绿果树混交区

位于云南省的东北部，东与贵州省接壤，北、西隔金沙江与四川省相连，南为滇中高原落叶果树区。本区包括会泽县、宣威市的北部，东川区高海拔地带，昭通市全部。境内属乌蒙山区、五莲峰中山山原峡谷地貌，地势东南、西部和中部较高，北部和东北部向金沙江河谷和四川盆地倾斜，地势渐低。沿江一带切割较深，为此山高谷深，分水岭附近的山原顶部地势起伏和缓，有较广阔的高山平台，山间分布有大小不同的断陷平坝。

本区地形、地貌复杂，气候差异显著。东北部和西部金沙江水系河谷，海拔1300m以下地带，热量较丰富为低海拔热层是第一层，年平均气温17～22℃，≥10℃活动积温5300～7000℃，最热月平均气温26℃左右，最冷月平均气温7～12℃，无霜期315～347天，年降雨量700～1000mm，分布不均。海拔1500～2200m地带为第二层，年平均气温11～15℃，≥10℃活动积温3000～4000℃，最热月平均气温18～21℃，最冷月平均气候温1～6℃，极端最低温－9～－14℃，年降雨量700～900mm，海拔3000m以上属高山区为第三层，气候寒冷，年平均气温5～7℃，≥10℃活动积温1300℃，无霜期约170天，年降雨量1100mm。全区日照1800～2000小时。土壤种类分布不同。河谷为冲积性水稻土、红色石灰土、燥红土；山区为黄壤、山地红壤；高山山区为棕壤土等。

全区土地面积3.5万km^2，果树分布也为三层，即金沙江水系河谷地带热量条件较好，为低海拔热层区（第一层）约占17%，果树有柑桔类、番木瓜、芭蕉、石榴、柿、枣、余甘子等；半山和盆地为中暖层（第二层）约占62%，有梨、苹果、花红、桃李、樱桃、杏、柿、多种猕猴桃、海棠、楸子、板栗、核桃，还分布着不少野生果树，如有山荆子、湖北海棠、云南海棠、川梨、砂梨、刺梨、悬钩子、榛子、葡萄、银杏等；最上面一层是第三层，气候冷凉约占21%，仅有一些野生果树。镇雄、奕良、永善、巧家、昭阳等县区，为野生果树的主要产地。

V. 滇西北高原落叶常绿果树区

本区位于云南的西北部，与滇东北高原落叶果树和常绿果树混交区同处一纬度，仅是经度偏西，但对气候的影响不大，主要位于青藏高原南部，为横断山脉部分，受青藏高原的影响，地形、地貌、海拔等错综复杂，带来生态条件差异较大，为此分布着丰富的野生果树资源，是云南落叶野生果树资源最密集的地区。其西北面、北面、东面与西藏、四川相连，西接缅甸，南连滇中高原落叶果树区。本区包括隆阳区、腾冲县以北，丽江市、迪庆州、怒江州全部，以及大理州的剑川县西部，云龙县的北部，共13个县市。

境内高山峡谷为横断山纵谷区，山河相间排列，由北向南走向，呈复式“V”型峡谷地形。全区多山，一般海拔2000～2600m，多座高山达海拔3500～4500m，河谷最低处仅海拔760m（泸水县上江区）。因地势高差悬殊，带来复杂的气候，河谷偏热、半山温凉、高山寒冷，差异明显。大体上分为三层：海拔1400m（1800m）以下为低海拔热层区，位于河谷地带，面积较小，年平均气温18～21℃，≥10℃活动积温5500～6800℃，无霜期270天；海拔2100～2800m，为中间层区（即第二层），年平均气温11.5～14℃，≥10℃活动积温3200～4000℃，无霜期200～240天；海拔2800～3300m以上，为最上面一层区（即第三层）主要分布在迪庆州，年平均气温仅有5～6℃，≥10℃活动积温1000℃以下，气温低，无霜期不足200天，主要为野生果树分布区。再往上更高，气候寒冷，海拔4000m以上已经无果树的分布了。

全区总面积5.3万km^2左右，其中气候冷凉的高寒层区（最高层）所占面积最多，约占78%；中暖层区（中间层）占20%；气温稍高，低海拔热层区（最下面一层）占2%左右。果树分布表现为，海拔1500m以下，有番木瓜、枇杷、柑桔类、芭蕉、余甘子等常绿果树；海拔1600～2100m，有较耐寒的宽皮橙、芭蕉、石榴、柿、桃、李、砂梨、花红、苹果、木瓜、腾越枇杷、怒江枇杷、核桃、板栗、山楂等；海拔2100～2800m（3400m）地区，主要有梨、苹果、桃、李、梅、木瓜及多种野生果树。此区为云南省发展苹果的主要栽培区，也是云南省野生落叶果树分布最丰富地区，有苹果、梨、木瓜、山楂、草莓、悬钩子、桃、李、樱桃、葡萄、榛、胡颓子、沙棘、核桃、醋栗、花楸、桑、木通、猕猴桃、五味子、扁核木、杨梅、柿、四照花、荚蒾，以及醋栗属、悬钩子属、蔷薇属、越桔属、花楸属等各属10余种。较重要的如多类型锡金海棠、云南海棠、沧江海棠、丽江山荆子、藏桃、藏杏、野生梅、野生砂梨、野生滇梨、枇杷等，为云南野生温带果树原产中心，也是中国原产中心之一。滇西北山岭重重，交通不便，人口稀少，气候冷凉，开发较晚，野生果树保存较完整，是收集、保存、研究落叶果树不可多得的地方，应加大力度进行保护与合理开发利用，近些年已得到国家和联合国重视，并采取措施加以保护。

（二）云南果树垂直五层分布

在以上5个果树分布区中，每个区均为三层，最下一层气温高，最上一层气温低，中层介于两者之间，往上温度渐降，往下温度渐升。为进一步说明云南省果树垂直分布显著性和特殊性，粗略把全省从南部北纬21°，海拔300m开始至北部北纬29°，海拔4000m（4500m以上已经没有什么果树）止，全省统一划分成五层。

第一层（最低层），热带常绿果树：属北热带气候，位于滇南边缘及滇西南。地势低，海拔800m或1000m以下，有椰子、人心果、菠萝蜜、油梨、蒲桃、榴莲、阳桃、毛叶枣、番荔枝、番木瓜、香蕉、菠萝、罗望子、余甘子、河口猕猴桃、阔叶猕猴桃等，以及多种热带野生果树。

第二层，亚热带常绿果树：属南亚热带和中亚热带气候，位于滇南，北热带以北，海拔1000～1400m；有芒果、荔枝、龙眼、番木瓜、番石榴、香蕉、芭蕉、甜橙、枇杷、石榴、柿、君迁子、葡萄（包括刺葡萄）、台湾林檎、尖咀林檎、富宁林檎、湖北海棠、花红、蒙自猕猴桃、川梨、砂梨、移㭢、刺梨、杨梅、核桃、板栗、桃、李等。

第三层，落叶果树常绿果树混交层 属北亚热带暖温带气候，位于滇中北纬24°~26°之间，海拔1600~2100m，是云南落叶果树栽培种类最多的一层，有梨、苹果、花红、桃、李、杏、梅、柿、君迁子、石榴、木瓜、山楂、枣、葡萄、核桃、板栗、猕猴桃、湖北海棠、枳椇、枇杷、杨梅、芭蕉、多种树莓、蔷薇等。

第四层，温带落叶果树：属温带气候，位于滇东北、滇西北，海拔2100~2500m。本层栽培的果树种类虽少，但面积大，有苹果、梨、核桃、板栗，其次有桃、李、柿、西府海棠、圆叶海棠、云南山楂、野山楂、君迁子、木瓜、葡萄等。野生果树有川梨、滇梨、丽江山荆子、三叶海棠、湖北海棠、云南海棠、藏桃、移㭢、多种树莓、贡山猕猴桃、中华猕猴桃、多种蔷薇、华山松等。

第五层（最高层），寒温带落叶果树：属寒温带气候，主要位于滇西北及滇东北部分高山地带，海拔2500（2800）~3500m，地势高、海拔高，空气稀薄，仅在避风向阳的沟谷坡地少量栽培梨、苹果、桃、花红，但山野、林地、灌木林、沟谷中野生分布着丰富的野生果树，有云南海棠、沧江海棠、西蜀海棠、锡金海棠、湖北海棠、丽江山荆子、中甸山楂、云南沙棘、藏桃、藏杏、藏榛、西藏木瓜、川梨、多种花楸、紫果猕猴桃、疏花猕猴桃、多种醋栗、蔷薇、华山松、滇榧等。

云南全省果树资源垂直分布，从南向北直线距离仅910km，但形成五层不同的果树种类，大约与中国从海南岛至吉林省长白山直线距离约4000km出现的种类相差不多，仅是一些种有所不同。这种果树分布规律在全国亦少见，认识了垂直分布的规律，为开发利用、调查研究资源提供了捷径。

以上将云南的果树资源，平面分布为五区，垂直（立体）分布为五层。重点扼要地说，落叶果树集中在滇东北高原落叶常绿果树区的彝良、镇雄、威信、绥江等县，以及滇西北高原落叶常绿果树区的玉龙、宁蒗、香格里拉、维西、贡山、兰坪、德钦和云龙等县；常绿果树在滇南边缘、滇西南热带常绿果树区的西双版纳州和德宏州。滇中高原主要分布着落叶果树。

第二节 云南果树资源的形成及发展历史

一、云南果树的形成及发展

果树形成和许多农作物一样起源已久，但无全面的记载。要研究这个问题最重要的是植物学，还要研究人类的起源，以考古学、地质学、方言学、民族学、生物学、地理学、历史学等方面的资料为旁证，结合果树的进化、生产发展来证实。果树的形成分为野生种（原生种、次生种）和栽培种（品系和品种）两个方面。野生种形成最早，栽培种形成较晚，最早的栽培种是由野生种不断选择形成。随着生产的发展和科学进步，栽培种也可以从栽培种中产生和形成，且加快了形成品种的进程，但亲缘仍离不开野生种和次生种，因此，野生种和栽培种两者之间是不可分割互相联系的。

（一）野生果树的形成

现在世界上栽培的各种果树，是野生果树长期在自然选择和人为作用影响下形成的。形成的历史在人类历史之前。选择是从地球上最初出现的少数有机体开始，生物有机体在各种严酷的生存斗争中，经过遗传、变异和受自然选择、淘汰，剩下来的都是适应外界环境条件的种类和类型，即“适者生存不适者淘汰”。陆生植物区系的祖先是低等植物藻类，随着进一步发展，出现了裸蕨类植物、裸子植物而最后由白垩纪（距今1亿至6000万年）起开始进入显花植物时期。绿色陆生植物的这种更替和进化、由简单到复杂、由低级到高级。经历了极长的历史阶段和各种不同外界环境，逐渐形成半灌木、灌木、小乔木、到乔木。

目前，栽培果树和野生果树，绝大多数是灌木和乔木类型。这些灌木和乔木类型的果树，在寒、温、热带气候和各种山地条件，不同土壤类型上都可以看到。但它们形成的主要因素是生物因素，即植物群落。果树植物的形成也和一般植物一样，先形成半灌木类型果树，如树莓（*Rubus idaeus* L.）、黑莓（*R. fruticosus* Bailey.）等；而后形成灌木型果树，榛子（*Corylus heterophylla* Fisch.）、毛樱桃（*Cerasus tomentosa* Thunb. Wall.）等；到小乔木类型果树，如桃（异名*Persica vulgaris* Mill.）、李（*Prunus salicina* Lindl.）等；乔木类型的果树，杏（*Armenica vulgaris* Lam.）、苹果（*Malus pumila* Mill.）、枣（*Zizyphus jujuba* Mill.）等和高大的乔木类型果树，板栗（*Castanea mollissima* Bl.）、柿（*Diospyros kaki* Thunb.）和核桃（*Juglans regia* L.）等。

云南高原地貌形态由地球内营力和外营力作用，在漫长地貌发展历史进程中，经谷陵转换沧海桑田大规模变迁产生的。据地质学家、地理学家研究，云南高原的主体是在一个统一的古夷平面的基础上，经历地球板块冲撞，断裂产生台升和下陷，以及外部风蚀水切、生物等的多种作用，又受所处地理位置条件影响，从而形成波状起伏的高原，其内有海拔3500m以上的高山，海拔1000～3500m的中山及海拔500～1000m的低山和深切的峡谷，以及纵横交错的江河，众多的盆地湖泊。因所处地理位置和海拔不同，产生了北热带，南、中、北亚热带，温带至寒温带的多种气候。在不同的气候条件下，不断演变进化形成相适应的植物（包括果树）资源。

云南因处于低纬高原地带，由于地理位置和地貌的特征，形成的果树较少受到海潮淹没和冰川寒流袭击和摧残，得以安全地保留下来，并不断演化，这也是云南资源丰富的重要原因。云南省的土地面积仅占全国土地面积的1/25。在这样少的土地面积上，植物种类占60%左右，全国有高等植物3万多种，而云南省就有1.8万种。因此，云南有“植物王国”之称。果树也不例外，分布着热带、亚热带、温带、寒温带果树。

野生果树自形成之后，因遗传性的稳定性和人们对它利用的方式不同，有的一直被保留下来，大多数果实小，品质不良，但有很强的抗逆性和适应性。现在，因受诸方面的影响，种质和数量都在不断消失，已成为国内外最受重视，又需要加强保存的对象。

云南是人类最早发源地之一，远在100多万年前，远古人类就生息、繁衍、劳动在这块富饶的土地上。考古学家在元谋上那蚌地区发现的猿人化石，距今已有170万年左右，继后在丽江盆地、石林县和陆良县板桥乡沿河、孟连县风景山、呈贡县龙潭山等地发现有古人类化石和遗址。在开远市、禄丰县还发现距今1200万年前的森林古猿人化石。古猿人为了生存而猎取动物，采摘野生果实和植物嫩叶为食，是最原始的生活方式。他们不断选择果大，适合口味的树种果实为食，定居之后在栖息居住地旁把带回的果实吃后即将其种子随果皮抛弃，种子被无意识地散播在地上，在适宜的温度湿度条件下发芽长成树，后来结了果。生息中不断选择好的为食，从而形成半栽培种。原始人不懂得无性繁殖嫁接技术，最先利用种子繁殖，产生了许多不同的类型。此种繁殖方式一直延长至今，现在边远山区和部分变化小的树种，如板栗、核桃、桃等还在利用。考古学家在开远市小龙潭，还发现中新世纪晚期—上新世早期（距今600～7500万年）大叶板栗（*Castanea miomollissima* Hu et Chaney）叶化石，表明云南在古老历史时期有适宜生存的自然条件，形成大叶板栗，因此，云南也是板栗原产地之一。同样，其他果树也以此种形式产生和演化。

（二）果树起源的中心

中国是世界上最大的栽培植物起源中心，云南为不可分割的起源中心之一。

栽培植物起源中心及演化过程的研究，与研究果树的形成一样涉及到许多科学领域，但重要的是植物学。因为栽培植物都是从野生植物在大自然中，经过考验、选择剩下来，又经过人类几千年的选择，引种栽培转变而成。每种果树都有它的祖先，只要掌握同种野生果树种类和地理分布以后，就可以推断某种果树的原始产地和次生产地。但有些果树至今尚未发现野生祖先，是当地原产的还是来自外地的较难确定，仍在不断地探索之中。

通常认为，瑞士植物学家德康多尔（A. De Candolle）是最早研究世界栽培植物起源的学者。他在1855年编著的《世界植物地理》和1882年的《世界植物起源》中，列举全世界栽培植物共247种，其中旧大陆原产地的有199种，而新大陆原产地的只有45种。利用果实和种子的植物中，属于果树范围的有橙、桔、枣、杏、桃、梨、枇杷、柿、君迁子、荔枝、板栗等起源于中国，这些果树在中国已有二、三千年栽培历史。

世界上研究栽培植物起源最著名学者，为前苏联的瓦维诺夫（н. и. вавилов）。他根据1923~1933年，在全世界各地考查收集的栽培植物种和品种类型，提出栽培植物的八大起源中心，把中国列为首位。他认为中国是栽培植物起源最早和最大的中心之一，特别是中国西部和中部的山区，植物种类繁多，蕴藏最丰富。

（1）中国：共有170种以上，其中果树有52种。温带落叶果树有砂梨、秋子梨、花红、桃、山桃、梅、李、樱桃、毛樱桃、山楂、木瓜、皱皮木瓜、胡颓子、牛奶子、枣、枳椇、核桃、山核桃、榛、栗、榧、红松等。亚热带果树有橙、桔、香橙、宜昌橙、金柑、枸桔、柿、君迁子、枇杷、黄皮、杨梅、荔枝、龙眼、桃金娘等。在所举的52种中，产云南的有30种之多。

（2）印度、缅甸：有无花果、橙、桔等24种。

（3）马来西亚、越南、印度尼西亚：有柚、木菠萝等31种。

（4）中亚细亚：有杏、枣等10种。

（5）小亚细亚：有无花果、石榴等24种。

（6）地中海：有油橄榄、圭洛豆等2种。

（7）中美和墨西哥：有鳄梨、番荔枝等17种。

（8）南美：有凤梨、鸡蛋果等。

1970年前苏联农业生物学者茄考夫斯基（п. м. жуковскии）根据遗传育种工作进展，发表了《育种的世界植物基因资源》（大基因和小基因中心）一文，扩大了起源中心的概念，增加4个中心地区，即：①澳大利亚，②非洲（包括埃塞俄比亚），③欧洲—西伯利亚，④北美等，共12个栽培植物起源中心。

随着调查研究的深入，在中国包括云南又发现了一些新种和类型，丰富了中国中心的内涵。

（三）果树品种的形成

世界各国栽培的落叶果树和常绿果树约有40多科，近300种之多。每一种都有大量的品种，例如，苹果品种，全世界有1万个以上，柑桔品种仅中国就有1000多个，梨的品种全世界有3000多个。不同品种在不同的环境条件和历史时期形成，特征特性各有不同。随着社会的发展，人们生活水平的不断提高，对品种的要求愈来愈高。品种在产生之后，随着社会不断发展，不良的逐渐消失，优良的不断提高。因此，世界各国为了增加效益，生产上应用的品种不是很多，每种仅用几个到十余个，但用作研究和拥有各种性状的种质的品种又是愈多愈宝贵。果树品种的形成和培育，有以下几种方式。

1. 天然杂交

世界各国栽培的品种，最早大多为自然授粉杂交获得种子，通过人为选择去劣留优，又经过人们有意识地传播和畜、禽、鸟、风、昆虫、水等无意识地传播，种子遇到适宜的气候和土壤条件发芽生长，不断发育开花结果。其中一些植株结果优良，被人们选中留下来，通过无性繁殖

——嫁接、压条、扦插、分株保存，经不断的培育，从而形成新品种。这种品种形成的方法有悠久的历史，是18世纪以前惟一的方法。因人们早在两千年以前就知道芽接和枝接方法，通过此种繁殖方式，植株数量增加快，尤其是优良性状得以保持，故栽培地点逐渐扩大。

许多地方品种，大多数由自然杂交产生，如梨、桃、柑桔、板栗、核桃等，地方品种如宝珠梨、昭通黄梨等。云南巍山县的红雪梨，在当地品种中品质优良、果皮红色，10月中下旬成熟，耐贮藏，受人们青睐。多少年来，利用红雪梨的种子播种产生大红雪梨、小红雪梨、冬雪梨、四楞雪梨等。云南农业科学院园艺研究所选出的几个红皮梨，如文山红雪梨、火把梨等，也是自然杂交种形成的。世界上各地栽培有名的金帅（*Golden delicious*）和红元帅（*Red Delicious*）苹果都是自然杂交的品种。

2. 人工杂交

在人的干预下创造新品种的方法。杂交过程中，人们有意识地使一些具有所希望性状的品种彼此进行杂交，获得兼具杂交亲本优点的杂种实生苗。再通过人们不断选择培育而成优良品种，此种方式产生品种快。1835年比利时学者 Van Mons 发表了他的育种工作以后，英国学者 T. E. Knight（1759～1838年）通过人工杂交培育出苹果、梨、酸樱桃等新品种，从而世界各国学者继续开始利用这种方法进行育种。20世纪，人工杂交已成为人们改良和创造果树新品种的主要手段，至今已育出大量新品种。中国起步较晚，新中国成立以来，各地育出相适应的苹果、梨、桃、葡萄、樱桃等果树品种。其中，中国果树育种家王宇霖教授，利用日本梨品种幸水作母本，与云南省农业科学院园艺研究所张文炳提供的云南的火把梨花粉作父本杂交育出满天红、美人酥等优质红皮梨，几个品种引入昆明地区表现较好。云南省内的研究单位和大专院校也作过一些苹果、梨等果树的杂交育种，但未在生产上得到应用。

3. 芽　变

果树的分生组织在细胞分裂中，由于受外界环境条件的影响发生突变，形成某些方面不同于母株性状的芽和枝，从而果实也发生变异，经选育培养而成新的品种。云南火把梨从果实形状上有许多类型，有的可能是此种形式形成。芽变在各种果树上都可发现，加以选择利用。中国在梨、苹果 、葡萄、桃、枣、柿 、柑桔方面，已选出一些芽变品种。

苹果品种容易产生芽变，富士、金帅、元帅都有不少芽变品种。四川农学院（1976年）。从金花梨中选出金花76－1，76－4，76－9等，品质优良。日本农林省东北农业试验场从国光与元帅杂交的后代中选出富士苹果，1962年定名后不断选出着色系富士。迄至目前，已选出100多个芽变单系，较为优良的有长富2号、秋富1号等。云南昭通黄梨，曾选出品质较好的芽变品系，但没有继续进行扩大生产。

4. 诱变育种

利用电离辐射，最常用的是r射线，放射源主要是钴－60（^{60}Co），近代研究，采用中子源辐射，产生优良变异频率较高。另外还有X射线、紫外线、激光和化学药剂——秋水仙碱等，处理枝、芽、种子等，产生变异获得新品种。云南在这方面做了一些工作，但尚未见育成品种用于生产。

（四）果树品种的引种

云南果树的形成，还有随人口的迁移从外地传入和有意识引种两个途径。几千年来，在不同的社会时期，云南散居着大小不同的部落，为巩固边疆国土，加强各民族团结，历代王朝派兵遣将南征。公元前3世纪战国时期，楚将庄蹻率兵入滇，在滇池附近驻军，随之将内地的先进文化、生产资料和技术带入，对促进云南的经济、文化发展有重要作用。之后，秦代在云南设置郡县，修筑四川通往云南的“五尺道”，更加强了云南与内地的交往。在历代王朝的统治下，各族人民共同开发云南、建设云南，并在政治、文化、经济等方面，互相依存，互相影响促进云南的发展。云南省有“南方丝绸之路”通过，特产的糖、茶、药材，可与各地的特产进行交易，各取所需，互通有无，随之也传入农作物品种。产甘肃、陕西河西走廊的中国苹果（*Malus domestica* subsp. *chinensis* Li Y. N.）、花红（*Malus asiatica* Nakai）等苹果属中的栽培种，可能就是这样传入的。

云南边境与缅甸、老挝、越南接壤，国与国之间边民接触，有的成了亲，经长期频繁交往中，彼此交换需要的农作物品种，在科学技术不发展的社会条件下更成为可能。

近几百年以来，西方人以学者、传教士的身份，进入云南各地调查搜集标本，窃走了云南的植物种质，同时也传入一些品种。如贡山县于1927年前后修建教堂，随之传入丙中洛一带种植的瑞士板栗（欧洲板栗 *Castanea vulgaris*）。在维西县（白济汛、康普）传入红葡萄、元帅苹果、西洋梨等品种。法国侵入中国修筑滇越铁路，后传入苹果品种白卡维、红卡维，梨品种巴黎夫人、伏茄梨，榅桲（*Cydoina oblonga*）在昆明等地栽培。1927年前后，从美国引入红元帅等20多个苹果品种在昆明种植，但随之带入苹果绵蚜，也为生产带来后患，至今仍未灭绝。中国学者秦仁昌院士在新中国成立之前，也从国内外引入元帅、金帅等苹果品种在黄土坡大塘子栽培，不仅为云南增添改良品种起到作用，也为云南果树发展起到促进作用。

新中国成立以来的五十多年，云南的果树品种发生了极大的变化，先通过大专院校、研究机构，从国内外引入苹果、梨、桃、李、葡萄等品种试验和种植，带动了全省部分地区发展，随着道路交通改善、邮电事业的发展，尤其是改革开放以来，不少单位、种植者通过不同渠道，从国内外引入不少品种。在不同生态条件下栽培，有的取得较好结果，例如，石屏、富民县从浙江引入东魁等杨梅品种获得成功，果大、味甜，比省外成熟期早，品质优良，深受果农和消费者欢迎，正在大力发展。

二、云南果树资源的利用历史

中国果树栽培的历史已有6000多年，西安半坡村石器时代遗址发现有板栗、榛子等。就农业历史而言，黄河流域是人类发祥和开发最早的区域，对果树的记载史料很多，早在上古时期栽培的果树就有桃、李、梅、杏、枣五果，且在《诗经》（公元前11世纪）、《山海经》等古书中都有对果树的记载。地处边远、交通闭塞的云南，有关这方面的记载文献却很少，历史较悠久的有西双版纳州、河口市、元江县热带地区栽培椰子（*Cocos nucifera*）。《交州记》早在诸葛武侯出师渡泸征云南（公元221年）时就令将士砍伐椰树，不令小邦有此异物。可见三国时代云南就传入椰子进行栽培，到现在已有1780多年历史。公元818年唐朝袁滋著的《云南记》上有云南出柑桔、甘蔗、橙、柚……等。有名的呈贡宝珠梨，记载为宋代高僧宝珠和尚从大理携大理雪梨（即宝珠梨）蕊（接穗）到呈贡嫁接繁殖起来的，至明代永乐年间得以推广。因该梨果实浑圆皮薄，肉白细嫩，汁多郁香，味甜品质优良，有“果中君子”之称，元代为贡品，与闽、广荔枝，吴越杨梅一同蜚声华夏，誉为“梨王”者就是指呈贡宝珠梨。大理雪梨与呈贡宝珠梨，经栽培在同一园地上，特征特性相同，又经云南省农业科学院园艺研究所同工酶分析，酶谱一致，实为同品种异名。此品种栽培历史有1000～1100年，品种的形成时间就更长了。

14世纪（明代），嵩明县人兰茂著《滇南本草》（1397～1476年）记载了400多种药用植物，其中有梨、桃、枣等果树，有名称、用途、性味及简要的描述和附图。另外还有旅行家徐霞客著的《徐霞客游记》（1638～1639年），清代王崧著《云南备征志》（1831年），陈嵘著《中国树木分类学》（1937年）等书中都有许多有关果树作药用植物的描述，其中也包括一些鲜食的果树在内。这些记载仅是采集利用，没有叙述发展栽培，但也表明果树的历史。过去交通闭塞的德钦县巨水村现在还生长着主干高1.2m，干周长6.3m，树龄约400～500年的核桃树，同时该县金沙江河谷奔子栏，海拔2250m也生长着250年皱皮柑树。昆明市寻甸回族县柯渡村，富民县李资树村等板栗生产区，仍有树龄200年的板栗树。

三、云南果树资源的贡献

在云南各种生态环境中，生长着丰富的植物，被称为“绿色宝库”、“植物王国”，果树资源亦不例外，丰富多彩，早为国内外关注，在果树栽培和科学研究方面作出了贡献。

（一）在果树栽培中的贡献

1. 直接栽培提供果实

初形成的野生果树，人类赖以生存，采摘为食，随着不断发展选择成为优良品种，有的一直栽培至今。云南原产的一些野生果树，如树莓属（*Rubus* L.）中的许多种，四照花属（*Dendrobenthamia* Hutch.）的一些种，云南沙棘（*Hippohae rhamnoides subsp yunnanensis* Rousi），以及砂梨（*Pyrus pyrifolia* Nakai.）系统中的许多品种，柑橘、板栗、核桃、柿、芒果、香蕉等的地方品种，至今仍在生产上发挥重要作用。水果含有多种营养物质和人体不可缺少的元素，对人体健康有重要作用。猕猴桃、刺梨等维生素 C 含量很高，已成为新兴水果。在发达国家，每年人均消费水果80kg。中国年人均消费果实量，已由1978年的6.8kg上升到目前约30～40kg，为发达国家的二分之一。云南水果种类多，各种水果可在不同时期成熟供应上市，满足人们需要。

2. 作砧木

梨、苹果、桃等果树选择适应当地气侯、土壤环境的砧木种类，通过嫁接繁殖达到生长良好，产出优质果实。云南红土高原气候复杂，土壤干酸瘠薄，选择乡土树种作砧木，采种容易，适应性强。通过研究和生产实践证明，栽培果树作砧木的种类很多。

梨：是云南省的主要果树，以产区各地的川棠（即棠梨）（*Pyrus pashia* Buch－Ham. ex D. Don）作砧木，适应性强，从海拔680m热带雨林到海拔3400m寒温带都有野生分布；资源丰富，采种、繁殖容易，与发展梨的品种亲和力好，耐湿润、耐旱、耐瘠。部分县还用小砂梨、滇梨作砧木，表现也可以，生长旺盛，但资源分布狭窄，种子来源少，使用局限。

苹果：本属用作砧木的种类较多，亚热带地区以湖北海棠［*Malus hupehensis*（Pamp.）Rehd.］作砧木，本种产滇中、滇东北、滇西北。丽江山荆子（*M. rockii* Rehd.）、西府海棠（*M. micromalus* Makino）、圆叶海棠（即楸子）［*M. prunifolia*（Wind.）Borkh.］等也被广泛利用作砧木。

桃：常用作砧木的为毛桃，也用晚熟的秋桃种子作砧木。滇西北也用光核桃（即藏桃）［*Amygdalus mira*（Koehne）yü et Lu］作砧木，但不普遍。

李：用本砧亦有用桃为砧的。

梅：用本砧表现好，用毛桃作砧表现不如本砧好。

柿：用君迁子（*Diospyros lotus* L.）作砧，各地均产，种子易采，繁殖容易。

柑桔：用枳壳、酸橙作砧木，因品种而异。

板栗：用晚熟板栗品种的种子作砧木。

核桃：用当地产的铁核桃作砧木。

樱桃：用野生樱桃和冬樱花作砧木。

（二）果树资源在科学研究上的贡献

1. 丰富了云南为中国果树起源中心之一的论断

考古学家先在山东临朐县发现大叶板栗（*Castanea miomollssima* Hu et Chaney）的叶化石，继后在云南开远市小龙潭也发现中新世晚期至上新世早期（距今600万~7500万年）大叶板栗叶的化石，表明远在1200万年前中国就有板栗。外国学者德康多尔，瓦维诺夫，茹考夫斯基等提出中国为果树起源中心，并列举出许多原生种果树，还提出中国西部、中部和南部山区，植物种类繁多，是蕴藏最丰富的起源地之一。20世纪50年代开始，中国的科学工作者，在云南不断调查发现了新的果树种质。中国科学院昆明植物研究所的著名的植物学家吴征镒院士等，命名的有关果树方面的植物有上百种。仅就苹果属（*Malus* L.）而言，1974年中国农业科学院郑州果树所、云南省农业科学研究所等7个单位，首次在滇西北发现苹果属中的锡金海棠〔*M. sikkimensis*（*Hook*，*f.*）Koehne〕。云南农业科学院园艺研究所在富宁县发现富宁林檎（*M. funingensis* Liu Yuan et Zhang），四川农业大学在保山市隆阳区沙坝乡发现保山海棠（*M. baoshamensis* G F Deng.），加上早已发现定名的山荆子［*M. baccata*（L.）Borkh.］、丽江山荆子（*M. rockii*）、湖北海棠（*M. hupehensis*）、垂丝海棠（*M. halliana* Koekne）、三叶海棠（*M. sieboldii* Rehd.）、花叶海棠（*M. transitoria* Schneid.）、云南海棠（*M. yunnanensis* Rehd.）、川滇海棠（*M. prattii* Schneid.）、沧江海棠（*M. ombrophila* Hand. -Mazz.）、尖咀林擒（*M. mellina* Rehd.）、台湾林擒（*M. formosana* Kawak et Koidz）等野生种共14种，及栽培的西府海棠（*M. micromalus*）、圆叶海棠（*M. prunifolia*）、海棠花（*M. spectabills* Borkh.）、花红（*M. asiatica* Nakai）4种，共18种，引入栽培的绵苹果（*M. domestica* subsp. *chinensis* Li. Y. N.）、西洋苹果（M. pumila）也包括进来，可见本属植物种在云南分布密集，证实了茹考夫斯基认为苹果野生类型的基因中心在中国的中部和南部。中国农业科学院柑桔研究所、云南省农业科学院园艺所等在滇南红河州红河县发现红河大翼橙（*Citrus hongheensis* Y. L. D. L），为原始桔种，此发现证明云南是柑桔起源中心之一。丁素琴副研究员在云南省富民县发现富民枳（*Poncirus polyandra* S. Q. Ding），在宾川发现云南香橼（变种）（*Citrus medica* var *yunnanensis* S. Q. Ding）。中国农业科学院郑州果树研究所和云南农业科学院园艺所，完成了云南省猕猴桃资源调查，发现了56种、变种和变型，占全国产109种的一半以上，为全国资源最密集的地方。以上资源的不断发现，证实了云南是多种果树起源中心之一的论断。

2. 果树资源在研究和育种上的作用

果树种质利用的奥秘没有穷尽，随着科学技术不断发展探索，揭示种质奥秘，发现新种质去创造新品种，提高产量品质为社会增添财富。果树栽培中，长久以来利用大树冠稀植苹果每亩植25株左右，结果迟，进入丰产期年代晚，不易管理，国外利用M_9、M_7等苹果矮化砧木，树体矮小，适合密植，且结果早、丰产，取得成效。中国在利用国外先进经验的同时，探索利用本国丰富的资源。云南省农业科学院园艺所等单位，1974年在滇西北德钦县、玉龙县，调查出锡金海棠有孤雌生殖能力，能保持纯度，不致发生变异，经中国农业科学院郑州果树研究所试验还有矮化作用，又可作培育矮化砧木的种质。柑桔黄龙病的发生，制约着生产发展，云南产的马蜂桔（*C. hystri*）为大翼橙类的一种，可用作研究柑桔黄龙病的指示植物。崔致学教授等从云南产的阔叶猕猴桃（*Actinidia. latifolia*）、河口猕猴桃（*A. hekenensis*）和毛花猕猴桃（*A. eriantha*）中，发现了Vc含量高达560~1137mg/100g鲜果的类型，个别甚至高达达2000mg/100g鲜果，在育种中可利用培育含高Vc的新品种。

云南梨属植物（*Pyrus* L.）分布最广的为川梨，品种最多的为砂梨，分布狭窄的是滇梨（*P. pseudopashia*Yu），最少的为豆梨（*P. calleryana* Dcne.）4种。云南农业科学院园艺研究所通过品种资源调查，整理发掘出云红1号、2号、3号红皮砂梨，果皮红色鲜艳美观，晚熟耐贮存，品质优良，已用于生产。云南的红皮梨品种（系）资源蕴藏丰富，今后应继续收集。在昆明市建立以保存东方红皮梨为重点的资源圃，为国内外育种提供资源。目前，所保存的红皮梨已受到国内外有关单位重视，开始利用并继续进行新品种培育。

（三）出口换汇增加收入

云南果树生产起步比省外晚，又受地形等小环境因素的局限，虽然可生产的果树种类很多，但批量商品化生产较为困难。尽管如此，生产中仍出口过一些产品，销往省外和香港等地。20世纪70年代，昆明市和陆良县曾生产桃李出口香港，80年代，昭阳区、鲁甸县、宣威市、马龙县的金帅、元帅苹果也销往香港。板栗、核桃曾出口到省外以至日本。云南的香蕉、芒果、菠萝，近十多年每年销往省外，为生产者和经营者及国家增加了收入。在西部大开发的大好形势下，云南省的水果生产应充分利用独特的自然条件和资源优势，通过改良品种，加强栽培管理，提高品质，首先占领本省市场，争取在国内外水果市场上占有一席之地。

（四）果树资源逐渐利用于公园庭院绿化美化环境

历来花草在公园中供观赏的很多，而果树并不多。但其中长寿挺拔，叶形如扇，果能食的银杏（白果）；花型多姿、颜色多样的梅；红花的桃、白花的李；花冠繁茂、繁花似锦而有名的云南樱花（*Cerasus cerasoides* D. Don）、垂丝海棠，以及为数不多的枣树、梨树、树莓、木瓜、枇杷、山楂，作盆景的梅、桃等，仍然可以在各处看到，气候热的地区还有椰子、香蕉、芭蕉等。

改革开放以来，旅游业不断兴旺发展，为满足人们的需要用果树资源作为绿化和观赏树种，在传统的基础上数量大为增加。如冬樱花（*C. majestica* Koehne）11月开花，花色红艳繁茂，4~5月果实成熟，色泽红色或紫色，挂满枝头，别有风姿。叶色紫红，花小，粉白，先于叶开花的紫叶李（*Prunus cerasifara.* Ehrh）及红叶桃，还有结果累累的海棠、石屏海棠、丽江山荆子、圆叶海棠、花红、苹果、山楂（*Crataegus cuneata*）、棠梨、砂梨、移𣏾［*Docynia indica*（Wall）Decne］；藤本植物有葡萄、猕猴桃（*A. chinensis*）、西番莲（*Passiflora henryi*）、小檗（三棵针），无花果（*Ficus carica*）、桑椹（*Morus alba*）、杨梅（*Myrica rubra*）、火把果（*Pyracantha fortuneana*）、细叶火棘（*P. crenulata*）、窄叶火棘（*P. angustifeliu*）、澜沧火棘（*P. inermis*）、草莓（*Fragaria chiloensis*）、凤梨草莓（*F. ananassa*）、木通（*Akebia guinata*）、三叶木通（*A. tritoliata*）、宽皮桔（*Citrus reticulata*）、四季桔（*C. microcarpa*）和椰子等。落叶果树逐渐在中、南亚热带增加，常绿果树逐渐在温带地区增加。随着住宅面积扩大，葡萄、西番莲、猕猴桃，树冠小的四季桔，草本植物草莓等已开始进入个人庭院、花园（包括阳台），达到供观赏，改善环境，有益于身体健康。另外昆明市郊区县和其他市州县已开始出现观光果园（果园渡假村）的新势头。

（五）利用果树改造生态环境

这类果树有很多，如华山松（*Pinus armandii*），在海拔1700~3000m左右山区大量分布，以会泽县、弥勒县、蒙自县、易门县，文山州、玉龙县、维西县等地最多。其树干挺拔，材质优良，种子可食，有润肺之功，还销往省外。各地天然林砍伐破坏后，华山松人工造林近十多年来发展较快，先播种育成袋苗移栽，生长成林较快，从而达到绿化荒山，改良环境，保持水土。

另外，还有耐瘠，管理容易，适应低海拔河谷和热带的余甘子（*Phyllanthus emblica* L.）、酸角（*Tamarindus indica* L.），果可食和加工成饮料、蜜饯等系列食品，仍是植树造林树种。余甘子很少有人工栽培，在荒野山坡上自生自长。近些年国家提出改造荒山，退耕还林种树种草，改变生态条件，选择甜酸角、大果粒余甘子品种、研究新的加工工艺，为发展创造了更好的条件。

作为干果树种的板栗和核桃全省栽培较多，尤其在最近十年发展最快，山区土地面积广、水源缺乏，板栗、核桃已经作为脱贫致富的项目树种。这两个树种，云南省林业科学院经济林研究所做了大量工作，初选出的优良品种开始投入生产见到成效。过去各地用种子繁殖种了不少品质差的板栗树、核桃树，今后还要加大力度，改接优良品种、提高经济价值。板栗、核桃适宜山区发展，也是美化环境和水土保护树种。

四、云南果树生产及发展

云南果树生产发展明显地分为两个时代。旧社会历代王朝统治时期，发展十分缓慢，如前面所述有文字记载的云南柑桔，呈贡宝珠梨等，有1200年以上历史。民以食为天，丰衣足食，天下太平。尽管旧社会农业生产主要是粮食，吃不饱穿不暖的人仍是大多数，水果生产就谈不上了。从王宫贵族剥削阶级的利益兴趣需要出发，生产的种类少，品质差，规模小。新中国成立后短短的五十多年中，在发展粮食生产的同时，水果及肉、蛋、蔬菜等，一样成为人们不可缺少的部分。

（一）中华人民共和国成立之前的时期

此时期经过了历代王朝漫长的历史价段。种植较普遍的有梨、桃、李、梅、柿、石榴、柑桔等，但生产规模受到限制，发展缓慢。生产较多的还有干果中的板栗、核桃，适应广，耐干旱耐瘠，管理较容易。一般多种植在田边地角贫瘠的山坡上，也有连片栽植的，生产规模随主人所有土地大小而定，亦有一些占有土地面积小的户主彼此土地相连，各自随意栽植，远看一大片，近看横竖不一，参差不齐，如寻甸县柯渡、富民县（大营、款庄）的板栗，以及巍山县、漾濞县的核桃，素有水果之乡美称的呈贡桃子也不例外。呈贡宝珠梨，宋朝为贡品得到朝庭褒奖，该县仍局限在部分村寨的土地上发展。

鸦片战争后，帝国主义侵入中国，各国列强在中国开设口岸，也带入西方文化和科学技术。东北和沿海一带办起试验场、农场，1870年前后苹果由美国传入烟台，随后在各地开始发展。云南的苹果品种是1926年从外地传入后，仅在昆明市少量零星栽培。

（二）新中国建立后的时期

1949年新中国诞生，在短短的50多年中，水果生产面积从小到大，种类、品种从无到有，除集体和个人外，建了不少国营农场，带动了水果生产的发展。云南果树生产的发展与北方相比仍是落后的，总的来说仍是不断向前发展的趋势，也经历了许多曲折阶段。

1. 发展缓慢曲折时期

新中国成立后，农民有了土地，各自在分得的土地上种植不同的水果，所得归已，这种生产是分散自发性的。随着在政府的领导下，成立互助组，专业生产队，带动全省水果发展。为促进生产发展，在国家扶持下，分别建立不少国营果树农场，引入外地优良树种和品种，出现了新的发展局面。从以下统计数字可以看出，1952年全省果园面积仅1.8万hm^2，产1.7万t，到1957年面积增达2万hm^2，年产7.8万t。1962年第二个五年计划时期，水果发展最快，面积达3万hm^2，年产18.89万t；随后3年因受自然灾害和政策上的失误，不仅没有发展，还出现了果园荒芜，产量大幅度下降，年产仅9.8万t的情况。1968～1977年，在“左”的路线干扰下，成片果园无人管理，有的遭到挖毁，仅年产7.67万t。

2. 发展不断增长时期

自1978年党的十一届三中全会以后，在党的路线方针政策指引下，全国各条战线出现前所未有复苏及兴兴向荣发展的大好局面。果树生产起步仍需要一定过程，农民有了自己的责任田，在长期不变的前提下，从怀疑到放心，自理选择种植不同作物发展生产。为组织领导好全省水果的发展，满足市场需要，增加果农经济收入改善生活水平，云南省人民政府曾几次召开云南省水果生产会议，并且将发展水果生产列入各级政府领导的议事日程，作为一个不可少的项目，有组织有领导来抓，在资金上予以扶持，技术上配备力量，引入国内外的优良品种进行试验改进，提高品质。1992 年省、地、县曾召开优质水果（品种）品评会，各地州县分别把生产的品种入会参评；且各级政府还召开了生产会议，把评出的优质品种，安排在拟定建立发展基地的地区（县）进行生产。与此同时在改革开放大好形势下，各地市场经济发生了变化，人民生活水平不断地改善，水果需要量不仅数量大，且要求质量高，花色翻新，各个单位和个人通过不同渠道不同方式，引入新的优质品种进行了大小规模不等的生产。据统计，到 2002 年，云南省水果面积为 21.21 万 hm^2，产量 8262 万 t。

（1）因地制宜发展相适应的果种。全省所处纬度、地貌、地势、海拔不同，气候不同，果树种类不同，生物学特性的要求有所不同，在相适应的生态条件下才能生产出优质水果。1975 年前后，为发展苹果进行出口，曾出现过发展水果就只是苹果的局面，在昆明、曲靖、大理、昭通，以至滇南南亚热带一些县都发展苹果，因气候不适造成损失。

通过不断总结和生产实践，云南可生产的水果种类，依据自然条件有几种果树的生产区已在全省形成。

①滇东北昭阳区、鲁甸县等地，滇西北玉龙县、宁蒗县、剑川县以北，纬度高、海拔高、气候冷凉，年平均气温 11.5 ~13.5℃，海拔 2200 ~2750m 的地带发展苹果为重点。昭阳区、镇雄县、彝良县等，还种植樱桃。在滇东北、滇西北海拔低气温高的河谷，还可以发展芭蕉、香蕉和柑桔。

②滇中地区以北纬 25°为轴心，在 24° ~26°，曲靖、昆明、大理、楚雄、保山等地和玉溪市北部，发展宝珠梨、金花梨、雪花梨、早酥梨，以及新选出的文山红雪梨、砚山香酥梨及引入新培育的美人酥、满天红、红酥脆、早红蜜等红皮梨。此区城市多，还可发展上海水蜜桃、北京水蜜桃、大久保桃、白凤桃、曙光桃（油桃），新引入成熟早的嘎拉苹果及部分鲜食葡萄。在低海拔河谷区适当发展宽皮桔和葡萄。

③滇南及滇南边缘区纬度和海拔低，气候热，发展常绿果树，如菠萝、芭蕉、芒果、荔枝、柑桔、柚、柠檬、及其他热带水果。

在以上地带，海拔低气温高缺水的河谷地带，发展余甘子、酸角，达到又产果品又能水土保持的目的。

④云南亚热带地区，板栗、核桃发展较多，选择优良品种提高质量，仍为全省山区发展的重要干果。

（2）建立不同水果商品生产基地。长期以来，云南的水果，多数为自发性零星分散生产，面积小、品种杂、品质差，面积较大的主要在国营农场，多生产大宗产品，但数量仍然很小。1975 ~1978 年国家把昭阳区、宣威市列为建立外销苹果生产基地，曾把生产队和国营农场产出的苹果，组装出口香港，因质量不良，货源分散、数量小，没有延续下来。为充分发挥云南省的自然优势，满足人民群众对果品日益增长的需要，自 1981 年开始，在云南省农业厅、财政厅的直接领导下，拨出专款扶持滇东北的昭阳区、鲁甸县，滇西北的玉龙县、宁蒗县、剑川县（北部），在海拔 2300 ~2750m 的区域建苹果基地。昆明市的呈贡、晋宁、安宁等县建梨生产基地。红河县、河口市、金平县、个旧市、元阳县、景洪市、元江县等地，建香蕉基地。在河口市、金平县、元阳县等地建菠萝基地。在建水、石屏、景东县、景谷县、孟连县、勐海县、潞西县、瑞丽市、华坪县、元江县等建柑桔基地。会泽（小江流域）、蒙自、建水、禄丰（黑井）、东川等县区建石榴基地。近十余年以来，新的水果不断发展，弥勒县建立了鲜食和酿酒葡萄生产基地，酿出了干红葡萄酒名扬省内外。在滇南还发展柠檬、西番莲等配料品种。荔枝、龙眼等热带水果在滇南也有发展。在云南省林业厅、云南省林业科学院的领导支持下，全省板栗、核桃发展很快，建立的基地，不少早已取得成效。新的果种不断出现，低劣品种不断淘汰，云南的水果生产由自然型转化为商品型，除供应本省外，向外开拓市场走向省外、港澳和国外。

（3）生产销售组织多样化。

果树生产种类多，品种多，因品种的特性和需要量不同，有生产量大的商品、也有生产、消耗量均小的商品。在生产组织和生产资料改变的过程中，出现个人、集体、国家等不同的产销形式。过去只能集体和国家经营，限制了生产力发展，调动不起生产者的积极性。集体经营时期，吃大锅饭，管理跟不上，有树无果，产品下降，损失不小 。自改革开放以来，生产形势起了变化，有小有大，从私到公，个体，合伙入股，集体，国营，与国外合作股分制，公司加农户等多种形势，不仅生产形式多样化，商品销售也多样化，调动了广大果树生产者的积级性，生产多种水果，加强管理，产量质量都得到提高。随着科学技术进步，生产组织形式的改变，向有利于果农和国家方向发展。由于日本、美国、新西兰、泰国等国的优质水果输入国内市场，迫使因地制宜，适地适树，利用行之有效的新品种和技术，生产优质商品，才是云南发展水果的出路和目标。

（4）加工业的兴起。

在水果自给型生产方式下，生产量小，只有作坊把较易加工的山楂、梨、梅，加工成果干、果脯等。近十余年来，菠萝、芒果、余甘子等分别由相关企业加工成罐头、蜜饯、果脯、果干、果酱、果汁等系列产品，改变了仅供鲜食的局面，也为发展水果找到新的出路。随着人们对果酒需要量的日益增加，云南的葡萄酿酒业有了新的发展，将会带动葡萄栽培业和相应行业的发展。西番莲云南在1949年前已经有栽培，味酸不宜鲜食，因含较多的维生素和具特殊香味，是制果汁的好配料。为此已在云南南部，如屏边县、潞西市等地有所发展。梨、苹果等果品按市场需要，除鲜食外，加工成原汁饮料为出路，又能取得经济效益。加工业的兴起，不仅保护果农的利益，还促进了乡、镇地方工业的发展，为劳动力找到出路有好的前景。

第三节　云南果树资源的特点

果树的种类不同，作用也有差异。根据不同的果树种类在不同地区、不同气候、土壤、环境条件下的生长发育表现，对利用不同种类果树在该地区土地资源开发中有重要意义。

一、果树资源的多样性

中国在不同的气候带内，生长着相适应的野生、半野生和栽培各种（含引入）果树。调查收集时间、统计利用的方式不同，在不同论著中统计的数目有差别。从果树分类学出发，俞德浚教授著《中国果树分类学》（1979年）有59科158属670余种。从果树栽培学出发，中国农业科学院郑州果树所等主编《中国果树栽培学》（1988年）有45科81属248种。刘孟军著《中国野生果树》（1998年）（各种用途都统计在内），仅野生的有81科1292种，占果树总量的84.85%。由此可见，中国的野生果树，随着不断认识和开发，种类增多，丰富多彩。本书未将果实不能食和未利用作砧木的种类，如花楸、樱桃、悬钩子、小石枳、石楠、蔷薇、枸子、红树木等几百种记入在内。产于云南的野生、半野生、栽培（包括部分有价值引入）的果树共计有66科134属499种，66个变种（多类型），1410个品种（系）见表1－1。

二、果树资源分布与纬度、海拔密切相关

云南地处北纬21°8′～29°15′，纬度跨7°3′。按地理位置属热带、亚热带。但地势地貌不同，特别是海拔从76.4～6740m，高差达6663.6m。随海拔上升还有温带、寒带气候带。为此，全省气候从南向北存在着平面分布（地带性分布）的多样性，同时，一个区域范围，海拔不同又存在着明显的立体气候影响的立体分布多样性。当然，全省气候分布纬度的影响不及海拔的影响明显。

表 1－1　云南的果树种质资源

Table 1－1　The resources of fruit germplasm in Yunnan province

中名（科）	学　名	属	种	变　种	类　型	品　种
1. 银杏科	Ginkgoaceae	1	1			5
2. 紫杉科	Taxaceae	1	2			
3. 买麻藤科	Gnetaceae	1	3	1		
4. 松科	Pinaceae	1	1			
5. 杨梅科	Myricaceae	1	3	2		5
6. 胡桃科	Juglandaceae	3	5			20
7. 榛 科	Corylaceae	2	7			
8. 山毛榉科	Fagaceae	2	18			20
9. 桑科	Moraceae	3	22	4		10
10. 山龙眼科	Proteaceae	3	3			
11. 木通科	Lardizabalaceae	2	2	1		
12. 五味子科	Schisandraceae	1	3			
13. 茶藨子科	Grossulariaceae	1	10			10
14. 番荔枝科	Annonaceae	1	6			
15. 樟科	Lauraceae	1	1			
16. 蔷薇科	Rosaceae	18	113	13	63	980
17. 鼠李科	Rhamnaceae	2	12	1		20
18. 葡萄科	Vitaceae	1	13	3		100
19. 猕猴桃科	Actinidiaceae	2	34	19	3	9
20. 西番莲科	Passifloraceae	1	5	1		4
21. 柿树科	Ebenaceae	1	23	3		74
22. 胡颓子科	Elaeagnaceae	2	6	1		
23. 山茱萸科	Cornaceae	2	9			
24. 茄科	Solanaceae	4	6	1		
25. 忍冬科	Caprifoliaceae	1	11			
26. 石榴科	Punicaceae	1	1	3		35
27. 芸香科	Rutaceae	6	27	5	多类型	45
28. 水东哥科	Saurauiaceae	1	5	1		
29. 仙人掌科	Cactaceae	1	1			
30. 蝶形花科	Papilionaceae	1	3			
31. 菱科	Trapaceae	1	4			
32. 莎草科	Cyperaceae	1	1			8
33. 玉蕊科	Lecythidaceae	1	1			

续表 1－1

中名（科）	学 名	属	种	变 种	类 型	品 种
34. 楝树科	Meliaceae	1	1			
35. 夹竹桃科	Apocynaceae	2	2			
36. 葫芦科	Cucurbitaceae	4	4	1		20
37. 番木瓜科	Caricaceae	1	1			10
38. 桃金娘科	Myrtaceae	5	12			
39. 漆树科	Anacardiaceae	4	10			10
40. 无患子科	Sapindaceae	3	5	4		15
41. 大戟科	Euphorbiaceae	3	4		多型	10
42. 阳桃科	Averrhoaceae	1	2			
43. 越桔科	Vacciniaceae	1	6	1		
44. 五桠果科	Dilleniaceae	1	3			
45. 红木科	Bixaceae	1	1			
46. 大风子科	Flacourtiaceae	2	5			
47. 梧桐科	Sterculiaeceae	3	6			
48. 木棉科	Bombacaceae	3	4			
49. 锦葵科	Malvaceae	1	1			
50. 铁青树科	Olacaceae	1	1			
51. 木樨科	Oleaceae	1	4			
52. 橄榄科	Burseraceae	1	7			
53. 紫金牛科	Myrsinaceae	1	5			
54. 山榄科	Sapotaceae	5	5			
55. 紫树科	Nyssaceae	1	1			
56. 莲科	Nelumbonaceae	1	1			
57. 茜草科	Rubiaceae	1	3			
58. 藤黄科	Guttiferae	1	11			
59. 茶茱萸科	Icacinaceae	1	1			
60. 杜英科	Elaeocarpaceae	1	3			
61. 苏木科	Caesalpiniaceae	1	1			
62. 小檗科	Berberidaceae	1	2			
63. 棕榈科	Palmae	7	11			
64. 凤梨科	Bromeliaceae	1	1			10
65. 芭蕉科	Musaceae	1	10			10
66. 禾本科	Gramineae	1	3			
共计 66 科		134 属	499	66 个	多类型	1410

云南省内在北回归线以南，北纬22°40′以南，东部海拔400m、西部海拔800m以下地区靠印度洋、太平洋附近，因纬度低，海拔低，气温高，湿度大，属热带雨林、季雨林，为热带气候。热带果树资源有菠萝、椰子、木菠萝、面包果、榴莲、番荔枝、香蕉、芒果、杨桃等。北回归线以北至北纬24°，纬度与海拔增加，气温下降，属南亚热带和中亚热带气候，有芒果、荔枝、龙眼、杨梅、枇杷、番木瓜、番石榴、香蕉、芭蕉、柑桔、柚、柿、石榴等。再向北、随纬度和海拔增高，北纬24°~26°之间（滇中）为中亚热带、北亚热带气候。多在海拔1700~2200m，下层有宽皮桔、杨梅、芭蕉等常绿果树，中层和上层主要有梨、花红、苹果 、桃、李、梅、石榴、柿、枣、枳椇、樱桃、板栗、核桃、华山松，野生果树有川梨，移依、树莓、荚蒾、野樱桃等。北纬26°以北，纬度、海拔更高，为暖温带、温带气候。主要为温带落叶果树，有梨、苹果、桃、李、花红、海棠，野生果树有猕猴桃属、苹果属、花楸属、树莓属、蔷薇属、山茱萸属、川梨、滇梨、移依、藏桃、藏杏、沙棘、胡颓子等野生果树。

地区不同，海拔高度不同，表现出明显的立体气候特点。北回归线以南，下层（最低一层坝区、河谷）气温高为热带，中层为亚热带，上层为暖温带。中部，一般多在海拔1700~2300m，下层（即河谷）为中亚热带有芭蕉、番木瓜、柑桔类等；中层为北亚热带和暖温带，主要有落叶果树花红、梨、桃、李、石榴、葡萄、柿等；上层有苹果、梨、桃、李、川梨、山楂、核桃、板栗等温带落叶果树。滇东北、滇西北低海拔干热河谷（海拔1700m以下），最下层有芭蕉、番木瓜、柑桔类、石榴、酸角、余甘子等；中层海拔1700~2000m，有桃、李、杏、柿、梨、花红，海拔2100~2300m，主要有梨、苹果，海拔2300m以上有多种野生果树。山顶海拔4000~5000m以上为雪山冰漠，已经没有什么植物。

依据以上果树分布特点，还可以概括为热带、南亚热带、中亚热带常绿果树，集中分布在北回归线（23°26′）以南，包括西双版纳州；温带落叶果树集中分布在北纬27°以北的滇西北地区，包括丽江市、迪庆州和怒江州，以及滇东北昭通市。

三、果树种类分布区域的普遍性和局部性

野生果树和栽培果树一样，对生长环境有一定的要求。移依数量虽少但分布最广，滇东南部的麻栗坡县至滇西南、西双版纳州、思茅市，滇中、滇东北、滇西北海拔1000~2500m的山区，林缘、杂木林，呈零星分布。川梨数量大，分布很广，从海拔680m的富宁县到海拔3400m的德钦县箐坡，杂木林瘠薄山坡和坝区水田边都有分布。以滇中昆明市、曲靖市、楚雄州、大理州等的一些县内分布最多。梅［*Armeniaca mume* Sieb. 原（Prunus mume Sieb. et Zucc.）］在大理市、巍山县、泸水县、玉龙县、安宁市、嵩明县等山区有分布，其中宁蒗县澜泥箐，海拔2100~2400m的山坡、箐沟还集中分布着10多万棵不同类型的野生梅林。

种类不多，数量也少的仅分布在狭窄的地方。如锡金海棠（*M. sikkimensis*），川滇海棠（*M. prattii*），沧江海棠（*M. ombrophila*）仅分布在滇西北海拔2500~3400m部分山区，台湾林檎、尖咀林檎、富宁林檎仅分布在富宁县南部海拔1200m左右湿热地带。红芭蕉分布在贡山县海拔1400m左右独龙江畔；红河大翼橙分布在红河州的红河县；富民枳分布在富民县；藏杏（*Armeniaca holosericea*）分布在德钦县，且是野生在该县局部地区。

四、野生果树有较强的适应性和抗逆性

长期以来，野生果树自然生长在荒山原野，瘠瘦的山中和潮湿的沟谷。在漫长的生长历程中，经各种不良气候条件和各种病虫害的侵袭考验和自然选择，得以生存下来，它们由于有良好的适应性、抗逆性才能生长发展延至今天。为此，为生产上选择相适应的砧木种类提供了资源，也为果树育种选择亲本培育抗性强的品种提供了优良的亲本。

五、野生果树果实品质差，但风味独特营养丰富

野生果树生长在大自然，无污染，为天然绿色食品。但果实小，种子多，纤维多，肉质粗，味酸，多数不宜生食，与栽培果树相比品质差，但多含维生素和氨基酸，可加工成饮料和糖浆，有的可入药治高血压、精神衰弱和头痛等。

参 考 文 献

〔1〕昆明师范学院史地系编著．云南地理概况．昆明：云南人民出版社，1978
〔2〕俞德浚．中国果树分类学．北京：农业出版社，1979
〔3〕潘德明．丰富多彩的云南果树．云南农业科技，1979（4）41～44
〔4〕云南农业地理组．云南农业地理．昆明：云南人民出版社，1981
〔5〕云南气象局编．云南气候图册．昆明：云南人民出版社，1982
〔6〕陈介等主编．云南的植物．昆明：云南人民出版社，1983
〔7〕云南省气象局编．云南省农业气候资料集．昆明：云南人民出版社，1984
〔8〕王宇霖．落叶果树分类学，北京：农业出版社，1988
〔9〕云南省农业厅．云南省种植业区划．昆明：云南科技出版社，1992
〔10〕王鸿逵主编．南亚热带区域果树开发技术问题．成都：四川人民出版社，1992
〔11〕张文炳，张俊如等．云南省的梨品种资源及利用．果树科学，1998 15（2）188～192

第二章 云南果树种质资源的考察收集保存与研究

第一节 云南果树资源的考察收集

在云南广阔的红土高原上，自然分布的野生果树资源十分丰富，同时经长期栽培选择，各地区又形成了相适应的品种。全省野生果树和栽培品种分布在热带、亚热带、温带到寒温带，且有很多系云南原产。

一、不同历史时期的考察收集

云南省的果树资源一直受国内外重视，由于考察者的身份和目的不同，其收集的侧重点也各不相同。例如，兰茂、王崧等从医药出发，收集对健康有益的植物；徐霞客则是在旅游中，了解各地的风俗人情、自然面貌，兼而收集植物种类。18 世纪，在半封建半殖民时期，特别在鸦片战争后，各个帝国主义为掠夺中国资源，深入中国腹心地带搜集各种植物标本、苗木、种子。最早到云南采集的是英国人安德逊（J. Anderson，1868 年），从缅甸入腾冲县；接着英国外交官鲍尔尼（F. S. A. Bourne，1885 年），从四川、贵州到昆明市、元江县、翠云区（原为思茅市）、蒙自县、广南县；法国传教士迪拉卫（J. M. Delavay，1881～1895 年），两次来昆明市、大理市、东川区等地采集标本近十年之久，寄走标本 20 余万号；英国海关官员亨利（A. Henry，1896～1897 年），来中国后又到翠云区、普洱县、红河县、蒙自县一带采集标本两年之久，带走数千号标本和一些苗木、种子；英国爱丁堡植物园福雷斯特（G. Forrest，1904～1931 年），先后几次从缅甸到云南西北部贡山县一带，采集标本十万号和一些苗木、种子。此外还有美国人洛克（J. F. Rock，1922～1923 年）、奥地利人汉德·马泽蒂（H. Handel－Mazzetti，1914～1917 年）、法国人买里（E. E. Maire，1905～1916 年）等，先后在云南中部北部地区较长时间采集。不难看出云南的植物标本和种质已被掠夺流失欧美诸国，有的种类已经培育成长为稀特的园林树种。

中国的植物学家钟观光教授，是最早到云南考察采集标本的中国专家。他于 1919 年，到大理苍山、宾川鸡足山、漾濞县等地采集；后来由胡先骕教授组织蔡希陶教授（1931 年开始）、王启无教授（1935～1941 年）、俞德浚教授（1937～1938 年）对云南的植物作了比较系统全面的考察采集。此外，还有刘慎谔、秦仁昌、吴征镒、冯国楣教授等在艰苦的条件下，在云南作了大量的考察，为研究云南的植物奠定了基础。旧中国的统治者对科学研究极不重视，经费少，人员缺乏，加之云南山隔水阻，交通不便，常有土匪、地痞、流氓抢窃和干扰；特别深入到边远民族山区，土司、地主、恶霸割据把持一方；疾病弥漫，人烟稀少，民不聊生，地势复杂，到资源最丰富的地区，实地考察，采集资源，需克服重重困难，有时甚至是冒着生命的危险。

二、新中国成立后的考察收集

新中国成立后，国家重视科学事业，先后成立了专业的研究机构。尤其是植物方面组织了较大的各种综合考察。此期间有秦仁昌、蔡希陶、吴征镒、冯国楣、徐永椿、薛纪如等教授，长期主持工作，为进一步摸清云南植物“家底”，开展深入的研究工作，也为国家培养了许多优秀的科技工作者。这为研究云南的植物奠定了坚实的基础，也为果树的研究发展创造了条件。

通过不同程度的考察，基本上摸清了云南植物方面的家底。最早成书的为明代兰茂所著《滇南本草》（14 世纪约 70 年代），清代王菘著《云南备征志》（1831 年）等书，介绍了不少植物，其中包括果树植物在内。1949 年以后，中国科学院昆明植物研究所、西南林学院等单位，编著有《云南经济植物》、《云南植物志》、《云南种子植物名录》、《云南树木图志》，以及俞德浚教授所著的《中国果树分类学》等，详细介绍了产于云南的各种果树植物。

1956 年，在国家拟定的科学远景规划中明确提出：调查、收集、保存和利用中国丰富的果树资源。1958～1959 年，全国各省区先后开展此项工作，云南的研究机关和大专院校也开展了此项工作。云南省农业科学研究部门组织力量实施，所到之处得到各市（州）县有关单位的支持与配合，对昭通市、丽江市、保山市、西双版纳州、红河州和昆明市等州市的 30 多个重点县作了苹果、梨、桃、香蕉、柑桔、菠箩的调查。1974 年，各省之间结合承担研究内容，由中国农业科学院郑州果树研究所、云南省农业科学研究所、北京植物园等 7 个单位组成协作组，对滇西北地区作了苹果砧木资源调查。首次在玉龙县文海村、鲁甸村，维西县青松梁子，德钦县云岭、雾农底等地发现锡金海棠，为研究苹果矮化砧提供了资源。同时，中国农业科学院柑桔研究所和云南省农业科学研究所在云南红河州的红河县调查时发现红河大翼橙（*C. hongheensis*）。这一发现，进一步证实中国是柑桔起源中心之一。后来在中国农业科学院郑州果树研究所主持下，云南省农业科学院园艺所参加了对云南猕猴桃资源的调查。1980 年国家加强对果树资源的利用，依各省资源内容分别在北京、云南、四川等省建 15 个不同的果树种质资源圃。云南承担了建立特有果树砧木圃，云南省农业科学院园艺研究所组织力量，从 1983 年开始，以滇西北横断山脉和滇东南文山州为重点，对全省 80 多个县作了调查收集，至 1989 年建成“国家果树种质云南特有果树砧木圃”。1989 年云南省农业科学院园艺研究所还承担了云南温带果树品种资源调查收集发掘利用，在过去调查的基础上开展了以滇中、滇南、滇西各县的温带果树品种资源调查，至 1994 年收集苹果、梨、桃、李、杏、樱桃、梅、柿等温带果树品种 1000 多个。其中在宁蒗县发现野生梅树林的集中分布，曾发表论文提出云南为梅树原产中心之一。为促进云南省水果生产的发展，云南省农业厅经作处于 1988～1992 年前后组织力量深入滇南、滇西南、滇东北果产区对温带、热带水果作了专门调查，最后制订了在全省建立苹果、梨、柑桔、香蕉、芒果、荔枝、菠萝等水果基地。云南省财政厅、云南省农业厅拨出专款进行扶持，加速云南省水果发展进程。

另外，云南省农业科学院园艺研究所张文炳研究员等通过调查，报道了云南红皮梨资源，并提供了云南火把梨花粉和我国果树专家王宇霖教授、新西兰果树专家 Allan White 教授合作进行杂交育种，已取得成功。

中国科学院昆明植物研究所、云南省林业科学院、各大专院校及各州市对果树资源考察做了大量工作，为云南省果树生产发展、科学研究创造了条件。市、州、县为发挥本地区的水果生产优势，不同程度地作了一些调查收集。如蒙自县科委对本县作了详细的调查收集，提出了发展规划，对查出的石榴、梨等优良品种进行发展，还印发了《蒙自县果树资源调查》一书作交流。大多数单位调查之后，对果树发掘利用虽起到一定的作用，由于多方面的原因，资料各自保存，未整理出来广泛交流，实为不足。

第二节 云南果树资源的种类

为了充分认识云南丰富的果树资源，作者又查阅各种论著和刊物报道，结合实地调查，一并将原产、引入、野生、半野生、栽培的果树（详情见表 1－1），按分类系统科、属、种（包括变种、类型）介绍。

Ⅰ. 裸子植物 *Gymnospermae*

一、银杏科

（一）银杏属 *Ginkgo* L.

1. 银杏（白果）*G. biloba* L.

大关、永善县有野生，昆明市、罗平县、腾冲县、玉龙县（白沙乡龙泉寺有上百年生大树）有栽培，近几年各地发展栽培有5个品种，大多分布在海拔1500～2700m。

本科有1属，1种，5个品种。

二、紫杉科

（二）榧属 *Torreya* Arn.

1. 云南榧（杉松果）*T. yunnanensis* Cheng et L. K. Fu

产兰坪县、云龙县、贡山县、香格里拉县、玉龙县，海拔2000～3400m沟谷坡地高山地带，种子可榨油，但食用不可过量，以防中毒。

2. 香榧 *T. grandis* Fort. ex Lindl.

引入昆明市等地少量试栽。

本科有1属，2种。

三、松　科

（三）松属 *Pinus* L.

1. 华山松（柯松、松子）*P. armandi* Franch.

产全省各地，以会泽县、易门县等地为多，主要分布在海拔1500～3300m的山谷和坡地，种子可食。

本科仅1属，1种。

四、买麻藤科

（四）买麻藤属 *Gnetum* L.

1. 买麻藤（木花生）*G. montanum* Markgr.

产屏边县、景东县、西双版纳州等地，于海拔600～1300m林中，缠于树上，种子炒食和酿酒，树皮制饮料。

（1）大子买麻藤 *G. montanum* Markgr. f. *megalocarpum* Markgr. 产蒙自县、马关县等地。

2. 小叶买麻藤 *G. parvifolium*（Warb.）C. Y. Cheng ex chun

产屏边县、河口县、金平县，于海拔800m林中，种子可食，树液制饮料。

3. 垂子买麻藤 *G. pendulum* C. Y. Cheng

产富宁县、西畴县、麻栗坡县等地，于海拔700～2000m，种子可食。

本科有1属，3种，1变种。

Ⅱ. 被子植物 *Angiospermae*

（Ⅰ）双子叶植物 *Dicotyledoneae*

五、杨梅科

（五）杨梅属 *Myrica* L.

1. **毛杨梅 *M. esculenta* Buch. – Ham.**

除滇东北、滇西北外，全省滇中、滇南、滇西，于海拔1400～2300m山谷箐坡均有野生。

2. **大树杨梅 *M. rubra* Sieb. et Zuce.**

野生分布在富宁、麻栗坡、陇川、泸水等县，生于海拔1000～1800m沟谷坡地，有的果形较大，但未选优发展，近十年从浙江引入5个品种在石屏、富民等县栽培。

3. **矮杨梅（滇杨梅）*M. nana* Cheval.**

产滇中各地，尤以安宁市、富民县、嵩明县、马龙县，宣威市、会泽县和禄劝县等地为多，分布在海拔1500～2400m阴湿坡地，疏林、针阔叶混交林下，果小、味酸。

（1）大叶杨梅 *M. nana* Cheval. var. *luxurians* Chev. 产昆明市西山区、海口等地，生于海拔2000m左右地方。

（2）尖叶杨梅 var. *integra* Chev. 叶先端尖锐，产马龙县等地，生于海拔2100～2300m的山地。

本科1属，3种，2变种，5个品种（其中包含引入栽培的大树杨梅）。

六、胡桃科

（六）胡桃属 *Juglans* L.

1. **云南核桃（漾濞核桃、云南麻核桃）*J. sigillata* Dode**

产滇西各县，生于海拔1300～2700m的沟谷阔叶林中，已选育出优良品种（系）发展栽培。

2. **胡桃（核桃）J. regia L.**

产全省各地，生于海拔1300～2600m的村旁、地边、山坡、箐沟向阳的地方。

3. **野核桃 *J. cathayensis* Dode**

产楚雄市、武定县、富民县、文山州、保山市、腾冲县等地，生于海拔1800～2200m地带。

4. **沧江核桃 *J. cangjiangensis* Y. Yang**

产澜沧江、怒江和金沙江流域部分地区，分布在海拔1300～2300m地带。

（七）山核桃属 *Carya* Nutt.

1. **云南山核桃（越南山核桃）*C. tonkinensis* Lecomte**

产河口县、景东县，怒江河谷，生于海拔800～1300m常绿阔叶林中。

（八）喙核桃属 *Annamocarya* A . Cheval.

1. **喙核桃 *A. sinensis*（Dode）Leroy**

产富宁县、麻栗坡县，海拔500～1500m林地、沟边等地。

本科有3属，6种，20多个品种（系）。

七、榛　科

（九）榛属 *Corylus* L.

1. **滇榛 *C. yunnanensis* A. Camus**

产昆明市郊区、嵩明县、富民县、安宁县、武定县、姚安县、镇雄县、香格里拉县、大理市、永平县、腾冲县等地，生于海拔1700～3700m的山坡灌木丛中。

2. **滇刺榛 *C. ferox* Wall.**

产德钦县、香格里拉县、玉龙县、剑川县、镇雄县、禄劝县等地，生于海拔2000～3000m杂木林中。

3. **藏刺榛 *C. thibetica* Batal.**

C. ferox wall. var. *thibetiea*（Batal.）Franch.

产昭阳区、禄劝县、玉龙县、维西县、鹤庆县等地，生于海拔1500～3000m山林中。

4. **喜马拉雅榛 *C. jacquemontii* Hu**

C. wangii Hu

产维西县等地，生于海拔2300～2800m湿润山地。

5. **华榛 *C. chinensis Franch.***

产滇西北及大理市、嵩明、镇雄等县，生于海拔2000～3400m的湿润山坡地。

6. **维西榛 *C. wangii* Hu**

产维西县、香格里拉县等，生于海拔2900～3400m的林地。

（十）虎榛属 *Ostryopsis Decne.*

1. **滇虎榛 *O. nobilis* Balf. f. et. W. W. Smith**

产维西县、香格里拉县、德钦县、玉龙县等地，生于海拔1500～3000m河谷岩坡。

本科有2属，7种。

八、山毛榉科

（十一）板栗属 *Castanea* Mill.

1. **板栗 *C. mollissima* Bl.**

全省大部分地区栽培，以海拔1400～2100m的地带表现好，有20余个地方品种（系）。

2. **茅栗 *C. seguinii* Dode**

产罗平县、马龙县、镇雄县，生于海拔1700～2100m灌木林中。

3. **锥栗（珍珠栗）*C. henryi*（skan）Rehd et wils.**

产盐津县、生于海拔1000～1200m阳坡阔叶林。

4. **欧洲栗（瑞士板栗）*S. sativa* Mill.**

原产欧洲，传入贡山县丙中洛乡，于海拔2100～2300m一带栽培。

（十二）栲属 *Castanopsis* Spach

1. **银叶栲（慢蹬）*C. argyrophylla* King et Hook. f.**

产滇西海拔800～1200m各地，坚果可食。

2. **小红栲** ***C. carlesii*** **（Memsl.）Hay.**

产砚山海拔1400m山地。

3. **环状栲（黄栗）*C. calathiformis*（skan）Rehd. et Wils.**

产龙陵县、金平县、蒙自县，生于海拔800～2000m山坡杂木林。

4. **元江栲** ***C. concolor*** **Rehd. et Wils.**

产滇中等地，生于海拔800～3000m针阔叶林。

5. **桂林栲** ***C. chinensis*** **Hance**

产富宁县，生于海拔1100～1250m山谷中。

6. **高山栲（猪栗）*C. delavayi*** **Franch.**

产各地海拔900～3000m针阔叶林中。

7. **甜槠栲（石栗子）*C. eyeri*（Champ. ex Bentn.）Tutch.**

产滇南等地，生于海拔1500m林中。

8. **栲树** ***C. fargesii*** **Franch.**

产广南县、文山市海拔1000～2100m山地阔叶林中。

9. **裂壳栲** ***C. fissa*** **（Champ.）Rehd. et Wils.**

产滇东南各县，生于海拔700～1900m山地常绿阔叶林。

10. **刺栲** ***C. hystrix*. A. DC.**

产腾冲县、景东县、砚山县、蒙自县，分布广，生于海拔600～1600m常绿阔叶林。

11. **印度栲（印度锥栗）*C. indica*（Roxb.）A. DC.**

产镇康县、耿马县、勐海县、麻栗坡县、富宁县等地，生于海拔450～1400m疏林。

12. **鹿角栲（鹿角椎）*C. lamontii*** **Hance**

产屏边县、马关县、河口市、金平县等，生于海拔1200～1900m山地。

13. **湄公栲** ***C. mekongensis*** **A. Camus**

产景洪市、勐海县，生于山地海拔600～1900m密林中。

14. **钩栲（钩锥）*C. tibetana*. Hance**

产滇南富宁县、广南县等，生于海拔800～1600m坡地疏林中。

本科有2属，18种，20余个品种（系）。栲属云南还有40种为野生状态，仅列种子可食的14种。

九、桑 科

（十三）桑属 *Morus L.*

1. **桑椹（白桑）*M. alba*** **L.**

栽培于滇中、滇南、滇西。

2. **滇桑** ***M. yunnanensis*** **Koidz.**

Morus mongolica（Bur.）Schneid. var. *Yunnanensis*（koidz.）c. y. Wu et Cao

产德钦县、福贡县、翠云区、景东县等地，生于海拔1900～2800m疏林、沟边。

3. **光叶桑** ***M. macroura*** **Miq.**

产屏边县、文山县、富宁县、西双版纳州、瑞丽市，生于海拔300～1300m河谷等地。

4. **岩桑（蒙古桑）*M. mongolica*（Bur.）Schneid.**

产昆明市、楚雄市、宁蒗县，生于海拔1700～3100m山坡地。

5. **鸡桑 *M. australis* Poir.**

产昆明市西山区、宜良县、禄丰县及玉龙县、大理市、宁蒗县，生于海拔 1500 ~ 2700m 山坡、沟谷。

（1）三裂叶鸡桑 *M. australis* var. *trilobata* S. S. Chang 产昆明市郊，于海拔 1200 ~ 1900m。

也称裂叶桑 *Morlls tzilobata*（S. S. Chang）Cao

（2）花叶鸡桑 *M. austalis* var. *inusitata*（Levl.）C. Y. Wu 产富民县

（3）细裂叶鸡桑 *M. austalis* var. *incisa* C. Y. Wu 产镇雄县，于海拔 1700m。

6. **德钦桑 *M. deqinensis* S. S. Chang**

产德钦县，于海拔 2400m。

7. **湖桑 *M. multicaulis* Perrott.**

也称鲁桑 *Morus alba* L. var. *multicaulis*（Perrott.）Loud.

在昆明市郊、陆良县有栽培。

8. **毛脉桑 *M. notabilis* Schneid.**

产贡山县、泸水县、德钦县。

（十四）无花果属 Ficus L.

1. **无花果 *F. carica* L.**

在昆明市（呈贡、宜良、晋宁、富民）、会泽县，以及楚雄州，大理市、玉溪市等地有栽培，近年来有所发展。

2. **馒头果 *F. auriculata* Lour.**

产福贡县、贡山县、漾濞县、泸水县等地。

3. **水同木 *F. harlandii* Benth.**

产滇南各地、花序、花托可食。

4. **尖叶榕 *F. henryi* Warb. ex Diels**

产漾濞县、屏边县。

5. **苹果榕 *F. oligodon* Miq.**

产漾濞县、屏边县、金平县、文山县等地。

6. **薜荔（凉粉果）*F. pumila* L.**

产富民县、禄劝县等地，生于海拔 1300 ~ 1800m 山坡、河岸杂木林中。

7. **聚果榕 *F. racemosa* L.（*F. glomerata* Roxb.）**

产河口市、屏边县、金平县，海拔 1000m 溪边。

8. **地石榴（地瓜）*F. ti－koua koua* Bur.**

各地均产，野生在海拔 1200 ~ 1900m 湿润坡地，地埂边、沟边。

（1）珍珠榕 *F. sarmentosa var. henryi*（King et Oliv.）Corner.

产昭阳区、禄劝县，于海拔 700 ~ 1700m。

（十五）木菠萝属 *Artocarpus* J. R. et G. Forst.

1. **绢毛菠萝蜜 *A. brevisericea* Wu et Wang**

产滇南。

2. **鸡脖子 *A. callam－gallinacea* W.**

产滇南等地。

3. 木菠萝 *A. heterophyllus* Lam.

产潞西市、西双版纳州、金平县等地，于海拔 1200 ~ 1300m 常有栽培。

4. 尖蜜粒 *A. integra* (*Thunb.*) Merr.

引入滇南栽培，果可食和加工。

5. 桂木 *A. lingnanensis* Merr.

产滇南，果可食。

6. 东京鸡脖子 *A. tonkinensis* A. Chev. ex Gognep.

产马关县、河口市、麻栗坡县等地，生于海拔 400 ~ 1300m 阴山坡。

本科有 3 属，22 种，4 变种，有若干品种、品系。

十、山龙眼科

（十六）山龙眼属 *Helicia* Lour.

1. 母猪果 *H. nilagirica* Bedd.

产翠云区、临沧市、墨江县、西双版纳州，生于海拔 900 ~ 1700m 山坡林。种子可代粮。

（十七）假山龙眼属 *Heliciopsis* Sleum.

1. 假山龙眼 *H. terminalis* (kuiz) Sleum.

产临沧市、西双版纳州，生于海拔 900 ~ 1700m 山坡林。

（十八）澳州坚果属 *Macadamia* F. Muell.

1. 澳洲坚果（昆士兰栗）*M. ternifolia* F. Muell.

主产澳大利亚，引入云南北热带地区少量栽培。

本科有 3 属，3 个种。

十一、木通科

（十九）木通属 *Akebia* Decne.

1. 八月瓜 *A. lobata* Decne.

也称三叶木通 *Akebia trifoliata*（Thunb.）Koidg.

产安宁市、昆明市西山区、腾冲县、文山市，于海拔 1300 ~ 2100m 分布较广。

（1）羊腰子果 *A. trifoliata* var. *australis*（Diels）Rehd. 产腾冲县、文山市、彝良县，生于海拔 1500 ~ 2000m 山坡地。

（二十）猫儿屎属 *Decaisnea* Hook. f. et Thoms.

1. 猫儿屎 *D. fargesii* Franch.

产云龙县、维西县、玉龙县，生于海拔 2300 ~ 2700m 沟谷、箐坡杂木林。

本科有 2 属，2 种，1 变种。

十二、五味子科

（二十一）南五味子属 *Kadsura* Kaempf. Juss.

1. **冷饭团（咪嘟噜）*K. coccinea*（Lem.）A. C. Smilth**

产屏边县、蒙自县、文山县，生于海拔 450～1860m 杂木林中。

2. **吹风散 *K . heteroclita*（Roxb.）Craib.**

产屏边县、文山县，于海拔 1000～2000m。

3. **南五味子 *K. longipedunculata* Finet et Gagnep.**

产昆明市郊区县。

本科有 2 属，3 种。本科还有五味子属（Schisandra Michx.）中的几种，如满山香 *S. sphaerandra* Stapf 等，主要入药未列入。

十三、茶藨子科（虎耳草科）

（二十二）茶藨子属 Ribes L.

1. **高山醋栗 . *R. alpestre* Wall. ex Decne.**

产香格里拉县、德钦县、玉龙县，生于海拔 2900～3300m 山坡箐边。

2. **西南茶藨（糖茶）*R. emodense* Rehd.**

产滇西北，生于海拔 2200～3000m 的山地。

3. **云南茶藨 *R. franchetii* Jancz.**

产滇西。

4. **黑果醋栗 *R. glaciale* Wall.**

产滇中、滇西北，生于海拔 2500～3800m 沟谷。

5. **滇藏醋栗（糖茶）*R. himalense* Royle ex Decne.**

产香格里拉县、德钦县、维西县、贡山县等，生于海拔 2900～4100m 山地。

6. **长序醋栗 *R. longiracemosum* Franch.**

产德钦县、维西县，生于海拔 3100～3600m 坡地。

7. **紫花茶藨栗 *R. luridum* Hook. f. et. Thoms.**

产大理市、玉龙县、德钦县，生于海拔 3000～4000m 林绿。

8. **宝兴醋栗 *R. moupinense* Franch.**

产滇西北各县，生于海拔 1000～3600m 坡地沟旁。

9. **小果茶栗 *R. vilmorinii* Jancz.**

产香格里拉县，生于海拔 2400～3300m 箐坡等地。

10. **桂叶茶藨 *R. laurifolium* Jancz.**

产怒江河谷。

本科有 1 属，10 种，10 余个品种（系）。

十四、番荔枝科

（二十三）番荔枝属 Annona L.

1. **毛叶番荔枝 A. cherimolia Mill.**

原产秘鲁安第斯山，勐腊县引入栽培。

2. 圆滑番荔枝 A. glabra L.

原产热带美州，西双版纳州勐腊县引入栽培。

3. 刺果番荔枝（红毛榴莲）A. muricata L

原产热带美州，勐腊县引入栽培。

4. 牛心番荔枝（牛心梨）A. reticulata. L.

原产热带美州，勐海县引入栽培。

5. 番荔枝（绣球果）A. squamosa L.

原产热带美州，西双版纳州及澜沧县引入栽培。食用部分为种皮、果肉，味极甜。

6. 石密番荔枝 A. mollis Dunn.

原产热带美州，思茅市翠云区，于海拔 600～1000m 栽培，果黄色可食。

本科有 1 属，引入 6 个种。

十五、樟　科

（二十四）鳄梨属 *Persea* Mill.

1. 鳄梨（油梨）*P. americana* Mill.

原产热带美洲，引入滇西南西双版纳州及元谋县少量栽培。

本科 1 属，1 种。

十六、蔷薇科

（二十五）桃属 *Amygdalus* L.

1. 桃 *A. persica* L.

全省各地均有栽培，有 101 个品种。

（1）蟠桃 var. *compersica*（Loud）Yü et Lu 引入栽培，有 5 个品种。

（2）油桃 var. *nucipersica* L. 引入 10 余个品种栽培。

（3）寿星桃 var. *densa* Mak. 引入栽培。

2. 光核桃（藏桃）A. *mira*（Koehne）Yü et Lu

产香格里拉县、宁蒗县、德钦县、维西县，生于海拔 2100～3400m 山坡，沟谷林缘，有十余个类型，大果型的鲜食，又作砧木和绿化树种。

3. 山桃 A. *davidiana*（Carr.）Yu.

产富民县、禄劝县，生于海拔 2000～2200m 山坡、箐边，作绿化和砧木。

4. 榆叶梅 A. *triloba* Ricker

引入昆明市等县区庭园栽培。

5. 冲天桃 *A.* sp.（学名待定），

产宁蒗县、永胜县，于海拔 2400～2700m 地区，少量栽培。

本属有 5 个种，3 个变种，110 多个品种

（二十六）李属 *Prunus* L.

1. 中国李 *P. salicina* Lindl.

产香格里拉县、富民县、马龙县、大理市、嵩明县、玉龙县、宁蒗县、泸水县、腾冲县、河口市、镇雄县等地，生于海拔 2000～3100m 的河边、灌木林中、村旁，各地栽培有 20 余个品

种。这些地方还有野生李的分布。

（1）毛梗李 var. *pubipes*（koehne）Bailey

产安宁市、鹤庆县、云龙县，于海拔 1600 ~ 2000m。

2. 欧洲李 *P. domestica* L.

引入昆明市、大理市等栽培。

3. 美洲李 *P. americana* March.

引入栽培。

4. 紫叶李 *P. cerasifera* Ehrh.

引入城镇庭园栽培作观赏。

5. 杏李 *P. simonii* Carr.

引入昆明市、大理市、昭通市栽培。

本属有 5 种，1 变种，30 多个品种。

（二十七）杏属 *Armeniaca* Mill.（包括梅）

1. 普通杏 *A. vulgaris* Lam.

栽培在滇中、滇西北、滇东北等地，生于海拔 1700 ~ 3100m 的村旁、果园内，有 17 个品种。

2. 藏杏 *A. holosericea*（Batal.）Kost.

产德钦县，于海拔 2900 ~ 3400m 杂木林中，山坡岩石间。

3. 梅 *A. mume* Sieb.

产嵩明县、宁蒗县，于海拔 1700 ~ 3100m 的山坡、沟谷润湿地，宁蒗县有 10 万株野生梅林。滇中及滇东北的剑川县、洱源县、巍山县、漾濞县等地广泛栽培，有 11 个品种。

（1）安宁野梅（刺梅）var. *pallescens*（Franch.）Yu et Lu 产安宁市、大理市、香格里拉县。

（2）长梗梅（垂枝梅）var. *cernua*（Franch.）Yu et Lu 产昆明市、勐海县、宾川县等地，生于海拔 600 ~ 2600m 的山坡疏林中。

（3）毛叶梅 var. *goethartiana*. Koehne 产巍山县、剑川县等地，于海拔 1800 ~ 2200m。

（4）小梅 var. *microcarpa*. Makinon. 产宁蒗县，于海拔 2200m。

本属有 3 个种，4 个变种，28 个品种。

（二十八）樱桃属 *Cerasus Mill.*

1. 中国樱桃 *C. pseudocerasus*（Lindl.）G. Don

以昭阳区、镇雄、彝良等县栽培最多，昆明市、曲靖市的部分县亦栽培，有 10 余个品种。

2. 野樱桃（山樱桃）*C. conradinae*（Koehne）Yü et Li

产马龙、会泽、大姚等县及东川区，生于海拔 2000 ~ 2400m，作砧木，果期 4 ~ 5 月。

3. 云南樱桃 *C. yunnanensis*（Franch.）Yü et Li.

产嵩明、富民、永仁、洱源等县，生于海拔 2000 ~ 2600m 的沟谷疏林中，作砧木。

4. 欧洲甜樱桃 *C. avium*（L.）Moench.

产欧洲，果大，引入安宁、晋宁、富民等县，有少量栽培。

5. 云南樱花（西南樱桃）*C. duclouxi*（Koehne）Yü et Li

产昆明市各区县及曲靖市等地，生于海拔 1900 ~ 2300m 山沟疏林中作砧木。

6. 冬樱花 *C. maijestica* Koehne

产石屏、通海、禄丰、弥渡、永平、云龙、腾冲、弥勒、蒙自、屏边、河口等县市和大理市，生于海拔 700 ~ 2000m 的疏林、沟谷坡地，花期 10 ~ 12 月，观赏和作砧木。

7. 毛樱桃 *C. tomentosa*（Thunb.）Wall.

产宁蒗县、永胜县、维西县，生于海拔 1400 ~ 2100m 的山林内或灌丛中，果可食。

8. 细花樱桃 *C. pusilliflora*（Card.）Yu et Li

产玉龙县、宁蒗县、永胜县、维西县，生于海拔 1400 ~ 2100m 山坡疏林中。观赏和作砧木。

9. 欧洲酸樱桃 *C. vuigaris* Mill

引入昆明市、曲靖市、大理市、丽江市等地栽培，表现不良。

本属有 20 多种，仅列以上 9 种，栽培的有 10 余个品种。

（二十九）木瓜属 *Chaenomeles* Lindl.

1. 木瓜 *C. sinensis* Koehne

分布于昆明市、曲靖市等地，于海拔 1900 ~ 2100m 栽培。

2. 皱皮木瓜 *C. speciosa*（Sweet）Nakai

产大理市、永平、剑川、泸水、云龙、腾冲等县及德宏州、丽江市、维西县，于海拔 1500 ~ 2500m。

3. 毛叶木瓜 *C. cathayensis* Schneid.

产永平县、云龙县、巍山县、玉龙县、维西县，于海拔 1800 ~ 2800m 山坡、林缘有生长或栽培。

4. 西藏木瓜 *C. tibetica* Yü

产维西县、德钦县，生于海拔 2100 ~ 2500m 坡地或栽培。

5. 甜木瓜 *C.* sp.

产于泸水县、云龙县、巍山县，于海拔 2100 ~ 2400m。

本属有 5 个种，1 个变种（未定），10 个品种（系）。

（三十）山楂属 *Crataegus* L.

1. 云南山楂 *C. scabrifolia*（Franch.）Rehd.

产滇中、滇南、滇西，生于海拔 1100 ~ 2800m 的杂木林中。果可食和入药。

2. 野山楂 *C. cuneata* Sieb. et Zucc.

产滇东北的昭阳区、鲁甸县、镇雄县，生于海拔 1900 ~ 2300m 杂木林中，有 7 个品种（系）鲜食和入药。

3. 滇西山楂 *C. oresbia* W. W. Smith

产维西县、香格里拉县、宁蒗县，生于海拔 2600 ~ 3000m 灌木丛中。

4. 中甸山楂 *C. chungtienensis* W. W. Smith

产香格里拉县、维西县、宁蒗县，生于海拔 2500 ~ 3300m 灌木丛中。

5. 猴子山楂（湖北山楂）*C. hupehensis* Sarg.

产罗平县，于海拔 1600m 左右。

6. 华中山楂 *C. wilsonii* Sarg.

产滇东北昭阳区等地，于海拔 1000 ~ 2500m。

7. 山里红（山楂）*C. pinnatifida* Bge.

从河北、山东引入，昆明郊区县栽培，结果表现良好，仅酸味浓。

本属有 7 个种，15 个品种。

（三十一）榅桲属 *Cydonia* Mill.

1. 云南榅桲 *C. oblonga* Mill.

原产欧洲，引入昆明市栽培，由于年代长，习称云南榅桲（Angers），可作梨的矮化砧木。

（三十二）移𣗋属 *Docynia* Decne

1. 移𣗋 *D. indica*（Wall.）Decne.

产昆明市、马龙县、屏边县、西畴县、勐腊县、勐海县等地，生于海拔 1200～2400m 的山坡杂木林中。

2. 云南移𣗋 *D. delavayi*（Franch.）Schneid.

产滇中大部地区以至西双版纳州、河口市、金平县，生于海拔 1500～2900m 的山谷等地。

本属有 2 种，从果形上分有 9 个类型。

（三十三）牛筋条属 Dichotomanthes Kurz

1. 牛筋条 D. tristaniaecarpa Kurz

产昆明市郊、马龙县、寻甸县、嵩明县、禄劝县，玉溪市、漾濞县、腾冲县、潞西市、陇川县、麻栗坡县、屏边县，昭阳区、镇雄县，生于海拔 930～3000m 的杂木林中，果小，种子仅一粒，可食，作枇杷、梨砧木。

（1）光叶牛筋条 var. *glabrata* Rehd. 产思茅市等地。

（三十四）枇杷属 *Eriobotrya* Lindl.

1. 枇杷 *E. japonica*（Thunb.）Lindl.

产昆明市郊区县及砚山县、罗平县、蒙自县、丽江市，生于海拔 1200～2300m，大多为栽培。

2. 腾越枇杷 *E. tengyuehensis* W. W. Smith

产腾冲县、泸水县、福贡县、贡山县，生于海拔 1700～2500m 的山坡杂木丛中。

3. 倒卵叶枇杷 *E. obovata* W. W. Smith

产富民县、贡山县，生于海拔 2200～2880m 的山坡林中。

4. 南亚枇杷 *E. bengalensis*（Raxb.）Hook. f.

产河口市、屏边县，有两个变型。

（1）窄叶南亚枇杷（变型）*f. angustifolia*（Card.）Vidal. 叶片披针形。

（2）四柱叶南亚枇杷（变型）*f. intermedia*（Card.）Vidal 花柱 4。

5. 齿叶枇杷 *E. serrata* Vidal.

产滇东南，于海拔 1000～1900m 山坡林中。

6. 窄叶枇杷 *E. henryi* Nakai

产易门县、双柏县，于海拔 800～2000m 的山坡杂木林中。

7. 小叶枇杷 *E. seguinii*（Lévl.）Card ex Guill.

产富宁县、文山市和西畴县，生于海拔 1500～2400m 的山坡阔叶林。

8. 怒江枇杷 *E. salwinensis* Hand. —Mazz.

产泸水县、永善县，生于海拔 1500～2400m 阔叶林中。

9. 麻栗坡枇杷 *E. malipoensis* Kuan

产富宁县、麻栗坡县，生于海拔 110～1400m 的山谷林中。

10. **栎叶枇杷 *E. prinoides* Rehd. et Wils.**

产禄劝县、石屏县、砚山县、蒙自县，生于海拔 800～1600m 的湿润林中。

本属有 10 个种，2 个变型，11 个栽培品种。

（三十五）草莓属 Fragaria L.

1. **白草莓 *F. nilgerrensis* Schlecht. ex Gay.**

野生于昆明市、马龙县、德钦县等地，在滇中、滇南海拔 1800～2400m 潮湿处有分布。

2. **野草莓 *F. vesca* L.**

野生宁蒗县，约海拔 2900m，果红色，可食。

3. **大花草莓 *F. xananassa* Duch.**

引入园艺杂种，各地栽培有 20 余个品种。

4. **西南草莓 *F. moupinensis* (Franch.) Card.**

产滇西北，生于海拔 3000m 草地或林下。

本属仅列 4 个种 20 个品种。

（三十六）苹果属 *Malus* Mill.

1. **丽江山荆子 *M. rockii* Rehd.**

产玉龙县、香格里拉县、维西县、德钦县、兰坪县、宁蒗县、云龙县，生于海拔 2400～3400m 山谷、溪边、林缘，作砧木。有 20 个类型。

2. **锡金海棠 *M. sikkimensis* (Hook. f.) Koehne**

产玉龙县、维西县、德钦县、兰坪县、云龙县、隆阳区、腾冲县，生于海拔 2500～3400m 沟谷杂木林中。

3. **湖北海棠 *M. hupehensis* (Pamp.) Rehd.**

产昆明市、通海县、石屏县、泸西县、玉龙县、维西县、景东县、镇雄县、保山市、腾冲县，生于海拔 1600～2500m 沟谷、溪边、山坡地杂木 林中。

4. **垂丝海棠 *M. halliana* Koehne**

产昆明市、香格里拉县、玉龙县、兰坪县，生于海拔 2000～3200m 的山坡灌丛林中。

(1) 钝叶垂丝海棠 var. *obtusiloba* (Carb.) Hand. -Mazz. 昆明市栽培。

5. **西府海棠 *M. micromalus* Makino**

玉龙县、宁蒗县、鹤庆县、剑川县等地栽培。

6. **圆叶海棠（楸子）*M. prunifolia* (Willd.) Borkh.**

昭阳区、鲁甸县、玉龙县栽培。

7. **海棠花 *M. spectabilis* (Ait.) Borkh.**

宁蒗县、玉龙县栽培。

8. **花红 *M. asiatica* Nakai**

昆明市官渡区浑水塘栽培最多，各地少量栽培。

9. **苏氏海棠 *M. soulavdii* Britt.**

引入马龙县栽培。

10. **三叶海棠 *M. sieboldii* (Regel) Rehd.**

产维西县、兰坪县、云龙县，生于海拔 2400～2800m 杂木林中。

11. **花叶海棠 *M. transitoria* (Batal.) Schneid.**

产禄劝县。

12. 云南海棠 *M. yunnanensis*（Franch.）Schneid.

产宁蒗县、玉龙县、香格里拉县、德钦县、维西县、贡山县、保山市、剑川县、云龙县、兰坪县，生于海拔2500～3600m杂木林中。

13. 川滇海棠 *M. prattii*（Hemsl.）Schneid.

产维西县、兰坪县，生于海拔2800～2950m的杂木林中。

14. 沧江海棠 *M. ombrophila* Hand. -Mazz.

产宁蒗县、兰坪县等地，于海拔2300～2400m。

15. 台湾林檎 *M. formosana* Kawak et Koidz.

又称为 *M. doumeri*（Bois）chev.

产富宁县，生于海拔1200～1400m杂木林。

16. 尖嘴林檎 *M. melliana*（Hand. -Mazz.）Rehd.

产富宁县、麻栗坡县，于海拔1300～1400m。

17. 富宁檎林 *M. funingensis* Liu Yuan et zhang

产富宁县，于海拔1100～1200m。

18. 保山海棠 *M. baoshanensis* G. T. Decng.

产隆阳区沙坝乡。

19. 中国苹果 *M. domestica* Subsp chinensis Y. N. Li.

昆明市、丽江市、昭阳区栽培，数量逐渐减少。

20. 苹果 *M. pumila* Mill.

原产欧洲及中亚，育成的品种很多，后引入云南，粗略收集统计228个品种。

（2）林檎 var. *rinki* Koidzumi. 昆明市郊区等地零星栽培。

21. 山荆子 *M. baccata*（L.）Borkh.

产昭阳区、鲁甸县等地。

22. 毛山荆子 *M. manshurica*（Maxim.）Kom.

引入作砧木。

23. 甘肃海棠 *M. kansuensis*（Batal.）Schneid.

引入试作砧木。

24. 河南海棠 *M. honanensis* Rehd.

引入作砧木。

本属共24个种，2个变种，30多个类型，230余个品种。

（三十七）扁核木属 *Prinsepia* Royle

1. 扁核木（青刺尖）*P. utilis* Royle

产昆明、大理、丽江、楚雄、保山等市，生于海拔1600～2300m杂木林、道旁、地边。果可酿酒和入药，治消化不良，种子榨油。

（三十八）火棘属 *Pyracantha* Roem.

1. 火棘 *P. fortuneana*（Maxim.）Li

产滇中，滇西各地，生于海拔1500～2400m，山坡、路旁、沟谷，果有红、黄、橙黄、浅黄等色。

2. 细叶火棘 *P. crenulata*（D. Don）Roem.

产滇西北，于海拔1500～2400m。

（1）细圆齿火棘（原变种）var. *crenulata*

（2）细叶变种 var. *kansuensis* Rehd.

3. 窄叶火棘 *P. angustifolia*（Franch.）Schneid.

多刺，叶背被绒毛，果期 9 ~ 12 月，产曲靖市麒麟区、马龙县、丽江市，于海拔 2100 ~ 2800m，分布较广。

4. 澜沧火棘 *P. inermis* Vidal

通常无刺，花密生，产澜沧县江两岸，于海拔 800 ~ 1200m。

本属有 4 种，2 变种。

（三十九）梨属 *Pyrus* L.

1. 川梨（棠梨）*P. pashia* Buch. – Ham. ex D. Don

分布较广，产全省各地，生于海拔 650 ~ 3400m 山地、沟谷、箐坡、杂木林地，作砧木，果可食。

（1）无毛川梨 var. *kumaoni* Stapf 产昆明市及滇东南，生于海拔 1400 ~ 1800m 坡地、沟谷。

（2）钝叶川梨 var. *obtusata* Card. 产昆明市、楚雄州、祥云县、维西县、景洪市，生于约海拔 1900m 地带。

（3）大花川梨 var. *grandiflora* Card. 产西双版纳州等地，生于海拔 900 ~ 1200m 地带。

本种中还有约 18 个类型。其中毛川梨产德钦县，红川梨产宁蒗县，大果川梨、黄果川梨产马龙县，较易分出。栽培的品种约 10 个。

2. 砂梨 *P. pyrifolia*（Burm. f.）Nakai

产昆明市、曲靖市、昭通市、通海县、文山州、勐海县、楚雄州、丽江市等地，于海拔 500 ~ 2300m。有栽培的品种、半栽培类型及半野生型 320 个。

3. 滇梨 *P. pseudopashia* Yü

产兰坪县、维西县、鹤庆县，生于海拔 2400 ~ 3000m 沟边杂木林中及村旁。

4. 白梨 *P. bretschneideri* Rehd.

引入滇中等地栽培，有 40 多个品种。

5. 洋梨 *P. communis* L.

引入昆明市、曲靖市、楚雄州、大理市的部分县栽培，有 31 个品种。

6. 豆梨 *P. calleryana* Dcne.

产东川区、富宁县，生于海拔 650 ~ 1800m 的山坡、杂木林，数量不多，作砧木。

7. 秋子梨 *P. ussuriensis* Maxim.

先后引入 10 余个品种栽培，表现不良，已逐渐淘汰。

8. 杜梨 *P. betulaefolia* Bge.

引入作砧木，表现不好。

本属产云南省的有 4 个种，3 个变种；引入 4 个种，共 8 个种，多个类型，420 余个品种（系）。

（四十）蔷薇属 *Rosa* L.

1. 刺梨（缫丝花）*R. roxburghii* Tratt.

产麻栗坡县、富宁县、镇雄县、盐津县、宾川县、罗平县、大理市，于海拔 1400 ~ 2400m，果含维生素 C 很高。

2. 金樱子 *R. laevigata* Michx.

产全省各地，果可食或入药。

本属云南省有种、变种和变型近40种，仅收集较有价值的以上2种。

（四十一）悬钩子属 *Rubus* L.

1. 黄藨（黄酸莓）*R. obcordatus*（Franch.）Nguyen

产全省各地，生于1300～2500m山坡、沟谷杂木林中。

2. 黑锁莓 *R. foliolosus* D. Don

产各地，于海拔1500～2500m。

3. 粉枝莓 *R. biflorus* Buch. –Ham. ex Smith

产麒麟区，马龙县、嵩明县、昆明市西山区等地，果可食用。

4. 黄锁莓 *R. lambertianus* Ser.

产滇南各地，于海拔1900m。

5. 悬钩子 *R. corchorifolius* L. f.

产滇东北，于海拔1400～2150m。

6. 茅莓 *R. parvifolius* L.

产滇中，于海拔1800m。

7. 黄果莓 *R. xanthocarpus* Bur. et Franch.

产滇南。

本属产云南的有124个种和变种，果可食、加工，产量较大的有7种。

（四十二）花楸属 *Sorbus* L.

1. 康藏花楸 *S. thibetica*（Card.）Hand. –Mazz.

产维西县、德钦县、香格里拉县，生于海拔2800～3400m杂木林中。

2. 冠萼花楸 *S. coronata*（card.）Yü et Tsai

产禄劝县、会泽县、镇雄县、香格里拉县、维西县、德钦等县，生于海拔1300～3100杂木林中。

3. 灰叶花楸 *S. pallescens* Rehd.

果表无疣，产维西县，于海拔1400～2600m。

4. 大果花楸（沙糖果）*S. megalocarp* Rehd.

产镇雄县，于海拔1600～2100m。

5. 疣果花楸 *S. granulose*（Bertol.）Rehd.

果表有疣，产维西县，于海拔1400～2600m。

6. 毛序花楸 *S. keissleri*（Schneid.）Rehd.

花序梗有绒毛，产彝良县、镇雄县，于海拔800～2000m。

7. 锈色花楸 *S. ferruginea*（Wenzig）Rehd.

产维西县、香格里拉县、丽江市，于海拔1800～2800m。

8. 维西花楸 *S. monbeigii*（Card.）Yü

复叶、果红色，产维西县、泸水县，于海拔2900～3500m。

9. 西康花楸 *S. prattii* Koehne

复叶，果白色，产维西县、香格里拉县、德钦县，于海拔2400～3700m。

10. 川滇花楸 *S. vilmorinii* Schneid.

复叶、果淡红色、产禄劝县、香格里拉县、维西县，于海拔 2800 ~ 3200m。

11. 西南花楸 *S. rehderiana* Koehne

复叶、果卵形、粉红色，产禄劝县、香格里拉县、维西县，于海拔 3000 ~ 3700m。

12. 少齿花楸 S. oligodonta (Card.) Hand. – Mazz.

大乔木，复叶，果白色有红晕，产兰坪县、维西县、丽江市、香格里拉、德钦县，于海拔 2200 ~ 340m。

本属产中国有 50 余种，文献记载产于云南省的有 36 种，初步整理，列出可食的 12 种。

本科共有 19 属，111 种，22 个变种，63 个类型，980 余个品种。

附：石积属 *Osteomeles* Lindl.

石积（华西小石积）*O. schwerinae* Schneid. 小灌木，果紫黑色，产滇中各地，生于海拔 1600 ~ 2200m山地。

十七、鼠李科

（四十三）枳椇属 *Hovenia* Thunb.

1. 拐枣 *H. acerba* Lindl.

产各地，以玉龙县、鲁甸县、昭阳区、马龙县、嵩明等县为多，生于海拔 2000 ~ 2200m 地带，或者有栽培，砚山（阿猛）有 1 株树高约 20m，干周粗 3.3m，树龄约 150 年，为省内最大的老龄拐枣树，属省内外罕见。

（1）毛叶拐枣 *var. kiukiangensis*（Hu et Cheng）C. Y. Wu ex Y. L. Chen 产贡山县。

2. 小花拐枣 *H. parviflora* Nakai et Y. Kimura

产滇东南。

（四十四）枣属 *Zizyphus* Mill.

1. 无瓣枣 *Z. apetala* Hook. f. et Lawson.

产思茅市、西双版纳州等地，于海拔 540 ~ 1600m。

2. 细脉枣 *Z. fungii* Merr.

产西双版纳州等地，于海拔 180 ~ 1100m。

3. 滇枣 *Z. incurva* Roxb.

野生于鹤庆县，生于海拔 1500 ~ 2300m 地带。

4. 枣子 *Z. jujuba* Mill.

栽培在富民、宜良、大姚、宾川、永胜等县，于海拔 1600 ~ 2400m，有 5 个品种。

5. 大果枣 *Z. mairei* Dode

分布于宜良县、开远市等地，于海拔 1900 ~ 2100m 栽培。

6. 毛叶枣（缅枣）*Z. mauritiana* Lam.

产元谋县、禄劝县、盈江县、西双版纳州、德宏州、元江县，生于海拔 130 ~ 1500m 山地灌木丛中，有 5 个品种。

7. 山枣 *Z. montana* W. W. Smith

产滇西北，如德钦县金沙江河谷，生于海拔 1900 ~ 2400m 的山谷地中。

8. 麻核枣（毛叶枣）Z. oenoplia Mill.

产西双版纳州。

9. 皱皮枣（皱叶枣）Z. rugosa Lam.

产临沧市、红河州、西双版纳州，生于海拔 140 ~ 1350m 的林中。

10. 云南枣 Z. yunnanensis Schneid.

产兰坪县、鹤庆县、景谷县、思茅市、耿马县、景洪市，生于海拔 1000 ~ 2500m 混交木中。

本科有 2 属，12 个种，1 个变种，20 个品种。

十八、葡萄科

（四十五）葡萄属 *Vitis* L.

1. 光叶葡萄（小葡萄）*V. balansaeana* Planch.

产西双版纳州，于海拔 500m ~ 800m。

2. 桦叶葡萄 *V. betulifolia* Diels et Gilg.

产全省大部分地区，于海拔 2100 ~ 3400m。

3. 葛藟葡萄 *V. flexuosa* Thunb.

产滇西，于海拔 1200 ~ 1900m。

（1）小叶葛藟葡萄 var. *parvifolia*（Roxb.）Gagnep. 产富民县、禄劝县及滇西北，于海拔 1000 ~ 2400m。

（2）大叶葛藟葡萄 var. *malayana* Planch. 产滇西北及思茅市，于海拔 700 ~ 2000m。

4. 刺葡萄 *V. davidii*（Rom. du Caill.）Foex.

野生马龙县、麻栗坡县等地，生于海拔 700 ~ 2200m 箐坡杂木林。

5. 美洲葡萄 *V. labrusca* L.

引入各地栽培，有 20 多个品种。

6. 绵毛葡萄（绿葡萄）*V. lanata* Roxb.

产宜良县、罗平县、永胜县、玉龙县，于海拔 2300 ~ 2800m。

7. 五角叶葡萄 *V. quinquangularis* Rehd.

产师宗县及滇西北，于海拔 520 ~ 2500m。

（3）裂叶五角叶葡萄 var. *lobata* Gagnep. 产滇南海拔 1200 ~ 1350m。

8. 毛葡萄 *V. retordii* Romanet du Caill. ex Planch.

产滇南河口市等地，于海拔 190 ~ 1400m。

9. 锡金葡萄 *V. sikkimensis* Laws.

产滇西。

10. 小叶葡萄 *V. sinocinerea* W. T. Wang

产昆明市等地。

（4）小叶葡萄变种 var. *cinerea* Gagnep. 产昆明市等地。

11. 蘡奥葡萄 *V. thunbergii* Sieb. et Zucc.（Bge.）C. L.

产昆明市等地。

（5）蘡奥（变种）var. *mairei*（Levl.）Lauener.

产会泽县，大理市、丽江市，于海拔 1800m。

12. 欧洲葡萄 *V. vinifera* L.

引入 70 余个品种，各地栽培。

13. 网脉葡萄 *V. wilsonae* Veitch.

产麻栗坡县、富宁县，生于海拔 900 ~ 1000m 地带。

本科有1属，13种，5个变种，100余个品种。

十九、猕猴桃科

（四十六）猕猴桃属 *Actinidia* Lindl.

1. **软枣猕猴桃 *A. arguta*（Sieb. et Zucc.）Planch. ex Miq.**

分布于昆明市郊区，于海拔2000m；云龙县，于海拔2500m。

（1）凸脉猕猴桃 var. *nervosa* C. F. Liang 分布于威信县，于海拔1600m。

（2）紫果猕猴桃 var. *purpurea*（Rehd.）C. F. Liang 主要分布滇西北、滇东北、滇中各县，于海拔1700～2100m。

2. **硬齿猕猴桃 A. *callosa* Lindl.**

分布于彝良县、镇雄县，于海拔1400～1800m。

（3）尖叶猕猴桃 var. *acuminata* C. F. Liang 分布于西畴县，于海拔1450m。

（4）毛叶硬齿猕猴桃 var. *strigillosa* C. F. Liang 分布于威信县，于海拔1500m。

（5）京梨猕猴桃 var. henryi Maxim. 分布于腾冲县，于海拔1600～1900m。

（6）异色猕猴桃 var. discolor C. F. Liang 分布于绥江县，于海拔1400～1500m。

（7）驼齿猕猴桃 var. ephippioideas C. F. Liang 分布于屏边县，于海拔1400～2000m。

3. **中华猕猴桃 *A chinensis* Planch.**

分布于马龙县、昆明市，于海拔2000m；永善县、盐津县、镇雄县，于海拔1200～1800m。

4. **肉叶猕猴桃 *A. carnosifolia* C. Y. Wu**

分布于麻栗坡县，于海拔1700m。

（8）奶果猕猴桃 var. *glaucescens* C. F. Liang 分布于麻栗坡县，于海拔1600m。

5. **美味猕猴桃 *A. deliciosa*（Cheval）C. F. Liang et. A. R. Ferguson.**

分布于滇东北，于海拔1900m。

（9）绿果猕猴桃 var. *chlorocarpa*（Liang）Liang et Ferguson. 分布于会泽县，于海拔2050m。

6. **毛花猕猴桃 *A. eriantha* Benth.**

分布于昆明市郊区，于海拔1800～2000m。

7. **簇花猕猴桃 *A. fasciculoides* C. F. Liang**

分布于麻栗坡县，于海拔1400～1600m。

（10）楔叶猕猴桃 var. *cuneata* C. F. Liang 分布于麻栗坡县，于海拔1500m。

8. **黄毛猕猴桃 *A. fulvicoma* Hance**

分布于河口市，海拔980m。

（11）绵毛猕猴桃 var. *lanata*（Hemsl.）C. F. Liang 分布于河口市、屏边县，于海拔900～1700m。

① 糙毛猕猴桃 *form. hirsuta*（Fin. et Gagn.）C. F. Liang 分布于会泽县，于海拔2000m。

9. **粉叶猕猴桃 *A. glauco－callosa* C. Y. Wu**

分布于腾冲县、云龙县，于海拔2100～2400m；龙陵县，海拔1500m。

10. **圆果猕猴桃 *A. globosa* C. F. Liang**

主要分布于屏边县，于海拔1500～1600m。

11. **大花猕猴桃 *A. grandiflora* C. F. Liang**

分布于会泽县，于海拔1900m。

12. **粗齿猕猴桃（为长叶猕猴桃的变种）*A. hemsleyana* var. *kengiana*（Met.）C. F. Liang**

分布于麻栗坡县，于海拔1200m。

13. 蒙自猕猴桃 *A. henryi* Dunn

分布屏边县、河口市，于海拔 1500～1900m。

（12）蒙自猕猴桃 var. *henryi* 分布于河口市，于海拔 1500m。

（13）多齿猕猴桃 var. *polyodonta* Hand. －Mazz. 分布于麻栗坡县，于海拔 1700m。

（14）光茎猕猴桃 var. glabricaulis（C. Y. Wu）C. F. Liang 分布于贡山县，于海拔 1700m。

14. 全毛猕猴桃 *A. holotricha* Fin et Gagnep.

分布于彝良县、绥江县，于海拔 1300～1600m。

15. 中越猕猴桃 *A. indochinensis* Merr.

分布于麻栗坡县、屏边县、马关县、西畴县，于海拔 1300～1400m。

16. 狗枣猕猴桃 *A. kolomikta*（Rupr. et Maxim.）Maxim.

分布于昆明市郊区，于海拔 1900～2000m。

17. 滑叶猕猴桃 *A. laevissima* C. F. Liang

分布于麻栗坡县，于海拔 1400m。

18. 阔叶猕猴桃 *A. latifolia*（Gardn. et Champ.）Merr.

分布于河口市、屏边县、麻栗坡县，于海拔 1000m。

（15）长绒猕猴桃 var. *mollis*（Dunn）Hand. －Mazz. 分布于西畴县，于海拔 1600m。

19. 薄叶猕猴桃 *A. leptophylla* C. Y. Wu

分布于镇雄县、绥江县、永善县，于海拔 1000～2000m。

20. 海棠猕猴桃 *A. maloides* Li

分布于云龙县，于海拔 2400m。

②心叶海棠猕猴桃 *f. cordata* C. F. Liang 分布于云龙县，于海拔 2400m。

21. 黑蕊猕猴桃 *A. melanandra* Franch.

主要分布于维西县，于海拔 2100m。

（16）无髯猕猴桃 var. *glabrescens* C. F. Liang 分布于腾冲县，于海拔 1900～2000m。

22. 倒卵叶猕猴桃 *A. obovata Chun et* C. F. Liang

分布于绥江县，于海拔 1300m。

23. 贡山猕猴桃 *A. kungshanensis* Wu et Chen

分布于贡山县，于海拔 1400m。

24. 葛枣猕猴桃 *A. polygama*（Sieb. et Zucc.）Maxim.

分布于大关县、昆明市郊区，于海拔 1900m。

（17）梅叶猕猴桃 *A. macrosperama* var. *mumoides* C. F. Liang 分布于河口市、屏边县，于海拔 1000～1400m。

25. 糙叶猕猴桃 *A. rudis* Dunn

分布于河口市、屏边县，于海拔 1000～2000m。

26. 红茎猕猴桃 *A. rubricaulis* Dunn

分布于滇东南，于海拔 1200～2000m；屏边县、西畴县、富宁县，于海拔 2000m。

（18）革叶猕猴桃 var. *coriacea*（Fin. et Gagr.）C. F. Liang. 分布于龙陵县，于海拔 2100m。

27. 昭通猕猴桃 A. *rubus* Lévl.

分布于绥江县、威信县，于海拔 1400～1500m；昭阳区，于海拔 2000m。

28. 红毛猕猴桃 *A. rufotricha* C. Y. Wu

分布于麻栗坡县，于海拔 1300～1500m。

（19）密花猕猴桃 var. *glomerata* C. F. Liang 分布于彝良县，于海拔 1800m。

29. 栓叶猕猴桃 *A. suberifolia* C. Y. Wu

分布于河口市，于海拔 1000～1200m。

30. 花楸猕猴桃 *A. sorbifolia* C. F. Liang

分布于绥江县，于海拔 1000m。

31. 四萼猕猴桃 *A. tetramera* Maxim.

分布于云龙县，于海拔 2500m。

32. 伞花猕猴桃 *A. umbelloides* C. F. Liang

分布于腾冲县、云龙县，于海拔 1900～2400m。

33. 显脉猕猴桃 *A. venosa* Rehd.

分布于镇雄县，于海拔 1900～2000m。

③柔毛猕猴桃 *form. Pubescens* Li. 分布于富宁县，于海拔 700m。

34. 葡萄叶猕猴桃 *A. vitifolia* C. Y. Wu

分布于绥江县，于海拔 1400m。

（四十七）藤山柳属 *Clematoclethra* Maxim.

1. 刚毛藤山柳 C. Scandens（Franch.）Maxim.

产彝良县、大关县，生于海拔 900～1700m 的山坡灌木丛中，果实熟时可食。

本科有 2 属，35 种，19 个变种，3 个变型，引入栽培品种 9 个。

二十、西番莲科

（四十八）西番莲属 *Passiflora* L.

1. 西番莲 *P. cupiformis* Mast. （*P. kwangsiensis* Li.）

产滇南各地。

2. 紫果西番莲（鸡蛋果）*P. edulis* Sims

产昆明市、楚雄州、腾冲县，于海拔 1600～2100m 地区栽培或逸生。

（1）黄果西番莲 var. *flavicarpa* Degener 引入潞西市等地栽培。

3. 龙珠西番莲 *P. foetida* L.

滇南栽培。

4. 云南西番莲 *P. henryi* Hemsl.

滇西南等地栽培。

5. 大果西番莲 *P. quadrangularis* L.

原产美洲，引入勐腊县栽培，果型较大。

本科有 1 属，5 种，1 个变种，4 个品种。

二十一、柿树科

（四十九）柿属 *Diospyros* L.

1. 异萼柿 *D. anisocalyx* C. Y. We ex Wu et Li

产于滇东南的富宁县、麻栗坡县，生于海拔 600～1000m 石灰岩灌木丛中。

2. 法国柿 *D. argentea* Griff

原产阿根廷，引入滇西南零星栽培。

3. 黑毛柿 *D. atrotricha* H. W. Li ex Wu et Li

产于滇西南及勐腊县，生于海拔 800～1000m 石灰岩山地。

4. 大理柿 *D. balfouriana* Diels

产于大理市、巍山县、洱源县，生于海拔 1900～2100m 箐沟树木林。

5. 美脉柿 *D. caloneura* C. Y. Wu ex Wu et Li

产于景东县，生于海拔 1800～1900m 路边、草坡及林下。

6. 长柄柿 *D. cathayensis* A. N. Steward

产于滇东北永善县，生于海拔 1500～1600m 河谷、山坡地。

7. 石柿 *D. dumetorum* W. W. Smith

产于玉龙县、香格里拉县、巍山县，生于海拔 2190～2500m 路边灌木丛中及混交林。

8. 老君柿 *D. fengii* C. Y. Wu ex Wu et Li

产于滇东南麻栗坡县、富宁县、西畴县，生于海拔 1300～1400m 混交林及路边。

9. 腾冲柿 *D. forrestii* Anthony

产于腾冲县、盈江县、梁河县，生于海拔 1000～2000m 林下、箐边。

10. 六萼柿 *D. hexamera* C. Y. Wu ex Wu et Li

产于屏边县、河口市，生于海拔 250～300m 密林中。

11. 琼南柿 *D. howii* Merr. et Chun

产于河口市，于海拔 120～140m。

12. 柿、柿花、水柿 *D. kaki* Thunb.

云南在海拔 1500～2200m 的大部分县有栽培，品种（系）较多。

（1）黑柿 var. *sylvestris* Makino. 滇中、滇南、滇西，于海拔 1000～2200m 均产。

13. 傣柿 *D. kerrii* Craib

产西双版纳州，生于海拔 800～1000m 灌木丛中。

14. 景东君迁子（小柿花）*D. kintungensis* C. Y. Wu ex Wu et Li

产景东县，生于海拔 1800～2000m 山坡地。

15. 君迁子、黑枣、小柿花、软枣、塔枝 *D. lotus* Linn.

产滇中大部分县，分布较广，作砧木，果供食。

（2）多毛君迁子 var. *mollissima* C. Y. Wu ex Wu et Li. 产于禄劝县、永仁县、武定县，生于海拔 2300～2500m 灌木丛林、路边。

16. 毛叶柿（乌柿、涩柿）*D. mollifolia* Rehd. et Wils.

产于滇中、滇西、滇西北大部分县，生于海拔 1000～2200m 林内、路边、山坡灌木丛。

17. 罗浮柿（野柿花）*D. morrisiana* Hance

产于滇东南的富宁县、西畴县、麻栗坡县、马关县、屏边县、金平县、河口市，生于海拔 700～1600m 密林及山坡次生林中。

18. 黑皮柿 *D. nigrocortex* C. Y. Wu ex Wu et Li

产于河口市、金平县、勐腊县、景洪市，生于海拔 500～1800m 山坡灌林丛中。

19. 点叶柿 *D. punctilimba* C. Y. Wu ex Wu et Li

产于元阳县、元江县，于海拔 500～1100m。

20. 网脉柿 *D. reticulinervis* C. Y. Wu ex Wu et Li

产于砚山县，生于海拔 1100m 的山谷密林中。

（3）无毛网脉柿 var. *glabrescens* C. Y. Wu ex Wu et Li 产于麻栗坡县、广南县、富宁县，文山市，生于海拔 1300～1800m 路边、林地。

21. **西畴君迁子 D. *sichourensis* C. Y. Wu ex Wu et Li**

产滇东南及屏边县、西畴县，生于海拔 1000 ~ 1700m 山坡次生林中。

22. **单子柿 D. *unisemina* C. Y. Wu ex Wu et Li**

产麻栗坡县、西畴县，生于海拔 1000 ~ 1700m 山坡次生林中。

23. **云南柿 *D. yunnanensis* Rehd. et Wils.**

滇南各县，生于海拔 1000 ~ 1500m 沟谷、山坡密林和路边。

本科有 1 属，23 种，3 变种，74 品种。

二十二、胡颓子科

（五十）胡颓子属 *Elaeagnus* L.

1. **牛奶子 *E. umbellata*. Thunb.**

产昆明市郊区及嵩明县、禄劝县、昭阳区、漾濞县、剑川县、维西县、玉龙县、贡山县，生于海拔 1600 ~ 2800m 的沟谷、荒坡。果期 9 ~ 10 月，果可食。

2. **潞西胡颓子 *E. luxiensis* C. Y. Chang**

产潞西市、龙陵县，生于海拔 1700 ~ 1800m 杂木林中。果期 4 ~ 5 月，果可食和制酱。

3. **角花胡颓子 *E. gonyanthes* Benth.**

产麻栗坡县、屏边县、河口市等地，生于海拔 500 ~ 1500m 箐沟、山谷、草坡。

4. **半夏胡颓子 *E. multiflor* Thunb.**

产滇中、滇西北及贡山县等地区，于海拔 2200 ~ 2500m。果椭圆形，被褐色鳞斑、红色、味酸可食。

5. **羊奶子（胡颓子）*E. pungens* Thunb.**

产滇西北横断山区，于海拔 2000 ~ 2300m。

五十一、沙棘属 *Hippophae* L.

1. **云南沙棘 *H. rhamnoides* L. subsp *yunnanensis* Rousi**

产香格里拉、德钦县、维西县、玉龙县、宁蒗县，生于海拔 2800 ~ 3400m 的山坡、林间、山谷。果可加工饮料。

本科有 2 属、6 种。

二十三、山茱萸科

（五十二）四照花属 *Dendrobenthamia* Hutch.

1. **东京四照花 *D. tonkinensis* Fang**

产广南县、屏边县、金平县、麻栗坡县、西畴县，生于海拔 1200 ~ 2300m 常绿阔叶林中。

2. **鸡嗉子（野荔枝）*D. capitata*（wall.）Hutch.**

产香格里拉、维西县、马龙县、蒙自县，生于海拔 1000 ~ 3700m 山林中。

3. **尖叶四照花 *D. angustata*（Chum）Fang**

产大关县、盐津县，生于海拔 900 ~ 1000m 山坡丛林中。

4. **大鸡嗉子 *D. gigantea*（Hand. – Mazz.）Fang**

产于盐津县，于海拔 700 ~ 800m。

5. **香港四照花** ***D. hongkongensis*** **(Hemsl.) Hutch.**

产文山市、麻栗坡县、屏边县，于海拔 350~1700m。

6. **黑毛四照花** ***D. melanotricha*** **(pojark.) Fang**

产威信、广南、麻栗坡、西畴、绿春等县，生于海拔 1000~1450m 阔叶林中。

7. **多脉四照花** ***D. multinervosa*** **(pojark.) Fang**

产彝良、永善、盐津等县，生于海拔 1600~2300m 杂木林中。

（五十三）梾木属 *Cornus* L.

1. **灯台树** ***C. controversa*** **Hemsl.**

Bothrocaryum controversum (Hemsl.) Pojark.

产屏边县、富宁县、维西县、云龙县、腾冲县等地，生于海拔 500~2800m 混交林、常绿阔叶林中。

2. **毛梾** ***C. walteri*** **Wanger.**

Swida walteri (Wanger.) Sojark.

产滇西，生于海拔 1700~3300m 箐沟边林中。种子可制食用油。

本科有 2 属，9 种。

二十四、茄　科

（五十四）茄属 *Solanum* L.

1. **香瓜茄（香艳梨）** ***S. muricatum*** **Ait.**

原产哥伦比亚、秘鲁，引入滇南热带地区栽培，果食用。

（五十五）酸浆属 *Physalis* L.

1. **灯笼果** ***P. peruviana*** **L.**

产腾冲、龙陵、瑞丽、思茅等市县，生于海拔 900~2000m 河谷、路旁。果可食。

2. **酸浆（红姑娘）** ***P. franchetii*** **(Mast.) Makino**

产全省各地，生于海拔 1500~2500m 田边、沟边。果可食和入药。

（1）泡泡果 var. *bunyardii* Makin. 生于全省各地，生于海拔 1500~2500m 的田边、沟边，果可食和入药。

（五十六）树西红柿属 *Cyphomandra* Sendtn.

1. **树西红柿** ***C. betacea*** **Sendtn.**

产南美洲，引入腾冲、龙陵县、西双版纳州、宜良县栽培，在昆明市栽培易受霜害。

（五十七）枸杞属 *Lycium* L.

1. **枸杞** ***L. chinense*** **Mill.**

引入各地栽培，果可食和入药。

2. **云南枸杞** ***L. yunnanensis*** **Kuang et A. M. Lu**

产滇中、滇南各地，生于海拔 700~2200m 河边沙滩地。

本科有 4 属，6 种，1 个变种。

二十五、忍冬科

（五十八）荚蒾属 *Viburnum* L.

1. **鳞斑荚蒾 *V. punctatum* Buch – Ham. et D. Don**

产昆明市、易门县、漾濞县、蒙自县、富宁县，生于海拔 800～1700m 的沟谷边、林下。

2. **球花荚蒾 *V. glomeratum* Maxim.**

产玉龙县、维西县、香格里拉县，生于海拔 2000～2700m 沟谷林下山坡灌丛中。

3. **心叶荚蒾 *V. cordifolium* Wall. et A. DC.**

产玉龙县、维西县、贡山县，生于海拔 2800～3400m 林缘或灌丛中。

4. **篮果荚蒾 *V. atrocyaneum* C. B. Clarke**

产滇中、滇西北，生于海拔 1900～3200m 林下及灌丛中。

5. **珊瑚树 *V. odoratissimum* Ker – Gawl.**

产滇东及滇南，生于海拔 560～1000m 的山坡林缘。

6. **腾冲荚蒾 *V. tengyuehense*（W. W. smith） P. S. Hsu**

产腾冲县、瑞丽市、屏边县、巍山县、漾濞县，生于海拔 1000～1450m 的林下。

7. **三叶荚蒾 *V. ternatum* Rehd.**

产镇雄县、盐津县，生于海拔 1000～1400m 的山谷和林下。

8. **光叶荚蒾 *V. leiocarpum* P. S. Hsu**

产屏边县、蒙自县、麻栗坡县、西畴县，生于海拔 1000～1600m 的林下。

9. **桦叶荚蒾〔阿圣夫（纳西语）〕 *V. betulifolium* Batal.**

产玉龙县等地，于海拔 2400～3000m。

10. **锥序荚蒾 *V. pyramidatum* Rehd.**

产屏边县、河口市、金平县、西畴县，生于海拔 640～1500m 的林下。

11. **甘肃荚蒾 *V. kansuense* Batal.**

产香格里拉、德钦县、维西县、玉龙县、鹤庆县，生于海拔 2700～3600m 的灌丛林中及林下。

本科云南有近 50 种，在此仅列 1 属 11 种，果可食和制饮料的。

二十六、石榴科

（五十九）石榴属 *Punica* L.

1. **石榴 *P. granatum* L.**

各地均有栽培，以巧家县、会泽县、东川区、文山市、蒙自县、建水县、禄丰县、隆阳区、元谋县等地栽培最多，一般栽培在海拔 1200～1800m 地带表现好，德钦县（羊拉）分布有孑生的石榴。全省约有 32 个品种。

（1）白石榴 var. *albescens* DC. 花白色，单瓣。

（2）黄石榴 var. *flavescens* Sweet 花黄色。

（3）玛瑙石榴 var. *legrellei* Vanh. 花重瓣，红色，也有黄白色的。

本科有 1 属，1 种，3 变种，35 个品种（系）。

二十七、芸香科

（六十）山油柑属 *Acronychia* J. R. et. G. Forst.

1. 山油柑 *A. pedunculata*（L.）Miq.

产马关县、景洪市、耿马县，于海拔 1000 ~ 1600m。果可食，但略带苦。

（六十一）木桔属 *Aegle* Correa.

1. 三叶木桔（印度枳）*A. marmelos*（L.）Corr.

产景洪市、耿马县，生于海拔 600 ~ 1200m 灌丛林。果可食和做饮料。

（六十二）金柑属 *Fortunella* Swingle

1. 金桔 *F. margarita*（Lour.）Swingle

引入少量做盆景栽培，果金黄色，可食用。

（六十三）柑桔属 *Citrus* L.

1. 酸橙 *C. aurantium* L.

产西双版纳州、富宁县等地，做砧木用，果入药。

2. 柚 *C. grandis*（L.）Osbeck,

产滇东南、滇南等地，鲜食。

3. 红河橙 *C. hongheensis* Y. L. D. L.

产红河县，做砧木，果皮入药。

4. 马蜂柑 *C. hystrix* DC.

产金平县、勐腊县，野生于海拔 560 ~ 1300m 林边山坡次生林，做砧木。

5. 宜昌橙 *C. ichangensis* Swingle

引入栽培。

6. 柠檬 *C. limon*（L.）Burm. f.

西双版纳州和德宏州引入栽培，做果汁。

7. 黎檬 *C. limonia* Osbeck.

产西双版纳州，果入药。

8. 枸橼（香橼）*C. medica* L.

翠云区、西双版纳州栽培。

（1）云南香橼 var. *yunnanensis* S. Q. Ding 产宾川县。

（2）佛手柑（佛手）var. *sarcodactylis* Swingle 巍山县等地栽培。

9. 葡萄柚（柚子）*C. paradis* Macf.

在河口市、屏边县等地栽培。

10. 来檬 *C. aurantifolia*（Christm.）Swingle

在广南县、富宁县栽培。

11. 蟹橙（香橙）*C. junos*（sieb.）Tanaka

产弥渡县、文山市。

12. 甜橙 *C. sinensis*（L.）Osbeck.

产富宁县、玉龙县等地。

13. **桔（桔子）*C. reticulata* Blanco**
产宾川县、河口市、元江县。

（六十四）黄皮属 *Clausena* Burm. f.

1. **垂序黄皮 *C. nutans* D. D. Tao**
产禄春县，生于海拔 1000～1300m 常绿阔叶林中。
2. **小黄皮 *C. emarginata* Huang**
产富宁县、金平县、勐腊县，生于海拔 530～600m 石灰岩山地。
3. **假黄皮（臭麻檬）*C. excavata* Burm. f.**
产镇雄县、景洪市、屏边县、临沧市、瑞丽市等地，于海拔 600～1600m。
4. **细叶黄皮 *C. indica*（Dalz.）Oliv.**
产河口市、马关县，于海拔 380m 左右栽培。
5. **黄皮 *C. lansium*（Lour.）Skeels**
产富宁县、河口市，于海拔 200m 左右野生或栽培，果可食。
6. **黑果黄皮 *C. dunniana* Lévl.**
产文山市、景洪市等地。
（4）黑果黄皮 var. *dunniana* Lévl. 产文山市、西畴县、麻栗坡县，于海拔 1100m。
（5）毛黑果黄皮 var robusta（Takaka）Huang
产砚山县、广南县、蒙自县，生于海拔 300～1300m 石灰岩灌丛林中。
7. **光滑黄皮 *C. lenis* Drake**
产景洪市、临沧市、河口市、镇康县等地，生于海拔 900～1900m 林缘。
8. **香花黄皮 *C. odorata* Huang**
产墨江县，生于海拔 1800m 左右山坡灌丛中。
9. **滇黄皮 *C. yunnanensis* Huang**
产西畴县，河口市，生于海拔 300～1200m 密林中。
10. **毛叶黄皮 *C. vestita* D. D. Tao**
产金沙江河谷，生于海拔 800～1700m 干热河谷疏林中。
11. **河口黄皮 *C. hokounense* D. D. Tao**
产河口市，生于海拔 100m 低丘陵灌木丛中。

（六十五）枳壳属 *Poncirus* Raf.

1. **枳 *P. trifoliata*（L.）Raf.**
产大理市、丽江市等地，主要做砧木。
2. **富民枳 *P. polyandra* S. Q. Ding et al.**
产富民县，生于海拔 2100～2400m 山丛林中。
本科有 6 属，27 种，4 个变种，45 个品种（系）。

二十八、水东哥科

（六十六）水东哥属 *Saurauia* Willd.

1. **密心果 *S. lantsangensis* Hu**
产滇南、滇西南。

2. 尼泊尔水东哥（鼻涕果）*S. napaulensis* DC.

产贡山县、腾冲县、盂连县、保山市、景东县、漾濞县、屏边县，生于海拔800～2400m沟谷中。果9～10月成熟，可食。

3. 红果水东哥 *S. erythrocarpa* C. F. Liang et Y. S Wang

产贡山县、腾冲县、瑞丽市等地，生于1400～1800m山地沟谷中。

4. 水东哥 *S. tristyla* DC.

产西双版纳州、金平县、屏边县、麻栗坡县、富宁县，生于海拔500～1200m沟谷中。

（1）河口水东哥 var. *hekouensis* C. F. Liang et Y. S Wang

产屏边县、河口市，生于海拔1000m沟谷中。

5. 蜡质水东哥 *S. cerea* Griff. ex Dyer

产西双版纳州、屏边县，生于海拔1000m山地沟谷林中。

本科有1属，5种，1变种。

二十九、仙人掌科

（六十七）仙人掌属 *Opuntia* Mill.

1. 仙人掌 *O. dillenii* Haw.

草本，逸生于宜良县、大理市、宾川县、东川区、元谋县等地，生于海拔1000～2200m山坡地、岩石间。果可食。

2. 梨果仙人掌 *O. ficus－indica*（L.）Mill.

引入栽培。

本科有1属，2个种。

三十、蝶形花科

（六十八）葛属 *Pueraria* DC.

1. 甘葛（葛根）*P. edulis* Pamp.

藤本，产滇中、昆明市、会泽县、楚雄州、大理市、玉龙县等地，生于海拔1500～2100m的山谷，箐坡地，有栽培，块根肥大，食用和入药。

2. 粉葛（甘葛腾）*P. thomsonii* Benth.

产滇中，于海拔1800～2000m，提取淀粉。

3. 葛根 *P. lobata*（willd.）Ohwi

产昆明市、楚雄州、大理市、滇中各地，于海拔2000～2500m，食用。

4. 苦葛 *P. peduncularis* Grah. ex（Benth.）Benth.

产昆明、大理市。

本科有1属，4种。

三十一、菱　科

（六十九）菱属 *Trapa* L.

1. 乌菱 *T. bicornis* Osb.

水生草本，产昆明市郊区县，于海拔1900m，可食。

2. **野菱 *T. incisa* Sieb. et Zucc.**

产滇中、滇西和大理市、剑川县、勐海县，于海拔 2000～2700m。

3. **细果菱 *T. maixmowiczii* Korsh.**

产滇西、大理市等地，于海拔 1970m。

4. **菱（菱角）*T. natans* L.**

T. bispinosa Roxb. 水生，产昆明市、通海县，于海拔 1800～2100m。鲜果生食。

本科有 1 属，4 个种，鲜果可食和入药。

三十二、莎草科

（七十）荸荠属 *Eleocharis* R. Br.

1. **荸荠 *E. dulcis*（Bunm. f.）Trin. ex Henschel**

产嵩明县、陆良县、宜良县，生于海拔 1500～2200m 地带，或者栽培。球茎可食或制淀粉。

本科仅 1 属，1 个种，8 个品系。

三十三、玉蕊科

（七十一）玉蕊属 *Barringtonia* J. R. et G. Forst.

1. **巴西坚果 *B. excelsa* H. B. K.**

原产巴西，引入滇南热带地区少量栽培，种子可食。

本科有 1 属，1 个种。

三十四、楝　科

（七十二）榔色木属 *Lansium* L.

1. **莲心果（榔色果）*L. domesticum* Corr.**

原产马来西亚，引入滇南边缘热带地区栽培，果可食。

本科有 1 属，1 个种。

三十五、夹竹桃科

（七十三）山橙属 *Melodinus* J. R. et G Forst

1. **思茅山橙 *M. henryi* Craib**

产滇南，果可食。

（七十四）毛车藤属 *Amalocalyx* Pierre

1. **云南毛车藤 *A. yunnanensis* Tsiang et P. H. Li**

产滇南。

本科有 2 属，2 种。

三十六、葫芦科

（七十五）西瓜属 *Citrullus* Schrad.

1. 西瓜 *C. vulgaris* Schrad. （C. *lanatus* Mansf. ）

产滇南、滇西南、滇中等地，于海拔 500 ~ 2000m 地区栽培，有 12 个品种。

（七十六）甜瓜属 *Cucumis* L.

1. 甜瓜 *C. melo* L.

各地引入少量栽培，有黄金色甜瓜和白金色甜瓜等品种。

（七十七）油瓜属 *Hodgsonia* Hook. f. et Thoms.

1. 油瓜 H. macrocarpa（Blume） Cogn.

临沧市、思茅市、红河州、西双版纳州等地，生于海拔 500 ~ 1500m 路旁、林地，果可食。

（1）猪油果 var. *capniocarpa*（Ridl. ）Tsai 产西双版纳州，果可食。

（七十八）罗汉果属 *Siraitia* Merr.

1. 罗汉果 *S. grosvenorii.* （Swingle） C. Jeffrey ex Lu et Z. Y. Zhang

引入栽培，作饮料和入药。

本科有 4 属，4 种，1 个变种，20 个品种。

三十七、番木瓜科

（七十九）番木瓜属 *Carica* L.

1. 番木瓜（木瓜、万寿果）C. *papaya* L.

原产墨西哥，在云南金沙江河谷、澜沧江河谷及滇东南、滇西南热带和南亚热带的一些县均有栽培。有 10 余个品种，可食。

本科有 1 属，1 种，10 余个品种。

三十八、桃金娘科

（八十）番石榴属 *Psidium* L.

1. 番石榴 *P. guajava* L.

产滇南、滇东南、滇西北（华坪县）等地，于海拔 1300m 以下的地方栽培，有的逸为野生，果可食。

2. 草莓番石榴 *P. littorale* Raddi

原产巴西，在云南省北热带、南亚热带地区有栽培。

（八十一）水榕属 *Cleistocalyx* Bl.

1. 水榕 *C. operculatus*（Roxb. ） Merr. et Perry

产河口市等地，生于海拔 200 ~ 700m 水边。

（八十二）番樱桃属 *Eugenia* L.

1. 番樱桃（红果子）*E. uniflora* L.

云南省南部边缘北热带地区栽培，果微酸，可食。

（八十三）桃金娘属 Rhodomyrtus（DC.）Reich.

1. 桃金娘 *R. tomentosa*（Ait.）Hassk.

在北热带地区有栽培，果可食用或酿酒。

（八十四）蒲桃属 *Syzygium* Gaertn.

1. 乌墨蒲桃（海南莲雾）*S. cumini*（L.）Skeels（Eugenia jambolano Lam.）

产富宁县、屏边县、河口市、景洪市，于海拔 500 ~ 1200m。

2. 蔟花蒲桃 *S. fruticosum*（Roxb.）DC.

产建水县、河口市、元阳县、景洪市，生于海拔 600 ~ 400m 山坡。

3. 水边蒲桃 *S. fluviatile*（Hemsl.）Merr. et Perry

产滇南。

4. 蒲桃（水葡萄）*S. jambos*（L.）Alston（Eugenia jambos L.）

产景洪市、耿马县、盈江县、勐海县等地，于海拔 200 ~ 1400m。果鲜食或加工蜜饯。

5. 马六甲蒲桃（大果莲雾）*S. malaccense* Merr. et Perry

在滇南北热带地区栽培，果食用。

6. 洋蒲桃（莲雾）*S. samarangense*（Bl.）Merr. et Perry

在景洪市栽培。

7. 思茅蒲桃 *S. szemaoense* Merr. et Perry

产翠云区、勐海县、镇康县、双江县、景东县、屏边县、西畴县，生于海拔 600 ~ 1300m 林中。

本科有 5 属，12 个种。

三十九、漆树科

（八十五）芒果属 *Mangifera* L.

1. 滇南芒 *M. austroyunnanensis* Hu

产滇南北热带和南亚热带地区。

2. 芒果 *M. indica* L.

产云南南部热区，于海拔 1300m。

3. 长梗芒果 *M. longipes* Griff.

产元江县及低热河谷地区。

4. 扁桃芒果 *M. persiciformis* C. Y. Wu et. T. L. Ming

产富宁县的东南部，以及海拔 800m 以下地区。

5. 泰国芒果 *M. siamensis* Warbg. et Craib

产云南南部北热带及西南部南亚热带地区。

6. 林生芒果（尼泊尔芒果）*M. sylvatica* Roxb.

产云南南部及西南部南亚热带地区，于海拔 600 ~ 1800m。

（八十六）腰果属 *Anacardium*（L.） Rottb.

1. 腰果（鸡腰果）*A. occidentale*（L.）

原产热带美洲，引入北热带地区的勐腊县栽培。

（八十七）山样子属 *Buchanania* Spreng.

1. 山样子（赤楠）*B. latifolia* Roxb.

产西双版纳州，果可食。

（八十八）人面子属（银稔）*Dracontomelon* Bl.

1. 人面子（银稔）*D. duperreanum* Pierre

产云南河口市、金平县，生于海拔300m以下地带。

2. 大果人面子 *D. macrocarpum* H. L. Li

产滇南热带边缘地区。

本科有4属，10种，10余个品种（系）。

四十、无患子科

（八十九）龙眼属 *Dimocarpus* Lour.

1. 肖韶子（山荔枝）*D. fumatus*（Bl.） Leenh.

产滇南。

（1）灰岩肖韶子（亚种）*D. fumatus*（Bl.） Leenh. 产滇东南麻栗坡县、富宁县，生于海拔1300～1400m常绿阔叶林中。

（2）龙荔肖韶子 *D. fumatus*（Bl.） Leenh. 产滇东南麻栗坡县、富宁县，生于海拔800m潮湿地带。

2. 龙眼（桂圆）*D. longan* Lour.

引入栽培，本种有3个变种。

（1）大叶龙眼 var. *magnifolius* Y. C. Lee. 产施甸县、孟连县。

（2）钝叶龙眼 var. *obtusus*（Pierre） Leenh. 产元江县、开远市干热河谷。

（3）龙眼（变种） var. *longan* Lour. 产滇西南，生于海拔1000～1400m疏林中。

3. 滇龙眼 *D. yunnanensis*（W. T. wang） C. Y Wu et T. L. Ming

产滇东南及金平县等地，生于海拔1000m山坡林中。

（九十）荔枝属 *Litchi* Sonn.

1. 荔枝 *L. chinensis* Sonn.

在滇南及西双版纳州温热区栽培，约有10余个品种。

（1）菲律宾荔枝 ssp. *philippnensis* Radlk. Leenh. 主要分布在红河州。

（2）云南褐毛荔枝 ssp. *javensis* Leenh. 分布在红河州、文山州、西双版纳州。

（九十一）韶子属 *Nephelium* L.

1. 红毛丹（韶子）*N. lappaceum* L.

产勐海县、景洪市、金平县、屏边县、河口市，于海拔600～1500m栽培。

本科有 3 属，5 种，7 变种或亚种，15 个品种。

四十一、大戟科

（九十二）五月茶属 *Antidesma* L.

1. 五月茶（酸味子）*A. bunius*（L.）Spreng.

产屏边县、富宁县、麻栗坡县、勐腊县等地，生于海拔 1200 ~ 1800m 疏林中。

（九十三）木奶果属 *Baccaurea* Lour.

1. 黄果树（木奶果）*B. cauliflora* Lour.

Baccaurea ramiflora Lour. 产西双版纳州等地，果可食。

2. 木奶果（蒜瓣果）*B. ramiflora* Lour.

产西双版纳州、金平县、绿春县，生于海拔 1300m 以下北热带地区，果酸甜可食。

（九十四）叶下株属 *Phyllanthus* L.

1. 余甘子（滇橄榄）*P. emblica* L.

产滇中、滇东北、滇东南、滇西，生于海拔 500 ~ 1800m 山坡灌丛中。多遗为野生，果鲜食和加工制饮料。

本科有 3 属，4 个种，多类型。

四十二、杨桃科（酢酱草科）

（九十五）杨桃属 *Averrhoa* L.

1. 毛叶洋桃（多叶酸杨桃）*A. bilimbi* L.

在西双版纳州等地栽培。

2. 杨桃（洋桃、五敛子）*A. carambola* L.

在西双版纳州等地栽培。

本科有 1 属，2 个种。

四十三、越桔科（杜鹃花科）

（九十六）乌饭树属 *Vaccinium* L.

1. 乌饭树（乌饭果）*V. bracteatum* Thunb.

产滇东南，于海拔 1000 ~ 2500m 山地分布。

2. 苍山越桔 *V. delavayi* Franch.

产滇中、滇西，于海拔 1200 ~ 3000m。

（1）尾叶越桔 *var urophyllum* Rehd. et Wils. 产各地，于海拔 1300 ~ 2000m。

3. 乌鸦果（千年健）*V. fragile* Franch.

产全省各地，分布较广，于海拔 1200 ~ 3000m。

4. 软骨越桔 *V. gaultheriifolium*（Griff.）Hook. f. ex C. B. Clarke

产滇西北贡山县等地，于海拔 1800 ~ 2500m。

5. 黄背越桔 *V. iteophyllum* Hance

产滇东南文山市，于海拔900～1900m。

6. 小叶珍珠花 *V. laetum* Diels

产滇东北。

本科有1属，6种，1变种（全省有40多种）。

四十四、五桠果科

（九十七）五桠果属（第伦桃属）*Dillenia* L.

1. 五桠果（第伦桃）*D. indica* L.

原产马来西亚，在西双版纳州及沧源县等地栽培，多分布在于海拔150～1000m山谷、水沟边。

2. 小花五桠果（海南五桠果）*D. pentagyna* Roxb.

产景洪市等地，于海拔600m左右。

3. 大花五桠果 *D. turbinata* Finet et Gagnep.

产西双版纳州、麻栗坡县，生于海拔1000m阔叶林中。

本科有1属，3个种。

四十五、红木科

（九十八）红木属 *Bixa* L.

1. 红木（胭脂木）*B. orellana* L.

原产热带美洲，引入景洪市、勐腊县、金平县、耿马县等地栽培。种子药用，围绕种子的红色果瓤可制红色染料，用于制糖果和糕点。

本科有1属，1个种。

四十六、大风子科

（九十九）刺篱木属 *Flacourtia* Comm. ex L' Herit.

1. 云南刺篱木 *F. jangomas*（Lour.）Rauschel.

产景洪市，生于海拔500～800m沟谷常绿阔叶林。幼根和果可食，做果酱和罐头。

2. 山刺子 *F. montana* Grah.

产勐海县，生于海拔500～800m沟谷常绿阔叶林。果多汁可食。

3. 大叶黄刺篱木 *F. rukam* Zoll. et Mor.

产西畴县，生于海拔2000m以下疏林中，果味酸，制果酱和罐头。

4. 刺篱木 *F. ramontchii* L Herit.

产景洪市、勐海县、澜沧县、勐连县、金平县、新平县、富宁县，生于海拔500～1700m灌木丛或常绿阔叶林中。

（一〇〇）野沙梨属 *Gynocardia* R. Br.

1. 野沙梨（马蛋果）*G. codorata* R. Br.

产屏边县、金平县，生于海拔1000～1100m山地或沟谷中。果香甜可食。

本科有 2 属，5 个种。

四十七、梧桐科

（一〇一）苹婆属 *Sterculia* L.

1. **香苹婆 *S. foetida* L.**

原产马来西亚，西双版纳州引入栽培。

2. **假苹婆 *S. lanceolata* Cav.**

产临沧市、景洪市、河口市、麻栗坡县、富宁县，生于海拔 200～1100m 常绿阔叶林缘，种子可食。

3. **苹婆 *S. nobilis* Smith**

产潞西市、金平县、河口瑶族自治县、新平彝族傣族自治县，个旧市、富宁县，生于海拔 300～1700m 杂木林中或村旁栽培，种子可食。

4. **九层皮（家麻树）*S. pexa* Pierre**

产双江县、沧源佤族自治县、景洪市、景东彝族自治县、金平县、河口市、个旧市等地，生于海拔 300～1200m 疏林中。种子煮熟可食。

5. **绒毛苹婆 *S. villosa* Roxb.**

产澜沧县，生于海拔 800～1400m 杂木林中。

（一〇二）梧桐属 *Firmiana* Marsili

1. **梧桐 *F. major*（W. W. Smith）Hand. —Mazz.**

产富民县、禄丰县、文山州、大理市，生于海拔 1300～2000m 地带。种子可食。

（一〇三）可可属 *Theobroma* L.

1. **可可 *T. cacao* L.**

原产美洲，引入景洪市、河口市栽培。种子做饮料，制巧克力糖等。

本科有 3 属，7 个种。

四十八、木棉科

（一〇四）木棉属 *Adansonia* L.

1. **猴面包树 *A. digitata* L.**

产热带非洲，引入西双版纳州栽培，未熟果皮可食。

（一〇五）榴莲属 *Durio* Adans.

1. **榴莲（韶子）*D. zibethinus* Murr.**

原产印度、泰国等，引入西双版纳州栽培，果可食和加工。

（一〇六）瓜栗属 *Pachira* Aubl.

1. **水瓜栗（几内亚栗）*P. aquatica* Aubl.**

引入栽培。

2. **马拉巴栗（瓜栗）*P. macrocarpa*（Cham. et Schlecht.）Walp.**

原产美洲，引入西双版纳州栽培。未熟果皮可食，种子炒食。

本科有3属，4种。

四十九、锦葵科

（一〇七）木槿属 *Hibiscus* L.

1. **玫瑰茄 *H. sabdariffa* L.**

引入滇西南于海拔500m地区栽培，嫩果、萼包片可食，用于加工制酒、果汁、果酱等。

本科有1属，1种。

五十、铁青树科

（一〇八）马兰木属 *Malania* Chun et Lee ex S. Lee

1. **蒜头果（山桐果）*M. oleifera* Chun et Lee ex S. Lee**

产滇东南广南县，生于海拔530～1600m亚热带石灰岩地带。油棕红色可食，可合成高级香料。

本科有1属，1个种。

五十一、木樨科

（一〇九）油橄榄属 *Olea* L.

1. **尖叶木樨榄 *O. cuspidata* Wall. ex G. Don（Olea ferruginea Royle）**

产玉龙县、蒙自县等地，生于海拔1800～2000m地带，作砧木。

2. **齿叶木樨榄 *O. dentata* Wall.**

产滇南等地。

3. **油橄榄（齐墩果）*O. europaea* L.**

原产欧洲，引入昆明市等地栽培，在宾川县表现较好。果实制罐头、蜜饯，种子榨油，食用和药用。

4. **云南木樨榄 *O. yunnanensis* Hand. -Mazz.**

产滇中、滇西、滇西南、滇东南，于海拔1400～2200m。

本科有1属，4个种。

五十二、橄榄科

（一一〇）橄榄属 *Canarium* L.

1. **橄榄（山橄、白榄）*C. album*（Lour.）Rauesch.**

产滇西、滇西南、滇东南，生于海拔180～1300m杂木林中。

2. **方榄 *C. bengalense* Roxb.**

产滇东南西畴县、屏边县，生于海拔400～1300m杂木林中。

3. **小叶榄 *C. parvum* Leenh.**

产河口市等地，生于海拔120～700m湿润山谷杂木林中。

4. **乌榄 *C. pimela* Leenh.**

产富宁县、西双版纳州。种子油供食用。

5. **滇榄 *C. strictum* Roxb.**

产西双版纳州。果生食，种子榨油。

6. **毛叶榄 *C. subulatum* Guill.**

产西双版纳州，生于海拔 450 ~ 1500m 季雨林中。

7. **越榄 *C. tonkinense* Engl.**

产滇西南、滇东南，生于海拔 170 ~ 180m 地带，种子榨油。

本科有 1 属，7 个种。

五十三、紫金牛科

（一一一）酸藤果属 *Embelia* Burm. f.

1. **肉果酸藤子（酸果藤）*E. laeta*（L.）Mez.**

产滇东南屏边县、西畴县、富宁县和西双版纳州等地，生于海拔 1200 ~ 1400m 湿润林中。果可食和入药。

2. **长叶酸藤子 *E. longifolia*（Benth.）Hemsl.**

产滇东南德宏州等地，生于海拔 1200 ~ 2800m 疏林及路边。

3. **白花酸藤子（酸藤、黑头果、香胶藤）*E. ribes* Burm. f.**

产河口市、蒙自县，生于海拔 1200 ~ 2000m 林中。果可食。

4. **短梗酸藤子（西洋贡果）*E. sessiliflora* Kurz**

产景东县、元江县、西双版纳州、保山市等地，生于海拔 1400 ~ 2800m 林内、路边。果可食。

5. **大叶酸藤子 *E. subcoriacea*（C. B. Clarke）Mez.**

产滇中、滇西北和西双版纳州等地，生于海拔 1400 ~ 2200m 疏林中，分布较广。果可生食。

本科有 1 属，5 个种。

五十四、山榄科

（一一二）牛油树果属 *Butyrospermum* Kotschy

1. **牛油树 *B. parkii* Kotschy**

原产热带非洲，引入元江县等地栽培。果可生食制果酱、果酒等。

（一一三）金叶树属 *Chrysophyllum* L.

1. **星苹果（牛奶果）*C. cainito* L.**

引入西双版纳州栽培。成熟果味甜，可食。

（一一四）蛋黄果属 Lucuma Molina

1. **蛋黄果 *L. nervosa* A. DC.**

原产巴西等地，引入西双版纳州等地栽培。果肉质、近似蛋黄，味香甜、可食，为著名的热带果树。

（一一五）人心果属 *Manilkara* Adans.

1. **人心果 *M. zapota* (L.) Van Royen**

原产热带美洲，引入西双版纳州等地栽培。果实味香甜（著名热带水果）。

（一一六）龙果属 *Pouteria* Aubl.

1. **龙果 *P. grandifolia* (Wall.) Baehni**

产西双版纳州，生于海拔500～1200m山地密林中。果味甜可食。

本科有5属，5个种。

五十五、紫树科

（一一七）紫树属 *Nyssa* Gronov. ex Linn.

1. **华南紫树“洒堡”（独龙语）*N. javanica* (Bl.) Wanger.**

产西畴县、金平县、耿马县、贡山县等地，生于海拔800～2100m湿润林中。果可食。

本科有1属，1个种。

五十六、莲　科

（一一八）莲属 *Nelumbo* Adans.

1. **莲藕 *N. nucifera* Gaertn.**

全省于海拔1000～2200m池塘、水田内可栽培。种子食用，地下茎作蔬菜或取淀粉。

本科有1属，1个种。

五十七、茜草科

（一一九）咖啡属 *Coffea* L.

1. **小粒咖啡 *C. arabica* L.**

原产北非，在滇西保山市隆阳区、潞江坝、西双版纳州栽培，于海拔1000～1500m热区。

2. **中粒咖 *C. liberica* Bull ex Hiern.**

原产中非，引入热区栽培，发展面积不如小粒咖啡大。

3. **大粒咖啡 *C. robusta* Linder**

原产刚果，栽培于景洪市、保山市、河口市。

本科有1属，3个种。

五十八、藤黄科

（一二〇）藤黄属 *Garcinia* L.

1. **大苞藤黄 *G. bracteata* C. Y. Wu et Y. H. Li**

产滇东南富宁县、麻栗坡县和滇西南勐海县，生于海拔600～700m地区。

2. **云树 *G. cowa* Roxb.**

产滇东南和滇西南，于海拔140～1200m。

3. **山木瓜 *G. esculenta* Y. H. Li**

产盈江县、瑞丽市等地，生于海拔 1200 ~ 1400m 地带。

4. **长裂藤黄 *G. lancilimba* C. Y. Wu et Y. H. Li**

产景洪市、勐海县等地，生于海拔 700 ~ 850m 地带。

5. **山桔子 *G. multiflora* Champ. ex Benth.**

产滇东南于海拔 500 ~ 1500m 地带。

6. **怒江藤黄 *G. nujiangensis* C. Y. Wu et. Y. H. Li**

产贡山县、盈江县、陇川县，生于海拔 1200 ~ 1600m 地带。

7. **具梗藤黄 *G. pedunculata* Roxb.**

产大理市、瑞丽市等地，生于海拔 900 ~ 1400m 地带。

8. **人面果 *G. tinctoria*（D. C.） W. F. Wight**

产滇南。

9. **大叶藤黄 *G. xanthochymus* Hook. f. et T. Anders.**

产河口市、耿马县、金平县等地，于海拔 100 ~ 1000m 地带。

10. **版纳藤黄 *G. xipshuanbannaensis* Y. H. Li**

产勐腊县，生于海拔 600m 热带地区。

11. **云南藤黄 *G. yunnanensis* H. H. Hu**

产滇西南。

本科有 1 属，11 种。

五十九、茶茱萸科

（一二一）甜果藤属 *Mappianthus* Hand. – Mazz.

1. **甜果藤 *M. iodoides* Hand. – Mazz.**

产勐海县，生于海拔 800 ~ 1800m 疏林灌丛中。果可食。

本科有 1 属，1 种。

六十、杜英科

（一二二）杜英属 *Elaeocarpus* L.

1. **水石榕 *E. hainanensis* Oliv.**

产金平县、河口市、西畴县、麻栗坡县，生于海拔 200 ~ 500m 沟边灌木丛中。

2. **锡兰杜英（锡兰橄榄）*E. serratus* L.**

产滇南热带地区。

3. **云南杜英 *E. yunnanensis* Brandis ex Tutch.（1915）或 Mu（1924）**

日本杜英 *E. japonicus* Sieb. et Zucc.

产滇南边缘热带，生于海拔 1200 ~ 1500m 润湿常绿阔叶林中。

本科有 1 属，3 种。

六十一、苏木科

（一二三）罗望子属（酸豆）*Tamarindus* L.

1. **酸角（酸饺、酸果）*T. indica* L.**

遗为野生，于滇南、滇西南热区及元谋县等地，在海拔 800 ~ 1300m 地带栽培。有酸、甜两种。

本科仅 1 属，1 个种。

六十二、小檗科

（一二四）小檗属 *Berberis* L.

1. **维西小檗 *B. schneideriana* Ahrendt.**

又称西山小檗 *B. wangii* Schneid.

产维西县青松梁子，生于海拔 2400m 河边、灌木丛中。

2. **云南小檗 *B. stiebritziana* Schneid.**

又称近似小檗 *B. approximata* Sprague

产玉龙县，生于海拔 3000m 黑水河边。果可食。

本科在云南有 110 多种和变种仅列 2 种，果可食。

（Ⅱ）单子叶植物 *Monocotyledoneae*

六十三、棕榈科

（一二五）槟榔属 *Areca* L.

1. **槟榔 *A. catechu* L.**

在南部热带地区栽培，种子作咀嚼嗜好品，并入药。

（一二六）金山葵属 *Arecastrum* Becc.（Syagrus Mart.）

1. **金山葵 *A. romanzoffianum* Becc.**

Syagrus romanzoffiana（Cham.）Glassm. 原产巴西，引入栽培。

（一二七）糖棕属 *Borassus* L.

1. **糖棕 *B. flabellifer* L.**

引入滇南栽培。

（一二八）油棕属 Elaeis Jacq.

1. **油棕（油椰）*E. guinensis* Jacq.**

引入西双版纳州栽培。

（一二九）椰子属 *Cocos* L.

1. **椰子（可可椰子）*C. nucifera* L.**

引入西双版纳州常见栽培。

（一三〇）枣椰子属 *Phoenix* L.

1. **波斯枣（伊拉克枣）*P. dactylifera* L（P. cycadifolia Hort.，P. excelsior Cavan）**

引入滇西南热区栽培。

2. **刺葵 *P. hanceana* Naud.**

引入滇西南热区栽培。

3. **林刺葵 *P. sylvestris*（L.）Roxb.**

引入滇南热区栽培。

（一三一）蛇皮果属 *Salacca* Reinw.

1. **蛇皮果 *S. edulis* Reinw.**

引入栽培。

2. **滇西蛇皮果 *S. secunda* Griff.**

产滇西盈江县，生于海拔 1000m 以下热带森林中。

3. **蛇皮果 *S. wallichiana* Mart.**

分布于滇西南盈江县等地，于海拔 300m。

本科有 7 属，11 种。

六十四、凤梨科

（一三二）凤梨属 *Ananas* Tourm. ex L.

1. **凤梨（菠萝）*A. comosus*（L.）Merr.**

原产南美洲，河口市、元阳县、景洪市、个旧市、屏边县、金平县、潞西市等地热区栽培，有 10 多个品种。

本科有 1 属，1 种，10 余个品种。

六十五、芭蕉科

（一三三）芭蕉属 *Musa* L.

1. **阿加蕉（小果野蕉）*M. acuminata* Colla**

产云南南部，生于海拔 1000m 以下湿热地区。

2. **伦阿蕉（野蕉）*M. balbisiana* Colla**

产滇南，于海拔 1600m 以下湿润沟谷栽培。

3. **芭蕉 *M. basjoo* Sieb. et Zucc.**

在海拔 1400m 以下各地栽培。

4. **指天蕉 *M. coccinea* Andr.**

产河口市、金平县，于海拔 600m 以下地区栽培。

5. **黑芭蕉 *M. itinerans* Cheesman.**

产滇西南湿热区。

6. **香蕉 *M. nana* Lour.**

在全省海拔 1000m 以下地区栽培。

7. **阿希蕉 *M. rubra* Wall. et kurz**

在瑞丽市、沧源县等地栽培。

8. **大蕉 *M. sapientum* L.**

在海拔1200～1700m地区栽培。

9. **蕉麻 *M. taxtilis* Nee**

产菲律宾等国，引入栽培。

10. **野芭蕉 *M. wilsonii* Tutch.**

广布全省，生于海拔2000m以下沟谷潮湿地。

本科有1属，10种，10余个品种。

六十六、禾本科

（一三四）甘蔗属 *Saccharum* L.

1. **印度甘蔗 *S. officinarum* L.**

开远市、永胜县等地热区及华坪县、弥勒县等地，于海拔1200～1700m有栽培。

2. **甘蔗 *S. sinense sinense* Boxb.**

于海拔1500m以下亚热带地区栽培，供制糖，也可作水果。

3. **甜根子草 *S. spontaneum* L.**

作育种材料和饲料。

本科有1属，3种。

第三节　云南果树资源的保存

在完成调查和摸清云南丰富的果树资源家底之后，随即建立了果树资源圃，对稀特种质加以收集保存。选择优良的品种直接用于生产，有优异性状的作为培育新品种（包括培育选择砧木）的亲本加以利用。云南的果树资源分布于热带、亚热带、温带，要集中在一个地方，适合3种气候环境的各种树种生长保存，依据目前的经济条件，是不现实的。依据不同气候带生长的果树，在相应的产地建立热带、亚热带、温带3个机构进行保存研究，也需耗费巨大的资金，配备大量人员才能完成，目前仍有困难。

过去，各个单位为完成生产和研究任务，分别收集相适应的树种进行保存选择和利用。此种保存仅从经济性状上加以选择，一旦选出丰产优质比较好的材料立即利用于生产，但往往忽视那些品质差，有较强抗逆性和适应性树种，其遗弃丢失掉较普遍。特别是野生树种，随着人口增加，经济建设的发展，一些数量稀少的树种被铲除和残踏消亡。为此依据现有研究机构和单位的实际情况，对濒危稀特果树的种质和品种收集保存，以免流失绝种，十分必要。在国家重视和扶持下，“七五”期间，全国分别在不同单位布局建立国家级的果树种质资源圃15个。

云南省农业科学院园艺研究所承担了“国家果树种质云南特有果树砧木圃”的建设，通过调查收集保存了苹果、梨、桃、李为主的砧木种类，以及部分樱桃、柿砧木资源。其中苹果属有锡金海棠、云南海棠、川滇海棠（即西蜀海棠）、沧江海棠、台湾林檎及新发现的富宁林檎、维西三叶海棠 、变叶海棠、滇池海棠、滇梨、砂梨、豆梨、毛桃、藏桃（光核桃）、移㭎、云南榅桲等多类型的砧木种和品种资源近300份。又承担了云南省科委的基金课题“云南温带果树品种资源调查发掘利用研究”。还保存梨、苹果、桃、李、樱桃等有价值的优良品种320多个。此外，对云南农业科学院园艺研究所新发现柑桔类资源，红河大翼橙、富民枳、云南香橼及作砧木的枳等也作了保存。

云南林业科学院通过调查保存了板栗资源。从中筛选出云丰、云腰、云早、云富、云良、云珍等6个地方优良板栗品种，建了母本园。繁殖苗木，投入生产，全省面积达17.0万hm^2以上，已见成效。核桃是云南省的重要干果之一，从收集保存的资源中，选出优质薄壳核桃品种，推广面积超过45.0万hm^2。梨的品种从果皮上分，有绿色、黄绿色（绿黄色）、黄色、褐色、红色等5五种，其中，红色的最少（所指为东方梨）。

近20年来，国内外为培育红皮梨品种，非常重视资源的选择和保存。云南的红皮梨，独具一格，果皮红色艳丽美观，但大多数酸味浓，石细胞多，品质差。云南省农业科学院园艺研究所，为发掘保存红皮梨种质，专门收集产滇西横断山脉及分布全省各地的红皮梨。已从农家品种中发掘出红色艳丽，品质优良，10月上旬成熟，耐贮存到翌年2～3月的红雪梨，香酥梨品系，直接利用于生产。同时保存有40多个红皮品系，是我国以至世界上保存东方红皮梨资源最多的单位，今后可供国内外有关单位合作开发研究。

近年来，新树种、新品种投放市场的速度在加快。中国加入国际贸易组织后，国外的优良品种将继续进入中国市场进行竞争，自己没有特异的优良品种，在市场竞争中，难以取胜得到好的效益。因此，除重视栽培优良性状的品种外，还应加强重视收集保存抗逆性、适应性强的野生种，为今后培育新品种（包括砧木）创造条件。

从全省调查收集资源的进展看，各地散存的资源仍以就地保存为主，稀有树种在国家资金允许条件下，应早动手重点收集保存，为长远进行科学研究奠定基础。目前存在着追求生产上立竿见影、行之有效，很快取得经济效益的栽培品种，忽视抗逆性、适应性强而品质差的品种和野生种。特别是野生种质，株数少，一旦绝灭就无法再生。因此，云南的果树资源如何保存是一个十分重要和大家关心的问题。种质资源保存是研究、开发利用的基础和前提，集中保存具有研究利用方便的一面，但需要大量人力、财力和土地资源。在国家重视下，全国已建立苹果、梨、桃、猕猴桃、枣、葡萄等资源圃，但保存的种质仍是有限的，绝大多数尚处于自然保存状态。依云南的实际情况，从长远考虑还需要特别保存以下种质材料。

（1）有特殊性状可以直接投入栽培的种和类型（包括品种），如产云南的近30个红皮梨品种（系）等。

（2）具有某些特殊优良性状的砧木，如有矮化性状，孤雌生殖的锡金海棠、三叶海棠、花叶海棠等。

（3）珍稀濒危的种和类型，如含维生素高的河口猕猴桃、阔叶猕猴桃等。

（4）可作育种的特有种质，如培育耐湿的刺葡萄（*V. davidii*）等。

（5）可作研究种质起源的红河大翼橙等。

（6）引入新选出有发展前景的梨品，如种大红巴梨、粉酪、美人酥、红酥脆等，作砧木的云南榅桲。

一、保存方式

1. 就地保存

为节约经费和劳力，种质数量太大的，绝大多数为就地保存。在国家重视支持下，已经在云南不同地区建立了23个自然保护区，12个自然保护点，且有的种质就生长在保护区（点）。近几年随着加强自然环境的改造和保护，还林还草，范围不断增加，可指定安排好生长在保护区内的种质，把要保护的种质妥善保护起来，待用时通过合法手续提取，达到保护、利用，避免损失和绝种。

2. 异地保存

植株由自然生长的地方，集中移在建圃的地方保存。此种保存是最普遍的方法，占地少，管理方便，种类多，集中在一起，便于研究利用，还可提供教学实习和参观。移入的种质最好与产地的环境相近，达到移植成活好，生长发育正常。1982年开始，云南省农业科学院园艺研究所承担在昆明建成有一定规模的“国家果树种质云南特有果树砧木圃”，除保存特有砧木外，还保存部分主要温带品种。“十五”期间，国家拨款250万元对种质资源圃进行改造扩建，目前基本建成。今后除管理保存好已收集的资源，还要不断充实并转到深入研究，达到不断创新，为国家产生经济、社会、生态效益，并进行国内外交流。有条件时，再在全国稀有的“宝地”滇南热带雨林季雨林地区，建一处保存热带果树种质圃。

3. 离体保存

种子、花粉、根、茎、枝等组织和器官，可以在特殊条件下保存。这种方法占地空间小，但要求技术条件高，目前只能在有条件的个别单位可以进行。

二、保存方法

1. 种植法

将保存的种质苗木定植到资源圃中，加以管理。资源圃所在地应具有生态代表性，最好靠近野生果树和适宜发展的适生区，且交通方便，有一定栽培基础和设备，有保护设施，以防丢失、践踏。

2. 保存树种

根据具体目的、任务，按种类，如仁果类、核果类、浆果类、杂果类等安排，每种保存3～5株。为节约土地，株行距适当缩小一些，或者确有困难也可每种栽2～3株。无性繁殖的树种，每种嫁接一株，还可以在一株砧木上，按树体大枝分布情况，分别嫁接几个品种，但要登记挂牌，以免产生差错。此种只是过渡时期暂时保存方法。

3. 保存与开发利用相结合

目前经济较困难，为克服资金短缺的问题，有的优良品种，生产上特别需要，可以繁殖苗木，出售给生产单位。这样既达到推广品种支持发展生产，又能获得经济收入，达到加强资源管理的目的，一举多得。

三、保护和保存地点

云南省已建立34个自然保护区（点），保存多样化的植物。为了便于利用，应选择交通方便，种质分布集中或为特异种源原生地，生态适宜且有一定设备、管理基础较好等条件作为保存地。建议在滇南两处保护热带常绿果树，在滇东北、滇西北、滇中，三处保护落叶果树。此项工作，建议由省、市（州）、县政府出面协调，在经费上适当予以支持。

1. 热带果树资源保护区

（1）西双版纳州勐养自然保护区：此区位于勐养以北，北纬22°10′～22°25′之间（北回归线以南），东西长72km，南北宽25km，面积10万hm^2。范围包括东以小黑江、勐旺河为界，西至澜沧江河谷，南到光踏山至澜沧江边，北至勐旺河，地跨勐养、景糯、普文、景洪市等4个乡镇。地处哀牢山以西，澜沧江纵贯中部，境内山间盆地为主，海拔540～1200m，北部多低山丘陵，南部是宽阔的河谷盆地，盆地周围有相对高度100m以下的低丘台地，边缘为海拔1500m左右的低山，个别山峰达2000m。此区地处热带北缘，以及南亚热带地区，分布着热带雨林、季雨林、南亚热带季风常绿阔叶林及针叶林植被，有经济价值较高的植物700余种。这是中国热带、南亚热带生物最多的地区，是研究热带、南亚热带植物的“宝地”，从中选择一块保存热带种质。

主要受印度洋季风影响，气温高，雨量充沛，一年中分布均匀，空气湿度大。年平均气温21.7℃，最热月平均气温25.5℃，最冷月平均气温15.6℃，≥10℃活动积温7950℃，年日照时数2154小时，年雨量1200mm，终年无霜。保护的果树主要为热带、南亚热带果树（包括引入稀特的），有产云南的番荔枝、黄皮越榄（*Canarium tonkinenses*）、小叶榄（*C. parvum*），毛叶榄、方榄、滇榄（*C. strictum*）、椰子（*Cocos nucifera*）、糠榔（*Phoenix hanceana*）、油瓜（*Hodgsonia macrocarpa*）、芒果（稀特种）、木菠萝、面包果、肖韶子（*Dimocarpus fumatus*）、滇龙眼（*D. yunnanensis*）等。

（2）大围山自然保护区：此区位于滇南河口市与屏边县之间，为哀牢山南延余脉，属中山与峡谷相间地貌，红河自北向南流经本区。保护区内河流与山脉略成平行切割，河谷底部一般海拔900m以下，中山高约为海拔2000m；从河谷到山顶依次有沟谷雨林、季雨林、常绿阔叶林。受印度洋和太平洋季风控制，属湿热南亚热带气候。年平均气温约22.6℃，最热月平均气温27.9℃，最冷月平均气温15.2℃，≥10℃活动积温8000℃左右，全年无霜、雨日较多、年日照1700小时，年雨量1800mm。此区保护的果树有买麻藤、喙核桃、木菠萝、五味子，以及多种适应湿热地区的猕猴桃、柑桔类等。

以上两个保护区基本上可以使云南重要的热带、南亚热带果树种质资源得到保护和保存。

2. 温带果树资源保护区

（1）玉龙雪山保护区：位于滇西玉龙县境内，北纬27°10′~27°40′，南部与丽江坝相接，西北面临金沙江。玉龙雪山最高峰海拔5596m，终年积雪，丽江盆地海拔2393m。地形复杂，山脚到山顶分布着大小不等的盆地、狭谷、陡峭的山峰和冰川，因地形、海拔不同气候差异悬殊。在海拔2500m以下为北亚热带气候，年平均气温11.0~12℃，海拔3100~4000m为北温带气候，年平均气温0~8℃，海拔4000~5000m为寒温带气候，年平均在0℃以下，海拔5000m以上为寒原气候，终年积雪。

此区植物垂直分布明显，自下而上为云南松、华山松，常绿云杉、红杉、冷杉、高山杜鹃、高山草地，4000m以上为高山砾石荒漠。选择玉龙雪山海拔2500~3300m地带作保存区，保存的种质有丽江山荆子多类型及尖咀山荆子（*M.* ssp.）萼片宿存萼端突起，以及九子海山荆子（*M.* ssp）、锡金海棠多类型、云南海棠、沧江海棠、光核桃、滇梨、滇榧（*Torreya yunnanensis*）、三尖杉（*Cephalotaxus fortunei*）、华榛（*Corylus chinensis*）、滇榛（*C. yunnanensis*）、藏榛（*C. tibetica*）、木瓜、皱皮木瓜、西藏木瓜、藏杏等。

（2）彝良小草坝保护区：位于滇东北彝良县龙安乡东北部海拔1900~2100m，地势自南向北倾斜，年平均气温14~17℃，最热月平均气温25.5℃，最冷月平均气温7.0℃，≥10℃活动积温5300℃，日照1400小时左右。受静止风影响，年降雨量780mm，无霜期297天。此区保护的果树种质有湖北海棠、猕猴桃、山荆子、云南海棠、沧江海棠等。

（3）云龙县天池自然保护区：位于滇西云龙县，北纬25°45′~26°05′，属温带气候，年平均气温12~14℃，可以代表滇中西部的气候，为云岭主脉的南延余脉，山脉纵横交错，最高峰海拔3230m，最低处海拔2280m，中部有天池，湖水清澈见底，四周群山环抱，青山绿水，周围是茂密的云南松天然林。此区保护的果树种质有锡金海棠（3个类型）、川梨、滇梨、云南五味子、华山松、华榛、滇榧、三尖杉等。

第四节　云南地方果树品种和主要树种的贡献

云南栽培的果树种类多，每种中的大多数地方品种均是从原始野生种，经过不断自然选择和人工选择进化而来；也不排除部分品种从外地有意识无意识的传入，在长期栽培下，形成与原种不相同，而适合云南省生态条件的地方品种。这些品种在云南果树生产中，产出大量果品供应人民需要，也为生产者增加经济收入，对改善生活条件和自然环境有重要作用。

一、落叶果树种类

1. 梨（*Pyrus pyrifolia*（Burm. f.）Nakai）

梨是云南栽培较广的树种，全省从南部西双版纳州边缘北热带到北部迪庆州寒温带气候都有栽培。长期以来，在不同气候环境中形成不少地方品种。

云南省农业科学院园艺研究所温带果树资源组，通过全省调查收集整理共有 320 个品种（系），属砂梨系统的有近 300 个，属川梨系统（*P. pashia* Buch. －Ham.）的有 20 个。从果皮色泽上分绿黄色、黄色的占 45%，浅褐色、褐色的占 30%，绿色的占 15%，浅红色、红色的占 10%。其中表现较好，产量大，品质优良，在科研、生产上起作用的有产滇西盈江县太平街的太平梨，产地气候炎热，属南亚热带气候，冬季较短，每年 7.2℃低温时数约 400～500℃，在盈江与柑桔、荔枝同植于一个果园中。果型中大，品质中上等，单果重约 200g，适合气候热的地区栽培，引入潞西市、景洪市产橡胶的地区栽培表现较好。目前，太平梨已在南亚热带地区逐步发展，为热区增加了一种果树品种。与此相反，在海拔 3400m 的德钦县澜沧江两侧，气候冷凉、干燥，日照充足，生长期短，产麻梨、藏梨，品质中等，仍为当地藏族、傈僳族同胞喜爱的水果。滇东北昭阳区、鲁甸县产的“昭通黄梨”（即威宁黄梨），丰产，品质优良，适应性强，已引入曲靖市、昆明市、玉溪市、墨江县栽培，每年 9～11 月供应当地市场。大理雪梨，果肉质细脆、味甜、汁多、品质优良，原为大理市的优良梨品种，由于品质优良，引入呈贡县栽培，仍然表现出优良品质，此品种引入会泽县也表现优良，产品还销往贵州。呈贡宝珠梨中秋节前成熟，在昆明市市场受人们青睐。玉龙县，海拔 2200～2400m，气候冷凉的丽江坝子产的巴克什、茨满梨品质优良受到喜爱。在金沙江畔龙蟠乡鲁南村，海拔 1900m 左右产的“鲁南梨”果深褐色、扁圆形，重 250～400g，10 月份成熟，耐贮运，销住香格里拉、维西县、德钦县等地，是藏族同胞较为喜爱的品种。剑川县的甘滋梨，巍山县的红雪梨，祥云县、弥渡县的小红梨（红顶梨），禄丰县的青菜梨，新平县的五棰梨，陆良县的蜜香梨，富源县的黄皮梨，宣威市龙潭乡的黄梨，保山市的甩梨，均为当地的优良品种，多少年来不断生产供应人们需要。昆明市等地还生产一种果型小的雀梨，单果重 40～80g，果皮褐色，一般 10～11 月份成熟，采时果肉硬、味酸带涩，以盐水浸泡至次年 2～3 月，味转甜清脆，正逢春节上市，近几年来受到重视。

云南省农业科学院园艺研究所，通过调查收集了产于云南的地方品种近 30 个红皮梨，果皮红色艳丽，但品质相差较大，其中选出文山红雪梨、红香酥梨等上色好、肉质脆、品质中上等，已加大繁殖力度推向生产。巍山县选出的巍山红雪梨，已在该县扩大发展。

值得重视的是，云南各地生产的火把梨，果皮红色、美观、汁多、肉脆，每逢农历六月二十四日“火把节”成熟，为此叫火把梨，但味酸，带涩，为培育出品质优良，当今市场上缺乏的东方红皮梨品种，作亲本杂交育种已经培育出红香蜜等品种，生产面积已达 130hm^2。云南省农业科学院已将产各地的红皮梨收集起来，建立红皮梨种质资源圃进行保存，将为国内外提供资源进行研究。

2. **花红（*Malus asiatica* Nakai）**

花红又叫沙果（救荒本草），林檎（西京杂记）。除寒冷的黑龙江省北部及炎热的海南省外，全国都有栽培，主要作鲜食。花红适应性强、丰产，在没有优质西洋苹果（*M. domostlca*）品种之前，已广泛栽培在各地。即使有西洋苹果品种之后，花红栽培管理较易，果个虽小，色泽美观，迄今云南仍在栽培。花红为落叶小乔木，树高4~5m，幼时树较直立，结果后开张树冠半圆形。叶片椭圆形或倒卵圆形，先端急尖，基部阔楔形或楔形。果实近球形至扁圆形，直径3.5~6.0cm，单果重25~45g，黄色、复红色或紫红色，被浓的白粉，萼片宿存；7~8月成熟，果肉浅黄色，味酸甜，不耐贮放，易变沙。在云南分布很广，滇东南富宁县海拔680m，思茅市、红河州至海拔3400m的德钦县都有栽培，其中，滇中各县最多。昆明市官渡区浑水塘是全省栽培面积最大的点，20世纪80年代，大力发展西洋苹果，生产有所下降。由于花红对苹果绵蚜有一定抗性，西洋苹果逐渐减少，花红的数量反而增加，1990年发展面积已达到150hm^2，且果实在7月份成熟，比大苹果成熟早，还销往省外。

3. **西府海棠（*M. xmicromalus* Makino）**

又叫海棠，小乔木，树高5~6m，幼树直立，结果后树冠开张下垂，半圆形。叶革质，长圆形。长6~9cm，宽约4.0cm，先端急尖，基部近圆形。果近球形，径2.0~3.0cm，红色，紫红色，微有果粉。果梗长2~3.5cm，萼片多数脱落，果肉浅黄白色，味酸，果期9~10月。西府海棠在冷凉气候地区栽培较多，其中集中于玉龙县、剑川县、宁蒗县等。果鲜食，成熟时切成两瓣晒干，可入药止咳消痰。另外还有楸子（*M. prunifolia*）又叫圆叶海棠，萼片宿存较易区别，栽培较少，以昭通市鲁甸县一带较多。

以上两种海棠在冷凉的地区栽培较多，适应性强，丰产，长期以来生产供应市场，且为苹果的优良砧木种类，嫁接亲和性好，惟树体稍大。

4. **云南山楂（*Crataegus scabrifolia*（Franch.）Rehd.）和野山楂（*C. cuneata* Sieb .et Zucc.）**

山楂，云南统称山铃果、山林果，野生云南大部分山区杂木林中。以滇中各县为多，长期以来不断的栽培选择，已形成不少果大（重15g左右），味酸甜的品种，以呈贡县、晋宁县、通海县、红塔区产的较优良，多在村旁、道边、园地边栽培。树高10~15m，单株产量300~400kg，有上百年的大树。果多为黄色，黄白色、阳面红色晕，扁圆形有5棱，肉质松软。山楂果除鲜食外，可加工制成山楂糕、果丹皮；果实切成几瓣晒干入药，有降血压功能。山楂适应性强，栽培管理较容易，是人们喜爱的水果。惟易受食心虫危害（叫豆沙包），加以防治可以克服。

5. **桃（*Amygdalus persica* L.）**

桃在云南栽培较广，与品种的适应性，种子易携带，果肉质味甜酸适口，果皮颜色鲜艳几个方面受人们喜爱有关。无优良品种前，人们常把食果后的种子带到异地播种，长成植株，绝大多数果皮毛多，果小品质不理想，但长期不断生产仍供应市场，起到一定作用。在边远山区，水果种类少，桃为重要的水果之一。桃的果实不耐贮运，主要在城镇附近发展的品种较多，有夏至桃、小暑桃、大暑桃。一般果小，单果重80~100g，表皮多绒毛。在云南的桃品种中，丰产品质优良的不多，果小的作嫁接桃砧木，但在未传入大果型优质桃品种前仍起一定的作用。目前边远山区还有栽培，并表现出抗病性适应性强，丰产，如京春桃。自大果型品种白凤、砂子早生、岗山白、松森、霞辉、庆丰等引入后，地方品种已被取代。但对有特殊性状的地方品种应加以保存，以利于今后研究利用。

6. **梅（*Armeniaca mume* Sieb.）**

梅和桃产生品种的演变相似。云南为梅的原产地之一，至今嵩明县梁王山、宁蒗县小凉山、巍山县、大理市等山区，杂木林、沟谷、坡地仍可以找到，虽不是原始种，也应该是逸生种。其中，以泸水县片马、宁蒗县澜泥箐分布着多型性的野生梅林可为证。全省栽培较多的是洱源县，该县海拔2000～2250m，年平均气温13～14℃，较宜梅生长，历来有加工梅的工艺，梅果加工成系列产品，销往省内外。梅的品种按果个大小分，果大的叫大果梅；中等大、单果重15～20g的叫中果梅；果型小、单果重10g以下的叫炒豆梅。梅果味酸，主要作加工制成系列产品。大果梅雕成不同形状配料制成雕梅，中果梅制成话梅，有的投入酒中制成青梅酒等等。

7. **柿**（***Diospyros kaki*** **Thunb.**）

柿属云南产23种，著名的为柿（*D. kaki*）1种。云南分布较广，热带至温带都有栽培，多植于村旁、路旁、宅房前后。各地形成不少品种，集中成片的有剑川县、通海县、寻甸县（柯渡）等地。柿的果实形状很多，有圆锥形、卵圆形、圆球形、扁圆形、尖圆形、心脏形等。果实有大小之分，一般重150～300g，有的无种子。老品种果实中含单宁有涩味，脱涩后可食。多少年来各地的柿多作鲜食，有的加工制成柿饼，为边远山区喜爱的水果。

8. **石榴**（***Punica granatum*** **L.**）

石榴为人们喜爱的水果，云南有名的为建水酸石榴、蒙自石榴、禄丰（黑井）石榴、巧家石榴、会泽石榴等。各地产的石榴从果皮性状上有所不同，每年中秋节上市较为畅销。随着市场的需要，近20年来各个产区选择的优良品种都有发展，为果农增加经济收入起到一定作用。

9. **板栗**（***Castanea mollissima*** **Bl.**）

板栗在云南有悠久的栽培历史，分布很广，抗旱、耐瘠、耐涝、抗病性强，经济寿命长（可上百年），有"铁杆庄稼"之称。板栗是云南山区栽培的主要干果树种，种仁含蛋白质、脂肪、糖和淀粉，可鲜食、炒食、煮食和制成糕点味美可口。板栗种仁坚实极耐贮运，远销外地。云南板栗产地较广，集中在昆明市为中心的四周各县上，有富民县、禄劝县、武定县、禄丰县、易门县、晋宁县、宜良县、嵩明县、寻甸县等。现在寻甸（柯渡）、嵩明（白邑）、富民（款庄、东村）、禄丰（小路溪）等地仍生长着200年以上的结果老树。历来各地栽培采用选择种仁大，色泽深褐色、味甜，自然杂交的种子，实生繁殖发展，变异性虽不如梨、苹果类大，仍出现不少优良的后代。经不断选择，各地已将保留下来的优株嫁接繁殖利用于生产。

10. **核桃**（***Juglans sigillata*** **Dode**）

又叫泡核桃、茶核桃、漾濞核桃。本种果壳薄，易破裂取仁，种仁肉质多，含脂肪、蛋白质、碳水化合物较多。另外还有胡桃（*J. regia*）和野核桃（*J. cathayensis*）两种，多数果壳厚、不易破裂。近20年来主要发展漾濞核桃。

核桃是果品，又是油料、药材、造林树种。木材优质，历来各地都有栽培。过去以滇西、滇西北边远山区栽培较多。核桃适应性较强，在山箐沟坡，土壤湿润的沟谷等地生长较好，材质纹理好，又是重要的用材林和水土保持林树种。近十余年，在国家扶持下，滇西北大峡谷，滇西南临沧市、思茅市大力发展。核桃油不仅在国内市场上销路好，国际市场也是畅销品，外贸出口供不应求。随着西部大开发，增加山区人民收入和水土保持改造环境的需要，核桃已经得到很大发展，全省栽植面积达43万hm^2，成为干果之首。

二、常绿果树种类

1. **甜橙**（***Citras sinensis*** **Osbeck.**）

甜橙又叫黄果、广柑、橙子，云南为原产地之一。它是主要栽培的亚热带果树，品质佳、耐贮运，经济价值高，主要供鲜食和加工，果皮含橙皮甙供药用，经长期栽培，各地形成不少优良品种长期供应市场。

（1）四瓣辣子花甜橙：产昭通市炎山金山村菜园子，萼片4～5枚，肉质状而得名。果皮橙黄色，较光滑。

（2）会泽黄果：产会泽县金沙江水系小江畔娜姑镇李开坪子村。

（3）鲁甸县黄果：产鲁甸县乐江乡。

（4）马口甜橙：产永善县马口区，新乡木垮村一带。

2. 宽皮柑桔（*C. reticulata* Blanco）

（1）建水白桔：产建水县坝区边缘地带。

（2）勐版桔：原产西双版纳州勐腊县低山丘陵地带。

3. 柚（*C. grandis* Osbeck）

柚又叫柚子、抛果。高大乔木，新梢有棱，被毛茸。叶大而厚，卵圆形或椭圆形；叶柄长具宽大翼叶略带心形。花大簇生，白色。果极大，圆形，卵圆形，成熟时黄色，绿黄色；皮厚，难剥离，海绵层及果肉浅红色或白色。种子大。

（1）曼赛龙柚：产勐腊县曼赛龙寨子而得名，有两个品种。①薄皮红心柚，植株矮小，枝开张，果近圆形，梗端略小，果皮绿黄色。海绵体、囊瓣和汁胞均为红色。囊瓣 15～18，果心小。汁多微带苦、略香，品质上乘，10 月成熟。②薄皮白心柚，植株生长势强，树高大开张。果圆形，皮绿黄色，且薄。海绵体、囊瓣、汁胞均为白色。果重 1400g，最大果重 1750g，囊瓣多为 15，大小不整齐，味酸甜。品质上乘，10 月中旬成熟。

（2）曼厅柚：产景洪市曼厅寨子。果倒卵圆形，果皮黄色，海绵体黄白色，果心大而空，囊皮淡红色，汁胞肥大，淡红色，味甜酸，品质上乘，单果重 1500～1700g，9 月中旬成熟。

三、地方果用树种

1. 华山松（*Pinus armandi* Franch.）

常绿高大乔木，高 20～30m，树干挺拔，正直。幼树皮灰绿色较平滑，老树灰褐色较粗糙。叶针状，深绿色，5 针一束，长 6～14cm，老时脱落黄褐色。果密生枝端，长卵形，长 8～14cm，横径 8～12cm；果鳞萎状，长宽 2.5～3.5cm，基部厚，先端薄。种子不为止椭圆形，先端扁尖，长 0.8～1.2cm，宽约 0.4～0.6cm，灰褐色或灰黑色，仁白色，微甜，可食。

华山松为云南古老地方树种，果树上列为干果树种。种子鲜食，炒食、煮食，还可榨油。植株高大，树干直，可作建筑用材和板材制造家具，材质优良。产于海拔 1600～3300m，分布面积广，蓄材量大，为云南的主要用材树种，还在绿化、水土保持、改造生态环境方面有重要作用。凋落松叶作燃料，以及养畜用垫厩沤肥增加肥源，铺盖苗床保水减缓冲击等方面起较好作用。

2. 杨梅（*Myrica nana* Cheval.）

杨梅为常绿灌木，高 1～2m。叶片倒卵形，长 3～5cm，宽 1～2.5cm，先端钝尖，基部楔形；叶柄极短。果圆形，直径 1～1.5cm，红色、绿色，味酸，充分成熟后甜味有所增加，果期 6～7 月，主要作鲜食，糖渍，鲜果采后晒干加盐（或糖）加工制成食品。滇杨梅虽未形成品种，长期以来采摘为食，至今仍是山区的食用水果，在市场上有零星出售。生长于山坡、林缘及灌木丛中，分布在海拔 1700～2300m，以滇中各县为多，又是固土保水、绿化树种。本种在未引种大果型杨梅品种之前，常用作鲜食或加工。

3. 枇杷（*Eriobotrya japonica*（Thunb.）Lindl.）

常绿乔木，高 5～10m。叶片革质，披针形、倒卵形，长 12～30cm，宽 5～9cm，绿色，被绒毛。果实球形至倒卵形，直径 2～3cm，黄色，有种子 3～4 粒，花期 10～12 月，果期 5～6 月。本种在中国栽培历史悠久，《西京杂记》（公元 1 世纪）载："初修上林苑，群臣远方各献芳果异树，有枇杷十株"。由此证明，枇杷在中国已栽培近两千年。由于长期栽培，分布较广，福建、江苏选出解放钟、白梨、白沙、大红袍等优质大果形品种，以及现在育出的大五星枇杷，行销全国。云南各地栽培的品种果小，品质差，采摘为食，主要作绿化园林树种。除本种外，产云南的还有 9 种，2 变种。资源较丰富，果可食，品质差，未形成品种，但分布于北热带的勐腊及南亚热带勐海县、景洪市、麻栗坡县等地，以及北亚热带的隆阳区、腾冲县等几个县区，主要作观赏绿化树种，附带摘果为食，近 10 余年利用的数量增大。

产云南的枇杷种类不同，树姿，叶形，植株大小不同有较高的观赏价值，且花果期各有不同，有的花期 10～11 月，果期 5～6 月，有的花期 4～5 月，果期 7～9 月，花又是蜜源植物，为此常作为观赏绿化植物栽培。

4. 余干子（*Phyllanthus emblica* L.）和罗望子（酸角）（*Tamarindus indica* L.）

这两种果树虽不原产云南省，但各地长期种植，已成为云南省的地方树种，主要产于海拔 1500m 以下干热、湿热地区。罗望子在元谋县盆地有几百年生的大树，其中，以西双版纳州等地栽培较多，果可食和加工制成饮料和系列产品，有医药价值，又是干热、湿热地区绿化树种，达到保持水土改造自然环境的目的。

综上所述，云南省的果树种类多，每一种在长期栽培下形成不少地方品种，在生产中为果农增加经济收入和改善生活有一定作用。果实供应市场满足人民需要，有保健作用，有的又是绿化树种，可起到改造荒山、绿化大地、水土保持的作用。

第五节　云南引入主要果树及表现

世界上的主要水果为苹果、柑桔、葡萄、香蕉。中国除以上四大果树外，还有梨。据 1998 年统计，全国梨的栽培面积达 92.4 万 hm^2，产量 642 万 t 居世界之首。中国各省区所处地理位置不同，生态条件不一样，栽培的主要落叶果树有苹果、梨、桃、李、梅、杏、葡萄等，常绿亚热带热带果树有柑桔、香蕉、菠萝等。近十余年随着市场发展的需要，种类不断增加，例如，在滇中的富民县、石林县、弥勒县，滇南的蒙自县等，葡萄、杨梅有所发展。此外，脐橙、石榴、银杏、油桃、香艳梨（茄科）正在发展中，且有的已是稀特水果。总的看来主要果树和新增加的果树都在发展。随着市场的拓开，人民生活水平不断提高和改善，果树种类也在不断的变化。

云南的果树种类虽多，仅沿用一些地方优良品种是不够的，大多数栽培的优良品种仍是从国内外引种而来的。

一、引入落叶果树的表现

1. 苹　果

苹果是苹果属中最重要的一种。世界各国栽培的苹果，大都属于本种与其他种的杂交种。云南栽培最早的为中国苹果（即绵苹果），原产我国西北部的新疆，由塞威氏苹果（*M. sieversis*）演化而成。最先引入昆明市郊区浑水塘、昭阳区等地，零星栽培。1940～1955 年间，在没有大型果实优良品种时，得到了发展，因果实成熟后易发绵，不耐贮藏，品质差，现在所剩无几。现在栽培的主要是西洋苹果，先后引入有法国的红卡维、白卡维等，美国的国光、红玉、富丽、金帅（系）、元帅（系），日本的红富士（系），苏联的黄魁、红魁、安东诺夫卡，加拿大的旭、美尔巴，中国培育出的迎秋、甜黄魁、胜利、华冠、华帅、秦冠等等。依据调查，共引入国内外的苹果品种达 230 多个。随着生长结果表现，不适宜的品种一批批被淘汰，适宜云南栽培可供发展的有金帅，虽易罹早期落叶和白粉病，但丰产结果早，成熟期早，味香甜仍受欢迎；其次为红富士抗病性强，结果年稍晚，结果后丰产，晚熟耐贮，肉质脆，甜酸可口，已为栽培的主要品种。元帅系的红星苹果，有一定市场，但果肉易发面，栽培管理技术要求高，产量不稳定日趋减少。近 20 多年来，中国育出的秦冠，丰产、味甜，一度发展较快，但现在已逐步减少。

2. 梨 属

在云南的水果中，梨的栽培历史悠久，分布广，面积产量大、品种多，适应性强，易栽培管理。多年来各地除发展地方品种外，也大量引入外地品种。1992 年省内召开优质水果评比会之后，全省安排建优质梨生产基地，一些县争先建基地为发展梨带来好势头，并将评选出白梨系统中的优质品种，以砀山酥梨为重点；其次还有金花梨、雪花梨等作为主栽品种。仅昆明地区几年内发展达 2 万 hm^2。其中，砀山酥梨品种占的比重很大。近些年来云南冬季天气暖和，砀山酥的树体生长高大，休眠期低温量不足（达不到 7. 2℃以下的年低温 1400 小时），花芽分化不良，带来产量不稳定，肉质发泡品质不理想。金花、雪花梨虽属白梨系统中的品种，在云南各地生长表现良好，树势生长健壮，抗病性较强，丰产、果形端正、果大、肉质脆、惟质地稍粗。引入砂梨系统中的日本品种丰水、幸水、秀水等品种，植株生长良好，抗病性强，结果早、丰产、果个整齐、肉质细嫩酥脆、味甜、汁多、品质优良，多在 8 月份成熟，惟货架期短不耐贮，肉易发面，可适当发展。中国育出的早酥梨生长势强，抗病性强，果丰产、早熟（7 月 20 日前后），味稍淡，坐果率高，栽培中注意留果数，目前仍是一个好品种。引入的 30 多个西洋梨（*P. communis* L.）品种已经栽培了 60 多年，表现不理想，保存下来的品种已经不多了。

近年来，国内外市场对红皮梨的需求急剧增加。为促进云南梨树生产的发展，云南省农业科学院园艺研究所温带果树资源组，在中国农业科学院郑州果树研究所原所长王宇霖教授的热心支持下，自 1997 年开始引入其他杂交育成的梨品种近十个，经过试栽，选出适宜昆明市等地栽培的品种，有美人酥、满天红等，结果早、丰产，抗病性强，果个大、端正，表面光洁，红色美观，肉质细嫩，无石细胞，果心小、皮薄，汁多，甜酸可口，固形物含量 11. 5% ~13. 5%，8 月 20 日至 9 月中旬成熟上市，目前已在昆明地区推广栽培。近年来，又从引入品种中选出 6 月下旬至 7 月中旬成熟的早 1 号、早 2 号，结果早，丰产，味甜品质优良，惟果形稍小。

从引入品种的表现可以看出，长江流域以南所产砂梨系统的品种，包括日本梨在内表现较好。含有砂梨亲缘的杂交品种较适合云南栽培。白梨系统表现差别较大，砀山梨适合高海拔气候冷凉地区栽培；产四川的金花梨、金川雪梨适应性较广，表现良好；产河北省的雪花梨在昆明市、泸西县表现也不错。秋子梨系统的品种表现不良。西洋梨系统的品种大多数表现不理想，包括近十年来新引入的红巴梨，丰产性差，不耐贮放，易受天牛危害，树寿命短。

3. 桃

桃在云南普遍栽培，以滇中城镇集中的地区为多，当地品种长期以种子繁殖，选育形成部分地方品种，果个小、品质较差。据调查蒙自黄肉桃已有 90 多年历史，认为由波斯（即伊朗）传入，另外还有呈贡宝丰乡的火炼金丹、青丝桃，该县栽培几十年，引入地不详。20 世纪 70 年代，昆明地区的国营农场引入砂子早生、北京水蜜、上海水蜜、白凤、大久保等品种，果个大、肉甜、汁多、丰产，品质比当地的好，发展很快。20 世纪 80 年代，中国培育出不少品种，如上海农业科学院培育出的春蕾桃，果小、成熟期早，4 月下旬到 5 月上半月成熟，开初几年很受欢迎。因果型小，后来引入早花露、雨花露取而代之。同时，又从北京引入庆丰、早香玉等，表现不错，现在仍在栽培。

另外，1985 年从郑州和美国引入美味、丽格兰特、理想等油桃品种，丰产性能差，果易开裂无栽培价值。近十年又从中国农业科学院郑州果树研究所引入杂交育出的曙光、艳光、早红珠等油桃，果实稍大、味甜、裂果，生长表现较好，价格好，果农纷纷将已种的其他桃品种改接，现在看来仍存在裂果等问题，需要进一步研究。桃结果早，不耐贮放，如控制不当，好品种大家抢着发展，仍会出现过剩，价格下滑的局面。桃仍以从长江流域、江浙一带引入成功的可能性大。

4. 葡 萄

最早引入的有紫葡萄（属欧洲种），果穗长，果粒紫红色，近卵圆形，但大小粒明显，成熟期不一致，零星栽培。约1926年前后，外国传教士，带入红葡萄品种（欧美杂交种）在贡山县、福贡县、维西县等县栽培，表现甚好，病虫害少，含糖量高，惟果粒小，除鲜食外，还可酿造红葡萄酒，直至今天仍在栽培。1958年前后，昆明大板桥园艺农场先后引入美洲种、白香蕉、华夫人、水晶葡萄在昆明市等地栽培，抗病性强，丰产，惟果粒小。1985年前后引入大粒种—红富士、巨峰品种栽培，果粒虽大、但酸味重。近20年来，从人体健康出发，饮白酒的人逐渐减少，饮葡萄酒的人增多，原弥勒东风农场又引入品丽珠、雷司令、梅鹿辄，佳利酿等酿造葡萄酒的品种获得成功，并酿出葡萄干红酒，驰名省内外。云南葡萄酿酒业刚刚兴起，但规模偏小，今后有很大发展空间。

为选出适宜云南省的鲜食葡萄品种，石林县、富民县、蒙自县、东川区等地，有关单位先后引入40多个欧美杂交品种，从中选出表现较理想的无核白鸡心、黑姆诺德、花叶鸡心、莎巴珍珠、维纳斯、京秀、京亚等品种。另外引入藤稔、红地球、黑大粒、红提等在昆明市栽培，味酸，正在观察。

葡萄抗病性弱，云南6~9月降雨多、湿度大、气温高，易罹病害。实践早已证明以欧美杂交种最好。栽培以海拔1300~1500m干热河谷、坝区有水源的地区栽培病虫少，成熟期早，含糖量高，品质较好。

5. 柿

在云南栽培较为普遍，多在房前屋后，田边地角道旁零星栽培，1980年前后，各地引入日本次郎、富有等甜柿品种栽培，其中以海拔1400m的保山市表现较好。曾引入法国柿，在热带零星栽培。近10余年，石林县、安宁市开始发展甜柿。

6. 石 榴

在云南禄丰县（黑井）、会泽县（盐水）、元谋县、巧家县、蒙自县、隆阳区等干热地带，栽培较多，年代较长，多为四川省会理县、陕西临潼传入。有大红袍、大粒石榴、青壳石榴、青皮石榴、铜壳石榴等品种。近几十年面积有所扩大，滇南蒙自县已建成4000hm^2石榴基地，东川区低海拔干热河谷拟发展万亩石榴生产基地，全省石榴总面积约1万hm^2。

二、引入常绿果树的表现

1. 柑 桔

柑桔产量高，风味好，耐贮运，供应期长，且营养丰富，需要量较大。柑桔种类、品种繁多，栽培上主要有甜橙、桔、柑（包括宽皮桔类）、柠檬，性喜温热，分布在年平均16~20℃，年活动积温5000~7500℃地区。以南部地区最多，1949年以前，于宾川、金沙江河谷，大多数栽培当地的红桔，黄果等。在发展柑桔时，除利用云南省的建水白桔、四瓣辣子花、马口甜橙等品种外，又引进品种优良的锦橙、新会橙、柳橙、哈姆林甜橙，温州蜜柑（新津、宫川、尾张等）。近几年，在宾川推广华盛顿脐橙，品质较好，耐贮运，丰产、适应性好，已建脐橙生产基地；在德宏洲发展柠檬。

2. 荔 枝

中国的产区主要在广东、广西。云南是近10年来才发展起来的，过去所产荔枝，肉薄种子大，味酸，多少年来制约着发展。云南南部气温回升早，引入品种比两广早熟15~20天，果早熟，提前上市，销路较好，经济效益好。引入的品种同样表现果大、肉厚、核小、味甜、生长状况较好，品种有妃子笑、糯米糍、黑叶等，正在勐海县、元阳县、沧源县等地扩大发展。

3. 龙 眼

很早就是中国南方著名的水果之一，果供鲜食和加工制成各种产品。龙眼干是一种滋养补品。全国以广东、福建、台湾、广西等省区最多，云南少量栽培。20 世纪 80 年代，云南各地分批多次引入品种试栽，当前生产上表现较好，果重 10 ~ 14g、肉脆、多汁、可食率 70% 左右，7 月下旬至 8 月中旬成熟的早熟品种有储良、八月鲜、石硖等；9 月成熟的中熟品种有乌龙岭、大乌圆、福眼、南水 1 号；10 月成熟的晚熟品种有九月乌。栽培分布范围，主要在北回归线以南，滇南边缘热带果树区，东起富宁县，向西经麻栗坡县、马关县、屏边县、河口市、金平县、元江县，中部的景谷县，向西包括思茅、临沧市的部分县及勐腊县、梁河县、盈江县、瑞丽市等，共 30 个县。一般分布在海拔 1000 ~ 1100m 以下，年平均气温 19.5 ~ 20℃，≥10℃活动积温 7000 ~ 7500℃。北部金沙江河谷的永胜县、华坪县有少量栽培。目前，全省各地正在发展。

4. 芒 果

主要分布在云南南部海拔 1300m 以下南亚热带地区。原产地虽然不是中国，经多年来引种，散存着不少野生类型和部分优良品种，当前，除利用本地表现较优良的品种以外，与此同时，仍引入部分国外果中大、肉厚、核小、汁多、味甜香的品种观察试栽。表现好的有吕宋芒（*Carabao*），原产菲律宾，果长卵形或卵形，重 200 ~ 280g，金黄色，肉黄，味芳香，质地细、核小、丰产性能好，7 月上旬成熟。另外，还有泰国芒、缅甸芒、象牙芒等表现也不错。

5. 香蕉、芭蕉

芭蕉是云南热带主要水果，主要分布在热量高的低海拔河谷，以西双版纳州、思茅市、德宏州及元江河谷为多。芭蕉适应范围比香蕉广，分布可达海拔 1900m，金沙江河谷等地都有栽培。云南为静风地带，少受台风危害，为发展香蕉创造了较好条件。元江、金沙江等地低海拔河谷，应选坡度小，修建水土保持工程以防水土流失。云南香蕉和芭蕉种植的海拔高度和纬度不同，成熟期前后有所不同，几乎全年都可采收供应市场，除满足本省需要外，还销往贵州、四川，以及其他省。地方种有河口蕉、红河蕉，又从广东引入矮脚顿地雷、大种高把、西贡蕉、阿加蕉、高川香蕉、油香蕉、大蕉等品种，果大、味甜，表现较好。

6. 菠 萝

主要分布在热带和南亚热带地区，以滇南低海拔河谷，河口市、元阳县、元江县、西双版纳州、德宏州等较多，供鲜食和加工，几乎全年可供应上市。近十多年，由于市场需要量大，引入无刺因卡、红西班牙、菲律宾等品种，个大、眼平、无刺，表现甚好。

7. 杨 梅

云南野生各地山中的有矮杨梅，味酸主要作加工。大杨梅产南亚热带、北亚热带。富民县海拔 2200m 的者北有野生的，但果小、味酸，一直未被利用。近 20 年来石屏县、富民县从浙江引入大树杨梅，东魁、早稻等品种，果大、味甜，6 月成熟上市，较受欢迎，正在发展中。

参 考 文 献

〔1〕中国科学院中国植物志编辑委员会．中国植物志（第 36 卷）．北京：科学出版社，1974

〔2〕梁畴芬．猕猴桃的分类．植物分类学报，1975（4）

〔3〕俞德浚．中国果树分类学．北京：农业出版社，1979

〔4〕吴耕民．中国温带果树分类学．北京：农业出版社，1984

〔5〕陈介等主编．云南的植物．昆明：云南人民出版社，1983

〔6〕中国科学院云南热带植物研究所编．西双版纳州植物名录．昆明：云南人民出版社，1984

〔7〕中国科学院昆明植物研究所编．云南种子植物名录（上，下册）．昆明：云南科技出版社，1984

〔8〕中国农业科学院郑州果树研究所等主编．中国果树栽培学．北京：农业出版社，1987
〔9〕曲泽洲，孙云蔚主编．果树种类论．北京：农业出版社，1990
〔10〕西南林学院，云南林业厅编著．云南树木图志（上、中、下册）．昆明：云南科技出版社，1990
〔11〕崔致学．中国猕猴桃．济南：山东科技出版社，1992
〔12〕张育英，陈三阳．热带亚热带果树分类学．上海：上海科技出版社，1992
〔13〕邵则夏．云南荚蒾的开发利用．中国野生植物，1992（4）
〔14〕中国科学院昆明植物研究所编著．云南植物志．第6卷，北京：科学出版社，1995
〔15〕刘孟军主编．中国野生果树．北京：中国农业出版社，1998
〔16〕李育农编著．苹果属植物种质资源研究．北京：中国农业出版社，2001
〔17〕林培钧、崔乃然主编．天山野果林资源——伊犁野果林综合研究．北京：中国林业出版社，2001
〔18〕杨源编著．云南核桃．昆明：云南科技出版社，2001

第三章 云南主要及特有果树资源

第一节 仁果类资源

仁果类是世界上和中国的主要果树之一，常指果实为假果的蔷薇科落叶果树。其食用部分为果的肉质花托，外果皮、中果皮不易分辨，内果皮为软骨状的薄膜，形成果心。每心室具种子1~5粒（木瓜、移𣐈除外），有梨、苹果、山楂、木瓜、榅桲、枇杷、移𣐈。

一、梨 属

梨属 *Pyrus* L. 广泛分布于世界各地，概括地讲，梨分为中国梨和西洋梨两大类。中国梨主产中国，泛称“东方梨”（包括产日本、朝鲜），主要特点，中国梨除秋子外，其他种梨采收不经贮藏即可鲜食，肉脆嫩汁多。西洋梨（称西方梨）主产欧洲，成熟采收有涩味，需经贮藏涩味消失，果肉变软即可食。中国的梨栽培历史悠久，根据《尔雅》、《史记》记载，两千年前已有栽培。云南梨的栽培，大多数为野生通过不断选择繁殖形成。有记载的如呈贡宝珠梨，系宋代高僧宝珠和尚携大理市雪梨蕊（接穗）至呈贡县繁殖发展起来，迄今有1000多年的历史。梨的适应性强，在不同气候、土壤条件下都可生长，遍布全省各地，是全省性的主要果树。梨果含有丰富营养物质，果肉脆嫩、汁多，酸甜可口，供鲜食和加工，还可入药。野生于各地的川梨即棠梨，耐湿热、耐瘠、耐旱，对绿化环境和水土保持有一定作用，又是梨的主要砧木。

1. 产地和分布

中国是梨属植物起源中心，南北方均产，有13种，引入1种共14种。栽培上主要有以下4种。秋子梨（*P. ussuriensis* Maxim.）耐寒性强，野生于东北、华北、西北，果肉石细胞多，优良品种有京白梨、南果梨、香水梨，抗寒性强，适宜气候冷的地区栽培，是培育耐寒品种的材料，野生的又作砧木。白梨（*P. bretschneideri* Rehd.）适宜生长在干燥寒冷的地区，抗寒力次于秋子梨，果实品质较好，优良的品种很多，有名的如雪花梨、鸭梨、金花梨、砀山酥梨、茌梨、金川雪梨等，产河北、河南、山东、山西、陕西、安徽、四川等省。砂梨适宜生长在温暖多雨的地区，产长江流域一带及其以南各省区，品种最多，果皮多为褐色，有名的品种有苍溪雪梨、呈贡宝珠梨、富源黄皮梨、威宁黄梨以及日本产的幸水、丰水等。西洋梨（*P communis* L.）主要产欧洲，亚洲栽培已久。中国各地栽培的西洋梨，从欧美引入，分布较广，其中以旅顺、大连和山东较多。常见的品种有巴梨（Bartlett.）、伏茄梨（Beurre Giffard）、日面红（Flemish Beauty）、茄梨（Clapp's Favorite）等。

云南为中国梨原产地之一，产云南的梨属种有砂梨、川梨、滇梨（*P. pseudopashia* Yü）和豆梨（*P. calleryana* Dcne.）4种，引入秋子梨、白梨、西洋梨、杜梨（*P. betulaefolia* Beg.）4种，共8种。全省128个县（市）都栽培，分布在热带、亚热带、温带，以北亚热带地区的滇中、滇东北、滇西北最多。栽培品种主要为砂梨系统和部分白梨系统，其做砧木的为川梨。

2. 梨属植物分类

梨为蔷薇科（Rosaceae）梨属（*Pyrus* L.）。世界上的梨属植物约有30种，其中，西方梨12种以上，东方梨16种。中国产13种，引入1种，共14种；云南产4种，引入4种，共8种。

梨属分类总览

按植物分类学，依果实上萼片宿存或脱落分为两组

组 1. 宿萼组（Sect. Pyrus）果实上萼片宿存，花柱 3～4 有秋子梨、西洋梨、滇梨。

组 2. 脱萼组（Sect. Pashia Koehne）果实上萼片脱落或少数宿存，花柱 2～3，稀 4～5 有白梨、砂梨、杜梨、豆梨、川梨。

3. 梨属分种检索表

1. 果实上萼片宿存，花柱 4～5。
  2. 叶边缘有尖锐的刺芒状锯齿，叶大，广卵形，雄蕊 20，花柱 5，果黄色。…………（1）**秋子梨** *P. ussuriensis* Maxim.
  2. 叶边缘有不带刺芒状的细锯齿，或具圆钝锯齿。
    3. 叶边缘有圆钝细锯齿，果实近球形，褐色，雄蕊约 25，花柱 4。（稀 3），…………（2）**滇梨** *P. pseudopashia* Yü
    3. 叶边缘有圆钝锯齿，果实梨形或瓢形，花柱 5，雄蕊 20。…………（3）**洋梨** *P. communis* L.
1. 果实上萼片多数脱落，少数宿存，花柱 2～5。
  4. 叶边有尖锐锯齿，果实黄色或褐色。
    5. 叶边有紧贴带刺芒的尖锐锯齿，花柱 4～5。
      6. 果实黄色，叶基部宽楔形，雄蕊 20，花柱 5～4。…………（4）**白梨** *P. bretschneideri* Rehd.
      6. 果实多为褐色，少数黄色，叶基部圆形或近心形，雄蕊 20，花柱 5。…………（5）**砂梨** *P. pyrifolia*（Burm. f.）Nakai
    5. 叶边有开张无刺芒尖锐锯齿，果实深褐色，花柱 2～3。…………（6）**杜梨** *P. betulaefolia* Beg.
  4. 叶边有圆钝锯齿，果实褐色。
    7. 叶卵圆形至长卵形，雄蕊 25～30，花柱 3～5，叶片花序最初有毛，不久脱落。…………（7）**川梨** *P. pashia* Buch. －Ham. ex D. Don
    7. 叶宽卵圆形至卵圆形，雄蕊 20，花柱 2～3，叶片，花序光滑无毛。…………（8）**豆梨** *P. calleryana* Dcne.

4. 种的主要特征特性

（1）秋子梨

别名：山梨、酸梨、乌苏里梨、花盖梨。

乔木，高 10～15m。树冠宽阔，嫩枝初期微有毛，野生植株常具针刺。叶卵圆形，先端渐尖，基部圆形或近心形，长 5～10cm，宽 4～6cm ，边缘带刺芒状的尖锐锯齿，叶柄长 2～5cm。花白色，雄蕊 20，花药紫色，花柱 5，离生，近基部微具绒毛。果实近球形，黄色，萼片宿存，基部微下陷，果柄短。产我国东北、华北、内蒙古等地，耐寒性强，野生种果实小，有涩味。曾引种京白梨、香水梨、南果梨等 10 个品种，在云南休眠期间年低温量不足，花芽分化不良，生长不良，品质不理想，已被淘汰。野生种引入作砧木表现亦不好。

（2）滇　梨

乔木，高 8～12m。小枝具黄白色绒毛，老枝紫褐色，皮孔稀生。叶卵圆形或长卵圆形，长 6～8cm，宽 3.5～4.5cm，先端尖，基部圆形或宽楔形，边缘具圆钝细齿，上面绿色无毛，下面被黄白色绒毛，后期脱落无毛；叶柄长 2.0～3.5cm，被毛。伞形总状花序，有花 5～7，花柄长 2～3cm。萼片三角披针形，边缘有稀疏腺齿，两面被绒毛；花瓣白色，宽卵形，有短爪，先端圆或开裂；雄蕊 25，花柱 3～4，无毛。果近球形或卵圆形，褐色，直径 2.0～2.5cm，萼片宿存，少数脱落，果梗长 3.0～4.0cm，种子倒卵圆形，浅褐黑色，长 0.5cm，微扁。花期 3～4 月，果期 9 月。

产维西县、兰坪县、鹤庆县、云龙县（天池），生于海拔 2600～3000m 的杂木林中，箐坡地、村旁，果可食，品质不好，可作梨砧木。

(3) 洋 梨

别名：西洋梨、葫芦梨。

乔木，高4～8m。树冠圆锥形，枝褐色。叶椭圆形至卵圆形，先端短尖，基部圆形，长3～6cm，宽3～4cm，叶缘锯齿圆钝。果实瓢形，葫芦形，萼片宿存。采收后须贮放数天达到后熟，涩味消失，肉质变软，味可大增芳香，为西洋梨特点。不耐贮放。原产欧洲中部至中亚等地。1949年前，云南从法国、英国引入30多个品种栽培。有伏茄梨（Beurre Giffard）、巴梨（Bartlett）、茄梨（Clapp's Favorite）、三季梨（Guyot，Dr. Jules Guyot，Precoce）、康德梨（Le Conte）、贵妃梨（克发梨）（Kieffer）、日面红（Flemish Beauty）、红茄梨（Starkrimon）、宝斯库普（B. Bosc）、口梨、巴黎夫人、身不知、车头梨、早酥梨等，1985年引入大红巴梨、红巴梨等表现也不理想。从引入现有的西洋梨品种看，仍无表现好适宜云南气候条件栽培的品种。其中，身不知、车头梨在滇中少量栽培，表现稍好一些，丰产，品质中等，成熟期稍早，7月底8月上旬采收。

(4) 白 梨

乔木，高4～8m。小枝微被绒毛，以后光滑无毛。叶片大，卵形至长圆形，先端渐尖或急尖，基部圆形至阔楔形，边缘具贴附刺芒锯齿；叶柄长2.5～5cm。花大，先开于叶。果圆形、长圆形、倒卵圆形，绿黄色、黄色，肉质细脆，汁多味甜，萼片脱落。产辽宁南部，华北和西北大部地区及四川西部。耐寒性次于秋子梨，强于砂梨，全国有500多个品种，驰名的有鸭梨，慈（茌）梨、雪花梨、长把梨、金川雪梨，金花梨、酥梨。

引入40多个品种，在滇中各县栽培，其中以金花、雪花梨品质中上等，较丰产，表现较好。酥梨应选择海拔2100～2300m高的滇西北冷凉地区栽培，达到休眠期能满足花芽分化的低温条件，才能获得较好效益。昆明地区栽培酥梨表现不良，近几年来已改接其他品种。

(5) 砂 梨

乔木，高10～15m。幼枝被绒毛，2～3年生枝紫色，皮孔明显褐色。叶卵圆形至卵状椭圆形，先端渐尖基部圆形或心形，长7～12cm，宽4～6cm，幼时两面被黄褐色绒毛，老时脱落，老叶绿色，边缘有刺芒状锯齿；叶柄长2.5～4cm。伞形总状花序，有花6～9，初期被柔毛；花梗长3～5cm；萼片三角卵圆形，先端渐尖，内面密被褐色绒毛；花瓣白色，卵形，长1.5～1.7cm，具短爪；雄蕊20，花柱5。果实近球形，顶端微下陷，萼片脱落；果皮多数褐色，亦有黄绿色的，具浅色斑点；果梗长3～4.5cm；种子卵圆形，黑色，微扁。花期3～4月，果期9～10月。

产昆明市、富源县、通海县、马龙县等，于海拔1000～2200m，村旁，杂木林中，多为半栽培状态。栽培品种分布全省各地，经长期栽培，演化选出不少品种，已收集320多个品种（系）。如白雀梨、雀梨、砂糖梨、富源黄梨、昭通黄梨、陆良蜜香梨、呈贡宝珠梨、火把梨、红雪梨等。

(6) 杜 梨

乔木。枝条开张，有刺，嫩梢具白色绒毛。叶长卵圆形或菱状形，先端渐尖，基部楔形，边缘具尖锐锯齿。果圆球形，径0.5～1.0cm，褐色，有斑点，萼片脱落，2～3心室。产于华北、西北各省，昆明、曲靖市的一些县引入作砧木，表现不好。

(7) 川 梨

别名：棠梨、棠梨刺。

乔木，高达15m。枝常具刺，幼嫩枝有绒毛，老时脱落。叶卵形至长卵形，长4～7cm，宽2～5cm，边缘有钝锯齿，初时有绒毛；叶柄长1.5～3.0cm。伞形总状花序，被绒毛，有花7～13，萼片三角形；花瓣白色，倒卵形，有短爪；雄蕊25～30，花柱3～5，无毛。果近球形，直径约1.5cm，果皮多为褐色有黄色，黄褐色，红褐色多种，果点明显，脱萼；果梗长2～3cm。花期3～4月，果期8～9月。

产昆明市、文山州、富宁县、屏边县、大理市、玉龙县、德钦县、香格里拉、思茅市、临沧市等，全省各县均产。生于海拔680～3400m的山坡杂木林、溪边、路旁等地，现在嵩明阿子营乡鼠街、马龙县老脚寨等地，仍有上百年大树。果9月成熟，变软，呈黑褐色可食。耐旱、耐湿、耐瘠，为云南梨的主要砧木。栽培品种有金沙乌、酸大梨、牛角乌、长把乌、短把乌等10多个品种，3个变种，20多个类型。

①无毛川梨（var. *kumaoni* Slapf）叶和花序均无毛，萼片卵形，先端圆钝，产昆明市郊区。

②钝叶川梨（var. *obtusata* Card.）叶片先端圆钝，稀急尖或渐尖，嫩枝花序常被绒毛。产昆明市郊区，海拔1900m。

③大花川梨（var. *grandiflora* Card.）花型特大，直径约3.0cm，幼叶，叶柄、花梗及萼片内面均被锈色绒毛。产昆明市郊区、马龙县等地。

（8）豆 梨

小乔木，高5～8m。小枝光滑无毛。叶宽卵形至卵圆形，边缘有圆钝锯齿，无毛；叶柄长2～4cm。伞形总状花序，有花6～12朵，无毛。花梗长1.5～3cm。花瓣白色，卵圆形，有短爪；雄蕊20，花柱2，稀3，无毛。果球形，直径约0.8cm，果皮褐色，果点多而明显，果柄长约3.0cm，萼片脱落。花期3月，果期8～9月。

产富宁县、东川区，分布狭窄，生于海拔650～1900m的山坡杂木林中。云南少量用于梨的砧木。

5. 梨属栽培品种的系统分类及其基本群

云南梨树栽培历史悠久，人们通过长期生产实践，选择培育出许多品种，但优良品种甚少。近几十年来为增加优良品种，不断从国内外引入，通过生产实践，不同地区已选出适合当地栽培的品种。依据调查，产云南的有320多个，引入约100个，共有420个品种（系），按特征、特性、来源、地理分布分属于砂梨、川梨、白梨、洋梨四个系统。依据各个品种的亲缘关系、栽培特点、果实经济特性，分为不同品种群。

（1）砂梨系统

云南栽培的品种主要属本系统，分布全省各地。从气候上北热带、亚热带（南、中、北三个亚热带）、温带都有，从地理位置上以滇中、滇东北、滇西、滇西北最多，南部边缘较少。大多数果实扁圆形，近圆形，长圆形，倒卵圆形，果皮褐色、淡黄色，有的阳面覆有红色晕，果肉脆，甜酸适度，有石细胞，不经后熟可食，品质不及白梨系统，概括分为以下品种群：

①宝珠梨品种群。果实近圆形或长圆形，一般果重200g，最大重达600g，绿色，绿黄色，表面不平，有锈斑，果梗短粗（长1～2cm）呈肉质，也有果梗粗、长，无肉质的类型。萼片多数脱落，少数宿存，瘦小。果肉白色细嫩、微香，汁多味甜，品质优良，核（果心）大。其中宝珠梨（呈贡）分果梗短（约1.5cm）肉质状，与果梗细长（约2.5～3.5cm）无肉质和果梗长（2.5～3.5cm）基部肉质状的三种。此外还有他彼梨（文山市他彼村）、太平梨（盈江县太平街）、巍山红宝珠梨（阳面有淡红色晕）等。

②火把梨品种群。果实倒卵圆形、卵圆形、短卵圆形（一般叫秤砣形），重150～320g，果皮淡黄色、黄色、表面覆红色晕，较为美观，果梗端小，果梗多数基部肉质，呈瘤状，梗洼不甚明显，萼洼广而深，果肉黄白色，肉质较细嫩，汁多，酸甜适中，初期有涩味，石细胞少，品质中上。从果形状，梗洼，果梗特征分：有牟定火把梨、晋宁火把梨与巍山火把梨、富民火把梨、丽江火把梨、祥云火把梨、武定火把梨、雪梨、香酥梨、鲁沙梨、巍山秤砣梨、玉香梨、漾濞葫芦梨、弥渡香酥梨，丽江秋火把梨（9月至10月成熟）等。小果，短卵圆形的有祥云红顶梨、

弥渡小红梨。果皮不上色，黄绿色、黄色的有宁蒗火把梨，以及果皮上色鲜艳、成熟期晚的文山红雪梨、砚山香酥梨等。

③巍山红雪梨品种群 果实正圆形或长圆形，重250~300g，最大果重510g，果皮深黄色，浅褐色，阳面覆红色晕，果肉浅黄白色，汁多，味酸甜，果柄长3~4.2cm，基部肉质，梗洼小，浅，萼洼中深较广。一般10月下旬至11月中旬成熟。从成熟期上分：10月成熟不耐贮放的有冬雪梨；10月下旬到11月成熟的有红雪梨，耐贮性好，可贮至翌年2月后，品质有所增加。巍山县山区多年来用种子播种繁殖栽培，产生了大雪梨，重300~500g，巍山冬雪梨、小雪梨、四棱红雪梨（有四个棱角），长把雪梨、短把雪梨、巍宝梨等，都是带红色的品系。

④芝麻梨品种群。主要特征为果点明显，果卵圆形，长圆形，果重150~230g，果皮浅黄色、淡黄褐色，果点灰褐色、密生明显，果肉酸甜，有石细胞，果柄细，长约2.5cm，褐色。萼片脱落，有剑川芝麻梨、呈贡芝麻梨、马龙芝麻梨、清水梨（富源）、丽江芝麻梨等。

⑤褐梨品种群。果皮褐色、深褐色，近圆形、卵圆形、扁圆形，有时覆暗红色晕，果初期微带涩味，味酸，石细胞多，成熟期晚，较耐贮存，品质中等。有独木黄梨、昭通黄梨、宣威黄梨（龙潭）、富源黄梨、保山甩梨、鲁南黄梨、冬梨、麦地湾梨、黑地梨、马氏梨（麻栗坡县董干）、沙糖梨（剑川）、黄皮冬梨（姚安）、文山冬梨、褚氏梨（祥云）、柿饼梨（彝良）、东川黄梨等。

⑥蜜香梨品种群。果浅黄褐色、黄色，卵圆形近倒卵圆形，微香，味酸甜，汁多，品质中等，有陆良蜜香梨、呈贡蜜香梨、石林蜜香梨、甘滋（剑川）梨等。

⑦雀梨品种群。果圆球形或长圆形，褐色，果小、重50~130g，果柄细长，萼片多数脱落，萼洼基部褐色，果肉黄白色，采收时，果肉质地粗，味酸，带涩，经贮放，(以水淹渍后)，涩味消失，味转甜。有白雀梨、水雀梨、小雀梨、大雀梨，雀梨、砂梨、砂糖梨、干面梨（晋宁）等。

（2）川梨系统

果皮绿黄褐色或青绿色，果肉黄白色，初采时不能食，放置后果肉变成黑褐色（变乌）称为乌梨，果实较大的有酸大梨、酸罐梨，果实较小的有牛角乌、金沙乌、长把乌、细把乌等10多个品种。

（3）白梨系统

果实卵形，倒卵形，黄色、黄白色、脱萼，肉脆味甜，汁多，石细胞少，品质优良，产北方各省。云南引入品种有40多个，有一定栽培面积的如雪花梨、金花梨、砀山酥梨、茌梨、鸭梨、黄县长把梨（山东）、金川雪梨、汉源白梨等。生产上表现优良的有金花梨、雪花梨。

（4）洋梨系统

果葫芦形、瓢形、洋梨形，成熟采收后经贮放才能食。云南引入30多个品种，如巴梨、大红巴梨、茄梨、香蕉梨、伏茄梨、路易斯、阿蒂、日面红、巴黎夫人、口梨、身不知、车头梨等，表现不理想，栽培数量逐渐减少。

6. 主要品种

（1）宝珠梨。树势强，果实近圆形或扁圆形，中至大型，重约250g，最大果实560g。果皮黄绿色，中厚，表面粗糙不平，有锈斑，果点明显。果梗一般短粗，基部肉质，梗洼浅广有条锈。萼片多数宿存，小而直立，萼洼浅而广。果心中大，果肉白色，肉质酥甜、多汁，有石细胞，味甜微香，含可溶性固形物12.5%~14.0%，品质上等，9月中旬成熟，较耐贮。主栽昆明市。

（2）昭通黄梨。树势强，果实较大，卵圆形或长圆形，重约350g，最大果实900 g。果皮浅黄褐色，皮薄，表面较光滑，果点浅褐色，明显。果梗长约3.0cm，基部有瘤状突起，梗洼深广中等，萼片脱落，萼洼深。果肉白色，肉质细嫩、多汁、微香、味甜酸，含可溶性固形物13%，品质中上等，9 月中旬成熟，较耐贮。主栽昭阳区、鲁甸县，曲靖市、玉溪市有栽培。

（3）火把梨。树势强，果实中大，倒卵圆形或长圆形，果重 240 ~ 320g。果皮浅黄色且薄，表面鲜红色，色泽鲜艳、美观。果梗细长，基部肉质，梗洼浅狭。萼片脱落，少数残存，萼洼中广。果心中大。果肉乳黄色，黄白色（近皮处绿白色），肉质细嫩、多汁、味酸甜、微香，初期有涩味，石细胞少，含可溶性固形物 12% ~13.6%，品质中等，8 月中下旬成熟，不耐贮藏。20 世纪 90 年代以前，全省栽培分布较广，因不耐贮藏运输、品质不好，目前面积逐渐缩小。

（4）红雪梨（文山红雪梨）。树势强，果实倒卵形至卵圆形，果重 200 ~ 250g。果皮绿黄色至黄色，2/3 以上果面着鲜红色晕，较美观。果梗长 3.0cm，基部肉质，梗洼浅广。萼片脱落，萼洼深、中广，有时有锈斑。果心中大。果肉黄白色，肉质紧密、细脆、多汁、有石细胞、甜酸、微香，含可溶性固形物 13% ~14%，品质中上。9 月下旬至 10 月上旬成熟，耐贮。主产文山州、昆明市等地已开始栽培。

（5）红香酥（砚山香酥梨）。树势强，果实卵圆形，中大，果重 200 ~ 350g。果皮浅黄色或黄色，2/3 以上果面覆鲜红色或深红色晕，色泽鲜艳，果皮光洁，果点明显。果梗长 3.2cm，基部微肉质，梗洼浅小，一端隆起。萼片脱落，萼洼窄深，有锈斑。果心中大。果肉白色，质地细密、较硬、多汁、味甜，含可溶性固形物 13.5% ~15%，品质中上，9 月下旬至 10 月上中旬成熟，耐贮。主产砚山县，昆明市开始发展。

（6）早白蜜。该品种为王宇霖教授以日本梨幸水作母本与云南火把梨为父本杂交育成，1998 年，云南省农业科学院园艺科学研究所首批引入云南，高接换种表现出结果早、丰产、品质优、抗性强。树势生长强。果实卵圆形至圆形，果重 160 ~ 240g。绿黄色，果面覆浅红色晕，平滑光洁有蜡质。果肉细嫩酥脆，无石细胞，汁液极多，味甜清香，含可溶性固形物 11.5% ~ 14.3%，果心小，品质上乘，7 月中旬成熟，耐贮。昆明市等地开始发展。

（7）美人酥。来源同（6），树势强，果实大，阔卵圆形至卵圆形，果重 300 ~ 350g，最大果实 800g。果皮绿黄色、黄色，果面一半以上着浅红色彩，表面平滑洁净，果点细小，红褐色。果肉白色，酥脆，汁特多，无石细胞，初期酸味稍浓，充分成熟酸甜可口，果心小。含可溶性固形物 11.5% ~13.5%，品质上等，在昆明市栽植 8 月中旬可食，8 月中下旬至 9 月上旬成熟，货架期 30 天。昆明市已发展栽培。

（8）满天红。来源同（6）。果实大，果重 300 ~ 400g，最大果重 900g。近圆形或稍扁，全果着红色彩，视如红苹果，甚美观，9 月中旬成熟，较耐贮，其他特点和品种同（6）。

（9）红酥脆。来源同上。果实大，果重 250 ~ 400g，长圆形或圆形，绿黄色，鲜红色彩，甚美观。果肉雪白，肉质细、酥脆、汁极多、味甜，品质上等。果心小，无石细胞，9 月中旬成熟，耐贮。

（10）金花梨。果实大，果重 300 ~ 500g，长圆形，果皮绿黄色，果点明显，果心小。果肉白色，质地稍粗、松脆、汁多、味甜，品质中上。8 月下旬至 9 月成熟，耐贮。产四川省金县，昆明市、泸西县等地栽培。

另外，还有巍山红雪梨，引入的雪花梨在滇中地区部分县栽培。砀山酥梨在海拔 2300m 的地区栽培表现较好。

7. 栽培现状及展望

梨是中国最主要的栽培果树之一。1949 年以来，得到迅速发展，尤其是 1978 年后发展更快。按 1998 年的统计，全国梨的面积为 92.4 万 hm^2，产 642 万 t，分别占水果类总面积、总产量的 10.6% 和 11.7%，居全国各种果品的第三位。产区主要在河北、山东、辽宁，近几年来河南、安徽发展很快。

云南梨的发展和全国一样，按 2002 年的统计，面积达 4.09hm^2，产 15.75 万 t，面积居全国第二位，产量居第一位。云南发展梨有较好的条件：

（1）栽培历史悠久，修剪、贮藏、加工等积累了一定的经验。

（2）地处云贵高原，纬度低，海拔高，地形地势复杂，气候多样，依气候选择引入相适应的种类和优良品种，发展有特色性状的红皮梨品种系列潜力较大。

（3）春天气温回升早，同一品种成熟期比外地早熟 15 ~ 30 天，上市早，经济效益好。

（4）紫外光强，年温差小，日温差大，便于养分积累，红色品种上色较好。

（5）从地方品种中选出红雪梨、红香酥，引入美人酥等红皮梨，果皮红色，艳丽美观，品质优良，在市场上独具一格，在滇中地区应加大力度推广栽培。

（6）有适应性强、亲和力好、资源丰富的砧木种类（川梨）。

（7）市场广阔，区位条件好。云南距两广、港、澳地区及缅、越、老、泰等东南亚诸国较近，这些省区和国家多属热带气候，不适宜温带水果梨的生产。同时云南省需要量很大，有好的销售市场，随着南昆、内昆铁路通车，澜沧江—湄公河联运，通往缅甸、老挝、泰国公路的改善，航运渠道亦很畅通，产品运输快捷。只要能生产国际市场上有竞争力的优质产品，市场前景广阔。

（8）云南冬无严寒，树体不致产生冻害危险，但有的年份冬季气温高、低温不足，故有的品种花芽分化不充实，影响结果，选择品种适地栽培是关键。

云南地方品种较多，过去由于信息、交通闭塞，优良品种未被充分利用，今后应加大力度推广名、优、特、新品种。近十余年引入全国优良品种在滇中地区表现好的有雪花梨、金花梨、早酥梨和红皮梨，以及 6 月至 7 月中旬成熟的其他色泽的早熟品种，也可以适当发展。发展中应注意适地栽培，提高管理水平，合理施肥、灌溉、疏花疏果、合理留果，果实套袋等提高品质；利用生物农药防治病虫害，适当密植，将云南省梨树生产提高到一个新的水平。

二、苹果属

俗称大苹果（西洋苹果）、中国苹果（绵苹果）、花红、海棠、楸子、山荆子（山定子）、云南海棠、台湾林檎等。

1. 原产地及分布

苹果为蔷薇科（Rosaceae）苹果属（*Malus* Mill.）植物。该属植物原产分布于欧、亚及北美洲，全世界有 36 ~ 40 种，不同种原产地及分布各有不同。在此仅阐述引入栽培和野生云南省的种。苹果（*M. pumila*）经过不断选择培育成为现在的栽培品种，果大、品质优，世界上有 1 万多个品种称大苹果；其他种，果小，称小苹果（Crab—apple），供食用、观赏和作砧木及育种资源应用。

栽培苹果的起源有多种说法。德康多尔氏（De Candolle）认为，土耳其的安纳托利亚（Anatolia），高加索及伊朗北部有野生种。一种说法是起源于欧洲中部及亚洲西部。一般认为，苹果原产地在欧洲南部到中亚细亚直至新疆伊犁，其中野生苹果塞威士苹果［*M. sieversii*（Led.）Roem.］是苹果的原生种，起源于哈萨克斯坦的阿拉木图，向东接中国新疆伊犁地区的天山一带。迄今该地区野生着大面积多型性野生塞威士苹果，它与高加索产的为东方苹果（*M. orientalis*），东欧的为森林苹果［*M. sylvestris*（L.）Mill］，三者间相互杂交形成了丰富多彩的欧洲苹果品种，以后传至美洲形成欧洲苹果次生中心，传到亚洲等国称西洋苹果。

1970 年苏联农业生物学者茹考夫斯基（П. М. жуковский）认为，苹果野生类型的基因中心在中国的中部和南部。中国的苹果属植物经各省区不断调查收集，据报道全国各省区几乎都有。过去认为以陕西、甘肃、四川等三省最多，其次为云南、山东、山西和辽宁等省，中南各省最少，仅 1 ~ 3 种。按李育农教授的研究，四川产 19 种，为全国最多的省。本书作者收集云南的苹果属植物，野生种有14种，栽培种有7种，共21种，仍属国内分布种类最多的省。云南、四川为川滇古陆地带，由于所处地理位置，地势、地貌、海拔不同的影响，少受严重的冰川、水雪淹没和摧残，许多植物种幸存繁衍保留下来，是多种植物起源地，所产苹果属植物种类丰富多彩，属起源中心之一，证实了茹考夫斯基的结论。

云南的苹果属植物对气候条件的适应性不同，产地和分布有明显的差别。云南产的21种（未包括引入的陇东海棠、河南海棠、苏氏海棠3种）分以下三个气候型。

第一，湿热型。生长环境气温高、湿度大，日照时数较少，年平均气温17～19℃，年降雨量1000mm以上，年日照1750～2000小时，生长期长，休眠期短，分布在海拔600～1400m滇东南的富宁县、麻栗坡县等地。有台湾林檎（*M. formosana*）、尖咀林檎（*M. melliana*）、富宁林檎（*M. funingensis*）3种及栽培的花红（*M. asiatica*）。

第二，寒温型。生长环境气候冷凉，湿度小，年日照时数较充足，年平均气温8～12℃，年降雨量800～1000mm，年日照时数2200～2400小时，冬季寒冷时间长，夏季气温不高，时间短，生长期短、休眠期长（5个月），主要分布在海拔2200～3400m的滇西北。其次，为滇东北镇雄县、昭阳区，有山荆子（*M. baccata*）、丽江山荆子（*M. rockii*）、锡金海棠（*M. sikkimensis*）、三叶海棠（*M. sieboldii*）、保山海棠（*M. baoshanensis*）、花叶海棠（*M. transitoria*）、云南海棠（*M. yunnanensis*）、川滇海棠（*M. prattii*）、沧江海棠（*M. ombrophila*）等9个野生种。栽培的有苹果（*M. pumila*）、西府海棠（*M. micromalus*）、楸子（*M. prunifolia*）、海棠花（*M. spectabilis*）、中国苹果等。现在滇东北海拔2000～2200m，滇西北海拔2200～2750m的地区是云南苹果（*M. pumila*）的主要产区。

第三，暖温型。生长环境介于以上两者之间。气温、湿度稍高，日照充足，年平均气温13～16℃，年降雨量1000mm左右，年日照2200～2300小时，冬无严寒、夏无酷暑，分布在海拔1600～2100m的滇中地区。野生种有垂丝海棠（*M. halliana*）、湖北海棠（*M hupehensis*），栽培的有花红（*M. asiatica*），过去栽培苹果较多，现在已逐渐减少。

2. 栽培历史及引种状况

苹果有悠久的栽培历史，在古代埃及的纪念碑上，出现有苹果画图，由此可看出，有5000年的历史。中国现代栽培的苹果，于1871年由美国传教士传入苗木，在山东烟台最早栽培，迄今有130多年的历史。之后陆续传入其他省区。1911年，云南省农业试验场成立，在昆明市小西门外打珠巷建立试验果园，由日本引入西洋苹果，但未栽培成功。1929年，昆明市圣公会的美国传教士贝克，从美国带来品种苗木在昆明市种植。1936年滇越铁路公司从欧洲引入苹果苗木，云南省建设厅，聘请法国园艺师贾海义在昆明市东郊，云南省农业试验场试种。1942年，原北平静生植物研究所刘慎谔曾从西北农学院引入苹果品种接穗，在昆明市嫁接繁殖试验。此期，还有秦仁昌院士也曾引入金帅、元帅苹果在昆明市大塘子栽培。1942年，昭通人李重举也曾引入金帅、元帅等苹果品种在昭阳区洒渔河种植。通过以上几批引入云南试种，迄今有70余年历史，先在昆明市栽培初步成功，以后传入其他县。

云南苹果生产发展从不认识到认识，再到提高的过程。中华人民共和国成立（1949年）以前，先引入在小范围内试验，发展缓慢。1957年在昆明市等地建立国营农场，扩大生产起到生产示范，再传到滇中、滇西北、滇东等地。苹果的个大、肉脆甜、美观，深受欢迎，一度在气候较热的滇南地区发展，但由于气候不适宜，表现长树不结果，或者结果很少，品质差，病虫害多，走了弯路。过去由于引种，苗木消毒检疫手续不慎，带入苹果绵蚜虫（*Eriosoma lanigerum* Hausmann），至今仍未彻底消灭。滇中及昆明市不是栽培的适宜区，又受绵蚜虫危害，品质不理想，栽培面积逐渐减少。近十年以来，主要在海拔2000m以上，滇东北的鲁甸县、昭阳区、会泽县、宣威市北部。滇西北玉龙县、宁蒗县、剑川县的北部海拔2300～2700m气候冷凉的地方发展。据统计面积达3.6万hm^2，已成为云南的大宗水果。另外栽培的还有花红、西府海棠、楸子、海棠花、林檎、中国苹果，通过调查未发现有这几个野生种的分布。众所周知，有几种苹果树原产中国西北部新疆、甘肃、陕西等省。云南北部与四川相连，几种苹果在西北栽培二千多年，面积大，范围广，盛产各地，名气很大，长期供给人们食用。并从西北逐渐传入四川，再经四川通往云南的“五尺道”传入云南。历代王朝统治时期，不同朝臣、人士，从四川和其他省带入到云南。以后随着不同种对气候环境条件的适应性，生产于各地。其中滇西北的玉龙县、宁蒗县、剑川县等地栽培西府海棠最多，现在仍有近200多年的大树，其次，为楸子、花红、海棠花。滇东北昭阳区、鲁甸县、镇雄县、彝良县，主要有楸子、花红、西府海棠。中国苹果传入云南比西洋苹果早，品质不良，已逐渐被西洋苹果取代。

1975~1980年，为提高产量和品质，曾从中国农业科学院郑州果树研究所等单位引入苹果矮化砧木，其中有英国东茂林试验站（East Malling Research Station）的矮化半矮化砧M_1、M_2、M_3、M_4、M_7、M_8、M_9、M_{26}、M_{27}及东茂林与门顿（Menton）的MM_{101}、MM_{104}、MM_{105}、MM_{106}、MM_{111}等抗苹果绵蚜虫的砧木。通化试验以M_4、M_7、M_{26}及MM_{106}，表现适合云南栽培，嫁接金帅、元帅、新红星，结果早，丰产，树体矮小由于云南栽培技术跟不上，管理水平要求高，未在生产上得到扩大发展。后来引入短枝型苹果品种，如金矮生、好矮生、短枝新红星等品种，仍达到矮化目的，生产上较易采用，转为生产短枝型苹果。

甘肃海棠又名陇东海棠［*M. kansuensis*（Batal.）Schneid.］，原产甘肃。河南海棠（*M. honanensis* Rehd.）产山西等省，引种试作苹果砧木，生长不良。苏氏海棠又叫大鲜果［*M. soulardii*（Bailey）Brit）］，原产美国，19世纪末传入山东省烟台、威海栽培。1966年马龙县从山东引入苗木栽培，果扁圆形，重25g，底色为黄色有红晕，萼片宿存，果肉黄白色，脆甜，8月果实成熟，是比较好的栽培种之一。

3. 苹果属植物分类总览

按俞德浚氏的分类法，依据叶边分裂或不分裂，叶片在芽内卷叠情况，果实含石细胞否，果上的萼片有无为特征，将云南苹果属植物概括分为3组5系：

组1：真正苹果组（Sect. *Malus*）叶片不分裂，在芽中呈席卷状；果实无石细胞，本组分两系。

系1. 山荆子系［Ser. *Baccatae*（Rehd.）Rehd.］萼片脱落，花柱3~5，果形小，径1.5cm，包括山荆子、丽江山荆子、锡金海棠、保山海棠、湖北海棠、垂丝海棠6种。

系2. 苹果系［Ser. *Pumilae*（Rehd.）Rehd.］萼片宿存（或部分宿存），花柱5，果径2.0cm以上，包括苹果，中国苹果、花红、西府海棠、圆叶海棠、海棠花、林檎7种。

组2：花楸苹果组［Sect *Sorbomalus* Zabel］叶常有分裂，在芽中呈对折状，萼片脱落，花柱3~5。本组分3系。

系1. 三叶海棠系［Ser. *Sieboldinae*（Rehd.）Rehd.］萼片脱落后留有大形浅洼，花柱3~5。叶在发育枝上有时3~5裂，果小，有三叶海棠一种。

系2. 陇东海棠系［Ser. *Kansuenses*（Rehd.）Rehd.］萼片脱落后在果实上留一小形深洼，叶片深裂，有花叶海棠1种。

系3. 滇池海棠系［Ser. *Yunnanenses*（Rehd.）Rehd.］萼片永存，花柱5，叶片浅裂或不分裂，果实近球形，有石细胞，包括云南海棠、沧江海棠、川滇海棠3种。

组3：移柂海棠组（Sect. *Docyniopsis* Schneid.）叶不分裂或浅裂，在芽中呈对折状，萼片直立，宿存，花柱5，子房延伸到花柱基部，果心伸长成一尖顶，直径2~4cm，包括台湾林檎、尖咀林檎、富宁林檎3种。

以上共21种，新引入的3种未列入。

4. 苹果属分种检索表

1. 叶片不分裂，在芽中呈席卷状，果实无石细胞。
  2. 萼片脱落，花柱3~5；果实小，直径多在1.5cm以下。
    3. 萼片披针形，比萼筒长。
      4. 嫩枝光滑无毛，细弱，叶片最初有短柔毛，以后脱落，花柱基部具柔毛。
        5. 叶柄、叶脉、花梗和萼筒外部无毛，果近球形 …………（1）**山荆子** *M. baccata*（L.）Borkh.
        5. 叶下面密被短柔毛，叶柄、花梗和萼筒被绒毛，果实卵形或近球形，萼片微隆起 ……………………………………………………………………………………（2）**丽江山荆子** *M. rockii* Rehd.
      4. 嫩枝和叶下面常被绒毛或柔毛，果实倒卵形，花柱基部光滑无毛。
        6. 萼片外面被绒毛内面无毛，雄蕊25~30 ……（3）**锡金海棠** *M. sikkimensis*（Hook. f.）Koehne
        6. 萼片外面无毛内面被灰白色绒毛，雄蕊20 …………（4）**保山海棠** *M. baoshanensis* G. T. Deng
    3. 萼片三角卵圆形，与萼筒等长或稍短，嫩枝有短柔毛，不久脱落。
      7. 叶缘细锯齿，萼片先端渐尖或急尖，花柱3稀4，果扁圆形或球形，萼片脱落。 ……………………………………………………………………………（5）**湖北海棠** *M. hupehensis*（Pamp.）Rehd.
      7. 叶缘钝锯齿，萼片先端钝圆，花柱4~5，果球形 ………………（6）**垂丝海棠** *M. halliana* Koehne
  2. 萼片永存，花柱5，果较大，直径在2cm以上。
    8. 萼片先端渐尖，比萼筒长。
      9. 叶片有圆钝锯齿，果实扁圆形，先端常有隆起，萼片下陷。
        10. 果实直径较大，枝条节间偏长，叶宽大锯齿尖圆 ……………（7）**西洋苹果** *M. pumila* Mill.
        10. 果实直径稍小，枝条节间偏短，叶形狭窄，叶缘锯齿钝圆。 ……………………………………………………………………………（8）**中国苹果** *M. domestica* subsp. *chinensis* Y. N Li
      9. 叶片锯齿常较尖锐，果实卵圆形，先端渐狭不具隆起，萼片微突。
        11. 果实较大，果柄中长；叶片下面密被绒毛 ………………………（9）**花红** *M. asiatica* Nakai
        11. 果实较小，果柄细长，叶下面仅叶脉具短柔毛，或近于无毛。
          12. 花稀生，果实卵圆形，红色，基部陷入，萼洼隆起 …………………………………………………………………………（10）**楸子** *M. prunifolia*（Willd.）Borkh.
          12. 花密生，果实圆形、扁圆形，黄白色，紫红晕，果有苦味 …………………………………………………………………………（11）**林檎** *M. pumila* var. *rinki* Koidz.
    8. 萼片先端急尖，比萼筒短或等长，果柄细长。
      13. 叶片基部楔形，叶柄长1.5~2.5cm，果实红色，基部柄洼下陷，萼片多数脱落 ……………………………………………………………………………（12）**西府海棠** *M. micromalus* Makino
      13. 叶片基部宽楔形或近圆形叶柄长1.5~2.0cm，果实红黄色，基部柄佳隆起；萼片宿存 ……………………………………………………………………………（13）**海棠花** *M. spectabilis*（Ait.）Borkh.
1. 叶片多数有裂片，边缘锯齿尖锐，在萼中呈对折状。
  14. 萼片脱落。
    15. 花柱基部有长柔毛，果实近球形，无石细胞，叶片在发育枝上常具3~5裂 ……………………………………………………………………………（14）**三叶海棠** *M. sieboldii*（Reg.）Rehd.
    15. 花柱基部光滑无毛，叶片深裂，两侧有2~3裂片。 ……………………………………………………………………………（15）**花叶海棠** *M. transitoria*（Batal.）Schneid.
  14. 萼片宿存。
    16. 果实先端有杯状浅洼，果心不分离。
      17. 叶片不分裂，花序近伞形。
        18. 叶边锯齿较细，下面无毛或有短柔毛，果实直径1~1.5cm，果柄无毛。 ……………………………………………………………………………（16）**川滇海棠** *M. prattii*（Hemsl.）Schneid.
        18. 叶边具重锯齿，下面中脉或侧脉上密具绒毛，果实直径1.5~2.0cm；果柄上有长柔毛 ……………………………………………………………………………（17）**沧江海棠** *M. ombrophila* Hand. —Mazz.

17. 叶有 3～5 浅裂片，边缘有尖钝锯齿，花序近总状……………………………………（18）**云南海棠** *M. yunnanensis*（Fr.）Schneid.

16. 果实先端隆起，果心分离。

19. 叶边缘有尖锐锯齿，雄蕊 30～50，果实直径 4～5cm，宿萼有短筒。

20. 雄蕊 30 ……………………………………（19）**台湾林檎** *M. formosana* Kawak et Koidz.

20. 雄蕊多数 40～50 ……………………………（20）**富宁林檎** *M. funingensis* Liu yuan. et Zhang

19. 叶缘有圆钝锯齿，雄蕊 30，果实直径 1.5～2.5cm，萼片有长筒 ……………………………………（21）**尖咀林檎** *M. melliana*（Hand. －Mazz.）Rehd.

5. 种的主要特征特性

（1）山荆子

别名：东北山定子。

乔木，高 5～10m，树冠阔圆形。枝条纤细，微曲，光滑无毛。叶椭圆形或卵圆形，长 4～8cm，宽约 3.5cm，先端渐尖或尾尖，基部楔形或卵圆形，边缘具细钝锯齿，幼叶稍有柔毛。花梗无毛，花径 3～3.5cm，3～5 朵集生在小枝顶端，萼筒外面光滑无毛，萼片内面有绒毛，花白色，基部有短爪。雄蕊 15～20，花柱 3～4，较雄蕊长，基部有长柔毛。果实近球形，直径 0.8～1.0cm，红色或黄色，萼片脱落，果梗细，长 3～4cm，昆明市花期 3 月，果熟期 9 月。

产玉龙县、香格里拉县，海拔 2500～3100m，及昭阳区、鲁甸县，海拔 2100～2200m 坡地杂木林中和箐坡边也有分布，作苹果砧木。

（2）丽江山荆子

乔木，一般高 5～8m，最高可达 20m。枝多下垂，幼枝常被白色绒毛，以后脱落，紫褐色，小树多刺枝。叶长卵圆形至椭圆形，长 5～10cm，宽 3.5cm，先端渐尖，基部近圆形或楔形，边缘具贴附细锯齿（下部稀生且钝），叶上面中肋带柔毛，下面脉上均有短柔毛，叶柄长 2～4cm 具柔毛。花梗和萼筒密被柔毛，花白色，雄蕊 25，花柱 4～5，基部合生，有长柔毛。果实卵形或近球形，直径 0.8～1.5cm，紫红色、红色，梗洼不显，萼洼微隆起，萼片脱落。果梗长 2～4cm，且细有柔毛，紫红色或绿黄色。4～5 月开花，9～10 月果熟。

产玉龙县、香格里拉县、德钦县、云龙县、隆阳区、腾冲县、宁蒗县、永胜县、剑川等县，于海拔 2200～3400m，以及宣威市、会泽县、昭阳区等，生于海拔 2000～2300m 杂木林、坡地，其中，以玉龙县玉龙雪山及香格里拉县的大中甸、小中甸坝子最多。为云南的主要苹果砧木。

（3）锡金海棠

别名：德钦海棠、大沙林果、文海海棠、雾露底海棠。

乔木，树高 6～12m。小枝粗壮，大枝分枝角度大，枝上多分生刺枝，幼枝密被茸毛。叶椭圆或卵状披针形，长 6～10cm，宽 3～4cm，先端短急尖，基部圆形或楔形，边缘有尖锐锯齿或重锯齿，叶片上面和下面中脉侧脉与细脉特别显着，具长绒毛，下部腋间的绒毛永存；叶柄长 2～3cm，具柔毛。伞房花序，有花 5～9 朵，蕾期粉红色，开后白色，花直径约 3.2cm，雄蕊 19～25，花柱 4～5，基部合生，光滑无毛。萼片披针形，外面被绒毛。果倒卵形、梨形，直径 1.3～1.5cm，有浅纵沟纹，暗红色，果点白色或浅褐色，较明显，萼片多数脱落。花期 5 月，果期 10 月。

产玉龙县玉龙雪山（文海）、云龙县、维西县、德钦县、腾冲县、保山市隆阳区，生于海拔 2400～3600m 杂木林地、沟旁、箐坡等地。从收集到的标本，共有 8 个类型。锡金海棠作苹果砧木有矮化作用，有孤雌生殖能力。

（4）保山海棠

乔木，树高 7m。枝条、叶片、花、果与锡金海棠略同，主要特点为萼筒被灰色绒毛，萼片里面被灰白色绒毛，外面光滑无毛与锡金海棠相反，雄蕊20，花柱5、短于花丝。

产保山市隆阳区沙坝乡（四川农业大学学报1991，9（1）：47—51）。

（5）湖北海棠

别名：野海棠、石屏海棠。

乔木，高4～6m。枝开张，褐红色，幼枝有柔毛，不久脱落，老枝紫褐色。叶卵形至卵状椭圆形，革质，深绿色，先端渐尖，基部楔形，稀圆形，边缘细锯齿。幼嫩枝条、叶、花萼、花梗紫红色，具短柔毛，不久脱落。叶长5～10cm，宽3～6cm；叶柄长2.5～3.5cm，浅红色或绿色。伞房花序，花4～6朵，粉红色，以后为白色，花径约4cm，花梗细，长3.5～5cm，紫红色略有毛，萼片外面无毛，浅紫色，内面有灰白色柔毛。雄蕊20，花柱3，稀4，基部合生，连接处有柔毛。果扁圆形或近球形，直径1～1.2cm，紫红色，梗洼圆，萼洼凹入，萼片脱落，基部留有褐色印迹。花期3月，果期9～10月。

产滇中、昆明市西山区、通海县、红塔区、泸西县、宣威市、师宗县、镇雄县、彝良县、石屏县、维西县等，海拔1400～2400m等地，作苹果砧木和观赏。

（6）垂丝海棠

乔木，高4～6m。树较直立，枝密生，纤细，幼时紫红色，有柔毛，老枝褐红色。幼叶绿色微带紫红色，有光泽，老叶椭圆形至长椭圆形，长4～8cm，宽3～5cm，先端渐尖，基部圆形或楔形，边缘圆有纯锯齿，叶柄长2～3cm，紫红色。花瓣粉红色（蕾期鲜红色），雄蕊20～25，花柱4～5，基部有绒毛。果近球形或尖圆形，直径0.6～0.8cm，紫红色，萼片脱落，果梗长2～5cm，较细，紫红色。花期3月上半月，果期9月（昆明市）。开花繁茂，坐果稀少，分重瓣和单瓣。此外还有钝裂垂丝海棠（变种）var. *obtusiloba*（cord）Hand. －Mazz，植株比原种高大，枝条粗壮，叶大，产昆明市、安宁市、会泽县。

垂丝海棠产昆明市、云龙县、兰坪县，生于海拔1800～2400m沟边、杂木林中，各城市用作绿化观赏。

（7）苹果

别名：西洋苹果、大苹果。

乔木，高5～12m。干性较强，枝半开张或开张，嫩枝密被茸毛，多年生枝褐色至紫褐色。冬芽卵圆形，先端尖，基部圆或宽楔形，贴附着生，鳞片覆绒毛。叶椭圆形、卵圆形至阔椭圆形，先端急尖，基部宽楔形至圆形，长5～12cm，宽4～6cm，边缘有钝圆或锐锯齿，叶深绿色至黄绿色，幼时两面具绒毛，老时表面无毛，叶柄长2～3cm，有绒毛。伞房花序，每花序有花4～7朵，着生于中短枝顶端，少数品种着生于腋芽（腋花芽），花梗长1～2.5cm，密被绒毛，花径3～4cm，萼筒外面被绒毛，萼片三角披针形或三角卵圆形，两面被绒毛，花瓣卵圆形或倒卵圆形，基部有爪，白色，蕾期粉红色，雄蕊20，二列排列，长短不一，花柱5，下半部密生灰白色绒毛，花药黄色。果实扁圆形、圆形、圆锥形，直径3.5cm以上，梗洼深，萼洼深广，萼片宿存，果肉白色、黄白色（个别红色），脆嫩，味酸甜或甜酸，多汁，微香。花期3月下至4月中旬，果期8月至10月。

引入云南的苹果品种有270余个，目前生产上利用的5～10个，有金帅、元帅，新红星、红富士、戛拉、滕木。还有短枝型金帅、新红星、短枝红富士。

主栽于玉龙县、宁蒗县、剑川县（北部）、昭阳区、鲁甸县等。

（8）中国苹果

别名：绵苹果。

树生长健壮，树高6～10m。树冠直立，枝条分枝角度小，嫩枝被茸毛，多年生枝紫褐色，节间短粗。叶椭圆形较宽，长5～8cm，宽4～6cm，先端渐尖，基部圆形或宽楔形，叶缘锯齿尖，背面密被柔毛，叶柄长2cm左右，有短柔毛。伞形花序，具5～7朵花，花梗长约1.0cm，花蕾期紫红色，以后粉红色，花径2.5cm左右。雄蕊17～20，花柱5，中下部有茸毛。果圆或扁圆形，纵横径5.0～6.5cm，萼片宿存；果皮薄，有果粉，果点稀且明显；果底色黄绿，表面有红条纹，果肉泡绵，汁少，味淡甜无酸，有香气，不耐贮藏。花期3月下旬，果期8月下旬9月上旬（昆明市）。

昆明市、昭阳区、玉龙县少量栽培，品质差，保存下来的不多了。

（9）花红

别名：沙果。

树高4～6m，树开张，树冠半圆形，枝条下垂，幼枝被柔毛，老枝褐色。叶椭圆形，倒卵圆形，长6～10cm，宽4～6cm，先端急尖，基部楔形，边缘细锯齿，老叶光滑无毛。每花序有花5～7朵，花径3.5cm，雄蕊15～19，花柱5，基部有毛。果近圆形或扁圆形，直径4～6cm，黄色、红色，常有果粉，萼片宿存，基部隆起，果肉淡黄色，肉质脆，完全熟后易发面，不耐贮藏，花期3月下旬，果期7月下旬至8月中旬。

云南全省海拔680～3400m地区都有栽培，以昆明市郊区呈贡较多，官渡区浑水塘是主要产区，作鲜食。

（10）楸子

别名：圆叶海棠。

小乔木，树高4～8m，幼枝被绒毛，老枝灰褐色。叶卵圆至椭圆形，长5～9cm，宽约5cm，先端突尖或渐尖，基部近圆形或宽卵形，边缘细锐锯齿，幼时有绒毛，以后脱落；叶柄绿色微红，长2.5cm。花淡白红色，雄蕊20，长短不等，花柱多数5，少4，高于雄蕊，基部微有绒毛。果卵圆形或圆锥形，直径约2.5cm，浅黄绿色、红色不等，梗洼微陷，萼洼隆起，萼片宿存，基部瘤状，果梗长2.5～3.5cm，微带红色，果肉浅黄色，酸甜。花期3月上旬至4月上旬，果期9～10月。

主产滇东北的鲁甸县、昭阳区、彝良县、镇雄县等，以及玉龙县、宁蒗县有少量分布，萌蘖性强，可分株作砧木。

（11）林檎

又叫文林郎果（见《洽闻记》）、蜜果（见《方土记》）、《齐民要术》中记载为沙果、花红、林檎等。

原产中国西北部，栽培历史悠久，远在1400多年前已栽培，全国分布广，河北、内蒙古、陕西都有栽培。林檎与中国苹果、花红、海棠、楸子先后传入云南省昆明市郊，以及滇东北的昭阳区等地，但数量较少。林檎现在果产区仍零星栽培，数量较少。林檎得以保持至今，因适应性强，耐瘠、耐干旱、耐湿，要求不苛，生产管理容易，抗病虫性强，成熟早，但易罹白粉病，为林檎得以生存下来的原因；林檎在自然条件下生长，丰产易出现间歇性结果，大小年明显，果子大小不齐，自然落果严重，果味酸，带苦为主要缺点，也是制约发展的因素。

林檎为落叶小乔木，树高3～6m，幼树直立，分枝角度小。主枝丛生，萌芽力高，嫩枝被茸毛，节间短，多年生枝暗褐色。叶窄椭圆形，长4～7cm，宽约3.5cm，先端钝尖或突尖，基部楔形或卵圆形，边缘钝尖锯齿，叶面平滑无毛，背面少有绒毛。花多数，密生，蕾期红色，开后粉红色，雄蕊19～20，花柱5，被茸毛。果圆形、扁圆形多种，不整齐，单果重8g至15g,，两洼小，萼片宿存，反转，基部有皱和突起，果皮绿黄色，黄白色，紫红晕，果肉松，汁少，酸且带苦（涩）。3月下旬开花，8月上旬成熟（昆明市）。

林檎过去和现在都存在，外国学者也承认林檎（Rinki），并定了变种名称，林檎与花红不同，有时把花红、林檎合为一体叫沙果，主要是果肉沙化而称。林檎易萌生根蘖，适应性和抗病虫性较强，特别对苹果绵蚜有一定抗性，值得研究。

昆明市郊区、麒麟区有栽培，现在已经不多了。

（12）海棠花

小乔木，性状与楸子近似，惟果实萼片突起成瘤状，萼片宿存，果梗长，花大，粉红色，果红黄色。花期4月，果期9~10月。作观赏，果可食。

产玉龙县、宁蒗县等地，数量不多。

（13）西府海棠

别名：海棠、海棠果。

西府海棠一般认为是山荆子和海棠花的杂交种（*M. baccata* × *M. spectabilis*）。树高4~8m。幼时直立，分枝多，枝纤细，结果后枝条开展下垂，树冠半圆形。叶椭圆形或长圆形，长5~9cm，宽3~5cm，先端短尖，基部圆形或楔形，边缘具尖锐锯齿，叶两面具柔毛。每花序有花4~7朵，花梗长2.5~3.5cm，花粉红色，雄蕊20，花柱5，基部具绒毛。果球形，红色直径1.5~2.2cm，梗洼，萼洼下陷，萼片多数脱落，少数宿存，但萼片瘦小。果肉浅黄色微红，酸甜，种子褐色。果作鲜食和加工。种子播种是云南苹果的主要砧木。4月开花，9~10月果熟。

主要产于玉龙县，此外宁蒗县、剑川县等地也产。

（14）三叶海棠

小乔木或灌木，高2.5~4.0m，枝开张，坚硬、嫩枝被短柔毛，老枝褐色，有时有刺枝。叶卵圆形或椭圆形，先端渐尖，基部圆形，或宽楔形，边缘有尖锐锯齿；在新枝上叶的锯齿较粗，叶片全缘或3裂（徒长枝上3裂叶较显著），幼叶两面被柔毛，老叶片上面脱落无毛；叶柄长1.5cm近于无毛，幼时密具柔毛。花淡红色，雄蕊20，花柱3~5，基部有长柔毛。果球形，直径0.6~0.8cm，红色或褐黄色，萼片脱落，萼洼留有褐色痕迹，果梗长2~3.0cm，微带红色。花期3月，果期9月。

产滇东北镇雄县、彝良县，生于海拔1900~2100m杂木林中，作苹果砧木。产维西县、兰坪县、云龙县的海棠与本种不同，当地叫三叶海棠，（暂定维西三叶海棠 *M.* sp）。幼枝、徒长枝的叶常呈三裂，绒毛密生，老叶下面被毛，果柄稍短，幼枝多生刺枝。

（15）花叶海棠

小乔木或灌木，高3~8m，老枝暗红色，较坚实，嫩枝被短柔毛。叶卵圆形或椭圆形，长约3.5cm，宽2.5cm先端急尖，基部圆形或楔形，两侧有2~3个裂片，裂片长椭圆形，边缘具整齐锯齿，叶两面被柔毛；叶柄长2~2.2cm，密被柔毛。花梗、萼筒均被毛，萼片两面密被毛。花白色，雄蕊20~25，花柱4~5，无毛，基部合生。果近球形，直径0.6~0.8cm，萼片脱落，萼洼下陷，果梗长1.5~2.5cm，有毛。花期3月，果期9月。产禄劝县，生于海拔2300~2400m杂木林中。

（16）川滇海棠

别名：西蜀海棠。

乔木，树高约10m，嫩枝具柔毛，老枝暗紫色。叶片卵圆形，椭圆形至长卵圆形，长8~13cm，宽约6cm，先端渐尖，基部圆形，边缘具细密重锯齿，下面密被短柔毛。伞形总状花序，花白色，花柱5，稀4，光滑无毛。果实卵球形或近球形，直径1~1.5cm，红色或黄褐色，有石细胞，萼片宿存，果柄长2.5~3cm，无毛。花期4月，果期10月。

产香格里拉县、维西县、德钦县、贡山县等，生于海拔2400~3400m地区。

（17）沧江海棠

乔木，高达10~14m。枝粗壮，嫩时密被黄白色柔毛，老时脱落，老枝暗紫色或紫褐色。叶卵圆形，长9~12cm，宽约6cm，偶有浅裂，先端渐尖，基部心形或近圆形，边缘有尖锐重锯齿，叶背面密生白色绒毛，叶柄长约3.0cm，有绒毛。伞形总状花序，有花4～12朵，花白色，萼片三角形，外面密被柔毛，内面微具柔毛，雄蕊15～20，花柱3～5，基部合生，无毛。果球形，直径1.5～2.0cm。浅黄色或黄绿色，微有红晕，果点灰色，萼片宿存，花期5月，果期10月。

产滇西北部玉龙县、宁蒗县、香格里拉县、维西县、兰坪县、贡山县等地，生于海拔2300～2400m山坡、杂木林、箐坡等。

（18）云南海棠

别名：滇池海棠。

乔木，高达10m，小枝幼时密被绒毛。叶片卵圆形，宽卵圆形至长椭圆形，长5～8cm宽4～6cm，先端短尖，基部圆形至心形，两侧有3～5裂片，边缘有尖锐重锯齿，下面密被绒毛，叶柄长2～3.5cm，具绒毛。花梗、萼筒外面密被绒毛，果实球形，直径1～1.5cm，黄白色、红色，有褐色果点，萼片宿存。花期5月，果期10月。

产贡山县、维西县、德钦县、玉龙县、宁蒗县、兰坪县、云龙县及腾冲县、隆阳区、寻甸县、会泽县、宣威市、昭阳区、镇雄县等地，生于海拔2000～3200m山地，杂木林。果可食用。

（19）台湾林檎

别名：台湾海棠。

乔木，一般高10～15m（20m）。嫩枝暗褐色或灰白色，具长柔毛，老枝暗灰褐色无毛。主干上常生出下垂尖刺枝。叶片长椭圆形至卵圆披针形，先端渐尖，基部楔形或圆形，长9～15cm，宽4～6.5cm，，边缘具不整齐尖锐锯齿，幼时两面具绒毛，叶柄长1.5～3.0cm，无毛，幼苗期叶片呈深羽状分裂。花梗与萼筒上均具绒毛，萼片外面有绒毛内面光滑无毛。花黄白色，雄蕊30，花柱4～5，基部具毛。果实球形，直径3～5cm，顶端有宿存短萼筒，萼片反折，先端隆起，果心分离，有果点，果梗长1.5～2.0cm，果可食，味酸，芳香，也可加工。

产滇东南与广西相接壤的富宁县，生于海拔800～1400m的林地及村旁。

（20）富宁林檎

别名：白果山楂。

本种树、枝、叶与台湾林檎相似，但雄蕊多数有45～50，花柱5，基部具毛，果实球形，直径2～3.0cm，萼片宿存，反折，果心分离，顶端呈管状萼筒。台湾林檎与富宁林檎相比，从进化角度，富宁林檎，雄蕊比台湾林檎多20，更为原始。产富宁县，于海拔1100～1200m。

（21）尖嘴林檎

灌木或小乔木，树高4～8m。嫩枝微具柔毛，老枝暗灰色。叶片椭圆形至卵状椭圆形，长5～10cm，宽3～4cm。先端急尖或渐尖，基部圆形至宽楔形，边缘有圆钝锯齿，嫩时微具柔毛，叶柄长1.5～2.5cm，嫩时有毛。花梗与萼筒均光滑无毛，萼片三角披针形，内面具毛，花瓣白色，雄蕊30，花柱5，基部具毛。果球形，直径1.5～2.5cm，顶端有管状萼筒，萼片宿存，果梗长2～2.5cm，果可食和加工。产滇东南麻栗坡县、富宁县及滇南边缘，于海拔1000～1600m。

综上所述，云南的苹果属植物，分为栽培种和野生种两大类。栽培种以苹果（*M. pumila*）为主，从引种到现在几经选择，一批一批的被淘汰，目前发展的品种和其他省区一样，主要为金帅、元帅、红富士等品种。云南地处低纬地带，同一种品种比外省早熟15～30天，上市早，可以先入市场有好的一面。但管理水平差，品质不如外省，较难竞争，因此栽培面积近年来逐渐减少。花红果虽小，上市早，7月下旬至8月即成熟，除省内销售外，还销往省外，但不耐贮，发展仍有所限。作砧木的栽培种，主要有西府海棠、楸子（圆形海棠）。野生种以丽江山荆子为主，三叶海棠、湖北海棠嫁接表现不良，特别不能作M系和MM系的矮化砧基砧。

6. **优良品种和特异种**

（1）滕木1号。原产美国，树生长势强，树姿半开张。果实圆形，果顶有五棱，果重约190g。果皮黄绿色，着鲜红色晕，果面光滑，梗洼中深，果肉黄白色，肉质松脆，多汁，酸甜适口，微香，7月中下旬成熟，品质中上。幼树易形成腋花芽结果，结果早，坐果率高。丽江市、昭通市、曲靖市有少量栽培。

（2）皇家嘎拉。又名新嘎拉，为新西兰从嘎拉品种中选的芽变品系。果近圆形或短圆锥形，顶端有五棱，果重130～150g。果皮桔黄色，阳面被红色断条纹，果面光滑。果肉黄色，肉质松脆，汁中多，味甜略酸，郁香，7月下旬至8月上旬成熟，品质中上，结果早。丽江市、昭通市、曲靖市有少量栽培。

（3）金帅。又叫金冠、黄香蕉，原产美国。果短圆锥形或近圆形，顶端有棱，果重150～220g。果皮黄绿色或黄色，阳面有红晕，果面光滑。果肉黄白色或黄色，肉细、汁较多，味甜而香（香蕉味），含可溶性固形物11.5%～13.0%，品质上，8月上中旬成熟。由此品种中又选出节间短的短枝金帅，树体矮小，矮化密植栽培。丽江市、昭通市、昆明市及剑川县有栽培。

（4）新红星。从红元帅品种中选出，原产美国。果实圆锥形，高桩，果顶五棱突出，果重205g，最大果重400g，果面浓红色，被蜡质，果点明显。果肉淡黄色，松脆、香甜、多汁，含可溶性固形物14%，品质上，8月下旬至9月成熟。由此品种中选出首红、超红、艳红等短枝型品种，品质更好，树体矮小，密植矮化栽培。云南少量种植。

（5）红富士。原产日本。生长势强，树体高大，树姿开张。果实近圆形或短圆锥形，果重200～250g。果皮黄绿色，有淡红色条纹或全为红色。果肉黄白色，肉质致密，细脆汁多，甜香味，品质上，9月至10月成熟，耐贮。另外，有秋富、岩富、长富等芽变品系，各产区种植，以丽江市的玉龙县、宁蒗县，昭通市的昭阳区、鲁甸县，曲靖市的马龙县、宣威市等地栽培较多。

（6）花红。为沙果类。我国古老品种。

（7）台湾林檎和富宁林檎。两种林檎产云南东南部富宁县，于海拔1100～1200m，年平均气温19～20℃，年降水量1200～1800mm的山区，与南亚热带常绿果树共同生长，果实不如苹果大，味道不如苹果好，但有抗病性强，适应高温多湿的特点，果鲜食，耐贮藏适宜加工制成多种产品。除在山区发展外，科研上加强选育种。培育出果型、品质更好的新品种，不仅在当地生产，云南南部类似的地区也可发展，为南亚热带山区增加财富，意义更为重大。

7. **栽培现状及展望**

苹果引入云南70多年以来，从无到有，发展到现在，按2002年的统计面积4.25万hm^2，产量10.35万t成为全省面积居第一位，产量居第二的水果。云南苹果属植物种类多，最重要的就是苹果一种，发展中走过了曲折的过程。苹果主要作鲜食，品种很多，不同时期成熟，有的耐贮放，可全年供应，且可加工成系列产品，产量高，经济收入年可持续30～50年，适应性广，为此栽培面积得到逐渐扩大。今后的发展，第一，提高品质为主，适当发展早熟品种。第二，适地栽培，以滇东北、滇西北，于海拔1900～2700m，气候冷凉的县为重点。第三，提高栽培管理技术。抓住三个方面，迎头赶上北方先进的省区，才能拓宽市场取得好效益。同时还要加强苹果绵蚜虫的防治，以免扩散造成损失。加强对野生稀特种的保护和研究。

三、山楂属

山楂属 *Crataegus* L. 适应性强，栽培范围广，便于管理，营养丰富，果实中的铁、钙含量为各种鲜果之最，维生素C含量比苹果多17倍，鲜果可生食，富含果胶，适于加工制成山楂片、汁、酱、膏、晶粉、丹皮、罐头、蜜饯、果酒、汽酒等；又有医药价值，健脾开胃、消食化滞、活血化痰，含有黄酮化合物，有降血压、软化血管等作用。

1. 原产地及分布

山楂原产北半球温带地区，种类很多，分布于亚、美、欧各洲，其中，以美洲最多。产中国的有 17 种，作果树栽培或砧木的不过 3 ~4 种，有的供观赏，其余的仍为野生状态。山楂在中国北起黑龙江、辽宁，南到云南、广东，以及西部的新疆、西藏均产。其中，以中原、华北（包括东北）、西北、西南最多。栽培种华北以山里红、山楂最普遍，华中和西南地区以湖北山楂和云南山楂最多。云南产滇中、滇东北、滇西和滇西北。

2. 栽培历史

山楂（*C. pinnatifida*）栽培的原生种，分布东北、华北各地。栽培历史悠久，远在公元前 3 世纪战国时期《山海经》中载为“杭”，“杭音求，树如梅，其子大如指头，赤色似小奈，可食如此山楂也”。

云南山楂［*C. scabrifolia*（Franch.）Rehd.］为 1931 年定名。本种有不少优质类型，已从野生采果利用到驯化，加以选择，繁殖扩大栽培，历史有 1000 年以上。明朝兰茂《滇南本草》（公元 1397 ~1476 年）记载：“山查（云南山楂），性寒，味甜酸。”明．李元阳《云南通志》云南山楂，产“大理市府、永昌府（保山市）、澄江府等”。以上表明山楂在云南栽培历史悠久。

3. 山楂属分类

山楂为蔷薇科（Rosaceae），山楂属（*Crataegus* L.）植物，分布于北温带、北美。中国约有 17 种，云南产 6 种，引入 1 种，共 7 种，20 多个品种（系）。

山楂属分类总览

主要按叶片形状和叶的裂刻分成 5 组。

组 1. 羽裂组（*Sect. pinnatifidae* Zabel）。叶片羽状深刻，叶脉伸到裂片顶端及分裂处；花序微被柔色，果实红色；小核 3 ~5，内面两侧平滑（山楂）。

组 2. 浅裂组（*Sect. henryanae* Sarg.）。叶片浅裂或不分裂，叶脉伸到裂片顶端；花序无毛，果实黄色、红色，小核 3 ~5，内面两侧平滑（云南山楂、湖北山楂）。

组 3. 楔叶山楂组（*Sect. cuneatae* Rehd.）。叶片浅裂或不分裂，基部常楔形；花序常被柔毛；果实红色；小核 3 ~5，内面两侧平滑（野山楂）。

组 4. 毛序组（*Sect. tomentosae* Sarg.）。叶片浅裂，叶脉伸到裂片顶端；花序多密被绒毛；果实红色黄色；小核 2 ~3，内面两侧有凹痕（华中山楂、滇西山楂）。

组 5. 麻核组（*Sect. sanguineae* Zabel）。叶片浅裂至深裂，叶脉伸到裂片顶端，花序微被柔毛；果实红黄色；小核 3 ~5，内面两侧具凹痕（中甸山楂）。

山楂属分种检索表

1. 叶片浅裂或不分裂，果实黄色或红色。
   2. 枝上常无刺，叶片卵状披针形或窄卵圆形，锯齿圆钝，常不分裂，仅不孕枝上叶片具 3 浅裂。花梗无毛，果球形，黄色，直径 1.5 ~2cm，花柱 3 ~5，小核 5 ………………………………………………………………………（1）**云南山楂** *C. scabrifolia*（Franch.）Rehd.
   2. 枝上常具刺，叶片有裂。
      3. 叶片锯齿圆钝，中部以上 2 ~4 对浅裂，基部宽楔形，果球形暗红色，直径 1 ~2.5cm，小核 5 ………………………………………………（2）**湖北山楂** *C. hupehensis* Sarg.
      3. 叶片锯齿尖锐，常有 4 对裂片，稀顶端 3 裂。
         4. 总花穗及花梗外被柔毛。
            5. 叶片宽倒卵形至长圆形，基部楔形，顶端有缺刻 3 浅裂，果实球形或梨形，直径 1 ~1.2cm，红色或黄色，小核 4 ~5，内侧两面平滑 …………………（3）**野山楂** *C. cuneata* Sieb . et Zucc.

5. 叶片基部宽楔形至圆形，叶边有3~7对裂片，小核两面有凹痕。

6. 果实椭圆形，直径0.6~0.8cm，外面无毛，小核1~3 ……………………………………………………………………………………………………… (4) **华中山楂** *C. wilsonii* Sarg.

6. 果实近球形，直径0.6~0.8cm，外被稀疏柔毛，小核2~3 ……………………………………………………………………………………………………… (5) **滇西山楂** *C. oresbia* W. W Smith.

4. 花梗均无毛，叶片宽卵形，有3~4对浅裂片，先端圆钝。果实球形，直径0.6~0.8cm，红色，小核1~3 ……………………………………………… (6) **中甸山楂** *C. chungtienensis* W. W. Smith.

1. 叶片羽状深裂（4~5深裂），叶基部楔形或宽楔形，果红色，球形，小核两面平滑3~4 ………………………………………………………………………………………… (7) **山楂** *C. pinnatifida* Bge.

4. 主要种的特征特性

（1）云南山楂

别名：山林果、山铃果、酸铃果、山楂。

落叶乔木，树高5~10m（14m）。枝开展，通常无刺，当年生枝紫绿色，无毛或近于无毛，多年生枝暗灰色，皮孔散生长圆形。叶卵状披针形或狭椭圆形，稀菱状卵形，长4~8cm，宽2.5~4.5cm，先端急尖，基部楔形，边缘具不整齐圆钝重锯齿，不孕枝上少数叶片顶端3~5浅裂，幼嫩时上面微被贴伏短柔毛，下面主脉有长柔毛；叶柄长1.0~4.0cm，无毛。伞房花序或复伞房花序，花直径1.5cm，花瓣白色，雄蕊20，花柱3~5，子房两端被灰白色绒毛。果实扁球形，有4~5条纵沟，直径1.5~2.0cm，黄色阳面有红晕，果点灰黑色，萼片宿存；小核5，内面两侧平滑无凹痕。果可食用、加工、入药。

产滇南、滇西、滇中各县，生于海拔1400~2800m杂木林中，以呈贡县、晋宁县、石林县，红塔区、通海县、江川县为多，村旁，地边，道旁常见栽培，有大白果、小白果等品种。

（2）湖北山楂

别名：山岭果

灌木或乔木，树高3~7m。小枝细弱无毛，紫褐色，具稀疏褐色皮孔，刺少，直立，长1.5cm。叶片卵形至卵状长圆形，长4~7cm，宽4~6.5cm，先端短渐尖，基部楔形至圆形，边缘圆钝锯齿，中部以上分2~5浅裂，上面光滑无毛，下面脉腋间有髯毛；叶柄长3.5~5cm. 无毛。花白色，雄蕊20，花药玫瑰色，花柱5，基部被白色绒毛。果实近球形，直径1.0~2.5cm，红色，有果点；萼片宿存，反折；小核5，两侧平滑。果可食用、加工、入药。

产罗平县、屏边县，生于海拔1500~1800m杂木林中。

（3）野山楂

别名：山林果（楔叶山楂）。

落叶灌木或乔木，树高3~12m（15m），通常具细刺，刺长0.5~0.8cm；小枝细弱，幼时被毛，老时灰褐色，无毛，有圆形皮孔。叶宽倒卵形至倒卵状长圆形，长3~5.5cm，宽1.5~3cm，先端急尖，基部楔形，边缘有不规则的重锯齿，先端常3裂（稀5）上面无毛，有光泽，下面被稀疏柔毛，沿叶脉较密；叶柄两侧有翼，约长0.4~1.5cm。伞房花序总花梗和花梗均被柔毛，萼片两面被柔毛。雄蕊20，花柱4~5，基部被绒毛。果近球形或扁球形，直径1.0~1.2cm，黄色或红色，常具宿存反折萼片，小核4~5，内侧两面平滑。果可食用、加工、入药。

产滇东南及文山州、屏边县。

（4）华中山楂

别名：瓦氏山楂。

灌木，高3~7cm，刺粗壮，直生或微曲，长1.0~2.5cm，当年生枝被白色柔毛，黄褐色。叶片卵圆形或倒卵圆形，长4~6.5cm，宽3.5~5.5cm，先端急尖或圆钝，基部圆形，楔形或心形，边缘有尖锐锯齿，通常中部以上有 3 ~ 5 对浅裂片，幼时上面散生柔毛，下面中脉及脉上有柔毛；叶柄长 2.0 ~ 2.5cm，有窄叶翼，幼时被白色柔毛。花白色，直径 1.0 ~ 1.5cm，总花梗被白色绒毛。雄蕊 20；花柱 2 ~ 3，稀 1，基部被白色绒毛。果实椭圆形，直径 0.6 ~ 0.8cm，无毛，红色；萼片宿存，萼片卵圆形或三角形，外面被柔毛；反折。小核 1 ~ 3，两侧有深凹痕。果可食用。

产滇东北，生于海拔 1000 ~ 2500m 山坡阴处密林中。

（5）滇西山楂

灌木，高达 6m，枝具刺，幼时密被白色柔毛，老时灰褐色无毛。叶宽卵形，长 4.5 ~ 6.0cm，宽 3 ~ 4cm，先端圆钝或急尖，基部楔形，3 ~ 5 浅裂，边缘有稀疏重锯齿，上面和下面散生柔毛，沿叶脉处较密；叶柄长 1.8 ~ 2.8cm。花白色，直径约 1cm，总花梗及花梗被白色柔毛。雄蕊 20，花柱 2（3）。果近球形，直径 0.5 ~ 0.6cm，红黄色，萼片宿存。小核 2 ~ 3，两侧有凹痕。果可食用。

产宁蒗县、香格里拉县、维西县，生于海拔 2600 ~ 3000m 的灌木丛中。

（6）中甸山楂

灌木，高达 6m，枝具刺，直立，长约 1.6cm，小枝粗状近于无毛。叶宽卵圆形，长 4 ~ 7cm，宽 3.5 ~ 5cm，先端圆钝，基部圆形，通常 3 ~ 4 浅裂，边缘具细锐锯齿，上面无毛，下面疏生柔毛，沿叶脉较密；叶柄长 1.2 ~ 2cm，无毛。花白色，直径 1.0cm，总花梗及花梗均无毛。萼片三角状卵圆形，先端钝，全缘，两面均无毛，仅先端微有柔毛。雄蕊 20，花柱 2 ~ 3。果球形或椭圆形，直径 0.6 ~ 0.8cm，红色，萼片宿存。小核 1 ~ 3，两面有凹痕。果可食，作砧木。

产香格里拉县、维西县、宁蒗县，生于海拔 2500 ~ 3300m 灌木丛、沟谷边。

（7）山楂

别名：山里红。

乔木，树高 6 ~ 7m。小枝无刺或有短刺，无毛。叶片宽卵形，先端短渐尖，基部截形或宽楔形，两侧各具 3 ~ 5 羽状深裂，裂片有尖锐的锯齿，叶柄长 2 ~ 6cm，托叶大，镰形，边缘有锯齿。花白色，花柱 2 ~ 5，基部被柔毛。果实大，圆球形，直径 2 ~ 2.5cm，鲜红色至紫红色，有浅色果点，小核 3 ~ 5，背面稍有棱，两面平滑。萼片脱落迟，脱落后留下一个圆形深洼，果期 9 月。产东北、华北及陕西，引入昆明市郊区县及通海县等地栽培，表现良好，丰产，惟酸味浓，品种有大红袍、大金星、泽洲红等。

综上所述，山楂在云南分布广，多零星分布栽培，适应性强，较易管理。在村旁、道边、田边常见种植。在长期栽培下，形成了部分品种（系），从成熟期分有 8 月成熟的早山楂，10 月底至 11 月成熟的晚山楂。果的形状多扁圆形，五棱明显，果点灰褐色，分黄色、白色、红色。白色的叫白山楂，黄色、金黄色的叫黄山楂。一般成熟时阳面被红色晕的叫粉红山楂、红山楂。又有以果的大小分，果大，白色的叫大白果山楂；果点密集、显著的叫麻果山楂；果肉黄色似鸡油的叫鸡油山楂；按果梗的主要特征，果梗红色的叫红梗山楂，基部有肉翅的叫大翅膀山楂。更多的以产地命名，如呈贡山楂、大湾山楂、青菜塘山楂（晋宁县）等等。中国的山楂可分为两大类型，产北方的多为红色又叫红山楂；产南方云南、广西、贵州等地的多为黄色，简称黄山楂。在栽培中，主要有山楂食心虫危害。种子坚硬，繁殖砧木较困难，制约着发展速度，为此多从结果树下，由成熟果落地后种子在地中自然生出的苗挖掘栽培，也有挖掘萌蘖栽的，从而易形成变异品系。

5. 主要品种

（1）宝珠山楂。果实中大，扁圆形，有五棱，果重 8 ~ 11g。果皮浅黄色，阳面覆红晕，果点褐色，表面光洁；萼片残存，萼洼浅，萼筒张开。果肉黄白色，味酸甜，质软，清香，品质中上，9 月中下旬成熟，鲜食或加工。产昆明市、玉溪市等地。

（2）大湾山楂。果实中大，近圆有五棱，果重约 12g，最大果重 18g。果皮浅黄色，阳面红色，果点小。萼片小、开张。果肉黄白色，肉质松软，味甜酸清香，品质上，8 月中旬成熟，鲜食。产玉溪市大湾村而得名，现在红塔区等地栽培。

（3）鸡油山楂。果实中大，扁圆形，果重 12g。果皮黄色，果面光洁。梗洼较深，萼片宿存。果肉浅黄色似鸡油，肉质松软、味酸甜，品质上等。8 月下旬成熟，鲜食或加工。产呈贡、嵩明、通海、蒙自等县。

（4）大翅膀山楂。果实中大，扁圆形，果重 9.5g。果皮黄白色，阳面浅红色。梗洼浅，果梗基部附近有两个羽毛状苞片（似翅膀），萼片直立。果肉绿白色，肉质松软、甜酸，品质中上，9 月中旬成熟，鲜食或加工。产呈贡、嵩明、通海、蒙自等县。

（5）大帽云楂。果实大，近圆五棱形，果重 14g。果皮浅黄绿色，果面微有红晕。果肉黄白色，肉质松软、味甜酸，品质上，9 月上中旬成熟，鲜食或加工。产红塔区及通海、蒙自等县。

（6）大白果山楂。果实较大，扁圆形，果重 6～9g。果皮浅黄色，果点黄褐色。梗洼下陷，果肩部五棱状。果肉黄白色，肉质松软、味甜酸，品质中上，9 月成熟。产昆明市、玉溪市、新平县、弥勒县、开远市等。

（7）小白果山楂。果实较小，扁圆形，果重 5～7g。果皮白色，果点小而密生。果肉黄白色，肉质松软、味甜酸适度，品质中上，8 月下旬成熟，鲜食或加工。产江川、晋宁、新平、宜良、澄江等县。

（8）大红方楂。果实较大，扁圆形，果重 8.5g。果皮浅黄色，被胭脂红晕。果肉黄白色，近皮处浅红色，肉质致密、甜酸可口，耐贮性好。9 月成熟，鲜食或加工、入药。产蒙自、弥渡等县。

（9）硬头红。果实小，扁圆形，果重 6.5g。果皮黄绿色，胭脂红晕。果肉黄白色，甜酸微苦。10 月上旬成熟，果入药。产通海、江川、澄江等县。

（10）绿方楂。果实小，扁圆形，果重 6.0g。果皮绿色，果面绿白色，肉质致密，酸甜微苦。10 月下旬成熟，果入药。产通海县、红塔区、蒙自县等。

（11）大金星山楂。产山东省，果大，近圆形，果重 10g。果皮红色，果点灰褐色，萼片宿存，果肉红白色，肉质致密，微酸。9 月下旬至 10 月成熟，引入昆明市栽培，丰产。

6. 栽培的展望

山楂适应性强，在长期栽培中，云南省已形成不少大果型的优良品种，适应山区发展。仅繁殖苗木困难，为种子层积处理不当，出苗不好所致，可以通过技术部门指导解决。山楂果实中有丰富的营养成分，含有黄酮化合物，有较高的医药价值。果可以加工成许多产品，全国需要量不断增加。栽培管理技术较易，选择优良品种，成片发展，提高质量和产量，供鲜食和加工成系列产品，边远山区常把成熟果切开晒干作药材，可依条件适当发展。

四、枇杷属

枇杷属 *Eriobotrya* Lindl. 是中国特产常绿果树，果实成熟早，4～5 月上市供鲜食，填补了淡季需求；果肉柔软，味甜酸适口，风味优美，受人们喜爱。果可制糖和罐头、果膏等，是润肺、止咳、健胃良药；叶也能药用有同样效能。植株、叶形美观为绿化树种，花香，是优质蜜源植物。

1. 产地栽培历史分布及分类

枇杷原产中国，分布于长江流域及以南各省、区。自古以来已有栽培。《西京杂记》（公元 1 世纪）载："初修上林苑，群臣远方各献芳果异树，有枇杷十株"。可见公元 1 世纪中国已栽培枇杷，至唐代较普遍。枇杷为蔷薇科（Rosaceae）枇杷属（*Eriobotrya* Lindl.）植物。已知本属有20余种，分布于亚洲暖温带及亚热带，中国有12种，云南有10种、2变型，全国以四川和云南种类最丰富。在此仅述云南产的枇杷，主要产于低海拔地区，滇东南文山州、红河州、及滇西南西双版纳州，以海拔1400m以下的地区最多，滇西北怒江峡谷也产，仍是分布在湿热的谷底地区。

枇杷属分种检索表

1. 幼叶下面被褐色、黄棕色绒毛，老时脱落，近于无毛。
  2. 叶缘中部以上有4～10疏锯齿，以下全缘 …………………………………………（1）**腾越枇杷** *E. tengyuehensis* W. W. Smith
  2. 叶缘全有锯齿。
    3. 叶柄长1.5cm以上。
      4. 叶倒卵形至倒披针形，长8～14cm，宽3～1cm，边缘有内弯锐锯齿 …………………………………………（2）**倒卵叶枇杷** *E. obovata* W. W. Smith
      4. 叶长圆形、长圆披针形，长10～20cm，宽4～8cm，边缘有深锐锯齿 …………………………………………（3）**南亚枇杷** *E. bengalensis*（Roxb.）Hook. f.
    3. 叶柄短1.5cm以下。
      5. 叶披针形或倒披针形，长5～11cm，宽1～3cm，边缘疏生尖锐锯齿；雄蕊10，花柱2 …………………………………………（4）**窄叶枇杷** *E. henryi* Nakai
      5. 叶长圆形或倒卵长圆形，长3～6cm，宽1.2～2cm，边缘有紧贴内弯锯齿，雄蕊15，花柱3～4 …………………………………………（5）**小叶枇杷** *E. seguini*（Lévl.）Card. ex Guillaumin
1. 叶下面有绒毛，永不脱落。
  6. 叶缘上部有疏锯齿，下部全缘，花瓣较少 …………………………………………（6）**怒江枇杷** *E. salwinensis* Hand. – Mazz.
  6. 叶缘锯齿疏生或波状，基部全缘。
    7. 叶缘有疏状锯齿，花柱3～5。
      8. 叶上面多皱，下面密披灰棕色绒毛，叶长12～25cm，宽3～9cm，花柱5 …………………………………………（7）**枇杷** *E. japonica*（Thunb.）Lindl.
      8. 叶表平，下面密披锈色绒毛，叶长30～40cm，宽10～15cm花柱3～5 …………………………………………（8）**麻栗坡枇杷** *E. malipoensis* Kuan
    7. 叶缘锯齿波状，下面密披锈色绒毛，花柱2～3 …………………………………………（9）**栎叶枇杷** *E. prinoides* Rehd. et Wils.

注：齿叶枇杷（*E. serrete*）未列入此检索表。

2. 主要种的特征特性

（1）腾越枇杷

别名：腾冲枇杷。

常绿乔木，高18～20m。幼枝暗灰色，密披锈色绒毛，以后脱落无毛。叶革质，长圆形或倒卵形，长10～17cm，宽4～7cm，先端渐尖，基部近圆形或宽楔形，边缘上部有稀少锯齿，下部全缘，上面有光泽，下面被棕色柔毛，老叶脱落无毛；叶柄长3cm左右。顶生圆锥花序，花序梗与花梗密生绒毛；花乳黄色；花瓣倒卵形，雄蕊20，短于花瓣，花柱2～3，被棕色长绒毛；子房2～3室。果近球形，直径约7mm，密被棕黄色绒毛。花期4～5月，果期9～10月。

产怒江峡谷的贡山县、福贡县、泸水县、腾冲县，生于海拔1600～2400m箐沟及山坡杂木林中。

（2）倒卵叶枇杷

乔木，高 8～10m，幼枝灰色被锈色绒毛。叶革质倒卵形或披针形，长 8～14cm，宽 3～6cm，先端圆形或渐尖，基部楔形，边缘有内弯尖锐锯齿，两面光滑无毛；叶柄长 1.5～3.0cm，无毛。花序圆锥形，顶生；花梗及花萼密被棕色绒毛；花白色。雄蕊 20；花柱 2～3，与雄蕊等长，中部以下有白色柔毛。花期 3～4 月，果期 6～7 月。

产富民县、贡山县，生于海拔 2200～2500m 山坡及箐沟灌丛林中。

（3）南亚枇杷

别名：光叶枇杷。

乔木，高约 10m。小枝粗状，灰色，无毛。叶椭圆形或倒卵状披针形，长 8～14cm，宽 1～3cm，先端渐尖，基部楔形，边缘有稀疏的尖锐锯齿，幼叶有锈色绒毛，以后脱落无毛，叶柄长 0.5～1.3cm，近于无毛；顶生圆锥花序，花序梗及花柄密被锈色绒毛；萼片外面被绒毛。花白色；雄蕊 10；花柱 2，与雄蕊等长，子房被毛。果卵形，长 0.7～0.9cm，外被锈色绒毛；萼片宿存、反折。花期 3～4 月，果期 6～8 月。有两个变型：

①窄叶南亚枇杷（变型）［*f. angustifolia*（Card.）Vidal］叶披针型，长 7～12cm，宽 2～3cm。产玉溪市、石林县、易门县、双柏县、文山市、屏边县、广南县、麻栗坡县、隆阳区、盈江县、西双版纳州等地，生于海拔 800～2100m 的山坡杂木林中。

②南亚四柱枇杷（变型）（*f. intermedia* Vidal.）主要特点，花柱为 4。产河口市、屏边县、金平县、翠云区（原思茅县）、景洪市、西双版纳州，生于海拔 700～2050m 疏林中。

（4）窄叶枇杷

乔木，高 8～20m。幼枝纤细，灰色，被绒毛，老叶脱落无毛。叶披针形至倒卵披针形，长 6～11cm，宽 1～3.5cm，初时两面被锈色绒毛，老叶脱落，边缘有稀疏尖锐锯齿；叶柄短，近于无毛。顶生花序，花序梗及花梗密被锈色绒毛；萼片外面被绒毛。花白色；雄蕊 10，花柱 2，离生，与雄蕊近于等长。果卵形，长 0.7～0.9cm，被锈色绒毛，萼片宿存、反折。花期 3～4 月，果期 6～8 月。

产西畴县、麻栗坡县、富宁县、易门县、双柏县、峨山县、勐腊县、景洪市，生于海拔 1000～2000m 山坡灌木丛中。

（5）小叶枇杷

别名：贵州枇杷。

小灌木，高 3～4m。幼枝棕灰色，无毛。叶长圆形或倒卵披针形，长 3～6cm，宽 1.2～2cm，先端急尖，基部窄楔形，边缘具内弯钝细锯齿，表面平滑有光泽无毛，下面有绒毛，以后脱落；叶柄长 1～1.5cm，无毛。顶生花序被锈色绒毛，花小，直径 0.5cm，雄蕊 15，花柱 3～4，离生，下部有绒毛，子房 3～4 室，每室 2 胚珠。果卵形，长 1cm，微被绒毛。花期 3～4 月，果期 6～7 月。

产文山市、西畴县、富宁县及贵州省西南部，生于海拔 800～1600m 山坡阔叶林下。

（6）怒江枇杷

小乔木，高 3～6m。幼枝密被棕色绒毛，以后脱落无毛，呈黑灰色。叶倒卵披针形，长 10～18cm，宽 2～6cm，先端渐尖，基部楔形，边缘上部有浅锯齿，下部近于平滑，表面平滑有光泽，下面被黄色柔毛；叶柄长 2～3cm，粗状，被棕色绒毛。花乳黄色，雄蕊 20，花柱 2～3，离生，基部有棕色绒毛。果球形，直径 1.5cm，肉质，基部和顶部被棕色柔毛，种子 1，褐色，光亮。花期 4～5 月，果期 6～8 月。

产泸水县、贡山县，生于海拔 1500～1700m 常绿阔叶林中。

（7）枇杷

别名：卢桔。

乔木，高 8～15m。枝条粗状，幼时黄褐色密被锈色绒毛，老时暗黑色，粗糙。叶卵形至长椭圆形，长 12～25cm，宽 4～9cm，先端急尖，基部楔形，边缘有稀疏锯齿，表面深绿色有光泽，多皱，下面密被锈色绒毛，叶柄粗状，长 0.5cm，被锈色绒毛。圆锥花序，花朵密生，被锈色绒毛，花白色，直径 1.2～1.6cm，芳香，萼片 5，卵形，外被绒毛，雄蕊 20，花柱 5，下部被锈色绒毛，子房 5，每室含 2～3 胚珠。果球形或长圆形，直径 2.5cm，淡黄色，黄色，桔黄色，初期被柔毛，种子 1～3 粒。花期 10～11 月，果期 5～6 月。

产昆明市、广南县、文山市、砚山、蒙自、勐海县、景洪市，生于海拔 1300～2300m，多为栽培。已引入白梨、解放钟等十个大果型的品种，以便发展栽培。

（8）麻栗坡枇杷

别名：大叶枇杷。

乔木，高 12～15m。枝粗状，被锈色绒毛。叶长圆形至长圆状倒卵形，特大，长 30～40cm，宽 10～15cm，先端急尖，基部渐窄，边缘有波状锯齿，表面光滑无毛，下面密被锈色绒毛；叶柄长 1.0cm，被锈色绒毛。花序梗与花梗被锈色绒毛，花白色，直径 1.0cm，萼片外面被毛。雄蕊 20，离生，被毛。花期 1 月，果期 7～9 月。

产富宁县、西畴县、麻栗坡县，生于海拔 1000～1300m 山谷中。

（9）栎叶枇杷

小乔木，高 5～10m。小枝灰褐色，幼时有绒毛，以后脱落无毛。叶长圆形或椭圆形，长 7～15cm，先端急尖，基部楔形，边缘有稀疏波状锯齿，上面光滑，下面被灰色绒毛；叶柄长 1.5～3cm，被棕色绒毛。雄蕊 20，花柱 2～3，离生或中部以下合生，无毛。果卵圆形，直径 0.6～0.7cm，暗褐色，含种子 1 粒。花期 9～11 月，果期 4～5 月。

产砚山、蒙自、河口、禄劝县、勐海县、景洪市，生于海拔 1200～1400m 的湿热阔林中。

（10）齿叶枇杷

乔木，高约 15m。小枝黄褐色，幼时密生绒毛，以后脱落无毛。叶革质倒卵形或倒卵披针形，长 10～22cm，宽 4～12cm，先端圆钝或急尖，基部渐狭，边缘具内弯锯齿，表面光滑，两面无毛，侧脉 10～16 对；叶柄长 2～3cm。顶生圆锥花序，被黄色绒毛，无花梗，花瓣白色；雄蕊 20，花柱 3～4（稀 2 或 5），基部有柔毛。果实卵球形或梨形，长 1.5～1.8cm，绿色；萼片宿存。花期 11 月，果期 5 月。

产广南县、富宁县、麻栗坡县等地，生于海拔 1000～1800m，山坡林中。

3. 栽培现状及发展前景

枇杷是特产常绿果树，中国有 2000 多年栽培历史，供鲜食甜酸适口，风味优美，可加工制成系列产品，有医药价值，又是园林绿化树种。近 20 年来，全国发展最快。云南枇杷种类多，但仍属野生状态，果小种大，肉薄，主要作砧木和绿化，近 10 多年，随着福建省大果枇杷在昆明市销售，为云南发展提供了信息，在低海拔湿润地区有所发展，其中蒙自等县起步早，引种解放钟、大五星等大果型品种，已见效果。云南除利用各地产的枇杷作砧木和绿化外，从中进行筛选优良品种（系）发展。引种外地大果形品种，成熟期早，4 月下旬至 5 月份成熟上市，填补了淡季，很受欢迎。发展时应选择南部海拔 1300m 以下湿热地区，引入品种试验成功，再扩大生产，做到适地适种以免造成损失。

五、木瓜属

木瓜属 *Chaenomeles* Lindl. 植物适应性强，栽培较易，便于管理。可采用播种、压条、扦插繁殖。果实芳香扑鼻，肉质致密，酸味重，微涩，多为鲜食用，以糖渍后再食，亦可作果酱、果脯、果冻。云南有炖鸡、炒鸡肉加入木瓜的吃法。可入药，治风湿（木瓜酒），枝有刺，可作刺篱，花红色鲜艳，春天2~3月花开满树冠作观赏。

1. 产地及分布

木瓜为东亚特产，中国西南、华北、华中均有分布，为古老的栽培树种。木瓜在云南以滇西北最多，滇东、滇中各县零星栽培。云南省西部横断山脉的大理市、巍山县、永平县、云龙县、洱源县、剑川县、鹤庆县、香格里拉县、兰坪县、维西县及贡山县、泸水县、腾冲县、隆阳区、潞西市等地分布较多。

2. 种的分类

木瓜为蔷薇科（Rosaceae），木瓜属（*Chaenomeles* Lindl.）。本属共有5种，中国产4种，日本1种。云南共有4种。

分种检索表

1. 枝不具刺；花单生，叶边缘具刺状锯齿，齿间具腺体，托叶较小。…………………………（1）**木瓜** *C. sinensis*（Thouin）Koehne

1. 枝具刺；花簇生，叶边缘有尖锐锯齿或全缘，齿尖无腺体，托叶大型。
   2. 叶边有锯齿；萼片直立。
      3. 叶片卵形至长椭圆形，幼时下面无毛或有短毛，边缘有尖锐锯齿，花柱基部无毛或稍有毛 ………………………（2）**皱皮木瓜** *C. speciosa*（Sweet）Nakai
      3. 叶片椭圆形或披针形，幼时下面密被褐色绒毛，边缘具刺芒状锯齿，花柱基部常被柔毛或绵毛 …………………………（3）**毛叶木瓜** *C. cathayensis*（Hemsl.）Schneid.
   2. 叶边全缘；萼片反折，花柱基部被柔毛 ……………………（4）**西藏木瓜** *C. thibetica* Yü

3. 主要特征特性

（1）木瓜

别名：酸木瓜、刺木瓜。

灌木或小乔木，高5~10m。枝无刺，嫩枝被柔毛，紫褐色。叶片椭圆形、卵形、稀倒卵形，长5~8cm，宽3~5cm，先端尖，基部楔形或圆形，边缘具刺芒锯齿，幼时下面被黄白色绒毛；托叶卵状披针形，先端渐尖，边缘有腺齿。花单生于叶腋，先开于叶，淡粉红色，直径2.5~3cm；萼片三角披针形，外面无毛，内面密被褐色绒毛。雄蕊多数，花柱3，基部联合。果实椭圆形，长10~15cm，有时有纵沟，暗绿黄色，木质，味芳香，果梗短。

产我国东部，引入昆明市栽培供观赏、果供食或加工、入药。

（2）皱皮木瓜

别名：贴梗海棠、铁脚海棠。

灌木，高1.5m左右。枝开展下垂，有刺。叶片卵圆形至椭圆形，长3~9cm，稀长圆形，先端急尖，稀圆钝，基部楔形，边缘有尖锐锯齿，下面有短柔毛；叶柄长1cm，托叶大，肾形或半圆形，边缘有尖锐重锯齿。花直径3~5cm，红色，萼片直，有黄褐色睫毛，雄蕊40~50，花柱5，基部合生，无毛。果实球形或卵球形，直径3~5cm，黄绿色，黄色，芳香，萼片脱落。

滇西的漾濞县、大理市、永平县、云龙县、洱源县、剑川县、南涧县、保山市、腾冲县、泸水县、德宏州、玉龙县、香格里拉县、维西县、临沧市、思茅市等地有栽培。

（3）毛叶木瓜

灌木，高2~6m。枝具刺，叶形似皱皮木瓜，惟叶缘有刺芒状锯齿，上半部有时形成重锯齿，下半部锯齿稀或近于全缘，幼叶下面密被褐色绒毛，托叶肾形，耳形，下面被褐色毛。花淡红色、白色，雄蕊45~50，花柱5，基部合生，下半部被绵毛。果实卵球形或近半圆柱形、梨形，先端有突起，纵径8～12cm，横径5～7cm，黄色有红晕，芳香。产地同皱皮木瓜。

（4）西藏木瓜

灌木，高1.5～3m。枝上常多刺，长1～1.5cm。叶卵状披针形或长披针形，长6～8.5cm，宽2.0～3.0cm，先端急尖，基部楔形，全缘，稀先端有锯齿，下面密生褐色绒毛，托叶大型，镰状，上面无毛，下面被褐色绒毛。花柱5，基部合生，被灰白色柔毛。果梨形，长圆形，长6～11cm，纵径5～9cm，黄色，芳香；萼片宿存，反折；种子多数，扁平三角卵圆形，黑褐色。

产维西县、德钦县，生于海拔2600～3500m高山地带。

另外还有甜木瓜 *C.* sp．（待命名）植株多刺花淡红色，近似毛叶木瓜，果长圆形，有纵沟，酸味较轻，微有甜味。产泸水县片马、巍山县、云龙县等地，分布较窄。

4. 栽培状况

木瓜对风土适应性广，低海拔湿热地区和高海拔（3400m）冷凉地区均可栽培，耐湿、耐旱、耐瘠较易栽培。山区栽培多选择果型大，丰产的品系。木瓜果中含苹果酸、酒石酸、枸橼酸、维生素C，胡萝卜素和黄酮类等物质，入药可健胃，化湿，舒筋活络。医药上木瓜、酒、虎骨合为一体制成“虎骨木瓜酒”享有盛名，其中以花白色的称白木瓜最好。依据近期研究，木瓜果实中含超氧化歧化酶（Superoxide Dismutase）简称SOD最多。此种酶是生物体内清除多余自由基的主要酶类，它建立了生物体内对付自由基危害的防御体系，多吃木瓜，可以增加人体内超氧化歧化酶的数量，提高人体的免疫功能，抵御疾病侵袭。云南除发展早已栽培的白木瓜外，应加速发展新发现的甜木瓜。木瓜叶色油绿，革质，花色红艳美观，常作园林观赏树种。观赏的品种有小桃红，鱼肚白，紫丽等。滇西一带炒鸡肉和炖鸡常加入鲜木瓜片，调味和加速煮熟作用。木瓜果实皮厚，果肉汁少，坚实耐贮运，病虫害少，较易推广。长期以来繁殖时多用种子繁殖，从果形上有许多类型，选择果个大，品质好的株系嫁接繁殖加速发展。木瓜生根容易，一般用多年生枝，砍下埋入土中即可生根成株，枝上多刺，山区田边、地埂、村旁，各户之间常作篱墙。云南的木瓜仍处原始利用状态，近十余年，园林庭院直接种植和培养造型的木瓜盆景千姿百态，日益增多。春季开花早，花色繁茂艳丽，赢得鉴赏者的好评。

六、移椛属与榅桲属

1. 移椛属

移椛为蔷薇科（Rosaceae），移椛属（*Docynia* Dcne.）植物。本属有5种分布于亚洲，中国有2种，产西南各省区，云南均产，分布较广。

分种检索表

1. 叶坚纸质，椭圆形或长圆状披针形，下面有薄柔毛，边缘有锯齿，稀全缘；雄蕊约30；果近球形或椭圆形，有短梗 ………………………………………… （1）**移椛** *D. indica*（Wall.）Dcne.
1. 叶革质，披针形至卵圆披针形，下面密被黄白色绒毛，全缘或微有锯齿；雄蕊40～50；果卵形或长圆形，具长梗 ………………………………………… （2）**云南移椛** *D. delavayi* Schneid.

主要种的特征特性

（1）移椛

半常绿或落叶乔木，高约5～8m。小枝短、粗，圆形，幼时常被柔毛；冬芽卵形，红褐色，被柔毛。叶坚纸质，椭圆形或长圆状披针形，长3.5～8.0cm，宽1.5～2.5cm，先端急尖，基部宽楔形或近圆形，边缘有锯齿，稀全缘，表面深绿色，有光泽、无毛，背面被薄柔毛或近无毛；叶柄长0.5～2.0cm，被毛，托叶小，早落。花3～5朵，簇生，萼筒钟状，被柔毛，萼片披针形或三角状披针形，全缘，两面被柔毛。花瓣白色，长圆状倒卵形，或长圆形，基部有短爪，雄蕊

30，花柱5，基部合生，被柔毛，与雄蕊等长。果近球形或椭圆形，直径2～3cm，绿黄色，黄色，幼果被柔毛；萼片宿存，直立，被毛。果梗短粗，被柔毛。花期3～4月，果期8～9月。

产昆明市郊区，滇东南的屏边县、麻栗坡县、西畴县及石屏县、翠云区、景东县、勐海县，生于海拔1100～2450m的山坡、溪边、箐坡、灌丛林中。

（2）云南移㭎

别名：红叶移㭎、酸移㭎、楂子、小木瓜。

常绿乔木，高10m，多年生枝黑褐色，皮孔褐色。幼时密被黄白色绒毛；后逐渐脱落。叶革质，披针形至卵状披针形，长5～8cm，宽1.8～2.5 cm，先端渐尖，基部宽楔形，全缘或微有浅钝锯齿，表面深色，有光泽，背面密被黄白色绒毛，叶柄长1.0cm，被毛。花冠径2.5～3.0cm，花瓣白色，长圆状倒卵形，长1.2～1.5cm，0.5～0.8cm，基部有短爪。雄蕊40～50，花丝长短不等；花柱5，基部合生，密被绒毛，柱头棒状。果卵圆形，长圆形，短圆锥形，纵径3.0～4.2cm，横径3.0cm，绿黄色，黄色，幼果密被绒毛，成熟后脱落。萼片宿存，直立或合拢。花期4～5月，果期9～10月。

本种果实形状有球形、圆形、椭圆形、圆筒形、圆锥形、五棱形（表面有5条纵沟）等多种。

产嵩明县、寻甸县、马龙县、沾益县、禄劝县，富民县、武定县、易门县、禄丰县，楚雄州、石屏县、通海县、玉龙县、宁蒗县、鹤庆县、邓川县、剑川县、香格里拉县、镇康县、景东县、临沧市、西双版纳、河口县、金平县、广南县等地，生于海拔1500～3000m的山谷、溪边、灌木丛中。

（3）利用状况

两种移㭎在云南仍处野生状态。据调查，寻甸县鸡街村山坡地，道路边野生的一株200多年的大树，树高11m，主干高2.1m，胸径干周粗3.1m，树冠占地约480m^2；峨山县富良棚村分布着一株大枝被砍伐的移㭎老树，主干胸径干周3.95m。山区人民在5月幼果约2.0cm大时，采鲜果吃，称“移㭎芽”，9～10月果黄绿色成熟，肉质较硬，味酸，芳香，腌渍后可食，有的糖渍制成果脯，或压汁制成饮料等。果实入药，有舒筋活血、和脾燥湿、舒肝止痛、清暑消毒功效。叶枝仍可入药。鲜果与柿堆放有催熟脱涩作用。栽培上马龙县嫁接金帅苹果，20余年生的树，株高3.2m. 干周23cm，冠幅3m×3.5m，株产25kg。果实硬，酸味浓，泸西县供销社作砧木嫁接枇杷。作砧木嫁接台湾林檎和富宁林檎亲和力和生长表现较好，有待进一步观察。

移㭎分布广，适应性强，耐瘠、耐旱、病虫害少，播种繁殖，较易栽培，已利用于园林绿化观赏树种，还可作山区造林树种。今后加以选种改良，培育出大果类型的发展。

2. 榅桲属

榅桲 *Cydonia oblonga* will. 产中亚。该属仅1种。原产中亚细亚、伊朗、俄罗斯高加索和土耳其斯坦等地，为欧洲古老的栽培果树之一。中国引入栽培历史悠久，以新疆最多，甘肃、陕西等地也有栽培。云南栽培的榅桲为滇越铁路修通后，1936～1937年由法国人Rone Carel从法国以榅桲作砧木嫁接洋梨品种伏茄梨等方式带入。共有两个类型：即安吉斯榅桲（*Angers*），植株丛生，矮小，果型小，不易开花结果，生根容易，作梨的矮化砧木，最早在昆明市的公园和果园中有少量栽培。1974年，全国开展集约化栽培，发掘梨矮化砧，各省区引种，该种表现比另外的类型好，传开后称“云南榅桲”，至今有60多年历史。另一类型为契木波榅桲（*Champion*），果大，味酸，芳香，植株直立，高1.5～3m，数量很少，将要绝种。榅桲为蔷薇科（*Rosaceae*）榅桲属（*Cydonia* Mill.）植物。

云南榅桲（*Angers*）

丛生灌木，树高1.5～2.5m。多年生枝灰黑色，具浅褐色皮孔，幼枝灰黑色，密被绒毛，以后脱落无毛，冬芽卵形被绒毛。叶宽卵形至圆形，长4～5cm，宽3.5～4.0cm，近于全缘，先端钝尖或急尖，基部圆形或心形，幼时上面稀生柔毛，叶脉4对；叶柄长0.8cm，被柔毛。花单生于叶腋，梗长0.5cm，密被绒毛，花径3.5cm，初期粉红色，里外被绒毛，后为白色，萼片宽披针形，长约0.5cm，先端急尖，边缘有腺齿，反折宿存，里外被绒毛，雄蕊20，灰紫色，花柱5，基部相连被绒毛。果实洋梨形至倒卵圆形，径4～8cm，味酸、芳香。种子多数。花期3月，果期9月。

本种为丛状灌木，根部极易萌生蘖株，老枝易长出气生根，生根容易，当年春天，从地表面重剪，萌发出的新枝，夏季培土即可生根，秋季分株。春季萌芽前剪一年生粗（0.6～1.2cm，长15～18cm）枝，扦插繁殖（方法同葡萄）略，当年可长成苗。

经多年试验，作梨矮化砧，有矮化作用，亲和力差，应用时选择性强，其中嫁接西洋梨品种亲和力良好，与中国梨中的品种亲和力不良。为解决此问题利用西洋梨作亲合中间砧（即榅桲+哈蒂+酥梨），但仍存在嫁接繁琐、管理水平要求高等问题，制约着生产发展。云南榅桲，适应南方生长，在气候寒冷的地区易受冻，为此在生产上仍未得到推广。

云南榅桲作为砧木，嫁接伏茄梨实生、二早（香蕉梨）、巴黎夫人等西洋梨品种。株高1.5～2.0m，每株结果5～10kg。曾在西山白渔口工人疗养院矮化密植，表现尚好。目前仅在公园中作观赏树种。作矮化砧木，因水肥管理、栽培技术要求较高，较难应用。

第二节　核果类资源

核果类有桃、李、杏、梅、樱桃等落叶乔木或灌木果树，树冠开张，中心主干不甚明显，主枝基部易光秃，多为纯花芽，着生在结果枝叶腋，子房上位，为真果，1室2胚珠，成熟时形成核。上述几种果树在分类学上各国植物学者意见很不一致。有两种分类学派，一种认为果实大小形状，虽然相差很大，但花的结构基本一致，应归为一属，命名为李属（*Prunus* L.）；另一种认为几种果树芽的排列，幼叶卷叠式，花序、果、果核均有差别，主张各为一属。中国植物分类学家俞德浚教授为实用上便利，提出把这些果树分别划分为桃属（*Amygdalus*）、杏属（*Armeniaca*）（包括梅在内）、李属（*Prunus*）、樱桃属（*Cerasus*）、稠李属（*Padus*）等。此种分类法，较切合实际，利用方便，目前在中国已广泛采用。

一、桃

1. 原产地及分布

桃原产我国西北部陕西、甘肃和西南部西藏及云南西部，是我国最古老的果树之一。过去误认是伊朗（波斯）原产，为 *Amygdalus persica* L. 瑞士人德堪多尔（A. De. Candolle，1882～1885年）在《栽培植物起源》中提出：桃是中国原产。20世纪80年代中国科学院西藏考察队等报道，西藏东部加查和郎县有树龄达300年以上，干周达6m左右的桃树。另外在西藏昌都地区横断山脉三江流域考察，还发现有上千年，干周达10m的西藏桃（*A. mira*）。云南农科院园艺所果树资源组在滇西北的香格里拉县尼西村发现有树龄超300年，干周6.7m以上的光核桃 *A. mira*（koehne）yü et Lu 当地叫藏桃或光核桃，有力地证明了Hedrick（1917年）确认桃原产中国的观点。

桃为蔷薇科（Rosaceae）桃属（*Amygdalus* L.）。产中国有6种，云南产3种。中国栽培桃已有3000多年，早在公元前的《诗经》、《尔雅》、《尚书》等文献里记述了桃树，在长期栽培下形成许多品种，广布寒温带、暖温带至热带。

2. **分种检索表**

1. 叶卵状披针形或椭圆披针形，叶下面沿叶脉和萼片有毛，果成熟时肉质、汁多，核表面有沟纹或点纹，顶端渐尖 ………………………………………………………………………… (1) **桃** *A. persica* L.

1. 叶椭圆、长圆披针形以至披针形，叶下面无毛或沿中脉有疏毛，萼片无毛，果成熟时果肉很少，汁少。

   2. 果核球形，表面有深孔和沟纹，顶端钝圆 ………… (2) **山桃** *A. davidiana* (Carr.) C. de Vos ex Henry

   2. 果核卵圆形至长圆形，微扁，表面光滑或有浅纵纹，顶端圆钝或急尖 …………………………………………………………………………………… (3) **光核桃** *A. mira* (Koehne) Yü et Lu

3. **主要种的特征特性**

(1) 桃

别名：毛桃、大桃。

乔木，高4~8m。小枝光滑无毛。冬芽被短柔毛。叶卵圆披针形至椭圆披针形或倒卵披针形，长7~5cm，宽2.5~6cm，先端渐尖，基部宽楔形，边缘具小锯齿，仅下面中脉被短柔毛；叶柄长0.8~2.0cm，无毛有腺体。花单生，直径2.5~3.5cm，有短梗，萼筒钟状，萼片卵圆形，绿红色，外面被短柔毛；花瓣宽倒卵形，长椭圆形，粉红色，稀白色；雄蕊20~30，子房被短柔毛。果卵形或卵状球形，直径3~12cm；被绒毛，果梗短深入梗洼；果肉厚、多汁，分离核或粘核；核顶端渐尖或短尖，表面有深孔穴和沟纹。花期3~4月，果期6~9月。

本种有以下3个变种：

①油桃（var. *nucipersica* L.）。果面光滑，无毛，引入10余个品种，如曙光、艳光、早红珠等。

②蟠桃（var. *compressa* (Loud.) yü et Lu）。果实面平，核小，圆形，有深刻纹。

③寿星桃（var. *densa* Makino）。树矮小，作桃的矮化砧木。

桃对气候、土壤适应性强，栽培品种分布全世界和我国各地的寒温带、暖温带至亚热带，云南产于昆明市、禄劝县、玉龙县、大姚县、金平县、维西县等地。栽培以城镇及昆明市地区为多，果鲜食或加工制罐和果脯，种仁治高血压；树脂为粘接剂，与叶一样可以入药。毛桃和秋桃种子，播种作砧木。

桃的食用类群，分离核毛桃（var. *aganopersica* Reich.）；粘核毛桃［var. *scleropersica* (Reich.) Yü et Lu］；离核光桃［var. *aganonucipersica* (Schubler et Martens) Yü et Lu］；粘核光桃［var. *scleronucipersica* (Schubler et Martens) Yü et Lu］。

长期栽培，在食用类群中培育出很多优良品种，根据果实和结果习性特征，云南农业科学院园艺研究所温带果树资源组收集到103个品种，分为4大品种群。

①北方桃品种群。果实顶端尖而突起，缝合线深，树形较直立，有深州水蜜、天津水蜜、肥城桃、夏至桃、冬桃、雪桃等。

②南方桃品种群。果顶平圆，果肉柔软多汁，树冠开张，有上海水蜜、雨花露等品种。

③黄肉桃品种群。果皮、果肉金黄色，肉紧密而韧，作加工，有火炼金丹、青丝桃、蒙自黄桃、永胜黄桃、宁蒗黄桃等。

④蟠桃品种群。果扁平，两端凹入，树冠开张，有大蟠桃、小蟠桃、京露蟠桃等。

以上品种群在昆明市、玉溪市、楚雄州、曲靖市等地栽培。

(2) 山桃

乔木，高5~10m。小枝光滑无毛，冬芽被疏柔毛。叶披针形至椭圆披针形，两面无毛，柄长1~2cm，无毛，有时有腺体。花单生，直径2~3cm，其他与桃略同，果近球形，直径2.0~3.5cm，成熟时黄色，被短柔毛，果肉薄、汁少，易与核分离。核近球形，顶端圆钝，表面有深孔穴和沟纹。花期3~4月，果期7~8月。

云南产昆明市郊区、禄劝县等地，生于海拔2000m左右的山坡疏林或灌丛林中。绿化树种，作观赏；木材细硬，适于作器具；果核用于雕刻各种玩具，种仁榨油；作桃砧木，表现不如毛桃好。

（3）光核桃

别名：藏桃。

乔木，高6~10m枝条纤细开张，冬芽无毛。叶披针形或长圆披针形，长5~10cm，宽1.5~2.5cm，先端渐尖，基部宽楔形或近圆形，边缘波状浅锯齿，齿尖具褐色小腺体。花单生或2花并生，其他与桃略同。果近球形，直径2~3.0cm，密被短柔毛，果梗长约0.6cm，果皮薄。核扁卵圆形，先端急尖，基部偏斜截形，表面平滑或具浅纵纹。花期4~5月上旬，果期9~10月。

野生滇西北香格里拉县、德钦县、宁蒗县、玉龙县，现仍生长着200~300年生的大树 。此外在维西县、永胜县也有分布，生于海拔2200~3400m的山坡、疏林、沟边。

本种在长期栽培下，有的已有进化，果大，核纹明显，肉稍厚，可食，酸味稍浓。耐瘠、耐旱、耐寒性强，高寒地区可栽培本种。文献记载，产西藏和四川西部，西藏东南部、四川西部，云南西北部与上述产地山水相连，此区亦应该为本种原产中心。从果、核、叶的特性上分有8个类型。

（4）冲天核桃（*A.* sp.）（名待定）

在宁蒗县、永胜县栽培，植株直立，高5~8m，幼时枝条密生，树冠圆锥形、果卵圆形，顶端尖圆，重80~100g，可食，为栽培类型，可能为自然杂交，不断进化而成。

4. 主要品种

（1）夏至桃。果实卵圆形或近圆形，果重140g，大小较均匀。果皮淡红色，微被绒毛，有红色条状晕。缝合线浅而明显，果顶突尖。果肉红白色，肉质脆嫩，味甜，汁中多，含可溶性固形物13%~14.5%，粘核，品质中上，6月上中旬成熟，呈贡县叫头早或粘核桃，栽培时间约70年以上。主栽呈贡、晋宁县。

（2）呈贡粘核桃，当地又叫二早桃。果实近圆形，果重150~170g。果皮淡黄色，阳面红色，有紫红条晕，绒毛少，果皮稍韧，梗洼深，缝合线明显，果顶突起呈乳头状，果肉乳白色，近核处红色，肉质致密脆嫩，味甜，汁中多，含可溶性固形物13.5%，粘核，品质上，6月下旬至7月上旬成熟。呈贡县为主栽植。

（3）火炼金丹。果实近圆形，果重150~200g。果皮橙黄色，阳面黄红色或暗紫红色，果顶尖突。果肉金黄色，近核处微红，肉质致密而韧，味甜酸，汁较少，含可溶性固形物12.8%。粘核，品质中等，7月下旬成熟，鲜食或加工。产晋宁县。

（4）蒙自黄心桃。果实近圆形，果重182g，最大果重320g，大小不够均匀，果顶尖突。果皮绿黄色，皮较厚、绒毛中多。果肉橙黄色，肉质脆，汁中多，含可溶性固形物12.8%，粘核，品质中上，加工制罐。产蒙自县等地。

（5）草白桃。果实倒卵圆形或卵圆形，果重120~150g，最大果生204g，阳面片红色晕，果顶短圆，缝合线微凸起，两肉瓣对称。果肉乳白色，成熟时乳红白色，肉质细韧，汁少，味甜酸，含可溶性固形物13.0%，品质中上，6月下旬至7月上旬成熟。主要栽植呈贡县。

云南的地方品种，黄肉型的还有晋宁青丝桃、呈贡黄离核桃、永胜黄桃。20世纪60年代起陆续引入国内表现较好，果型大的如上海水蜜、北京水蜜、庆丰（北京26号）、雨花露，以及产日本的松森、砂子早生、大久保、白凤等。

5. 利用状况及前景

桃栽培历史悠久，经几千年的传播遍及世界大部分国家，已成为主要落叶果树之一。中国除气候严寒的东北、炎热的海南省较少栽培外，各省均有栽培。面积最大的为河南省，依次为山西、河北，产量最多的为山东省，次为河南、河北、四川。据2002年不完全统计，云南省的栽培面积达1.72万hm^2，产8.07万t。遍及各个州市，以滇中地区昆明市、曲靖市、楚雄州、大理市、保山市、玉溪市，滇南的文山州和滇西北的丽江市最多。桃结果早，4～5年丰产，收入快，繁殖容易。有的果农先定植砧木，选择品种高接换头，1985年以来发展很快。桃的品种很多，大多数品种成熟期集中在6～7月，不耐贮运有时造成损失，优质大果形品种不多。今后除提高栽培管理技术外，选择优质、果大，不同时期成熟的品种，合理配置发展。同时发展一些光滑无毛，色泽艳丽，果肉脆的油桃。

在昆明市海拔1800～2100m地区，引种11月中旬成熟、丰产的冬桃已获成功。

二、李

1. 产地及分布

李为蔷薇科（Rosaceae），李属（*Prunus* L.）植物，世界上有30多种，最重要的为中国李（*P. salicina*），产中国，是我国重要的栽培种，全国各地都有栽培。美洲李（*P. americana*），起源于美洲；欧洲李（*P. domestica*）产欧洲和我国新疆。

2. 分种检索表

1. 叶片在芽中呈席卷状，核表面常具皱纹，花长1～2、稀3。
    2. 嫩枝及叶片光滑无毛，果卵圆或近球形，核小，常具皱纹 …………………… （1）**李** *P. salicina* Lindl.
    2. 小枝及叶下面被短柔毛，果多圆形，蓝黑色，核多皱纹 …………………… （2）**欧洲李** *P. domestica* L.
1. 叶片在芽中呈对折状，稀卷席状，核表面平滑，花3朵或多朵，稀单生 ………………………………………………………………………… （3）**美洲李** *P. americana* Marsh.

3. 主要种的特征特性

李：别名为李子。

乔木，高3～8m。新梢光滑无毛，有光泽，初时淡绿红色，老时褐色，皮孔褐色。叶片小，倒阔披针形，先端锐尖，基部近圆形，边缘有细锐锯齿。花小白色，通常3朵并生。花期早，先开于叶或同时开放。果实圆形、长圆形或心脏形，直径2.0～4.0cm，果皮黄色、红色、紫红色、紫黑色，表面被果粉，果肉黄色、浅红色、紫红色，具有李的香味；核椭圆形，表面有皱纹，有粘核和离核，花期2～3月，果期6～9月。

中国李适应性强，云南从海拔600m，气温高，雨量多，湿度大的富宁县至滇西北海拔3200m的玉龙县文海村。滇中嵩明县的梁王山海拔2500m沟谷、坡地、溪边、道旁灌丛林常见分布。果小可食，味酸微苦，分黄、绿、浅红色几种，可能是次生种。从植株习性上看，枝条茂密，刺枝多，人很少到的地方有40～50年以上大树。在云南分布较广，是否为原产地值得注意和研究。

云南李的栽培较为普遍，以昆明市、昭通市、曲靖市，楚雄州、文山州、玉溪市、玉龙县、大理市、保山市等大城市附近最多，勐海县亦栽培。收集到30多个品种，优良的有青脆李、鸡心李、鸡血李、花红李、玫瑰李、大黄李、荷包李、大红李、金沙李、甜脆李等。

引入美洲李和欧洲李的一些品种，表现仍不理想。引入紫叶李（*P. cerasifera*），叶紫红色，树直立，果小紫红色作观赏，近十余年有所发展。

4. 主要品种

（1）金沙李。果实中大，圆形或卵圆形，果重38g。果皮绿黄色或黄色，被果粉，果皮韧，缝合线浅，果顶圆形，梗洼小，果梗长 1.0cm。果肉黄白色，汁多，味甜微酸。含可溶性固形物 13.0%。粘核，品质中上等。6 月上中旬成熟。昆明、曲靖、楚雄、大理等地都有栽培。

（2）玫瑰李。果实中大，圆形或卵圆形，果重 36g。果皮紫红色或紫色，厚而韧，果粉多、灰白色，缝合线明显。果肉黄红色，致密，纤维少，汁多、味甜酸清香，含可溶性固形物 12.5% ~13.5%。粘核，品质中上等。6 月中下旬成熟。昆明、曲靖、楚雄等地都有栽培。

（3）大黄李。果实中大，卵圆形，果重 40 ~65g。果皮紫红色，被灰白色果粉，果顶尖，肉片不对称，梗洼深而广。果肉淡黄色，质地致密，纤维少，汁多，味甜酸，香味浓。含可溶性固形物 11.5%。粘核，品质中等。6 月中下旬成熟。产蒙自、个旧等地。

（4）珠砂李。果实中大，椭圆形，果重 35 ~63g。果皮紫红色，果顶圆形，梗洼深突。果肉淡红色至深红色，脆嫩、汁多、微酸甜、郁香。含可溶性固形物 11.5%。粘核，品质中等。6 月中旬成熟。产昆明、个旧等地。

（5）鸡血李。果实心脏形，重 25 ~32g，果顶卵圆形，缝合线不明显，肉片对称。果皮鲜红色或紫红色，果肉红色，汁中多，味酸甜，含可溶性固形物 11.2%。粘核，品质中等。7 月上旬成熟。产昆明等地。

（6）甜脆李。又叫青脆李，果实小，果重 5 ~11g，近圆形，梗洼浅广，果皮青绿色，微红，有果粉，果肉黄绿色，肉质脆，汁少，味甜，鲜食。5 月下旬成熟，产文山、昆明等地。

5. 栽培现状及展望

李在云南的栽培历史较长。分布广的有青脆李、鸡血李和鸡心李。1960 年前后曾发展过果形大的桃李，由于栽培条件要求较高，适应性差，果形虽大，一度时期曾出口香港，但因品质差，现已逐渐减少。引入玫瑰李和金沙李栽培表现良好，果实中大，味甜，丰产，得到发展，现在仍是主要栽培品种。近十年来美国大果形的布朗布李等进入昆明市场，受到消费者青睐，纷纷引入国外品种试种，是否适合栽培仍在探索中。经多年生产实践，金沙李、玫瑰李、花红李、大红李、鸡心李较好，提高管理水平，合理留果，果形可以增大，味甜、汁多，果形美观，成熟期早，除供应本省外，还可以销往省外。

李的适应性强，结果早，4 ~5 年达到丰产，主要供鲜食。中果形品种，丰产，果达到一定大小要求，采收作加工梅果的代用品。李果汁多皮薄，不耐贮运，大面积发展受到制约。为长期供应市场，选择成熟期不同的品种，分开上市，同时引进国内外大果形优质品种试验成功后，在云南建商品基地，果成熟期比外地早，销往国内市场仍有好的前途。

三、梅

1. 原产地及分布

梅是中国古老栽培的果树之一，供食用、药用和观赏，以长江流域、华南、西南和台湾为多，长江以北仅作观赏，分布极少。据《山海经》载："灵山其木多桃、李、梅、杏"。1972 年长沙马王堆汉墓中发现梅核，证明梅在中国已有 3600 年栽培历史。梅的原产地，西方学者最初在日本采到标本，其英文名为 Japanese apricot，误认为日本原产。据中、日古书中多处记载，以及植物学家 1887 年、1888 年首次在云南大理市大坪子采到两个梅的野生变种，定名为刺梅（*Prunus mume* var. *pallescens* Franch.）以及曲梗梅（*P. mume* var. *cernua* Franch.），随后梅的野生种在宜昌、汶川发现。按中国学者陈俊愉研究认为四川、湖北一带山地为中国梅的原产中心。进而肯定中国是梅的故乡。近几十年在四川雅砻江流域西昌、会理的山谷地带以至西藏波密通麦乡山脚林缘，海拔 2000 ~2300m 的山谷地带发现梅，认为西藏也是原产地。据 1986 ~1989 年云南省农业科学院园艺所在云南宁蒗县澜泥箐调查，有 10 多万株多性状的梅树。云南西北部与四川和西藏相连，为此云南的西北部也应属梅原产中心之一。

云南梅树分布甚广，除南部海拔低，气温较高的西双版纳州外，遍布全省都有栽培，在禄劝县（轿子山）、寻甸县（九龙山）、嵩明县的梁王山，滇西北宁蒗县（绵绵山）、玉龙县的玉龙雪山、兰坪县的老君山，以及泸水县片马岗、腾冲县均有野生梅分布。笔者特提出云南为梅起源地之一。云南省林业科学院王锡全教授经多年研究，也提出云南为梅的起源地的论述。云南梅的栽培历史悠久，1995 年在昆明市召开梅花国际学术研讨会，经专家论证，安宁市曹溪寺中的“曹溪宫粉”，晋宁县盘龙寺中的“怀中抱子”，永平县花桥普照寺中“单桃粉梅”，宁蒗县永宁乡札美戈喇嘛寺的古梅树，有 700 多年历史；昆明黑龙潭有唐梅，距今在 1000 年以上。

2. 梅的分类

现在把梅和杏划为同属，即蔷薇科（Rosaceae）杏属（*Armeniaca* Mill.）云南有 1 个种（*A. mume* Sieb.）和 4 个变种，多个类型。

梅变种检索表

1. 花梗短，长 0.2～0.3cm。
   2. 生刺枝或枝顶端刺状，叶片无毛，且厚 ………………………… （1）**刺梅** *A. mume* var. *pallescens* Franch.
   2. 无刺枝，叶两面有绒毛 ……………………………………… （2）**毛叶梅** *A. mume* var. *goethartiana* Koehne
1. 花梗长 0.8～1.0cm。
   3. 果梗端有一关节壮小弯曲，果实卵圆型，果茎 1.5～2.5cm ……………………………………………………………………………………… （3）**长梗梅** *A. mume* var. *cernua* Franch.
   3. 果梗直立，果圆型、长圆型，果茎 0.8～1.5cm …………………… （4）**小梅** *A. mume* var. *microcarpa*

3. 主要变种的特征特性

梅为乔木，高 4～5m（10m）。小枝绿色，无毛，短枝有时转化成刺枝。叶宽卵形或卵形，长 4～10cm，宽 2.5～5cm，先端尾尖，基部宽楔形或圆形，边缘有小锯齿，脉腋有短柔毛；叶柄长 1～2cm，有腺体。花多单生，先叶开放，芳香，花梗长约 0.2cm，粉红色、白色。果近球形，直径 2～3cm，被短柔毛，成熟时淡黄色或绿白色，粘核，表面具蜂窝状穴。花期 12 月至翌年 1 月，果期 5～6 月。

栽培于昆明市、昭阳区、临沧市、个旧市，以大理市的洱源县、剑川县、永平县、鹤庆县，以及玉龙县、宁蒗县较多。果鲜食和加工。从果实大小分，有大果梅、小果梅（炒豆梅）；从果皮颜色分，有绿梅（青梅）、白梅、黄梅；从果的形状上分，有鸡蛋梅、桃梅（顶端尖窄），双套梅（果扁平，肉交错套在一起）、杏梅、苦梅等品种。从加工利用上分，果形大，直径 2.5～4.0cm 如杏梅、苦梅、鸡蛋梅；果肉刻各种形状叫雕梅；有的配料加工炖梅，果中等大盐渍后再加料制成话梅。此外，还有以下变种。

（1）刺梅（厚叶梅、苍白梅、安宁野梅），枝顶端尖刺状，有刺枝。叶厚，革质，背面灰白色，果大，直径 1.5～2.5cm，卵圆型，果梗末端有一关节状小弯曲。产宁蒗县、维西县、玉龙县、巍山县、鹤庆县、昆明市、嵩明县等地，生于海拔 1700～3100m 的山坡疏林或沟谷灌丛中。

（2）长梗梅（曲梗梅、重枝梅），果梗长 0.8～1.0cm，果下垂。产大理市、巍山县、洱源县，生于海拔 1000～2500m 疏林中。

（3）毛叶梅（毛梅），叶背面有绒毛，花梗萼筒，萼片边缘有柔毛，为多型性，产巍山县、洱源县、剑川县等地，在滇西分布较广。

（4）小梅（炒豆梅），枝梢纤细，浓绿色，叶小，花小，果茎 0.8～1.5cm，果圆型、长圆型，果梗直立。产宁蒗县、维西县、腾冲县、玉龙县、鹤庆县、保山市，作砧木。

本种有 1 种，4 个变种，28 个品种。

4. 主要栽培品种

（1）盐梅。果实圆球形，果重 20～32g。果皮绿色，表面有绒毛，缝合线浅，果顶圆形微凹入，肉瓣对称，果肉绿黄色，质地脆，味酸、清香、无苦味。6 月下旬 ~7 月成熟。产丽江市、大理市。

（2）桃梅。果实大，近似桃，尖卵圆形，果重 35 ~45g。果皮绿黄色，果顶尖圆，果肉绿黄色，质地脆。6 月中下旬成熟。产滇西各地。

（3）大青梅。果实圆形或卵圆形，果重 22g。果皮青绿色或黄绿色，果顶圆形微偏斜。果肉厚、黄白色，质地脆，味酸微苦，核小。6 月下旬成熟。产洱源县、丽江市等地。

（4）杏梅。果实圆球形似杏，果重 25g。果皮绿黄色，果顶微突起，果肉绿黄色，味酸、汁较多。产丽江市、洱源县、腾冲县等。

（5）苦梅。果实圆球或长扁圆形，果重 25 ~30g。果皮深绿色，果肉浅绿色，味酸且苦。6 月中下旬成熟。产滇中、滇西、滇西北等市县。

（6）小果梅。果实小，圆球形，核大肉薄，主要作砧木，产各地。

以上梅品种，少数作鲜食，主要作加工。

5. 栽培现状及展望

梅在中国供食用、药用，又是观赏树种。梅果含有多种有机酸，有生津止渴、刺激食欲、消除疲劳等作用。云南省把梅果加工制成雕梅、炖梅、话梅、咸梅、陈皮梅等供食用，加工成青梅酒、酸梅酒等供饮用，长期以来很受欢迎。梅花色泽、花姿柔和典雅、清香，还可栽培供观赏。

梅树耐旱、耐瘠、耐寒，适应性强，栽培管理技术要求不苛，在云南分布范围广，以滇西大理市、保山市、玉龙县最多。泸水县片马岗一带年可采收野生和栽培的梅果 5 万 kg，增加了山区人民经济收入。在长期栽培不断选择下，各地都有一些大、中果型的品种（系），为发掘整理利用于生产创造了条件。

近十余年，随着国内和外贸市场的需要，产品供不应求，价格较好。云南适合栽培梅的山区面积较广，为增加山区人民收入，在各级政府扶持下，拟在云南的大理市、玉龙县、保山市，建果梅商品基地，将使云南梅的生产得到进一步发展。

四、杏

1. 产地及分布

杏为蔷薇科（Rosaceae），杏属（*Armeniaca* Mill.），分梅和杏两种植物。本属共 8 种，分布于东亚、中亚、小亚细亚和高加索，中国产 5 种（梅除外）。林培钧教授调查，新疆伊犁地区天山野果林中和苹果一样分布着野生杏，有的品质比栽培的还好。杏分布于亚洲温带地区，中国分布范围广，栽培范围更广，除南部沿海大多数省区栽培较少以外，集中于东北、华北、西北、黄河流域各省。中国鲜食和仁用杏在世界上总生产量占的比重很大，果早熟，供鲜食，作为干果和木本油料果树（杏仁）。杏适宜山区和旱地栽培，主产中国西北、华北，是一个有价值的树种。目前，云南杏的栽培多为零星分散分布，在宁蒗县落水村、富民县大庄村、祥云县山区有 100 多年以上的老杏树，表明已有几百年的栽培历史。产云南的野生杏，仅在滇西北德钦县，生于海拔 2800 ~3500m 的山坡杂木林中，野生分布着藏杏（*A. holosericea*）1 种。

2. 种检索表

1. 叶近圆形或卵圆形，无毛，仅叶背脉腋间有髯毛，先端短渐尖，基部圆形或卵圆形，边缘有圆钝单锯齿，叶柄长 3 ~4cm，果实直径在 3cm 以上 ………………………………………………… （1）**普通杏** *A. vulgaris* Lam.

1. 叶长卵圆形，两面密被短柔毛，先端渐尖，基部圆形或截形，边缘有单细锯齿，叶柄短，长约 1 ~1.5cm，有柔毛，果实直径在 2cm 左右 ………………………………… （2）**藏杏** *A. holosericea*（Batal.）Kost.

3. **主要种的特征特性**

（1）普通杏

乔木，树高5~10m。一年生枝红褐色，光滑无毛，皮孔褐色。叶近圆形或卵圆形，无毛，仅叶背脉腋有髯毛，长5~9cm，宽4~8cm，先端短渐尖，基部圆形或卵圆形；叶柄长2~3cm，具腺体1~6个。花单生，稀2朵，径2~3cm，花瓣白色或淡红色，具短爪；雄蕊25~45。果实球形、卵形，直径3cm以上，白色、黄色、黄红色，有红晕，表面被短柔毛，肉多汁；核平滑，圆形、椭圆形或倒卵形，背缝较直，腹逢较圆，种子扁圆形，味苦或甜，2n=16，花期2月下至3月，果期5~6月。

杏的栽培的品种很多，果供鲜食与制杏脯、杏干，种仁供食用和药用。从果实形状、色泽、大小、品质、成熟期、核与肉的粘离，仁甜与苦，差别很大，全国约有1000余个品种。据初步对云南省内的调查采集各地长期栽培的品种品系有17个，近几年引入国内有名的优良品种10余个，以便选出鲜食和仁用品种在云南发展。

杏在云南栽培分布较广，呈贡县、富民县、晋宁县、嵩明县、宜良县、马龙县、会泽县、以及楚雄州、大理市、祥云县、剑川县、玉龙县、宁蒗县等县山区、村寨、地边有零星栽培，但仍未形成商品。长期以来用种子繁殖各地散存着优系应加以发掘利用。

（2）藏杏

小乔木高3~5m。主干、大枝皮灰褐色，棱状纵裂，一年生枝绿色，阳面暗红色，有绒毛。叶广卵形，长4.5~5.5cm，两面被绒毛，先端渐尖，基部截形，边缘具圆细锯齿；叶柄长1.2~1.6cm被柔毛，有1~2个腺点。果实球形，直径约2.0cm，绿黄色，被柔毛，肉薄，汁少味酸。核广椭圆形，种仁味苦。花期5月，果熟期10月（德钦县）。野生分布于滇西北，澜沧江以东，金沙江以西，德钦县海拔2800~3500m山坡、沟谷、杂灌木林。该县雾露底村旁至今仍生长着树高6m，干周4.7m，冠幅5m×6m，主干高1.1m，近300年的大树。该树根周围土壤流失，一侧大根裸露在外，根系盘根错脚长入土中，生长良好。

本种原产中国四川西部及西藏东南部，云南的西北部德钦县发现藏杏成片分布，仍属原产地之一，果小，味酸，可食，种子入药。

4. **主要品种**

（1）黄杏。果实近圆形，重52g，果顶平略偏斜。果皮黄白色或浅黄色，覆小片红晕，有绒毛，果肉厚，汁稍多，味酸甜，含可溶形固形物11.6%，离核。5月中下旬成熟。产昆明市等地。

（2）大油杏。果不正圆形，重32g，果顶卵圆形略尖突。果皮橙黄色，有光泽，阳面块状红晕或点状红斑，被绒毛，果肉橙黄色，汁少，味甜酸，含可溶性固形物11.5%，离核。5月中旬成熟。产呈贡等县。

（3）白杏。果圆形，重约45g，果顶圆形，一端突起，果皮黄白色，阳面粉红色，果肉白黄色，质地嫩，汁少，味酸甜，含可溶性固形物11.0%，粘核。6月下旬成熟。产昆明市、丽江市等地。

（4）桃杏。果实球形微扁，果重40g，果顶圆形中央凹入，果皮橙黄色，被红晕，有绒毛，果肉橙黄色，有纤维，汁少，味甜酸，含可溶形固形物12.2%。5月中下旬成熟。产昆明市、蒙自县等地。

另外还有果形似荷包（纵径4.5cm，宽4.2cm，厚3.0cm）的荷包杏。果皮白色，表面有点状红斑的白沙杏。小麦成熟时，果皮黄色的麦黄杏等。

5. **栽培现状及展望**

中国杏的分布范围广，主要栽培在黄河以北，以辽宁、山东、河北、山西、内蒙古、陕西、宁夏、甘肃、新疆最多。受诸多因素的影响，20 世纪 70 年代栽培仍处停滞状态和下降的趋势。十一届三中全会以来，杏的发展很快。杏适应性强，耐旱、耐瘠，栽培容易，适宜山区发展，且果实营养丰富，含有多种维生素及维生素 B_{17}，有益于人体健康，又有抗癌作用。杏的适应性强，在山区缺水、干旱、土壤贫瘠、交通不便，种植耐旱的杏树，3 年开始结果，5~6 年丰产，果实成熟早，5 月上旬上市，正值水果淡季，售价亦很好。杏果鲜食和加工，几年来，中国发掘出优良耐旱，适应山区栽培的仁用杏（甜仁杏），经济效益较好，华北、西北各省区正在发展。云南省杏树生产仍处零星分散栽培，今后需加强发掘各地大果型，品质优良的品系加以发展，有条件的单位引种国内外的鲜食和仁用杏进行研究，选出适宜的品种再推广栽培。

五、樱　桃

1. 产地分布及主要特点

樱桃为蔷薇科（Rosaceae），樱桃属（*Cerasus* Mill.）植物，中国约有 45 种，分布全国。云南产 20 余种，3 个变种，在此仅述已利用的 9 个种。

（1）中国樱桃［*C. pseudocerasus*（Lindl.）G. Don］。产中国各地，云南滇西北、滇东北有野生分布，有的已栽培。镇雄县、彝良县、昭阳区等地栽培的，以小红樱最好，适应性强，果红色，丰产，味甜，汁多，核小。另外，还有红樱桃、黄樱桃等。樱桃，小乔木，高 2.5~5m，枝叶茂盛，萌蘖性强，生产中多以分株繁殖。

（2）野樱桃（*C. conradinae*（Koehne）Yü et Li）。产昆明市郊区县及马龙县等地，生于海拔 2000~2600m 疏林中。果小近球形，浅红色，作砧木。果 4~5 月成熟，采收后洗去果肉即可播种。

（3）毛樱桃（*C. tomentosa*（Thunb.）Wall.）。产玉龙县、宁蒗县、大理市，生于海拔1500~2800m 灌木丛中。树高 1.5~3m，枝条密集被绒毛。果小，红色，球形，可食，也作樱桃矮化砧木。

（4）云南樱桃（*C. yunnanensis*（Franch.）Yü et Li.）。产昆明市的富民县及嵩明县等地，生于海拔 2000~2600m 箐坡、杂木林中。乔木，果小，作砧木。

（5）云南樱花（*C. duclouxii*（Koehne）Yü et Li）。产昆明市等地，生于海拔 1900~2300m 山沟疏林中，作砧木。

（6）冬樱花（*C. maijeslica* Koehne）。产石屏县、通海县、弥渡县，生于海拔 700~2000m 向阳坡地、疏林中。乔木，花期最早 11~12 月，果尖卵形、卵圆形，紫红色，果梗长 3~4cm。4 月下旬至 5 月成熟，作观赏和砧木。

（7）细花樱桃（*C. pusilliflora*（Card.）Yü et Li）。产安宁县、大理市，作砧木和观赏。

（8）欧洲甜樱桃［*C. avium*（L.）Moench.］。产欧洲，引入栽培，果实大，汁多，目前仍未选育出适宜云南栽培的优良品种。

（9）日本樱花［*C. yedoensis*（Matsum.）Yü et Li］。引入昆明市、曲靖市、大理市、丽江市等地栽培，花粉白色，繁茂美观，花期 3~4 月，供观赏。

（10）欧洲酸樱桃（*C. vulgaris* Mill）。产欧洲，果大味酸，目前已引入试种栽培。

2. 主要品种

（1）小红樱。果圆形，红色、深红色，果重 2.8~3.2g，果顶卵圆形，中央有脐痕；果梗长 1.4~1.6cm，基部略粗，果肉浅黄色，汁浅红白色，味甜略酸，5 月中旬成熟。产镇雄县等地。

（2）鸡心樱桃。果实心脏形。顶端尖圆形，红色，果重 4.0g；果梗长 1.0~1.8cm，附有疣点，果肉浅红色、汁多，味甜酸，4 月下旬 5 月上旬成熟。产晋宁县、富民县。

（3）红樱桃。果圆形，深红色，果重 2.5g；果梗长 1.5~1.8cm，果皮薄，肉质松软，味甜酸，汁中多，4 月下旬成熟。产富民县等地。

（4）紫溪山樱桃。果实倒卵圆形或卵圆形，果重 2.5g；果梗长 0.8～1.2cm，果皮鲜红色，汁多、味甜，含可溶性固形物 16.5%，核小，品质上，5 月中旬成熟。产楚雄紫溪山等地。

（5）黄樱桃。果实心脏形，重 2.2g；果梗长 0.8cm，果肉浅红色，味甜酸，4 月下旬 5 月上旬成熟。产通海县等地。

此外，还有玛瑙樱桃，引入的红灯樱桃，果形虽大，结果很少，表现不好，仍未发展。

3. 栽培现状及发展前景

云南有丰富的樱桃资源，长期以来处于野生未被利用状况，产云南的栽培品种，果小，集中在镇雄县、彝良县等，当地市场上销售的数量有限。果不耐运输，交通不便，因离昆明等大城市较远，限制了发展。20 世纪 80 年代，曾经建立加工厂进行加工制罐，发展了几年因销售不畅，又停下来。樱桃果实成熟期早（4 月），经济收入高，近十多年来富民县、安宁市有所发展，引入红灯樱桃等大果品种，气候不适应，结果不良，因此，现在栽培的品种仍是小型的。樱桃是人们喜爱的水果，今后仍需引进适合云南生产的大果型品种，在城市附近合理安排进行发展。作观赏的樱桃，如云南樱花和日本樱花，鲜艳夺目，繁花似锦，最受人们欢迎，近几年各地都在发展。

第三节　浆果类资源

浆果类果树，由合生心皮的上位或下位子房形成，中果皮和内果皮形成肉质。肉质柔软多汁，含有多数小型种子，称浆果。包括多种不同的科属，如葡萄科的葡萄属，猕猴桃科的猕猴桃属，柿科的柿属，杨梅科的杨梅属，石榴科的石榴属。树体多数矮小，有藤本和灌木，稀乔木或草本，植株进入结果期早，中心主枝不明显，花芽多为混合芽，果实结构各有不同，大多不耐贮运，适于生食。

一、葡　萄

葡萄为世界上四大栽培果树之一，遍布世界各地，用途很广。根据多种古文献记载，中国葡萄栽培大约有 2000 多年历史。汉武帝派遣张骞出使西域（公元前 121～136 年），从大宛（即现在土耳其的一部分）引入。中国在长期栽培下，经过驯化和人为的选择，形成了许多特有的地方品种，称为“中国品种群”，如新疆的无核白、无核紫、马奶葡萄，华北大部分省区栽培的龙眼、牛奶、鸡心等。

葡萄是世界上栽培历史最长的果树种类之一，据古生物学家对化石的研究判定，在上白垩纪和第三纪时期，找到葡萄叶片和种子化石，因冰川时期侵袭被灭绝。只剩下生长在北欧南部的葡萄 *V. silvestris*，就是现在普遍栽培的欧亚种（*V. vinifera* L.）的始祖。北美和东亚因冰河侵袭范围较小，一直延续至今，形成许多美洲和东亚葡萄品种。

葡萄的经济价值很高，全世界果品生产中占第一位。果供鲜食外，可酿酒、制汁、制干等，味美可口，营养价值很高。葡萄属暖温带落叶果树，对土壤的适应性很广，根系强大，抗旱能力强，各种类型的土壤中均生长良好。中国东北、华北、西北、华东都适宜栽培，华南雨量多湿度大栽培的不多，随着新品种和栽培技术的改良，南方各省栽培面积逐渐扩展。

（一）产地及分布

葡萄为葡萄科（Vitaceae）葡萄属（*Vitis* L.）植物。因种不同，产地各有不同，分 4 个系统（或种群）。

1. **欧亚种群（也称欧洲种）**

这是全世界各地常见栽培的葡萄（*V. vinifera* L.），起源于欧洲。亚欧大陆西部和北部，至今仍有许多野生或半野生葡萄，一般叶片薄，3～5 裂，基裂窄而深，叶缘锯齿粗尖，背面少被白色绒毛或无毛；卷须间歇着生；果粒圆形、长圆形、卵形、鸡心形，有黄色、绿色、黑紫色，果皮薄，不易与果肉分离，种子易与果肉分离，果肉致密，多汁，芳香，有许多优良鲜食和酿造干制品种。根据品种起源和所处的生态条件，又分为 3 个品种群。

（1）东方品种群（*Proles orientaslis* Negr.）和中国品种群。该种群起源于西亚，其特点是叶背光滑无毛，果穗大，产中国的古老品种有龙眼、牛奶、黑鸡心等。

（2）西欧品种群（*Proles occidentalis* Negr.）。原产法国、西班牙等国，其特点是叶背面有茸毛果穗较小，每个结果枝上有 2 穗以上，有莎巴珍珠、彼诺等，多为酿造品种。

（3）黑海品种群（*Proles pontica* Negr.）。起源于黑海沿岸，为上述两个品种群的中间类型，品种有大可满、晚红蜜、巴米特等。

2. **美洲种群（*V. labrusca* L.）**

起源于北美和加拿大，但栽培品种中起源于纯种美洲葡萄者不多。特点是卷须连续着生，叶背面被白色或棕色绒毛，果皮易与果肉分离，种子与果肉不易分离，具特殊草莓和狐臭香味。有名的品种如康可、香槟。主要作鲜食及加工，又作抗寒育种，同时可作抗根瘤蚜、线虫的砧木，与其他种群杂交，已获得不少种间杂交优良品种。

3. **欧美葡萄杂交种群**

本系统的品种以欧洲葡萄品种（*V. vinifera* L.）和美洲葡萄品种（*V. labrusca* L.）杂交育成。如黑龙江省培育的呼兰 6 号，系以白鸡心与贝达（Beta），杂交而成，抗寒、抗黑痘病，含糖高，适于生食。

4. **东亚种群**

共有 40 种以上，产中国、日本、朝鲜等国。至今为止开发利用的品种很少，仅少量种直接利用作酿造，也作育种材料和砧木，如产我国东北华北的山葡萄（*V. amurensis* Ruprecht），能耐 -40～-50℃低温。是东北部分酿造酒的主要原料，北京植物园利用该种为亲本与玫瑰香杂交，育出抗寒、丰产、含糖量高、汁鲜艳，适于酿造的北玫、北红、北醇等品种。

（二）云南葡萄的种类及主要栽培状况

云南的葡萄有 11 种，仍呈野生状态，尚未开发利用，引入 2 种，共 13 种，栽培的主要为杂交品种。

1. **云南葡萄的种类**

产云南的葡萄有 11 个种 4 个变种，因产地的气候不同，大体上分两类。

（1）产热带亚热带温热地区的有 6 种

① 光叶葡萄（*V. balansaeana*）产西双版纳州。

② 网脉葡萄（*V. wilsonae*）产富宁县、麻栗坡县。

③ 毛葡萄（*V. retordii*）产滇南各县。

④ 刺葡萄（*V. davidii*）产富宁县、马龙等县。

⑤ 五角叶葡萄（*V. quinquangularis*）产滇南、滇中，有裂叶五角叶葡萄（var. *lobata*），产滇东南海拔 1200～1350m 地带。

⑥锡金葡萄（*V. sikkimensis*）产滇西南和师宗海拔低的地方。此 6 种葡萄耐湿热，可作培育湿热品种材料、果粒大的为刺葡萄，但味酸。

（2）产北亚热带和温带地区的有 5 种

① 蘡薁葡萄（*V. thunbergii*）产滇中。有蘡薁变种 var. *mairei.* 产昆明市、大理市、丽江市。

② 小叶葡萄（*V. sinocinerea*）产滇中各地。有小叶葡萄变种 var. *cinerea* 产昆明市、大理市。

③ 葛藟葡萄（*V. flexuosa*）产滇中各地。有小叶千岁藟变种 var. *parvifolia.* 大叶千岁藟变种 var. *malayana.*

④ 桦叶葡萄（*V. betulifolia*）适应性强，产滇中、滇西北等地。

⑤绵葡萄（*V. lanata*）产滇中、滇西北，果粒小、紫黑色、种子大。

这 5 种葡萄适应性强，分布广。

2. 引入栽培的种

（1）欧洲葡萄（*V. vinifera*），产欧洲。有人认为起源于高加索南部，是葡萄栽培上最重要的一种。世界上鲜食，酿造加工的品种多属本种。要求比较温暖，阳光充足和较干燥的气候，抗病性较弱，在北方寒冷地区栽培，需要埋土防寒越冬以免受冻。南方栽培高温多湿，易得病虫害，为发展的不利条件。传入云南栽培最早有紫葡萄（紫电霜），果成熟期不一致，果粒大小差异显着、味酸，现在保留的不多了。

（2）美洲葡萄（*V. labrusca*），原产北美东部。枝上果穗连续着生，果穗圆筒状、果球形、紫黑色、红褐色或淡绿色，有特殊香味。此种耐高温多湿气候，抗病性较强，惟果粒小，在云南表现较好。

（三）主要品种

1. 莎芭珍珠

为欧亚种，果穗圆锥形，重 200～300g，最大重 650g。果粒圆形，绿黄色，果皮薄，果肉脆，汁多，味甜微香，含可溶性固形物 13.5%，7 月上中旬成熟。昆明市等地区主要栽植的品种。

2. 水晶葡萄

欧美杂交种。果穗圆锥形或圆筒形，结果紧密，果穗重 200～250g。果粒圆形，果皮绿色、黄绿色，有果粉，果肉嫩，甜香，含可溶性固形物 14%，品质中上，8 月上旬成熟。主栽昆明市、弥勒县，全省分布较广。

3. 华夫人

欧美杂交种，果穗圆锥形，一般重约 220g，结果紧密。果粒圆形，红色，紫红色，有果粉，味甜酸郁香，含可溶性固形物 14.0%，8 月中旬成熟，鲜食或酿酒。昆明市等地栽培。

4. 白香蕉

欧美杂交种，果穗圆锥形，重 420g。果粒椭圆形，黄绿色，有果粉，果肉柔嫩，汁多，味甜，具香味，含可溶性固形物 14.8%。鲜食或酿酒。昆明市栽培。

5. 底拉圭

欧美杂交种，果穗小，圆柱形，重约 100g。每个结果枝平均 3 穗，果粒着果紧密。果粒近圆形，紫红色，微有果粉，果肉软有香味，8 月上旬成熟。产昆明市等地。

6. 无核白

欧亚种，果穗圆锥形，有歧肩，重 400g 左右。果粒着果紧密，果粒椭圆形，浅黄绿色，有果粉，肉脆味甜，汁中多，无种子，含可溶性固形物 14.5%～16.0%，8 月中下旬成熟。产昆明等地。

7. 红玫瑰

欧亚种，果穗圆锥形，穗重 310g。果粒近圆形，红褐色，果粉多，果肉多汁，味甜，玫瑰香味，品质中上，8 月上中旬成熟。产昆明等地。

8. **巨峰**

欧美杂交种，原产日本。果穗大、圆锥形，重 350～540g。果粒着果稀疏，果粒大，重 8～11g，近圆形，紫褐色，果粉多，果皮厚，果肉质，汁较多，味甜酸，微有香味，种籽大，8 月下旬成熟。昆明、曲靖、楚雄、大理、弥勒等市县栽培。

9. **红富士**

系欧美杂交品种，原产日本。果穗大，重 400～530g。果粒大，椭圆形，鲜红色，重 8～11g，果皮薄，有果粉，果肉汁多，味甜，郁香，品质中上，8 月中旬成熟。产昆明等地。

目前，又引入美人指、黑姆诺德、红提、京香等品种，正在发展。

（四）栽培状况及发展前景

葡萄的经济价值很高，产云南的，仍属原始状态，引入栽培的品种不少。在高温多湿地区，果成熟期间正值雨季，病虫害多，制约着发展。1949 年前，多在城镇少量零星栽培。云南省先后引入葡萄品种 100 多个，但栽培中仅有 10 余个表现较好，为全省葡萄生产奠定了基础。

1949 年以后，为满足人们对水果的需要，云南省内建了不少个国营农场，葡萄得到发展，主要品种为欧美杂交种，如华夫人、水晶、白香蕉等。其中，以弥勒东风农场最多，面积达 266hm^2。1980～1995 年除供应本省外，还销往贵州、广东、广西等省。此期，东川区园艺站引入 40 多个鲜食和酿酒品种，栽培和观察比较；富民县农业局茶桑果站，引入大粒品种巨峰、红富士，栽培面积逐渐扩大，因管理不善，味淡，有待提高。表现较好的鲜食品种有黑姆诺德、花叶鸡心、无核白等。

近十余年东川区葡萄发展很快，面积已达 700 多 hm^2；弥勒县东风农场在原有的基础上，引入酿酒为主的葡萄品种获得成功，发展面积已达 6000 多 hm^2，将成为云南最大的葡萄酿酒生产基地，且已酿出干红葡萄酒驰名省内外。蒙自、宾川发展鲜食红堤等品种受到市场欢迎。

世界上葡萄栽培面积达 1000 万 hm^2 以上，主要集中在欧洲，供酿酒和鲜食。葡萄果实营养丰富，风味鲜美，可以酿成多种优质葡萄酒，为其他果酒所不及，还可以制成干、汁、罐头。葡萄适应性强、繁殖容易、结果早、丰产稳产、经济效益好，庭院也可栽培。云南栽培葡萄近十多年得到快速发展，如弥勒东风农场的发展，已成为龙头产业，带动许多农户发展，收到好的经济效益。据统计面积约 0.670 万 hm^2，产 2.60 万 t。随着省内外优质葡萄品种果实在市场上销售价格的提高，近年来果农不断购入维多利亚、奥古斯特、美人指、京秀、京亚、红提、黑提等鲜食品种栽培，有的已经结果并取得较好效益。今后仍以提高品质为主，充分利用云南省的优势，选择海拔 1100～1400m 气温高、湿度小，低海拔干热河谷和坝区有灌溉水源的地区发展，将会使云南葡萄栽培达到全国先进水平。

二、猕猴桃

猕猴桃是一种多年生落叶藤本果树，常生于林缘、山坡、沟谷、丛林，中国南北方山区广泛分布。

猕猴桃经济价值较高，古时人们利用果实治病，有止渴、解热作用。藤条浸出的胶液作造纸、建筑方面的粘着剂。果实芳香多汁，含维生素 c 比一般果品高数倍，营养价值很高，对人体有好的保健作用。果鲜食和加工制果酱、果汁、果酒、晶粉。有的种类藤、叶美观，可供绿化和观赏，叶又做饲料。猕猴桃病虫害较少，种子繁殖砧木后嫁接，生长快，产量高，具有多方面的优点。

中国是世界上猕猴桃植物资源最多的国家，据崔致学教授调查收集研究，全国有 59 种，43 个变种（不包括原变种）、7 个变型，共计 109 种；其中云南是中国猕猴桃属植物种类最多的省，约有56个种和变种、变型。

猕猴桃性喜温暖湿润气候（即亚热带或暖温带湿润和半湿润气候）。云南主要集中分布在年平均气温11～18℃的两大块：一是滇东南文山州境内的富宁县、麻栗坡县、西畴县、马关县、屏边县、河口市、蒙自县、金平县。二是滇东北昭通市的彝良县、镇雄县、威信县、绥江县及曲靖市的会泽县等。省内其他县几乎都有分布，但数量少，有的县分布有特有种。

（一）种类分类

猕猴桃为猕猴桃科（Actinidiaceae），猕猴桃属（*Actinidia* Lindl.）植物。在此仅就崔致学教授收集产于云南的资源，共56种，其中包括33个种，20个变种、3个变型。为便于深入发掘利用研究以上资源，按梁畴芬氏以果面、叶、枝特征分为四组分类。

组1. 净果组（*Sect. Leiocarpae* Dunn）

茎部和叶柄常不具毛，浆果果面无斑点，光滑，顶端有喙或无喙有12种，其中分为7个种，4个变种，1个变型。

1. 软枣猕猴桃［*A. arguta*（Sieb. et Zucc.）Planch. ex Miq.］

（1）凸脉猕猴桃（var. *nervosa* C. F. Liang）

（2）紫果猕猴桃［var. *purpurea*（Rehd.）C. F. Liang］

2. 圆果猕猴桃（*A. globosa* C. F. Liang）

3. 黑蕊猕猴桃（*A. melanandra* Franch.）

（3）无髯猕猴桃（var. *glabrescens* C. F. Liang）

4. 狗枣猕猴桃［*A. kolomikta*（Maxim. et Rupr.）Maxim.］

5. 海棠叶猕猴桃（*A. maloides* Li）

①心叶海棠猕猴桃（*f. cordata* C. F. Liang）

6. 四萼猕猴桃（*A. tetramera* Maxim.）

7. 葛枣猕猴桃［*A. polygama*（Sieb. et Zucc.）Maxim.］

（4）梅叶猕猴桃（*A. macrosperma* var. mumoides C. F. Liang）

组2. 斑果组（*Sect. Maculatae* Dunn）

茎和叶柄无毛，果有斑点，有17种，其中分为9个种、7个变种、1个变形。

1. 簇花猕猴桃（*A. fasciculoides* C. F. Liang）

（1）楔叶猕猴桃（var. *cuneata* C. F. Liang）

2. 伞花猕猴桃（*A. umbelloides* C. F. Liang）

3. 红茎猕猴桃（*A. rubricaulis* Dunn）

（2）革叶猕猴桃［var. *coriacea*（Fin. et Gagn.）C. F. Liang］

4. 硬齿猕猴桃（*A. callosa* Lindl.）

（3）尖叶猕猴桃（var. *acuminata* C. F. Liang）

（4）毛叶硬齿猕猴桃（var. *strigillosa* C. F. Liang）

（5）京梨猕猴桃（var. *henryi* Maxim.）

（6）异色猕猴桃（var. *discolor* C. F. Liang）

（7）驼齿猕猴桃（var. *ephippioidea* C. F. Liang）

5. 薄叶猕猴桃（*A. leptophylla* C. Y. Wu）

6. 显脉猕猴桃（*A. venosa* Rehd.）

①柔毛猕猴桃（*f. Pubescens* Li）

7. 滑叶猕猴桃（*A. laevissima* C. F. Liang）

8. 中越猕猴桃（*A. indochinensis* Merr.）

9. 粉叶猕猴桃（*A. glauco – callosa* C. Y. Wu）

组 3. 刚毛组（即糙毛组）（*Sect. Strigosae* Li）

茎和叶柄均有刚毛或糙状毛，叶片上面多少也被刺毛，果外面有斑点，本组有 11 种，其中分为 6 个种，5 个变种。

1. 糙叶猕猴桃（*A. rudis* Dunn）

2. 全毛猕猴桃（*A. holotricha* Finet et Gagn.）

3. 昭通猕猴桃（*A. rubus* Lèvil.）

4. 葡萄叶猕猴桃（*A. vitifolia* C. Y. Wu）

5. 肉叶猕猴桃（*A. carnosifolia* C. Y. Wu）

（1）奶果猕猴桃（var. *glaucescens* C. F. Liang）

6. 蒙自猕猴桃（*A. henryi* Dunn）

（2）蒙自猕猴桃（var. *henryi*）

（3）多齿猕猴桃（var. *polyodonta* Hand. – Mazz.）

（4）光茎猕猴桃［var. *glabricaulis*（C. Y. Wu）C F. Liang］

（5）粗齿猕猴桃（为长叶猕猴桃的变种）［*A. hemsleyana* var. *kengiana*（Met.）C. F. Liang］

组 4. 星毛组（*Sect Stellatae* Li）

植株常被绒毛，叶下面有星状毛，果有软毛或硬毛和斑点，有 16 种，其中分为 11 个种、4 个变种、1 个变型。

1. 红毛猕猴桃（*A. rufotricha* C. Y. Wu）

（1）密花猕猴桃（var. *glomerata* C. F. Liang）

2. 黄毛猕猴桃（*A. fulvicoma* Hance）

（2）绵毛猕猴桃（var. *lanata*（Hemsl.）C. F. Liang）

①糙毛猕猴桃［f. *hirsuta*（Fin. et Gagn.）C. F. Liang］

3. 栓叶猕猴桃（*A. suberifolia* C. Y. Wu）

4. 阔叶猕猴桃［*A. latifolia*（Gardn. et Champ.）Merr］

（3）长绒猕猴［var. *mollis*（Dunn）Hand – Mazz］

5. 毛花猕猴桃（*A. eriantha* Benth）

6. 中华猕猴桃（*A. chinensis* planch）

7. 美味猕猴桃［*A. deliciosa*（Cheval.）C. F. Liang et A. R. Ferguson.］

（4）绿果猕猴桃［var. *chlorocarpa*（Liang）Liang et Ferguson.］

8. 贡山猕猴桃（*A. kungshanensis* Wu et Chen）

9. 大花猕猴桃（*A. grandiflora* C. F. Liang）

10. 倒卵叶猕猴桃（*A. obovata* Chun et C. F. Liang）

11. 花楸猕猴桃（*A. sorbifolia* C. F. Liang）

（二）主要资源种类

目前认为，在生产和育种中猕猴桃资源价值较高，重点叙述几种。

1. 中华猕猴桃

别名：毛桃子、羊桃、洋桃。

落叶木质藤本，老枝浅褐色，小枝密生刺毛或柔毛。叶纸质、圆形或阔卵形，长 7 ~ 16 cm，宽 6 ~ 14cm，边缘具锯齿，上面暗绿色，微有柔毛，下面淡绿色，密被星状绒毛，侧脉 5 ~ 8 对；

叶柄3.5～7.5cm，密被短绒毛。少数花朵成聚伞状花序，腋生，雄花小、白色至淡黄色，雌花黄色大于雄花。果近球形、椭圆形，径3～5cm，褐色，30～100g不等。表面密生褐色软毛，种子多数细小，果肉甜、汁多。花期5～6月，果期8～9月。

产永善县、盐津县、镇雄县、会泽县、马龙县、罗平县及昆明市郊县，于海拔1100～2000m。

2. 阔叶猕猴桃

树势健旺，枝红褐色或深褐色，浅红褐色皮孔。叶片倒卵形，基部楔形，叶柄处稍凹入，叶片中部较宽，边缘具细锯齿，或全缘。二歧双分枝聚伞花序，每花序结果2～14个不等、结5～6个的多；果短圆柱形或椭圆形，果小一般重4g，灰褐色，有粗糙明显灰黄色斑点，果肉绿色，每百克鲜果肉含Vc高达698～2140mg，为很有价值的育种种质资源。

产滇东南屏边县、麻栗坡县、富宁县等地，生于海拔700～1100m疏林及路边等地。

3. 河口猕猴桃

又叫小羊桃。落叶藤本，老枝褐色，嫩枝浅褐色。叶纸质，近椭圆形、卵形，先端短渐尖，基部心形，边缘细锯齿，主脉侧脉被红色绒毛，2～3歧聚伞花序，雌花黄色，雄花白色，雄花大于雌花。果实圆柱形，绿褐色、表面粗糙、果顶突起，长2～3cm、直径1.0cm，单果重2～3g，串生，果肉翠绿色、汁多、每百克鲜果肉含Vc 1340～1640mg，是培育品种和加工制汁的重要资源，很有利用价值。

产河口市、金平县、屏边县、蒙自县，生于海拔500～1900m林中。

4. 红茎猕猴桃

树势健状，枝浅褐色至紫色，幼枝被褐色硬毛，以后脱落。叶纸质较硬，长圆披针形至卵状长圆形，先端渐尖，基部楔形，偏斜，边缘疏细锯齿，两面无毛，背面脉隆起；叶柄紫红色，无毛。花着生于短侧枝上，花瓣5、白色、花药黄色，花柱多数。浆果茶褐色，卵球形至长圆形，长1.5cm，直径0.5～1.2cm，无毛。

本种产滇东南蒙自县、屏边县及文山州的西畴县、麻栗坡县、广南县、富宁县，生于海拔1100～2100m常绿阔叶林、石山灌丛林。

5. 紫果猕猴桃

树势中强，枝无毛，幼枝微被柔毛。叶纸质，椭圆形至椭圆状长圆形或阔卵形；先端急尖至渐尖，基部楔形至圆形或截形，偏斜，边缘平贴细锯齿，叶仅脉腋具白色或黄色簇毛，主侧脉隆起；叶柄长3～5cm。聚伞花序、腋生。花白色，干时呈蓝色、花药黄色带蓝；子房瓶状。果卵球型至长圆型，成熟时紫色，长1.5～2cm，直经1.0cm，无毛，先端具喙，花期6～7月，果期8～9月。

产蒙自县、屏边县、昭阳区、会泽县、富民县、禄劝县、玉龙县、香格里拉县、维西县、德钦县等地，生于海拔1500～3000m的灌丛中。

6. 毛花猕猴桃

别名：毛阳桃、毛冬瓜。

树势健状，藤本。长达10余米，枝灰色，无毛或具绒毛，皮孔显著，幼时密被白色绒毛；髓部白色，片状。叶厚纸质，宽卵圆形，长8～16cm，宽6～11cm，先端急尖或渐尖，基部圆形或截形，不对称，叶面绿色，有光泽，无毛，叶背面浅灰绿色。聚伞花序，有花1～4朵，密被白色柔毛；花瓣粉红色，花药黄色。萼片3裂，三角形。果长圆柱形，长约3～5cm，直径3cm，密被白色柔毛，果肉翠绿色，肉质细，果心小，种子少，褐色，果可食，100g鲜果中含Vc 568.9～1137mg，是Vc含量高的种之一，很有利用价值。

产昆明市郊县等地，于海拔1940m。

7. **美味猕猴桃**

别名：毛桃子。

枝红褐色，无毛，皮孔稀生，白色，点状或椭圆形，新梢先端密被红褐色长糙毛，老时绿色、被短褐色糙毛，髓部褐色，片状。叶近全缘，绿色，叶纸质或稍厚，近圆形或长圆形，长8～12cm，宽5.5～12.5cm，先端圆形或微凹入，有时呈小尖突，叶面深绿色、无毛，主、侧脉黄绿色，主脉上稀被黄褐色短绒毛。雌花、单生，花瓣6～7片，先为白色，一天后变为黄色，芳香；雄花，聚伞花序，多为3朵，先为白色，后变为黄色，花瓣6片，花梗绿色被浅褐色绒毛。果长圆柱形，被长而密的黄褐色绒毛，不易脱落。果皮绿色，果点淡褐绿色；果顶凸起，萼片宿存；果柄粗，褐色无毛；果纵径6.3cm，横径3.2cm，100g鲜果肉中含Vc175.70mg。本种多大果形，具较高的经济价值，供鲜食和加工。

产于滇东北的会泽县，于海拔1980～2100m；绥江县，于海拔1349～1410m；彝良县、威信县，于海拔1330～1600m。

（三）猕猴桃品种

中国猕猴桃种类虽多，但大多数仍处野生状态，自1978年开始全国开展资源调查和育种，目前已选出一些较好的单株。这些株系果大、含糖量和维生素含量均高，果肉有黄色、绿色、红色3种，适于鲜食和加工及兼用。云南省已经引入10多个品种在生产中应用，主要介绍如下几个。

1. **海沃德（Hayward）**

此品种为新西兰从中国引进美味猕猴桃野生种子后，从实生后代中选育而成，现在已经成为国际上栽培面积最大，市场上占主要地位的品种。果长椭圆形，端正美观，平均重80g。果肉绿色，致密、均匀，果心小，酸甜适度，有香味，维生素含量50mg/100g，含可溶性固形物12%～14%。长果枝结果为主，结果枝多着生在结果母枝5～14节。果熟期10～11月，贮藏性较好。要求选择土层深厚肥沃，肥水好的条件栽培，雌性花，应配植雄株授粉。

2. **秦美（代号周至111）**

陕西果树所从美味猕猴桃资源中选出，果实近圆形，平均单果重102g，果肉绿色，汁多，酸甜可口、有香味，维生素含量190～350mg/100g，含可溶性固形物14%～15%。中长果枝结果为主，结果枝在结果母枝的5～12节。10月下旬至11月上旬成熟，果实较耐贮。该品种早果、丰产、适应性强，耐瘠、耐旱。栽培中早期轻剪长放，促进树体早成形，为早结果，丰产打基础。

3. **庐山香（代号79－2）**

该品种为江西庐山植物园从野生中华猕猴桃实生单株中选出，晚熟鲜食加工兼用品种。果实近圆柱形，整齐美观，平均单果重87g，最大重140g，果肉淡黄色，质地细、多汁、酸甜有香味，每百克鲜果含Vc159～170mg，10月中旬成熟，不耐贮放。早果、丰产、优质，为加工果汁品种。

4. **魁蜜（代号79－1）**

江西省农科院园艺研究所从野生中华猕猴桃实生苗中选出，为中熟鲜食加工兼用品种。果近圆形，单果重92～110g，最大果重155g。果肉绿黄色，质地细、多汁、酸甜、味浓、郁香、每百克鲜果含Vc120～148mg。生长中庸。早期以中、短果枝结果为主；盛果期以短枝和短缩果枝结果为主。栽培时应注意及时回缩更新。9月中旬果熟。该品种坐果率高，早果、丰产稳产、抗风耐高温。

5. 金丰（原代号 F. T. 79－3）

此品种系1980年江西省农业科学院园艺研究所等单位，自奉新县石溪乡红头山，从中华猕猴桃资源中选出，1985年鉴定后命名。果实椭圆形，大小均匀，平均果重81.8～107g，最大果重124g，果皮黄褐色，被短绒毛，毛脱落后，果皮稍粗糙；果肉黄色，肉质细汁多，味甜酸、微香。100g鲜果肉中含Vc103mg，总糖7.0%～8.3%。树势强，以中、长枝结果为主，结果枝连续结果能力强，花多着生于1～8节叶腋，坐果率高（89%～92%），不易落果。该品种抗风、耐高温干旱，适应性强，丰产、耐贮，引入昆明市栽培表现较好，是一个鲜食和加工的品种。

6. 华光6号

此优良品种系1978年由陕西省西峡县林业科研所，在伏牛山从野生中华猕猴桃中选出。果长椭圆形，一般平均果重40g，最大果重87g，果肉绿黄色，味酸甜、郁香，100g鲜果肉中含Vc144 mg，中早熟，丰产。

此外还有中国科学院广西植物研究所，选育出桂海4号，桂海8号，单果重80～100g，果肉绿色、细腻、汁多、清香、味甜的优良株系，已引入试栽。

（四）利用状况

猕猴桃果实柔软多汁，甜酸适口，味美清香作鲜食和加工，含有多种营养物质，富含Vc及氨基酸，有抗感冒、预防和治疗白发、便秘、癌症、动脉硬化引起脑血管病和高血压、抗衰老等作用，被誉为世界性首屈一指的保健食品。根、茎、叶均可入药，现在已成为新兴的果种。中国猕猴桃的利用，远在两三千年以前《尔雅》一书已有记载，古时利用猕猴桃主要用于治病。小面积庭院栽培，有1300多年，时间虽长，未得发展。商品化生产兴起于20世纪30年代，1976年以后新西兰、意大利等国逐渐发展成果品支柱产业。为此，中国也掀起猕猴桃资源的调查和研究利用。通过20多年的努力，各地开展资源调查和育种，已选育出了适合各地的优良品种，截至1997年，全国栽培面积达4.14万hm^2，年产8.794万t，同样在中国已成新兴的果树种类。

云南的猕猴桃种质资源丰富，但仍属野生状态，栽培的品种也是引入的，且栽培面积很小，总面积仅100 hm^2。其中，会泽县、昭阳区等地生产的猕猴桃，已投放市场。今后应充分利用云南省的资源，选择适宜的区域，推广利用优良品种，提高栽培技术，达到提高产量和品质，满足云南市场需要。

三、石　榴

别名：安石榴、柘榴。

（一）原产地及栽培历史

石榴为古老果树之一，从野生石榴经过人工栽培，不断选择和引种驯化演变而成。现在伊朗和前苏联南部，在海拔300～1000m山区仍可见到成片的野生石榴林。长期以来，由于地理气候条件差异，野生石榴产生变异，形成现在丰富多彩的品种（系）。因此，石榴的原产地较为统一的看法，为西亚的伊朗、阿富汗、阿塞拜疆、印度北部。考古学家在伊拉克境内发掘距今4000～5000年前，苏布阿德王后的墓葬中，发现皇冠上镶嵌着石榴图案，表明史前时期已有石榴种植，以后传至各地。中国据张华的《博物志》（3世记）记载，汉代张骞出使西域，带回安石榴，沿新疆、甘肃、陕西省的“丝绸之路”进入内地。另有一说，由伊朗经印度、西藏引进来，时间比张骞时代晚500年。中国农业科学院郑州果树研究所段盛烺教授，1983年对西藏果树资源考察时发现，石榴主要分布在三江流域，海拔1700～3000m的河谷，山坡地和村庄附近，多属野生，有200多年的老树，成片面积大小不等，品质差，多为酸石榴。三江流域峡谷山险，路陡交通闭塞，考察认为西藏东部也可能是石榴原产地之一。据云南省农业科学院园艺研究所，1984～1998年对云南果树资源的调查，在金沙江河谷云南的德钦县羊拉一带，山坡、谷地、村旁仍有成片的酸石榴，生境与西藏三江流域相似。羊拉与西藏的东部相连，仍为三江流域范围。为此，西藏东部包括云南的西北部峡谷也应为石榴原产地之一。据西昌农业专科学校，王鸿逵教授调查提供四川省会理县的金沙江流域，在海拔1600m坡地有野生石榴丛林，果小，结构原始，果实中只有2～3个心室，无明显上下轮心室之分。胎座上籽粒小，不堪食用。农民砍作燃烧，现已逐渐减少，应加以保护。为此石榴传入我国的问题仍需进一步研究。云南栽培石榴较广，分布于海拔1000～2500m，从生长条件、果实品质、栽培面积等来看，多集中在海拔1200～1600m的地区，滇南以文山州城附近及蒙自县、建水县、个旧市（乍甸）、宜良县，保山市，以及金沙江流域的祥云县、元谋县、禄丰县（黑井）、巧家县、会泽（盐水）、东川区等地最为集中，品种多，品质好。

（二）特征特性

石榴（*Punica granatum* L.）为落叶灌木或小乔木，高3～5m。老枝褐色，枝末端常有刺，小枝具棱角，光滑无毛。叶对生或簇生，长圆披针形至倒卵形，长3～5cm，宽1～2.5cm，先端急尖，基部楔形，全缘，表面有光泽，两面无毛；叶柄短。花两性，单生于叶腋或新梢先端成束状；萼筒钟状或筒状，萼片有开萼和闭萼5～8，镊合状排列；花瓣5～8，覆瓦状排列，红色多皱，还有黄色、白色或各色相混者，雄蕊多数，着生在萼筒内壁上，花柱1，心皮4～8，属边缘胎座子房下位，各室具多数胚珠。花分两类，短花柱钟状花胎上无胚珠存在的不结实，长花柱大肚花的结实。果实球形，直径4～10cm，萼宿存，种子坚硬或较软，有棱角，外种皮多汁。花期4～5月，果期8～10月。

石榴喜干燥亚热带气候，对土壤要求不严。云南多在低海拔、干热河谷区栽培。果实成熟季节多雨，易引起裂果腐烂。

（三）品种分类

石榴为安石榴科（Punicaceae），石榴属（*Punica* L.）植物，仅一种，品种很多，根据全省资源调查共收集35个品种（系），依据性状比较品种分为以下8类。

（1）按花的颜色：有白花、红花、黄花、杂花石榴（红白花相嵌等）等4个。

（2）按果皮颜色：有白皮、红皮（莹皮）、青皮、茶皮、铜皮、花皮、麻皮、黄皮、花红皮、银皮、火炮、青壳石榴等12个。

（3）按果皮和子粒色泽：有红皮白子、红皮红子、青皮红子、青皮白子等4个。

（4）按籽粒颜色和口味：红籽甜石榴、红籽酸石榴、白籽甜石榴、白籽酸石榴等4个。

（5）按籽粒大小：有宜良大米石榴、次大米石榴等2个。

（6）按地名：有黑井酸石榴、德钦酸石榴、建水酸石榴等3个。

（7）按地方习惯：有甜光颜、甜绿子、酸光颜、糯石榴等4个。

（8）按萼筒形状：有撮咀石榴（祥云），成熟期有早熟石榴（元谋）等2个。

各产区认为品质优良的品种有10个：元谋早石榴、甜绿子、银皮、火炮、建水酸石榴、大米、花红皮、甜花颜、铜皮、红壳等。

（四）主要品种

（1）元谋大白粒。又叫元谋白皮早，树势较强。果实大，近于圆形，果实重208～320g。萼筒直立。果皮绿白色或白色，微有红晕，表面有光泽。籽粒大，淡白色或白色，汁多，味极甜，含可溶性固形物14.5%，7月上中旬成熟，品质上。产元谋县元马镇。

(2) 绿皮甜石榴。巧家县叫青皮石榴，树势强。果实扁圆形，有纵沟，梗端圆形，萼端平截，果重320g。萼筒直立，萼片开张。果皮绿色有锈斑，阳面红色。籽粒水红色，汁多味甜，含可溶性固形物14%，8月下旬至9月上旬成熟，品质上。产会泽县、巧家县。

(3) 红皮红籽。树势强。果实大，扁圆形，有五棱，两端略圆，果重280g。萼筒半开张。果皮绿黄色，萼筒四周有淡红晕圈，籽粒鲜红色，汁多味甜，含可溶性圆形物14.2%，8月下旬成熟，品质上。产禄丰县黑井镇。

(4) 宜良荧皮。树势强。果实大近圆形，微有五棱，果重406g。萼筒短小，闭合。果皮绿红色，萼筒基部有红晕圈，籽粒大、有棱，淡红色或红色，味甜，含可溶性固形物13%，8月下旬成熟，品种中上。产宜良县等地。

(5) 宜良红皮石榴。又叫花红皮石榴。果实圆形，微有纵沟纹，重370~420g。萼筒短，闭合。果皮鲜红色、红色美观，稍厚，籽粒红色，味甜，含可溶性固形物14.5%，品质上，8月下旬至9月上旬成熟，产宜良县、会泽县等地。

(6) 蒙自甜绿籽。果实圆球形，两端微圆形，果重248g。萼筒短、半开张。果皮浅褐色，较厚，籽粒大、淡红色，味甜，种子软，含可溶性固形物14%，品质上，8月上旬成熟。产蒙自县等地。

(7) 甜光颜。果实圆形，果重226g。萼端平，梗端宽圆，表面有沟纹。萼筒稍长，萼片反折。果皮褐色，有锈，籽粒中等大，肉紫红色，微香，含可溶性固形物15%，品质上。7月上旬成熟。产蒙自县。

(8) 花红皮石榴。果实大，近圆形，有五棱，果重380g。果皮水红色美观，籽粒红色，汁多，味甜，含可溶性固形物15.2%，品质中上。9月上旬成熟。产会泽县、巧家县等。

(9) 火炮石榴。果实大，扁圆形，有7~8棱，果重320g。萼筒短，半开张。果皮鲜红色美观，籽粒水红色，棱形，种籽软，多汁，味甜，含可溶性固形物16.5%，品质上。9月上旬成熟。产会泽等县。

(10) 建水酸石榴。果实圆形，有五棱，中大，重210~300g。萼筒闭合，果皮红色，稍薄，籽粒水红色，棱形，汁多，甜酸可口，含可溶性固形物15%，品质中上。8月中下旬成熟。产建水、蒙自等县。

(五) 栽培现状及发展前景

石榴果实和花颜色艳丽，子粒多，汁液味甜酸可口，性清凉，很受消费者喜爱，中秋佳节多选作佳果以示吉祥长寿。石榴含总糖量11.0%~16.0%，含苹果酸和枸橼酸，一般含量为0.4%~1.0%，含Vc 11mg/100g，比苹果和梨多1~2倍。此外，还含P、Ca等矿物元素。

石榴不仅鲜食，还可以加工成果汁饮料；石榴皮含鞣质，可作鞣皮和棉毛染织业原料；在中药中，功效为润燥、收敛，根、皮可驱虫，果皮止痢。此外又是盆景树种。

石榴扦插、压条、嫁接、分株均可繁殖，管理方便，适应性较强。发展中仍需选择气温高，空气湿度小，土壤疏松，排水良好的砂壤土，在具有一定灌溉条件的地方建园，云南以海拔1200~1700m的地区为宜。近些年来，随着果品生产花色品种的增加，食品工业的发展，全省石榴栽培面积有所扩大，其中，蒙自县、东川区发展较快，面积达0.67万hm^2，产果7.1万t。今后发展中仍需选择果皮光滑美观，籽粒大个而子小，汁多、味甜的优质品种，达到早、中、晚成熟结合，分期上市。

四、柿

（一）产地及分布

柿原产中国，文献考证，在《礼记内则》（公元前1世纪）中，柿列为珍贵食品之一。柿的栽培历史至少有3000年，汉晋时代，柿树作奇花异木零星栽于宫苑庭园中供观赏；唐宋时期，栽培增多；元、明、清代，加工技术提高，柿饼代粮充饥，黄河中、下游大量栽种，成了救荒树种。

柿为柿属中栽培的重要树种，原产长江流域及华北黄河中下游，到两广及西南各省，全国除寒冷的东北、西北部分省外，都有栽培。云南省有野生柿的分布，各地都有栽培，分布较广，其中以滇中地区最多。

（二）种类和分类

柿为柿树科（Ebenaceae），柿属（*Diospyros* L.）植物。该属全世界约有400余种，产亚热带地区，个别种延至温带。中国有58种，7个变种；云南有23种，3个变种，为全国种类最多的省份。栽培的主要为柿（*D. kaki* L.），果大作鲜食和加工，其次为君迁子（*D. lotus* L.），果小，适应性强，作砧木，果可食。

（三）分种检索表

1. 果聚伞状或伞房状稀1～2着生于新梢上。
  2. 叶下面密生透明下陷的腺点；果梗粗短，与萼均密被锈色绒毛 ……………………………………………………………………（1）**点叶柿** *D. punctilimba* C. Y. Wu ex Wu et Li
  2. 叶下面不具腺点。
    3. 叶两面网脉凸出，果密被糙伏黄绒毛 …………………（2）**黄脉柿** *D. caloneura* C. Y. Wu ex Wu et Li
    3. 叶两面网脉不显或仅下面显著，果无毛 ……………（3）**黑皮柿** *D. nigrocortex* C. Y. Wu ex Wu et Li
1. 果单生。
  4. 果明显具梗，梗长0.5～4cm。
    5. 果梗长1.5～4cm。
      6. 叶披针形，长椭圆形、倒披针形或菱状卵形，长3.5～9cm，宽1.8～3.5cm ……………………………………………………………………（4）**长柄柿** *D. cathayensis* A. N. Steward
      6. 叶长圆形至椭圆形或长圆披针形。
        7. 叶长圆状披针形，长12.8～18cm，宽3.5～5.5cm，网脉两面凸出；果萼5～6裂，裂片等大 ……………………………………………………（5）**六萼柿** *D. hexamera* C. Y. Wu ex Wu et Li
        7. 叶片长圆形至长圆状椭圆形，长6～12cm，网脉在叶上面不显；果萼4裂，裂片不等大 ……………………………………………………………（6）**异萼柿** *D. anisocalyx* C. Y. Wu ex Wu et Li
    5. 果梗长0.5～1.5cm。
      8. 叶网脉两面凸出；果顶部和基部密被平伏黄绒毛。
        9. 枝条密被黄柔绒毛，果梗长1.2cm …………（7）**网脉柿** *D. reticulinervis* C. Y. Wu ex Wu et Li
        9. 枝条近无毛；果梗长5～8mm ………（7a）**无毛网脉柿** var. *glabrescens* C. Y. Wu ex Wu et Li
      8. 叶网脉上面不显；果无毛。
        10. 果球形，径0.6～1.5cm ……………………………………………（8）**傣柿** *D. kerrii* Craib
        10. 果卵球形或球形，径2.6～7cm。
          11. 小枝及叶被疏毛或无毛 ………………………………………………（9）**柿** *D. kaki* Thunb.
          11. 小枝及叶密被褐色柔毛 ………………………………（9a）**野柿** var. *sylvestris* Makino

4. 果近无梗或梗短于0.5cm。

12. 小枝及叶完全无毛；叶纸质，椭圆形至长圆形，长5～14cm，宽3～5.5cm；果球形，径2.5cm，熟时红色……………………………………（10）**西畴君迁子** *D. sichourensis* C. Y. Wu ex Wu et Li

12. 小枝及叶多少被毛或密被毛。

13. 小叶及叶多少被毛。

14. 叶纸质。

15. 叶长6cm以上，长圆形至椭圆状长圆形。

16. 果径1.5cm，成熟时蓝黑色，叶幼时无毛，以后脱落趋于无毛……………………………………………………………………………（11）**君迁子** *D. lotus* L.

16. 果径2.5cm，成熟时黄色，叶下面沿中脉及侧脉密生柔毛……………………………………………………………（12）**景东君迁子** *D. kintungensis* C. Y. Wu ex Wu et Li

15. 叶长2.5～5cm，宽1.5～2.2cm，两面除中脉被毛外，还被泡状突起；果长圆形，长1.2cm，径1cm ……………………………（13）**云南柿** *D. yunnanensis* Rehd. et Wils.

14. 叶革质。

17. 果倒卵形，长1.5cm，径1cm，果萼片三角形，先端锐尖反折……………………………………………………………………（14）**单子柿** *D. unisemina* C. Y. Wu ex Wu et Li

17. 果近球形，径1.5～2cm，果萼裂片先端钝几乎不反折 …………………………………………………………………………………（15）**罗浮柿** *D. morrisiana* Hance

13. 小枝及叶密被柔毛。

18. 叶椭圆形至长圆形，长5.5～12cm，宽3～5cm；果熟时蓝黑色 ……………………………………………………………（11a）**多毛君迁子** *D. lotus* var. *mollissima* C. Y. Wu ex Wu et Li

18. 叶椭圆形、卵形或卵状披针形，长1.5～6cm，宽1～3.3cm，果熟时不为蓝色 …………………………………………………………………（16）**毛叶柿** *D. mollifolia* Rehd. et Wils.

（四）主要种的特征特性

1. 柿

别名：柿花、柿子。

落叶乔木，高5～10m，树冠开张，树皮暗灰色，块状裂纹。老枝灰黑色，新梢有绒毛。叶长圆形、倒卵圆形或宽椭圆形，先端短尖，基部楔形或近圆形，暗绿色，厚，有光泽。花分雌花、雄花、两性花，单生或聚生于当年生枝叶腋；花冠钟状，黄白色，萼大宿存，花萼与花冠均4裂；子房8室；雄花有雄蕊16，两性花雄蕊8～16，雌花仅具退化雌蕊。果实扁圆形、卵形、方形、圆形、心脏形等多种，果面有的无沟纹，有的具4～8条沟纹，径4～8cm，橙色、黄色、红色；果顶尖或平；果肉开始较硬，软化后黄色、橙色、红色。多数具涩味，多汁。种子8～10或无。花期4～6月，果期7～11月。

全省普遍栽培，分布广，以海拔1300～2200m地区最多，文山州、通海县、宜良县、富民县、江川县、寻甸县、玉溪市、墨江县、巍山县、隆阳区、剑川县、鹤庆县、玉龙县等地栽培较多。耐寒，喜光、喜温，抗旱性和适应性强，对土壤要求不严，多用君迁子为砧木嫁接繁殖。

果含糖量15%～16.5%，蛋白质0.3%～0.5%，Vc0.007%～0.011%。除鲜食外，可加工柿饼、柿面、柿酒、制糖等，有降压、解酒、治胃病等作用。

在收集云南各地80余个品种中，以寻甸柯渡的几个品种较为优良，果大、无子、肉细汁多、味甜。1980年，引入日本产的甜柿次郎、富有等品种在保山市等地海拔1400m的地区栽培，表现较好。

本种有一变种，野柿（var. *sylvestris* Makino）果小，含单宁多，味涩，枝叶密被绒毛，适应性强，分布于海拔2000～2300m的山地、沟谷疏林中或路边，富民县、马龙县、巍山县、禄劝县、武定县及西双版纳州等均可找到。作砧木与嫁接品种亲和力差，未加利用。

2. 君迁子

别名：黑枣、软枣、塔枝。

乔木，高8～15m，树皮光滑，老枝黑褐色，幼枝灰绿色，有短毛。叶纸质，椭圆形至长圆形，长6～12cm，宽3～5cm，先端短渐尖，基部宽楔形，幼时两面被毛。雄花通常3，组成下弯的聚伞花序，雌花单生于叶腋，下弯；花萼钟状或盘状，花冠坛状，雄蕊16，花柱4。果球形，径1～1.5cm，成熟时蓝黑色，外面粉白色，果梗粗短。花期4～5月，果期8～10月。

云南省大部分地区均产，生于山坡、谷地、路边、村寨园地旁，有栽培的，适应性强，抗旱、耐瘠，果可食，为柿的主要砧木。

此外，还有黑毛柿（*D. atrotricha*），产勐腊县。大理柿（*D. balfouriana*），产大理市。石柿（*D. dumetorum*），产香格里拉县、巍山县。老君柿（*D. fengii*），产麻栗坡县。腾冲柿（*D. forrestii*），产腾冲县。琼南柿（*D. howii*），产河口市，以及引入的法国柿未列入检索表。

（五）品种群

1. 按利用方法分

（1）生食品种群。果多大型，美观，汁多，味甜，纤维少，种子少或无，如柯渡牛心柿（寻甸）、大黄牛心无籽柿，瑞丽无籽柿，文山黄柿等。

（2）柿饼品种群。果型偏小，一般中等大，多近圆形，无沟纹便于削皮，果面光滑，果形整齐，含水分少，肉质面，干物质多，多在山区栽培，如巍山县、剑川县等地的柿饼品种。

2. 按果实形状色泽分

（1）纵径大于横径的有牛心柿，又分尖顶柿、圆顶柿、平顶柿。

（2）纵径小于横径的有扁柿、巴巴柿、方柿、四楞柿等。

（3）按色泽分有黄柿、桔黄柿、粉柿、红柿等。

3. 主要品种

（1）柯渡大米柿。产寻甸县柯渡乡。树生长势健壮。树冠扁圆形，开张。果实大，宽卵圆形，重205g，大小均匀；果顶卵圆形，梗端圆形；果皮橙黄色，表面平滑，果粉中多，萼片直立，果肉橙黄色，肉质松软，汁多味甜，髓心实，无籽。品质上等，10～11月成熟。产寻甸县柯渡及文山州、玉溪市等地。

（2）柯渡平顶柿。果实较大，近卵圆形，纵横径7.0cm，重210g。果顶平，有浅纹，梗端卵圆形，梗洼浅宽。果皮橙黄色，平滑有光泽，果粉中多。果肉橙色，汁多味甜稍有纤维，品质中上、无籽。11月中旬成熟。在昆明、保山等地有种植。

（3）柯渡牛心柿（或夹顶柿）。果实较大，短圆锥形，果重210～250g。果顶光圆，梗端宽。其他同平顶柿，品质中上。10～11月成熟。产寻甸县，保山市、龙陵县、呈贡县等。

（4）富民水柿。果大牛心形，重210g，最大果重248g。果顶卵圆形，果皮浅黄色，表面不平，微有果粉。果肉黄色，肉质细密、汁少，味淡甜带涩。品质中等。8月下旬成熟。产富民县款庄乡等地。

（5）呈贡大米柿。果实中大，短卵圆形，有4条棱。果重120～180g。果顶卵圆形，中央凹入，梗端凹入，萼片反卷。果肉橙黄色，味甜，种子8粒。品质中等。10月下旬成熟。产呈贡县、晋宁县、宜良县等。

（6）禄丰横纹柿。果实近方圆形或似扁荷包状，纵径6.5cm，横径7.5cm，重135g。果顶卵圆，中央突尖，梗洼凹入。果皮橙色，表面有3条弯曲横纹。果肉浅黄色，味甜，种籽2粒。品质中等。10月上中旬成熟。产禄丰县泊家庄一带。

（7）牛心柿。果实扁圆形，纵径6.22cm，横径7.1cm，重170g。果顶尖圆形，梗端凹入。果皮金黄色，光滑。果肉金黄色，味甜，种籽2粒。品质中等。10月下旬成熟。产剑川县、洱源县等地。

（8）丽江柿。果实四楞扁圆形，纵径5.2cm，横径6.5cm，重150g。果顶凹入，果面有8条沟纹。果肉黄色，软、汁少、味甜带涩，种籽2粒。品质中等。产丽江古城区及鹤庆县等。

（9）次郎。原产日本，果实扁圆，重225～370g；果顶平、微凹入；果面有8条纵沟纹。果皮橙黄色，有光泽，果肉黄色或黄红色，肉质柔软致密，汁多味甜。品质佳。9月下旬成熟。产保山市、昆明市等地。

（10）富有。果实扁圆。果顶凹入，微有浅沟纹。果表面平滑无沟纹为与次郎的不同之处。来源于日本，产保山市、昆明市等地。

（六）栽培现状及发展前景

柿在全省各地都有栽培，长期以来用种子繁殖，产生的品种（系）较多，但品质好的不多，年产柿约2.74万t。随着对柿品种品质的要求较高，各地逐渐改接果大的优质品种，尤其近十多年来各地引种和发展富有、次郎等脆肉型甜柿品种，前景较好。各地因地制宜栽培柿的面积有所增加，但集中连片发展的不多。柿的适应性强，对土壤要求不苛，较耐干旱，云南山区面积大，水源缺乏，柿树花期迟（一般花期在4月），不致受晚霜危害。柿有“木本粮食”之称，为增加经济收入，交通不便的山区可发展饼柿。

五、杨　梅

杨梅是中国特产果树之一，目前南方各地普遍栽培。远在汉朝即有记载，栽培至迟起始于汉代，距今约有2000年以上历史。果熟于初夏（4～5月），处于鲜果缺乏季节，颜色鲜艳，甜酸适度，有特殊风味，含Vc丰富，供鲜食和加工，又作药用。杨梅有菌根，生长强健，能在贫瘠的山坡地上生长，宜于利用荒山润湿地栽培，保持水土，树姿雅致，亦作观赏树种。

（一）种类和分类

杨梅为杨梅科（Myricaceae），杨梅属（*Myrica* L.）植物，本属中国有4种，云南有3种。

分种检索表

1. 小乔木，叶长8～16cm。
   2. 幼枝及叶柄不具毛。核果圆形，直径2～3cm，3～4月开花，6～7月果熟…………………………………………………………………………………………………（1）**大树杨梅** *M. rubra*（Lour.）Sieb. et Zucc.
   2. 幼枝及叶柄被柔毛。核果卵圆形，直径1～2cm，9～10月开花，次年3～4月果熟…………………………………………………………………………………………………（2）**毛杨梅** *M. esculenta* Buch. －Ham.
1. 灌木，叶长约5cm，核果卵球形，直径1.0～1.5cm，2～3月开花，6～7月成熟…………………………………………………………………………………………………（3）**矮杨梅** *M. nana* Cheval.

（二）主要种的特征特性

1. 大树杨梅

常绿乔木或灌木，高5～10m。小枝微被柔毛，后期脱落无毛。叶革质，倒披针形或倒卵状长圆形，长5～10cm，宽2～3cm，先端短尖或圆钝，基部楔形，叶全缘或有疏锯齿，两面无毛，下面有金黄色腺体；叶柄长0.3～1.0cm。单性花，雌雄异株，雄花序圆柱形，长1～3cm，黄红色，单生或丛生，雌花序腋生。核果球形，直径2～3cm，外果皮由多数囊状体密生而成，多汁液及树脂，味酸甜，成熟时红色或紫红色；内果皮坚硬成核，卵形，直径1～1.5cm。花期3～4月，果期6～7月。

本种产云南的仍属野生状态，有果大、味甜的，但未繁殖扩大栽培。分布于峨山县、富宁县、麻栗坡县、广南县、陇川县等，生于海拔1500～2400m的道旁杂木林中。

1980年前后，石屏县、富民县等，从浙江省引入东魁、早蜜、晚蜜、晚稻种、荸荠种栽培。现已发展达2000hm^2，以东魁品质较好。

2. **毛杨梅**

别名：火杨梅、杨梅树。

常绿乔木或小乔木，高4～10m，树皮灰色；小枝及芽被毛。叶革质，长椭圆状倒卵形或披针形状倒卵至楔状倒卵形，长5～15cm，宽1.5～3.5cm；先端钝圆或急尖，全缘，有时中部以上有不明显的圆锯齿，基部楔形；叶柄长0.5～2.0cm，被短毛，有金黄色腺体。雌雄异株，雄花序多分枝。雌花序每分枝有1～4朵花，花序红褐色，腋生。果实卵圆形，长1～1.5cm，红色，外果皮表面具乳头状凸起，肉质，多汁液。9～10月开花，翌年3～4月果熟。

分布于昆明市的富民县、东川区、禄劝县及石屏县、文山州、景东县、临沧市、思茅市等地区，生于海拔1800～2300m山谷坡地。

3. **矮杨梅**

别名：云南杨梅、酸杨梅。

灌木，树高0.5～2.0m。小枝灰黑色，嫩枝有柔毛，以后脱落无毛。叶革质，长椭圆状倒卵形至楔状倒卵形，长2.5～7.0cm，宽1～3cm；顶端急尖或钝圆，基部楔形，中部以上有稀疏粗锯齿，下面腺体不脱落，上面成长后脱落；叶柄长0.2～0.4cm，稀有柔毛，叶脉上面凹入，下面凸起。雌雄异株。果红味酸，直径1～1.5cm。2～3月开花，6～7月果熟。产云南滇中各县，生长于海拔1500～2500m山坡，林缘及灌木林中。本种按叶形状有2个变种。

（1）尖叶杨梅（var. *integra* Chev.），叶片先端常尖锐，全缘。

（2）大叶杨梅（var. *luxurians* Chev.），叶片较大，倒卵形，叶缘具锯齿。

（三）主要品种

（1）东魁。树冠高大，圆头型，枝粗节短。叶片大，密生。果型不正，圆球型，重15～20g，红色或紫红色，肉柱粗大，先端钝尖，味甜，品质优良，5月下旬至6月成熟。原产浙江省黄岩市，引入云南富民县、石屏县等，表现较好。

（2）荸荠种。树势较弱，树冠半圆型，枝叶疏生，大小不齐，枝条下部的小，上部的大。果实扁圆型，中大，重11g，紫红色，肉柱圆钝，质细，味甜，核小，品质优，5月下旬成熟。原产浙江省宁波市，引入云南富民、石屏等县，表现较好。

此外，还引入早稻种、晚稻种、青叶等品种，正在试种。

（四）栽培现状及展望

杨梅是著名的特产果树，中国以浙江栽培最多。20多年来，两广，贵州有所发展。杨梅较易栽培，成熟早，每到5月下旬至6月成熟上市，很受欢迎，售价较高。杨梅果除鲜食外可制成糖罐头、果酱、果干、果酒、蜜饯等系列产品。云南杨梅分布较广，以矮杨梅最多。野生有果大，味甜的单株，但未选择繁殖投入生产，今后须加强做此项工作，达到充分利用云南资源。近20年，富民、石屏两县引进大果型、甜味浓的品种试种成功，各地有所发展。

第四节　坚果类资源

坚果类又称壳果类，果皮多坚硬，为木质或革质，成熟时干燥，含水分较少，可食部分系种子的子叶或胚乳，含淀粉和油质较丰富。它们实际上是一种硬而且具有一粒种子的干果，由合生心皮的下位子房形成。此类植物有核桃、板栗、栎（橡子）、银杏、松果。

一、核　桃

中国普遍栽培的核桃，原产欧洲东南部和亚洲西部，约在汉代，张骞出使西域引入核桃，为此有“胡核”之称，栽培历史有二千多年。近十多年的研究，新疆伊犁地区阿拉木图州等地域分布有核桃（*J. regia*），中国华北、西北、中南、西南、华南各地广泛栽培。云南省农业科学院园艺所资源调查组发现，在德钦县巨水办事处现在仍生长着干周6m的核桃树。《中国果树史与果树资源》载，陕西省洛阳县古城徐河村有一株干周4.6m，约500年以上的大树，相比不如巨水的大，表明该地核桃栽培已经有较长历史。

核桃仁有丰富的营养物质，含脂肪最多，高达60%～70%，蛋白质17%～27%。核桃供食和入药。木材伸缩性小，纹理细致，适宜制造器具。核桃适于山区栽培，是主要的木本油料之一。核桃为胡桃科（Juglandaceae）胡核桃属（*Juglans* L.），中国产5种，1变种。云南有4种。

（一）分种检索表

1. 通常具5～11枚小叶，小叶全缘，有果1～3个。
　2. 小叶5～9枚，椭圆状卵形或长椭圆形，顶端急尖，侧脉11～15对 ……………… （1）**胡核** *J. regia* L.
　2. 小叶9～11枚，卵状披针形，顶端渐尖，侧脉17～23对 ……………… （2）**云南核桃**. *J. sigllata* Dede
1. 叶具9～25枚小叶，小叶有锯齿，下面密被短柔毛，果穗长而下垂，通常6～10个果。
　3. 小叶9～19枚，叶卵状或倒卵状矩形，叶缘细锯齿，雌花序6～10朵，串状着生 …………………………………………………… 野核桃 *J. cathayenis* Dode
　3. 小叶12～21枚，叶披针形或长卵形，叶缘微有锯齿，雌花序2～4朵，簇生 …………………………………………………… （4）沧江核桃 *J. cangjiangensis* Y. Yang sp. nov.

（二）种主要特征特性

1. 核　桃

别名：核桃、胡桃。

乔木、高达15～20m，树冠大，树皮灰亮，浅纵裂。小枝光滑无毛。奇数羽状复叶，长25～30cm，叶柄和叶轴幼时有细腺点和腺毛，小叶5～9；叶为椭圆状卵形或椭圆形，长6～15cm，宽3～6cm，先端钝圆或急尖，基部歪斜，全缘，侧脉11～15对，下面脉腋簇生淡褐色毛。雄花柔荑花穗，下垂，长5～12cm，雌花1～3，生于枝顶。果序短，簇状，着生1～3果。果球形，直径4～6cm，幼时被毛。果核具2纵棱，凹隙浅，具纵纹，浅褐色。花期4～5月，果期9～10月。

产云南省各地，散生于海拔1200～2500m村旁、路旁、地边、山坡、箐沟等地，土壤肥厚湿润向阳的地方，多为人工栽培。

本种从核桃的形状上，有卵形或椭圆形，顶端尖，果的大小，果壳厚薄及皱纹，有不少品种（系）。如鸡爪绵核桃、纸皮核桃，光皮绵核桃等。

2. 云南核桃

别名：漾濞核桃、泡核桃、茶核桃。

乔木，高18~24m，树枝灰褐色，有纵裂纹。幼枝和芽有黄棕色星状毛，奇数羽状复叶，长20~30cm，总柄及叶轴有黄褐色短柔毛；小叶9~11，稀达15，顶生小叶较小，侧生小叶较大，椭圆状或卵状披针形，先端渐尖，基部楔形（偏斜），全缘。小叶侧脉12~23对，两面凸起，长4~15cm，宽2~7cm，下面脉腋簇生柔毛。雄花序粗状，长10~18cm，雌花1~3集生枝顶。果序俯垂，2~4簇生。核果球形或椭圆形，直径3.5~5.0cm，幼时被黄褐色绒毛，老时脱落凹隙深刻纹状，深褐色。花期3~4月，果期8~9月。

产漾濞县、巍山县、楚雄州、姚安县、保山市、临沧市、景东县、蒙自县、勐腊县等地，生于海拔1200~2600m沟谷阔叶林或松阔叶混交林中，耐潮湿。本种有不少壳薄的优良品种。

3. 野核桃

乔木，高15~25m，树皮灰褐色，有纵裂纹，小枝被黄棕色腺毛。奇数羽状复叶，长6~9cm；叶柄与叶轴密被棕褐色腺毛，小叶7~19，厚纸质，无柄，卵状长圆形或卵形，先端渐尖，基部圆形或近心形，不对称；边缘具不规则细锯齿，上面被星状毛，下面密被柔毛，脉上疣密，侧脉11~18对。雄花序长15~24cm，序轴有疏毛，雄蕊13枚；雌花序长10~15cm，序轴密生褐色腺毛。果序6~10个，果尖卵形，密被黄褐色长腺毛，果核有6~8纵脊，壳厚，种仁小。花期4~5月，果期8~10月。

产楚雄州、武定县、晋宁县，文山州、保山市、腾冲县、临沧市、蒙自县等地，生于海拔1800~2000m地带，常与樟、麻栗等树混生。

4. 沧江核桃

别名：铁核桃。

乔木，树可达20m以上。干枝浅灰色，有浅裂。羽状复叶一般偶数，7片以上，长达100cm；小叶2~4片，基部和先端叶片较小，中部叶片大，叶柄基部肥大有腺点。小叶披针形或长卵形，长15~42cm，宽8~16cm，全缘或微有锯齿。雄花序长10~20cm。雌花序顶生，小花2~4朵。果广卵形，基部较圆，顶部尖，外壳密布刻点，较深、且大。产滇西北横断山，怒江州、保山市等地，分布地域广。

（三）主要品种

云南省的核桃品种有100多个，分为泡核桃和夹绵核桃两大类群。这些品种属云南核桃，种皮厚的称铁核桃，种皮薄的称泡核桃，介于两者之间的称夹绵核桃。产漾濞县的泡核桃，壳薄，取仁容易，全国有名。在此，仅提出有代表性的品种作介绍。

（1）大泡核桃。又名绵核桃、茶核桃，树势强，高约30m。枝褐色，复叶8~15片。雄花序长8~12cm，最长者达24cm；雌花2~4朵。坚果扁圆形，果重8~17g，壳面麻点多，深大，缝合线隆起，取仁容易，仁饱满，重6~9g，黄白色，味香。9月下旬至10月上旬成熟。产漾濞县，在滇中、滇西、滇南有栽培。

（2）小泡核桃。树势较强，高约15~20m。坚果扁圆球形，基部较圆，顶部平，缝合线隆起，表面麻点多，凹凸不平，小而浅；果重8~12g，仁重4.5~5.5g。取仁稍难；仁饱满，黄白色，味香。10月上旬成熟。原产漾濞县，在永平县、洱源县、云龙县有栽培。

（3）三台核桃。又叫乌台核桃，乔木，树高达30m。坚果卵圆形，顶端渐尖，缝合线隆起，壳面麻点多，但浅；单果重7.2~11.6g，仁重5~6g，取仁容易；仁黄白色，味佳。10月上旬成熟。产宾川县拉乌乡、大姚县三台乡。

（4）细香核桃。坚果近圆形，基部近圆形，顶部突尖，壳面麻点多、大、宽、深，凹凸不平，缝合线宽，隆起。单果重11.5～14.2g，仁重6.4～7.8g，取仁容易；仁饱满，浅棕色，味香。8月中下旬成熟。产昌宁、云县、施甸、腾冲、梁河、龙陵、泸水等县。

（5）娘青。又叫娘青夹绵。坚果卵形，基部平，顶部渐尖，壳面麻点较多，且深大，缝合线浅平，单果重12g，仁重5～6.2g，取仁较容易；仁紫色，饱满，味香。9月上旬成熟。产漾濞县，大理市、楚雄州、丽江市、保山市引种。

（6）早熟核桃。坚果扁圆球形，基部圆形，顶部平截；壳面麻点少，浅、平、滑，白色，缝合线中上部隆起，下部平；单果重8.0g，仁重4.2g，取仁较易。8月下旬成熟。产南华县、姚安县、大姚县。

（7）乌米籽核桃。坚果扁圆形，基部较平，肩部平有4个凸起，类端钝尖，壳白，麻点多、大、深，缝合线隆起；单果重17g，仁重8.5g，取仁较易；仁饱满，紫色，味香。9月成熟。产鲁甸县、曲靖市、玉溪市等地。

（8）会泽露仁核桃。坚果卵圆形，基部较尖，上部略宽，壳白色，平滑，麻点少、小、浅，缝合线窄，隆起；单果重7.2g，仁重4.2g，取仁容易；仁饱满，味香。8月下旬成熟。产会泽、鲁甸等县。

（9）鹤庆露仁核桃。坚果扁圆形，个小，重4.2g，仁重2.8g，壳白色，麻点多、小，露仁，取仁易（可整取）；仁饱满，黄白色。产鹤庆、洱源、剑川等县。

（10）寻甸核桃。树高约20m。坚果扁圆球形，基部平，顶部渐尖，壳表面凹凸不平，麻点多，大小不齐，较深，缝合线窄；单果重14g，仁重4.8g，取仁较难，仁黄白色。9月成熟。产寻甸县、马龙县等栽培。

（四）栽培现状及发展

核桃是木本油料果树，核桃仁鲜食和榨油供食用，味香，在工业上用途很大。核桃适于在山区发展，近十多年来，在政府的重视下，选出不少壳薄、脱仁较易的优良品种，通过嫁接、提早结果，早丰产，发展很快。全省面积超过43万hm^2，年产核桃5.5万t，居全国之首，已成为山区致富的途径。核桃为云南省传统出口商品，今后在加工、包装方面要进行改进，争取更多的出口换汇，增加国家和人民的收入，从而促进生产发展。核桃适应性强，也是山区绿化造林树种之一。

二、栗

板栗为食用的主要是栗果，含淀粉、糖、蛋白质、脂肪、胡萝卜素、氨基酸、维生素、钙、磷、钾等物质。栗适应性广，栽培管理较容易，在各种土壤，平地、坡地，亚热带至温带气候都可栽培，且板栗5月份开花，花期晚，不致遭受晚霜冻害，栗果耐贮运可以远销外地。栗木材质坚硬，耐湿可做家具，又是山区水土保持树种。

（一）产地栽培历史及分布

栗原产中国南北方，据考古学家在山东临昕（距今1200万年）及云南小龙潭（距今600～7500万年）发现大叶板栗（*C. miomollissima* Hu et Chamey）的叶化石，表明板栗在1200万年前中国就有，主要产于秦岭或长江以南，以至西南和华南热带亚热带。据古籍记载，远在春秋战国时期已经有栽培，迄今至少有3000年，如《诗经》上有“树有榛栗”的记载。栗分布很广，北起吉林集安县经辽宁，直至两广及西北和西南各省区。云南除南部热带雨林及滇西北海拔3000m以上之外，均有分布，最多分布在海拔1400～2100m的滇中地区。分布最高的为维西县，达2800m，但气候冷凉，品质不理想。

（二）栗的种类

栗为山毛榉科（Fagaceae），栗属（*Castanea* Mill）植物，本属共有 9 种，生长在北半球温带，产亚洲 4 种，美洲 4 种，欧洲 1 种。中国有 3 种；3 种云南都产，引入欧洲板栗 1 种，共 4 种。

（三）种检索表

1. 坚果一般一刺苞内含种 2～3 个，多扁平形。
   2. 叶下面具灰白色绒毛或有短柔毛，无腺点，乔木 ……………………………… （1）**板栗** *C. mollissima Bl.*
   2. 叶下面仅在叶脉上有短毛，密被鳞片状腺点，灌木 …………………………… （2）**茅栗** *C. seguinii Dode*
1. 坚果一刺苞内 1 个，多圆柱形，叶无毛 ………………………… （3）**锥栗** *C. henryi*（Skan）Rehd. et Wils.

另外，引入欧洲板栗（*C. sativa* Mill.），每刺苞 2～3 个坚果，果实肉皮与果肉不易剥离，叶长 12～22cm，有疏锯齿。

（四）主要种的特征特性

1. 板　栗

别名：中国栗、栗子。

乔木，高 12～18m，树干，皮灰白色，有深裂纹，多年生枝白色或灰白色，一年生枝密被茸毛。叶卵状椭圆形至长圆披针形，长 8～14cm，先端短尖，基部圆形或截形，边缘有粗锯齿，下面密被灰白色绒毛或绿色短柔毛；叶柄具短柔毛。坚果大，直径 2～3cm，常 2～3，生于多刺总苞内，刺上被短柔毛，内果皮易于剥离，果肉致密味甜。本种对胴枯病抵抗力强，对白粉病抵抗力弱。花期 5 月，果期 9～10 月。

多栽培在海拔 1400～2100m 山坡地，现在富民、寻甸、禄丰等县还有上百年的大树，以滇中的嵩明县、富民县、寻甸县、宜良县、保山市为主产区。长期用实生苗栽培，形成不少地方优良品种。云南省林业科学院选出云丰、云腰、云富、云早、云良、云珍等 6 个优良品种，在各地推广。

2. 茅　栗

灌木或小乔木，高 5～10m，幼枝被短柔毛。叶片长椭圆形或长圆倒卵形至披针状长圆形，先端渐尖；基部圆形或亚心形至宽楔形，边缘有粗锯齿，长 6～14cm；叶背绿色，有鳞片状腺点，仅叶脉上有毛茸。刺苞果小，直径约 3cm，一苞内有栗果 3 个，稀 5～7，直径 1～1.5cm。可食，产量少，主要作板栗砧木。

产罗平县、镇雄县等地，生于海拔 1700～2100m 阳坡阔叶林中。

3. 锥　栗

别名：珍珠栗、尖栗。

乔木，高 18～24m，小枝无毛。叶长圆椭圆状披针形至披针形，先端渐尖，基部圆形或截至楔形，边缘有芒状锯齿，长 8～16cm，下面淡绿色无毛；叶柄长 1～1.5cm，无毛。总苞直径约 2cm，稍带柔毛和针刺，坚果多单生，少数有两个，圆卵形，顶端尖，约 1.5～2cm。本种果小，一般作林木栽培。抗栗疫病即胴枯病性强。

产盐津县，生于海拔 1000～1200m 阔叶林中，仍属野生状态。

4. 欧洲板栗

别名：瑞士板栗。

乔木，高 14～18m，树冠开张，枝粗大平滑。叶长圆形至宽披针形先端急尖，基部楔形或圆形，边缘粗锯齿，幼叶期微被茸毛；叶背沿脉有鳞片状腺，秋后枯叶常着生在枝上越冬。刺苞的刺分歧，有茸毛。壳果大，淡褐色顶端被灰白色茸毛，种皮坚韧每刺苞有1～2粒。产欧洲，传入贡山县丙中洛乡栽培，当地叫瑞士板栗，分布较窄。

（五）主要品种

云南栽培栗属植物中的品种，来源于板栗1种。

1. 早板栗

树势中等，树冠开张，新梢黄绿色。叶宽披针形或长椭圆形，深绿色有光泽，光端急尖，基部楔形，边缘锯齿大。总苞不正方形，苞肉薄，刺束稀生且短。坚果椭圆形，单粒13～16g，大小均齐，皮紫褐色，有光泽，绒毛少，底座中大，果肉淡白色，7月下旬到8月上旬成熟。产富民县款庄乡，于海拔1750m。

2. 宜良早板栗

坚果大，近圆形，粒重15～20g，深褐色，有光泽，果顶稀生绒毛，底座宽，仁粗味甜，淡黄色。7月中旬成熟。一年结两次果，第二次果9月下旬成熟，产宜良县。

3. 玉溪板栗

树势强，树冠高大。总苞长椭圆形，刺丛长。坚果中大，重9～10g，大小整齐，赤褐色，有光泽，果肉淡黄色。产玉溪市红塔区。

4. 黑油栗

总苞圆形，坚果扁圆形，重8～10g，黑褐色，有光泽，顶部有绒毛，底座大，肉甜，淡黄白色。9月中旬成熟。产龙陵县、腾冲县。

5. 云　丰

总苞椭圆形，重65.4g，刺束稀生，刺长1.38cm。坚果椭圆形，重约10g，果皮紫褐色，有光泽，绒毛中多，底座大，果肉淡白色。产宜良县。

6. 云　腰

总苞椭圆形，重69.6g，刺束稀生。坚果紫褐色，有光泽，被绒毛，底座中大，果肉黄白色。8月下旬至9月上旬成熟，结果早、丰产。产寻甸县，适宜海拔1300～1900m发展。

7. 云　富

总苞椭圆形，刺束中密。坚果椭圆形，顶部微突长，重14.4g，果皮紫褐色，微有光泽，绒毛多，底座小，果肉淡黄白色。8月下旬成熟。产富民县。

另外还有云良、云珍、云早等品系，正在产区推广。

（六）栽培现状及发展前景

板栗是优良的干果，栗果味甜，可炒、炖和鲜食。适应性强，树势强，耐旱、耐瘠、抗病（胴枯病），适合山区栽培。板栗虽有结果晚的不足，但寿命很长，各地上百年的大树很多。云南的板栗近十多年来发展最快，在各级政府重视下，通过技术部门的努力，已选出一批适合不同地区栽培的地方良种，改过去用实生苗传统栽培方式。发展时，选择优良砧木及品种嫁接繁殖苗木，达到提早结果，早丰产见效快的目的。近几年发展较快，面积已超过13万hm^2，年产20万t。今后应加速利用良种，对现有种粒小、产量低的树进行高接换头，注意栽培技术，在提高产量和品质上下功夫，更快地取得经济效益和社会效益。

三、银　杏

别名：白果、公孙树、鸭掌树（古名白果）。

（一）产地分布及分类

银杏（*Ginkgo biloba* L.）是我国特有干果树种之一，亦是当今地球上生存最古老的一种高等植物。曾遍及全球，在第四纪冰川期之后，欧、美及其他各处都已绝灭，仅中国得以保存下来，至今浙江省天目山海拔500～1000m天然混合林中尚存野生状态的植株。云南滇东北永善县、大关县亦发现有野生的大树。文献记载，三国时（公元200年）银杏盛植江南，唐代（公元600年）扩及中原，宋时（公元1100年）生长于各地。长期以来僧人当作圣树栽培在寺庙中，如今玉龙县龙泉寺内生长着高30余m，干周粗3.2m的老银杏树。全省以腾冲县发展最快，面积达$700hm^2$以上，近年来弥勒、富源、罗平等县也有发展。

银杏种仁含淀粉、蛋白质、蔗糖、脂肪，营养丰富，可炒食或入药，有化痰、止咳、补肺、通经、止浊、利尿之功。木材坚实细致，可作家具和雕刻。树姿美观，又是园林美化树种。银杏为裸子植物属银杏科（Ginkgoaceae），银杏属（*Ginkgo* L.）植物，本科仅1属，1种。

落叶乔木，高达30m～40m，全部无毛。叶在长枝上互生，在短枝上3～5簇生，扇形，宽3～7cm，长3～4cm，先端开裂，有斜射叶脉，叶柄长1.5～3cm。花单生，雌雄异株，雄花成葇荑花穗，雌花有两胚珠着生在长柄上。种子核果状，倒卵形或椭圆形，长约2.5cm，有黄色肉质外种皮和白色骨质内种皮，仁淡绿色，味甜微苦。果期9～10月。

银杏在多年栽培下，有许多类型和品种，在栽培中应选优良品种，嫁接繁殖引入以下品种。

（1）佛手。果长圆形，顶端圆钝，顶点浅凹陷，基部微凹入，核长倒卵圆形，顶部圆，基部狭长，每千克350粒。

（2）梅核。果长圆形，稍扁，核近圆形，顶端微尖，基部圆形，自基部附近起两侧棱线上有翼状突起，每千克420粒。

（3）圆珠。核短椭圆形，顶部微尖，基部钝圆，每千克530粒。

（4）马铃银杏。果中大，长圆形，顶端圆形，基部宽圆形，每千克420粒。

（5）龙眼银杏。果形似龙眼，每千克560粒。

以上品种从浙江等省引入。

（二）发展前景

银杏在我国有悠久的栽培历史，由于粗放管理，实生繁殖，生长结果缓慢，往往数十年才进入结果期，故俗称“公孙树”，生产见效慢，阻碍了发展。现在科学管理，嫁接繁殖，可在3～5年结果。过去以浙江、山东、安徽等省最多。1960～1979年，国外发现银杏含“核糖核酸酶”等抗衰老物质，有抑制癌细胞扩散的作用。叶中含内酯化合物、黄酮素，有治疗各种脑缺血症，降低血清胆固醇，治疗心血管、脑血管、脑功能衰退等疾病，一时掀起发展热潮。云南省一些县同时引种栽培。滇西腾冲县发展较快，初栽的已结果供应市场，但数量较小，不能满足市场需要。现在滇中一些县正在发展，且公园道旁用来绿化逐渐增多。

四、华山松

别名：果松、柯松、松子。

（一）原产地及分布

中国原产，以西北、西南各省为主，分布较广，大多在海拔1500～3300m地带。除自然分布区外，北京、山东、广西等省市都引种栽培成功。华山松喜温和凉爽、湿润气候。华山松在云南，除滇南边缘海拔低气候热（包括其他低热河谷）的地区外，在海拔1700～3300m的地区都有，以会泽县、寻甸县、弥勒县、文山州、易门县、大理市、云龙县、保山市、玉龙县、维西县最多。华山松种子可食，味香甜，营养丰富，树高大挺拔，不仅是主要的用材树种，适应性强，绿化荒山亦是重要树种。中国远在公元11世纪已有栽培记载，会泽县仍保存有华山松天然林。

华山松 *Pinus armandi* Franch. 是松科（Pinaceae），松属（*Pinus* L.）植物。本属植物中可列入干果树木者，仅此一种。

常绿大乔木，高15～20m（28m），皮灰褐色，成不规则的块状裂皮长在干上或脱落；小枝光滑绿色无毛，多年生枝灰绿色。叶针状，长8～18cm，五针一束，绿色，横切面三角形。球果，果鳞齿状，菱形，密生枝端，长圆锥形或卵状圆锥形，长12～18cm，横径8～10cm，先端钝尖，基部圆形；成熟时种鳞张开，种子脱出。种子椭圆形或椭圆菱形，灰黑色，种子白色，卵圆形，果期8～9月。

（二）栽培现状及展望

华山松从野生状态到栽培经过了较长年代，近几十年来，为绿化荒山，保持水土，各地除直接点播外，采取先育成袋苗，雨季移栽，规模性的发展。随着华山松种子的加工利用，将种仁加工成松籽乳，拓宽了利用途径，深感资源不足。木材质轻较易加工，宜作建筑用材或板材，制隔音板。树皮含单宁12%～23%，可提取栲胶，针叶可提取芳香油。华山松能充分得到利用，经济效益和社会性效益好，在山区有很好的发展前景。华山松是云南海拔1700～3300m地区绿化的主要造林树种之一。随着退耕还林，保持水土的需要，近十多年以来，加强管理保护好原有林，华山松发展较快。

第五节　柑桔类资源

柑桔是桔、柑、橙、金柑、柚、枳等的总称，实际是指芸香科，柑桔亚科柑桔亚族的植物群。本书仅对云南栽培中常用的桔、柑、橙而言，在常绿果树中占重要地位，为南方两大重要果树之一。分布于热带、亚热带和暖温带地区，且在果树生产中经济价值很高，供应期长，果实外果皮软而厚，中果皮内果皮食用，多肉多汁，风味良好，含维生素A、B、C、D，除供鲜食外，大量用于加工，制成蜜饯、制汁、果冻、果酱、果酒等，花、叶、果皮可提取芳香油。果皮（桔皮）入药有健胃、祛咳、止咳和防治高血压的功效。柑桔种类繁多，鲜食供应期长，从夏到秋均有成熟，结果保鲜性好，基本上可以周年供应。有的品种果实耐贮藏远运。柑桔适应性强，多种土壤均可栽培，充分利用荒山、丘陵、坝区、宅旁因地制宜发展生产，满足人民需要，增加经济收入，绿化荒山荒地，保持水土，促进生态平衡十分有利。

一、栽培历史分布及分类

中国柑桔栽培历史悠久，两千多年前屈原写的《离骚》中有《桔颂》一章。长沙马王堆西汉墓中还发现了柑桔种子，充分说明中国在四千多年前即有柑桔栽培。云南远在公元818年，唐朝袁滋著的《云南记》上有“云南出柑桔、甘蔗、橙、柚……”。推算至少有一千多年历史。

柑桔类果树大多原产中国。如宜昌橙野生于大巴山、武当山、巴东三峡、云贵高原。云南发现红河大翼橙、云南小香橼、富民枳（小果宜昌橙）等原始柑桔种与变种，进一步证明中国是柑桔起源中心之一。

柑桔类为芸香科（Rutaceae），柑桔亚科（Aurantioideae），柑桔族（Citreae）柑桔亚族（Citrinae）的植物。栽培上最重要的是柑桔属，次为金柑属、枳属。这3个属的主要区别：

1. 复叶，三小叶，脱落性。子房多毛，果汁有苦油 ………………………………………… (1) **枳属** *Poncirus* Raf.
1. 单生复叶，宿存性。子房无毛，果汁无苦油
   2. 叶脉不明显。子房 3~7 室，每室胚珠 2 枚，果小 ………………………… (2) **金柑属** *Fortunella* Swingle
   2. 叶脉明显。子房 8~18 室，每室胚珠 4 枚，果大 ………………………………… (3) **柑桔属** *Citrus* L.

(一) 枳 属

枳属 *Poncirus* Raf. 有两个种和一个变种。

1. **普通枳 *Poncirus trifoliata* (L.) Raf.**

别名：枳壳、枸桔、刺柑、雀不站。

为落叶性灌木状小乔木，枝条多刺。叶为三出掌状复叶。10~11 月落叶。花为纯花芽，单生，先出花后出叶，花小，白色，花瓣薄。果球形，直径 3~6cm，子房和果面具茸毛，果皮柠檬黄色，瓤囊 6~8，果肉富黏液，味酸并含苦辣油脂，9~10 月成熟，不堪生食。每果种子 30 余粒，卵形，肥圆，子叶白色，多胚。果和种子供药用。枳性耐寒，能耐 -20℃的低温，是柑桔优良砧木之一，能增强接穗耐寒力及促进矮化，早结果丰产，提高品质和抵抗某些病虫害。

2. **富民枳 (*P. polyandra* S. Q. Ding et al.)**

常绿，花梗长 3~7mm，花大；花瓣 5~9，阔卵圆形，具绒毛，长 3.2~3.4cm；雄蕊 35~43 枚，近等长；子房扁圆球形，10 室。冬季不落叶。枳花几乎无梗，花小；花瓣 5 枚近匙形，无毛，长 1.8~3cm；雄蕊 8~20 枚，不等长；子房近球形，6~8 室。

(1) 飞龙枳 (*P. trifoiate* var. *monstruosa* Swingle.)。它是枳的突变体，具备矮化砧特性，其性状似枳，但树矮、叶小，枝刺弯曲，常作盆景。抗病性、抗速衰病毒 (CTV)、抗疫霉病、抗线虫病、抗寒性均高，但不抗脱皮病，除尤力克柠檬外嫁接亲合都好。

(二) 金柑属

金柑属 (*Fortunella* Swingle.) 有金枣、圆金柑、长叶金柑、山金柑 4 个种和金弹、长寿金柑 2 个杂种。后两个杂种也有人作为种来看待。广东的四季桔 (*Calamondin*) 可能是金柑和宽皮柑桔的杂交种，亦有人将其作为种 (*C. midurensis* Lour; *C. mitts* Blanco) 看待。

(三) 柑桔属

柑桔属 (*Citrus* L.) 包含大部分栽培的柑桔类。

分种检索表：

1. 叶冀大，长度至少为叶身长的一半以上。
   2. 冀叶比叶身长 1~2.5 倍，总状花序，有花 5~9 朵，果皮厚 1.2~2cm ……………………………………………………………………………………………………… (1) **红河橙** *C. hongheensis* Y. L. D. L.
   2. 冀叶与叶身等长或略短或稍长，但超过一倍。
      3. 叶厚革质、侧脉明显，先端圆钝，边缘有锯齿，果皮粗皱。 …………… (2) **马蜂桔** *C. hystrix* DC.
      3. 叶厚纸质、少革质，侧脉不显，先端渐尖，边缘圆或少数有钝齿，果皮仅顶端略皱 ……………………………………………………………………………………………… (3) **宜昌橙** *C. ichangensis* Swingle
1. 翼叶窄或无、长度不到叶身的一半。
   4. 单叶无冀叶，叶片先端急尖或圆钝，边缘有锯齿，果皮比果肉厚 ……………… (4) **枸橼** *C. medica* L.
   4. 单身复叶有翼叶，或极窄至具痕迹。
      5. 嫩枝、花梗及叶片下面均有柔毛，有时成熟果也有毛，翼叶大；种子大，有明显棱皱，子叶和胚乳白色，单胚 …………………………………………………… (5) **柚** *C. grandis* (L.) Osbeck.

5. 嫩枝、花梗及叶片下面均无毛，或仅嫩叶翼叶中脉有稀短毛。

6. 花蕾花瓣带紫红色，雄蕊25枚以上，5或4合生成多束；叶有柠檬香气，翼叶线状或略明显；果肉味酸。

7. 果实两端圆，瓤囊8～10瓣，果皮甚薄，橙黄至橙红色；子叶和胚绿色…………………………………………………………………………………………（6）**黎檬** *C. limonia* Osbeck.

7. 果实一或两端短尖，果皮较厚，柠檬黄色，子叶和胚乳白色……………………………………………………………………………………………（7）**柠檬** *C. limon*（L.）Burm. f.

6. 花蕾花瓣白色，雄蕊25枚以下。

8. 翼叶窄至仅有痕迹，果皮易剥离，子叶胚乳绿色，单花或2～3花簇生于叶腋，花小，花梗和花柱纤细。叶片网脉明显。果较大，圆或扁卵圆，瓤囊7～12瓣；种子9～21 ……………………………………………………………………………………（8）**桔** *C. reticulata* Blanco

8. 翼叶通常宽而明显；总状花序或2～3花簇生，少单生，果皮较难剥离；子叶和胚乳白色。

9. 瓤囊12～14枚或更多；果皮比橙皮厚但较柚薄，种子形状不规则，有明显肋棱；子叶和胚乳白色多胚 ……………………………………………………………（9）**葡萄柚** *C. paradis* Macf.

9. 瓤囊很少12瓣以上，种子形状规则，平滑或明显有肋棱。

10. 果顶端短尖，果肉淡黄绿色，味甚酸；花瓣长8～12mm，叶柄长1cm以内……………………………………………………………（10）**来檬** *C. aurantifolia*（Christm.）Swingle.

10. 果顶端圆或近于平坦或浅窝状凹入，花瓣长1.2cm。

11. 果肉味酸，有时带苦味或特有异香味；果皮较粗。

12. 萼片在果期常增大；果皮紧贴果肉，难剥离；果心实；叶片质地较厚…………………………………………………………………（11）**酸橙** *C. aurantium* L.

12. 萼片不增大或稍增大；果皮较易剥离；果心实或半充实，叶片质地较薄………………………………………………………………（12）**蟹橙** *C. junos* Sieb. ex Tanaka

11. 果肉味甜或甜酸；果皮较平滑 ………………（13）**甜橙** *C. sinensis*（L.）Osbeck.

二、主要种的特征特性

1. 红河大翼橙

常绿乔木，高8～10m。嫩梢被稀短茸毛，长枝具刺。单身复叶，叶片狭卵状披针形，长5.5cm，宽1.8cm，先端渐尖，基部阔楔形，叶柄长12～20cm，为叶身长的2～3倍，翼叶宽，长圆形；先端近截形，基部楔形。总状花序由5～9朵花组成，偶有单花，花蕾长圆，紫色；花大白色，花瓣4或5，外面紫色，雄蕊16～18，花丝分离；花柱长约6～7mm，被疏柔毛。果大，亚球形、短椭圆形至扁圆形，直径11～12cm；皮较厚1.5～1.9cm，黄色，油泡突起；种子大，长1.2cm，单胚。花期3月，果期8～9月。

产红河县，生于海拔1820m山坡丛林。模式标本采自红河县乐育乡小水井寨。红河橙可作中药枳壳的代用品。

此外，云南南部、泰国北部、越南北部等地，还产大翼厚皮橙（*C. macroptera* var. *Kerri* Swingle）本变种果大8～9cm，12～13心室，皮厚1～2cm，叶型大，翼叶与身叶等长或稍短，花小2cm以下

2. 马蜂橙（马蜂柑）

常绿乔木，高4～6m，树干绿褐色，具裂纹，多刺，长2mm。翼叶与叶近等长，长4～6cm，宽1.5～4cm，倒心形，先端平截或微凹，基部阔楔形；叶身椭圆形至倒卵形，长6～9cm，宽3.5～5cm；基部阔楔形或圆形，先端钝或楔形。花小、白色、腋生。果单生，幼果绿色，长圆形，顶端突尖，长7cm，径5.5cm，瓤囊10～11，果有明显的瘤状突起；果肉黄白色，味酸，苦

不堪食。

产勐腊县、金平县，生于海拔600~1300m的山坡次生林中。

3. **宜昌橙**

灌木或小乔木，树高1~5m；幼枝有棱角针刺，翼叶大，近于与本叶大或超过，狭椭圆形、卵圆形或长圆卵形，先端渐尖；基部圆形，长3~6cm，宽1.5~3cm；叶柄长，有宽大翼叶。花白色，雄蕊20，最初连合，以后分成束，雌蕊与雄蕊等长，有短花柱和7~9子房；果椭圆形或扁圆形，直径3~4cm，果皮黄色粗糙；果肉黄白色，味酸；种子30~40粒，棱脊明显，单胚、白色。花期3~4月。

产漾濞县、隆阳区、镇雄县、绥江县、大关县，生于海拔600~1800m灌丛及沟谷林中。耐寒力强，耐干燥、耐瘠，作砧木。

4. **小果宜昌橙**

该变种形态似宜昌橙，与宜昌橙的主要区别是子房心室少（5~7个），每个心室中胚珠少（3~4个），果实小。而宜昌橙子房心室7~10个，每个心实胚珠4~8个，果实较大。本变种为常绿乔木，树高3~5m，枝梢有刺，叶、花、果上均有油胞。果实长圆形，果皮淡橙黄色，汁胞柔软，味酸苦，具有5~7个囊瓣。种子大、单胚，子叶白色。叶柄具翼，很宽大，大体上与叶片等长。

主要分布于云南省的漾濞县、巍山县、隆阳区、腾冲县等。

5. **枸 橼**

小乔木或灌木，高4~5m。叶大，长7~15cm，圆形或椭圆形，顶端圆或微凹入，基部阔楔形，无翼叶。总状花序，簇生于叶腋，花瓣外面淡紫色，一年开花多次。果实卵形或长圆形，表面粗糙有肋纹，先端有乳头状突起，果皮柠檬黄色，厚而芳香；肉酸而苦，种子小，单胚，果实不堪食，供药用。花期春季，果期秋、冬季。

产大理市、漾濞县、思茅市、普洱县、西双版纳州，生于海拔700~1800m山坡丛林中。果供观赏，作饮料、果酱、蜜饯。

①云南香橼（变种）（var. *yunnanensis* S. Q. Ding ex Huang）。本变种花大，直径4.3cm，具2~3轮雄蕊，果具附生心皮，囊瓣发育良好；介于香橼与佛手之间过渡类型，产漾濞县、宾川县。果入药，顺气芳香开窍，枝条扦插作围栏。作砧木有矮化作用。

②佛手（变种）（var. *sarcodactylis* (Noot.) Swingle）。又叫佛手柑、心皮部分离生，发育成熟时，果皮离生部分呈指状或拳状，甚为特异。花、果期同枸橼。

产红河流域的巍山县和金沙江、澜沧江流域。作观赏和入药。

按果皮分裂指状部分，分为开张的叫“开佛手”卷曲或合拢的叫“闭佛手”。

6. **柚（大抛果）**

常绿大乔木，高4~8m，小枝绿色，具扁棱枝，被毛，有刺。叶阔卵圆形至阔卵形，先端圆形，基部心形，叶缘圆齿，中脉下面有柔毛，叶柄长具宽大叶翼。花大簇生稀单生叶腋及小枝顶端；花5，白色；雄蕊20~25，有细长药囊，子房球形，12~18室，果大，球形、扁球形或梨形，直径10~25cm，果皮厚，不易剥离，果肉灰白色或粉红色，汁胞粗大汁少，容易分离，味甜酸有时带苦；种子大，扁厚，胚白色，多单胚。花期春季，果期秋冬至春季。

产翠云区、普洱县、西双版纳州、河口市、富宁县、金平县、元阳县、瑞丽市、盈江县，生于村寨、山村河边，多为栽培或半野生。云南西双版纳州的傣柚品质优良，另还有引入的沙田柚。

7. **黎 檬**

常绿乔木，枝开张，小枝的刺尖锐。叶长椭圆形，两端尖，有锯齿，叶翼窄。花生于叶腋，微紫，果圆形或扁圆形，直径4～5cm，顶端有乳头状突起或无，果皮薄、光滑、朱红色至黄色。瓤囊8～10，多汁，味酸。花期春季，果期秋季。

产蒙自县、金平县、河口市、屏边县、勐海县，生于海拔500～900m灌丛林中干燥处，常见村寨栽培。果榨汁常作调味品。

8. 柠　檬

小乔木，树高3～5m，有直刺。叶互生，椭圆状卵形，先端短渐尖或近圆形，边缘有锯齿，叶柄上有狭翼。花单生或簇生于叶腋，花外面淡红色，内面白色；雄蕊20，子房圆锥形。果椭圆至卵圆形，顶端乳头状，长7.5～12cm，粗4～6cm，果皮黄色有光泽，表面粗糙不平，囊瓣8～10，每瓣有种子3～4粒，卵圆形，淡黄色果肉极酸。花期春季，果期秋季。

原产亚洲，德宏州、西双版纳州引入栽培。果肉榨汁作饮料，果皮提炼柠檬油，有驱风作用、其香水用于食品工业等，用途极广。

9. 柑桔（别名宽皮桔、松皮桔）

小乔木，树高2～4m，枝条柔软，有小刺。叶披针形至卵状披针形，顶端渐尖，基部楔形，全缘或具细锯齿。花淡黄白色，单生或簇生于叶腋内，雄蕊18～24，花丝合生，子房9～15室。果扁圆球形，横径5～10cm，桔红色、橙黄色，皮薄，易剥离，松软；9～13瓣瓤囊，极易分离，液胞汁多，果皮内壁附生淡白色脉络；子叶乳白色，多胚。花期夏季，果期秋、冬季。

全省均有栽培，以宾川县、建水县、华坪县及金沙江沿岸为多，河口市、元江县、元阳县等地产的品质最好。果供鲜食或加工制汁及罐头，果皮含桔皮素药用称陈皮，有理气、化痰之效。在长期栽培中，品种多，概括略分为5类。

（1）柑类。树较直立，叶较大，果中大，果形略高，皮稍厚，易剥离，种子卵形，胚绿色，如椪柑。

（2）黄桔类。果小而扁，皮薄，黄色或橙色，易剥离，种小胚绿色，如黄皮桔、早桔。

（3）红桔类。略与黄桔同，惟果皮红色，如四川红桔。

（4）蕉柑类。果中大，果皮紧密，剥离较难，果心小充实，种子少或无，如蕉柑、桶柑。

（5）温州蜜柑类。果中大，一般无核，果皮薄，胚淡绿色，如尾张、宫川等。

10. 葡萄柚

常绿大乔木，枝叶稠密；幼枝有棱角。叶卵圆形，互生，翼叶大而明显。总状花序，单生于叶腋；花白色；子房10～14室。果中大，扁圆、球形或梨形；表面光滑，黄色，瓤囊薄，不易剥离，白色，汁胞柔软，多汁，甜酸适口。多胚。

产河口市、屏边县、蒙自县等地，常见河边沙土地上栽培。

11. 来　檬

小乔木，幼枝有棱，叶腋内有小刺。叶互生，翼叶大而明显，叶片阔卵圆形至长圆形，先端尖或圆。花腋生2～7；雄蕊20～25，子房扁圆形，9～12室不等。果小，卵圆形或近球形，先端有小乳头状突起，成熟时绿黄色，果皮薄，果肉极酸。

产富宁县、广南县，生于海拔600～700m的河谷季雨林或村边道旁。果作饮料，药用治坏血症。

12. 酸　橙

乔木，树高3～6m，分枝多，小枝具棱。叶互生，翼叶小，不明显，叶片阔卵形至阔椭圆形，先端钝尖，基部阔楔形。花两性，总状花序或兼有腋生单花或2～3花簇生，白色，芳香；雄蕊20～25，花丝基部连合。果近球形，直径6～8cm，两端稍平，皮厚，表面粗糙，橙红色，瓤囊10～12瓣，味酸多汁，种子多数，通常单胚。花期春季，果期冬季。

产富宁县、西双版纳州丛林地及村旁。叶、花提芳香油，果入药。作砧木，有抗黄龙病性。

13. 蟹 橙

小乔木，高3~6m，叶腋内有刺，嫩枝扁，有棱。叶披针形至椭圆形，宽2.5~3.5cm，先端渐尖，基部圆形，边有波状锯齿，有叶翼，倒卵形。花中大，单生于叶腋，微带紫色。两性花，芳香，雄蕊20，花丝常粘合。果扁圆形，直径4~7cm，两端凹入，果皮粗糙，黄色，皮厚易剥离，芳香，瓤囊10。中心柱小而充实。果肉味酸，稍苦。花期春季，果期秋季。

产文山州、个旧市、弥渡县，生于海拔700~1600m沟谷林。果不能食，主作药用。耐寒性强，作柑桔砧木，对颈腐病有免疫性。

14. 甜 橙

乔木，高3~5m，幼枝有棱角，叶腋具小刺或无刺。叶片革质，卵形至椭圆形，有时卵状披针形，长6~12cm，先端急尖，基部钝圆。花中大，总状花序单生，两性花，花白色；雄蕊20~25，合生成束，子房球形，10~13室，花柱细，不久脱落。果近球形、卵形或扁球形，横径7~8.5cm，橙黄色，桔红色；果皮与瓤囊紧贴，不易剥离；表面光滑或粗糙，液胞多汁；子叶乳白色，多胚。花期春季，果期秋、冬季。

产玉龙县、维西县、富宁县、麻栗坡县和金沙江流域的宾川县、元谋县等地。果鲜食和作饮料，甜橙皮泡酒，可润肺止咳、化痰。

原产中国华南和越南等地，分为3类。

（1）普通甜橙类，无脐，果肉橙色或黄色，如锦橙、新会橙。

（2）脐橙类，果顶开孔，内有小果瓤囊露出成脐状，果肉橙色，如华盛顿脐橙、罗伯生脐橙等。

（3）血橙类，无脐，果肉赤红色或赤红色斑条，如塔罗科血橙。

三、主要品种

1. 柑桔类

（1）椪柑类品种

①建水白桔。树生长势力强，枝叶生长茂密，叶厚，椭圆形，无光泽。果实扁圆形，重120~180g。果表面有明显纵沟，果顶平，蒂微突，果皮橙黄色，较厚，瓤瓣大，约11，囊壁软，中心柱空，果肉化渣，含可溶性固形物10.2%，味甜，品质中上。1月成熟。产建水县，于海拔1400~1600m。

②勐版桔。树生长高大、直立，主干有棱。叶椭圆形，先端钝尖，基部圆形。果扁圆形，果重110~160g。梗端圆形，梗洼有沟纹和突起，果顶宽微凹入。果皮橙黄色，有光泽，油胞小，突起密生，瓤瓣10，整齐，肉质细嫩，多汁，郁香，品质中上。11月成熟。产勐腊县勐版等地。

（2）红桔类品种

①沙河红桔。树势中等，树冠开张，枝叶茂密。果扁圆形，果皮鲜红色，疏松，易剥离，油胞突起，瓤瓣9~12，桔络多，果心大而空，果肉甜酸多汁，种籽14~18粒，品质中。11~12月成熟，鲜食，不耐贮。产金沙江河谷，以永善县的沙河红桔最好。

②大红袍。果扁圆形，果皮红色，光泽，皮易剥落。果肉淡红色，味甜汁多，种籽稍多，品质上等。12月成熟。宾川县、建水县等产区少量种植。

（3）温州蜜桔类

20世纪70年代，引进产日本的宫川、尾张、兴津等品种，在滇中低海拔地区和滇南等地栽培。树冠矮小，开张，大枝粗壮，小枝密集丛生。叶大长椭圆形，浓绿色肥厚。果扁圆形，梗端窄，果顶宽，果皮油胞大，果皮厚。果重130~180g。果肉鲜黄色，无种籽，味酸甜，品质中等。9月下旬至10月成熟。20世纪70~90年代，兴起大发展。因酸味浓，肉质松，皮厚，品质不够理想，栽培范围逐渐缩小。

2. 甜橙类

（1）普通甜橙品种

①四瓣辣子花甜橙。产昭通市炎山乡菜园子，树势强，树冠自然圆头形。叶长椭圆形，深绿色，先端尖，基部圆形，叶柄短，翼叶小。萼片4～5，较大，肉质状（比其他品种大两倍）似辣子花瓣紧贴于果面而得名。果圆球形，果重180～320g。果肉橙黄色，果皮薄，光滑，油胞细密，瓤瓣10～12，砂瓤橙红色，肉质细嫩、汁多，味甜，郁香，品质上。11月下旬成熟。

②会泽黄果。果卵圆形或圆球形，重180～210g。果皮黄色有光泽，较易剥离，瓤瓣易分离，9～10瓣，果肉汁多，化渣，味甜，郁香，品质上。11月成熟。产会泽县娜姑镇李开坪子。

此外，还有产永善县马口区的马口甜橙；产鲁甸县乐江乡的鲁甸黄果，品质较好，生产面积较小；引入四川锦橙，在华宁县、师宗县、建水县等地发展。

（2）脐橙类品种

果顶开孔，内有小果瓢囊露出（或不露出），呈脐状。主要有原产巴西的华盛顿脐橙，以及由美国利用华盛顿脐橙枝变选种的罗伯森脐橙等品种。树生长势较强，树冠开张，枝梢短小，无刺或少，叶大椭圆形。果阔倒卵圆形，果重180～350g。果顶通常尖突，具脐，分开张和闭合两种。果皮橙色，顶端光滑，基部稍粗糙，较易剥皮，汁胞质脆，汁液中多，味甜、清香，品质上。10～11月成熟，较耐贮运。宾川、蒙自、建水等县栽培，表现果大、丰产、品质优，生产面积逐渐扩大。

3. 柠檬、来檬类

两种果树，果榨汁调制清凉饮料并调味用，果皮提取精油，用于驱风、香水、食品工业。近十余年引进十多个品种，表现好的品种为尤力克柠檬。

（1）尤力克柠檬（Eureka lemon）。树生长势强健，枝梢粗壮，每年开花3次，坐果率高。果椭圆形，顶部乳状突起，重110～160g，汁多，含酸量及香精油量高。其丰产，为主栽品种，原产美国，引入云南有20多年，其中，德宏州栽培面积达2173hm^2，仅陇川县就有681 hm^2。此外，西双版纳州也在发展。

（2）来檬。品种分酸来檬和甜来檬两大类，果含糖、酸量比柠檬高，各类中又有大果和小果品种。

四、栽培状况及发展前景

世界上有92个国家和地区生产柑桔，年产量8800万t，中国仅次于巴西和美国，居第三位。

中国是柑桔原产中心之一，栽培历史悠久，分布范围很广，主要产区在长江流域以南，以广东、广西、福建、湖南、江西、四川最多。据1996年统计，全国栽培面积128万hm^2，产845.7万t，是中国的主要果树。经长期栽培，形成许多优良品种。

云南省地处云贵高原，低纬度，高海拔，归属北热带、南亚热带、中亚热带的地域十分辽阔。热区面积占全省总面积的20%以上，热量充足，年温差小，日温差大，有利于柑桔早熟。由于青藏高原阻拦，北方冷气流进入云南后已成为强弩之末，引起降温程度不很激烈，柑桔一般无周期性冻害。这在国内外柑桔产区是少见的，热量条件可谓得天独厚。云南特殊和优越的气候环境，自然产生了丰富的柑桔种质资源。根据柑桔种质资源调查证明云南是柑桔原产地之一，具有悠久的柑桔栽培历史和一些优良地方品种，如建水县的白桔、石屏县的风洞桔、思茅市的勐版桔、昭通的四瓣辣子花等，贯穿云南的金沙江、南盘江、元江、澜沧江、怒江等几大水系河谷流域，热量充足、雨量较多，适宜各类柑桔生长，是甜橙发展的最适宜区。

近十多年来，云南柑桔生产发展较快，先后建立了10余个柑桔基地县，种植面积和产量逐年提高。全省柑桔种植面积和产量，从1980年的0.8万hm^2，总产0.41万t发展到2002年的2.16万hm^2，产量10.29万t，已成为云南发展农村经济的一大产业，初步缓解了云南省柑桔的市场供应。近几年四川红桔进入云南市场的销售额减少了，相反一些云南产的早熟柑桔品种还销往省外市场。云南柑桔生产近十多年虽发展很快，和全国相比，由于起步较晚，差距比较大。总的说来，面积小，产量低，市场供不应求；种植品种结构极不合理，宽皮柑桔类比例过大，占80%以上，又多为温州蜜柑品种，而甜橙类比例过小，不足10%。过多的宽皮柑桔成熟期集中，不耐贮运。所以云南柑桔市场，一方面供不应求；另一方面又存在品质差，销售难，效益低的现象。究其主要原因，一是栽培管理技术问题；另外就是缺少良种，没有因地适种等。因此，为了充分合理地利用云南自然条件（气候、土地），发挥利用农村大量剩余劳动力，发展农村经济，脱贫致富，应大力发展"两高一优"柑桔业，满足市场需要。今后必须在提高质量的前提下因地制宜，适地选择品种，调整和改善云南柑桔品种结构，扩大适种的柑桔良种比例，如早熟温州蜜柑、脐橙和柠檬，品种包括兴津、宫川、朋娜、纽荷尔、北京柠檬、尤力克柠檬等。同时，要加强栽培管理，才能提高云南省柑桔的产量、品质和效益。

第六节 热带亚热带果树资源

一、芭 蕉

这里主要是分布于热带亚热带的果树，在云南均有种植或分布，但种类和品种多少不一。

（一）产地及分布

芭蕉科（Musaceae），芭蕉属（*Musa* L.），植物中，具代表性的植物是香蕉。本属约40余种，主要分布在印度东南至泰国地区。云南包括栽培的在内约9种，接近全国本属植物的全部种数。从海拔80～2700m，都有分布。

（二）分种检索表

1. 花序直立或至少基部是直立，浆果与轴向一致，苞片色泽鲜艳，呈粉红或深红色，每一苞片花少，排成一排。
 2. 苞片粉红色，花被片金黄色，离生花被片明显短于合生花被片 ………………………………………………………… （1）**阿希蕉（景颇语）** *M. rubra* Wall ex Kurz
 2. 苞片深红色，花被片金黄色，离生花被片与合生花被片几乎等长 ……… （2）**指天蕉** *M. coccinea* Andr.
1. 花序初时半下垂或下垂，浆果与果轴倒向，苞片通常为暗紫色或暗绿褐色，每一苞片多花，排成两列。
 3. 叶翼紧密闭合，边缘膜质，有皱褶 ………………………………… （3）**蕉麻** *M. textilis* Nee
 3. 叶翼开张或闭合，闭合时也不甚紧密，无皱褶。
  4. 野生种，果实有种子，不堪食。
   5. 叶鞘上部及叶背均被蜡粉。
    6. 长柄浆果，柄长2cm以上，雄花暗紫色或紫红色，种子扁球形 ………………………………………………………… （4）**野蕉** *M. balbisiana* Colla
    6. 短柄浆果，柄长1cm以下，雄花乳白色，上部带橙色种子呈不规则多棱形 ………………………………………………………… （5）**小果野蕉** *M. acuminata* Colla
   5. 叶鞘上部及叶背很少或无蜡粉。
    7. 根茎伸长1cm以上，长柄浆果 ……………………… （6）**阿宽蕉（景颇语）** *M. itinerans* Cheesm.
    7. 根茎短，因而丛生，长柄浆果，柄长3.5～4.5cm …………… （7）**野芭蕉** *M. wilsonii* Tutch.

4. 栽培种，果实无种子，可食。

8. 雄花苞片不脱落 …………………………………………………………………… （8）**香蕉** *M. nana* Lour.

8. 雄花苞片脱落 ………………………………………………………………… （9）**大蕉** *M. sapientum* L.

（三）主要种的特征特性

1. 阿希蕉（景颇语）

芋状根茎。假茎高1.5～2.5m，暗紫色。叶片长约2m，宽50cm，卵状长圆；基部不对称歪斜，先端钝，叶面深绿，背面黄绿，中脉在叶背黄绿色，具粉红条纹；叶柄基部深紫并具紫色斑块，细长达1m，叶翼紫红，狭而不闭合，开张约1.5cm。花序直立向上，长约40cm，直径2.4～4cm；苞片水红色，呈披针形，内有花5～6朵，排成一排；金黄色合生花被片，先端5齿裂，其中二侧裂片先端有钩状附属器，离生部分较合生花被片短得多，呈黄色，透明。果序直立，一般有果6～9梳，每梳有果5～6个。浆果圆柱形先端截形，约内弯，直径2.5～3cm，长约7cm，基部渐狭，果柄约带水红色，果内种子多数；种子淡褐色，具疣，背腹压扁，呈不规则多棱形，宽约5mm。

产于云南沧源县、瑞丽市等地，生于海拔1000m左右的阴湿沟谷底部及半沼泽地。

2. 指天蕉

别名：红蕉、红芭蕉。

假茎灰黄绿色，高2～6m。叶无白粉，正面黄绿色，背面淡黄绿色，基部显著不相等，浑圆无耳，叶片长1.8～2.2m，宽70～80cm，呈长圆形；叶柄长30～50cm，具开张的窄翼。花序直立，苞片外观鲜红而美丽，内乳白，底具红条纹，皱褶明显，每一包片内约有一排花6朵；雄花花被片乳黄色，合生花被片五齿裂，二侧裂片有角，离生花被片先端锐尖有细齿，与合生花被片近相等。浆果灰白色，呈不明显的3～4棱，长10～12cm，直径约4cm，果柄长3～3.5cm，在序轴上斜向下垂，果内种子极多。

产于河口市、金平县等，生于海拔600m以下的沟谷水分良好的山坡上。本种因花苞殷红如炬十分可观，可作庭园观尝，但花、果、根及嫩心有毒不能食用。

3. 蕉　麻

假茎约3～9m，具匍匐茎。叶片长圆形，基部心形，左右不对称，中脉粗而厚，侧脉明显，长1.2～2.4m，宽24～36cm；叶柄长约30cm，叶翼闭合，边缘膜质，呈细而密的皱褶。果穗下垂，熟后果为黄色；苞片表面为绿色或红紫色，具蜡粉，长约为宽的2～3倍；合生花被片有5齿裂，侧裂片具显着兜状或具角，浆果绿色，弯曲，呈不明显的3棱，长5～9cm；果内含许多大粒种子，多棱、黑色。

云南产蕉区有零星栽培，主要用作绳缆。

4. 野　蕉

别名：伦阿蕉（景颇语）、山芭蕉。

假茎丛生，高5～6m，黄绿色，叶鞘基部红褐色，被蜡粉。叶片卵状长圆形，两面微被蜡粉，长2.5～3m，宽70～90cm，基部耳形，两侧不对称；叶柄长60～75cm，叶翼张开约2cm，但幼叶闭合。合生花被片白色带淡紫色，具条纹；离生花被片乳白色，倒卵形，先端内凹处有一小尖头；总花梗和花梗均无毛；苞片外面暗紫，内面红色，呈卵形，初开时反卷，全开后不反卷。浆果淡灰绿色，成熟后深黄色，有3～5棱，果柄比小果野蕉 *Musa acuminata* Colla 长；果肉有种子多数、黑色、近球形。

产于云南海拔1600m以下湿润常绿林中的沟谷坡地。

5. **小果野蕉**

别名：阿加蕉（景颇语）、木桂根雷（泰语）、小野芭蕉、小果野芭。

假茎丛生，高3～5m，深绿色，有褐色或黑色斑纹，被蜡粉。叶面绿色，被蜡粉，叶背面黄绿色，有或无蜡粉，中肋叶面为绿色，背面为淡黄色；叶柄被蜡粉，长60～90cm，中间沟开张，具叶翼。雄花的合生花被片先端三裂，中裂片两侧有小裂片，二侧裂片先端具钩，钩上有毛，离生花被片不到合生花被长度的1/2，先端微凹，凹陷处有尖突。总花梗及花梗均被白色刚毛。苞片外为红色至紫色，内为淡红色至黄色，呈披针形。浆果圆柱形，3～5棱，多为5棱，内弯，被白色刚毛，果柄长在1cm以下；种子多数呈褐色，为不规则的多棱形。

产于云南海拔1200m以下的湿热地区，阴湿沟谷、沼泽、半沼泽及坡地上。

6. **黑芭蕉**

别名：阿宽蕉（景颇语）、"药"（傣语）。

假茎高5～7m，暗黄绿色；地下具数米到几十米的走茎。叶片先端截形，基部圆形几乎对称，长2.5～3.2m，宽70～90cm，呈卵状长圆形，正面绿色，背面淡绿色，无白粉；叶柄长50～60cm，叶翼边缘半透明，两边不相等，中间闭合，两端渐渐张开。花序无毛，半下垂；合生花被片先端5齿裂，两侧裂片有倒向外侧的钩，离生花被片长约合生花被片1/3，先端有突尖。果穗5～10梳，每梳2排有果实15～18个。浆果绿色，筒状卵形长12～14cm，先端具短喙，基部渐狭成柄，柄细长达3cm，被白色绒毛，果内有种子多粒。种子背腹压扁，呈不规则的多棱形并具疣。

产于云南海拔1000m左右湿热地区沟谷底部两侧或土层肥厚的坡下，富含有机质的黑色砂壤中。

7. **野芭蕉**

别名：树头芭蕉、"桂吞"（傣语）。

假茎高6～12m，胸径15～25cm，淡黄色带紫褐色斑块，无蜡粉。叶片长圆形，基部心形，长1.8～2.5m，宽60～80cm，叶脉于基部弯月成心形；叶柄细而长达40～60cm，具张开的窄翼。花序下垂无毛；苞片黑紫色被白粉，内面浅黄，每苞片内有花2排；花被片淡黄，合生花被片先端三齿裂，中裂片两侧具小裂片，离生花被片长度不足合生花被片的1/2，先端具小尖头。浆果直，圆柱形，长10～13cm，成熟后灰深紫色，果柄长3～5cm，深绿色，具白色密集短毛，果内几乎全是种子。

产于云南海拔2700m以下的沟谷潮湿肥沃的土壤。其假茎是良好的猪饲料，花、假茎、根头可做菜，据报道全株可入药，对治疗疟疾有效。

8. **香　蕉**

别名：牙蕉、粉蕉、矮脚蕉。

假茎浓绿带黑斑，被白粉，高1.5～6m。叶片长圆形，长1.5～2.5m，宽60～85cm，先端钝圆，基部近圆形，两侧对称，叶面深绿色无白粉，叶背浅绿色被白粉；叶柄长常在30cm以下，叶翼开张，边缘为鲜红色或褐红色。穗状花序下垂，轴上被褐色密集绒毛，苞片外被白粉、紫红色，内深红色，基部稍淡、具光泽，雄花苞片不脱落，每苞片有花2列。乳白色的花有的约带浅紫色，花被片离生、全缘、近圆形，先端锥状急尖，但合生花被片中间二侧生小裂片长约为中央裂片的一半。幼果直立、向上，成熟后弯曲略为浅弓形，长10～30cm，4～5棱，由明显到不明显；果肉黄白色、松软、味甜、具香气、无种子。如漠沙香蕉。

在云南海拔1000m以下的广大热带、亚热带地区均有栽培。目前种植已达1.4万hm^2，年产近10万t，以元江流域为最多。

9. **大　蕉**

别名：云南通称芭蕉、高脚蕉、大蕉。

假茎高3～7m，多少被白粉。叶片较香蕉薄而淡，具白粉，基部近心形或耳形、近对称，先端锐尖；叶柄长在30cm以上，多白粉，叶翼闭合。穗状花序下垂，但轴上无毛，苞片卵形或卵状披针形，脱落，外紫红内深红，每苞片有花两排，雄花脱落。花被片黄白色，离生花被片长约为合生花被片的1/2，透明蜡质有光泽，先端具小突尖，锥尖或卷曲成一囊。果身直或微弯曲、棱角明显；果柄较香蕉长，通常在1cm以上；果肉甜或略带酸味，无香气或稍具香气，无种子或稍带少量种子。在云南海拔1600m以下地区均有栽培。

近年来通过细胞学、遗传学及育种学的研究，认为香蕉与大蕉系天然杂种，主要来源于小果野蕉和野蕉两个野生种。因此，把含有 *M. acuminata* 性状的基因称为A基因，把含有 *M. balbisiana* 性状的基因称为B基因，参照其染色体数，香蕉多属AAA型或AA型；大蕉多属ABB型。AAA型的香蕉丰产性较好，如威廉斯及河口蕉、红河蕉等。而AA型的香蕉香气浓、味甜、质细而滑、品质上等，但株产低、抗逆性较差，如贡蕉等。在AA、AAA、AAAA香蕉中，若有B的基因，抗逆虽好，但口感、风味较差，如金手指。

（四）主要品种

1. **红河香蕉**

又称开远香蕉（原是开远等地的主栽香蕉品种）。现主产于云南的元阳、红河、金平等县，生于海拔1000m以下的沿江两岸。属AAA群，矮干香牙蕉品种。假茎粗壮，高150～170cm。果穗短、果梳密集，低湿、干旱条件下易缩颈或抽指天蕉；果指弯，长14～20cm，排列很不紧贴；株产12.5～20kg；果汁含可溶性固形物15%左右，香味较浓。该品种抗风力强，品质较好，但株产不高，抗病、抗旱、抗寒性较弱。

2. **河口龙牙蕉**

主产于云南河口市，生于海拔1000m以下的沿江两岸。属AAB群，龙牙蕉品种。假茎较细，色青绿，高260～300cm；果柄短粗，果长15～21cm，后熟后果，皮金黄；株产15～20kg；果肉含可溶性固形物21.5%～23%，味甜、微香、细腻、质优。但株产较低，感黄叶病。

3. **富人指蕉**

俗名小指蕉、小香蕉。主要分布滇南低海拔湿热地区，以澜沧县种植较多。属AA群，甜蕉品种。假茎高200～250cm，较纤细。果顶细如人的手指；肉质细滑、香甜、品质优良，但单果重仅100g左右，穗重也在10kg以下。

4. **贡　蕉**

原产东南亚湿热地区。河口市等地有零星种植。属AA群，甜蕉品种。假茎高230～280cm，纤细；叶窄长直立。每穗果实的梳数、果数较少，果指长9～14.5cm，后熟后果皮深黄；肉质细滑、清甜、香味浓、品质优，含可溶性固形物22.5%～25.0%，但株产低，仅5～10kg，抗逆性弱。

5. **8818**

属AAA群香牙蕉，为云南省农科院园艺所，在实施“九五”国家攻关的“果树优质高效新品种引进”筛选中，筛选出既适宜湿热（年降雨量1500mm以上，全年平均相对湿度80%以上），近似沿海香蕉产区，如云南省的河口市和西双版纳州。也较适宜干热（年降雨量不足1000mm，全年平均相对湿度不足70%），如元阳县、红河县、元江县等地种植的品种。其穗重20～30kg，果指长23～25cm，单果重131～210g，含可溶性固形物20.2%～24.3%。口感较好，香味较浓，近似河口龙牙蕉与红河香蕉，在1999年昆明世博园艺博览会香蕉品种评比中，获得银奖。

6. **巴西香蕉**

属 AAA 群，高干香牙蕉品种。20 世纪 80 年代引入中国，进入云南。假茎高 250～230cm，粗壮；果穗长、梳距较疏，果指长 19.0～24.0cm，株产 19～35kg；果汁可溶性固形物 18.7%～21.0%，香味较浓。该品种果指较长大，株产较高，品质较好，特别适宜云南湿热地区种植。若在干热地区栽培，需选择有灌溉条件，土层深厚、肥沃的土壤才易获得高的产量。

7. **滑　蕉**

属 AAA 群，在云南个旧市黄草坝一带有较广泛种植。假茎较高，果形直，果顶钝，果棱不明显，味酸甜，香味少，是稀有的种质。

8. **孟加拉香蕉**

在云南西双版纳州广泛种植，属 AAB 群，假茎高 280～450cm。果实梳数、果数多，但果指短小，后熟后果皮鲜黄，株产 10.0～24.0kg；果实含可溶性固形物 22.0%～23.5%，肉质细滑、清甜、香味浓。该品种品质优，但株产低，抗风力弱。

9. **紫香蕉**

主要分布西双版纳热带植物园，属 AAB 群，假茎高纤细、带紫红色。果指长 13～19cm，后熟后皮鲜黄、肉呈乳白，心是紫红；株产 8～13kg，果肉清甜微香，含可溶性固形物 24%～25%。是优良的种质，品种优异，但株产低，抗风力较弱，易感黄叶病。

10. **小黑芭蕉**

主要生长在西双版纳热带植物园，属 AAB 群。假茎粗壮，高 250～360cm。果较粗大，长 15～22cm，皮色青绿、较厚，顶部钝，后熟皮色金黄。肉质黄白、心呈紫红色，食后浓甜带微酸。是抗黄叶病的优良种质资源。

11. **西贡蕉**

20 世纪 30 年代，从越南引入，现云南海拔 1600m 以下的地区，普遍都有种植。属 AAB 群，为粉蕉类一品种。假茎高而粗大，色青绿间有少许红斑，高 300～450cm；叶狭长而薄，背面白粉多；果梳距密，果略弯圆较短，灰青绿色，长 15～20cm，单果重 150～170g，株产 20～30kg，果皮薄，果肉细滑有糯性、清甜，完全成熟后有异香。该品种果质优，适应性强，较耐寒、耐涝，丰产潜力大，但易感黄叶病，生育期一般要比香蕉长 2～3 个月。

12. **畦头大蕉**

为云南海拔 1600m 以下普遍栽培的芭蕉品种，属 ABB 群。假茎粗大，上下几乎相等。果实短小，果梳间距离密，梳果数多，每穗有 11～16 梳；最高株产可达 300 个果，单株产 15～25kg，果指长 11～13cm，肉质细滑、味酸甜，无香味，含可溶性固形物 24%～25%。该品种果多、高产，抗风力也强，但果实较短小，上下果梳大小差异大。生育期较长，需 18～20 个月。

13. **四方蕉**

在云南海拔 1600m 以下的湿热地区种植较多，属 AAB 群，假茎高 300～400cm。果呈扁方形，长 11～12cm，单果重 100g 左右，株产 15～20kg；果肉松滑，味甜酸，含可溶性固形物 25%，品质较差。是一般的种质资源。

14. **高脚大蕉**

在云南海拔 1600m 以下普遍有零星栽培，属 ABB 群。假茎高 400～450cm，干高细小。果指长 17～20.5cm，棱角明显、柄长、嘴短、皮较厚（0.2～0.5cm），果数较少，株产 10～20kg；肉质淡红色，含可溶性固形物 19%～23%。该品种耐寒、耐瘠，适应性强，但抗风力弱，株产较低。

（五）发展前景

香蕉是云南目前唯一四季生产、四季供应市场、四季北运到省外的重要水果。全省六大水系（金沙江、南盘江、元江、澜沧江、怒江、大盈江）的沿江两岸，占全省土地面积1/5的低热河谷地带，历史上都有零星的香蕉、芭蕉种植，在湿热的林区也有这两种蕉的祖先—小果野蕉（*M. acuminata*）和野蕉（*M. balbisina*）的生长。但真正形成大面积商品生产，是在党的十一届三中全会以后，随着生产责任制的落实，产区人民和政府重视和扶持下，香蕉、芭蕉生产得到发展，因而，形成了产量不断增长的形势。

可是这些地区山高坡陡，香蕉基本上都种在坡上，很多还大于25°的陡坡上，特别是当前主产区的元江（红河）两岸，水土流失较为严重。而澜沧江、怒江、大盈江等地的沿江两岸，许多地方坡度较缓，还有平坝，但由于交通不便，香蕉运距较远，运费较高，目前生产香蕉还不多。随着交通条件的改善，这些适宜香蕉生产的主要热区，还能扩大发展。因此，云南的香蕉还有广阔的前景。

二、芒　果

（一）产地及分布

芒果为漆树科（Anacardiaceae），芒果属（*Mangifera* L.）具代表性的水果植物。本属约50余种，主要分布在亚洲南部印度、马来西亚等地。中国有5种，云南均产，主要生长在海拔1350m以下的南亚热带及北热带地区。

（二）种类检索表

1. 花序被柔毛。
   2. 花序总梗明显，长约20～35cm，有退化雄蕊3～4枚及疣状花药；果柄扁平，核果大而较扁平，中果皮肉质肥厚 ………………………………………… （1）**芒果** *M. indica* L.
   2. 花序从基部分枝，长约14cm，较小；退化雄蕊已消失；核果小呈椭圆状肾形，果核不扁平或稍扁平，肾形 ………………………………………… （2）**泰国芒果** *M. siamensis* Warbg. ex Craib
1. 花序无毛。
   3. 叶线状或狭状披针形，核果呈稍扁平的桃形，果核扁平，呈卵状或斜卵状菱形 …………………………………………………… （3）**扁桃芒果** *M. persiciformis* C. Y. Wu et T. L. Ming
   3. 叶椭圆状披针形或长圆披针形，较宽；果非桃形，果及果核似球形，不扁平。
      4. 叶顶端长渐尖或尾状渐尖边缘皱波状；侧脉呈平行生长约在25对以上；花梗及萼片均被柔毛；果顶无长喙 ………………………………………… （4）**长梗芒果** *M. longipes* Griff.
      4. 叶边缘平，先端渐尖，侧脉16～20对、斜升；花梗及萼片无毛；果顶伸长形成向下弯曲的喙 …… ………………………………………… （5）**林生芒果** *M. sylvatica* Roxb.

（三）主要种的特征特性

1. 芒　果

常绿乔木，高10～27m，圆头形。树皮灰褐色，小枝褐色，无毛。单叶互生，薄革质，绿色（嫩时紫红色），正面有光泽，长10～30cm，宽4～7cm，圆形或长圆披针形，边缘皱波状，无毛，先端渐尖或急尖，基部楔形或近圆形；侧脉斜升，两面突起，20～25对；叶柄基部膨大，长2～6cm。顶生圆锥花序，长20～35cm；花小，长3～4mm，黄色或淡黄色，杂性同株；花萼长约为花瓣的2倍，各4~5枚，但花萼呈卵形或椭圆形，外被柔毛，花瓣呈长圆形或长圆披针形，黄色，无毛；花盘膨大、肉质、5裂；雄蕊5枚，仅1枚发育；子房1室，无柄，偏斜。核果大而扁平，外果皮薄，中果皮肥厚，肉质状；果核纤维质，坚硬；种子单胚或多胚。

主产于云南海拔1350m的地区，以适宜它生长的干热河谷种植较多。

2. 泰国芒果

常绿乔木，小枝粗状，棕褐色，幼嫩时被柔毛。叶革质，长10~19cm，宽2.5~5cm，形态与芒果相似。顶生圆锥花序，长约14cm自基部分枝，无柄，有稀疏微柔毛，苞片长约1.5mm，急尖，花萼与花瓣各5枚，宽度相近为1.5mm，花萼长约2mm，外面疏被微柔毛；花瓣长约2.7mm，呈长圆形或长圆状披针形，里面中下部具3条突起脉纹，基部汇合；花盘5裂；雄蕊仅1枚发育，其他消失；子房无毛。核果椭圆形，较小，长3.5~4cm，宽约2.5cm；果肉较薄；果核肾形，稍扁平，长2.5~3.5cm，宽1.8~2cm。

产于云南南部的北热带与南亚热带。

3. 扁桃芒果

别名：桃状芒果。

常绿乔木，高10~20m；幼枝圆形，无毛。叶薄，革质，呈挟披针形，长11~20cm，宽2~3cm，形态与泰国芒果相似，但幼时无毛。叶柄基部，上面具槽，长1.5~3.5cm，从基部分枝的顶生圆锥花序，长10~20cm，单生或2~3条簇生，无毛；三角形的小苞片，长约1.5mm；黄绿色小花，梗长2mm，无毛，中部具节；花萼与花瓣各4~5枚，宽约1.5mm，花萼卵形，长约2mm，无毛，内凹；花瓣长圆状披针形，长约4mm，里面具4~5条褐色突起脉纹，汇合于近基部；花盘4~5裂；仅1枚雄蕊发育，其他无花药2~3枚不育；子房球状，无毛，花柱近顶生，与雄蕊等长。果呈稍扁平的桃形，长约5cm，宽约4cm；肉薄可食；核大，长约4cm，宽约2.5cm，呈不规则的卵形，灰白色，具斜向凹槽；种子似肾形，子叶不裂。

产于云南东南部，以文山州、富宁县，生于海拔600~800m沿各江河两岸、村寨附近较多。

4. 长梗芒果

高大（约20余m）常绿乔木；小枝无毛，具条纹，呈暗紫褐色。叶长15~27cm，宽4~7cm，呈圆状或椭圆状披针形，全缘、皱波状、无毛，叶柄纤细，基部膨大，长2.4~5.6cm，上面具槽。顶生圆锥花序，分枝纤细，长约30cm，无毛，但仅约1.5mm的花梗确被微柔毛；苞片钻形；花萼与花瓣各5枚，花萼卵形，外被微柔毛，长2~2.5mm；花瓣线状长圆形，无毛，长约4.4mm，宽约1.4mm，里面具3~4条突起的褐色脉纹；雄蕊1枚发育，其他不育，具疣状花药原基；花盘5裂，具皱纹；子房似球形，花柱近顶生，约长于子房的3倍。核果近球形，约长5cm、宽4cm，先端无喙状弯曲，外果皮及中果皮薄，果核大，近球形，不扁平。

云南低海拔河谷都有生长，尤以元江流域为多，常是20~30m高大、半野生常绿乔木。

5. 林生芒果

常绿乔木，高6~20m；树皮较厚，灰褐色，呈不规则的开裂；小枝无毛，暗褐色。叶形与长梗芒果相似，长14~24cm，宽3~5.6cm，全缘，无毛；叶柄无毛，长3~6cm。分枝纤细无毛的顶生圆锥花序，长16~32cm；白色小花，长约1mm，从花梗至花瓣都无毛；花柄纤细，中部具节，长4~8mm；苞片呈卵状披针形，长约1mm；花萼与花瓣各5枚，花萼呈覆瓦状排列，长约3.6mm，宽约1.5mm，卵状披针形，内凹，花瓣长约6mm，宽约1.4mm，披针形或线状披针形，里面中下部具3~5条暗褐色纵脉，中间1条粗而隆起，基部汇合，在雄花中的花瓣较狭，半透明，开花时反卷；雄蕊仅1枚发育，不育的1~2枚小；子房无毛，球状；花柱近顶生，长约5mm。核果长6~9cm，宽4~5cm，呈斜长卵形，先端伸长呈向下弯曲的喙；果肉薄；核大而坚硬，球状不扁平。

云南南部至西南部的南亚热带均有分布。

（四）主要品种

1. 三年芒

又称金芒，为云南地方品种。多胚型，早熟（一般5月中旬开始成熟），树冠的冠幅多数大于树高。两性花为8%～9%，果似肾形，单果重120～170g，偏小；果皮金黄，果汁含可溶性固形物15%～18%，肉质橙黄，纤维较多，食味甜，并有一种特有的香味，可食部分约占72%。由于果实偏小、纤维多，市场竞争渐渐变小，现在多为零星种植。

2. 小青皮芒

又称绿皮芒。元江流域及西双版纳州，德宏州生长较多，多呈半野生的大型乔木。果单胚，早熟（一般5月初开始成熟），单果重40～110g，肉薄仅0.57～1.37cm，可食率低，为42.8%～61.6%，品味好，成熟后会自然落果。由于果小核大，食用价值低，经济栽培价值低，有的多用于嫁接的贴木。

3. 小红芒

在澜沧江流域，特别是景洪市的大勐龙一带山坡地生长较多。果多胚、小、早熟、皮红黄、肉薄、香甜、味好，栽培价值低。

4. 吕宋芒

原产菲律宾，20世纪中期引入云南，曾在1992年获中国首届农业博览会的银奖，是当前生产上主栽品种之一。果多胚，呈象牙形，单果重150～210g，皮色金黄，肉橙黄，质地腻滑，味甜微酸，无纤维感，品质优。可食率72%～77%，种子仅占全果重的1/10。干旱地区能高产、稳产，有的单株结果可达60kg以上。一般6～7月成熟，果含可溶性固形物17%～20%。

5. 秋　芒

为印度重要的商业品种之一，20世纪70年代中期引入云南。单胚，植株矮小、紧凑，适宜密植，两性花比例高，易获得高产，是群众喜好种植的品种之一。果呈桃形、较小，平均单果重200～300g。皮色深黄，肉色橙黄、食味较腻滑浓甜，有椰乳香或松香味。含可溶性固形物14%～16%，可食率60%～68%。7月中下旬至9月初成熟。

（五）发展前景

芒果原产南亚，为热带果树。产区主要在滇南，海拔1100m以下的低热河谷。从全国各省、区各种水果种植的面积与产量比较中，云南芒果所占的比例较大，主要是气候适宜。在云南芒果产区的南部低热河谷，冬季因北有层层高山阻挡，不易受南下冷空气影响，越冬条件好。春季芒果开花期和初果期，也无福建南部及珠江三角洲沿海一带的寒潮袭击及阴雨连绵导致低产。同时在此期间，特别是2～4月，芒果的花期与幼果期雨量更少，形成阳光充足，昼夜温差大，利于芒果干物质积累，促进花芽分化，提高花的质量。也有利传粉、受精及及坐果。且不利于芒果炭疽病、蒂腐病的发生及尾夜蛾、短头叶蝉害虫的滋生繁衍，减少花、果实的病虫危害，因此坐果率高，形成果实色泽光洁，果品质量高，耐贮性增强。

在全省海拔1100m以下，适宜芒果生产的地区，年平均气温18℃以上，最冷月的月平均气温10℃以上的土地面积约380万hm^2，约占全省总面积的10%以上，且多数为低海拔干热河谷。多年来这些地方种植过多种热带、亚热带果树，结果仍是以较为耐旱的芒果为好，如元江县。因此，云南发展芒果大有前途。当前主要任务是引进国际上的优良品种进行试种，为将来的发展筛选适于当地栽培的良种。

三、荔 枝

（一）产地分布及分类

荔枝为无患子科（Sapindaceae），荔枝属（*Litchi* sonn）本属有 1 个种，即荔枝（*L. chinensis* Sonn），3 个亚种。中国有 2 个亚种，产华南各省及云南南部及越南北部；另 1 种菲律宾荔枝产菲律宾。

自 Radlk 认为本属有两个种，即 *L. chinensis* Sonn.（中华荔枝）与 *L. philippinensis* Radlk.（菲律宾荔枝），此后文献均从此说。1978 年，法国无患子科分类专家 Leenhouts P. W. 论定，本属仅 1 个种，下分 3 个并列亚种，除上述两个并列为亚种外，第三个亚种是 *L.* ssp. *javensis Leenh.*（云南褐毛荔枝）。此外，Van den Berg 及 C. M. Mengel，D. R. Simpson 均论定中华荔枝与褐毛荔枝是派生的两个亚种。

经对云南褐毛荔枝长期深入研究以后认为：支持后 3 人对 Radlk 理论的增补完善。

（二）种检索表

1. 小叶 2 ~5 对，雄蕊 6 ~11 枚，果面裂片峰略凸，高度不超过 1mm。
   2. 小叶 2 ~5 对，1 ~2 年生分枝多褐色茸毛；花序分枝较短壮（12 ~20cm），直径粗达 7mm，小花近无柄（0.1mm）密生成丛；雌花柱头 2 裂呈 45°角，裂片肥硕似豆瓣子叶………………………………………………………………………………………………（1）**褐毛荔枝** *L.* ssp. javensis Leenh.
   2. 小叶 2 ~4 对，分枝无茸毛；花序分枝长柔稀散，长 20 ~40cm；小花花柄长 2 ~4mm，雌花柱头分裂角度开张（达 180°甚至反卷）裂片细长似弯眉………………………（2）**中华荔枝** *L.* ssp. chinensis Sonn.
1. 小叶 1 ~2 对，稀有 3 对；雄蕊多为 7 枚；果面裂片峰如金字塔状尖锐突起，高达 3mm ……………………………………………………………………（3）**菲律宾荔枝**［*L.* ssp. *philippinensis*（Radlk.）Leenh.］

（三）主要种的特征特性

1. 中华荔枝

别名：广东荔枝。

常绿高大乔木，高 8 ~20m。一、二年生分枝无茸毛；羽状复叶，小叶 2 ~4 对，叶革质亮绿有光泽，小叶长 6 ~12cm，宽 2 ~4cm，叶尖渐尖、短尖，侧脉不显。圆锥花序分枝稀散柔长，小花柄长 2 ~4mm；雄蕊 6 ~11 枚，雌花子房 2 ~3 室，每室有胚珠 1 枚；花柱头 2 ~3 裂，分裂角度很大，达 180°，状如弯眉。果重 12 ~35g，纵径 2.8 ~3.8cm，横径 2.4 ~4.5cm，果形有卵形、球形、心形多种，皮色鲜红、暗红，皮面有龟裂片、裂片峰、和裂纹；假种皮（果肉）乳白色，半透明，与种子极易分离，味美有香气，多汁。种子长圆形，大小不等，中型果种子重 2.2g（径 1.8 ~2.0cm ×1.2 ~1.5cm）也有种子退化和半退化的，种皮褐色革质有光泽。

产中国华南诸省，栽培品种约 208 个，主栽品种 10 余个；云南省引进栽培者有妃子笑、黑叶、糯米慈、淮枝、东刘 1 号、桂味；以前两个品种最为丰产，适应性好。

2. 褐毛荔枝

别名：云南本地荔枝。

常绿高大乔木，高约 13m。一、二年生分枝多褐色茸毛；须根多而密，内菌根数量极多，吸收功能强，（光电镜下每视野有根毛 77 条，广东荔枝仅 14 条）因而耐旱耐瘠。羽状复叶有小叶 2 ~5 对，色绿无光泽，网脉发达明显，叶尖短钝尖，叶绿素 a. b. 含量较广东荔枝高 1.7 倍，光合积累率也高于广东荔 1.7 倍，故结果丰产性能好。花序分枝短而壮，小花近无梗（仅

0.1mm），密生成丛；雌花柱头2裂片肥硕似豆瓣子叶，呈45°斜生，柱头束缚水与自由水之B/F值比广东荔枝高24.2倍，故旱地易坐果高产。果重19～60g，（径3.0～4.9cm×2.5～4.7cm），果形均为一肩高一肩低的斜心形；种子均重4.37g（径2.0～2.4cm×1.4～1.9cm）。果实最早成熟期为3月上旬，经重点开发后将成为最早上市的极早熟荔枝；多数是4月下旬成熟。本亚种对气候适应带颇宽，从≥10℃年积温6000℃的南亚热带北缘，到≥10℃年积温7600℃的北热带均能适应栽培（最佳气候仍以南亚热带为好）。本亚种将加大力度发展，大大拓宽荔枝栽培分布面积。实生苗童期短，三四年生实生树已能初花初果；单花结并蒂双果能够成熟，个别单株并蒂果机率高达3%；耐旱耐瘠，光合积累率高，单穗坐果高达20～60枚。这些可贵的生物学习性，经现代科学技术充分开发利用后，前途更广。但本亚种目前在云南省南部还处于极粗放栽培，实生繁殖半野生状态，果实品质良莠不齐；多数实生系核较大、肉较薄、味略偏酸；现已初步选育出4个优良品种正在繁殖推广中。这仅只是本亚种庞大基因库中之沧海一粟，应继续选种选优，应用抗旱、抗瘠、丰产基因，进行杂交育种。这也正等待后来人创造辉煌成绩。

本亚种广泛分布于滇南红河州、文山州、西双版纳州、玉溪市等的近50个县市；越南、缅甸境内也有分布。

3. 菲律宾荔枝

高大乔木，高达50m。复叶有小叶1～3对，果长椭圆形，果皮有长刺状突起，种子大，假种皮（果肉）发育差，只围绕种子的一部分，果肉极薄，味酸涩，品质差不可食。

本种原产菲律宾，本省不产。

（四）主要品种

1. 南曼荔枝

果中等大斜心形，单果均重17.5g（径3.4cm×2.9cm）果顶圆形，皮色紫红灰锈斑，皮厚0.8mm，龟裂片隆起，裂片峰钝尖，缝合线不显；果肉淡黄色肉厚0.5cm；肉质细，果汁中多，可食率60.7%，固形物含量17.5%～18.5%，全糖17.52%，酸0.43%，味浓甜微香；种子重4.4g（径2.6cm×1.9cm×1.7cm），单果内两粒种子一大一小，嵌贴生的机率约3%。

该品种原产元江县南曼村，有数百年栽培史，现已繁殖推广到玉溪市几个县栽培。

2. 石屏5号

果大型，单果均重22.8g，果肩平阔果顶浑圆；果皮紫红色鲜艳美观；果肉细嫩，含固形物15.5%，全糖11.98%，酸0.90%，100ml果汁中含Vc59.58mg，可食率62.6%，味清甜微香；种子中等大，或者有焦核。原产石屏县大桥乡。

3. 屏边大果荔枝

果极大，单果重31.5～50g（径4.1～4.6cm×4.1～4.3cm×3.6～3.8cm），果皮淡紫红色；肉质细嫩，汁多、清甜浓香，含固形物18.8%，全糖15.2%，酸0.36%，100ml果汁中含Vc 54.96mg，可食率59.5%；种子较大。该品种原产屏边县滴水乡。

4. 元荔2号

果大，平均重21g，纵径4.1cm，横径3.5cm；歪斜心脏形；果皮鲜红色，龟裂片隆起；肉质脆嫩，汁多、香甜微酸，含固形物17%，全糖10.47%，酸0.69%，100ml果汁中含Vc 41.81mg，可食率61.0%；品质中上等，种子大。1月开花，4月上中旬成熟。丰产，适应性好。

5. 糯米甜

果大，平均重25g，扁心形；果肩一边隆起，果基部微凹，果顶浑圆；果皮鲜红色，较韧；龟裂片较大隆起呈狭长形，纵向排列，缝合线明显；果梗细长，多斜生；种柄细；果肉乳白色或淡黄色，肉质软滑细嫩，汁多，浓甜，微香，含固形物18.0%～21.0%，可食率80.0%；品质优，种子多退化。

从广东引入栽培。

6. 黑叶（乌叶）

果中大，平均重19.0g，卵圆形或歪心形；果肩微耸，果皮暗红色，薄而韧，龟裂片平坦较大；缝合线明显；果梗细，果肉乳白色，汁多，味甜，微香，含固形物16.5%～20.0%，可食率78.0%；品质中上等。

从广东、广西引入栽培。

（五）生产发展前景

云南于20世纪50年代末期，开始从广东、福建批量引进荔枝良种供生产发展。20世纪80～90年代，在改革开放和市场经济的驱动下，进入大规模引种开发时期。迄今滇南、滇西南、滇东南近30个县市均有不同批量的发展。其中，以思茅市、景洪市、勐腊县、澜沧县、盈江县、保山市、屏边县、石屏县、河口市、元阳县、元江县、新平县较为有规模又集中，至2001年均已成龄投产，面积4800万hm^2，产3100t。品种以“妃子笑”为主，次为黑叶、陈紫、东刘1号、淮枝、兰竹。

云南因“立体气候”明显，日照好、紫外线辐射强、日夜温差大，因而荔枝果皮着色好，口感好，同一品种比两广、福建早熟15～20天上市。因发展起步晚，综合管理科技水平极待提高，应“扬长避短”，充分发挥自然优势，紧紧抓住“早熟早上市”的特点参与内外市场的竞争。

云南的荔枝为实生半野生大树，树龄为100～200年生，主要分布于红河州8个市、县，文山州的麻栗坡县和马关县，玉溪市地区的元江县、新平县，西双版纳州的景洪市、勐腊县，总面积为34hm^2，总株数约4万多株。因是半野生粗放管理，品质良莠不齐，多为核偏大，味偏酸，其中不乏良种如南曼荔、石屏5号、屏边大果荔枝等。这些品种（系）均是在云南长期栽培下选出，耐热也耐冷，对温度适应幅度较大，且耐旱耐瘠，栽培技术要求不严，丰产性能好，尤以2～3月能早熟上市，较国内其他产区早60天，为最佳优势。如能组织大规模“提纯选优”工作，选择低海拔热区河谷，发挥早60天采收上市，发展前途更加好。

四、龙 眼

（一）产地及分布

龙眼为无患子科（Sapindaceae），龙眼属（*Dimocarpus* Lour.）植物。本属有4个种，其中，供水果食用者仅龙眼1种，下分3个变种。云南省境内有1个种及3个变种均有野生群落分布，应属龙眼的原生中心。龙眼产中国华南、华东、西南各省的亚热带地区，南起北纬18°海南岛南端，北至北纬31°6′的四川奉节县均有分布，主要产区是福建、广东、广西、台湾、四川。云南省西南部的野生龙眼地区，改革开放以来先后从省外引进了一些龙眼的优良品种，龙眼栽培业正在发展中。此外，泰国、越南、缅甸、印度也有分布。

（二）分种检索表

1. 毛被为星状毛，果皮平滑或有钝小疣体。
   2. 星毛丛稀疏，少于5丛（160倍镜检，每1.5mm视野内星毛丛数，下同），小叶大型（13～30cm×4～7cm），叶质稍薄，叶尖尾状尖；果色浅绿色 ……… （1）**大叶龙眼** *D. longan* var. *magnifolius* Y. C. Lee
   2. 星毛丛数多，小叶中小型（9～13cm×3～4cm）。

3. 星毛丛5～15丛，小叶披针形，叶尖钝尖；小叶间距稀疏互不遮迭；果色多为浅褐色 ……………………………………………………………………………………… (2) **龙眼** *D. longan* var. *longan* Lour.

3. 星毛丛繁多难以计数，叶尖圆钝或凹缺，小叶间距密挤相互遮叠；果色多为深褐色 ……………………………………………………………… (3) **钝叶龙眼** *D. longana* var. *obtusus* (Pierre) Leenh.

1. 毛被为单毛，果皮密复圆锥状小疣体。

4. 小叶两面无毛；果较小，直径约1.7cm ……………………………………………… (4) **滇龙眼** *D. yunnanensis* (W. T. Wang) C. Y. Wu et T. L. Ming

4. 小叶下面被柔毛；果大，直径约3.2cm。

5. 叶背中脉、网脉处茸毛颇密；侧脉及网脉的脉腋处均有窝状腺体；花有3～4枚退化的小花瓣（或缺）……………………………………… (5) 肖韶子（龙荔）D. fumatus ssp. indochinensis Leenh.

5. 叶背中脉及细网脉处茸毛较疏，仅在侧脉脉腋处有窝状腺体（细网脉脉腋处无）；花无花瓣 …………………………………………………………… (6) 灰岩肖韶子 D. fumatus ssp. calcicola C. Y. Wu

（三）主要种的特征特性

1. 大叶龙眼

野生树高12～16m，主干直立，常在7m以上开始分枝，野生树小叶呈矩形（30cm×7cm），栽培种小叶亦略大（10～20cm×4.0～4.5cm）；叶薄革质，叶尖渐尖至尾状尖，叶缘略背卷，叶色浅绿，侧脉15～22对，星状毛丛每视野仅1～3丛，小叶间距亟宽。枝质因含水量高较松软；雌花柱头及子房浅绿色，两片柱头分裂肥硕短圆。野生果径1.79cm×1.95cm×1.77cm，均重3.22g，核重1.70g，肉重1.0g，可食率31.1%，含可溶性固形物9.2%～20.0%，果色浅绿褐色。本变种是最原始的种，要求环境湿度高，较耐阴；在引种开发时必需重视种性适地适栽，才会引种成功，丰产效益好。

近代栽培品种中，大鼻龙、乌龙岭、石峡等属该变种，多为中型至大型果，含糖高，适于焙干或鲜食。

本变种野生树分布于云南省施甸县、永德县、孟连县等林区。

2. 钝叶龙眼

上部小叶阔卵形，长6～7.5cm，宽3.5～4.0cm，下部小叶近圆形，长3.5～5cm，宽2.5～3.5cm，叶尖圆钝或内凹微缺，叶色浓绿，叶柄粗短，小叶排列密挤无间距，相互遮迭；星毛丛数极多难计数。这些都是强光照干旱生境中进化而成的耐旱特征，果色多为黄褐色。本变种是龙眼中最为进化的变种，引种开发时应充分选择光照充足，排水好干爽环境，引种才易成功。近代栽培品种中，福眼赤壳，公妈本、九月乌、大乌圆等均属此变种。它们果型常为大型果，果皮薄、表面光滑，果肉厚，丰产性好，果味多数淡甜，适于作加工罐头原料；对鬼帚病的抗性强于其他两个变种。

本变种原产云南元江县、开远市干热强光河谷地带，越南北部和泰国也有分布。

3. 龙　眼

叶片小（10～12cm×3.0～4.0cm）披针形，叶尖钝尖，小叶4～6对，叶柄细长叶间距宽，互不遮迭；枝梢尖长较弱，含水量少木质坚硬；含单宁多，对鬼帚病抗性弱。本变种进化程度介于前述2变种之间，对光照水湿的要求也介于前述2变种之间。

现代栽培品种中，普明庵、油潭本、红核子、扁匣针等均属本变种，云南华宁县盘溪乡的优良品种“金后”也属本变种。它们多为中小型果，果核多呈红褐色，果皮较厚外表粗糙，但肉质好、味亟甜，宜于鲜食或制干。

云南西南部施甸县、临沧市、思茅市、永德县、孟连县等地和东南部文山州境内林区，常有混生分布。

附：云南华宁县“金后”龙眼良种。果近圆形，大小均匀，果顶浑圆，果肩平，纵径2.09cm，横径2.16cm，果重6.8g，果皮薄，金黄色，阳面有红晕，放射纹明显；果肉乳白色，半透明，肉厚0.56cm，易离核，味爽甜清香，可食率64%，品质上等，含可溶性固形物22%；种子扁圆形棕黑色，重1.36g；果成熟期8月中旬。该品种属小叶龙眼变种，果色艳美，品质上等，唯果型偏小，宜鲜食。本品种产华宁县盘溪镇。

（四）生产发展状况

云南省西部勐连县、施甸县、永德县、临沧市等地的热带雨林地段，是世界野生龙眼的原生分布中心。引进良种龙眼生产，起步更晚于荔枝，20世纪80年代才有批量发展，总面积，总株数也少于荔枝，年产2500t，云南荔枝栽培约30个县、市，同样有龙眼栽培发展，品种以“石硖”为主，其他的品种有少量栽培。

因发展起步晚，亟需提高综合管理科技水平，抓住同一品种比国内其他产区早熟20天上市的早熟优势，为鲜果销售的主攻方向；其次应发展制干品种与现代化制干技术，以解决边远产区交通滞后、产品滞销问题。

五、菠　萝

别名：凤梨。

（一）产地及分布

菠萝为凤梨科（Bromeliaceae），凤梨属（*Ananas* Miller）植物。原产于热带美洲，中国引入作栽培仅1种［*A. comosus*（L.）Merr.］及许多品种，云南都有。分布在南部低海拔河谷，以河口市、元阳县、西双版纳州、德宏州等种植较多。

（二）食用栽培种和品种

多年生草本，高0.5～1.5m。茎较短，呈褐色，基部叶腋间生有吸芽或潜伏芽。叶多数，呈螺旋状排列、剑形、革质、长40～90cm、宽4～7cm，中部较厚呈凹陷状，两边较薄向上弯成叶槽，顶端渐尖，全缘或有锐齿，正面绿色，背面粉绿色，生于顶部叶片渐渐变小呈红色。由100～200朵小花聚合而成的头状花序，从叶丛中抽出，形成6～8cm长的松球状，结果后渐渐增大，苞片淡红色，呈卵状三角形或长椭圆形；萼片卵形，长约1cm，肉质；花瓣倒披针形，上部紫红色，下部白色，长约2 cm。成熟后的肉质聚花果，长度多在15 cm以上，形状、大小、颜色、风味、甜度，随品种不同而有差异。据估计，当前世界栽培的品种约有60～70个品种，分4大类，云南绝大部分都有。

1. 皇后类

植株矮小，叶缘有刺，极少无刺；果皮金黄带绿斑，圆锥状、个体小，一般仅有700～1000g，果肉黄色至深黄色，果眼小而突，小果两侧向上突起。汁多味甜，香气浓郁，适宜鲜食，耐贮运，代表品种如皇后（Queen）、金皇后（Golden Queen）等。在云南一些老产区，如元阳等地都有种植，深受消费者的欢迎，但产量中等。

2. 卡因类

植株长势强健、粗大。叶缘无刺或叶尖仅有少量刺，吸芽较少；果皮桔黄色带绿斑、圆柱形、个体大，重2000～2500g；小果萼片短、果眼阔而扁平、不突起；果肉淡黄色，甜酸适度，风味清甜。产量较高，但对肥水需求也比其他品种高。无刺卡因（Smooth Cayenne）、沙捞越

(Sarawak) 等均属这类。当前云南河口市等地种植较多。

3. 西班牙类

介于皇后类与卡因类之间，植株长势中等；叶缘有硬而尖锐的刺；小果扁平，苞片基部突起；果肉淡黄色带白色，纤维较多，酸高糖低，单果重 1.000 ~ 1.500g，代表品种如红西班牙 (Red Spanish)。云南菠萝老产区，本地有刺品种都属这类。

4. 阿巴卡西类

叶长而带刺；果柄较长，果为金字塔形；果肉黄白色，产量中等，适宜就地消费。在云南部分地区有零星种植。

主要品种：红皮菠萝，西双版纳州、元阳县、河口市等地有零星种植。植株强健直立。叶狭长排列不整齐，边缘有刺、尖端常带红色。果呈圆柱形，纵径 13.7 ~ 16cm、横径 0.8 ~ 12.2cm，单果重 1100 ~ 1600g，小果大而平，果眼较深，达 1.1cm，成熟后皮色深黄色至红黄色；肉质橙黄色至桔红色，纤维多，味偏酸，品质较差。但果实较耐贮藏、运输；生长中也较其他品种更耐瘠、耐旱、抗病虫力也较强，是良好的种质。目前在全省一些干热的山坡上种植，粗放管理下，仍可获得较好的产量，同时是一些罐头厂、加工菠萝罐头的重要原料。

(三) 栽培状况及发展前景

菠萝是重要的多年生热带草本果树。在云南主要分布在南部海拔 800m 以下的河谷地区。在良好的肥水条件下，3 ~ 11 月均可开花，达到一年大部分时间供应市场鲜果和加工的需要，调节市场水果的淡季。

菠萝果实品质优异，鲜吃风味独特，香气迷人，很早欧洲人称它为“杰出的水果”，“有美丽的外观，鲜美的香气，独特的风味，任何水果不能比拟”，果肉除含有糖、蛋白质、粗纤维和有机酸外，还有人体必需的维生素 C、胡萝卜素、核黄素、维生素及钙、磷、铁等矿物质。

菠萝用途广，利用价值高。果实除鲜食外并可加工罐头，因其加工后的果肉仍能基本保持鲜果的色香味，其他水果难以做到，被称为“罐头之王”，深受消费者欢迎。除此还能制作果酱、果脯、果汁、带肉果汁、速冻菠萝块等。制成鲜菠萝汁罐头、糖浆、柠檬酸、菠萝糖、酒、醋，以及药用菠萝蛋白酶；菠萝蛋白酶水解蛋白质的活性，较番木瓜蛋白酶高 10 倍以上，有很强的消化蛋白及杀菌能力，在医药、酿造、纺织及制革工业方面有广泛的用途；榨取汁后的菠萝渣烘干的菠萝糠，用作饲料能明显提高奶牛的产乳量；菠萝叶片含 2% ~5% 的长维生素，能生产拉力强、颜色洁白的纤维，与丝类混纺制造成高级衣料；除此，还可作钞票纸和宣纸的生产原料。

菠萝茎含 2.5% 的淀粉，可提取细菌培养基，盆栽菠萝夜间吸收二氧化碳，又较耐荫，既美化居室又能净化空气。

菠萝生长快，栽培管理容易。种植后几个月便能开花，亩产 1000 ~ 2000kg。在木本果树、橡胶树及其他林木幼树间套种菠萝，既能做到以短养长，又能优化生态环境。

云南种植菠萝的地方，多数是南部经济欠发达的边远山区，面积 0.46 万 hm^2，产 3.32 万 t。当前，结合农村的产业结构调整，种植菠萝，结合加工，不断把产品运往大、中城市，不仅丰富了市场商品，更有利贫困地区走向小康生活。菠萝在中国和云南生产区域狭小，产量尚不多，利用现代技术控制花期，可达到鲜果和加工产品周年供应市场。因此，菠萝有广阔的发展前景。

六、番木瓜、番石榴、番荔枝

(一) 番木瓜

别名：万寿果、木瓜。

1. **产地及分布**

番木瓜为番木瓜科（Caricaceae），番木瓜属（*Carica* L.）植物。原产热带美洲，中国引入栽培仅1种（*C. papaya* L.）及许多品种。云南主要分布在南部北热带及南亚热带的低海拔河谷。

2. **食用栽培种**

常绿软木质小乔木，高达8m，不分枝，有时因树干受伤而发出分枝。茎干表面具有粗大螺旋状排列的叶痕，叶较大，直径可达60cm，近圆形，有7～9个掌状深裂，裂片呈羽状分裂；叶柄长59～100cm，中空。花两性，但多为单性花，因此，有雌雄株和两性株之分。雌花为单生或数朵花组成伞房花序，花萼、花瓣各5裂，5瓣；雄蕊退化，子房1室，无柄，上位，具侧膜胎座，胚珠多数；花柱短、5枚，柱头数裂近流苏状；雄花无梗下垂为圆锥花序，花萼5裂，裂片呈披针形；花萼漏斗状，乳黄色，雄蕊生长在花冠上，10枚，花丝基部连合或分离，花药直裂2室，子房退化；两性花，花形大于雄花而小于雌花，有发育完全的子房和1～10枚雄蕊。近球形或椭圆形，长10～30cm的肉质浆果，熟时黄色或橙黄色，肉厚、味甜、中空，内壁着生种子多数；种子黑色，圆形，具皱纹，外有胶状假种皮，内具肉质胚乳及直生胚。

云南北热带及南亚热带广泛都有栽培。番木瓜营养价值高，含有多种维生素，特别是维生素A和C，除鲜食还能加工瓜糖、果汁、果酱、果脯及罐头，并可用作蔬菜。易栽培，结果快（从播种到结果只需一年多），周年开花、产量高。但生产上应避免到番木瓜病毒发病区域引种，防带进番木瓜花叶病。同时，由实践所知：由雄株作父本授粉，后代出现雄株多，而由两性株作父本，以两性花的花粉授粉的，后代出现雄株较少，雌株和两性株比率增大。因此，采种的番木瓜母本园，一定要砍除雄株，保证有更多的两性株，有计划将两性株的花粉授到雌花或两性花的柱头上，就能保证后代有更多的雌花和两性株，提高番木瓜的产量。用雄株作为砧木，上面嫁接雌株，可以改造为结果树。

3. **主要栽培品种**

（1）墨西哥黄肉：原产墨西哥。植株高大（约2m左右），茎干粗壮。为全省零星栽培的品种。果大，单果重1500～2000g；肉质黄色、细腻、味较甜，有浓香味，果汁含可溶性固形物8%～10%。

（2）印尼木瓜：20世纪50年代，引入西双版纳州，而后推广到各地。该品种果大，椭圆形或长椭圆形，单果重2000～3000g，肉质橙红色、清甜。

（3）苏罗：原产巴巴多斯，是目前国际市场畅销的品种。云南20世纪60年代引入。植株矮小，果形较小，结果好，单果重500g左右。雌花结果呈球形；两性花结果呈梨形或长椭圆球形。果顶稍弯曲，果肉厚，约带香气，较耐贮藏、运输。但也较易感染炭疽病和番木瓜花叶病。

（4）蓝茎：茎干粗大有紫色斑。株高约50～60cm开始结果。果呈长圆球形，单果重2000～4000kg。果肉厚、橙黄色、味较甜，种子较少，一般约10粒，多到100粒。本品种生长适应性较强，也较抗番木瓜花叶病。

（二）番石榴

1. **产地及分布**

番石榴为桃金娘科（Myrtaceae），番石榴属（*Psidium* L.）植物，原产美洲热带。中国引入两种，其中1种逸为野生种，主要分布在云南的北热带及南亚热带。

2. **番石榴属分种检索表**

1. 嫩枝有棱；叶片长圆形至椭圆形，背面有毛，侧脉明显 ……………………… （1）**番石榴** *P. guajava* L.
1. 嫩枝圆形；叶片倒卵形至椭圆形，无毛，侧脉不明显 ……………… （2）**草莓番石榴** *P. littorale* Raddi

3. **主要种的特征特性**

（1）番石榴：小乔木，树高5～10m；树皮灰色，光滑，片状剥落。嫩枝被毛，有棱。叶片长圆形至椭圆形，革质，长6~13cm，宽3.5~6.5cm，先端急尖或钝，基部近圆形，叶面较粗糙，背面具柔毛；叶脉常下陷，网脉较明显；叶柄长约0.5cm。花单生或2~3朵聚生于叶腋间呈聚伞花序；花萼有毛，长约0.5cm，钟状，萼帽近圆形，呈不规则裂开，长约0.7cm；花瓣白色，4~5瓣；雄蕊长6~9cm；子房下位3~5室，与花萼合生，花柱与雄蕊近等长。浆果形状多种多样（球形、卵形、梨形等），长3~10cm，顶端并有宿存萼片，果皮黄色，果肉有白、黄、粉红至鲜红多种色泽，胎座肥大，肉质；种子多数。

云南的北热带至南亚热带均有栽培。当前主要是鲜食，并可制作饲料和果酒，香味特殊。

（2）草莓番石榴：灌木或小乔木树，高3~6m；树皮灰褐色较光滑；嫩枝圆形。叶倒卵形至椭圆形，革质，长5~11cm，宽2~5cm，基部楔形，顶端急尖，全缘，侧脉不明显，两面白色无毛。单花腋生，白色；花萼4~5枚呈长卵形；花瓣长约1cm倒卵形；雄蕊较花瓣短；子房下位，与花萼合生，4室，花柱纤细，柱头盾状。梨状或球形桨果，高2~4cm，熟时皮呈黄色，果肉白色。在云南热带及南亚热带均有栽培。由于果实具有较浓郁的草莓香味，多汁，味酸甜，是加工果酱和饮料的良好原料。

4. 主要品种

（1）胭脂红：果呈梨形，约在7月中旬（大暑前后）成熟。有宫粉红、全红、出世红、大叶红品系，其中，以宫粉红、全红生长较好，品质最佳。

（2）七月熟：果呈梨形，约在7月中旬至9月中旬（大暑前至秋分）成熟，是中、晚最佳优良品种。它具有丰产、质细、肉白、味甜等性状。

另一类在云南常呈半野生状态的小乔木，在建水县、元阳县等一些山沟、山箐生长较多，老百姓称它摆子果。可以鲜食，但有的含酸较多，有呈红色、白色、黄色等3种，多用于加工。

（三）番荔枝

1. 产地及分布

番荔枝为番荔枝科（*Annonaceae*），番荔枝属（*Annona* L.）植物。原产热带美洲，中国引种栽培有5种，云南均有分布，主要在北热带及南亚热带。

2. 番荔枝属分种检索表

1. 叶背无毛或几乎无毛；枝条无毛。
  2. 侧脉在叶上面扁平，在叶背面凸起；花蕾披针形，内轮花瓣退化呈鳞片状。
    3. 叶背面苍白色；总花梗有花1~4朵，与叶对生或顶生；成熟心皮梢相连，易于分开………………………………………………………………………………（1）**番荔枝** *A. squamosa* L.
    3. 叶背面绿色；总花梗有花2~10朵，与叶对生或互生；成熟心皮连合呈一整体，不易分开………………………………………………………………………………（2）**牛心番荔枝** *A. reticulata* L.
  2. 侧脉两面凸起；花蕾卵圆形或近圆球形，内轮花瓣存在。
    4. 果近圆球形或肾形，幼嫩时有下弯的软刺，刺随后渐渐脱落而残存细小突起………………………………………………………………………………（3）**刺果番荔枝** *A. muricata* L.
    4. 果呈牛心状，无刺………………………………（4）**圆滑番荔枝** *A. glabra* L.
1. 叶背面被短绒毛；枝条同被短柔毛；内轮花被较小，鳞片状；果圆锥形或心形，外面有突起………………………………………………………………………………（5）**毛叶番荔枝** *A. cherimolia*. Mill.

3. 主要种的特征特性

（1）番荔枝：别名又香梨、番妻子、林檎、佛手果、释加果。半落叶性的小乔木或灌木，树高3~5m，多分枝，枝条细软下垂。单叶互生，长圆形或椭圆状披针形，长6~15cm，宽3~6cm，先端急尖或钝，基部圆形或楔形，叶背苍白绿色，幼嫩时被微毛后脱落；侧脉每边有8~

16 条，上面扁，背面凸起。花单生或 2～4 朵聚生于枝顶或与叶对生，长 2～4cm，下垂，青黄色；萼片 3，镊合状排列；花瓣 6 片，分两轮排列，外轮花瓣肉质，长圆形，顶端急尖，被微毛。内轮花瓣小，退化有如鳞片状，被微毛；雄蕊多数，具肉质花丝，心皮多数，合生成圆锥形雌蕊体，每心皮有胚珠 1 颗。由多心皮及花托合生而成的圆球形或心状圆锥形的肉质果，黄绿色，外被白粉，多数有瘤突起，直径 5～10cm，成熟后心皮易分开，食用部分为假种皮，果肉乳白色，浆质，味极甜而芳香；种子多，黑褐色，光滑，纺锤形或长卵形。花期 5～6 月，果期 6～11 月。番荔枝耐寒力不及毛叶番荔枝，喜土壤深厚潮湿温暖的气候，在云南多分布在湿热地区。因果肉含蛋白质 2.34%，脂肪 0.3%、糖类 20.42%；不但是有名的热带水果，而且能加工冰淇淋和饮料。种子含油 20%，树皮纤维可造纸，根可入药，能治急性赤痢、精神抑郁、脊髓骨病。并为紫胶虫的良好寄主树。繁殖可用种子、枝接或芽接及扦插。

（2）牛心番荔枝：落叶小乔木，树高约 6m，枝条有瘤状凸起。叶长圆状披针形，长 9～28cm，宽 3～6cm，顶端渐尖，基部急尖至钝，两面无毛，背面绿色；侧脉背面凸起，上面扁平，多在 15 条以上。总花梗与叶对生或互生，有花 2～10 朵；花蕾披针形；萼片卵圆形，内面无毛，外面则被短柔毛；外轮花瓣长圆形，黄色，基部紫色，肉质，内轮花瓣退化呈鳞片状；心皮长圆形，被长柔毛，最后连合成聚合果。果实心形或圆球形，直径 5～13cm，平滑无毛，有网状纹，成熟时暗黄色，心皮不易分开；果肉牛油状，附着在种子上；种子长卵圆形。花期冬末至早春；果期次年 3～6 月。

云南热带及部分南亚热带均有栽培，是热带地区有名的水果。据分析，含蛋白质 1.6%，脂肪 0.26%，糖类 16.84%。并为紫胶虫的寄主树。

（3）刺果番荔枝：常绿小乔木，树高约 8m，树皮粗糙。叶倒卵状长圆形至椭圆形，长 5～16cm，宽 2～6cm，顶端急尖或钝，基部宽楔形或圆形，叶面绿色有光泽，叶背浅绿色，两面无毛；侧脉两面略为凸起，主脉两边 8～13 对。花蕾卵圆形；花淡黄色，直径约 4cm；萼片卵状椭圆形，长约 0.5cm，宿存；外轮花瓣厚，阔三角形，顶尖端急尖至钝，内轮花瓣薄而较小，镊合状排列；内轮花瓣薄而小卵状椭圆形，覆瓦状排列；心皮被白色绢质柔毛。果长 10～34cm，直径 7～14cm，卵球形或肾形，深绿色，幼嫩时有下弯的肉质软刺，熟后慢慢脱落宿存小突体，果有白色，有香味，微酸多汁；种子多数，棕黄色，肾形。花期 4～7 月，果期 7 月至次年的 3 月。主栽云南湿热地区，虽对土壤要求不严，但抗寒力较差。果大多汁，味甜酸，除鲜食外，并能加工果冻、冰淇淋、优质饮料等；未充分成熟的果实还能用作蔬菜。据分析果肉含蛋白质 0.7%，脂肪 0.4%，糖 17.1%。树体是紫胶虫的寄主树，木材可用作造船材料。

（4）圆滑番荔枝：常绿小乔木或中乔木，树高达 10m，叶片卵圆形或椭圆形至长圆形，长 6～14cm宽 4～8cm，顶端急尖至钝，基部圆形，无毛，侧脉两面凸起，约 6～9 条。花香，大小因生长的环境而异，外轮花瓣白黄色或绿黄色，顶端钝，无毛，近基部内面有红斑，内轮花瓣较短而狭，外面白色或浅绿色，顶端急尖，基部内面红色。果牛心状，平滑无毛，初时绿色，成熟后淡黄色。花期 5～6 月，果期 8 月。主栽云南热带地区，可用种子或空中压条繁殖。果实可食，但风味较差。木材黄褐色，较轻，可作瓶塞和鱼网浮子之用。

（5）毛叶番荔枝：落叶小乔木，树高 4～6m；幼枝有黄色绒毛。叶卵圆形，倒卵形或卵状披针形及部分椭圆形，长 6～24cm，宽 2～9cm，顶端钝或短渐尖，基部圆形，叶面被短柔毛，叶背被短绒毛。花芳香，单生或 2～3 朵与叶对生；总花梗被绒毛；外轮花瓣长圆状线形，长 3cm 被短柔毛，外面绿黄色或红色，内面带白色或浅黄色，基部有紫色斑点；内轮花瓣鳞片状，紫色或肉红色。果实圆锥状或心形，也有近球形或卵形，果皮呈各式凹凸状；果肉白色，易与种子分离，种子倒卵形，稍扁。由于果实果肉味甜微酸，多汁，有菠萝风味，含蛋白质 1.83%，脂肪 0.14%，糖 18.41%。宜于鲜食，并能加工冰淇淋、冰糕及饮料。在云南热带山地均有栽培，以抗性强的砧木嫁接好的优良品种。

4. **主要品种**

（1）普通番荔枝：属番荔枝，果呈圆球形或心状圆锥形，直径5～10cm，黄绿色，有多个瘤状突。成熟后心皮容易分离，果肉乳白色、浆质，味极甜，有芳香气味；种子约呈纺锤形，较光滑；单果重200～300g。它耐寒、耐旱性较差，在冬季或春旱时，常常会落叶。

（2）刺果番荔枝：属刺果番荔枝，果呈长卵形或纺锤形，果大，最大单果重4kg，暗绿色、外皮有臭味、上生许多外弯的肉质，故又称它红毛榴莲。果肉淡黄色或白色、微酸。香气浓郁，含可溶性固形物15%～21%。宜于鲜食或制作饮料、冰淇淋等。适宜云南湿热地区生长，耐寒性较差。

（3）牛心番荔枝：属牛心番荔枝，果呈心形或近似球形，果肉牛油状、味甜；种子长卵圆形，宜于鲜食。由于它栽培容易，病虫害较少，是西双版纳傣族村寨常见的果树之一。

（4）平滑番荔枝：果大如牛心，又名牛心梨。属圆滑番荔枝，产西双版纳等地。5～6月开花，8～9月果实成熟。它生长适宜性较强，病虫害较少，产量也较高。但果实有不愉快的气味，品质较差，多用于制作饮料配制香料之用。

七、余甘子、罗望子

（一）余甘子

别名：滇橄榄、橄榄、木波（傣语）、七察哀喜（哈尼语）、暖公膘（瑶语）。

余甘子（*Phyllanthus emblica* L.）为大戟科 Euphorbiaceae，余甘子属（叶下珠属）*Phyllanthus* L. 植物。本属共约500种，中国有33种，云南有18种，供食的仅本种。

落叶灌木或者小乔木，高1～3m。幼枝浅褐绿色，老枝灰褐色。单叶互生，羽状排列在小枝上，小叶线状长圆形，长0.8～2cm，宽0.2～0.6cm，先端圆钝，基部圆形，叶脉不明显，全缘；叶柄极短，花着生小枝中下部叶腋，花小，黄绿色，雄蕊多数，雌蕊少，或者全为雄蕊。果实扁圆形或球形，肉质核果状，径1～2cm，黄绿色，果皮薄，表面光滑，有明显或不明显的6条纵纹。种子核状，褐色。花期3～4月，果期8～12月，有的挂果在树上至翌年1～2月。

余甘子多为野生、半野生自然状态。由于自然杂交，从果型上，有多种类型：纵横径相近的为球形；果扁圆似桔的为桔形；果梗端平宽，果顶尖的为鸡心型及吊钟形、瓜瓣形、棱形、纺锤形、倒卵形等。还有按皮色、味、成熟期分的有十余个品系。

1. **产地分布及利用**

中国南部的云南、福建、广东、广西、贵州、海南、四川和台湾等省区，以及印度、马来西亚、南非，近于全球亚热带地区都有分布。云南分布较广，主要在南部，以怒江、澜沧江、金沙江、南盘江、元江等河谷水系，海拔500～2000m，以900～1400m山坡地灌木丛较多，尤以西双版纳州、思茅市、临沧市、保山市低海拔热区河谷地带最多，集中成片的野生余甘子林全省达4万hm^2。中国古代文献《临海异物志》三世纪已记载，“余甘大小如弹丸，初入口苦涩，咽之，口中乃更甜美足味”。余甘子鲜果除含水分81%外，含维生素1.5%（比猕猴桃高）。果肉分析含单糖4.96%，双糖0.17%，淀粉11.7%，纤维素34.3%，蛋白质2.2%，单宁18%，以及磷、钙、铁等矿物质和16种氨基酸，除鲜食外，加工制成罐头、果酱、果脯、饮料，是理想的果品。我国在医药上利用消炎、生津止渴，有润肺止咳化痰，预防脑膜炎、喉痛、牙痛，对乙型肝炎、高血压亦有疗效，还有防癌和抗衰老作用。余甘子耐瘠耐旱性强，种植简易，适应于低海拔干热河谷山坡栽培。

2. **品种（系）**

（1）球果甘：果尖圆球形或近球形，果重约7.0g，果皮黄绿色，皮薄，表面光滑，有锈斑，果肉质，松脆，回甜，11月下旬至12月成熟。

（2）扁圆果甘：果实扁圆形，有棱，果重7～8g，果皮淡黄色，果肉浅黄绿色，酥脆，汁多，味酸甜。11月成熟。

（3）青皮甘：果实近圆形，果重8～9g，果皮青绿色或浅绿色，果肉浅绿色，酥脆，汁多，回味快。12月至翌年1月成熟。

（4）梨果甘：果倒卵圆形或椭圆形，果重8～11g，果皮浅绿色，果肉黄绿色，汁中多。12月成熟。

（5）桔形甘：果似红桔，扁圆形有纵纹，果重8～10g，果皮黄绿色，果肉浅黄绿色，汁多。11～12月成熟。

此外在西双版纳州，从勐腊县选出的8803号、9001号发展，树开张，果实扁圆形，果顶平或稍尖，果皮黄绿色，果大，重约13.0～18.0g，果肉厚淡黄绿色，肉质松脆，可食率90%～95%。总糖含量6.5%～7.0%，Vc 666mg/100g，粘核。1～2月成熟，宜在海拔1000m气温高的地区生长。

3. **栽培现状及前景**

余甘子多为野生状态，少有栽培，因余甘子果实含丰富营养，除供鲜食外，又可加工制成许多食品，又有医药价值，种子可以榨油，树皮、叶能提取栲胶。果一年四季均可成熟，不断采收供应市场（冬季最多），易贮运远销。特别耐瘠耐旱不择土壤，少有病虫危害，栽培技术简易，适宜无水源的山区坡地发展。云南干热江河沿岸，历来受雨水冲刷切割，坡陡土壤瘠薄，种植余甘子，结果早，丰产，树体矮小，管理容易，既可以收到好的效益，又能绿化荒山。金沙江流域及其他低海拔干热河谷较广，发展余甘子投资少，前景良好。发展时，各地选择当地的优良植株，达到适应环境要求，提高品质，另外引种优良品种，选择优良的发展。

目前应加强对现有余甘子保护，加以管理，从中进行研究，选择优良植株，采接穗嫁接、扦插繁殖，加速扩大优良品种（系）的发展。同时对果实改进作深加工，提高商品价值和经济效益；发展中有关部门先作出示范典型，引导广大山区果农发展余甘子。

（二）罗望子

别名：酸角、酸豆、酸饺、罗晃子。

罗望子为苏木科（Caesalpiniaceae），罗望子属（*Tamarindus* L.）植物，罗望子 *T. indica* L. 本属仅1种。

常绿乔木，一般树高6～20m（30m），干周5～7.5m，冠幅约15～20m，树皮灰褐色，不规则片状脱落，嫩枝绿褐色，多年生枝褐色。偶数羽状复叶，长12～18cm，宽2.5～4 cm；小叶20～40，对生，近矩圆形或近圆形，浅绿色，微有柔毛或无毛。总状花序，花8～12朵，两性花，花瓣黄色，微带紫色。荚果长6～14 cm，宽1.5～2.5 cm，舌形或圆筒形或稍扁，微弯曲；外种皮硬壳状；中果皮肉质，褐色；内种皮白色，革质。种子紫褐色，有光泽，卵形或长圆形，坚实；每荚有种子2～10粒。花期4～6月，翌年2～4月陆续成熟。

1. **产地分布及利用**

罗望子，原产非洲和亚洲热带地区，现在全球热带地区及我国云南、广西、广东、福建、海南、台湾等省区均有分布。云南主要分布在海拔低气候热的地区，滇南的文山州、红河州、玉溪市、思茅市、临沧市、西双版纳州、德宏州等，滇中低热河谷元谋、永仁、宾川县等地亦有栽培，多生长在1300m以下山坡地、沟谷、道旁、地边、村寨附近。罗望子果肉中的营养成分很多，有机酸含量大，主要为酒石酸和枸橼酸，还含类脂、全糖、钙、磷、维生素，种子含油、蛋白质、淀粉等。可食部分为种皮，鲜食酸味浓，适于加工制成果酱、果汁、果糕、晶粉等多种食品和饮料，种子榨油或提取食用胶，磨粉可食。果入药有消积食、缓腹泻，清热、解毒疗效。适应性强，耐瘠耐旱，管理容易，寿命长达几百年，可作绿化和防风林树种，木材坚硬致密，可作建材和家具。

在多年栽培下，有酸、甜两个品系。

（1）甜酸角：叶淡绿色，荚果大，长6.0~11 cm，荚形较直，饱满、肉厚，酸味不浓，微甜，产西双版纳州。

（2）酸角：叶深绿色，荚果长7~14cm，荚形微弯，肉质薄，酸味浓，各地均产。以大马蹄酸角最为驰名。

2. 栽培现状及发展前景

罗望子适应性强，很少管理，粗放栽培，一般种子繁殖。应加强整理，发掘利用，选择优株，嫁接和扦插繁殖，进行规范管理，克服结果期迟阻碍发展问题，但结果后产量很高，树寿命长。元江县有300多年生的大树，树高20m，树干周粗8m，年年结果，株产500kg。果实可加工多种食品，树适应性强，耐瘠耐旱为造林封山、保持水土的园林绿化树种。元谋县城区和村旁，罗望子有较长栽培历史，为低海拔干热气候栽培的典型果树树种之一。今后，在类似条件的地区发展，因这些地区土地面积较多，仍为农民致富之道。

第七节 其他果树

一、枣

俗名：枣子、大枣、枣、红枣、棘、枣树。

（一）原产地分布用途和分类

枣的原产地有多种说法。中国历史文献中，远在公元前11世纪到前6世纪的《诗经》中，就有："八月剥枣"的记载。考古工作者在湖南省长沙市马王堆（2169年前）和湖北省随县侯墓（2450年前）的出土文物中，发现有棘（酸枣）的果实及核。另外山东临朐县曾发现中新世（距今1200万年~400万年），酸枣（*Ziziphus miojujuba* Hu. et Chaney）的化石，以上事实证明枣确系原产中国。

枣在中国遍及南北方各地，栽培枣是由酸枣演变来的。分布面极广，北方与苹果的分布北线相似，从辽宁、内蒙古一直到新疆均有枣的分布和栽培，沿海各省至广东、广西、西南各省都有分布。枣的产区主要在华北各省，以河北、山东、山西、河南、陕西最多，约占全国90%以上，简称北枣；长江流域及其以南各省产的枣称南枣，多为零星栽培。云南枣的种类多，分布亦广，北热带西双版纳州、富宁县、瑞丽市、盈江县至北温带贡山县、德钦县都有分布，其中以滇中地区的宜良县、江川县、元谋县较多。

枣营养丰富，鲜果含糖率25%~45%，干枣含糖率50%~86%，含蛋白质、脂肪及铁、磷、钙等多种矿物质元素，含维生素A、B、P，在100g果肉中含维生素C 600~800mg。维生素C防治坏血病和抗疾病传染，维生素P防治高血压。枣有滋补、安神、健胃、消食医疗作用。果实可鲜食，又能制成多种加工食品。花为优质蜜源树种，枣叶可以代替茶。枣树木质坚硬，纹理细致，可作雕刻、家具及装饰品用材。

（二）种类和分类

枣树为鼠李科（Rhamnaceae），枣属（*Ziziphus* Mill.）果树植物。本属在世界上有100多种，落叶乔木或常绿乔木，分布在热带、亚热带、温带；我国有12种，3变种，分布南北方各地。云南枣属植物有9种，在此仅重点介绍6种。

枣属分种检索表

1. 花序由聚伞花序组成，顶生或腋生圆锥花序或聚伞总状花序：核幼时被毛，以后无毛；内果皮脆壳质，幼枝、叶下面、叶柄、花序被锈色或黄褐色绒毛 ……………………………… （1）**皱枣** *Z. rugosa* Lam.
1. 花序为聚伞花序，果核无毛，内果皮硬骨质，幼枝、叶柄、花序无毛；或有毛。
   2. 总花序梗长0.5～1.6cm，幼枝、叶柄及花序梗被棕色短柔毛，花瓣匙形，兜状 …………………………………………………………………………………… （2）**滇枣** *Z. incurva* Roxb.
   2. 总花梗不超0.2cm，幼枝、叶柄及花梗无毛或被非棕色绒毛，花瓣不为匙形。
      3. 核果大，径1.5～3cm，叶背面仅沿脉被毛。
         4. 当年生小枝常2～7簇生于矩状短枝上：花梗、花萼无毛，核果矩形或长卵状圆形，中果皮肉质，厚 …………………………………………………………………… （3）**枣** *Z. jujuba* Mill.
         4. 当年生小枝不着生在矩状短枝上；花梗、花萼有毛；核果球形或倒卵形，中果皮不为肉质，厚
            5. 幼枝无毛，叶卵状披针形，先端长渐尖，中果皮薄于内果皮，基部及边缘增厚 ……………………………………………………………………………………… （4）**大果枣** *Z. mairei* Dode
            5. 幼枝被绒毛；叶椭圆形或卵状椭圆形，先端钝，中果皮厚于内果皮，基部边缘不增厚 ……………………………………………………………………… （5）**山枣** *Z. montana* W. W. Smith
      3. 核果小，径1.0cm，叶长圆形或椭圆形，先端圆形，下面密被黄色或白色绒毛 …………………………………………………………………………… （6）**缅枣** *Z. mauritiana* Lam.

（三）主要种的特征特性

1. 皱　枣

别名：皱叶枣，弯腰枣。

常绿灌木或小乔木。幼枝密被黄褐色绒毛，老枝红褐色，常具1（2）紫红色的下弯短刺。单叶互生，近革质，宽卵形或宽椭圆形，长5～15cm，宽5～9cm，先端圆，基部圆形或近心形，偏斜，边缘细齿，表面绿色，幼时被毛，老时脱落无毛，间或脉腋有疏毛，下面淡绿色，密被黄褐色绒毛，基出脉3～5；叶柄长0.5～0.9cm，密被黄褐色绒毛。花两性，绿色，多数至10余花组成聚伞花序，排成顶生或腋生的圆锥花序或总状花序，长20cm；花序梗，花梗，萼片外面及子房均密被锈色绒毛；萼片5，三角形，先端尖，与萼筒近等长。花瓣缺，花盘圆形，5裂。核果倒卵形或近球形，熟时黑色，长0.9～1.2cm，径0.8～1.0cm，幼果被绒毛，以后无毛，种子2，球形、红褐色，径0.6～0.8cm，花期3～5月，果期4～6月。

产临沧市、西双版纳州、红河州，生于海拔150～1300m山地灌木丛中。

2. 滇　枣

别名：印度枣、弯叶枣。

乔木，高达8～10（15）m，幼枝被棕色短绒毛，老枝紫黑色或黑褐色，有皮刺。单叶互生，纸质，卵形或长圆卵形，长5～14cm，宽0.3～0.6cm，先端渐尖，基部近圆形，边缘圆锯齿，上面绿色，仅中脉被疏柔毛，下面淡绿色，无毛或沿脉被疏毛，基出3脉；叶柄长0.5～1.0cm，被棕色短毛。聚状花序，长2cm，萼片外缘有锈色绒毛，花瓣5；兜状匙形，花盘10裂。核果椭圆形或近球形，长1～1.3cm，径0.7～1.1cm；熟时红褐色，基部具宿存萼筒，中果

皮薄，内果皮厚骨质；种子1~2粒，平滑有光泽，黑褐色。花期4~5月，果期6~10月。

产兰坪县、鹤庆县、思茅市、景东县、景谷县、耿马县、勐海县、景洪市等地，生于海拔1000~2400m的混交林中。另外在滇中、滇西北丽江市境内几个县及滇南产的滇枣（*Z. yunnanensis* Schneid）并入本种。

3. **枣**

别名：枣子、大枣。

落叶乔木，高5~10m，树皮褐色或灰褐色，多年生枝紫红色至灰褐色，呈之字形回折；具刺，一刺直立，长达3cm；另一刺反面呈钩状，小枝绿色，下垂，单生或2~7簇生曲生于短枝上。叶纸质，卵形，卵状长圆形或卵状椭圆形，长3~6cm，宽1.5~4cm。先端钝圆，基部圆形，偏斜，叶缘圆齿状锯齿，上面绿色，下面淡绿色，仅下面沿叶脉被柔毛，基出三脉，叶柄长0.5cm。两性花，黄绿色，单生或2~8花密集簇生于叶腋，萼片5，卵状三角形，花瓣5。核果长圆形或长卵形，长2~3.5cm，径2cm；熟时红色，中果皮肉质，肥厚，果核先端锐尖，基部钝；种子1~2，椭圆形，长约1cm。花期5~6月，果期7~9月。

引入栽培于昆明市郊区及宜良县、江川县、通海县、宾川县、玉龙县、永胜县等地，于海拔1500~2100m。

4. **大果枣**

别名：鸡旦果。

乔木，高达10m以上。小枝紫红色，具刺无毛。单叶互生，纸质，卵状披针形，长7~14cm，宽4~7cm，先端渐尖，基部圆形，偏斜，边缘圆锯齿，叶两面无毛，基出脉3~5，在上面凹陷，网脉明显，叶柄长约0.8cm，无毛。花小，两性，黄绿色，腋生，二歧聚伞花序。核果球形，黄褐色，长2.5~3.5cm，横径2~3cm；顶端具宿存花柱，基部凹入，边缘常增厚，中果皮木栓质，内果皮硬骨质；种子1~2，长1.2cm，宽约1cm。花期4~6月，果期6~8月。

产昆明市、开远市、德钦县，生于海拔1900~2000m河边灌丛或林边。

5. **山　枣**

乔木或灌木，当年生枝被红褐色绒毛，小枝褐色。单叶互生，纸质，椭圆形、卵状椭圆或卵形，长4~7cm，宽3~4cm，先端钝，基部圆形，偏斜、边缘圆钝锯齿，上面绿色，无毛，下面淡绿色，沿脉被锈子绒毛，基出脉3，稀5，叶柄幼时被疏稀毛，长0.7~1.5cm。两性花，绿色，腋生，二歧聚伞花序，花序及花梗密被柔毛。核果球形或近球形，黄褐色，长2.5~3.0cm，基部凹入，边缘不增厚，中果皮海绵质；厚于内果皮，硬骨质，种子倒卵形，扁平。花期4~6月，果期5~8月。

产滇中和滇西北地区，生于海拔1900~2500m山谷疏林中，以德钦县奔子栏乡金沙江边分布较多。

6. **缅　枣**

别名：缅枣、滇刺枣、西西果、印度枣、毛叶枣、台湾青枣。

常绿乔木或灌木，高5~15m。幼枝密被灰黄色绒毛，老枝紫红色。叶纸质至厚纸质，卵形，长卵状椭圆形，近圆形，长3~6cm，宽2~4cm，先端近圆形，基部圆形，偏斜，边缘细锯齿，上面绿色，无毛，下面淡绿色，密被绒毛，基出三脉，叶柄密被绒毛。花两性，黄绿色，腋生，二歧式聚伞花序，花序梗长，被绒毛。核果球形或长圆形，径约1.0~2.0cm，成熟时黑色或紫黑色，中果皮木栓质，薄，内果皮硬革质，厚。种子红褐色，有光泽。花期8~11月，果期10~12月。

产禄劝县、元谋县、华坪县、盈江县，瑞丽市、西双版纳州、元江县等地，生于海拔200~1800m山坡林中或灌木丛中。云南分布较广，主产海拔低的干热或湿热坝区、河谷。21世纪初引入台湾青枣，属本种果大，绿色，味甜，10～12 月开始上市，一直供应至2 月，在元江河谷栽培表现尚好。

此外，云南还有 3 种枣。

（1）无瓣枣（*Z. apetala* Hook. F.）：花萼白色，被绒毛，产思茅市、西双版纳州，于海拔 600～1500m 地带。

（2）细脉枣（*Z. fungii* Merr.）：初期果有毛，以后脱落，叶脉细，果褐色，产西双版纳州，于海拔 200～1100m 地带。

（3）麻核枣（小果枣）[*Z. oenoplia*（L.）Mill.]：产西双版纳州。

（四）主要品种

栽培品种中，长枣、散枣、团枣属枣，宜良糠皮枣属大枣，碧云枣、蜜思枣、脆蜜枣属缅枣、台湾青枣品种群。

（1）长枣：树姿开张，生长势强，树冠半圆形。果实长圆形，果重 8～12g。果皮薄赤褐色，果顶钝圆。果肉黄白色，松软汁少，味甜酸，品质中等。7 月成熟。

（2）散枣：树姿开张，生长势强。果实短圆形，果重 11g。果皮褐色，较厚，果顶微凹入。果肉绿白色，肉质松软，汁少味甜。8 月成熟。

（3）团枣：树姿半开张，生长势中等。果实圆柱形，果重 6～9g。果皮褐色，果顶凹入。果肉绿白色，致密，汁中多，味甜微香。7 月成熟。

（4）宜良糠皮枣：树姿直立，生长势较强。果椭圆形，顶端稍尖，果重 5～8g。果皮浅褐色。果肉绿白色，松软汁少，味稍甜。8 月上旬成熟。

（5）碧云枣：树姿直立，生长较势强。果椭圆形，果重 30～50g。果皮淡绿色，果肉白色，肉质致密，味甜。11 月至翌年 2 月成熟。

（6）蜜思枣：属青枣类。果实近圆形，果重 40～100g，果皮绿色，有光泽，果肉白色，致密，味甜。1～3 月成熟。

（7）脆蜜枣：属青枣类。果实长椭圆形，较大，果重 50～110g，果皮鲜绿色，皮薄，果肉白色，肉脆嫩，味清甜，汁较多。12 月至翌年 3 月成熟。

此外，还有马牙枣、小团枣等，全省分布较广。青枣为引入种植在元江县、元谋县、西双版纳州气候热的地区。其他枣在滇南、滇中、滇西北都有零星分散栽培。

（五）栽培状况及发展前景

枣果含丰富的营养物质，为滋补食品，具有医疗价值，对人体健康有很好的作用，枣果供鲜食，又可加工成各种食品。枣果干后耐贮运可远销外地。枣适应性强耐干旱、耐瘠、耐湿，可在山区等地发展。云南枣的发展尚未达到规模生产，现在，年产仅 2300t。应提倡在山区发展，有利于水土保持和增加经济收入。通常枣果上市为 7～10 月，缅枣有所不同，宜于热区栽培，果期 10～12 月（1 月），近几年引入的青枣有所发展。

二、拐　枣

别名：鸡爪子、鸡爪树。

（一）原产地及分布

原产中国，朝鲜及日本也有分布。在中国以河北、山东、河南、安徽、山西、陕西较多，华东及西北一些省区有分布，但数量少，西南的云南、四川、贵州零星分散栽培。在云南，滇东北、滇中、滇南仍零星栽培。砚山县阿勐乡，现在长着一颗胸径3.3m，树高20.1m，近200多年的大树。

拐枣在中国栽培至少有2000年以上。拐枣果梗肥厚多肉，可食，含糖量高，味甜，供鲜食或酿酒。通常把拐枣、枣、枸杞一并泡入酒中，饮之舒筋活血。

（二）种类分类

拐枣为鼠李科（Rhamnaceae），枳椇属或拐枣属（*Hovenia* Thunb.）植物。中国拐枣共有4种，通常把北方的称北拐枣（*H. dulcis* Thunb.），南方的称南方拐枣（*H. acerba* Lindl.）；另外还有小花拐枣（*H. parviflora* Nakai et Y. Kimura），花比一般小，产滇东南；毛叶拐枣（*H. kiukiangensis* Hu et Cheng），叶密被绒毛，产贡山县。

（三）主要特征特性

小乔木，树高5～10m。树干灰黑色，有纵沟纹，老枝灰色，幼枝绿色，皮孔长圆形，灰白色。叶互生，广卵形至卵圆形，平展，有光泽，先端渐尖，基部圆形，边缘钝锯齿；三出脉，上面无毛，下面脉间有柔毛；叶柄细长。腋生或顶生复聚伞花序，花小型，黄绿色。果实小，圆球形，有3～4条纵沟纹，紫红色，瘦果。每果有种子3粒，扁圆形；果梗肥大弯曲是食用部分，黄褐色或淡红色，光滑，肉质，有纤维，味甜。其中有果梗绿色、肥大，肉多，汁多的。花期4月，果期9～10月。

产寻甸县、嵩明县、马龙县、宜良县、会泽县，文山州、大理市、玉龙县、通海县等地，于海拔1300～2400m，常栽培于村寨、田边、道旁、庭院。

（四）栽培状况

拐枣在云南分布较广，多为零星分散栽培，喜湿润、土壤深厚，向阳的地方，但对环境条件要求不严，适应性强，山地、坡地、平地都能生长，以肥厚湿润之地可获高产。拐枣病虫害少，较易管理。种子繁殖，一般在水中浸泡之后即可播种。

拐枣尚未形成批量商品，集市上有零星出售者，多为四旁种植的。拐枣可食、入药，可选择优良单株，繁殖推广，投入生产。植株木质坚硬，可作建材，又可作绿化树种。

三、桑

别名：果桑、桑椹。

（一）产地分布及利用

桑是温带和亚热带果树，原产北半球温带及暖温带。中国南北各地均产，共9种。云南有8种，零星分布各地。桑为古老树种，栽培已有4600年历史。果称桑椹，供鲜食，成熟期早（4月），味甘甜多汁，含糖量高，一般为9%～12%；含酸、果胶、矿物质及胡萝卜素、硫胺素、核黄素和抗坏血酸素等。果可制作酒、制酱，汁用。在医药上，根皮润肺清热、止咳定喘；叶可散风清热、凉血明目；果能补肾、补血、祛风；嫩枝能治风湿、关节痛。桑树木材有弹性，纹理明秀可制家具、乐器和雕刻，枝条纤细作编箩筐和家具，纤维制高级纸。叶茎皮可以提取桑色素，主要利用叶养蚕，蚕茧缫丝，为纺织业上的重要原料。

桑为桑科 Moraceae，桑属 *Morus* L. 植物。本属云南有8种，3个变种，栽培上以桑和湖桑为主，叶养蚕。

（二）主要种的特征特性

1. 桑（*M. alba* L.）

别名：白桑、家桑、桑树。

乔木或灌木，树高3～10m，树皮厚，黄褐色，有棱状纵裂，枝灰黄色，幼时绿色微被绒毛。单叶互生，宽卵形至卵形，长6～14cm，宽5～10cm，先端急尖或钝尖；基部圆形至心形，偏斜，边缘锯齿粗钝，有时分裂；背面叶腋有丛生毛；叶柄长2.5cm，基部主脉3～5条。单性花，雄花序下垂、长2.5cm，绿白色，花药球形，黄色，雌花序长1.5cm，被毛，无梗。聚花果卵状椭圆形，长1～2cm，直径1.0cm，成熟果紫红色、紫黑色。花期4月，果期5月。

产我国中部和北部，现在从东北到西南都有栽培，云南生长在海拔200～2500m山地或坝区。

2. 湖桑（*M. multicaulis* perrott.）

别名：鲁桑。

乔木或灌木，多分枝，树皮灰色。幼枝灰绿色，被柔毛。叶大，长25～3cm，且厚，肉质，卵状心形，表面粗糙，深绿色；先端锐尖，基部心形，边缘钝锯齿，叶柄长。雄花序圆柱形，长2～3cm，下垂，雄花淡紫色，雌花序短，圆柱形或圆筒形。聚花果长1.5～2.0cm，直径约1.5cm，成熟果白色、明亮、汁多。花期4月，果期5月。

本种产江苏、浙江、四川等省，在云南昆明市、陆良县、蒙自县及楚雄市等地栽培，叶养蚕。

3. 鸡桑（*M. australis* Poir.）

别名：毛脉桑。

灌木稀小乔木，树皮灰褐色。叶斜卵形，先端急尖或尾尖，基部楔形或心形，叶面粗糙，被平伏刺毛，背面疏生粗毛，边缘具粗或细锯齿，有时3～5裂；叶柄长1～1.5cm，密被柔毛。雄花绿色，雌花序球形，直径1～1.2cm，被毛。聚花果短椭圆形至近球形，成熟果红色、紫红色、暗红色。花期3～4月，果期4～5月。

产昆明市郊区及富民县、禄劝县、宁蒗县、大理市、玉龙县等地，生于海拔1400～2700m山坡地或悬岩上石缝中，叶养蚕，果可食。

本种有3个变种：

（1）三叶鸡桑（var. *trilobata* S. S. Chang）。叶深三裂，中裂长，边缘或基部有牙状锯齿，果窄椭圆形，长3.5～6cm。产昆明市郊区，生于海拔1000～2000m石灰岩山地。

（2）花叶鸡桑［var. *inusitata*（Levl.）C. Y. Wu et S. S. Chang］。灌木。叶为不规则分裂，裂片边缘有锯齿。雌雄花序球形头状，密生白色柔毛。果球形，径约1.0cm，被毛。

产昆明市、富民县、双柏县、镇雄县，玉龙县、维西县、德钦县等地，生于海拔1200～2500m山坡，林缘灌丛中。

（3）细叶鸡桑（var. *incisa* C. Y. Wu）。灌木多分枝。叶细裂、条状，全缘，无毛。果球形，无毛。产镇雄县，于海拔1680m。

4. 光叶桑（*M. macroura* Miq.）

小乔木，小枝幼时被柔毛。叶膜质，宽卵状圆形，长7～14cm，宽5～10cm，先端尾尖或渐尖，尾长1.5～2.5cm；基部圆形至心形，两面平滑无毛，基生侧脉延伸至叶片中部，每边侧脉4～6条，边缘锯齿细密；叶柄长2～4cm。雄花序穗状，单生或成对腋生，长4～8cm，雌花序狭圆柱形，长6～12cm。聚合果狭圆柱形，长7～15cm，直径0.5～0.9cm，成熟时黄绿色。花期3～4月，果期4～5月。

产西双版纳州、瑞丽市、思茅市、临沧市、河口市、金平县、屏边县、富宁县、文山州等地，生于海拔300～1300m河谷和热带季雨林中。树皮造纸，木材、叶提桑色素。

5. 蒙桑（*M. mongolica* Schneid.）

别名：岩桑。

小乔木或灌木，树皮灰褐色，具棱状纵沟。叶卵状椭圆形，长8～14cm，宽6cm，先端尾尖，基部心形，分裂或不分裂，边缘具三角形长刺芒锯齿，两面无毛。基生脉三出，侧脉每边5～6条，叶柄长2.5～3.5cm，果长1.5cm，紫黑色。花期3～4月，果期4～5月。

产昆明市、宁蒗县、玉龙县、维西县、香格里拉县、德钦县、泸水县、临沧市、文山州，生于海拔1200～3800m山坡林中，树皮造纸，根入药。

6. 滇桑（*M. yunnanensis* Koidz.）

小乔木，高10～14m，小枝无毛。叶心形，长10～18cm，宽12～18cm，先端短尖，基部心形，叶深绿色，无毛，侧脉每边3～4条，边缘三角形短尖锯齿，叶柄长4～6cm，无毛或微被柔毛。果圆筒形，单生叶腋，长1.0cm，直径1.2cm。

产德钦县，生于海拔2200～2800m森林中。

7. 德钦桑（*M. deqinensis* S. S. Chang）

乔木，高约8m，树皮灰黑色，有棱状纵沟纹。叶纸质，卵形或宽卵形，长6～11cm，宽5～9cm，先端渐尖，基部浅心形，边缘锯齿牙状，齿尖内弯，叶面无毛，粗糙。果短圆柱形，长1～1.5cm。

产德钦县，生于海拔2200～2600m林中。

8. 毛脉桑（*M. notabilis* Schneid.）

乔木，高8～14m，树皮暗褐色。叶圆形至近卵状圆形，长6～15cm，宽5～11cm，先端钝尖，基部心形，叶深绿色略粗糙，基部叶脉三出，侧生二脉延伸至叶的2/3处，侧脉每边3～4条，叶柄长4～6cm。果圆柱形，长3.5cm，白色。花期4～5月，果期5～6月。

产贡山县、泸水县、德钦县、大理市、文山州、镇雄县等地，生于海拔1300～2800m常绿阔林中。

（三）栽培现状及展望

桑树在云南和全国一样，分布很广，各市州都有分布，叶养蚕，果供食用。作果用的多为零星栽培，主要生长在海拔1400～1900m滇中城镇附近。偶见村旁、宅地有大果桑，仍未能规模发展。采叶饲蚕，茧缫丝，是高级纺织原料，受市场需要波动很大，云南以陆良县栽培较多。

桑果营养丰富，用途广，可制成饮料和食品。成熟早（4月），采收期正值水果淡季，有调节市场作用，深受群众欢迎，近些年有所发展。桑木用途广，可制成器具和装饰。桑适应性强、山地、坡地、平坝、河岸、道旁、埂边、房前屋后，都可栽培。

四、沙棘、胡颓子

（一）沙　棘

别名：酸刺、刺西（藏语）。

1. 产地及分布与利用

产亚洲和欧洲温带地区，主要产中国北部、西部和西南部的高海拔地区。全世界共有4种，5个亚种。云南仅有1亚种，野生于滇西北的香格里拉县、德钦县、维西县、玉龙县、宁蒗县等地，生于海拔2400～3400m高山区、河谷、溪旁。其中，以2800～3400m的香格里拉县较多。

果实可鲜食和作饮料，富含营养，果实内含总糖量2.9%～4.63%，总酸量1.47%～2.55%，脂类化合物、蛋白质、维生素C每百克果肉含600～850mg，胡萝卜素每百克果肉内含4.3mg。种子含油量为10%～12%。此外还含有维生素B_1、B_2、A、E、P。入药可治胃溃疡、消化不良、皮下出血、月经不调等。根深、抗寒、耐瘠，可改良土壤及水土保持。

2. 主要特征特性

云南产的沙棘属胡颓子科（Elaeagnaceae），沙棘属（*Hippophae* L.）植物，为沙棘属中的1亚种。

云南沙棘 *H. rhamnoides* Linn. subsp. *yunnanensis Rousi*

别名：酸刺、刺西（藏语）。

落叶，高大乔木或小灌木，最高的达20m，一般小树高3～8m，在山坡地仅1.5m，大树，树皮黑色，不规则纵裂，小枝灰白色，具刺，幼枝密被银灰色绒毛。单叶，近于对生，线状披针形，狭披针形，长2.5～4cm，宽0.4～0.7cm，革质，表面绿色，下面密具鳞片柔毛，先端钝圆，基部近圆形。果实圆球形，直径0.5～0.7cm，黄色、橙黄色、桔红色，表面有果点，果柄极短，种子一粒，卵形。花期5月，果期10～11月。

云南的沙棘为野生状况。产滇西北海拔高的山区，树体高大，多数零星分散，不易采摘，加之缺乏果实加工工艺，目前尚未开发利用，处于自生自灭。沙棘的根与根瘤菌共生，有提高土壤肥力作用。随着金沙江等水系水土流失加重，用沙棘造林，在发展时可以先采种子育苗后造林，达到保持水土作用。

（二）胡颓子

别名：胡颓子、牛奶子。

胡颓子产欧洲南部、亚洲及北美洲，全世界有80余种。中国产55种，各地都产，以长江流域以南地区最多。云南产20种，在此仅列果实供食用也可加工制成果汁、罐头和常见庭院栽培的胡颓子。胡颓子为胡颓子科Elaeagnaceae，胡颓子属*Elaeagnus* L. 植物。属常绿灌木或小乔木，常具刺、稀无刺，叶互生，花两性，稀单性，花萼筒状，顶端4裂，雄蕊4，花柱单一。坚果，为增大的肉质化萼管包围，核果状。种子椭圆形，具肋纹。简述以下3种。

1. 牛奶子（*E. umbellata* Thunb.）

直立灌木，高4m，具刺。幼枝密被银白色或锈色鳞片，老枝栗色。叶纸质，椭圆形卵状椭圆形，长3～8cm，宽1～3cm，先端钝或渐尖，基部圆形至楔形，全缘，上面幼时有柔毛，下面密被银白色或褐色鳞片。花先开于叶，黄白色，芳香，单生或2～7簇生，白色。果卵圆形或近球形，长0.5～0.7cm，红色，被银白鳞片。花期3～4月，果期6～7月。

产昆明市、嵩明县、禄劝县、大关县、剑川县，贡山县，生于海拔1600～2800m的路边、沟边、荒坡灌木丛林。

2. 潞西胡颓子（*E. luxiensis* C. Y. Chang）

常绿灌木，高3～5m，无刺。叶薄、革质，卵状椭圆形，长6～11cm，宽3～4.5cm，先端渐尖，基部近圆形，下面密被灰色鳞片，侧脉5～8对，花淡红色，常2～5朵簇生于叶腋。果实矩椭圆形，长1.5cm，直径0.7cm，被褐色鳞片，肉质红色，酸甜、汁多，花期12～2月，果期4～5月。产龙陵、潞西、盈江等市县，生于海拔1400～1800m的杂木林中，还作庭院栽培。

3. 密花胡颓子（*E. conferta* Roxb）

常绿攀缘灌木，无刺，总状花序腋生，花银白色。果实长椭圆形，长3.0～4.5cm，横径2.0～2.5cm，成熟时深红色，花期10～11月，果期4月。

胡颓子果鲜食味酸甜、汁多，含糖、酸、维生素C及17种氨基酸，可加工果汁、饮料、罐头、果脯等，还有药疗作用，果成熟期早，是调节水果淡季的新品种，可在热区进行生产。在热区分布的其他种，有长叶胡颓子（*E. bockii* Diels）、角花胡颓子（*E. gonyanthes* Benth.）、胡颓子（羊奶子）（*E. pungens* Thunb.）等，果实均可食用，叶根入药，有平喘止咳行气止痛、可治哮喘、慢性气管炎等作用。

胡颓子在云南仍属野生状态，应加以调查，进行选育栽培，结果期早，收效快。随着交通运输的发展，几种产热区的大果型者在淡季成熟的种将会得到发展。其中，潞西胡颓子，果型较大、色泽鲜艳应加大力度发展。

五、四照花、尼泊尔水东哥

（一）四照花属

本属为山茱萸科（Cornaceae），四照花（鸡嗉子）属（*Dendrobenthamia* Hutch.）植物，约有20种，产喜马拉雅山至中国的西南部。中国有19种，产西南至华东。云南有8种，分布很广，果可食形如荔枝又叫“野荔枝”。在此仅对1种加以说明，其他种仅列名。

（1）鸡嗉子［*D. capitala*（Wall.）Hutch.］

别名：野荔枝、吴杜鸡、鸡嗉子果、头状四照花。

多为常绿乔木或灌木，树高3～15（20）m，树皮平滑，深灰色或黑褐色，幼枝绿色被短柔毛，老枝淡灰色。叶对生，薄革质，椭圆形至长圆状椭圆形，长6～14cm，宽3～5cm，深绿色有光泽，先端渐尖或尾尖，基部楔形；叶柄长0.8～1.2cm。头状花序，由50～70朵小花组成，两性，萼筒杯状；花瓣4，金黄色，长椭圆形，长4～5cm，宽1.5～2cm；雄蕊4，与花瓣互生，子房下位。聚合果，球形、浅红色、肉质，直径2～3.5cm，种子小。花期4～6月，果期9～10月。

产滇中、滇西北、滇西、滇南各县，分布较广，生于海拔1200～3400m山坡地、林缘等地，果可食，味淡、微甜、汁多，可制酒、制醋，叶入药治腹水、肝炎等。

（2）大鸡嗉子（山荔枝）*D. gigantea*（Hand. －Mazz.）Fang，产昭通市的盐津县，于海拔700～800m。

（3）尖叶四照花［*D. angustata*（Chun）Fang］，产滇东北，生于海拔800～1100m山坡灌丛林中。

（4）香港四照花［*D. hongkongensis*（Hemsl.）Hutch.］，产滇东南文山州，于海拔500～1600m。

（5）多脉四照花［*D. multinervosa*（Pojark.）Fang］，产昭通市，生于海拔1000～2200m山坡地。

（6）越南四照花（*D. tonkinensis* Fang），产广南县、屏边县、金平县、西畴县、文山市、麻栗坡县等地，生于海拔1300～2200m山坡常绿阔叶林中。

几种四照花果可食，味淡甜，边远山区市场偶有鲜果出售。果可制酒、制醋。四照花仍属野生，庭院少量栽培，可作绿化造林树种。花金黄色，较美观，引入公园作观赏。

（二）尼泊尔水东哥

别名：锥序水冬哥、鼻涕果。

为水东哥科（Saurauiaceae），水东哥属（Saurauia Willd.）植物。本科有1属300多种，分布于亚洲热带和亚热带及美洲。中国有13种，6变种，主产云南、广西。云南有9种，3变种，仅述可食的两种：鼻涕果 *S. napaulensis* DC.，牛嗓管树（蜜心果、撒罗夷）*S. lantsangensis* Hu。

鼻涕果全株多被褐色刺毛，牛嗓管树为常绿乔木，高4~10m，枝褐色，中空，状如牛嗓管、故名。单叶互生，革质，长圆形或狭长圆形，长18~30cm，宽7~13cm，先端渐尖，基部楔形，边缘有细锯齿，叶脉30~40对，下面被褐色绒毛；叶柄长2~3.5cm，被柔毛。花钟形、粉红色，圆锥花序，腋生，长30~40cm。果圆球形，径约1~1.2cm，红褐色，有5棱，浆果状，熟时发黏如胶状，甜可食，故名“蜜心果”，花期6~8月，果期8~10月。

产滇南、滇西南及滇西北（标本采于贡山县），生于海拔600~2100m沟边潮湿处或林中。树皮可入药，味苦，微涩，散癌活血。

六、火棘、牛筋条

（一）火棘属

别名：火把果、救军粮、窄叶火棘、火棘、细圆齿火棘、澜沧火棘。

1. 产地分布及利用

野生亚洲东部到欧洲西部，共10种。中国有7种，产黄河以南，以华中、华南、西南各省为多。云南有5种，野生于海拔800~2100m山坡、杂木林、沟谷、河边等地，分布较广。耐贫瘠干旱，岩谷沟滩亦能生长。火棘果，味甜，稍酸涩，含糖、酸、蛋白质、多种维生素和氨基酸，生食或酿酒、作饮料。果实、根、茎、叶入药有生津止渴、清热解毒、收敛止泻之功。火棘也可作观赏植物，近年已开发作盆景材料。

火棘为蔷薇科（Rosaceae），火棘属（*Pyracantha* Roem.）植物。

2. 种检索表

1. 花稀疏排列：花梗长0.4~1.0cm，无毛或有毛。
    2. 叶片下面无毛或有短柔毛。
        3. 叶倒卵形至倒卵长圆形，先端钝或微凹。叶缘有圆钝锯齿，中部以上最宽，表面绿色 ………………………………………… （1）**火棘** *P. fortuneana*（Maxim.）Li
        3. 叶长圆倒披针形，先端急尖有尖刺，边缘有细圆锯齿 ………………………………………… （2）**细圆齿火棘** *P. crenulata*（D. Don）Roem.
    2. 叶片下面，花萼外面密被绒毛，叶边近全缘 ……… （3）**窄叶火棘** *P. angustifolia*（Franch.）Schneid.
1. 花密集排列，花梗长0.1~0.3cm，花梗和花萼外面密被绒毛，叶倒卵状圆形，先端急尖，枝通常无刺 ………………………………………… （4）**澜沧火棘** *P. inermis* J. E. Vidal.

3. 主要种的特征特性

（1）火棘。常绿小乔木，高2.5~3m，小枝短，先端刺状。叶互生，长倒卵形，长1.5~6cm，宽0.5~2cm，先端圆钝或微凹入，基部楔形，边缘有圆钝锯齿。复伞房花序，两性花，白色。果近圆形，径约0.5cm，桔红色、鲜红色，宿萼。花期4~5月，果期8~11月。产滇南、滇东南、滇东北，于海拔1500~2600m。

（2）细圆齿火棘。枝通常无刺，叶多长圆形，长2~7cm，宽0.8~1.8cm，最宽部居中，先端常急尖或有刺尖，边缘有细圆锯齿。花和果稍小，果桔黄色至桔红色。花期3~5月，果期9~12月。产滇西北兰坪县、玉龙县等地，于海拔1500~2500m。

（3）窄叶火棘（秋火把果）。枝密，多刺，被灰黄色绒毛。叶片窄圆形至倒披针长圆形，长1.5~5cm，宽0.4~0.8cm，边缘近全缘。花梗和萼筒密被灰白色绒毛。果扁球形，直径0.5~0.6cm，深红色。花期5~6月，果期11月至次年2月。

主产滇中、滇西，生于海拔1800~2500m冷凉山区。

（4）澜沧火棘。灌木，高1~1.5m，枝通常无刺，枝密生，叶丛生于小枝上。花密集排列，花梗、花萼外面密被绒毛。花期4~5月，果期10月。产澜沧江两岸，于海拔500~1100m。

4. **利用现状**

几种火棘仍处于野生状态，繁殖容易，5~7月以2~3年生枝扦插，或者在果成熟时，取种子，晾干，春天层积后播种，亦可采后带果肉播种。耐瘠、耐旱适应性很强，除果供食用和酿酒外，造林、保持水土、绿化，作盆景等的利用逐渐增多。

（二）牛筋条

别名：牛筋条、白牛筋、红果木、棒头果。

牛筋条 *Dichotomanthes tristaniaecarpa* Kurz 为蔷薇科 Rosaceae，牛筋条属 *Dichotomanthes* Kurz 植物。常绿乔木至小乔木，树高2~4m。小树枝条丛生，小枝幼时密被黄白色绒毛，树皮光滑，暗灰色，密被灰色皮孔。叶长圆披针形、椭圆形，长3~6cm，宽1.5~2.5cm，先端尖，基部楔形、全缘，下面密被白色绒毛；叶柄长0.4~0.6cm，被绒毛。花多数，密集顶生，复伞房花序，总花梗、花梗被黄白色绒毛，花瓣白色；雄蕊20，光滑无毛；子房外被柔毛。每果有种子一粒，果期心皮干燥，革质，长圆柱状，顶端稍具短柔毛，长0.5~0.7cm，褐色至黑褐色，突出于肉质红色杯状萼筒顶端。花期4~5月，果期8~10月。果酸甜可食。

产滇中各县及昭通市、屏边县、腾冲县、潞西市、景东县、思茅市等地，生于海拔900~3000m杂木林、路边、山坡、沟谷。种子层积30天，即可播种。作试验，嫁接梨、枇杷，树体矮小，结果良好。在云南除原变种外，还有1变种，光叶变种 var. *glabrata* Rehd.

七、榕　果

常绿小乔木或灌木，稀落叶灌木，有的攀援或匍匐状灌木或藤木，有乳状汁液，叶互生、全缘或具锯齿。花单生，雌雄同株或异株。花生于肉质球形或梨形花序托（简称榕果）内壁，如为同株则雄花、瘿花、雌花生于植株同一榕果内壁。如为雌雄异株则雄花和瘿花生于同一植株榕果内壁；雌花和不育花，则生于另一植株的榕果内壁。

（一）种类及分类

榕树为桑科（Moraceae），榕属（或无花果属）（*Ficus* L.）植物。本属约有800~1000种，主产热带、亚热带地区，以亚洲最多。中国有100余种，分布于南部、西南部，东部较少。云南有67种，29个变种，在此仅列榕果成熟供食用和加工作蜜饯，瘦果作冰粉为夏季饮料之一。

1. **无花果（*F. carica* L.）**

别名：木馒头、蜜果。

原产小亚细亚，为最古老的栽培果树之一，随后由希腊人传到地中海周围，转引种美国加利福尼亚，已成为这一地区广泛栽培的主要果树。在中国，唐朝开始引入，现在，全国以新疆南部有较多栽培，华南、华东、西南仅小片或零星种植于城郊、庭院作观赏树木，果可食。

果实营养丰富，有特殊香味，含碳水化合物74%，还含蛋白质、脂肪、灰分及大量的维生素A和C，果干含糖量可达75%。果可鲜食，还能制果酱、蜜饯、罐头。味甘、性平、无毒、有补气、健脾、润肠、祛风湿、止血、下乳等作用。可治干咳、久咳、痔出血、筋骨疼痛、食欲不振、泻痢、小便不畅等症。枝、叶、根等也可入药。

无花果以枝扦插，繁殖容易，结果早，3年树可产2~3kg，且寿命长，丰产稳产。果实分春、夏、秋三季成熟，一年中约有5个月供应期。病虫害少，对土壤适应性广，栽培容易，叶大，枝、干光滑，又为绿化和庭院树种。

无花果树高3~8m，树皮灰色，皮孔显著深灰色，小枝粗状，节间短。单叶互生、掌状，叶厚，广卵圆形，长宽 10～20cm，通常 3～5 裂。花单生，雌雄异株，着生于叶腋的隐头状花序内，由整个花序发育成浆果。果大、梨形，直径 3～5cm，顶部平，苞片覆盖，中部以下收缢成长 1～3cm 的柄，成熟时紫红色、紫色、黄色。花果期 6～9 月。

昆明市、会泽县、建水县、石屏县、楚雄州、通海县等地在海拔 1400～2100m 栽培。

2. **尖叶榕（*F. henryi* Warb. ex Diels）**

小乔木，树高 8～10m，幼枝黄褐色，光滑无毛，有薄翅。叶倒卵状长圆形到长圆状披针形，长 7～16cm，宽 2～5cm。单果生于叶腋，球形至椭圆状卵形，直径 1～2cm，表面粗糙，成熟时橙黄色，可食。花期 5～6 月，果期 7～9 月。

产滇东南的广南县、富宁县、麻栗坡县，西畴县、马关县等地，生于海拔 900～1500m 的沟谷疏林中或溪沟边潮湿处。

3. **大果榕（*F. auriculata* Lour.）**

别名：木地瓜、蜜枇杷、馒头果。

灌木或小乔木，树高 4～10m，树冠开展，皮灰褐色，粗糙，幼枝被柔毛，红褐色，中空。叶互生，厚，广卵状心形，长 15～55cm，宽 13～27cm。果簇生于老茎，梨形成扁球形至陀螺形，直径 3～5cm，有纵棱 8～12 条，成熟果红褐色，味甜。花期 3 月，果期 5～8 月。

产滇东南各县及瑞丽市、西双版纳州、凤庆县、临沧市、沧源县，生于海拔 100～1500m 热带、亚热带沟谷林中。

4. **苹果榕（*F. oligodon* Miq.）**

别名：狗木瓜、大石榴。

小乔木，树高 6～10m，树皮灰色平滑，树冠开展；幼枝略被毛。叶倒卵状椭圆形，长 10～25cm，宽 6～15cm。果簇生于老茎发生出的无叶短枝上，梨形，直径 2～3.5cm，表面有 4～6 条纵棱和瘤体，略被柔毛，幼时有红晕，成熟时深红色，果顶扁平，基部收缢为短柄。果味甜。

产滇东南、滇南各县，生于海拔 700～1800m 山谷沟边。

5. **地瓜（*F. tikoua* Bur.）**

别名：地石榴。

木质藤本，匍匐生于地表、岩石、地埂边。茎黑褐色，茎上生出不定根入土中，茎分节段，节短膨大。叶坚革质，倒卵状椭圆形，长 2～3cm，宽 1.5～3.0cm，深绿色，疏生短刺毛，叶脉明显，边缘有锯齿。花雌雄异株。果成对或簇生于匍匐茎上，常埋于土中，球形至圆卵形，直径 1～2cm，成熟时红色，表面散生圆形瘤点，果顶微呈脐形，果味甜，可食。花期 5～7 月，果期 7～8 月。

产滇中各县，生于海拔 500～2500m 湿润的山坡或岩石缝中。

6. **珍珠榕［*F. sarmentosa* var. *henryi*（King et oliv.）Corner.］**

木质攀缘或匍匐藤状灌木，幼枝密被褐色柔毛。叶革质，变异性大，卵状椭圆形，有时为斜卵形，长 8～12cm，宽 3～5cm，背面被褐色柔毛。果成对腋生，圆锥状卵圆形，直径 1～2.5cm，表面被褐色长柔毛，瘦果为冰粉原料，花果期夏秋季。

产昭阳区、禄劝县、昆明市郊区县及滇东南各县，生于海拔 700～1700m 岩石缝中和阔叶林下灌木丛中。

7. **薜荔（*F. pumila* L.）**

别名：冻粉果、苹果榕。

匍匐灌木，叶分两型。不结果枝，节上生根，叶卵状心形，长约 2.5cm。结果枝上无不定根，叶卵状椭圆形，较大，长 5～10cm。果黄绿色，微带红色。雄花生内壁近口处，多数；瘿花具柄；雌花生雌株果内壁，果近球形，直径 4～5cm，成熟时紫色。瘦果倒卵形至近球形，成熟时褐色，直径1～2cm，有黏液。花果期5～8月。取成熟果，剖开，取出种子晾干待用。以瘦果的种子，入水洗，稍加碱，即制成冻粉，为夏季优良饮料。

产滇东南，生于海拔300～1200m处的村寨墙壁上。

（二）利用状况及展望

以上各种中，无花果（*F. carica* L.）已作果园和庭院栽培，数量逐渐增加，其他种仍属野生，有待开发利用。

八、滇　榧

别名：杉松果、榧、云南榧。

（一）产地分布及分类

榧原产我国中部，是中国著名的特产干果之一，所指为香榧（*Torreya grandis* Fort. ex Lindl.），昆明市已引种栽培，生产上还未发展。榧的种子炒熟可食，味香；树体高大挺拔，木材供造船及建筑，耐水湿，亦作观赏树种和山区造林树种。滇榧（云南榧 *T. yunnanellsis* Cheng ex L. K. Fu）为野生，产云南滇西北横断山脉的贡山县、兰坪县、维西县、香格里拉县、玉龙县、鹤庆县、剑川县、云龙县等地，生于海拔2100～3400m山区。

滇榧为紫杉科（Taxaceae），榧属（*Torreya* Arn.）植物。

常绿乔木，树高23m，干周粗3.2m，树皮灰褐色，纵裂，小枝黄绿色。叶狭披针形或线形，长3.8cm，宽0.4cm，深绿色，有光泽，背面有两条黄白色气孔带，先端尖呈刺状，基部扭转。种子卵圆形或球形，纵径2.0～2.4cm，横径1.8～2.2cm，重约3g，成熟后脱出的种子土黄色，表面有暗灰线纵纹，顶端尖突具褐色斑纹。果期10～11月。

本种为云南特有种，野生在气候冷凉海拔2800～3200m的高山区，湿润沟谷、菁坡等地。树干挺拔，高大、材质坚硬，可作建筑材料和家具用材，种子榨油供食和作润滑油，炒后可食，不能过量。种子繁殖，亦是优良的封山造林树种。

九、西番莲

别名：大果西番莲、紫果西番莲。

大果西番莲原产美洲，紫果西番莲原产巴西，18世纪后期传到各热带地区，中国约在1913年，由菲律宾引入栽培。两种西番莲云南也有栽培，另外，云南还有西番莲（*P. cupiformis* Mast.），龙珠西番莲（*P. foetida* L.），云南西番莲（*P. heneyi* Hemsl.）及紫果西番莲（*P. edulis* Sims.），黄果西番莲（变种）（*P. edalis* var. *flavicarpa* Degener.）。

西番莲属西番莲科（Passifloraceae），西番莲属（*Passiflora* L.）植物。为常绿草质半木质藤本，蔓有菱，叶卵形或卵圆形，全缘，叶表深绿色有光泽，背面浅绿色，叶脉隆起；叶柄短有3～4对腺体及大的托叶。花大型，直径约10cm，花瓣5，浓紫色，副花冠由120～130根丝状体组成。果实长椭圆形，椭圆形，近圆形。大果西番莲，果大长约5～8cm，果黄色，适应热带地区栽培。紫果西番莲，果型小，近圆形或长圆形紫色。适应性较强，昆明市地区有栽培。

西番莲食用部分为柔软多汁的假种皮，味甘酸或酸，具香味。用途很多，可生食，作蔬菜，入药，有兴奋，强壮功效，花美供观赏，种子榨油，主要作果汁饮料，芳香可口。云南栽培紫果西番莲的年代比黄果西番莲时间早。黄果西番莲于20世纪90年代从广州引入，在昆明市越冬，易受霜害，仅在温室中栽培，之后传入德宏州。紫果西番莲滇中、滇南地区可以栽培，因加工和产品销路不广，未能继续发展，现仅小量生产。随着人民生活条件改善，对饮料的需求量不断增多，西番莲榨汁掺入糖和其他果汁，即可制成味美可口的天然饮料，加工简易，西番莲可适地适量发展。

1. 紫果种

生长势较强，茎可长10m以上。茎、叶柄、卷须均呈绿色。果实球形或近似卵形，纵横径3~9cm×3.5~7.0cm，皮厚3~6mm，嫩时绿色，成熟果紫黑色。果汁黄橙色，酸甜，汁多，香气浓，宜加工或鲜食。10~11月成熟，稍耐寒，在滇中地区栽培较多。

2. 黄果种

生长旺盛。茎、叶柄、卷须呈紫红色。果长圆形，纵横径6~10cm×4~6cm，皮厚3~10mm，嫩时绿色，成熟时黄色。果汁多，味酸，宜加工。耐寒性弱，适宜滇南等地栽培。

此外，还有8个种：①月叶西番莲 *P. altebilobata* Hemsl. 产西双版纳州；②转心莲 *P. caerulea* L. 昆明市、大理市有栽培；③心叶西番莲 *P. eberhardtii* Gragnep.，产西畴县；④龙珠果 *P. foetida* L. 富宁县有逸生；⑤细柱西番莲 *P. gracilis* Jacg. ex Link. 引入西双版纳植物园栽培；⑥山峰西番莲 *P. jugorum* W. W. Smith 产腾冲、屏边、麻栗坡等县；⑦长叶西番莲 *P. siamica* Craib 产西双版纳州；⑧镰叶西番莲 *P. wilsonii* Hemsl. 产临沧市、思茅市。云南的西番莲资源丰富，未得发展。

十、草 莓

草莓为蔷薇科（Rosaceae），草莓属（*Fragaria* L.）植物，约50种，分布于亚洲，欧洲和美洲。中国产的约7种，引入1种。云南产2种，引入1种，共3种。野生较广的为白草莓（*F. nilgerrenis* Schlecht. ex Gay.）聚合果，扁圆形白色，萼片宿存、直立、紧贴果实，甜酸、微香，可食。花期4~6月，果期6~7月。

产滇中各县及滇西北，生于海拔1700~3200m湿润山坡、草地、沟边、林下。

栽培种为引入凤梨草莓（大花草莓）*F. ananassa* Ehrb、多年生草本，植株高15~40cm，密被开展黄色柔毛。三出叶，小叶倒卵圆形，稀圆形，长3~7cm，宽3~6cm，表面无毛，下面疏生柔毛；叶柄长4~10cm，被黄色柔毛，聚伞花序，有花5~15朵，花瓣黄白色，椭圆形；萼片卵形。聚合果，卵圆形心脏形，长卵圆形，直径2~3.5cm，鲜红色，味甜酸微香，汁多。引入品种20多个，有宝交早生、明星、扇子面、鸡心、狮子头、索非亚等。花期3~5月，果期待4~6月。

草莓野生种分布广，有白草莓 *F. nilgerrensis* 和西南草莓 *F. moupinensis* 等，品质差，果小，成熟时采食。草莓栽培起步晚，20世纪60年代仅大专院校引入少量栽培。随着人们对水果花色品种需要量增加，80年代各地开始引入栽培，主要集中于城市郊区。草莓植株矮小，繁殖方法简易速度快，开始结果年早，当年少量开花，第2~3年丰产。果成熟期早，一般4~6月即可上市，经济效益见效快。多为露地栽培。

主要品种：

（1）宝交早生：果实圆锥形，果顶截形，果基多数有颈，果重15g，果面鲜红色，艳丽，平滑有光泽。果肉橙红色，髓心较实，质细，香甜，汁液红色，品质优。植株开张，长势强，坐果率高，4~5月采收。引入昆明、玉溪等市县栽培。

（2）扇子面：果实为不规则扇形，果重13g，果面橙红色，有沟纹，果肉白色微带红，果心略大，稍空，肉甜香，较丰产，5月成熟，各地栽培。

（3）绿色种子：果实圆锥形，重约15 g，果皮红色，平整。果肉橙红色，紧密，髓心实，果汁红色。5月成熟，丰产。

另外，还引入鸡心、狮子头、红宫灯、紫晶、大红袍、索非亚等20多个品种。

十一、小杂果

（一）树莓

别名：悬钩子、锁莓、黄泡、黑泡（古名山莓、蓬蘽、覆盆）。

中国树莓的种类很多，未加利用，仍属野生状态。野生树种，公元前2～3世纪已有记载，树莓果型小，不耐贮运，栽培很少。1920年前后哈尔滨郊区从苏联传入，植株矮小，易结果，早结果，不耐低温，冬季覆土越冬，开始有少量栽培。树莓果成熟期早，5～6月可上市。弥补淡季水果不足，适宜城市附近发展，调节市场，增加果树花色品种仍有市场。我国现在栽培的种类品种大果形的多来自国外。

树莓为蔷薇科（Rosaceae），树莓属（*Rubus* L.）植物。该属全球约有450种，而学者命名的种、变种、变型远超此数。中国有194种之多，分布全国各地，云南有98种、19个变种、3个变型，居全国之首；四川有80种、贵州有60种。为此，西南亦是全国分布最多的地区。

树莓，有直立、匍匐、攀缘的。枝（茎）上具钩刺、刺毛。叶互生或单生，掌状或羽状复叶。聚伞花序，两性花，自花授粉。果实大小差异较大，果形有扁圆、长圆、尖圆。颜色有红色、黄色、黑色、粉红色、紫黑色等。口味有甜、酸、微香等不同。果为聚合核果，以花托为核心，由多数小核相聚而成。每一果粒中有种子1粒，浆果成熟很易与花托脱落。因种类和分布的海拔不同，花期、果期有所不同，一般4～9月都有成熟。

产云南的树莓常见和食用的仅列以下几种：

（1）粉枝莓 *R. biflorus* Buch. －Ham. ex Smith 枝上全被白粉状，产滇中、滇西海拔1900～3000m地区。

（2）悬钩子 *R. corchorifolius* L. 产滇南、滇东北，于海拔1400～2150m地区。

（3）蓬蘽（黄琐莓）*R. lambertianus* Ser. 产罗平县及滇南各县，于海拔1900m左右地区。

（4）黄泡 *R. obcordatus* Nguyen. 产全省各地，于海拔1300～2700m地区。

（5）茅莓 *R. parvifolius* L. 产滇中、滇西。

（6）黄果莓 *R. xanthocarpus* Bur. et Franch. 产滇南。

（7）黑锁梅 *R. foliolosus* D. Don 产昆明市、大理市、丽江市，于海拔1800～2300m地区。

树莓果含糖、酸、维生素，汁多，味甜美，微香，可生食，制果汁、果酱、酿酒，根叶入药。树莓栽培时，可用培土生根后分株，压条及扦插繁殖。方法简易，生长快，结果年早，一般定植后次年开花结果，果成熟早正是淡季，很受欢迎。随着人们生活水平不断提高，对水果要求多样化，树莓为小浆果，收效快，在城镇附近发展栽培，将有一定的意义。

（二）金缨子

金缨子（*Rosa laevigata* Michx.）为蔷薇科（Rosaceae），蔷薇属（*Rosa*）植物。本属产云南的有24种，9个变种，3个类型。金缨子以产文山州各县最多，其他地区也有分布。

常绿攀缘灌木，高3～5m，全株具倒钩刺。奇数羽状复叶，小叶3～5，革质有光泽，椭圆状卵圆形或卵状披针形，长2～6cm，宽1.2～3.5cm，先端钝尖，基部楔形，边缘有细锐锯齿。花黄白色，单生于侧枝顶端，直径5～7cm，花梗和萼筒密被刺毛。果梨形或倒卵形、扁圆形，长2～4cm，紫褐色，外被刺，萼片宿存。花期4～6月，果期7～11月。

果含糖、苹果酸、柠檬酸、鞣酸、树脂、维生素C，可食，熬糖及酿酒。依所含成分，中医作止腹泻，抑制流感病毒，活血散瘀、祛风除湿。金缨子适应性强，耐干耐瘠，易栽培。

（三）刺梨

别名：缫丝花。

小灌木，高 1.5～2.5m，枝灰色，幼枝绿色，具刺。奇树羽状复叶，小叶 3～11，革质有光泽，椭圆形，长 2～3.5cm，宽 2.5cm，先端尖，基部楔形。花粉红色，径 3～4cm。果近球形或扁球形，径 2.5～3.5cm，表面长直刺；萼片 5，大形，边缘有刺齿；果肉黄白色、脆、味酸，可食，含丰富的维生素 C，入药。果除鲜食外，可加工制成食品及饮料、酿酒等。

刺梨（*Rosa roxburghii* Tratt.）为蔷薇属植物，产镇雄县及滇中、滇西、滇东北，富宁县也有，全国以贵州最多。

（四）五味子

别名：大五味子、吊吊果、冷饭团、咪嘟噜。

五味子 *Schisandra henryi* C. B. Clarke；*Kadsura coccinea*（Lem.）A. C. Smith 五味子科（Schisandraceae）分五味子属（*Schisandra*）和南五味子（*Kadsura*）两属。中国有 30 余种，两个属在云南都产，有 20 多种。

1. 大五味子（*S. henryi* C. B. clarke）

藤本，茎长 2～3m，深褐红色。单叶互生，短枝上簇生，阔卵圆形至椭圆形，长 3～6cm，宽 2～3cm，先端渐尖，基部楔形，边缘波状浅齿；叶柄长约 2cm。穗状花序，腋生。果穗长 8～15cm，浆果，球形，鲜红色，汁液鲜红色。9～10 月成熟。果可食，味甜微苦，有治虚咳，气喘之功。

产昆明市郊区、滇西及云龙县，于海拔 2200～2400m。

2. 红花南五味子

别名：咪嘟噜。

红花南五味子 *K. coccinea*（Lem.）A. C. Smith 常绿藤本，茎长 2～5cm，深黑褐色。叶互生或短枝上簇生，卵状披针形至阔披针形，长 5～14cm，先端渐尖，基部楔形，边缘波状或全缘；叶柄长 1.5～3cm。雌雄同株，单生于叶腋，红色，花被 10～16 片，排成轮状。聚合果近球形，直径 6～12cm，由 50～70 个小浆果聚合而成，紫红色，果顶分平与圆形两种。种子扁。花期 3～4 月，果期 10～11 月。果可食，淡甜，微香。根入药，对风湿关节炎和肠胃炎有疗效。

产屏边县、河口市及蒙自县等地，生于海拔 450～1000m 处的山谷、溪边常绿阔叶林中，攀缘于树上。

（五）仙人掌

别名：仙桃、仙刺桃。

仙人掌（*Opuntia dillenii* Haw.）仙人掌科（Cactaceae），仙人掌属（*Opuntia* Mill.）植物。原产南美洲，全球热带、亚热带有分布，云南有逸生或栽培，生于海拔 800～2300m 的干热山岭、地边，作围栏。果可食。

多年生肉质丛生植物，茎直立，高 0.5～2.5cm。老时木质化，近圆形，土黄色，茎扁平，分成节段，椭圆形，长 15～30cm；幼时绿色，上生小瘤体并长出刺。花黄色。浆果倒卵形或椭圆形，长 5～12cm，横径约 5cm，重 100～130g，果顶凹入成杯状，表面有瘤状突起并生刺，果皮紫红色、黄色，皮薄，果肉浆汁，黄白色，味甜。花期 3～4 月，果期 8～9 月。

果供鲜食。茎贴痛处可消炎消肿，有养颜护肤等功能。现在沦为逸生，多在道旁、园地边繁殖作围栏。曾引入仙人掌（*O. ficus-indica*（L.）Mill.），小面积试栽。

（六）土瓜

别名：地瓜、豆薯。

土瓜［*Pachyrrhizus erosus*（L.）Urban］蝶形花科（Papilionaceae），豆薯属（*Pachyrrhizus* L.）植物。全省除滇东北、滇西北海拔较高气候冷凉的山区外，都有栽培，以滇中地区引入栽培最多，于海拔1100～1900m。

一年生藤本，藤蔓长1.5～3m，老熟时褐色，灰绿色，幼茎绿色、绿黄色，被绒毛。羽状3小叶，被绒毛，常分裂，具托叶。花有紫色、白色两种。荚果长8～15cm，宽1～2cm，种子棕色或深褐色。地下部发育成肉质根，呈短圆锥状，重150～300g，最大重630g。有纵沟，皮浅褐色，与肉易剥裂，肉白色，栽培管理不同品质有差别。一般多汁、味甜、脆嫩。3～4月播种，10～12月挖掘，鲜食、煮、炒食。

（七）荸荠

荸荠［*Eleocharis dulcis*（Bunm. f.）Trin. Ex Henschel）］为莎草科（Cyperaceae），绒螯蟹属（*Eleocharis* L.）植物。原产东印度，世界上作果蔬栽培仅中国，以中南部省区多。在云南，滇中的昆明市、玉溪市、大理市栽培较多。

荸荠多年生浅水草本植物，地上茎直立丛生，苗高100～140cm，管状叶，粗0.3～0.4cm，深绿色，有节，内有白色隔膜。秋季，茎端单生穗状花穗，花有3个雄蕊，花柱2～3个分支。冬季地上茎枯死，次年春留于地中球茎萌发长出新株。基部由缩短的地下茎发出须根，侧生数条匍匐地下茎，后半期，植株长成老株，先端逐渐肥大，形成扁圆形的地下球茎，纵径1.5～3cm，横径3～4cm，大小不均，重10～15g（25g），表面光滑红褐色、黑褐色，有环节4～5，具薄膜衣及鸟咀状顶芽及腋芽，11月至次年2月挖掘食用，肉乳白色，脆嫩、有汁、味甘。分布在海拔1800～2200m，利用水田、洼地栽培。作水果生食，亦可炒、煮供肴菜和制淀粉。

（八）菱角

菱角为菱科（Trapaceae），菱属（*Trapa* L.）植物。原产欧洲，分布很广，中国已有不少优良品种。在云南，昆明市、大理市及许多县均有分布。江浙地区优良品种也不少。

菱角为一年生水生植物，茎自总芽萌发后，从节上互生水中叶，到水面后长出叶丛，呈放射状，生出本叶成水上叶。茎发育中途，分二至多数宿短茎、末期分歧最多。本叶绿色、水红色，浮于水面，叶菱形，深绿色，有光泽、背面浅绿色或红紫色，被黄褐色绒毛，叶放射状环生，下部的叶柄长、上部的叶柄短，在枝头顶端，全部的叶浮在水平面，呈盘状（菱盘）。茎长出后不断伸长达3～5m，约120节，茎分水中、土中根两种。花腋生，花瓣白色、淡红色。果有四角，左右略开张，前后角稍长，重约10g；果壳稍厚，绿色，硬壳黑色，肉白色，味甜，幼时乳汁，果期8～9月，可鲜食。

本属在云南还有刺菱（*T. incisa* S. et Z.），产洱源；乌菱（*T. bicornis* Osb.）产昆明市，海拔2000～2200m；细果野菱（*T. maximowiczii* Korshinsky）产大理市，一共3种。

（九）青刺尖

别名：青刺、扁核木、鸡蛋果。

青刺尖（*Prinsepia utilis* Royle）为蔷薇科（Rosaceae），扁核木属（*Prinsepia* Royle）植物。本属有5种，中国有4种，分布于西南；云南有1种。

常绿小乔木，高3～5m，枝灰黑色、小枝绿色，具长2～5cm的刺。叶长圆形或卵状披针形，长3～9cm，宽1.5～3cm，先端急尖，基部宽楔形或近圆形，全缘或有不规则浅锯齿。总状花序长3～9cm；腋生、顶生、或生于刺枝顶端。花白色，雄蕊多数，2～3轮着生于花盘上，花盘盘状，浅紫黄色，花柱生于顶端一侧。核果长圆形或倒卵状长圆形，成熟时紫褐色或紫黑色，有白粉。花期1～2月，果期5～9月。

野生于昆明市、楚雄州、大理市、丽江市、香格里拉县、昭通市等地，生于海拔1300～3000m山坡、荒地、路边灌丛中，喜温凉湿润气候，耐瘠、耐干旱。种子繁殖。果可食和酿酒，味甜带苦，种可榨油，叶、茎、根入药。枝密刺多，可作绿篱。

（十）甜葛根

别名：葛根、甘葛。

甜葛根（*Pueraria edulis* Pamp.）为蝶形花科（Papilionaceae），葛属（*Pueraria* DC）植物。该属在中国有12种，广布各省。

多年生，常绿藤本，藤蔓缠绕树上，长达10m多，老蔓灰褐色，灰色，幼蔓绿色，绿黄色，被长绒毛。奇数羽状复叶，除顶端叶之外其余为对生，幼时有绒毛，以后脱落，近于革质；顶端叶成3裂、侧边叶仅1裂，长椭圆至卵圆形，长6.5～9.5cm，宽3～7cm，先端突尖，基部圆形，边缘波状锯齿，叶脉突起；小叶柄长0.5cm，总叶柄长8～10cm，被柔毛。花紫色，荚果。地下部发育为肥大的肉质根，随年代增长，大小不等。在土层深厚润湿疏松土壤中，可深入50～100cm以下土中，根长1.0～1.5m，径粗20～60cm，皮褐色，有沟纹。肉质白色，有轮纹。切口露于空气中时间长易氧化变成褐色。1～4月挖取肥大的肉质根，切成薄片生食，味甘汁少，初时微苦之后回味变甜，清凉解渴，润喉。常入药活血化瘀通络，清热醒脑开窍。

产滇中、滇西，于海拔1500～2100m。

另外，还有：①粉葛（*P. thomsoni* Benth.）产滇中各县。地下部肉质根含淀粉较多，提淀粉；②苦葛（*P. peduncularis* Grah. ）有毒，人不能吃，可驱虫。产云南省各地；③葛根（*P. lobata* Ohwi. ）产大理市。

参 考 文 献

〔1〕中国科学院中国植物志编辑委员会．中国植物志（第36卷）．北京：科学出版社，1974
〔2〕梁畴芬．猕猴桃的分类．植物分类学报，1975（4）
〔3〕俞德浚．中国果树分类学．北京：农业出版社，1979
〔4〕中国科学院中国植物志编辑委员会．中国植物志第21卷．北京：科学出版社，1979
〔5〕黄金松．龙眼．福州；福建人民出版社，1979，25～26
〔6〕吴耕民．中国温带果树分类学．北京：农业出版社，1984
〔7〕中国科学院昆明植物研究所编．云南种子植物名录（上、下册）．昆明，云南人民出版社，1984
〔8〕中国农业科学院郑州果树研究所编．果树砧木论文集．西安：陕西科学技术出版社，1985
〔9〕李永清．云南野生龙眼的调查．园艺学报，1985，12（4）223～226
〔10〕中国科学院中国植物志编辑委员会．中国植物志第三十八卷．北京：科学出版社，1986
〔11〕中国农业科学院郑州果树研究所等主编．中国果树栽培学．北京；农业出版社，1987
〔12〕农业部发展南亚热带作物办公室组编．中国热带南亚热带果树．北京：中国农业出版社，1987
〔13〕李永清．龙眼的遗传进化与种群生态．云南农业大学学报，1989 11.（2）51～147
〔14〕袁唯，张文炳等．云南省沙棘资源调查报告．沙棘，1989（4）19
〔15〕曲泽洲、孙云蔚主编．果树种类论．北京：农业出版社，1990

〔16〕西南林学院．云南省林业厅编著，云南树木图志（上、中、下册）．昆明：云南科技出版社，1990
〔17〕中国林业大百科全书生物学．中国大百科全书出版社，1991
〔18〕张育英、陈三阳．热带亚热带果树分类学．上海：上海科技出版社，1992
〔19〕张显努．云南香蕉栽培技术．昆明：云南人民出版社，1992
〔20〕王鸿逵主编．南亚热带区域果树开发技术问题．成都：四川人民出版社，1992
〔21〕崔致学．中国猕猴桃．济南：山东科技出版社，1992
〔22〕刘家培等．云南苹果属植物——富宁林檎新种．云南农业大学学报 1993，8（4）322～324
〔23〕中国科学院昆明植物研究所编著．云南植物志．第 6 卷，北京：科学出版社，1995
〔24〕张文炳、张俊如．云南亚热带的红色梨品种资源．中国果树，1995（4）16～17
〔25〕杨一雪主编．芒果丰产新技术．南宁：广西人民出版社，1996
〔26〕邱武陵．中国果树志，龙眼枇杷卷．北京：中国林业出版社，1997
〔27〕王锡全等著．云南果梅与花梅．昆明：云南人民出版社，1997
〔28〕张文炳、张俊如．云南红皮梨品种——砚山香酥梨．中国果树，1997（4）18
〔29〕刘孟军主编．中国野生果树．北京：中国农业出版社，1998
〔30〕李绍鹏，许树培等．南方果树丰产栽培技术．北京：农村读物出版社，1998
〔31〕邵则夏，杨卫明主编．板栗良种选育与早实丰产栽培技术．昆明：云南人民出版社，2001
〔32〕林培钧，崔乃然主编．天山野果林资源—伊犁野果林综合研究．北京：中国林业出版社，2001
〔33〕李育农编著．苹果属植物种质资源研究．北京：中国农业出版社，2001
〔34〕杨源编著．云南核桃．昆明：云南科技出版社，2001

第四章 云南果树资源的利用与保护

云南的植物资源（包括果树资源在内）极其丰富，为此有“植物王国”之称。就现在利用的情况来看，所利用的种类还不到十分之一，论其品种就更少了，省内较优良的呈贡宝珠梨、富源黄梨、昭通黄梨、建水白桔、勐版桔、昭通四瓣辣子花、建水酸石榴、蒙自甜石榴、会泽大红袍石榴、河口菠萝、元江香蕉等等。这些地方品种，随着人们生活水平不断提高，市场需要量日益增多，且有的除供应本省外，还销往省外，从而使生产规模得到扩大，已取得较好经济、社会效益。但大部分品种与引入国内外投放市场的水果品种相比，不仅数量少，品质也存在较大差距。随着人们对水果种类和花色品质的要求越来越高，优质商品已成为主要要求标准。如引入的日本梨品种，幸水、丰水、水晶，外观光洁、平滑，果个大小均匀，肉质酥嫩、汁多、味甜爽口，虽存在着货架期短，供应期不长，肉质易发面变软等弱点，但在市场上出售价格却高出省内其他品种几倍。云南的地方品种，长期以来通过自然选择而生存下来，有较强的适应性和抗逆性，但品质差，近十余年依据市场的要求和当地的生态条件，除发展当地的优良品种外，引入国内外的良种，通过更换品种加速了发展进程。为此，地方品种存在着逐渐减少和被淘汰，甚至频于绝灭的局面。怎样发掘、利用和保护资源，是一个重要问题，需要与省内外，以及先进国家之间加强合作研究，加快利用于生产，促进自然资源优势转变成经济优势，为增加广大果农经济收益发挥作用。

世界上被利用的果树种类，总体来看，随社会发展和进步，数量由少到多，品质越来越优良。这主要是从人体健康和食品的口味出发，经过人们不断选择原始种、次生种及品种改良创造出来的。万变不离其宗，原始种果形小，品质差，但有较强的适应性和抗性，在改良培育品种中有重要作用。随着现代科学技术和工农业迅速发展，人们对自然资源开发利用更加深入，对野生资源的开发利用显得更加重要，且由于社会的发展，国家建设的扩大，自然种质资源被铲除绝灭的危险也在增大。总体看，全世界森林面积在不断减少，每年约有200种植物灭绝，25000千多种植物处于濒临绝灭危险。生态环境恶化，种质资源减少，世界各国更加重视环境保护。因此，加速发掘利用和保护资源不仅是一个国家的问题，已成为国际间的重大问题。

资源的开发利用在世界上不同国家也不尽一致，发达国家，早已陆续摸清了本国资源，并加以保护和开发利用，进而在研究创造新的品种方面取得显著成果；多数发展中国家和不发达国家，开发迟，往往又是资源丰富的国家，但因自然灾害与有意无意的人为干扰，在一部分资源减少的同时，大多数仍处于野生原始状态。因此，发达国家早已看清这种局面，不断深入资源丰富的国家进行收集、保存，进而加以研究培育新的种质和品种，这对他们国家起着重要作用。

近20年来，世界上由于自然环境的破坏，树林和草地面积减少，带来气候条件恶化，保护和改良自然环境条件，保护资源已受到重视。云南在国家和省内各级政府的重视下，依据不同要求已建立自然保护区152个，占地280万hm^2，随着社会发展对改造自然环境重要性的认识加深，保护区数量、占地面积仍在增加。今后，云南丰富的资源，将会逐渐得以更好的保护和利用。保护资源是为了合理利用，单纯保护不加以利用，是达不到保护的目的。两者之间是一个目的，两个方面的内涵。云南人大多数都知道，各地生产上利用的火把梨，由于果皮红色美观，肉质细嫩、汁多，有“摩登梨”之称，但酸味浓，且有涩味。尽管如此，过去在没有好品质、好品种的条件下，深受栽培者和消费者喜爱，全省不断传换各地栽培，是分布最广的品种。从全国市场上梨果销售的品种来看，绝大多数是黄皮梨和褐皮梨。为此，近20余年培育红皮梨，已成为国内外研究的热点。为培育出当今市场上缺乏的“东方红皮梨”品种，王宇霖教授等选取果肉质细嫩、味甜汁多、无石细胞的日本梨幸水作母本与云南土生土长红色艳丽的火把梨作父本杂交。经15年的努力，已选择培育出果皮红色艳丽，肉质细嫩酥脆、汁多、酸甜可口、石细胞少、果心小，综合两者优良性状的系列品种，适宜云南和中国其他一些地区栽培，此创举为云南梨的发展更新换代找到了新品种，给广大果农致富带来了新的希望和途径，从而推动生产力向前发展。由于火把梨存在着不足之处，近十余年省内引入其他较优良品种，有的地区和县已经着手更换。目前，火把梨资源有面临殆尽趋势，如不加以收集保护。此梨绝灭于人间是非常可能的事。

火把梨自利用培育创新的红色梨品种获得成功，并通过媒体传播之后，现在受到国内外一些单位重视和利用，身价倍增，今后仍会继续利用为培育出更优良的花色品种发挥作用，因此，亟应加以收集保护。

一、果树资源的利用现状

资源合理利用，能使资源产生经济效益和社会效益，促进资源发展。资源不加利用，不仅不能促进发展，时间长了，不可避免，有的会消亡。单纯利用或利用不当会使资源枯竭。资源利用随科学技术不断发展，对其认识逐渐增多，且利用得更广泛，更合理。云南的果树资源种类多，在全国居于前列，且有的种类属国家保护植物。从用途上分，主要作鲜食，加工制作罐头、饮料、糖果和食品，有的作药，有的提炼香料，有的栽培作砧木和绿化自然环境，达到保持水土美化山河；有的种类又是研究物种起源培育新品种的种质，在科学研究上有较高价值。在此，提出一些重要的，有一定利用特点的种类。

（一）食果种类

果树的果实作水果为主要利用方式。温带果树梨属（*Pyrus* L.）植物是云南果树资源中最重要的一类，分布广，面积3.5万hm^2和产量14.6万t，居首位，品种也很多。栽培的主要品种为砂梨（*P. pyrifolia*），长期以来劳动人民利用种子繁殖，经不断选择，已有300多个品种（系）。但各地利用的仅10余个，分布在不同气候带内。如滇东南麻栗坡县（董干）栽培的褚氏梨，文山红雪梨、他彼梨、三棰梨、砚山红香酥梨。滇中地区栽培的陆良蜜香梨，呈贡宝珠梨，富源黄皮梨，昭通黄梨，巍山红梨（系），新平五棰梨，剑川甘滋梨、芝麻梨，禄丰青菜梨，以及分布广，各地栽培的小雀梨，民间用水泡加工（称淹梨）后翌年酸味消失，味转甜，鲜食，已成为消费者喜爱的果品。又如产南亚热带气候的德宏州盈江县太平街的太平梨，果形近圆形，重200~300g，果绿黄色、平滑、肉质较细、汁中多、石细胞少、品质中等。除原产地栽培面积逐渐发展外，已引入瑞丽、景洪市栽培，品质与外来品种相比，不算好，但是一个适宜于热带地区栽培的短低温品种，又可作为培育热带地区栽培的育种材料。

前面已阐述过昆明地区引种砀山酥梨，因休眠期低温量（7.2℃以下）不足，出现结果少品质不良。自2000年用新选出的美人酥等红皮梨品种高接改造，面积已达2000hm^2以上，植株生长健壮丰产、品质优、果皮鲜艳美观，详细技术见彩图。

苹果是云南栽培的主要水果之一，面积约3.3万hm^2，品种为国内外引入，发展的品种和全国差不多，如今仍以红富士为主，还有中早熟品种嘎拉及短枝型的红星系品种，由于栽培管理粗放，生态条件不太适宜，受国外和西北、华北所产的优质苹果竞争影响，面临严重的挑战，过去滇中等地发展不少大苹果，现在面积却在逐渐缩小。花红（*M. asiatica*）果虽小，颜色美观，成熟较早，一般7月中下旬上市，丰产，酸味浓，虽果肉易发面，但适应性强，不仅云南市场上受欢迎，还销往越南等周边国家。近些年，其发展面积又有所增加，因品种不耐贮运，发展数量仍是有限。

葡萄果实主要作鲜食或酿造制成果酒、饮料，晒干制成果干，为世界上栽培面积最大，用途最广的水果，以西方国家最发达。云南虽有较长的利用历史，长期以来多为庭院棚架零星陪衬栽培，生长期间蔓叶繁茂遮荫蔽日，架下乘凉，果熟时采食。随着社会发展，引入新品种，栽培技术逐渐提高，全省在海拔1500m以下干热河谷、坝区取得成功。20世纪90年代以来，弥勒、蒙自、东川等地发展较快，面积已达6700hm²，优质鲜果还销往广东、广西、港澳地区，自利用葡萄酿出“云南红”葡萄酒获得声誉后，面积不断扩大，已成为有发展前景的鲜食、酿酒水果。

柿是人们喜爱的水果，在云南从南亚热带至北亚热带都有栽培，分布广，但多在田边地角，村寨附近，零星栽培。品种多为涩柿，除脱涩后鲜食外，常加工制成柿饼。

石榴各地都有栽培，以海拔1200～1700m金沙江河谷水系的元谋、禄丰、会泽（沿水）、东川区，以及滇西峡谷的保山（蒲漂），滇南海拔1300～1500m的蒙自、建水较为优良。全省近十余年发展较快，除供应省内之外，还销往省外和港澳地区。

干果类有板栗、核桃、柯松，为全省栽培较广的树种。板栗耐瘠、耐旱、适应性强，长期以来在各地栽培，以海拔1400～1900m山区较多。栽培中常选择籽粒大、颜色深褐色、丰产的种子繁殖，不同地区形成一些优良品系。20世纪80年代，为促进山区农业生产发展，增加农民经济收益，改善生活条件，从柯渡（寻甸）、宜良、富民等地选出的优良品种，采用无性繁殖。各地发展较快，面积达13万hm²，取得了好成绩。核桃为山区发展的主要干果之一，适应于土壤较肥厚湿润地区栽培。已选育出壳薄脱仁容易，适应云南栽培的优良新品系，不仅提高了品质，且2～3年进入结果期，结果早、丰产。核桃耐贮运，加工制成核桃饮料，开辟出了新的用途。据不完全统计，全省已达43万hm²，从20世纪80年代起，已从过去仅在部分县零星栽培，目前滇中、滇南、滇西南、滇东北成片发展，成为干果中最大的果种。柯松虽是高大乔木，结果年代晚，多分布在高山区、沟谷，为用材林树种、兼采种子为食，过去砍伐不当，生态环境被破坏。国家为了保护环境，恢复生态，在适应的地区，除恢复种植被砍伐的柯松林外，一些被毁林开荒的山区现在退耕还林，提倡发展柯松。所造的松林长成后，青山绿水的未来一定会展现在人们眼目。

常绿果树类中，云南以柑桔为主。已形成的地方品种有建水白桔，勐版桔（属椪柑类），昭通的四瓣辣子花（属橙类），品质虽好，多年来未能形成规模生产。随着改革开放，农村生产力得到发展，除当地之外，相适应的地区有了发展。宾川是云南产柑果类的古老产地，在以粮为纲的时期，柑果生产大幅度下降。由于生态环境适应柑果类生长发育，产品品质优良，得到省、市（州）、县重视，20世纪80年代又开始发展，且引入脐橙品种，表现优良，已成云南重要的柑果类生产基地，产品除供应省内之外，还销往省外。香蕉和芭蕉主产元江县河谷，栽培历史悠久，此外，在滇东南、滇南、滇西南、北热带、南亚热带均有栽培。果品供应省内满足城市人民需要，发展较快的为近20余年，引进优良品种，种植区域扩大，栽培技术提高，产量品质有了改变。现在云南市场上全年均可供应，随着交通道路的改变，销往邻近的四川、贵州、重庆，以及华北和东北。今后，在发展中应做好水土保持，以免水土流失而破坏生态环境。菠萝为热带水果，产河口市、元江县等地河谷，全年上市供应。近几十年来，引入大果型无眼菠萝品种，果大、味甜、品质较好，有新的发展。

余甘子（滇橄榄）（*Phyllanthus emblica*），野生，分布在海拔1400m以下，气温高、湿度小、干燥的低热河谷坡地。果可食，润喉，自古至今采收利用，为人们喜爱的野生水果之一。近十余年，除利用野生种外，元谋等地已选出优良品种，人工栽培发展。

云南和全国一样，鲜食水果数量增加较快，干果类除外，大宗的有梨、苹果、桃、李、葡萄、石榴、柿、柑桔、香蕉、芭蕉、菠萝；小宗的有荔枝、龙眼，过去仅为医用，当今市场上普通常见。新增加猕候桃、杨梅、樱桃、草莓、桑椹、无花果、银杏、西番莲、香艳梨及大果型枇杷，都是在提高质量上下功夫，而不断发展。

随着科学研究的不断深入，一些野生果树的果实中，含有对人体健康有益的元素，如越桔，除含有一般水果所含有的营养成分外，还有其他水果不含的大量对人体有益的物质。如大量的水溶性酚类色素就有15种之多，药理研究发现，越桔中的总花色素苷有促进人视网膜上视红色素再合成，改善循环，抗溃疡，抗炎症等多种药理活性。越桔含维生素A高达19.2mg/100g，还含维生素B、E，果实中食物纤维含量达30%，是一中低热量食品，对减肥有好处。越桔汁含有能够抑制导致尿路感染的细菌（*Escherichia* Coli）的成分。还富含黄酮类化合物和抗肿瘤的多元酚成分。1999年，美国Tuft大学人类营养研究中心发表的报告指出，越桔是研究过的40种水果蔬菜中，植物性抗氧化成分最丰富的资源之一。这也是越桔近30年来在北美、新西兰、澳大利亚、智利、日本等国迅速发展的原因之一。越桔抗旱耐瘠薄，适应性强，栽培管理方便。云南越桔资源较为丰富，共有39个种，5个变种。除研究云南本省的资源之外，还要引进国内外已取得成功的种，促进全省经济发展。

（二）栽培上作砧木的种类

发展果树除有相适应的优良品种之外，还需适应云南干、酸、瘦薄等不同自然气候条件的砧木种类。产云南苹果属植物共有19种，分布于南亚热带至寒温带，以海拔2300～3200m气候冷凉的横断山区分布最多。经研究和生产中总结，作苹果砧木适应性广的有丽江山荆子、湖北海棠、西府海棠。产云南苹果属中，应注意花叶海棠（*M. transitoria*）、三叶海棠（*M. sieboldii*）、湖北海棠等3个种，具无融合生殖能力。它们由无性孢子生殖，产生种子长成实生苗，不带病毒，植株变异很少，生长均匀，是嫁接不带病毒品种的理想砧木。此外，还有锡金海棠，英国朗艾斯顿（Leng Ashdon）试验站发现，此种海棠还有矮化作用，嫁接苹果的植株小于乔砧嫁接植株三分之一，表现出结果早、品质好。中国农业科学院郑州果树研究所也研究得出类似的结论。云南省农业科学院园艺研究所20世纪80年代开始，从玉龙县、德钦县、维西县、腾冲县、云龙县、保山市、宁蒗县等地，收集到的锡金海棠标本，不仅枝、刺枝、叶有差别，果型多样，播种长出植株由于种子来源不同，各有不同，自20世纪80年代，全国开展苹果矮化砧木研究掀起热潮，现在又冷下来了。云南资源丰富，应该继续探索。

梨的砧木，云南主要用川梨与秋子梨（*P. ussuriensis*）系统中的京白梨、香水梨、南果梨；白梨系统中的酥梨、鸭梨、雪花梨、金川梨、金花梨；与洋梨（*P. communis*）系统中的日面红、茄梨、巴梨、伏茄梨；与砂梨系统中的品种及川梨系统中的酸大梨、金沙乌、牛角乌等品种嫁接，亲和力均好，且丰产。川梨从滇南的南亚热带到滇西北气候冷凉的地方，都有野生分布。据调查收集，果型、枝、叶、生长势方面，类型较多，其中以果黄褐色、褐色，圆球形，径0.8～1.5cm的种子多。我国果树专家王宇霖研究员、新西兰皇冠园艺与食品研究所Allan White考察川梨砧木生长表现较为理想，是云南梨的重要砧木。但种子是各地从野生群体中混合采集，由于川梨类型多，不同类型对嫁接品种生长发育，结果年代早迟，丰产性等有一定影响。如今，尚未引起重视，提纯选择适宜的类型或单系培养作砧木的种苗。此外，也有用砂梨中的半野生种雀梨和滇梨作砧木的，但两种梨分布狭窄，用量不多。

以砧木嫁接繁殖的果树，如柑桔用马蜂柑、宜昌橙、酸橙等，柿用君迁子（*Diospyros lotus*），桃用毛桃，板栗用本砧，核桃用本砧等等。

利用异属植物作砧木的物种有如下一些：

(1) 云南移㭎 (*Docynia. delavayi* Schneid) 作砧木嫁接台湾林檎 (*Malus. formosana*), 以移㭎 (*D. indica*) 作砧木嫁接富宁林檎 (*M. funningenesis Liu.* Yean et zhang), 这4种植物为移㭎海裳组 (*Docyniopsis* Schneid), 常绿乔木。云南省农业科学院园艺研究所调查, 在富宁县多年来用台湾林檎种子繁殖, 由于采种不易, 生产发展缓慢, 云南省农科院园艺研究所张文炳在昆明市以移㭎和云南移㭎作砧木, 嫁接台湾林檎、富宁林檎成活率达89%, 接口牢固, 亲和力较好。两种林檎在昆明市萌动期早, 为此, 嫁接期最好在1月初。

(2) 云南移㭎作砧木嫁接金帅苹果 [(*Golden delicious*) 马龙县邱吉文], 17年生树高4.5m, 株产50多kg, 果成熟期稍迟于海棠砧, 果肉组织紧密, 酸味浓, 较耐贮放。

(3) 牛筋条 (*D. tristamaecarpa* Kure) 作砧木嫁接枇杷 [(*Eriobotrya japonica* Lind.) 泸西县供销社刘志友], 品种为解放钟和本地枇杷, 亲和力较好, 株高约2.5m, 结果早, 果大小不整齐。牛筋条作砧木嫁接早酥梨、金花梨、富源黄梨等品种 (云南省农业科学院潘德明), 亲和力良好, 植株比一般矮小, 果形大小差异大。牛筋条主根发达, 利用时需先播种育成袋苗, 定植后就地嫁接品种。

(4) 火棘即火把果 (*P. fortuneana*) 作砧木, 嫁接从山东引入的山楂 (*C. pinnatifida*), 品种为大红袍 (通海供销社陈洪智), 亲和力良好, 株高3.0~3.5m, 结果表现良好, 株产10~15kg。

(5) 榅桲 (*C. oblonga* Schneid), 作砧木嫁接西洋梨品种, 如伏茄梨、伏茄梨实生、日面红等品种 (云南省工人疗养院赵碧云), 植株矮小, 高约1.5~2.2m, 株产10~15kg。但嫁接中国梨的亲和力不理想, 需用阿蒂作中间砧。

例举以上几种蔷薇科不同属、种之间嫁接, 因诸多因素, 观察仅5~7年, 最多的17年, 在生产上应用, 还需继续探讨。

(三) 饮料果树种类

水果加工制作饮料, 汁液多, 有一定颜色、香味、含较多营养成分, 且原料来源充足, 可不断供应加工厂生产, 产品应受消费者欢迎。20世纪80年代以前, 云南省内仅有几家小厂 (作坊) 生产加工较容易的酸角、菠萝、山楂等饮料。近十余年, 随着人民生活水平的提高, 饮料需求量大, 加工得以发展。规模大的有葡萄酒厂加工制成云南红 (葡萄酒), 核桃制成核桃乳, 投放市场已形成品牌, 还销往省外。云南山楂、木瓜、余甘子、石榴、柑果类、芒果、荔枝、柠檬、西番莲、桦叶荚蒾、猕猴桃、菠萝等等酿造榨汁, 加工制成各种饮料, 或者配料制成另外的饮料。在生产中, 除酿造云南红葡萄酒生产规模较大之外, 其他生产与省外相比仍很薄弱, 有待继续发展。

20世纪以前, 鲜果种类较少, 加工成罐头有呈贡黄肉桃罐头, 一段时间较受欢迎。随着各地市场开放, 销售鲜果种类增多, 鲜果常年不缺, 加工时加入保护剂等原因, 现在水果罐头市场需求有所减少, 今后如何发展, 牵扯问题多, 值得研究。

沙棘是一种含有丰富营养的野生果树, 西北已发展见效, 云南沙棘 (*Hippophae rhamnoides* subsp. *yunnanensis*) 野生分布在滇西北的香格里拉县、德钦县、维西县、玉龙县、宁蒗县等海拔2600~3400m的山区, 约有1000hm^2, 有一定的产量, 但树体高大, 不易采摘, 分布分散, 果实虽然可以加工制成饮料等, 至今未加利用, 仍处于野生状态。

(四) 观赏种类

果树除采果供食用外, 花期可供观赏, 繁花似锦, 果实累累, 红的、黄的一串串, 供观赏, 一举多得。西府海棠、海棠花、圆叶海棠、木瓜 (品种有小桃红、鱼肚白等), 以及枸子、火棘、红果树、垂丝海棠等。供观花的有云南樱花, 花红色、粉红色、重瓣, 每年3月上旬开花,繁花似锦，十分美观。此外还有冬樱花，即苦樱桃，花淡红色，单瓣，花期最早，每年 11 月下旬至 12 月开花。除观花外，5 月，樱桃果熟紫红色，一串串紫色果吊满枝梢也可观赏。它还可以作砧木。香蕉、荔枝、柑桔类、芒果、枇杷等，热带、南亚热带栽培也作观赏绿化。为此，果树作观赏的功能也在不断增多。

（五）药用果树种类

果树果实含不同营养成分，食用增强体质，减少疾病。中医把荔枝、龙眼、山楂、木瓜、海棠果、桔皮、银杏、桃仁、金缨子、余甘子、葛根等，直接或制成药品治病。随着中医药业发展，利用果树的果、皮、仁（种子）、根、枝、叶（如银杏叶、桃叶）等，在医药上利用的种类和数量也逐渐增加。

（六）造林绿化环境果树种类

沙棘、云南海棠、川滇海棠、沧江海棠、花楸（多种），野生于海拔 2500 ~ 3500m 高山区，以及柯松在海拔 1900 ~ 3200m 山区大量造林，达到绿化山岭和水土保持的目的。余甘子、酸角等野生和栽培于低海拔 1200 ~ 1400m 干热河谷。移校、火棘、枸子、银杏等野生和栽培在北亚热带和温带，仍然是水土保持绿化树种。

（七）油料、淀粉果树种类

核桃、板栗两种果树大量发展后，除食用外，核桃仁加工是优良的植物脂肪；板栗提淀粉制成食品。粉葛提取淀粉供食用和工业用。

（八）育种科研材料果树种类

梨果按果皮来分有绿色、绿花色（黄绿）、黄色、褐色（茶皮色）、红色等，其中，红色的最少。云南纬度低，由于海拔高，光照充足，紫外光强，日夜温差大，长期栽培梨（沙梨系统）采用种子繁殖，已形成许多红皮梨品种（系），果皮红色丽艳，但味酸，质粗，品质差。云南农业科学院园艺研究所已收集分布于各地的秤坨梨、长把香酥梨、巍山冬雪梨、昆明火把梨、红果川梨等 30 余个红皮梨，建立种质库。在用火把梨作亲本，与优质梨品种杂交选育种取得进展的基础上，今后将继续利用为培育出更优良的品种而努力。红河州产的大翼橙的发现，表明云南是柑桔的原产地之一，应更加扩大科学研究范围，探索种质的起源领域。黄龙病严重危害柑桔生产，经研究云南产的马蜂柑可作鉴定黄龙病毒的指标作物，在生产上有较高的价值。阔叶猕猴桃、紫果猕猴桃等含维生素 C 高，可作培育含维生素高的亲本；多类型的锡金海棠可继续筛选和培育苹果矮化砧木等。随着国家经济建设发展，科研内容不断深入，育种科研随着需要而开展，今后将会利用云南的果树资源，按国家发展进程，培育出各种各样的品种。

二、果树资源利用和保护

1. 合理利用资源

云南野生和栽培的果树种类约占全国 54% 左右，且有的分布于狭窄地带。但种类多，数量较少，应依据资源情况合理利用，边利用边繁殖，并加以保护，不能过量开发，以免产生资源枯竭。

2. 综合利用资源

每一种果树有多种用途，利用前应依不同果树种类的特性，尽量综合利用，提高效率，避免单纯利用造成资源浪费。

3. 资源利用与生态条件密切结合

果树生长发育对立地条件有一定要求，不同果树种类（包括品种）应选择相适应的生态环境，才能充分表现出特征特性，获得优质丰产，增加经济效益。相反生态条件被破坏，不但不能得到经济效益，反而造成环境恶化，如成片林木被砍伐，草山坡地不修筑水土保持工程，开挖后种植果树，带来雨后山洪暴发，山体滑坡，水土流失，水质污染。为克服已出现的不足，国家已经采取退耕还林种植不同的果树，植树造林，种草绿化山岭坡地原野，达到恢复生态环境。

4. 保护资源应有长远打算

目前利用的资源，有的被利用发挥了作用，但大多数仍处于未被认识和利用。今天未认识未利用的资源，不等于无用，为此应有长远眼光，把未被利用的稀、特资源加以保护，待进一步认识后再利用。保护除预防不利因素引发自生自灭外，还包括禁止随意挖掘苗木，采集枝、叶、果实种子、标本，以免影响植株生长，导致衰弱死亡，并加强管护促使生长良好，加以繁殖增加数量，合理扩大利用。保护是为了利用，利用是为了发展。这才是要达到的综合目的。

5. 加强稀、特、优、新、濒危种质研究

经各方面多年的努力，对以上几个方面的资源调查收集，发掘利用，保存（包括蜡叶标本和建种质圃保存）了一部分，有的作了特征特性和其他方面的评价。因种种原因，未被保存和陈旧而失去利用价值的种质，需加紧补充，但大多数种质尚未进行细胞学、遗传学、生理生化、血清等等方面鉴定研究。为此，建议增加经费和项目，加强研究。有发展前景的种质不拘格式加大力度，提速发展投入生产。对稀有种质如锡金海棠、富宁林檎、红河橙、曲梗梅、大叶龙眼、滇榧、滇榛、贡山猕猴桃、河口猕猴桃、含高维生素的阔叶猕猴桃、红茎猕猴桃、紫果猕猴桃、毛花猕猴桃、滇菠萝蜜等，目前研究的不多，先保存繁殖或与国内外合作研究，既达到避免资源枯竭，又能达到加快利用取得成效的目的。

三、云南果树资源展望

云南的土地面积与全国相比并不大，由于自然条件复杂，资源种类繁多，早已为世界各国注目，但省内野生和栽培发掘利用成大宗产品，取得显著成效的很少。现在成大宗的温带水果主要有梨、苹果、葡萄、石榴、桃；常绿果树有橙、桔、柠檬；草本果树有香蕉、菠萝、草莓。从数量上与全国相比占的比例很小。干果类有板栗、核桃，20 世纪 80 年代以来，发展较快，将为发展农村经济和山区农民增收作出贡献。柯松主要为用材林，又是绿化荒山植树造林改造生态环境的主要树种之一，种子食用有一定营养价值，发展一举两得。其他野生果树随发展果树种类用作砧木的主要为梨属中的棠梨（即川梨），以及苹果属中的湖北海棠、丽江山荆子等。

云南栽培的果树种类多，同一品种有比北方早熟 20 ~ 30 天的特点，可提早上市，收到较好经济效益。发展中应依其特性，选择相适应的品种，提高栽培技术以获得优质产品，这方面潜力较大。云南周边国家纬度海拔低，属热带、亚热带气候，气温高，雨量多，主产热带水果，为此利用云南海拔高、在适宜地区发展温带水果，随着水、陆、航空路线的开通，产优质水果销往南亚、东南亚诸国，以及中国的港澳地区，从而促进全省果树发展，有重要意义。菠萝、香蕉全年均可生产上市销往省内外，仍是云南的有利条件。今后需提高栽培技术水平，并在利用优良品种上下功夫。

云南的果树资源，古老的，衍生的，引入的种类均较多，有的种类仍在不断发现和引入，应保护好这些国家财富，为开发利用不断探索提供条件。展望未来，人们将继续利用现在已知云南的丰富资源、不断发掘创新资源，为中国全面建设小康社会服务，造福于全人类。

参 考 文 献

〔1〕张宇和．果树砧木之研究．上海：上海科技出版社，1962
〔2〕中国农业科学院郑州果树研究所编．果树砧木论文集．西安：陕西科学技术出版社，1985
〔3〕中国农业科学院郑州果树研究所等主编．中国果树栽培学．北京：农业出版社，1987
〔4〕曲泽洲，孙云蔚主编．果树种类论．北京：农业出版社，1990
〔5〕王万贤，杨毅主编．野生食果资源与产品开发．武昌：武汉大学出版社，1998

云南作物种质资源

YUNNAN CROP GERMPLASM RESOURCES

油料篇

Volume Oil crops

主编：刘其宁

Chief editor: Liu Qining

副主编：谢永俊　杨建国

Deputy editor:Xie Yongjun　Yang Jianguo

编写单位：云南省农业科学院经济作物研究所

云南省农业科学院生物技术与种质资源研究所

编写人员：（按姓氏笔画排序）
李文昌　刘其宁　邱怀珊　吴建华　杨丽英
杨建国　赵振玲　符明联　谢永俊
审稿人员：
傅廷栋（院士）　王汉中　李再云　吴自强

罗平万亩油菜花

一、云南油菜种质资源

澄江矮棵油菜 （白菜型 *Brassica chinensis*）

路南（石林）黄菜子（芥菜型 *Brassica juncea*）

澄江矮棵油菜 （白菜型 *Brassica chinensis*）

路南（石林）黄菜子 （芥菜型 *Brassica juncea*）

宜良高脚细菜子（芥菜型 *Brassica juncea*）

宜良高脚细菜子（芥菜型 *Brassica juncea*）

盘溪大寨油菜（芥菜型 *Brassica juncea*）

盘溪大寨油菜（芥菜型 *Brassica juncea*）

元谋油菜（芥菜型 ***Brassica juncea***）

元谋油菜 （芥菜型 ***Brassica juncea***）

曲溪龙街油菜 （芥菜型 ***Brassica juncea***）

曲溪龙街油菜（芥菜型 ***Brassica juncea***）

沾益松林黑籽
（芥菜型 *Brassica juncea*）

丽江油菜
（芥菜型 *Brassica juncea*）

绥江黄菜子
（芥菜型 *Brassica juncea*）

镇雄夫妻油菜
（白菜型 *Brassica chinensis*）

沾益松林黑籽（芥菜型 *Brassica juncea*）

绥江黄菜子（芥菜型 *Brassica juncea*）

丽江油菜（芥菜型 *Brassica juncea*）

甘蓝型杂交油菜品种云油杂1号
（甘蓝型 ***Brassica napus***）

甘蓝型夏播油菜品种云油23号
（甘蓝型 ***Brassica napus***）

花油8号（甘蓝型 ***Brassica napus***）

芥蓝型油菜杂交组合S505
（芥菜型 ***Brassica juncea***）

芥蓝型油菜杂交组合云芥杂1号
（芥菜型 ***Brassica juncea***）

花油3号（甘蓝型 ***Brassica napus***）

二、云南蓝花子种质资源

〔*Raphanus raphanistroides*（Makino）Nakai〕

春蓝花子

秋蓝花子

蓝花子不育株

蓝花子“83–4”

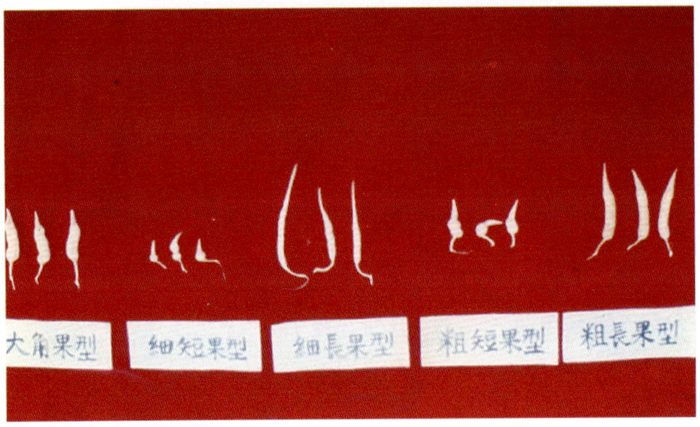

蓝花子角果类型

三、云南花生种质资源

（*Arachis hypogaea* Linn.）

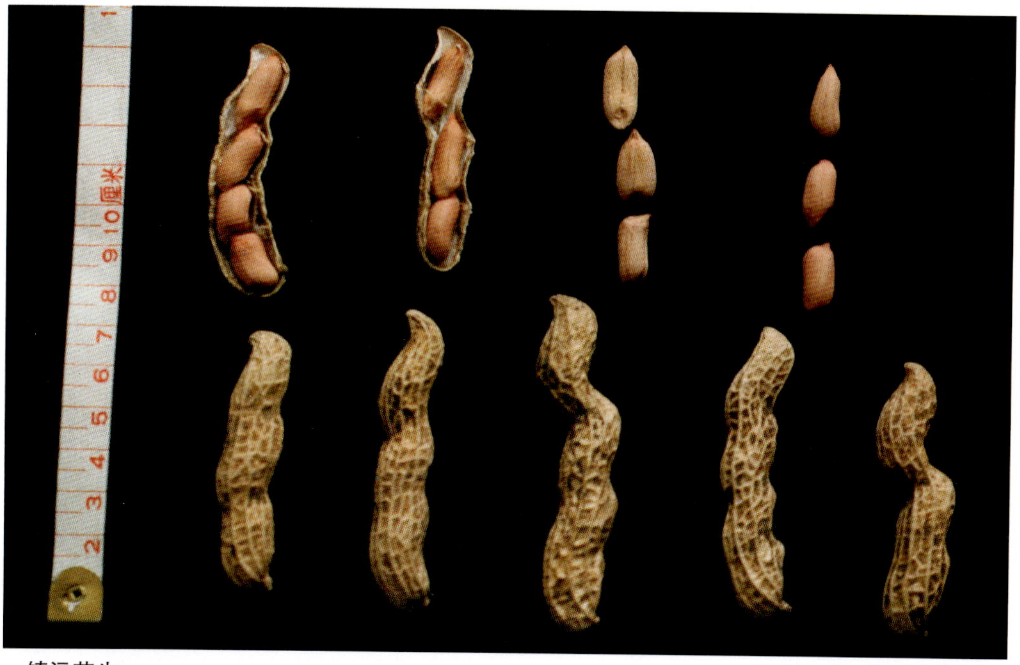

镇沅花生

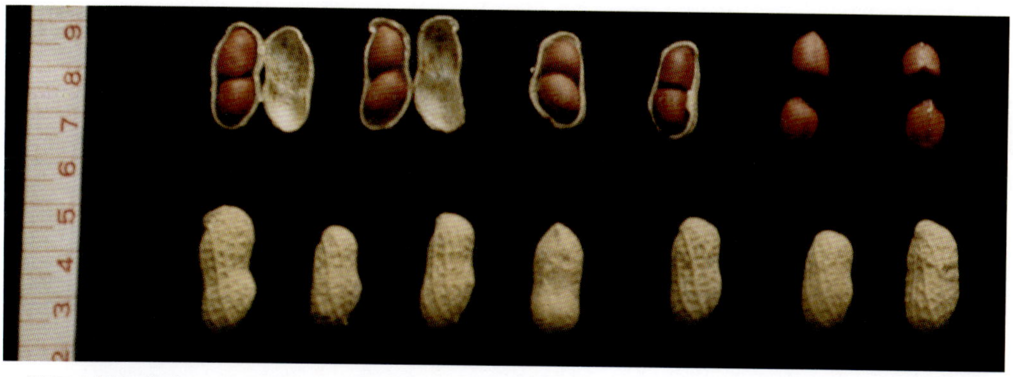

墨江小粒红花生

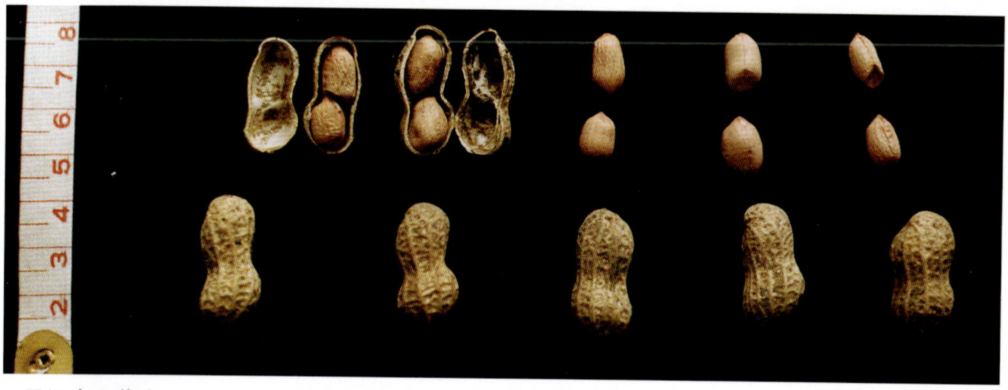

元江直立花生

剑川直立花生

桂花17

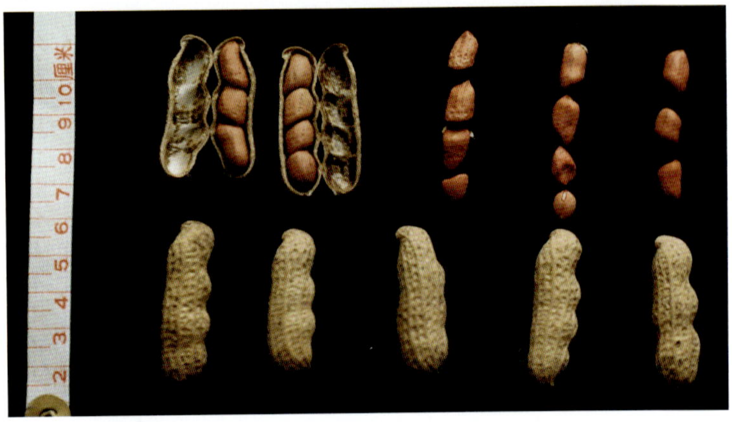

蒙自十里匍红皮

勐腊花生

建水紫花生

大面积栽培的花生Fleur 11

花生品种“桂花17”

法国引进花生品种资源

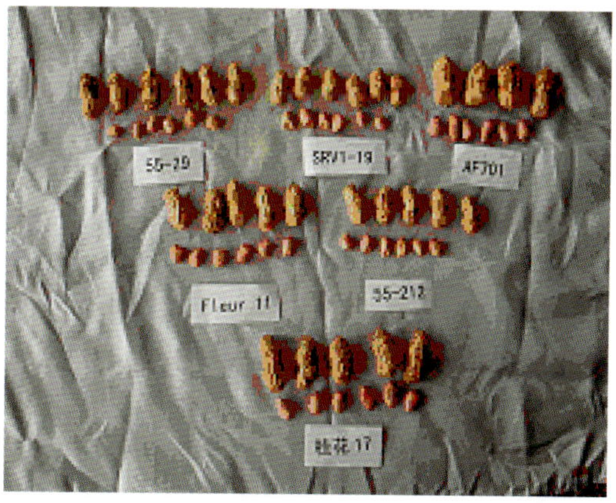

品种资源果型、种型对比

四、云南红花种质资源

（*Carthamus tinctorius* L.）

大花球种质BJ1072

红花花色

ZW-96

AC-1无刺红及种子

资阳红花种子

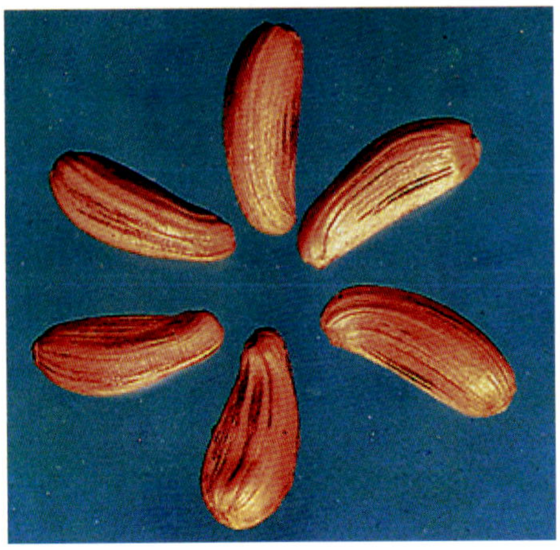

五、云南蓖麻种质资源

（*Ricinus communis* L.）

蓖麻“A007”

蓖麻“CRS-6.181”

蓖麻“CRS-6.190”

蓖麻“TCO-202”

六、其他油料作物

大面积栽培的向日葵（**_Helianthus annuus_ L.**）

油用“新葵6号”（**_Helianthus annuus_ L.**）

油用“G101”（**_Helianthus annuus_ L.**）

观赏向日葵1号（**_Helianthus annuus_ L.**）

观赏向日葵2号（**_Helianthus annuus_ L.**）

观赏向日葵3号（**_Helianthus annuus_ L.**）

观赏向日葵4号（**_Helianthus annuus_ L.**）

纤用“阿里亚娜”亚麻
（*Linum usitatissimum* L.）

纤用“yy–1”亚麻
（*Linum usitatissimum* L.）

油纤两用亚麻95005
（*Linum usitatissimum* L.）

玉龙紫苏（*Perilla frutescens* L.Britt）

大理白苏（*Perilla frutescens* L.Britt）

沧源勐董芝麻（*Sesamum indicum* L.）

玉溪胡麻（*Linum usitatissimum* L.）

耿马四排山芝麻（*Sesamum indicum* L.）

前 言

云南是中国的生物资源大省，油料作物种质资源也不例外。自20世纪50年代以来，云南省农业科学院油料作物研究所的几代科技人员坚持不懈地开展油料作物种质资源的收集、整理及研究利用，为全省油料生产发展做作出了极大的贡献，形成了一套完整系统的研究方法，收集并保存了大量的种质资源，培养了一批科技骨干。

为了全面总结云南油料作物种质资源研究和利用中所取得的经验，促进研究和利用的进一步发展，我们组织相关科技人员在云南省农业科学院油料作物研究所老专家们研究的基础上编写了《云南作物种质资源·油料篇》。其中，第一章由谢永俊、邱怀珊、刘其宁编写；第二章由吴建华编写；第三章由杨丽英编写；第四章由杨建国编写；第五章由李文昌编写；第六章由赵振玲、刘其宁、符明联编写；全书由刘其宁统稿。

在该书编写过程中得到陈勇研究员、戴陆园研究员、王建军研究员、江玉忠研究员、李爱媛副研究员、龚瑞芳副研究员等的大力帮助和支持，他们对本书的编写和修改提出了极其宝贵的意见。中国工程院院士、华中农业大学教授傅廷栋、中国农科院油料作物研究所所长王汉中研究员、华中农业大学李再云教授、云南省农业科学院吴自强研究员等进行了审稿，云南大学刘飞虎教授审校书稿英文内容。借此机会，向他们及所有关心、支持过《云南作物种质资源·油料篇》编写工作的单位和个人表示衷心的感谢。

由于时间仓促，加之编者水平有限，错误在所难免，恳请批评指正。

目 录

第一章 云南油菜种质资源

云南栽培油菜在漫长的演化过程中，受人为选择和独特的环境条件的自然选择，发生了一系列形态和生理特性的变化。在向不同纬度和不同海拔高度的传播过程中，又受到不同温度、水分、种植季节、土壤状况和栽培技术的影响，导致感光性、感温性等一系列变化，形成了丰富多彩的栽培油菜品种资源，有不少种质资源目前在全国甚至在世界上都是非常少见和极其珍贵的。

云南油菜品种资源是人类赖以生存的宝贵财富，是现代品种改良和遗传研究不可替代的物质基础和进行深化开发利用的源泉。20 世纪 50 年代以来，云南省即开展了油菜地方品种资源征集整理工作，60 年代以后，省内外科研工作者对云南的油菜品种资源进一步进行了大量的考察、收集与保存研究工作，育种工作者在利用云南油菜种质资源方面也取得了不少成绩，在育种过程中，又获得了许多人工创造的种质资源。

第一节 云南油菜的类型、分类、分布

一、云南油菜的类型

油菜育种专家刘后利先生曾经指出油菜是农艺学上的名词，而不是植物分类学上的名词，凡是栽培的十字花科（Cruciferae）芸苔属（*Brassica* L.）用以收籽榨油的统称为油菜，油菜不是一个单一的物种，而是包括芸苔属植物的许多物种。

油菜是栽培历史悠久的植物之一，分布范围很广，所属物种和生态类型较多，因此，导致人们对油菜命名和分类方法很不一致。直到 1934 年，日本盛永俊太郎提出了根据油菜染色体组的分类方法以来，油菜分类方法才日趋统一。1956 年全国油菜试验研究座谈会根据我国油菜的植物学形态、特征，遗传的亲缘关系，结合形态学特征、生物学特性、农艺性状、栽培特点等，将油菜分为 3 个类型，即白菜型油菜、芥菜型油菜和甘蓝型油菜。

早在 1932 年，Manton，I. 通过对芸苔属植物的染色体组分析后指出，高染色体组芸苔属种 *B. napus* L.（2n = 38，aacc）、*B. juncea* Coss.（2n = 36，aabb）和 *B. carinata* Bruna（2n = 34，bbcc）作为二倍体杂种，系来自于低染色体种成对的组合：*B. nigra* Koch.（2n = 16，bb）、*B. oleracea* L.（2n = 18，cc）和 *B. chinensis* L.（2n = 20，aa）。由 8（称为 b 染色体组）、9（称为 c 染色体组）及 10（称为 a 染色体组）三种基本种的染色体为基础，通过自然界的种间杂交而自然合成染色体数为 n = 17（b + c）、18（a + b）、19（a + c）的物种，前者称为基本种或初生种（basic species，或 primary species），后者称为复合种或次生种（synthetic species 或 secondary species），这些是二基四倍体，或双二倍体（amphidiploid）。后禹长春通过杂交试验证实了他的这一理论，并进一步把其理论整理成一个三角形的图，用以表明油菜各个物种之间的亲缘关系。禹长春所整理的这一图形后人称之为禹氏三角形（U'striangle）。禹长春的这一理论后经 Franasen，K. G（1943，1947）、Olsson，G.（1953，1955，1960）、皿鸠正雄（1964）、葛扣麟（1964）等人先后得到了人工合成的 *B. napus*；Sikka，S. M.（1940）、amanujam，S. 和 Shrinivachar，D.（1943）、Olsson，G.（1947，1960）和 rakash，S.（1973）等人杂交合成了 *B. juncea*；Frandsen，K. G.（1947）和 lsson，G.（1960）等人用 *B. oleracea* 和 *B. nigra* 杂交，人工合成了 *B. carinata*。这些结果进一步证实了现存的自然界复合种是由基本种在自然条件下通过种间杂交

自然合成而来的。

云南省油菜的分类也以中国于1956年全国油菜试验研究座谈会所提出的油菜分类原则来进行分类，即根据云南省油菜的植物学形态特征，遗传的亲缘关系，结合形态学特征、生物学特性、农艺性状、栽培特点等，将油菜分为3个类型，即白菜型油菜、芥菜型油菜和甘蓝型油菜。

中国1956年油菜分类系统和1964年在《中国油菜栽培》一书中所列的详细分类可归纳如下（中国油菜分类检索表）：

A. 植株较短小，叶椭圆、卵圆或长卵形，分枝性弱或中等，多刺毛或少刺毛，被或不被蜡粉，苔茎叶抱茎而生，花大小不一，花瓣皱缩，重叠，种子大小不一，无辛辣味 …… 白菜类型

B. 株型高大，基叶披针形，具明显叶柄，分枝性极强，密被或不被刺毛，微被或不被蜡粉，苔茎叶有明显叶柄，花小，花瓣平滑，分离而不重叠，种子小，具辛辣味 …………… 芥菜类型

C. 株型中等，根系发达，基叶椭圆，不具琴状缺刻，伸长茎叶出现明显缺刻，苔茎叶半抱茎着生，分枝性中等，分枝部位中等，密被蜡粉，幼苗真叶具刺毛，成长叶无刺毛，花较大，花瓣平滑，重叠呈覆瓦状，种子较大，不具辛辣味 ………………………………………… 甘蓝类型

尽管中国历来对于油菜的命名和分类方法较多，但归纳起来云南省的地方油菜品种分别属于白菜型油菜和芥菜型油菜两大类。甘蓝型油菜则系近代从日本引进，栽培历史较短。根据盛永禹长春将芸苔属的植物分为3类基本种和3类复合种，而我国用作油菜栽培的仅有其中3类（1类基本种，2类复合种），即白菜型油菜（属a染色体组）、芥菜型油菜（属ab染色体组）、和甘蓝型油菜（属ac染色体组）。

（一）白菜型油菜（*Brassica chinensis*）

白菜型油菜的染色体为2n=20，子叶形状多为心脏型；基叶多为短柄叶和长柄叶，叶片上多刺毛，蜡粉少；叶脉多为白色和绿色，基叶多为完整叶或浅裂叶，基叶叶缘形状多为波状和全叶；苔茎叶形状多为三角形，苔茎叶着生状态多为全抱茎；花冠较大，花多为黄色或深黄色，花瓣圆形或椭圆形，大小不一，花瓣着生状态多为侧叠，花瓣皱缩；角果颜色大多为黄绿色，角果短而粗，子粒节不明显，角果易裂；角粒数一般7～30粒，平均为15粒，千粒重2.29～3.21g，平均为2.08g；植株较矮，一般为53～156cm，平均为97cm；分枝数少，一般为4～15枝，平均为7枝；全株角果数为100～1835角，平均为551粒。种子颜色棕黑色，大小不一，无辛辣味，主根系稍发达，支细根发育中等。云南省现收集白菜型油菜种质资源129份。

（二）芥菜型油菜（*Brassica juncea*）

芥菜型油菜的染色体为2n=36，是复合种或次生种（synthetic species 或 secondary species），它是由基本种 *B. capastris*（aa，n=10）和 *B. nigra*（bb，n=8）的染色体自然合并而形成的复合种。子叶形状多为叉型，基叶多为长柄叶，叶片上少刺毛或无刺毛，蜡粉少或无；叶脉多为白色和绿色，少数为紫色；基叶多为深裂叶或浅裂叶，基叶缘形状多为锯齿状，苔茎叶形状多为披针形，苔茎叶着生状态多为不抱茎；花冠较小，花多为黄色或深黄色，少数为乳白色，花瓣球拍形，花瓣着生状态为分离；角果颜色大多为枇杷色，角果细而短，子粒节明显，角果不易裂，角粒数一般8～22粒，平均为12.6粒，千粒重1.0～3.60g，平均为2.53g；植株较高，一般为85～210cm，平均为136cm；分枝数多，一般为6～22.5枝，平均为10枝；全株角果数较多，一般为211～2837角，平均为779粒；种子颜色多为棕褐色，少数为黄色；主根系极发达，支细根不发达。现收集芥菜型油菜资源168份。

（三）甘蓝型油菜（*Brassica napus*）

甘蓝型油菜的染色体为2n=38，是复合种或次生种（synthetic species 或 secondary species），它是由基本种 *B. nigra*（bb，n=8）和 *B. oleracea*（cc，n=9）的染色体自然合并而形成的复合种。云南省没有本地的甘蓝型油菜品种，现有的甘蓝型油菜品种均为20世纪50～60年代以来由省外引进后通过连续不断的育种而选育出来的适应本地生态条件和栽培条件的的品种。种子颜色多为褐色，子叶形状多为肾形，基叶为短柄叶，子叶形状多为肾型，基叶多为长柄叶，叶片上无刺毛；叶脉多为白色和绿色，少数为紫色，基叶多为浅裂叶，基叶缘形状多为波浪形；苔茎叶形状为剑形，苔茎叶着生状态多为半抱茎；花多为黄色或深黄色，花瓣大，呈圆形，覆瓦状，角果较长而粗，子粒节不明显，部分品种角果易裂；角粒数较多，一般14～25粒，平均为19粒；千粒重较高，一般为2.38～4.30g，平均为3.17g；植株较高，一般为120～191cm，平均为150cm；分枝数少，一般为5～13枝，平均为7枝；全株角果数为228～864角，平均为473粒；根系发达。

二、云南油菜的分类

对于栽培作物的分类有两个目的，从植物学的观点进行分类的目的在于求知；从生态学的观点进行分类的目的在于应用。同时提出了分类应将植物学性状与农艺性状结合起来，生态观点与利用观点相结合的研究原则。

（一）按熟期分类

根据1986～1995年对云南省油菜品种资源农艺性状的研究结果，按生育期的长短，把油菜分为极早熟品种、早熟品种、中熟品种、晚熟品种和极晚熟品种5种类型（见表1－1）。以此熟期分类标准为依据，将云南省油菜品种分为极早熟品种、早熟品种、中熟品种3种类，无晚熟品种和极晚熟品种。

（1）极早熟品种（白菜型油菜130～160天；芥菜型油菜生育期140～160天；甘蓝型油菜生育期150～180天）有41份，其中白菜型油菜11份，芥菜型油菜22份，甘蓝型油菜8份。白菜型油菜主要分布在滇西南、滇东南及滇中的玉溪地区，芥菜型油菜主要分布在滇中的玉溪地区。云南省极早熟品种占现有品种数的11%，且三大类型均有。

（2）早熟品种（白菜型油菜和芥菜型油菜生育期161～180天，甘蓝型油菜181～200天）有230份，其中白菜型油菜118份，芥菜型油菜98份，甘蓝型油菜14份。白菜型油菜分布在48个县、市，芥菜型油菜分布在63个县、市。云南省的大部分油菜品种为早熟品种，占三大类型油菜品种数59%，其中白菜型油菜占该类油菜总数的83%，芥菜型油菜占该类油菜总数的59%，甘蓝型油菜占该类油菜总数的60.9%。

（3）中熟品种（白菜型油菜和芥菜型油菜生育期181～200天，甘蓝型油菜生育期201～230天）有46份，均为芥菜型油菜，分布在63个县、市。白菜型油菜和甘蓝型油菜只有极早熟和早熟品种，无中熟、晚熟及极晚熟品种；芥菜型油菜中有极早熟、早熟和中熟品种，无晚熟及极晚熟品种。

（4）云南省无晚熟（白菜型油菜和芥菜型油菜生育期201～240天，甘蓝型油菜生育期221～240天）和极晚熟油菜品种（白菜型油菜和芥菜型油菜生育期231～270天，甘蓝型油菜生育期241天以上）。

（5）目前所知的最早的白菜型油菜品种为曲溪矮脚油菜、景东保甸矮脚油菜、勐腊油菜3个品种，生育期均为146天，最早的芥菜型油菜品种是镇康高脚油菜，生育期159天，最早熟品种的甘蓝型油菜品种是云油18号，生育期174天。

表1－1 云南油菜种质资源熟期分类

Table 1－1 The maturity classification of rapeseed germplasms of Yunnan province

熟期 Maturity	类型 Type	极早熟 Extremely early maturity	早熟 Early maturity	中熟 Medium maturity	晚熟 Late maturity	极晚熟 Extremely late maturity
生育日数	白菜型 芥菜型 甘蓝型	130 ～160 140 ～160 150 ～180	161～180 161～180 181～200	181～220 181～200 201 ～230	201～240 201～240 221 ～240	231～270 231～270 241 以上
品种数%	白菜型 芥菜型 甘蓝型	11 (8.5) 22 (13.3) 8 (363.3)	107 98 14	0 46 (27.7) 0	11 0 0	0 0 0

（二）按繁殖方式和育性方面分类

油菜就其花器构造及其授粉方式而言，基本上应是异花授粉作物，但在进化过程中，保存了有利于物种生存和繁荣的自花授粉，因而形成了自花授粉和异花授粉两种不同的繁殖方式。

不同类型的油菜品种，同一类型不同的油菜品种，其授粉方式具有明显的差别。从授粉习性来看，白菜型油菜属异花授粉作物，自交亲和性低，自交后代常退化，而自然异交率高，异花授粉结实正常，自然异交率一般为85%～90%以上。芥菜型油菜属自交结实最强的作物，自交亲和性高、结实正常，自交后代不退化或退化不明显。但由于大多数芥菜型油菜开花时花器外露，容易接受外来花粉而形成一定程度的异花授粉，故芥菜型油菜自然异交率一般为10%以下，自然自交率一般在90%以上。甘蓝型油菜属典型的常异花授粉作物，自交结实正常，自交后代退化不明显，自然异交率一般为20%～35%之间，自交率一般为65%～80%。

（三）按生态类型分类

油菜可分为三大类型，每一类型又可分为春油菜和秋油菜两种生态型。春油菜再根据其对日照长度敏感程度，分敏感型（迟熟）和不敏感型（早、中熟）；秋油菜根据其对温度的要求，再分为冬性型（迟熟）、半冬性型（中熟）和春性型（早熟）品种。油菜从苗期至现蕾期日照的长短和温度的高低对油菜生长发育影响最大，可从增加油菜苗期至现蕾期时的平均日照长度来区分油菜品种对日照长度的感光性的强弱，从增加油菜苗期至现蕾期时的平均温度来区分油菜品种对温度的感温性的强弱。

云南省油菜因其特有的光温条件所决定，油菜的生态类型仅有春油菜和春性型油菜，无冬性和半冬性油菜。它们对温度和对长日照的反应均不敏感。

三、地理分布、区域生态类型及代表品种的特征特性

（一）地理分布

云南省的白菜型油菜主要分布在全省49个县市，芥菜型油菜主要分布在43个县市，甘蓝型油菜主要为云南省农业科学院油料作物研究所通过引种后选育成的品种。

（二）区域生态类型及代表品种特征特性

云南自然条件复杂，不同区域的油菜品种表现出不同的生态特点。1962~1963年，梁天然先生等老一辈油菜科研工作者曾在昆明布点，对云南省的355份及省外161份油菜品种进行了不同区域生态类型的研究。结果表明：云南省不同类型的油菜品种其生物学特性、形态特征、经济性状均有极大的差别。一般白菜型油菜品种生育期短，植株较矮，荚粒数多，千粒重高，分枝数及角果数少；芥菜型油菜品种则生育期长，植株较高，分枝数和角果数多，主花序短，荚粒数少，千粒重低，含油量高。同一类型油菜地方品种其生育期的长短、成熟期的早晚、植株高度、分枝部位、分枝数、角果数的多少、千粒重大小、荚粒数、含油量、幼苗基叶特征等主要性状，地区之间存在着一定的差异。并对云南油菜品种资源的生态类型作出初步区域性划分。

1. 南 部

即北纬22°~24.5°，海拔1000~1600m的地区，如南盘江流域、红河流域和澜沧江流域。该区气候较温暖，冬季受寒流影响较小，油菜品种无论白菜型油菜和芥菜型油菜生育期均较短，幼苗生长快，抽苔开花早，易受冻害，基叶叶色较深，刺毛少。

白菜型油菜品种幼苗匍匐，早熟，全生育日数160~164天，为极早熟或早熟品种。苗期一般40天左右，花期长80天左右，冻害重，受冻率91.3%~100%，冻害指数较高，为11.01~13.1；植株矮，一般植株高度64~83cm，分枝低，分枝高度为0.1~2.81cm，主花序38~44cm，株型多为丛生型；基叶叶色深，叶片小，角质层厚，刺毛少，有效分枝多，平均每株16~25个，尤其再分枝多；有效角果数多为230~350个，含油量38%~40%，籽粒小，饱满度差，籽粒棕褐色，千粒重多在2g以下。其中曲溪、建水、元阳等地的品种，千粒重稍高。该区域的白菜型油菜代表品种有镇康红油菜、江城黑菜子、云县短脚油菜、镇沅新塘乡黑红油菜。

芥菜型油菜表现为生育期短，集中在165~174天，为极早熟或早熟品种。苗期42天左右，花期70天左右；植株矮，一般株高105~131cm，分枝低，分枝高度为2~5cm；千粒重较重，一般为2~2.8g；基叶叶色较深，叶片蜡粉中等，刺毛较少；由于抽苔开花较早，茎部及花器易受冻；含油量为42%~43%。该区域的芥菜型油菜代表品种有镇沅半高棵油菜、曲溪白花芥蜡、曲溪高脚油籽等。

2. 中南部

中南部即北纬24°~25°，海拔1500~1900m的地区，白菜型油菜和芥菜型油菜品种生育期均较短，生长势较强，千粒重较大。

白菜型油菜幼苗生长直立，全生育日数160~164天，除个别品种为极早熟外，大多为早熟品种。苗期40天左右，花期较短为55~64天。抗冻力弱，受冻率为54.55%~100%，冻害指数0.78~1.39。基叶叶色深，叶片较大，刺毛较多，植株矮，株高为66~89cm，分枝低，分枝高度为0.3~45cm，主花序40~55cm，结荚较密为13~18个，有效分枝数为714个，有效角果数少，为140~250个，含油量低，多在40%以下；荚粒数不高（11~15粒），但籽粒较大，千粒

重3～3.7g，为其他地区早熟品种所不及；单株生产力7～12g，该地区的白菜型油菜代表品种有玉溪黑菜子、江川黑菜子、杞鹿黑菜子等。

表1－2 云南油菜种质资源的类型和分布

Table 1－2 The classification and distribution of rapeseed germplasms of Yunnan province

类型 Type / 市县 Location	白菜型 Brassica chinensis	芥菜型 Brassica juncea	类型 Type / 市县 Location	白菜型 Brassica chinensis	芥菜型 Brassica juncea	类型 Type / 市县 Location	白菜型 Brassica chinensis	芥菜型 Brassica juncea
昆明市	2	3	武定	1	4	文山	3	1
呈贡县	4	2	大理	5	6	马关	1	
嵩明县	1	1	漾濞	1		蒙自	2	1
宜良县		1	永平	2	2	弥勒		2
富民县		4	洱源	3		泸西		3
晋宁县		1	鹤庆	1	1	石屏		3
昆阳		3	剑川	2		建水	1	1
石林		1	邓川		4	泸水	12	
江川	3	9	巍山		2	丽江	5	5
易门		1	昭通	2		永胜		1
玉溪	10	8	镇雄	3		中甸	1	
新平		6	威信	1	1	华坪	1	2
通海	1		巧家	1		维西		1
澄江	2	1	绥江		9	保山		1
华宁	1	2	盐津		5	腾冲	1	2
			曲靖		1	镇沅	2	2
盘溪		1	罗平		1	凤庆	17	10
广通	1	1	会泽		5	云县	1	
楚雄	1	3	永善		1	景东	1	
元谋		1	师宗	1	3	思茅		4
姚安	2	3	富源		1	镇康	1	1
南华	2	1	陆良	1	2	昌宁	1	
永仁		1	广南	1	3	双江		6
大姚		2	富宁	1		景洪	6	
禄劝		1	麻栗坡		1	勐腊	1	
禄丰		1	元阳	1		曲溪	2	4
牟定		1	丘北	4	2	合计	129	166

芥菜型油菜在该地区根据形态特征分为两种类型。① 高棵类：生育期为165～179天，为早熟品种。植株较高，株高为110～160cm，基叶叶片大，蜡质较多，表现生长势旺盛，故习惯上有高棵和旺棵之称。这类品种种植面积较大，耐水耐肥，其代表品种有江川高棵、玉溪凤尾籽、华宁高脚黄菜子、盘溪大寨油菜、龙武高棵、玉门凤尾籽、昆阳油菜等；② 矮棵类：此类油菜

品种生育期为160～164天，为极早熟品种。植株矮小，习惯上有矮棵或害棵之称，叶色较淡，叶片较小，耐瘠，株型松散，角果着生密度大；种子多为黄色，千粒重大多为2.03～2.94天，含油量为40%～44%，最高达49%。代表品种有江川矮脚黄油子、玉溪害棵黄菜子。

3. **东南部**

东南部北纬23.2°～26°，海拔1200～1900m，即乌蒙山系东南至六韶山的石林地区的南盘江流域及红河流域部分地区。

白菜型油菜生育期及苗期较南部、中南部地区稍长，全生育期160～169天，为早熟品种，花期短为44～65天，抗（耐）冻率较强，受冻率58%～90%，冻害指数为0.67～1.17。株高88～102cm，分枝低，分枝高度为2～8cm，主花序长度为46～58cm，有效分枝数少，为10～12个；结荚密度中等为13～15个/角，有效角果数较多，一般为200～300个/株；角粒数不高；为15～18粒，千粒重2～3g，含油量33.37%～42.14%。该区域的白菜型油菜代表品种有蒙自桥头乡黑油菜、文山黑油菜、广南六区油菜等。其中，蒙自品种叶色深，叶片小，分枝、刺毛多；文山丘北品种叶色略浅，叶片稍大，分枝较少。

芥菜型油菜生育期较长，为170～184天，大多为早熟品种，个别品种为中熟品种。株高122～159cm，多数品种表现基叶叶色较深，叶片较大，角质较厚，蜡粉较少，刺毛较多，叶脉较密，角果较小，呈微紫色，与茎着生角度较小，种子多为棕色或黄棕色，千粒重为1.8～2.4g，含油量40%～44%，最高47%，该区域的芥菜型油菜代表品种有蒙自高脚黄菜子、文山油菜、丘北黄菜子、弥勒西山黄细油菜、罗平短脚红菜子、曲溪黄花高脚子、富源大油菜等。

4. **北　部**

北部即金沙江流域，雨水较少，属燥热地区。该地区仅搜集到芥菜型油菜，生育期170～179天，为早熟品种。植株高度为115～132cm，分枝较低为11～256cm，基叶刺毛较南部少；苗期较南部地区长，为60天左右；角果着生密度较南部油菜大，含油量42.14%～46.96%，其他性状无显著特征，该区域芥菜型油菜代表品种有永善黄油菜、元谋油菜、永仁黄菜子、永仁黑菜子，永胜兴文乡油菜等。

5. **中　部**

中部即北纬25°～26°左右，海拔1700～1900m的地区。

白菜型油菜的品种，全生育日数165～181天，为早熟或中熟品种。苗期早熟品种为45～65天，中熟品种为92天，花期较短，为32～60天；植株较高，株高85～110cm，分枝部位高，分枝高度为5～14cm，主花序较长为51～62cm，有效分枝数少，为7～10个；有效角果数亦少，为148～266个；结荚密度中等，为13～15个，荚粒数少为13～16粒，但籽粒大，千粒重为3～4.5g，为云南省千粒重最高的地区。基叶叶色稍浅，叶片大，刺毛及蜡质少，角果大。含油量33%～42%。该区域白菜型油菜的代表品种有南华吴官大菜子、昆明矮棵、广南黑茎大菜子、姚安黑菜子等。

芥菜型油菜品种生育期集中于175～184天，为早熟或中熟品种。植株和分枝均较高，植株高度为130～160cm，分枝高度为30～60cm。角果和种子一般较小，除昆明高脚黄菜子外，千粒重多为1.8～2.2g，但每荚粒数较其他地区芥菜型油菜品种略高，为12～15粒，结荚密度亦较高，为12～17荚；基叶叶色较东西南部浅，蜡质较少，种子多为黄色或杂色（黄色、棕色），含油量较高，为44%～47%。代表品种为昆明高脚黄菜子、武定高脚黄菜子、楚雄高脚黄菜子、南华黄菜子、大姚从湾菜子等。

6. **西北部**

西北部即北纬25°～27°，海拔1650～2400m的地区。

白菜型油菜品种，根据生育期长短，可以分为两类：① 早熟类型：多分布在洱源、鹤庆、剑川、巍山、漾濞等县，生育期较短为160～169天，为早熟品种。植株矮，株高为70～95cm，分枝低；分枝高度为1～6cm，主花序短，为36～53cm，但有效分枝少，为10～15个；有效角果数220～300个，荚粒数较其他早熟品种高，为13～19粒；千粒重2～3g，含油量一般为38%～43%；基叶叶色深，叶片小，角质层厚，蜡粉少，叶脉密；角果瘦小，抗冻率较强。代表品种有鹤庆牛街矮脚子、洱源矮脚菜子、剑川矮脚油菜、漾濞矮脚油菜、巍山黑菜子、保山油菜等。② 中熟类型：生育期170～174天，苗期长，为82～92天，花期34天，较集中。株高83～110cm，分枝高度3～12cm，主花序较长为52～60cm；角果较密为14～17个，有效分枝多，为10～20个；有效角果数亦多，为200～360个，荚粒数高，为19～22粒，为云南省荚粒数最高的地区。含油量41%～44%，籽粒小，千粒重低，为1.4～1.7g；叶色较深，叶片小，角层厚，蜡质少，刺毛多，叶脉密，抗冻力较强，幼苗匍匐。其代表品种有丽江中济乡黑菜子、丽江红油菜等。

芥菜型油菜生育期集中于175～184天，为早熟或中熟品种。植株和分枝均较高，植株高度为130～160cm，分枝高度为30～60cm，角果和种子一般较小；千粒重多为1.8～2.2g，但每荚粒数较其他地区芥菜型油菜品种略高，为12～15粒；结荚密度亦较高，为12～17荚/10cm；基叶叶色较东南部浅，蜡质较少，种子多为黄色或杂色（黄色、棕色），含油量较高，一般为43%～46%，最高49%。代表品种有丽江油菜、丽江祥云乡黄菜籽、永胜兴文乡油菜等。

7. 东北部

东北部即北纬25°～27°，海拔1860～2100m的地区。

本区白菜型油菜品种极早熟、早熟均有，以早熟为最多，生育期160～174天，苗期一般较长，但次于西北地区，株高89～100cm，分枝高度为4～10cm，主花序长为60～66cm；结荚粒密度稀，为10～13个；有效分枝数少为7～9个，有效角果数不多，为190～240个；荚粒数较高，为18～21粒；千粒重中等，为2～3g，含油量41%～44%；基叶叶色较浅，叶片大，蜡粉少。该区域白菜型油菜的代表品种有昭通油菜、会泽油菜、镇雄大油菜等。

芥菜型油菜生育期173～179天，为早熟品种。植株高度为116～125cm，分枝高度为20～30cm；角果和种子一般较小，千粒重为2.1～2.3g，但每荚粒数较高，为10～14粒，结荚密度亦较高，为10～16荚/10cm；基叶叶色较东南部深，蜡质较少，种子多为黄色，含油量较高，一般为41%～43%。该区域芥菜型油菜的代表品种有威信大金黄、永善黄油菜、绥江黄菜籽等。

第二节　云南油菜种质资源的收集、整理、鉴定及研究

一、云南油菜种质资源的收集

（一）20世纪50～60年代的收集

云南油菜种质资源从20世纪50年代即开始搜集，主要方式是向各州（地区）、县（市）的农科部门去信函征集和用已有的资源与之交换。在征集农家品种的基础上，鉴定评选出一批用于生产的地方品种。至60年代，搜集油菜种质资源达900余份，但“文革”期间损失严重，省外品种资源损失达90%左右。“文革”结束后，又对全省的地方油菜品种进行补充搜集，先后搜集地方油菜品种资源300余份。并对其进行了初步的鉴定、筛选研究，从中筛选出丰产品种用于农业生产，使云南省的油菜生产有了进一步的发展。

（二）20 世纪 80 年代的搜集

1982 年云南省农业科学院油料作物研究所曾对大理、丽江、中甸等地区实地调查和搜集，共搜集 64 份资源，大部分为野生十字花科。1985 年，由中国农业科学院油料作物研究所、新疆农业科学院经作所、湖南省农业大学农学系、江苏农业科学院经作所和云南农业科学院油料所共同组成考察组在对云南省油菜野生资源搜集的同时，也对云南省地方油菜资源进行搜集。本次对云南省的玉溪地区、临沧地区、思茅地区、怒江州等地区进行了考察，共搜集地方油菜品种资源 30 余份。通过这次考察，对云南省油菜种植区划分、云南油菜资源的利用和今后如何开展研究等提出了许多有科学价值的意见。

二、云南油菜种质资源的整理和保存

（一）整　理

20 世纪 50～60 年代，云南省老一辈油菜育种工作者曾对云南省的地方油菜品种进行过整理研究，并对云南油菜 355 份品种进行主要特征、特性、生态特点的分析研究。以此为依据明确云南省不同区域的油菜生态类型，制定合理的选种目标，研究比较省内外各地区油菜品种主要性状的异同，为确定云南省油菜良种区域化、品种改良和引种工作，提供可靠的依据。

20 世纪 80 年代以来，首次按全国统一标准、统一技术与方法对云南省现有的油菜种质资源，从形态特征、生态特性、丰产性、抗病性等方面进行整理研究。为今后油菜种质资源优异性状鉴定和优异种质的研究奠定了基础。此外还从品种生理生化、品种的遗传多样性等方面，研究探讨品种内在因素对品种外在表现影响，并结合国内、国际目前和将来的油菜育种目标，对油菜特异种质资源进行筛选，为油菜育种提供种质材料。

（二）保　存

“七五”“八五”期间，云南省农科院油料所承担了油菜资源的搜集，繁种入库及主要性状鉴定的国家攻关任务，除对其按要求进行相关整理鉴定研究外，“七五”共繁殖油菜种质资源 232 份（其中白菜型油菜 80 份、芥菜型油菜 137 份、甘蓝型油菜 15 份）；“八五”繁殖油菜种质 85 份（其中白菜型油菜 49 份，芥菜型油菜 29 份、甘蓝型油菜 7 份）。繁殖后的种子分为二套，一套在云南省农科院油料所资源库中保存，以便随时进行相关研究利用，一套送国家种质资源库长期保存。

三、云南油菜种质资源的鉴定及研究

作物资源的收集和保存的目的是为了开发利用，而对其进行各种性状的鉴定是开发利用的基础工作。云南省油菜品种资源的研究鉴定工作主要包括以下几个方面：农艺性状鉴定（主要是分枝性、结角性、每角粒数和千粒重鉴定），遗传特性鉴定（主要进行油菜主要器官性状遗传鉴定），生态特性鉴定（主要是温、光特性研究鉴定），生理特性鉴定（主要是同工酶研究鉴定），品质性状鉴定（主要是含油量、脂肪酸组成、硫代葡萄糖甙含量等鉴定），抗性鉴定（主要是抗病性、抗寒性、抗倒伏性、抗裂果性鉴定）。

（一）农艺性状鉴定

云南油菜的农艺性状鉴定工作在 20 世纪 80 年代以前曾进行过多次，但鉴定方法及鉴定手段均缺乏统一的标准，致使鉴定结果不尽一致。1986 年云南省农业科学院油料作物研究所承担了国家“七.五”“八.五”重点攻关课题子专题中的“云南省油菜品种资源的繁种入库及主要性状鉴定”课题，对云南省的372份油菜种质资源进行了繁种入库及农艺性状鉴定。本次鉴定按全国统一标准、技术与方法进行，共调查记载了372份云南油菜种质资源的子叶形态、幼茎色泽、心叶色泽、刺毛、叶色、叶脉色泽、叶柄长短、叶缘形状、叶片厚度、蜡粉、苗期生长习性、苔茎色泽、苔茎叶形状、苔茎叶着生状态、花冠大小、花色、花瓣着生状态、分枝习性、株型、角果色泽、角果着生状态、籽粒节明显度、性状一致性、裂果性、着角密度、角果长度、角果宽度、果皮厚度、种子颜色、种子形状、种子状态、株高、有效分枝高、一次有效分枝数、二次有效分枝数、全株有效角果数、每角粒数、千粒重、单株生产率、生育期等40项性状。所建立的数据内容十分丰富，并繁殖了相同数目的油菜种质资源送往国家种质资源库作长期保存。为今后开展油菜种质资源优良性状鉴定和优异种质研究利用奠定了基础。

油菜产量主要由分枝数、全株角果数、每角粒数和千粒重构成，其次株高也对油菜产量有一定影响，因此，对云南省的油菜种质资源进行了这几方面的研究。

株高：植株高度受环境因素影响较大，变幅较宽，但不同类型之间的差异是明显的。白菜型油菜平均株高较矮，甘蓝型油菜较高。

分枝数：甘蓝型油菜的一次分枝数最少，为5~13.3枝，平均为7.7枝；白菜型油菜次之，为2~57.4枝，平均为11.4枝；芥菜型油菜的一次分枝数最多，一般为6~84.6枝，平均为18.3枝。白菜型油菜中一次分枝最多的品种是镇沅新塘黑红油菜，分枝数为57.4枝；芥菜型油菜中一次分枝最多的品种是富源墨江油菜，分枝数为84.6枝；甘蓝型油菜中分枝最多的品种是云油11号，分枝数为13.3枝。

角果数：单株角果数以芥菜型油菜的最多，平均为779个；白菜型油菜次之，平均为551个；甘蓝型油菜的最少，平均分别为473个。白菜型油菜中角果数最多的品种是文山油菜，全株角果数为1835个；芥菜型油菜中角果数最多的品种是广通大旧黄油菜，全株角果数为2837个，其次为玉溪油菜，全株角果数为2818个；甘蓝型油菜中角果数最多的品种是云油11号，全株角果数为867个。

角粒数：以甘蓝型油菜为最多，平均为19粒，其次是白菜型油菜，平均为15粒，芥菜型油菜平均为12.6粒。白菜型油菜中角粒数最多的品种是昌宁小黑油菜，角粒数为32粒；芥菜型油菜中角粒数最多的品种是头道水2号，角粒数为22粒；甘蓝型油菜中角粒数最多的品种是云油6号，角粒数为26粒。

表1-3　云南省油菜种质资源的经济性状

Table 1-3　Economic characters of rapeseed germplasms of Yunnan province

经济性状 Traits	白菜型油菜 Brassica chinensis		芥菜型油菜 Brassica juncea		甘蓝型油菜 Brassica napus	
	平均 Average	变幅 Range	平均 Average	变幅 Range	平均 Average	变幅 Range
株高（cm）	97	53~156	136	85~210	150	120~191
分枝数（枝）	11.4	2~57.4	183	6~84.6	7.7	5~13.3
全株角果数（个）	551	100~1835	779	211~2837	473	228~867
每角粒数（个）	15	7~30	12.6	8~22	19	14.25
千粒重（g）	2.08	2.29~4.85	2.54	1~3.60	3.17	2.38~4.3

千粒重： 甘蓝型油菜的千粒重最重，平均为3.17g；芥菜型油菜次之，平均为2.53 g，白菜型油菜的最轻，平均为2.08g。白菜型油菜中千粒重最高的品种是南华张合屯黄菜籽，为4.85g；芥菜型油菜中千粒重最高的品种是界头3号，千粒重为3.6g；甘蓝型油菜中千粒重最高的品种是云油18号，千粒重为4.3g。有关经济性状的变化见表1-3。

（二）云南油菜品种资源重要性状的遗传规律研究

作物性状遗传的研究在育种中有着十分重要的意义，有的性状可在作物育种中作为指示性状来利用。

1. 苗期株型的遗传

油菜的苗期生长状态分匍匐、半直立和直立三种。匍匐的叶片基本上匍匐生长，叶片着生状态与地面平行，直立的叶片叶柄与地面呈45°以上角度，半直立型则介于二者之间。一般而言，匍匐的油菜为典型的冬性型油菜，直立的油菜为典型的春性型油菜。试验研究表明，匍匐型对直立型具有不完全显性，春性对冬性呈显性，并由两对基因控制。

2. 心叶色泽的遗传

油菜的心叶一般为绿色，但少数品种因环境条件、气候等因素发生变异而形成黄绿色、紫色。试验研究表明，绿色心叶对黄绿色心叶呈显性，这一性状可作为指示性状在杂交育种中在苗期加以识别。

3. 叶片刺毛及叶片形态的遗传

油菜叶片表面分有刺毛和无刺毛两种。研究表明，无论对白菜型油菜、芥菜型油菜和甘蓝型油菜而言，有刺毛对无刺毛呈显性。在甘蓝型油菜中，幼苗叶片上有无刺毛可作为区别春、冬油菜的一种准确的形态指标，春油菜幼苗叶片上有刺毛而冬油菜幼苗叶片上完全无刺毛或仅有极少量的刺毛。

油菜叶片形态有花叶、深裂、浅裂和圆叶型。研究表明，甘蓝型油菜花叶对圆叶呈不完全显性，芥菜型油菜正常叶对深裂呈不完全显性，花叶这一性状可作为指示性状在育种中利用。白菜型油菜的叶形遗传规律尚待研究。

4. 幼茎色泽的遗传

幼茎色泽有紫色和绿色两种。紫色对绿色呈显性，特别是白菜型油菜中更为明显。幼茎色泽与成长植株茎的色泽密切相关，幼茎为绿色的植株茎色也是绿色，幼茎是紫色的植株茎色也是紫色。

（三）云南省油菜光温生态类型研究

油菜从苗期至现蕾期日照的长短和温度的高低对油菜生长发育影响最大，可从增加油菜苗期至现蕾期时的平均日照长度，来区分油菜品种对日照长度的感光性的强弱，从增加油菜苗期至现蕾期时的平均温度，来区分油菜品种对温度的感温性的强弱。

云南省有特殊的光温条件。就温度条件而言，云南省油菜夏播生育期间的6~9月，月平均气温为16.2~20.4℃，月平均最低温为12.8~16.4℃；现蕾期的月平均气温和月平均最低温为19.7~20.4℃和12.8~14.0℃；秋播生育期间的10月至次年5月，月平均气温为6.9~19.9℃，月平均最低温为1.1~16.4℃；现蕾期的月平均气温和月平均最低温为7.8~11.9℃和1.1~5.4℃。就光照条件而言，夏播生育期的月平均日照长度为12小时30分至13小时55分；现蕾期的月平均日照长度为13小时20分~13小时55分，秋播生育期间的月平均日照长度为10小时30分~12小时40分；现蕾期的月平均日照长度为10小时30分至11小时。为明确云南省油菜品种的光温生态类型，于1991~1993年，云南省地方油菜品种在夏、秋两季不同光照及日照长度条件下种植，对云南省油菜品种进行光温生态类型鉴定。结果表明，云南省的地方油菜品种的生态类型均属于春油菜和春性型油菜，无冬性和半冬性油菜。它们对温度和对长日照的反应均不敏感。

（四）云南油菜品种资源的酯酶同工酶研究

1989~1992年，对云南省各地区具有代表性的油菜品种资源279份（白菜型油菜种质113份，其中农家品种82份，野生类型31份；芥菜型油菜种质148份，其中农家品种117份，野生类型31份；云南系列甘蓝型油菜品种15份）采用聚丙酰胺凝胶法进行酯酶同工酶分析，其结果见表1-4。

表1-4 云南油菜品种资源地理分布

Table 1-4 The geographic distribution of rapeseed germplasms of Yunnan province

地理区划 Geographic region	品种数（个）Varieties	白菜型油菜 Brassica chinensis		芥菜型油菜 Brassica juncea		甘蓝型油菜 Brassica napus		代表地区 Typical districts
		品种数（个）Varieties	百分比（%）	品种数（个）Varieties	百分比（%）	品种数（个）Varieties	百分比（%）	
滇南	77	45	58.4	32	41.6	0	0	文山、思茅、临沧、西双版纳、德宏、红河等地州、新平、元江共46个县
滇中	148	40	27.0	93	62.8	15	10.1	曲靖、红河、玉溪、楚雄等地州一部分和保山、昆明共45个县（市）
滇东北	20	7	35.0	13	65.0	0	0	昭通、曲靖中部和东川市共17个县（市）
滇西北	31	21	67.7	10	32.3	0	0	迪庆、怒江、丽江等地州全州，大理、楚雄的部分共19个县
合计	276	113	40.9	148	53.6	15	5.4	

1. 云南油菜种质资源的酶带分析

对276个云南油菜品种资源的酯酶同工酶中，共出现了10条正直级带，颜色深浅，粗细不一（见图1-1）。从酶带出现频率来看，第10条酶带出现的频率最高，为96.76%。这条酶带在活性染色时表现出较强的酶活性，酶带呈深紫色，且粗。供试材料酶带谱出现频率的高低见表1-5。

表 1－5 供试品种酯酶同工酶酶带出现频率

Table 1－5 The frequency of lipase bands in the tested varieties

项目 Items	酶带谱 Lipase band										
	Ⅰ	Ⅱ	Ⅲ	Ⅳ	Ⅴ	Ⅵ	Ⅶ	Ⅷ	Ⅸ	Ⅹ	合计
出现次数	45	111	79	52	124	103	43	133	48	267	276
占品种总数（%）	16.3	40.22	28.62	18.84	44.93	37.32	15.58	48.18	17.39	96.74	

2. 云南油菜品种资源三大类型及野生类型酶谱的分布频率

云南油菜品种资源三大类型的酯酶同工酶谱显著不同，而且野生型和栽培种也有明显的差异，因此，云南油菜品种资源的酯酶同工酶谱可分成 5 个类型，即白菜型油菜、野生白菜型油菜、芥菜型油菜、野生芥菜型油菜及甘蓝型油菜。从酶带强度上看，白菜型油菜和芥菜型油菜都出现了 10 条酶带，而甘蓝型油菜只出现了Ⅱ、Ⅲ、Ⅳ、Ⅴ、Ⅵ、Ⅹ6 条酶带，酶谱变异以白菜型油菜变异幅度较大，分布频率为 1.13%～30.31%；其次为芥菜型油菜分布频率为 2.88%～24.41%；甘蓝型油菜酶谱变异频率趋于简单，未出现第第 1、第 7、第 8、第 9 四条酶带。

图 1－1 云南油菜品种资源酯酶同工酶酶带

Fig. 1－1 The lipase bands of Yunnan rapeseed varieties

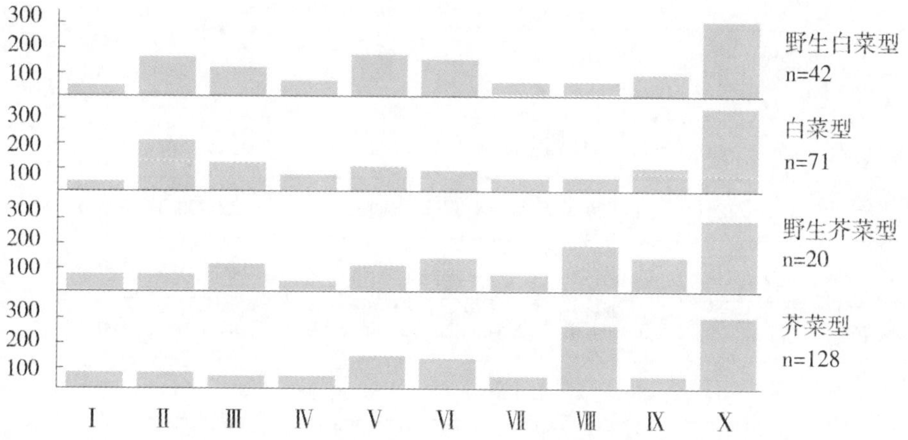

图 1－2 地方品种与“野生材料”酶带谱比较

Fig. 1－2 Contrast of lipase bands of local rapeseed varieties with wild type

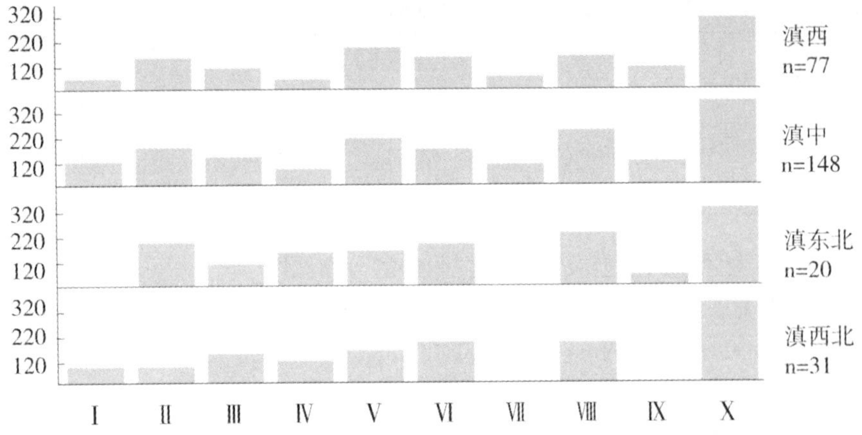

图 1－3　云南各地区油菜品种资源酯酶同工酶酶带谱分布频率

Fig. 1－3　The frequency of lipase bands of Yunnan local varieties in different eco. zones

代表品种：1. 蒙自矮脚黄菜子；2. 蒙自高脚黄菜子；3. 蒙自楚冲菜子；4. 文山油菜；5. 丘北黄油菜；6. 广西油菜子；7. 麻栗坡高脚红油菜；8. 弥勒西山黄细油菜；9. 泸西直邑乡红菜子；10. 楚雄西舍路黄菜子

三大类型油菜中除了第 10 条酶带是它们所共有外，白菜型油菜第 2 条带分布频率较高为 18. 7%；芥菜型油菜第 8 条带分布频率较高为 22. 88%（见表 1－6）。

3. 云南油菜品种资源栽培种和“野生材料”的酯酶同工酶谱比较

无论是“野生”白菜型油菜和“野生”芥菜型油菜都出现了 10 条酶带，地方种所出现的酶带都包括在“野生材料”之中，未出现特殊酶带。从酶带谱的分布频率来看，“野生白菜型油菜”在第 5、第 6 条带上明显高于地方种的白菜型油菜；“野生芥菜型油菜”在第 3、9 条酶带上又高于地方种的芥菜型油菜，其他酶带的分布频率大致相同（见表 1－7、图 1－2）。

表 1－6　三大类型油菜品种酶带的分布频率

Table 1－6　The frequency of lipase band in 3 major rapeseed types

类型 Types	项目 Items	酶带谱 Lipase bands											酶带谱 Lipase bands number
白菜型 Brassica chinensis	酶带出现次数分布	6	66	41	24	39	33	11	4	22	107	353	10
	频率%	1. 7	18. 7	11. 6	6. 8	11. 04	9. 35	3. 12	1. 31	6. 23	30. 31	100. 0	
芥菜型 Brassica juncea	酶带出现次数分布	36	35	33	24	74	62	30	135	17	144	590	10
	频率%	6. 1	5. 93	5. 59	4. 07	12. 54	10. 51	5. 08	22. 88	2. 88	24. 41	100. 0	
甘蓝型 Brassica napus	酶带出现次数分布	0	11	3	2	10	6	0	0	0	13	45	6
	频率%	0	24. 44	6. 67	4. 44	22. 22	13. 33	0	0	0	28. 89	100. 0	

表 1 – 7 地方品种与“野生材料”酶谱比较

Table 1 – 7 Contrast of the lipase bands of local rapeseed varieties with wild type rapeseed

类型 Types \ 酶带谱 Lipase band	Ⅰ	Ⅱ	Ⅲ	Ⅳ	Ⅴ	Ⅵ	Ⅶ	Ⅷ	Ⅸ	Ⅹ	合计 total	酶谱数 bound No.
“野生”白菜型	1.46	15.33	10.22	6.57	14.60	13.14	3.65	1.46	5.84	27.73	100.0	10
白菜型油菜	1.84	21.2	12.44	6.91	8.76	7.83	1.38	1.38	5.99	32.25	99.98	10
“野生”芥菜型	5.88	4.71	11.76	1.18	8.24	11.76	7.06	16.47	9.41	23.53	100.0	10
芥菜型油菜	5.93	6.32	4.74	4.55	13.44	10.67	4.15	23.91	1.78	24.51	100.0	10

4. 云南油菜品种资源的酯酶同工酶地理分布

从表 1 – 8 及图 1 – 3 中可看出，滇南、滇中包含有全部 10 条酶谱带，且看不出那条酶带占绝对优势，随着向北部地区推移，滇东北、滇西北的酶带谱逐渐减少，各出现 8 条酶带。滇东北缺少第 7、第 9 条酶带，滇南地区酶谱类型丰富，种内变异复杂，滇中地区次之，滇东北、滇西北的酶谱类型趋向简单和单一化。

对云南 279 个油菜品种资源酯酶同工酶分析结果表明，云南油菜品种资源同工酶的多样性和种内变异的复杂性：①比较酶带谱的分布，第 10 条酶带频率最高，颜色深且粗，酶的活性较强。它是油菜生长初期的代表酶带。②三大类型油菜的酶带谱变异以白菜型油菜变异幅度较大，芥菜型油菜次之，甘蓝型油菜酶谱变异趋于简单。这表明甘蓝型油菜属改良栽培种，它们之间的亲缘关系是十分接近的，种类变异较单一。白菜型油菜和芥菜型油菜属于地方品种，在云南极其复杂的生态条件下，分布广，适应性强，其种类变异极为复杂。③地方品种与“野生材料”酯酶同工酶比较有许多共同特点，都出现第 10 条酶带，地方品种所出现的酶带，“野生材料”也出现，表明他们之间具有亲缘关系。④分析云南油菜品种资源酯酶同工酶的地理分布看出：滇南、滇中地区具有全部的同工酶类型，变异范围广；滇东北、滇西北地区只出现 8 条酶带，变异范围较简单，酶谱带从南到北推移变得简单。这种倾向以云南海拔高度有密切的关系，有必要作进一步研究。

表 1 – 8 云南各地区油菜品种资源酯酶同工酶的地理分布

Table 1 – 8 The distribution of lipase band in local varieties Yunnan Province

地理区划 Geographic region	品种数 Varieties \ 分布频率 Frequency	酶带谱 Lipase bands										合计频率 total (%)	酶谱数 bound No.
		Ⅰ	Ⅱ	Ⅲ	Ⅳ	Ⅴ	Ⅵ	Ⅶ	Ⅷ	Ⅸ	Ⅹ		
滇南	77	2.58	11.81	9.23	3.32	14.39	10.7	4.8	10.33	5.54	27.31	100.0	10
滇中	148	5.19	11.11	7.04	4.44	12.04	9.63	4.26	15.93	4.07	26.3	100.0	10
滇东北	20	0	14.67	6.67	10.67	9.33	12.0	0	17.33	2.67	26.67	100.0	8
滇西北	31	5.83	7.77	11.65	8.74	11.65	13.59	0	12.62	0	28.16	100.0	8

（五）抗病虫性研究

1. 危为害油菜的病虫害种类

油菜的病害种类繁多，目前国内外报道的达几十种，在我国生产上发生面积大、并引起严重减产的主要病害有近十种（见表1－9）。云南省油菜的主要病害有病毒病、菌核病、霜霉病、白锈病等。

表1－9 云南油菜主要病害

Table 1－9 The major disease of Yunnan rapeseeds

名称 Names	病原菌种类 Types of pathogeny	病原菌 Pathogens
病毒病	病毒	芜菁花叶病毒 Tuniap mosaic virus（TuMV）
	病毒	烟草花叶病毒 Tobacco mosaic virus（TMV）
	病毒	黄瓜花叶病毒 Cucumber mosaic virus（CMV）
	病毒	油菜花叶病毒 （YMV）
菌核病	真菌	菌核菌 *Sclerotininia sclerotiorum*
霜霉病	真菌	霜霉菌 *Peronospora parasitica*
白锈病	真菌	白锈菌 *Albugo candida*
软腐病	细菌	欧氏杆菌 *Erwinia aroideae*

危害油菜的害虫种类虽不及粮棉作物多，但在生产上大面积发生并造成减产的有近10种之多，主要有蚜虫、菜粉蝶和潜叶蝇等（见表1－10）。

表1－10 云南省油菜主要虫害

Table 1－10 The major pests of Yunnan rapeseeds

名称 Names	学名	*Scientific name*
蚜虫	萝卜蚜	*Lipaphis erysimi*
	桃蚜	*Myzus persicae*
	甘蓝蚜	*Brevicoryne brassicae*
菜蝽		*Eurydema dominulus Scopli*
菜粉蝶（菜青虫）		*Pieris rapae Linnaeus*
黄曲条跳甲		*Phyllotreta striolata Fabricius*
油菜小菜蛾		*Plutella xylostella*
潜叶蝇		*Phytomyxa atricornis Meiyen*

2. 云南省油菜种质资源抗病性研究

菌核病、病毒病、霜霉病是油菜生产中的3个主要病害。1986年中国农科院油料所对云南省的321份油菜种质资源进行菌核病、病毒病抗性鉴定，湖南省农科院植保所进行霜霉病抗性鉴定（其方法分田间自然诱发鉴定和室内人工接种鉴定），初步确定各材料的抗性等级，分免疫、高抗、中抗、低抗、低感、中感和高感7个等级。自然诱发鉴定为中抗以上的材料，进一步进行人工接种鉴定。菌核病采用菌丝茎杆接种或花期子囊孢子接种，病毒病采用金钢砂病毒汁液磨擦接种，霜霉病用分生孢子悬浮液喷施幼苗接种，得到下面的鉴定结果。

（1）病毒病

云南省各类油菜品种中均无对病毒病免疫的品种；高抗品种3份，为芥菜型油菜；高耐品种

9份，其中白菜型油菜1份，芥菜型油菜8份；中抗（耐）品种资源14份，其中白菜型油菜2份，芥菜型油菜12份，甘蓝型油菜无中抗（耐）品种；低抗品种9份，其中白菜型油菜2份，芥菜型油菜6份，甘蓝型油菜1份；低感品种89份，其中白菜型油菜45份，芥菜型油菜39份，甘蓝型油菜5份；中感品种108份，其中白菜型油菜46份，芥菜型油菜50份，甘蓝型油菜12份；高感品种89份，其中白菜型油菜33份，芥菜型油菜48份，甘蓝型油菜4份。

云南省芥菜型油菜中存在着丰富的抗源材料（11份），占云南高抗（耐）病毒病种质资源材料的91.67%，白菜型油菜中只发现1份高耐病毒病品种。甘蓝型油菜无高抗（耐）品种，仅发现一份低抗（耐）病毒病品种，95.5%的品种为低感品种。云南省大部分品种为低感至高感品种，占油菜资源总数的89.4%。其抗病毒性状况见表1－11。

（2）菌核病

研究表明，云南省的油菜表现对菌核病高抗（耐）的品种有3份，均为芥菜型油菜，白菜型油菜和甘蓝型油菜均无高抗（耐）菌核病品种；中抗（耐）品种资源6份，其中白菜型油菜1份，芥菜型油菜4份，甘蓝型油菜1份；低抗品种148份，其中白菜型油菜52份，芥菜型油菜95份，甘蓝型油菜1份；中感品种127份，其中白菜型油菜59份，芥菜型油菜58份，甘蓝型油菜10份；低感品种127份，其中白菜型油菜59份，芥菜型油菜10份，甘蓝型油菜10份；高感品种10份，均为白菜型油菜，芥菜型油菜和甘蓝型油菜均无高感品种。其抗性状况见表1－12。

表1－11　　云南省油菜品种病毒病抗（耐）性状况

Table 1－11　　Virus resistibility of Yunnan rapeseed varieties

抗性 Resistibility	免疫 Immune	高抗（耐）High resistance	中抗（耐）Moderate resistance	低抗 Low resistance	低感 Low susceptivity	中感 Moderate susceptivity	高感 High susceptivity
白菜型	0	1	2	2	45	46	33
芥菜型	0	11	12	6	39	50	48
甘蓝型	0	0	0	1	5	12	4

表1－12　　云南省油菜品种菌核病抗（耐）性状况

Table 1－12　　Resistibility of Yunnan rapeseed varieties to sclerotinia sclerotiorum

抗性 Resistibility	免疫 Immune	高抗（耐）High resistance	中抗（耐）Moderate resistance	低抗 Low resistance	低感 Low susceptivity	中感 Moderate susceptivity	高感 High susceptivity
白菜型	0	0	1	52	59	59	10
芥菜型	0	3	4	95	10	58	0
甘蓝型	0	0	1	1	10	10	0

（3）霜霉病

云南省各类油菜品种中均对霜霉病无免疫品种；中抗（耐）品种8份，其中白菜型油菜1份，芥菜型油菜4份，甘蓝型油菜3份；低抗品种136份，其中白菜型油菜39份，芥菜型油菜89份，甘蓝型油菜8份；低感品种148份，其中白菜型油菜74份，芥菜型油菜64份，甘蓝型油菜10份；中感品种19份，其中白菜型油菜14份，芥菜型油菜4份，甘蓝型油菜1份；高感品种3份，其中白菜型油菜2份，芥菜型油菜1份，甘蓝型油菜无高感品种。其抗性状况见表1－13。

表 1－13 云南省油菜品种霜霉病抗（耐）性状况

Table 1－13 Downy mildew resistibility of Yunnan rapeseed varieties

抗性 Resistibility	免疫 Immune	高抗（耐） High resistance	中抗（耐） Moderate resistance	低抗 Low resistance	低感 Low susceptivity	中感 Moderate susceptivity	高感 High susceptivity
白菜型	0	0	1	39	74	14	2
芥菜型	0	1	4	89	64	4	1
甘蓝型	0	0	3	8	10	1	0

表 1－14 云南省高抗（耐）病种质资源

Table 1－14 Germplasms of Yunnan Province with high resistance

编号 Serial number	总目录编号 Number in the catalog	品种名称 Varieties	类型 Types	抗（耐）病种 Resistance to disease
01	0924	蒙自楚冲油菜	芥菜型	高抗菌核病
02	0932	泸西箐门乡油菜籽	芥菜型	高抗菌核病
03	0945	罗平桃园乡金菜籽	芥菜型	高抗菌核病
04	0597	蒙自楚冲黑子	白菜型	高耐病毒病
05	0915	镇沅半高棵菜籽	芥菜型	高耐病毒病
06	0919	曲溪高脚油菜	芥菜型	高耐病毒病
07	0923	蒙自楚冲菜子	芥菜型	高耐病毒病
08	0926	丘北黄油菜	芥菜型	高耐病毒病
09	0927	广南油菜子	芥菜型	高耐病毒病
10	0928	麻栗坡高脚红油菜	芥菜型	高抗病毒病
11	0961	江川矮脚黄菜子	芥菜型	高耐病毒病
12	0962	江川海门桥黄马尾莲	芥菜型	高耐病毒病
13	0979	杞麓矮黄油菜	芥菜型	高抗病毒病
14	0998	昆明高脚黄菜子	芥菜型	高耐病毒病
15	1023	盐兴龙乡黄油菜	芥菜型	高抗病毒病
16	4132	前锋 10 号	芥菜型	高耐霜霉病

综合上述鉴定结果说明：云南省的油菜无对霜霉病、菌核病、病毒、病免疫的品种、白菜型油菜和甘蓝型油菜无高抗（耐）菌核病品种，只有芥菜型油菜中存在高抗菌核病的抗性材料，占芥菜型油菜品种资源的 1.8%；高抗（耐）病毒病品种有 12 份，其中白菜型油菜 1 份，芥菜型油菜 11 份（3 份为高抗，8 份为高耐），甘蓝型油菜中无高抗（耐）病毒病品种；高抗（耐）霜霉病品种有 1 份，为芥菜型油菜品种，白菜型油菜和甘蓝型油菜无高抗（耐）霜霉病品种；云南省白菜型油菜中有高感菌核病品种，占白菜型油菜品种资源的 7.75%，目前，尚未发现甘蓝型油菜和芥菜型油菜中有高感菌核病品种；云南省大部分品种为低抗和低感霜霉病品种，占资源总数的 85.67%，其中白菜型油菜占该类油菜总数的 86.4%，芥菜型油菜占该类油菜总数的 89.96%，甘蓝型油菜占该类油菜总数的 95.45%；云南省白菜型油菜中有高感霜霉病品种，占白菜型油菜资源的 7.75%，目前，尚未发现甘蓝型油菜和芥菜型油菜中有高感霜霉病品种；云

南省大部分品种为低抗和低感霜霉病品种，占资源总数的85.67%，其中白菜型油菜占该类油菜总数的86.4%，芥菜型油菜占该类油菜总数的89.96%，甘蓝型油菜占该类油菜总数的95.45%。

通过对油菜三大病害进行研究，从云南省油菜品种资源中筛选出具有高抗（耐）病的优良种质资源对抗病育种是极其宝贵的（见表1-14）。

（六）云南油菜种质资源的品质研究

1. 油菜品质改良在油菜育种中的意义

（1）提高菜籽油的营养价值

菜籽油的主要成分是脂肪酸，组成菜籽油的脂肪酸达10余种，其中主要有棕榈酸、硬脂酸、油酸、亚油酸、亚麻酸、花生烯酸和芥酸7种。硬脂酸和棕榈酸为饱和脂肪酸，其余为不饱和脂肪酸。研究表明，在这些脂肪酸中，亚麻酸由于具有3个双键，极不饱和，化学结构不稳定，遇光易氧化变质，影响菜籽油的贮存寿命。芥酸因碳链较长，不易挥发，一般加温不易除去，人们食用后不易消化、吸收，营养价值较差。唯有油酸和亚油酸的营养价值较高。油酸能降低人体血液中胆固醇含量，具有能降低血液中低密度脂蛋白的功能，在预防人体动脉血管硬化、防止冠心病的发生，阻止血栓形成和促进人体脂肪代谢中起重要作用。亚油酸是其他脂肪酸所不能代替的。优质菜籽油以其高含油酸和亚油酸而使其油脂营养价值有较大幅度的提高（见表1-15）。

表1-15 几种主要食用植物油脂肪酸组成和含量（%）

Table 1-15 The fatty acid contents in the major edible oil of plants

油类 Oil types	棕榈酸 palmitic C16：0	硬脂酸 Stearic acid C18：0	油酸 Oleic acid C18：1	亚油酸 Linoleic acid C18：2	亚麻酸 Linolenic acid C18：3	花生烯酸 Arachidonic acid C20：1	芥酸 Erucic acid C22：1
大豆油	7~14	2~6	23~24	52~60	2~6	—	—
花生油	6~12	2~4	42~72	13~28	—	—	—
红花油	5~8	1~3	11~15	74~79	—	—	—
芝麻油	7~9	4~5	37~50	37~47	—	—	—
棉籽油	20~25	2~7	18~30	40~55	微~11	—	—
玉米油	8~12	2~5	19~40	34~62	—	—	—
橄榄油	7~20	1~3	65~86	4~15	—	—	—
葵花籽油	3~17	1~3	22~28	58~60	2~6	—	—
普通油籽油	微~5	微~4	14~29	9~25	3~10	5~10	40~55
优质菜籽油	2~3	3~5	33~56	19~22	5~9	—	0~微

（2）蛋白质饲料的开发

菜籽去油后的副产品菜籽饼一般占种子重的55%左右。据测定，菜籽饼中含有35-45%粗蛋白，2%~7%的粗脂肪，30%~40%的碳水化合物，10%~14%的粗纤维，7%~8%的无机盐（1000g菜饼中含灰分79g，其中磷11.9g、钙6.5g、镁5.5g、钾15.0g、硫16.3g、钠0.13g、氯0.3g、铁414.0mg、锰75.0mg、锌74.0mg、铜6.7mg、氟8.2mg，并含$B_1$5.4mg、$B_2$3.2mg、$B_6$10.1mg、E_1.5mg，此外，还含有胆碱6725mg和尼古丁酸154.4mg），其营养价值与大豆饼相近，而优于大麦，不仅是良好的精饲料，而且也是重要的蛋白质资源。菜籽饼粕的蛋白质为全价蛋白质，几乎不存在限制性氨基酸，其蛋白质氨基酸组成的营养价值高于其他植物油料蛋白

（见表1－16）。蛋白质效价为3～3.5，高于大豆（2～2.6）。

表1－16 油菜籽和大豆饼粕及蛋白质中氨基酸含量（%）

Table 1－16 The contents of amino acid and crude protein in meal of Rapeseed and Soybean

氨基酸种类 Amino Acid types	油菜 Rapeseed		大豆 Soybean	
	饼粕 Meal	粗蛋白 Crude protein	饼粕 Meal	粗蛋白 Coarse protein
精氨酸	1.86	5.28	3.77	8.16
甘氨酸	1.47	4.16	1.70	3.68
组氨酸	0.90	2.56	1.11	2.40
亮氨酸	2.09	5.92	3.10	6.72
异亮氨酸	1.24	3.52	2.00	4.32
赖氨酸	1.64	4.64	2.59	5.60
蛋氨酸	0.53	1.49	0.49	1.06
胱氨酸	0.68	1.92	0.70	1.52
苯丙氨酸	1.24	3.52	0.77	3.84
酪氨酸	0.90	2.56	1.40	3.04
苏氨酸	1.30	3.68	1.48	3.20
色氨酸	0.68	1.92	0.44	0.96
缬氨酸	1.58	4.48	2.14	4.64
丝氨酸	1.30	3.68	1.70	3.68

在普通油菜饼粕中，由于硫甙含量较高，饼粕中的芥子酶与之发生作用，使硫甙水解成恶唑烷硫酮（主要是甲状腺素）、异硫氰酸盐（主要是黑芥子苷酸钾、葡萄糖和芸苔葡萄糖苷的裂解产物）及腈和硫代氰酸盐等毒性很强的物质，并产生一种刺激气味，降低饼粕的使用价值。如用硫甙含量高的饼粕作饲料，动物食用后，可使甲状腺肿大，新陈代谢紊乱，甚至皮下出血，血液凝固，出现血斑，并影响肾上腺皮质、脑垂体和肝脏等器官的功能，使动物中毒死亡。

消除或降低饼粕中硫甙含量，是提高油菜籽的经济效益和综合利用率的关键，通过选育低硫甙油菜品种以降菜籽饼粕中硫甙含量是较经济有效的方法。

表1－17 不同类型油菜种子平均含油量

Table 1－17 Oil contents of germplasms rapeseed seeds of different type

类型 Types	份数 numbers	平均（%） Average（%）	变幅 Range
白菜型	129	39.16	31.24～48.04
芥菜型	166	39.09	27.33～49.04
甘蓝型	22	40.34	36.97～45.78

表 1－18 云南省高含油的优异种质资源

Table 1－18 **Rapeseed germplasms of Yunnan Province with high oil content**

编号 Serial number	总编号 The number in the catalog	品种名称 Varieties	类型 Types	含油量（%） Oil content（%）
1	0563	镇康红油菜	白菜型	45.46
2	0567	镇沅民主乡油菜	白菜型	45.25
3	0568	元阳黑菜子	白菜型	45.60
4	0565	江城黑菜子	白菜型	45.41
5	0571	建水矮脚油菜	白菜型	46.08
6	0605	喜洲矮脚菜子	白菜型	45.20
7	0577	丘北黑油菜子	白菜型	48.12
8	0597	蒙自楚冲黑菜子	白菜型	45.83
9	0594	大枇子油菜	白菜型	45.98
10	0607	凤仪扬维新菜子	白菜型	46.23
11	0619	迪庆中甸本地油菜	白菜型	45.14
12	0625	昌宁小黑油菜	白菜型	46.98
13	3855	片马5号	白菜型	48.51
14	0926	丘北黄菜子	芥菜型	46.35
15	0950	富源大菜子	芥菜型	47.24
16	0958	嵩明黄菜子	芥菜型	45.67
17	0973	华宁半矮脚油菜	芥菜型	45.45
18	0977	杞麓高棵	芥菜型	47.30
19	0980	盘溪大寨油菜	芥菜型	49.04
20	0998	昆明高脚黄菜子	芥菜型	48.30
21	1010	元谋油菜	芥菜型	45.34
22	1012	武定矮脚黄菜子	芥菜型	45.48
23	1026	永胜兴文乡油菜	芥菜型	45.33
24	1027	丽江油菜	芥菜型	46.72
25	1033	邓川西湖油菜	芥菜型	45.70
26	1035	沙坪高脚黄菜子	芥菜型	45.50
27	1037	喜洲高脚黄菜子	芥菜型	45.57
28	1039	凤仪李沅油菜	芥菜型	46.45
29	1040	巍山芥菜子	芥菜型	45.19
30	1042	永平岩北山村黄菜子	芥菜型	46.59
31	1306	云油6号	甘蓝型	45.78

2. **品质研究**

油菜的品质主要是指油菜籽中的含油量、脂肪酸组成、蛋白质含量、硫甙含量等一系列指标。早在20世纪70年代，云南省农业科学院油料作物研究所与中国农科院油料作物研究所合作，对所掌握的种质资源进行了脂肪酸的分析测定。1986～1995 年，又对云南省的油菜种质资源进行了分析测试，初步鉴定出云南油菜种质资源中脂肪酸组成及含油量的变化规律，为更好地利用这些种质资源提供了依据。

（1）种子含油量

采用 GB2906－82 谷类、油料作物种子脂肪测定方法，对云南的 321 份油菜品种进行含油量的测定。结果表明：云南油菜种质资源种子平均含油量以甘蓝型油菜最高，为 40.34%，芥菜型油菜最低，为 39.09%，白菜型油菜种子的平均含油量为 39.16%，从变异范围来看，大部分品种在 30%～45%之间。云南省油菜品种中含油量超过 45%的品种有 31 份（见表 1－17、表 1－18）。同时还发现，云南油菜品种的含油量与生态区有密切关系，含油量较高的品种主要分布在滇西地区，其中以滇西北高海拔地区（怒江州、迪庆州、丽江市）油菜品种平均含油量最高，为 44.53%，其次是滇西南地区（临沧地区、思茅地区部分县市）的油菜品种平均含油量为 43.73%，滇中地区（昆明市、楚雄州、玉溪市）油菜品种的平均含油量最低，为 39.32%（见表 1－19）。

表 1－19 云南油菜种质资源含油量地理分布

Table 1－19 Geographic distribution of oil content in Yunnan rapeseed germplasms

	西北部地区 North－West	西南部地区 South－West	东南部地区 South－east	东北部地区 North－east	中部地区 Central
包含地，州 Lacation	迪庆州 Diqing 怒江州 Nujiang 丽江市 Lijiang	临沧地区 Lincang 思茅部分县，市 Simao	文山州 Wenshan 红河州 Honghe	昭通市 Zhaotong 曲靖市 Qujing	昆明市 Kunming 玉溪市 Yuxi 楚雄州 Cuxiong 大理州 Dali
份数	29	59	39	37	157
平均含油量%	44.53	43.73	40.38	39.87	39.32
变幅（%）	41.27～48.50	40.60～46.98	31.24～46.10	39.30～44.67	27.33～48.30

云南省各类油菜品种中都有高含油量的品种，油菜含油量与海拔高度有密切关系，高海拔生态区的油菜含油量普遍均高于低海拔区，但在部分低海拔地区也存在个别高含油量的品种，如昆明地区的昆明高棵，含油量为 48.30%；玉溪地区的杞麓高棵，含油量为 47.30%；文山州的丘北黑油菜籽，含油量为 48.12%。这可能是人工长期选择的结果。

云南省白菜型油菜含油量最高的品种是片马 5 号，含油量为 48.51%；芥菜型油菜含油 量最高的是盘溪大寨油菜，含油量为 49.64%；甘蓝型油菜中含油量最高的是云油 6 号，含油量为 45.78%。

（2）脂肪酸组成

根据 GB10219－88 油菜籽中油的芥酸测定法，采用气相色谱法对云南省 321 份油菜品种进行脂肪酸组份的测定。结果表明：云南省各类油菜资源中尚未发现脂肪酸组份较优异的种质资源，特别缺乏低芥酸（芥酸含量<1%）或高芥酸（芥酸含量>60%）、低亚麻酸（亚麻酸含量<3%）、高亚油酸（亚油酸含量>40%）、高油酸（油酸含量>40%）的优异种质同资源。白菜型油菜油酸含量为 8.72%～17.19%、芥菜型油菜为 6.60%～14.39%、甘蓝型油菜为 10.29%～55.15%；白菜型油菜亚油酸含量为 11.21%～18.86%，芥菜型油菜为 9.28%～20.83%，甘蓝型油菜为 9.79%～12.85%；白菜型油菜亚麻酸含量为 5.87%～16.57%，芥菜型油菜为 7.56%

~17.23%，甘蓝型油菜为9.72%~11.53%；白菜型油菜亚芥酸含量为41.99%~59.45%，芥菜型油菜为42.47%~57.37%，甘蓝型油菜为43.64%~57.13%。且甘蓝型油菜的油酸含量较高，亚麻酸含量较低；白菜型油菜亚麻酸含量虽低，但芥酸含量较高；芥菜型油菜亚油酸和亚麻酸含量均较高（见表1－20）。

表1－20　云南油菜种质资源脂肪酸含量（%）

Table 1－20　Fatty acid contents of Yunnan rapeseed germplasms

类型 Type	份数 Tested varieties	棕榈酸 palmitic	硬脂酸 Octadecanoic	油酸 Oleic acid	亚油酸 Linoleic acid	亚麻酸 Linolenic acid	花生烯酸 Arachidonic acid	芥酸 Erucic acid
白菜型	129	2.37	1029	13.33	14.11	10.58	7.37	50.92
芥菜型	166	2.75	1.09	9.43	17.74	14.08	7.97	47.01
甘蓝型	22	3.37	1.22	23.18	13.99	11.34	7.92	39.62
其他类型	4	4.34	2.19	20.50	18.35	10.59	9.39	34.62

表1－21　云南省油菜种质资源硫甙总量与分量平均含量（μmol/g）

Table 1－21　The average thioglucoside contents and its components in Yunnan rapeseed germplasm

	2－羟基－3－丁烯基硫甙 2－hydroxy－3－butene thioglucoside	丙烯基硫甙 propenyl thioglucoside	2－羟基－4－戊烯基硫甙 2－hydroxyl－4－penten thioglucoside	未知硫甙 unknown thioglucoside	3－丁烯基硫甙 3－butene thioglucoside	4－羟基－3－甲基吲哚硫甙 4－hydroxyl－3－metyylindole thioglucoside	4－戊烯基硫甙 4－penten thioglucoside	3－甲基吲哚硫甙 3－metyylindole thioglucoside	总量 total content	份数 Tested varieties
白菜型	3.26	1.81	0.99	0	67.95	8.68	5.68	0.88	89.25	129
芥菜型	0.85	77.77	2.49	1.15	12.36	4.65	0.46	0.15	99.89	166
甘蓝型	43.21	4.55	4.13	0	21.21	8.39	5.49	0.63	87.68	22

表1－22　云南省油菜硫代葡萄糖甙含量分布表（μmol/g）

Table 1－22　The thioglucoside content in Yunnan rapeseeds of different types

硫甙含量 The content of thioglucoside	0~10	11~30	31~60	61~90	91~120	121~150	151~180	181~210	211~240
白菜型	—	—	20	54	34	15	5	1	—
占品种（%）	—	—	15.5	41.86	26.36	11.63	0.39	0.01	—
芥菜型	—	—	22	49	50	32	10	3	—
占品种（%）	—	—	13.25	29.52	30.01	19.28	0.06	0.02	—
甘蓝型	—	—	6	4	6	5	1	—	—
占品种（%）	—	—	27.27	18.18	27.27	22.27	0.05	—	—

（3）云南油菜硫代葡萄糖甙研究

油菜种子中硫代葡萄糖甙的含量是决定油菜品质的主要因素之一。据中国农业科学院油料作物研究所采用氯化钯（PdCl）分光光度法进行油菜硫代葡萄糖甙总量测定，用高效液相色谱法进行油菜硫代葡萄糖甙分量测定及遗传研究得出：云南省油菜资源的硫代葡萄糖甙的总含量变异范围为45.3～198μmol/g，其中白菜型油菜平均硫甙含量为89.25μmol/g，芥菜型油菜平均硫甙含量为99.89μmol/g，甘蓝型油菜平均硫甙含量为87.68μmol/g。云南省的油菜种质资源的硫甙含量集中分布在30～150μmol/g之间。同时鉴定结果还表明：芸苔属油菜各个种间硫甙组成存在较大差异，白菜型油菜的硫甙主要成分为3－丁烯基硫苷，芥菜型油菜的硫苷主要成分为丙烯基硫苷，甘蓝型油菜硫甙的主要成分为2－羟基－3－丁烯基硫苷3－丁烯基硫苷（见表1－21、表1－22、表1－23）。

表1－23 **油菜种质资源硫甙总量与分量变异范围**（μmol/g）

Table 1－23 **Range of thioglucoside content and its components in Yunnan rapeseed germplasms**

	2－羟基－3－丁烯基硫甙 2－hydroxy－3－butene thioglucoside	丙烯基硫甙 propenyl thioglucoside	2－羟基－4－戊烯基硫甙 2－hydroxyl－4－penten thioglucoside	未知硫甙 unknown thioglucoside	3－丁烯基硫甙 3－butene thioglucoside	4－羟基－3－甲基吲哚硫甙 4－hydroxyl－3－metyylindole thioglucoside	4－戊烯基硫甙 4－penten thiogl－ucoside	3－甲基吲哚硫甙3－metyylindole－thioglu－coside	总量 total content	份数 Tested varieties
白菜型	0～27.65	0～20.95	0～14.25	0	4.84～156.55	0～25.48	0～27.73	0～8.71	7.67～194.64	129
芥菜型	0～8.13	3.25～177.69	0～18.33	3.2～238.92	0～106.48	0～25.65	0～8.72	0～2.64	19.39～288.46	166
甘蓝型	2.55～103.2	0～18.72	0～16.00	0	1.46～72.33	0～15.58	0～16.42	0～2.03	7.73～196.51	22

（七）油菜种子耐贮性研究

种子贮藏是种质资源研究的一个重要方面。贮藏条件（水分、温度、空气）与种子发芽的关系，已有不少研究。对油菜种子通过不同包装、不同时间、不同类型油菜种子的贮藏性进行研究，取得了如下结果。

1. 贮藏时间对油菜种子生理生化性状的影响

油菜种子耐贮藏性研究方法：对在常温下保存在盛有$CaCl_2$的干燥器中6年的222份油菜种子（白菜型油菜品种86份，芥菜型油菜品种71份，甘蓝型油菜59份）的活力指标、油菜种子发芽率与导电率，蛋白质和糖的外渗量之间的关系，油菜种子贮藏时间与维生素含量，过氧化氢酶和超过氧化物歧酶活性的关系，油菜种子贮藏时间同工酶谱带的变化等项内容进行初步的研究，结果表明：

（1）不同类型油菜种子贮藏效果的比较

种子的贮藏时间与贮藏方式、种子含水量、油菜类型及品种有关。去杂精选的种子，含水量不超过5%，密封在试管中，置于木箱内，放于阴凉干燥的室内，保存8年，发芽率达60%～80%；保存在盛有$CaCl_2$的干燥器中19年，发芽率为60%～80%，后一种是简易有效的贮藏方法。由于基因型不同，不同的油菜品种发芽率存在较大差异，如试管密封保存8年，白菜型油菜发芽率为81.7%，甘蓝型油菜发芽率为64.7%；在干燥器中保存19年，甘蓝型油菜发芽率为0%～42.2%。经测定，在种子贮藏中，如果膜脂过氧化酶作用过强，导致膜损伤，蛋白质和糖外渗，使种子和发芽率下降。

（2）油菜种子发芽率与电导率、蛋白质和糖的外渗量的关系

216个油菜品种按发芽率的高低分成5组，计算出每组电导率、外渗蛋白质和糖的含量（表

1－24）。结果表明，发芽率较高的油菜种子的电导率、蛋白质和糖的外渗量均较低，随着发芽率降低，电导率升高，外渗蛋白质和糖的含量也增加。发芽率（Y）与电导率（X）关系式为：Y＝421.39～2.99x，r＝～0.9534。可见，种子发芽率降低与种子在贮藏过程中膜受到损伤有关。

表 1－24　　发芽率与电导率、外渗蛋白质和糖的含量

Table 1－24　　Germination ratio, conductivity, exosmotic protein and sugar

发芽率（%）Germination ratio（%）	品种数（个）Varieties	电导率（μU/cm）Conductivity	外渗蛋白质（mg. g^{-1}DW）Exosmotic protein	外渗糖（mg. g^{-1}DW）Exosmotic sugar
90～100	97	135	1.85	0.512
89～70	32	185	2.34	0.681
69～50	43	256	4.11	1.250
49～30	21	315	6.25	1.450
29～0	23	368	7.82	2.150

（3）油菜种子贮藏时间与维生素 C 含量、过氧化氢酶和超氧化物歧酶活性的关系

收获后分别贮藏 19 年和 1 个月的种子的测定结果表明，就同一品种而言，随着贮藏时间延长，种子活力下降，维生素 C 含量、过氧化氢酶和超氧化物酶的活性也下降。可见，油菜种子活力丧失与维生素 C 含量和这两种酶活性下降有关，其耐藏性也可能与维生素 C 的含量及这两种酶的活性有关。

（4）油菜种子贮藏时间与同工酶谱带的变化

从不同贮藏时间的 3 个油菜品种的种子 SOD 同工酶凝胶电泳扫描图谱来看，谱带类型无明显变化，无论是当年收获的种子，还是经过 19 年贮藏的种子都有 3 条强活性谱带，2 条弱活性谱带。但每一条谱带活性强度，随着贮藏时间延长而逐渐减弱，盛大尤其是第 2、第 3 谱带减弱最为明显。SOD 同工酶的第 2、3 谱带减弱可能是 SOD 活性下降的原因。

近年来，超氧化物歧化酶在高等植物的氧伤害器官衰老及逆境中所起的保护作用，已逐渐获得证实。植物在长期进化中形成了防止活性氧产生，以及在活性氧一旦产生以后，能被超氧化物歧化酶、过氧化氢酶以及维生素 C 共同组建成的保护系统清除。在常温密封干燥条件下贮藏油菜种子，其种子活力降低的原因之一。就是保护系统受到损伤或削弱，因而膜脂过氧化作用加强，导致膜的损伤、外渗蛋白质和糖含量明显增加，故导电率升高。与此同时，有清除自由基作用的过氧化氢酶和超氧化物歧化酶的活性，以及维生素 C 含量明显下降。在常温常压密封干燥条件下贮藏的油菜种子，其活力的形态指标和生理生化指标是种子内部生理生化反应的具体表现，因而，电导率可作为测定种子活力的尺度，超氧化物歧化酶活性可作为衡量种子老化程度的理化指标。由于同工酶与植物体内生化反应的多样性、可变性以及对环境变化的适应性有关，因此，贮藏种子同工酶的变化亦可作为其对环境变化反应的灵敏指标。由于种子活力受多种因素影响，因此，确定种子活力必需选择几种方法相互印证，才能较全面衡量种子在贮藏过程中的生理、生化特性改变的内在原因。

2. 油菜种质资源低温贮藏效果的研究

种质资源的种子贮藏不同于种子和食用子的贮藏，其特点是贮藏年限长，活力损失要小，贮量少。油菜种子因含油量高，皮厚质软，粒间孔隙度小而容易酸败变质，丧失生活力。影响贮存期间种子寿命的因素主要，是种子的含水量和贮藏温度。经试验研究表明，不同的贮藏方式与贮

藏容器，对种子贮藏效果有明显的差异。

（1）低温贮藏油菜种质的总体效果

冰箱（3～5℃）贮藏油菜种子10年后，种子的平均发芽率为65.98%、发芽势为62.33%，发芽率平均下降30%左右。不同品种和不同处理效果不同，发芽率变异幅度为0.67%～99.3%，说明有的处理种子发芽力几乎丧失殆尽，有的却变化不大。

（2）不同包装间贮藏效果比较

6种包装贮藏的种子发芽率差异极显著，F = 13.36**。Duncan氏新复极差测验表明：作橡皮塞包装与其他包装的贮藏效果差异极显著，尤以封蜡橡皮塞试管包装的最差，与其他包装方式差异达极显著。采用铝盒、木塞试管和广口瓶的贮藏效果差异不大，可根据贮藏量大小分别采用。油菜属小粒作物，进行种质资源的中期贮藏，用木塞试管盛装种子放于冰箱中，不需要用蜡封口，所占体积小，贮藏效果好，简便实用。

（3）不同包装方式贮藏的油菜种子含水量变化

对4个品种各包装方式贮藏的种子进行含水量测定，种子平均含水量以封蜡橡皮塞试管包装贮藏最高，其次为橡皮塞试管，以后依次为铝盒、广口瓶、封蜡木塞试管和木塞试管。相关分析得知，含水量与发芽率的相关系数（r）为-0.5894，相关不显著。说明在一定含水量范围内，种子含水量与发芽率呈负相关，即含水量越高，种子发芽率下降速度越快，发芽率越低。但当含水量下降到很低时，如在4%～5%时，对种子的贮藏是不利的。如广口瓶包装种子含水量为4.95%，木塞试管包装种子含水量为4.46%，但发芽率均在80%以下；而铝盒包装的种子含水量为6.85%，发芽率却达86.8%。但高含水量（9%左右）比低含水量（4%～5%）对种子的发芽率保持更为不利，如含水量在5%以下的种子发芽率均在75%以上，而含水量为8.88%和9.23%的种子发芽率仅为42.6%和26.4%。

3. 几点结论

（1）利用冰箱低温贮藏油菜种质资源，在一定的密闭条件下可较好地保持种子的发芽率。不同包装方式对贮藏效果的影响主要是通过种子含水量的变化而实现的。用铝盒和广口瓶贮藏的种子平均含水量与贮藏前（7%左右）变化不大，种子平均发芽率保持在70%以上；含水量达到8%以上，种子平均发芽率下降；而用木塞试管贮藏的种子含水量明显下降，种子发芽率也保持得较高。可以认为，干燥的木塞在试管内起到了一定的干燥作用，使种子含水量下降，因而贮藏效果较好。

（2）在密闭条件下由于密闭程度的不同贮藏效果有差异，用封蜡橡皮塞或木塞试管包装贮藏的效果分别比不封蜡的差。高灿伦等（1986年）发现花生种子在含水量6.9%时，用蜡封口的磨口瓶和玻璃筒包装的包扎在塑料袋中的贮藏效果差，而认为相对在较高水分情况下密闭贮藏是不利的。是否可以这样认为：在严格密闭条件下，含水量较高的种子比在非严封闭条件下进行了更多的厌氧呼吸，产生较多的有害物质，损害了种子活力，从而影响了贮藏效果。

（3）不同油菜品种耐贮性不同，这是由品种自身的遗传特性所决定的，与品种类型、种子大小、种皮厚度及化学组成可能有着密切的关系。由于种质资源的贮藏年限长，品种的耐贮性不可能通过贮藏实验来直接鉴定，所以，有必要进一步研究品种耐贮藏性与其他性状的相关性，并以此来指导种质资源的种子贮藏。

（八）云南油菜品种遗传多样性研究

研究物种的遗传多样性对于有效保存资源具有重要意义。由于地理分布和生态环境的差异，使品种在遗传组成上差异较大，评价现有品种之间的遗传多样性，对更有效地收集和利用油菜资源是十分必要的。

研究结果表明，同工酶分析虽比较准确地反映出种间及种间以上水平的遗传差异，但由于多态性低、数量有限，难以用来揭示种内的遗传差异，用 RFLP、RAPD 等标记从分子水平上揭示品种之间的遗传变异，是一种目前被广泛采用于植物遗传资源的研究方法，尤其是在品种鉴定、资源分类及生物的相互关系研究方面发挥着重要作用。

由中国农业科学院生物技术研究中心的李汝刚和中国农业科学院油料所伍晓明，对国内外（包括云南省）的 36 个芥菜型油菜品种的遗传多样性进行了分析，在扩增得到的 128 条 DNA 带中，多样片段达 88.28%，结果表明地理因素和生态环境是影响遗传变异的重要因素之一。基因组 DNA 指纹图谱表明，在选用的品种之间存在广泛的遗传变异，多态性 DNA 片段占所扩增出的 DNA 片段总数的 88.28%。云南省芥菜型油菜品种的多样性水平较高，并与贵州、四川的多数品种关系密切。由于生态环境复杂，其品种之间存在较多的变异。

第三节 云南“野生油菜”种类、收集、评价

一、云南“野生油菜”资源的收集

1987 年，由中国农业科学院、云南省农业科学院油料作物研究所主持，江苏省农业科学院、湖南农业大学参加，对云南省中部的玉溪地区，南部的思茅、西双版纳州，西南部的临沧地区，西北部的保山、怒江州的部分地区进行油菜野生资源考察和搜集。考察的主要内容为：弄清云南省是否存在野生油菜资源，如确有“野生油菜”资源存在，将初步弄清云南省“野生油菜”资源的地理分布、形态特征、生态特性和利用价值。通过两次考察，共搜集了长期以来未经农民种植而自生自长的“野生油菜”资源 85 份。压制芸苔属蜡叶标本 138 份。为今后的“野生油菜”资源的研究提供了物质保证。

据调查了解云南省的很多地区均存在长期以来未经农民种植而自生自长的“野生油菜”，如贡山县的独龙江、青拉桶、丙中洛，福贡县的达约，泸水县的大兴地等。望今后有关单位再组织对以上地区进行实地考察，弄清云南是否存在“野生油菜”资源，完善云南油菜野生资源的搜集工作，以便为进一步研究利用打下基础。

因国内有关专家曾多次提出云南省有可能存在“野生油菜”资源，因此，云南省农科院油料所对收到的 85 份自生自长的“野生油菜”资源进行性形态特征、生态特性等方面的研究，在此仅将对 85 份自生自长的“野生油菜”资源的地理分布、形态特征、生态特性及品质性状作如实的报道，因其研究结果有其局限性，尚不能确定该 85 份材料是否是“野生油菜”，故该文中将用“野生油菜”这一特定词来加以叙述。

二、云南“野生油菜”资源的地理分布及类型

（一）“野生油菜”的分布区域

就实际考察情况来看，云南芸苔属“野生油菜”多为散生零星分布，部分连片或丛生。类似白菜型的“野生油菜”分布在泸水县、凤庆县、玉溪市、腾冲县、景洪县、思茅县、云县等，纬度范围为 21°27′～28°23′，经度为 98°05′～102°42′，海拔 600～2300m 的地区均有分布，但主要分布在海拔 1500～2150m 内的江、河、沟、塘旁及沼泽地、二荒地、灌木丛、芦苇丛分布较多；类似芥菜型油菜的“野生油菜”分布于凤庆县、保山市、双江县、腾冲县、云县等，其纬度范围 23°25′～27°31′，经度为 98°41′～100°13′，海拔 1550～2150m 的地区，但主要集中在山地、麦地、豌豆地、火烧地和二荒地上。

在云南搜集到的“野生油菜”资源中，从形态上初步可分为似白菜型的“野生油菜”和似芥菜型的“野生油菜”。

（二）似白菜型的“野生油菜”资源

此类油菜当地汉族称千年菜、蛮生菜、黑菜子，傈僳语称为俄片、俄欠、俄蒙，景颇族语又称油菜旺。植株在形态特征上有多种表现，较为突出的是以下3种：

多刺毛型：植株高66cm，主根膨大，支细根发达，根系深，根上无瘤状物，主茎圆柱形有棱，呈紫色，蜡粉多，刺毛密、坚硬倒生；一次有效分枝9个，下生株型，分枝角度小，叶深裂，叶脉白色，叶缘波状，叶片上、叶柄上多细刺毛；苔茎叶全抱茎，呈三角形；花中等大小，深黄色；花瓣皱缩，呈分离状，花瓣为椭圆形。

乳白花型：主根不膨大，支细根特发达，根系深达31cm，主茎圆柱形有棱，呈微紫色；叶片蜡粉少，刺毛少，叶缘波状；一次分枝5个，匀生株型，分枝角度中；叶深裂，无叶柄，苔茎叶全抱茎，微紫色，呈三角形；花小，乳白色，花瓣为椭圆形，分离状。

花叶类型：主根膨大，支细根发达，根系深，主茎圆柱形有棱，一次分枝10个，下生株型；叶为花叶，无叶柄，叶脉绿，叶面蜡粉少，刺毛多；苔茎向阳面微紫色，苔茎叶全抱茎，呈花叶尖，花黄色，花中等大，花瓣平展，呈分离状。

总的来说，此类油菜的植株矮小，一般株高27～97cm。根部不膨大，无瘤状物，支根发达；主茎圆形有棱，无刺毛或有刺毛，具少量蜡粉，向阳面呈现绿色、紫色、微紫色3种；一次分枝0～17个，多为匀生株型，分枝角度中等；叶片形状以完整叶为主，少数深裂和花叶，叶面及叶腋处多数无紫斑，蜡粉有少有多，刺毛分多、少、无3种；叶缘波状、锯齿和全缘均有，叶多为浅绿色、绿色、紫色3种；苔茎叶多为三角形，个别为花叶；花冠小或中，黄色，个别为乳白色，花瓣平展、分离或略侧叠着生，花瓣形状为椭圆和球拍二种；角果长2.3～6.0cm，果喙长0.6～2.8cm，每角粒数12～30粒；主花序长21～49cm；结角密度为0.9～1.3个/cm，全株有效角果数为5～542个；千粒重0.7～0.9g，单株生产力一般在4g左右。此外在泸水县片马乡采集到3种较为特殊的植株。

（三）似芥菜型的“野生油菜”

汉族称蛮油菜、野油菜、长命菜、苦青菜，傈僳语称为俄片、俄欠、俄蒙，景颇族语又称油菜安，独龙族语称为油油菜。形态上有多种表现，主要性状较白菜型油菜野生资源变异幅度大。其主要特征为株高18.5～205cm，根部不膨大，无瘤状物，主根发达，根系入土较深，主茎圆形，部分有棱。刺毛少或无，少数具蜡粉，向阳面多为绿色，少数紫色，个别为蓝绿色、绿紫色。一次有效分枝0～18个，再生分枝数0～89个，分枝角度多数偏小，部分为中等；分枝着生状态多数为匀生型，少数为上生或下生株型，基叶多为完整叶，少数为浅裂或深裂；叶腋处无紫斑，叶缘锯齿、波状或全缘；叶色浅绿色、绿色、黄绿色、深绿色、微紫5种；叶片刺毛分多和无等两种；多数为长柄叶，少数为无柄叶，叶脉呈白、绿两色；苔茎叶多为绿色和紫色，苔茎叶有披针形、长三角形、剑形和纺锤形4种；花器有小、中两种，花瓣黄色，多数平展，分离，呈球拍形；多数花序较短，主花序长20～39cm，个别长105cm，上部常有不育花；角果斜生或平生，结角密度为0.8～1.8个/cm；角果长0.4～4.4cm，果喙长0.3～1.6cm，角粒数10～16粒，全株有效角果数为12～1598个，千粒重0.9～1.2g，单株生产力一般在6～7g。

三、云南“野生油菜”资源的评价

在1985～1995年，对云南省搜集到的85份“野生油菜”种质资源进行了繁种入库及农艺性状鉴定工作。本次鉴定按全国统一标准、技术与方法进行，对其调查记载了31项性状，同时，进行了几个方面的研究鉴定工作：如农艺性状鉴定（主要是分枝性、结果性、每角粒数和千粒重鉴定），品质性状鉴定（主要是含油量、油中脂肪酸组成、饼中硫代葡萄糖甙含量等鉴定），抗病性鉴定（菌核病、病毒病、霜霉病鉴定），生态特性鉴定（主要是温、光特性研究鉴定），生理特性鉴定（主要是同工酶研究鉴定）。

（一）农艺性状

云南省“野生油菜”品种资源的农艺性状，经田间种植观察后其性状与采集时所记载的性状基本相同（见表1－25）。

表1－25 野生油菜农艺性状统计表

Table 1－25 The agricultural characters of wild rapeseed germplasms

类型 Type	品种数 Tested varieties	株高（cm） Hight	分枝高度 Branch hight	全株角果数 pods/plant	一次分枝数 first branches /plant	每角粒数 Seeds/pod	种皮色 Seed color	千粒重 1000－seed weight
白菜型油菜	42	53.3～140	0～25	292～1353	5～11.3	7.3～27	红褐 褐 黑褐	0.99～2.97
芥菜型油菜	20	114～210	5.5～62	429～1559	6～13.7	11～22	红褐 褐 黑褐	1.42～2.28

（二）抗（耐）病性

对云南“野生油菜”资源的抗（耐）病主要进行了3种病害（菌核病、病毒病、霜霉病）的鉴定。结果表明：云南省的“野生油菜”对菌核病的抗性大多表现为低抗至低感，无中抗以上的品种；对病毒病的抗性为低感至中感品种，少数品种表现为高感，在“野生油菜”中未发现低抗菌核病以上的品种；对霜霉病的抗性白菜型野生油菜表现为低抗至低感，少数为中感，芥菜型“野生油菜”大多表现为低抗，少数为低感，在20份品种中发现高抗及中抗品种各1份（见表1－26）。

表1－26 “野生油菜”对三种主要病害的抗性

Table 1－26 The resistancee of wild rapeseed to three major diseas

病害类型 Disease	品种类型 Rapeseed Types	品种数 ftested varieties	高抗 High resistance	中抗 Moderant resistance	低抗 Low resistance	低感 Low susceptivity	中感 Moderant susceptivity	高感 High susceptivity
菌核病	白菜型油菜	41	—	—	21	14	6	—
	芥菜型油菜	20	—	—	10	10	—	—
病毒病	白菜型油菜	41	—	—	1	11	25	4
	芥菜型油菜	20	—	—	—	11	8	1
霜霉病	白菜型油菜	41	—	—	7	31	3	—
	芥菜型油菜	20	1	1	14	4	—	—

（三）品质鉴定

油菜的品质，主要是指油菜籽中的含油量、脂肪酸组成、蛋白质含量、硫甙含量等一系列指标。1991～1995年，由云南省农业科学院油料作物研究所与中国农科院油料作物研究所合作，对所掌握的62份“野生油菜”种质资源进行了脂肪酸组份及种子含油量的分析，初步鉴定出云南“野生油菜”种质中脂肪酸组成及含油量的变化规律。为更好地利用这些种质资源提供了依据。

1. 种子含油量

云南“野生油菜”种质资源种子平均含油量白菜型油菜高于芥菜型油菜，白菜型油菜平均含油量为36.61%，芥菜型油菜平均含油量为35.30%。从变异范围来看，大部分品种在33%～38%之间。这一结果与同类栽培油菜的结果是一致的（见表1－27）。

表1－27 不同类型油菜种子平均含油量

Table 1－27 Average oil content of different rapeseed types

类型 Types	份数 Tested varieties	平均（%） Average	变幅 Range
白菜型	42	36.61	32.06～48.51
芥菜型	20	35.30	31.64～39.29

2. 脂肪酸组成

云南“野生油菜”种质资源脂肪酸组成未发现有某一单项或多项脂肪酸特优资源，各类油菜的测定结果为：白菜型油菜亚麻酸含量虽低，但芥酸含量较高；芥菜型油菜亚油酸和亚麻酸含量均较高（见表1－28）。这一结果与同类栽培油菜的结果相一致。白菜型油菜油酸含量为10.27%～17.47%，芥菜型油菜为8.34%～12.15%；白菜型油菜亚油酸含量为11.43%～16.72%，芥菜型油菜为14.57%～22.44%；白菜型油菜亚麻酸含量为8.78%～13.77%，芥菜型油菜为11.07%～16.53%；白菜型油菜芥酸含量为46.51%～54.93%，芥菜型油菜为39.50%～52.31%。

表1－28 云南“野生油菜”种质资源脂肪酸含量（%）

Table 1－28 Fatty acid contents of Yunnan wild rapeseeds

类型 Types	份数 Tested varieties	棕榈酸 palmitic	硬脂酸 Octadecanoic	油酸 Oleic acid	亚油酸 Linoleic acid	亚麻酸 Linolenic acid	花生烯酸 Arachidonic acid	芥酸 Erucic acid
白菜型	42	2.50	1.27	12.68	14.74	10.95`	7.25	50.40
芥菜型	20	3.00	1.36	9.99	18.20	14.04	7.57	45.84

3. 硫代葡萄糖甙的含量

据中国农业科学院油料作物研究所采用氯化钯（PdCl）分光光度法进行油菜硫代葡萄糖甙总量测定，用高效液相色谱法进行油菜硫代葡萄糖甙分量测定及遗传研究得出：云南省“野生油菜”资源的硫代葡萄糖甙的总含量变异范围为35.86～158.03μmol/g，其中似白菜型“野生油菜”平均硫甙含量为74.62μmol/g，与栽培油菜相比，硫代葡萄糖甙的含量要低于栽培白菜型油菜；似芥菜型“野生油菜”平均硫甙含量为124.79μmol/g，较栽培的芥菜型油菜硫代葡萄糖甙含量高。云南省“野生油菜”种质资源的硫甙含量集中分布在30～150之间。同时鉴定结果还表明：“野生油菜”各个种间硫苷组成存在较大差异，白菜型油菜的硫甙苷主要成分为3－丁烯基硫甙，芥菜型油菜的硫甙主要成分为丙烯基硫甙。这与云南栽培油菜各类型的硫代葡萄糖甙含量结果是一致的（见表 1－29，表 1－30）。

表 1－29 云南省油菜种质资源硫甙总量与分量平均含量（μmol/g）

Table 1－29 The average thioglucoside contents and its components in Yunnan rapeseed germplasms

	2－羟基－3－丁烯基硫甙 2－hydroxy－3－butene thioglucoside	丙烯基硫甙 propenyl thioglucoside	2－羟基－4－戊烯基硫甙 2－hydroxyl－4－penten thioglucoside	3－丁烯基硫甙 3－butene thioglucoside	4－羟基－3－甲基吲哚硫甙 4－hydroxyl－3－metyylindole thioglucoside	4－戊烯基硫甙 4－penten thioglucoside	3－甲基吲哚硫甙 3－metyylindole thioglucoside	总量 total content	份数 Tested varieties
白菜型	1.50	0.22	0.38	60.22	6.78	4.64	0.91	74.62	38
芥菜型	0.36	110.71	4.63	3.11	4.81	0.92	0.02	124.79	20

表 1－30 云南省“野生油菜”硫代葡萄糖甙含量分布表（μmol/g）

Table 1－30 The thioglucoside content of Yunnan wild rapeseed germplasms（μmol/g）

硫甙含量 thioglucoside content	0～10	11～30	31～60	61～90	91～120	121～150	151～180	181～210
白菜型	—	—	8	23	5	2	—	—
占品种（%）	—	—	21.05	60.53	13.16	5.26		
芥菜型	—	—	1	1	6	8	4	—
占品种（%）	—	—	5	5	30	40	20	—

表 1－31 油菜种质资源硫甙总量与分量变异范围（μmol/g）

Table 1－31 The range of thioglucoside content and its components in Yunnan rapeseed germplasms

	2－羟基－3－丁烯基硫甙 2－hydroxy－3－butene thioglucoside	丙烯基硫甙 propenyl thioglucoside	2－羟基－4－戊烯基硫甙 2－hydroxyl－4－penten thioglucoside	3－丁烯基硫甙 3－butene thioglucoside	4－羟基－3－甲基吲哚硫甙 4－hydroxyl－3－metyylindole thioglucoside	4－戊烯基硫甙 4－penten thioglucoside	3－甲基吲哚硫甙 3－metyylindole thioglucoside	总量 total content	份数 Tested varieties
白菜型	0～3.83	0～1.40	0～1.77	27.47～103.04	2.46～15.2	0.89～11.10	0.13～5.14	35.86～127.19	38
芥菜型	1.68～2.17	4.39～150.10	2.62～13.88	0.73～7.48	1.17～8.35	1.44～2.78	0.4	80.14～158.03	20

（四）云南油菜野生资源的研究与利用

据调查，多年来当地群众直接食用“野生油菜”，但没有栽培种植的习惯。如在昌宁县大坝区弯岗乡乌土塘的当地农民介绍，他们从未种过油菜，但却年年收菜籽，每亩单产可达 30～35kg。除直接用于榨油外，“野生油菜”在当地还有其他用途。如在西双版纳曼景兰调查，当地农户每年 12 月摘野生油菜尖鲜吃或作腌菜，有的地区还用来喂猪、牛、羊。

云南“野生油菜”是家生野化，还是栽培油菜由野生油菜演化而来，目前尚不能定论，只有通过进一步的细胞学、分子生物学等方面的鉴定才能下结论。因受各种条件的限制，云南省对野生油菜的研究较肤浅，目前，尚未发现“野生油菜”资源中有油菜育种所需的有利性状，故目前对云南省的“野生油菜”资源暂时未进行利用，但相信随着研究的深入，可能从“野生油菜”资源中发现宝贵的种质，到那时，“野生油菜”资源将造福于人类。

第四节　芥菜型油菜胞质不育系“欧新 A”的发现、三系的研究及利用

一、“欧新 A”不育系的发现及三系的研究

（一）“欧新 A”不育系的发现及选育

1. 原始不育株的来源和育性表现

1973 年，云南省农科院油料所史华清研究员在芥菜型油菜杂交试验中发现，凡来源于“663069”品系（新平油菜）及其杂交后代，都有雄性不育株出现，其植株形态与该品种（系）正常花株相似，只是花器构造、开花特点、育性与正常花株不同。这种雄性不育株的主要特点是柱头突出蕾外，因突出柱头的花蕾需要经过 2～3 天才能开花，这样就在花序上形成一个“突柱段”，而且开花后花瓣半开，微皱缩。这种不育株开花时在田间容易鉴别。

不育株的自交结实率很低（见表 1－32），株间自交结实指数为 0～0.004，所以利用价值较高。

表 1－32　“663069”原始不育株与正常花株结实率比较

Table 1－32　Seed productivity of sterile plant and normal plant from line 663069

不育株 Sterile plant					常态花株 Normal plant				
株行号 Plant/row	自交花数 selfedf lowers	结实角果数 set pods	结实粒数 Seeds/pod	自交结实指数 Index of selfed Seeds	株行号 Plant/row	自交花数 selfedf lowers	结实角果数 set pods	结实粒数 Seeds/pod	自交结实指数 Index of selfed seeds
6/1	343	0	0	0.000	1/1	140	115	584	4.171
2/1	123	1	2	0.016	3/1	257	220	1795	0.984
3/1	135	1	1	0.007	4/1	166	166	1592	0.621
3/2	90	0	0	0.000	6/2	299	232	1673	5.595
5/2	26	0	0	0.000	—	—	—		
平均	143.4	0.4	0.6	0.004	平均	215.5	183.3	1412.3	6.554

注：①自交结实指数 = 自交结实粒数 ÷ 自交花数

②自交结实指数是借用自交亲和指数公式计算的，为避免与自交亲和系混淆，所以改称自交结实指数

2. “欧新 A”不育系的选育及其稳定性

1973 年，利用来源于新平油菜的不育株作品种间杂交，第一年就获得了一个能保持不育的组合，即“663069”不育株 × 欧洲油菜（芥菜型）。它的平均自交结实指数只有 0.034（见表 1－33）。用欧洲油菜作父本，经过四代回交，得到田间性状与父本相似，突柱不育株率达 100%

的株系，将不育株系定名为“欧新 A”，相应的保持系欧洲油菜定名为“欧新 B”。

“欧新 A”不育系从 1973 年不育株开始，通过品种间杂交、回交和冬、夏季的交替种植，经过 14 代后，于 1985 年测定自交结实指数仍很低为 0.005，保持了原有不育水平（见表 1-34）。另外，测定了不同部位的分枝，结果（见表 1-35）各部位分枝上的花都表现高度的不育，所以“欧新 A”的不育性是相当稳定的。

“欧新 A”不育系自交结实能力很低，但在天然敞开授粉条件下，每角果平均能结 5.9 粒种子（见表 1-35），这就有利于不育系的繁殖和制种。

表 1-33 “欧新 A”原始不育系的自交不实状况

Table 1-33 The seed setting of inbreed OuxinA original sterile line.

株行号 Plant/row	自交花数 selfedf lowers	结实角果数 set pods	结实粒数 Seeds/pod	自交结实指数 Index of selfed seeds
2/1	143	2	2	0.014
1/2	264	1	1	0.004
6/5	121	10	21	0.174
4/2	402	3	14	0.033
4/4	174	0	0	0.000
平均	224.4	3.2	7.6	0.034

表 1-34 “欧新 A”不育系保持 5~14 代的不育性表现

Table 1-34 Sterility of progeny of OuxinA sterile lines maintained for 5~14 generations.

试验年度 year in	播种季节 Sowing season	自交花数 selfedf lowers	结实角果数 set pods	结实粒数 Seeds/pod	自交结实指数 Index of selfed seeds
1975	冬	244	11	17	0.070
1975	夏	366	0	0	0.000
1980	冬	3279	79	336	0.103
1980	夏	570	0	0	0.000
1985	冬	618	3	3	0.005

3. “欧新 A”不育系的开花习性和花粉生活力

“欧新 A”不育系之所以高度不育，并能保持稳定，虽然主要受遗传控制，但在田间表现上，除了花器构造异常外，开花习性也有异常表现（见表 1-36）。正常开花的品种，由蕾期经过 1 天便直接开花，而“欧新 A”不育系经 1 天后，只有柱头突出蕾外，花萼和花瓣不张开，直至充分成熟的柱头暴露在蕾外 2~3 天后，花瓣才半开放，花药破裂散粉。所以在开花进程上，“欧新 A”不育系在蕾期和花期之间插入一个“突柱期”，这就可能使柱头老化和花粉败育。因而“欧新 A”不育系的开花习性，对于自花授粉显然不利。根据隔离条件下对不育株结实力的测验结果证明（见表 1-37），在“突柱期”授以正常花粉却能较好地结实，如果到了开花期才授粉，即使辅以人工授粉结实率也很低。采取剥蕾自花辅助授粉，其结实率虽较套袋自交高，但结实指数仍在 1 以下。

表 1－35 “欧新 A”不育系不同分枝部位自交结实率

Table 1－35 Selfed seed－setting ability of branches at different positions of the sterile line，OuxinA

株号 Plant/Rou	分枝部位 Branch position												天然授粉每角果平均粒数 seeds/Naturally pollinated pods
	上部 upper				中部 Middle				下部 Lower				
	自交花数 selfedf lowers	结实角果数 set pods	结实粒数 Seeds/pod	自交结实指数 Index of selfed seeds	自交花数 selfedf lowers	结实角果数 set pods	结实粒数 Seeds/pod	自交结实指数 Index of selfed seeds	自交花数 selfedf lowers	结实角果数 set pods	结实粒数 Seeds/pod	自交结实指数 Index of selfed seeds	
1	70	2	2	0.029	54	0	0	0.000	54	0	0	0.000	—
2	115	0	0	0.000	141	0	0	0.000	50	0	0	0.000	—
3	32	0	0	0.000	63	0	0	0.000	49	0	0	0.000	4.2
4	116	0	0	0.000	85	1	1	0.012	57	0	0	0.000	3.0
5	45	1	1	0.022	108	1	1	0.009	129	0	0	0.000	5.7
6	61	0	0	0.000	82	0	0	0.000	68	0	0	0.000	6.0
7	22	0	0	0.000	—	—	—	—	11	0	0	0.000	9.5
8	81	0	0	0.000	62	0	0	0.000	108	1	1	0.009	5.8
9	76	0	0	0.000	93	3	4	0.043	74	0	0	0.000	7.2
平均	68.67	0.33	0.33	0.005	86.00	0.63	0.75	0.009	66.67	0.111	0.111	0.002	5.9

表 1－36 “欧新 A”不育系的开花进程（月/日）1980 年

Table 1－36 The different stages in the course of flowering of the OuxinA sterile line，observed in 1980

系别 Line	蕾期至突柱期 Budding to stigma－emerging			突柱期至始花期 Stigma－emerging to start－bloom			始花期至终花期 start－bloom to end－bloom			蕾期至终花期历经天数 Duration from budding to final flowering stage
	蕾期 Budding stang	突柱期 Stigma－emerging	经历天数 duration	突柱期 Stigma－emerging	始花期 start－bloom	经历天数 duration	始花期 start－bloom	终花期 end－bloom	经历天数 duration	
欧新 A	3/21	3/22	1	3/22	3/24～3/25	2～3	3/24～3/25	3/25～3/27	1～3	4～7
欧新 B	3/21				3/22	1	3/22	3/23～3/25	1～3	2～4

“欧新 A”不育系的花粉，用醋酸洋红染色压片镜检看出，有 95.4% 的花粉无着色反应，为无生活力的败育花粉（见表 1－38）。这种有一定花粉量的不育雄蕊类型称为“圆败型”。由于上述开花习性异常，加上花粉粒的高度败育，所以“欧新 A”的不育性比较稳定。

（二）恢复系的选育及其杂种优势的表现

1. 恢复系的选育

“欧新 A”不育系稳定之后，于 1974 年夏季史华清等开始了恢复系的选育。即用“欧新 A”不育系与“74243－6”等 10 个优良品种（系）测交。1975 年观察结果，仍保持不育的有 3 个组合，半恢复的 6 个组合，育性完全恢复的 1 个组合（“欧新 A”×“74243－6”）。完全恢复的组合表现为：不突柱，花器和开花正常，花药充实，花粉量大，结实性好，恢复株率达 100%，经室内考种（见表1－39），杂种有明显的产量优势，表现为分枝多，结角多，千粒重比对照和恢复系高，角粒数达正常结实水平，单株种子生产优势强，优势率为96.54%，超亲优势率为87.6%，与对照比较竞争优势率为29%。

表1－37 不同授粉方法对“欧新A”原始不育株结实指数的影响

Table 1－37 Effect of different pollination methods on seed－setting indexes of the original sterile line OuxinA

授粉方法 Pollination method	授粉或自交花朵数 pollinated or selfed flowers	结实角果数 seeded pods	结种子粒数 seeds	结实指数 Seed－setting index
突柱期授正常花粉	325	244	1714	5.274
剥蕾自花辅助授粉	305	18	34	0.112
开花期授正常花粉	197	44	154	0.782
套袋自交	582	1	2	0.003

表1－38 “欧新A”不育系花粉粒败育情况

Table 1－38 Pollen abortion of Sterile line，OuxinA

系号 Line	镜检视野 microscopic field of vision								无生活力花粉比例（%）Nonviable pollen grains	有生活力花粉比例（%）Viable pollen grains
	1		2		3		合计 total			
	无生活力花粉数 Nonviable pollen grains	有生活力花粉数 Viable pollen grains	无生活力花粉数 Nonviable pollen grains	有生活力花粉数 Viable pollen grains	无生活力花粉数 Nonviable pollen grains	有生活力花粉数 Viable pollen grains	无生活力花粉数 Nonviable pollen grains	有生活力花粉数 Viable pollen grains		
欧新A	20.2	0.6	19.2	1.0	30.8	1.8	70.2	3.4	95.4	4.6
欧新B	0.175	32.2	1.75	35.5	2.75	36.3	5.52	104.0	4.8	95.2

表1－39 “欧新A”不育系与恢复系组配后 F_1 的杂种优势

Table 1－39 Heterosis of F_1’s after crossing the sterile line of OuxinA with a restoring line

材料名称 Material	株高（cm）Plant heigt（cm）	有效分枝数 productive brounches	有效角果数 productive pods	角粒数 seeds/pod	千粒重（g）1000－grain weight（g）	单株生产力（g）productivity/plant（g）	杂种优势度 Heterosis Level		
							杂种优势 Heterosis（%）	超亲优势 Heterosis above parent（%）	较对照增产 Yield increase over the contral（%）
欧新A×74243－6	170.8	62.2	1355.2	11.0	1.79	22.7	96.54（%）	87.6（%）	29.00（%）
欧新A	219.6	31.8	1019.2	4.4	3.58	11.0			
74243－6	125.0	61.2	772.0	11.8	1.66	12.1			
CK	170.6	39.0	987.6	12.2	1.59	17.6			

2. 杂种优势表现

1980年在完成恢复系选育的基础上，作了杂交组合产量鉴定，再一次调查统计了“欧新A”－1×74243－6组合，调查株数244株，恢复率100%；“欧新A”－3×74243－6组合，调查株数220株中仅有1株不育，其恢复率99.54%。杂种有苗期优势（见表1－40）。从表中看出，幼苗六叶期的生长量，包括株高、叶片大小、地上部干鲜重，均超过对照。经济性状表现为分枝多、角果多、千粒重与对照不相上下，角粒数较对照低，但达到芥菜型油菜正常结实水平，单株生产力超过对照，小区产量较对照增产19.3%～34.8%，含油量提高6.58%～8.23%。

表1－40 "欧新A"不育系与恢复系组配后F_1的苗期优势

Table 1－40 Heterosis at seedling stage of F_1 after crossing the sterile line OuxinA with a restoring line

材料 Material	幼苗株高（cm） Seedling height	幼苗叶数 seedling leaves	最大叶长（cm） Maximum leaf length	最大叶宽（cm） Maximum leaf width	幼苗鲜重（g） Fresh weight of seedling	幼苗干重（g） Dry weight of seedling
欧新A－1×74243－6	10.0	6.0	10.4	3.9	3.1	0.38
欧新A－3×74243－6	10.4	6.7	10.4	4.1	3.5	0.42
CK	7.8	6.6	7.4	3.0	1.7	0.21

（三）"欧新A、B"和恢复系74243－6的特征特性

"三系"种皮都为黄色。不育系和保持系植株高大，开花较迟，成熟较晚，叶片较狭长，呈绿色。恢复系植株较矮，株型紧凑，分枝多，开花和成熟较早。所以恢复系和不育系之间，开花期虽然有交叉，但花期相遇不理想。恢复系叶片顶裂较圆，叶脉紫色，为标志性状。恢复系与不育系杂交制种，F_1叶片叶脉有微紫色呈现，利用这一性状，在苗期能识别真假杂种或种子有无机械混杂，以便保留优势组合的植株。F_1代的经济性状见表1－41。

表1－41 "欧新A"不育系与恢复系组配后F_1的经济性状和产量优势

Table 1－41 Heterosis in economic characters and yield of F_1's after crossing the sterile line OuxinA with a restoring line

材料 Material	株高（cm） Plant height（cm）	主花序长（cm） Length of main inflore－scence	有效分枝数 productive branches	有效角果数 productive pods	每角粒数 seeds/pod	千粒重（g） 1000－grain weight	单株生产力（g） Produ－ctiity/plant	小区产量（kg） Yield/plot	折合kg/亩 Yield Kg/666.7m^2	较对照增产（%） Yield increase over contral	含油率（%） Oil content（%）	全生育期（天） whole－growth period（d）
欧新A－1×74243－6	157.2	42.0	37.6	945.0	11.5	1.70	11.1	1.09	123.4	34.8	39.68	148
欧新A－3×74243－6	160.1	40.3	38.7	958.3	11.0	1.88	11.4	0.96	109.2	19.2	40.31	148
CK	163.6	37.6	29.8	628.3	13.5	1.75	9.5	0.81	91.6		37.23	155

（四）"欧新A"属于哪一种不育类型

根据所掌握的一些观察资料和田间试验结果来分析，"欧新A"不育系与其后来转育成的一些不育系，无论用保持系回交多少代，回交世代均无育性分离。不育系只能获得少量自交种子，

种植后到植株开花结实仍表现雄性不育。在连续试验和测交过程中，“欧新 A”不育系不但保持系来源广泛，包括欧洲芥菜型油菜和澳大利亚 Zem 系芥菜及云南的许多芥菜型品种（系）均可作保持系，而且不同的品种来源的恢复系如遵恢、嵩恢、昆恢及转育的低芥酸恢复系已陆续找到。根据以上遗传表现，将“欧新 A”定为核质互作的细胞质不育类型。至于“欧新 A”的细胞分类有待进一步研究。

二、低芥酸“三系”及杂优组合的选育

从 1973 年发现“欧新 A”不育系，1980 年实现“三系”配套。但 1985 年以前所选的“三系”及所配的组合，芥酸含量都高。20 世纪 80 年代中，云南省农业科学院油料作物研究所从澳大利亚引进低芥酸品系 Zme－1 和 Zme－2，史华清等从 1985 年开始充分利用原选育的芥菜型油菜“三系”和云南省丰富的芥菜型油菜资源及国外的优质材料，开展了降低芥酸含量，提高油酸、亚油酸含量、提高抗病性的杂交油菜选育工作。

（一）低芥酸“三系”的选育方法

通过杂交将 Zem－1 的低芥酸（0.445%）基因导入高芥酸“三系”中，以改善杂种的品质；将抗病毒病较强的花叶苦菜的抗性基因导入“三系”中，提高抗病性能力；同时导入本省芥菜型油菜地方品种，以增强杂种的适应性，并充分利用昆明“冬暖夏凉”的气候特点，进行冬育夏繁，一年种植两代，加快育种步伐。

（二）“三导入”结果

将 Zem－1 的低芥酸基因，与早熟、丰产性好、适应性强的芥菜型油菜品种杂交中转，导入“三系”中（见表 1－42），抗病性较强的花叶苦菜也导入多数不育系和部分恢复系，这样转育成的低芥酸不育系，不育株率高，不育性好（见表 1－43），配制的杂交组合恢复株率高达 99%～100%，有明显产量优势、品质优势和抗病性增强。

1. 杂优组合的种子产量优势

在低芥酸三系育成的基础上，经组配和产量测定，选测 5 个优势组合，在未经灌溉的旱地上，表现比对照品种（系）增产幅度大，达 70% 至 1 倍以上，恢复力强（见表 1－44），分枝多、角果多，结实良好，有明显产量优势（见表 1－45）。

2. 杂优组合的品质优势

经过遗传改良后的优势组合，对人体有利的脂肪酸—亚油酸的正向品质数量指标，在所测的 6 个组合中，杂种的亚油酸含量均在 30% 以上，全部高于双亲平均值，有 5 个组合则超过高亲值，表现出较强的杂种优势（见表 1－46）。对于亚油酸的遗传和生化机制，有待深入研究。

3. 杂优组合的抗病性

“三系”导入花叶苦菜后，亲本和杂种后代的抗病毒病能力都有所增强，在重病年和重病季节（夏播）的自然诱发鉴定，5 个组合的发病率都低于对照，以（89S181A×89S185C）F_1 和（89S001A×89S003C）F_1 抗病力更突出，发病率仅 2.1%～4.2%（见表 1－47）。

表 1－42 配套三系的脂肪酸组成（%）及亲本来源

Table 1－42 Fatty acid content（%）and parental source of combined three lines*

系号 number	系别 lines	棕榈酸 C 16：0	油酸 C 18：1	亚油酸 C 18：2	亚麻酸 C 18：3	廿碳烯酸 C 20：1	芥酸 C 22：1	亲本来源 parental source
89S001	A	4.13	42.57	29.92	22.04	1.20	0.03	欧 A×（T×2）×（V×Z）（花苦×Z）
89S001	B	4.24	44.36	30.25	19.13	1.30	0.60	花叶苦菜×Zem－1
89S003	C	3.46	45.29	31.06	18.30	1.34	0.42	74243－6×875（88S016）
89S143	A	3.49	42.90	30.06	20.97	1.52	0.83	元谋 A×（花苦×Z）
89S143	B	3.51	48.30	26.57	19.76	1.41	0.32	花叶苦菜×Zem－1
89－586	C	4.35	41.38	33.53	19.38	1.33	0.02	74243－6×875（89－536）
89S181	A	4.60	42.93	30.73	20.87	0.32	0.40	欧 A×（T×2）×（V×Z）（花苦×Z）
89S181	B	4.37	42.82	29.50	21.93	1.33	0.03	花叶苦菜×Zem－1
89S185	C	3.87	44.61	31.90	17.87	1.20	0.38	昆高×Zem－1
89S308	A	4.45	39.85	31.20	23.68	0.29	0.38	元谋 A×（花苦×Z）
89S308	B	4.42	44.98	28.98	20.80	0.32	0.37	花叶苦菜×Zem－1
89S276	C	4.49	44.01	31.40	19.34	0.29	0.35	昆高×Zem－1
89S310	A	4.60	38.81	33.09	17.15	0.31	2.51	易 ZA×（元谋 B）×（Z×欧 B）
89S310	B	4.29	43.31	33.95	16.72	1.21	0.45	Zem－1×欧洲油菜
89S330	C	3.60	47.08	24.79	22.25	1.72	0.32	74243－6×（花叶苦菜×Zem－1）
89S388	A	3.55	49.17	28.30	15.70	2.60	0.68	易 ZA×（元谋 B）×（欧 B×Z）
89S388	B	5.41	41.18	35.10	17.83	0.21	0.48	欧洲油菜×Zem－1
89S330	C	3.60	47.08	24.79	22.25	1.72	0.32	74243－6×（花叶苦菜×Zem－1）

注：系别栏内的 A、B、C 分别代表不育系、保持系和恢复系

* Three line：sterile line，maintainer line and restover line.

表 1－43 优良不育系的不育度

Table 1－43 Sterile degree of elite MS lines

系号 Number	株数 Plants	自交株数 Selfed plants	自交花数 Selfed flowers	自交结实粒数 Selfed set seeds	自交结实指数 The index of selfed set seeds	不育株数 Sterile plants	不育株率（%） Sterile plant percentage
89S001A	30	7	1001	206	0.2058	7	100
89S143A	20	9	830	146	0.1759	9	100
89S181A	6	6	250	15	0.0600	6	100
89S308A	30	18	2347	500	0.2130	18	100
89S310A	78	18	2939	528	0.1797	18	100
89S388A	12	7	1426	4	0.0028	7	100

表 1－44 **杂优组合产量表**

Table 1－44 Yield performance of cross combinations

组合 crosses	试区面积（M2）Area	试区种子产量（g）Seed yield	亩产（kg/亩）kg/666.7m²	较对照增产（%）yield increase over control	恢复株率（%）Restoring plant percentage
89S001A×89S003C	3.0	643.4	143.0	87.7	100
对照	2.3	260.1	75.4		
89S143A×89－586C	1.5	319.5	142.0	88.3	100
对照	2.3	260.1	75.4		
89S181A×89S185C	1.8	501.0	185.6	119.4	100
对照	4.5	571.0	84.6		
89S310A×89S330C	7.2	1470.2	136.1	110.4	99
对照	4.5	436.6	64.7		
89S388A×89S330C	4.5	745.6	110.5	70.8	100
对照	4.5	436.6	64.7		

表 1－45 **杂优组合的经济性状**

Table 1－45 Economic traits of crosses

组合 Crosses	株高（cm）Plant height	有效分枝高（cm）height from effective branches to earth	有效分枝总数 Total effective branches	全株有效角果数 Total effective pods	每角粒数 Seeds/pod	千粒重（g）1000－grain weight	单株生产力（g）Seed yield/plant
89S001A×89S003C	144	34	37.6	807	14.0	1.733	16.1
对照	160	60	34	752	11.6	1.449	7.8
89S143A×89－586C	137	35	50	977	10.3	1.743	12.7
对照	160	60	34	752	11.6	1.449	7.8
89S181A×89S185C	203	45	41	893	15.0	1.745	21.2
对照	194	64	25	703	13.2	1.593	9.6
89S310A×89S330C	165	41	27	698	13.0	1.613	11.6
对照	150	44	21	479	11.3	1.650	6.9
89S388A×89S330C	144	27	33	742	12.4	1.570	11.1
对照	150	44	21	479	11.3	1.650	6.9

4. 杂优组合的生育期

由于选择了早熟、丰产、低芥酸亲本，对晚熟不育系进行了回交转育，育成的优势组合全生育期日数，与当地对照品种昆明高棵相近（见表 1－48），属芥菜型中熟丰产品种的范围，克服了 Zem－1 系统不育系过于晚熟（Zem－1 全生育期 198 天，比昆高晚熟 20～22 天），不适于当地栽培的弱点。

表 1-46 杂优组合及其亲本的亚油酸含量（%）

Table 1-46 Linoleic acid content in F1 and its parents（%）

组合 Crosses	亚油酸含量 content of Linoleic acid					
	不育系（A） Sterile line	恢复系（C） Restoring line	F_1（A×C）	双亲平均值 Parentals mean (mp)	F_1 超双亲平均值 F_1 increase over MP	F_1 超高亲值 F_1 increase Over the bigger parent
89S001A×89S003C	29.92	31.06	32.84	30.49	7.71	5.73
89S143A×89-586C	30.06	33.53	33.76	31.80	6.16	0.69
89S181A×89S185C	30.73	31.90	35.09	31.32	12.04	10.00
89S310A×89S330C	33.09	24.79	31.19	28.94	7.78	-5.74
89S306A×89S330C	30.64	24.79	31.06	27.72	12.05	1.37
89S308A×89S276C	31.20	31.45	34.13	31.33	8.94	8.52

表 1-47 杂优组合病毒病发病率（1989 年）

Table 1-47 F_1 resistance to virus disease

组合 Crosses	冬播 Winter sowing			夏播 Summer sowing		
	全区调查株数 Total plant	发病株 infected plants	病株（%） Percentage	全区调查株数 Total plant	发病株 infected plants	病株（%） Percentage
89S001A×89S003C	40	1	2.5	96	4	4.2
对照	30	7	23.3	96	10	10.4
89S143A×89-586C	15	3	20.0	96	1	1.0
对照	30	7	23.3	96	4	4.2
89S181A×89S185C	24	1	4.6	96	2	2.1
对照	60	4	6.7	96	40	41.7
89S310A×89S330C	96	19	18.8	96	2	2.1
对照	60	25	41.7	96	4	4.2
89S388A×89S330C	60	13	21.7			
对照	60	25	41.7			

5. 杂优组合（品系）在区域试验中的表现

到 1990 年已组配并通过鉴定试验选育出 S187、S308、S001 等 3 个低芥酸杂交组合和 88-242、88-122、88-232 等 3 个高产优质新品系。为了鉴定这些组合（品系）在不同生态条件下的适应性、丰产性和抗逆性，1991-1992 年在全省 12 个地点进行了区域性试验。在决定油菜产量的单株有效分枝数、有效角果数、每果粒数和单株生产力几个重要因素中，杂优组合（品系）的单株有效角果数和单株生产力都超过对照昆明高棵。所以，杂优组合（品系）的产量也明显超过对照昆明高棵，其中 S187 组合产量最高，88-122 品系占第二位，杂优组合（品系）的生育期也比对照短 2~10 天。但是杂优组合与高产优质新品系 88-122 等相比，优势不显著。为此，选育优质优势组合的工作仍需继续进行。

表 1－48 杂优组合的生育期

Table 1－48 Growth period of combinations

组合 Crosses	播种期 （月/日） Sowing date month/day	出苗期 （月/日） emergence month/day	初花期 （月/日） start－bloom month/day	终花期 （月/日） end－bloom month/day	成熟期 （月/日） Maturity period month/day	全生育日数 Whole growth period（days）
89S001A×89S003C	10/21	10/30	2/9	3/22	4/19	170
对照	10/21	10/30	3/4	3/28	4/22	173
89S143A×89－586C	10/21	10/30	2/17	3/28	4/21	172
对照	10/21	10/30	3/4	3/28	4/22	173
89S181A×89S185C	10/28	11/7	2/10	3/19	4/20	164
对照	10/28	11/7	2/21	3/27	4/21	165
89S310A×89S330C	11/4	11/9	3/11	4/10	4/25	167
对照	11/4	11/9	3/17	4/10	4/27	169
89S388A×89S330C	11/4	11/9	3/6	4/10	4/27	169
对照	11/4	11/9	3/17	4/10	4/27	169

三、优质强优势杂交组合云芥杂 1 号（江矮 D_1）的选育

（一）选育经过

史华清等 1985 年在易门凤尾子与澳大利亚 Zme－1 杂交后代中发现细胞质雄性不育株，用花期相遇的元谋油菜作临时保持系，经过多代连续选择得到芥酸含量 3.06%，不育性状稳定的雄性不育系江矮 A。同时用 Zme－1×江川矮脚黄菜子，连续 6 代回交，选育成芥酸含量 0.6% 的保持系江矮 B。恢复系江矮 C（欧洲油菜自交系×Zme－1）×乳白花油菜自交系，经过 4 代选育而成（88－122），其芥酸含量为 1.7% 。江矮 A 与江矮 C 组配的杂交组合江矮 D_1 恢复株率高，优势最强，耐旱耐瘠，适应性较广，高产稳产。油酸含量 35.41%，亚油酸含量 33.06%，芥酸含量 2.39%，含油量 43.48%。1995～1996 年全省旱地区试平均每亩单产 139.34kg/亩，较对照昆明高棵增产 76.2%，较芥油 1 号（88－242）增产 7.8%。1998 年通过云南省农作物品种审定委员会的审定，定名为“云芥杂 1 号”，至今已在全省旱地推广近 8000 亩，平均亩产 115kg 左右，比当地同类型品种增产 12%～47%。

1997 年 4 月 7 日经云南省科技情报研究所“通过国际联机，国内联网数据库、光盘数据库及手工检索”结果为：“本课题利用云南省芥菜型油菜资源，发现不育材料，实现三系配套，又进一步实现低芥三系配套，并选育出了芥菜型油菜三系优质强优势组合，通过区试，进行了生产示范，有关该课题研究内容的文献，除该课题自己的研究报道外，未见其他文献报道。”所以，芥菜型油菜优质强优势杂交组合在国内外为云南省农科院油料所首次育成。

雄性不育系 A　　　　　　　　保持系 B

（易门凤尾子 ×Zem－1） × 元谋油菜 B（用花期相遇的常规保持系保持）

↓

［（易门凤尾子 ×Zem－1） ×元谋油菜 B］ ×欧洲油菜 B（低芥酸保持系，但生育期较长）

↓

［（易门凤尾子 ×Zem－1） ×元谋 B×（欧 B×Zem－1）］ ×用早熟、低芥酸的多品系再测保

↓

［（易门凤尾子 ×Zem－1） ×元谋 B×（欧 B×Zem－1）］ ×（Zem－1×江川矮脚黄菜子）

用 B 连续 6 代成对回交，进行低芥酸和农艺性状选择 ↓　　　　↓早熟低芥酸杂种自交 6 代

江矮 A（BC_6）　江矮 B

↓

江矮 A×江矮 C（88－122）

↓

低芥酸江矮 D_1F_1 杂交组合

江矮 D_1 的系谱图

（二）云芥杂 1 号（江矮 D_1）的优质优势表现

1. 主要经济性状

云芥杂 1 号（江矮 D_1）三系亲本是选用生态地理远缘品种杂交，由于亲本差异大，杂种后代优势强，经济性状比对照品种昆明高棵和芥油 1 号好，有效分枝比对照分别增加 3.8 个和 3.1 个；有效角果分别增加 150.4 个和 47 个；每角粒数增加 0.3 粒；单株生产力分别增加 3.48g 和 1.36g，同时也明显超过第一轮选育的 S187 杂交组合。江矮 D_1 属半冬性，早熟，生育期 127－203 天，生长势比所有对照都强。

2. 云芥杂 1 号（江矮 D_1）的脂肪酸组成

经过导入低芥酸基因的遗传改良和优良性状选择，选育成的云芥杂 1 号（江矮 D_1）三系及组合，芥酸含量比易门凤尾子、江川矮脚黄菜子降低，油酸、亚油酸提高，品质有了明显的改善。

3. 产量表现

1993 年组合比较试验中，在年降雨量比正常年减少 338mm，冬春严重干旱没有灌溉条件的旱地上，云芥杂 1 号（江矮 D_1）折合亩产 123.3kg。

四、S499 强优势组合的选育及制种技术研究

“八五”期间选育出了优质强优势组合云芥杂一号（江矮 D_1）在生产上大面积使用，并取得了较好的经济效益和社会效益。为了提供更多的优质优势组合，增加技术贮备，“九五”期间继续进行研究，并把高产制种作为攻关内容。

（一）优良三系亲本的选育

以前选育的 S187 等低芥酸不育系，虽然不育度高，配合力强，但不育系植株较高，开花时花瓣开放不畅，恢复系植株较矮，两系花期相遇不好，不利于授粉制种。而云芥杂 1 号在这方面加大了遗传改良力度，使两系的农艺性状得到了明显的改善，但仍有不够理想的地方。为此，与芥油 1 号等多个高产低芥酸品种（系）连续回交，育成了 S499A、S500A、S415A、S496A4 个具

丰产株型的低芥酸不育系。这些不育系开花时经过 1 ~ 2 天的突柱期后，花瓣接近正常花开放的角度。同时选育成株型较高、恢复力更强、配合力更高、花期相遇更好的 S415C、S496C 和紫叶恢等 3 个恢复系。

（二）S499 等优质强优势组合的育成及产量优势

1996 ~ 1997 年利用 S499A、S496A 和 S415A 不育系及 S415C、S496C 和紫叶恢 3 个恢复系配制了一批优质优势组合，通过产量鉴定试验和比较试验，S499、S505、S42633 个组合表现株型较矮、高产稳定、抗逆性强、适应性广。在 1999 ~ 2000 年全省旱地区域试验中，S499、S505、S426 两年平均亩产分别为 132. 6、127、123. 7kg，分别占第一、第二、第三位，分别比第一对照云芥杂 1 号增产 19%、14%、11%，比第二对照芥油 1 号增产 53. 3%、46. 8%、43%，差异达极显著和显著水平，是目前最理想的杂交组合，已进入生产示范。

（三）杂交制种技术研究

为了提高制种产量，扩大生产，对云芥杂 1 号和 S499 进行了制种技术研究。芥菜型油菜三系杂交制种中存在的主要问题是：不育系开花较迟、花期长，恢复系开花较早、花期短而集中，后开的不育系没有花粉供给，不能结实，制种产量低。为了解决这个问题，对恢复系实行分期播种，第一期恢复系与不育系同时播种，第二期恢复系晚播 15 天，这样第一期恢复系进入盛花期时，第二期恢复系开始开花，两期开花时间基本上与不育系花期一致，能满足不育系所需花粉，延长了授粉时间，提高了制种产量。结果云芥杂 1 号平均每亩生产杂交种 37. 5kg，最高达到 49kg；S499 平均每亩生产杂交种 38. 5kg，最高达到 51kg。

五、芥菜型油菜细胞质雄性不育系研究利用结果评价

芥菜型油菜不育细胞质“欧新 A”的发现和研究利用，选育出了一批优质优势杂交组合。经云南省科技情报研究所于 1997 年 3 月和 2001 年 2 月两次查新检索，云芥杂 1 号、S499、S505、S426 的育成，除云南省农业科学院油料作物研究所的研究报道外，在国内外未见其他研究报道，属全球首次育成，国际领先。研究中撰写论文 20 多篇，分别在《作物学报》、《作物研究》、《中国油料作物学报》、《西南农业学报》等刊物上进行报道，并出版了《云南芥菜型油菜杂优研究与利用论文集》。华中农业大学教授、博士生导师、国内外著名作物遗传育种家、农学家和农业教育家刘后利先生在为文集作的序中写道：“文集”是“我国第一本芥菜型杂交油菜的专著”。“芥菜型杂交油菜的研究，开始于云南，进一步发展到新疆，这两翼是中国芥菜型油菜自然分布的北沿和南沿，而且各具特色，……这两翼的突破，为中国也为世界解决了如何从品质育种和杂种优势育种相结合的有效途径发展芥菜型油菜。那么中国西部辽阔的地区就有无限广阔的发展空间，将为中国西部大开发提供新的丰富的农业资源。”“文集”“系统发表了 30 余篇科学论文，对芥菜型油菜作了系统深入的阐述，这些科研成果已超出印度和前苏联的研究范畴，研究水平已达到国际同类研究的先进水平。”

第五节　国外油菜品种资源的研究与利用

选育优质油菜新品种必须要有各种优良种质的基因资源。充分利用外引优质油菜种质资源，是育种工作中不可忽视的一个重要方面。在国外，特别在加拿大，是最先进行优质油菜育种的国家。1966 年加拿大育成了世界上第一个低芥酸油菜品种 Oro，1973 年又育成了世界上第一个双低品种 tower，使其油菜生产得到迅猛的发展。随加拿大之后，欧洲、澳洲相继开展了品质育种，

并于20世纪80年代育成了多个单双低新品种，这些人工创造的品质优异的种质资源，为推动世界优质油菜育种奠定了基础。

早在20世纪50～60年代，以云南省农科院梁天然先生为首的老一辈油菜育种家便先后从全国22个省市引入161份油菜品种资源。但大多于“文革”期间丢失。为丰富云南省的油菜品种资源，加速优质育种进程，促进商品性油菜的发展，结合优质油菜育种目标和要求，即选育高含油量（>45%）、低芥酸（<1%）、低硫代葡萄糖甙（<30μmol/g）、高亚油酸（>40%）、低亚麻酸（<3%）、高蛋白质、低纤维素等［特别是双低（低芥酸、低硫甙）的品种］，云南省从20世纪70年代开始，从23个国家引入了品种资源324份（甘蓝型油菜225份、芥菜型油菜96份、白菜型油菜2份、埃塞俄比亚芥1份），通过对其形态特征、农艺性状、品质特性和生态类型等方面进行鉴定和评价，取得了初步结果。并成功地利用了其中的部分优异种质，为云南油菜优质育种作出了贡献。

一、国外油菜品种资源的研究

就引入的国外品种资源而言，以其农艺性状为基础进行分类，可分为白菜型油菜、芥菜型油菜、甘蓝型油菜和埃塞俄比亚芥4种基本类型。

（一）国外甘蓝型油菜品种资源的研究

1. 生育期表现

前苏联、匈牙利、荷兰、挪威、丹麦的品种生育期最长，都在200天以上，法国、瑞典、德国、波兰、捷克、美国、荷兰等国家的品种生育期也较长，一般生育期为200天左右（对照186天），澳大利亚、加拿大和日本品种生育期与对照相同或稍晚（晚3～4天），一般为186～190天（见表1－49）。

表1－49 外引油菜种质资源的生育期

Table 1－49 growth period of exotic rapeseed germplasms

国名 Nation	CK	法国 France	英国 England	瑞典 Sweden	德国 Germany	波兰 Poland	捷克 Czechoslovakia	挪威 Norway	荷兰 Holland	丹麦 Danmark	匈牙利 Hungary	前苏联 Former Soviet Union	美国 America	日本 Japan	加拿大 Canada	澳大利亚 Australia
份数 Number	1	44	8	32	62	12	3	1	3	4	3	10	7	14	10	12
出苗－初花（天）	128	148	144	147	154	128	140	156	153	150	156	157	132	127	129	127
初花－成熟（天）	61	50	55	50	50	71	59	48	50	54	48	51	64	61	62	63
总生育期（天）	189	198	199	197	204	199	199	204	203	204	204	208	196	188	191	190

2. 经济性状

前苏联及丹麦品种因生育期太长、病害严重，未对其经济性状进行分析，对其余13个国家的品种进行农艺性状分析，大多数品种的株高与对照无太大差别，美国品种株高较矮，其株高为95～153cm，平均为125.7cm；所有品种的分枝高度都较对照高；分枝数日本品种最多，且日本的大多数品种分枝数都超过了对照，14个品种的有效分枝数为24～43个/株，平均为32.7个

（对照 27.9 个/株），其余国家仅有个别品种超过对照；单株有效角果数日本品种最多；且日本的大多数品种单株有效角果数大多超过了对照，14 个品种的单株有效角果数为 588～986 角/株，平均为 769.3 角/株（对照 628.7 角/株）；其次是加拿大的品种，10 份加拿大品种的单株有效角果数为 226～1086 角/株，平均为 650.8 角/株；其余国家仅有个别品种超过对照；所有品种的角粒数都未超过对照。千粒重加拿大的品种最重，且有部分品种超过对照，其余国家的品种千粒重均较低；单株产量除日本的品种较接近对照，加拿大、澳大利亚的品种产量稍高外，其余国家的品种单株产量都较低。日本、加拿大、澳大利亚 3 个国家的部分品种无论是生育期、株高、单株有效角果数、角粒数、千粒重、单株产量都优于或接近对照。国外芥菜型油菜、甘蓝型油菜的农艺性状如表 1－50，表 1－51。

表 1－50 国外芥菜型油菜农艺性状

Table 1－50 Agronomic traits of exotic mustards

国家 Nation	份数 Number	株高（cm） Plant height	分枝高（cm） height from effective branches to earth	有效分枝数（个/株） Effective branches/plant	有效角果数（角/株） Effective pods/plant	角粒数（粒/角） Seeds/pod	千粒重（g） 1000－grain weight	单株产量（g） Seed yield/plant
对照		179.8	37.2	96.5	1417.7	13.2	1.93	32.2
印度	71	82.4～181.0	0～25.3	68～95	937～1499	10～13	2.08～2.54	23.1～38.5
平均值		141	10.38	80.6	1286.5	11.5	2.39	29.25
澳大利亚	2	193.6～200.4	29～54	53～81	543～619	10～12	1.79～1.98	3.6～5.7
平均值		197	42	65.7	581	11	1.89	4.65
前苏联	10	190.0～224.4	59.4～138.3	18～42	155～711	9～14	1.39～2.28	1.5～12
平均值		206.4	116.3	28.5	479.9	11.1	1.72	5.39
加拿大	5	176.8～191.6	41.0～71.0	35～57	623～762	9～13	1.31～2.11	3.6～10.6
平均值		184.3	51.1	44	788	11	1.60	6.7
美国	5	137～164.2	2.6～32.8	49～94	691～1413	9～12	1.52～2.99	7.8～29.6
平均值		152.4	14.1	67.8	1076.8	11	1.94	15.45
瑞典	1	167.5	89.5	33	534	9	0.80	1.5
法国	1	179.8	26.4	47	964	13	1.44	8.4
英国	1	201.4	15	55	818	11	2.05	9.1

表 1－51 国外甘蓝型油菜种质资源的农艺性状

Table 1－51 Agronomic traits of exotic B. napus germplasms

国名 Nation	份数 Number	株高（cm） Plant height	分枝高（cm） Branch height	有效分枝数（个/株） Effective branches /plant	有效角果数（角/株） Effective pods/plant	角粒数（粒/角） Seeds/pod	千粒重（g） 1000－grain weight	单株产量（g） Seed yield /plant
对照		143.6	16.5	27.9	628.7	25.5	3.47	39.3
日本	14	130.2～164.0	0～41.2	24～43	588～986	19～24	2.78～3.15	32.7～38.6
平均值		147.5	20.2	32.7	769.3	21.3	3.02	35.6
加拿大	10	143.8～172.2	0～22.2	10～47	226～1086	17～27	2.41～3.62	8.8～39.7

续表 1－51

国名 Nation	份数 Number	株高（cm）Plant height	分枝高（cm）Branch height	有效分枝数（个/株）Effective branches /plant	有效角果数（角/株）Effective pods/plant	角粒数（粒/角）Seeds/pod	千粒重（g）1000－grain weight	单株产量（g）Seed yield /plant
平均值		159.2	26.4	27.8	650.8	19.8	3.52	29.18
澳大利亚	12	130.2～169.0	0～39	11～27	345～680	17～24	2.11～3.27	10.8～38.9
平均值		154.8	24.3	19.9	522.3	19	2.69	28.0
瑞典	32	143.4～164.4	4～38	14～20	288～627	16～21	1.78～3.36	6.0～25.6
平均值		151.5	29.3	17.7	461.3	16.8	2.52	14.8
法国	44	133～161.2	0～81.8	6～33	151～656	10～22	2.09～3.12	2.5～22.4
平均值		148.7	32	18.9	416.1	17.3	2.56	10.7
英国	8	132.3～148.7	4.3～46.0	15～30	327～443	14～21	2.11～2.31	10.0～16.2
平均值		140.5	25.2	17.5	420.5	18	2.21	14.3
荷兰	3	146.2～157.9	49.6～71.0	19～25	130.5～194.8	11.8～20.5	3.21～3.59	11.0～19.7
平均值		151.9	59.8	20	200.6	16.6	3.38	16.3
匈牙利	3	197.1～205.0	85～106	11～14	367～497	15～21	2.58～3.24	9.7～19.2
平均值		202	98.5	13	454	19	3.05	15.3
德国	62	151～182	19～90.8	11～23	280～737	11～20	2.22～2.96	4.0～27.7
平均值		162.6	48.4	18.1	424.4	16.1	2.65	11.0
美国	7	95～153	2～47	15～26	300～598	16～24	2.15～3.15	12.5～28.4
平均值		125.7	23.3	20	374.7	19.5	2.70	16.9
挪威	2	165.0～166.7	41.8～58.0	12～24	191～629	15～17	1.79～3.17	12.0～19.3
平均值		165.9	49.9	18	410	16	2.48	15.7
捷克	7	139～191	22～98	9～26	248～614	8～20	2.07～3.42	4.5～18.5
平均值		156.1	35.73	22.	552	13.4	2.7	13.46
波兰	14	119.5～182.8	0～111.5	9～41	211～879	7～23	2.05～3.47	2.5～23.4
平均值		147.5	50.7	19.6	447	16.9	2.53	12.3

3. 品质性状

（1）脂肪酸

对引入的甘蓝型油菜种籽脂肪酸组成进行测定，结果鉴定出一批低芥酸油菜种质，其中大多数来自欧洲，如法国、英国、瑞典、丹麦、波兰、匈牙利、加拿大、荷兰等国家的油菜为低芥酸油菜，而来自亚洲国家及美国的油菜为高芥酸油菜（见表 1－52）。

（2）硫代葡萄糖甙

对部分外引油菜资源的硫代葡萄糖甙的含量分析测定，结果为：加拿大、瑞典、澳大利亚、法国、西德、英国等国家的油菜资源中有部分低硫代葡萄糖甙种质资源，而日本、匈牙利、美国和挪威的品种都为高硫代葡萄糖甙品种。经分析测试，从 195 份材料中鉴定筛选出 17 份硫代葡萄糖甙含量低于 30μmol/g 的品种（见表 1－53）。

表 1－52 国外油菜种质资源芥酸含量

Table 1－52 Erucid acid content of exotic rapeseed varieties

国名 Nation	法国 France	英国 England	瑞典 Sweden	挪威 Norway	丹麦 Denmark	德国 Germany	波兰 Poland	捷克 Czechoslovakia	美国 America	匈牙利 Hungary	加拿大 Canada	前苏联 Former Soviet Union	荷兰 Holland	日本 Japan	澳大利亚 Australian
份数	44	8	32	1	4	62	12	3	7	3	10	10	3	14	12
变幅范围（%）	0.26～50.49	0.79～31.49	0～43.72	47.40	0.40～12.48	0.10～49.15	0.28～46.08	13.86～42.36	36.73～50.28	6.68～38.58	0.02～36.40	3.32～34.92	1.26～50.49	37.47～54.54	0.98～27.81
平均值（%）	17.94	9.34	16.61	47.40	4.53	14.66	19.02	29.21	40.37	27.70	8.23	23.12	36.88	44.13	5.43
芥酸含量<1%的品种数	10	4	13	0	1	55	3	0	0	0	5	0	0	0	4

表 1－53 国外油菜种质资源硫甙总量与分量变异范围 单位：μmol/g

Table 1－53 Thioglucoside and its components of exotic rapeseed varieties

国家 Nation	份数 Tested varieties	2－羟基－3－丁烯基硫甙 2－hydroxyl－3－butene thioglucoside	丙烯基硫甙 propenyl thioglucoside	2－羟基－4－戊烯基硫甙 2－hydroxyl－4－penten thioglucoside	3－丁烯基硫甙 3－butene thioglucoside	4－羟基－3－甲基吲哚硫甙 4－hydroxyl－3－metlhy lindole thioglucoside	4－戊烯基硫甙 4－penten thioglucoside	3－甲基吲哚硫甙 3－methy lindole thioglucoside	总量 total content	硫甙含量<30μmol/g的品种数 varieties with glucosinolate <30μmol/g
日本	14	56.62～85.08	0～16.87	3.83～6.06	29.15～36.64	5.70～9.71	5.44～11.24	0.43～1.06	121.58～156.07	0
平均值		72.23	14.56	5.15	32.77	7.65	8.36	0.76	136.62	
加拿大	10	4.56～77.36	0～3.88	0～5.50	1.80～53.77	5.16～10.98	1.83～5.24	0～1.79	18.98～98.15	2
平均值		36.99	0.84	3.45	22.12	7.98	3.57	0.58	75.54	
澳大利亚	12	3.72～55.27	0～6.33	0～9.57	1.46～30.77	3.19～10.12	2.07～8.85	0.29～1.38	15.13～114.32	4
平均值		32.01	2.07	4.26	15.30	7.33	4.99	0.63	66.63	
德国	62	8.03～85.13	0～3.37	0～16.00	2.99～140.85	6.51～13.23	2.81～13.43	0.34～1.36	24.61～167.45	3
平均值		43.41	1.55	5.31	20.47	9.41	6.50	0.75	85.39	
瑞典	30	2.55～91.2	0～4.97	0～10.37	3.45～53.87	5.24～13.71	0～9.62	0～1.24	8.88～169.54	1
平均值		50.05	0.95	4.93	24.72	8.62	5.05	0.45	94.76	
法国	44	5.32～67.26	0～8.66	0～7.76	2.34～41.11	4.91～11.04	1.89～6.98	0～0.84	15.80～127.67	2
平均值		34.80	2.89	2.85	18.86	8.33	3.98	0.26	71.24	

续表 1－53

国家 nation	份数 Tested varieties	2－羟基－3－丁烯基硫甙 2－hydroxyl－3－butene thioglucoside	丙烯基硫甙 propenyl thioglucoside	2－羟基－4－戊烯基硫甙 2－hydroxyl－4－penten thioglucoside	3－丁烯基硫甙 3－butene thioglucoside	4－羟基－3－甲基吲哚硫甙 4－hydroxyl－3－methy lindole thioglucoside	4－戊烯基硫甙 4－penten thioglucoside	3－甲基吲哚硫甙 3－methy lindole thioglucoside	总量 total content	硫甙含量<30μmol/g的品种数 varieties with glucosinolate <30μmol/g
英国	8	6.98～52.74	0～4.30	0～5.96	2.78～25.34	6.51～7.02	0～4.44	0.52～0.82	17.60～99.16	2
平均值		23.62	1.43	1.99	11.02	6.69	2.71	0.65	48.11	
荷兰	3	5.65～63.25	—	0～5.45	3.31～11.26	3.06～7.00	1.82～2.83	0～0.4	17.25～88.70	1
平均值		34.90	—	3.59	8.43	5.17	2.17	0.37	54.60	
匈牙利	2	61.99～69.70	—	8.56～9.63	47.16～48.13	8.29～10.44	8.42～13.43	0.44～0.84	146.19～152.66	0
平均值		65.85	—	9.10	47.65	9.37	10.93	0.64	150.43	
丹麦	2	5.87～10.14	0～1.91	—	4.94～7.97	7.27～7.41	1.78～4.83	0～0.4	23.05～29.47	2
平均值		8.01	0.96	—	6.46	7.34	3.31	0.2	26.26	
美国	7	2.15～3.7	2.57～104.04	—	0～1.03	2.71～3.44	—	—	69.52～112.21	0
平均值		2.98	78.57	—	0.05	2.82	—	—	84.42	
挪威	1	64.35	—	4.97	32.10	8.11	4.28	0.60	114.41	0

* 部分品种因种子量过少未进行分析

（3）含油量

外引的油菜品种中，含油量大多为35%～40%，前苏联和匈牙利品种的平均含油量较高，都在40%以上，瑞典、西德、日本的部分品种含油量超过45%（见表1－54）。

引入云南省的225份甘蓝型油菜中，有高含油量种质、低芥酸种质、低硫代葡萄糖甙种质及双低种质，通过鉴定研究筛选出22份优异种质（高含油量5份、‘双低’种质17份），这些优异种质中有部分种质在云南省的油菜育种中发挥着重要作用（见表1－55）。

（二）国外芥菜型油菜品种资源研究

1. 生育期表现

前苏联10个品种均为春油菜，由于原产地纬度较高，北种南移，使油菜生育期推迟。一般生育期在200天以上，较对照品种晚熟20多天；澳大利亚、英国、瑞典、法国5个国家的品种生育期较长，特别是营养生长期较长，除澳大利亚外，前苏联、英国、瑞典、法国4个国家的品种从出苗至初花期一般在150天以上，生育期一般为200天左右，美国和加拿大的品种生育期较对照稍晚，一般晚2～8天；印度品种的生育期均较CK短或与CK同期成熟，一般为180～184天（见表1－56）。

表 1－54 国外油菜种质资源含油量

Table 1－54 Oil content of exotic rapeseed varieties

国名 Nation	法国 France	英国 England	瑞典 Sweden	挪威 Norway	丹麦 Darmark	德国 Germany	波兰 Poland	捷克 Czecho slovakia	美国 America	匈牙利 hungary	加拿大 Canada	前苏联 Former Soviet Union	荷兰 Holland	日本 Japan	澳大利亚 Australia
份数	44	8	32	1	4	62	12	3	7	3	10	10	3	14	12
变幅范围（%）	33.13～43.56	34.37～41.73	34.20～47.68	38.29	34.74～40.40	33.95～47.21	33.13～43.19	35.41～38.84	34.33～43.14	41.05～44.82	35.89～43.45	40.59～43.37	40.36～40.41	35.89～45.28	35.96～41.92
平均值（%）	39.06	38.96	40.30	38.29	38.15	40.14	39.86	36.80	40.12	43.04	38.22	41.47	40.38	40.63	39.84
含油量>45%品种数			1			3								1	

表 1－55 国外优异甘蓝型油菜种质资源芥酸、硫代葡萄糖甙及含油量

Table 1－55 Contents of erucic acid, glucosinolate and oil of exotic B. nupus gerplasms

品种名称 Varieties	来源 Sources	生育期（天） Growing preriod	芥酸含量（%） Erucic acid content	硫甙含量（μmol/g） Glucosinolate content	含油量（%） Oil content
农林 18 号	日本	187			45.28
H16	西德	198			45.43
H18	西德	199			45.39
Sollux	西德	199			47.21
SV.02312	瑞典	197			47.68
Wesroona	澳大利亚	188	0.53	19.86	
Marnoo	澳大利亚	188	0.00	21.43	
Shiralee	澳大利亚	190	0.98	15.13	
Eureta	澳大利亚	190	1.28	16.46	
Stellar	加拿大	189	0.58	18.98	
Altex	加拿大	189	0.34	23.54	
Optima	丹麦	203	2.23	29.47	
Viking	丹麦	203	0.40	23.05	
NPZ62	西德	199	0.45	24.61	
B.001	西德	200	0.35	27.57	
Liborins	西德	199	0.65	25.10	
Koolzaand－2	荷兰	203	1.26	17.25	
Ew－2	英国	200	0.99	27.57	
Ew－3	英国	200	0.78	17.60	
Tapidor	法国	198	1.08	15.80	

续表 1－55

品种名称 Varieties	来源 Sources	生育期（天） Growing preriod	芥酸含量（%） Erucic acid content	硫甙含量（μmol/g） Glucosinolate content	含油量（%） Oil content
Samouran	法国	199	1.06	16.61	
Consul	瑞典	198	0.36	8.88	

表 1－56 外引芥菜型油菜品种生育期

Table 1－56 Growth duration of exotic mustards

国名 Nation	对照 Ck	印度 India	美国 America	加拿大 Canada	澳大利亚 Austria	英国 England	瑞典 Sweden	法国 France	前苏联 Former Soviet Union
份数 r	1	71	5	5	2	1	1	1	10
出苗～初花（天）	128	105	122	139	136	150	156	157	155
初花～成熟（天）	61	78	64	53	60	46	40	39	51
平均生育日期（天）	184	183	186	192	196	197	198	198	206

表 1－57 国外芥菜型油菜农艺性状

Table 1－57 Agronomic traits of exotic mustard

国家 Nation	份数 Tested varieties	株高（cm） Plant height	分枝高（cm） height from effective branches to earth	有效分枝数（个/株） effective branches/plant	有效角果数（角/株） effecive pods/plant	角粒数（粒/角） Seeds/pod	千粒重（g） 1000－grain weight	单株产量（g） Seeds yield/plant
对照		179.8	37.2	96.5	1417.7	13.2	1.93	32.2
印度	71	82.4～181.0	0～25.3	68～95	937～1499	10～13	2.08～2.54	23.1～38.5
平均值（%）		141	10.38	80.6	1286.5	11.5	2.39	29.25
澳大利亚	2	193.6～200.4	29～54	53～81	543～619	10～12	1.79～1.98	3.6～5.7
平均值（%）		197	42	65.7	581	11	1.89	4.65
前苏联	10	190.0～224.4	59.4～138.3	18～42	155～711	9～14	1.39～2.28	1.5～12
平均值（%）		206.4	116.3	28.5	479.9	11.1	1.72	5.39
加拿大	5	176.8～191.6	41.0～71.0	35～57	623～762	9～13	1.31～2.11	3.6～10.6
平均值（%）		184.3	51.1	44	788	11	1.60	6.7
美国	5	137～164.2	2.6～32.8	49～94	691～1413	9～12	1.52～2.99	7.8～29.6
平均值（%）		152.4	14.1	67.8	1076.8	11	1.94	15.45
瑞典	1	167.5	89.5	33	534	9	0.80	1.5
法国	1	179.8	26.4	47	964	13	1.44	8.4
英国	1	201.4	15	55	818	11	2.05	9.1

2. 经济性状

对国外芥菜型油菜的农艺性状进行鉴定，来自前苏联、澳大利亚、加拿大、英国等 4 个国家的品种株高都超过对照，其中以前苏联的品种平均株高最高为 206.4cm；印度、美国、瑞典的株高较对照矮，其中，以印度品种的株高最矮，平均株高仅为141cm。分枝数最多的是印度品种，平均为80.6个/株；前苏联品种的分枝数最少，平均为28.5个/株；8个国家品种的分枝数都未超过对照；单株有效角果数印度品种最多，平均为1286.5角/株，前苏联品种最少，只有479.9角/株，其余国家的大多数品种角果数在550～900角/株之间。8个国家的所有品种的角粒数都未超过对照，大多数品种的角粒数为11粒/角。印度、美国、英国品种的平均千粒重都超过了对照，其中，以印度品种的千粒重最重，平均为2.39g，瑞典品种的千粒重最低，仅0.8g。单株产量印度品种最高，平均为25.15g，瑞典品种最低，仅1.5g，7个国家品种的单株产量都未超过对照，仅有印度的个别品种超过对照（见表1－57）。

3. 品质性状

（1）脂肪酸

对引入的芥菜型油菜种籽脂肪酸组成进行测定表明，印度、美国、前苏联的品种的脂肪酸含量无特殊种质，油酸一般为11.78%～17.92%，平均含量为14.84%；亚油酸为16.98%～21.11%，平均含量为17.97%；亚麻酸为8.16%～13.81%，平均含量为9.79%；芥酸含量一般为21.04%～50.24%，平均含量为40.49%。大多数国外芥菜型油菜为高芥酸品种，仅从来自澳大利亚的品种中鉴定出2份低芥酸油菜种质（见表1－58）。

（2）含油量

外引芥菜型油菜品种中，含油量大多在35%～40%之间，96份国外芥菜型油菜品种的含油量最高的是来自法国的品种，含油量为41.24%，没有含油量超过45%的品种（见表1－59）。

表1－58 国外芥菜型油菜种质资源芥酸含量

Table 1－58 Erucic acid content of exotic mustard

国名 Nations	印度 India	美国 America	加拿大 Canada	前苏联 Former Soviet Union	澳大利亚 Australia	英国 England	瑞典 Sweden	法国 France
份数	71	5	5	10	2	1	1	1
变幅范围（%）	31.26～50.24	32.54～40.98	31.47～41.21～	21.04～41.30	0	35.89	41.20	47.29
平均值（%）	42.56	36.38	35.26	33.47	0			

表1－59 国外芥菜型油菜种质资源含油量

Table 1－59 Oil content of exotic mustards

国名 Nations	印度 India	澳大利亚 Australia	加拿大 Canada	美国 America	前苏联 Former Soviet Union	英国 England	瑞典 Sweden	法国 France
份数	71	2	5	5	10	1	1	1
变幅范围（%）	33.38～37.35	33.53～34.68	34.85～36.37	36.87－39.21	32.85～40.42	40.89	36.10	41.24
平均值（%）	36.28	34.11	35.86	37.95	38.24			

（3）硫甙葡萄糖甙

经对96份品种进行硫甙含量分析，芥菜型油菜品种中硫甙总含量最低的是来自印度的品种，硫甙含量为58.76μmol/g，在引入的所有芥菜型油菜品种中未发现低硫甙葡萄糖甙品种（见表1－60）。

表 1 - 60 国外芥菜型油菜种质资源硫甙总量与分量变异范围 单位：μmol/g

Table 1 - 60 Contents of thioglucoside and its components in exotic mustards

品种 Varieties	份数 Tested numbers	2 - 羟基 - 3 - 丁烯基硫甙 2 - hydroxyl - 3 - butene thioglucoside	丙烯基硫甙 propenyl thioglucoside	2 - 羟基 - 4 - 戊烯基硫甙 2 - hydroxyl - 4 - penten thioglucoside	3 - 丁烯基硫甙 3 - butene thioglucoside	4 - 羟基 - 3 - 甲基吲哚硫甙 4 - hydroxyl - 3 - methylindole thioglucoside	4 - 戊烯基硫甙 4 - penten thioglu coside	3 - 甲基吲哚硫甙 3 - methy lindole thioglucoside	总量 Total
印度	71	0 ~ 1. 83	15. 9 ~ 70. 09	0 ~ 3. 42	36. 30 ~ 123. 26	2. 62 ~ 11. 54	0 ~ 4. 50	0 ~ 1. 08	58. 76 ~ 185. 38
(平均值%)		1. 19	34. 79	0. 37	65. 40	5. 27	1. 41	0. 07	108. 45
澳大利亚	2	0 ~ 1. 43	41. 9 ~ 60. 12	0 ~ 2. 24	32. 35 ~ 103. 41	5. 62 ~ 9. 54	0 ~ 5. 24	0 ~ 2. 65	81. 30 ~ 183. 20
(平均值%)		0. 71	65. 00	1. 12	67. 88	7. 58	4. 67	1. 32	132. 25
美国	5	0 ~ 1. 38	25. 9 ~ 80. 59	0 ~ 4. 89	46. 37 ~ 87. 45	2. 49 ~ 10. 81	0 ~ 2. 83	0 ~ 1. 58	69. 69 ~ 125. 27
(平均值%)		0. 84	44. 23	1. 54	56. 54	5. 14	0. 81	0. 18	109. 28
前苏联	10	0 ~ 1. 57	20. 19 ~ 75. 18	1. 11 ~ 3. 21	26. 41 ~ 110. 31	1. 34 ~ 9. 18	0 ~ 2. 81	0 ~ 2. 18	87. 24 ~ 155. 41
(平均值%)		0. 19	50. 24	2. 11	65. 39	4. 23	0. 85	0. 51	123. 52
加拿大	5	0 ~ 1. 78	10. 87 ~ 100. 06	—	12. 21 ~ 47. 72	4. 28 ~ 5. 13	0 ~ 2. 78	—	63. 95 ~ 148. 46
(平均值%)		0. 59	68. 23	—	35. 65	4. 77	0. 93	—	110. 17
英国	1	1. 91	35. 21	—	53. 48	7. 25	0. 19	0. 41	98. 45
瑞典	1	3. 12	42. 15	—	15. 68	10. 26	1. 02	0. 11	82. 34
法国	1	2. 52	34. 69	—	14. 09	6. 26	1. 05	0. 51	59. 12

4. 对各国芥菜型油菜资源的评价

（1）前苏联品种病毒病发生很严重，病指为 57. 6 ~ 89. 3。在昆明地区的自然条件下不能收到正常成熟的种子。

（2）印度油菜：在昆明地区的表现是植株矮，最矮的为 61. 5cm，较对照品种矮 116. 3cm；最高为 166. 2cm，较对照矮 11. 6cm；平均较对照矮 45. 7cm；分枝多、有效角果数亦多，部分品种千粒重高、籽粒大；71 个品种之单株生产力差异较大，同一品种在昆明地区种植产量逐年下降，病毒病发生逐年上升。品质分析后表明：印度的 71 个品种的脂肪酸含量无特殊种质，油酸一般为 14. 84%，亚油酸为 23. 3%，亚麻酸为 17. 97%，芥酸含量一般为 42. 56%；经对硫甙含量进行分析，发现印度品种中硫甙含量大多偏低，一般在 58. 76 ~ 185. 38μmol/g 之间，就分析的品种来看，未出现过硫甙含量低于 30μmol/g 单株。由于印度芥菜型油菜年度间产量变动幅度较大，且缺乏抗病毒病基因，所以不宜直接利用。但因其早熟、株高适中，籽粒大、分枝多可作为亲本材料把有用的基因转育到改良种中。

（3）澳大利亚油菜：澳大利亚为春油菜区，其品种引入昆明地区作为小春油菜种植，主要表现为生育期长，达 200 多天左右，较对照品种晚 15 ~ 20 天；植株高大，一般为 200cm 左右；

有效分枝部位高，为50～60cm，分枝少，为20～25个，较对照品种少40个左右。丰产性差，单株产量仅为5～8g。不能直接利用。但由于品质优异，可作为亲本材料利用某些优良性状，如引入的泽蒙1号和泽蒙2号2个品种均为低芥品种。目前，云南省有关育种单位已利用这两个品种作为亲本材料将低芥酸基因转移到了改良品种中，并育成一批低芥菜型油菜酸品种。

（4）美国油菜：引入的5个美国芥菜型品种在昆明地区表现为生育期偏长，一般较对照晚1～10天。抗病性差，角果成熟期病毒病指数为22.2～80.6。丰产性差，单株产量12g左右。品质方面，经测试分析，目前尚未发现有特殊性质，所以在本地区不宜直接利用，也不宜作亲本材料。

（三）国外油菜品种资源的光温生态类型研究

对引入16个国家的168份油菜品种在昆明进行夏播、秋播生态鉴定研究。夏播于6月5日播种，秋播10月8日播种。田间顺序排列，不设重复，每隔19个小区设一对照。甘蓝型的夏、秋播对照品种分别为云油12号和云油13号；芥菜型的对照品种为昆明高棵。每个品种定株24植株，观察记载生育期和生态类型，并比较夏、秋两季各品种对光温的不同反应，进行分析归类。

1. 夏播和秋播生育期间光温条件差异

气温条件：夏播生育期间的6～9月，月平均气温为20.4～16.2℃，月平均最低温为16.4～18.8℃；现蕾期的月平均气温和月平均最低温为20.4～19.7℃和14.0～2.8℃。秋播生育期间的10月至次年5月，月平均气温为9.9～6.9℃（温度变化曲线呈V字形，12月至次年2月处于低谷，下同），月平均最低温为6.4～1.1℃；现蕾期的月平均气温和月平均最低温度1.9～7.8℃和5.4～1.1℃。

光照条件：夏播生育期间的月平均日长度为13小时55分至12小时30分；现蕾期的月平均长日为13小时55分至13小时20分。秋播生育期间的月平均日照长度为10小时30分至12小时40分；现蕾期的月平均日长为10小时30分～11小时。

2. 不同类型品种夏、秋播生育期表现

芥菜型20个品种（印度品种17个，澳大利亚品种3个）在夏播条件下，出苗后18～26天现蕾，82～89天成熟，与对照无明显差异。而在秋播条件下，印度的17个品种出苗至现蕾期为59～79天，对照为81天，全生育期比对照早或相同，澳大利亚品种出苗至现蕾为90天，较对照晚9天。全生育期188天，较对照晚18天。

甘蓝型150份品种在夏播条件下，有73份于出苗后26～33天现蕾，92～105天成熟；对照品种34天现蕾，89天成熟。而在秋播条件下，有70份品种出苗至现蕾为77～86天，较对照晚1～10天；全生育期为187～201天，较对照晚15天。另外有20份品种在夏播条件下，于苗后105天为现蕾花盛阶段；60份品种出苗后105天仍未现蕾。48份品种在秋播时出苗至现蕾为78～129天，较对照晚2～53天；全生育期长187～204天，较对照晚1～18天。

3. 引入品种的感温特性及分布地区

芥菜型品种：在夏播时各生育阶段与对照无明显差异的18个芥菜型品种，秋播时则表现出明显的差异。17个印度品种出苗至现蕾比对照早2～28天，现蕾至初花早1～17天，全生育期早0～4天。澳大利亚品种分3个生育期进行调查，分别比对照晚9天、25天和18天，推迟开花率为40.3%，可认为是由不同日照长度所致。故秋播生育期较早类型的品种应是对日照不敏感度的品种，而秋播生育期较晚类型的品种应是感光性较强的品种。

表 1 - 61 不同品种夏播成熟状况

Table 1 - 61 The performance of exotic rapeseed germplasms in summer sowing

品种来源 Original countries	份数 Tested number	类型 type	现蕾株率（%） plants showing buds		开花株率（%） plants showing flowers		成熟株率（%） plants ripened	
			平均 Average	范围 Range	平均 Average	范围 Range	平均 Average	范围 Range
印度	17	芥菜型	100	100 ~ 100	100	100 ~ 100	100	100 ~ 100
澳大利亚	3	芥菜型	100	100 ~ 100	100	100 ~ 100	100	100 ~ 100
	19	甘蓝型	100	100 ~ 100	100	100 ~ 100	100	100 ~ 100
加拿大	12	甘蓝型	100	100 ~ 100	100	100 ~ 100	99.4	93 ~ 100
芬兰	3	甘蓝型	100	100 ~ 100	100	100 ~ 100	88.7	66 ~ 100
法国	25	甘蓝型	99	99 ~ 100	95	92 ~ 100	8	6 ~ 9
德国	37	甘蓝型	98	97 ~ 100	93	91 ~ 100	3	1 ~ 5
波兰	6	甘蓝型	99	98 ~ 100	90	87 ~ 100	2	1 ~ 4
美国	7	甘蓝型	96	95 ~ 100	89	68 ~ 100	1.5	1 ~ 2
瑞典	10	甘蓝型	92	95 ~ 100	76	59 ~ 100	1	1
英国	4	甘蓝型	98	97 ~ 100	63	58 ~ 96	1	1
荷兰	5	甘蓝型	14	12 ~ 28	0	0	0	0
挪威	1	甘蓝型	8	11 ~ 6	0	0	0	0
捷克	2	甘蓝型	5	8 ~ 4	0	0	0	0
匈牙利	1	甘蓝型	1	1	0	0	0	0
日本	14	甘蓝型	1	1	0	0	0	0

甘蓝型品种：①甘蓝型第一类品种，夏播时与对照各生育期阶段相差不明显，秋播时各品种之间生育阶段差异很大，第一类现蕾至初花推迟率在 20% 以下，另一类的推迟率为 20.5% ~ 40.4%。此结论以芥菜型油菜的表现相一致。故这类品种可根据秋播时成熟期和花期的早迟分为感光性敏感型和不敏感型两大类。②甘蓝型第二、第三类品种中，二类品种为夏播只能现蕾而不能成熟的品种，共 20 份；三类品种为夏播时不能现蕾的品种，共有 60 份。这 80 份品种秋播生育期大多晚于对照（日本的部分品种除外），一般晚 7 ~ 18 天；出苗至现蕾较对照晚 17 ~ 53 天；现蕾至初花比对照长 1 ~ 10 天，开花推迟率为 3 ~ 22.5 天。故可把这类品种视为对长日照不感敏感或次敏感类型。

如果把秋播时现蕾至初花的推迟率小于 20% 的品种看作对日照长度不敏感型，20% ~ 30% 为较不敏感型，30% ~ 40% 为较敏感型，41% 以上为敏感型，则对 16 个国家的 168 份品种的感光性类型分布可作如下划分：来源于印度、加拿大、澳大利亚的部分春性型品种，以及其他国家的大多数冬性及其半冬性品种对日长不敏感或较不敏感，表现为弱或次弱光型；来源于加拿大、澳大利亚的大多数芥菜型油菜和其他国家的部分春性型油菜对日长较敏感或敏感，属于强或次感光型；日本的冬性型油菜，有强感光型和弱感光型两种。

4. 几点关于油菜生态类型研究的结论

秋播比夏播生育期偏长的主导因素是：春性型油菜由感光特性所引起，冬性型油菜由感温特性所引起。

根据本实验结果，对温度敏感，夏、秋季种植生育期都较早。加拿大、澳大利亚品种虽为春性型，但大多数对长日照敏感，秋播生育期偏长，不过品种之间差异较大，宜选用对日照次敏感或不敏感的品种作秋播较妥。

日本品种为冬性型油菜，对低温敏感，不宜作夏播材料，对日照不敏感的品种可作秋播材料，敏感型品种不宜秋播。不同品种夏播、秋播的生育期见表1-62。

二、国外油菜品种资源的利用

（一）外国甘蓝型油菜的利用

引入的大多数国外品种，在昆明种植主要表现为生育期长，特别是营养生长期长，不宜直接利用。但由于品质优异，且许多品种均为低芥酸和双低（低芥酸，低硫甙）品种，可作为亲本材料用于育种。来自法国、瑞典、挪威、丹麦、西德、波兰、捷克、匈牙利等欧洲国家的甘蓝型油菜中虽然有许多种质为双低品种，但因生育期都较对照长，有的品种较对照品种晚15~20天；大多数国家的品种经济性状及丰产性差，单株产量仅为10~16g。此外，有的品种抗（耐）病毒病较差，角果成熟期病毒病发病指数为22.2~89.3，不宜利用；日本的14份品种虽然脂肪酸组分及硫代葡萄糖甙含量不理想，但因生育期较短（与对照同期成熟），单株产量也较高（一般都在30g以上），角果数较对照多，抗（耐）病能力强，可作为改良角果数的亲本材料加以利用；澳大利亚和加拿大22个品种在昆明地区作小春油菜种植，生育期较对照品种长2~7天，株高适中、分枝部位低、分枝多、结荚密，大多数品种单株产量在25g以上，抗（耐）病能力强，且大部分品种为双低或低芥品种。此外，加拿大、澳大利亚的甘蓝型油菜和西欧部分国家的甘蓝型油菜为春油菜，在云南省作夏播油菜种植表现较好，是改良云南省甘蓝型油菜品质的较理想的亲本材料。

1. 加拿大油菜

引入云南省的6个加拿大品种生育期有很大差异，如Altex、tower、里今特3个品种的生育期比对照稍长一点，而Oro、p25、p26等的生育期则较长，前3个品种的经济性状及品质性状都较好，年度间生育期较为稳定。这一类品种资源可直接在云南省的农业生产上应用或作育种的亲本材料加以利用。

2. 澳大利亚油菜

澳大利亚的6个品种在本地区作小春油菜种植，表现与加拿大品种很相似，生育期稍偏长，而且主要是苗期长，花期短，后期成熟快，植株较矮小，分枝部位低，总的特点是品质好，含油量高，均为双低和低芥品种。部分品种如马努，分枝多、结荚密，这类品种经定向选择后从中选出适合本地种植的优异株系的可能性很大。

3. 日本油菜

从日本引入的油菜，秋播大多数品种表现都较好，熟期与云南省选育出的推广品种无明显差别，可从中筛选品质优异的品种作为亲本材料或直接用于生产。

经过多年研究初步得出，对国外油菜品种资源可遵循以下规律加以利用：根据气候相似论原理和纬度、海拔与引种的关系，可从外引品种中直接筛选适合本地生态环境的品种稍加改良纯化后直接用于生产；利用一些云南省地方品种所缺乏的特殊性状及特殊种质，提供良种选育的亲本材料；利用地理远缘材料，在育种中组配较强的优势组合，增加油菜在遗传基础上的多样性。

从20世纪80年代中期到目前为止，全省有关油菜育种单位已利用引入并提供的数十份种质资源作为亲本，配置了杂交组合，选育出高产优质甘蓝型油菜新品种11个。到2000年，新品种（系）已在省内外推广应用面积累计达60万hm，为云南省优质化油菜生产作出了贡献。此外，在育种过程中，还创造出了一大批人工创造的种质资源，进一步丰富了云南省的种质资源基因库。

表 1-62 不同品种夏、秋播的生育期

Table 1-62 The growth period of different rapeseed types in summer or and autumn sowing

品种来源 Original countries	品种份数 Tested varieties	类型 Type	夏播与秋播出苗至现蕾(d) Days between emergence and showing buds								夏播与秋播全生育日数 Growth period			
			夏播 Summer sowing		秋播 Autumn sowing		平均相差 difference average	相差范围 difference range	平均变异率 Average ratio of mutation	变异率范围 range of mutation	夏播 Summer sowing		秋播 Autumn sowing	
			平均 Aerage	范围 range	平均 Average	范围 range					平均 Average	范围 range	平均 Average	范围 range
印度	17	芥菜型	24	18~26	70	50~79	47	32~53	66	64~67	85	82~89	170	166~180
澳大利亚	3	芥菜型	25	25~26	91	87~96	66	62~70	73	71~73	88	88	198	198
	19	甘蓝型	30	29~33	90	82~108	60	53~75	66	64~69	95	92~105	189	185~193
加拿大	12	甘蓝型	34	34~36	101	99~109	67	65~73	66	66~67	101	102~100	181	180~190
芬兰	3	甘蓝型	33	33	82	82	49	49	60	60	102	102	196	190~203
法国	25	甘蓝型	62	58~65	104	94~121	41	36~56	40	38~46	夏播不能完全成熟		198	190~204
德国	37	甘蓝型	68	58~70	115	91~122	47	33~52	41	36~43			199	192~204
波兰	6	甘蓝型	62	57~66	109	99~121	47	42~55	43	42~45			199	190~205
美国	7	甘蓝型	73	70~74	97	84~100	24	14~26	25	17~26			196	192~199
瑞典	10	甘蓝型	67	65~68	97	94~100	30	29~32	31	31~32			197	190~204
英国	4	甘蓝型	67	63~69	112	97~119	45	34~54	40	35~42			199	190~199
荷兰	5	甘蓝型	夏播不现蕾		113	99~120							203	200~204
挪威	1	甘蓝型			127	127							203	203
捷克	2	甘蓝型			109	96~112							199	198~203
匈牙利	1	甘蓝型			117	117							204	204
日本	14	甘蓝型			98	82~117							186	182~193
新西兰	4	甘蓝型			97	83~115							183	182~184

作为亲本材料利用最成功的外引优异种质资源主要有来自澳大利亚及加拿大的品种，在育成的11个新品种中（见表1－63），有4个品种是以来自澳大利亚的Marnoo为亲本材料，1个品种以Wesroona为原始材料；6个品种是以来源于加拿大的品种Altex为亲本材料。

表1－63 云南省新育成的优质甘蓝型油菜新品种

Table 1－63 The high quality B. nupus varieties newly developed in Yunnan Priovince

品种名称 Varieties	曾用名 Other name used	亲本材料 Parents	品质 Quality	育成单位 breeder institute
云油16号	83－951	8082－1×Altex	低芥酸	云南省农科院油料所
云油18号	87A007	从Altex中系选育成	低芥酸	云南省农科院油料所
云油19号	8840894	云油31号×Marnoo	双低	云南省农科院油料所
云油20号	91Ⅱ006	从Wesroona中系选育成	双低	云南省农科院油料所
云油21号	91Ⅰ401	黔油9号×Altex	双低	云南省农科院油料所
云油22号	921631	黔油9号×Altex	双低	云南省农科院油料所
花油1号	H165	云油11号×Marnoo	双低	云南省农科院生物所
花油2号	H166	云油31号×Marnoo	双低	云南省农科院生物所
花油3号	H090	81Ⅳ008×Altex	双低	云南省农科院生物所
花油4号	H87－45	云油31号×Marnoo	双低	云南省农科院生物所
花油5号	H054	云油31号×Altex	双低	云南省农科院生物所

在育成的11个优质油菜新品种中，以云南省农业科学院油料作物研究所为主育成的云油系列，其中云油18号有省水省肥的特点，在云南省中等肥力的地区如泸西、姚安、文山、丽江等作小春油菜种植能获得比一般甘蓝型品种更高的产量；云油16号、云油20号、云油21号作为云南特有的夏播油菜在海拔2300～3400m的山区、高寒山区如晋宁、呈贡、寻甸、会泽、泸西、鹤庆、东川、宁蒗、剑川、中甸、永平、新平、祥云、洱源、龙陵、陆良等地种植，其产值显著高于芸豆、荞麦、青棵、燕麦、洋芋等作物。以云南省农业科学院生物技术研究所为主育成的花油系列如花油1号至花油5号，均为云南省利用杂交F_1代进行花药培养，通过诱导加倍获得正常结实的纯合二倍体材料后再经常规育种程序育成的一批优质油菜新品种。育成11个优质油菜新品种较老品种增产15%～30%，在云南省的农业生产中取得了较好的经济效益、社会效益和生态效益，为云南省油菜优质化生产作出了较大贡献。

（二）芥菜型油菜的利用

对于外引芥菜型油菜利用最为成功的，是云南省农科院油料所芥菜型油菜育种课题利用澳大利亚低芥酸品种Zem－1号，先后育成适合云南省种植的低芥酸优质油菜新品种芥油1号、芥油2号及三系杂交品种云芥杂1号。芥油1号和芥油2号比当地同类型良种增产30%～21%；云芥杂1号则是云南省用三系法育成的第一个优质油菜新品种，较同类良种增产12%～46%。这3个品种已在云南省海拔1400～2000m山区、半山区旱地或水浇地推广种植，取得了较好的经济效益、社会效益和生态效益，为全省优质油菜生产作出了贡献。此外，在育种过程中，还创造了一大批人工创造的种质资源，进一步丰富了云南省的种质资源基因库。

表 1 - 64 云南省育成的芥菜型油菜优质油菜品种

Table 1 - 64 **The high quality mustard varieties newly developed in Yunnan Priovince**

品种名称 varieties	曾用名 Other name used	亲本 Parents	品质 Quality	育成单位 breeder institute
芥油 1 号 Jieyuo No. 1	88 - 242	（新平黄菜籽 Zem - 1） ×新平大寨乡黄菜籽	低芥	云南省农科院油料所
芥油 2 号 Jieyuo No. 2	88 - 122	（欧洲油菜×Zem - 1） ×乳白花油菜	低芥	云南省农科院油料所
云芥杂 1 号 yunJieza No. 1	江矮 D1	三系法育成（不育系：Zem - 1 的杂交后代）（保持系：Zem - 1×江川矮脚黄菜子）	低芥	云南省农科院油料所

参 考 文 献

〔1〕刘后利主编，油菜的遗传和育种，上海科学技术出版社，1985
〔2〕李爱源，谢永俊等．云南油菜野生资源的地理分布、形态特征及利用价值　中国油料增刊 1988（12）：17 ~19
〔3〕云南、新疆野生油菜考察队．云南油菜野生资源考察小结 中国油料增刊 1988（12）：14 ~15
〔4〕云南、新疆野生油菜考察队．云南省怒江洲油菜野生资源考察小结中国油料增刊 1988（12）：15 ~16
〔5〕丁丽珍等．云南油菜种质资源品种的酯酶同工酶分析．云南农业科技 1991（1）：12 ~15
〔6〕“八五”油菜品种资源研究论文、报告汇编 中国农业科学院油料作物研究所
〔7〕陈玉卿等．芸苔属油菜种质资源抗（耐）菌核病、病毒病的鉴定．中国油料 1993（2）：4 ~7
〔8〕中国农业科学院油料研究所主编，中国油菜品种资源目录．中国农业出版社，1977
〔9〕中国农业科学院油料研究所主编，中国油菜品种资源目录续编（1），中国农业出版社，1993
〔10〕中国农业科学院油料研究所主编，中国油菜品种资源目录续编（2），中国农业科技出版社，1997
〔11〕谢永俊．优质油菜品种资源观察与分析［J］云南农业科技 1989（2）：31 ~33
〔12〕吴建华．3 个优质甘蓝型油菜新品种［J］作物品种资源 1999（1）：20 ~21
〔13〕谢永俊，李爱源，丁丽珍．国外油菜品种在昆明地区的表现［J］云南农业科技 1992（3）：29 ~31
〔14〕谢永俊，丁丽珍．国外油菜品种光温生态类型研究初报［J］西南农业学报 1993（4）：111 ~113
〔15〕邱士芳．甘蓝型油菜花培品种“花油 3 号”　云南农业科技 1998（6）：31
〔16〕谢永俊，刘旭云．云南省地方油菜品种资源鉴定及研究　中国农学通报 2000，16（5）：7 ~10
〔17〕谢永俊，曾彪，王奇彬．外国甘蓝型油菜优异种质资源的研究与利用．西南农业学报 2001. 14（1）：50 ~54
〔18〕谢永俊，刘旭云等．云南地方油菜种质资源抗（耐）病毒病、菌核病和霜霉病的鉴定研究．云南农业大学学报 2001. 16（2）：89 ~92
〔19〕邱怀珊，李石开，苏振喜等．云南芥菜型油菜杂种优势利用研究进展．邱怀珊主编，云南芥菜型油菜杂优研究与利用论文集．云南科技出版社，2001，4
〔20〕史华清，龚瑞芳，庄丽莲等．芥菜型油菜杂种优势利用的研究．作物学报，1991，17（1）：32 ~41
〔21〕史华清，龚瑞芳，庄丽莲等．芥菜型油菜杂种优势利用研究——优质强优势杂交油菜的选育．作物研究，1990，4（3）：41 ~46
〔22〕邱怀珊主编，李石开，刘其宁副主编，云南芥菜型油菜杂优研究与利用论文集．云南科技出版社，2001，4

第二章　云南油用萝卜——蓝花子种质资源

蓝花子俗称萝卜子。蓝花子种质资源或遗传资源，包括古老的地方品种，新培育的推广品种及突变种和国外引进品种。

第一节　蓝花子种质资源的分布和收集

蓝花子又称萝卜子、茹菜等，属十字花科（*Cruciferae*）萝卜属（*Raphanus* L.）为一年生或二年生草本植物。它是从萝卜中分化出来最初作为一个变种（染色体数目 2n = 18），即现在生产应用的油料种类，有些地区作油料作物栽培叫油用萝卜子（*Raphanus sativus L.* var. *raphanistridses* Makino），后来定名为种（*Raphanus raphanistroides*（Makino）Nakai）。有些地区作绿肥作物栽培，叫肥田萝卜或茹菜（*Raphanus satirus* L.）。

一、蓝花子种质资源的分布

蓝花子在云南省栽培历史悠久，分布区域广阔，全省各地几乎都有种植蓝花子的历史。劳动人民在长期的生产实践中，选育、保留了一批珍贵的蓝花子种质资源。随着农业生产的发展和栽培技术的提高，栽培制度的演变和作物种类的更替，蓝花子种植面积减少，因此，蓝花子种质资源也渐趋减少。目前，蓝花子品种种植在一些地广人稀，土壤瘠薄，气候冷凉，生产条件差，水源缺乏，耕作粗放，交通不便的边远地区、高寒山区。在农业生产比较发达地区，蓝花子已不多见了。

尽管蓝花子资源丢失十分严重，十多年前就采取了一些措施，搜集了大量的蓝花子种质资源，挽救了一批将要灭绝的蓝花子的种质，基本上搞清了云南省蓝花子资源的分布现状。

蓝花子在云南省分布范围相当广泛。总的分布趋势是，春子主要分布在北纬 25°以南，海拔 1800m 以下的山区及部分坝区，有文山州、红河州、思茅地区、西双版纳州、临沧地区全部及保山地区、大理州、楚雄州、玉溪地区、昆明市和曲靖市的部分县乡。秋子主要分布在北纬 24°以北，海拔 1800m 以上的山区、高寒山区。有昭通地区、丽江地区、迪庆州、怒江州和昆明市、曲靖市、楚雄州、大理州和保山地区的部分县乡。北纬 24°～25°及海拔 1800～2200m 是春子秋子中间过渡和交叉地带。

蓝花子水平分布几乎遍及全省滇西北的德钦、维西、宁蒗、中甸等县；滇东北的昭通、永善、巧家、鲁甸、绥江、水富等县；滇南西双版纳的勐腊、勐海、景洪等县；红河州的河口、金平、屏边等县；文山州的马关、麻栗坡，文山等县；思茅地区的江城、孟连、澜沧等县；滇东的罗平、师宗、富源等县；滇西的盈江、腾冲等县；以及中部许多县都有蓝花子分布。蓝花子垂直分布海拔 70～1800m 多属春子，海拔 1800～3400m 多属秋子。

二、蓝花子种质资源的收集

（一）意　义

作物优质资源是作物育种工作不可缺少的物质基础，也是人类的宝贵财富，在科学技术不断发展的今天，人们越来越认识到作物种质资源的重要性。未来的农业发展，将在很大程度上取决于掌握和利用作物种质资料的程度。种质资源占有愈多，研究愈深入，作物育种工作将愈占主动。因此，积极地收集蓝花子种质资源并进行深入细致地研究，是未来蓝花子生产和育种的首要任务。

（二）蓝花子种质资源收集工作的回顾

过去由于对蓝花子种质资源的重要性认识不足，1956 年虽在全国范围进行作物品种资源的普遍收集，但重点都在大宗作物上，没有对蓝花子种质资源进行收集，大量的蓝花子地方品种分散在农民手中及丢失。直到 1979 年云南省农科院油料作物研究所才开始做这方面的工作，在各地、州、市县粮食部门（基层粮管所）的支持与帮助下，经多方面的通力协作，从省内各地、州、县（市）收集到 3000 多份蓝花子地方品种资源，同时从省外、国外征集到近百份品种资源，抢救保存、研究和利用等方面的工作，取得了长足的进展。经过整理，初步进行分类，提出许多具有特异经济性状的种质资源，已编目有 2000 多份，已编目入国家品种资源库有 50 份。从中对蓝花子种质资源研究和新品种选育都摸出了一套较完整的方法。

（三）收集方法

1. 统一征集

1980 年，由原曲靖地区粮食局发通知，云南省农业科学院油料作物研究所制订统一表格，通过当时以公社为单位发动粮油干部到农村进行收集；由原玉溪地区农业局发通知，云南省农业科学院油料作物研究所制订统一表格，也是以公社为单位，发动农业技术干部到农村收集。

2. 单一征集

利用出差之便或专程前往省内各地（州）、市（县）蓝花子产地，在当地农业技术人员和粮油干部的协助下搜集蓝花子的种质资源。

3. 国内外引种

通过专业机构或利用油料专业会议之便，互通合作，从广东省农业科学院经济作物研究所征集了东莞矮脚和高州白花两个优良品种，从辽宁省农业科学院经济作物研究所征集来 10 余个良种，部分是由法国引进的品种质资源。

4. 收集结果

通过 10 多年的工作，广泛搜集到 3000 多份材料，在调查研究基础上，基本上清楚了云南省蓝花子种质资源的主要类型形态特点，为鉴定识别蓝花子不同品种，提供了形态学依据。云南省蓝花子资源类型与主要形态类别如下：

春子：蓝花子苗期匍匐型，叶片平塌地上，占地面积大，不适宜密植，叶片较大，叶面上刺毛较多；基部分枝多或丛生分枝，直根（主根）膨大如萝卜，以利贮藏养分，对低温、寒流、霜冻、冰凌抵抗力较强。

秋子：蓝花子幼苗直立型，叶片向上伸长，占地面积小，适宜密植。叶片较小，叶面上刺毛较少；基部不分枝或分枝较少，分枝部位高，且分枝数较少。直根（主根）不膨大，纤维组织多，对低温、寒流、霜冻、冰凌抵抗力较弱。

三、蓝花子种质资源的形态生态特点

（一）生育期与熟性

蓝花子的生育期在一定的环境条件下，有其内在的规律性。春子的生育期较长（160～180天），秋子的生育期较短（80～140天）。多数品种属中早熟品种。同类种子中在同样的条件下，不同品种的生育期亦有一定的差异，其差异秋子大于春子。其原因是春子分布地区的海拔高度差异较小，多数是海拔800～1600m，播期差异也较小。此外与纬度也有关系，低纬度到高纬度生育期有延长的特点。而秋子分布地区的海拔高度差异较大（多数是海拔2300～3400m）；播期差异也较大。秋子生育期的长短受海拔高度的影响表现为：同品种在低海拔条件下生育明显缩短，在高海拔条件下，其生育期延长。此外生育期的长短与温度、光照、纬度也有一定的关系，低纬度缩短，高纬度延长。因此，秋子的适宜播期随海拔高度升高而提早。不同品种间也有差异。云南省秋子的适宜播期滇东北和滇西北地区一般都在5月下旬前，滇中和滇南地区可延至6月下旬。

（二）植株高度

蓝花子植株高度是种性的具体表现，但受环境条件的影响也较大。一般与其生育期相吻合，生育期长的品种，其植株则较高大，生育期短的品种，植株则较矮小。一般情况下春子品种（75～85cm）的植株高于秋子品种（60～70cm）。省内同一类型的品种在低纬度低海拔地区种植，其植株高度比在高纬度高海拔地区种植的要稍高。

（三）主茎分枝数与二次分枝

蓝花子主茎分枝数（又称第一次分枝数）的多少，对产量的影响较大。除本身遗传特性有关外，还受环境（栽培条件）的影响。春子主茎分枝数（4～9个）多于秋子（2～5个）。春子和秋子因品种不同，主茎分枝数的多少有一定的差异，凡主茎分枝数多，其丰产性状就好。春子和秋子二次分枝数都较少，而且二次分枝上的花蕊成花、成角果率也低。

（四）角果形状与角果数

蓝花子角果数的多少与产量直接关系很大，除本身遗传特性外，与栽培密度关系甚大。蓝花子角果形状，无论是春子或秋子的角果都有圆桶形和葫芦形，在圆桶形中亦可分粗长果、粗短果，果长5cm以为长，3.1～4.9cm为中，3.0cm以下为短，果身直径1.0cm以上为粗，0.71～0.99cm为中，0.7cm以下为细。葫芦形则果身中部紧缩腰，有些紧缩数次似联株状，这类角果多为细角果，籽粒较小，角果皮坚硬难以脱粒，粗大果形，果皮较软，果壳海绵状组织较厚，籽粒也较大，易脱粒。

（五）角粒数与千粒重

蓝花子的角粒数总体不多，无论是春子或秋子，一般每角果是4～7粒，最少是1粒，最多在10粒以上。种子千粒重，一般是秋子（9.0～12.5g）大于春子（8～10g）同类型不同品种之间差异也较大。此外地区条件不同千粒重也明显不同，华南等地区品种的千粒重比华中、华北和西地南地区的品种高。与海拔高度有一定的关系，千粒重有随海拔升高而增大的趋向。角粒数与产量之间成正相关，相关系数0.35～0.43，千粒重与产量之间的相关系数为0.24～0.40。

（六）种子的含油量

蓝花子种子的色泽有红褐色、棕褐黄色、红黄色、棕黄色等，与种子的成熟程度有一定关系，凡未达成熟时而收获的种子皮色变淡。

蓝花子种子的含油量因品种类型，海拔和施肥种类的不同，高低悬殊较大，从千多份资源分析结果的含油量为32.00%～51.80%。其含油量一般秋子比春子高，大粒种比小粒种高，高海拔地区比低海拔地区高，增施磷肥比不施磷肥的高。

此外，蓝花子种子的大小和色泽与含油量的高低亦有密切关系，一般大粒种含量高，中粒次之，小粒最低。这要与种皮的厚度和相对大小有关，据测定结果大粒种（高州白花）的种皮占种子重量的10%，小粒种（昆明本地蓝花子）的种皮占种子重量20%。棕褐色种皮的种子含油量，一般较棕黄色的要高。蓝花子种子的成熟度与含油量的关系，黄熟期收获的种子含油量高，反之，绿熟期收获的种子含油量低。

蓝花子植株感病严重或受冻害、虫害严重的，种子发育不好（饱满度差）其含油量低。植株健壮角果及籽粒发育良好，天气晴朗，光照充足，保持潮湿的带酸性土壤的，含油量高。

第二节　蓝花子种质资源的整理鉴定和利用

从1982年开始，云南省农业科学院油料作物研究所对收集的蓝花子种质资料进行整理鉴定工作，在整理归并的过程中，采取慎重的态度，剔除重复，尽量做到“不重不漏”。

一、蓝花子种质资源的整理鉴定和利用方法

（一）一般原则

先按同类种归并原则进行整理，即将春子类与秋子类分开。然后按同种进行整理，即同名同种异名同种，无名同类种的资源进行归并。

（二）依　据

以植物学特征中的主要质量性状，熟性植株高度，分枝部位高度株型、茎色、茎杆刺毛、花色、角果形状、籽粒大小，籽粒色泽10项为主要依据。

（三）方　法

春子类在秋季播种第二年春季收获，在整个生育中进行田间观察记载，室内考种。秋子类在夏季播种，当年秋季收获，整个生育期进行田间观察记载，室内考种。然后分别按春子类和秋子类分别进行同种归并。

二、蓝花子种质资源的形态特点

植株由根、茎、叶、花、角果及种子各部器官组成

（一）根

蓝花子的根为主根系，侧根主要分布于耕作层内；由主根、侧根、须根、根毛几个部分组成。蓝花子种子萌发时，首先长出一条胚根，胚根的顶端有一个生长点，生长点不断分裂，形成主根，能垂直钻入土壤，其深度与品种特性有关。

一般秋蓝花子主根不“破肚”、不膨大，入土较深，主根上发出侧根，侧根上长有须根，须根上又有根毛，根系发达，靠根系吸收水分和各类营养物质供植株生长发育的需要。这是长期适应在瘠薄、粗放栽培条件的结果。

其幼根内部结构从外到内有表皮、皮层中柱（包括中柱鞘、薄壁细胞形成层、初生木质部、初生韧质部）。幼根逐渐生长，即在初生木质部和初生韧质部之间维管形成层分裂，生长分化，维管组织数量增加就是根的增粗生长。其结构从内外向内，表皮、次生皮层次生韧皮部，形成为次生木质部、射线、初生木质部。

一般春蓝花子主根内形成层分裂，由于内部新生组织的迅速增加，容积膨大，包围在外周不能相应膨大的皮层裂开，这一现象叫做“破肚”。裂开后的皮层不久萎缩脱落，此后肉质根的外表由周皮层包裹，周皮层又是由维管束鞘形成的。“破肚”后在次生木质部的薄壁细胞间，分散地发生许多环带状的次生形成层，由于这些次生形成层和初生形成层的活动，就大大地增加了次生木质部薄壁细胞的产生和膨大，造成了肉质根主要部分。膨大的肉质主根其形状不规则，有长圆筒形、圆筒形、长卵形、卵形、圆形、棒形、扁圆球形、倒钝圆锥形等，肉质主根的中下部常长有较多的须根和根毛。肉质主根时有外露土壤表面常变为绿色，肉质主根在冬前贮藏一定的水分和养分，为明春发枝开花、结果等输送必需的物质。云南春蓝花子具有膨大肉质主根，同时根系发达，也是它长期在冬、春干旱季节的环境而形成的结果，具有这一特点，就有适应寒冷、干旱的能力。

蓝花子的根系除吸收水分外，还能把植株牢固地固定在土壤中，根系对难溶性磷吸收利用能力较强。

蓝花子苗期的耐旱性强，相反其耐湿性则差，主要原因是与根系的关系较为密切。从解剖结构相比较，蓝花子根中柱的次生生长显著呼吸强度大，吸收水分能力强，能充分在吸收利用土壤中的水分，满足其生理上的需要，因此，相对其显示出耐旱性强。相反地，土壤中含水量大，则由于土壤中的空隙度小，缺乏氧气，二氧化碳在根部积累，根系进行缺氧吸收产生有毒的中间产物，使组织中毒，水分过多时会阻碍根系对于水和无机物养分的吸收，造成生理干旱。叶片萎蔫、气孔关闭、碳素同化作用受阻，进而叶片由外而内发黄，根部各类细菌的寄生而腐败时间过长致使枯死，这种情况幼苗期常发生的现象。土壤中氧气不足抑制了好氧性细菌的活动，使有机肥料不能正常分解，促进了嫌气性细菌活动从而产生大量的有机酸，使土壤酸化理化性质恶化危害根系，影响产量。因此，蓝花子栽培上，在苗期（尤其是幼苗），特别要注意避免遭受湿害。

蓝花子的根系与地上部的是相互储存的，相互制约的。根系自身吸取土壤中各种养分和水分，又利用地上部供给的有机营养，也合成某些物质，供给地上部分器官生长的需要。春蓝花子在冬前主要是根的生长，根成为整个植株的生长中心。农谚“年前根，年后青”，充分说明了春蓝花子在年前根系生长及贮藏养分的多少，是年后地上部生长的重要基础。秋蓝花子根系生长与地上部生长是同步一致的，凡根系不发达则地上部分器官瘦弱，根系发达的地上部分器官生育就旺盛。

蓝花子的根系到盛花期已扩展到最大的程度，随后基本上停止生长，活力也逐渐下降。因此，春蓝花子后期灌浇水和秋蓝花子后期防渍是延缓根系的衰老措施，也是提高籽粒千粒重的有效手段。

（二）茎和分枝

蓝花子种子发芽后，胚茎延伸形成幼茎，一般幼茎有刺毛，呈绿色或微紫红色。幼苗出土后，子叶以下的幼茎继续延长增粗。其增长的程度与幼苗着生密度程度栽培条件和品种等有关。凡播种密度大，间、定苗不及时，春性品种的，幼茎伸长快而纤细。子叶脱落后，子叶以下的幼茎部分仍可继续延长增粗形成脚茎。脚茎的长短、粗细是衡量蓝花子植株生长势强弱的一个重要形态指标。一般冬性半冬性品种和春子其脚茎不甚明显，这部位与主根上端连在一起较肥粗。春性品种和秋子其脚茎则较明显。

1. 主　茎

子叶以上的幼茎延伸后形成主茎。其结构由外向内是表皮（外有微薄蜡质层）皮层、维管束、髓、薄壁细胞。一般冬性半冬性和春子品种其苗期主茎不延伸或延伸很慢。节间短缩不明显而叶片排列紧密。春性品种和秋子主茎延伸较快，节间明显增长，而叶片排列稀疏通称苔茎。抽苔时，主茎柔嫩多汁，至盛花时主茎木质化程度由下而上依次增高，转现坚韧中空，维管束集中在圆周上。冬性或半冬性品种和春子其主茎不甚明显，粗度长度与部分分枝相似，其植株高度多为 60～110cm，而春性品种和秋子其主茎一般比分枝粗而长，植株高度多为 80～130cm。

蓝花子茎内部结构。其初生结构由表皮、皮层、中柱等部分组成。表皮为一层细胞，皮层由多层薄壁细胞组成。随着茎的生长，表皮下面的皮层细胞产生木栓形成层、再产生次生的保护组织周皮。中柱由中柱鞘、维管束及髓等部分组成。

蓝花子茎段没有像甘蓝型油菜那么明显可分。春蓝花子缩茎段与伸长茎段较为明显，但伸长茎段与苔茎段则不明显，花序段又明显。秋蓝花子其缩茎段、伸长茎段和苔茎段都不明显，但与花序段则较明显。

蓝花子茎可分两个时期，即伸长充实期和物质分解转运期。蓝花子多数是边抽苔，边分枝、边现蕾、边开花、边结角（但角果发育较慢），在终花前基本上为苔茎伸长充实期。终花后角果发育较快（早开花和晚开花和角果差异不甚大），茎枝以及角果壳内贮藏和同化的物质，分解转移供种子发育充实。

2. 分　枝

春蓝花子的多数第一次分枝由主茎基部周围发出，其粗度和长度与主茎相似，常有比主茎粗长。秋蓝花子的第一次分枝均由主茎叶腋芽，腋芽继续延伸而形成。凡是着生在主茎上的分枝称为第一次分枝，第一次分枝上再抽生分枝则为第二次分枝。依次类推，可有第三次、第四次分枝。春蓝花子的分枝多于秋蓝花子。

分枝生长的次序和速度，第一次分枝是由下而上依次长出的。以有效分枝而言，下位分枝停止生长迟，上位分枝停止生长早。分枝伸长的速度，开始较慢，中期最快，以后又慢。从部位与时间来看，下部分枝伸长、快而长。上部分枝伸长慢而短。在一般情况下，下部分枝容易变成无效分枝，主要由于营养不足，光照条件差可以伸长到一定时期即停止变成无效分枝。

分枝数的多少除与品种本身的特性有关外，但与外界综合环境关系亦非常密切。适时早播稀植、通风透光良好，肥水充足，则缩茎段和伸长茎段的腋芽也能形成有效分枝，晚播密度过大，肥水不足，通风透光差，则缩茎段上不出现分枝，或少出现分枝，伸长茎段上分枝也相应减少有效分枝数也少。

（三）叶

1. 子　叶

蓝花子的种子，由种皮、胚根、胚芽和两片黄白色的肥厚子叶组成。种子发芽时，胚根突破种皮后，两片折叠转曲的子叶吸水膨胀脱去种皮，逐渐展开即为出苗。

叶面光滑无明显叶脉变绿之前，其结构由上至下为上表皮、柱形细胞、薄壁细胞、下表皮。其细胞之间几乎无细胞间隙。

子叶刚出土，子叶内含丰富的营养物质，贮藏养分很多，出苗后子叶色泽由黄白色转现绿色。叶面积逐渐扩大，子叶面积大小与种子大小有直接相关，大粒种子的子叶长 × 宽为 2.2～

2.6cm×2.3~2.8cm。叶片上有叶脉，上表皮下的柱形细胞分化成栅状组织，下皮表上的薄壁细胞分化为海绵组织，基本组织间有维管束出现或有细胞间隙，其结构由上至下为上表皮（外有微蜡质、栅状组织、维管束海绵状组织）、下表皮（外有蜡质）。

子叶在阳光下进行光合作用，供给幼苗早期生长所必需的营养物质，直至出现了3~4片真叶后，子叶逐渐变黄枯落。

2. 真 叶

胚茎发育的幼茎顶端生长点，原分生组织的一部分细胞分裂向外突出形成一种片状的突起物即叶原基，渐次增大而成真叶。无论主茎或分枝上每节都着生一片真叶。叶和其他器官一样形态上有多种变异，但没有继续生长的分生组织，因而叶的生长有限度。

蓝花子的叶为不完全叶，仅有叶片和叶炳（或无柄叶）。叶片是叶的主体，色泽有黄绿色、淡绿色、绿色、深绿色等。叶面有光泽或被蜡粉或布有刺毛。叶片中央有明显的主脉通称中肋，中肋的色泽有灰色、淡绿色、紫色等。

蓝花子同一植株，在不同的发育阶段中产生的叶片，其形态也不同，在植物学上称演化异形叶，一般品种在不同时期和发育阶段中，通常先后出现以下是3种不同形态的叶片。

（1）长柄叶：有明显较长的叶柄着生在基部和下部，呈大头羽状分裂，顶裂片卵形边缘有锯齿侧裂片2~9对，矩圆形边缘有锯齿疏生刺毛。

（2）短柄叶：叶柄较短，着生在主茎及分枝的中或中上部叶，呈矩圆形，有锯齿或近全缘。

（3）无柄叶：无叶柄着生主茎及分枝的上部，叶多呈披针形有锯齿或近全缘。

蓝花子叶片由表皮、叶肉和叶脉等部分构成。上下表皮均有气孔，是呼吸作用和水分蒸散的主要通道。蒸腾作用的进行使叶部保持较高的渗透压，促进根系不断吸收水分和溶于水中的无机盐类，同时由于水分的蒸散，使植物体生理活动所产生的热度获得调节。叶肉由栅状组织和海绵组织构成，叶肉组织的细胞内均匀分布大量叶绿素可以进行光合作用。叶肉内有叶脉分布，其主要组成部分为维管束，具有木质部和韧皮部，有利于水分和养分的输导。

（四）花序和花器构造

1. 花 序

蓝花子开始生殖生长时，即主茎顶芽和叶腋腋芽生长点原基开始分化，分化后呈总状为无限花序。着生在主茎顶端的称为主花序（简称主序或主轴），着生在各个分枝顶端的称为分枝花序，每个花序上着生许多单花。每个花序的长度与花序上着生的花朵总数，以及有效花朵数的关系较为密切。花序长度因类型和品种不同而异，同一植株不同部位着生的花序长度也各不相同。一般秋蓝花子主序较其分枝花序长，春蓝花子的花序不发达则多数较分枝花序短或相差不多。

在选种工作中，常根据主序的长度及其结角数和分枝及其结角数来考虑，但这与栽培条件的关系较密切，因此，要将选种与栽培结合起来采用优良的栽培条件使种性充分得到发挥后，再根据育种的目标选择其共同改善的植株混合留种具有实践意义。

2. 花器的构造

蓝花子花器的构造，除下部着生的花柄（谢花后称为果柄）上的花托外，还有花萼、花冠、雄蕊、雌蕊和蜜腺等部分组成。

（1）花托：花托位于花柄的顶端部，是花的其他部分着生的地方。一般略微膨大呈圆顶状，其结构与茎结构相似。

（2）花萼：花萼位于花朵的最外层着生在花托之上的第一轮位置，由4片完全分离的萼片组成。一般萼片狭近似船形。花萼蕾期呈绿色、紫红色或紫色，开花时其色泽变化不大，表皮上有气孔其结构横切面由上到下，分为上表皮（外有蜡质）、维管束和薄壁细胞、下表皮（外有蜡质）。

（3）花冠：花冠由4片花瓣组成，着生在花萼内侧（第二轮位置与二弱雄蕊同一轮），蕾期各花瓣互相旋叠，花朵盛开时平展呈十字状，花冠完全分离相互重叠呈覆瓦状。其结构横切面由上到下分为上表皮（外有蜡质）、维管束、薄壁细胞（含色素）、下表皮（外有蜡质）、其色泽有白、乳白、微紫红、微紫、淡黄色等。每片花瓣下部窄呈带状，上部宽呈圆形或椭圆形，顶端全缘或波状，表面平滑或皱纹。紫色花的花瓣上有明显似中脉状的花瓣脉。作者自1985年以来，多次在试验田中发现有淡黄色花瓣的植株（约占全田1/10000～1/15000），单株留种种植。淡黄色花瓣不遗传，分离现有的色花瓣和微紫色花瓣。

蓝花子的开花顺序，蓝花子为无限花序，主茎基部最先开花，顺次往主茎顶端，第一次分枝开花则以靠近主茎的第一次分枝基部先开，逐渐向外向上开放，越靠主茎基部的第一次分枝开花越迟。花期长短因品种而异，一般的约30～60天。

（4）雄蕊：雄蕊由6枚组成4强2弱，称为四强雄蕊。四强雄蕊着生于雌蕊子房基部两侧，每个雄蕊下对的外围就是每4片花瓣的下中在第三轮位置上稍高；长度与雌蕊相等或略高的2枚弱雄蕊，着生于子房基部外两面三刀侧，位置与4片花瓣同轮第二轮上或稍低。花朵初开放时四强雄蕊略低于柱头，花瓣平展后花丝伸长，花丝的结构比较简单，周围均为薄壁细胞，中央为维管束。花药较柱头略高。花瓣萎缩时，一般雌蕊的柱头均高于四强雄蕊。每一个雄蕊由花丝和花药二部分组成，花丝细长无色，花药成熟时沿裂缝呈外向开裂（大多数品种），释放成熟的黄色花粉粒。依靠昆虫（主要是蜜蜂）传粉授粉，也可借风力传粉授粉。

1980年作者在大田中发现数株雄性不育的植株，其特性与白菜型油菜相似，经测交后能获得极少量种子，花药干枯花粉败育或无花粉。其形态是雄性不育可以用异株花粉授粉结实，第一代植株育性恢复，不育性难以保持。

蓝花子是蜜源植物，其蜜腺特别发达。产区必须与养蜂业结合才能达到蓝花子丰产和获得大量的蜂蜜。蜜蜂在采蜜的同时还可带回较多的花粉，花粉的营养很丰富，是食品业的高级原料（见表2－1）。

（5）雌蕊：雌蕊位于花朵的中央，由子房、花柱和柱头三部分组成。外形像小油瓶（着生在第四轮位置上）基部膨大呈圆桶状的部分叫子房，内有海绵状组织无假隔膜胚珠着生内果皮的胎座上，内果皮呈筒状分若干室，两端分别与果柄和果喙相联，子房继续发育最后成果身。子房上部圆柱状的短颈叫作花柱，花柱并能继续发育，膨大延伸呈圆锥形或羊角形成为果喙。花柱顶端略为膨大呈半圆珠形的部分叫作柱头，其柱头不如油菜发达，上有多数乳状小突起成熟时表面分泌粘液及各种生理活性物质以利花粉发芽。

（6）蜜腺：蜜腺位于花朵基部一对似肾形突起呈淡绿色较发达，着生在二弱雄蕊内侧第三轮位置上，在开花前1～2天蜜腺细胞质特别浓厚占据细胞很大体积，开花时蜜腺长到最大程度，将二弱雄蕊的花丝基部向外挤，蜜腺外露出在花瓣基部，分泌蜜汁逐渐增多，引诱昆虫采蜜传粉。开花后1～2天，特别是授粉受精后，蜜汁分泌量迅速下降而停止。其横切面结构都是由绿色的薄壁细胞组成，细胞质浓厚。

（五）角　果

1. 角果的形态

蓝花子开花受精后花瓣脱落，雌蕊的子房开始发育，逐渐膨大形成角状的果实。蓝花子的角果是由果喙、果身和果柄三部分组成。果喙是由花柱发育而成与果身相联形成角状故称角果。

每个角果内着生的种子数也因类型、品种、植株个体，以及着生部位的不同而有很大的差异，少者1粒、多者13粒。通常每果粒数与角果长度呈一定的相关性，但角果愈长子粒排列的密度愈稀，粒重相应增大。短角果品种也有每角粒数较多的，但粒重较低。就同一品种同一单株而言，一般主序上的角果，其平均每果粒数要比再分枝上角果平均粒数多。

蓝花子角果不开裂，因此不易落粒，但常会在过于成熟后收获，会造成断枝落角而影响产量。蓝花子就其角皮厚薄、组织结构软硬亦可分为硬角果型和软角果型两类。硬角果型的角果一般比较小，主要是角果内海绵状组织薄，外果皮厚而坚硬不易脱粒。软角果型的角果一般较大，角果内海绵状组织厚，外果皮薄而软，容易脱粒，受群众之欢迎。

表 2－1　蓝花子花粉和油菜花粉的氨基酸含量比较表

Table 2－1　The comparison of amino acid contents in the pollen of *Raphanus raphanistroides* and Brassica Campestris

氨基酸名称 Amino Acids	蓝花子花粉（未破壁） （g/100g 样品） Pollens of R.（not grinded）	油菜花粉（未破壁） （g/100g 样品） Pollen of rapeseed（not grinded）	油菜花粉（已破壁） （g/100g 样品） R. pollen（grinded）
羟脯氨酸	—	—	—
门冬氨酸	2.455	2.366	2.388
苏氨酸	1.306	1.142	1.169
丝氨酸	1.424	1.378	1.400
谷氨酸	2.390	2.672	2.729
脯氨酸	5.863	1.956	1.595
甘氨酸	1.340	1.171	1.190
丙氨酸	1.341	1.374	1.369
半胱氨酸			
缬氨酸	1.368	1.051	1.041
甲硫氨酸	0.634	—	
异亮氨酸	1.259	1.076	1.114
亮氨酸	1.860	1.855	1.910
酪氨酸	0.844	0.846	0.853
苯丙氨酸	1.169	1.114	1.142
赖氨酸	1.981	1.196	1.055
胱氨酸	（氨）0.419	0.205	0.145
组氨酸	0.540	0.809	0.956
精氨酸	1.247	1.501	1.472
合计	27.44	22.269	22.083

2. 角果的产量性状

角果是构成蓝花子产量极其重要的因素。蓝花子有效角果数的多少，除与品种特性密切相关外，与栽培条件也有一定的关系。不同的品种类型，其果序长短和结角密度也不同，一般长果序的品种角果数多。反之短果序的品种角果数相应少些，角果在果序上着生密度与角果数量的多少也有一定关系，但是受栽培条件的影响较大。蓝花子在亩植 2～5 万株情况下，单株有效分枝数一般随种植密度的增加而减少。单株有效角果数直接随有效分枝数的变化而变化，在不同栽培条件下，往往相差达几倍，甚至几十倍。在一般的情况下，有效角果数随有效分枝数增减而增减。据云南省农科院油料所1982年的测定有效角果数与有效分枝数之间的相关系数为0.68～0.83，成强正相关。有效角果数跟产量之间的相关系数为0.89～0.94，成强正相关。有效角粒数与产量之间相关系数为0.35～0.43，成中等正相关。千粒重与产量之间的相关系数为0.24～0.40，成弱正相关至中等正相关。在一般生产上如寻甸板桥本地蓝花子每亩2～3万株，一般有效分枝数5～13个，单株有效角果数18～70个，每角果粒数2～5粒，千粒重7～10g，每亩产量28～63kg。

（六）种　子

1. 种子的形态

蓝花子的子房中一般具有3～8个胚株，多达10余个胚株，经授粉受精后逐渐发育成为种子，种子裹在海绵状组织内的一层颇硬的内果皮中，种子一般呈卵圆形或微扁椭圆形等。色泽有棕色、红棕色、红褐色等。

蓝花子的种子由种皮、胚和胚乳遗迹组成。蓝花子种皮结构较特殊，其有保护种子内部结构，以及对胚根的生长产生机械抵抗。这对吸水萌发影响很大，种皮由表皮细胞、薄壁细胞和色素层等部分组成，种皮下方有一薄层胚乳遗迹。胚为种子主要部分，包括胚根、胚茎、胚芽和2片肥大的子叶，均为薄壁组织细胞组成。2片弯曲子叶纵面褶叠紧抱幼胚。子叶内部细胞富含呈颗粒状的油滴。

2. 种子的千粒重

蓝花子的种子大小差异很大。一般千粒重在8～15g，多数在10g左右，最重的高达30.2g（东莞矮脚）；最轻的仅7g，如从西德引进的品种及从河北引入的地方品种。云南蓝花子种子的千粒重与其类型关系较为密切，秋子的千粒重9.0～12.5g一般要比春子（8.0～10g）高。同类型而不同品种之间的差异也较大。如同秋子“83－1”种子的千粒重一般为13.5～19.5g，而“昆明本地蓝花子”种子的千粒重一般为9～11g。此外，地区条件不同蓝花子种子的千粒重也有所不同，华南及沿海地区的品种千粒重要比华中、华北和西南地区高。来源于低海拔地区的品种，引入高海拔地区种植，其种子的千粒重有随海拔增高而递增的趋势。如原产广东省的“东莞矮脚”种子千粒重只有14～16g，引到云南高海拔地区作秋子种植，3年后其千粒重已超过20g。其主要原因是云南省的自然条件（夏秋季日照长昼夜温差大）有利于种子的发育和物质积累。

3. 种子含油量及其影响因素

蓝花子种子的含油量，因品种类型、海拔高度和施肥种类的不同差异较大（32%～51.8%）。其含油量一般秋子比春子高，大粒种比小粒种高，高海拔地区比低海拔地区高，增施磷肥比不施磷肥高（见表2－2）。

蓝花子种子的大小和色泽与含油量的高低有密切关系，一般大粒种含油量高，中粒次之，小粒最低，这主要是与种皮的厚薄和相对大小有关。据测定，大粒种（高州白花）的种皮占种子重量10%，小粒种（昆明本地蓝花子）的种皮占种子重量20%。棕褐色种皮的种子含油量，一般较棕黄色的高。

蓝花子种子的成熟度与含油量的关系，黄熟时期收获其种皮呈现品种的固有色泽，含油量高，反之，绿熟时期收获或更早收获，往往种皮色浅（淡黄）饱满度差（扁秕），含油量低。

蓝花子植株感病严重，或者受虫害严重，种子发育不好（饱满度差）含油量低；植株健壮角果发育良好，天气晴朗，光照充足，土壤保持潮润的带微酸性的，含油量高。

表 2-2 蓝花子种子含油量与其影响因素的关系

Table 2-2 The oil content of *R. raphanistroides* and its influence factors

品种名称 Varieties \ 影响因素 Factors	类型 Type	海拔（m） Altitude	磷肥 Phosphorus fertilier （20 公斤普钙/亩） 20Kg P/666.7m2	含油量（%） Oil content
高州白花	秋子（大粒）	2800～3000	施 磷	49.86
			不施磷	47.97
		1700～1900	施 磷	48.55
			不施磷	46.83
东莞矮脚	秋子（大粒）	2800～3000	施 磷	50.12
			不施磷	48.39
		1700～1900	施 磷	49.20
			不施磷	47.37
寻甸本地品种	秋子（小粒）	2800～3000	施 磷	47.21
			不施磷	46.10
		1700～1900	施 磷	46.51
			不施磷	45.00
里山本地品种	秋子（小粒）	1800 左右	施 磷	44.62
			不施磷	43.00
弥勒秋子	秋子（小粒）	1800～2000	施 磷	46.74
			不施磷	45.17
弥勒春子	春子（小粒）	1500～1700	施 磷	45.30
			不施磷	44.10
澄江秋子	秋子（小粒）	1800～2000	施 磷	46.20
			不施磷	45.00
澄江春子	春子（小粒）	1500～1700	施 磷	45.30
			不施磷	44.11

（七）熟性与生育期

蓝花子的类型和品种不同，其生育特性不同，一般可以分为早熟、中熟和晚熟类型。同一蓝花子品种在不同时期播种，其生育期长短也不同。主要是蓝花子发芽后，外界环境条件对它所影响的结果。外界环境条件中首先是温度，每一类蓝花了品种都要求一定的温度条件，才能使其生长点发生质变，进行发育；如果得不到一定温度条件的要求，其生长点不能发生质变也就不能发育。其次是光照条件，当蓝花子进入发育阶段后，光照条件亦是非常重要的，光照能促进发育，缩短生育期。短日照影响发育，延长生育期，经过多年的研究结果，目前，已确定蓝花子的生育过程有感温阶段和感光阶段。

1. 感温阶段

蓝花子通过感温阶段，除与其他综合条件相互作用外，温度条件是一个主导因素。根据我国蓝花子类型和品种感温的特点，可以分为以下两种类型。

（1）春蓝花子（春子）型：春子型蓝花子一般属冬性或半冬性品种，都在秋播地区或低海拔地区进行秋播，其生育期一般在 180 天左右，有些生育期达 200 天以上。根据调查和研究结果，这类品种对温度条件的要求较严，一般要求有一定低温（0～5℃），时间5～10天，即能通过感温阶段。通过感温阶段后还需适当的温度，10℃以上才能正常生长发育，如长期处于较低的温度（10℃）条件之下，生长和发育均较缓慢，温度越低生育越缓慢，抗寒性较强，因此成熟也推迟，与海拔高度关系甚大，在高寒地区尤为明显（见表2－3）。一般海拔升高100m，一般气温降0.6℃左右。

（2）秋蓝花子（秋子）型：秋子型蓝花子一般都属春性品种，多数都在夏播地区（高海拔地区）进行夏播，或者在海拔较低（一般海拔1800m以下）进行秋播。其生育期为100～150天。根据调查和研究，这类品种对温度条件的要求不严格。夏播和秋播都能正常生长发育，但抗寒性差，易遭到低温和重霜危害。

表2－3　春子型蓝花子播种期与成熟期的情况

Table 2－2　Sowing time and ripen stage of spring seed type *R. raphanistroides*

海拔高度（m） Altitude	产地 Couties area	播种期 sowing stage	成熟期 ripe stage
1246	文山	立秋至白露（8月上旬至9月上旬）	雨水至惊蛰（2月中旬至3月上旬）
1333	马关	立秋至白露（8月上旬至9月上旬）	雨水至惊蛰（2月中旬至3月上旬）
1452	丘北	立秋至白露（8月上旬至9月上旬）	雨水至惊蛰（2月中旬至3月上旬）
1429	弥勒	立秋至白露（8月上旬至9月上旬）	雨水至惊蛰（2月中旬至3月上旬）
1800	寻甸	立秋（8月上旬）	春分（3月下旬）
2040	寻甸	处暑至白露（8月下旬至9月上旬）	清明至谷雨（4月上旬至5月上旬）
2100	寻甸	立秋至处暑（8月上旬至8月下旬）	谷雨（4月下旬）
2300	寻甸	立秋至处暑（8月上旬至8月下旬）	谷雨至立夏（4月下旬至5月旬）
2400	寻甸	立秋（8月上旬）	立夏（5月上旬）
2500	寻甸	立秋（8月上旬）	立夏（5月上旬）

2. 感光阶段

蓝花子通过感光阶段时，同样要求一定的外界环境条件，其中光照条件是主导因素。根据作者研究结果，每天10小时光照即能满足要求。每天光照时间延长14小时以上，就能提早现蕾、开花、结角、成熟。反之，每天光照时间不足10小时，仍能正常现蕾、开花、结角、成熟，但生育期要延长（见表2－4、表2－5）。

蓝花子的发育与外界环境条件的关系甚为密切。除光照时间的长短外，温度条件也起着相当重要的作用，即适当提高温度，可以提早现蕾、开花、结角和成熟。其次水分和肥料也有较大的作用。

3. 阶段发育特性在生产上的意义

（1）在引种工作中的应用：根据蓝花子阶段发育的特点，充分利用国内外蓝花子的品种资源，针对本地区的气候自然条件，提出适当的引种范围，不论是作油用或肥用的蓝花子。中国南方福建、台湾、广东、广西、云南的秋子型春性品种，可以相互引种。如云南从广东引入的高州白花和东莞矮脚等春性品种，作为秋子栽培，适应性很强，丰产性很好。中国长江流域的几个省，如江苏、浙江、江西、湖南、湖北、四川、云南及贵州春子型的冬性或半冬性品种，可以相互引种，具有一定适应性。云南的秋子型春性品种，可以引入东北、华北、西北等地区作为春播，可夏播利用，仍是适应的。西德的冬性蓝花子品种引入云南作夏播。不能现蕾开花，营养生长很旺盛，作秋播的生育期较长，能现蕾、抽苔、开花、结角和成熟。

表 2-4 秋子型蓝花子播种期与成熟情况

Table 2-4 Sowing time and ripen stage of autumn seed type *R. raphanistroides*

海拔高度（m） Altitude	产地 Couties area	播种期 sowing stage	成熟期 ripe stage
1333	马关	寒露至霜降（10月上旬至下旬）	惊蛰（3月上旬）
1429	弥勒	寒露至霜降（10月上旬至下旬）	惊蛰
1940	昆明	霜降至立冬（10月下旬至11月上旬）	春分（3月下旬）
1940	昆明	芒种至夏至（6月上旬至下旬）	立秋至处暑（8月上旬至8月下旬）
1940	昆明	立秋（8月上旬）	立冬（11月上旬）
2500	寻甸	芒种至夏至（6月上旬至下旬）	寒露至霜降（10月上旬至下旬）
2500	会泽	芒种至夏至（6月上旬至下旬）	白露至秋分（9月上旬至下旬）
2700	寻甸	芒种至夏至（6月上旬至下旬）	寒露至霜降（10月上旬至下旬）
2700	会泽	芒种至夏至（6月上旬至下旬）	白露至秋分（9月上旬至下旬）
3000	会泽	立夏（5月上旬）	霜降（10月下旬）
3100	寻甸	立夏（5月上旬）	霜降（10月下旬）

表 2-5 不同播期的生育情况

Table 2-5 Growth periods influeuced by sowing season

品种 variety	播种月/日 sowing time Month/Day	出苗月/日 seedling Month/day	现蕾月/日 Bud emerging Month/day	初花月/日 start bloom	终花月/日 end bloom	成熟月/日 Ripeness Month/day	生育期（天） Growth period	光照时间 Day length
高州白花	11/3	11/11	12/10	12/20	2/15	3/20	137	12小时以下
高州白花	6/1	6/5	6/12	6/18	7/10	7/31	60	15小时以上
高州白花	8/5	8/9	8/19	8/27	10/10	11/3	90	14小时以上

（2）在栽培上的利用：根据蓝花子阶段发育的特点，可以确定其适宜播种期，对秋子型的春性品种一般不能作为秋播。尤其是高海拔地区，易出现早蕾、早花、早结果，避免不了冻害或重霜危害，对产量影响很大。对春子型冬性品种不能进行夏播，避免它不现蕾、不抽苔和达不到应用的效果。

此外，各产区可以根据自己栽培的目的进行选育或选择专用（油用或绿肥用）的品种，以及选育两用（油肥兼用）的品种，实用性广的品种，除能满足本地区生产上的需要外，还可以推广到外地区。

第三节　蓝花子种质资源的保存和利用

一、保　存

（一）意　义

蓝花子种质资源是培育优良品种的物质基础和进行深入研究的重要材料，对蓝花子种质资源进行妥善的保存，长期贮存种子，使其有较高的生命力和发芽力，保持原有的遗传特性，其意义是非常重要的。

（二）方　法

蓝花子种质资源保存的基本原理，就是针对影响种子贮藏寿命的主要因素，即种子含水量和温度来采取相应的措施。根据条件，从实际出发，充分利用昆明优越的自然条件，进行种子种质资源保存，具体做法有以下几方面。

1. 种子柜贮存

收集来的3000多份资源经过整理，1989年种植1191份，收获和种子每份资源称100～200g，晒干装在密封性较好的种子柜里，种子柜放置在通风干燥的室内，在昆明的自然条件（干燥、低温）下，一般都能保持5～6年，其发芽率还可达到80%以上。到第6年开始将1/2的资源进行繁种再保存，两年繁完，又能保存5～6年。这种方法较为经济实用。

2. 低温干燥种子库贮存

“8·5”期间，云南省农科院油料所承担国家科技攻关项目专题85－01－03－03（油料作物种质资源繁种鉴定和优异种质利用评价的子专题85－01－03－03－01，即油菜种质资源繁种鉴定和优异种质利用评价），于1992～1993年，从1191份种质资源中，选择有代表性的50份，按照入库的条件和程序，送国家资源库作长期保存。

二、利　用

（一）直接利用

云南省蓝花子利用工作是从1980年种质资源的收集、整理开始，于1982年进行品种多点试验，1984年组织全省品种区域试验，建立协作组，选择有直接利用价值的地方品种，如弥勒新寨秋子，寻甸白花等，同时引进省外优良品种如高州白花、东莞矮脚等。

（二）间接利用

随着蓝花子研究工作的深入，推动了蓝花子生产的发展，积极改良和培育新品种，取得一定的成绩。云南省农科院油料所1983年利用引进品种“高州白花”通过集团选择，选育出不同类型的品种（系）即83－1（粗短角型），83－2（粗长角型），83－3（细短角型），83－4（细长角型）和83－5（中间角型）。其中83－4（细长角型）于1991年经省农作物品种审定委员会通过审定，累计推广面积80余万亩，已辐射到四川省和贵州省种植。

此外，通过多次混合选择法，亦取得较好的效果。因蓝花子的每个品种都是个较复杂的群体，通过一次混合选择虽可提高其产量，但选择效果很不显著，其原因是蓝花子个体间的遗传性差异很大，入选的单株不可能达到一致的性状和特性，必须进行多次连续选择，才能达到理想的要求。云南省农科院油料所采用多次混合选择，选育出多种优良品种（系）如“83 混 -21”具有大角大粒的特点；“82 混 -17”抗黑斑病能力较强；“83 混 -8”具有早熟，分枝部位低的特点；“83 混 -13”具有硬杆抗倒的特性；“83 混 -19”具有全紫花大花瓣的特性等。

蓝花子品种还可作为油菜育种的材料，云南省农科院油料所曾将蓝花子品种与甘蓝型油菜品种、白菜型油菜品种、芥菜型油菜品种进行正反交，只能获得蓝花子与甘蓝型油菜的杂交后代，与其他两大类型油菜杂交均未获得杂种。可以将蓝花子的优良特性转入甘蓝型油菜中，获得异源多倍体，创造新种质。

在中国及云南省蓝花子常作为绿肥利用。蓝花子植株较高，茎枝较粗，当盛花到结荚时，翻犁还田地能起到用地养地，改良土壤的良好作用。栽培蓝花子后的土壤，其理化性质有明显改善，据取土样测定，有机质含量比休闲地高 0.218%，含氮量高 0.015%，P_2O_5 含量也明显有提高。0.25 ~5.0mm 的各级水稳性团粒大大提高。

（三）蓝花子的优良品种

蓝花子品种资源非常丰富，据不完全统计已征集 3000 余份，其中多数是油用，少数是肥用的或油肥兼用的。根据云南省农科院油料所多年来进行研究、调查，以及各地区进行品种评选、引种和集团选育等，所获得的工作成果，将其中分布面积大，增产效果显著的部分优良品种资源简介如下：

1. 弥勒新寨秋子（*R* · *raphanistroides* Sinskaja）

原产云南省弥勒县。属夏播春性、抗寒性差，中熟品种。子叶大，肾状形，幼茎绿色，心叶微紫，幼苗直立，叶片为羽状裂片，侧裂片 2 ~5 对，叶片绿色，叶面有刺毛；花为白色或小量微紫色，花冠大，花瓣上有细脉，花朵下部呈筒状；角果多呈葫芦形果腰而较短，果皮较厚，但质较春子软，较易脱粒；种子圆带扁形，种皮较厚，籽粒较大，呈红棕色，千粒重 11.63 ~13.37g，含油量 42.3%。其主要脂肪酸组成：棕榈酸 6.2573%，油酸 17.6629%，亚油酸 21.3028%，亚麻酸 12.1496%，花生酸 9.8041%，芥酸 29.9447%。

植株高度 70.5 ~91.0cm，有效分枝部位中等，第一次有效分枝数 4.8 ~6.9 个，主花序有效长度 28.8 ~42.3cm，株形为扇状，全株有效角果数 285 ~384 个，每角有效粒数 3.3 ~4.7 粒。夏播生育期 80 ~100 天，适宜云南省夏播各产区栽培，一般亩产 45 ~70kg。为油肥兼用品种。

2. 澄江秋子（*R* · *raphanistroides* Sinskaja）

原产云南省澄江县，属夏播春性抗寒性差，中熟品种。子叶大，肾状形，幼茎绿色，心叶略微紫色，幼苗直立，叶片为羽状裂叶，侧裂片 2 ~6 对，叶片绿色，叶面有刺毛，主根发达，有小量支根和根毛，但不膨大；花为白色或小量微紫色，花冠大，花瓣上有细脉，花朵下部呈筒状；角果呈葫芦形果腰而较短，果皮较厚，但质较春子软，较易脱粒；种子圆带扁形，种皮较厚，籽粒较大，呈红棕色，千粒重 10.98 ~13.10g，含油量 43.1%；其主要脂肪酸组成：棕榈酸 5.6824%，油酸 18.9678%，亚油酸 19.1838%，亚麻酸 12.1506%，花生酸 9.2794%，芥酸 32.0240%。

植株高度 70.4 ~81.2cm，有效分枝高度中等，第一次有较分枝数 3.9 ~5.8 个，主花序有效长度 32.3 ~38.4cm，株形为扇状，全株有效角果数 264.1 ~342.6 个，每角有效粒数 3.8 ~5.4 粒。夏播生育期为 82 ~100 天，适宜于云南省夏播各产区栽培，一般亩产 45 ~70kg。为油肥兼用品种。

3. 弥勒春子（*R* · *raphanistroides* Sinskaja）

原产云南省弥勒县。属秋播半冬性，抗寒性较强品种。子叶特大，肾状形，茎紫色，心叶微紫色，幼苗匍匐状，叶片为羽状裂叶，侧裂片 4 ~7 对，叶片深绿色，叶面密布刺毛；主根发达膨大，呈萝卜，多肉质，有小量侧根及根毛；花多为白色或部分淡紫色，花冠特大，花瓣上有极细脉纹，花朵下部呈筒状；角果呈葫芦形腰果，角喙细长，果皮特厚，质硬坚，难以脱粒，种子圆形或不规则状，呈深棕色，千粒重 0.08～10.53g，含油量 39.4%，其脂肪酸组成：棕榈酸 5.0313%，油酸 19.8829%，亚油酸 18.5303%，亚麻酸 12.6209%，花生酸 10.0199%，芥酸 31.3084%。

植株高度 72.3～92.4cm，有效分枝部位低，第一次有效分枝数 8.6～10.8 个，主花序有效长度 28.4～34.2cm，株形多为筒型，全株有效角果数 428～480.0 个，每角果有效粒数 3.2～4.8 粒。秋播生育期为 175～200 天。适宜于云南省秋播各产区栽培，一般亩产为 30～55kg。为油肥兼用品种。

4. **澄江春子**（*R*·*raphanistroides* Sinskaja）

原产云南省澄江县。属秋播半冬性、抗寒性较强品种。子叶特大，肾状形，幼茎呈紫色，心叶呈紫色，幼苗匍匐状，叶片为羽状裂叶，侧裂片为 4～7 对，叶片深绿色，叶面密布刺毛；主根发达肥大，多肉质，似萝卜，有小量侧根及根毛；花多为白色或部分淡紫色，花冠特大，花瓣上有极细脉纹，花朵下部呈筒状；角果呈葫芦形状腰果，果喙细长，似钻状，皮果特厚质坚硬，难以脱粒；种子圆形或不规则状，籽粒呈棕色，千粒重 8.9～10.2g，含油量 38.9%。其主要脂肪酸组成：棕榈酸 5.8676%，油酸 19.3018%，亚油酸 19.8652%，亚麻酸 11.0615%，花生酸 9.3992%，芥酸 31.9281%。

植株高度 74.8～88.2cm，有效分枝部位低，第一次有效分枝数 4.6～5.7 个，主花序有效长度 27.4～34.7cm，株形多为筒形，全株有效角果数 320～356 个，角果有效粒数 3.7～5.2 粒。秋播生育期为 174～200 天。适宜云南省秋播产区栽培，一般亩产 31～54kg。油肥兼用品种。

5. **东莞矮脚**（*R*·*raphanistroides* Sinskaja）

原产广东省东莞县，云南省农科院油料所于 1978 年引入，属夏播春性、抗寒性较差品种。子叶特大，肾状形，幼茎微紫色，心叶黄绿，幼苗直立，叶片为羽状裂叶，侧裂片 2～7 对，叶片绿色，叶面有少量刺毛；主根发达，有支根和根毛，但不膨大，花为白色，个别微紫色，花冠大，花瓣上有细脉，花朵下部呈筒状；角果呈筒状，少数呈葫芦形，果皮薄，海绵状组织厚，质软易脱粒；种子圆形略带扁，种皮厚度中等，呈深棕色，千粒重 16～21g，最高达 25g 以上，含油量 45%～50%。其主要脂肪酸组成：棕榈酸 5.7472%，油酸 22.9016%，亚油酸 18.2768%，亚麻酸 13.0570%，花生酸 8.5781%，芥酸 30.7476%。

植株高度 85.3～110.4cm，有效分枝部位中等，第一次有效分枝数 5.3～8.2 个，主花序有效长度 29.4～44.0cm，株形为扇状，全株有效角果数 273～408 个，每角有效粒数 4.8～6.2 粒，夏播生育期 75～90 天，适宜于云南、贵州、四川等省夏播各产区栽培，一般亩产 60～80kg，高产田亩产可达 120～140kg。为油肥兼用品种。

6. **高州白花**（*R*·*raphanistroides* Sinskaja）

原产广东省高州县。云南省农科院油料所于 1978 年引入，属夏播春性，抗寒力较弱，早熟品种。子叶特肥大，肾状形，幼茎微紫色，心叶黄绿色，幼苗直立，叶片为羽状裂叶，侧裂叶 2～7对，叶片绿色，叶面有小量刺毛；主根发达，有支根和根毛，但不膨大；花为白色，花冠大，花瓣上有细脉，花朵下部呈筒状；角果多呈筒状，形状多样，果皮薄，海绵状组织厚，质软易脱粒；种子圆形略带扁，种皮厚度中等，呈棕色，千粒重 16～19g，最高达 25g 以上，含油量 45%～49%。其主要脂肪酸组成：棕榈酸 5.1422%，油酸 20.6654%，亚油酸 19.4280%，亚麻酸 11.7501%，花生酸 8.8511%，芥酸 31.5035%。

植株高度 82.4～108.1cm，有效分枝部位中等，第一次有效分枝数 6.1～9.2 个，主花序有效长度 25.3～41.0cm，株形为扇状，全株有效角果数 283～410 个，每角有效粒数 4.7～6.1 粒。

夏播生育期为75~90天。适宜于云南、贵州、四川等省各夏播产区栽培，一般亩产60~80kg，高产田亩产可达120~140kg。为油肥兼用品种。

7. 83-4（*R* · *raphanistroides* Sinskaja）

系云南省农科院油料所从高州白花中集团选育而成，属夏播春性，抗寒力较弱，早熟品种。子叶特别肥大，肾状形，幼茎微紫，心叶黄绿，幼苗直立，叶片为羽状裂片，侧裂片2~7对，叶片绿色，叶面有小量刺毛；主根发达，有支根和根毛，但不膨大；花为白色，花冠大，花瓣上有细脉，花朵下部呈筒状；角果为细长果型，角果长度5cm以上，角果宽度0.7cm以下，果皮及海绵组织较薄，质软易脱粒；种子圆形略带扁，种皮厚度中等，呈棕色，千粒重16~18g，最高达25g以上，含油量48.4%。其主要脂肪酸组成：棕榈酸7.7417%，油酸24.2981%，亚油酸20.9441%，亚麻酸11.4965%，花生酸7.2129%，芥酸26.2771%。

植株高度85.4~110.2cm，有效分枝部位中等，第一次有效分枝数5.6~7.8个，主花序有效长度26.8~42.3cm，株形为扇状，全株有效角果数275~415个，每角有效粒数5.6~7.2粒。夏播生育期为75~90天。适宜于云南、贵州、四川等省夏播各产区栽培，一般亩产65~90kg，高产田亩产可达120~150kg。

8. 83-2（*R* · *raphanistroides* Sinskaja）

系云南省农科院油料所从高州白花中集团选育而成，属夏播春性，抗寒力较弱，早熟品种。子叶特肥大，肾状形，幼茎微紫，心叶黄绿，幼苗直立，叶片为羽状裂叶，侧裂叶2~7对，叶片绿色，叶面有小量刺毛；主根发达，有支根和根毛，但不膨大；花为白色，花冠大，花瓣上有细脉，花朵下部呈筒状；角果为粗长果型，角果长度5cm以上，角果宽度1cm以上，果皮薄，海绵状组织厚，质软，易脱粒；种子圆形略带扁，种皮厚度中等，呈棕色，千粒重18~20g，最高达25g以上，含油量49.7%。其主要脂肪酸组成：棕榈酸4.7388%，油酸21.0735%，亚油酸18.2601%，亚麻酸13.4293%，花生酸9.7403%，芥酸21.0735%。

植株高度80.1~98.2cm，有效分枝部位中等，第一次有效分枝数5.5~7.0个，主花序有效长度25.2~41.1cm，株型为扇状，全株有效角果数245~350个，每角有效粒数5.3~6.9粒，夏播生育期为75~90天，适宜于云南、贵州、四川等省夏播各产区栽培，一般亩产65~90kg，高产区亩产可达120~140kg。为油肥兼用品种。

9. **天生白花**（*R* · *raphanistroides* Sinskaja）

系云南省曲靖地区农科所从天生桥本地品种中优良单株混合而成，属夏播春性品种。子叶中等，肾状形，幼茎紫色，心叶黄绿色，幼苗直立，叶片为羽状裂片，侧裂片2~5对，叶片绿色，叶面上有较多刺毛；主根发达，有小量支根和根毛，但不膨大；花为白色，花冠大，花瓣上有细脉，花朵下部呈筒状；角果呈葫芦形腰果而较短，果皮较厚，质较春子软，较易脱粒；种子圆略扁，呈红棕色，千粒重10~13g，含油量42.0%。其主要脂肪酸组成：棕榈酸5.2255%，油酸15.9512%，亚油酸19.4593%，亚麻酸13.2019%，花生酸9.6773%，芥酸34.8218%。

植株高度70.4~85.0cm，有效分枝部位较低，第一次有效分枝数4.5~6.5个，主花序有效长度27.4~33.8cm，株形为扇状，全株有效角果数198~285个，每角有效粒数5.4~6.5粒。夏播生育期80~95天，适宜于云南省夏播各产区栽培，一般亩产为50~70kg。

10. **寻甸白花**（*R* · *raphanistroides* Sinskaja）

系云南省曲靖地区农科所从寻甸本地品种中的优良单株混合而成，属夏播春性品种。子叶中等，肾状形，幼茎紫色，心叶黄绿，幼苗直立，叶片为羽状裂叶，侧裂叶2~5对，叶片绿色，叶面上有较多刺毛；主根发达，有支根和根毛，但不膨大；花为白色，花冠大，花瓣上有细脉，花朵下部呈筒状；角果呈葫芦形腰果而较短，果皮较厚，质较春子软，较易脱粒；种子圆略扁，呈红棕色，千粒重10~13g，含油量43.3%。其主要脂肪酸组成：棕榈酸5.1175%，油酸

24.0620%，亚油酸 19.2872%，亚麻酸 11.9588%，花生酸 7.8232%，芥酸 31.1576%。

植株高度 72～78cm，有效分枝部位低，第一次有效分枝数 4.3～5.9 个，主花序有效长度 26.3～32.0cm，株形为扇状全株有效角果数 203.4～308.0 个，每角有效粒数 4.8～6.2 粒。夏播生育期 80～95 天。适宜于云南省夏播产区栽培，一般亩产 50～70kg。

11. **嵩明本地种**（*R* · *raphanistroides* Sinskaja）

原产云南省嵩明县，属夏播春性品种。子叶大，肾状形，幼茎呈紫色，心叶黄绿，幼苗直立，叶片为羽状裂片，侧裂片 2～5 对，叶片呈绿色，叶面上有较多刺毛；主根发达，有支根和根毛，但不膨大；花朵下部呈筒状，角果呈葫芦形腰果，种子呈红棕色，千粒重 11～12g，含油量 47.9%。其主要脂肪酸组成：棕榈酸 8.1796%，油酸 20.9499%，亚油酸 23.8990%，亚麻酸 13.3284%，花生酸 6.7419%，芥酸 25.3597%。

植株高度 70～85cm，有效分枝部位低，第一次有效分枝数 4.5～6.5 个，主花序有效长度 25.0～31.2cm，株形为扇状，全株有效角果数 268～349 个，每角有效粒数 4.8～6.3 粒．夏播生育期 85～100 天。适宜于云南省夏播产区栽培，一般亩产 50～70kg。

此外，肥用优良品种也较多，如江西省整理出来的早熟品种有“信丰萝卜”等，生长势强，产量高；迟熟品种有“新余珠珊萝卜”、“丰城陶沙萝卜”等，也是生长势强，产量高，适应性也较广。

第四节　蓝花子栽培历史及发展前景

一、蓝花子的起源

萝卜为我国自古盛行栽培的作物，在周朝时已有萝卜的栽培。

萝卜的原产地据康道尔氏（De Candolle）之说为西部亚细亚，而自此传播于东西各国。现今多数学者则认为欧亚温暖海岸地方所生萝卜（*Raphanus raphanistrum* L.）为其原始种。法国卡累耶（Carriere）曾采其种子，多年栽培，而得与萝卜同种类之物矣。野萝卜与萝卜同属而异种。对其形态细微观察，与萝卜有很多不同：即野萝卜强健而耐寒力强，根瘦小而硬，花茎略有倒伏性，花黄色，且角果有关节，各节独立，这是它们的显著不同之点。据植物学者之说，如将野萝卜采其种子进行人工栽培，上述各点如角果之形态，根部的大小等变化颇多，甚至花变为白色的也有。故认其为萝卜的原始种，无甚大误也。

根据作者从中国农业科学院、南京农业大学中国农业遗产研究室、江西省中国农业考古研究中心和云南省图书馆等单位的藏书查阅，蓝花子在清朝之前基本上作为绿肥栽培或食用、饲用。1820 年起草，约 1848 年成书的《常谈丛录》卷一，“临川萝卜菜”中叙述，红花草可肥田。临川人多种之。自道光以来，吾乡乃渐有谓肥胜于萝卜菜且不为人所窃采以食。故亦从而种焉。则风俗改易之一端也……1903 年（光绪 29 年）何刚德撰的《抚郡家产考略》中，萝卜菜子一名土萝卜。叶青、花白、干直上。上长二尺三四寸，较大萝卜稍高。萝卜有大小二种，大者为蔬菜，小者专为肥田之用。大萝卜其子匾，小萝卜其子上圆而底平，俱红黄色。外包以荚，长寸馀。其根下俱结萝卜，唯大小异耳。抚属均有之，临、崇、东三县较多。

天时：霜降后种，比红花草迟半月，故谚云：寒露草子霜降菜。种后三五日发芽，次后立春后抽干，雨水开花，花收成荚，其荚由青变黄，立夏可以收获，宜雨阳，时若久旱则伤虫，盛冻则死。

地利：高低田均宜，不宜垅田、冷浆田。每亩籽种半升，亩可收四分之一。蓄种之田宜种棉。若栽禾，节候稍迟，每亩少收谷一石。

人事：种法如草子，而锄土较深。有专种者或杂于草子内。亦有因天旱草子不生而改种者。

种时用猪骨灰拌种下之，亩田需猪骨一斤，加艳乌灰一石，大肥十余石。收获时，连根拔归，暴之日中二三日，摘取其荚槌碎之，去荚留籽。不蓄种者，春分后即便耖沤，使根叶花荚翻压之下，灌之以水。插秧时，再犁耙一次，根叶均腐烂。

物用：春初有菜，其田大肥，可以多收谷，谷稃薄而米较大。菜子一石价七八钱，贱时半之。可榨油，比油菜子得油较少，油可擦发，其价与清油等。枯可肥田。

二、蓝花子的分布及生产概况

蓝花子在国外主要分布在欧洲，多作为绿肥栽培。但在波兰等国也有作为油料作物栽培。在国内多数省市，特别是南方各省市分布较广，如江苏、上海、浙江、江西、湖南、湖北、台湾、福建、广东、广西、四川、云南、贵州等省市均有种植，绝大部分仍作绿肥作物栽培。四川西南部的凉山自治州，云南的丽江、大理、楚雄、昭通、东川、曲靖、昆明、玉溪、红河、文山等地、州、市以及广西的百色等地区，常年都有相当部分面积（据不完全统计约二百余万亩）作为油料作物栽培。

云南省的蓝花子除文山州等小部分是作为绿肥作物外，其余一般均作为油料作物。从云南省的生产实际情况出发，蓝花子又分为秋播蓝花子即春蓝花子（简称春子）和夏播蓝花子即秋蓝花子（简称秋子）两种类型。

春子又称满园花、萝卜子、油萝卜、三月子、茹菜等，常年栽培面积约 30 余万亩（折标准亩）。近年来由于粮油争地矛盾突出，冬春干旱严重，稳产性差等原因，种植面积有缩小的趋势。因地区不同，播种期亦有差异，一般在 9 月下旬至 10 月上中旬（即秋分至寒露）播种，抢墒早播，以保全苗。在冬前有一定的营养体和物质基础。多数分布在海拔 2000m 以下的山地（也有小部分稻田），因离村寨较远，运肥有困难，故采用少量细精肥料拌种点播（少数亦有撒播或条播）。翌年 2 ~ 3 月成熟，一般亩产种子 15 ~ 20kg。稳产性差，有些看收种子数量不大，常在盛花期翻犁压土作绿肥。

秋子又称菜子、红子、大籽等，常年栽培面积约 70 余万亩（折标准亩），近年来有扩大的趋势。种植在海拔 2100 ~ 3400m 的山区、高寒山区。多集中在海拔 2400 ~ 2900m 的二荒地，轮歇地上。因海拔高度不同，播种期有较大的差异，播种期是随海拔升高而提早，适宜播种期在 5 月上旬至 7 月上旬（即立夏至小暑），到 10 月中、下旬（寒露至霜降）开始成熟，一般亩产种子 20 ~ 25kg。

蓝花子有广泛的适应能力，除排水不良的重粘土、重盐碱土外，一般稻田土壤均可种植。它主根发达、分泌有机酸溶解土壤中难溶性物质而被吸收利用，同时残根落叶回地直接起到用地养地，能使后作显著增产。鲜草的养分也较丰富，在盛花期翻压土中，是优良的绿肥。

蓝花子的花粉蛋白质含量高，是高级食品原料。花朵中花粉多、蜜腺发达，是主要蜜粉源植物。茎杆、果壳含养分（粗蛋白、脂肪等）丰富。碾碎后是良好的饲料。

蓝花子含油量高，油质佳，是良好的食用油。榨油后的饼枯，含蛋白质高，饼枯含硫代葡萄糖甙比油菜籽低，是优质精饲料。

据不完全统计，中国蓝花子每年种植面积数百万亩，多数作绿肥利用，对土壤的改良和后作的增产都起到积极的作用，是不可缺少的绿肥作物。特别对新垦地的利用，它是最佳先锋作物之一。作为油料作物栽培利用的效益更大，单是云南每年种植面积百万亩以上。

三、蓝花子的发展前景

蓝花子具有多用性，主要可作为油料作物和绿肥作物。在云南省的山区、高寒山区多作为油料作物栽培，特别是作为早洋芋的后作有一定发展前途。它可以将一年一熟或两年三熟制，变为一年两熟制。在滇东南、滇南、滇西南的低海拔地区的杂交—再生稻后，再种植蓝花子可作油料栽培，也可以绿肥栽培，能将一年两熟制改为一年三熟制，也有一定发展前景。蓝花子用途甚广，全身是宝。

（一）不择土壤 适应性广

蓝花子是一种耐干旱、耐瘠薄、耐酸碱的作物，不论是水稻田，山坡地，红、黄壤，盐碱地均可种植，并能获得较好的产量收成。1980 年在昆明新垦红壤上试种，新垦地是深层红壤土，pH 值在 4.5 以下，肥力极低，氮素不到 0.06%，五氧化二磷 0.02% 以下，氧化钾在 0.1% 以下。在 6 月 3 日播种，一直没有施肥，其出苗、抽苔、开花、结角都很正常，籽粒也饱满，但略小，于 8 月 5 日成熟。1985～1986 年在昆明山头坡地上试种，1985 年 10 月 20 日播种后，靠土壤含水量及播后第三天下一次小雨获得出苗，直至 1986 年 3 月底成熟时，总降雨量不到 60mm，土壤为砂壤土，含水量极低，均能抽苔、开花结角、结籽，籽粒饱满度略差。在同样条件下，小麦及豌豆都不能正常生长发育了。说明耐干旱能力比小麦、豌豆强。1985～1986 年在昆明曾堆放过石灰的红壤，pH 值为 12 以上的地块种，其出苗、开花、结果都正常。

蓝花子在我国从东南沿海（包括台湾）至西南边境，南从海南岛，北至内蒙黑龙江，从海拔数米至 3500m 均能种植。从季节上看有头年 9～11 月种，翌年 2～3 月收获，也有当年 2～4 月播种，6～8 月收获，或者 5～8 月播种，8～12 月收获。适于在各种气候条件种植，特别是它能适应海拔 3500m 左右高寒山区种植。

（二）成本低廉 收入较高

蓝花子由于适应性强，具有耐旱耐瘠的特性，所以从耕地到播种收获各个环节都要比紫云英、苕子、马铃薯、荞麦、玉米、燕麦等省工、省肥。作绿肥栽培地区，因它对磷肥的感应强于紫云英和苕子，因此播种时在同等条件增施适量的普通过磷酸钙其鲜草产量就要比紫云英和苕子高。江西井冈山地区农科所试验，每亩用猪粪 75kg，加老墙土 50kg 做种肥，亩产鲜草 1260kg；每亩用普通过磷酸钙 2.5kg 做种肥的，亩产鲜草 1500kg，增产 19.0%，每公斤普通过磷酸钙增产 96kg 鲜草。作油料作物栽培地区，只要采用优良品种，适时播种施用适量的种肥，每亩平均产量在 75～100kg，种 1 亩马铃薯每亩平均产量 1000～1500kg，种荞麦和马铃薯的投资（种子、肥料、人畜工等）都比蓝花子大。扣除成本计算纯收入蓝花子要比马铃薯及荞麦略高。

（三）含油量高 油质清香

蓝花子种子含油量为 32%～52%，但因类型、品种、产地海拔、施肥种类等不同，有一定的差异。一般秋子，大粒种，高海拔，适施磷钾肥含油量则高，而春子，小粒种，低海拔，缺磷偏施氮肥其含油量则低。含油量除与上述几项因素外，还与病虫害、冻害、倒伏、干旱等因素也有较密切关系，在病虫、受冻、倒伏干旱危害较重的情况下，同一类型和产地的品种其含油量有明显降低。

榨油率也叫出油率，是指经过加工以后实际纯榨出的油与种子重量的百分比。出油率不单纯取决于种子的含油量，也取决于榨油的工艺水平（设备与方法），目前，云南省各产地实际出油率在 38%～42%，比油菜子出油率（32%～38%）高 4%～6%。

蓝花子油油质纯正，芳香可口，在云南当地通称香油，不饱和脂肪酸含量高（33%～50%），对降低胆固醇有良好作用，易被人体吸收，利于健康，是很好的食用油。其用途甚广，可作厨房烹调用油，也可作凉菜、冷餐的调味油。

现从云南各产地征集的资源 3000 多份，其中取有代表性的 300 份。其脂肪酸分析的结果如

表2-6，并与几种主要油料作物碘值及脂肪酸含量作比较。

蓝花子油脂中亚油酸含量较一般菜子油高，亚油酸是人体不能自身合成的必需脂肪酸，是人体组织细胞的组成成分。具有降脂作用，能降低人体胆固醇，防止脑血栓，血管硬化等心血管疾病。长期食用蓝花子油，能预防或减少这类疾病的发生。亚油酸还能促进皮肤发育和保护皮肤的营养，使皮肤光滑、细腻。

蓝花子油脂中芥酸含量较一般菜子油低，因此，它比一般菜子油优良，易被人体消化吸收，营养价值高，凝固点较低，有利于食品加工或制造人造奶油等。

蓝花子油脂中亚麻酸含量较一般菜子油低。因为，亚麻酸能抑制人体对亚油酸的吸收，且其不饱和程度高，氧化酸败的速度约是油酸100倍左右，易导致油脂变质，所以，人们常感到蓝花子油较一般菜子油易于保存或保存时间较久，其原因就在于此。

蓝花子油不仅是优质的食用油，而且是很好的工业用油，其理化常数比重（20℃）0.9292，折光率（20℃）1.4652，皂化值172，碘值104。是属于一种半干性油，用作涂饰油料时，具有不翻黄的特点，应用在制革工业上，可使皮革坚韧、柔软、光亮。因为蓝花子不易干燥，所以，在工业上可以代替珍贵的橄榄油。可以提炼汽油、润滑油和甘油等。可以制磁漆、软肥皂、液体肥皂、蜡烛和香料等。高寒山区蓝花子油碘值高，干得快，可作为珐琅漆包线中的主要原料。精制蓝花子油所产生的油脚，含大量磷脂，是一种抗氧剂和乳化剂，可以用在皮革、纺织、石油等工业上，也是人造奶油、巧克力、糖果糕点等辅助原料。

（四）用途甚广　全身是宝

蓝花子是一种多用性作物，幼嫩叶片，苔茎可供食用或饲用，“上花下角”时翻压入土中，可作为绿肥，其种子可榨油，榨油后副产品饼枯可综合利用等。所以说蓝花子全身是宝。

蓝花子在我国绝大部分省区作为绿肥利用，对红、黄壤的改良及后作增产均有较大的效果。蓝花子幼嫩时，可供食用与饲用，抽苔以后，仍可青饲或青贮。其单位面积鲜草产量和氮、磷、钾总量，以结角初期（上花下角）为最高，是最适翻压时期。鲜株水分90.8%、氮0.27%、磷（P_2O_5）0.06%，钾（K_2O）0.34%。

表2-6　几种主要油料作物的碘值、含油量及脂肪酸含量

Table 2-6　Oie iodin, contents of fatty and amino acids in oil crops

作物名称 crops		碘值 Iodin	含油量（%）Oil	棕榈酸（%）Palmtic	油酸（%）Oleic	亚油酸（%）Linoleic	亚麻酸（%）Linolenic	花生烯酸（%）Arachidonic acid	芥酸（%）Erucic
蓝花子		104	32~52	5.99	19.54	19.15	10.54	9.02	34.17
油菜	白菜	99.4~103.6	36.50	2.23	12.82	13.98	10.05	7.42	53.59
	芥菜	114	36.99	2.65	9.68	16.04	13.73	8.08	49.82
	甘蓝	100	39.98	2.66	12.11	10.91	10.50	8.17	55.65
向日葵		124~140	40~50（种仁）	4.6~6.8	29.3~60	29.9~61.8	0.2~0.5	—	—
花生		83~103	55（种仁）	7.3~12.9	39.2~65.7	16.8~38.2	—	—	—
大豆		117~141	17~23	7~10	22~30	50~60	5~9	—	—

蓝花子的副产品很多，如饼枯、茎杆、叶子、角壳和花等，均有用途。

蓝花子榨油后约有50%左右的饼枯，而饼枯中含有50%左右的蛋白质，还有4.6%的氮素，2.5%的磷素，1.4%的钾素，以及少量的脂肪和糖。饼枯可作味精、酱油、饼干、面包、糕点

等，而且还是很好的家禽牲畜精饲料；也是优质肥料，用在烤烟生产上，除增加产量外，且能显著地提高烟叶的质量。油脚中含有大量磷脂，可精炼优质的卵磷脂，配在饲料中可促进牲畜的生长发育；其花粉约含 27.44% 的蛋白质（见表 2－7），是高级食品原料；茎杆、果壳的养分也丰富，约含 4% 粗蛋白，1% 脂肪，30% 左右的无氮浸出物，碾碎后是较好的饲料，亦可作培养食用菌的原料，茎杆在工业上能作良好的隔音板，经化学加工后，还可作人造纤维或作造纸工业的原料，用水解法可以制糖醛、酒精、木质素等。糖醛是人造纤维、塑料的重要原料。蓝花子花期长，花内蜜腺发达，是良好的蜜粉源植物，一般每亩可收蜂蜜 5～8kg 左右。

表 2－7　三大类型油菜种子与蓝花子种子中氨基酸含量比较

Table 2－7　Comparison of amino acid contents in the seeds of three main types of *rapeseeds* and *R. raphanuistroides*

类型与品种 Type and variety / 氨基酸名称 Amino acid	甘蓝型（云油 13 号）B. napus (Yunyou No13) g/100g 样	白菜型（浠水油白菜）B. chinensis (Xishui Bai) g/100g 样	芥菜型（罗平矮脚红）B. juncea (Lupingaijiaohong) g/100g 样	蓝花子（高州白花）R. raphanistrodes (Gozhoubaihua) g/100g 样	蓝花子（弥勒秋子）R. raphanistrodes (Mileqiuzi) g/100g 样
门冬安酸	1.888	1.793	2.029	2.186	2.527
苏氨酸	1.123	1.150	1.201	1.237	1.389
丝氨酸	1.149	1.130	1.213	1.171	1.293
谷氨酸	5.404	4.999	5.166	5.462	5.544
脯氨酸	1.430	1.310	1.362	1.325	1.275
甘氨酸	1.317	1.333	1.405	1.502	1.569
丙氨酸	1.151	1.180	1.252	1.314	1.332
缬氨酸	1.463	1.427	1.486	1.591	1.640
甲硫氨酸	0.551	0.150	0.533	0.564	0.532
异亮氨酸	0.945	0.952	1.030	1.035	1.000
亮氨酸	1.810	1.823	1.904	1.994	1.911
酪氨酸	0.636	03604	0.693	0.772	0.792
苯丙氨酸	1.082	1.041	1.161	1.240	1.185
赖氨酸	1.702	1.689	1.654	1.594	1.631
氨	0.181	0.393	0.272	0.438	0.775
组氨酸	0.723	0.683	0.742	0.816	0.817
精氨酸	1.758	1.608	1.950	2.254	2.289
总量	24.319	23.625	25.058	26.503	27.508

参 考 文 献

〔1〕吴建华．蓝花子的特性及其在油菜育种上的利用，中国国际油菜科学讨论会论文选．中国科学技术出版社，1991，5

〔2〕吴建华．蓝花子栽培．云南科技出版社，1991

第三章 云南花生种质资源

第一节 云南花生栽培历史、分布与分类

一、栽培历史

花生（*Arachis hypogaea* Linn.）是云南省除油菜外第二大油料作物，常年播种面积50多万亩。中国花生栽培历史悠久，记载有关花生的最早书籍是公元304年（西晋时代）稽含著的《南方草本状》，其中所述“千岁子”即现在的花生。据考察，明代兰茂（1397～1476年）著的《滇南本草》中就已有落花生的记载。1799年清代檀萃著的《滇海虞衡志》中载有“落花生为南果中第一，以其资于民用者广……”可见13～14世纪云南省已开始种植花生，到18世纪种植已较为普遍了。

1949年以前云南省花生栽培面积不大，1949年仅6700hm^2，总产量5750t。40多年来面积与产量呈波浪状态，总的说来，增长是大的，其间曾出现了3次增长高峰。1957～1959年为第一高峰期，全省花生栽培面积2.8～3.2万hm^2，总产量达2.15～2.46万t；1965～1967年为第二高峰期，面积3.4～3.6万hm^2，为历史最高水平，总产量达2.64～2.75万t；1985～1986年为第三个高峰期，面积3.3～3.4万hm^2，总产量达3.44～3.60万t。1986年以后花生栽培面积有升有降，但基本保持在2.7～3.4万hm^2的水平。

二、分 布

花生在云南省分布较广，除西北部和中部海拔1800m以上较冷凉的地区不宜种植外，其余各地均有分布，多栽培在元江（红河）、南盘江、金沙江、澜沧江和怒江等流域沿岸的坝地及河谷地带较疏松的砂土、砂壤土及丘陵红壤旱地，以滇东南的红河州、文山州及滇南的思茅、西双版纳等地州面积最为集中，占全省花生总面积70%以上，其余各地零星分布。在终年无霜、年均温22℃以上的西双版纳、金沙江沿岸等地尚有少量秋冬花生的栽培。

20世纪80年代末，通过对云南省各地花生种植面积、单产、总产、自然条件、生态环境，耕作水平，以及行政区划等诸多因素的分析调查，进行了花生种植区划工作。根据不同生态类型的花生对气候条件的要求，结合云南省立体农业和区域性气候的特点，以温度指标和海拔高低为主要依据，将云南省划分为4个种植区，即最适宜区、适宜区、次适宜区和不适宜区。各类型区参考指标见表3－1。

根据花生对生态条件的要求和气候分区指标，以及社会经济技术等条件和现有花生分布的集中与分散程度，以及今后花生生产发展前景、措施等的综合评价，按花生生产地域分布规律将云南省花生划分为三大种植区。

1. 滇东南花生主产区

包括文山、红河两州及元江县共22个县市。滇东南区由于热量好，光照足，积温多，降雨量多，除东北部的部分地方略受冷害影响外，大部分地方自然资源条件优越，是云南省适宜花生种植的主产区。花生种植面积1.3万hm^2左右，占全省花生种植面积45%～47%，单产600～1185kg/hm^2，总产1.35万t，占全省总产40%左右。面积和总产均居全省首位，加之本区交通较为便利，收购量也较多，为全省商品率较高的地区。

表 3－1 云南省花生产地气候分区指标

Table 3－1 The index of climate classification for peanut in Yunnan province

适生类型 Suitable Type	全年日均温度（℃） Mean temperature of ayear	7、8月日均温度（℃） Mean temperature of July and August	花生生育期内积温（℃） Temperature in growth period of peanut	海拔（m） Altitude	适宜种植花生类型 Suitable peanut type	占全省花生面积（%） Contribution in total peanut acreage of Yunnan Province	占全省花生总产（%） Contribution in total peanut produaion of Yunnan Province
最适宜区	>17	24	3000	<1500	各类型品种适宜区	25.7	24.9
适宜区	16左右	22～24	2700～3000	<1700	珍珠豆型品种适宜区	33.1	34.6
次适宜区	15左右	19～22	2250～2650	<1800	多粒型品种适宜区	34.5	32.2
不适宜区	<15	<19	<2200	>1800	不适宜种植花生区		

2. 滇西南花生主产区

包括思茅、临沧、西双版纳、德宏、保山5个地州的32个县。花生面积8000～9300hm^2，占全省花生种植面积30%左右，单产885kg/hm^2，总产0.73万t，占全省花生总产24%左右。本区南部边缘地区，热量丰富，降雨充沛，如景洪、勐腊、耿马、孟定、瑞丽等江边河谷地区，年均温在20℃以上，终年无霜，一年四季均可种植花生。本区的主要问题是：交通不便，人口稀少，耕作粗放，广种薄收，栽培技术落后。虽然水资源丰富，但农业基本建设差，为全省轮歇地最多的地区。

3. 滇中滇北花生分散产区

包括昆明、东川、昭通、曲靖、楚雄、玉溪、大理、丽江、怒江、迪庆等10个地州的73个县（市、区），花生种植面积7300～8600hm^2，占全省花生面积25%～27%，单产1260kg/hm^2左右，总产0.94万t，占全省花生总产31%左右。本区的主要问题是：适宜种植花生的区域分散零星，多属南亚热带和中亚热带干燥气候类型，由于谷深坡陡，有水难以用上，干旱缺水，花生单产难以提高。加上地势陡峭，交通不便，给新技术的开发利用和科学技术的普及推广、带来一定的困难。

综合三个产区的特点，在全省范围内，滇西南区的花生生产潜力较大，应有计划地在这个产区多发展一些，同时要充分利用基础好这个有利条件，巩固提高滇东南主产区的花生生产，并千方百计挖掘潜力，扩大滇中区的花生生产。

三、分　类

花生的品种分类，按孙大容等根据花生品种的综合性状，将中国花生分为：普通型、珍珠豆型、多粒型和龙生型。云南省四大类型均有，普遍栽培的是珍珠豆型，其次为多粒型，普通型也曾推广过一定面积，龙生型主要为地方品种。

（一）普通型

本类型花生为交替开花型，主茎上完全是营养枝，茎枝茁壮，侧枝较多，能发第三次分枝，花凋谢较早。荚果为普通形，间或有葫芦形，果壳较厚，网纹较平滑。典型荚果含两粒种子，种子椭圆形，种皮较光滑，有光泽，多为淡红色至红色。种子休眠期长，一般为50天以上。发芽要求较高温度，出苗慢。生育期较长，春播145~180天。在我国北方普遍栽培，多为一年一熟制的春花生，南方栽培甚少。

（二）珍珠豆型

本类型花生为连续开花型，株型直立紧凑，分枝性弱，第二次分枝较少，花凋谢较晚。荚果多为葫芦形。果壳薄，网纹较细。典型荚果含两粒种子，种子圆形或桃形，饱满，种皮光滑，淡红色，少数品种红色或深红色。种子休眠期较短，在成熟时易在田间自然发芽。种子发芽要求温度较低，出苗快而整齐，幼苗长势强。生育期短，春播120~130天。多数品种抗旱、抗病能力较弱。南方各省普遍栽培。

（三）多粒型

本类型花生为连续开花型，分枝最少，一般没有第三次分枝。植株直立粗壮。开花期长，开花量大，花凋谢较晚，中上部无效花多，因此，地上部果针较多。荚果为串珠形，果壳厚，网纹平滑。多数荚果含种子3~4粒，种子形状不规则。种皮表面光滑，有光泽，多呈深红色或紫红色，也有少数品种为淡红色。发芽出土快，幼苗长势强，结实集中，抗旱，耐劳性较弱。种子休眠期短，成熟后收获不及时，易发芽。生育期短，为120天左右。本类型在云南省种植面积较小，但由于具有早熟，结果集中、籽粒饱满等优点，在无霜期短的地区有一定的种植面积。

（四）龙生型

本类型花生属于交替开花型，分枝性强，侧枝多，常出现第四次分枝。绝大多数品种匍匐性强，侧枝沿地面生长，结实范围大，结果分散。花凋谢较早，荚果为曲辊形，有明显的果嘴，果壳薄，脉纹深，呈网状。果柄脆弱，荚果成熟后果柄易断，在粘重土壤上易烂果。多数品种每荚含三、四粒种子，种子呈三角形，圆锥形或椭圆形。种皮多为暗红色，表面凸凹不平，无光泽。种子含油率低，蛋白质含量较高，作食用加工别有香味。种子休眠期长，发芽要求温度高，出苗缓慢。多为晚熟种，一般春播生育期为150天。抗旱、抗病、耐瘠性强，适于干旱或飞砂土地区栽培。

除以上分类外，为了栽培上和经济上的需要，生产上应用的花生品种又有以下几种分类法：

以株形分有：匍匐型（蔓生型）、半直立型（半蔓型）、直立型3种。

以开花习性分有：交替开花型和连续开花型两大类。

按生育期分有：早、中、晚熟3种。

按种子大小分有：大粒种、中粒种和小粒种。百仁重分别在80g以上，50~80g和50g以下。

第二节　云南花生种质资源的收集、整理与评价

一、云南花生种质资源的收集、引进

云南省从事花生科研工作已有40多年的历史。花生品种资源的收集、引进和利用工作对云南省花生生产的发展起了很大的推动作用。1950年以来，云南省共收集、引进省内外、国内外花生种质489份，花生品种资源的收集、引进工作大致分4个阶段。

第一阶段：从1950~1960年，此阶段主要在全省范围内开展云南省地方品种的调查、收集、

整理和鉴定工作。共收集了“开远直立白皮”、“蒙自拔生”、“元江直立”等45份云南地方品种资源。

第二阶段：从1960~1980年，此期是云南省大量引入省外资源的鼎盛时期，共引入省外、国外种质295份。其中引入广东省的“筛选3号”、“筛选64号”、“辐21”、“粤油33”、“汀171选”、“白沙142”、“粤油187”等55份。山东省的“群选9号”、“花29”、“花27”、“伏花生”等64份。四川省的“混巨5号”、“金白1号”、“天府4号”等37份。广西的“桂伏”、“罗伏6号”、“广柳”、“强盗”等26份。中国油料所的“中油15号”、“红梅早”、“中油8号”等23份。河北省的“抚宁多粒”、“混选1号”等20份。福建的“勾鼻生”、“251”、“晋油2号”、“中琉球”等16份。辽宁省的“锦系1号”、“锦系3号”、“锦系6802-3”等10份。江苏省的“徐州761”、“徐州68-4”等9份。江西省的“赣花2号”、“油诱”、“上花1号”等6份。安徽省的“合肥大花生”、“风砂4号”等5份。河南省的“相庄133”、“罗江鸡窝”、“开农5号”等12份。湖南的“芙蓉花生”、“三塘小子”等4份。新疆的“托克逊大花生”1份。外国的“秘鲁PI393646”（秘鲁）、“奇科”（美国）、“ICG（CG）S49”（印度）等7份。

第三阶段：从1980~1994年，共引进省外种质40份。主要是通过参加全国南方片花生区试引进，其中引入广东省的“汕油523”、“五菲四”、“粤油223”、“汕油27”、“粤油196”等25份。广西的“梧油1号”、“梧油4号”等4份。辐建的“惠红40”、“惠花1号”2份。中油所的“红花1号”1份。山东的“海花1号”、“鲁花9号”、“8130”等7份。河北的“72-22”1份。

第四阶段：“九五”期间和“十五”期间（1996~2005年），共引进收集省内外，国内外花生种质109份，其中省内外收集引进了74份，包括重新收集省内地方品种1份，引进广东省的“粤油200”、“粤油5号”、“粤油6号”、“粤油426”、“汕油523”、“汕油217”等22份。广西的“桂花17”、“桂花14”、“桂花16”、“梧油6号”等13份。安徽的“90-3”、“四粒红”、“歙县红”等12份。陕西的“858-9”、“866-5123”等11份。河南的“豫花4号”、“豫花6号”等5份。河北的“农花26”、“唐油4号”等5份。中油所的“中花4号”、“92-7”等4份。福建的“泉花9号”1份。此外，在省科技厅国际合作计划的资助下，与法国国际农艺发展研究中心开展“花生品种资源交换、研究与利用”项目的合作研究，2000年初引进收集法国花生种质资源33份，广西省种质资源1份，云南省弥勒本地种1份。

虽然从1950以来，云南省共收集、引进省内外、国内外花生种质资源489份，但由于科技投入不足，保存种质不当，以及花生课题在1993~1995年间一度中断的原因，到1995年底，云南省仅保存下192份花生种质。加上“九五”“十五”期间收集的109份种质，到2002年底，云南省共有301份花生种质资源。以下分两部分对301份种质进行整理和评价，第一部分为1996~1998年对266份种质的整理和评价，第二部分为2000年对法国引进的33份种质资源的整理和评价。

二、云南花生种质资源的整理

云南花生种质资源系统的整理与评价工作主要在1996~1998年进行，由云南省农科院资助，云南省农科院油料所承担，实施了“花生品种资源保存，筛选及利用”项目。项目紧紧围绕“以资源保存征集为主，搞好繁种入库工作，在资源整理分析的基础上，完成资源材料有关数据库的建立，并适当开展资源筛选利用：一方面筛选产量高，为含油量高的品种提供育种亲本利用。同时，争取筛选出1~2个经济性状较好的品种供生产应用”。

首先，完成种质资源的繁种保存。到1995年底为止，保存有192份花生种质，1995年底至1996年初新征集到省内外种质74份，合计266份种质资源，于1996年，1997两年种植后收获晒干，按每品种60个荚果，锡泊袋抽真空保存于云南省农科院中期库。此次入库保存使云南省保存花生种质资源从年年繁种，减少到4年繁种一次，节约了大量的人力，财力和物力。

其次，首次建立了云南省花生种质资源数据库。对266份种质的生育期，植物学特征，生物学特性进行田间自然观察记载，主要经济性状和种子形态进行室内考种（每小区取5~10株），含油量用索氏抽提法，脂肪酸含量用气相色谱仪分析。在此基础上完成28个项目，约7400个数据的云南省花生种质资源数据库工作，为云南省花生资源的合理有效利用，打下了坚实的基础。

最后，筛选各种具有单一优异性状的优质源和33份具有综合性状的骨干材料，有2个品种正在示范推广应用于生产。

优质源中高产种质（单株生产力≥30g）52份；高含油种质（含油量≥50%）68份；特早熟种质（生育期<120天）77份；高抗叶斑病种质40份；高贮藏性能种质（油亚比≥2）23份；高产，高含油种质54份。

33份骨干材料同时具有高产（单株生产力≥20g），高含油（含油量≥48%），早熟（生育期≤130天），中抗或高抗叶斑病，综合性状好，经进一步作适应性试验后可直接在生产上推广利用。

1996年，1997年，1998等3年14个点次（蒙自、东川、德宏、思茅、巧家、宾川、临沧）的全省多点试验，筛选出"桂花17"和"野杂3号"两个高产、高含油、高蛋白、中抗或高抗叶斑病，抗逆性强，综合性状好的优良品种，正在蒙自、东川、德宏、思茅、巧家、宾川、弥勒、临沧等地示范推广应用。

三、云南花生种质资源的评价

（一）种质来源

云南266份种质的来源分别是：云南地方品种38份，广东引入75份，广西引入27份，山东引入15份，河南引入13份，系选材料13份，福建引入11份，杂种后代11份，中国油料作物研究所引入10份，安徽省引入10份，陕西9份，四川8份，河北6份，江西5份，湖南4份，辽宁4份，北京3份，江苏2份，印度1份，发现"罗油1号"稳定遗传白种皮变异株1份。

（二）种质生育期

266份种质生育期在109~136天之间。生育期最长为136天，有"星乡花生"等8个品种。生育期最短为109天，有"粤油5号"等3个品种。平均生育期为122天，生育期小于130天的早熟种质有223份，可见云南省引入种大部分是早熟种质，符合云南省生产的需要。

（三）植物学特征

株型：根据第一对侧枝与主茎形成的角度，花生株型分为直立型、半蔓型、葡伏型3种。云南省266份种质中3种类型都有，直立型有77份，半蔓型有175份，葡伏型有14份。

分枝型：分枝型根据第一次分枝上的第二次分枝的多少分为疏枝型和密枝型两类，云南省266份种质中疏枝型有216份，密枝型50份，以疏枝型为主。

开花习性：开花习性有交替开花和连续开花两种类型，云南省266份种质连续开花型有237份，交替开花型29份，以连续开花型为主。

生长势：266份种质长势强的材料有220份，长势中的材料有39份，只有7份材料长势较弱。

整齐度：266 份种质中有 163 份长势整齐，79 份材料长势中，24 份材料长势不齐。

（四）抗逆性

云南省花生的抗逆性主要表现为抗叶斑病性，266 份种质中，高抗叶斑病的种质有 40 份，中抗叶斑病的种质有 146 份，严重感染叶斑病的种质有 80 份。

（五）荚果性状

266 份种质共有 6 种果型，包括了我国花生的各种类型。其中斧头型有 160 份，葫芦型 49 份，普通型有 37 份，串珠型 9 份，曲棍型 8 份，茧型 3 份。荚果的厚薄与剥壳难易和出苗强弱有关，种质中果壳较薄的种质有 51 份，较厚的种质有 15 份，厚薄适中的种质有 200 份。

（六）种仁性状

花生种仁形状主要分为椭圆形、圆锥形、三角形、桃形等 4 种，云南省 266 份种质中各类型都有。其中椭圆形 179 份，圆锥形 58 份，三角形 15 份，桃形 14 份。

花生种仁色泽是决定种仁卖相的主要外观依据，种子色泽鲜艳，饱满，则商品价值高。另外，有些特殊色泽，如红色，紫色品种，药用价值较高。266 份种质以粉红色为主，共有 7 种颜色。其中白色种质 3 份，粉白色种质 15 份，粉红色种质 220 份，粉黄色种质 4 份，褐色种质 3 份，红色种质 18 份，紫色种质 3 份。

（七）主要经济性状

1. 植株性状

各种质株高在 7.9～53cm 之间，最高为“粤油 551”，最低为“H78－15”，平均株高为 19.4cm。分枝长在 11.4～73cm 之间，最长为“二洋花生”，最短为“天府 3 号”，平均 25.4cm。总分枝数在 4.0～28.4 个之间，最多为“油诱”，最少为“镇沅花生”，平均总分枝数为 9.8 个。结果枝数在 3.4～13.6 个之间，最多为“8516－86”，最少为“镇沅花生”，平均 7.0 个。

2. 单株结果

单株结果数在 8.4～46.6 个之间，最多的是“H78－46”，最少的是“H78－47”，平均为 19 个。

3. 荚果百果重

各种质百果重在 44～220g 之间，最重的是“混大伏 12 号”，最轻的是“台湾 1 号”，平均为 123g。

4. 单株生产力

各种质单株生产力在 6.5～71.9g 之间，最大的是“农花 26”，最小的是“云县红花生”，平均为 23.3g。

（八）主要品质性状

1. 含油量

种质含油量在 36.7%～57% 之间，含油量最高的是“台南 11 号”，含油量最低的是“翕县红”，平均含油量为 47%。

2. 油酸含量

种质脂肪酸成分中，油酸含量 28.8%～62.9%，油酸含量最高的是“相庄 199”，油酸含量最低的是“台湾 1 号”，平均含量为 47.1%。

3. **亚油酸含量**

亚油酸含量17.3%～41.6%，含量最高的是“6625－m²”，含量最小的是“92－7”，平均含量为32.5%。

4. **油亚比**

花生的油亚比，即油酸和亚油酸的比值高花生耐贮藏性能好，货架寿命长，经济效益高。反之，贮藏寿命短，经济效益低。各种质油亚比在0.9～3.6。最高为“92－7”，最低为“1206”，“秘鲁PI393646”和“罗油1号白皮变种”3个材料，均为0.9，平均1.5。

（九）云南省花生各种类型数目

根据数据库资料，按孙大蓉的分类标准分析，云南省266份种质资源中花生各种类型均有。其中普通型花生有24份，珍珠豆型有98份，多粒型有9份，龙生型有8份，中间型127份。

四、法国花生种质资源在云南的整理及评价

受云南省科技厅国际合作计划资助，2000～2002年，云南省与法国国际农艺发展研究中心（CRIAD）合作进行“花生品种资源交换、研究与利用”项目研究。2000年初共引进法国花生种质33份。这是云南省30多年来首次大量引入国外花生种质。对法国33份种质在云南省繁育的整理和评价如下：

（一）种质的评价

33份种质的评价（见表3－2，表3－3）。

1. **生育期**

33份种质生育期在120～135天之间。在云南属于中、晚熟种质。比原产地的生育期80～95天延长约40天，原产地为早、中熟种质。

表3－2　法国引进种质（33份）和云南资源（266份）主要经济性状比较

Table 3－2　Comparison of economic characters between France 33 germplasms and 266 Yunnan germplasms

项目 Items	法国种质变幅 Range of France germplasms	法国种质平均 Average of France germplasms	266份云南种质变幅 Range of Yunnan germplasms	266份云南种质平均 Average of Yunnan germplasms
生育期（天）	120～135	124	109～136	122
主茎高（cm）	24.9～49.9	38.6	7.9～53	19.4
分枝长（cm）	34.7～58.6	47.7	11.4～73	25.4
总分枝数（个）	6.7～13.8	9.9	4.0～28.4	9.8
结果枝数（个）	6.3～13.0	9.2	3.4～13.6	7.0
单株总果数（个）	53.5～106.8	72.3	8.4～46.6	19
单株生产力（g）	43.7～89.3	65.4	6.5～71.9	23.3
百果重（g）	83～131	106.2	44～220	123
百仁重（g）	35～55	43.2	17～73.5	44.5
出仁率（%）	64～74	69.5	—	—

表 3 - 3 法国引进种质（33 份）、云南资源（266 份）及全国种质品质性状比较

Table 3 - 3 Comparison of quality characters in 33 Frence germplasms, 266 Yunnan germplasms and other Chinese germplasms

项目 Items	法国种质变幅 Range of France germplasms	法国种质平均 Average of France germplasms	266 份云南种质变幅 Range of Yunnan germplasms	266 份云南种质平均 Average of Yunnan germplasms	全国种质变幅 Range of Chinese germplasms	全国种质平均 Average of Chinese germplasms
蛋白质含量（%）	23.8 ~ 31.7	27.8	—	—	12.5 ~ 36.3	26.9
含油量（%）	47.6 ~ 54.0	49.9	36.7 ~ 57	47.0	39.0 ~ 59.8	50.3
油酸（%）	34.3 ~ 47.1	39.5	17.3 ~ 41.6	47.1	32.1 ~ 72.8	46.9
亚油酸（%）	30.0 ~ 44.1	36.5	28.8 ~ 62.9	32.5	12.5 ~ 50.7	33.4
油酸/亚油酸（%）	0.82 ~ 1.55	1.09	0.9 ~ 3.6	1.51	0.65 ~ 5.8	1.49

2. **植物学特征及抗病性**

由于法国种质来源于干旱的西非，表现抗旱的半蔓型和匍伏型种质占大多数，极大地增加了云南省花生抗旱性强的种质。分枝型以疏枝型和密枝型约各占一半。群体长势较强且整齐。除收获后期发现感染轻度到中度的常见叶斑病外，均未发现任何其他病害及严重感染叶斑病的种质。

3. **荚果种仁性状**

33 份种质果型主要为易剥壳的薄壳斧头型和薄壳茧型。种仁形状多为粉红色三角形和桃形。根据百仁重，有 3 份材料百仁重大于 50g，为中粒花生，其余 30 份材料百仁重小于 50g 为小粒花生。

4. **主要经济性状**

各种质株高在 24.9 ~ 49.9cm 之间，分枝长在 37.7 ~ 58.6cm 之间，33 份种质平均株高和平均分枝长均高于云南省种质平均。总分枝数多为 6.7 ~ 13.8 个，结果枝数在 6.3 ~ 13.0 个之间，总分枝数与云南省种质相近，但结果枝数高于云南省种质平均。突出表现为：单株结果数多，平均为 72.3 个（云南省平均为 19 个）；单株生产力高，平均高达 65.4g（云南省平均为 23.3g）；且平均出仁率也高达 69.5%。

5. **主要品质性状**

33 份种质平均含油量为 49.9%，高含油量种质（大于 50%）有 15 份。种质脂肪酸成分中，油酸平均含量为 39.5%。亚油酸平均含量为 36.5%。蛋白质平均含量也高达 27.8%，高蛋白含量种质（大于 30%）有 5 份。与云南省平均值相比，含油量、油酸含量和亚油酸含量均高于云南省种质平均（云南省种质平均含油量为 47.0%，油酸平均含量为 47.1%。亚油酸平均含量为 32.5%）。与全国种质相比，蛋白质含量、亚油酸含量高于全国水平（全国种质蛋白质含量为 26.7%，亚油酸含量 33.4%），且含油量与全国水平相近（全国平均为 50.3%）。说明引入的 33 份材料综合品质性状相对较好，但耐贮藏性指标油酸/亚油酸比低于云南省平均水平和全国平均水平，花生产品如作食品工业用，耐贮藏性需要进一步改良。

6. **风味品质**

根据口感品尝，相比云南原有品种，法国品系表现出甜、软、香、脆，口感好的特点。口味表现突出的品系为香、甜、脆品系：“Fleur11”、“13007 - 9”、“55 - 211”、“55 - 138”、“55 - 112”、“73 - 43”。香、甜、软品系：“SRV1 - 19”、“11908 - 13”、“55 - 212”、“55 - 114”、“55 - 120”、“57 - 29”。

（二）特优种质和骨干材料的筛选

从33份种质中筛选出单株生产力大于60g的材料17份，高蛋白质含量种质5份（蛋白质含量>30%），高含油量种质15份（含油量>50%），作育种材料进一步转化利用。

综合分析结果，初步筛选出高含油量、高蛋白质含量，风味好，既可榨油也可作食品用，且产量、含油率、亚油酸含量、蛋白质含量均超过对照种“弥勒本地种”的优质品系6个：“Fleur11”、“GC8－35”、“55－114”、“73－43”、“SRV1－19”、“12005－15”。高蛋白质含量，风味好，且产量、蛋白质含量均超过对照种“弥勒本地种”，可作食用优质品系3个：“55－29”、“55－138”、“10915（1）－1”。高含油量，且产量超过对照种“弥勒本地种”，可作榨油用的优质品系1个：“55－212”。筛选出的10个综合性状好的优质骨干种质，已于2001～2002年两年在弥勒、蒙自、建水、临沧、弥渡等地进行两年一轮多点适应性试验，已筛选出“Fleur11”和“55－212”两个优质高产品种在生产上的示范利用。

第三节　云南花生优异种质资源

一、高产种质

云南266份种质中单株生产力大于30g的高产种质有52份，变幅为30.0g～71.9g，其中“农花22号”单株生产力最高为71.9g。从法国引入的33份种质单株生产力均大于30g，变幅为43.7g～89.3g，其中“12005－15”，单株生产力最高为89.3g。

二、高含油量种质

301份种质中特高含油量种质（含油量大于55%）有7份，分别是：“台南11号”（57%）、“油诱”（56.3%）、“印度花生”（56.2%）、“台湾2号”（56%）、“云县红花生”（55.7%）、92－7（55.5%）、“云县花生”（55.3%）。种质中高含油种质（含油量50%～55%，包括55%）有76份，变幅为54.8%～50%。

三、特早熟种质

301份种质中生育期小于120天（不包括120天）的特早熟种质有77份，变幅为109～118天，其中生育期为109天的种质为“粤油5号”、“粤油99”和“缅甸小粒红”。

四、高抗叶斑病种质

301份种质中，高抗叶斑病种质共有41份。

五、高贮藏性能种质

种质中油亚比（即油酸和亚油酸的比）大于2的高贮藏性能种质有23份，其中特高油亚比大于3的有2份，分别为：“92－7”（3.6）和“ICG（CG）S49”（3.2）。油亚比大于2而小于3（包括2）的共21份，变幅为2.9～2。

六、高产、高含油部分性状特优种质

同时具有高产（单株生产力≥20g），高含油（含油量≥48%）两个优良特性的种质有83份。

七、综合性状特优的种质

同时具有高产（单株生产力≥20g），高含油量（含油量≥48%），早熟（生育期≤130天），中抗或高抗叶斑病，综合性状好的优质骨干材料43份。

第四节 花生种质资源在云南的研究与利用

云南省对花生种质资源的研究利用，主要分为直接研究利用和间接研究利用两种。直接利用是引进的种质经一系列初步比较试验，多点区域试验后在生产上示范推广利用；间接利用主要是种质作亲本杂交后加以利用。云南省由于受花生项目科技财力投入少、科技水平低和地理环境的限制，花生的自育水平一直很低，在资源的间接利用方面较薄弱，以直接利用为主。

一、花生种质资源在云南省的直接利用

1950~1960年，主要是从收集的45份地方品种中评选出“开远直立白皮”、“蒙自拔生”、“元江直立”、“龙武细花生”、“耿马小花生”、“杞麓直立”，“剑川直立”等7个品种。这些品种直立，抗旱、耐瘠，收获省工，一般单产2250~4500kg/hm^2，深受群众喜爱，从而迅速代替云南省原有蔓生型品种，使全省花生平均单产于1952年达到历史最高水平，平均为1260kg/hm^2，比1950年的859.5kg/hm^2，增产400.5kg/hm^2。由于受单产提高的影响，云南省花生栽培面积迅速增加，由1950年的全省6800hm^2，到1958年已达3.2万hm^2，面积扩大了4倍。

1960~1980年，是云南省直接利用花生资源的鼎盛期时期。从引进的295份资源中通过鉴定、筛选，适应性试验，1966年示范推广了“狮选3号”，“60/1”、“勾鼻生”等优良品种，1970年以后又示范推广了“狮选64号”、“水口椏子”、“65秋/27”、“66/148”等品种。这些品种在全省大部分地区都很受欢迎，群众反映普遍增产20%~50%，有的甚至成倍增长，且含油量高，品质较原有品种优异，种植面积达666.7hm^2。1973年后陆续鉴定示范推广了“辐21”，“粤油33”、“251”、“69/628”、“狮油15号”、“70-1241”及“汀171”良种，且“辐21”为第一个正式通过省品种审定委员会通过的品种。目前，“辐21”和“粤油33”在部分地区仍有种植。

1980年后，云南省引进示范推广了“粤油187”、“粤油223”、“梧油1号”等优良品种，其中“粤油187”推广面积超过6666.7hm^2，并于1987年通过省品种委员会审定通过。目前，仍是云南省大部分地区的当家品种，但退化比较严重。

“八五”期间，1994~1995两年，云南省农业厅拨款在云南省花生主产区红河州推广山东省大粒、高产花生“鲁花9号”、“8310”、“花39”、“79266”等品种。但因食味品质差，且云南省花生主要用途为直接食用和加工小食品用，因而无法大面积推广。

“九五”期间（1996~2000年），从省内外引进的74份种质中，经品种初步比较试验和两年多点试验后，已鉴定出“桂花17”和“野杂3号”两个品种，正在全省主要花生生产区示范推广。其中，“桂花17”已于2001年7月通过省品种审定委员会审定，至2001年底，全省已累计推广6万亩以上，良种覆盖率占全省面积（全省年种植面积约为60万亩）10%以上。

“十五”期间（2001~2005年），从法国引进的33份种质中经品种初步比较试验和两年多点试验后，已鉴定出“Fleur11”和“55-212”两个优良品种，正在全省主要花生生产区示范推广。

二、花生种质资源在云南省的间接利用

云南省于1976年才逐步开展常规杂交育种工作，到1984年通过系选和杂交培育出4个优良

新品系："H78－46"、"H78－27"、"O6" 和 "B10"，并在全省各点示范。这5个品系都比当时大面积推广的"辐21"增产15%～30%，但由于抗逆性、稳产性方面的原因，只有"B10"年示范面积较大。云南省花生品种资源的利用状况见（表3－4）。各品种均为高含油量（大于50%），直接利用的资源年示范面积都在666.7hm^2以上。

三、利用状况讨论

云南生产上推广的品种基本上是从广东省引进的珍珠豆型中小粒种。广东相临云南省，地理环境与云南省花生产区类似，引种较易获得成功，也比较符合引种规律，但是易造成品种地理来源狭窄，遗传基础薄弱，一般经3～4年种植后，往往表现稳产性降低，抗病性减弱，含油量下降。由于病害的原因，在大面积群体生产状况下，难以达到高产水平，因此"九五"开始，注意收集除广东省外，国内外花生产区的新资源。同时，针对云南省80%以上的花生种植在旱坡地，以及花生后期叶斑病严重的特点，收集抗旱、耐瘠、抗叶斑病的新抗源是我们引种的重点之一。

山东省是中国花生主产区，云南省共引进山东省花生资源71份。山东花生在云南省以大果、大粒、高产、高含油的特点取得优势。1994年云南省农业厅拨专款在花生主产区红河州推广，但由于云南省花生80%以上主要作低档食用消费，只有20%左右的花生榨油。因此，花生果仁的外观和适口性在市场上显得很重要。人们喜欢饱满、色泽鲜艳，适口性好、粉红或红皮的中小粒种。而推广的山东花生品种粒大，饱满度差，色泽不鲜艳，适口性差，因此，直接在云南省推广利用比较困难。但是，山东省的高产、高含油资源可在云南省育种中得到充分利用。云南省于20世纪80年代中期育成的3个杂交种，其亲本之一的来源均是山东省高产、高含油品种"群选9号"。因此，充分利用山东省花生高产、高含油的特点，利用云南省地方品种抗逆性强和广东省珍珠豆型品种早熟、种皮色泽鲜艳饱满，适口性好的特点进行杂交转育，培育出高产、高含油、早熟、抗逆性强、种皮色泽鲜艳、饱满、适口性好的中小粒种，是今后杂交育种的目标。

引进的33份法国种质的典型特点是单株生产力高，口味品质好，含油量，蛋白质含量也高，但花生仁油酸与亚油酸比值为中偏下，从而使花生或花生加工制品货架寿命短，所以，提高油亚比是以后改进法国引进种的重点方向。

"十五"期间（2001～2005年），品种资源利用工作前期以引种直接利用为主，杂交、辐射育种等间接利用为辅，后期以杂交，辐射育种等间接利用为主，引种直接利用为辅的原则，加速培育花生新品种，以尽快示范推广应用于生产。云南省花生品种资源的利用状况见表3－4。

四、云南省优良花生品种简介

（一）桂花17

花生良种"桂花17"，系云南省农科院油料所1996年初从广西省农科院经作所引进，是目前广西省大面积推广的高产优质新品种。在云南省经过一年2个点品种比较试验和两年6个点次的多点试验，证明的确是一个高产、优质、早熟，中抗叶斑病，抗旱，抗逆性很强的优良品种。目前，正在云南省花生主产区，红河州、德宏、东川、思茅、巧家、宾川、临沧等地示范推广种植，到2001年底，该品种已累计在全省示范推广6万亩以上，并已于2001年7月通过云南省品种审定委员会审定。

"桂花17" 主要特征特性表现为：①长势强健，抗倒伏能力强。该品种为半直立株型，株型紧凑，生长稳建，抗倒、抗衰。一般主茎高41cm，侧枝长44cm，总分枝数7.1条，结果枝数6.7条，叶绿色。②高产、早熟。云南省春播生育期113～122天左右，单株结果数多，为26.4

个。百果重140g，百仁重54g，出仁率高达72.4%，开花、结果集中，荚果、籽仁饱满。在两年8个点次的多点试验中，平均亩产170kg干荚果。与“粤油187”和示范点当地品种相比，“桂花17”每亩增产30kg，平均增产率为18.3%。③优质。该品种荚果斧头型，籽仁椭圆形，粉红色，饱满有光泽，口味好，商品性好。种子含油量高达51.7%，亚油酸含量为35.1%。④抗性好，适应性强。该品种中抗叶斑病，且耐旱，抗逆性强，适应性广，在全省各地均可种植。

（二）野杂3号

花生良种“野杂3号”系云南省农科院油料所1996年初从广西省农科院经作所引进，是经作所1982年用栽培种贺粤1号（2n=40）作母本，以野生种ACorrentina（2n=20）作父本杂交后得到了3倍体多年生不育种。种植后产生自然加倍和染色变异得到4倍全正常植株，再经多年选育于1990年形成的稳定品种。在云南省经过一年品种比较试验和两年6个点次的多点试验，证明是一个高产、优质、早熟，高抗叶斑病，抗旱，抗逆性很强的优良品种。目前正在云南省花生产区示范。

“野杂3号”主要特征特性表现为：①长势健壮，抗倒伏能力强。该品种为直立株型，株型紧凑，生长稳健，抗倒，抗衰。一般主茎高40cm，侧枝长42cm，总分枝数6.5条，结果枝数6.0条，叶深绿色。②高产，早熟。云南省春播115～125天。单株结果数多，平均为25.9个。百果重153g，百仁重58g。出仁率高为70.7%。开花、结果集中，荚果、籽仁饱满，在两年8个点次的多点试验中，平均亩产159kg干荚果。③优质。该品种荚果斧头型，籽仁椭圆形，有光泽鲜粉红色。含油量高达53.5%，亚油酸含量为37.1%。④抗逆性好，适应性强。该品种高抗叶斑病，且耐旱，抗逆性强，适应性广，在全省各地均可种植。

（三）Fleur11

花生良种“Fleur11”系2000年初，云南省农科院油料所从法国国际农艺发展研究中心引进。在云南省经过1年品种比较试验和两年5个点次的多点试验，证明是一个高产、优质、中熟，中抗叶斑病，抗旱，抗逆性很强的优良品种。目前，正在云南省红河州、临沧、大理、德宏等地示范种植。

“Fleur11”特征特性主要表现为：①长势健壮，抗倒伏能力强。该品种为半直立株型，株型紧凑，生长稳健，抗倒，抗衰。一般主茎高34.5cm，侧枝长39.6cm，总分枝数10.2条，结果枝数7.8条，叶深绿色。②高产，中熟。云南省春播112～130天。单株结果数多，平均为29.2个。百果重122g，百仁重48.7g。出仁率高为71.0%。开花，结果集中，荚果，籽仁饱满。在两年10个点次的多点试验中，平均亩产217kg干荚果。与“弥勒本地种”和示范点当地品种相比，“Fleur11”每亩增产6～40kg。③优质。该品种荚果斧头型，籽仁椭圆形，有光泽鲜粉红色。含油量高达51.9%，蛋白质含量高达31.0%，亚油酸含量为35.4%。④抗逆性好，适应性强。该品种中抗叶斑病，且耐旱，抗逆性强，适应性广。在全省各地均可种植。

（四）55－212

花生良种“55－212”系云南省农科院油料所于2000年初，从法国国际农艺发展研究中心引进的。在云南省经过一年品种比较试验和两年5个点次的多点试验，证明是一个高产，高含油量，中熟，抗旱，抗逆性很强，适宜榨油的优良品种。目前，正在云南红河、临沧、大理、德宏等地示范种植。

“55－212”特征特性主要表现为：①长势健壮，抗倒伏能力强。该品种为半直立株型，株型紧凑，生长稳健，抗倒，抗衰。一般主茎高39.6cm，侧枝长45.5cm，总分枝数6.5条，结果枝数5.5条，叶深绿色。②高产，中熟。云南省春播112～130天。单株结果数多，平均为28.3个。百果重98g，百仁重40.8g。出仁率高为71.9%。开花，结果集中，荚果，籽仁饱满，种仁偏小。在两年10个点次的多点试验中，平均亩产206kg干荚果。与“弥勒本地种”和示范点当地品种相比，“55－212”每亩增产10～30kg。③优质。该品种荚果斧头型，籽仁桃形，有光泽鲜粉红色。突出表现为含油量高达54.0%，但蛋白质含量偏低为25.1%，亚油酸含量为33.8%。④抗逆性好，适应性强。该品种中抗叶斑病，且耐旱，抗逆性强，适应性广，在全省各地均可种植。

表3－4 云南省花生品种资源的利用状况

Table 3－4 Utilization of Yunnan peanut germplasms

利用方式 Utilization	品种名称 Varieties	来源 Sources	栽培历史 Culture history	类型 type	主要利用特点 Agronomic characlers
地方品种评选	开远直立白皮	不详	开远栽培多年	珍珠豆型	抗旱、耐瘠、高产、稳产
地方品种评选	蒙自拔生	不详	蒙自栽培多年	珍珠豆型	抗旱、耐瘠、高产、抗病虫
地方品种评选	元江直立	不详	元江栽培多年	珍珠豆型	抗旱、抗病虫、高产适应性广
地方品种评选	龙武细花生	不详	石屏栽培多年	珍珠豆型	抗旱、耐瘠、高产、适应性强
地方品种评选	耿马小花生	不详	耿马栽培多年	珍珠豆型	抗旱、耐瘠、高产、适宜性广
地方品种评选	杞麓直立	不详	通海栽培多年	珍珠豆型	抗旱、耐瘠、高产
地方品种评选	剑川直立	不详	剑川栽培多年	多粒型	抗旱、耐瘠、高产
引种	勾鼻生	福建	1960年引入	珍珠豆型	抗旱、耐瘠、高产
引种	狮选3号	广东	1963年引入	珍珠豆型	耐瘠、抗病虫、高产、稳产
引种	60/1	广东	1963年引入	珍珠豆型	抗旱、耐瘠、高产、抗病虫
引种	狮选64号	广东	1964年引入	珍珠豆型	抗旱、耐瘠、高产
引种	水口椏子	广东	1966年引入	珍珠豆型	耐瘠、抗病虫、高产
引种	65秋/27	广东	1969年引入	珍珠豆型	耐涝、抗病虫、高产
引种	66/148	广东	1969年引入	珍珠豆型	抗旱、高产
引种	狮油15号	广东	1972年引入	珍珠豆型	抗旱、耐涝、抗瘠、高产
引种	70－1241	广东	1972年引入	珍珠豆型	耐涝、抗瘠、高产
引种	汀171选	广东	1972年引入	珍珠豆型	抗旱、高产
引种	粤油33	广东	1972年引入	珍珠豆型	抗旱、耐涝、抗瘠、高产
引种	辐21	广东	1973年引入	珍珠豆型	抗旱、耐涝、抗瘠、抗病、高产
引种	251	福建	1973年引入	珍珠豆型	抗旱、抗病、高产
引种	69/628	广东	1973年引入	珍珠豆型	高产
引种	粤油187	广东	1978年引入	珍珠豆型	抗旱、高产、抗倒、适应性广
常规杂交育种	H78－46	群选9号×直立白皮	1984年示范	中间型	抗旱、高产、整齐
常规杂交育种	H78－47	群选9号×直立白皮	1984年示范	中间型	抗旱、抗叶斑病、高产、抗倒
常规杂交育种	H78－27	群选9号×直立白皮	1984年示范	中间型	抗旱、早熟、高产
系统选育	06	白沙142	1985年示范	珍珠豆型	抗旱、抗叶斑病、高产、
系统选育	B10	辐21	1985年示范	珍珠豆型	抗旱、抗叶斑、根茎腐病、高产

续表 3－4

利用方式 Utilization	品种名称 Varieties	来源 Sources	栽培历史 Culture history	类型 type	主要利用特点 Agronomic characlers
引种	粤油 223	广东	1988 年引入	珍珠豆型	抗锈性强、高产
引种	梧油 1 号	广西	1988 年引入	珍珠豆型	高产
引种	鲁花 9 号	山东	1991 年引入	普通型	高产、大果
引种	8310	山东	1991 年引入	普通型	高产、大果
引种	花 39	山东	1991 年引入	普通型	高产、大果
引种	79266	山东	1991 年引入	普通型	高产、大果
引种	桂花 17	广西	1996 年引入	珍珠豆型	高产、优质、中抗叶斑病
引种	野杂 3 号	广西	1996 年引入	中间型	高产、高抗叶斑病、适宜性强
引种	Fleur11	法国	2000 年引入	珍珠豆型	高产、优质、适宜性强
引种	55－212	法国	2000 年引入	珍珠豆型	高产、高含油、适宜性强

参 考 文 献

〔1〕柳志玲等．花生一章，《云南省种植业区划》．农业技术出版社，1987
〔2〕刘桂梅等．我国花生种质资源主要品质性状鉴定．中国油料，1993 第 1 期 18～20
〔3〕杨丽英．花生《油料作物栽培技术》．云南省农村致富技术函授大学教材，1996 年 10 月
〔4〕杨丽英等．云南花生生产科技状况的历史回顾及展望．花生科技 ，1996 第 2 期
〔5〕杨丽英等．云南花生品种资源的收集、引进和利用．花生科技，1997 第 4 期
〔6〕葛再伟．《立足自身优势，发展云南花生生产》．花生科技，1998 年第 2 期
〔7〕葛再伟，杨丽英等．“云南花生种质资源的鉴定与筛选”．花生科技，1999 年第 1 期 18～21
〔8〕葛再伟．种植花生如何选择理想品种”．农村实用技术，1999 年第 3 期
〔9〕葛再伟，杨丽英等．“云南花生种质资源研究”．花生科技，1999 年增刊
〔10〕杨丽英，葛再伟等．“花生良种桂花 17”．云南农业，2001 年第 5 期
〔11〕杨丽英，葛再伟等．“法国花生种质资源在云南省的表现、评价和利用”．花生学报，2001 增刊
〔12〕杨丽英，葛再伟等．“云南省花生种质丰产性和品质性状的改良潜力”．花生学报，2002 年第 1 期
〔13〕葛再伟，杨丽英等．“国外花生种质资源引种鉴定”．植物遗传资源科学，2002 年第 1 期
〔14〕葛再伟，杨丽英等．“花生新品种桂花 17 引种鉴定及利用研究”．种子，2002 年第 2 期
〔15〕葛再伟，杨丽英等．“FLEUR11 特征特性及高产栽培”．云南农业，2002 年第 5 期

第四章　云南红花种质资源

红花（*Carthamus tinctorius* L.）是菊科（Compositae）红花属（*Carthamus* L.），一二年生草本植物，起源于地中海沿岸，是广泛种植、开发利用的栽培红花。

红花是栽培历史悠久的古老作物。在埃及金字塔内就有考古发现。除红花种子以外，木乃伊的裹尸布就是利用了其花瓣的颜色及其防腐作用。中国自汉代引入后，主要是作为中草药，其后才逐步利用其种子喂养鸟类和人类榨油食用。

现代科技的发展使人们认识到，红花油是含亚油酸较高的植物油，是人类理想的食用油。近年来，又发现了在个别种质中，其油酸的含量高达74%，成分很像橄榄油，为开发利用又展示了更加广阔的前景。

第一节　红花的分类、起源和栽培中心

一、红花的分类

1. 虎克和杰克逊的分类

红花（*Carthamus tinctorius* L.）是菊科（Compositae）红兰花属（*Carthamus* L.），一二年生草本植物。据著名植物学家虎克和杰克逊（Hooker and Jackson）的研究，红花有60种。

（1）短茎红花 *Carthamus acaulis* presl ex Stend.

（2）非洲红花 *C. africanus* Lam.

（3）白红花 *C. albus* Dest.

（4）蛛毛红花 *C. araneosus* Sch. Bip.

（5）木本（高大）红花 *C. arborescens* L.

（6）阿尔门红花 *C. armenus* Willd.

（7）伊比利亚红花 *C. baeticus* Nym.（=lanatus）

（8）巴西红花 *C. brasiliensis* Vell.

（9）蓝红花 *C. caerulens* Linn.（=Carduncellus Caerulelus）

（10）网格状红花 *C. cancellatus* Lam.（=Atractylis Cancellata）

（11）灰白红花 *C. canescens* Lam.（=cnicus Acama）

（12）灰白红花 *C. canescenss* Russell

（13）似蓟红花 *C. cardunceilus* L.（Carduncelllus monospeliensium）

（14）南非红花 *C. caroliniunus* Walter（=Elophantopus Carolioanus）

（15）撒房花序红花 *C. carymbosus* Linn.（=Cardopatium Corymbosum）

（16）克里特红花 *C. creticus* L.（=lanatus）

（17）克里特红花 *C. creticus* Linn.（=glaucus）

（18）淡青红花 *C. cyaneus* Banks ex steud.（Stokesia Cyanea）

（19）似莱蓟红花 *C. cynaroides* Bieb.（=Cousinia cynaroides）

（20）齿状红花 *C. dentatus* Vahl

（21）山营蓝红花 *C. dianius* Coincy.（=carduncellus caeruleus）

(22) 高大红花 *C. elatus* Nym.
(23) 锐利红花 *C. ferox* Lam. (=Cnicus ferox)
(24) 淡黄红花 *C. flavescens* Willd.
(25) 河流红花 *C. fluminensis* Vell.
(26) 无毛红花 *C. glaber* Burm. f.
(27) 苍白红花 *C. glaucus* Bieb.
(28) 生胶红花 *C. gummiferus* Lam. (=Atractylis gummifera)
(29) 似堆心菊红花 *C. helenioides* Desf.
(30) 羊膻红花 *C. hircinus* Lag. ex Spreng. (=arborescens)
(31) 西班牙红花 *C. hispanicus* Webb. & Berth.
(32) 矮红花 *C. humilis* Lam. (=Carduncellus pinnatus)
(33) 全缘叶红花 *C. integrifolius* Hort. ex Webb. & Berth. (=Carlina salicifolia)
(34) 具总苞红花 *C. involucratus* Lam. (=Cnicus spinosissimus)
(35) 光滑红花 *C. laevis* Hill (=stokesia cyanea)
(36) 绵毛红花 *C. lanatus* Linn.
(37) 白茎红花 *C. leucocaulos* Sibth. & Sm.
(38) 线型红花 *C. linearifolius* Molina
(39) 斑状红花 *C. maculatus* Lam. (=silybum marianum)
(40) 麦哲仑红花 *C. magellanicus* Lam.
(41) 海岸红花 *C. mareoticus* Delile
(42) 极细红花 *C. mitissimus* Linn. (=Carduncellus mitissimus)
(43) 多次分裂红花 *C. multifidus* Desf. (=Carduncellus caeruleus)
(44) 光亮红花 *C. nitidus* Boiss.
(45) 尖刺红花 *C. oxyacantha* Bieb.
(46) 梳形红花 *C. pectinatus* Desf. (=Carduncellus pectinatus)
(47) 波斯红花 *C. persicus* Desf. ex Willd. (=flavescens)
(48) 波斯红花 *C. persicus* Willd. ex Boiss. (=leucocaulos)
(49) 羽叶红花 *C. pinnatus* Desf. (=Carduncellus pinnatus)
(50) 多刺红花 *C. polyacantha* Bieb.
(51) 翅茎红花 *C. pteroaulos* C. A. Mey. (=Cousinia Hystrix)
(52) 刚硬红花 *C. rigidus* Burm. f.
(53) 刚硬红花 *C. rigidus* Willd. (=arborescens)
(54) 柳叶红花 *C. salicifolius* L. f.
(55) 牛头红花 *C. tauricus* Bieb. (=lanatus)
(56) 特纳利夫红花 *C. teneriffae* J. F. Gmel. ex Steud.
(57) 栽培红花 *C. tinctorius* Linn.
(58) 丹吉尔红花 *C. tingitanus* Linn. (= Carduncellus caeruleus)
(59) 毛红花 *C. tomentosus* J. F. Gmel.
(60) 尖顶形红花 *C. turbinatus* Nym.

20 世纪，植物分类学家又不断的进行分类、归并后，一般认为约有 20~25 种。其原产地为大西洋东部、非洲西北部的加那利群岛及地中海沿岸（北非东至埃及，北沿南欧的西班牙至希腊，往东至小亚细亚达中东、印度）。而几十种红花中，仅有栽培红花为古老的栽培种

（*Carthamine tinctorius* L.）是可以直接利用的。

2. Knowles 分类

根据美国前加州大学农学院院长、著名的红花专家 Knowles D. F. 的研究，认为常见的红花（*Carthamine* L.）的几个种，可按染色体的数目分为 4 个组。

A. 第一组（2n = 24）

（1）红花（*Carthamine tinctorius* L.），栽培红花，属于彼此近缘的二倍体类群。

（2）巴勒斯坦红花（*C. palaestinus* Eig.），又称沙漠野生红花。其分布从以色列到伊拉克西部的沙漠地区，为自交不亲和，种子与栽培红花相似，但成熟后易脱落，在冠毛之下呈褐色。

（3）尖刺红花（*C. oxyacantha* M. Bieb.），又称印度野生红花。分布从伊朗和伊拉克到印度西北部，有自交亲和、不亲和两类。有很强的抗病基因，种子横切面为卵圆形，无冠毛，成熟后易脱落。

第 2、第 3 两种被认为可能是栽培红花的祖先，它们与栽培红花杂交能得到可育的后代。

（4）木本红花（*C. arborescens* Linn.），亦称高大红花，为西班牙及其相邻的北部及其相邻地区发现的野生红花，花为黄色。

（5）蓝色红花（*C. caerulens* Linn.），分布于法国克什米亚的广阔地带，花为蓝色。

以上第 4、第 5 两种是二年生草本植物，与栽培红花杂交后未获得后代。

B. 第二组（2n = 20）

本组为地中海东部的野生红花，花蓝色或粉红色或白色，而花粉都是白色。

（6）亚历山大红花（*C. alexandrinus* Boiss. & Bornm）

（7）细叶红花［*C. tenuis*（Boiss.）Bornm］

（8）叙利亚红花［*C. syriacus*（Boiss.）Bornm］

（9）苍白红花（*C. glaucus* M. Bieb.），花球大，总苞片卵圆形而不呈线形。苍白红花和细叶红花都能和栽培红花杂交，巴勒斯坦红花也可和细叶红花杂交得到 F_1 代，但尖刺红花与细叶红花杂交后则为不育。

C. 第三组（2n = 44）

（10）绵毛红花（*C. tanatus* L.），茎高，木质化，叶小而多刺，花头直径为 12.7mm，长 38.1mm；花柠檬黄色；全株有长绵毛。在欧、亚分布较广。可能是第一组和第三组的双杂交种。与第一组和第二组的杂交全部种不育。

D. 第四组（2n = 64）

（11）伊比利亚红花［*C. baeticus*（Boiss. et Reut）Nym.］，本种与绵毛红花相似，但花球较小，总苞片向外张开呈钟状，花浅黄色，植株的绒毛较少。分布于欧洲南部的伊比利亚半岛及其毗邻的北非地区。

诺尔斯认为，栽培红花来源于绵毛红花和尖刺红花，而且它们有着亲缘关系，二者的汇集点在近东地区。瓦维诺夫（Vavilv）认为有 3 个起源中心：①印度，具有丰富的红花种质资源和悠久的栽培历史；②阿富汗，是基于变异性和野生种接近；③埃及被认为是最初出现野生种的地方。

二、红花的起源和栽培中心

1. 相似中心

诺尔斯、阿什里等根据红花的变异性，提出了“相似中心论”。它既不是起源中心，也不是分布中心，而是根据大多数红花种质资源的特性提出的，7 个相似中心。

（1）远东、中国、日本和朝鲜。

（2）印度、巴基斯坦、孟加拉国。

（3）中东、阿富汗至土尔其、俄罗斯南部至印度洋。

（4）埃及尼罗河的阿斯旺北部边缘。

（5）苏丹北部的尼罗河与埃及南部边缘。

（6）埃塞俄比亚。

（7）欧洲及其西北非（西班牙、葡萄牙、法国、意大利、罗马尼亚，以及非洲的摩纳哥和阿尔及利亚）。

2. 多样性中心

它们形成了红花主要类型的多样性中心。

（1）远东：晚熟、有刺、植株高、花红色。

（2）印度—巴基斯坦：早熟、多刺、植株矮，花橙色。

（3）中东：晚熟、无刺、植株高、花红色。

（4）埃及：多变异，通常为大型头状花序。

（5）苏丹：早熟、多刺、花黄色。

（6）埃塞俄比亚：晚熟、多刺、植株高、花红色。

（7）欧洲：多变异。

3. 红花起源

红花作为栽培作物，在埃及考古学的记载中，金字塔法老的墓中发现有红花的种子、花瓣及其木乃伊用红花红色素染色的尸布，距今已有3600年的历史。直到19世纪初期，红花色素仍然是重要的植物纤维的染料。目前，在埃及到德黑兰一带的城市中仍然将红花色素作为食品染料；红花种子在古罗马时代的埃及，或许更早一些曾被用作油料的来源。

据考证，自西汉张骞通西域以来，红花从国外引入中国，至今已有2100多年的历史。过去红花主要作药用，兼作染料用于食品和纺织品中，很少作油料用。油用红花是二次世界大战以来新兴的油料作物。

第二节　云南红花栽培历史及发展前景

红花在云南以大理州栽培历史最为悠久。自唐代永徽年间（650～655年），大理三月街已有药材出售，每年农历三月十五日至二十日，各族群众跋山涉水，从四面八方赶来，汇集于大理点苍山麓进行物资交流，药材交易者不计其数。而当时南诏国的发祥地巍山，即现在云南的红花主产地，在明朝初年洪武至正统年间（1368～1449年），云南地方当局向朝廷进贡的药物，常常一年达4～5次，药物中有琥珀，苏木，檀香，犀角、红花等几十种。可见云南种植红花的历史已达千年以上，而且云南的红花也属上等品级。据收集到的地方品种资源，包括大理州的巍山、弥渡、漾濞、宾川，以及昭通地区的的巧家，红河州的蒙自，临沧地区的凤庆，保山地区的昌宁等地的品种，具有明显的生物多样性。它们主要分布在金沙江、怒江、澜沧江、红河的低海拔热河谷地区，由于长期种植形成了不同的种群。其来源是从中原引进，还是通过南方的丝绸之路由印度经缅甸传入，现无从考证。这些地区，历史上生产的红花，以采花入药为主，红花籽可作为鸡饲料。据调查，公鸡吃多了不会鸣叫，母鸡吃多了不会下蛋，但都长得很胖。也有的将红花籽炒香后，磨碎拌凉菜作为调味品。从20世纪80年代由于科技的发展，对红花油认识的加深，在云南省农科院油料所的带动下，红花籽开始进行小规模的压榨加工，并逐渐进入市场；昆明虫胶厂是中国提取红花花瓣黄色素首先成功的单位，并制定了中国的国家标准。到20世纪80年代后期，云南省生产红花黄色素的厂家有昆明虫胶厂、昆明市轻工研究所和昆明食品添加剂厂，形成了年产32t的生产能力，曾每年出口12t到日本；与此同时，花瓣每年也有100t左右出口到日本提取色素，两项产品年出口额达100余万美元。出口数十吨到东南亚国家，作为传统的中药材，而中国的其他省区也到云南省进行采购。据调查，云南的红花花瓣品质好，砷、铅、汞含量低，每年的供货时间比北方省区提前4~5个月，所以，市场占有份额较高。

云南的红花科研和生产，在云南省科委和云南省政府生物资源创新工程办公室的支持下，无论从深度和广度上都得到了长足的发展。云南省农科院油料所与国内外的一些科研单位建立了密切的合作关系，收集到国内外红花种质资源2000余份，为云南省红花产业的发展奠定了物质基础。在农业产业结构调整中，云南一些地、州、县，正积极发展红花种植，已推出3个牌号的红花油，推动着产业化发展进程。与此同时，云南省农科院油料所利用收集到的中国及48个国家的2000余份红花种质资源，选育适应云南省红花主产区的高产、高油、高亚油酸、高红色素的红花新品种。并研究开发红花油、红花色素、红花花粉、红花蛋白等适销对路的系列产品，以满足人们日益增长的物质生活需要。

目前，红花系列产品的研究开发，主要集中在利用高亚油酸生产亚油酸乙酯及其系列产品以治疗心脑血管疾病；以亚油酸为原料，生产共轭亚油酸作为保健品防治癌症；以高亚油酸的红花油为原料生产高档色拉油，经氢化后生产人造奶油、奶酪代替传统含有大量胆固醇的牛乳制品黄油，从而有利于身体健康；以高油酸的红花油为原料，生产高级烹调用油，并作为高级化妆品生产的原料，加工润肤霜、露、发油等产品；以红花花瓣为原料研发的红花茶饮料及红花制剂，应用于医药卫生；提取红花黄色素、红花红色素及其药品、化妆品；花粉食品、蛋白食品、复合氨基酸营养液等。

云南省种植红花的面积，常年为1~3万亩，由于市场供求关系的左右及价格的波动，制约了红花生产的发展。随着人们对红花油的逐步认识，国际上对红花花瓣、红花籽及其加工产品的需求量扩大，加之云南省对红花产品的研究开拓，必将促进红花大面积的种植和加工业的发展。云南省适宜种植红花一般在海拔1600m以下地区，土地面积极广，可达百万亩以上，只要市场需要就能尽快发展，其前景不可低估。

第三节 云南红花资源的类型和分布

云南红花资源较为丰富，由于栽培历史悠久，在人工选择和自然选择的情况下，形成了相对稳定的生态类型和群体，但也从国内外不断的引入一些新的种质资源，增加了生物多样性。目前，云南大面积种植的农家品种中所收集到的红花资源，除昆明植物所收集的毛叶红花［据说是在靠近怒江州片马地区收集到的，因靠近印度，待实际考察后，才能确定中国是否是红花（*Carthamine* L.）的起源地］属于绵毛红花（*C. tanatus* Linn.），其余的云南大面积种植的农家品种都属栽培红花（*C. tinctorius* Linn.）。

这些地方品种属远东中晚熟温敏类型，在云南海拔1600米的弥渡秋播的情况下，生育期176~192天。它们随播种期及红花生长期的有效积温的高低及栽培密度、水肥管理而变化，积温越高，生育期越短。株高在93.4~198.4cm，叶片有卵形、椭圆形、长椭圆形、披针形、倒披针；叶缘呈全缘、锯齿、浅裂；苞片的刺有多、少、无，长、短之分；花球呈圆锥、椭圆、卵圆或扁平状；花色有桔黄、桔红、红色3种色调；含油率21.2%~26.4%；亚油酸含量72.17%~79.59%，在栽培红花（*C. tinctorius* Linn.）中属于中等类型。由于历史上形成以产花为主的格局，要发展为“以油为主，油花兼用，综合利用”的局面，还必须加强科研，选育高油无刺品种，进行推广，需有待一些时日。红花的种植区域分布在怒江、澜沧江、元江、红河、金沙江及其支流的河谷地区，尤以澜沧江流域的漾濞、巍山、南涧、永平、昌宁、凤庆、云县、临沧、景东，红河上游礼社江的弥渡、南华、金沙江流域的宾川、巧家等地种植历史悠久；而近年来，主要种植地区却是以巍山、弥渡、昌宁、凤庆种植较多，也较集中，约占全省种植面积的95%左右。巍山县的红花主要种植在马鞍山、漾江、五印、民强、青华；弥渡县的红花主要种植在苴力、德苴、牛街；昌宁县的红花主要种植在珠街（靠黑惠江）、羊街、柯街等，凤庆县种植在安义、永发、永新等，海拔在1000～1600m的地区。

第四节 红花资源生态多样性

由于收集的红花资源，除云南省的以外，有中国各省区的品种100余份，北至新疆塔城北纬47°，南至云南蒙自北纬23°。长江以北为春播作物，生长期集中在长日照高温条件下，南方为秋播作物，生长期多集中在短日照低温条件下；长期生长在各种气候类型和栽培条件下形成了各种不同的极其复杂的生态类型。加之收集的国内外品种2000余份，来自6大洲48个国家的种质资源，其生态多样性更显得极其丰富。

一、红花的生长发育阶段

红花的生长发育大致分为出苗期、莲座期、伸长期、分枝期、现蕾期、开花期及成熟期。

（一）莲座期

红花种子在出苗以后，茎不伸长，叶片紧贴地面，不断长出很多叶片，其形状如莲花，因此，称这一发育阶段为莲座期也叫莲座叶丛期。

莲座期的长短与品种、播种期、出苗时期的温度，日照长短密切相关，是品种对外界温度和日照环境不利因素的反应。如中国长江以北品种，尤其是新疆、青海、宁夏的品种，莲座期一般较长。它们只有在高温、长日照的条件下，才能完成莲座期的营养生长，而进入分枝期；而生长在云南、四川、印度的大多数品种只要气温适宜，基本不受日照的影响就很快结束莲座期，进入分枝期。同一类品种在昆明和元谋，同时在秋季10月份种植，在昆明的莲座期可达2～3个月，而在元谋只要1～2个月，称这类品种属于温敏型的（由于昆明与元谋纬度相近，日照时数相近，仅考虑温度为主导因子）；而昆明（昆明日照短）在秋播（10月份），与新疆乌鲁木齐（日照长）春播（4月中旬）时气温相差不大，而它在两地的莲座期间积温相同，但在乌鲁木齐的莲座期却缩短了，称与此相同的一类品种属光敏型；另一类品种积温相同，日照长或日照短的情况下莲座期相近，这类品种被称之为光迟钝型；另一类品种在昆明、元谋、乌鲁木齐种植莲座期相同或相近，这类品种称之为光温迟钝型品种；而同一类品种在三地种植后，元谋和乌鲁木齐种植的莲座期都有不同的缩短，对这类品种被称为光、温敏型。将这类品种夏季播种在新疆的吐鲁番，就会发现其莲座期大大缩短，说明光、温对红花莲座期有加成作用。

通过对28个国家的695份红花在上述3个典型的生态环境下，研究了它们的莲座期，发现光温迟钝型的品种仅占7%，而其他品种都属光、温、光温敏感型或过渡类型。这说明温度高，莲座期就短，温度低，莲座期就延长。莲座期是适应低温环境的一种特性，选择抗寒的品种多从莲座期长的各型红花中筛选（如远东型的中国西北新疆、青海和中东型伊朗、伊拉克、阿富汗的品种中筛选）。日照的长短是影响莲座期的另一重要因素，虽红花是原产热带亚热带的油料作物，但它却是长日照作物。从总体来说，在短日照条件下，莲座期显著延长，在长日照条件下，莲座期大大缩短，甚至消失。当温度伴随日照的增长而逐渐升高，特别是纬度较高的地区，更显得明显。红花在这两个主要因素的综合作用下，使莲座期的长短发生了很大的变化。当然也有一些特殊的品种，莲座期并没有随日照时数的增加和温度的升高而缩短，却相反，长日照和高温度延长了这些品种的莲座期即营养生长期，致使不能进入伸长期便渐渐死亡，如 Bxy－240，Bxy1683。

（二）伸长期

各品种随着温度的升高和日照的加长，逐渐进入伸长期。这一时期植株的主要特征是节间显著加长，植株迅速长高，每天伸长 4～5cm，有的甚至更快。由于植株在伸长期进入高速生长阶段，因此，对肥水的需要急剧增长，因此需及时追肥和沟道灌溉，而且灌溉应在早、晚进行，灌溉以后及时撤水，以免造成病害。伸长期的长短和植株的高矮与品种的生态类型以及种植地区的光、温和水肥条件有密切的关系。如新疆光敏型的材料需要长日照条件，在北半球的南部，低纬度地区可以生长到 2.2～2.5m，而在原产地仅 0.8m 左右。

（三）分枝期

植株进入分枝阶段后，在植株顶端几个叶腋分别长出侧芽，侧芽逐渐长成第一分枝，红花茎的顶端和每一分枝的顶端，都会生长着一个花球；同样在一级分枝的几个叶腋分别长出侧芽，这些侧芽逐渐长成第二分枝（即再分枝），分枝越多，花球也越多，单株的花和种子产量也就越高。同一品种秋播比春播分枝多，一般让红花的营养生长在短日照下有较长的生长期，营养体稍大一些，然后再处于长日照及高温条件下，以提高红花的产量。在这个时期植株生长迅速，叶面积也迅速增加，因而，应加强肥水管理，以促进植株生长。对光敏类型的材料（我国新疆和阿富汗的多数品种），如果在低纬度地区种植，虽在高温条件下（元谋日均气温在 25～30℃），分枝到现蕾期会延长，比云南、四川及印度的品种延长 25～30 天左右。

（四）现蕾和开花期

当红花的主茎顶端的花芽形成一个花蕾达 1cm 时，便进入现蕾期。花蕾逐渐生长成为花球，在花球中的小花发育成熟后，伸出内部总苞苞片，然后花瓣展开。当 10% 的植株主茎上的花球开放时，植株进入始花阶段。每个头状花序的小花有 60～224 朵，其中 25.1%～43.2% 的雄花。红花植株开花的顺序是主茎顶端的花球最先开放，然后接近顶部的第一级花球逐渐开放。一般自上而下开放，当然，发育较好的下部分枝上的花球，有时也略早于植株中部的花球先开。

红花是长日照植物，长日照促进红花的生长发育，在温度、水分满足需要的条件下，不论播种期的早、晚，只要处于长日照条件下，红花就能开花；而有对长日照特别敏感的品种，在低纬度地区，就不会开花。

二、红花的光温特性

在地球上，每天最大的日照时数是随纬度而变化的。在赤道上，日照时数基本上是 12.1 小时，几乎不变。但在北纬 50°的地方，12 月冬至的日照时数为 8.1 小时到 6 月夏至却增加到 16.3 小时。

中国地处北半球，夏至白昼最长，冬至白昼最短，其昼夜长短的变化随纬度的高低而变化，纬度越高变幅越大，这就是中国北方晚播红花植株矮小，生育期短，产量低的原因。由于红花的光温生态类型的区别，使它们对长日照的反应在程度上有极大的差异。来源于高纬度的品种，由于长期栽培在夏季的长日照条件下，自然选择和人工选择，逐渐适应长日照的环境。当其引种到低纬度短日照的环境中，就不能正常的开花、结实。而短日照低纬度地区的红花引种到高纬度的长日照地区就会早熟，而且产量很低，因此，必须尽早播种。

短日照地区的品种一般对温度敏感的类型较多。在短日照条件下，有利于红花的营养生长，长日照有利于红花的生殖生长。在低纬度地区引种上，一定要考虑引种温敏型的，而不应引种光敏型的品种。在生产上，为获得丰产，必须让红花的苗期处于短日照条件下，使之根深叶茂，积累营养，在此基础上，再给予长日照以促进开花结实。要达到这一目的，可以通过选择适当的播种期以满足红花生产的需要。

云南省地处低纬度地区，红花地方品种属于温敏型品种，加之，长期种于低热河谷，在秋播的条件下，每天的日照时数就更短。长期的自然选择和人工选择，使其形成特殊的生态类型，可以对日照的要求很低就能满足营养及生殖生长的需要。如何引种？如何选育新品种和提高红花的产量？就必须掌握红花的特殊生理要求，以顺应云南的自然条件，才能取得预想的结果。

第五节　红花的收集、整理和研究

一、资源的收集

1987 年以前，在云南省收集到的地方品种 9 个，向中科院植物所、中国农科院油料所，新疆农科院经作所等研究单位征集到国内外品种 68 个，其中有刚引进的国外新选育注册的高含油量品种 10 个。1988 年收集国内资源 218 份，1989 年美国加州大学农学院院长、著名的红花专家诺尔斯（Knowles，P. F）到中国来赠给了 45 个国家和地区收集材料 1460 份。由国际粮农组织主持的国际区域适应性试验，获得种质 35，在几年的工作中筛选了 910 份。目前，云南省农科院油料所拥有国内外红花种质 2700 余份，为全国红花种质资源保存数量最多的单位之一。

二、资源的整理和研究

（一）优势重组开展合作研究

充分利用国内有关单位的技术和设备力量搞好资源的研究。云南和中科院北京植物园协作，进行含油量及耐盐性测定；与新疆农科院经作所协作，进行蛋白质含量及皮壳率的测定，以及中国南北地区秋播和春播的生态研究。通过 3 年的试验、整理、评价，选出一批分别具有不同优良性状的优良种质和优良株系。这些种质将丰富中国的红花基因库，对中国红花科研和生产产生深远的影响。

（二）设计和方法

材料：1989 年在云南省农科院油料所种植 201 份；1990 年种植 1334 份；1991 年在元谋试验的材料 1593 份。

部分材料用 3 年的时间分别在昆明、元谋和乌鲁木齐 3 个试验基地进行，取得了光周期相同、而温度不同情况下红花不同种质的表现资料。在南北（云南、新疆），秋播、春播情况下，光照不同、气温相近种质表现出不同的生态特点。采用统一的间比法设计：1.5m 单行小区，每 50 个小区设一对照，云南红花，株距 15cm，行距 30cm 与 60cm 交替（宽、窄行便于观察），平均 45cm，理论密度为每亩 98759 株。观察记载标准采用联合国粮农组织（FAO）所属国际植物遗传资源委员会（IBPGR）制定的红花描述项目（Descriptors for safflower）标准。包括物候期（播种期、出苗期、莲座期、伸长期、现蕾期、初花期、终花期、成熟期），形态学特征（分枝角度、叶型、叶缘、叶刺、苞叶、刺数、刺长和刺的着生位置，花球形状，花色等）；测量株高、有效分枝高度、分枝角度、顶花球直径；考察每株花球数、百粒重、单果球着粒数和单株生产力等农艺性状；鉴定病虫害发生情况金额抗逆性等项目。

油的脂肪酸组份，采用气相色谱仪，样品经甲酯化后层析测定；用索氏法测定种子含油率；蛋白质采用粗蛋白总量测定；皮壳率采用重量法，50 粒风干种子称重，在种子发芽后，去仁，烘干，种壳称重测定；耐盐、碱性，采用种子在盐、碱溶液中发芽，阶段选择其临界期的方法来测定。

（三）结果与分析

红花（C. tinctorius L.）由于长期在各种生态环境下种植，出现了各种生态类型，在自然杂交、自然选择，以及人类活动中有意识杂交选育，红花的自交和异花授粉，其后代分离出的种类十分丰富。下面就红花的生态类型、含油量、脂肪酸、有无刺、花色、顶花球直径、单株果球数、种子百粒重等进行评述。

1. 生态类型

红花在生长发育过程中，莲座期的长短首先取决于品种，其次是温度和日照长短。以下对昆明、元谋、乌鲁木齐 3 个试点的春播、秋播条件下，619 个种质在不同的生态环境中莲座叶丛期的情况进行分析：

新疆乌鲁木齐北纬 34°34′，属我国的高纬度地区，春播红花出苗就处在长日照条件下，但气温较低；地处云南省的昆明和元谋分别是北纬 25°01′及 25°44′属低纬度地区，在秋播情况下，红花出苗后是处在短日照条件下，每日平均最大可照时数相近，昆明属北亚热带气候，而元谋属南亚热带气候，两地这段时期（10 月下旬至 1 月上旬）月平均气温相差 7℃左右（见表 4－1）。从 3 个试验点种植的 619 份材料的考察中，可以清楚的看到：在相同光照下，（昆明、元谋点）莲座期的长短有着明显的差异，变幅从 0～51 天；材料来自伊朗的 BXY0019，在元谋莲座期为 27 天，在昆明的莲座期为 78 天，变幅达 51 天，是典型的温度敏感类型；来自西班牙的 BXY0453 在昆明的短日照条件下，莲座期为 88 天，而在乌鲁木齐长日照条件下，虽气温较昆明低，但莲座期仅 39 天，其变幅达 49 天，是典型的光敏型品种。在研究材料中，有一类无论高温短日照的元谋，长日照的乌鲁木齐或是短日照、气温适中的昆明，其莲座期表现出一致性或者相差无几。这样的材料，如印度 BXY0809、BXY0911 等 11 个材料，以及来自伊朗、南非、土耳其、中国、墨西哥、叙利亚等国的部分品种，称其为光温迟钝型品种。再一类是光温敏感性品种，在高温、短日照的元谋及长日照低温的乌鲁木齐，都比在短日照，气温适中的昆明，莲座期明显缩短 10 天以上。这些材料中，以印度的最多，其次是来自伊朗等国的品种。如来自孟加拉国的 BXY0914 在昆明的莲座期是 52 天，而在元谋或乌鲁木齐的莲座期却减少到 33～34 天。在光敏感型、温敏感型及光温迟钝型 4 类之间，有一些过度类型存在，分类上是不易绝然分开的（见表 4－2）。

伊朗、阿富汗、土耳其、前苏联 、德国、英国的品种一般莲座期较长，但能耐－15℃寒冷。中国黄河以北的地方品种也有类似情况，属冬型或半冬型品种，对长日照比较敏感，亦称光敏感型。另一类是莲座期一般较短的品种，多来自印度、埃塞俄比亚、墨西哥、巴基斯坦、以色列和苏丹。这些材料属温度敏感型，但抗寒能力较弱，称之春型品种。而以下的品种，如印度的 BXY0809、BXY0814、BXY1474、BXY0623、BXY0640、BXY0866；伊朗：BXY1188、BXY1253；叙利亚的 BXY1179；葡萄牙的 BXY0494、BXY0490、BXY0540、BXY0541、BXY0542、BXY0544；西班牙的 BXY0445、BXY0600；南非的 BXY0594；土耳其的 BXY0746、BXY1122、BXY1121；瑞士的 BXY0490；墨西哥的墨西哥矮；中国的霞蒲、巍山红花、弥渡红花、云南红花、昌宁红花、金堂红花、漾濞红花、芜湖红花对光温要求不严，是较好的育种材料，适应地区较广。

表 4－1　　昆明、元谋、乌鲁木齐 3 个地方出苗、莲座期内的光照时数和月平均气温

Table 4－1　　Illumination hours and monthly average temperature in the seedling emergence and rosette stages in Kunming, Yuanmou and Wulumuqi

	光照时数 Sumshine hours			月平均温度 Monthly mean temperature			出苗月/日 Seedling emergence Month/day	莲座期（天） Rosette stage
昆明 N25°1′	11 月	12 月	1 月	11 月	12 月	1 月	10/30	32～78
	10.8 小时/日	10.6 小时/日	10.2 小时/日					
	170.7	222.8	239.8	11.5℃	8.3℃	7.8℃		
	393.5 小时							
元谋 N25°44′	10 月下旬	11 月	12 月上旬	10 月	11 月	12 月	10/24	18～44
	11.8 小时/日	10.9 小时/日	10.6 小时/日					
	63.2	198.4	160.8	21.3℃	17.8℃	15.2℃		
	420.4 小时							
乌鲁木齐 N25°44′	4 月下旬	5 月	6 月上旬	4 月	5 月	6 月	4/19	26～49
	13.4 小时/日	14.7 小时/日	15.4 小时/日					
	75.5	233.1	159.6	2.7℃	8.4℃	12.9℃		
	468.2 小时							

日照长度：乌鲁木齐＞元谋＞昆明；月平均气温：元谋＞昆明＞乌鲁木齐；＊78 天是极端值。

野生型的棉毛红花、巴勒斯坦红花、土耳其红花等的莲座期很长，属光温敏感型材料，需要较长的光照和较高的温度，受双因子影响，仅在元谋高温，短日照或乌鲁木齐的长日照、低温的单因子条件下，是不易通过莲座期的。它们的抗寒能力极强，而在长日照，高温条件下，便较快的通过莲座期，所以，称双因子的这种共同作用叫累加作用。

表 4－2　　各国种质资源的光温反应

Table 4－2　Response to photoperiod and temperature of varieties from different countries

国家和地区 Nation and region	材料份数 Tested varieties	光敏型 Photosensitive	温敏型 Thermosensitive	光温迟钝型 insensitive to photoperiod and temperature	光温敏感型 Sensitive to Photoperiod and temperature
叙利亚	7	1		1	4
伊朗	61	4	9	2	10
以色列	11	1	2	1	1
印度	382	5	124	11	71
英国	1	1			
约旦	1				
阿富汗	6		2		4

续表 4－2

国家和地区 Nation and region	材料份数 Tested varieties	光敏型 Photosensitive	温敏型 Thermosensitive	光温迟钝型 insensitive to photoperiod and temperature	光温敏感型 Sensitive to Photoperiod and temperature
阿根廷	2				
埃及	22	2	4	2	1
埃塞俄比亚	4				
澳大利亚	2				
巴基斯坦	12				
波兰	5		1	2	3
德国	1	1	3	2	1
法国	1	1			
肯尼亚	2				1
孟加拉国	2				1
摩洛哥	2				
墨西哥	1				1
南非	2			1	1
葡萄牙	10			6	
瑞士	1			1	
苏丹	10			3	1
独联体	18				1
土耳其	44	2	1		11
西班牙	6	1	2	3	1
匈牙利	3			2	2

* 材料不属四种类型的应为中间过度类型

品种间莲座期的差异，是由于品种长期生长在特定的光照、温度等外部环境条件下形成的。在莲座期、红花的抗寒性较强，是它保护自己，适应外部环境条件的特点，一但温度升高，日照延长，莲座期将迅速通过，而很快进入伸长期。

在几个栽培中心漫长的岁月中，红花形成了很多生态类型。

非洲、澳大利亚、南亚次大陆及中国南方有较多的温度敏感型和光温迟钝型。在短日照条件下，只要温度适宜是能开花结实的。对于温度敏感型的品种，在温度高的条件下，有利于它的营养生长和生殖生长，但这类品种要注意抗病问题，特别是在高温情况下，不适当的灌水所诱发的根腐病和高温下的锈病。温度敏感型的品种一般莲座期较短，而且多种植在低纬度地区作为秋播作物。因此，在倒春寒较重的地区，应注意冻害；光温迟钝型的品种虽对光温的要求不严，但低温对其仍构成为害。

近年来，中国一些地区种植红花积累的资料中提到，“只要 5℃以上的积温达 2000～2900℃；15℃以上的积温达 1500～2400℃就能满足红花生长发育的需要。”这类结论是片面的。在高纬度地区，长日照条件下形成的光敏型的品种和材料，相当一部分在短日照高温条件下很难结实。它们在高纬度地区是作为春播作物，基本是生长在长日照条件下，加之花期以后的高温，对其生长是有利的。此类种质，一旦向低纬度地区引种，作为秋播作物，一定要注意，它们多是强冬性即光照强敏感的品种。由于外部条件不能满足它们长日照的要求，不仅生育期延长，而且出现长期不现蕾开花，就是生育期延长，勉强进入生殖生长阶段，开花结实以后，产量也是不理想。1986年新疆的无刺红、呼图壁红花、伊吾红花和田红花等材料在云南南部进行秋播试验，就出现了长期开花不结实的情况。

国外有些学者提到，红花只有满足14小时可照光情况下，才能开花结实，这一结论仅实用于强冬型、春播地区的红花，而对于大面积的春型、秋播条件下的红花，包括印度、墨西哥、澳大利亚、非洲等地种植的红花大多数都不需要，也不可能生长在14小时光照条件下。所以，光照对红花的影响，应按红花的生态类型来加以系统研究。

红花的种植区域已大为扩展，在北半球多作为秋播作物，现分布在南纬20°至北纬40°附近的广阔地带。而大面积生产目前集中在低纬度地区和半干旱地区，通常栽培于海拔1000m以下地区，虽然，在中海拔（1500～2000m）的热带地区红花生长良好，但产量和含油率有所降低，要从品种上加以改良是较好的办法。红花各类型的品种适应不同的光周期，在短日照下，有的品种可能延长莲座期。总的来说，温度比光照更重要。在地中海，长日照的气候条件下，原产地的红花获得了很高的产量；而在澳大利亚仅12小时日照的大田，也同样获得满意的收获量。

尽管品种差异相当大，同一品种红花的各生育期相比较，苗期红花较耐低温，而花期和成熟期对高温是比较敏感，也是极为重要的。在长日照条件下，易于开花结果，通常情况多从南方引向北方（从低纬度引向高纬度），这样容易获得成功。

高纬度地区，在春播条件冬型品种晚播种者，因日照较长，从播种至开花的天数减少，生育期缩短，植株也明显变矮，说明夏至前后的长日照促进了红花的发育。在一定的范围内，不论播种期的早晚，植株的高矮，只要处于长日照条件下，温度适宜，红花就能开花结实。

在低纬度地区，秋播条件下的春型品种，种植地下降海拔100m，日平均气温大约上升0.7℃左右，红花的生育期约缩短5～7天。

从上述情况可以看出，一般红花只要处于长日照、高温条件下，就能提早成熟，缩短生育期。

从出苗至成熟期，在所有的2714份种质资源中，全生育期平均为165天。成熟期最晚的是中东红花，包括中国新疆、青海的西北产区的红花。而开花最早的是墨西哥、印度、巴基斯坦和中国西南，东南产区的红花。

2. 高产种质资源

红花产量是由单位面积株数（密度）、单株球果数及单果球着粒数和百粒重几个因素构成的。

红花头状花序的大小依基因型、环境和在植株上的位置不同而有差异，百粒重、品种及栽培水平的高低也有关。

表4－3 花球直径≥35毫米的种质资源

Table 4－3 The safflower germplasms with flower head diameter ≥35 mm

BXY1423	BXY1432	BXY1437	BXY1438	BXY1460	BXY1468	BXY1528	BXY1534
BXY1535	BXY1536	BXY1541	BXY1545	BXY2101	BXY2393	BXY2432	BXY2439
BXY2448							

表 4－4 花球直径≥30 毫米的种质资源

Table 4－4 The safflower germplasms with flower head diameter ≥30 mm

BXY0003	BXY0101	BXY0105	BXY0120	BXY0127	BXY0128	BXY0145	BXY0162
BXY0256	BXY0271	BXY0296	BXY0297	BXY0301	BXY0363	BXY0372	BXY0383
BXY0385	BXY0393	BXY0396	BXY0410	BXY0412	BXY0413	BXY0414	BXY0415
BXY0418	BXY0425	BXY0429	BXY0436	BXY0449	BXY0456	BXY0491	BXY0502
BXY0503	BXY0505	BXY0515	BXY0516	BXY0601	BXY0510	BXY0628	BXY0691
BXY0700	BXY0714	BXY0715	BXY0716	BXY0717	BXY0720	BXY0721	BXY0725
BXY0730	BXY0732	BXY0735	BXY0740	BXY0741	BXY0747	BXY0760	BXY0762
BXY0804	BXY0839	BXY0954	BXY1121	BXY1126	BXY1128	BXY1129	BXY1133
BXY1136	BXY1140	BXY1141	BXY1148	BXY1175	BXY1185	BXY1189	BXY1197
BXY1208	BXY1225	BXY1226	BXY1227	BXY1229	BXY1234	BXY1237	BXY1246
BXY1249	BXY1252	BXY1253	BXY1255	BXY1260	BXY1261	BXY1263	BXY1270
BXY1274	BXY1278	BXY1281	BXY1286	BXY1297	BXY1303	BXY1305	BXY1309
BXY1316	BXY1329	BXY1392	BXY1404	BXY1409	BXY1412	BXY1414	BXY1418
BXY1419	BXY1420	BXY1422	BXY1423	BXY1424	BXY1425	BXY1426	BXY1427
BXY1428	BXY1430	BXY1431	BXY1432	BXY1436	BXY1437	BXY1438	BXY1443
BXY1445	BXY1448	BXY1450	BXY1456	BXY1460	BXY1463	BXY1464	BXY1465
BXY1466	BXY1468	BXY1521	BXY1426	BXY1527	BXY1528	BXY1530	BXY1534
BXY1535	BXY1536	BXY1541	BXY1542	BXY1543	BXY1544	BXY1545	BXY1548
BXY1549	BXY1600	BXY1603	BXY1739	BXY1843	BXY1881	BXY1896	BXY1897
BXY1899	BXY1948	BXY1961	BXY1962	BXY1964	BXY1968	BXY1983	BXY2028
BXY2032	BXY2041	BXY2049	BXY2062	BXY2099	BXY2101	BXY2115	BXY2120
BXY2126	BXY2179	BXY2210	BXY2348	BXY2364	BXY2388	BXY2393	BXY2396
BXY2401	BXY2402	BXY2404	BXY2405	BXY2416	BXY2422	BXY2423	BXY2425
BXY2432	BXY2439	BXY2442	BXY2444	BXY2448	BXY2482	BXY2500	BXY2504
BXY2541	BXY2544	BXY2563	BXY2582	BXY2590	BXY2597	BXY2619	BXY2642
BXY2644	BXY2647						

虽在相关分析中，印度、伊朗、埃及的材料顶花球直径和百粒重与单株生产力的相关系数分别是 0.11，0.211，0.008；每株果球数对于单株生产力的相关系数分别是 0.747，0.620，0.645。前者与后者相比相关性太小，但从种质资源的考察角度考虑，仍将花球直径和百粒重表现突出的种质，单独列表。花球直径≥30mm 的种质资源 202 份，（见表 4－3）。花球直径≥35mm 的种质资源 17 份，（见表 4－4）。其中，单株产量≥60g 的种质资源 68 个。

3. **总苞苞片刺的数目**

在 2700 余份种质材料中，总苞苞片刺的数目平均为 4.6，属中等。印度、巴基斯坦、孟加拉国的有刺类型最多，占样本数 808 份的 94.7%。而中东的阿富汗、伊朗、伊拉克、以色列、约旦、叙利亚、土耳其、独联体、黎巴嫩共有 432 份材料，无刺类型多达 188 份，占 43.5% 为无刺类型的中心地区。国内的 174 份材料中，无刺类型 30 份，占样本数的 17.2%；其中，青海 19 份材料都是有刺类型；新疆的无刺类型有 15 份，占新疆样本数的 55.5%。

表 4－5 无刺红花种质资源

Table 4－5 The safflower germplasms without thorns

BXY0093	BXY0103	BXY0128	BXY0132	BXY0148	BXY0188	BXY0296	BXY0302
BXY0353	BXY0355	BXY0356	BXY0381	BXY0394	BXY0399	BXY0400	BXY0421
BXY0422	BXY0424	BXY0435	BXY0496	BXY0497	BXY0512	BXY0513	BXY0532
BXY0538	BXY0540	BXY0702	BXY0748	BXY0750	BXY0753	BXY0759	BXY0832
BXY0872	BXY1117	BXY1118	BXY1119	BXY1120	BXY1121	BXY1133	BXY1134
BXY1156	BXY1232	BXY1236	BXY1237	BXY1290	BXY1297	BXY1353	BXY1363
BXY1376	BXY1387	BXY1413	BXY1415	BXY1417	BXY1418	BXY1430	BXY1443
BXY1449	BXY1461	BXY1470	BXY1471	BXY1492	BXY1571	BXY1572	BXY1574
BXY1576	BXY1581	BXY1586	BXY1588	BXY1606	BXY1641	BXY1643	BXY1662
BXY1672	BXY1692	BXY1706	BXY1723	BXY1728	BXY1733	BXY1735	BXY1737
BXY1747	BXY1758	BXY1775	BXY1783	BXY1784	BXY1826	BXY1840	BXY1851
BXY1862	BXY1894	BXY1899	BXY1946	BXY1961	BXY1968	BXY2007	BXY2016
BXY2028	BXY2031	BXY2032	BXY2105	BXY2110	BXY2119	BXY2125	BXY2127
BXY2135	BXY2142	BXY2143	BXY2157	BXY2169	BXY2262	BXY2363	BXY2364
BXY2367	BXY2388	BXY2389	BXY2390	BXY2391	BXY2396	BXY2398	BXY2399
BXY2407	BXY2412	BXY2413	BXY2414	BXY2424	BXY2425	BXY2434	BXY2444
BXY2469	BXY2527	BXY2567	BXY2582	BXY2593	BXY2596	BXY2625	BXY2626
BXY2640							

中国栽培红花，多以采花入药或用于提取色素，只是近 15 年来，才开始作为油料作物发展，因此，苞片有无刺，是一个较重要的考察项目。只有无刺类型才容易在生产上推广应用。无刺的种质 550 份，其中，无刺红花的种质资源有 137 份（见表 4－5）。

4. **花的颜色**

在中国，花瓣的用途从古至今，都用它作为中药材，现今又作为提取食用色素的原料。在经济上，对红花种植者而言，可以获得一笔可观的收入。

表 4－6 红色花瓣种质资源

Table 4－6 The safflower germplasms with red petals

BXY0013	BXY0093	BXY0097	BXY0103	BXY0128	BXY0132	BXY0133	BXY0135
BXY0136	BXY0143	BXY0148	BXY0187	BXY0188	BXY0296	BXY0299	BXY0300
BXY0302	BXY0346	BXY0353	BXY0355	BXY0356	BXY0360	BXY0364	BXY0365
BXY0377	BXY0379	BXY0380	BXY0381	BXY0389	BXY0391	BXY0394	BXY0399
BXY0400	BXY0405	BXY0406	BXY0407	BXY0408	BXY0411	BXY0421	BXY0422
BXY0424	BXY0426	BXY0435	BXY0442	BXY0460	BXY0472	BXY0495	BXY0496
BXY0497	BXY0504	BXY0512	BXY0513	BXY0527	BXY0531	BXY0532	BXY0533
BXY0536	BXY0537	BXY0538	BXY0540	BXY0541	BXY0542	BXY0545	BXY0548
BXY0577	BXY0578	BXY0589	BXY0598	BXY0702	BXY0703	BXY0748	BXY0750

续表 4－6

BXY0753	BXY0759	BXY0785	BXY0815	BXY0828	BXY0832	BXY0850	BXY0857
BXY0872	BXY0923	BXY1110	BXY1117	BXY1118	BXY1119	BXY1120	BXY1121
BXY1133	BXY1134	BXY1141	BXY1156	BXY1161	BXY1162	BXY1173	BXY1232
BXY1236	BXY1237	BXY1290	BXY1297	BXY1326	BXY1328	BXY1329	BXY1330
BXY1331	BXY1334	BXY1341	BXY1352	BXY1353	BXY1363	BXY1365	BXY1375
BXY1376	BXY1377	BXY1379	BXY1386	BXY1387	BXY1413	BXY1415	BXY1417
BXY1418	BXY1429	BXY1430	BXY1443	BXY1445	BXY1449	BXY1461	BXY1470
BXY1471	BXY1492	BXY1554	BXY1556	BXY1564	BXY1565	BXY1566	BXY1568
BXY1571	BXY1572	BXY1574	BXY1575	BXY1576	BXY1577	BXY1581	BXY1583
BXY1586	BXY1587	BXY1588	BXY1589	BXY1591	BXY1598	BXY1604	BXY1606
BXY1610	BXY1612	BXY1614	BXY1616	BXY1623	BXY1624	BXY1626	BXY1627
BXY1629	BXY1632	BXY1636	BXY1640	BXY1641	BXY1643	BXY1650	BXY1651
BXY1658	BXY1662	BXY1667	BXY1672	BXY1673	BXY1683	BXY1686	BXY1689
BXY1690	BXY1692	BXY1695	BXY1705	BXY1706	BXY1709	BXY1710	BXY1712
BXY1720	BXY1723	BXY1728	BXY1733	BXY1735	BXY1737	BXY1747	BXY1758
BXY1760	BXY1775	BXY1783	BXY1784	BXY1826	BXY1840	BXY1843	BXY1848
BXY1851	BXY1862	BXY1894	BXY1899	BXY1935	BXY1943	BXY1946	BXY1961
BXY1968	BXY2007	BXY2016	BXY2027	BXY2028	BXY2029	BXY2030	BXY2031
BXY2032	BXY2033	BXY2034	BXY2040	BXY2044	BXY2045	BXY2058	BXY2061
BXY2065	BXY2066	BXY2075	BXY2077	BXY2105	BXY2110	BXY2116	BXY2119
BXY2124	BXY2125	BXY2127	BXY2135	BXY2142	BXY2143	BXY2157	BXY2169
BXY2197	BXY2262	BXY2274	BXY2311	BXY2327	BXY2329	BXY2352	BXY2363
BXY2364	BXY2367	BXY2376	BXY2379	BXY2385	BXY2388	BXY2389	BXY2390
BXY2391	BXY2396	BXY2398	BXY2399	BXY2400	BXY2401	BXY2403	BXY2407
BXY2412	BXY2413	BXY2414	BXY2424	BXY2425	BXY2426	BXY2427	BXY2432
BXY2434	BXY2444	BXY2447	BXY2448	BXY2450	BXY2462	BXY2469	BXY2474
BXY2477	BXY2479	BXY2488	BXY2490	BXY2492	BXY2494	BXY2503	BXY2509
BXY2512	BXY2519	BXY2525	BXY2527	BXY2534	BXY2537	BXY2542	BXY2546
BXY2549	BXY2558	BXY2561	BXY2567	BXY2568	BXY2575	BXY2576	BXY2579
BXY2580	BXY2581	BXY2582	BXY2587	BXY2588	BXY2593	BXY2596	BXY2606
BXY2607	BXY2609	BXY2611	BXY2617	BXY2618	BXY2621	BXY2625	BXY2626
BXY2627	BXY2630	BXY2631	BXY2633	BXY2640	BXY2642		

在传统的药材中，都以红色为上等品，而且红色花含有红、黄两种色素。虽然我国医药工作者已证实红花的药理作用，存在于红花的黄色素中，但传统的出口产品仍以红色花更受青睐。以花瓣颜色在种质中的遗传效应，红色和黄色较白色为显性，是受一对等位基因控制的，红色素是黄色素在一种氧化酶作用下的产物，红黄色素的比例，决定了花的颜色，详见红色花和黄色花的种质。红色花瓣（包括有刺、无刺两种类型）种质资源 326 份（见表 4－6）。

5. **含油率**

红花的种子是瘦果，它有果皮和种子，种皮颜色为紫色、咖啡色，种皮粘着在果皮上，而油却存在于胚中。含油率为37%的红花种子，果皮和种皮大约占总重的50%，而提高油的含量，就必须设法降低壳（果皮）所占种子的比例。

薄壳类型：th－5，th－10含油率41.89%和43.0%；隐型基因th极大地影响着果皮，使其变得极薄，减少了果皮与其他器官中细胞中的次生发育。但th基因影响了茎的硬度，使茎变脆变弱，而且还影响了花药内皮细胞中肋条的形成，使花粉囊不能正常散发花粉，从而影响了种子产量，但th基因最大的用处在于用来生产杂交种子。

条纹壳类型：AC－1、14－5、S－400等属于这一类型，含油率分别是42%，36%，45.23%。种子果皮有与种子中轴平行的纵向条纹，形如沟形的“缺失”，条纹壳是由一个位点上的stp、stp等位基因所控制，这些基因影响了壳的外层次生壁的发育，种子果皮上的纵向条纹沟条降低了壳的重量，提高了种子含量。

部分壳类型：含油率47.45%，受parpar隐型基因控制，所遗传的部分白色种子上的黑色的“污斑”，实际是果皮上出现的“凹坑缺失”。此“污斑”越大，壳仁比越小，含油率越高。

少壳类型中，少壳4号，含油率44%，果皮呈均匀的减少。

表4－7 **含油率≥35%的种质**

Table 4－7 The safflower germplasms with the oil content ≥35%

BXY0156	BXY0171	BXY0262	BXY0299	BXY0363	BXY0365	BXY0367	BXY0492
BXY0513	BXY0522	BXY0541	BXY0637	BXY0764	BXY0766	BXY0809	BXY0823
BXY0829	BXY0841	BXY0857	BXY1011	BXY1038	BXY1081	BXY1113	BXY1153
BXY1189	BXY1211	BXY1417	BXY1420	BXY1443	BXY1450	BXY1455	BXY1463
BXY1467	BXY1472	BXY1480	BXY1491	BXY1526	BXY1528	BXY1531	BXY1533
BXY1543	BXY1548	BXY1549	BXY1550	BXY1573	BXY1580	BXY1596	BXY1597
BXY1625	BXY1724	BXY1725	BXY1726	BXY1727	BXY1737	BXY1746	BXY1748
BXY1752	BXY1852	BXY1896	BXY1946	BXY1958	BXY2020	BXY2063	BXY2132
BXY2134	BXY2166	BXY2167	BXY2181	BXY2193	BXY2202	BXY2204	BXY2325
BXY2326	BXY2342	BXY2405	BXY2428	BXY2439	BXY2461	BXY2540	BXY2595
BXY2624	BXY2625						

在研究中发现，除伊朗的品系外，单株花球数与含油率成正相关，在选育高含油率的品系时，有了选育高产品系的可能性。在伊朗和埃及的红花基因库中，每花球的种子数与含油率也是呈显著的正相关。因此，高油材料的选择，可以将单株花球数与单果球着粒数作为一项重要的指标。

高含油率的种质有：含油率≥35%的种质有82份（见表4－7）。其中，含油率≥38%的种质有12份，它们为：BXY0764 、BXY1480、BXY1548、BXY1549、BXY1573、BXY1596、BXY1724、BXY1727、BXY1746、BXY1748、BXY1752、BXY2461。含油率≥40%的种质有4份，它们为：BXY1573、BXY1596、BXY1727、BXY1752。

6. **高油酸和高亚油酸种质**

栽培红花（C. tinctorins. L.）在来源和种质材料的不同，使得脂肪酸的成分有着很大的差异。而且十八（碳）二烯－〔9，12〕－酸，即亚油酸与十八（碳）烯－〔9〕－酸，即油酸，在红花的油脂中，其关系正好很强的负相关。

在01位点上，3个等位基因，01，01′，01在很大程度上控制亚油酸的水平，各基因型所产生的种子，其亚油酸的水平是：

	亚油酸	油酸%
0101	75~80	10~15
0101′	70~75	15~20
0101	60~75	18~35
01′01′	42~54	35~50
01′01	30~40	55~63
0101	12~30	64~83

在物理手段诱变下（Co^{60}r射线），脂肪酸的成分有着较大的改变，但种质的基因决定了油脂成分的类型，说明了Co^{60}r射线在01位点上引起了基因的突变。

高油酸>60%的材料13份：BXY1396、BXY1397、BXY1458、BXY1459、BXY1474、BXY1537、BXY1538、BXY1539、BXY1540、BXY1547、BXY2103、BXY2140、BXY2427。

高亚油酸种质：亚油酸>80%为376（见表4-8）亚油酸>82%为116份（见表4-9）；亚油酸>85%为4份：BXY1493、BXY1747、BXY1748、BXY2206。

7. 高硬脂酸和棕榈酸的种质

高硬脂酸类型的壳仁比91.4%，而且多为高亚油酸类型，究其原因尚不清楚。中国大多数品种的硬脂酸含量平均值在1.78%~2.77%；高硬脂酸的材料，来自于南非的BXY0594为4.88%，国内最高的是四川的通江有刺为4.5%，以下是高硬脂酸的资源14个；高棕榈酸含量的种质在所测的材料中，平均值为7.03%，埃及的BXY0356达26.89%，棕榈酸≥15%的有16个。

表4-8 亚油酸>80%的种质

Table 4-8 The safflower germplasms with linoleic acid content >80%

BXY0012	BXY0030	BXY0031	BXY0041	BXY0042	BXY0079	BXY0081	BXY0098
BXY0121	BXY0134	BXY0154	BXY0155	BXY0156	BXY0159	BXY0165	BXY0170
BXY0185	BXY0201	BXY0227	BXY0262	BXY0294	BXY0295	BXY0298	BXY0302
BXY0307	BXY0364	BXY0365	BXY0395	BXY0403	BXY0405	BXY0407	BXY0414
BXY0433	BXY0437	BXY0439	BXY0460	BXY0461	BXY0464	BXY0466	BXY0469
BXY0487	BXY0492	BXY0493	BXY0502	BXY0516	BXY0522	BXY0533	BXY0534
BXY0542	BXY0548	BXY0554	BXY0569	BXY0582	BXY0584	BXY0585	BXY0591
BXY0597	BXY0598	BXY0601	BXY0607	BXY0610	BXY0693	BXY0694	BXY0697
BXY0702	BXY0707	BXY0710	BXY0714	BXY0718	BXY0733	BXY0739	BXY0741
BXY0743	BXY0744	BXY0747	BXY0758	BXY0770	BXY0774	BXY0775	BXY0809
BXY0822	BXY0823	BXY0834	BXY0835	BXY0836	BXY0843	BXY0844	BXY0845
BXY0852	BXY0856	BXY0858	BXY0860	BXY0863	BXY0868	BXY0869	BXY0878
BXY0874	BXY0877	BXY0883	BXY0884	BXY0886	BXY0895	BXY0910	BXY0912

续表 4-8

BXY0913	BXY0917	BXY0919	BXY0920	BXY0924	BXY0930	BXY0957	BXY0962
BXY0980	BXY0982	BXY0983	BXY1013	BXY1020	BXY1022	BXY1024	BXY1030
BXY1078	BXY1093	BXY1119	BXY1125	BXY1132	BXY1142	BXY1144	BXY1155
BXY1189	BXY1196	BXY1198	BXY1207	BXY1210	BXY1211	BXY1225	BXY1230
BXY1231	BXY1232	BXY1233	BXY1241	BXY1251	BXY1252	BXY1254	BXY1255
BXY1260	BXY1261	BXY1262	BXY1263	BXY1266	BXY1268	BXY1269	BXY1272
BXY1276	BXY1287	BXY1291	BXY1293	BXY1299	BXY1301	BXY1302	BXY1303
BXY1307	BXY1309	BXY1316	BXY1317	BXY1333	BXY1338	BXY1340	BXY1392
BXY1398	BXY1404	BXY1414	BXY1416	BXY1421	BXY1422	BXY1425	BXY1426
BXY1429	BXY1432	BXY1435	BXY1439	BXY1440	BXY1444	BXY1445	BXY1448
BXY1455	BXY1457	BXY1460	BXY1462	BXY1469	BXY1481	BXY1483	BXY1484
BXY1486	BXY1489	BXY1490	BXY1491	BXY1493	BXY1494	BXY1495	BXY1496
BXY1497	BXY1498	BXY1500	BXY1501	BXY1504	BXY1506	BXY1516	BXY1517
BXY1521	BXY1523	BXY1527	BXY1530	BXY1536	BXY1543	BXY1544	BXY1546
BXY1585	BXY1586	BXY1596	BXY1601	BXY1610	BXY1615	BXY1618	BXY1626
BXY1632	BXY1647	BXY1673	BXY1678	BXY1683	BXY1709	BXY1724	BXY1727
BXY1731	BXY1732	BXY1733	BXY1737	BXY1745	BXY1747	BXY1748	BXY1749
BXY1750	BXY1752	BXY1754	BXY1755	BXY1758	BXY1787	BXY1788	BXY1789
BXY1790	BXY1809	BXY1810	BXY1819	BXY1827	BXY1844	BXY1874	BXY1875
BXY1876	BXY1895	BXY1898	BXY1899	BXY1900	BXY1901	BXY1902	BXY1903
BXY1945	BXY1953	BXY1962	BXY1963	BXY1980	BXY1983	BXY1990	BXY1991
BXY1994	BXY1995	BXY2004	BXY2005	BXY2017	BXY2018	BXY2020	BXY2028
BXY2033	BXY2048	BXY2055	BXY2057	BXY2089	BXY2091	BXY2092	BXY2100
BXY2101	BXY2108	BXY2111	BXY2120	BXY2121	BXY2124	BXY2125	BXY2138
BXY2139	BXY2166	BXY2167	BXY2186	BXY2187	BXY2188	BXY2190	BXY2193
BXY2195	BXY2196	BXY2199	BXY2200	BXY2201	BXY2203	BXY2204	BXY2206
BXY2208	BXY2211	BXY2216	BXY2217	BXY2218	BXY2219	BXY2223	BXY2224
BXY2229	BXY2230	BXY2231	BXY2251	BXY2252	BXY2255	BXY2256	BXY2259
BXY2284	BXY2289	BXY2294	BXY2296	BXY2297	BXY2327	BXY2332	BXY2338
BXY2371	BXY2372	BXY2389	BXY2424	BXY2428	BXY2439	BXY2446	BXY2447
BXY2449	BXY2469	BXY2478	BXY2495	BXY2513	BXY2526	BXY2528	BXY2544
BXY2550	BXY2554	BXY2556	BXY2557	BXY2567	BXY2571	BXY2572	BXY2576
BXY2577	BXY2581	BXY2586	BXY2587	BXY2595	BXY2597	BXY2600	BXY2602
BXY2603	BXY2608	BXY2619	BXY2640	BXY2642	BXY2645	BXY2646	BXY2647

表 4－9 亚油酸 > 82% 的种质

Table 4－9 The safflower germplasms with linoleic acid content > 82%

BXY0098	BXY0134	BXY0154	BXY0165	BXY0298	BXY0403	BXY0405	BXY0407	BXY0466
BXY0487	BXY0493	BXY0502	BXY0522	BXY0534	BXY0584	BXY0591	BXY0597	BXY0601
BXY0702	BXY0707	BXY0710	BXY0733	BXY0770	BXY0843	BXY0844	BXY0858	BXY0877
BXY0913	BXY0980	BXY1078	BXY1142	BXY1232	BXY1233	BXY1254	BXY1260	BXY1262
BXY1266	BXY1299	BXY1301	BXY1303	BXY1398	BXY1414	BXY1421	BXY1422	BXY1425
BXY1426	BXY1429	BXY1439	BXY1440	BXY1445	BXY1469	BXY1484	BXY1489	BXY1491
BXY1493	BXY1494	BXY1495	BXY1496	BXY1497	BXY1498	BXY1521	BXY1523	BXY1527
BXY1530	BXY1536	BXY1543	BXY1546	BXY1596	BXY1601	BXY1610	BXY1615	BXY1618
BXY1727	BXY1731	BXY1745	BXY1747	BXY1748	BXY1749	BXY1750	BXY1758	BXY1809
BXY1810	BXY1827	BXY1895	BXY1962	BXY1994	BXY2004	BXY2020	BXY2055	BXY2101
BXY2195	BXY2201	BXY2204	BXY2206	BXY2208	BXY2216	BXY2217	BXY2218	BXY2219
BXY2556	BXY2224	BXY2371	BXY2372	BXY2439	BXY2449	BXY2478	BXY2526	BXY2554
BXY2556	BXY2557	BXY2572	BXY2586	BXY2600	BXY2602	BXY2603	BXY2608	

8. **抗病性**

在 2714 份种质的自然鉴定中，根腐病、叶枯病、锈病的感染程度平均为 5. 4，其抗病的种质在 2 级及其以下者是 0 级的 435 份。1 级的 82 份，2 级的 227 份。

参 考 文 献

〔1〕袁国弼. 红花种质资源及其开发利用. 科学出版社，1989

〔2〕王兆木，黎大爵，杨建国. 世界红花种质资源的整理和研究. 中国科技出版社，1993

〔3〕Li Dajue Zhou Mingde and V. RamanathaRao，Characterization and evaluation of Safflower Germplasm，Geolgical Publishing House，1993

〔4〕付福勤，杨建国等. 中国特油作物资源目录. 中国环境科学出版社，1997

第五章　云南蓖麻种质资源

第一节　云南蓖麻的地理分布及分类

一、地理分布

中国栽培蓖麻系从印度传入。据康熙字典上解释“据王篇（梁、顾野王撰），有蓖麻之名”可见早在1400年前就已知蓖麻这一油料作物。云南现存的蓖麻品种，是从古至今多次栽培的遗留产物。当地人称大麻子果、牛虱子等。云南蓖麻栽培分布的区域较广，栽培历史可追溯到元朝以前。

云南蓖麻的种植区域南起西双版纳，北至迪庆、昭通都有种植；从垂直高度上，分布在海拔2500m以下地区，其生产多为田边地角的零散分布，种植较为分散。1995年以来，受国内外市场影响，在文山、红河、曲靖等地州，每年集约化种植达3万亩左右。到2000年，云南省蓖麻种植达30万亩。

云南地理环境条件特殊，气候类型复杂，形成云南蓖麻品种的多样性，穗形有塔形、锤形、棒形等；籽粒百粒重17.2～98.5g，差异极大；果刺有刺密、刺稀、无刺；茎色有红色、紫色、绿色、灰色。根据前苏联油料作物研究所的分类方法：全部栽培的蓖麻均属一个种，即普通种蓖麻（*Ricinus communis* L.），再分4个亚种即血红蓖麻（*R. communis* L. ssp. *sanguineus* Pop.）、中国东北蓖麻（*R. communis* L. ssp. *manspuricus* Bork）、桑给巴尔蓖麻（*R. communis* L. ssp. *zanzibariensis* Pop.）、波斯蓖麻（*R. communis* L. ssp. *persicus* Pop）。经过近几年对云南蓖麻种质资源的收集、整理发现这四个蓖麻亚种在云南都有分布。

二、种质分类

1. 血红色蓖麻

主要分布在文山地区。此亚种的特点是茎、枝和叶柄带红色或暗红色（樱桃色）、树汁带红色、无蜡层。植株叶片发育良好，叶中等大小，成长植株的叶子也是红绿色的，带有花青素的叶脉，幼小植株的叶片是褐色。总状花序中等密集，呈带圆柱形或椭圆形。蒴果有刺、暗绿色、淡红色或红玫瑰色，不自行开裂；种粒大，暗红色，具有网状花纹和明显种阜，为晚、中熟类型，也有较早熟的类型。

2. 中国东北蓖麻

这个亚种在滇中及其以南地区有种植，是近年从我国东北地区引种到云南，对云南气候适应的蓖麻品种类型。此亚种植株矮小，株高150～180cm，丛生型，分枝强烈，侧根细长。茎和分枝为绿色或紫色，披有蜡粉，叶小。主茎总状花序为宽圆柱形，短而稀，着生部位低。蒴果多数有刺，着生在长果柄上，成熟时自行开裂或不开裂。种子中等大小，灰粟色，有光泽，具有种阜；种子的上表面显著凸起，下表面平或者稍微凹陷。中国东北蓖麻属早熟类群，从出苗到第一总状花序成熟需要75～99天，生长中出现早衰、宿生性差。

3. 桑给巴尔蓖麻

此亚种主要分布在滇南地区，植株强大，木质化程度高，当年生茎杆绿色，无蜡粉，叶大，革质。总状花序为圆柱形或椭圆形，花稀疏，花序不大；穗果数较少，一般 12 ~ 18 个；蒴果很大，带有短刺，球形，绿色；种子大，百粒重可达 98.6g，种子扁平状，近似方形，其色泽有红、乳白或栗灰等色，上有浅色斑点。本亚种晚熟。

4. 波斯蓖麻

这个亚种全省各地都有分布，植株因品种不同差异较大，分枝有强有弱，较多为中等。茎、分枝和叶柄为绿色、红绿色和紫色。被有蜡层或无蜡层。中央的总状花序为窄圆锥形、圆锥形、钝圆锥形或圆筒形；蒴果有刺或无刺，刺的排列有密集、中等密集或稀疏的，果刺有长的或短的；蒴果着生在长的、中等的或短的果柄上。蒴果开裂从弱到强，通常为中等。种子有大小，为栗灰色或暗栗色。成熟的种子种阜干缩变细，成为不明显的薄膜。此亚种主要属中熟类群，也有早熟和晚熟的品种。其中中熟类群出苗到主穗成熟生长期为 100 ~ 120 天。这个亚种是云南种植的主要类型。在亚种的范围内还发现有 5 个变种。

第二节　云南蓖麻种质资源的收集、整理及评价

一、云南蓖麻种质资源的收集

种质资源不仅可以作为直接的生产资料，也是新品种选育最基本的物质基础，是遗传、生态、生理、分类、以及起源、演变等方面理论的可靠依据。对某一种植物而言，种质资源收集越丰富，该种植物的基因库越大，利用前景也就越广阔。如果没有大量种质的保存，新品种的选育就很难顺利进行。因此，收集蓖麻种质资源，具有十分重要的意义。

云南地处我国西南边陲，生态类型极其复杂，高差悬殊，其气候无论在水平方向和垂直方向上都有显著差别。造成云南省内各地有多种多样的气候类型。复杂的气候，使得云南现存蓖麻品种资源非常丰富。

云南自 20 世纪 30 年代以来，曾经多次大面积种植蓖麻。50 年代在程侃声先生的指导下，云南省农业试验站曾向全省收集了多种经济作物的种质资源，蓖麻是其中之一，仅种植观察过 1 年，因人力不足而终止，其中曾有“香油蓖麻”稀有种至今似已绝迹。以后由于没有注重蓖麻种质资源的收集、整理，也没有进行蓖麻育种方面的工作，使蓖麻种质资源收集一直是个空缺。直到 1990 年，云南省农科院油料所才开始收集，整理云南的蓖麻种质资源，并以国内外一些有关单位进行交换。到目前为止，共收集到蓖麻种质资源 130 余份，其中包括 4 个国家和国内 6 个省（区）的材料。现正对收集到的蓖麻种质资源进行系统的分析，测定。

二、云南蓖麻种质资源的评价

（一）云南蓖麻种质资源形态特征与地区差异

蓖麻在长期的栽培过程中，由于人工选择、天然杂交，自然变异等因素的影响，形成了各种不同的品种类型。现将所收集的蓖麻种质初步分析、评价。

蓖麻品种外部形态主要有种子形状、种子大小、种皮颜色、子叶形状、幼苗茎色、植株高度、有效穗数、茎色、叶片形状、叶片大小、叶裂、花色、穗形、穗长、穗果数、蒴果有无刺、裂果性等。

评价所用材料来自中国 6 个省（区）的 24 份材料，引自法国、泰国、缅甸、柬埔寨 4 个国家的材料 20 份，以及云南当地收集的地方品种资源 67 份及自选材料 25 份，共计 136 份。所有样品分别在昆明播种后，观察其形态特征，评价其经济性状。

种子形状：椭圆、近圆、长椭圆、扁平，所收集的材料以椭圆形为主。

种子颜色：紫色、紫红色、黑褐色、白花色等，种皮颜色以黑褐色为主。

种子大小：种子百粒重 17.2～98.6g；大部分为 35～45g。

蓖麻种子的形状、颜色、大小、是由遗传性决定的，但种子大小受外部因素（如播期、光、温、水、肥等）的影响也很大。

蓖麻穗形：穗形因品种而异，一般可分为塔形、柱形、棒形和锤状结构，以塔形为主，柱形次之，锤状结构最少。

蒴果数：蓖麻的蒴果数分单株蒴果数和每穗蒴果数。

单株蒴果数是产量构成的主要因素，单株蒴果数除受遗传因子决定外，受外界环境条件的影响较大，因蓖麻属无限花序作物，只要温度适宜，蓖麻就能正常开花结实，因此，同一品种光热资源丰富的地区单株蒴果数就多，反之则蒴果数少。

每穗蒴果数因品种、着生部位等不同而有很大差异，一般在 20～50 个果，多的可达 250 个。蒴果内一般只有 3 粒种子，也有个别蒴果的种子超过 3 粒，有的高达 7 粒。

此外，花期的水分状况也直接影响蓖麻单株蒴果数和每穗蒴果数的挂果率，花期阴雨天气，不利于授粉，单株蒴果数降低。

有效穗数：有效穗数随品种、植株密度、环境条件的不同有明显差异。北方品种属一年生品种，生育期短，植株矮小，但分枝数多，有效穗较多；相反，南方品种属多年生作物，生育期较长，植株高大，第一年分枝，有效穗数较少。

株高：蓖麻株高除受遗传因子所制约外，与种植地区的生态环境和耕作制度、耕作水平不同而有显著差异。在所收集的 136 份材料中，通过在昆明 1996～1998 年的 3 年栽种结果表明，蓖麻的平均株高为 274.5cm，其变幅为 120～441cm。中国黑龙江、内蒙古、吉林等的北方一年生品种植株最矮，6 个品种的植株平均高度为 190.5cm，而南方多年生品种及泰国、柬埔寨、缅甸的品种植株最高，10 个品种的平均株高 356.7cm，相差近一倍。而来自法国和中国云南的材料，植株高度中等，平均株高为 231.6cm。

表 5－1　来源不同的中、高杆型蓖麻品种的农艺性状及经济性状

Table 5－1　The agronomic or economic traits of medium and high stalk Ricinus communis L of different origin

编号 number		来源 origin	株高（cm） Hight	穗长（cm） Spike length	穗果数（个） Capsules/spike	有效穗数（个） Effective spikes	单株生产力（g） Yield/plant	百粒重（g） 100－seed weight
中杆型	A052	云南	238.0	29.33	22.2	9.5	266.00	35.72
	A058	法国	218.0	40.33	36.5	5.2	280.89	49.33
	A083	法国	188.0	29.60	40.4	6.3	263.79	34.50
	A084	法国	203.6	42.40	43.5	4.0	213.55	38.30
	A085	法国	242.2	62.70	37.7	6.3	215.75	30.30
高杆型	A026	缅甸	345.0	24.23	21.3	13.6	277.22	31.90
	A007	西昌	318.0	28.38	12.8	15.0	260.92	45.30
	A005	西昌	314.0	30.19	23.4	8.0	197.68	35.20
	A053	云南	315.0	27.33	19.9	9.3	211.65	38.12
	A082	泰国	336.0	45.50	30.3	6.0	271.72	49.82

株高与蓖麻生产有密切联系，蓖麻为无限花序作物，边成熟边采收，植株过高采摘时将带来很大困难。植株过矮，单株生产率较低、种植密度大，在南方的多年生蓖麻中，种植密度的提高，将加大生产投入，因此选择适宜的蓖麻株高，在蓖麻生产中具有实际意义。

以5个法国中杆型品种与中国南方和东南亚国家的高杆型品种生产作比较，10个品种的平均单株生产力相差不明显（见表5-1）。

因此，在既要高产，又要便于采收的前提下，选育中杆型蓖麻是当前育种的主要目标。

从表中看出，高杆型品种虽然有效穗数明显提高，但由于穗长和每穗蒴果数降低，单株生产率与中杆型品种差异不大。大田生产中由于中杆型品种的种植密度较大，因而一般情况下亩产量比高杆型品种高。高杆型品种植株高大，采收困难，矮杆型品种早衰、抗寒、抗旱能力差。因而，在生产上既要获得高产，又要便于采收的生产前提下，选育中杆型蓖麻是当前的育种目标。

总之，从所收集的蓖麻种质资源中，由于长期的自然选择和人工选择，各品种之间形态特征差异很大。

（二）云南蓖麻种质生理特性评价

蓖麻是喜温作物，生长期长。蓖麻种子在低于10 ℃ 时不能发芽，当温度升高到10～30 ℃ 时发芽速度随着温度的升高而加快。在田间条件下，当温度为12～13℃ 时，入土的蓖麻种子开始发芽。若昼夜平均气温稳定在16～20℃ 范围内，通常经过13～15天后就能出苗。蓖麻在整个生长发育过程中，需要充足的光和热。在云南，各地小气候差异较大，各地应根据当地气候特点，结合蓖麻生长需求，选择不同的播期，充分利用光热，使蓖麻生殖生长得到最大限度的发挥，提高产量。

蓖麻为无限花序作物，只要温度适宜都能正常开花结实，不同的品种，生殖生长和经济产量有明显的差别，来自中国北方的一年生品种分枝多，开花挂果集中，在温度适宜的条件下，后期的开花数较少，挂果少，在产量构成因素中，所占比例不到十分之一。多年生品种主穗现蕾开花后，分枝均匀，分枝穗长和挂果数下降不明显，二级以上分枝的经济产量占总产量的50%以上。因此，在云南蓖麻品种布局上，海拔高、霜期长、适宜蓖麻生育过程时间较短的地区，应以北方一年生品种为主；而霜期短，全年适宜蓖麻的生长发育时间较长的地区，应选择南方多年生品种为主。

（三）蓖麻的生理形态与抗逆性

茎杆颜色：蓖麻茎色有“红”、“紫红”、“青”、“绿”等，在这四类种质资源中，茎杆颜色以紫色的抗逆性最强，无论从抗旱性、抗病性、抗虫性三方面都优于其他类型的品种。

果刺有无：蓖麻蒴果的果刺分为“无刺”、“刺稀”、“密刺”三类，密刺的品种抗逆性最强，刺稀次之，无刺最差。

蜡质有无：在蓖麻叶子和茎的表面大多数覆盖着一层灰色的蜡质，由于蜡的存在，影响了蓖麻体内水分在蒸腾作用过程中的散失，有蜡质的品种散失的水分较少，抗旱能力较强，而无蜡质的品种则反之。蜡质多少还影响害虫的取食，害虫不喜食，故虫害危害轻；反之，无蜡质或蜡质层薄，害虫喜取食，危害重。有的国家以把蜡质厚薄作为蓖麻抗虫育种的目标。

（四）云南蓖麻种质产量性状与地区差异

蓖麻经过长期的自然选择和人工选择，形成了极其丰富的种质资源，形态特征和产量构成性状差异极大。在所收集的136份蓖麻种质中，构成产量的主要性状如单株有效穗数，每穗蒴果数，百粒重及单株生产力等都表现出丰富的变异（见表5-2）。

表 5－2 136 份蓖麻种质资源的主要经济性状

Table 5－2 The main economic traits of 136 caster germplasms

种质来源 Origin	数 目 Number	单株有效穗数（个） Effective spikes	每穗蒴果数（个） Capsules/spike	百粒重（g） 100－seed weight	单株产量（g） Yield/plant
法 国	12	4. 85	32. 07	33. 58	156. 69
泰 国	2	6. 8	22. 13	45. 76	206. 58
缅 甸	2	6. 5	23. 10	36. 53	164. 54
柬埔寨	2	5. 5	20. 4	35. 7	120. 17
西 昌	12	7. 2	18. 3	40. 7	160. 88
山 东	8	10. 1	9. 6	32. 1	93. 37
内蒙古	3	8. 5	8. 9	33. 2	75. 35
黑龙江	1	9. 6	9. 8	33. 1	93. 42
云 南	67	8. 9	13. 3	36. 7	130. 33

注：多年生蓖麻考种取样以当年生为对象

1. 有效穗数

单株有效穗数最多的达 68 个，最少的只有 1 个，两者相差 67 个，全部种质的平均单株有效穗数为 8. 21 个。从表 5－2 看出：来自山东、内蒙古、黑龙江蓖麻产区所收集到的一年生蓖麻资源，由于植株丛生、有效穗数较多，一般在 8～10 个；法国收集的蓖麻资源单株有效穗数较少，平均只有 4. 85 个；其他地方收集的蓖麻资源介于两者之间，一般为 6～7 个。

2. 每穗蒴果数

每穗蒴果数最多的为 CSR63－268 达 273 个，最少的只有 2 个，相差 271 个，全部种质穗果数平均为 15. 57 个。来自法国的品种资源每穗蒴果数平均达 32. 07 个，而来自中国一年生蓖麻产区的品种资源每穗蒴果数最少，平均为 9～10 个，从云南本地收集的品种资源，由于类型多、差异大，平均每穗蒴果数为 13. 3 个，其他地方收集的品种资源，如泰国、缅甸等，每穗蒴果数在 20～23 个。

3. 百粒重

来自中国北方的一年生品种，品种之间百粒重差异不大，一般在 30～40g 之间；而南方多年生品种百粒重差异较大，包括了 17. 2～98. 6g 的类型。收集材料中百粒重最高的 A016 为 98. 3g，最少的 A053 为 17. 2g，相差 81. 1g，全部种质平均 36. 7g。

4. 单株生产力

一年生品种植株矮小，单株生产力低；多年生品种植株高大，单株生产力大，所收集材料单株生产力最高的 CSR6. 2 达 2539. 7g，最少的只有 23. 1g，平均 134. 07g

（五）蓖麻种质产量及其影响因子

1. 生态因子

蓖麻对环境条件有很强的适应性，除了耐旱、耐瘠、耐盐碱外，对土壤肥料的要求也不太严格，是蓖麻能广泛分布的重要原因。但不同的土壤、水分、温度、光照对蓖麻的产量性状有较大的影响。如法国品种 A058 在昆明种植，由于温度低，开花到成熟的生殖生长期较长，营养物质积累时间长，百粒重达 49. 33g；而在云南蒙自种植，由于气温较高，生殖生长时间短，百粒重小，为 40. 3g。蓖麻属无限花序作物，温度高，生育期长，有效穗数多，温度低生育期短，有效穗数少。降雨是制约蓖麻挂果数的一个重要因素，蓖麻雌雄同株异花，雌雄花同在一个花序上，且雌花在上，雄花在下，故开花期雨量的多少特别重要。雨量多，降雨时间长，影响授粉结实，使每穗蒴果数明显减少。

2. 栽培因素

蓖麻为较耐瘠薄作物，但如合理增施肥料，将会提高蓖麻的产籽和产油量，获得较好的经济效益。施肥不足，植株生长瘦弱，单株产量低，抗逆能力差，不能越冬；施肥过多，营养生长过剩，叶大而密，通风透光差，易感病，授粉差，挂果少。

（六）蓖麻种质品质性状及其评价

目前，蓖麻油被广泛用于航空、化工、医药、造纸等各大领域，且具有400℃的高温不燃烧，-40℃的低温不凝固的特点，其特殊的脂肪酸组成是其他油料作物所不可替代的。

表5-3 蓖麻种子百粒重与含油率

Table 5-3 The 100- grain weight and oil content of caster seed

种质数目 Tested varieties	百粒重（g） 100- grain weight	平均含油率（%） Average oil content
24	17.2~30	51.0
108	30~50	52.63
4	>50	48.84
平均	36.47	52.24

表5-4 不同来源的种质蓖麻醇酸的含量

Table 5-4 The Ricinoleic content in seed of different origin

种质编号 Number of germplasms	种质来源 Origin of gerplasms	蓖麻醇酸 Ricinoleic	硬脂酸 Stearic	亚油酸 Linoleic
A045	云南昆明	88.072	1.091	5.083
A007	四川西昌	88.103	0.982	4.689
A050	云南楚雄	86.825	1.161	5.011
A058	法 国	88.593	0.993	4.549
A060	法 国	88.283	1.003	4.754
A083	法 国	87.559	1.78	5.288
A084	法 国	86.450	1.506	5.296
A085	法 国	86.922	1.225	5.488
A056	山 东	86.799	1.281	5.087
A056	内蒙哲盟	87.573	1.195	4.784
TCO—202	泰 国	84.491	1.556	5.618

1. 蓖麻种质的含油率

云南现有的推广品种含油率为43%~51%，与其他油料作物如油菜、花生、红花相比，含油率普遍偏高。在所收集的136份材料中，大部分为中、小粒种质，平均含油率为52.24%，变幅为43% ~56.36%，含油最高的是A060，最低的为A038。以蓖麻种子的大小而论（见表5-3），种子百粒重17~30g的24份，平均含油率为51.08%；百粒重30~50g的108份，平均含油率为52.63%；百粒重大于50g的4份，平均含油率为48.82 %。

2. 蓖麻种质的蓖麻醇酸含量

蓖麻的深加工产物很多，有些加工产品对蓖麻醇酸的含量有特殊的要求。如尼龙11，加工这种产品要求蓖麻醇酸的含量大于88 %，因此根据不同的需求，选育不同的主栽品种是非常重要的。通过对现有种质中的11份材料测定其蓖麻醇酸（见表5-4），最高的为A058，最低的为TCO—202。

（七）蓖麻不同种质的生育期及其评价

1. 蓖麻不同种质与生育期

蓖麻的生育期大致分为出苗期、现蕾期、开花期、成熟期、第一穗收获期、最后一穗收获期等生长发育阶段。

出苗期：试验表明，在相同的气候条件下，不同的种质从播种到出苗的时间有明显不同。来源于中国北方的一年生品种出苗较快，而南方品种出苗较慢，在昼夜平均气温12~20℃，北方一年生品种10~12天即可出苗，而南方多年生品种需要15~18天。来源于同一地区的种质一般小粒品种出苗快、而大粒品种出苗慢。

现蕾期、开花期、成熟期由于蓖麻属无限花序作物、一级、二级以及以下分枝的开花都可能交替进行，所以，通常以主穗（或第一穗）和最后一穗的时期来表示蓖麻的整个生育过程。来源于北方的一年生品种主茎节数较少、现蕾、开花、成熟期较早，而南方品种主茎节数较多，一般为13~15节，现蕾、开花、成熟期较晚。在年平均气温14.7℃的昆明，各生育期状况见表5-5。

表5-5 蓖麻种质资源在昆明的生育期

Table 5-5 Growth period of caster gerplasms at Kunming

品种来源 Origin of varieties	份数（份） Number	播种—出苗（天） Sowing - emergence	出苗—主穗成熟（天） emergence - main spike maturity (d)	出苗—最后一穗成熟（天） Emergence - last spike maturity
中国东北	4	10.6	121.4	139.0
山东	8	11.8	131.4	146.9
西昌	12	17.8	169.3	217.3
法国	12	17.5	161.4	203.0
泰国	4	22.6	173.0	228.3
缅甸	2	21.0	170.5	221.8
柬埔寨	2	20.2	171.3	225.7
云南	92	15.9	166.4	237.3

注：播种—出苗天数以播种季节有关。

2. 出苗与播期

从表5-5看出，中国东北品种出苗快，一般为10~12天，而中国西昌、云南和法国的品种出苗中等，一般为15~18天，而从东南亚国家如泰国、缅甸、柬埔寨收集的资源出苗较慢，一般播种到出苗需 21～23 天。

3. **最后一穗收获期**

蓖麻为无限花序作物，只要温度适宜，就能正常开花结实，因此，最后一穗收获期反应了一个品种在生殖过程中对低温的忍耐程度，一般情况下生殖生长的时间越长，产量越高。在昆明，北方一年生品种的最后一穗收获期一般在 11 月中旬，此时大部分北方品种往往出现早衰，而南方多年生品种最后一穗收获期则在 1 月上旬（见表 5－5）。

第三节　蓖麻的开发利用

一、不同蓖麻种质资源的利用

在收集到的 130 余份种质中，中国有来自 6 个省（区）的 24 份材料，从国外引入的 20 份，其余为省内收集整理材料及自选材料，经试验分析、整理，现将其中具有特殊性状和不同需要的种质，分为不同类型以便开发利用。

（一）高产种质资源

在所收集的 136 份种质资源中，高产种质资源主要来自泰国、法国和云南地方种质资源。在这些高产种质资源中，来自泰国、法国的种质资源主要表现单株有效穗数中等，但每穗蒴果数较多，以每穗蒴果数和穗粒数为主要影响因子。来自云南地方种质资源主要表现在早熟、单株有效穗数较多，以有效穗数影响产量构成。这些高产材料百粒重在 35～40g，差异不大，一般为中粒品种。

中国蓖麻主产区产量偏低是制约蓖麻产业发展的一个重要因子。就目前而言，北方产区一般单产为 1000～1500kg/hm^2，因此种植农民收入低，影响种植者的积极性。利用高产蓖麻种质资源，在试验示范中单产提高到 2000～2500kg/hm^2。提高单产，增加农民的经济效益，是当前云南省的蓖麻主要育种目标。

（二）优质种质资源

目前，国内外育种者主要从含油率和蓖麻醇酸含量开展品质育种工作。

1. **高含油率蓖麻种质资源的利用**

在云南蓖麻产业发展之初，主要是从北方引进种子种植，蓖麻 1 号种子含油率不高，为 48.84%。1997 年以来，经引种试验后大面积推广的泰国品种 TCO－202，含油率为 54.3%，提高了 5 个百分点，大大提高了加工企业的经济效益。

在所收集整理的蓖麻种质资源中，高含油率品种一般为中小粒品种，主要来自于法国、泰国和云南地方资源，最高含油率材料为来自法国的 CSR－6.181，含油率为 56.36%。

2. **高蓖麻醇酸种质资源**

蓖麻醇酸的含量决定着某些产品的加工品质，如生产尼龙 11，法国 ATO 公司要求加工原料蓖麻籽的蓖麻醇酸含量大于 88%，从收集的种质资源中，对综合性状较好的 11 个材料分析测定，其中有 4 个材料蓖麻醇酸含量超过 88%，自选品种 A007 的蓖麻醇酸含量为 88.36%，引进品种 TOC－202 蓖麻醇酸 84.49%。如云南省蓖麻产业产品的最终定位在尼龙 11，必须利用蓖麻醇酸大于 88% 的种质资源进行育种。

3. **宿生蓖麻种质资源**

蓖麻为大戟科，一年生（或多年生）草本植物，在云南收集的大部分地方种质资源能安全越冬，为多年生草本。宿生蓖麻降低了生产成本，宿生后2～5年内，产量比当年种植提高20%，增加了经济效益。在云南种植蓖麻宿生性成了对蓖麻品种的特殊要求，通过宿生，降低成本，提高经济效益。

在收集的136份蓖麻种质资源中，来自泰国和云南的地方资源宿生性好，法国材料次之，来自黑龙江、内蒙、山东、山西的材料蓖麻宿生性差，次年只有10%左右的单株能越冬。

4. 高抗种质资源

在云南山地占94%，坝子面积只有6%。因此，蓖麻一般种植在无灌溉条件，土壤贫瘠的山地上，抗旱、耐瘠是云南种植品种的关键生理特征之一。只有抗旱、耐瘠的品种才能适应云南山地种植的要求；另一方面也可节水保土，在退耕还林中发挥作用。

经过试验，在收集的蓖麻种质资源中，茎杆紫色、茎杆、叶片蜡质较多的品种抗旱耐瘠及抗虫性强，如A007、TCO－202等材料，在抗旱耐瘠方面优于其他材料。

二、云南蓖麻种植综合开发的社会和经济效益

蓖麻对环境有较强的适应性，管理粗放，可在退耕还林及产业调整中发挥作用，是宅旁、河渠路边的优势作物。适宜在云南省大部分地区种植，且为多年生作物，可一年投资，多年受益，投资较少，易于发展。农民通过种植蓖麻，即可出售蓖麻籽，又可利用蓖麻叶饲养蚕而出售茧皮和蚕蛹，增加经济收入。在云南省大部地区，特别是贫困山区发展蓖麻，具有一定的经济效益和明显的社会效益。

以种植1亩蓖麻产籽100kg、每公斤售价3.1元计，蓖麻籽收入310元；1亩蓖麻采叶可养蓖麻蚕1盒（1万头），每盒收茧皮3kg和蚕蛹25kg，每公斤茧皮25元，蛹4元，可收入75元和100元。一盒蓖麻蚕还可得10～15kg蚕粪，可做1亩地的优质有机肥；蓖麻秸杆则可作为造纸原料或烧柴使用。在种植蓖麻地可以矮杆作物如豆科植物间套种，可提高农户收入。

如以种植30万亩蓖麻为例，蓖麻种植业农民每年可收蓖麻籽3万吨，收入9300万元；养殖蓖麻蚕可收茧皮900t，收入3750万元，蚕蛹7500t，收入3000万元，即农民直接收入1.605亿元。按每户种植5亩蓖麻和饲养5盒蓖麻蚕计，可增收2425元，并可解决10万农民脱贫的问题。

三、蓖麻油的开发与利用

（一）云南蓖麻油生产利用状况

昆明上焦化工有限公司已建成1.2万吨/年精制蓖麻油生产装置，但由于蓖麻籽供应紧张，难于正常运转。该公司与有关部门合作联合建立蓖麻种植基地，期望实现蓖麻原料的稳定供应，并通过市场到外省采购蓖麻籽，尽早投产并开拓市场。1997～1999年间，注重后继产品的研究工作，现已开发出“国际1号”蓖麻油，并在加强市场竞争，扩大市场和提高经济效益方面做了大量工作。蓖麻的综合利用如图5－1，图5－2所示。

因此，开发深层次的加工产品，增加产品附加价值，提高整体效益是未来的发展战略。

（二）蓖麻油深加工产品

1. 癸二酸和仲辛醇

癸二酸耗油量大，一般2～2.2t蓖麻油可生产1t癸二酸并副产0.6t仲辛醇。自1994年以来，精制癸二酸美国市场价基本稳定在每吨4490美元/吨（折合人民币37170元/吨），而国内售价为每吨2.1～3.6万元。随着我国加入世界贸易组织，癸二酸的价格会有所提高。

昆明化学工业总公司曾开展过3000吨/年精制癸二酸的可行性研究，但对该项目严重的甲酚污染，报告中未提出治理方案和可靠成熟的工艺技术。因此，该项目应在解决三废污染并达到国家排放标准的情况下，避开滇池流域水系和城市生活水源的地区布局。

3000吨/年癸二酸生产装置副产仲辛醇1800吨/年，可直接出售，或通过适当改造宣威溶剂厂两套2500吨/年增塑剂生产装置，生产耐寒增塑剂。

2. **尼龙11**

由于法国ATO公司不愿转让技术，因此，耗油量大，技术含量和附加值高的PA11只能立足于国内自行开发。有关部门希望云南省化工研究院和驻昆解放军化肥厂，与北京市化工研究院或中科院长春应化所合作，建立1000吨/年PA11，以及配套1400吨/年十一碳烯酸生产装置。

3. 10-**十一碳烯酸和庚醛**

十一碳烯酸是PA11的原料，它与副产物庚醛均可用于合成香料。云南省化工研究院开发研制成功的“蓖麻油一步催化裂解制十一碳烯酸和庚醛的新方法”云南省科委已验收，其工艺技术简单，投资少，收率高，为千吨级工业装置建设的放大设计提供依据。

（三）饼粕开发利用

蓖麻籽榨油产生大量饼粕，即1t蓖麻油副产1.1～1.2t蓖麻饼粕。虽然饼粕中含粗蛋白30%～35%，但由于饼粕中还含有少量的蓖麻碱、蛋白应变原过敏素和血球凝集素等有毒物而不能饲用。因此，国内外都积极开展了脱毒研究和建立扩试装置，国内也开展了相应的研究，但脱毒技术尚难过关。

蓖麻饼粕因含残油1%～2%而会影响种子发芽，不能直接作种肥。目前，国内外大多作为肥料用于果树，或者将其混配为烟草、水稻、果树专用复合肥使用。

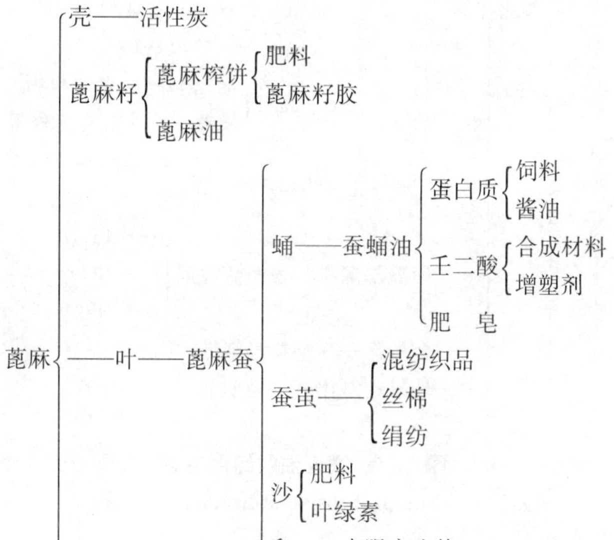

图5-1 蓖麻的综合利用

Fig. 5-1 Comprehensive utilization of castor plant

- 蓖麻油
  - ——聚氧乙烯二硫化磷酸酯——BL 型高效农药乳化剂
  - ——聚氧乙烯磷酸酯——高效农药乳化剂
  - ——硫酸化——土耳其红油
  - ——氧化——增塑剂
  - ——氢化——人造蜡（不干性）
  - ——脱水
    - ——润滑油
    - ——代桐油（干性）
  - ——直接利用
    - ——刹车油
    - ——增塑剂
    - ——润滑油
    - ——医药用
  - 裂化
    - 碱裂
      - 促辛醇
        - 增塑剂——D. C. P
        - 磷辛 10 号——高效农药
      - 癸二酸
        - 聚酯聚酰胺——合成材料
        - 尼龙 1010——合成材料
        - 尼龙 610——合成材料
        - 尼龙 810——合成材料
        - 尼龙 9 ——合成材料
        - 高性能润滑剂
          - D. O. S
          - D. B. S
        - 高寒增塑剂——D. B. S
        - 聚氨基三唑——合成材料
        - 聚氨酯——合成材料
        - 11 烯酸
          - 尼龙 11——合成材料
          - 桃醛（γ11 内酯）香料
      - 酯交换裂化——庚醛
        - α 戊基桂醛——香料
        - 庚醇——增塑剂
    - ——聚氧乙烯——表面活性剂
      - ——BL 型
      - ——BC 型
      - ——BY 型
    - ——金属盐——塑料稳定剂
    - ——环氧乙酰化——增型剂

图 5－2 蓖麻油的综合利用

Fig. 5－2 Comprehensive utilization of castor oil

（四）深加工产品副产物开发利用

深加工产品副产物数量大，需充分利用和开拓市场。在蓖麻油，癸二酸和十一碳烯酸生产过程中，将产生大量的副产物—蓖麻饼粕、仲辛醇和庚醛。但饼粕脱毒技术不成熟，仲辛醇和庚醛虽可进一步加工利用，但仍需开拓市场，否则制约了蓖麻油深加工效益的提高。

第四节 国内外蓖麻种质资源在云南的研究与利用

一、国内蓖麻种质资源的研究与利用

（一）育种应用方面

收集到的国内资源分为两类，一类为北方的一年生蓖麻，这类蓖麻越冬性差，在昆明地区海拔1900m的地方，只有10%左右能越冬，且越冬后长势弱，肥水管理需大肥大水，优点是熟期一致，一般主穗成熟后，其余分枝一次收获，有利于采收；另一类为南方省区的多年生品种，这类品种宿生性好，抗旱、耐瘠、抗寒能力强，适应范围广，缺点是成熟期长，边成熟边采收，费工费时。国内收集品种见表5-6。

表5-6　部分种质的宿生性
Table 5-6　Perennial character of some castor germplasms

<table>
<tr><th>属性
Attribute</th><th>品种名称
Varieties</th><th>选育地点
Breeding location</th><th>属性
Attribute</th><th>品种名称
Varieties</th><th>选育地点
Breeding location</th></tr>
<tr><td rowspan="6">一年生品种</td><td rowspan="2">蓖麻1号</td><td rowspan="2">黑龙江</td><td rowspan="6">多年生品种</td><td>西昌88#</td><td>西昌农专</td></tr>
<tr><td>西昌89#</td><td>西昌农专</td></tr>
<tr><td>淄蓖1号</td><td>山东省</td><td>西昌93#</td><td>西昌农专</td></tr>
<tr><td>哲蓖1号</td><td>内蒙古</td><td>西昌94#</td><td>西昌农专</td></tr>
<tr><td rowspan="2">哲蓖3号</td><td rowspan="2">内蒙古</td><td>红秆塔</td><td>山西省</td></tr>
<tr><td>A050</td><td>云南省</td></tr>
</table>

云南省农科院油料所经引种筛选，从蓖麻1号中选育出具有柳叶性状标志的雌性单株。此类雌性单株在现蕾时有标志性状的柳叶，利用这一特点，在主穗现蕾时即可鉴定出雌性株。在雌性单株找到后，选用了姊妹交的方法，使其受精结实，其结果后代雌性率达36.7%；在对其进行姊妹交2代，后代雌性率只保持了30%~40%的水平。在植株综合性状评价上，选育出的雌性株系长势弱，挂果不多。目前，在杂种优利用方面难以利用。

在南方省区的多年生材料中，通过引种筛选，在“西昌88”宿生后，从早熟类型，植株相对较矮，果穗大，穗果数多，株型紧凑的单株进行严格套袋自交，所得的种子再进行筛选，经系统选育而成的蓖麻新品种A007。在品比试验中，A007较对照增产145.9%，生育期105~132天，较“西昌88”缩短8~16天；其株高平均为3.1m，较“西昌88”降低1.1~1.2m。A007有效穗数较多，百粒重45.7g，含油率56.76%，蓖麻醇酸含量88.36%。2001年7月通过云南省种子委员会审定。

同时，对云南省的地方种质资源进行了收集、整理，从中选育出5个早熟、有效穗数多、适应性广的地方材料，现正进行观察试验，如A052等，为今后的蓖麻育种打下了基础。

（二）推广应用方面

1. 一年生品种

在1997~1998年两年，由于云南蓖麻育种工作滞后，蓖麻品种不能满足生产要求，生产者从黑龙江、内蒙分别引进蓖麻1号、哲蓖3号种植。种植试验结果表明：蓖麻1号、哲蓖3号，宿生性差，在昆明地区只有10%越冬，属一年生草本种植，对肥水的要求高，需要大肥大水，耕作管理较多年生品种更精细，适宜性较差。由于引种对蓖麻1号、哲蓖3号栽培特性缺乏正确种植观念，加之发展之初种植的指导思想是蓖麻适应性强，荒山荒坡都可种植，因此，引进品种大部分都种植在荒山荒坡上，造成肥水需求不够，长势弱，产量很低。但在元江县青龙乡，一位农户种植蓖麻1号120亩，种植在松林地中，土地肥沃，又对松林修枝透光，120亩蓖麻1号平均亩产达120kg。

蓖麻1号、哲蓖3号的一个最大优势是成熟期短，主穗成熟到最后一穗成熟一般只要28天，在云南许多地区不会影响小春作物的种植。而多年生品种熟期延迟，从主穗成熟到最后一穗收获一般需要81天左右，影响小春生产。

2. 多年生品种

在经过系统选育育成的蓖麻品种A007，由于市场需求，到2000年，在文山、红河、大理、曲靖累计示范1.3万亩，最高亩产为250kg。这个品种的最大特性是宿生性好、适应范围较广，抗旱、抗寒、抗病能力强。在品质方面，含油率高达56.76%，蓖麻醇酸含量高达88.36%。此指标大于法国ATO公司生产尼龙11的需求指标88%。

二、国外品种资源的研究与利用

从1992~2000年，分别从法国、泰国、缅甸、柬埔寨收集了一批种质资源，经整理，主要对法国、泰国的品种资源进行了深入的研究与利用。

（一）对泰国品种的研究利用

表5-7 泰国品种引种利用情况

Table 5-7 The utilization of varieties introduced from Thailand

品种名称 Varieties	引入时间 introduced time	到2000年的应用情况 Utilization till 2000
TCO-202	1996年	经试验、进行大面积示范
TCO-101	1996年	引种试验
TCO-206	2000年	引种试验
TCO-207	2000年	引种试验
TCO-203	2000年	引种试验

从泰国引入的品种资源（见表5-7），最先是TCO-202、TCO-101，经引种试验，两个品种的生物学特性见表5-8。

从表中看出，TCO-202在生物学性状，如株高、开花期，单株生产力明显优于TCO-101。在开花期TCO-101花序雌花多，雄花少，且有相嵌花；果实膨大期，TCO-101穗长45.50cm大于TCO-202的穗长34.71cm，但到受粉后TCO-101授粉差，挂果极少，还未成熟就全部落果。1997~1998年，在元江、思茅等地对这两个品种进行试验，其中TCO-101只有少数地方挂果性好，产量基本与TCO－202持平，适应性差。TCO－202则经过品比试验、示范后已进入大面积推广，到2000年，云南省推广面积达15万亩，在加上贵州、广西等地，TCO－202推广面积达20万亩。1999年曲靖地区种植的TCO－202，亩产最高的地块有8亩，达259.4kg。其他3份泰国品种，2000年引入，正在资源圃中进行引种试验。

表5－8 TCO－202、TCO－101的生物学特性

Table 5－8 The biology characters of TCO－202 and TCO－101

品种名称 Varieties	播种期 Sowing （月/日 m/d）	出苗期 Emergence （月/日 m/d）	株高 Plant height （cm）	主穗开花期 Flower time of main spike （月/日 m/d）	果穗长（cm） Spike length	成熟期 Mature period （月/日 m/d）	单株生产力（g） Yield/plant
TCO－202	04/26	05/10	274	09/06	34.71	11/25	412.4
TCO－101	04/26	05/08	361	10/18	45.50	无成熟果	—

（二）对法国品种的研究与利用

1. 五个法国品种的引种效果

1996～1997年，云南省农科院油料所先后从法国ATO公司引入5个法国蓖麻杂交种，分别在湿热地区思茅、南亚热带的昆明等多种气候类型地区选点试种。

表5－9 各试点光、热、水状况

Table 5－9 Light, temperature and water conditions of experimental locations

项目 Item / 试验地点 Location	气候类型 Climate type	海拔高度（m） Altitude	年平均气温（℃） Annually meamte mperature	最热月均温（℃） Average temperature of hottest month	最冷月均温（℃） Average temperature of coldest month	无霜期（天） Days without frost （d）	≥10℃积温（天） Accumulated temperature ≥10℃	年日照时数（小时） Annual sunlight hours （h）	年降雨量（毫米） Annual rainfall （mm）
元谋	南亚热带	1100	21.9	26.9	14.6	全年无霜	6400	2670.4	616.7
化念	南亚热带	1100	19.5	24.7	12.2			2286.9	828.2
文山	中亚热带	1271	17.8	22.4	10.5	329.1	5822.3	2027.6	1011.2
昆明	北亚热带	1910	14.7	19.8	7.8	227	4484.7	2493.6	1012.5

注：表中海拔为试验地点海拔。

（1）试验方法

种植品种：CSR－63.268、CSR－6.181、CSR－6.190、CSR－24.71、CSR－6.2。

种植面积：因品种的数量不同，种子量多的布点多、面积大，种子量少的布点少、面积相对较少，如CSR－63.268，总面积有5.33亩，而CSR－6.2只有昆明点有几株。

种植密度：株行距80cm×100cm，定苗：CSR－6.181、CSR－6.190留1株，CSR－24.71、CSR－63.268留2株，有些地点由于地块不规则，对株行距作了适当调整。

田间措施：底肥，播种时每亩施用农家肥1000～1500kg，有的试点还加放复合肥，（如化念）；追肥，在4～6片真叶、现蕾期、采摘始期各进行1次追肥，每亩3次共施15kg尿素。

在蓖麻的全生育期进行详细的观察记载，对优良单株进行套袋保纯，进行技术处理，以保持雌性株系。

水分管理：出苗前无降水时浇水保苗，雨季来临到次年不浇水（除元谋试点），只进行排涝工作。

元谋、峨山、昆明等3处试点，整个生育期内都进行详细生育期记载，收获时严格考种，实称产量；而其他试点只作一般观察，收获时测产。

（2）试验结果（见表5-10）

丰产性：1997年化念点试种3个品种，所种地块土地肥力中等偏下，土层为砂砾土（土中有很多小砾石），但底肥充足，表现出了良好的丰产性。

光热条件：法国品种在光热资源丰富，海拔1500米以下，≥10℃活动积温不低于5000℃，热量资源不低于中亚热带气候的条件下，生长良好，丰产、丰收，如元谋、化念。

水分条件：在元谋蒸发量是降雨量6~7倍的干燥环境中，法国品种必须有浇灌条件才能正常生长。在化念雨季来临后播种，不需要浇灌也能获得高产，可降低生产成本，在本地区有一定的推广价值。在思茅高温高湿地区，这些品种开花期与雨季相遇，影响正常授粉，挂果少，且发生灰霉病流行，造成减产或无产。

病虫害：经过对各试验点的调查，在文山、思茅CSR-63.268都受到灰霉病严重危害，并伴随有虫害大发生，危害的时期都在气温高、降雨量大的高温、高湿季节；在化念无病害，虫害发生较轻；而在气候相对冷凉的昆明没有病虫害发生。

因此，法国的5个杂交种在云南最适宜于中亚热带、南亚热带的干燥地区种植，在北亚热带为适宜区，每亩产量100kg左右，产量不高；而高温、高湿的滇西南、南部多雨区以及南温带以上（海拔≥2000m）气候类型为不适宜区。

2. 法国品种在杂交育种上的研究利用

杂种优势利用是蓖麻育种最活跃的研究领域，迄今为止，质核互作型的三系配套未见报道。美国1950年育成核型隐性单基因遗传的N145-4两型雌性系（即群体内约50%的植株为雌株，50%为两性株）。L H Zimmerman等人（1960年）在研究隐性雌基因和温度敏感型镶嵌性雄花基因独立遗传特性基础上，育成了温敏型隐性雌性系。该雌性系在7月份日均气温为90°F（32.2℃）的加州波劳里（Blauley）能产生少量雄花，隔离条件下可繁殖雌性系；而在7月份气温为75°F（23.9℃）的该州戴维斯（Divas）雄花极少或无雄花，适于生产杂交种种子。印度G Ankineedu等人（1973年）发展了Zimmerman的这一成就，结合本国气候条件，提出在同一地区的低温季节（10月至下年2月）生产杂交种子，高温季节（7月~10月）繁殖雌性系，并育出雌性系240，推动了印度蓖麻生产的迅速杂交化。据报道，印度1981~1988年，平均杂交种推广面积占蓖麻面积的71.7%，商品蓖麻生产基本实现了杂交种化，平均单产由每公顷625kg提高到了1180kg。

1997~2000年对引入的12个法国品种进行引种筛选，从CSR-6.181、CSR-24.71、CSR-6.190、CSR-63.268、CSR-6.85个材料中选育出不育单株并通过无性快繁手段，选育出相应的不育系，有的材料如CSR-6.190、CSR-6.181选育出了两个或两个以上的不育系，并对不育株系进行了测配。

（1）雌性单株的选育

蓖麻属雌雄同株异花，且雌雄花着生于同一个花序上，雌花在花序的上部、雄花在下部，有的材料在中部有两性花出现。在引入法国品种资源中，12个品种出现雌性单株，即花序上只有雌花，而无雄花。经研究属核质互作遗传，将雌性单株与姊妹系中雄花较少且雌花相对较多的单株进行授粉，保持雌性系；经过多次姊妹交，从中选育出6个雌性系和18个不同类型的雌性株系，为云南今后开展蓖麻杂交育种打下坚实的物质基础。

表 5-10 品种间性状比较表

Table 5-10 Traits of different varieties

项目 Items / 地点 location	供试品种 Varieties	株高（cm）plant height	茎色 Stem color	有效分枝（个）Effective branches	主穗位高（cm）Main spike height	果穗长（cm）Spike length	穗形 Spike shape	每株穗数（个）Spike/plant	每穗蒴果（个）Capsules/spike	百粒重（g）100-seed weight	单株产量（g）Yield/plant	亩产量（kg）Yield/666.7m^2	病虫害状况 Disease and insect pest condition	备注（条件）Remark（conditions）
元谋	CSR-63.268	116.9	绿紫	7.40	53.1	45.8	棒形	7.4	38.0	37.3	413.9	344.8	灰霉病重	有浇灌条件
	CSR-6.181	25.0	紫绿	无										无浇灌条件
	CSR-6.2	31.0	紫	无										无浇灌条件
化念	CSR-6.190	168.5	绿	6.30	851	29.6	塔形	6.3	40.4	34.5	263.8	219.8		调整了密度
	CSR-6.181	203.6	紫绿	4.00	1195	42.4	塔形	4.0	46.5	38.3	213.6	231.4		
	CSR-24.71	242.6	紫绿	6.30	929	62.7	塔形	6.3	37.7	30.3	215.8	359.4		
	CSR-63.268	97.3	紫绿	2.10	489	38.9	棒形	3.2	28.0	39.5	106.2	159.3	灰霉病重	荒坡
昆明	CSR-63.268	108.7	紫绿	1.83	493	48.6	棒形	2.0	51.6	31.0	96.0	105.6	无	
	CSR-6.190	136.3	绿	2.15	500	41.3	塔形	1.9	66.0	30.5	114.7	126.2	无	
	CSR-6.2	218.0	紫	42.0	100	40.3	棒形	42.0	36.5	49.3	226.3	252.2	无	
	CSR-6.181	146.3	紫绿	1.16	803	52.6	塔形	1.7	73.0	36.2	134.8	148.3	无	
	CSR-24.71	141.7	紫绿	1.08	610	61.3	塔形	1.5	45.0	26.7	54.1	59.5	无	

注：①茎色项，紫绿表示紫多绿少；绿紫表示绿多紫少。

②除以上 3 试验点外还对种植 CSR-63.268 文山、蒙自、思茅等地作了调查，总的情况是文山、蒙自、思茅虽然亩产可达 150kg，但有病虫危害，以思茅的病虫危害最为突出。管理较差的地块几乎颗粒无收，如大面积种植法国品种，灰霉病可能成为毁灭性病害。

（2）不育株的保持和繁殖

自20世纪50年代，美国的Classen，C. E. 等人（1950年）发现蓖麻雄性不育单株，蓖麻单雌性状的遗传研究有了很大进展。关于单雌性状的遗传，相继提出隐性单基因控制，隐性重叠基因控制，质核互作以及Shifriss. O.（1960年）的传统和非传统遗传系统。这些研究揭示了蓖麻雄性不育性状遗传的复杂性，并表明，表现型相同的单雌性蓖麻其遗传背景的多样性。正因如此，长期以来，研究人员没有找到一个很好的保持方法使之保持其雄性不育的特征。国内外研究人员发现蓖麻单性雌株时，为保持其后代雌性特征，往往采用姊妹交来保持，导致后代雌性基因移失变位，雌性率不高，甚至遗失。在选育雌性系的过程中，云南也应用姊妹交保持和繁殖雌性系，其后代的雌性率很低，一般只有30%左右，有的材料雌性率完全丧失。因此，不能直接用于杂交制种的亲本。1998年、1999年，围绕提高雌性率，加大繁殖系数，开展一系列蓖麻不育系的保持和繁殖研究工作。目前已研究出3种各具特色的方法，使杂交亲本的保持和繁殖变得方便、高效。

高接：针对姊妹交繁殖蓖麻雌性单株雌性率不高的实际，结合云南蓖麻宿生的特点，为提高蓖麻雌性率，1997～1998年首先研究出采用高空压接无性繁殖蓖麻雌性单株。

高接方法：先取土层深度在1m以下的红壤土，打碎，过筛后，用高锰酸钾消毒待用（如能密闭24时消毒效果更佳），压接时，加入药物与土拌匀。选择当年生蓖麻枝条，在其下部用刀片环剥茎表皮（宽约为1～2cm）然后用塑料薄膜以配好的土作为内充物（并保持一定的湿度）在剥皮处包扎即可。这种繁殖方法操作简单易行，成本低，繁殖出的雌性系的雌性率提高到100%。蓖麻越冬后，第二年发芽枝条数30～50个，繁殖系数40左右。蓖麻在制种地上，母本只需种植300株左右，且繁殖移栽后可以利用4～5年，因此，这种繁殖方法对于无性系的保持、繁殖和小面积制种具有十分重要的意义。

组织培养：通过组织快繁可直接获得大量优良的蓖麻雌性单株，一方面，为进行产业化育苗和大规模栽培利用提供新途径；另一方面，为蓖麻杂优利用配套育种提供优良雌性系，促进杂优利用育种配套技术的研究。

本研究进行组织快繁，至今已初步建立蓖麻单性雌株组织快繁体系（即，起始、继化增殖、生根三步快繁体系），其初步研究结果如下：

①对蓖麻雌性单株组织快繁的基本条件进行了摸索，进行了包括培养温度、培养基配方等培养条件的实验。

②对蓖麻雌性单株品种进行大田取样培养，并获得组培苗近1000株，大田移栽成活90%以上，植株性状表现良好，雌性率为100%，初步建立蓖麻雌性繁殖体系。

③进行了培养基中激素种类及浓度对蓖麻组培的初步研究。

（3）外缘激素对雄花的诱导

用50mg/L的2，4－D、NAA、乙烯利、多效唑、6－BA处理三叶期的蓖麻雌性单株材料，每7天处理1次，一共处理3次。用2，4－D处理，与对照相比，蓖麻的雌性单株率有较为明显的下降，而用其他4种植物生长调节剂处理，则无此种效应。

雌性单株率的下降，表明其中的一些两性株，原为雌性单株，由于处理发生了性逆转，其雄花是被2，4－D诱导出来的。对用2，4－D处理的植株进行观察，也证明这一点，有的植株出现混杂着生的（interspersed）雄花（即镶嵌现象），蓖麻正常的花序是雌花在上部，雄花在下部，而在这里是在上部和最下部，都出现雌花，雄花则着生于中部。

实验结果初步表明：2，4－D等植物生长调节剂具有使蓖麻雌性单株发生性逆转的作用。

此外，利用植物生长调节剂对成株的处理，也有一些较好的结果。其中有两个材料，雌性率较高，对其雌性单株的成株用植物生长调节剂处理，均出现雄花，且自交结实，显示植物生长调节剂在这方面有良好的应用前景。

目前，植物生长调节剂处理后出现雄花的雌性单株，其后代已有两个株系表现为100%雌性，如此可加快雌性系的形成。

（4）选择优良的杂交组合、测定配合力

1998年围绕着产量、适应性、品质3个育种目标配制51个杂交组合，1999年对51个杂交组合F_1代进行选择和杂种优势鉴定。

优势组合：亲本性状的优劣决定了杂交组合的优劣。从表5-11中可知，在21个亲本中，各个性状表现较好的亲本为A007、A083、A103、A084、A104、A092。在51个杂交组合中，每个组合的性状表现没有完全排列出来，只把表现好的10个组合排列出来（见表5-12），即$F_1$44、$F_1$47、$F_1$42、$F_1$10、$F_1$33、$F_1$46、$F_1$9、$F_1$15、$F_1$22、$F_1$13为优势组合杂种第一代。

杂种优势：杂种优势分为一般配合力和平均优势两个方面。从表5-11和表5-12中可看出，亲本中，父本从高至低依次为A052（65.34）>A045（13.34）>A007（-78.69），母本从高至低依次为97CSR-24.71（70.14）>97CSR-6.190（50.11）>96CSR-6.2（18.54）>97CSR-24.71（-11.86）>哲蓖四号（-54.66）>96CSR-63.268（-72.29）。其他母本的一般配合力还不能测定，因为配合力的测定往往与试验设计密切相关，不同的试验设计，有不同的配合力计算式。

杂交组合中，与亲本比较，平均优势最高的是$F_1$10（A045×97CSR-24.71）为232.52%，其次是$F_1$13>$F_1$44$F_1$47>$F_1$9>$F_1$42>$F_1$17>$F_1$33>$F_1$46，$F_1$15、$F_1$12、$F_1$11、$F_1$14、$F_1$45、$F_1$49、$F_1$31、$F_1$7、$F_1$16的平均优势为正值，优势弱些。其他杂交组合的平均优势为负值，没有优势。

表5-11 亲本主要性状表

Table 5-11 Main characters of parents

品种编号 Number	品种名称 Varieties	单株生产力（g） Yield/plant	排序 rank	单株有效穗 Effective spikes /plant	排序 rank	单株蒴果数 Capsules /plant	排序 rank	百粒重（g） 100-seed weight	排序 rank	一般配合力 general combining ability	排序 rank
A007	西昌88	484.4	1	13.8	2	303.2	2	53.3	1	-78.69	9
A083	97CSR-6.190	379.6	2	13.2	3	336.4	1	37.6	10	50.11	3
A103	98CSR-6.2	324.2	3	12.0	4	250.4	3	43.2	4		
A084	97CSR-24.71	273.1	4	7.6	8	195.6	7	46.5	2	70.14	1
A104	98CSR-6.181	266.1	5	10.6	6	246.4	4	36.0	13		
A060	96CSR-63.268	233.9	6	11.0	5	176.2	9	44.3	3	-72.29	8
A092	哲蓖四号	195.4	7	16.0	1	236.0	5	27.6	19	-54.66	7
A085	97CSR-6.181	194.2	8	6.2	12	199.2	6	32.5	16	-11.86	6
A105	98CSR-6.190	190.3	9	7.8	7	178.2	8	35.6	14		
A100	98CSR-63.268	189.6	10	6.8	10	147.2	10	42.9	6		
A052	产地：昆明	176.8	11	6.6	11	147.2	11	40.0	8	65.34	2
A058	96CSR-6.2	155.8	12	3.0	17	121.6	13	42.7	7	18.54	4
A099	98CSR-63.181	147.8	13	4.6	15	125.0	12	39.4	9		

续表 5－11

品种编号 Number	品种名称 Varieties	单株生产力（g）Yield/plant	排序 rank	单株有效穗 Effective spikes /plant	排序 rank	单株蒴果数 Capsules /plant	排序 rank	百粒重（g）100－seed weight	排序 rank	一般配合力 general combining ability	排序 rank
A108	98CSR－24.181	120.6	14	7.0	9	109.8	14	36.6	12		
A106	98CSR－6.268	113.5	15	6.0	13	88.0	16	43.0	5		
A101	98CSR－86.71	76.3	16	4.2	16	71.4	17	35.6	15		
A107	98CSR－24.71	70.5	17	5.6	14	93.2	15	25.2	21		
A045	产地：晋宁	55.4	18	2.6	20	66.4	18	27.8	18	13.34	5
A102	98CSR－158.71	46.3	19	2.8	19	60.3	19	25.6	20		
A109	98CSR－24.190	33.8	20	2.8	18	30.0	21	37.6	11		
A098	98CSR－19.71	32.7	21	2.2	21	34.8	20	31.3	17		

备注：排序是按照降序排列。

从以上的分析可知，在51个杂交组合中，$F_1$9、$F_1$10、$F_1$13、$F_1$42、$F_1$44、$F_1$47为强优势组合杂种第一代。其中，单株生产力最高的是F110，546.2g，父本是A045，母本是97CSR－24.71。其次是$F_1$44、$F_1$46、$F_1$47的单株有效穗都有20个以上。

（5）示范推广

经引种试验、示范，目前CSR－6.181已成为云南的推广品种，在文山、红河、曲靖推广面积达2.3万亩。

表 5－12 主要性状表

Table 5－12 Main Characters

杂交后代 Offspring	父本 Male parent（R）	母本 Female parent（A）	单株生产力（g）Yield/plant	排序 Rank	单株有效穗 Effective spikes /plant	排序 Rank	单株蒴果数 Capsules /plant	排序 Rank	百粒重（g）100－seed	排序 Rank	平均优势 Average superority	排序 Rank
$F_1$44	A007	A106－3	669.5	1	25.6	2	513.0	2	43.5	7	123.93%	3
$F_1$47	A007	A108－1	633.0	2	23.5	3	541.0	1	39.0	25	109.26%	4
$F_1$42	A007	A106－1	554.7	3	14.3	7	398.5	5	46.4	3	85.55%	6
$F_1$10	A045	A084－1	546.2	4	12.8	13	431.4	3	42.2	15	232.52%	1
$F_1$33	A007	A102－3	450.7	5	14.0	8	338.4	7	44.4	5	69.88%	8
$F_1$46	A007	A107－3	429.8	6	23.4	4	387.2	6	37.0	28	54.92%	9
$F_1$9	A045	A083－1	412.7	7	17.6	5	401.8	4	34.2	41	89.78%	5
$F_1$15	A052	A083－1	408.5	8	13.0	11	322.6	8	42.2	14	46.85%	10
$F_1$22	A007	A099－1	400.7	9	10.0	22	270.4	14	49.4	1	26.78%	15
$F_1$13	A052	A058－1	391.3	10	13.4	10	306.2	9	42.6	11	135.33%	2

备注：排序是按照降序排列，母本中－1表示全雌株，－2表示正常株，－3表示反交。

参 考 文 献

〔1〕傅福勤．中国蓖麻开发利用与对策．广西蚕业，1998 35（3）：52～59
〔2〕郑旭华．蓖麻资源的综合利用．中外技术情报，92（4）：46～47
〔3〕王茀能，蒋飞杰等．海南岛蓖麻资源．日用化学工业译丛，92（3）19～22
〔4〕傅福勤主编．特用油源作物——蓖麻．中国环境科学出版社，1990
〔5〕张维锋，梁一刚．蓖麻单雌性状遗传研究．遗传 1993，15（2）：28～32
〔6〕张维锋，赵守贤．国外蓖麻育种与遗传研究动态．《中国油料》，1988（1）：90～92
〔7〕朱国立，顾名勋．蓖麻标志雌性系选育及其遗传性．《中国油料》，1990（3）：23～26
〔8〕朱国立，顾名勋．蓖麻诱变育种研究初报．《核农学通报》，1991，12（4）：155～158
〔9〕陈叔平，陈贞．国外蓖麻研究概况．《世界农业》，1993，第 3 期：17～18
〔10〕张维锋，梁一刚．蓖麻拟三系配套技术研究．《作物学报》，1999，25（3）：392～395
〔11〕Fatteh，U. G，A. T. Patel，P. S. Patel. Indian Farming，1988，38（1）：25
〔12〕朱国立，顾名勋．蓖麻 Lm 型雌性系选育及利用研究．《中国农业大学学报》，1993，增刊：151

第六章 其他油料作物

第一节 云南向日葵种质资源

向日葵（*Helianthus annuus* L.）为菊科（Compositae）向日葵属（*Helianthus*L.），一年生草本植物，是典型的异花异株授粉植物。向日葵属的野生种主要分布在北纬30°～52°之间的北美洲南部和西部的大部地区及秘鲁和墨西哥北部。该区域是向日葵的原产地，也是当今向日葵种质资源的天然宝库。十六世纪初，西班牙人从秘鲁、墨西哥将向日葵种子带到欧洲，作为花卉和药用植物进行栽培。十八世纪，英国、匈牙利成功从葵籽中提出油脂，此时，向日葵作为油料植物，进入大田耕作并不断扩大种植。以后，向日葵瘦果的用途逐渐被发掘，成为鸟的饲料、畜牧业的青贮饲料和人类食用的干果。20世纪60年代后，向日葵在世界各地得到迅速发展，1974年向日葵产量仅次于大豆，成为世界第二大油料作物。

向日葵在17世纪初传入我国，至今已有近400年的历史。据1621年（明朝）王象晋著《群芳谱》中记载，向日葵由南洋群岛经越南传入中国西南诸省，并称向日葵为“丈菊”、“西番菊”和“迎阳花”。1688年（清朝）陈淏子所著《花镜》开始称其为“向日葵”。据1904年黑龙江依安县志记载，第二条传入途径是沙俄侵略中国东北修筑铁路时带入食用向日葵，铁路沿线的农民开始种植。第三条传入路线是20世纪20年代由前苏联传入中国新疆。长时间内，向日葵在中国主要作为观赏或干果食用，只是零星种植。1956年后才作为油料作物小规模栽培，当年种植面积不到23万公顷。1974年从国外引入不育系、保持系和油用型种子，开始向日葵的三系杂交选育工作。1976年以后向日葵育种及种植迅速发展，到1979年被正式列为国家油料种植计划，1990年向日葵已成为中国第三大油料作物，栽培面积仅次于油菜和花生。

向日葵适应性强，在各种气候生态条件下都可种植。它经济价值高，用途广，其籽含油率高，是目前常用植物油含油量最高的植物。油脂中所含对人体有益的油酸、亚油酸、不饱和脂肪酸等含量高于油菜，而且还含有维生素A、E、类胡萝卜素、葡萄糖等多种营养物质，对人体保健有重要作用。籽仁中所含蛋白质可作为人类干果食品和动物饲料，营养价值相当高。作为人民生活需要及农村经济发展，种植向日葵是农业产业结构调整的新举措。

云南省有悠久的向日葵有优久的种植历史，地方品种遍布全省各地。农家品种资源十分丰富，但农家地方种质收集工作几乎是空白。在“七五”、“八五”（1986～1995）两个五年计划的国家重点攻关项目“主要农作物种质资源研究”中，云南省只有2份向日葵种质入了国家长期库。1995年以前，全省向日葵种植也一直没有形成规模，只是农户在自家地边种植或间套种植于玉米地中，作为零食嗑食。1995年后，为配合全省产业结构调整，增加农民收入，缓解云南省植物油源单一矛盾，引入美国杂交油葵G101和国内外其他品种在全省12个地州的30余个县、市种植，并开展了向日葵育种及种质资源收集、评价、利用工作。

一、云南向日葵分布

向日葵在云南省的分布相当广泛，全省不同海拔不同气候类型近100个县、市都有食用向日葵地方农家品种的零星种植。地方品种有大粒籽，小粒籽和中粒籽；果（种）皮有墨色皮、黑皮，红皮、白皮、灰皮、花白皮、花黑皮、灰花皮等；叶柄有红、紫、绿色；花冠有淡黄、黄、橙黄、紫色；柱头黄色、紫色和白色；花粉有橙黄、淡黄、紫红、白色。常见品种有“黑瓜子”、“白瓜子”、“大红瓜子”、“小红瓜子”、“墨葵花”、“灰条葵花”、“三道眉”等。云南农家食葵耕作粗放，一般种于旱地边种植或间套种于玉米地中。1985 年统计，全省种植面积 3700 公顷，平均亩产 135kg。食葵种植较多的地区是昆明、大理、红河、昭通、临沧，种植面积均在 $350hm^2$ 以上。全省有 94 个县种植向日葵，以洱源县种植最多，面积有 323.6 hm^2，其次是呈贡、蒙自、沧源，面积分别为 272 hm^2、259 hm^2、223.5 hm^2。多年来食葵种植面积和单产基本和 1985 年的统计数相符。

1995 年后，杂交油葵的引进，全省有 15 个地州的 35 个县、市种植，主要油葵品种有三系杂交种 G101、S31、S212 等。云南省向日葵的生产情况如表 6－1。

表 6－1 云南省向日葵生产情况

Table 6－1 Production of sunflower in Yunnan province

年份 Year	面积（千公顷） Area (kilo ha)	总产（吨） Yield sum (T)	每公顷产量（千克） Yield per ha (kg)
1990	1.73	3866	2235
1991	1.53	4352	2835
1992	1.6	4150	2595
1993	1.5	3479	2319
1994	2.0	3929	1964
1995	1.88	3960	2106
1996	1.7	3610	2123
1997	1.6	3598	2248
1998	1.9	3449	1815
1999	2.9	4999	1723
2000	4.5	6229	1834
2001	5.3	8324	1571
2002	5.2	7851	1510
2003	4.6	7601	1652
2004	3.9	7638	1958
2005	3.9	7070	1813

（引自《中国农业年鉴》）

二、向日葵分类

向日葵分类法有多种，可根据染色体数目、用途、生育性状、抗性等进行分类。

1. 根据染色体数目分类

根据染色体数目可将向日葵属植物分为二倍体种（$2n=34$）、四倍体种（$2n=68$）和六倍体种（$2n=102$）。一般栽培向日葵多属二倍体种。

2. 根据种子用途分类

食用型：子实大，长约 15～25mm；皮壳厚，有棱，皮壳率高，一般为 40%～60%；出油率低，子仁含油率在30%～50%；子仁含蛋白较高，为29%～38%；植株较高大繁茂，株高多在230～370cm；生育期较长，为120～140天，多为中、晚熟种。食用型品种一般比较耐叶斑病。

油用型：特点与食用型相反，子实小，长约8～15mm；皮壳较薄，皮壳率低，一般为20%～30%；出油率高，子仁含油率在50%～70%；子仁含蛋白较低，为20%左右；植株较矮，为120～250cm；生育期稍短，一般为80～120天，多为中熟或早熟种。油用型品种一般抗叶斑病能力较差。

油食兼用型：生育性状和经济性状介于油用型和食用型之间，可榨油，也可嗑食，但两方面用途均不突出。

观赏型：观赏型向日葵用于园林景观及鲜切花，具有适应性广、抗逆性强、分枝多、结实率低等特点。不同的种质，花色多样，有黄、乳白、橙红色、紫黑色、紫红色等；花瓣有单瓣与重瓣，花朵鲜艳夺目，是当今一种时尚高雅的观赏花卉。

3. 按生育性状分类

有早（生育期110天以内）、中（110～130天）、晚熟（130天以上）种和高（株高170cm以上）、矮（株高170cm以下）株类型。

4. 按抗性分类

根据种质对不同病、虫、草害的抵抗能力，有抗锈、抗霜霉、抗菌核、抗叶斑、抗螟虫、抗列当等品种类型。

三、云南向日葵种质资源收集、利用及评价

1. 云南向日葵种质收集和利用

云南向日葵种质引进和收集经历了4个阶段。

第一阶段：1956年云南省农业试验站（省农科院前身）从苏联、匈牙利引进油用型向日葵“萨拉托夫10”、“夫尼姆克6540”、“夫尼姆克1646”、“依列基”、“基徐瓦尔达依”、“密三黑吉也徐契尔莫斯”、“洛瓦斯巴托莱茵”，经不同类型地区（昆明、蒙自、开远、建水、大理、永胜、峨山、富民等县市）多点试种，各品种均适应云南不同地区栽培，其中以苏联的“夫尼姆克1646”表现最好，生育期101～129天，籽仁含油量57.36%，花盘直径18.5～22.0cm，盘粒数1405粒，千粒重72.6g，平均亩产187.2kg，病害比本地品种轻。匈牙利的“基徐瓦尔达依”表现也好，但抗病力较弱，生育期95～110天，花盘直径19.12～24.4cm，盘粒数1025粒，千粒重78.69g，籽仁含油量53.32%，平均亩产157.7kg。当时，由于榨油技术和收购政策等问题未得到解决，油葵没有得到推广。

第二阶段：1977～1978年，德宏州农科所再次引进苏联的“夫尼姆克”、“北葵1号”、“先进工作者”、“列克尔德”等油葵，在潞西县进行冬种，产量最高的“北葵15号”亩产为167kg，最低的“列克尔德”亩产90kg。由于当时经济效益不及同季种植的小麦、油菜，也未能在生产上推广应用。

第三阶段：1994年，云南虹元科技开发公司、致公党昆明市委、昆明市民族事务委员会从美国迪卡公司引进三系杂交油葵G101、G103、DK3790在昆明市的呈贡、富民、禄劝、石林、嵩明等县试种成功。1995年云南虹元科技开发公司、云南省农技推广总站组织油葵G101品种在滇中、滇西北示范种植200hm^2。1996～1999全省12个地州的20余个县示范种植，面积达6700hm^2。以平均亩产160kg计，可榨油64kg，油按12元/kg，每亩收入758元，效益比种玉米强。种植向日葵，为农户带来了一定经济效益，许多地、县建立了一定规模的葵籽榨油厂，大理云龙县、玉溪华宁县和昆明西山区还注册了自己的向日葵油商标，开发出“金葵”、“云兴”、“德龙”牌优质葵油产品。1998年，滇中地区大发生向日葵菌核病，严重田块颗粒无收，1999年

以后滇中地区油用向日葵播种面积大大减少。

第四阶段：1999～2001年，云南省农业科学院油料作物研究所在昆明、宜良、保山等地收集云南省农家地方食葵14个；从美国、澳大利亚、法国等国及国内新疆、辽宁、内蒙古、河北等地引进油用型、食用型、观赏型杂交向日葵种质多份，其中杂交品种28份：G101、G102、新葵杂4号、新葵6号、欧洲油葵、S31、新葵杂5号、S17、S34、S47、S83、S98、赤澳葵1号、油葵4530、油葵480、油葵3101、油葵3102、油葵96、MGS、新葵－1、新葵－2、新葵－3、新葵－4、新葵－5、新葵－6、S212、F51、C17；杂交组合12份：VK4109A×8411、HA342A×232－1－4－2、2851A×233－1－3－1、7ROA×232－1－4－2、7ROA×232－1－3－1、7ROA×7601－6－2－1、7718×233－1－3－1、TRC－001、TRC－034、TRC－035、TRC－356、TRC－357；食用型品种52份：F89017、DK119、FD601、FD602、FD603、FD604、FD501、FD502、FD503、FD504、FS－1、FS－2、FS－3、FS－4、FS－5、FS－6、FS－7、FS－8、FS－9、FS－10、FS－11、FS－12、FS－13、FS－14、FS－15、FS－16、FS－17、FS－18、FS－19、FS－20、FS－21、FS－22、FS－23、FS－24、FS－25、FS－26、FS－27、FS－28、KD、FH－1、FH－2、FH－3、FH－4、FT－1、FT－2、FT－3、FT－4、FT－5、FT－6、FT－7、FT－8、FT－9；观赏型向日葵4份。

在引进的油葵杂交种中，G101、新葵杂4号、新葵6号、S31、赤澳葵1号、MGS、S212、F51、C17在昆明、嵩明、曲靖、华宁、元阳、芒市、大理、宾川、云龙、漾濞、临沧、威信、丽江等地，进行多点、多年试验示范，G101在各地表现良好，但感菌核病和黑斑病严重；新葵杂4号和新葵6号在滇中和滇西表现好，葵籽产量高，含油量也高，但生育期稍长且植株偏高，易倒伏影响产量；S31在所有试点表现最好，产量比推广种G101提高10%～15%，含油量高，轻感菌核病和白粉病，高抗黑斑病，目前是德宏州冬播向日葵的主推品种，也是云南省油葵种植区最值得推广的品种。

2000年后，各地主要种植的油葵品种为G101、S31、S212、F51，其中以G101和S31面积最大，S212和F51只在曲靖地区有少量种植。云南省油葵种植除榨油增加农民收入外，有的县、市还把油葵的开发利用与当地发展旅游业结合起来，如昆明市西山区团结乡和安宁市的青龙镇，在风景区沿途大面积种植油葵，形成了别具一格的观光旅游农业，赋予了油葵开发利用全新的产业化意义。

引进的观赏型向日葵在昆明市呈贡县斗南村试种，4个品种观赏价值均好。

2. 云南向日葵种质主要性状评价

作物农艺性状和经济性状是构成其产量与品质的关键因子。人们通过对作物目标性状的选择来达到所需的经济目的。向日葵单株产量与生育期、株高、叶片数、花盘直径、盘粒数、百粒重成正相关，和皮壳率、籽仁含油率没有相关关系。含油率及油脂种类、蛋白质含量、籽实颜色、皮壳率、花盘形状是影响品质的性状。向日葵的产量是由品种的遗传型和环境交互作用结果来决定的，即品种的各性状由遗传因子所决定，但环境因素的改变也会在一定程度上改变其性状表型。

生育期：有效积温对向日葵生育期的影响最大。温度低时，生育期延长。因为向日葵生育期间要求的有效积温相对稳定，积温不够就不能从前一生育期过渡到下一个生育阶段。云南大春种植时期雨水比北方多，气温相对较低，从北方引入云南的品种生育期都比育种地长几天。外引油葵生育期变幅为88～145天，食葵120天，当地地方食葵品种为125～135天，而理想的向日葵生育期应为85～110天。

株高：向日葵株高遗传是显性遗传，较稳定。但种植地的雨量、栽培技术对株高的影响也很大。云南比起北方干旱地区，雨量稍多，有利向日葵的营养生产，植株偏高。例如，引进的矮秆食葵FS－13在育种地株高为35cm，昆明种植后，株高达到110cm；新葵杂4号在新疆株高为170～190cm，在昆明为246cm；新葵6号在新疆为200cm，而在昆明为238cm。引进、搜集的种质，在不同年份、不同县市种植的油葵株高变幅为117～258cm，食葵为190～348cm，云南地方食葵品种为216～370cm。向日葵株高育种目标一般为150～170cm，而机械收获最理想的株高应为80～120cm。

含油量：向日葵不同品种籽实含油率的差异由遗传因子决定，但同一品种在不同地区有很大的表型差异。研究表明，土壤、气候的相对湿度和温度日较差、栽培因素的密植和N、P、K施用量以及病害都能影响向日葵的含油率。相对湿度与含油率成负相关，温度日较差、开花期积温与含油率成极显著正相关；N肥偏多影响油脂积累，P、K有利于油脂积累。含油率的变化与纬度和海拔也有很大关系，一般在纬度相同时，含油率与海拔高度成正相关；而海拔相同时，含油率随纬度升高而增加。云南属高海拔区，降水多，湿度大，10℃以上的日温差，引进的种质籽实含油量都较北方旱地地区高，如G101在原产地为45.9%，在昆明为46.3%；S31在北方为46%～50%，在昆明为52.18%；S212在北方为42%～45%，在昆明为45.97%。部分引进种质在昆明种植后籽实含油率变幅为37.75%～52.18%，而籽实含油率40%以上为目前的育种目标。

花盘形状与倾斜度：平、凸、凹三种花盘形状与产量直接相关。平盘和微凸的花盘维管束组织分布均匀，供给种子的养分输送正常，盘上种子物质积累正常，单株产量能保证。凸、凹形花盘，维管束组织分布不均，影响养分输送，易造成空秕而影响产量。花盘在植株上的倾斜角度大，花盘上种子过于暴露，易引起鸟害；倾斜角度大，花盘与地面平行而存积水分，易感染烂盘型菌核病而造成烂盘减产。云南引进油葵种质花盘形状都是平盘和微凸形，倾斜度适中，而搜集的地方食葵全部为平盘，倾斜角度偏大。

抗病性：菌核病、霜霉病、黑斑病是向日葵上主要的病害。国内已发现抗霜霉病和黑斑病的种质，而抗菌核病种质还未找到，报道只有野生种质具一定免疫力。滇中地区是烂盘型菌核病高发区，因这一地区降水多集中在花盘灌浆期，病菌和水分多存集在花盘背面，造成为害，引起烂盘。引进种质几乎不能逃脱其危害，只有极个别晚熟种如“新葵6号”可避开烂盘。滇西地区黑斑病严重，造成植株矮小，花盘小并严重卷曲。大理市种植的“G101”和“欧洲油葵”感病重，种植的“新葵杂5号”免疫，“S31”高抗；德宏州冬播“G101”和“F51”感病严重，“新葵杂4号”和“新葵6号”等中感，“S31”高抗。

3. 引进主要种质介绍

G101：是美国迪卡遗传公司育成的三系杂交种，子实含油率为46.33%，株高189～208cm，生育期113天，叶片数为28～32片，花盘形状为平盘，花盘直径17.8～20.4cm，皮壳色为黑色，葵籽形状短锥形，盘粒数为1086～2050粒，盘粒重57～98g，千粒重45～46g，平均单产2775～3315kg/hm^2，感菌核病、黑斑病、白粉病等。

S31：由澳大利亚引进，子实含油量高达52.18%，株高198～220cm，生育期115～117天，叶片数为29～35片，花盘形状为微凸形，花盘直径19.5～23.3cm，皮壳色为黑白条纹，葵籽形状圆锥形，盘粒数为1680～1840粒，盘粒重107～128g，千粒重58～70.6g，平均单产3531～3550kg/hm^2，轻感菌核病。

“萨拉托夫10”：为前苏联的系选油葵，籽实含油量为38%～43%，籽仁含油量为56%～62%；株高90～160cm，花盘直径8～18cm，千粒重55～70g，品种抗病性强。

“夫尼姆克1646”：为前苏联的系选油葵，生育期98～127天，籽实含油量为39%～41%，籽仁含油量为57%～60%；株高185～200cm，花盘平，千粒重70～100g，品种抗病性一般。

第二节 云南亚麻（胡麻）种质资源

亚麻 *Linum usitatissimum* L. 为亚麻科（Linaceae）亚麻属（*Linum* L.）植物。一般多将有栽培价值的品种分为纤维用亚麻、油用亚麻和油纤兼用亚麻。在云南省，作为食用和药用的油用亚麻的种植却有悠久的历史，但纤维用亚麻的栽培史则很短。

亚麻油和籽均有很好的治病、防病、保健功能。亚麻籽因富含 Omega－3、木酚素和纤维，试验证明对癌症（尤其是激素敏感型癌症如乳腺癌和前列腺癌等）、心血管病（降低血粘滞度和胆固醇含量）、肺病、肾病及其它内脏病、皮肤病、关节炎、免疫系统疾病等有治疗效果。

调查表明，80% 以上的人对必须脂肪酸摄取不足，可能由此带来严重病症。亚麻油中富含人体必需的 Omega－3（α－亚麻酸）和 Omega－6（γ－亚麻酸和亚油酸）脂肪酸。亚麻油是目前已知的含 Omega－3 最多的食物，其 Omega－3 占到亚麻油脂肪酸的 57%，这是两倍于鱼油的 Omega－3 含量。国际上已公认，亚麻油中所含的亚麻酸和亚油酸在人体内可转变成 DHA（二十二碳六稀酸）和 EPA（二十碳五稀酸），而 DHA 和 EPA 是目前畅销市场的深海鱼油的主要成分，因此亚麻油又称之为“陆地上的深海鱼油”。食用亚麻油有降血脂、降糖、降压功能，比单一食用鱼油要好得多，也就是亚麻酸和亚油酸保健性能在某些方面还优于鱼油。英国、意大利、澳大利亚、加拿大、法国、丹麦、芬兰、瑞典、瑞士、意大利等 30 多个国家已批准将亚麻油作为营养添加剂或功能性食品成分使用。

国外在亚麻籽和油的美容保健产品也开发很多。例如，亚麻籽油为原料制造的皮肤保健品有营养面奶、面部皮肤保湿奶、眼皱霜、洗面奶、皮肤营养液、可吸收面膜、全身皮肤营养保湿奶、沐浴液、去死皮沐浴液、手和指甲奶、脚皲裂膏、脚霜、亚麻籽肥皂等；护发美容品有普通发质及干性发质洗发奶、敏感发质和受伤发洗发奶、美发发胶、美发喷剂、造型发胶、美发护发奶等等。

亚麻油富含不饱和脂肪酸，碘价 170～200，干燥性强，是优良的于性油，被广泛用于油漆、油墨、染料中；是人造丝、合成橡胶不可缺少的原料。

此外，亚麻还是麻纺工业的重要原料作物，亚麻纤维具有吸湿快、散热快、透气凉爽、容易洗涤和消释静电等性能，广泛应用在服装、鞋袜及室内装饰等方面。亚麻产品四季适宜，并非只适合夏季。

亚麻的卫生保健功能是其他纤维不能相比的。亚麻产品防霉、防蛀、抗腐抑菌的功能，在人们使用过程中已得到证实。例如长期卧床的病人睡亚麻床单可免生褥疮；亚麻袜可以预防脚癣；夏季经常穿用亚麻内衣裤可以免生痱子等等。此外，亚麻纤维比其他纤维的防紫外线功能更强。

亚麻纤维吸水后，强力提高 25%，在水中不易腐烂，吸水后膨胀率大，有天然防水作用；同时还具有耐磨擦、耐高温、散热快、不易燃烧、不易断裂、导电性小、吸尘率低等独特优点，所以适宜制作飞机翼布、军用布、消防、宇航、医疗和卫生保健服装及帆布、水龙带、室内装饰布及工艺刺绣品等。因此，亚麻纤维纺织产品可分为各种高档服装、装饰产品（有贴、盖、铺、垫、挂、家具布、卫生用品 7 大类）和产业用布（如军用、航空、消防、渔业、医用等系列）三大系列，其用途渗透到社会生活的各个角落。

一、云南亚麻（胡麻）生产种植简述

云南省农业科学院 20 世纪 60 年代曾引进亚麻品种华光 1 号、老头沟、匈牙利 1 号、匈牙利 2 号、克系 42、波兰 3 号等在保山、德宏、昭通、大理、丽江等地区试种，但多为纤维用亚麻。云南省于 1992 年在文山州等地引种纤维用亚麻成功，证明了云南省部分地区冬种纤维用亚麻的可行性。加上工农业配套发展，市场的强劲拉动，云南省纤维用亚麻发展迅速。全省纤维用亚麻种植面积2004年秋达到50万亩左右，主要分布在大理、楚雄、红河、思茅地（市）；加工生产企业30多家，其分布和加工能力与原料生产规模相配套。

云南省油用亚麻种植零星，主要收籽磨碎作饼馅用，少量榨油食用。种植方式有净种和间种，以间种为主。1985年云南省油用亚麻种植仅768亩，产量62.5t。表6-2是近年生产情况统计。

表6-2 云南省油用亚麻（胡麻）生产情况

Table 6-2 Production of oil-flax in Yunnan province

年份 Year	面积（千公顷） Area (kilo ha)	总产（吨） Yield sum (t)	每公顷产量（千克） Yield per ha (kg)
1990	0.07	331	4965
1991	0.13	342	2565
1992		200	
1993	0.1	152	1520
1994		201	201
1995	0.06	146	2433
1996	0.2	409	2045
1997	0.4	615	1539
1998	0.1	68	680
1999	0.2	285	1425
2000	0.1	155	1550
2001		16	
2002	0.1	149	1490
2003		34	
2004		56	
2005		3	

（引自《中国农业年鉴》）

二、云南亚麻（胡麻）种质资源收集

除云南省农业科学院20世纪60年代曾引进亚麻品种华光1号、老头沟、匈牙利1号、匈牙利2号、克系42、波兰3号等在保山、德宏、昭通、大理、丽江等地区作为纤维用亚麻试种外，云南省农业科学院从2001年起开始收集亚麻（胡麻）种质资源，到2005年止，已收集到国外资源40余份，国内资源40余份，省内资源10余份，其中纤维用亚麻资源50余份，油用亚麻资源40余份。

三、云南亚麻（胡麻）种质资源的研究

1. 农艺性状的观察

生长日数（天）： 生长日数一般在148~190天。其中2000-1最短，仅148天。最长的是93041、玉溪胡麻、95005为190天。其余在164~189天之间。

主要经济性状：株高一般在 75.3 ~ 111.0 之间。工艺长度一般为 48.4 ~ 88.9cm。茎粗一般为 2.0 ~ 3.2mm。分茎数一般在 0.0 ~ 1.5 个/株之间。分枝数为 4.4 ~ 18.3 个/株，一般纤用亚麻分枝较少，油用或两用亚麻分枝较多。朔果数一般在 9.4 ~ 95.4 个/株之间，一般纤用亚麻较少，油用或两用亚麻较多。朔果大小一般在 7.84 ~ 4.96mm/个之间，一般纤用亚麻较小，油用或两用亚麻较大。着粒数一般在 8.8 ~ 3.4 粒/个之间，一般纤用亚麻较少，油用或两用亚麻较多。千粒重一般在 9.94 ~ 3.88g 之间，一般纤用亚麻较低少，油用或两用亚麻较高。单株茎重一般在 10.9 ~ 1.22g 之间，一般纤用亚麻较低轻，油用或两用亚麻较重（见表 6 - 3）。

表 6 - 3 部分亚麻种质资源主要经济性状及产量

Table 6 - 3 Yield and agronomic character of flax germplasms

品种名称 Variety	株高 (cm) Plant height	工艺长度 (cm) Carft length	茎粗 (mm) Diameter of stem	蒴果数 (个/株) No. of capsule per plant	着粒数 (粒/个) seeds per capsule	千粒重 (g) 1000 - seed weight	原茎 (g/株) Yield per plant	原茎亩产 (公斤/公顷) Plant yield (kg/hm²)	种子产量 (公斤/公顷) Seeds yield (kg/hm²)
81 - 8 - 6 - 3 - 4	99.3	77.7	2.5	10.8	5.3	5.44	1.70	11764.8	1755.6
88016 - 18	111.6	90.8	2.4	12.1	4.9	4.98	2.35	13248.0	1491.5
CH704	96.5	77.4	2.2	8.9	7.1	5.12	1.40	12393.2	2384.7
CH1578	99.3	81.9	2.0	8.0	4.1	5.34	1.16	68376.0	2008.5
CH96 - 1596	96.6	74.8	2.5	10.5	6.1	5.31	1.70	13675.4	2128.2
96 - 1596	93.7	70.0	2.6	15.5	6.0	5.28	1.97	9401.7	2008.5
Diane	98.7	82.2	2.4	11.7	8.8	4.75	1.91	13889.0	1897.5
Moryin	87.7	68.9	2.1	13.5	9.1	4.23	1.55	12606.9	1551.3
保 4	80.8	59.6	2.4	11.7	6.9	5.08	1.32	11965.8	2299.2
布兰卡	90.8	69.4	2.2	11.3	7.2	4.76	1.37	12606.9	2555.6
2000—1	101.4	82.0	2.4	10.7	3.2	5.11	1.15	13675.4	2102.6
天鑫 3 号	96.2	78.6	2.6	6.7	7.8	4.68	1.81	11111.1	2303.4
天鑫 4 号	86.1	68.3	2.2	9.4	7.5	4.05	1.05	14102.7	2700.9
天鑫 7 号	88.9	68.5	2.4	11.0	6.4	5.02	1.45	9829.1	2149.7
天鑫 10 号	86.6	62.6	2.1	11.5	6.1	4.63	1.32	12820.7	2128.2
纤用 74 - 2	77.8	56.0	2.5	26.0	7.4	5.84	2.10	10897.5	2149.7
捷克	80.4	64.8	2.1	10.4	7.2	4.51	1.13	8104.7	1935.9
2003—1	105.6	93.7	2.2	5.9	7.7	5.22	1.08	10491.2	1067.0
2003—2	100.9	86.2	2.1	4.3	6.2	5.87	1.15	12571.5	1031.4
2003—3	94.6	79.5	2.3	7.0	6.9	5.22	1.16	12422.4	1714.4
2003—4	96.0	82.8	1.9	4.5	6.6	5.44	0.98	13095.3	1565.6
2003—5	101.0	82.8	2.2	9.6	5.1	5.11	1.47	12782.0	1697.4

2. 油用亚麻产量试验

2003～2004年用陇亚8号、91068、95005、93041、祥云油麻、姚安胡麻、玉溪胡麻7个品种，试验采用随机区组设计，重复3次，对其产籽量进行试验研究。各参试品种的种子亩产量为118.98～183.52kg，以95005的种子亩产量最高（183.52kg），第二位是91068（166.65kg），第三位是陇亚8号（166.0kg），第四位是玉溪胡麻（154.8kg），第五位是姚安胡麻（145.24kg），第六位是93041（143.62kg），第七位是祥云油麻（118.98kg）。油用亚麻主要经济性状和产量如表6－4。

表6－4 油用亚麻主要经济性状及产量

Table 6－4 Yield and main agronomic characters of oil flax

品种 Variety	株高（cm）Plant height	分茎数个/株 No. of stems Per plant	分枝数个/株 No. of branches Per plant	蒴果数（个/株）No. of capsule per plant	蒴果大小（mm）	着粒数粒/个 seeds per capsule	千粒重（g）1000－seed weight	种子产量（公斤/公顷）Seeds yield（kg/hm2）
陇亚8号	78.9	0.00	6.03	13.8	4.22	8.27	6.49	2490.0
91068	80.7	0.10	6.83	14.0	4.90	6.83	8.12	2499.75
95005	83.17	0.03	5.43	10.5	4.87	7.50	9.59	2752.8
93041	80.3	0.03	5.80	13.6	4.41	5.97	6.97	2154.3
祥云油麻	63.1	0.03	4.50	10.8	4.32	8.17	5.10	1784.7
姚安胡麻	86.1	0.00	5.53	12.7	3.92	6.80	5.96	2178.6
玉溪胡麻	77.8	0.07	5.57	17.3	4.01	8.40	5.80	2322.0

第三节　云南芝麻种质资源

一、云南芝麻生产种植简述

芝麻属胡麻科（Pedaliaceae）胡麻属（*Sesamum*），栽培芝麻（*Sesamum indicum* L.），是一年生草本植物。

在食用上，我国古时曾以之为食粮，所谓“胡麻，八谷之中，惟此为良”（陶弘景）。芝麻种子的油分丰富，一般含油率在54%左右，芝麻油是由多种脂肪酸和甘油组成的甘油酯，其中主要是油酸甘油酯，并含有其特有的芝麻素。脂肪酸中大约含45.4%的油酸，40.4%的亚油酸，9.1%的棕榈酸和4.3%的硬酯酸。因而芝麻油是一种高级植物油，品质之佳冠于所有的食用植物油，其气味芬芳，是著名的香油，生食熟食均可。此外，芝麻油还是若干日用工业品的优质原料和机械工业的润滑剂及保护剂。芝麻中的黑芝麻，还是一种药物，在《神农本草》中，即有“胡麻。味甘平。主伤中虚羸。补五类，益气力，长肌肉，填髓脑”之说。

在芝麻的品种资源研究方面，中国农科院油料所及全国省级农科院相关研究所进行了品种资源的收集、保存、评价及利用研究。于1981年出版了《芝麻品种资源目录》，1992年出版了《芝麻品种资源目录（续编一）》，1997年出版了《芝麻品种资源目录（续编二）》。共收集国内外芝麻品种资源5200多份，其中国内资源（不包括宁夏、青海、台湾）5000多份，国外资源

208 份。

云南种植的芝麻，主要以子用作糕点配料，少量榨油制成小磨麻油和芝麻酱供调味，少量黑芝麻作药用。

云南种植的芝麻呈大分散、小集中分布。衰牢山以东海拔 1300M 以下，以西 1500M 以下的 15 个州市 88 个县都有种植。表 6 – 5 是近年生产情况统计。

表 6 – 5 云南省芝麻生产情况

Table 6 – 5 Production of gingeli in Yunnan province

年份 Year	面积（千公顷） Area (kilo ha)	总产（吨） Yield sum （T）	每公顷产量（千克） Yield of every ha （kg）
1990	0.6	293	495
1991	0.6	242	405
1992	0.7	362	495
1993	0.9	470	522
1994	1.0	358	358
1995	0.72	313	434
1996	0.6	270	450
1997	0.5	229	458
1998	0.5	229	458
1999	0.5	234	468
2000	0.4	221	553
2001	0.6	322	537
2002	0.4	158	395
2003	0.4	169	423
2004	0.3	194	647
2005	0.3	164	547

引自《中国农业年鉴》

云南芝麻产区常年无霜或霜期很短，一般 3 ~ 6 月播种，生育期 120 天左右，一年一季。栽培方式有单作、混作两种，有的种在菜园四周。品种系当地农家种，田间管理粗放，单产很低。

二、云南芝麻种质资源收集

1956 年，曾从四川南充农业试验站引入营山白芝麻、南充转角楼芝麻等 13 份资源，但未开展深入研究。

2004 年，云南省农科院经作所承担了“十五”（2001 ~ 2005 年）农业部重点项目《芝麻种质资源考察收集》中云南片区的任务。

根据云南省部分市县农户有零星种植芝麻的现象，及时联系有关县乡的农技人员，落实种植区域和具体县乡。实地考察部分芝麻种植现场。对楚雄州牟定县、大理州弥渡县、临沧市耿马县及沧源县等地进行实地考察，并收集种子。

共计收集到芝麻种质资源25份，其中，楚雄州3份，大理州3份，临沧市9份，红河州2份，同时通过与缅甸接壤市县的同行收集到缅甸品种8份。这些资源，白芝麻品种16份，黑芝麻品种7份，棕芝麻品种2份。

由于种种原因，未能对上述资源进行农艺性状、品质性状及抗性的分析研究。

第四节　云南紫苏种质资源

紫苏 *Perilla frutescens* L. ，又名苏、荏、桂荏（尔雅）、白苏（名医别录，植物名实图考）、野（紫）苏（子）、香苏、赤苏、苏子、芭子……为唇形科 Labiatae，紫苏属 *Perilla* 一年生草本植物，具有特异的芳香。

紫苏原产中国，如今主要分布于印度、缅甸、中国、日本、朝鲜、韩国、印度尼西亚和前苏联等国家，我国华北、华中、华南、西南及台湾省均有野生种和栽培种分布。云南省人民素有食用苏子（紫苏的种子）的习惯，紫苏栽培遍及全省各地，生于山坡荒地、田野路旁、园边地角、宅前屋后空隙地。人工栽培多零星种植、少有规模生产，在福贡、兰坪、大理、丽江、盈江、维西县等少数山区有较大面积种植。

一、云南紫苏的类型及其特点

据《云南植物志》（第一卷）记载，紫苏属有1种，2变种，产东亚。云南产1种，紫苏 *Perilla frutescens* L. 及其2变种〔回回苏（var. crispa）和野生紫苏（var. acuta）〕。

1. **紫苏**（*Perilla frutescens* L. var. *frutescens*）

一年生、直立，被长柔毛，草本，高30~200cm，茎绿色或紫色，圆角四方形。叶阔、呈卵形或圆卵形，长7.0~13.0cm，宽4.5~10.0cm，先端短尖或突尖，基部圆形或阔楔形，边缘有粗锯齿，两面绿色或紫色，或仅于背面紫色，叶面被疏柔毛，背面脉上被贴生柔毛；叶柄长3.0~5.0cm，密被长柔毛。总状花序，长1.5~15.0cm，密被长柔毛；花萼长约3.0mm，下部被长柔毛，有黄色腺点，结果时长至1.1cm；花冠白色至紫色，长3.0~4.0mm；雄蕊儿不伸出。小坚果灰褐色，直径约1.5mm。花期8~11月，果期8~12月。可根据花色和叶色细分为白苏和紫苏两类，前者花冠白色，叶上下两面均呈青绿色；后者花冠粉红至紫红，叶两面均呈红色或近轴面青绿色而背轴面红色。

2. **野生紫苏**（*Perilla frutescens* L. var. *acuta*（Thbg.） Kudo）

与紫苏的主要区别在于：果萼小，长约4.0~4.5mm，下部被疏柔毛，具腺点，萼被疏短柔毛；叶较小，卵形，长4.5~7.5cm，宽2.8~5.0cm，两面被疏柔毛；小坚果较小，土黄色，直径1.0~1.5mm。该变种广泛分布于云南西北部的福贡、兰坪等县海拔1500~2500m的山地、路旁。

3. **回回苏**（*Perilla frutescens* L. var. *crispa*（Thbg.） Hand. -Mazz.）

川、黔一带俗称鸡冠紫苏。其叶具有狭而深的锯齿，常为紫色；果萼较小。云南大理、丽江一带有栽培，主要入药或作香料用。

二、紫苏的应用价值

紫苏是卫生部公布的第一批60种既是药品又是食品中的植物之一。可全株入药，是医药和食品领域有着重要开发价值的经济作物，在工业上也有很广阔的开发前景。

1. **药用**

紫苏叶为发汗、镇咳的芳香性健胃利尿剂，有镇痛、镇静和解毒的作用，治感冒、解鱼蟹毒有卓效；梗有平气安胎的功效；子能镇咳、祛痰、平喘。

2. **食用**

紫苏小坚果（俗称种子）所含的油称苏子油，具有质量好、色泽浅、透明、味道芳香的特性，含有具有特异生理活性的 ω~3 系列脂肪酸，可作为新的食用油源和食用调合油的特种成分；紫苏叶是一种营养丰富的风味特色食品。

3. **工业用**

紫苏籽油属高碘值、高干性、高不饱和甘油酯，是非共轭酸油脂中干性最强的一种油脂。油脂加热不溶化，不溶于有机溶剂，在工业上用途十分广泛，是制作油布、油纸的防水原料，也是涂料、油墨、造漆和制皂行业的优质原料油。

紫苏新鲜茎叶深加工可得到紫苏精油、紫苏挥发油、紫苏色素等产品。紫苏精油是广谱、高效、天然的食品、化妆品和药品防腐剂；紫苏挥发油在医药、食品、化妆品等行业应用前景广阔；紫苏色素（用新鲜茎、叶提取）广泛应用于饲料、腌芽、糕点、糖果、罐头、冷饮及乳制品的着色。

三、云南紫苏资源收集

“八五”（1991~1995 年）期间，由中国农科院油料所主持，在全国范围内收集特种油料作物品种资源，并于 1997 年出版了《中国特油作物品种资源目录》一书，收录紫苏品种资源 529 份。由于云南没有人员参与，未收录云南品种资源。

云南农业大学从云南省 14 个州、市的 18 个县、市收集到紫苏种 20 份，其中紫苏 19 份，回回苏 1 份。小坚果含油量在 20.453% ~48.450% 之间，差异极显著；云南省农业科学院经济作物研究所最近（2005 年）在省内 12 个州、市收集到紫苏资源 26 份，正在进行种植观察，分析整理之中。

参 考 文 献

〔1〕李庆文等．向日葵及其栽培［M］．北京：农业出版社，1991 年 12 月

〔2〕钱建宁等．云南省油葵生产概况与利用蜜蜂授粉提高产量的几项措施［J］．蜜蜂杂志，1999 年 11 期 24~25

〔3〕葛春芳．向日葵油分的环境饰变［J］．辽宁农业科学，1987 年第 5 期．22~24

〔4〕王萍等．油用向日葵主要农艺性状的遗传分析［J］．遗传．1997，19（6）：15~17

〔5〕李万云等．油葵杂交种新葵 6 号的选育［J］．作物杂志．2000（2），19

〔6〕王燕飞等．油用型向日葵籽实含油率与气候因素的关系［J］．中国油料．1997，19（4）：46~48

〔7〕王燕飞等．油葵籽实含油量积累动态与温度条件的关系［J］．中国油料．1997，19（1）：44~46

〔8〕孙连庆．油用向日葵自交系理想性状的选育［J］．辽宁农业科学．1992 年第 1 期，24~27

〔9〕中国农科院油料所编．中国特油作物品种资源目录（1986—1995）［M］．北京：中国环境科学出版社

〔10〕河南省农林科学院主编．芝麻．河南人民出版社，1979 年 10 月

〔11〕李明．亚麻高产优质栽培与加工技术．哈尔滨：黑龙江科学技术出版社，2004

〔12〕刘方，程乃春，魏麟学．亚麻栽培育种系列产品开发．气象出版社，1992

〔13〕万经中，周祥椿．亚麻栽培与加工．中国农业出版社，1998

〔14〕刘飞虎，刘其宁等．云南冬季纤维亚麻栽培．云南民族出版社，2006

〔15〕中国科学院昆明植物研究所著，云南种子植物名录．昆明：云南人民出版社，1984，1750~1751

〔16〕云南植物研究所著．云南植物志（第一卷）．北京：科学出版社，1977，709~711

〔17〕云南省药材公司编著．云南中药资源名录．北京：科学出版社，1993，470~471

〔18〕中国油脂植物编委会编著．中国油脂植物．北京：科学出版社，1987，480~482；

〔19〕郭凤根，王仕玉．云南紫苏小坚果含油量的比较研究．云南农业大学学报，1994（2），126~128

云南作物种质资源

YUNNAN CROP GERMPLASM RESOURCES

小宗作物篇

Volume Minor Grain Crops

主编：王振鸿

Chief editor: Wang Zhenhong

副主编：王莉花　王建军

Deputy editor: Wang Lihua　Wang Jianjun

编写单位：云南省农业科学院生物技术与种质资源研究所

编写人员：（按姓氏笔画排序）

王振鸿　王莉花　王建军

审稿人员：

吴自强　陈宗龙　陈　勇　林汝法

柴　岩　魏蓉城

一、各具特色的高粱种质资源

1. 甜高粱 *Sorghum bichna* (Forssk.) Snowd

石林甜高粱

镇雄甜高粱

墨江甜高粱

宜良甜高粱

2. 帚高粱 *Sorghum technicum (koern) Snowden*

禄丰帚高粱

3. 粒用密穗矮脚高粱*Sorghum bicolor*

石林粒用矮高粱

4. 粒用白高粱 *Sorghum bicolor*

官渡粒用白高粱

5. 粒用黑高粱 *Sorghum bicolor*

呈贡粒用黑高粱

云龙粒用黑高粱

6. 粒用酿酒高粱
Sorghum bicolor

河口粒用酿酒高粱

7. 粒用红高粱 ***Sorghum bicolor***

西畴粒用红高粱

西畴粒用红高粱

绿春粒用红高粱

8. 粒用糯高粱*Sorghum bicolor*

南涧粒用糯高粱

云龙粒用糯高粱

文山粒用糯高粱

新平粒用糯高粱

9. 粒用米高粱*Sorghum bicolor*

晋宁粒用米高粱

10. 粒用饭高粱 *Sorghum bicolor*

宁蒗粒用饭高粱

二、多种类型的谷子*Setaria italica*种质资源

墨江锥型谷

镇康锥型谷

永德棒型谷

富民筒型谷

蒙自纺锤型谷

开远猫足型谷

凤庆长纺锤型谷

双柏纺锤型谷

贡山绳型谷

福贡鞭绳型谷

贡山长纺锤型谷

澜沧鞭型谷

双柏黑谷

西山红谷

澄江黄谷

富民白糯谷

三、色彩缤纷的籽粒苋种质资源

1. 尾穗苋 *Amaranthus caudatus*

宜良尾穗苋

福贡尾穗苋

新平尾穗苋

嵩明尾穗苋

2. 繁穗苋 *Amaranthus cruentus*

马龙繁穗苋

双江繁穗苋

官渡繁穗苋

祥云球穗繁穗苋

建水繁穗苋

3. 千穗谷 *Amaranthus hypochondriacus*

祥云千穗谷

晋宁千穗谷

会泽千穗谷

马龙千穗谷

4. 绿穗苋 *Amaranthus hybridus* L.

大理绿穗苋

中甸球穗绿穗苋

西畴绿穗苋

5. 鸡冠花 *Celosia cristata*

西畴鸡冠花

6. 凹头苋 **Amaranthus lividus**

官渡栽培凹头苋

官渡野生凹头苋

官渡凹头苋

7. 其他苋类

安宁红苋

武定苋

保山隆阳刺苋

保山隆阳刺苋

曲靖麒麟苋

四、独具特色的薏苡*Coix lacryma-jobi*种质资源

广南糯薏苡

文山白薏苡

澜沧粳薏苡

马关黑薏苡

勐海野生薏苡

五、丰富多彩的荞麦种质资源

1. 苦荞 *Fagopyrum tataricum*

中甸圆粒苦荞

巧家圆粒苦荞

永胜长粒苦荞

永胜刺苦荞

苦荞大面积生产

苦荞开花

2. 甜荞 ***Fagopyrum esculentum***

勐腊小粒甜荞

镇康大粒甜荞

甜荞大面积生产

甜荞开花

甜荞开花

甜荞结籽

3. 野生荞麦资源

金荞麦 ***F. dibotrys***

细柄野荞麦 ***F. gracillpes***

小野荞麦 ***F. leptopodum***

疏穗小野荞麦***F. leptopodum var. grossii***

线叶野荞麦 ***F. lineare***

F. homotropicum

六、优异的糜子*Panicum milaceum*种质资源

姚安褐糜子

官渡红糜子

官渡白糜子

官渡白糜子

七、濒危的龙爪稷*Eleusine coracana*

云县红粒龙爪稷

麻栗坡黑粒龙爪稷

孟连灰粒色龙爪稷

八、稀有的食用稗*Echinochloa crusgalli*种质资源

姚安食用稗

丽江青稗

剑川食用稗大面积生产

剑川食用稗

剑川食用稗

剑川红毛稗

九、周年生长的菜饲兼用的藜*Chenopodium album*种质资源

杖藜

滇灰藜

十、药饲兼用的地肤*Kochia scoparia*

地肤

十一、谷子野生近缘植物饲用粟*Seataria viridis*种质资源

饲用粟

前 言

美丽富饶的云南，以其丰富多样的自然景观，多姿多彩的民族文化和得天独厚的气候条件及种类繁多的生物资源为世人瞩目。

作物种质资源是大自然与人类共同选择，长期演化形成的极其宝贵的种质资源财富，也是年代久远的生物多样性产物。这些物种为人类的生存、繁衍作出了巨大的贡献，很多作物种质伴随着人类趟过了上万年的历史长河。今天，社会发展已进入到高科技时代，生产力得到了空前的提高，许多具有某些优异特性的小宗作物种质因受大面积推广的高产品种所取代而散失或被遗弃。作物种质的单一化和遗传基因的减少是对人类生存的潜在威胁。因此，作物种质资源收集、保存、研究工作就是为了保护和减少种质的丢失，挽救这些濒危物种在地球上免于灭绝，对未来的作物育种工作将会产生深远的影响。

国家对品种资源工作十分重视，1986 年起已将农作物品种资源的收集、入库和保存列入“七五”、“八五”、“九五”国家科技攻关重点计划。

云南省在小宗作物参加全国品种资源征集、入库工作的推动下，积极参加国家“七五”科技攻关重点计划农作物品种资源编目入库协作组，通过实地考察收集，多次信函和托人收集等许多方式。基于广泛深入地调查了解、耐心细致地寻找，克服了人力紧缺，资金短少，工作面大等困难，历时 12 年，行程 3 万多公里，较大的考察行动 10 次，走遍云南省大部分地区，涉及 16 个地州，100 多个县市，基本上将全省范围内散落在民间的小宗作物种质资源收集整理和鉴定入库。

为了满足人们对未来食物资源的需求和为农业科研提供所需的基因库种质，以及对当前中国农村调整产业结构提供可直接开发利用的优异品种。为给热爱农业、关心农业的专家、学者及科技人员一个了解云南小宗作物资源状况的窗口，为开发利用种质资源提供科学依据，故将丰富多彩的小宗作物种质资源经收集、鉴定并编写成书。

书中主要从云南的地理气候、生态环境的特殊自然条件出发，简明扼要的介绍小宗作物在农业生产上的地位和资源收集保存利用的状况。全书共 6 章，分别介绍了小宗作物起源与传播、小宗作物在云南山区、高寒贫困地区生产上所处的地位、环境和重要性，以及云南省兄弟民族对这些作物的保存和利用；小宗作物种质资源的考察收集、整理繁种和编目入库；小宗作物种质资源的鉴定与评价；小宗作物的开发利用及生产；小宗作物种质资源的创新研究等。书中第一、二、三、四、六等章由王振鸿编写；第五章由王莉花编写，并提供其余章节的参考资料，以及全书结构、书稿的设计、拍摄彩照、审订和基础资料收集等；王建军参与了全书结构、书稿的设计、拍摄彩照、审订和基础资料收集，并共同参加了初稿的审议、修改和补充。

由于作者水平有限和对一些小宗作物的研究不够全面，书中错误再所难免，望读者批评指正。本书得到云南省农业科学院的吴自强研究员、陈宗龙研究员、陈勇研究员云南大学魏蓉城教授、山西农业科学院林汝法研究员、西北农林科技大学柴岩研究员和云南科技出版社侯德勋编审等审阅修改，在此深表谢意。

编 者

目　录

第一章　小宗作物的起源、演化与传播

云南地处中国西南边疆，地势地貌复杂，生态气候多样，民族众多，因此，至今仍保留着许多古老的小宗作物地方品种。云南小宗作物主要指高粱 *Sorghum bicolor* L.、谷子 *Setaria italica* L.、糜子 *Panicum miliaceum* L.、龙爪稷 *Eleusine coracana* L.、薏苡 *Coix laeryma - jobi* L.、籽粒苋 *Amaranthus* spp. 和荞麦 *Fagopyrum*、藜 *Chenopodium*、食用稗 *Echinochloa crusgalli*、地肤 *Kochia scoparaia*、饲用粟 *Setaria virdis*（L.）Beauv 等。

据史书记载：两千多年前的西汉时期，云南土著民族选择了适宜生产、生活的环境定居，饲养牲畜、栽培农作物，在生产实践中人工选择和培育动植物新品种。随着人类文明的进步，中原文化向四方传播，历代封建王朝为扩充势力而开疆拓土，大量征召西南各少数民族青壮年服役垦植，实行垦荒屯田；中原内地因战争和灾荒等原因，许多汉族迁徙边疆躲避灾荒和劳役。丝绸之路（茶马古道）的开通和民间商贸往来，盐铁运转及人口流动等一系列活动，不仅带来了先进的农业生产技术、农耕器具，而且引进高粱、谷子、糜子等大量的农作物品种。在长期的自然和人工选择下形成了丰富多彩，且具有突出的云南地方特色，适应云南生态环境的小宗作物品种资源，为云南兄弟民族农业生产和生活所利用。但由于历史原因，云南比较久远的史书、地方志、考古、墓葬、出土文物等均没有小宗作物方面系统、完整的文字记载和实物，因此，无法考证云南小宗作物品种、农耕技术及器具传入的时间和渠道。云南小宗作物的起源与传播至今仍未有确切的定论，但很早以前就有小宗作物的栽培利用是毋庸置疑的了。

第一节　高粱的起源及传播

栽培作物的起源和传播是个复杂的问题。高粱分布范围广，品种类型多，非洲、印度和中国都是高粱多样性丰富的地区。关于高粱的原产地，科学家们的认识不太一致。

一、高粱原产非洲说

康德尔（Candolle，1882）首先提出，高粱原产于非洲，以后传入印度，再后传到远东。目前世界上研究高粱起源和进化的大多数学者都持这种看法。

非洲是高粱种质变异最多的地方。斯诺顿（Snowden，1935）收集的 17 个高粱野生种，有 16 个分布在非洲；158 个变种有 154 个分布在非洲；31 个栽培种有 28 个来自非洲。

赫克尔（Hackel，1885）认为高粱是由野生的约翰逊草 *Sorghum helepensis Brot* 演化而来的。这种植物在印度及非洲均有发现，因此认为高粱原产于这两个地方。后来，皮波（Piper，1910）则认为约翰逊草是多年生植物，具有地下茎。高粱则不具地下茎，因而否认了高粱就是约翰逊草的演变学说。

斯诺顿（Snowden，1936）认为，高粱栽培种在非洲的起源是多元的，即一些种起源于埃塞俄比亚的野生高粱 *S. aethiopicum*。一些种起源于野生的轮花序高粱 *S. uerticilliflorum*，另一些种起源于野生的类芦苇高粱 *S. arundinaceum*，还有一些种起源于苏丹草 *S. sudanense*。高粱原始栽培种起源于不同的野生种，在驯化与传播的过程中曾不止一次地与野生种自然杂交，现代高粱栽培种正是这种杂交与驯化的结果。

哈兰（Harlan，1971）认为，作物变异最多的地点不一定就是该作物的起源中心。相反，起源中心地也许不存在众多的变异性，以及某些作物不具有变异中心。因此，他指出高粱为无中心起源类型，即看不出栽培高粱的原始驯化地点，是在广大范围内经人们直接驯化和栽培演变而成的。

高粱是古老的栽培作物之一，中国、埃及、印度和巴基斯坦在古代都盛行栽培利用高粱。《食物本草》称"蜀黍北地种之以备缺粮，余及牛马"。《本草纲目》"蜀黍不甚经见，而今北方最多"。后魏（公元前556～406）《齐民要术》中也有不少记载。由此可知，高粱在中国至少已有3000多年的栽培历史。关于中国高粱的起源和进化问题的研究引起了国内外专家的关注。

多年来，中国高粱的起源和进化有两种看法。其一由非洲（或印度）传入中国，其二是中国原产，以前者的看法较为流行。康德尔（Candolle）认为关于中国高粱由非洲经印度传入中国的论点，主要是根据最早谈及高粱的中国史籍出现较晚（3～4世纪之间），且高粱与糜子、稷等作物名称混淆不清。哈盖特（Hagertv，1941）指出中国较早期的典籍中，高粱及糜子、甘蔗的名称不明确，难于判断，并缺乏公元12世纪之前中国北部已有高粱广泛栽培的记载；推断高粱是成吉思汗时代（1206～1228）远征南亚后带回来的，在忽必烈时期（1260～1295）才得到进一步的推广。王桢（1313）在所著农书中对高粱的形态做过描述："茎高丈余，穗大如帚，其粒黑如漆。"有关高粱栽培技术的详细记载如《王祯农书》（1313）；《群芳谱》（1621）；《农政全书》（1628）；《农蚕经》（1705）；《三农记》（1760）；《马首农言》（1836）；《植物名实图考》（19世纪中叶）等书在13世纪以后的中国已逐渐完备。尤以《增订教稼书》（1721）和《救荒简易书》（1896）较为详细。

中国学者齐思和（1949）赞同关于中国高粱由非洲经印度传入中国的看法，他在《毛诗谷名考》中指出，高粱是外来植物，古代无此谷。"蜀黍之名，实始于晋，不但经典中未有，即汉人的著作也无此名词"。1953年他又指出"高粱大抵在晋朝以后中原始有，而到了宋朝以后种植才渐渐普遍"。其他学者胡锡文（1959）和王毓瑚（1981）等大多认为"高粱是外来之说，实不能不信其有据"。

二、中国是高粱原产地之一

然而，胡锡文（1981）纠正了自己先前（1959）提出的高粱是外来植物的观点。他指出高粱这一名词在先秦文献里并不陌生，"古之粱秫即今之高粱"。以粱秫而言，先有青粱、黄粱、蜀黍、蜀秫、稻秫等名。根据地方方言的差异又称为秫黍、秫秫、秫稷……等10多个名称。高粱之名的日渐普及，乃是13世纪元代以后的事情。高粱之名最早见于《国语·晋语》"夫高粱之性难正也"。稍后见于《孟子·告子》，"诗云：既醉以酒，既饱以德，言饱乎仁义也，所以不愿人之膏粱之味也"。这里的"膏"字和"高"字同。与历史上的"膏粱子弟"（指有肥肉细粮可吃的富家子弟）意义不同。李长年（1982）赞同上述看法。"粱"称高粱，盖因《齐民要术》最末一篇记载了一种非中国产谷物"大禾"，它"高丈余，子如小豆"，这大禾可想象为高粱，6世纪以后的农书方渐采用。由于在中国以古文献为根据的粟、稷、粱、秫等训诂之争由来已久，至今还众说纷纭，可见，单从历史文献来澄清中国高粱的渊源是困难的，还需要有说服力的证据来证明才行。

高粱的出土遗物是查明其起源和进化最直接和最重要的证据。1935年在山西省万荣县荆村新石器时代遗址内发现的炭化物中，日本学者高桥基生曾鉴定有高粱；1957年在河北省石家庄市的庄村战国遗址中发现炭化高粱；1959年在陕西省西安市西郊汉代建筑群的墙壁里发现用高梁秆扎成的排架痕迹；在新疆维吾尔族自治区焉耆县萨尔墩古城，唐王城遗址的窖穴内发现唐代高粱；1960 年在江苏省新沂县三里墩古文化遗址中出土了炭化的高粱秸秆和叶片，遗址的年代，上至新石器时代，下至西周；1961 年在河南省洛阳市老城西北郊，西汉后期墓地遗址的 81 号墓中，发现一个贮有高粱朽屑的陶仓；1977 和 1979 年分别在广东、陕西、河南省都发现有出土的高粱。

1957～1960 年间的四起重要出土发现，使许多学者对中国高粱外来的说法产生质疑。例如，万国鼎（1961）根据这些发现提出疑问，难道中国古代高粱另有名称，诸如荻粱、木稷、赤粱是否就是高粱？经他考证认为高粱在西周到西汉时期广泛分布于辽宁、河北、陕西和江苏等省，某些地区栽培面积还比较大。胡锡文（1981）也指出，新石器时代至西汉的高粱实物遗存完全足以证实，高粱是中国古老的作物之一，而不是外来产物。

19 世纪 70 年代，植物学家布来特史奈得（Bretschneider）在中国考察中发现，中国高粱的许多特征特性与非洲高粱差异明显，在利用方面也十分广泛。他最先指出“高大之蜀黍为中国之原产”。鲍尔（C. R. Ball，1910）根据中国古文献中双粒黑粟的记载认为，高粱在中国的栽培是比较早的。瓦维洛夫（Н. И. ВАВИЛОВ，1935）认为，中国是栽培植物最古老的和最大的独立起源中心之一。他将高粱列为该中心的一种重要禾本科作物，并用高粱的汉语谐音“Kaoliang”代表起源于中国的栽培高粱。许多国家在“Kaulieng”、“Gaolang”、“Gaolian” 和 “Gaolyan” 等发音上都与中国高粱的发音相似。当时，斯诺顿（J. D. Snowden，1935）尽管他只研究了所收集到的 16 种类型的中国高粱种质，但他已经注意到中国高粱与非洲高粱的区别。他将开花时无柄小穗颖壳长为宽的一倍或更多，最宽处约在中部或中下部，近披针形到椭圆形、卵形或长圆形；无柄小穗外颖纸质，薄壳状，其上明显可见的脉纹直到中部或中下部；有柄小穗通常宿存，很少脱落的以上三种类型称为有脉亚系 Subseries *Neruosd*，亦称为中国高粱群 Kaoliang group。他把中国高粱群样本划归于有脉亚系和另一个双色亚系 Subseries Bicoloria。每个亚系内又各有 2 个种和 3 个变种。

乔魁多（1980）指出，中国食（粒）用高粱的茎秆髓质成熟时含水量少，糖分少或不含糖分，为干燥型；叶子主脉大多为白色；分蘖力较弱，气生根发达；颖壳质地复杂，软壳型，颖壳色被程度较低，易脱粒，食用品质较好。他根据对 430 份中国高粱，144 份非洲高粱的无柄小穗和籽粒的形态对比，指出中国高粱的主要特点是无柄小穗椭圆形到长椭圆形；外颖有明显条状脉纹，外颖质地多为腊质，内颖多为革质；籽粒多呈龟背状，裸露程度较大；这些特点明显地有别于非洲高粱。并且带有长期自然选择和人工选择的痕迹。除上所述，中国高粱分布特点与非洲高粱不同，前者主要在温带，后者则多在热带、亚热带。前者在日照 12～14 小时之间，多数能正常成熟，后者则表现熟期推迟或不能成熟。因此，中国高粱与非洲高粱、印度高粱在亲缘和性状上有明显的差别。

据高粱酯酶同工酶研究协作攻关组（1983）发现，中国高粱的酯酶同工酶谱类型与非洲高粱的同样丰富。中国黄淮流域的高粱既有谱带条数较多（16～23 条），进化程度较高的类型，也有谱带条数较少（1～4 条），进化程度较低的类型。截止 1981 年底，已登记的中国高粱地方品种多达 7597 份，相当于同期国外世界高粱种质资源保存中心拥有全部资源的三分之一。大量事实证明，中国高粱与非洲高粱从遗传基础上来看并无本质区别。按花序外部形态和株形等植物学特征特性看，很容易区分中国高粱和非洲高粱、印度高粱的差别。这些形态特征为研究高粱起源和进化的异同提供重要线索。中国高粱类型丰富，进化程度高，进一步说明了中国若没有长期栽培高粱的悠久历史，只在短短的几百年间，是完全不可能形成有如此进化、如此不同于非洲高粱的众多类型。

道格特（H. Doggett，1970）根据拟高粱 *S. propinguum* 与卡佛尔高粱 *Kafir* 杂交的后代中分离出具有中国高粱特点植株的现象，推断分布于东南亚的拟高粱是中国高粱的远祖之一。他认为，从印度经丝绸之路传入中国的有脉高粱原始类型在中国大陆条件下发生过与拟高粱的再杂交，被强有力的专门驯化成有脉（中国）高粱种。目前，中国东南沿海诸省仍有野生高粱的分布。主要有光高粱 *S. nitidum* 和拟高粱 *Sorghum. propinquum*。拟高粱的染色体与栽培高粱相同，多年生，生长于热带、亚热带的生态环境中。

蜀黍属作物通称高粱，全世界有约 20 个种，云南现知有 7 个种（包括引种和衍生），如拟高粱 *Sorghum. propinquum* 分布于气候炎热、雨量充沛、海拔较低的河口县（海拔 76.4～500m，年降均温 23.1℃，年降雨量 2007mm），富宁县（海拔 684m，年均温 19.4℃，年降雨量 1200mm），印度至中南半岛各国都有；元江高粱 Var *pjcgutta*（变种）分布于元江（海拔 400m，年均温 23.8℃，年降雨量 709.3mm），印度、缅甸均有栽培；缅甸高粱 *S. burmahicum* 在云南省孟连傣族拉祜族佤族自治县（海拔 960m，年均温 19.6℃，年降雨量 1373mm）有生长，广布于自缅甸至东南亚各国；光高粱则分布于云南省内地气候温热、雨量充沛、海拔在 1000～2200m 的东川、昆明、建水、石屏、元谋、香格里拉（金沙江边）、耿马、镇康、保山等市、县、区，而且广见于印度、巴基斯坦、日本、马来西亚、印度尼西亚、澳大利亚等国家。

据竺可桢等（1972）研究，距今 3000～5000 年前黄河流域正处于温暖时期，气候条件与现在的热带、亚热带相似，并有相应的动植物生存。这表明当时的黄河流域有野生高粱的生存环境。又据《陕西省高粱品种资源目录》所载（1983），陕西省西南部曾发现有野生高粱。据黄河流域出土的高粱遗存，黄河流域有野生高粱的分布，以及古代农业发端之时，黄河流域的生境条件，初步推断黄河流域可能是中国高粱的最初驯化地。

但有些问题还需要深入研究，诸如中国高粱和非洲高粱的染色体组是否同源？拟高粱是中国高粱的直接远祖还只是远祖之一？若是直接远祖，那么它怎样驯化成一年生的？有无中间进化类型？若是远祖之一，另外的远祖又是谁？为什么在丝绸之路传入中原的作物名单中没有关于高粱的记载？为什么在丝绸之路开辟之前江浙一带已有高粱种植？等等。

另外，中国甜高粱 *Sorghum dochna*（Forssk）Snowd 的栽培始于何时尚不清楚，从中国甜高粱品种之丰富、分布范围之广泛和甜高粱栽培历史之悠久，能否认为中国是甜高粱原产地之一？从目前掌握的资料来看，都认为甜高粱是从非洲传入的。Winberry（1980）认为甜高粱是从东非传到中国、朝鲜、缅甸和沿海地区。甜高粱在非洲有 5000 多年历史，于公元前 4 世纪传入印度，到公元 4 世纪经过 800 多年传入中国，5～8 世纪经朝鲜半岛传入日本。甜高粱是随着粒用高粱而传遍全世界的（曹文伯）。

总之，根据现有的研究结果，还难对中国高粱的起源问题作出最终的回答，但是可以肯定，在西周时期以前，即距今 3000 多年前，黄河、长江流域就有高粱栽培。高粱在中国的驯化则应较上述年代更为久远。这是中外学者对中国高粱起源研究较统一的看法。

第二节　谷子的起源与演化

中国是最早将野生谷子驯化为栽培谷子的国家。谷子在中国古书上又称为粱（黄粱、青粱、白粱），有的叫禾、有的叫苗、有的叫谷。明代李时珍所著《本草纲目》的粱和粟即“穗大毛长而粒粗者为粱，穗小毛短而粒细者为粟”，此后书籍上才把谷子多称为粟。粟在中国古代文字中又叫“禾”，《说文》中说：“禾，嘉谷也，二月始生，八月而熟，得时之中，故谓之禾”，按“禾”为“和”之初文，有中和的意思，是指谷子的品质温和，可以养生。

一、谷子起源于中国

国内外植物起源研究专家都认为谷子起源于中国。德空多尔（1882）首次系统地应用生物进化的观点，结合历史、地理分布，对栽培作物的起源问题作了解答。他在《农艺植物考源》一书中叙述，在欧洲的黑尔（Heer）湖居遗址和晚期的萨发湖的遗址都是湖上居民石器时代遗址，都有种植谷子的遗迹，并出现谷粒遗物。但是他认为欧洲不是粟谷原产地。谷子的原产地应在中国，因为中国不但有出土文物和历史文献记载佐证，而且还有伴生的野生谷子。

谷子的演变在中国分三个时期，即战国前期（公元前25年）；战国到魏晋时期（220～440），此时期是谷子栽培面积逐渐稳步扩大发展时期；至南北朝以后（420～610）谷子发展才缓慢稳定下来。这种抗旱、耐瘠的作物便成为当时丰产的主要粮食作物。

世界公认谷子原产中国。因谷子营养好和耐储存，在中国古代受到重视；不仅有古老的文字记载，而且有大量的出土文物为证。陕西省岐山县斗鸡台、西安半坡遗址、磁山遗址和裴李岗遗址，河南省淅川县黄楝树村及洛阳“含嘉仓”等新石器时代和原始社会遗址均发掘了大量的炭化粟粒。根据出土实物的分布，北到黑龙江省宁安县东康遗址，西至新疆维吾尔族自治区民雅古墓，南至云南省剑川县海门口新石器时代遗址。因研究稻的起源，由云南省博物馆提供的距今三千多年前的碳化稻谷凝块中，看到稻粒间有很像粟米的小粒粮食作物种子。这种情况是因为当时农业生产技术落后，稻谷和其他两种以上作物混种混收所产生的结果也是可能的。这部分小粒粮食种子可视为谷子或糜子在云南兄弟民族间已广泛种植利用的一部分（剑川是云南省大理州白族最集中的一个县）。剑川开发较早，早在殷商晚期（公元前1150±90年）先民围滨湖而居，以渔猎农耕方式生活，成为当地人类最早形成村庄的部落，最早形成农耕文化的地区。中国最早的甲骨文中有“粟”字，公元前11世纪成书的《诗经》上有许多关于粟的描述。自商代（公元前16世纪）至秦、汉（公元前220～200年），粟都被列在“五谷”的首要位置。封建社会时期秦代设“治谷内史”，西汉设“搜谷都尉”来管理谷子的生产、收购、调济工作。由此可见，很早以前谷子就作为广大人民群众生产、生活的主要粮食作物，受到社会各界的重视。证明谷子在中国已有5000～8000年的栽培历史。自从谷子在中国栽培驯化后，在种质资源和栽培技术等多方面都进行了相应的研究，后魏著名农学家贾思勰所著《齐民要术》中说：“粟之成熟有早晚，苗秆有高下，收实有息耗，质性有强弱，米味有美恶……”大约到公元5世纪，这本书中已总结了86个粟品种，有红色、白色、黄色和粘糯之分，每一类又有许多变异。这是中国最早研究粟品种资源的论据，表明中国古代粟类的品种很多和栽培技术也得到了充分的研究。古代农书《氾胜之书》总结了培肥地力的方法“沤田法”，即今天的秸秆还田。《齐民要术》对轮作换茬称“谷田岁易”。至今，中国谷子主产区农民对自古以来行之有效的这种基本栽培技术，仍因地制宜地继续延用和改进利用。

科学技术的发展为谷子进行起源研究提供了新的手段。近年来，国内外许多专家对谷子进行酯酶同工酶研究。在地理分布、起源进化、种间亲缘关系、品种间的分类和远缘杂交优势等方面均获得了很有价值的科学资料和成果。用凝胶电泳法在5个同工酶的10个位点上对谷子野生品种遗传多样性的研究表明，谷子分为中国型和欧洲型两个基因型，认为这两个基因型可能独立驯化，为谷子的起源与演化充实了论据。另外，对中国不同地区的72个谷子品种、11个狗尾草、3个谷莠子和18个御谷等共104份材料进行同工酶分析表明：内蒙古高原区、东北平原区、华北平原区、西北高原区同工酶谱类型多，品种变异丰富，进化程度高，可能是栽培谷子的起源中心（见表1－1）。

表 1 – 1 谷子品种同工酶的地理分布

Table 1 – 1 Geographic distribution of isoenzymes in setaria varieties

地区类型	包括范围（省、自治区、地区、市）	测定品种数	酶谱类型	%
东北平原区	辽宁省	4	3	75.0
华北平原区	河南省、山东省、河北省	36	18	50.0
内蒙高原区	内蒙古自治区、河北省张家口地区	16	15	93.8
西北高原区	陕西省、山西省长治市、吉林省延边朝鲜族自治州	16	12	75.0

二、谷子的亲缘关系

中国是最早将狗尾草驯化为栽培谷子的国家。狗尾草是栽培谷子的近缘祖先，与谷子亲缘关系较近，谷莠子是谷子与狗尾草的中间过渡性种，谷莠子与栽培谷子的亲缘关系也较近。国内外831个谷子地方品种同工酶分析证明了上述观点：①中国的栽培谷子由野生种驯化而来。②中国黄土高原谷子地方品种酯酶同工酶表型多样，变异广泛而复杂，与考古成果相印证，黄土高原及其周边可能是中国栽培谷子的起源中心。③按来源划分为中国区、欧洲区和中间区3部分，其中中间区与中国区酯酶同工酶表型分布非常相似，亲缘关系更近。欧洲区谷子以独特的酶谱表型分布，有别于中国区和中间区，与中国的青狗尾草的酶谱表型不一致，说明欧洲谷子的原始野生种可能不同。三个区究竟包括邻近哪一些地区，尤其是中间区的范围，需进一步证实。

栽培实践、文字记载、考古发现、酶谱分析结果等均表明：中国是谷子起源地之一，黄土高原又是中国谷子的主要起源中心。

第三节　糜子的起源与演化

糜子在中国古文献中称黍、穄、稷、秫等，现今主产区在甘肃、陕西、内蒙古等地，一般叫糜子。实际上黍与稷是有区别的，区别在于子实性质差异，粘性或糯性的为黍，不粘或粳性的为稷。《说文》中说：“稷有粘粳之分、粘者谓之黍、粳者谓之稷，黍稷本一名，因其有粘有粳，遂别之分为二名”。

一、糜子的起源

关于糜子的起源问题，国际上有3派学说：一是以著名博物学家林奈（Linne’）为代表的一派，认为糜子原生于印度。二是以德空多尔为代表的一派认为糜子原生于埃及—阿拉伯地区，后传入印度，再传入中国。第三是以前苏联植物学家瓦维洛夫（H. И. ВАВИЛОВ）为代表的一派认为中国是糜子初生起源中心，并认为糜子从中国广泛传播到整个欧洲。他根据来自近60个国家的数万份品种资源的详细研究，用植物地理学区分法提出了栽培植物起源中心学说得出的意见。并据中国近代学者对糜子的考古证据、丰富的种质资源、悠久的栽培历史及进化等方面的研究成果、认为糜子起源于中国的黄河流域。

糜子的考古发现比较久远而丰富，以黄河流域中上游为中心，东起黑龙江省，西至新疆的古代遗址中，多处发现糜子的炭化粒，年代最早的是甘肃省东部渭水上游的秦安大地湾一期文化遗址，该遗址发现的少量炭化谷物种子经甘肃师范大学植物研究所鉴定确认为糜子，经北京大学考古教研室用C14测定，该炭化粒距今已有7000多年。在山东、陕西、辽宁、甘肃、青海等省区的9处古代遗址中也均发现了糜子的痕迹。此外，在湖南省汉代马王堆古墓中也发现糜子的籽粒，所以说，中国是世界上糜子考古发现最丰富、年代最久远的国家。值得注意的是中国现有糜子的考古发现，黄河中上游地区糜子的炭化粒年代较早，周围地区较晚，说明中国的糜子不可能是从外地传入的。

糜子在中国栽培的历史悠久，除考古外，古籍也可证明这一点。《诗经》是反映西周到春秋时代的一部古诗集，是现存最早的经典著作，从这部著作的一些诗篇可以看出黍稷在当时的重要性，其中《豳风七月》中："九月筑扬圃，十月纳禾稼，黍稷重缪，禾麻菽麦"；《周颂丰年》："中多黍多桃"；《子颖达疏》中："以黍稷为民食之本"等类似的文字还多，说明黍稷是春秋时代中国北方的主要粮食作物。

战国时代，已经看不到黍稷连称，而常常是菽粟连称，如《晏子春秋》载"菽粟深藏"，《墨子》中"耕种树艺聚菽粟"，到汉代又是粟麦连称。但是据河南省洛阳地区发掘的数百个西汉墓葬出土的大量农作物标本和储存谷物的陶缸、陶瓮和陶器上书写出现的10余种粮食名称中，黍字的出现次数居首位。在新疆民丰汉代遗址、湖南汉代马王堆古墓也出现类似情况。说明黍在汉代仍占重要地位。成书于公元前1世纪的著名农书《氾胜之书》记载了13种作物的栽培法，黍紧列稷之后。成书于公元6世纪的《齐民要术》糜子仍为仅次于稷的主要作物。唐代著名诗人杜甫在诗中写道"禾头生耳黍穗黑，农夫田父无消息"，说明糜子在唐代也占有重要地位。

唐代以后，糜子的重要性逐年下降，直至20世纪50年代，糜的播种面积急剧减少，在全国粮食作物中已退居第10位，但仍然是中国北方干旱与半干旱地区的重要粮食作物。

进入21世纪，由于高效农业的推广普及，糜子的辉煌时代已经过去。除西北、华北主产区有一定种植面积外，其他省区糜子已是濒危作物。

糜子在中国不仅栽培历史悠久，文字记载丰富，而且品种类型众多、分布极广，尤其黍的野生近缘种，在中国的华北、西北、东北地区随处可见，这是黍起源于中国的重要证据。中国最早的文字是3000多年前的殷、商甲骨文。甲骨文中发现次数最多的粮食作物是黍，其次是稷（穄）。商代农作物见于甲骨文最多的是黍，在卜辞中出现的有三四百次，如"真爰黍年"、"甲申卜真黍年"等，可见黍在当时已是普遍种植的作物了。其次才是禾和粟。作者在田间观察到黍和谷共同在一起生长时，谷苗不如黍苗长势强，说明黍适于垦荒地生长，能与杂草竞争。中国最早记述黍品种的书籍是西汉的古农书《广志》，当时记载的黍穄品种有14份，说明早在两千多年前，中国已有黍品种分类的文字记载。世界上较常用的黍品种分类法为"波波夫5类群法"，该分类法分出的各类型品种的总数不超过100个。中国很多黍的类型，如糯类型、双粒型和某些复色粒型都没包括在该分类法中。如果仅仅增加一个糯类型，其品种总数就会翻一番。由此可见中国是世界上黍品种资源最丰富的国家。

野生糜子（别名毫糜、糜黑子等）在中国的内蒙、山西、陕西、河北、宁夏和甘肃等省区都有分布。野生糜子与栽培糜子的不同点：野生糜子枝梗较细，叶片较窄，小穗柄顶端全部或部分具关节，种子随熟随落，籽粒小，种壳厚，同年成熟的种子休眠期长短不一，具有明显的野生特性；而栽培糜子则枝梗较短，叶片较宽，成熟期较一致。野生糜子与栽培糜子的相似之处在于胚乳粳性，染色体数与栽培种相同（$2n = 36$）。长期在人工选择条件下，糜子是由小粒向大粒，厚壳向薄壳，易落粒向不落粒，胚乳粳性向糯性的方向演化。因而认为栽培糜子可能是由具有各种原始性状的野生糜子或其他近缘种通过选择演化而来的。野生糜子与栽培糜子能正常杂交，杂交一代结实正常。自从野生糜子驯化成栽培糜子后，人们培育出许多品种，大约在两千多年前的文献中对糜黍品种都记载有赤、白、黄、黑等各类农家品种。糜子和稷一样是一种很有营养价值和耐储存的作物。《吕氏春秋》说："饭之美者，有阳山之稷"。

二、云南的糜子栽培记载

云南很早以前就有关于糜子栽培的典记，如清代文人余庆远在《维西见闻记》中记载："傈僳，近城四山，康普、贡龙、奔子栏皆有之，男提髻、戴簪、编麦草为缨络，缀于发间，喜居悬崖绝顶，垦山而种，地瘠则去之，迁徙不常，刈获则多酿酒。……年奉头目麦黍共五升，新春必率而拜之"。又叙："怒子居怒江内，界连康普、叶枝、阿墩之间…… "、"滇南地名罗麦基，接连缅甸。谷产黍麦，蔬产薯芋，猪、禽、兽以佐食"。

云南的迪庆、怒江的傈僳族、怒族自古就种植糜子。这与中国农业科学院作物品种资源研究所近年来多次到西藏考察时，在芒康、察隅、左贡等地与云南怒江、迪庆相邻的地方发现并收集到糜子资源的事实说明，在西藏、云南、四川三省区交界的三江并流腹地是古西南糜子资源的重要分布地区。

第四节 籽粒苋的起源与传播

一、籽粒苋的起源

人们一直认为籽粒苋原产于中美洲、南美洲、非洲及亚洲热带、亚热带地区，至今已有6000多年的历史，是世界上最古老的栽培作物之一。籽粒苋在美洲新大陆曾经有过辉煌的历史。15世纪前，墨西哥、巴拿马、玻利维亚，直到秘鲁等中南美洲安第斯山脉一带许多国家盛产苋属植物。由于籽粒苋的茎、叶、花穗具有五彩缤纷、鲜艳夺目的色彩，受到当地土著民族阿兹台达人和印第安人及其他部落的崇拜、敬仰和取食。凡举行盛大民族庆典、婚丧、生育、祭祀等活动都离不开籽粒苋，被视为具有某种魔力的神物加以保护和种植。15世纪后，由于西班牙、葡萄牙等殖民主义者的入侵，将这种具有强烈宗教色彩的一年生草本植物视为邪恶和偶像崇拜的象征而加以铲除和限制，同时籽粒苋借此也得以向世界各地传播。随着科学技术的发展和人类文明的进步，在安第斯山区籽粒苋种植面积已逐渐让位给产量更高的禾谷类作物，于是这一苋属植物从栽培状态几乎退回到野生状态，成为一种日趋衰落的古老遗物。但是它比谷类作物含有更多的蛋白质、维生素和矿物质，是极好的食用植物，值得保存、深入研究和开发利用。

籽粒苋茎叶含有丰富的营养成分，曾经是中美洲和南美洲印第安人的主要食物。在当时古老原始部落的状况下，无先进的生产、生活用具，籽粒苋新鲜茎叶无需精细加工便可直接煮食，种子稍微加热便炸花爆裂，便于咀嚼消化，是最简单方便的食物。而且籽粒苋生长迅速，收种频繁，可以不断地边生产边采食，这种状况在中南美洲延续了几千年。

二、籽粒苋的分布

据中国农业科学院科技情报研究所邹林坤等在《粒用苋的研究与发展趋势》中介绍：粒用苋分布在美洲的阿根廷到安第斯山、危地马拉到墨西哥直至美国西南部；亚洲的伊朗、斯里兰卡到印度，经尼泊尔、喜马拉雅山脉到中国、蒙古；非洲的埃塞俄比亚等国都有种植。粒用苋在墨西哥城附近和边远地区的马德富山脉、瓦哈卡等地的印第安人仍有种植。亚洲最早种植粒用苋是18世纪在印度和斯里兰卡，19世纪初期和中期发展到德干和喜马拉雅山脉高原地区。19世纪末进一步传入中国和西伯利亚东部。

籽粒苋在中国何时开始种植尚无考证。但从文字记载看，唐初史学家李延寿在其撰著的《南史．蔡樽传》中有这样的记载："樽在吴兴不饮群井、斋前自种白苋、紫茄以为常饵。"这说明籽粒苋在1000多年前就有栽培并作菜用。（清）汪灏等于康熙四十七年（1708）改编完成的

《广群芳谱》一书中提到：苋有赤苋、白苋、人苋、紫苋、五色苋 5 种。（清）吴其浚撰著的《植物名实图考》中亦曾提到“苋有 6 种，赤苋、白苋、人苋、紫苋、五色苋、马苋。”由此可知，籽粒苋在中国自古以来就供蔬菜食用，在南方各省分布广泛。至今，在河北、山西、陕西、内蒙、江苏、云南及西藏等省区仍有种植。

第五节　薏苡的起源与演化

一、中国远古重要的作物

薏苡俗称薏仁米、薏米、药玉米、六谷等。薏苡属禾本科玉蜀黍族，一年生或多年生草本植物。中国自夏、商、周时代最古老的文字甲骨文及卜辞、金文都有关于薏苡的记载。甲骨文“以”字繁体就是薏苡野生种的真实形象，由于甲骨文、象形文经过漫长的时间演变成篆文，在由篆文逐步规范、简化为现代文这一过程，经过了 5000 多年的历史进程，到战国时期已无大的分歧，由秦始皇嬴政统一了全国文字的书写笔画，成为我们今天所使用的文字。同时薏苡的栽培驯化也在不断地研究、生产、开发利用中取得进步。薏苡这一古老而特殊的禾本科作物，据甲骨文记载在中国至少有上万年的栽培驯化历史。从黄河流域到珠江流域都有分布。据从浙江省余姚县河姆渡古文化遗址出土的农作物中，发现有薏苡的炭化粒，证明中国至少有 7000 年以上的栽培驯化史。古籍《山海经·海内西经》载：“……帝之下都，昆仑之墟，有木禾。”李璠认为，这说明大约在 1 万年前的黄帝时代薏苡似乎已被引种栽培，所谓“木禾”可能是指薏苡而言。现在看来，他认为“木禾”即为薏苡的论断是正确的，先秦时代“禾”是对谷物的总称和泛称，木禾乃木本之禾，即谷类作物。实际上，在玉米没有传入中国之前，原产中国的谷类作物中，薏苡的茎秆是最高大强壮的了。

据史料记载，玉米最早是明代（公元 1368～1644 年）才传入中国的，而薏苡早在秦汉时代就已退出主要作物的行列了，两者相差 1000 多年。这可由先秦确定的主要农作物，即所谓的“五谷”中没有薏苡的地位事实得到确证。由于栽培种薏苡伴生在中国远古先民生存繁衍的环境中，因其籽粒较大易于采集，所以它是中国远古最早被人类驯化栽培的作物之一。除在浙江河姆渡遗址出土的薏苡炭化种子外，以后在汉墓中相继出土了更多的薏苡实物就是证明。

薏苡是喜温喜湿作物，在中国薏苡文化鼎盛时期曾传入周边越南、缅甸、印度、巴基斯坦等国家，并相继传遍亚洲各国。据依恩·格雷弗 1966～1967 年在东帝汶岛东部的一系列洞穴遗址的考古发掘中，特别是 Liesiri，Vai Bobo Ⅰ和Ⅱ发现在公元前 3000 年的地层中有薏苡遗存物，说明薏苡的存在和栽培历史久远。

据查，薏苡属（*Coix*）除栽培种外，原产于中国的还有一野生种（*C*·*aguatia* l.）。与栽培种不同，野生种总苞强烈珐琅质化，十分坚硬，形状为圆形或扁圆形，结果枝呈一多曲连续“S”形，在顶端旗叶中较小且直立，果柄连接圆形总苞 3～4 枚从旗叶鞘中抽出，与结果枝呈一很大角度下垂；叶鞘内还包裹一无柄总苞呈孕穗状。由于野生薏苡珐琅质总苞极其坚韧，开苞取仁十分困难，不是栽培种。将两种薏苡归为一类，先民们对植物形态特征观察得细致入微和对实践知识理论归纳得如此简洁深刻，实属罕见，至少在商代就已经区分了薏苡的不同物种，并将其归类，即已具有现代分类学上“属”的概念了。至少在 4000 年前夏、殷时代，先民们从形状上已能正确区分栽培种和野生种植物的差异，并经过理论提高在汉字上反映出来，是十分难能可贵的，这种纪录在世界上也是独一无二的。这就是说世界上是中华民族第一次在文字中正确区分反映了薏苡的栽培类型和野生类型。这种文化形态正反映了栽培作物的野生起源和远古栽培作物群落与野生植物群落并存的现象。

据研究，薏苡产于亚洲热带、亚热带地区，这是一种形态独特的类群。至今仍在中国西南沼泽和河湖岸边有大片的野生薏苡群落，中国古籍《本草经》、《图经》称“薏苡仁生真定平泽及田野”。现今，在广西壮族自治区的部分地区长期淹水的秧田、冷浸田和沼泽、沟、塘、湿地仍有多年生水生薏苡存在并成为恶性杂草。云南省也在西双版纳傣族自治州景洪县小勐养地区的山体脚下灌丛、湿地间发现有水生野生薏苡 *Coix aquatica* Roxb，这种水生薏苡多生长于湿地和沼泽，漂浮水面，匍匐生长，长约 10 米，自节上生出不定根；直立部分高约 2m 左右，有分枝，茎半圆形，基部生有瘤状腺体和刚毛。与陆生薏苡最大的区别是有瘤基腺体，腺体顶端生一刚毛，刚毛脱落后留下一小窝穴，雄小穗有较宽的翼，很容易识别。故可认为薏苡原产西南及云贵高原，然后沿四川盆地和长江（包括汉江）、淮河沿岸、湖岸、下湿沼泽、平原低地等北上传入黄土高原和华北平原的。薏苡原产于中国，是远古乃至夏商时代最重要的作物。

二、分布的中心和产区

据生长环境，薏苡分水生和旱生两种生态类型。是一种古老的粮药兼用水旱生作物，目前栽培薏苡多为旱作。经解剖发现，其根、茎、叶、叶鞘具有明显的通气组织，结构类似水稻。丁家宜 1976～1977 年通过淹水盆栽和田间水分试验，证实薏苡在长期淹水条件下可获得高产。据日本学者试验，全生育期淹水栽培，比旱地栽培增产 181%，而干旱处理对生物学和经济产量均呈不利效应。表明薏苡是由湿生型经过长期干旱少雨栽培过渡适应了旱地条件。

1995 年，黄亨履对收集到 17 个省区的 250 份薏苡种质资源材料进行研究，发现中国薏苡和川谷（*Coix lacryma－jobi* L.）（野生种）的生育特性因分布纬度不同而有较大差异。南方生态区的种质在北方种植，多数不能抽穗，而长江中下游生态区的种质一般都能正常成熟，但生育期延长，说明南方种质，特别是野生种对光照长度十分敏感，而北方种质向南移，则生育期缩短，表明薏苡是短日照作物，对光周期反应比较敏感。据此，黄亨履将我国薏苡分为南方、长江中下游和北方三个薏苡多样性生态中心。从种类数量和野生种的分布密度来分析，广西、海南、贵州、云南四省区应为中国初生中心地，长江中下游和北方各省区应是栽培种薏苡和川谷逐步北移驯化、选择而形成的次生中心。

赵晓明根据中国幅员辽阔，薏苡分布较广的特点划分为 6 个薏苡产区：①北方薏苡区，包括辽宁、吉林、黑龙江、内蒙古、宁夏，以及河北、陕西两省的北部，山西省大部及甘肃省的一部分地区。②黄淮海平原薏苡区，包括河南、山东，以及河北中南部、陕西中部，山西南部，江苏、安徽北部。③西南山地丘陵薏苡区：包括贵州、云南、四川全省，湖南、湖北省的西部，陕西省南部及甘肃省的一部分。④南方薏苡区，包括海南、广东、广西、浙江、福建、台湾、江西等省（区），江苏、安徽的南部，湖北、湖南的东部。⑤西北内陆薏苡区，包括甘肃的河西走廊和新疆。⑥青藏高原薏苡区，包括青海省和西藏自治区。

在云南，薏苡主要分布于文山、思茅、临沧、保山、怒江、德宏等地州部分县市的温热地区。

第六节　荞麦的起源与演化

一、荞麦起源于中国

荞麦的起源有各种各样的说法，但最早提出荞麦起源学说的是瑞士的植物分类学家康德尔（A. De Candolle）（1860～1930），他对栽培植物的历史和考古等的记载进行了详细的研究，1883 年出版了《栽培植物的起源》一书。在书中根据当时所了解的荞麦及其近缘野生种的分布情况，提出甜荞应起源于西伯利亚和中国的黑龙江流域，鞑靼荞（苦荞）起源于喜马拉雅山及中国西北部。

自1883年以来，各国科学家从植物形态学、生态学、考古学、人类史、民族史、农史、现代技术等多方面对荞麦的起源问题进行了研究，对荞麦起源地问题提出一些不同的看法：①康德尔（A. De Candolle 1883）认为甜荞起源于西伯利亚或黑龙江流域；②丁颖（Ding X. 1928）认为荞麦（甜荞）起源于中国偏北部及贝加尔湖畔，苦荞起源于中国西南部；③瓦维洛夫（Н. И. ВАВИЛОВ 1950）提出甜荞和苦荞都起源于中国；④胡先啸（Hu X. S. 1953）认为荞麦起源于亚洲的中部及西北部；⑤贾祖璋（Jia Z. Z. 1955）、堪必尔（Campbell C. G. 1970）认为荞麦起源于温暖的东亚；⑥纳考（S. Nakao 1960）认为荞麦起源于中国西南；⑦星川清亲（1978）认为荞麦起源于亚洲东北部，贝加尔湖附近到中国东北地区；⑧纳考（S. Nakao 1960）、侯野敏子和氏源晖男（Matano T. and Akio U. 1979）、大西近江（Ohnishi O. 1993）提出苦荞起源地是中国西南部接近喜马拉雅山区；⑨林汝法（Lin R. F. 1985）认为云南滇西中山盆地可能为苦荞和甜荞的起源地；⑩宋志诚（Song Z. C. 1985）认为贵州西北部可作为荞麦起源佐证；⑪真野俊子和氏年秋雄也认为荞麦起源于中国西南；⑫蒋俊芳（Jiang J. F 1991）提出大凉山是苦荞的起源地；⑬李钦元（Li Q. Y. 1992）认为云南是荞麦起源地；⑭钟兴莲（Zhong X. L. 1993）认为湘西地区可以视为荞麦起源地。

近年，大西近江自1990年从中国四川、云南、西藏及青海和尼泊尔、巴基斯坦等地区共收集到61个自然野生苦荞种群的108份材料（包含所谓杂草苦荞），利用淀粉胶体电泳法对等位基因酶进行了研究，尽管苦荞属于一个自交种，但自然种群的几个同工酶基因都是多态的，如Pgm－2和Adn基因位。对栽培苦荞的起源进行讨论是以变异等位基因的地理分布为依据的。多态的Pgm－2和Adn基因位显示出显著的地区性发育。同Adn基因一样，与栽培种群等位基因保持一样的等位基因N可在来自西藏和巴基斯坦的种群中找到。然而等位基因F可在来自四川省的许多种群中发现。四川和云南的几个种群都具有多态性，且一个种群中保持两个等位基因N和F。四川省阿坝藏族自治州种群的等位基因N与云南、西藏和巴基斯坦种群的等位基因N具有相同的电泳速度。但根据这两个等位基因的地理上的隔离判断，它们可能是不同的。四川和云南的东南边界种群的等位基因可能是发生在这一地区某处并向西扩散，一般认为荞麦属遗传多样性中心是云南西北部或四川西南部。所以野生苦荞扩散的方向应该是从四川或云南到西藏、巴基斯坦，而决不是相反的方向。因为来自四川、西藏、云南和巴基斯坦北部的自然野生苦荞种群与栽培苦荞种群有完全一样的基因型。Pgm－2和Adn基因位基因频率在四川或云南与西藏的交界处发生剧烈变化，在Pgm－2和Adn基因位，从等位基因F到等位基因N的变化与发生在把野生苦荞驯化成栽培苦荞的变化完全一样，这样可得出西藏与四川或云南交界处最有可能是栽培苦荞起源地的结论。分析结果显示四川和云南的一些单株与栽培苦荞有相同的RAPD图谱，从而得出云南省西北部最可能是苦荞的原始发源地。

20世纪初，前苏联科学家瓦维洛夫Н. И. ВАВИЛОВ（1887～1943），在将近60个国家里采集了大量的标本和种子，有的种子还进行过种植观察。通过系统分析和利用当时的科学研究成果，于1950年发表《栽培植物的起源、变异、免疫和育种》一书，把世界上640种重要栽培植物分为8个起源中心，即中国、印度—东南亚、中亚、近东、地中海、埃塞俄比亚、南墨西哥、中美洲和南美洲等，中国起源中心的种类最丰富，共136种，其中就有荞麦（甜荞）和苦荞。瓦维络夫认为，甜荞和苦荞都起源于中国。

二、栽培历史久远的荞麦

各国科学家一致认为，中国是东亚地区最早种植荞麦的国家。中国种植荞麦可从《诗经》

中查到，在公元前1066～771年的西周时期，即距今2800～3100年已有荞麦栽培。《神农书》记载，远在公元前5世纪就认为有荞麦栽培。在1400年前，后魏贾思勰在《齐民要术》中对荞麦就有详细的记载。南北朝时期，大量的史书、农书、医书、诗文都有众多的荞麦论述，荞麦在中国种植区域宽广。《旧唐书·吐蕃列传》（今新疆维吾尔族自治区）、《闽书南产》（今福建省）、《龙沙记略》（今黑龙江省）、《台海史搓录》（今广东省）、《滇南见闻录》（今云南省）、《黑龙江外史》、《闲处光阴》（今甘肃省）、《马首农言》（今山西省）等文史都有关于荞麦的记述。

1960年，在甘肃省武威县的东汉墓中出土了东汉时期（公元25～220年）的荞麦。1979年，在陕西省咸阳市的西汉墓中出土了西汉（公元前206至公元8年）晚期的11个陶瓮，装满谷子、小米、高粱、青稞和荞麦，证明中国在公元前的一二世纪就栽培和食用荞麦了。

4000多年前，中国西南地区生活着羌、越、濮三大族群。云南境内的羌人分布于北部，以游牧为生的部落；越人分布于滇南海拔较低的河谷湿热地区，是最早种植稻谷的民族；濮人是云南的主要居民，分布在海拔较高的温凉山区，除采集、狩猎外，很早就发展了旱地农业。中国植物学家李继侗（1897～1961），早年曾对华北与云南植被进行过调查研究，认为“他们（云南濮人）的农作物以荞麦、豆类为主，这种情况直到明代犹然”。“到了较晚期亦知种旱谷”。“濮人……皆居山巅，种苦荞为食”。《嘉佑本草》著录，“荞麦……盖野生也，滇之西北，山雪谷寒，乃以为稼，五谷不生，唯荞生之”。

彝族是古代濮人和部分羌人的后裔，是云南人口最多的少数民族，彝族聚居地区分布着多种多样的野生荞麦。他们栽培荞麦最早，远古彝族有象形文字，彝文中的荞字“”就是象形文，其下部代表土地，上部即为荞麦花。云南丽江纳西族的东巴象形文字中就有“荞”字，苦荞是读音“阿卡（a ka）”，甜荞是读音“阿格（a ge）”。东巴文化是世界上保存下来最古老的象形文字，被称为“象形文字的活化石”。因此，从语言文字这个角度来看，云南的先民—彝人和纳西人是最早利用荞麦的民族。中国西南地区于16世纪才陆续引进马铃薯、玉米等旱地作物，成为山区主食。在这之前，山区人民的主食以豆类、荞麦为主。他们的生存、发展与荞麦息息相关，古彝人荞食文化丰富多彩，为其他民族所不及。彝族敬荞如神，每年隆重的火把节到来之时，必先去荞地敬过荞神，方能开始节日活动。凡遇盛大节日、民族庆典、婚丧嫁娶等大事，都以荞麦作贡品和主食。这很像马铃薯起源地的南美洲土著居民对马铃薯神的崇拜。彝族有一条流传了几千年的古训：“世间母亲大，家中父亲大，庄稼荞子大”，至今一些彝族仍以荞麦为主食。

此外，云南的怒族也有关于荞麦的记载。他们曾用与生产生活密切相关的动物和植物来命名姓氏族，如荞氏族、蜂氏族、熊氏族、虎氏族等。

三、荞麦的传播

国内外许多学者认为，荞麦应起源于中国并向四方传播，云南和中原地区之间，自古以来各少数民族和汉族之间存在着密不可分的联系，三国时代（220～280）云南马匹就不断输入内地作军用和民用。鉴于此，中国学者李璠推断认为：“（稻谷）距今六七千年前就从西南之云贵高原起源地之一顺长江而下，再扩展到黄河流域”。既然古代云南之马匹和稻谷都能向四方远播，就不难推断远古云南之荞麦亦可向四方远播。

在8世纪，中国荞麦首先传入朝鲜、日本，10世纪传入东南亚及印度，13～14世纪经西北利亚传入俄罗斯及前苏联各加盟共和国、土耳其，直至欧洲。1396年德国最先种植荞麦，17世纪方传入英国、法国、意大利及比利时。1625年荷兰人将荞麦经哈德逊河带入美洲，再传入加拿大及南北美洲各国。现在荞麦全世界许多国家都有栽培，但主要集中在北半球如尼泊尔、印度、巴基斯坦、阿富汗、伊朗、朝鲜、匈牙利、南斯拉夫、奥地利、瑞士、芬兰等国家。种植最多的是前苏联、波兰、法国、美国、加拿大、巴西及澳大利亚。

四、云南是荞麦起源中心

从20世纪80年代以来，许多农学家、植物学家、荞麦研究专家通过野外的调查考察，尤其是对西藏、云南、贵州、四川、湖南等省区的野外调查工作中，发现这些地方分布有大量的野生荞麦，有些地方甚至形成小群落。据此，对荞麦的起源又提出了一些新的见解。林汝法（1985）提出，荞麦起源于中国是无庸置疑了。①中国关于荞麦的文字记载丰富多彩，除列为中国古代祭祀品外，在“农书述栽培，医书记疗效，诗文赞美景”的描述中屡屡出现，且年代久远。②野生荞麦类型多种多样，西南几省是重点地区，分布地域宽广，大多数类型多在山区呈群落分布。③中国荞麦品种资源极为丰富，已搜集到2000余份种质，现仍在继续补充征集中。④语言、文学、口头文学（传说）及生活习俗与荞麦有关的内容都很多。

不足的是，云南是荞麦起源地之说，迄今尚无考古学方面出土文物的佐证支持。原因是西南各民族历史上殡葬方式简单，多实行火葬、水葬和天葬，故缺乏历史遗迹。又因西南是多民族聚居地区，社会进步和文明程度较长江流域晚，中原文化进入时（公元200年前后）云南还处于奴隶制社会末期。因此有关荞麦及其他自然科学的研究，在云南历史上无文字记载和实物考证。但从现有丰富多样的野生荞麦资源类型，以及日本京都大学植物分类学家大西近江对荞麦的起源进化等问题作了详细的研究，他在“Search for the wild Ancestor of Buckwheat I. Description of new Fagopyrum (Polygonaceae) species and their distribution in China and the Himalayan hills”一文中写到：“大约10年前，我开始世界范围内的栽培苦荞脂酶同工酶变异性分析，希望能找到同工酶多样性中心，但是我的希望破灭了。1988年，我开始一个五年计划，寻找荞麦栽培种的野生种，寻找荞麦野生种在中国和喜马拉雅山的准确分布。1998～2001年来云南考察，除找到已经确认的10个野生种和2个变种外，幸运地在云南找到了甜荞的祖先，在云南、四川也找到了4个新的野生种、1个亚种。这些足以证明中国西南地区，尤其云南是荞麦起源地或起源中心。”

参考文献

〔1〕（清）吴其濬编著．植物名实图考．上海：商务印书馆，1957，8：19～20
〔2〕卢纬民，任惠儒编著．粟的特征特性和农业技术．北京：财政经济出版社，1958，4：7～9
〔3〕方宗熙著．生物是怎样发展的．北京：中国青年出版社，1965，8：15～16
〔4〕李璠，钱燕文，罗明典等编著．生物史．第5分册．北京：科学出版社，1979，5：7～10，28～33
〔5〕张履鹏编著．粟及其栽培技术．北京：农业出版社，1981，9：3～4，8～11
〔6〕刘文富，宋玉梅等．金荞麦的一些药理作用．药学学报，1981，16（4）：247～251
〔7〕朱锡义．发展荞麦生产．云南农业科技，1982，1：24～26
〔8〕李钦元．高寒山区荞子高产栽培技术的探讨．云南农业科技，1982，4：42～45
〔9〕李钦元．羊坪公社荞麦密度调查．云南农业科技，1982，6：22～25
〔10〕李钦元．羊坪公社荞麦肥料试验初步总结．云南农业科技，1983，3：30～32
〔11〕李钦元．山区生产要翻番，科技一定要上山．云南农业科技，1983，5：6～9
〔12〕吴征镒主编．云南种子植物名录．云南人民出版社，1984，271～182
〔13〕唐启宇编著．中国农史稿．北京：农业出版社，1985，5：357～361
〔14〕朱锡义．荞麦亩产251公斤的技术措施．小凉山科技，1986，4：145～148
〔15〕云南地方志编辑委员会．云南省志·农业志．第22卷．云南人民出版社，1986，8：210～211
〔16〕山西省农业科学院主编．中国谷子栽培学．北京农业出版社，1987，5：11～14
〔17〕岳绍先，孙鸿良，唐德富．籽粒苋栽培技术．哈尔滨：黑龙江科学技术出版社，1987，8：1～16

〔18〕辽宁省农业科学院主编．中国高粱栽培学．北京：农业出版社，1988，12：11～15
〔19〕山西省农业科学院作物品种资源研究所，内蒙古伊克昭盟农业科学研究所主编．中国黍稷（糜）品种志．北京：农业出版社，1990，10：1～2
〔20〕蒋俊芳，贾星．四川大凉山地区是苦荞起源地之一．荞麦动态．1991，5（1）：2～3
〔21〕李钦元，杨曼霞．荞麦起源于云南初探．荞麦动态．1992，1：6～10
〔22〕黎大爵，廖馥荪编著，甜高粱及其利用，北京：中国农业科技出版社，1992：1～4
〔23〕张喜文，武钊编著．谷子栽培生理．北京：中国农业科技出版社，1993，8：1～8
〔24〕林汝法主编．中国荞麦．中国农业出版社，1994：46～56
〔25〕林汝法，陶雍如，李秀莲．略述东亚荞麦遗传资源．荞麦动态．1996，12（2）：1～13
〔26〕李钦元．云南荞麦栽培．1998
〔27〕陈成斌．广西薏苡资源的保护、收集、整理与利用．广西农业科学．2000，3：10～13
〔28〕赵晓明等著．薏苡．北京中国林业出版社，2000，8：95～99，105～106）
〔29〕大西近江．野生苦荞种群等位基因酶的地理分布．荞麦动态．2001，（2）29～34

第二章 云南小宗作物概况

第一节 小宗作物的生存现状

一、小宗作物资源的处境

小宗作物的含义：云南的小宗作物泛指生育期短、分布区域广、种植面积不大，生活上不可缺少的作物。一是指非主要农作物。二是指人们在日常生活中常食、常用；生产上占用耕地面积少，善于利用自然光、热、水、气，适应范围广，不耽误更多的农时、劳动力；不使用大量的肥料、农药或其他农用物资；多在交通闭塞、工商企业欠发达地区农村的房前屋后、田边地角、轮歇地、二荒地及延误农时的空田空地上种植的小宗作物。三是生产上抗灾救荒、轮作倒茬培肥养地的作物。这些小作物，有的是粮、有的是菜、有的是药、有的是粮菜兼用、有的是药食兼用，也有的是菜饲兼用，更有粮、菜、药兼用等的作物。从人类生存、生态平衡、物种保护与经济发展的需要来看，这些作物是珍稀的、不可缺少的、具有广阔开发前景的宝贵植物资源。云南的小宗作物主要包括高粱、谷子、荞麦、薏苡、籽粒苋、糜子、穇子（龙爪稷）、藜、地肤（扫帚菜）、食用稗、饲用粟（狗尾草）等。由于这些小宗作物播种面积少而分散，收获产量低，生产上形不成规模却也不能少，所以各地的年度生产报表上，除了荞麦被列入“杂粮”统计外，其他的都没有作详细的统计。

云南小宗作物的种类繁多，用途各异，分布面广，品种资源也极为丰富。中国目前正处于传统农业的小农经济向现代农业商品经济转型时期，小宗作物种质资源的繁衍和保存比主要作物种质资源的处境更艰难，但也更加重要。小宗作物种质资源的栽培种在生产上被排挤、被淘汰；野生种趋于濒危灭绝的状态，其因素很多，有人为造成的，也有自然发生的。因为小宗作物多在山区、高寒贫瘠、偏僻、边远的地区种植生产；野生近缘植物也多在这些地方的山崖、绝壁、沟壑和箐边生长。由于人口的快速增长，人均耕地面积不断减少，毁林开荒，过度垦殖，森林植被急速下降，造成严重的水土流失和生态恶化，直接危及小宗作物的生存环境。随着农业产业结构的调整，新品种新技术的大面积推广，新品种取代了地方品种，农民看到新品种的一些优越性后便主动放弃和淘汰了具有某些特异性状的地方品种，造成很多地方品种相继消失，这就使得小宗作物的遗传多样性逐渐下降。小宗作物种质资源遗传多样性的丧失，将导致自然界生物多样性降低，造成物种减少和人类食物的单一化等问题。另外，当大面积土地只种植一个或少数几个作物或遗传背景相似的品种时，易遭受病虫害和气象灾害。交通、能源、矿山及其他建设事业的发展，也会导致小宗作物传统栽培面积及其近缘野生种的生存分布范围越来越狭窄，生存环境更加脆弱。目前，这些珍贵、稀有的小宗作物种质资源已处于自生自灭，甚至造成这些珍贵资源面临濒危灭绝的境地。

小宗作物种质资源的系统收集和妥善保存正成为一项迫在眉睫的工作。在过去的 20 年间，云南省农业科学院在人力、物力和财力极其有限的条件下，已竭尽全力开展了云南部分小宗作物种质资源的收集鉴定、繁种编目，并送入国家和省种质库保存，当然，已保存的小宗作物种质资源与急需搜集保存的资源差距还很大，还需要得到社会更多的支持，以继续加强和深入收集、挽救、保存这些种质资源已成了当务之急。

二、云南是小宗作物资源王国

云南省位于东经97°31′～106°11′，北纬21°8′～29°15′之间，北回归线横贯南部，为热带、亚热带山地高原地形，是典型的山区省份。云南省气候复杂，雨量充沛，昼夜温差大，农业生产以山区农业为主，山区的耕地面积占94%，平坝及河谷只占6%。地形地貌复杂，总体趋势是北高南低，由滇西北向滇东南倾斜。海拔高差悬殊大，最高点为滇西北德钦县怒山山脉的梅里雪山，主峰卡瓦格博峰海拔6740m，最低点是滇东南河口县的南溪河注入元江的交汇处，海拔76.4m。两地相距900km，高差悬殊6600多m。自然气候也多种多样，光、热、水、气资源充足。全省土地面积有约五分之一在北回归线以南，气候炎热，雨量集中。依照不同纬度的不同海拔，基本上可分为6种气候带，包括南部的北热带、亚热带，东北部的温带、寒温带，滇中坝子的中温带和滇西北的高原寒带。由景洪、勐腊、河口、元江等市县年平均气温20～23.8℃，到香格里拉县（原中甸县）、德钦县等地年平均气温只有4.7～7.1℃。年降雨量南部至西南部为1200～1800mm，滇中及滇东北部为900～1100mm，且大部分雨量集中在夏秋季（6～11月）。境内山高谷深、沟壑纵横、南北走向，为典型的低纬高原自然景观。气候受孟加拉湾暖湿气流影响，全年大部分时间由西南季风带来的暖湿气流与北方南下的冷空气交汇，形成了容热、温、寒于一省的自然立体气候特点，有“一山分四季，十里不同天”的小气候环境。由于特殊的地理气候形成的生态环境，孕育了千姿百态、种类繁多，丰富多彩的动植物资源。仅最著名的怒江、澜沧江、金沙江“三江并流”核心地区的面积1.7万平方公里的世界自然遗产保护范围内，在上游云南境内不到0.4%的国土面积上，却生长着国内62.9%以上的高等植物和25%以上的野生动物种类，是欧亚大陆生物群落最富集的地区，被誉为“世界生物基因库”。大自然在漫长的历史发展和环境变迁过程中，遗留下来的宝贵种质资源财富，形成了适应多种气候环境和抗病虫、抗旱涝、耐瘠薄、耐酸碱等抵御各种自然灾害物种的特征、特性。自古以来，小宗作物为云南各兄弟民族人民的生存和发展提供了丰富的食物资源，也为维持生态平衡、保持生物多样性、调济食物品种、发展动物养殖等提供了不可缺少的营养来源。素有“动物王国”、“植物王国”之美誉的云南，同样蕴藏着大量的农作物种质资源，成为名副其实的小宗作物资源王国。

各地人民在漫长的历史进程中，在不断引进、驯化、培育农作物，将适应自己本地区生态环境的作物种质保留下来。特殊环境下被保留的往往又是耐瘠、耐旱、抗逆性强的小宗作物种质，而且这些小宗杂粮作物还是山区、贫困地区的主要粮食作物。千百年来，这些小宗作物养育了云南山地民族，如今，有的还是对外贸易的特色出口商品，其生产地位和经济价值不可低估。物以稀为贵，在种质资源和基因成分方面也是珍贵的，这些小宗作物分布面广，种质多而复杂。

云南小宗作物种质资源不仅作物种类多，而且类型齐全。从自然生态环境划分，高粱、薏苡主要生长在海拔2000m以下的温热河谷地区；谷子、糜子、稷子（龙爪稷）、地肤（扫帚菜）和藜主要生长在云南中温带地区；荞麦和籽粒苋则在全省，从滇东北和滇西北的冷凉地区到滇南的热带和亚热带地区均有分布，且分布最广、面积最大；食用稗、饲用粟（狗尾草）则主要分布在高寒冷凉地区。从作物的种类来看，如高粱有粒用高粱 *Sorghum bicoior*、糖用高粱 *Sorghum dochna*（*Forask*）*snowd*、工艺用高粱 *Sorghum technicum*（*koern*）*snouden*。类型有紧穗型、中紧穗型、中散穗型、散穗型；谷子 *Setariitalica L.*，类型有锥型、棒型、筒型、纺锤型、兔爪型、绳型、鞭型。籽粒苋 *Amaranthus* spp. 的类型有尾穗苋 *Amaranthus coudatus*、繁穗苋又名西风谷 *Amaranthus cruentus* L.、千穗谷 *Amaranthus hypochondriacus* L.、绿穗苋 *Amaranthus viridis* L.、刺苋 *Amaranthus spinosus* L.、苋 *Amaranthus tricoior* L.、鸡冠花（观赏花卉）*Celosia cristata*、凹头苋 *Amaranthus lividus* L.；薏苡 *Coix lacryma-jobi* L. 的粒型有卵形、圆形、扁球形等；荞麦 *Fagopyrum* 种类有苦荞 *Fagopyrum tataricum*、甜荞 *Fagopyram esculentum*、金荞麦 *Fagopyrum dibotrys Ha-*

ra、细柄野荞麦 *F. gracillpes*、小野荞麦 *F. leptopodum*、疏穗小野荞麦 *F. leptopodum var. grossii*、线叶野荞麦 *F. lineare*、*F. homotropicum* 等荞麦野生种。糜子只有一种类型即穗型侧散型 *Panicum miliaceum* L. 、龙爪稷 *Eleusine coracanac l*（L）*Geertn*，食用稗 *Echinochloa crusgalli*，藜 *Chenopodium* L. 的种类有杖藜 *Chenopodium giganteum* D. Don、滇灰藜 *Chenopodium album* L. 、地肤（扫帚菜）*Kochia scoparia*（L. ）*Schrad.* 。谷子野生近缘植物饲用粟 *Setariaiirdis*（L. ）*Beauv.* 。荞麦的野生资源也很多，野生荞麦已收集到的有 190 余份，既有一年生的，又有多年生的；既有草本的，又有半灌木的；既有大粒种，又有小粒种；既有野生的甜荞，又有野生的苦荞；谷子、薏苡也有野生种和野生近缘种。总之，省外有的，云南皆有，可以说云南是小宗作物资源的富集地区。

第二节 小宗作物的特殊地位

云南居住着 25 个少数民族，是中国少数民族聚居最多的省份，其中 15 个是云南独有的民族。云南少数民族主要居住在山区、高寒地区，或者在边疆低海拔热坝河谷和丘陵山地。人口仅占全省总数三分之一的云南少数民族分散在全省三分之二的土地面积上。历史上以农耕为主的云南农业，生产方式粗放落后，单位面积产量极低，生活资料匮乏，衣、食、住、行十分艰苦。由于自然灾害频繁，各族人民根据自己的生活习惯、生产经验和风土人情的需要，又顺应自然，适应环境，抗御自然灾害，有意识地选育、保存和利用具有各种特异性状的小宗作物，在山区、河谷地区恶劣的环境条件下种植生产，以保障最基本的生活需要。

很早以前，云南兄弟民族就以小宗作物为主粮来维持生计。2000 多年前的西汉时期（公元前 2003 年至公元 8 年）云南兄弟民族即由迁徙的游牧民族定居下来开始对农作物的栽培和驯化。当时就有豆、麦、稻、荞、谷子、高粱等作物种植。唐代樊绰于 862 ~ 863 年随军进入云南时，他所著《蛮书》卷七《云南管内物产》中，对沿途所见作了记录："从曲靖州以南、滇池以西土俗唯业水田。种麻、豆、黍、稷不过町疃"（即禽兽走过的地方和村庄、屯子周围附近）。

明万历《云南通志》称："稻凡百余种，以红稻、白稻、糯稻概之；麦有小麦、大麦、燕麦、玉麦，西方麦数种；黍有黄黍、白黍、红黍、长芒、芦粟、灰条数种；稷有黄稷、红稷、黑稷数种；粱（黄粱）有饭粱、糯粱二种；荞有甜荞、苦荞二种；稗有山稗、糯稗二种；蜀黍（高粱）有红、白、黄多种，以产呈贡、昆阳者最佳；苋有红苋、白苋二种；草子，米似稷而微细，郡县夷罗（少数民族）广种多食"。

《中甸县志》记载："民国时期最早的记载是民国十年（1921）中甸县粮食作物中，杂粮有大麦、荞麦、谷子、黍子、高粱、燕麦、菜豆、豌豆等有 1200 年以上的种植历史。年总产荞麦 3142 石，粟 2156 石，黍 765 石，高粱 214 石。"

现今的永胜县，曾于清光绪二十三年（1897）起稿，由叶如桐修、刘心苏、朱庭珍撰，光绪三十年（1904）成书的《永北直隶厅志》中"谷之属有黍、稷、高粱、水子（菰米）、旱粟、寒粟、芦粟，恤米（籽粒苋）、米稗、毛稗、龙爪稗、鸭爪稗、穛，苦荞、甜荞，绿竹米（薏苡）等数种"。从古代历史记录查证，小宗作物是广泛种植的作物。

尽管主要粮食作物以水稻、玉米、豆、麦、薯类为主，但是山区受地理环境、土质、气候、自然灾害等诸多因素的制约，需要小宗作物从多方面加以填补、调济，使每年的粮食生产能够做到满栽满播、多种多收。因此，小宗作物成为云南农业生产上必不可少的作物。

一、防灾抗灾的需要

云南历史上的农业生产水平较低，单家独户的生产，规模小、力量弱；水利设施配套差，耕地分散；交通闭塞，物资流通不畅；使用刀耕火种，毁林开荒等生产技术落后。又因连年不断的风雨、干旱、洪涝、病虫、冰雹等自然灾害，还时有地震发生，庄稼被毁被淹，有播无收的现象经常出现。

据有关历史文献和气象资料记载，云南从公元1300～1995年的695年间，全省性的大旱有88次。其中，春旱占70%，约8年一遇；大涝40次，平均16年一遇。其中，1950～1985年的36年间，大旱13次，平均3年一次，较大洪涝灾害15次，平均2.4年一次。小范围、局部性的干旱、洪涝灾害年年都有，频繁发生，全省平均每年受旱面积33万多公顷，占播种面积的9%；受涝面积23万多公顷，占总面积的8%。气候反常也是病虫灾害大发生的原因之一，高温、干旱、少雨往往造成虫灾蔓延，特别是螟虫、粘虫及蚜虫等灾害增多。而低温阴雨又有利于病害的发生，尤其是真菌性病害的暴发。如果大面积种植单一品种，那么因天气引起的病虫灾害会造成极大的甚至是毁灭性的损失。

由于长期以来生产活动的盲目性，致使规模不等的水土流失、水源减少、泥石流、山体滑坡等灾害毁坏农田，阻断交通，冲毁村庄的现象屡屡发生。1951～1995年共发生具有一定规模和危害的山体滑坡、泥石流1400多次（处）。云南频繁的自然灾害被专家们概括为“灾害年年有、无灾不成年”。

为了抗御自然灾害，减轻灾情造成的损失，各族人民多年来积累了大量的生产经验，树立起顺应自然、适应环境、立足抗灾增收的思想。首先，在生产布局上采取多种多收的办法，不种单一作物，克服侥幸心理，每年的主粮即使是同一种作物也要种两个以上某些性状不同的品种，以便遇到灾年时能避过或缓解灾情造成的损失。其次是利用小宗作物的抗旱耐瘠，生育期短，早生快发等特点，一旦主要作物受到损失，还可以利用这些抗逆性强、适应性广的小宗作物抢栽抢种，抗灾渡荒，进行生产自救。如高粱、谷子、糜子（黍、稷）、稗、薏苡等具有很强的抗旱耐瘠性。特别是谷子，抗旱力更强、适应性更广。尤其在山区、干热河谷区，雨季来得迟，降雨量少，春、夏旱情严重的地区，如能及时改种谷子，就可达到抗旱、补产的目的。谷子在整个生长发育过程中很能经济利用水分，谷子每形成1g干物质只需要271g水分，比高粱需水322g减少18.8%，比玉米需水368g减少35.8%，比小麦需水513g减少89.3%。特别是幼苗时期，谷子的耐旱性很强，群众有“谷出黄墒”，“小苗旱个死、老来一肚籽”的说法。谷子发芽时需要的水分很少，只需相当于种子重量的26%，而高粱则需40%、玉米需44%、小麦需55%。谷子出苗后如遇严重干旱，叶片会自行卷曲并匍伏地面减少水分蒸发，经过20～30天的干旱不致死亡，一旦有雨便会迅速恢复生长，仍可获得较好的收成。谷子的这个特性很适合云南十年九旱的某些地区种植。另外，薏苡由水生通过人工筛选衍化成可以旱生，也就是薏苡既可以水生又可旱生，既可以用来防涝，又可以用来抗旱。

籽粒苋、地肤（扫帚菜）是速生快长的作物，播种出苗快，幼苗边生长边可采食。藜的生育期短，一年中除冬季霜雪天外，种子脱落都能萌发，交替生长，可供人、畜鲜采食用。荞麦具有耐旱、耐瘠和适应性强等特点，在不同地区、不同海拔、不同环境条件下，都可作春荞、夏荞、秋荞、冬荞等四季生产，且荞麦生育期短，一般70～90天即可成熟食用。这是先辈们用于抗灾渡荒最好的粮食作物，至今仍无更好的作物替代。若遇久旱无雨年，田中可种稗。早在2000多年前，孟子言：“五谷不熟，不如荑稗。”《齐民要术》“稗既堪水旱，种无不熟之时，又特滋茂盛，宜备凶年。”《农政全书》“稗多收，能水旱，可救俭。”可见，小宗作物在过去漫长的岁月中，对人类的生存起着何等重要的作用。

二、改革耕作制度的需要

云南各地农业生产千差万别，在古老原始农业时期就以刀耕火种，轮歇游耕的方式进行生产。据清光绪三十四年（1908）丽江府分驻阿墩弹压委员夏瑚在《怒俅边隘详情》一文中载："所种之地，以刀伐之，纵火焚烧，用竹锥地成眼，点种苞谷，若种荞麦、谷子、稗、黍等类，则撒播于地，用竹帚扫匀，听其自生自实，无不成熟。今年种此，明年种彼，将住房前后左右土地分年种完，则将房、地弃之，另寻他处，其已种之地需荒十年八年，必俟草木茂盛，方行复砍种之"。《云南各民族经济发展史》记载，时至20世纪70年代，云南还有300万人口的山地民族采用原始的农耕制度。从古代农业生产方式中可以看出，荞子、谷子、食用稗、龙爪稷等已作为轮作换茬作物。近代农业生产技术的发展，采用精耕细作在有限的单位面积上获得最大限度的产量。实行间作、套种，小宗作物便是与主要粮食作物间套轮作的理想"伙伴"。最典型的是滇东北昭通、曲靖地区，马铃薯收后接秋荞；马铃薯套种玉米；玉米间种秋荞；玉米间种籽粒苋、藜；地肤（扫帚菜）与蔬菜间、套、混种；果园、零星地种植高粱、谷子、籽粒苋、藜等多种间作套种方式。近年人均耕地少的地方，小宗作物与云南的骨干经济作物烤烟套种，行间也间种黄豆和后期套种荞麦。为了提高土地利用率，几种作物混种在一起的现象已很普遍。小宗作物从古到今都是云南省耕作制度中必不可少的作物，其优势在于生育期短，抗逆性强（耐寒、耐旱、耐瘠等），适应性广（高山、平坝均可种植），管理粗放（省时、省工），病虫害少等，一般可作为玉米、马铃薯、豆类等的间作套种作物，以提高耕地的复种指数和收获指数，还可以利用作物类型的多样性来有效地防止病、虫和杂草的蔓延。另外，荞麦还作为开荒的先锋作物和绿肥使用，以改善土壤的结构和提高土壤的肥力。

三、填闲补缺的需要

每年的农业生产都会有闲田空地和缺窝缺塘发生，在大规模主粮生产播种基本结束后，剩下的田边地角，沟边路旁或因某种原因栽种误时的空田空地，都要进行填闲补缺，补种移苗，提高产量和增加产值；远田远地管理跟不上，肥料运送不到，容易遭受牲畜、鸟兽危害的地方，宜种上高粱、谷子、薏苡、糜、稷等抗旱耐瘠、适应粗放耕作的品种；常耕地、玉米地里的缺穴缺塘则补种藜、籽粒苋作蔬菜或青饲料；二荒地、雷响田，雨水来得迟时可种上食用稗；房前屋后和菜地、果园查缺补漏，可以用黍、稷、谷子、藜、籽粒苋、扫帚菜等进行补种或移栽。在无霜期短的高寒山区，小宗作物还是主要的粮食作物。气候温热、地广人稀、耕作粗放的山区、丘陵地区，小杂粮又是"当家品种"常规种植。温热坝区荞麦还可以在早稻收获后的间歇播种，以充分利用夏秋季的自然气候和温光条件增加产量。如明末清初（17世纪中叶）成书的《天工开物》中记述："凡荞麦，南方必刈稻，北方必刈菽稷后而种之"。可见，古代农民按主次利用零星、分散、房前屋后的土地生产小杂粮，在耕作制度上已趋于完善。

四、特色饮食文化的需要

中国丰富的饮食文化源于中国古老传统农耕习俗，以历史悠久，渊源流长，技艺精湛，风味独特为特色，曾经极大地推动了中华民族的壮大发展。中国的饮食文化自古以来就注重营养均衡、全面的宗旨和丰富多彩的饮食特点，各地、各民族经过千百年来的继承和发展，已经形成了一种传统的、独具特色的饮食文化。19世纪以来，中国在科学、技术和经济等诸多方面与先进国家差距拉大，但饮食文化依然熠熠生辉。

在食品加工方面，小宗作物是独具特色的原料，由于其营养均衡全面和特殊，加工简便，很多小宗作物作为主食或副食流传民间，被广泛用于加工饮料和食品等，其产品具有软、糯、酥、脆、香馐、爽口，色香味结合等特点，用于调剂生活、增加口味。在制作上讲究粗细搭配、粮菜兼顾。在大餐大菜和名特风味食品中，用经过蒸、煮、煎、炸等加工的小宗作物食品加以点缀，丰富了餐桌上的花色品种。这些点缀食品具有口感好，易消化，药食兼备，色、香、味俱佳的特色。小宗作物加工的食品数量很多，据不完全调查统计，云南的少数民族风俗节日一年中有30多个，民族民俗食品70多种。各民族在中国传统佳节和本民族自己的节日期间举行盛大的庆祝活动，都要生产、加工民族民间食品。在膳食方面极大地满足了各种人群、各个年龄、各种档次及老、弱、妇、幼的需要。随着经济的发展、社会的进步，城乡人民生活水平的不断提高，保健食品、减肥食品、旅游食品走俏消费市场。在保持和改进传统风味特色的基础上，研制创新风靡市场的新兴食品更离不开小宗杂粮，如高粱、谷子、糜子（黍、稷）、籽粒苋、荞麦、薏苡等作物成为新型食品的原料或辅料。用小宗作物生产的酒类、糕点、饼、馍食品，从古到今都是人们日常生活中离不开的饮料和副食品。

在民间婚丧嫁娶、民俗节日、宗教祭祀、宾客往来、建房盖屋、生儿育女、播种收获、敬山狩猎等活动中，都需要高粱、谷子、荞麦、糜子等小宗作物加工的礼品、贡品、祭品、饮料和民间小食品。由于这类活动年复一年地从历史上延续下来，小宗作物便成为必不可少的民俗食品原料。因此，这种民间的广泛利用，也是小宗作物品种资源得以留传下来的原因之一。

在世界性的“回归自然”的潮流中，饮食回归自然是核心，特色绿菜、特色食品、特色资源均以内含物质丰富的小宗作物为基础。“物以稀为贵”，小宗作物的发展潜力是很大的，其开发利用的研究则是关键问题。

五、饲草饲料的需要

在山区农业经济中，畜牧业占有重要的地位，特别是在一些高寒冷凉地区草场丰肥，农业生产又广种薄收，畜牧业便成为这些地方的支柱产业，畜牧业产值平均占年总产值的三分之一以上，有的县达40%以上。畜牧业促进了农业的发展，给农业提供了大量的优质肥料和畜力。每年为了保证大小牲畜的安全过冬，都要种一些食用稗、谷子、糜子（黍、稷）、龙爪稷、饲用粟，既是人粮又是饲草饲料的作物。干草收贮起来还可作冬季雪天或母畜产仔时的饲料。

饲用粟是山区和林牧交错地区的荒山、牧场连年生长不需播种的优良牧草，供这些地区的大小牲畜和野生食草动物自由采食。

谷子是粮草兼用作物。谷子在收获籽粒后还能收获谷草和谷糠。谷草和谷糠质地柔软，有甜味，适口性好，是云南一些地区的家畜、家禽和小动物的饲草饲料。谷子的茎秆、鲜草及青贮物中的营养成分相当丰富，据中国农业科学院畜牧研究所等7个单位对禾谷类作物数10个样品的分析看出（表2-1）：谷草中粗蛋白含量为3.16%，虽然低于豆科作物，但高于其他两种禾谷类作物。钙、磷的含量也比较丰富。据华北军区后勤部军医处分析，谷草含可消化蛋白质为0.7%～1.0%，可消化总养分为47%～51%，比麦秸、稻草等可消化蛋白质的含量高0.2%～0.6%，可消化养分总量高达9.2%～16.0%，其饲料价值接近豆科牧草。谷粒、谷糠是家畜家禽的良好饲料，完整的谷穗和籽粒是城市养鸟爱好者关注的鸟食。

表2-1 禾谷类作物秸秆营养成分表

Table 2-1 The nutrition components of straw of cereal crops

种类	水分（%）	粗蛋白（%）	粗脂肪（%）	纤维素（%）	无氮浸出物（%）	灰分（%）	钙（%）	磷（%）
谷草	10.8	3.61	1.35	31.50	44.30	9.02	0.32	0.14
麦秸	8.6	2.48	1.64	35.16	43.07	8.50	0.21	0.36
稻秸	12.6	3.07	1.65	22.90	44.20	15.60	0.18	0.09
豆秸	11.5	9.36	1.72	31.90	38.50	5.75	0.15	0.10

籽粒苋、藜、地肤（扫帚菜）是农家蔬菜，又是养猪、养兔及饲养小家畜家禽的青绿饲料。这些作物具有不断萌发的特点，幼苗一出土便可采食利用，边采边发，一年中可以多种多收，交错利用，延长采摘时间，是人畜共享的蔬菜和饲料。

荞麦的秕籽、碎粒、皮壳和秸秆等，粉碎后是一种很好的糠麸饲料，尤其碎粒，是喂养家畜的上等饲料。农家种、野生种的嫩荞叶还是营养保健野生蔬菜。近年城镇居民已把嫩荞叶当作野生绿色蔬菜食用。

第三节　小宗作物的保存现状

种质资源是作物品种改良的物质基础，妥善保存种质资源是为人类提供原始材料的重要措施。中国保存作物种质资源已有悠久的历史。多数古农书都介绍了晾晒收藏种质的方法及用药物、燥物拌种可防止虫蛀及潮湿霉烂，甚至连容器宜用瓦罐、竹篓都作了介绍。如《齐民要术》“去壳曝干贮之”；《搜神记》“灰盖种止蛾”；《农桑辑要》“延种宜与锉碎苍耳或艾或麻叶杂其中，免化蛾”；《汜胜之书》“三伏天，晒极干，带热收，先以稻草灰铺缸底，再覆灰盖之，不蛀”。许多农家保存种子的方法主要是通过控制种子本身含水量和环境条件、温湿度及防虫蛀、防霉烂。

云南小宗作物种质资源丰富，农民在保存方面积累了丰富的经验。但由于历史条件，一般仅限于只为当时当地农业生产所需要的品种作短期保存使用。应用现代科学原理和方法置入中长期库保存则是从20世纪70年代开始的。

一、小宗作物种质资源的民间保存

云南是一个多民族的边疆省份，人民生产生活的需要多元化，荞麦、高粱、谷子等小宗作物是部分民族地区的主要农作物之一。小宗作物的保存与农民的需要相关，只有农民迫切需要及与其经济利益相关的种质才会保存，其保存方法多种多样。山区立体生态条件下生产规模小，需种数量也少，每年收获季节均要留种。

首先由有经验的老农到田间观察、以穗选或块选的方法在田间选种：穗选是在田块中选取粒大、穗大、饱满、无病虫害等优良性状的穗子留种；收获后扎把挂在房檐下向阳通风处晾干，数量少的则挂在取暖做饭的火塘周边墙上或火炕上方烤干。块选则是选择生长整齐，成熟期一致，无病虫害田块的品种留种，收获前去杂去劣，收获时单收单打；脱粒后晒干扬净，把要留的种子收藏在瓦缸（罐）、箱柜里保存，防止虫蛀、鼠食、霉变。在气候炎热、雨水较多的滇南地区，种子在入缸（罐）保存时再拌上灶灰或糠壳，或表面覆盖10～15cm的干细沙，隔绝外界成虫产卵、吸潮、透气和防虫，越年保存不会变质。

此外，民间种子互换是小宗作物种质资源得以不断流通、长期保存利用的又一主要途径。民间通过赶集、走亲戚等形式根据自己的需要进行互相换种，选购良种，互通有无的办法调济余缺，这是云南农村极为普遍的、促使种质扩散交流的一种方式。

二、小宗作物种质资源的科学保存

小宗作物种质资源生存环境十分脆弱。20世纪50年代以来，随着人口的增长，交通、矿山、能源的建设及森林采伐和过度垦殖等行为，使耕地减少、生态失衡、环境污染和大面积推广高产新品种，造成许多农作物尤其是小宗作物失去了生存条件，一些作物种类濒危乃至灭绝。同时，随着新品种、新技术的推广普及，在相当大的耕地面积上只种植一个或几个高产品种。使大批具有某些优异性状的农家种失去了原有生产地，许多早熟、丰产、抗病虫、耐旱、耐涝的地方农家种被排挤、被遗弃，有的已经丧失。从而加剧了物种的灭绝和生物多样性的丧失。

种质资源的保存有异位保存（种质库和种质圃保存等）和原位保存（原生境和自然保护区保护等）两种方式，通常以异位保存为主，少量特殊的种质、野生种和近缘野生种等采用原位保存。

1. 异位保存

异位保存，主要包括种质库和种质圃保存。

种质库保存：作物种子以低温冷库保存为主。低温种质库贮藏主要可分为三种类型：一是短期库或称临时库保存，保存在常温下或空调室内，适合于种质资源交流和育种材料；二是中期库，保存温度 -5 ~ -10℃，种子经过人工干燥处理后，密封在塑料瓶和铝箔袋内，用于定期更新繁种用，中期库的种子可保存 10 年；三是长期库，保存温度在 -10 ~ -20℃间，送交中长期库贮藏的种子，要求含水量在 4% ~7% 之间，种子经过人工干燥、密封在抽真空铝箔袋内，长期库种子可保存 20 年以上。贮藏于长期库的种质一般情况下不能做日常供种、交换或使用，这些种质是安全样品。为了真正做到安全，还应在异地增设一个复份贮藏点，防止火灾、电力中断或自然灾害造成某些独特种质损毁。投入种质库保存的种子要有一定的数量，数量越多，稀有的、潜在可利用基因就越多。通常认为至少要有 2500 粒以上种子才能捕捉到一个群体的遗传异质性，一般大粒种需要 5000 ~10000 粒，小粒种 10000 粒以上。入库保存的种质还应附有相应的农艺性状、经济性状、抗旱耐瘠、抗病虫、营养成分等特征特性的观察鉴定和评价结果，以便录入资料信息库，方便查阅和使用。保存在种质库的种质要定期检查其是否还有存活力，据 Harrington（1970）测试种子含水量下降到允许范围内后，温度每下降 5℃，种子寿命可延长一倍。监测种子含水量可在瓶内放入使种子干燥的硅胶，一但硅胶由蓝色变为粉红色，即水分已进入样品，需要采取措施处理。种子存活力取决于温度、湿度及其原始存活力三个因素：取样做发芽试验，发芽率低于 85% 需繁殖更新，以免散失其中的稀有基因，这是因为一些基因在群体内的频率很低，若存活力稍有下降，则造成某些有潜在利用价值的基因可能会丧失。

种质圃保存：根类作物的块根、块茎类和无性繁殖、不能结实及少结实的作物如甘薯、马铃薯、木薯、甘蔗、魔芋、药材、蔬菜、花卉等的种质保存必须用每年的根、茎、种球、茎节等器官在原生地进行繁殖更新。如采取脱离原生地，将这些作物集中于符合各自原生地环境的种质圃繁殖保存，既方便科学家选择利用，又节省了费用。对于少数无性系或者是代表育种进程里程碑的，或者是不育的，或者是遗传研究的珍贵材料，均可在田间种质圃进行繁殖保存。

近来，随着科学技术的发展，许多根类作物种质越来越多地采用组织培养试管苗的保存办法，而且某些作物的试管苗可以健康保存 2 年。但有些材料在组织培养过程中会出现遗传不稳定性，因此需要继代培养进行更新。但总比每年繁殖一次种质简便得多。

2. 原位保存

原位保存，主要是在原生境和自然保护区保存等。

作物种质资源专家（N. J. Brown，1982；Myers，1983）认为，作物及其近缘野生植物的遗传多样性最好在原生地保存，即在农田和自然生境中保存。他们认为种质资源放入种质库抑制了植物的演化进程，从而排除了形成新物种和新品种的可能性。种质库的种子不能与外界环境发生互作，隔绝了与自然环境的亲近，难以实现遗传进化甚至造成预想不到的损失。利用原生地保存，可在适合其生存的条件下，遗传物质被保存下来并能继续演化，但也带来了一些实际问题。地方品种不论是原生地保存或异地田间基因库保存，其存活与否完全取决于人。许多过时的老品种农民是不会自发保存的，特别是成千上万农家种即使由国家出资，采取原生地保存的办法也需要大量的人力物力，肯定是行不通的。另外原生地保存也不是万无一失，地方品种和野生物种无论在原生地内部和外部都有可能串粉变异或散失本质。原生地保存只能对部分具有某些特异性状、育种专家急等需要的种质，才采取人为控制下原生地繁殖保存的办法提供利用。

科学家们为了有效地保存作物遗传多样性，采用作物种质库的这种做法，虽然冻结了传统资源在原生地的遗传进化和造成了保存与利用间的矛盾，这是为了应付生存环境恶化，这已是迫不得已的办法，现在越来越多的作物种质被保存在种质库里。采用种质库保存物种的方法，使作物育种家拥有了可以随时取到的种质样品。科学家手里有了经过妥善保存和精细评价过的材料，才能对付农业生产所面临的许多威胁。如果没有种质库提供的方便和可信，育种家就得不到生产上已经灭绝而且又具有某些优异性状的种质来完成育种计划。因此，采取种质资源脱离原生地保存的办法，既保存了资源又方便了利用。同时，种质库还保存有现已不再种植的传统品种及可能濒临灭绝的野生种、半野生种和近缘野生种。

第四节　小宗作物的地理分布及生态环境

云南境内山高坡陡，生态环境复杂，海拔高差悬殊大，作物种类多，居住人口分散，尤其是众多的兄弟民族分散居住在高山、荒漠、河谷和林地周围，以便狩猎、放牧和开荒种地。小宗作物便成了各族人民生产、生活中不可缺少的粮、饲作物。因此，在云南崇山峻岭间，从高山到河谷、从热带到寒带，凡有人群居住的地方，都有小宗作物的踪迹。在过去，人们为了获得最基本的食物资源，根据自已的需要引进、选育和驯化适应当地环境条件的农作物用于生产，形成了丰富多彩的小宗作物资源。

云南山区土质瘠薄，土壤多为胶泥土、砖红土、瘦黄土，有机质含量低，通常选择抗旱耐瘠的作物适应山区生态。在热坝河谷地区雨量多、气候热，作物病虫害较严重，选用抗病耐虫的薏苡较为适应。对于生产节令矛盾突出，一年一季有余、两季不足的地方，用生育期短的荞麦来间作、套种或作后茬，还能多收一定的产量。在坝区和人口比较集中的地区饲养猪鸡和其他小家畜家禽的青绿饲料则多以籽粒苋、地肤（扫帚菜）、藜等早生快发的小作物为主。总之，无论在山区还是坝区，除了好田好地用来种植主要粮食作物（稻、麦、玉米）外，其他瘦田薄地、陡坡地、石砾地、荒山地和条件恶劣的土地常用来种植小宗作物。因此，小宗作物在全省范围内分布广泛，各地都有。据怒江州贡山县 1995 年调查，主要粮食作物种类有……荞麦、高粱、旱稗、谷子等 11 种。《怒江州农牧志》（1999）记载：“杂粮品种有 13 个，包括稗子 3 个、甜荞 1 个、苦荞 2 个、谷子 3 个、高粱 2 个、天仙米（籽粒苋）1 个。”沧源县至今还种植的杂粮作物有高粱、谷子、龙爪稷、荞麦等。华坪县粮食最初是豆类、荞麦、谷子等，到了清乾隆十年才开始种水稻，杂粮有荞麦、高粱、谷子、燕麦、大麦、籽粒苋、稗子等作物。又据该县 1973 年统计，小杂粮面积有 339.1hm^2，单产 1680kg/hm^2；1978 年有 237.8hm^2，单产 1080kg/hm^2，以后种植面积变动，在 266.7～200hm^2。绿春县 1985 年统计全县还种植高粱 3hm^2，总产 3600kg；富源县布依族群众的主食中除稻、麦、玉米外，还有高粱、荞麦、穇子（龙爪稷）。

一、高粱、谷子、糜子、龙爪稷、食用稗、薏苡及饲用粟的地理分布及生态环境

1. 地理分布

高粱、谷子、糜子、龙爪稷、食用稗、薏苡及饲用粟属于禾本科小宗作物，在云南分布范围极为广泛。这些小宗作物从海拔几十米以上的热带、亚热带、温带到海拔 3000 多米的寒带都有种植。生长表现植株根系发达，生长旺盛，主要以种子繁殖，移栽成活率高，分蘖力强，须根入土深而广，有较强的抗旱耐涝性，使用频率也较高，有的作物是一些地区的主粮或饲料及外贸商

品，是不可缺少的杂粮作物。

2. 生态环境

高粱、谷子、糜子、龙爪稷、薏苡适宜在海拔2000m以下地区高温多湿，雨量充沛，土质肥沃，昼夜温差大的地方生长。在潮湿、高温环境里，这些作物如高粱、薏苡等有休眠芽，收割后可以再萌发。薏苡耐涝耐旱，生长势强，抗病虫灾害。食用稗、饲用粟在高寒冷凉的山区、半山区分布较广，对土质、气候要求不严，抗旱耐瘠性特别强，在干、酸、瘦、薄的红土高原也能生长，尤其是雷响田、冷浸田和荒山荒坡可种植稗子和饲用粟，产品多用作饲草饲料。

二、荞麦的地理分布及生态环境

1. 地理分布

荞麦属于蓼科荞麦属植物。云南是荞麦的生产大省，全国居第二位，面积仅次于内蒙古自治区，常年种植面积约16.7万~20万hm^2。甜荞、苦荞均有，以苦荞为主，约占总数的三分之二，是全国苦荞的主产省份。全省各州市的山区均有种植，产地大多集中在滇东北、滇西北、滇中及滇东南，如昭通、曲靖、丽江、迪庆、怒江、大理、楚雄、玉溪和文山等市（州）的中高海拔、土地瘠薄、气候冷凉、耕作粗放的山区、半山区。在当地，荞麦还是主要的粮食作物之一。低热河谷粮食高产地区因荞麦单产相对较低，不及水稻、玉米，一般不种或少种，只在山地作冬荞种。荞麦因其适应性强，不择土、不争肥，常被作为新垦荒地的先锋作物或作绿肥用于熟化土壤，调节地力，为主要粮食作物的播种生产开路。

2. 生态环境

荞麦是喜温作物具有耐旱、耐瘠、对水肥要求不严和生育期短等特点。全生育期要求0℃以上积温1000~1200℃，种子在8~9℃时开始萌发，最佳发芽温度为15℃以上，最适宜的生长温度18~25℃。开花结实期间，以凉爽的气候和比较湿润的空气有利于产量的提高。荞麦耐寒力弱、怕霜冻。因此，云南大多数地区荞麦生产的时间在气温平稳下降的秋季，很适合荞麦开花结籽。气候冷凉的地区可种夏荞、秋荞，热量丰富的地区种冬荞、春荞。各地根据自己的气候特点因地制宜地调整播种节令，增收一季作物。荞麦虽然抗逆性的特点多，但种植在水、肥、土、温条件好的地块中，产量也会大大提高。

三、籽粒苋的地理分布及生态环境

1. 地理分布

云南籽粒苋分布极广，从海拔600~3500m的低海拔热区到冷凉山区都有，遍及全省各地。在海拔2000m左右地区多与玉米、豆类等旱地作物间种、套作生产。干旱、寒冷地区产量低，少有净种的。低海拔温热河谷区种植较多，零星地块也有净种籽粒苋，近年来各地城乡以幼苗作为淡季蔬菜调剂市场的情况已日渐普遍。

2. 生态环境

籽粒苋为直根系作物，主根粗壮发达，入土可深达1m以上，须根向四周辐射，多在10~30cm土层之间，植株高矮随土质气候而异。土质肥沃，气候温暖，给水充足则生长茂盛，植株高大挺拔，如不及时刈割，甚至还会枝叶脆断或全株翻根倒伏；土质瘠薄则矮小瘦弱，株高仅几厘米，种子也能成熟。籽粒苋生命力极强，即使是石缝、路边、人畜践踏，生长条件极差的环境也能遗留下种子成为野生、半野生状态继续繁衍遗传后代。云南籽粒苋主要收获青苗作蔬菜或饲料，种子可加工小食品。刺苋煮熟作饲料，也可作青贮原料。

四、藜、地肤的地理分布及生态环境

1. 地理分布

藜属、地肤属同为于藜科一年生植物。藜属包括杖藜、小藜、滇灰藜等，地肤俗称扫帚菜。藜科植物种类极多，分布广泛，中国有39个属，1400多个种。藜科作物在人们日常生产生活中关系密切，如甜菜是制糖的重要原料，菠菜、牛皮菜（君达菜）是普通蔬菜，土荆芥、猪毛菜是药材。本文所指的藜科作物是藜，包括杖藜、小藜、滇灰藜（俗称灰条菜、灰苋菜）和地肤两属。藜在云南各地都有，适应性、抗逆性特别强，耐霜雪，耐干旱，一年四季均能生长，根系发达，入土可深达1m以上，种子脱落后达到萌发条件便可自行发芽生长，世代交错无播期之分。杖藜一般为人工栽培，小藜和滇灰藜多野生或半野生，喜在闲田、空地、果园、路旁及沟边生长。

2. 生态环境

藜、地肤耐盐碱，多生长在人畜常到的盐碱地、垃圾堆、房前屋后。水肥条件充足的地方，无限萌发，植株多级分枝，生长旺盛高大，若条件受限则很快开花结籽，繁衍后代。

地肤生态环境要求与藜基本相似，无宿根性，但生育时期以夏秋雨季为主。充分成熟的植株可全部木质化，而在冷凉地区种子能成熟，植株但不易形成木质化。地肤喜潮湿温暖的气候，疏松肥沃的土壤，多在果园、菜地与蔬菜、果树伴生，往往被农民当作饲料或者杂草除去。远离村庄人群的闲地、荒山、石砾地及土质瘦薄的地方难见踪迹。

参考文献

〔1〕山西省晋东南地区科技局等编．谷子．北京：科学出版社，1976，10：2～3
〔2〕张履鹏编著．粟及其栽培技术．北京：农业出版社，1981，9：2
〔3〕冯德培，谈家桢，王鸣岐等编著．简明生物学词典．上海：上海辞书出版社，1983，6：600，1562，1689～1690
〔4〕中共云南省委政策研究室主编．云南省情．昆明：云南人民出版社，1986，1：5，8，24，28，37，41
〔5〕中国地图出版社．中华人民共和国地图．天津：1987，12
〔6〕杨毓才编著．云南各族人民经济发展史．昆明：云南民族出版社，1989，10：1～3，90～92
〔7〕马缘生主编．作物种质资源保存技术．北京：学术书刊出版社，1989，12：2～5。
〔8〕许运天，庄巧生译．基因库与世界食物．北京：世界图书出版公司，1990，8：13、43、80～106
〔9〕云南省绿春县地方志编撰委员会编．绿春县志．昆明：云南人民出版社，1992，8：201
〔10〕赵俊臣主编．云南省南盘江流域资源开发与治理研究．昆明：云南人民出版社，1992，11：344～345
〔11〕张喜文，武钊编著．谷子栽培生理．北京：中国农业科技出版社，1993，8：22～24
〔12〕谢蕴秋，李先绪主编．云南境内的少数民族．北京：民族出版社，1994，4：1～3，365，518，582，588
〔13〕新编云南省情编辑委员会．云南省情．昆明：云南人民出版社，1996，11：3～4
〔14〕云南古代各族史略编写组．云南古代各族史略．昆明：云南人民出版社，1997，1：18，365
〔15〕云南省永胜县史志编撰委员会编．永胜直隶厅志．昆明：云南大学出版社，1997，7：92
〔16〕云南省中甸县地方志编撰委员会编．中甸县志．昆明：云南民族出版社，1997，8：465
〔17〕云南省华坪县地方志编撰委员会编．华坪县志．昆明：云南民族出版社，1997，10：163
〔18〕云南省地方志编撰委员会．云南省志．地理志．昆明：云南人民出版社，1998，1：483～490，492～493
〔19〕怒江州农业局，畜牧局编．怒江州农牧志．昆明：云南民族出版社，1999，9：141，161
〔20〕李春龙，杨名镜主编．云南史料选编．昆明：云南民族出版社，1999，12：852～853
〔21〕王东昕编著．衣食之源—云南民族农耕．昆明：云南教育出版社，2000，12：89
〔22〕文林．让世界的目光聚焦“三江并流”．昆明：云南日报，2003，3：C2版

第三章 小宗作物种质资源的考察收集与繁种入库

第一节 小宗作物种质资源的考察收集

植物种质的考察收集追朔历史，早在公元前就已经开始了。从事植物种质收集、保存的人有植物学家、药物学家、遗传学家、园艺学家和育种家等，经过几个世纪的努力，收集、保存取得显著成效。如果没有他们的辛勤工作，许多物种和品种现在都已经绝迹了。

一、保护小宗作物的应急措施

近年来，随着人口的增长，科技的进步，生态环境日益恶化，人类对资源掠夺的开发加剧，居民赖以生存的食物资源正处于濒危、灭绝的边缘，有的已经自然消失。为了保住这部分物种，国家采取了主动应急的措施，开展了各种农作物种质资源的考察收集工作。

云南小宗作物种质资源的考察收集是为了保护祖先遗留下来的珍贵种质资源而采取的应急行动，特别是对一些珍稀的濒危种质收集保存更要抓紧。小宗作物种质资源多为零星分散，点多量少，不是一朝一夕或仅靠几次考察收集就能够完成的，它需要多渠道、长时间循序渐进地去调查了解、收集研究和整理，才能取得成效。

随着20世纪20年代现代育种技术的广泛应用，作物遗传性逐渐丰富的进程明显缓慢下来，在某些情况下则呈现停滞不前的趋势，特别是在植物已被驯化并出现多样化的发达地区更是如此。从而引导农民采用现代品种和先进农艺措施，无形中许多主要农作物便转变为单一化栽培，导致大片农田出现遗传简单的现象。为供养迅速增长的人口，植物育种家集中精力提高少数作物的产量，结束早期植物育种家重视稳产不亚于高产的思路。在农作物育种历史上绝大部分时期盛行种植许多地方品种，并在小块土地上进行轮作、混播，一般可取得稳产但较低的产量。形成了鲜明的反差，在发达地区和越来越多的后来者居上地区，农业机械的应用，消费者的嗜好，市场前景和食品工业的要求，也促使大面积土地种植了性状相似、基因源较近的一些品种。尽管20世纪的农作物产量逐年上升，但其作物遗传基础则日益狭窄。促使人类赖以生存的粮食和经济作物在传统的栽培地区及野生近缘植物被现代作物品种所取代。人类定居占据了作物近缘植物的生境，交通、水库、城市化发展等以及土著民族生产生活的变革原因导致丰饶、独特的地方品种散失或灭绝。食物种质资源的减少是对人类生存的一种潜在威胁。许多学者和科学家在近50年来就意识到这种现象的严重性，并为这个危害过程敲响警钟。鉴此，1958年，原云南省农业科学研究所曾组织科技人员对全省范围内的水稻、玉米和麦类等主要粮食作物资源开展了考察收集，同时对稀有、珍贵的小宗作物品种资源也被列入其考察收集的计划。据当时保留下来的陈年种子和文字资料整理得知，荞麦从42个县征集到144份种质资源，其中甜荞58份，苦荞86份；高粱从47个县征集到352份资源，其中有品种名、有产地名的176份，有品种名、无产地名的46份，无品种名、无产地名的130份；谷子从27个县征集到143份，其中有产地名、品种名的72份，有品种名、无产地名的71份；糜子从永胜县、武定县、巧家县共征集到3份，所以当时共收集保留下来 4 种作物 642 份云南珍贵小宗作物种质资源，由于各种原因，全部丧失发芽力。

二、近年的考察收集

高粱在云南温热及河谷地区有一定的种植面积，一些地方曾经作为主要粮经作物种植用于酿酒和饲料，穗轴用来扎扫帚和锅刷等用具。1978 ~ 1981 年，由辽宁省农业科学院牵头组织了全国 21 个省、市、区参加的《中国高粱品种志》编写工作。以生育期、株高、穗型、穗粒重、千粒重、壳色、粒色等不易受环境条件影响的植物学性状为基本鉴定分类标准，将各省区提供的 667 份品种按食用高粱、糖用高粱和工艺用高粱进行分类。云南省提供的 56 份高粱品种，经过繁种鉴定，除去因资料不全和不成熟的 33 份外，有 23 份（其中甜高粱 1 份）编入《中国高粱品种志》。此后，"六五"（1981 ~ 1985 年）期间，又将云南省收集鉴定编入《中国高粱品种志》的 23 份高粱种质再编入《中国高粱品种资源目录》第一辑。

"六五"（1981 ~ 1985 年）期间云南省农业科学院小宗杂粮作物种质资源征集入库工作由刘镇绪、赵玉珍主持开展了高粱、谷子、荞麦、龙爪稷、籽粒苋、糜子等的考察征集，并对荞麦进行了繁种鉴定 45 份种质入国家种质库。同时在此期间，云南省永胜县农技推广中心李钦元等专门对 30 个县区的荞麦进行了征集、鉴定、并入库 116 份种质。"七五"（1986 ~ 1990 年）期间宁蒗县农业科学研究所朱锡义收集鉴定了 8 个县的荞麦种质 30 份入库，其中野生荞麦 2 份。

1986 ~ 1998 年，王振鸿、王莉花等针对小宗作物种质资源的生态环境、类型和分布的特点，先后对滇西的大理、楚雄，滇西北的丽江，迪庆、怒江，滇南的玉溪、文山，滇西南的思茅、临沧等州（市）开展了 4 次专项考察和多次的信函征集及托人收集，共收集到高粱、谷子、薏苡等 11 种小宗作物种质资源 1000 多份。这些珍贵的小宗作物种质资源经过分类、整理、编目、入库等研究得到了妥善的保存。在考察收集过程中，凡是稀有、珍贵的种质都进行了重点收集，并向当地群众了解、询问、记录这些种质原产地的生态环境、海拔、气候、土质、水利等自然情况，这些种质的来源和栽培历史、农艺性状、经济性状、主要优缺点，以及生产用途和经济意义等，以备评价鉴定时参考。

在征集种质资源时，野生种和野生近缘种比征集农家种更重要。因为野生种和野生近缘种多生长在荒郊野岭，长期忍受不良环境的威胁，遭到干旱、洪涝、病虫等严酷自然灾害的困扰，其丧失速度更快，野生种和近缘野生种常与某些已经被驯化的栽培种进行天然杂交。这种自然基因的流动对保持其原有遗传种质的多样性、可持续发展及高产优质育种有着极其重要的作用。

1998 ~ 2004 年，根据荞麦野生种的生长习性、云南不同地区的生态气候特点、国内外现有相关资料的报道，云南不同地区荞麦野生种分布种类、数量及其资源破坏程度，确定了云南野生荞麦资源分布最丰富的、资源破坏程度小的、资源破坏可能较为严重的、未考察过的 4 条考察路线和收集范围。先后对云南 6 个地（市）的 50 多个县（区）的野生荞麦资源，开展了 6 次系统的考察搜集和深入调查，共收集云南野生荞麦资源 195 份，其中包括 9 个种、2 个变种、2 个亚种。另外，还收集到 1 份新的荞麦野生种，1 份红花硬枝万年荞（*F. urophyllum*）和 1 份红花金荞麦（*F. dibotrys*）。共搜集云南地方农家种 154 份。其中，苦荞 102 份，甜荞 52 份；采集云南野生荞麦种质资源植物标本 200 余份；建立了云南野生荞麦资源资料信息库；建立了 87 份 790m^2 的云南野生金荞麦种质资源圃。

粟类作物中的粟草（狗尾草）（*Setaria vividis*（L.）Beauv.）是粟的远祖和野生近缘植物，已收集到 4 份。

第二节　小宗作物种质资源的归类整理

种质资源的归类整理，在考察收集大量种质资源的基础上，根据考察收集时的文字记载和实物标本，按作物所属的科、属进行分类，再从科、属中分辨出不同的种、亚种、品种。最关键的是将同种异名和同名异种整理分辨出来，做到一种一名和一名一种。从民间征集到的品种多数是混合群体（一个品种群体包含粒形、色泽、大小、穗形、植株高矮、生育期长短等不同类型的混杂），混杂分为机械混杂，生物学混杂。机械混杂和人为混杂一般发生于收获、播种和储存运输的各个生产环节，生物学混杂一般是由于不同品种间相互串粉而引起。许多作物虽是自花授粉，但仍有极少量的异花授粉行为，如糜、谷、苦荞、高粱等有2% ~15% 的异花授粉率。人为混杂分为有意混杂和无意混杂，对混杂的原始材料进行归类整理时，首先从粒色、粒形、籽粒大小等种子外观上分开；其次通过两年以上的田间鉴定和室内考种确认，在收获时单收单贮，做到使每一份种质名实相符，准确无误。农艺性状（粒色、粒形、分蘖性、植株高矮和生育期长短等）则在田间繁殖鉴定过程中，经过两年以上的实际观察，才能区分是否属于不同类型。

第三节　小宗作物种质资源的编目、繁种和入库

一、编　目

作物品种资源的编目是永久性的，编目后便于保存、查找、研究和利用。是一个循序渐进的工作。首先，资源材料征集到后，第一步是分类，第二步是按不同类型在《云南省种质资源编目目录》上，登记其原始信息，并编号，登记以表格形式设立，内容主要包括，第1栏作物的种类、编号和代码（代码用英文大写字母），不同作物其代码不同，如高粱用R，谷子用S等。第2栏是品种名称，尽量用本地俗名（如弯把高粱、狗尾巴小米等）。第3栏是收集地点〔包括县、乡（镇）、村〕。第4栏是收集数量（以g为单位）。第5栏是收集日期（年、月、日）和收集人。第6栏是备注，如有的种子已有虫蛀、霉坏或陈年、成熟度差等与发芽率有关的原因和混杂、破碎记入备注栏内。

新征集品种需登记编号后再播种。当年能播种繁殖的，尽量当年繁殖鉴定，当年不能播种的，排入下年播种名单。种子的收集、繁殖、鉴定是“年年收，年年繁，年年鉴”，不能等到几年后再来繁殖、鉴定，否则有的种子就可能因虫蛀、霉变而丧失发芽力了。

二、繁　种

繁种目的在于将资源种质进行田间播种观察鉴定，并繁殖出达到中长期库保存要求的数量和质量的种子。通常民间征集到种子，有的是陈年种，有的是虫蛀、病变、霉坏种；有的种子数量极少；有的则是田间采摘到的鲜穗或成熟度差的种子，都需要重新繁殖更新，使种子的纯度、净度、数量和质量均达到入库的要求。

小宗作物除荞麦外都是秋粮作物，繁种时播种节令多在4月中旬至5月上旬（农历谷雨至立夏）阶段，此时云南正处在春旱时期，气温逐日上升，地表5cm温度已达到10℃以上，能满足各种作物的发芽要求，但干旱造成蒸腾系数大，使土壤水分不足，制约了作物的正常生长。又因为这些作物的品种来自云南不同的高、中、低海拔地区，对温度、水分的要求不同。来自高海拔冷凉地区的作物迟播也能成熟。低海拔温热河谷地区的作物则必须要早播。如果待到云南的雨季来临（6月农历芒种至夏至节令）再播种，高粱、薏苡等由于10℃以上积温不足而不能成熟。在昆明（海拔1920m，年均温14.8℃，夏秋季均温18.2℃，年降雨900 ~1100mm）繁种，为了兼顾各种作物，必须适时播种才有足够的时间进行生长发育。播种后及时进行抗旱浇水保墒，满

足出苗要求。正确掌握繁种的播种节令，是获得繁种成功的第一步。

云南荞麦是晚秋作物，播种时间主要集中在7月下旬至8月上旬（农历立秋至处暑节令）。早播因气温高，雨水足，营养生长期延长，后期植株徒长倒伏结粒少，迟播则后期易遇上霜冻造成减产损失。此时气候节令正处于阴雨连绵、低温寡照的季节，播种要选在晴天或几天不下雨的阴天，因要水位下降，土壤疏松才便于整地理墒等田间操作。

小宗作物繁种时应适当稀植，在整地理墒时根据不同作物的高矮采用不同的行（塘）株距，高秆作物如高粱、薏苡、杖藜、扫帚苗、籽粒苋等，行距1m、塘距40cm；矮秆作物如谷子、糜子、龙爪稷等，行距80cm，因行间研究人员要进入观察记载，应适当稍宽。定苗时高秆作物每塘留双株，矮秆作物株距10～20cm，留单株，行长5～10m，根据入库需种量可播2～4行。

种子出苗后，中耕除草、防治病虫等一系列田间管理工作按常规进行。

在繁种时，对发芽率低、发芽势弱和数量少的种子，需要先采用培养皿温箱发芽，将发芽的苗移入盆栽，再移进大田，保证该品种正常生长。出苗后在不同生长发育时期根据不同品种的不同性状（芽鞘色、叶色、花色和穗型等）进行去杂去劣田间提纯。新征集的地方品种，普遍存在种子不纯，凡是某一性状特征特性表现与原种不同的植株，都可视作另一个品种，采取单独收获、脱粒和保存，第2年再进行单独播种验证观察，通过两年以上的播种观察，才能认定是另一个品种。

繁种过程中不同作物异花授粉率有差异，如高粱散穗型品种天然杂交率6%，紧穗型品种天然杂交率约0.6%，有些特殊品种相邻种植，花期相遇，天然杂交率高达50%；谷子天然杂交率2%～5%；甜荞属于典型的异花授粉作物，自交不结实。常采用套袋、人工授粉、屏障、远距离隔离、花期错开或用隔离网等，防止品种间相互串粉；高粱扬花期果穗应套袋挂牌隔离；谷子可调整播期错开花期；甜荞用纱网隔离、异地异季播种或远距离隔离等措施达到繁育纯净种子的目的。

繁殖的种子成熟时，逐一测量种质资源目录表所要求的株高、穗长、穗柄长等性状，并从田间取样以备考种。矮秆作物如谷子、糜子、龙爪稷、荞麦和饲用粟等取全株，一般取10株；高秆作物如高粱、籽粒苋和薏苡等取穗，一般取10穗。收获时分别扎把挂牌，在通风处晾干备用。小区收获取样时，注意去除病虫危害株穗和不成熟单株。脱粒前整理核实田间观察记录的资料，核准区号、种名等。脱粒时只用中上部种子留种，因为穗基部的种子一般成熟不好，发芽率低，不能作种质保存。脱粒后及时晒干扬净，准备考种。

三、入　库

入库前，测定其含水量、发芽率和纯净度，一般要求含水量≤12%，发芽率≥85%，纯净度≤2‰，为了达到入库要求，每份种子都要经过筛选、风选，除去不饱满籽粒、小粒、杂粒、杂质、反复晾晒，降低含水量，达到符合入库标准的种子，取出相应的入库量（小粒种：10～50g；中粒种：60～100g;；大粒种：150～200g），装入锡箔袋并封口，袋外注明代码、省编号（或国家统一编号）及品种名称。填好各种作物的种质资源《入库目录清单》，入国家种质库的品种则要求获得国家统一编号的才能入库。入云南省中期库的要有省编号和入库号。近年入国家种质库和省库种子列于表3－1和表3－2。

从表3－1，表3－2可以看出，“七五”（1986～1990年）期间，入国家长期库的主要是高粱、谷子和荞麦，入省中期库的主要是高粱、谷子、籽粒苋和糜子；“八五”（1991～1995年）期间，入国家长期库的主要是高粱、谷子、荞麦、籽粒苋和糜子；入省中期库的主要是高粱、谷子、籽粒苋、薏苡和糜子；“九五”（1996～2000年）期间，入国家长期库的主要是谷子、荞麦、糜子、食用稗和薏苡，入省中期库的主要是高粱、谷子、荞麦、籽粒苋、糜子、食用稗和薏苡。1986～2000年小宗作物种质资源共入国家长期库822份，入省中期库1012份。

表3－1 云南小宗作物入国家种质库情况表

Table 3－1 Status of minor crops from Yunnan preserved by national germplasm storeroom

品种	1986～1990年（七五）		1991～1995年（八五）		1996～2000年（九五）		合计	
	计划（份）	完成（份）	计划（份）	完成（份）	计划（份）	完成（份）	计划（份）	完成（份）
高粱	90	120	75	101	0	0	165	221
谷子	36	60	26	52	30	30	92	142
荞麦	161	161	30	30	100	100	291	291
籽粒苋	0	0	100	100	0	0	100	100
糜子	0	0	6	6	10	10	16	16
食用稗	0	0	0	0	10	12	10	12
薏苡	0	0	0	1	30	30	30	31
其他稀小杂粮	6	6	3	3	0	0	9	9
合计	293	347	240	293	180	182	713	822

注："七五"中国农科院品资所代入谷子15份，辽宁省农科院代入高粱23份

表3－2 云南小宗作物入省种质库情况表 （单位：份）

Table 3－2 Status of local minor crops preserved by provincial germplasm storeroom

作物	1986～1990年（七五）	1991～1995年（八五）	1996～2000年（九五）	合计
高粱	103	132	6	241
谷子	47	76	36	159
荞麦	0	0	300	300
籽粒苋	14	140	52	206
糜子	2	6	15	23
食用稗	0	0	14	14
薏苡	0	11	39	50
其他稀小杂粮	7	5	7	19
合计	173	370	469	1012

参考文献

〔1〕山西省忻县地区农业科学研究所．杂交高粱—选育、制种、栽培．北京：科学出版社，1972，11：96

〔2〕辽宁省农业科学院主编．中国高粱品种志．北京：农业出版社，1981，4：422～798

〔3〕中国农业科学院作物品种资源研究所，辽宁省农业科学院主编．中国高粱品种资源目录．北京：农业

出版社，1982，3：编辑说明，28～55
〔4〕内蒙古农科院主编，中国农科院品资所主编：中国荞麦品种资源目录（第一辑）. 1986，12，88～93，132～143。
〔5〕辽宁省农业科学院主编．中国高粱栽培学．农业出版社，1988，12：51
〔6〕许运天，庄巧生译．基因库与世界食物．北京：世界图书出版公司，1990，8：7～8，9～17
〔7〕中国农业科学院作物品种资源研究所主编．中国谷子遗传资源目录（1986～1990）．北京：农业出版社，1991，5：前言
〔8〕中国农业科学院作物品种资源研究所主编．中国荞麦遗传资源目录（第二辑）．中国农业出版社，1996，6：34，53～54，60

第四章 小宗作物种质资源的鉴定评价

作物种质资源的收集保存是指人类通过对生物圈（即全部生物）的管理，使其能给予人类最大的持久利益。因此，收集保存种质资源的目的是不使其散失灭绝，并加以研究利用提高和恢复，保持潜力以满足人类后代的需要和愿望。已收集到的这些小宗作物资源要经过有计划、有步骤地鉴定评价，了解每份种质的特征特性，以量化数据输入计算机贮存，便于科学家在育种、科研中使用和创新，而不是只保存不使用，成为展示历史遗物种质博物馆的展品。因此，种质资源科学保存必须经过鉴定评价才有利用价值。

云南复杂的生态环境和特殊的自然气候，为各种农作物提供了优越的生长发育条件，造就和形成了大批品质优异、抗逆性强、丰产性好、遗传背景丰富的种质资源。从农艺性状和经济性状的鉴定发现，云南小宗作物地方品种的特色比较典型。

对种质资源基本性状和优异性状进行观察、记载、筛选和鉴定评价，其中一些农艺性状和经济性状比较理想的品种，通过提纯复壮可直接投入生产利用；一些具有某些优异性状的品种可以为育种研究提供优异的中间材料。

在鉴定评价的过程中，初步筛选出具有各种特异性状的品种：高粱 227 份，谷子 74 份，籽粒苋 15 份，荞麦 19 份，糜子 6 份，龙爪稷 6 份，藜 2 份，饲用粟 1 份，共 17 个特异性状，349 份种质资源。

第一节 高 粱

高粱 *Sorghum bicolor*（L.）Moench 禾本科高粱属一年生草本植物，又名蜀黍、芦粟、秫秫。高粱按用途和性状可分为粒用高粱、糖用高粱、工艺用高粱等多种，其中，粒用高粱中作为食用的高粱有糯性和粳性之分。云南虽不是高粱主产大省，但在收集鉴定的种质资源中，具有各种特异性状的品种比较多。云南高粱生产的特点是栽培面积小而分散，种植范围广，主要在田边地角、村旁路边等零星土地上种植。由于复杂的自然条件和悠久的栽培历史，人民群众在长期生产实践中选择培育了许多适于不同气候特点、不同农业生产条件的抗旱、耐瘠、丰产等性状的优良品种，成为农业生产、科研及开发利用的重要材料。

一、粒用高粱的基本性状

高粱茎秆高大直立，中心有髓，分蘖力强，叶片窄长而厚似玉米叶，中脉白色、蜡色；圆锥花序顶生，穗形有圆锥、纺锤、伞形、筒形、棒形、杯形等多种；颖果呈褐、橙、红、黄、白等色，种子卵形微扁。

1. 株 高

在“八五”（1991～1995）期间，全国入库的 2817 份种质资源的鉴定中，平均株高在 150cm。云南入国家库的 198 份高粱平均株高 242.4cm，多数为 210～260cm。低于全国平均株高 150 cm 以下的矮秆品种，云南有 2 份，分别是株高 140cm 的武定饭高粱（省编号高 21，国家编号10022）和株高146cm的镇雄矮脚糯高粱（省编号R09，国家编号10053）；超过350cm的为高秆品种，云南有2份，凤庆高粱（省编号725，国家编号10031）株高359cm，墨江黄壳高粱（省编号R43，国家编号10041）株高358cm。

2. 穗形与穗型

（1）穗形。高粱圆锥花序可视为茎的延续，抽穗时旗叶展开，花序从旗叶叶鞘的裂隙中抽出，大多数品种的花序可完全伸出叶鞘，少数品种的花序基部被旗叶的部分叶鞘包裹。穗柄伸出的状态有两种，一种直立，一种弯曲，这是品种固有的特性。多数品种的圆锥花序有一个明显的主轴，即穗轴。穗轴具棱，由4~10个节组成，每个节轮生5~10个第一级枝梗。第一级枝梗上长出第二、第三级枝梗，小穗即生长在第二、三级枝梗上。由于穗轴长度不同，第一级枝梗长度及其在穗轴上着生的部位也不同，形成了多种多样，形状各异的穗形。若下部第一级枝梗较长，向上逐渐缩短的，就形成类似歪尖的心脏状，称为牛心形穗；若着生在穗轴中部的第一级枝梗较长，向上、向下渐短的，就形成了中间略粗的纺锤状，称为纺锤形穗；若上下部第一级枝梗基本相等的，则为棒形或筒形穗；若穗轴下部的第一级枝梗长，向顶逐渐缩短的，形成伞状，称为伞形穗；若穗轴下部和第一级枝梗基本相等，逐渐向顶部缩短的，称为圆锥形穗；若穗轴长度中等，其下部第一级枝梗较短，向上逐渐延长的，呈上大、下小的杯状，称为杯形穗；至于穗轴特别短甚至不明显，第一级枝梗又特别垂，花序不能直立，下垂呈帚状，称为帚形穗等。总之，穗形的变异范围非常广泛，这是长期人工选择的结果。云南入国家长期库的198份种质中，穗形分7种，纺锤形的有157份，伞形的16份，牛心形的9份，棒形的1份，圆锥形的10份，帚形的2份，杯形的3份。尤其花序侧垂，第一级枝梗细长下垂的纺锤形穗最多，占总数的79.3%

（2）穗型。根据各级枝梗的长短、软硬，以及小穗着生疏密程度的不同，还应将穗子的类型划分为紧穗型、中紧穗型、中散穗型和散穗型等4种穗型。观察其穗型是在成熟期，穗枝梗紧密，手握有硬质感觉者为紧穗型；枝梗紧密，手握无硬质感觉者为中紧穗型；第一、二级枝梗短，但不紧，对着光线观察，枝梗间有空隙透亮者为中散型；一级枝梗长，其余各级枝梗柔软兼稀疏下垂者为散穗型。散穗型中，按下垂方式又可进一步分成侧散（向一方垂散）和周散（向四周垂散）两种穗型。云南入国家长期库的198份种质中，散穗型的135份，中散穗型的5份，周散穗型的18份，侧散穗型的37份，中紧穗型的3份，无紧穗型种质。这可能与云南气候有关，因高粱抽穗扬花时正是雨水多、湿度大的时候，紧穗型品种穗轴中心周围荫蔽，容易发生霉变损失，而且紧穗型的品种常被各种螟虫、粘虫和高粱蚜等害虫钻入穗中吮、啮籽粒，有的甚至还吐丝结网，潜伏其中化蛹成蛾。因此，在云南高粱资源中没有紧穗型的品种。云南高粱资源中，中紧穗型的种质占1.5%，其余散、中散、侧散和周散类型的种质占98.5%。

（3）穗部经济性状。云南高粱种质千粒重超过全国平均数（24.03g）的有5份，单穗粒重超过全国平均数（50.27g）的有10份。籽粒最小和穗粒重最轻的品种也在云南，即广南本地高粱（省编号R60，国家编号09996）和文山矮脚高粱（省编号R52，国家编号10056），千粒重均为5.5g；穗子最小的是镇康马尾高粱（省编号高38，国家编号09990），穗粒重仅有8.0g。而国内最大穗的高粱是山西省安泽县的大歪头穗粒重120.3g。云南省最大穗粒重的是禄丰县红高粱（省编号R139，国家编号00012033），穗粒重117g。千粒重最高的是永胜红高粱35.3g（见表4-1）。

3. 生育期

生育期是指全生育日数的总和。关于生育期的划分方法，不同研究者有不同的观点，范德利普（Vanderlip，1972）等曾按高粱的形态特征和生长发育，把高粱的生长周期划分为出苗期、三叶期、五叶期等11个生育时期，操作起来应用不便。国际热带干旱半干旱作物研究所（IID-CRI）提倡采用三个时期的划分法，即从播种到穗分化开始划为第一个时期（GS_1），从穗分化结束到开花划为第二个时期（GS_2），从开花到生理成熟划分为第三个时期（GS_3）。此法与通常所用的前、中、后三个时期的划分法基本相同。云南高粱生育期普遍较长，全国“七五”（1986～1990年）期间入库资源鉴定2817份，生育期平均112.99天，云南高粱资源平均生育期110天以内的早熟品种有3份，即新平高粱（省编号725，国家编号10030）106天，新平黑糯高粱（省编号R21，国家编号10048）108天和维西高粱（省编号843，国家编号09985）110天，属云南的早熟品种。大多数则是中晚熟和晚熟品种，111～120天的有18份，占9.27%；121～130天的有46份，占23.71%；131～140天的有86份，占14.33%；141～150天的有25份，占12.88%；151天以上的有16份，占8.24%。极晚熟的种质也在云南，即墨江迟白高粱（省编号R41，国家编号10019）171天。云南高粱资源平均生育期131.5天，主要集中在121～140天阶段，共有132份，占68.04%。

表4－1 高粱千粒重、穗籽粒重统计表

Tabe 4－1 The thousand－seed－weight and seed－weight per spike of sorghum resources from Yunnan

国家编号	省编号	品种名称	千粒重（24.03g以上）	穗粒重（50.27g以上）	备注
10039	R07	高秆糯高粱		72.1	
10042	高26	黑高粱	24.5		
10043	高27	黑高粱	28.0	96.0	
10046	高56	黑马尾高粱		62.1	
10054	R19	矮脚糯高粱	26.5		
10056	R52	矮脚高粱	5.5		千粒重最低
10058	840	矮高粱		55.0	
10059	高08	糯高粱	25.0	53.1	
10060	高10	糯高粱		53.1	
10065	高19	糯高粱	24.5		
10066	高22	糯高粱		50.6	
10067	高31	糯高粱		68.1	
10070	842	糯高粱		53.3	
12030	R131	红高粱	35.3		千粒重最高
12033	R139	红高粱		117	穗粒重最高
12015	R118	白米高粱		5.0	穗粒重最低

4. 花　序

高粱花序为圆锥花序，它由穗轴、枝梗、小穗、小花等基本单位构成。花序的分化经过生长锥伸长期、枝梗分化期、小穗小花分化期、雌雄蕊分化期、减数分裂期、花器形成期等6个时期的分化生长，形成了果穗的雏形。从幼穗分化到花序形成的全过程，主要有三个重要因素直接或间接地影响着穗子的大小和籽粒的数量。第一是由于枝梗原基是向顶分化的，当营养生长锥的生长阶段延长时，一般生长锥加大，第一级枝梗原基数目随之增加。第二是由于在第一级枝梗原基数目上分化第二级和第三级枝梗，只有各级主枝梗数目多，产生小穗数才多，最后形成的果穗才大。第三是由于减数分裂期对温度、水分、肥料等因素甚为敏感，一但遇到不利条件，便直接影响结实率和每穗粒数，所以这一阶段的田间管理对防止小花败育、增加结实率极为重要。云南省往往在这个时期处于多雨阶段，气温低，湿度大，光照不足等原因，长期自然选择驯化的结果，形成了云南小穗小粒高粱品种资源多的特点。

二、高粱优异种质资源的评价

1. 营养成分含量

优异种质被列入《中国高粱品种资源目录研究概述》的品种品质好，支链淀粉含量高，粘糯爽口，适于直接食用的糯高粱品种有35份，约占全国糯高粱总数的8.75%。糯高粱粗蛋白含量全国平均13.09%，墨江糯高粱（省编号R42，国家编号10063）粗蛋白含量高达15.34%（一般为10.5%~13.5%），这是全国400多份糯高粱种质中粗蛋白含量最高的一份。食用粳高粱品种中品质好、食味好和角质层达85%以上的有6份。在全国8717份资源鉴定中，粳高粱粗蛋白含量平均11.26%，云南省超过平均数的有63份，占资源鉴定总数的0.72%，占云南省总数的31.8%，其中粗蛋白含量在14%以上的有7份，在15%以上的有4份，最高的富宁本地高粱（省编号R55，国家编号9998）达15.92%，仅次于内蒙古的小红高粱（原编号0472，国家编号8221）16.33%，居全国第二位。

2. 单宁含量

高粱为颖果，籽粒色泽有褐、黄、赤、白等多种，色素存在于种皮上。含单宁胶质物，有抑制腐烂的作用。云南中秋季节雨水多，一些单宁含量低的品种因穗子腐烂而被淘汰。但单宁也有一定的用途。一般认为高粱单宁含量的高低与酿酒及食口性有关。据分析已收集的高粱品种的单宁含量，全国的平均值为0.8%。云南省入库资源中，单宁含量达1.5%以上的就有74份，占全国单宁含量1.5%以上363份的20.93%，占云南省总数的37.37%。云南单宁含量达2%以上的有19份。含量在3%以上的，全国有5份，其中云南便占有4份。分别为蒙自高脚白高粱（省编号高13，国家编号10038），含单宁3.20%；文山矮脚高粱（省编号R52，国家编号10056），为3.04%；文山矮脚高粱（省编号R49，国家编号10057），为3.18%；广南本地高粱（省编号R60，国家编号9996），为3.00%，详细参看有关高粱入库附表。而北方主产省份以食用为主的高粱，单宁含量多在0.8%上下。云南省低于平均数适宜食用的品种仅有3份，即绿春高脚高粱（省编号R63，国家编号10035），为0.48%；墨江黑高粱（省编号高27，国家编号10043），为0.5%；牟定糯高粱（省编号高19，国家编号10065），为0.68%。云南省的单宁含量平均为1.74%，远远高于全国平均含量的2倍以上，可见云南历史上在高粱的利用方面，不是以食用为主，而是以酿酒或其他用途为主。

3. 抗逆性

云南高粱抗逆性表现十分突出，根据辽宁省农科院高粱研究所在沈阳市作的抗逆性鉴定的结果：一级抗旱的6份，一级耐瘠的12份，一级抗寒的7份，高耐盐的1份，二级耐盐的1份，光敏感的2份。

（1）抗盐性。《中国高粱品种志》中记载：适于盐碱地种植的地方品种有113份。1989年在内陆盐碱地（0~15cm土层）土壤全盐含量达0.5%，氯离子含量为0.2%的条件下，对644份高粱品种资源进行自然鉴定查明：出苗率60%以上，苗期黄叶率在5%以下，死苗率在4%以下表现出较高耐盐能力的品种有16份，其中就有云南丽江饭高粱1份。1985~1990年间，又在滨海盐土试验地，采用三叶一心期浇灌盐水的方法，或者盆栽采用含盐1.8%的盐水三叶一心期浇灌的方法，对6500余份材料做苗期耐盐性鉴定。根据死苗率和死株率评价抗性等级，结果查明：属一级抗性的仅有3份；二级抗性的也只有19份，其中云南有1份属于二级抗性，即维西高粱（原编号104-1，国家编号09985）。

（2）耐瘠性。在土壤营养元素缺乏的条件下，高粱品种间的耐瘠能力差异显著。在土壤有机质含量0.82%，水解氮3.825ml/L，速效磷0.23ml/L，速效钾9.485ml/L的条件下，对9883份高粱资源做耐瘠性鉴定。其结果：开花期延迟1～7天，能正常成熟、穗粒重减少不超过5%的，属于一级耐瘠种质，共592份，其中云南的种质有12份，占总数的2.03%，分别为丘北本地高粱（省编号R57，国家编号09995），昭通白糯高粱（省编号高01，国家编号10000），兰坪白糯高粱（省编号高43，国家编号10001），永德红高粱（省编号R03，国家编号10006），砚山杂交高粱（省编号R61，国家编号10012），云县饭高粱（省编号R02，国家编号10027），墨江黑高粱（省编号R64，国家编号10044），镇雄矮子糯高粱（省编号R06，国家编号10051），文山矮脚高粱（省编号R52，国家编号10056），新平糯高粱（省编号R22，国家编号10075），墨江糯高粱（省编号R34，国家编号10076）和镇雄甜高粱（省编号R05，国家编号10289）。

（3）抗旱能力测定。高粱是抗旱较强的作物，但品种间的抗旱能力有显著差异。用反复干旱法测定高粱品种苗期水分胁迫后的恢复能力，6877份种质中有229份有较强的恢复能力。经过三、四次反复干旱处理后存活株在70%以上的，约占3.32%。其中，云南的种质有6份，占总数的2.62%，即墨江大黑高粱（省编号R40，国家编号09988），广南本地高粱（省编号R60，国家编号09996），富民红高粱（省编号R68，国家编号10008），武定饭高粱（省编号高21，国家编号10022），绿春高脚高粱（省编号R63，国家编号10035）和新平高脚高粱（省编号R23，国家编号10037），占云南高粱种质入库总数的3.03%。

（4）利用低温发芽鉴定高粱的地方品种资源耐冷性。即采用田间或人工气候箱调控在5～6℃的低温条件下鉴定9000余份高粱种质的苗期抗冷性，根据出苗率、出苗指数比、幼苗干重比等三项指标综合评定抗性等级。结果表明，有208份品种苗期抗冷性为一级，其中云南高粱种质有7份，占总数的3.36%，分别是玉溪水高粱（省编号高29，国家编号09991），砚山杂交高粱（省编号R61，国家编号10012），新平高粱（省编号725，国家编号10030），文山高粱（省编号R46，国家编号110032），建水高脚高粱（省编号高16，国家编号10036），永善黑马尾高粱（省编号高46，国家编号10046）和广南黑暴糯高粱（省编号R58，国家编号10047）。

4. 光温反应

多数中国高粱地方品种，对光照和温度的反应不很敏感，短日照10小时/日条件下生育日数缩短不多，属中间型反应。通常高纬度地区的早熟品种对光温反应迟钝，在每天10小时光照下种植时，生育日数缩短仅5天左右。低纬度地区，特别是云南、海南和新疆的地方品种中，有一些是对光温反应极敏感的品种，在长日照和稍低温度的栽培条件下，他们的生育日数显著延长，幼苗匍匐生长、迟迟不拔节向上。总生育日数可延长40天以上。这类品种典型的有4个，其中云南的有2个，即镇康马尾高粱（省编号高38，国家编号09990），蒙自弯把高粱（省编号R48，国家编号10029）。尽管如此，它们对光温的反应程度也不如热带高粱那么强烈。许多来自非洲或印度的高粱品种，在中国沈阳种植根本不抽穗。中国高粱品种的成熟性表现暗示着在它们之中控制早熟性的（ma）主基因可能频率较高。

5. 优异地方种质的利用

大规模直接利用品种资源中的优异种质为生产服务。1951年以来，在国内对此项工作群众性的评选活动中，评选、鉴定、串换和推广优良品种十分活跃，在粮食生产上发挥过重要作用。在云南省农业部门组织领导下，评选推广稻、麦、玉米等主要粮食作物品种的同时，对高粱丰产性、适口性、抗逆性，以及各方面表现较好的丽江糯高粱、昭通红糯高粱也被评为云南省的高粱优良品种加以示范推广，当时的播种面积约在666.7hm^2以上。

云南高粱生产曾在20世纪60～70年代，先后从山西和陕西等省引进较好的优良杂交品种及本省评选出来的丽江糯高粱、昭通红高粱进行示范推广，均不同程度地获得增产，至今还有其分离的后代，如文山县的杂交高粱（省编号 R45，国编号 10013），砚山县的杂交高粱（省编号 R61，国编号 10012），官渡区的吉林高粱（省编号高 52，国编号 10018）和永胜县的东北白高粱（省编号 R132，国编号 12018）等民间还有种植，现已作为珍贵的种质资源收集保存。

1990 年以来，云南省农业科学院种质资源中期库，先后向四川省泸州市五粮液酒厂，贵州省农业科学院旱粮研究室和云南省昭通市鲁甸县等单位提供了 100 余份糯高粱种质作酿造优质酒试验和丰产示范推广及杂交亲本等多项用途，推进了高粱的科研、生产。

表 4－2　云南高粱种质的内在品质

Tabe 4－2　The quality characters of common sorghum from Yunnan

性状	总份数	糯质份数	蛋白质（超过平均数以上）			角质层≥	单宁（超过平均数）		备注
			11.26%	14%	15%	85%	1.5%以上	3%以上	
份数	198	35	63	7	4	6	74	4	特异性状有重复
占全国%	2.27	8.75	0.72	0.08		0.07	20. 39		
占全省%	100	17.7	31.8	3.53	2.02	3.03	37. 37	2.02	

表 4－3　云南高粱种质的特异性状

Tabe 4－3　The special characters of common sorghum resources from Yunnan

性状	总份数	抗旱性	抗寒性	抗盐性		耐脊性	光敏感反应（全国 4 份）	优良品种	优种异质合计	备注
		一级	一级	高抗	二级	一级				
份数	198	6	7	1	1	12	2	2	187	特异性状有重复
占全国%	2.27	2. 62	3. 36			2. 03	50		2.14	
占全省%	100	3.03	3.35	0.5	0.5	6.06	1. 01	1.01	94.4	

三、甜高粱的基本性状

甜高粱 *Sorghum dochna*（*Forask.*）*snowd* 是普通高粱的变种，我国很早就有甜高粱的种植。甜高粱的基本性状与粒用高粱、工艺用高粱等其他高粱显著不同的特点是茎秆汁味甜，无柄小穗的颖片较薄，成熟后纸质至硬纸质；第一颖的脉可延伸至中部至中下部以下，叶片主脉颜色为蜡色。云南甜高粱种质 9 份；芽鞘颜色为白色的 5 份，紫色的 4 份；幼苗颜色绿色 6 份，黑绿色 1 份，紫色 2 份。其他性状见表 4－4。

表 4－4　甜高粱与粒用高粱农艺、经济性状对照表

Table 4－4　The comparision on agricultural and economical characters between sweet sorghum and common sorghum

性状	株高（cm）	茎粗（cm）	穗长（cm）	穗柄长（cm）	穗粒重（g）	千粒重（g）	生育期（d）
甜高粱	270.7	1.31	28.2	49.0	42.4	14.6	139.2
粒用高粱	242.4	1.25	31.7	53.9	42.3	17.7	131.5
甜高粱比粒用高粱（%）	+28.3	+0.06	-3.5	-4.9	+0.1	-3.1	+7.7
占 %	+11.7	+4.8	-11.0	-9.0	+0.2	-17.5	+5.5

株高和茎粗：这是构成鲜秆产量的基础，甜高粱株高、茎粗分别比粒用高粱的高 11.7% 和4.8%。

穗长、穗柄长：甜高粱这两项指标分别比粒用高粱的少 3.5cm 和 4.9cm；各差 11.0% 和 9.0%。可见甜高粱茎杆的经济性状较粒用高粱高。

穗粒重和种子千粒重：两种高粱穗粒重基本相等（42.4∶42.3），种子千粒重甜高粱平均数比粒用高粱的低 3.1g，占 17.5%。

从构成籽粒产量的穗长、穗粒重、千粒重来看，甜高粱的籽粒产量低于粒用高粱。

生育期：甜高粱比粒用高粱生育期平均长 7.7 天，稍晚熟。全生育期的延长是构成茎秆产量、含糖量高的重要因素。

四、甜高粱与其他高粱相比明显的特点

（1）茎秆甜。甜高粱茎秆富含糖分，汁水味甜。一般品系甜高粱蔗糖含量可达（锤度）14%~18%，视纯度 55%~65%，出糖率 4%~6%，主要含有蔗糖、葡萄糖、果糖、果胶、有机酸、树胶质，还含有淀粉、色素、粗纤维、蜡质物等。

（2）产量高、经济效益好。甜高粱每公顷籽粒产量 1500~3000kg，甜质茎秆产量 45000~60000kg，经济价值比普通高粱高 3~5 倍。

（3）用途广。甜高粱除种子可以食用、酿酒、作饲料外，茎秆可榨糖、酿酒、生产酒精、制味精、作饲料、尾液制醋，废渣制造包装纸、瓦楞纸、卫生纸、纤维板等。

（4）再生力强。甜高粱也和水稻一样可以再生分蘖。茎秆的每个节上有休眠芽，在甜高粱的穗子和茎秆采收后，加强水肥管理，即可促进茎基部的休眠芽萌发再生。

（5）适应范围广。云南的食糖主要来源于甘蔗。甘蔗生长需要的环境条件是在低纬度、低海拔（海拔 1600m 以下），年平均气温 18℃以上的地区。甜高粱则可上升到海拔 2000m 左右，年平均气温 15℃以上的地区。对于不能种甘蔗的地方，种植甜高粱可用来增加糖源，满足中海拔、高海拔地区人民群众的生活需要，促进其地方经济的发展。

（6）抗旱、耐瘠。甜高粱对生长环境要求不严且抗旱力强，从砂壤土、山地红壤、黄壤、砖红壤、粘重胶泥土、石砾土等都能生长。耐旱、耐盐碱能力比玉米、小麦强，土壤酸碱度 pH 值从 5.0~8.5 均能正常地生长发育。甜高粱的根系发达，入土深，分布广，有很强的吸水能力。茎秆表面有一层蜡粉，能减少水分的蒸发，遇到高温干旱时，叶片又能自行卷曲呈筒状保存水分。生产同等重量干物质所需的水分，只有小麦的一半。

五、国内外引种高粱的特征特性

截止 1990 年，云南省农业科学院从日本引入 2 份（ヌヌ゛ホ和モロェシ）粒用高粱品种，已繁种鉴定，编入全国高粱品种资源目录（1991~1995 年）第三辑。种子已入库保存，其国家编号分别为 GW001724スス゛ホ和 GW001729モロェシ，云南省编号 R072 和 R073。这两份品种经过田间鉴定和室内考种，从某些农艺性状和经济性状与云南省同期入库的 70 份粒用高粱种质进行比较：株高 168cm 和 155cm，全生育期 121 天和 124 天，穗粒重 85g 和 72g，千粒重 26.5g 和 16.1g，均属矮秆、早熟、大穗、大粒型优良品种。モロェシ品种单宁含量 2.07%，是一个适于酿酒的品种。スス゛ホ单宁含量仅 0.03%，是很适宜于食用的品种。

从中国科学院北京植物园引入美国、澳大利亚 8 份甜高粱品种，即 M-81E、Cowley、Wray、Keller、Bailey、Tneis、Willy、Italian。经过 1988~1989 年两年田间鉴定，性状见表 4-5。1989 年将该 8 个品种提供给云南省小哨种畜场，进行奶牛青贮饲料生产，青贮后饲喂奶牛，职工反映“牛爱吃”。

表 4－5 国外引种高粱田间鉴定及考种表

Table 4－5 The characters of the exotic sorghum assessions

省编号	品种名称	品种来源	保存单位	芽鞘色	幼苗色	株高（cm）	茎粗（cm）	主脉色	穗型	省编号	穗形	穗长（cm）	穗柄长	颖壳包被	壳色	粒色	穗粒重（g）	千粒重（g）	生育期（d）	分蘖性	着壳率（%）	角质率（%）
R072	ススﾞホ	日本	云南省农业科学院生物技术与种质资源研究所	白	绿	155	1.20	蜡	紧	R072	纺锤	31.3	35.0	1/2	黑紫	褐	85.0	26.5	121	弱	84	10
R073	モロエシ	日本	云南省农业科学院生物技术与种质资源研究所	紫	绿	168	1.13	白	散	R073	帚	24.7	28.0	1/2	黑紫	红褐	72.0	16.0	124	强	22	20
R074	M－81E	美国	云南省农业科学院生物技术与种质资源研究所	白	绿	258	1.63	蜡	散	R074	卵	27.8	35.2	1/4	紫黑	白红	40.1	20.5	159	强	21.5	30
R075	意达利	澳大利亚	云南省农业科学院生物技术与种质资源研究所	绿	紫	209	1.02	蜡	散	R075	卵	28.5	43.0	全	蓝紫	黄褐	28.9	16.5	122	弱	100	25
R076	考利	美国	云南省农业科学院生物技术与种质资源研究所	白	绿	245	1.52	蜡	中紧	R076	杯	36.2	60.1	1/2	紫黑	褐	30.3	13.0	146	弱	8.5	30
R077	雷依	美国	云南省农业科学院生物技术与种质资源研究所	绿	绿	256	1.60	蜡	侧散	R077	纺锤	30.6	52.6	3/4	黑	绿	27.5	14.9	131	无	98	50
R078	凯勒	美国	云南省农业科学院生物技术与种质资源研究所	绿	绿	217	0.96	蜡	侧散	R078	纺锤	31.0	50.0	3/4	紫	白	28.0	12.9	134	弱	22.5	70
R079	贝利	美国	云南省农业科学院生物技术与种质资源研究所	紫	绿	186	1.40	蜡	中紧	R079	卵	29.0	68.0	1/3	紫	白	25.8	15.1	146	强	4.0	80
R080	泰斯	美国	云南省农业科学院生物技术与种质资源研究所	紫	紫	221	1.50	蜡	紧	R080	杯	28.0	44.0	1/4	黑	土黄	26.0	11.6	162	强	100	40
R081	威利	美国	云南省农业科学院生物技术与种质资源研究所	绿	紫	207	1.20	蜡	中紧	R081	卵	27.5	56.5	1/2	黑	土黄	30.0	21.0	151	强	91	20

从田间鉴定情况看，外观上甜高粱与粒用高粱最大的区别是叶片主脉色是蜡色。而粒用、饲用或工艺用的高粱叶片主脉色，绝大多数是白色，极个别也有蜡色，其他农艺性状无显著差异。

六、工艺高粱

工艺高粱 var. *technium*（koern）sonwaen in kew Bull.（1935），云南工艺高粱（即扫帚高粱）分布较少，仅征集到禄丰县、中甸县和永仁县的共3份种质，其中2份已入全国高粱品种资源目录（1991～1995年），由国家种质资源库保存，国编号为012726。省编号R097的禄丰扫帚高粱，国编号012727；省编号R125的中甸扫帚高粱，永仁县扫帚高粱，省编号R123，省中期入库。

工艺用高粱是粒用高粱的一个变种，因其穗分枝特别细长、柔软、有弹性专门用来扎制帚、刷、编蓆之类的用具，故又名扫帚高粱。

主要农艺性状：株高251～314cm，茎粗1.3～1.5cm，主脉白色，穗形帚形，伞穗型，穗长35.1～40.9cm，穗柄长35.2～41.4cm，壳色棕黄褐色，穗粒重58～66g，千粒重21～23g。全生育期126～134天。圆锥花序疏松，分枝聚集于主轴的顶端呈伞房或伞状排列，总花序花梗直立，基部直径5～10mm，分枝粗壮，具棱，光滑无毛或稍具柔毛，长30～50cm。下垂或铺散，无柄小穗椭圆形或圆状长圆形，长4.5～6mm，宽2.5～3mm，第一颖花质多少近革质，果实为硬低质，具7～9脉，中部以上明显，向下消失或隐约可见；第二颖舟形，中部以上具明显的脊，第一外穗膜质，狭椭圆形，第二外穗无芒或具长约10mm的芒，颖壳椭圆形或椭圆状长圆形，约与颖等长，成熟时顶端或两侧散落或完全被颖包被。花果期8～9月。

本变种与原变种的主要区别是：圆锥花序的分枝聚集于主轴的顶部，特别长，近伞形或伞状排列，向四周散开或因植株倾斜而侧向一边。种子结粒稀，籽粒产量不高。

第二节 谷子

谷子 *Setaria italica*（L.）Beauv. 禾本科狗尾草属的一个栽培种，一年生草本植物，去壳后叫“小米”，也有的地方叫粟谷。

一、谷子的基本性状

在谷子资源的科学研究工作中，经过前人的多方探索和长期研究的结果，对谷子的各种性状及主要特征特性进行了统一认识和制定了系统的观测鉴定标准，力求简单明了、准确无误。

1. 植物学鉴定标准

（1）幼苗色泽。主要描述幼苗3～5叶时期的颜色，一般分为绿色和黄绿色两种。叶鞘也要观察记录色泽，重点描述花青素色的深浅。叶鞘不带花青素的，即作为和叶片同样色泽；带花青素的分为紫、淡紫（或红）等，有的品种幼苗叶片呈紫或棕黑等色而不久又消退的，可以单独描述记录。

（2）分蘖性。通常有两种记载方法，一是连同主茎在内的总茎数称为一株茎数；二是不包括主茎，只记旁枝数的则称为一株分蘖数。谷子的分蘖性在不同地区有差别。多数地区分蘖性不强，只有少部分植株生出分蘖，计算分蘖数，平均在1以下，换算成百分数就比较醒目。例如，10个单株有3个分蘖，则记为30%。部分地区有些品种能生出几个分蘖，则可按分蘖数的多少分成强、中、弱。

少数品种在分蘖节上再生出旁枝，称为分枝性，按分枝多少记强、中、弱等。

（3）株高。通常测量主茎，主茎长度自主茎分蘖节至穗基部的长度，无分蘖的自基部开始延长的节位起，以厘米为计量单位。

（4）茎粗。指主茎基部第一个延长节间的直径。

（5）主茎节数。主茎节数是指主茎的全部节数，也是等于株的全部叶片数，在抽穗后调查叶片总数，即知主茎节数。如果是在拔株取样考种时才来记载主茎上分离的节数，称为主茎可见节数。

（6）叶片数。叶片数目与主茎节数相同，即一节长一片叶。

（7）穗型。由穗的若干个第一分枝（又称穗码）的长短、大小，构成穗的轮廓称为穗型。穗型大致分为纺锤、圆筒、圆锥、棍棒（指穗顶部粗大的）、鞭绳（细而长的）、猫足（穗顶部分枝）、鸭嘴（穗顶部分二杈）、龙爪（穗基部起分枝）等多种。还可以在每一种穗型内再加形容词来说明较小的差异，如长纺锤型、短纺锤型、长鞭型、短鞭型等。

（8）穗长。穗的长短通常以主穗为主。主穗长是指从穗基部的节有小穗分枝处到穗顶的长度，一般取10穗的平均数记录。

（9）穗松紧度。穗子成熟后的紧密程度称穗松紧度，统一分为松、中、紧3级，有的品种利用穗码总数来表示穗码着生稀密程度，稀的为松，密的为紧。

（10）刺毛长度。刺毛即“芒”。刺毛长度以露出穗面以上的长度为准。以刺毛露出穗面7cm以上的为长；露出穗面5cm左右的为中；露出穗面不到4cm，且不明显的为短。

（11）穗色。穗色主要由外颖壳色、刺毛色、穗码柄色和轴色组成。需要时在穗子成熟时记载。有紫、黄、黑、白、棕等色，以及这些颜色的偏深偏浅等程度。

（12）粒色和粒形。粒色是指谷粒种皮的颜色，分为白、黄、红、褐、黑、紫等。粒形有圆形、扁圆形、卵形等。

（13）米色和米质。米色和米的粳、糯性是谷子品种资源鉴定的重要特征特性之一，直接与品质有关。米色分为黄、白、青3种，还可以另加形容词区分深浅。米质分粳、糯两种，可用碘代碘化钾1%～3%溶液测试，粳性呈蓝色，糯性呈紫红色。

2. 生物学鉴定标准

（1）春谷和夏谷。全国谷子的品种资源丰富，生产节令也参差不齐，大致分为春、夏两类。该品种在原产地适于春季播种的称为春谷，适于夏季播种的称为夏谷。云南省的谷子品种资源全都是夏谷，习惯称之为“大春作物”。

（2）全生育期。全生育期是指从出苗到成熟的日期，当中又分从出苗到抽穗天数和从抽穗到成熟天数（前期和后期）。有的品种前期长后期短，有的品种前期短后期长，有的前后期相等。这些详细的鉴定考察都是为谷子种质资源的研究利用设定并提供依据的。

（3）出苗期。50%以上谷苗长出猫耳叶，即第1片真叶刚展开之日。

（4）抽穗期。50%以上植株穗顶露出最上叶鞘的日期。

（5）成熟期。指谷粒已呈现该品种成熟时的固有颜色，没有青粒，谷粒内含物已经坚硬，穗子开始回松的日期。

全国有的地方计算全生育期还加上播种到出苗的时间。云南因春夏季少雨干旱，播种后不能及时出苗，所以旱粮作物的全生育期只从出苗开始计算。早熟、中熟、晚熟品种的算法主要也就是按照在当地栽培时的全生育期的长短而定。

3. 经济性状

谷子的经济性状主要指与产量有关的性状。

（1）单株穗重。是指一株穗子的风干重量。

（2）单穗粒重。是指主穗脱粒后的籽粒重量。

(3) 单株秆重。是指风干植株除去穗和根的重量。

以上 3 个性状，要求在植株成熟时，随机取样 10 ~ 20 株，风干考种，用其平均值表示。

(4) 籽/草比。是指谷粒重与谷草风干重的比例数。

(5) 出谷率。是指粒重占穗重的百分比数。

(6) 出米率。是指籽粒去壳后重量占谷粒总重量的百分比。

(7) 千粒重。是指一千粒正常成熟种子的重量。

4. 品质分析

主要是指各个品种粗蛋白，粗脂肪和氨基酸的含量。对于小米的食味，蒸煮加工和谷草的评价等，一般根据多年从事本项工作的实践经验来判断。

5. 抗倒伏性

抗倒伏性是根据倒伏面积和倒伏程度而定的，未倒伏为 0，植株倾斜小于 20°以下，倒伏面积在 10% 以内为 1 级，记为轻；植株倾斜小于 20° ~ 45°，倒伏面积在 10% ~ 30% 的为 2 级，记为中；植株倾斜超过 45°，倒伏面积在 30% 以上的为 3 级，记为重。一个品种的抗倒伏性强弱，在合理密植的条件下，常年不发生倒伏者为强；反之，常年易发生倒伏者为弱。

6. 抗病虫性

云南谷子生产中容易发生（或危害较重）的主要病虫害有：白发病、粟瘟病、粟芒蝇、玉米螟、粘虫、蚜虫等。抗病虫性的强弱一般是根据发病率和受害程度，发病率和虫害率以发病株数（或发虫的株数）占全部总株数的百分比表示；受害程度通常分 0 级至 5 级 6 个标准。

0 级　表示免疫

1 级　高抗

2 级　抗

3 级　中抗（抗至感）

4 级　感

5 级　高感

7. 抗旱性

根据苗期反复干旱试验的成活率而定，抗旱性通常划分为 1 ~ 5 级。

1 级　成活率在 85% 以上

2 级　成活率在 84% ~ 65%

3 级　成活率在 64% ~ 40%

4 级　成活率在 39% ~ 20%

5 级　成活率在 20% 以下

1986 ~ 2000 年期间，谷子品种资源征集、鉴定、编目、入库工作协作组根据各省的情况进行了分工。各省、市、自治区负责征集、编目、繁种、入库和提供鉴定分析的种子；抗病虫、抗旱和抗寒性的鉴定由黑龙江省农业科学院植物保护研究所承担；品质分析由河南省农业科学院现代化研究所承担。

二、谷子的类型

谷子的类型划分，目前常用的有几种。

(1) 依穗型、稃色、刚毛色、米色划分。

(2) 依粳型、糯型划分，如硬谷、软谷。

(3) 依植株叶色、鞘色划分，如白秆谷、紫秆谷等。

(4) 依生育期划分，如早谷、中谷、晚谷。早谷，早熟类型的春谷；中谷，中熟类型的夏谷；晚谷，晚熟类型125天以上的春谷和90天以上的夏谷品种。

三、云南谷子资源研究

从全国农作物品种资源征集入库项目启动以来，云南先后共征集谷子地方品种资源159份，鉴定、评价入国家种质库的品种资源有127份，其中鉴定分析资料比较全的有86份，按“七五”（1986～1990年）、“八五”（1991～1995年）、“九五”（1996～2000年）三时期的性状统计列表4－6。

表4－6　云南谷子资源综合性状统计表

Table 4－6　The comparision of agricultural characters of setaria resources fromYunnan

鉴定数（份）	1986～1990（七五）	1991～1995（八五）	1996～2000（九五）	合计
	39	17	30	86
幼苗叶色（份）	绿色39	紫色7 黄绿色10	绿色23 紫色7	绿色62 黄绿色10 紫色14
幼苗叶鞘色（份）	绿色37 红色2	紫色9 黄绿色8	白色19 紫色7 绿色4	绿色49 红紫色18 白色19
单株茎数（份）	1.0～2.3	1.0～2.8	1.0～1.2	1.0～2.8
	平均1.27	平均1.53	平均1.01	平均1.23
主茎长度（cm）	97.7～182.5	106～142	75～172	75～172
	平均126.3	平均121.6	平均137.1	平均129.1
主茎直径（cm）	0.4～0.6	0.4～0.6	0.4～0.67	0.4～0.67
	平均0.53	平均0.48	平均0.58	平均0.54
主茎节数（节）	7.7～15.1	9.9～13.3	7.7～15.7	7.7～15.7
	平均11.39	平均10.98	平均10.9	平均11.14
主穗长度（cm）	16～37.6	16～28.0	16～35.9	10～37.6
	平均23.93	平均22.61	平均25.58	平均24.24
穗型	纺锤型23		纺锤型19	纺锤型56
	锥型10	纺锤型14	棒型4	锥型10
	棒型爪型6	鞭型3	鞭锥爪型7	爪型等20
刺毛长短（份）	长19 短14 中4 无2	长12 短2 无3	长19 短9 无2	长50 短25 中4 无7
穗松紧（份）	松28 中1 紧10	松14 紧3	松18 紧12	松60 中1 紧25
粒色（份）	白色13 红色11	白色1 红色5	白色3 黄色21	白色17 红色22
	黄色10 灰色5	黄色11	红色6	黄色42 灰色5
米色（份）	黄色34 青色5	黄色12 白色5	黄色28 白色2	黄色74 白色7 青色5
抽穗日数（天）	45～110	49～94	34～126	34～126
	平均82.05	平均76.4	平均96.9	平均86.10
生育期（天）	97～166	119～150	98～182	97～182
	平均132.8	平均132.4	平均139.7	平均135.13

续表 4－6

鉴定数（份）	1986～1990（七五）	1991～1995（八五）	1996～2000（九五）	合计
	39	17	30	86
单株秆重（g）	8.0～30.2	6.2～17.7	4.0～27.5	4.0～30.2
	平均 15.5	平均 13.74	平均 16.85	平均 15.63
单株穗重（g）	5.6～19.4	6.2～22.4	3.5～19.1	3.5～22.4
	平均 12.36	平均 12.81	平均 11.95	平均 12.30
单穗粒重（g）	3.4～13.7	4.2～15.5	2.0～16.5	2.0～16.5
	平均 8.47	平均 8.88	平均 8.88	平均 8.53
千粒重（g）	1.4～2.5	1.7～3.6	1.3～3.6	1.3～3.6
	平均 1.90	平均 2.41	平均 2.04	平均 2.05
粳、糯性	粳 14、糯 25	粳 2、糯 15	粳 28、糯 2	粳 44、糯 42
粗蛋白（%）	10.7～16.27	0	0	10.7～16.27
	平均 13.48	0	0	平均 13.48
粗脂肪（%）	3.5～5.38	0	0	3.5～5.38
	平均 4.43	0	0	平均 4.43
赖氨酸（%）	0.2～0.34	0	0	0.2～0.34
	平均 0.31	0	0	平均 0.31

1. 云南谷子资源的农艺、经济性状

谷子经过上千年的人工选择和自然淘汰，遗传变异丰富。表 4－6 所列 23 项考察指标是描述谷子农艺和经济性状最基本的要求。

（1）苗叶色和叶鞘色。苗叶色以绿色为主，其次是紫色。绿色 62 份，占 70.9%；紫色 14 份，占 16%；其余是黄绿、深绿、淡绿等色占 13.1%。叶鞘色以绿色为主，其次是白、红、紫等色。绿色 49 份，占 57%；白色 19 份，占 22%；红、紫等色 18 份，占 21%；在谷子的穗色与叶色、鞘色有相关性，凡是叶色、鞘色为绿色和白绿色、黄绿色的，其穗子一般是绿色，成熟后变黄色或白色；凡是叶色、鞘色为紫色或深紫色、淡紫色的，其穗子一般是紫色，成熟后变为深紫色。

（2）分蘖性。全国大多数谷子无分蘖。在云南，由于谷子生长期间雨水多、湿度大，多数品种有分蘖性，而且成穗率高，这是云南谷子资源的一个重要特点。“七五”（1986～1990 年）的 39 份，平均单株茎数 1.27 个，分蘖率占 27%；“八五”（1991～1995 年）的 17 份，平均单株茎数为 1.53 个，分蘖率占 53%；“九五”（1996～2000 年）的 30 份，平均单株茎数为 1.01 个，分蘖率占 1.0%；15 年来总平均单株茎数为 1.23 个，分蘖数（穗）率占 23%。有些品种分蘖性很强，如怒江峡谷的贡山县独龙族糯小米（国家编号 00015387，省编号 S02）单株茎数达 2.3 个，分蘖性占 130%；富民县东村乡的小黄粟米（国家编号 025797，省编号 S61）单株茎数 2.8 个，分蘖数达 180%。这在中国西北干旱瘠薄的谷子主产区是没有的。

（3）株高：谷子的株高随水肥条件不同年度间有差异。表 4－7 是 1999 年和 2000 年 8 个谷子品种株高的鉴定结果。

从表 4－7 中可以看出，虽然年度间气候有差异，但品种间的变异基本是一致的。表 4－7 举出 6 个中高秆品种和 2 个矮秆品种年度间的差异，除 S121 永仁黄小米 2000 年增高 16cm 外，其余 7 个品种是一致的，分别降低了 7.4% ~15.1% 和 5.1% ~7.7%。2000 年的 8 个品种除 S121 外株高比 1999 年分别降低了 4 ~23cm，降幅约为 5% ~15%。

（4）茎粗。茎粗反映了一个品种的抗倒性和根系发达程度。云南的高秆品种茎粗多在 0.55 ~0.65cm左右，而矮秆早熟品种如 S85 倘甸细谷茎粗只有 0.47cm。云南入库的谷子种质茎粗中等，平均 0.54cm。

表 4－7　　谷子资源年度间株高对比表

Table 4－7　　The comparison on plant height of setaria resources from Yunnan between years

品种编号	S119	S120	S121	S122	S123	S124	S85	S94
1999 年（cm）	162	158	139	152	159	164	79	78
2000 年（cm）	150	135	155	129	138	147	75	72
+、-	-12	-23	+16	-23	-21	-17	-4	-6
相差（%）	-7.4	-14.6	+10.3	-15.1	-13.2	-10.4	-5.1	-7.7

（5）主茎节数。主茎节数在品种间差异比较大，如沧源县谷子（当地混称黍子）（国家编号 00015411，省编号 S030），单株平均 15.1 节；而主茎节数少的如德钦县糯小米（国家编号 00015385，省编号 S025），单株平均只 7.7 节。二者相差近 1 倍，原因与这两个资源种质的产地来源有关。沧源县的谷子来自云南省西南部与缅甸接壤的边境南亚热带地区，气温高，湿度大，雨量充沛，植株生长茂盛，沧源谷子表现为株高 136.1cm，茎粗 0.6cm，茎节 15.1 个，分蘖率 10%，全生育期 145 天（昆明繁殖，下同）等优势。而来自云南北部高海拔冷凉山区的德钦县糯小米（谷子），平均株高只有 109.2cm，茎粗 0.40cm，茎节 7.7 节，分蘖率 20%，全生育期 122 天等。说明德钦糯小米（谷子）的各种主要农艺性状都不如沧源谷子，足见云南谷子资源在得天独厚的立体气候条件下，所形成的表型特征具有很明显的特殊性。但是从云南入库的谷子资源主茎节数的分布来看，多数处在 9 ~12 节之间，平均为 11.14 节。

表 4－8　　谷子主穗长度统计表

Table 4－8　　The main head length of setaria resources from Yunnan

穗　长	1986 ~1990（七五）	1991 ~1995（八五）	1996 ~2000（九五）	合　计	占（%）
15cm 以下	1	0	1	2	20.9
15.1 ~20cm	10	3	3	16	
20.1 ~25cm	11	10	10	31	5.1
25.1 ~30cm	13	4	8	25	
30.1 ~35cm	3	0	7	10	3.9
35.1cm 以上	1	0	1	2	
合　计	39	17	30	86	99.9

（6）主穗长度。主穗长度是构成单株产量的重要因素，也是群体产量的组成部分之一。云南谷子穗部经济性状参差不齐，大小不一。表4－8可知，1986～2000年穗长变幅较大，主穗最长的是福贡县糯小米（国家编号00015329，省编号S031）为37.6cm；其次是文山县的白粟米（国家编号27360，省编号S110）为35.9cm；最小穗是富源县的椒谷（国家编号27346，省编S089）为10.8cm；其次是沧源县的谷子（国家编号00015412，省编号S038）为12.6cm。几个不同地区的谷子穗长相差3倍多。总之，主穗长30.1cm以上的云南大穗型品种占13.9%，不足20cm的小穗型品种占20.9%，中间型（20.1～30.0cm）占65.1%。但是主穗的大小还与栽培条件相关，其中最直接的是密度和土壤肥力。因此，过稀过密都不能获得单位面积的最高产量，要掌握好“合理”群体结构，才能充分发挥谷子主穗长的优势。

（7）穗部性状。穗型、刺毛长短和穗松紧是研究谷子品种资源穗部特征特性的重要依据。穗型主要从籽粒蜡熟期看形状表现进行鉴定，无大小、长短限制。云南谷子品种资源的穗型有纺锤型、锥型、棒型、筒型、兔爪（猫足）型、鞭绳型等多种。但以纺锤型的最多达56份，占65.1%；锥型10份，占11.6%，其余为兔爪型、鞭型和绳型等共20份，占23.3%。

刺毛长短：刺毛长短分3个等级，云南谷子长刺毛（7cm以上）的有46份，占53.5%；中等（4～6.9cm）的有30份，占34.9%；短刺毛无刺毛和刺毛外露少于4cm的10份，占11.6%。

穗松紧：穗松紧指穗码在穗轴上着生的稀密程度，一般着生稀的，表现为穗子松软；着生密的穗子紧硬。云南谷子资源大部分是松穗型，松穗型有60份，占69.79%；紧穗型26份，占30.20%。

（8）粒色和米色

粒色：指壳色或稃皮色，分为红、黄、白及深红、浅红、深黄、浅黄，以及灰白、象牙白和黑色、淡黑等多种颜色。云南谷子粒色以黄色为主有42份，占48.8%；红色22份，占25.6%；白色20份，占23.3%；黑色2份，占2.3%。

米色：指碾米去壳后的米粒色，分为黄、白、青3种颜色。米色以黄色为主有74份，占86%；白色10份，占11.6%；青绿色2份，占2.3%。

（9）抽穗日数和全生育期。抽穗日数是指谷子从出苗至抽穗的日数，成熟日数是指谷子从抽穗至成熟的日数，全生育期是指抽穗日数和成熟日数之和。云南谷子品种资源与中国西北、华北主产区相比，属于晚熟和极晚熟类型。而晚熟的原因主要是云南谷子长期在秋涝低温阴雨气候条件下形成的固有遗传特性。西北谷子主产区的谷子抽穗日数和成熟日数基本等长，如全生育期100～110天左右，出苗至抽穗日数在50～55天，抽穗至成熟日数也在50～55天。云南谷子资源的抽穗日数和成熟日数无明显规律，如全生育期（抽穗日数＋成熟日数）均超过西北、华北主产区。从表4－9可知，云南谷子地方品种资源多是晚熟种，全生育期121～150天有65份，占75.6%；120天以下的早熟种只有11份；151天以上的晚熟种有10份。其中，全生育期最长的是富宁县的糯小米（国家编号27357、省编号S106）182天，出苗至抽穗日数就达139天，是营养生长期最长的一个典型品种。生育期的无序性在种质资源引种繁殖鉴定工作中，也存在一个物候原因。

（10）单株秆重和单株穗重。谷草是一些地区冬季大小牲畜的主要饲草饲料，选育种中兼顾粮草产量，两者不可偏废。谷草营养成分高（详见表2－1），适合牲畜作饲料。云南谷子粮草比，单株秆重稍高于单株穗重（见表4－6）平均秆重15.63g，穗重12.30g。多数是草比粮重，约为6∶4，也有持平或倒挂的。

表 4－9 云南谷子资源全生育期统计表

Table 4－9 The growth period of setaria resources from Yunnan

生育期	1986～1990 年（七五）	1990～1995 年（八五）	1996～2000 年（九五）	合　计
100 天以下	1	0	3	4
101～110 天	1	0	2	3
111～120 天	2	1	1	4
121～130 天	10	6	1	17
131～140 天	18	6	6	30
141～150 天	6	4	8	18
151 天以上	1	0	9	10
合　计	39	17	30	86

（11）单穗粒重和千粒重。谷子是小粒种作物，粒重是反映一个品种经济性状的重要因素之一。云南谷子资源穗粒重平均 8.53g，高的 19.4g；千粒重平均 2.05g，高的 3.60g。华北主产区的单穗重一般在 10g 以上，高者达 38g；千粒重一般都在 3g 左右，高的达 4.2g，普遍比云南高。云南谷子的生产技术及用途不同，多撒播、迟播，不施肥或少施肥，用途主要是酿酒，作小食品，作禽料、鸟食等。因此，选种目标上主要侧重于抗旱耐瘠，适应性广及抗逆性强等特性，大粒、大穗、早熟、丰产的食用型品种适应不了粗放耕作。因此，云南谷子资源长期演化成了典型的南方小粒种类型。

（12）米质粳、糯性。云南谷子在食用方面多数以制作糕点、甜食等小食品为主，不作主粮用，选、留种和引种时，注重口感软、糯，食味好的品种。在入库资源中品质鉴定的糯性有 42 份，粳性有 44 份，粳、糯比基本各半。

（13）适应性。云南谷子种质资源丰富、栽培历史悠久。由于云南谷子是小作物，生产上不重视，耕作粗放，广种薄收，多个品种混合播种，但保存下来的品种多能抵抗恶劣的气候环境，具有耐瘠薄、耐干旱和在不良环境下生长的特征特性。云南谷子品种产量低、品质好、海拔跨度大、适应范围广是其突出的特点。

2. 优异种质资源

云南谷子品质性状比较好。谷子的品质主要是指蛋白质、粗脂肪和赖氨酸的含量，根据《中国谷子遗传资源目录》第一辑公布的全国谷子优异种质资源的综合性状标准：蛋白质含量 16%，粗脂肪含量 5%，赖氨酸含量 0.30%，单株粒重 8～10g 以上为优异品种。超过综合性状标准的全国有 42 份，占 0.49%。云南无综合性状均优的品种，但单项达标的较多。平均蛋白质含量为 13.36%，粗脂肪含量为 4.43%，赖氨酸含量为 0.31%。其中贡山县小米（国家编号 015386、省编号 S01），贡山县糯小米垂牛（国家编号 14654、省编号云南 67），贡山县早收小米（国家编号 14656、省编号云南 78－1）和贡山县大穗晚收小米（国家编号 14657、省编号云南 78－2）4 个品种的蛋白质含量达 16.27%～18.33%；高脂肪的有 5 份；贡山县独龙江小米（国家编号 015389、省编号 S04），贡山县本地小米（国家编号 015391、省编号 S07），镇康县小米（国家编号 015407、省编号 S21）和墨江县栖格小米（国家编号 015423、省编号 S44）的粗脂肪含量达 5.02%～5.38%。高赖氨酸的有云南省凤庆县小米（国家编号 00015403、省编号 S037），双江县小米（国家编号 00015410、省编号 S013），墨江县狗尾巴小米（国家编号 00015420、省编号 S028）等 23 份，赖氨酸含量达 0.30% ~0.34%。详细参看附件中的谷子资源名录。

表 4 – 10 **云南谷子资源品质抽样分析结果表**

Table 4 – 10 **The quality analysis of setaria resources fromYunnan by sampling**

项目	蛋白质（标准 16%）		粗脂肪（标准 5%）		赖氨酸（标准 0.30%）		合计	备注
	份数	占%	份数	占%	份数	占%		
达标	0	0	0	0	10	37.04	10	1. 蛋白质抽样 54 份
超标	4	9.09	4	14.81	13	48.15	21	2. 粗脂肪、赖氨酸抽样 27 份
合计	4	9.09	4	14.81	23	85.19	31	3. 优异种质有重复

总体来看，云南谷子种质资源在国内属于典型的南方晚熟小粒种类型，比起中原内地及西北主产区的品种，虽然产量和产值都相对比较低，但保存下来的这些资源仍带有某些原有性状和内地资源早已散失的优异性状，可供谷子育种、科研和生产利用。

第三节　饲用粟

饲用粟 *Setaria viridis*（L.）Beauv. 是谷子野生近缘植物，又名狗尾草，一年生草本植物。主要分布于温暖、潮湿的山区、半山区、丘陵及河谷地区。基本不作人工栽培，自生自灭，绵延不绝。在云南各地均有生长，云南当地俗称草谷、粟谷、生地草、猫尾草、狗尾草等。

一、饲用粟的来源

1998 年，云南饲用粟送交中国农业科学院作物品种资源研究所高粱谷子研究室鉴定为狗尾草 Foxtail grass，并已列入《中国谷子及其他粟类作物遗传资源目录（1991 ~1995 年）》。

2000 年 10 月，再由云南大学生物系王跃华做实物标本鉴定，结论：从小穗结构看，每簇多小穗，刚毛多数（1 ~3），第一颖短，卵形，约为小穗的 1/3 ~1/4 长；第二颖与小穗等长。从样品看，肯定属于“狗尾草种内单位”，因其是广布种，与其他个体之间存在一定变异是可能的，但从品种分类看，显然是云南一个地方特殊品种 *S. yunnanensis.*

另外，云南狗尾草编入《目录》的还有 3 份：1 份由河北省张家口地区农业科学研究所收集入库，国家编号 G012；1 份由中国农业科学院品种资源研究所收集入库，国家编号 G027；1 份由山西省农业科学院谷子研究所收集入库，国家编号 G058。云南狗尾草种质均属青狗尾草类 S. uirdis（L.）Beauv（国家编号 G176，省编号 S076）。

根据历史资料记载，很早以前中国就已经利用狗尾草作为马的饲料。古书《尔雅翼》称之：“稂（古指狼尾草）童稂也，与禾相杂，故恶之。其籽粒极微，生于山岗，与茅为类。今狗尾草也。”

二、饲用粟的性状

狗尾草由于分布面广，在山地、林缘、丘陵、坝区、田埂、空闲地等都有生长。不同的生态环境里，植株个体之间农艺性状差别较大。水肥、气候条件好的株高可达 30 ~60cm，茎粗 0.2 ~0.3cm，地上部分有 7 ~8 个节，越往上部节间距越长，达 20cm 以上。水肥气候条件差的植株矮小，生长瘦弱。叶披针形，黑绿色，长 15 ~25cm，宽 0.8 ~1.2cm。小穗 2 至数个呈簇生于缩短的穗分枝上；穗呈长纺锤型，穗轴密生短茸毛，刺毛长。小穗背腹扁，绿褐色，含小花一朵。种子棱形扁平，淡黄褐色，极细小，千粒重仅有0.2～0.3g；成熟时内稃松包种子，边成熟边脱落，遇人畜碰撞可借力弹出或随风飞扬传播扩散，繁殖力极强。生育期短，从出苗至抽穗46天，抽穗到成熟30天，全生育期76天。在云南的一些低热、潮湿地区，只要水肥、气候适宜，饲用粟可以多代生长、交替繁殖，供家畜和野生动物采食。以种子越冬。高寒山区有采集种子撒播于轮歇地、二荒地供放牧利用。另外，在谷子科研育种工作中也有用来做杂交桥梁作物。

第四节　糜　子

糜子 *Panicum miliaceum* L. 为禾本科黍属，一年生草本植物。糜子是云南山间峡谷和春旱地区广泛种植的一种粮草兼用作物，由于其抗旱，耐瘠，生育期短，适应性强等特点，在山区和干旱低产地区具有重要地位。尤其是遇到灾害年景，因其生育期短，是抗灾补种救荒的重要粮食作物。

一、糜子的主要类型

根据花序的疏密，糜子可分为散穗型、侧散穗型和密穗型3种类型。第一种圆锥花序较疏，主穗轴直立，穗分枝向四周散开的为散穗型 *P. miliaceum* var. *effusum*，即稷。第二种是圆锥花序密集，主轴弯曲，穗的分枝向一侧倾斜下垂的为侧穗型 *P. miliaceum* var. *controctum*，即黍。第三种圆锥花序密生，主穗直立，穗分枝不下垂，同样密集直立的为密穗型 *P. miliaceum* var. *compactum*，即糜子。云南收集鉴定材料为第二种类型的侧穗型，穗分枝向一侧倾斜下垂。而中国北方主产区则以第三种类型密穗型的糜子为多。近年来，随着农村产业结构的调整、水利和农田基本建设的发展，新技术、新品种的推广应用，糜黍等抗旱、耐瘠的小宗作物已被水稻、小麦、玉米等高产大宗作物所取代，糜子已成为濒危珍稀物种，目前在云南生产上已很少种植，种质资源已几近灭绝。只在滇西北横断山脉峡谷的德钦县和滇南低热河谷的墨江县，滇中姚安县及昆明等地征集到资源8份，品质极佳，全是糯性，被列为优异种质。经鉴定编目，糜子虽然品质好但由于产量低，栽培面积有逐渐减少的趋势，已入国家种质库。

二、主要农艺性状和经济性状

糜子茎秆直立，生育期短，性喜温暖，不耐霜，根系发达，入土可深达80～100cm，扩展范围100～150cm。抗旱耐涝力极强，成熟时秆硬，支撑根密集，不倒伏。株高平均131.7cm，德钦县白小糜（国家编号4856，省编号黍01）为最高，147cm。云南白小糜（国家编号6890，省编号云南32）为最矮，51cm。糜子植株地上部分有4.8～8.6个节，平均7.25个节。叶绿色条状披针形，由叶片、叶鞘、叶舌、叶枕组成；无叶耳，长46～57cm，宽1.8～2.1cm；中脉粗硬，长不到叶尖，白色，是叶片的支撑“骨”；叶上举，夹角约30°。从叶枕至叶中部三分之一处最宽，以上渐窄尖，顶端似针状，叶片光滑，有的品种有毛。叶鞘淡绿色，密生2～5mm茸毛。圆锥花序密集，绿色，散开侧向一边，分支与主轴角度约35°，主穗长11.2～44.1cm，平均36.5cm。单株有分蘖，平均2.5个。分蘖穗长21～28cm，能成熟。小穗着生于穗轴分生小枝梗的顶端，小枝梗长3～10cm，小穗有花2朵，其中一朵不孕，一朵结粒。云南没有由三朵小花组成，一朵不孕，二朵结粒的双粒型品种。籽粒成熟时内外稃坚硬平滑，顶端无刺毛，颖果小球形，有闪亮光泽。由于种皮具有坚硬平滑这一特点，较抗仓储害虫，且不携带霉变病菌、虫卵。在云南的8份糜子种质中，粒色有黄色2份，白色4份，褐色1份，红色1份；米色有黄色2份，淡黄色6份。单株粒重3.8～20.1g，千粒重4.4～8.5g，平均5.8g。6g以上的有3份，低于平均数的有5份。全生育期90～123天，平均102.1天，早熟与晚熟相距33天，详见附表（国家种质库云南糜子种质资源名录）。

第五节　食用稗

食用稗 *Echinochloa crusgalli* 俗称稗子、稗草，禾本科稗属一年生草本植物。在云南，食用稗多分布于高海拔、气候冷凉、土壤贫瘠的低产地区，是一种粮饲兼用、抗灾救荒、抗逆性强、适应性广的作物。二千多年前孟子言："五谷不熟，不如荑稗。"《齐民要术》称"稗既水旱，种无不熟之时，又特滋茂盛，宜备凶年，稗中有米，熟捣取来炊食之，不减粱米。"1682 年的《农政全书》载："稗多收，能水旱，可救俭，且稗秆一亩可当稻秆两亩。"公元 206 年，曹操令典兵（违纪者）种稗，"顷收二千斛，得米三四斗，大俭可磨食之，丰年则饲牛、马。"可以屯田养兵。《本草纲目》李时珍曰："稗处处野生，最能乱苗，其茎、叶、穗、粒，并如黍稷。米气味辛，甘苦微寒、无毒、益气宜脾。苗根主治金疮及跌打损伤，血出不止，捣敷或研末掺之即止，甚验。"自古以来，民间将稗用于粮、饲、药诸方面。

一、食用稗的性状

食用稗品种间农艺性状相差较大，茎秆直立或基部略倾斜，粗壮，幼苗根白绿色，根系发达，须根多，入土深而广；主茎长 61～152cm，主茎径粗 0.26～0.76cm，主茎节数 6.5～10.8 节；叶线状披针形，长 18～52cm，宽 0.8～1.8cm。叶面光滑，基部最宽，向叶尖部渐窄渐尖，主脉白色，明显，粗硬。全株茎叶光滑无毛，较抗叶、茎部病害，清秀无痕。稗类特征是缺少叶舌和叶耳。

食用稗穗长 13.2～24.9cm，圆锥花序直立开展，小穗密集于穗轴周围，有的松散向一侧倾斜，有硬刺毛；第一外稃有一粗芒，长可达 3cm；颖果小，椭圆形，平滑光亮，先端具小尖头；穗型稍紧凑，有圆锥型、纺锤型、圆筒型等形状。云南省入库编目的 10 份食用稗种质，纺锤形的有 9 份、棱形的有 1 份。1 株茎数（分蘖数）以姚安县食用稗（国家编号 B132、省编号 H21）和剑川县大稗（国家编号 B133、省编号 H11）为最少，分别是 1.3 茎和 1.5 茎；最多的是剑川县红毛稗（国家编号 B134、省编号 H12）和昆明市的青稗（国家编号 B130、省编号 H19）为 5.8 和 7.7 茎，平均 3.75 茎。分蘖性的多少与稗子的利用目的有关。长期以来单纯作饲草的，选用矮秆多分蘖品种，粮饲兼用的则选用高秆少分蘖品种。云南征集入库的食用稗，籽粒颜色有灰色 4 份，灰白色 1 份，灰褐、深褐各 2 份，灰绿色 1 份；米色有灰白 7 份，灰黄 2 份，灰绿 1 份。单株粒重 1.4～6.1g，平均 3.41g，最重的是丽江县食用稗（国家编号 B110，省编号 S71）和宜良县白稗（国家编号 B128，省编号 H18），各为 6.1g；最轻的是安宁市稗子（国家编号 B131，省编号 H09），只有 1.6g。千粒重 1.8～11.5g，平均 5.31g，超过平均数的有 3 份（5.5g、11g、11.5g）；达不到平均数的有 7 份，高低相差 6.4 倍。从单株秆重和千粒重两项经济性状看，云南省各地对食用稗的利用目的不同，选种育种的目标也不同。以食用为主的地区，注重选育大穗大粒品种，如来自高寒山区剑川县和姚安县的两个食用稗品种，千粒重分别为 11.5g 和 11.0g。单株茎数只 1.5 茎和 1.3 茎，少分蘖或不分蘖，大穗、大粒，茎秆粗壮，抗倒伏。当地农民用好田好地来种，把食用稗当做一季粮食作物生产。粮饲兼用的一般单株粒重在 3.0～4.0g，千粒重 3.0～5.5g。这类品种有 6 份，基本只作饲用的仅 2 份，因主要收获饲草，播种密、分蘖多、穗子小、千粒重偏低，落粒性强，成为野生、半野生状态生长。

食用稗与野生稗子不同之处在于食用稗籽粒较大，光亮平滑，植株较整齐，分蘖少至无，生育期中等偏长，成熟期较一致，不落粒；野生稗则籽粒小，千粒重只有 2.5g 左右，落粒性强，边成熟边脱落，分蘖多，茎叶光滑腻润，植株高矮不整齐，生育期短，主穗先成熟后便开始落粒。

稗子因其适应性广，水旱皆宜，种子在土壤中潜伏期长，很容易由农家种逸为野生种。成为水田、旱地的主要杂草和病虫害寄主。水稗生于沼泽低凹积水处，为稻田主要杂草，如红脚稗。旱稗又名“光头稗”，为旱地及蔬菜、果园杂草。水稗、旱稗据种植观察可以交替生长，无严格区分。

二、生育期及其变化

全生育期：从出苗至抽穗时间 73 ~ 129 天，平均 101 天，从抽穗至成熟 33 ~ 34 天，平均 33.5 天。最早熟的品种是剑川县的红毛稗（国家编号 B134，省编号 H12），出苗至抽穗 73 天，抽穗至成熟 34 天，全生育期 107 天。最晚熟的品种是勐海县的旱稗（国家编号 B135，省编号 H20），出苗至抽穗 129 天，抽穗至成熟 33 天，全生育期 152 天。两份种质生育期相差 45 天，原因与物候环境直接有关。

物候关系：物候关系的基本规律是热带、亚热带地区引入低温、冷凉地区种植的品种，所需 10℃以上积温得不到满足，生育期延长；冷凉地区引入高温地区的品种，积温容易满足，生育期缩短。剑川县红毛稗来自云南省滇西北气候冷凉的高寒山区剑川县马登乡；旱稗来自云南省南部热带、亚热带与越南接壤的勐海县巴达乡。1999 年在昆明鉴定（昆明年平均气温 14.7℃，剑川县年平均气温 12.3℃，勐海县年平均气温 18.1℃），剑川县的品种由低温区到高温区种植，生育期缩短，勐海县的品种由高温区到低温区种植，生育期延长。这是农作物对物候环境的一种客观反应，即对积温的反应。

第六节　龙爪稷

稷 *Eleusine coracana*（L.）Gaertn. 为禾本科䅟属植物，这里专指龙爪稷，亦称鸡爪粟、鸭爪稗。龙爪稷在云南产区俗称“小红米”。主要分布在云南边疆温热河谷，雨水充沛、少数民族聚居的山区、半山区，广种薄收的边远地区。云南播种节令要求不太严，通常雨季来临或雨水落地后播种，苗期生长缓慢怕水淹，生育后期耐旱、耐涝，植株生长茂盛。

一、龙爪稷的性状

龙爪稷茎直立粗壮、光滑、扁宽、无毛，茎基部纯白，根系发达，须根多而密集，入土深达 50cm 以上，耐干旱。云南省入库 17 份种质，主茎直径 0.40 ~ 0.83cm，平均 0.57cm。叶片较宽，披针形，长 23 ~ 57cm，宽 0.5 ~ 0.8cm；叶鞘短而宽，全株光滑无毛，只与叶片交接处有茸毛。株高平均 113.9cm，在 100cm 以下的矮秆品种有 5 份，最矮的是云县龙爪稷（国家编号 L277、省编号 S102）81cm，最高的是富宁县的鸡爪稷（国家编号 L270 、省编号 S107）136cm。龙爪稷多数品种有分蘖，平均 4.72 茎，有的分蘖性很强，如勐海县粟子（国家编号 L069、省编号 S045）10.6 茎，而云县鸡爪稷（国家编号 L269、省编号 S092）只有 1 茎，不分蘖。分蘖多的茎基部向外弯曲，自行调整空间，都能抽穗结粒，全是有效分蘖。主茎具 4.7 ~ 7.4 个节，下段节的间距短，仅 4 ~ 8cm，中间段的间距渐长 12 ~ 15cm，最长一节是穗颈部，达 24 ~ 27cm。结粒时茎顶端分生出穗状小枝 6.7 ~ 10.9 个，长 4 ~ 7cm，种子在小枝梗上呈对生双行排列，种子成熟时穗状花序小枝向内卷曲似鸡爪状，故名鸡爪稗、龙爪稷。颖果小、球形，粒色有褐色的 16 份，灰褐色的 1 份；米色有红色 13 份，红黄色 2 份，淡紫黑色 2 份。单株粒重（包括分蘖穗）2.5 ~ 7.1g，平均 5.3g，超过平均数的有 10 份。总的来看，云南龙爪稷穗子小，单株粒重偏低。但粒重性状突出，千粒重为 1.6 ~ 3.4g，平均 2.46g，而且表现比较集中，仅有 2 份砚山县小红米（国家编号 L272、省编号 S112），马关县小红米（国家编号 L275、省编号 S081）1.6g 和 1.7g；

其余15份都在2.1g以上，特别是龙陵县红米（国家编号L066、省编号S026）和墨江县团团小红米（国家编号L068、省编号S027）千粒重均为3.4g，具有较明显的大粒型优异种质优势。

二、生育期

龙爪稷从出苗至抽穗时间，73～138天，平均109.8天；抽穗至成熟28～58天，平均44.8天；全生育期131～169天。由于这些龙爪稷资源分别来自低热河谷和边疆热带、亚热带不同的气候地区，在昆明繁殖观察鉴定适应性差，生育期最早熟和最晚熟相差多达38天。

第七节　薏　苡

薏苡 *Coix lachryma* - jobi L. 为禾本科薏苡属，俗称薏仁米、药玉米、薏米、六谷、数珠谷等，云南薏苡主产区多称“六谷”。薏苡为总状或复总状花序，雌雄同株，异花授粉作物。

薏苡是一种古老的食、药、饲兼用，营养丰富，鲜秆产量高可做饲料的珍稀小宗作物。1980年以来，随着国家经济建设的发展，人民生活水平的提高，群众健康长寿意识的增强，这种长期以来不受重视的小作物，如今一跃成为医食保健和出口创汇的农产品，深受广大消费者喜爱。

一、薏苡的分布

目前，中国薏苡主要分布于广东、广西、湖南、湖北、贵州、云南、四川、海南等南方温热地区，主产区多在南方诸省的边远贫瘠山区、欠发达地区，生产技术落后，管理粗放，产量极低。近年来，因薏苡原生地遭到不同程度地挤占、损毁，所以收集、整理、研究薏苡品种资源困难加大，已成为刻不容缓的工作。据广西农业科学院陈成斌等人从1991年、1995年及2000年多次报道，广西薏苡资源丰富，居全国之冠，现保存有139份，占全国250份的63.7%；李英材等（1995）报道，广西薏苡资源有4个种，9个变种；陆平等（1996）报道广西薏苡资源有4个种（栽培薏苡 *Coix Lachryma - jobi* L.，小果薏苡 *Coix puellarum* Balansa，野生薏苡 *Coix agreastis* Lour. 和水生薏苡 *Coix aquatica* Roxb.），8个变种。广西是薏苡种质资源遗传多样性最丰富的省区之一，酯酶同工酶遗传多样性也十分丰富。

云南征集繁种，进行田间农艺性状鉴定的薏苡资源有29份。在品种资源收集研究工作中也收集了与广西相邻的云南省富宁县的薏苡种质资源一同进行研究，所收集的种子包括云南省富宁县的富宁黑壳（国家编号Z10147）、富宁白壳（国家编号Z10148）和以富宁县薏苡为基础的富宁白壳选（1）（国家编号Z10149）、富宁白壳选（2）（国家编号Z10150），两个地方良种在广西和云南薏苡产区推广，均获得较好的增产效益（参阅薏苡入库目录附表）。

二、薏苡的性状

薏苡根系强大发达，入土深而广，抗旱耐瘠，薏苡根系是须根系。具有吸收水分、养分、支撑植株和转运营养的作用。由于根毛发达，薏苡根的吸收面积比其他禾本科作物增加了5.5倍左右。据测定薏苡的根毛细胞汁液渗透压为$16.2\times10^5\sim27.4\times10^5$Pa，而黑麦、大麦、小麦、燕麦的渗透压为$5.1\times10^5\sim16.2\times10^5$Pa，比上述4种麦类作物高2～3倍。这是薏苡吸收水分、养分及矿物质能力超过其他禾谷类作物的原因。薏苡茎秆直立粗壮，生长繁茂。单株主茎可见节10～14个，节间自第4节开始伸长，节长5～10cm，至7节以上又逐渐缩短。株高平均201.6cm，茎粗0.6～1.0cm。最高茎秆的富宁县“那素六谷”达268cm；最矮的是富源县的“营上六谷”，只有112cm。叶鞘色有紫色19份，绿色10份。分蘖性状，薏苡的分蘖有无、多少，有两个原因，一是品种特性，二是土壤、水肥与栽培、播种密度相关。其生长在土质肥沃，水肥充足，合理密植则分蘖多，有效的也多；反之，干旱缺肥分蘖少或无效分蘖。薏苡的分蘖伸缩性很大。鉴定结果是有分蘖的19份，分蘖数0.2～1.4个，平均0.59个，无分蘖的10份。薏苡的叶线状披针形，长36～55cm，宽1.5～3.1cm，中脉粗厚，全株1～5叶，光滑无毛，6片以上正面有茸毛。花单性，雌小穗包被于卵状珐琅质总苞内，含2朵小花，1育、1不育。可育花有1长雌蕊，柱头羽状2枚。开花时，红紫色柱头伸出总苞口外，雄花花序亦由总苞开口处伸出，位于雌花上方。一般雌花比雄花早开3～4天。花药色以黄色为主26份，其他为淡黄、淡褐、绿黄等3份。柱头色是紫色18份，紫红色6份，淡褐色5份。粒形为尖卵形的10份，卵圆形的9份，圆形的6份，扁球形的4份。粒色为灰白色10份，黑色至灰黑色10份，白色4份，其余为花灰色、淡灰色等5份。千粒重是89～318g，平均168.7g，最高的是马关县"古林箐六谷"318g；最低的是勐海县的"糯六谷"89g。全生育期，平均169.7天，最长的是勐海县的"饭六谷"209天，最短的是昆明市的"数珠谷"139天。多数为147～175天。

籽粒颖果，有光泽，种壳骨质化。薏苡种壳有两种，一种是厚壳坚硬，似珐琅质，外皮光滑无脉纹，内含米仁，不饱满，出米率仅30%左右，野生类型多属此种；另一种是薄壳易破碎，多数壳表面有脉纹，内含米仁饱满，出米率为60%～70%，栽培类型多属此种。种仁宽卵形或圆球形，背面圆凸，腹面具一纵沟，沟内常留有残存的浅棕色种皮。米色灰白色，有的胚芽顶部有黑点。云南民间将其分为糯性和粳性两大类，糯性薏苡一般壳色白，粒形圆形，扁球形，粳性薏苡则壳色黑、灰、褐等色。粒形尖卵、长卵、圆卵不等。

薏苡抗病虫害能力强，茎叶无病虫斑点。水肥充足，植株高大，容易徒长倒伏，生产上要注意控肥控水。

第八节　荞　麦

荞麦为蓼科（Polygonaceae）荞麦属（*Fagopyrum*）植物，有甜荞、苦荞、野生荞麦图。俗称荞子，又名乔麦、乌麦、花麦和三角麦等。荞麦起源于中国，全国各地均有种植，东北、华北、西北、西南为主要产地。云南省种植面积约13.3万hm^2，产量居全国第二。荞麦在中国栽培历史悠久，公元前4～5世纪就开始种植，公元7世纪已普遍栽培。追朔历史，在中国古代原始农业中，荞麦具有极为重要的地位，在稻、麦、玉米未普及之前，荞麦是远古人类战胜饥荒、灾害的主要粮食和最受欢迎的作物。云南彝族民谣对荞麦的赞颂是"头戴珍珠花，身穿紫罗纱，出门两三月，霜打就回家"。历代史书、古农书、古医书、诗词、地方志及农家谚语等无不涉及有关荞麦形态、特征、栽培历史和利用价值方面的记载。

荞麦在中国粮食作物中虽属小宗作物，但却具有其他粮食作物所不具备的优点和营养成分。荞麦全身是宝，经济价值高，幼枝嫩苗、花果茎叶、米面皮壳，乃至成熟后的秸秆糠秕没有一样是废物。从食用饱腹到防病治病，从资源利用到肥地增产，从农业到畜牧业，从食品加工到轻工业、制药业，从活跃市场到外贸出口等等，都有重要的作用。在近代农业中，荞麦因其生育期短，适应性强，耐旱耐瘠，对环境要求不苛求等优点已占有一席之地，是农业生产轮作换茬，抗灾救荒和调剂城乡人民生活不可缺少的农作物，在国民经济中占有重要地位。

一、植物学性状

荞麦属双子叶植物。栽培种甜荞、苦荞为一年生草本植物。

根：属于直根系。主根较粗壮，入土30～50cm，个别有入土100cm以上的。侧根斜向生长，大多分布在10～20cm的耕作层内。

茎：直立、光滑，无毛或具细柔毛，嫩茎稍有棱角，幼嫩时实心。老茎圆形，成熟时中空。

有膨大的节。茎色有绿色、红色和紫红、紫绿色等。

叶：包括叶片、叶柄和托叶鞘三个部分。叶片呈三角形或卵状三角形，戟形三角形不等。叶全缘，互生，基部微凹，叶柄细长。

花序：关于荞麦花序，以往文献资料记述比较混乱，绝大多数记为总状花序、穗状花序、伞房花序或圆锥花序。这些花序是以“簇生的”花在花序轴上作总状或穗状排列，或者在分枝上成伞房状或圆锥状的花序轴上排列为依据的。近年来，林汝法主编的《中国荞麦》根据对荞麦深入观察研究的结果认为，花序轴有不分枝的，为螺状聚伞花序总状排列；花序轴呈圆锥状分枝的，为螺状聚伞花序作圆锥状排列。据此，荞麦属植物的花序是一种混合花序，即总状、伞房状和圆锥状排列的螺状聚伞花序。花一般为两性，由花被、雄蕊和雌蕊等组成。花冠状，花被片常为5枚，只基部连合。甜荞的花较大，直径6~8mm，基部为绿色，中上部为白色、粉红色或红色至深红色。苦荞花较小，直径约3mm左右，基部绿色，中上部为浅绿或白绿色。正常荞麦花的雄蕊8枚，呈两轮排列，内轮3枚、外轮5枚；雌蕊一枚，具3个柱头，子房上位，一室，蜜腺5~10个。花型有雌雄蕊等长，长雄蕊短雌蕊和长雌蕊短雄蕊三种类型，在同一品种群体中，以后两种居多。长花柱花和短花柱花占主要比例，且比例大致相等，约为1∶1。雌雄蕊等长的花在群体中所占比例很小。在同一植株上只有一种花型。

果实：荞麦果实长4.2~7.2mm，宽3~7mm，先端渐尖，为三棱瘦果。果皮革质，形状有三角形，长卵圆形等。甜荞果皮光滑，无腹沟，褐色、棕色或棕黑色；苦荞种皮粗糙，表面有三条深沟，灰色、灰白或灰黑色。种皮颜色的变化，翅或刺的有无，是鉴定品种和种的主要特征之一。

二、农艺性状和经济性状

参照全国荞麦种质资源的鉴定标准，对云南荞麦栽培种（甜荞58份、苦荞131份）的主要农艺性状、经济性状，即生育期、株高、千粒重、主茎分枝数、主茎节数和单株粒重等性状进行研究分析。

1. 生育期

荞麦的生育期在一定的环境条件下有其内在的规律性，因全省各地气候差异很大，使荞麦生育期也受到相应的影响；不同的荞麦品种生育期差异明显。在同一生态区生长着不同熟性的品种，不同生态区荞麦的生育期又有较大区别。一般规律是甜荞随纬度和海拔的升高，表现出生育期缩短的趋势，即高纬度、高海拔地区的品种生育期较短，成熟较早；低纬度、低海拔地区的品种生育期较长，成熟较晚。随着海拔的升高，品种熟性的分布特点是从晚熟品种→中熟品种→早熟品种。但苦荞的熟性与纬度、海拔的变化趋势不如甜荞明显。云南荞麦生育期情况如表4-11。

表4-11 云南荞麦种质资源的生育期统计表

Table 4-11 The growth period of buckwheat resources from Yunnan

种类	早熟品种≤70（天）		中熟品种70~90（天）		晚熟品种≥90（天）		合计平均
	份数	占%	份数	占%	份数	占%	份数
甜荞	6	10.3	18	31.1	34	58.6	58
苦荞	0	0	83	63.4	48	36.6	131

从表4-11看出，云南荞麦的中、晚熟品种偏多。尤其是苦荞，总数131份中，竟无1份早熟（≤70天）品种，中熟品种占63.4%，晚熟品种占36.6%，甜荞也仅有6份早熟（≤70天）

品种，晚熟品种多达34份，占58.6%。

2. 株　高

株高是荞麦的生态特征之一。植株的高矮受环境条件影响较大，但也有其自身的规律性。一般与生育期相吻合，生育期长的品种植株高大，而生育期短的品种植株矮小。甜荞以中高秆品种为主，两项约占67.2%。荞麦株高的情况如表4－12。

表4－12　荞麦种质资源株高统计表

Table 4－12　The plant height of buckwheat resources from Yunnan

种类	矮秆<100（cm）		中秆100~120（cm）		高秆120~140（cm）		超高秆>140（cm）		合计平均（cm）	
	份数	占%	份数	占%	份数	占%	份数	占%	份数	cm
甜荞	5	8.6	23	39.7	17	29.3	13	22.4	58	124.5
苦荞	12	9.2	13	9.9	37	28.2	69	52.7	131	139.5

在表4－12中表明，云南甜荞品种的株高以中秆和高秆为主，其分别占39.7%和29.3%，其次是超高秆品种，占22.4%，100cm以下的矮秆品种相对比较少，仅占8.6%。云南苦荞品种的株高以超高秆和高秆为主，分别占52.7%和28.2%，中秆和矮秆仅占9.9%和9.2%，腾冲县的“熊峰苦荞”，株高最高，达186.4cm。

3. 千粒重

千粒重表示籽粒的大小，甜荞、苦荞的千粒重划分标准不同。甜荞千粒重在25g以下的为小粒品种，25.1~30g为中粒品种，30.1g以上的为大粒品种。苦荞千粒重在15g以下为小粒品种，15.1~20g为中粒品种，20.1g以上的为大粒品种。

云南甜荞品种的平均千粒重24.1g，属于小粒品种范围。全省小粒品种占资源总数的67.2%，中粒品种占31.1%，大粒品种占1.7%。苦荞的千粒重平均20.1g，以大粒和中粒品种为主。足见云南作为全国苦荞主产省，其资源比较优异，千粒重情况如表4－13。

表4－13　荞麦种质资源千粒重统计表

Table 4－13　1000－seed－weighty of buckwheat germplasm resources from Yunnan

种类	份数	占%	份数	占%	份数	占%	份数	平均
甜荞	小粒<25g		中粒25.1~30g		大粒>30.1g		合计平均（g）	
	39	67.2	18	31.1	1	1.7	58	24.1
苦荞	小粒<15g		中粒15.1－20g		大粒>20.1g		合计平均（g）	
	12	9.2	37	28.2	82	62.6	131	20.1

4. 主茎分枝

荞麦主茎分枝的多少，在一定程度上影响着产量的构成。主茎分枝数除与本身的遗传特性有关外，还受环境条件的影响，生产地土质肥沃，水分充足则分枝多，生长旺盛；反之，水肥条件差，种植密度大则植株矮小、瘦弱、分枝少、产量低。甜荞和苦荞的主茎分枝略有差异，其分枝情况如表4－14。

表 4 - 14 云南荞麦种质资源主茎分枝数统计表

Table 4 - 14 The chief stem branch numbers of buckwheat germplasm from Yunnan

种类	<3（个）		3.1~5（个）		5.1~7（个）		>7.1（个）		平 均（个）	
	份数	占%	份数	占%	份数	占%	份数	占%	份数	平均
甜荞	4	6.9	46	79.3	8	13.8	0	0	58	4.2
苦荞	4	3.1	26	19.8	78	59.5	23	17.6	131	6.0

从表 4 - 14 看出，云南甜荞的主茎一级分枝平均为 4.2 个，以 3.1 ~5 个分枝为主，约占 79.3%，5.1 个以上只有 8 份，占 13.8%，无 7.1 个以上的分枝。苦荞的分枝数较多，主要集中在 5.1 ~7 个，占 59.5%，7.1 个以上的有 23 份，占 17.6%，最多者为中甸县的尼西大苦荞（国家编号 1463，省编号 046），主茎分枝达 11 个。分枝在 5.1 以上的共有 101 份，占 77.1%；分枝在 5 个以下的只有 30 份，仅占 22.9%。苦荞总平均分枝数 6 个，比甜荞多 1.8 个。

5. 主茎节数

从表 4 - 15 看出，苦荞的主茎节数比甜荞多，苦荞的主茎节数平均为 15.1，甜荞的主茎节数平均为 12.0。苦荞的主茎节数主要集中在 12.1 ~15 个，有 55 份，占 42.0%；15.1 ~18 个的，有 37 份，占 28.2%；少于 12 个节的仅有 15 份，占 11.5%；多于 18 个节的有 24 份，占 18.3%。在 20.1 个节以上的共有 7 份，节数比较多的有贡山苦荞（国家编号 1391，省编号 008）23.2 个节，镇康细苦荞（国家编号 1406，省编号 044）21.4 个节。总体来看，云南苦荞主茎节数偏多，这也是云南荞麦种质资源的一大特性。甜荞主茎节数以低于 12 个的为主，有 30 份，占资源总数的 51.7%。其次是 12.1 ~ 15 个，有 21 份，占 36.2%；15.1 ~ 18 个的只有 7 份，占 12.1%；最少的只有 6.3 个节，18 个节以上的无，最多者为 17.5 个节。

表 4 - 15 云南荞麦种质主茎节数统计表

Table 4 - 15 The node number of chief stem for buckwheat germplasm in Yunnan

种类	<12（个）		12.1~15（个）		15.1~18（个）		>18（个）		合计平均（个）	
	份数	占%	份数	占%	份数	占%	份数	占%	份数	平均
甜荞	30	51.7	21	36.2	7	12.1	0	0	58	12.0
苦荞	15	11.5	55	42.0	37	28.2	24	18.3	131	15.1

6. 单株粒重

单株生产力是荞麦产量构成的重要因素。苦荞是自花授粉，结实率比甜荞高，单株生产力自然比甜荞高，单株粒重还与适时收获密切相关。荞麦是无限生长、无限开花的作物，生长发育不一致性，造成边开花，边结籽，边成熟，成熟期拉得很长。一株荞麦从第一粒种子开始变黑成熟到全株变黑成熟，甜荞需要 10 ~20 天，苦荞需要 20 ~30 天。种子成熟进度不一，收获及时，产量较高，质量也好，收获过早，则成熟，不饱满；收获过迟，由于果柄干枯易脆断落粒，脱落的往往是籽粒壮实饱满的种子。因此，单株粒重除品种自身的特性外，还与栽培技术，收获管理直接有关。云南荞麦单株粒重如表 4 - 16。

表 4－16　云南荞麦种质资源的单株粒重统计表

Table 4－16　The seed weight per plant of buckwheat resources from Yunnan

种类	<3（g）		3～5（g）		5.1～7（g）		>7（g）		合计平均（g）	
	份数	占%	份数	占%	份数	占%	份数	占%	份数	平均
甜荞	18	31.0	36	62.0	2	3.5	2	3.5	58	3.6
苦荞	10	7.6	68	51.9	32	24.4	21	16.0	131	5.1

从表 4－16 可见，云南甜荞的单株粒重多数为 3～5g，共 36 份，占 62.0%；超过 5.1g 和 7g 以上的各有 2 份，各占 3.5%；低于 3g 的 18 份，占到 31.0%。总的来看，云南甜荞单株产量不高，总数平均仅为 3.6g，最高者是华宁县甜荞（国家编号 0919），单株粒重为 9.6g，最低者是镇康县木厂甜荞（国家编号 0929，省编号 045），单株粒重为 1.1g。

苦荞平均单株粒重为 5.1g，达到中上水平，其中份数最多的是 3～5g，有 68 份，占 51.9%；其次是 5.1～7g，有 32 份，占 24.4%；再次是 7g 以上的 21 份，占 16.0%；少于 3g 的仅有 10 份，占 7.6%。总的来看，单株粒重 3g 以上的占 92.4%，最高的是宁蒗县老鸦苦荞（国家编号 2701，省编号 015），单株粒重为 11.7g；最低的是贡山县红小苦荞（国家编号 1469，省编号 052），单株粒重为 1.5g。

三、种质资源评价

通过对已入国家种质库的云南甜荞、苦荞 189 份进行了 6 项农艺性状、经济性状分析得到一些规律性的结果：

（1）生育期：甜荞早熟种 6 份，占 10.3%，中晚熟种 52 份，占 89.65%；苦荞无早熟种，中晚熟种 131 份，占 100%。因此，云南荞麦生育期以中晚熟为主。

（2）株高：甜荞矮秆品种 5 份，占 8.6%；中高秆品种 40 份，占 68.96%；超高秆品种 13 份，占 22.4%。苦荞矮秆品种 12 份，占 9.2%；中高秆品种 50 份，占 38.16%；超高秆品种 69 份，占 52.7%。荞麦株高与熟期相关，因为荞麦是无限花序作物，生育期较长的品种相对植株较高。甜荞除 5 份矮秆品种外，其余 53 份均是中高秆、超高秆品种；苦荞矮秆只有 12 份，中高秆和超高秆品种就有 119 份，占 90.8%。故云南荞麦（含甜荞、苦荞）多为中高秆和超高秆品种。

（3）主茎节数：甜荞品种主茎节数在 12 节以下的有 30 份，占 51.7%；12.1～18 节的有 28 份，占 48.3%；无 18 节以上的。苦荞主茎 12 节以下的有 15 份，占 11.5%；12.1～18 节的有 92 份，占 70.2%；18 节以上的有 24 份，占 18.3%。荞麦主茎节数的多少与株高有关，甜荞主茎节数 12 节以下的占一半多；苦荞品种重点是 12.1～18 节的为主，达 70.2%，18 节以上的还有 18.3%，合计为 88.5%，可见苦荞以多节数的品种占优势。

（4）主茎分枝数：甜荞主茎分枝数 3 个或 3 个以下的品种有 4 份，3.1～7 个分枝的品种有 54 份，无 7.1 个以上分枝的，苦荞主茎分枝 3 个或 3 个以上品种有 4 份，3.1～7 个分枝的品种有 104 份，7 个以上分枝的品种有 23 份。荞麦的分枝除与播期、密度、土壤、水肥等栽培措施有关外，品种特性与分枝多少是主要原因，基本的规律是早熟，矮秆品种分枝少，中晚熟，中高秆品种分枝多。总之，甜荞早熟品种 6 份，矮秆品种 5 份，主茎分枝 3 个或 3 个以下的品种只有 4 份，大量的是 3.1～7 个分枝的品种。苦荞无早熟品种，矮秆品种只占 9.2%，主茎分枝 3 个或 3 个以下的也只有 4 份，多数是 3.1 个分枝以上的品种。

（5）单株粒重：甜荞单株粒重 3g 以下的品种有 18 份，3.1～5g 的品种有 36 份，5.1g 以上的品种有只有4份。苦荞3g以下的品种10份，3.1～5g的品种有68份，5.1g以上的品种有53份。甜荞单株粒重3g以下的就占31%，多数品种在3.1～5g，占62%；苦荞单株粒重3g以下的仅7.6%，多数品种是3.1～5g，占51.9%，5.1g以上的品种还有40.4%。说明甜荞的单株粒重小，苦荞的单株粒重比甜荞大。

（6）千粒重：甜荞小粒品种39份，中粒品种18份，大粒品种只有1份；苦荞小粒品种12份，中粒品种37份，大粒品种只有82份。从千粒重的品种分布情况来看甜荞以小粒品种为主，占67.2%，中粒品种占31.1%；苦荞则以大粒品种为主，占62.6%，中粒品种占28.2%。

综合评价：云南荞麦从以上分析的6项稳定的生物学指标来看，反应出各个品种所具有的特征特性，这些性状对构成单位面积产量有较好的基础。有的品种综合性状较好，具有遗传多样性的特点，含有创造高产稳产的潜在基因，为荞麦育种、科研及开发利用提供了依据和材料。

四、品质鉴定

1. 氨基酸

荞麦的籽粒中含有18种氨基酸，各种氨基酸的含量差异比较明显，以谷氨酸含量为最高，一般在2%以上；其次为天冬氨酸和精氨酸，含量在1%以上；色氨酸含量最低，平均为0.12%～0.13%。甜荞和苦荞籽粒中，不同种类的氨基酸含量略有差异。就全国平均水平而言，有天冬氨酸、苏氨酸、谷氨酸、甘氨酸、丙氨酸、胱氨酸、亮氨酸、苯丙氨酸、赖氨酸、精氨酸和脯氨酸等11种氨基酸的含量，甜荞比苦荞高0.01%～0.03%；丝氨酸、酪氨酸、组氨酸和色氨酸等4种氨基酸的含量，苦荞又比甜荞高0.01%左右；缬氨酸，蛋氨酸和亮氨酸的含量，甜荞和苦荞基本相同。荞麦品种间氨基酸的含量差异最大时可达几十倍，以赖氨酸为例，如甘肃省“大荞”赖氨酸含量达1.96%，而安徽省“82－5－2”品种赖氨酸含量仅0.06%，相差32.7倍。全国荞麦氨基酸总含量，甜荞平均11.10%；苦荞平均10.79%（见表4－17）。

表4－17 全国荞麦资源氨基酸平均含量与幅度统计表

Table 4－17 The average aminoacid content of buckwheat resources among provinces

名称	甜荞			苦荞		
	平均含量（%）	极限变幅（%）	常见变幅（%）	平均含量（%）	极限变幅（%）	常见变幅（%）
苏氨酸	0.44	0.16～0.67	0.37～0.50	0.43	0.24～0.62	0.37～0.48
撷氨酸	0.58	0.38～1.24	0.48～0.67	0.58	0.26～1.18	0.50～0.66
蛋氨酸	0.17	0.02～0.33	0.12～0.21	0.17	0.03～0.34	0.12～0.21
异亮氨酸	0.46	0.04～1.65	0.36～0.56	0.46	0.05～0.71	0.39～0.64
亮氨酸	0.77	0.49～1.83	0.65～0.89	0.76	0.08～1.07	0.65～0.85
苯丙氨酸	0.57	0.31～1.79	0.46～0.67	0.55	0.05～0.09	0.47～0.64
赖氨酸	0.66	0.06～1.96	0.56～0.77	0.64	0.12～1.86	0.53～0.76
色氨酸	0.12	0.06～0.18	0.09～0.14	0.13	0.06～0.18	0.11～0.15
精氨酸	1.09	0.10～2.34	0.89～1.30	1.06	0.60～1.84	0.87～1.25
组氨酸	0.26	0.17～0.40	0.22～0.31	0.27	0.03～0.50	0.23～0.32
天冬氨酸	1.11	0.69～1.72	0.94～1.28	1.09	0.11～1.61	0.93～1.26
丝氨酸	0.57	0.35～0.91	0.48～0.67	0.58	0.05～0.90	0.49～0.68

续表 4-17

名称	甜荞			苦荞		
	平均含量（%）	极限变幅（%）	常见变幅（%）	平均含量（%）	极限变幅（%）	常见变幅（%）
谷氨酸	2.21	0.67～3.49	1.83～2.60	2.05	0.60～3.12	1.72～1.38
甘氨酸	0.65	0.44～0.95	0.56～0.75	0.64	0.07～2.54	0.52～0.76
丙氨酸	0.51	0.28～0.75	0.43～0.59	0.50	0.26～0.79	0.43～0.56
胱氨酸	0.17	0.03～0.33	0.11～0.22	0.16	0.03～0.44	0.09～0.22
酪氨酸	0.32	0.09～0.55	0.26～0.38	0.33	0.07～0.55	0.26～0.39
脯氨酸	0.44	0.20～1.06	0.34～0.55	0.41	0.11～1.22	0.31～0.51
总　量	11.10	7.18～16.5	9.38～12.8	10.79	7.04～15.8	9.26～12.3

表 4-18　各省荞麦资源 8 种必需氨基酸平均含量比较表

Table 4-18　The average content of 8 necessary aminoacid of buckwheat resources

种名	省（区）	苏氨酸（%）	缬氨酸（%）	蛋氨酸（%）	异亮氨酸（%）	亮氨酸（%）	苯丙氨酸（%）	赖氨酸（%）	色氨酸（%）	氨基酸总量（%）
甜荞	吉林	0.41	0.51	0.15	0.40	0.70	0.52	0.60	0.10	9.98
	辽宁	0.46	0.65	0.18	0.50	0.84	0.60	0.71	0.10	11.79
	内蒙古	0.43	0.56	0.16	0.44	0.75	0.54	0.65	0.12	10.90
	河北	0.43	0.50	0.16	0.32	0.73	0.57	0.60	0.11	10.47
	山西	0.44	0.57	0.17	0.48	0.76	0.55	0.66	0.13	11.24
	陕西	0.42	0.59	0.17	0.19	0.76	0.55	0.67	0.11	10.85
	甘肃	0.48	0.65	0.19	0.54	0.88	0.68	0.76	0.12	12.75
	青海	0.53	0.71	0.20	0.53	0.90	0.65	0.79	0.14	13.42
	云南	0.38	0.49	0.16	0.37	0.66	0.49	0.58	0.12	9.53
	贵州	0.46	0.62	0.17	0.47	0.81	0.57	0.70	0.13	11.64
	四川	0.37	0.52	0.15	0.40	0.68	0.51	0.57	0.11	9.71
	西藏	0.43	0.50	0.18	0.39	0.72	0.51	0.62	0.10	10.32
	广西	0.45	0.61	0.12	0.42	0.76	0.53	0.68	0.11	10.98
	安徽	0.46	0.58	0.13	0.45	0.79	0.59	0.68	0.09	11.37
	江西	0.46	0.60	0.17	0.46	0.81	0.61	0.72	0.12	11.96

续表 4-18

种名	省（区）	苏氨酸（%）	撷氨酸（%）	蛋氨酸（%）	异亮氨酸（%）	亮氨酸（%）	苯丙氨酸（%）	赖氨酸（%）	色氨酸（%）	氨基酸总量（%）
苦荞	内蒙古	0.48	0.63	0.17	0.47	0.78	0.57	0.82	0.12	11.89
	河北	0.45	0.55	0.15	0.45	0.78	0.61	0.63	0.13	11.10
	山西	0.42	0.58	0.21	0.49	0.77	0.56	0.64	0.14	11.20
	陕西	0.45	0.61	0.18	0.50	0.76	0.56	0.68	0.12	11.19
	甘肃	0.43	0.60	0.15	0.47	0.76	0.58	0.65	0.14	10.91
	青海	0.43	0.59	0.18	0.43	0.69	0.50	0.62	0.12	10.71
	云南	0.45	0.61	0.16	0.46	0.78	0.56	0.70	0.14	11.31
	贵州	0.42	0.58	0.18	0.55	0.80	0.55	0.60	0.12	10.78
	四川	0.37	0.51	0.15	0.41	0.67	0.49	0.57	0.12	9.51
	西藏	0.50	0.63	0.20	0.51	0.86	0.66	0.73	0.12	12.45
	广西	0.43	0.54	0.16	0.43	0.72	0.50	0.65	0.13	10.60

荞麦 8 种人体必需氨基酸与氨基酸总量的平均值比较，各省区荞麦资源必需氨基酸的平均值，甜荞和苦荞差异十分明显。西北地区的陕西、内蒙，华北的河北和西南地区的西藏、云南等省区必需氨基酸和氨基酸平均值苦荞高于甜荞（见表 4-18），平均 0.03% ~0.1%；而甘肃、青海、四川、贵州、广西等省区荞麦必需氨基酸平均含量（除个别外）甜荞高于苦荞。

甜荞：在全国，青海省、甘肃省荞麦必需氨基酸和总量含量较高，分别为 12.75% 和 13.42%；总量平均在 11% ~12% 的有江西、辽宁、贵州、安徽及山东 5 省，云南甜荞必需氨基酸和总量含量较低（有 5 种必需氨基酸含量平均值最低），总量平均值仅 9.53%，属全国最低省份。

苦荞：氨基酸总量的平均值，以西藏最高（12.45%），四川最低（9.51%），苦荞主产区的云南、贵州和四川等省其氨基酸的平均含量均低于内蒙、陕西和山西。云南总量平均 11.31%，居中间地位，仅次于西藏和内蒙。

从总体来看，中国荞麦氨基酸的含量甜荞高于苦荞，北方的荞麦高于南方的。

2. 维生素 E 和维生素 PP

（1）维生素 E（Ve）含量与变幅。荞麦籽粒中，Ve 含量在甜荞和苦荞中表现出较大的差异。分析云南省 52 个甜荞品种 Ve 含量，平均 1.42mg/100g；苦荞品种样品 110 份，Ve 含量平均 0.97mg/100g，甜荞高出 46.4%。

从全国平均数来看，甜荞 Ve 含量平均值为 1.42mg/100g，省区间差异较大，最高的青海省平均为 2.29mg/100g，最低的四川省平均仅为 1.13mg/100g，相差 1.16mg/100g，云南接近全国平均值（1.42mg/100g）。不同生态区域的省区间含量差异较大，青藏高原的 Ve 含量最高，平均含量 2.23mg/100g，华东地区次之，西北地区的含量最低。其顺序是青藏 > 华东 > 东北 > 西南 > 华北 > 西北。

苦荞 Ve 含量平均值为 0.99mg/100g，省区间差异较大，西藏的平均值达 1.39mg/100g，而贵州的平均值仅为 0.67mg/100g，两地相差 1 倍多。云南的平均值 0.97mg/100g，基本接近全国平均值。不同生态区间 Ve 含量比较，青藏高原的较高，平均 1.35mg/100g；西北地区较低，平均 0.86mg/100g。各生态区 Ve 含量的大小依次为：青藏 > 华北 > 西南 > 西北（见表 4-19）。云南甜荞和苦荞种质资源 Ve 含量与其他省区相比，均处于中间水平，达到和接近全国平均值。荞麦资源 Ve 的含量情况如表 4－19。

表 4－19 荞麦资源维生素 E（Ve）平均含量与变幅比较表

Table 4－19 The average content and variation range of vitamin E of buckwheat resources

省区	份数	甜荞			份数	苦荞		
		平均含量（mg/100g）	极限变幅（mg/100g）	常见变幅（mg/100g）		平均含量（mg/100g）	极限变幅（mg/100g）	常见变幅（mg/100g）
全国	895	1.42	0.09～8.51	0.63～2.20	552	0.99	0.12～4.58	0.45～1.52
吉林	10	1.73	1.08～2.20	1.40～2.05				
辽宁	74	1.38	0.38～2.54	0.81～1.95				
东北地区	84	1.42	0.38～2.54					
内蒙	175	1.16	0.23～5.58	0.29～2.04	8	1.12	0.36～1.64	0.75～1.60
河北	97	1.51	0.24～3.57	0.78～2.04	30	1.31	0.30～1.84	0.81～1.81
山西	77	1.49	0.23～4.28	0.74～2.24	56	1.04	0.21～2.86	0.56～1.52
华北地区	349	1.33	0.23～5.58		94	1.13	0.21～3.82	
陕西	180	1.23	0.18～3.24	0.77～1.70	91	0.92	0.37～2.20	0.51～1.33
甘肃	50	1.52	0.43～2.70	1.05～2.00	53	0.76	0.24～1.83	0.42～1.10
西北地区	230	1.29	0.18～3.24		144	0.86	0.24～2.22	
青海	35	2.29	0.64～8.51	0.96～3.62	14	1.30	0.79～3.52	0.48～2.13
西藏	5	1.81	0.41～3.04	0.86～2.77	15	1.39	0.41～2.28	0.93～1.86
青藏高原	40	2.23	0.41～8.51		29	1.35	0.41～3.52	
云南	52	1.42	0.48～2.83	0.82～3.03	110	0.97	0.24～2.47	0.51～1.43
贵州	9	1.20	0.43～1.90	0.69～1.72	35	0.67	0.30～1.47	0.46～0.83
四川	30	1.13	0.26～2.34	0.63～1.63	130	0.89	0.25～4.58	0.37～1.40
广西	9	1.66	1.08～2.50	1.23～2.08	6	1.21	0.69～1.78	0.81～1.61
西南地区	100	1.33	0.26～3.04		281	0.90	0.24～4.58	
安徽	38	1.38	0.09～4.96	0.37～2.39	2	0.42		
江西	54	2.06	0.72～5.60	1.13～2.99	2	1.42		
华北地区	92	1.78	0.09～5.60		4	0.83	0.28～1.26	0.41～1.27

（2）维生素 PP（Vpp）含量。甜荞 Vpp 含量全国平均 3.11mg/100g，云南的平均 2.58mg/100g，低于全国平均数。不同生态区域 Vpp 含量差异相对较大，东北的吉林、辽宁二省平均 3.71mg/100g，而西南的云南、贵州、四川、广西等四省平均仅为 2.60mg/100g，相差 1.11mg/100g，占 42.7%。同一区域内省际间差异不大，而只有西南四省中，广西与贵州差异较大，Vpp

含量分别为4.22mg/100g和1.63mg/100g，相差2.59mg/100g，达1.58倍。Vpp含量大小的顺序为东北>华北>西北>华东>西南>青藏。

苦荞Vpp含量全国平均3.42mg/100g，云南平均2.20mg/100g，也低于全国平均水平（-0.55倍），在本区域内处于下线。与广西相差2.60mg/100g，是全国Vpp含量较低的几个省份之一。不同生态区域苦荞Vpp含量大小的顺序为西北>华北>青藏>西南（见表4-20）。

表4-20 荞麦资源维生素PP（Vpp）平均含量表

Table 4-20 The vitamin PP average content of buckwheat resources from the different provinces

省区	份数	甜荞			份数	苦荞		
		平均含量 mg/100g	极限变幅 mg/100g	常见变幅 mg/100g		平均含量 mg/100g	极限变幅 mg/100g	常见变幅 mg/100g
全国	895	3.11	0.84~9.84	1.76~4.46	552	3.42	0.46~9.69	1.62~5.21
吉林	10	1.95	1.09~2.62	1.43~2.46				
辽宁	74	3.85	1.47~6.35	2.84~4.86				
东北地区	84	3.71	1.09~6.35					
内蒙	175	3.31	0.90~8.64	1.96~4.66	8	3.33	1.01~4.94	1.90~4.76
河北	97	3.60	1.23~8.60	2.00~5.20	30	2.55	1.23~2.82	1.75~3.35
山西	77	3.98	1.66~8.08	2.69~5.27	56	3.75	1.66~7.62	2.41~5.12
华北地区	349	3.54	0.90~9.84		94	3.34	1.01~7.62	
陕西	180	2.65	1.00~5.80	1.67~3.63	91	5.75	1.59~9.69	1.39~2.58
甘肃	50	3.65	1.40~7.75	2.09~5.20	53	3.70	1.40~6.70	2.92~4.49
西北地区	230	2.87	1.00~7.75		144	4.88	1.40~9.69	
青海	35	1.85	1.09~3.23	1.32~2.38	14	1.99	0.86~2.95	1.39~2.58
西藏	5	1.85	1.60~2.19	1.58~2.13	15	3.99	1.60~5.84	2.92~5.08
青藏高原	40	1.85	1.09~3.23		29	3.02	0.86~5.84	
云南	52	2.58	0.98~7.26	1.16~4.00	110	2.20	0.52~6.17	0.87~3.53
贵州	9	1.63	0.84~3.08	0.80~2.46	35	4.20	0.46~8.08	1.91~6.50
四川	30	2.41	1.23~6.15	1.38~3.44	130	2.90	1.48~4.94	2.16~3.64
广西	9	4.22	2.71~7.50	2.47~5.98	6	4.80	2.46~7.50	3.05~6.55
西南地区	100	2.60	0.84~7.50		281	2.83	0.46~8.08	
安徽	38	3.05	1.62~5.82	2.16~0.93	2	3.10		
江西	54	2.56	1.16~4.18	1.84~3.29	2	0.36		
华北地区	92	2.76	1.16~5.82		4	1.98	0.46~3.82	

无论甜荞或苦荞，Vpp 含量以西北、华北较高，西南、青藏较低，而 Ve 含量又以青藏高原为高，西南、西北地区较低，从品种上划分，Ve 含量甜荞高于苦荞；Vpp 含量苦荞高于甜荞。

3. 几种矿物质元素的含量

荞麦籽粒还含有硒（Se）、锌（Zn）、铁（Fe）、锰（Mn）、铜（Cu）、钙（Ca）、磷（p）等7种矿物质元素。其中，P 的含量较高，平均为 3700mg/L 左右；Ca 平均 300～400mg/L；Fe 平均 110～160mg/L；Zn、Mn、Cu 的含量平均为 10～30mg/L，各种元素之间含量差异还是比较大的。除 Zn 和 P 外，其他 5 种元素的含量，一般是甜荞高于苦荞。

省区之间荞麦资源几种矿物质元素平均含量无论哪种元素均有差异，如 Fe 元素，贵州平均 370～410mg/L，而广西平均仅为 60～75mg/L；Zn 元素广西 40.9mg/L，又高于内蒙 24mg/L。

新近研究表明，Se 是维护健康，防治某些疾病和地方病所必需的重要元素，医学临床用 Se 和维生素 E（Ve）防治心绞痛、心肌梗塞、克山病以及脂肪肝和肝坏死都有较好的效果。Se 是人体不可缺少的重要微量元素。

分析表明，荞麦籽粒 Se 的含量有地区性差别，全国荞麦 Se 的平均含量甜荞为 0.090mg/L，苦荞为 0.021mg/L；山西、云南、贵州、安徽、广西、江西等6省区的甜荞，山西、内蒙、贵州、广西等4省区的苦荞，Se 的平均含量，均高于全国平均水平。云南甜荞 Se 的含量，在全国被测的 15 个省区中处于第四位，云南苦荞 P 的平均含量处于第二位，Cu 含量则高居全国首位（见表4－21）。

4. 优异荞麦种质资源及分布

（1）高氨基酸荞麦种质资源与分布。氨基酸是蛋白质的最终水解产物，它的含量与蛋白质含量存在着显著的正相关，氨基酸总量高，蛋白质含量亦高。全国荞麦种质资源按氨基酸总量大于 14% 划分，有 62 份高氨基酸优质资源，其中甜荞 50 份，苦荞 12 份。云南氨基酸含量 14%～15% 的甜荞有 1 份，苦荞有 2 份，合计共 3 份，占全国总份数的 4.83%。荞麦资源赖氨酸含量在 0.80% 以上的全国有 128 份，其中甜荞 93 份，苦荞 35 份，云南甜荞有 3 份，苦荞有 1 份，共计 4 份，占全国总份数的 3.12%。含量在 0.90% 以上的高赖氨酸资源甜荞有 83 份，苦荞有 22 份，全国仅三个省区有，云南苦荞就占 16 份，占全国总份数的 72.72%，其次是西藏有 5 份，内蒙有 1 份（见表 4－22）。

（2）高 Ve、Vpp 的荞麦种质资源与分布：高 Ve 的荞麦种质资源分布较为广泛，含量在 2.5mg/100g 以上的有 70 份，甜荞 57 份，苦荞 13 份。云南仅有甜荞 3 份，占甜荞总数的 5.26%。高 Vpp 荞麦资源有 97 份，其中甜荞 32 份，苦荞 65 份。含量在 6～7mg/100g 的云南苦荞有 2 份；含量在 7mg/100g 以上的云南甜荞有 1 份，合计 3 份，占全国总份数的 3.2%（见表 4－22）。

（3）高硒（Se）含量的荞麦种质资源与分布。含量在 0.2mg/L 以上的高硒（Se）荞麦种质资源 76 份，甜荞 31 份，苦荞 45 份。高 Se 资源主要分布在山西，62 份，占 81.6%，其次是云南 5 份，占 6.6%。云南 Se 含量在 0.2～0.3mg/L 的甜荞有 1 份，大于 0.3mg/L 的甜荞有 4 份，无苦荞。高硒荞麦分布情况如表 4－23。

表 4 – 21 荞麦资源几种矿质元素平均含量表

Table 4 – 21 The average mineral content of buckwheat resources from the different provinces

种名	省区	Se（mg/L）	Zn（mg/L）	Fe（mg/L）	Mn（mg/L）	Ca（mg/L）	Cu（mg/L）	P（mg/L）
甜荞	全国	0.054	27.2	156.4	17.1	437.1	12.1	3682
	吉林	0.030	24.4	67.2	11.4	370.1	25.6	2405
	辽宁	0.052	33.1	279.1	28.7	828.2	14.9	4232
	内蒙	0.040	24.0	135.6	16.7	362.3	11.2	3769
	河北	0.045	27.2	82.1	13.0	308.4	11.1	3082
	山西	0.131	25.8	164.6	13.4	493.2	11.4	3337
	陕西	0.034	24.5	119.4	11.5	578.7	12.3	3687
	甘肃	0.029	30.3	98.9	16.6	481.8	9.9	4519
	青海	0.027	33.8	118.6	14.0	523.8	9.6	4650
	西藏	0.034	29.1	108.2	16.7	460.4	13.9	3253
	云南	0.090	24.2	283.2	22.9	420.1	12.2	2709
	贵州	0.093	34.0	372.5	35.8	600.2	23.8	3967
	四川	0.023	25.0	184.6	22.9	404.1	17.0	3240
	广西	0.066	40.9	60.6	34.2	318.7	5.5	3649
	安徽	0.104	31.6	405.6	28.5	455.5	9.8	3685
	江西	0.059	31.0	74.3	14.7	367.9	10.9	4278
苦荞	全国	0.050	29.0	115.7	11.8	308.4	9.2	3762
	内蒙	0.083	36.2	236.6	14.0	484.1	8.8	3839
	河北	0.017	46.1	99.3	10.5	210.7	10.3	3530
	山西	0.254	28.7	85.3	8.7	279.6	6.5	3387
	陕西	0.029	28.8	100.5	9.4	434.3	7.0	4412
	甘肃	0.035	16.6	58.6	6.3	362.6	5.5	3180
	青海	0.032	38.6	153.9	10.2	465.3	7.3	3441
	西藏	0.036	25.5	154.8	9.3	242.7	8.5	3587
	云南	0.021	24.9	98.2	14.9	254.3	15.8	4163
	贵州	0.060	31.2	412.8	17.2	399.9	8.4	3370
	四川	0.022	25.1	83.7	13.1	266.5	7.9	3690
	广西	0.056	59.0	77.8	17.2	246.0	6.3	4056

表 4－22

Table4－22

优异荞麦种质资源的全国地理分布

The geographic distribution of excellent buckwheat germplasm from the different provinces

省区	氨基酸总量（%）				合计（份）	赖氨酸（%）				合计（份）	维生素 E（Ve）（mg/100g）				合计（份）	维生素 PP（Vpp）（mg/100g）				合计（份）
	14～15.0		>15			0.8～0.9		>0.9			2.5～3.0		>3.0			6.0～7.0		>7.0		
	甜荞	苦荞	甜荞	苦荞		甜荞	苦荞	甜荞	苦荞		甜荞	苦荞	甜荞	苦荞		甜荞	苦荞	甜荞	苦荞	
辽宁	1				1	12				12	2				2	1				1
内蒙	5		2	2	9	14	1	1	1	17	3		5		8	4		2		6
河北	1				1	2				2	1	1	6		8	7		3		10
山西	10		3	1	14	15	1			16	1	2	3		6	5		1	2	8
陕西	2	1			3	11	3	1		15			2		2		19		23	42
甘肃	9	1	3		13	11	1	1		13	3				3	4	2	1		7
青海	7		3		10	9		5		14	3	1	4	1	9					
西藏		5			5		6		5	11		2	1	4	7		2		4	6
云南	1	2			3	3	1		16	20	3				3		2	1		3
贵州						1				1							6		4	10
四川														2	2	1				1
广西											1				1	1		1	1	3
安徽						1				1	3		2		5					
江西	2				2	4		1		5	8		6		14					
国外	1				1			1		1										
合计	39	9	11	3	62	83	13	10	22	128	28	6	29	7	70	23	31	9	34	97

表 4－23 高硒（Se）荞麦资源的地理分布
Table 4－23 The geographic distribution of high selenium buckwheat germplasm

省（区）	0.20～0.30（mg/L）		>0.30（mg/L）		合计
	甜荞	苦荞	甜荞	苦荞	
内蒙	1		2		3
河北			1		1
山西	12	27	5	18	62
云南	1		4		5
贵州	1				1
安徽	4				4
合计	19	27	12	18	76

云南荞麦种质资源中总氨基酸含量高的有 3 份，赖氨酸含量高的有 20 份，维生素 E 含量高的有 3 份，维生素 PP 含量高的有 3 份，微量元素硒含量高的有 5 份，共 34 份，占全国总数 431 份的 7.89%（见表 4－24），仅次于山西（108 份），内蒙（44 份）居第三位。

表 4－24 云南荞麦优异种质资源统计表
Table 4－24 The excellent buckwheat germplasm resources in Yunnan

项目	甜荞		苦荞		合计（份）
氨基酸总量（%）	14～15	>15	14～15	>15	3
	1	0	2	0	
赖氨酸（%）	0.8～0.9	>0.9	0.8～0.9	>0.9	20
	3	0	1	16	
维生素 E（Ve）（mg/100g）	2.5～3.0	>3.0	2.5～3.0	>3.0	3
	3	0	0	0	
维生素 PP（Vpp）（mg/100g）	6.0～7.0	>7.0	6.0～7.0	>7.0	3
	0	1	2	0	
硒（Se）（mg/L）	0.2～0.3	>0.3	0.2～0.3	>0.3	3
	1	4	0	0	
合计（份）	8	5	5	16	34

第九节 籽粒苋

籽粒苋 *Amaranthus* spp. 苋科苋属，为一年生草本植物，云南俗称仙米、小米、小米菜、旱菜、凤尾子等。苋科植物全世界有 60 个属 850 多个种，中国有 13 个属 39 个种。籽粒苋属植物有 11 个种，云南已完成收集入库 7 个种，保存有 200 多份原始资源材料。

籽粒苋是双子叶、直根系植物。抗逆性强、适应性广、抗旱耐瘠、病虫害少，可在酸性、碱性强的盐碱土、砂土、胶泥土、瘦红土等各种土壤上生长。需水量少，仅用玉米需水量的45.1%便能完成整个生长发育过程。生产节令要求不严，正常生产春播、夏播都可以，幼苗移栽易成活，一年能几种几收，很适合云南的自然气候。籽粒苋植株生命力很强，荒山坡地，田边地角，房前屋后都能生长。即使遭到人畜践踏，只要根在土中，仍能继续生长，苗仅几厘米也能开花结籽，遗传后代。由于种子是光滑的小坚果，若遇干旱，土壤板结，可在土壤中长期潜伏不萌发，一旦条件适宜，便很快发芽生长。籽粒苋不耐涝，水淹48小时后便因根部缺氧窒息而死。

籽粒苋栽培要获得高产，仍需满足其对水肥、光热的基本要求。籽粒苋是一种高光效、短日照作物。环境好，水肥充足，生长特别迅速，出苗后45天便可长到1m以上。两个月后，植株高大挺拔、枝叶繁茂，生长旺盛。

一、基本性状

籽粒苋品种鉴定，主要从株高、茎色、叶色、花序、花序色、花序性、主花序长度、粒色、千粒重、全生育期等10项最基本的植物学特征特性及经济技术指标进行评价。

1. 株　高

入库206份材料平均株高160.8cm，低于平均数的有102份，高于161cm有104份，最高的是陆良县的召夸老来红（国家编号ZX000707、省编号91－22）253cm；最矮的是安宁市的黄小米（国家编号ZX000713、省编号91－38）102cm。生长习性上除一份凹头苋（国家编号ZX000727、省编号T060）匍伏生长外，其余均直立生长。

2. 茎　粗

主茎粗壮直立，具钝棱，近地处最粗直径达4cm，根系发达，主根入土深达1.0～1.5m。开花前主茎和分枝肉质，柔嫩多汁。茎色以绿色为主，有红、白、紫等色。开花后茎秆逐渐木质化，其茎色变为白、红、紫等和纵向相间的条红、条绿、条紫等色。

3. 叶　片

叶片为菱状卵圆形或菱状披针形、矩圆形、钻形等多种。全缘或波状，顶端锐尖、钝圆或微凹。叶长3～15cm，宽1.5～5.5cm，叶无毛或疏生柔毛；叶柄长3～10cm，无毛或有细柔毛。

叶色复杂多变，无规律可循。大体上分为绿色、黑绿、翠绿、淡绿，紫色、深紫、浅紫、红色、玫红、淡红和外绿内红、外紫内绿、内红外绿等多种多样，生长后期同株叶色由多种颜色趋向于红、绿、黄、紫等中的一种色。

4. 花序（穗）

圆锥花序腋生或顶生，由多数穗状花序组成。花单性或杂性，很小。雌雄蕊混生或单生，子房上位，花柱2～4个，苞片钻形干膜质，胞果卵形、圆形、扁球形，盖裂或不裂，包裹在宿存花被片内，花被片矩形或披针形，顶端芒刺有、无或不明显。

5. 花序（穗）色

籽粒苋以其色彩缤纷的茎色、叶色、花序（穗）色在自然界中引人注目。花序色由苞片、小苞片、花被片等花器片、膜的颜色共同组成。以红、绿、黄、紫为主，其次为棕色、棕红、棕黄、深棕、浅棕、墨绿、草绿、玫红、粉红等多种多样、五彩缤纷的色彩组成，十分绚丽。有些已作为园林绿化、美化环境的观赏品种。入库种质中，花序色大致可归并为：紫色79份、绿色59份，红色18份，棕红、红棕28份，玫红7份，其余为棕黄、褐黄等色的15份。

6. 花序性

花序性主要分直立和下垂两大类型，在征集入库的7个大类中，只有尾穗苋为圆锥花序下垂，穗状花序的均以直立型为主。而穗状花序的苋（*A*・*tricolor*）有的穗颈部弯曲呈下垂状，有的穗顶端主轴向下弯曲。云南入库种质中，直立型的穗状花序有182份，下垂型的圆锥花序有

24 份。

7. **主花序长度**

指主茎上端花序（穗）的长度。花序长度从主穗基部花簇着生密集、互相挤擦处开始至顶端的长度计算。入库品种主花序长度平均为 48.44cm，最长的是双江县“小米”（国家编号 ZX000657、省编号 T07）长 81cm；最短的是官渡区的“绿旱菜”，又称凹头苋（国家编号 ZX000727、省编号 T60）仅 7cm，与最长者相比差 11.5 倍。主花序长度从入库总数统计结果看出，40cm 以下的有 24 份，41～50cm 的有 73 份，51～60cm 的有 54 份，61～70cm 的有 44 份，71cm 以上的有 11 份。主要集中在 41～60cm 之间，共计 127 份，占 61.65%。

8. **粒　色**

粒色是鉴定品种的主要依据之一，如千穗谷的种子为象牙白色，尾穗苋的种子为水红色至玫瑰红色，苋（*A·tricolor*）的种子为黑色，其他粒色还有棕色、褐色、枣肉色、金黄色，以及深棕至浅棕，黑、红、黄等多种颜色。在 206 份资源中，白色 59 份，占 29%；棕色 51 份，占 25%；黑色 32 份，占 15.5%；黑棕色 30 份，占 14.6%；红色 19 份，占 9.2%；玫瑰红 11 份，占 5.3%；棕黄色、黑棕色、金黄色、枣肉色各 1 份。

9. **千粒重**

籽粒苋种子细小、光亮，直径只有 1mm，表面平滑坚硬。品种间千粒重的差距比较大，千粒重最高的是祥云县“球穗黄仙米”（国家编号 ZX000689、省编号 T43）1.2g；最低的是官渡区的“绿旱菜”（国家编号 ZX000727、省编号 T60）只有 0.53g。多数品种在 0.7～1.0g 之间，平均 0.86g，1g 以上的只有 10 份。

10. **全生育期（出苗至种子成熟）**

籽粒苋的籽粒壁厚、硬而光滑，吸水性差，土壤含水量在 50% 以上时才能萌发。由于受播种沟内土粒大小，种子入土深浅等影响，同一品种，同一沟（塘）内出苗时间也不相同，入土深者水分满足，出苗早，反之则晚。但不能深播，因幼茎特别纤细，顶土力弱。从田间观察统计结果看，全生育期平均为 117 天。最长的是马龙县的“绿马尾仙米”（国家编号 ZX000741、省编号 T70）138 天，最短的是新平县的“马尾细米”（国家编号 ZX000674、省编号 T23）100 天。多数品种生育期在 110 天左右。成熟的种子如不及时收获，一遇风吹雨打或人畜碰撞便自行散落造成损失。

二、几种籽粒苋的特点

根据籽粒苋的茎叶和叶柄有无茸毛，叶柄侧有无小刺，叶形、分枝，花单性或杂性，花簇着生部位，花序腋生或顶生，花被片形状、长短及芒尖（刺）有无，雌雄蕊颜色及长短，苞果形状，裂、皱等多种性状，鉴定和区分不同的籽粒苋种。根据这些标准，云南征集的 206 份种质资源经鉴定分类，其中尾穗苋 30 份，千穗谷 48 份，绿穗苋 28 份，西方（西风）谷 42 份，苋 54 份，凹头苋 2 份，刺苋 2 份。

1. **尾穗苋 *Amaranthus caudatus* L.**

尾穗苋又名老枪谷，云南民间称马尾仙米、凤尾子、红吊挂、黄吊挂等。一年生草本，高 80～160cm，茎直立，粗壮，具棱角，在茎上部多少被有开展的毛。多分枝。叶片卵形或菱形，全株有绿、白绿、淡红等色，叶片长 5～16cm，宽 2～8cm，叶顶端短、渐尖或圆钝，具芒尖，基部楔形，稍不对称，全缘或波状缘，两面无毛；叶柄长 4～15cm。圆锥花序，顶生和腋生，常下垂，有多数分枝，其顶部中央分枝最长，花密集成团；苞片及小苞片披针形，长 3mm，有红色、绿色及白绿色、紫色不等组成花序色，苞片顶端尖，边缘疏齿，背面有一脉；花被片 5 枚，长 2～2.5mm，雄花的花被片卵状长圆形，具短尖头、紫色，雌花花被片卵状至匙形，雄蕊外露，柱头3枚，长不及1mm。胞果近球形，直径约3mm，种子近球形，直径1mm，淡红色至玫红色，具光泽，花果期9～11月，全生育期122～131天。

尾穗苋的最大典型性状特征在于花穗长而下垂，中央主穗特长，籽粒淡红色，花被片胞果短，叶片顶端较钝。

2. 千穗谷 *Amaranthus hypochondriacus* L.

千穗谷民间俗称仙米、小米菜等。一年生草本，株高90～200cm。叶和茎的颜色有绿、紫、条红、条紫等，但以绿色为主。有分枝，无毛或微有柔毛。叶片菱状卵形或矩圆状披针形，长4～12cm，宽2～4cm，顶端急尖或渐尖，具凸尖，基部楔形，全缘或波状缘，无毛，叶面常带紫色；叶柄长2～7.5cm，无毛。圆锥花序，顶生，直立，近圆柱形，长达20～40cm，直径约2～5cm，主穗下部有分枝，由多数穗状花序形成侧生（腋生），穗较短，花簇生在花序上排列密集。苞片及小苞片钻形，长约5mm，为花被片的2倍，绿、红、黄及多种颜色，具中脉，并延长成芒尖；花器雄蕊五枚，雌蕊2～3枚。胞果近菱状卵形，长3～4mm，环状横裂，绿、淡绿等多种颜色，露出花被外。籽粒近球形，直径约1mm，白色，千粒重0.85～1.00g。花期7～8月，果期8～9月。

千穗谷的典型特点是苞片长为花被片的2倍，花被片顶端急尖，籽粒白色，与西方谷极易区别。

3. 西方（西风）谷 *Amaranthus cruentus* L.

西方谷又名繁穗苋，云南俗称小米菜、白苋菜（腾冲县）、麦色（丽江县）、天雪米（宜良县）、恤米（华坪县）。一年生草本，株高150～210cm，整株无毛，茎秆粗壮。叶片菱形或披针形，长6.5～12cm，宽6～7cm；顶端渐尖，基部楔形；叶脉5～7条，具叶柄，长3～6cm。圆锥花序，顶生或腋生，具苞片，雄花少，苞片于果期伸长；花被片5枚，披针形，长约2.5mm；雄蕊5枚，花药椭圆形，长约1.5mm；子房卵圆形，柱头3枚。胞果卵状圆锥形，沿中线盖裂，长2mm，光滑；种子直径1mm，黑色或棕色至深棕、浅棕色，极少数有金黄色边缘增厚或渐狭，千粒重0.73～1.03g。全生育期120～139天。

西方（西风）谷和老枪谷相近，区别为圆锥花序直立或果期主花序弯曲下垂，苞叶及花被片顶端芒刺明显；花被片和胞果等长。又和千穗谷相近，区别为雌花苞片为花被片长的1.5倍，花被片顶端圆钝。

4. 苋 *Amaranthus tricolor* L.

苋俗称小米菜、仙米菜、天仙米等，一年生草本，高60～180cm。茎色呈绿色或红色，常分枝，幼时近无毛。叶片卵状披针形或菱状卵圆形及卵形，长4～12cm，宽2～8cm，绿色或常为红色、紫色、紫红色加杂其他颜色；先端圆钝或微凹，具凸尖，基部窄楔形，全缘或波状缘，无毛；叶柄长2～6cm，绿色或红紫色。花簇腋生或顶生，组成短穗状下垂花序，花簇也有球形，直径约1.5～5cm；雌雄花混生；苞片和小苞片卵状披针形，长约3mm，半透明，顶端有1长芒尖，背面具1绿色或红色及其他色隆起中脉。花被片矩圆形，长3～4mm，绿色或黄绿及其他色；雄蕊比花被片长（或短）。胞果卵状矩圆形，长2～2.5mm，环状横裂，包裹在宿存花被片内。籽粒近圆形或倒卵形，直径约1mm，黑色或黑棕色，千粒重0.73～1.20g，边缘钝，具光泽。全生育期115～128天。

苋的典型特征是籽粒呈黑色或黑棕色，叶片以绿色和红色为主，有的杂有各种颜色可供观赏。又称雁来红、老少年、老来少等。苋的部分品种花簇呈圆球形，十分美观。

5. 绿穗苋 *Amaranthus viridis* L.

绿穗苋民间称绿苋菜、小米菜、苋菜等，一年生草本，高60～120cm。全株无毛；茎直立，少分枝，绿色或带紫条色。叶片卵形、卵状矩圆形或卵状长圆形，长3～9cm，宽2.5～6cm，顶端尖或凹缺，少数圆钝，有1芒尖，基部楔形，全缘或微波状缘；叶柄长3~7cm，绿色。圆锥花序顶生，长6~12cm，宽1.5~3cm，具分枝，由穗状花序形成，圆柱形，细长、直立，顶生花序比侧生花序长；总花梗长2~4cm，苞片及小苞片披针形，长不及1mm，顶端具凸尖；花被片矩圆形或宽倒披针形，长约1.2~1.5mm，内曲，顶端急尖，背部有1绿色隆起中脉；雄蕊比花被短；柱头2或3枚。胞果扁球形，直径约2mm。绿色，不裂，满布皱纹，外露。籽粒近球形，直径约1mm，黑色或黑褐色，具薄而锐的环状边缘。千粒重0.53~0.91g。主产于云南的沧源、耿马、绿春、元阳、河口、元江、富宁、勐腊等县的低山林地边缘，于海拔600~1200m的温热地区。生育期在130天以上。

绿穗苋的典型特征是胞果绿色扁球形，不裂，满布皱纹，外露，易落粒，籽粒黑色或黑褐色，具薄而锐的环状边缘。

6. 凹头苋 *Amaranthus lividus* L.

凹头苋云南称红旱菜、野旱菜，一年生草本，农家种株高61~109cm，全株光滑无毛，茎、叶深紫红色，从基部分枝，分枝多而斜向上升。叶片卵形或菱状卵形，长4~11cm，宽3~7cm，叶顶端明显凹陷，中脉顶端有芒尖，基部宽楔形，全缘，叶柄长2~2.5cm。由腋生花簇组成直立穗状花序，长4~6.2cm；苞片及小苞片矩圆形，长不及1mm；花被片矩圆形或披针形，长约1.5mm。淡黄色，顶端急尖，边缘内曲，背部有隆起中脉；雄蕊比花被片短；柱头3或2枚，果期脱落。苞果扁卵形，长3mm，不裂，微皱缩而近平滑，超出宿存花被片；籽粒环形，直径约1.2mm，黑色至黑褐色，边缘具环状边，千粒重0.53~0.77g。花期在8~9月，果期9~10月。

凹头苋野生种所不同的是在旷野地匍伏生长。茎平卧而上升，茎从地上部分开始分枝。向四周辐射生长，茎、叶淡红色，叶面绿，背微红，顶端凹缺。在玉米地里株高（主茎长）20~40cm。叶片小，长卵形，长2~3cm，宽1~1.5cm，叶柄长1cm。圆锥花序顶生和腋生，花序小，长2~7cm。野生种的抗逆性和适应性特别强。分布于昆明、玉溪、大理、曲靖、保山等市，于海拔1800~2900m的向阳坡田埂、玉米地、果园、菜地、沟边及房前屋后有水源的地方。

凹头苋的典型特征是叶片顶端有明显凹缺，农家种全株紫红色，野生种为绿色或绿红色。

7. 刺苋 *Amaranthus spinosus* L.

刺苋民间称刺苋米、猪食草、刺酒米（西双版纳）。一年生草本，株高110~217cm。茎直立，多分枝，具绿、白相间纵条纹，无毛或稍有微细柔毛。叶片绿色，卵状披针形或菱状卵形，长3~12cm，宽1.5~5.5cm，顶端钝，具微芒尖，基部楔形、全缘，无毛或被微柔毛；叶柄长1~8cm，近无毛，在叶柄左右各有1刺，刺长5~10mm。圆锥花序腋生及顶生，长3~5.6cm，有时下部穗状花序全为雄花。苞片在花簇及顶生花穗基部者变为尖锐直刺；在上部者成狭披针形，长1.5mm；小苞片狭披针形，长约1.5mm；花被片绿色，顶端急尖，具凸尖，边缘透明，雄花中花被片呈卵状或卵状椭圆形；雌花中花被片呈匙形，长1~1.5mm；雄蕊5枚，与花被片等长或略短；柱头2~3枚。胞果矩圆形与花被片近等长，盖裂或不开裂。籽粒近球形，直径约1mm，黑色，千粒重0.73~0.80g。产于沧源、耿马、勐腊、景洪、金平、元阳、马关、富宁及景东、潞西等县市，于海拔550~1700m的温热河谷地区，生育期150天左右。

刺苋的最大典型特征是每个叶柄的基部两侧各有1根5~10mm长的刺，苞片在花簇及顶生花穗基部变为尖锐的刺，触摸有扎手感，种子细小，易脱落。

8. 鸡冠花 *Celosia Cristata*

鸡冠花为苋科一年生草本植物，云南全省各地都有。株高视水肥而异，可由34~151cm，茎粗0.37~1.20cm，叶绿色卵形，卵状披针形，长6.1~8.2cm，宽3.3~4.7cm，叶柄细长，约3~4cm，绿色。茎秆向阳面呈水红色，十分美观。夏秋季开花，穗状花序由于带化观象而成扁平鸡冠状，有时羽毛状，鲜艳夺目。一个大花序下面有数个较小分枝；花被片红色、紫色、黄色、橙色或红黄相间、红紫相间不等，颜色不一，品种甚多。种子黑色光亮，千粒重2.21g。另外，还有千日红、青葙、锦绣苋等一并供观赏。鸡冠花还可作药用，中药学上以花和种子入药，花功能清热止血，主治赤痢、便血、崩漏带下等症；种子功能清肝明目，主治目赤肿痛，翳障昏花等眼疾。

表4－25 云南籽粒苋主要性状及资源份数表

Table 4－25 The main character and collection numbers of amaranthus resource from Yunnan

种名	株高（cm）	茎叶色及性状	花序色及花序性状	全生育期（天）	粒色	份数
尾穗苋	80～160	茎直立粗壮，具棱，叶卵形或菱形，有白、绿、红等色	圆锥花序，有红、绿、黄、玫红等色，下垂，长20～86cm	122～131	水红至玫红	30
千穗谷	90～200	茎叶绿、紫、红等色，叶菱卵、矩圆等	圆锥花序顶生，直立，长20～40cm	130～141	白色	48
西方谷	150～210	茎粗壮，叶菱形或披针形，顶端渐尖，基部楔形，白绿色或淡绿	圆锥花序顶生或腋生，具苞片，雄花少	120～139	黑色或深棕色	42
苋	60～180	茎叶绿色或红色，长分枝，叶卵状或菱状卵圆形	花簇腋生或顶生，组成短穗状花序下垂，绿色或红色	115～128	黑色或棕色	54
绿穗苋	60～120	茎直立少分枝，绿色或带紫色条纹，叶卵形或卵状矩圆形，全缘或微波状缘，绿色	圆锥花序项生、直立，圆柱形，顶生花序比侧生花序长，总长约15～30cm	130～156	黑色或黑褐色，满布皱纹	28
凹头苋	61～109	茎叶深紫红色，叶片卵形或菱状卵形，全缘，叶片顶端明显有凹陷	由腋生花簇组成直立穗状花序，长4～6cm，紫色、淡紫色、绿色	90～120	黑色	2
刺苋	110～217	茎直立多分枝，具绿白相间纵条纹，叶卵状披针形或菱状卵圆形，全缘，顶端钝，绿色至深绿色	圆锥花序腋生及顶生，长3～5.6cm，有的下部穗状花序全为雄花，绿色	150～180	黑色	2

三、优异种质资源

全国籽粒苋种质资源中具有某种特异性状种质的品种不多。“八五”（1991～1995年）期间，入库1073份品种中，凹头苋的只有3份。云南有2份，一份是农家种，一份是野生种。另外，从云南现有的200多份材料中，鉴定出16份球穗型的品种。其中，千穗谷6份，西方谷6份，绿穗苋4份。球穗型品种的特点是：小花密集成簇，花簇球形，腋生和顶生，组成球穗状花序，穗色有红、绿、黄、紫、棕、灰等。球穗型的籽粒苋除了具有籽粒苋的基本特征特性外，还具有一定的观赏价值，1999年被列入“中国昆明世界园艺博览会”瓜果园的展示品种。还有许多穗色、叶色纯红、纯黄、纯紫的品种，可以作园艺观赏植物。

日本学者阪本宁男是研究糯食文化的专家，1976～1983年，他多次从印度、巴基斯坦、尼泊尔、阿富汗、中国、朝鲜、韩国等许多亚洲国家采集到几百份籽粒苋标本，用最简单的碘化钾溶液染色鉴定办法，被碘液染成蓝色的籽粒苋属粳性，染成红色的是糯性。染成蓝色的但其淀粉中有14%～22%的支链淀粉，86%～78%的直链淀粉；而被染成红褐色的籽粒苋含有100%的支链淀粉，所得结果与禾本科植物的粳—糯情况基本一致。据此，可明确判断前者为粳性，后者为糯性，苋科作物属双子叶植物，双子叶植物的贮藏淀粉中有糯性淀粉，这在以前是从未有过的。这也是籽粒苋一种特殊的优异性状。

第十节　藜

藜科植物（Chenopodiaceae）在自然界里是很庞大的一个物种群，常见的有作蔬菜用的菠菜、莙达菜（牛皮菜）、灰条菜，制糖用的甜菜，制药用的土荆芥、猪毛菜等；还有大量的藜科植物如滨藜、沙蓬是荒漠、盐碱地的主要牧草和覆盖植被，梭梭是重要的荒山、沙漠、干旱地区造林绿化，防风固沙的主要树种。还有很多小型藜科植物都是生物多样性的重要成员。随着人类生产活动范围的迅速扩大，致使藜科植物从自然界中逐步减少，这对人类生存环境是一种潜在的不利影响。为了保护农田和荒漠的生态环境，对藜科野生种质和栽培种质都应及时进行收集保存、开发利用，这也是扩大丰富人与自然和谐统一的一项内容。现已收集到的藜是食用型的，有藜、杖藜、小藜3个种。

一、杖　藜

杖藜 *Chenopodium giganteum* D. Don 为藜科藜属植物，俗名大灰条、红心灰条，双子叶一年生大型草本。株高233～247cm，茎粗2.8～3.3cm，多分枝。茎粗壮直立向上，基部直径达5cm，具钝棱，茎色呈红绿纵向相间的直条纹。叶背面绿色，中心红色，菱状卵形，长13～15cm，宽7～8cm；叶柄长4～6cm，叶边缘有波状钝齿，基部宽楔形，上面深绿色，背面被有粉状物。花小，两性，聚成小簇，再排列枝端成圆锥花序，主花序长30～54cm，暗紫红色、下垂。花被裂片五枚，宽卵形至椭圆形，有粉；雄蕊五枚，伸出花被外，果实包于花被内。果皮薄，与籽粒紧贴，种子横生，双凸镜状，黑色、有光泽，直径约2～4mm，边缘钝，表面具浅网纹，千粒重2.3g，用途可榨油，做馅。幼苗及嫩尖作蔬菜和畜禽青饲料。茎秆木质化后轻而坚，可作拐杖，故称“杖藜”，全生育期151天。

二、小　藜

小藜 *Chenopodium serotinum* L. 小藜与杖藜在农艺性状和经济性状上有较大的不同。凡有人群，堆放垃圾的地方就有小藜。多生长于荒废空地，房前屋后，沟边路旁，乱石杂物空隙。抗逆性、适应性极强，生育期短，约80～90天，种子成熟即散落自然萌发，属野生、半野生植物。未采摘过的株高视水肥条件而异，可由十几厘米到一二百厘米不等，一般株高60～100cm，茎粗0.6～1.5cm，一级分枝在20个以上，由叶腋间萌发。茎和分枝绿色，间有白色直条纹，向阳面为淡红紫色，背阴面为绿色。根系发达，入土深，抗旱耐涝。叶片黑绿色，戟形，通常三浅裂，先端钝，具短尖头，正、背面有细粉，叶长5.2cm，宽4.1cm，叶柄较细，长4.8cm，叶缘有波状大齿，侧裂片位于中部以下，通常各具二浅裂。茎中部以上的分枝变短，叶片依次变小、变窄，呈条状。花呈两性，花朵小，数朵团聚于枝的上部，组成开展的圆锥花序，长2～5cm；花被近球形，5深裂，裂片宽卵形，不开裂，背面具纵隆脊亦有白粉；花药5枚，黄色。开花时外伸；柱头2枚、丝状、胞果。果实包于花被内，果皮薄，与种子紧贴；种子淡黑色、扁圆，双凸透镜状，中部略凹陷。直径约1mm。千粒重0.5～0.9g，成熟后极易散落。用途以采摘嫩尖和幼苗作蔬菜或青饲料，也可作绿肥，萌发力极强，边采摘边萌发，直至老化。

三、藜

藜 *Chenopodium album* L. 俗称灰条菜、灰苋菜，又名滇灰藜，一年生草本。株高 150～206cm，茎直立粗壮，具条棱、紫色至红色。基部和土表主根木质化，20cm 以上则分枝渐多，斜向生长。叶片菱状卵形至宽卵状披针形，长 4.5～6cm，宽 2.5～6cm，顶端钝尖，基部楔形，老叶面上无毛、无粉，但嫩叶面上被紫红色粉，叶面下也有粉；叶缘具不整齐锯齿；叶柄与叶片等长，约 4～6cm。花两性，花簇生枝上部叶柄内，排列成小狭穗状花序；花被裂 5 片，卵形至椭圆形，背面具纵隆脊，被粉，顶端微凹，边缘膜质；雄蕊 5 枚，花药伸出花被外；柱头 2 裂。果皮与种子贴生，籽粒双凸透镜状，横生，直径约 1.5mm，边缘钝，黑色，平滑有光泽，表面具浅沟丝。全生育期 90～210 天。

分布全省各地，海拔可达 3000 米地区。多为农田杂草，自生自灭，无专门种植，嫩苗、嫩尖可作蔬菜食用，十分可口，茎叶可作畜禽饲料。二荒地上成片的野生灰藜可作绿肥。全草入药，可代“地肤子”使用。

第十一节　地　肤

地肤 *Kochia scoparia*（L.）Schrad 为藜科地肤属（*Kochia* Roth），双子叶，一年生草本植物，亦称扫帚菜、地肤子、条帚苗。地肤属植物约有 16～21 个种，中国有 7 个种，全国各地均有分布，主要生长在温暖湿润的地方。

一、地肤的农艺性状

地肤苗高 10～200cm 不等，因随水肥而异，成形植株由很多细小分枝组成，株形呈卵形、球形、纺锤形、倒卵形多种。茎圆柱形、半木质化，直径 1.5～5cm，具条状钝棱。根呈纺锤形，入土深而扭曲，固着力很强。叶淡绿色，线状披针形，长 8～10cm，宽 0.7～1.0cm。叶片通常有三条明显的叶脉，中间主脉较粗，两边侧脉与叶缘平行至叶尖归拢；尖端短渐尖，基部狭楔形，具短柄，边缘有疏生的锈色绢状缘毛。茎上部的叶较小，无柄、具中脉。幼苗期全株被毛，中后期自然脱落。小枝稀疏，斜向生长。秋季开花，小，花两性，通常 1～3 朵，簇生于上部叶腋间，组成疏散的穗状圆锥花序，被以锈色柔毛。花被近扁球形。淡黄绿色，花被裂片近三角形，稍被毛，各片背上有一水平扩张的翅，翅端的附属物呈三角形至倒卵形，有时近扇形，膜质，边缘微波状或具缺刻。花丝丝状，花药淡黄色；柱头 2 枚，丝状，黄色；花柱极短。胞果扁球形，包于花被片内，果皮膜质与种子离生。种子卵形，黑褐色，长 1.5～2.0mm，稍具光泽，千粒重 0.8～1.3g。

二、地肤的主要用途

地肤开花前枝叶柔嫩多汁，可作蔬菜和畜禽饲料。地肤抗旱耐瘠，幼苗期以后特耐盐碱。据河北省沧州地区农科所测定，几种主要作物耐盐极限程度的土壤含盐量为：龙爪稷耐受 0.53%，籽粒苋耐受 0.40%，稗类耐受 0.30%，而地肤苗耐盐极限可达 0.80%。中国东南沿海盐渍土地常用地肤种于其他作物不能生长的滨海盐渍土地上，用作蔬菜和青绿饲料。如每平方米面积种植地肤 4～5 株，一季可带走土壤盐份 0.1% 左右，成为当地主要的脱盐作物。也是该地区一种不可缺少的绿肥和饲料。在云南多生于宅旁路边、荒山坡地、房前屋后及果园菜地等闲田空地上，在昆明全生育期 120～166 天。

夏、秋季节，广大农村饲养小家畜家禽主要就是以地肤青绿实体作饲草饲料。也可与玉米茎秆等共同作青贮饲料。种子即是中药地肤子，中医学上入药，药性性寒，味甘苦，功能清湿热，利小便，主治皮肤温疮，小便淋沥，脚气水肿等症。茎秆木质化后可作为扫帚或燃料。

参考文献

〔1〕（清）吴其浚（1789－1847）编著．植物名实图考．北京：商务印书馆，1959，12：16～17，167～173，172～174，191～192
〔2〕山西省忻县地区农业科学研究所编著．杂交高粱—选育、制种、栽培．北京：科学出版社，1972，11：1～3
〔3〕山西省忻县地区农业科学研究所编著．高粱．北京：中国科学出版社，1976，10：5～6
〔4〕辽宁省农业科学院李振武编．高粱栽培技术．北京：中国农业出版社，1981，6：1～5
〔5〕冯德培，谈家桢，王鸣岐，等编著．简明生物学词典．上海：辞书出版社，1982.12：792，1168，1360，1433，1508，1642，1689
〔6〕陆大彪，王天云，史锁达编著．荞麦．北京：科学普及出版社，1986，10：1～7，17～28
〔7〕内蒙古农业科学院，中国农业科学院作物品种资源研究所主编．中国荞麦品种资源目录．第一辑．呼和浩特内蒙古农科院，1986，12：88～93，132～143
〔8〕李克来，杨珍，张爱香译．荞麦的遗传育种和良种繁育．北京：农业出版社，1987，3：1～4
〔9〕山西省农业科学院主编．中国谷子栽培学．北京：农业出版社，1987，5：11～15
〔10〕山西省农业科学院品种资源研究所，内蒙古自治区伊盟农业科学研究所主编．中国黍稷（糜）品种资源目录（续编一）．1987，12：53～54
〔11〕辽宁省农业科学院主编．中国高粱栽培学．北京：农业出版社，1988，12：42～43
〔12〕杨毓才编著．云南各民族经济发展史．昆明：云南民族出版社，1989，10：8～10
〔13〕马缘生主编．作物种质资源保存技术，北京：学术书刊出版社，1989，12：2～5
〔14〕王振鸿．用途广泛的甜高粱．云南农业科技，1990，3：31～32
〔15〕王振鸿．云南高粱品种资源初步研究．云南农业科技，1991，2：24～25
〔16〕中国农业科学院作物品种资源研究所主编．中国谷子遗传资源目录（1986－1990）．北京：农业出版社，1991，5：Ⅰ～Ⅲ，272，316
〔17〕云南省农科院科技情报研究所编．国外农业科学．第十四期．李成云译．阪本宁男．糯性籽粒苋的发现．1992,9～12
〔18〕和继祖，王应兰，刘家迅．云南籽粒苋品种资源．云南农业科技，1992，5：29～30
〔19〕中国农业科学院作物品种资源研究所，辽宁省农业科学院主编．中国高粱品种资源目录，1982～1989（续编）．北京：农业出版社，1992，12：Ⅳ～Ⅷ，118～123，180，182，190，198～200，207，209，217
〔20〕杨克理，陆大彪，李根久．中国荞麦种质资源品质鉴定．荞麦动态．1993，2：1～7
〔21〕张喜文，武钊编著．谷子栽培生理．北京：中国农业科技出版社，1993，3：1～6
〔22〕林汝法主编．中国荞麦．北京：中国农业出版社，1994，8：1～5，72～89，92～93
〔23〕中国农业科学院作物品种资源研究所主编．中国谷子及其粟类作物遗传资源目录（1991～1995）．北京：中国农业出版社，1995，12：278～281，340，356～357，370～373
〔24〕中国农业科学院作物品种资源研究所主编．中国荞麦遗传资源目录．第二辑．中国农业出版社，1996，1：34，53～54，60
〔25〕李桂兰，乔亚科．薏苡的植物学及遗传学研究，国外农业：杂粮作物．1996，2：16～19
〔26〕柴岩．云南糜子概况，粟类作物（糜子专辑）．1997，1：34
〔27〕中国科学院植物研究所编著．中国植物志．北京：科学出版社，1997，3，第10卷第2分册：127～128.
〔28〕王振鸿．云南籽粒苋品种资源研究概况．云南农业科技．1997，3：23～24
〔29〕中国农业科学院作物品种资源研究所主编．中国稀有作物资源遗传目录．北京：中国农业出版社，

1998，7：38～43，68～69，90～91

〔30〕中国农业科学院作物品种资源研究所主编．中国高粱品种资源目录，1991～1995年续编二．北京：中国农业出版社，1998，11：387～391

〔31〕柴岩主编．糜子．北京：中国农业出版社，1999，2：42～43

〔32〕陈成斌，广西薏苡资源的保护、收集、整理与利用．广西农业科学．2000，3：10～13

〔33〕中国科学院昆明植物研究所编著．云南植物志（种子植物）第11卷．北京：科学出版社，2000，9：（荞）363～370，（地肤）392，（藜）400～401，（苋）404～409

〔34〕赵晓明主编．薏苡．北京：中国林业出版社，2000，11：1～3，11～16

〔35〕中国农业科学院作物品种资源研究所主编．中国谷子及其粟类作物资源遗传目录（1996～2000）．2000，12：30～33，36～37，40～41

〔36〕杨巨芒，蒲文生．紫云县薏苡黑粉病发生原因及防治对策．植物医生．第15卷第3期，2002，6：13～14

〔37〕中国农业科学院昆明植物研究所编著．云南植物志．第九卷．741．北京：科学出版社，2003，9

第五章　云南野生荞麦资源研究

第一节　中国野生荞麦资源的分类

根据日本京都大学植物分类学家 Ohnishi 关于荞麦归属问题的论述和其他相关资料的报道，Linnaeus 于 1753 年首次把荞麦归于蓼科 Polygonaceae，随后蓼科的分类学家 Meisner 于 1826 年把荞麦又归为蓼科 Polygonaceae 蓼属 *Polygonum* 的第九部分，但由于荞麦的植物学性状与蓼属的植物学性状又不完全相同，荞麦才被单独组成为荞麦属 *Fagopyrum*。当时，荞麦在欧洲只发现有 3 个种，即 2 个栽培种（甜荞 *F. esculentum*、苦荞 *F. tataricum*）和 1 个多年生的野生种（金荞麦 *F. dibotryscymosum*）。19 世纪后期，欧洲植物考察队进入中国大陆，在中国的西南地区发现了一些新的荞麦野生种。例如 *Prince*，*Henri*，*Orleons*（1889～1890）等人在四川省的康定第一次发现了硬枝万年荞 *F. urophyllum*；E. Faber（1887）在四川第一次发现和收集到细柄野荞麦 *F. gracilipes*。此后，植物分类学家 Gross（1913）根据欧洲植物考察队在中国新发现的荞麦野生种，又把荞麦种划分成两部分，即 *Fagopyrum* 和 *Eufagopyrum*，大多数荞麦种被划在 *Fagopyrum* 部分，只有硬枝万年荞 *F. uropyllum* 被划分在 *Eufagopyrum* 部分。后来，Steward（1930）又根据荞麦野生种的植物标本，在 Gross 的分类基础上对荞麦种又进行了更精确的植物学分类。根据 Steward 的分类，荞麦属共有 10 个种，除了 *F. suffruticosum* Schm 被报道分布在前苏联萨哈林岛〔但并没有人能证实它的存在，Miyabe 和 Miyake（1915）在他的《萨哈林岛植物群》一书中只描述了苦荞的植物学形态特征，并注明了 *F. suffruticosum* 与苦荞是同一植物〕外，其他大多数荞麦野生种都分布在云南、四川和贵州等中国西南地区。

一、中国荞麦的基本分类

中国荞麦分类方法基本上还沿用 Steward 的分类方法进行分类和描述，以下为中国荞麦分类依据的《中国植物志》和《云南植物志》中的荞麦分类检索表。

荞麦属分种检索表

1. 半灌木或多年生草本。
    2. 半灌木；叶箭形或卵状长三角形，先端长渐尖或尾状尖 ……………………………………… 1. 硬枝野荞麦 *F. urophyllum*（Bur. et Franch.）H. Gross
    2. 多年生草本；叶宽卵形或三角形，顶端渐尖或急尖。
        3. 茎、枝上部无叶，叶宽卵形，长 2～3cm；托叶鞘顶端急尖；花梗顶部具关节；瘦果卵形，长 2～2.5mm，总状花序 ……………………… 2. 抽葶野荞麦（长柄野荞麦）*F. statice*（Levl.）H. Gross
        3. 茎、枝上部具叶，叶三角形，长 4～12cm；托叶鞘顶端戟形；花梗中部具关节；瘦果宽卵形，长 6～8mm ……………………………………… 3. 金荞麦 *F. dibotrys*（D. Don）ltaxa
1. 一年生草本。
    4. 瘦果具 3 纵沟，上部棱角锐利，下部圆钝，有时具波状齿；花梗中部具节 ……………………………………… 4. 苦荞麦 *F. tataricum*（L）Gaertn
    4. 瘦果平滑，棱角锐利；花梗顶部具关节或无关节。

5. 叶心形；花序头状 ································· 5. 岩野荞麦（心叶野荞麦）*F. gilesii*（Hemsl）Hedb

5. 叶不为心形；花序总状，圆锥状或伞房状。

6. 茎、枝上部无叶。

7. 花序紧密 ································· 6a. 小野荞麦 *F. leptopodum*（Diels）Hedb. var. *leptopodum*.

7. 花序稀疏 ································· ··············· 6b. 疏穗小野荞麦 *F. grossii*（Diels）Hedb. var. grossii（Levl.）Lauener et Ferguson

6. 茎、枝上部具叶。

8. 叶三角形或卵状三角形，宽 1.5～5cm；花序总状或伞房状。

9. 花序，间断；花梗顶部具关节；瘦果长约 3mm，野生 ································· ································· 7. 细柄野荞麦 *F. gracilipes*（Hemsl.）Damm. et Diels

9. 花序紧密，不间断；花梗无关节；瘦果长 5～6mm，栽培 ······ 8. 荞麦 *F. esculentum* Moench

8. 叶线形、三角状箭形或长箭基部，宽 0.4～1.2cm；花序圆锥状。

10. 叶线形，基部戟形 ································· 9. 线叶野荞麦 *F. lineare*（Sam.）Harald

10. 三角状箭形或长箭形，基部箭形 ································· ································· 10. 疏穗野荞麦（尾叶野荞麦）*F. caudatum*（Sam.）A. J. Li

二、中国荞麦的新种

除上述《中国植物志》和《云南植物志》中列出的 10 个种 1 个变种外，日本京都大学 Ohnishi 于 1991～2001 年，先后在中国西南地区发现并命名了 5 个新的荞麦野生种和 1 个新亚种，即 *F. capillatum* ohnishi（云南），*F. homotropicum* Ohnishi（云南），*F. esculentum* ssp. *ancestralis* Ohnishi（亚种，云南），*F. jinshmense* Ohsako et Ohnishi（云南），*F. callianthum* Ohnishi（四川），*F. pleioramosum* Ohnishi（四川）。贵州师范大学陈庆富于 1993～2003 年，先后分出并命名了 3 个种，即 *F. zuogongense* Q. F.（西藏），*F. pilus* Q. F.（西藏），*F. megaspartanium* Q. F.（四川）。到目前为止，分布在中国的已命名的的荞麦种 18 个、亚种 2 个、变种 2 个，即硬枝野荞麦 *F. uropyllum*，抽葶野荞麦 *F. statice*，金荞麦 *F. dibotrys*，苦荞 *F. tataricum*，甜荞 *F. esculentum*，小野荞麦 *F. leptopodum*，细柄野荞麦 *F. gracilipes*，岩野荞麦 *F. gilesii*，线叶野荞麦 *F. lineare*，疏穗野荞麦或尾叶荞麦 *F. caudatum*，*F. capillatum* ohnishi，*F. homotropicum* Ohnishi，*F. jinshmense* Ohsako et Ohnishi，*F. callianthum* Ohnishi，*F. pleioramosum* Ohnishi，*F. megaspartanium* Q. F.，F. pilus Q. F.，*F. zuogongense* Q. F.，*F. tataricum* ssp. *potanini*（亚种），*F. esculentum* ssp. *ancestralis* Ohnishi（亚种），疏穗小野荞麦 *F. grossii*（小野荞麦的变种），齿翅野荞麦 *F. odontopterum*（细柄野荞麦的变种），接近世界荞麦种（已命名的 21 个）总数的 90%。这些荞麦种主要分布在中国的西南地区的云南、四川、贵州和西藏，所以中国的西南地区是中国荞麦资源的分布中心，也是世界荞麦资源的分布中心之一。

第二节　云南野生荞麦资源的种类与分布

一、云南野生荞麦资源的种类

云南野生荞麦资源既有一年生的，又有多年生的；既有草本的，又有半灌木的。全省共分布有 13 个种、2 个亚种和 2 个变种（见表 5－1），占全世界荞麦种总数（21 个种）的 2/3，所以云南拥有丰富的野生荞麦资源，是中国荞麦野生种的分布中心，是世界荞麦遗传多样性中心、生态多样性中心和荞麦的起源中心之一。Ohnishi 曾于 1991 年提出了云南滇西北可能是甜荞的起源地，于 1998 年提出了云南、四川和西藏的交界地可能是苦荞的起源地。所以云南的荞麦野生资源具有其特殊的重要性和优异性。

表 5－1　云南野生荞麦资源的种类及地理分布

Table 5－1　The species and geography distribution of the wild buckwheat resources in Yunnan

序号	种名	类型	分布范围	海拔（m）
1	金荞麦 *F. cymosum*	野生种	滇中、滇西、滇南、滇东南及滇南边境均有分布，如昆明、大理、维西、景洪	1890～3300
2	硬枝万年荞 *F. urophllum*	野生种	滇中、滇西的金沙江区和澜沧江陕谷区及滇南均有分布，如昆明、大理、丽江、蒙自等	500～2800
3	抽葶野荞麦 *F. statice*	野生种	分布在滇中和滇东南，如玉溪、蒙自等	1000～2100
4	细柄野荞麦 *F. gracilipes*	野生种	滇中、滇东、滇西、滇南均有分布，如昆明、昭通、中甸、蒙自等	1890～3200
5	齿翅野荞麦 （细柄野荞麦的变种） *F. gracilipes* var. *odontopterum*	变种	滇中、滇西、滇南、滇东均有分布，如昆明、永胜、蒙自、曲靖等	1890～2800
6	小野荞麦 *F. leptopodum*	野生种	滇中、滇西、滇东南均有分布，如大理、洱源、永胜、中甸等	2100～3100
7	疏穗小野荞麦 （小野荞麦的变种） *F. leptopodum* var. *grossii*	变种	分布在滇西北，如永胜、中甸等	1800～2800
8	线叶野荞麦 *F. lineare*	野生种	分布在滇西，如祥云、宾川等	1900～2400
9	尾叶野荞麦（疏穗野荞麦） *F. caudatum*	野生种	分布在滇西，如洱源、鹤庆等	1800～2200
10	岩野荞麦（心叶荞麦） *F. gilessi*	野生种	分布在滇西北的澜沧江和金沙江边等	2100～2400
11	甜荞 *F. esculentum*	栽培种	全省各地高海拔山区均有种植	1800～2800
12	苦荞 *F. tataricum*	栽培种	全省各地高海拔温凉山区均有种植	2000～3300
13	*F. homotropicum*	野生种	分布在滇西北，如丽江、德钦等	1800～2500
14	*F. capillatum*	野生种	分布在滇西北，如永胜、丽江等	1800～2800
15	*F. jinshmense*	野生种	分布在滇西北	2000～2400
16	*F. esculentum* ssp. *ancestralis*	亚种	分布在滇西北，如宁蒗、中甸等	1800～2800
17	*F. tataricum* ssp. *potanini*	亚种	分布在滇西北，如丽江、中甸等	2300～3000

二、云南野生荞麦资源的分布

1. 云南野生荞麦资源的分布特点

根据多年的调查研究，可以认识到云南野生荞麦资源有以下 3 个分布特点。

（1）云南野生荞麦资源分布范围广，数量多，群体较大。全省海拔 500 ~ 3500m 的广大地区均有分布，尤其在海拔 2000m 左右的温凉山区分布最多，无论田埂、路边、山坡和水边随处可见。荞麦野生资源多以群落的形式存在，许多分布地形成了较大的野生荞麦群落，大者可达几百平方米，甚至整个山丘，成为当地的主要植物种群。

（2）不同的荞麦野生种在云南分布范围不尽相同，分布的数量不同。有些种分布范围相当广，几乎遍及全省各地，分布的数量相当多；有些种分布范围相当窄，只在特定的环境条件下生长，分布的数量相当少，只有几平方米，甚至几株，是地方特有种。

（3）野生荞麦资源种数的分布和分布点较为集中。虽然野生荞麦资源在云南分布范围很广、分布数量很多，但主要集中分布在滇中的昆明、玉溪和滇西的大理、丽江高海拔冷凉山区。而且多数种主要生长在干旱、贫瘠，无其他杂草的碎石堆上。

2. 云南野生荞麦资源的分布范围

云南地理环境和生态气候的多样性，孕育了云南野生荞麦资源的多样性及其生长习性的多样性，从而形成了云南不同野荞麦资源分布范围的多样性（见表 5－1 和图 5－1）。

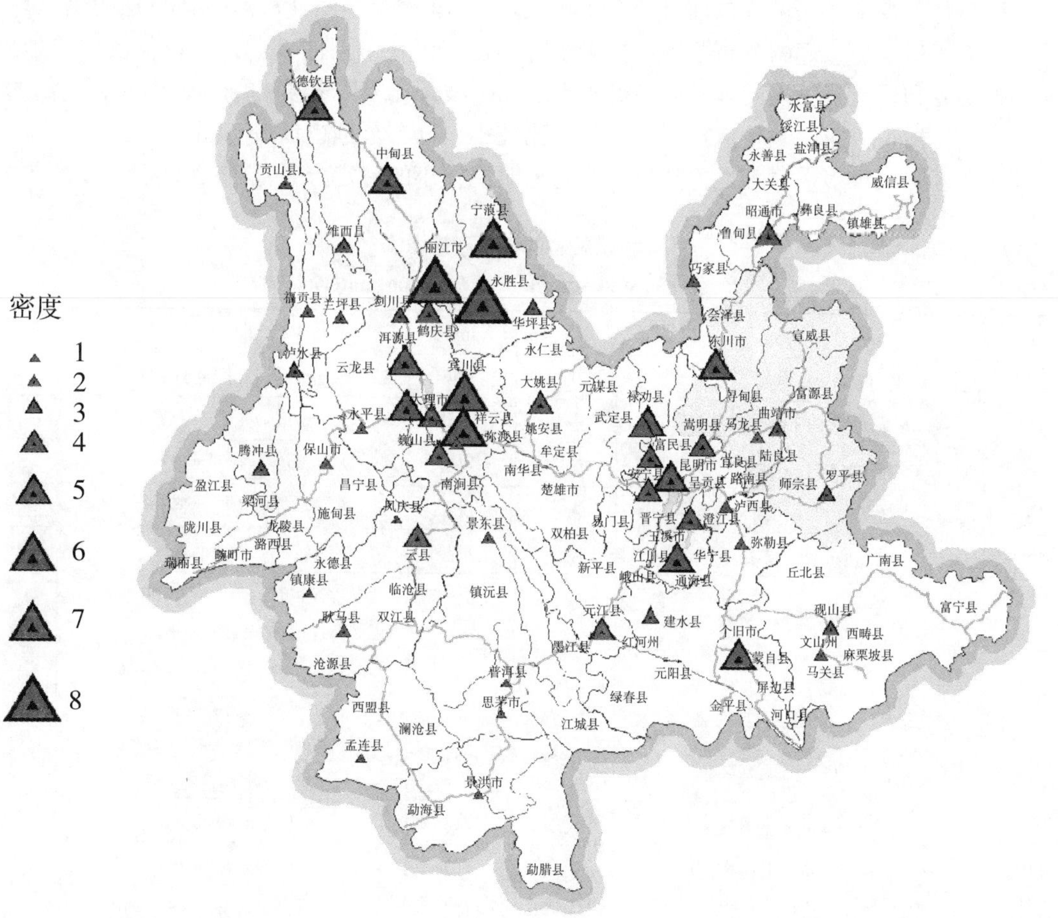

图 5－1　云南省野生荞麦资源的地理分布图

Fig 5－1　Distribution of the wild buckwheat resources in Yunnan

金荞麦（*F. dibotrys*）、细柄野荞麦（*F. gracilipes*）及其变种齿翅野荞麦（*F. odontopterum*）是荞麦野生种中分布范围最广的2个种和1个变种，几乎在全省各地州（市）均有分布。但它们各自的生态环境又完全不同，金荞麦比较喜好温凉潮湿的生态环境，所以主要分布在水边、旷野、田埂、阴坡、路边和灌丛中，常与多年生的草本或半灌木伴生。细柄野荞麦及其变种多分布在干旱、贫瘠的荒地、农田和山坡上，是玉米地、荞麦地、果园等旱地的主要杂草，是野生荞麦种中分布范围最广、数量最多、群体最大的一个种。由于细柄野荞麦是自花授粉、结实率高、后代繁殖快，尤其是其变种（齿翅野荞麦）除了具有自花授粉的特性外，其种子的三个棱上均有翅易于随风传播。因此，分布的数量更多，范围更广。

硬枝万年荞（*F. uropyllum*）的分布范围也广，仅次于前两种。以滇中、滇西和滇南部分地区分布为主。他属于多年生的半灌木，常生长在山地、丘陵地的灌木丛中。由于硬枝万年荞是多年生的，所以它的根系比较发达，枝叶旺盛。虽是异花授粉，但却能产生较多的种子，因而它的分布范围也比较广，群体也比较大。有的分布地整个山坡都是硬枝万年荞，如昆明的西山风景区等。

小野荞麦（*F. leptopodum*）分布范围也较广，仅次于前3个种，主要分布在滇西的洱源、大理、鹤庆、宾川、祥云，滇西北的丽江、永胜、宁蒗、香格里拉、德钦及滇东的会泽等地。主要生长在石灰岩山坡和山崖上，尤其新开采的无其他杂草生长的岩石缝隙中，也有的生长在荒地、路边等。小野荞麦是异花授粉，产生的种子比较少，但它的种子却小而轻，易于随风传播，因此，它分布的群体也比较大。

疏穗小野荞麦（小野荞麦的变种）（*F. grossii*）和尾叶野荞麦（*F. caudatum*）的生长环境与小野荞麦极相似，但它们的分布范围远小于小野荞麦，仅在滇西的部分地区，如丽江等地发现。疏穗小野荞麦和尾叶野荞麦的种子比小野荞麦的大，枝条比小野荞麦的细弱，因此，它们的种子不易于随风传播，分布的数量就比较少，群体比较小，分布范围也比较窄。

其余荞麦野生种多数具有地方特色，均有相对比较小的特定分布范围，如表5-2所示。

表5-2 供试材料的种名和来源

Table 5-2 The species and source of the testing materials

Number	Species	Resource	Number	Species	Resource
Y1	*F. statice*（抽葶野荞麦）	江川	Y14	*F. gracilipes*（细柄野荞麦）	澄江
Y2	*F. urophyllum*（白花硬枝万年荞）	澄江	Y15	*F. gracilipes*（细柄野荞麦）	昆明
Y3	*F. urophyllum*（白花硬枝万年荞）	昆明	Y16	*F. gracilipes*（细柄野荞麦）	剑川
Y4	*F. urophyllum*（红花硬枝万年荞）	大理	Y17	*F. gracilipes*（细柄野荞麦）	宁蒗
Y5	*F. cymosum*（金荞麦）	昆明	Y18	*F. gracilipes*（细柄野荞麦）	大理
Y6	*F. cymosum*（金荞麦）	姚安	Y19	*F. gracilipes* var. *odontopterum*（齿翅野荞麦）	昆明
Y7	*F. cymosum*（金荞麦）	宁蒗	Y20	*F. gracilipes* var. *odontopterum*（齿翅野荞麦）	安宁
Y8	*F. cymosum*（金荞麦）	大理	Y21	*F. gracilipes* var. *odontopterum*（齿翅野荞麦）	宁蒗
Y9	*F. cymosum*（金荞麦）	嵩明	Y22	*F. homotropicum*	丽江
Y10	*F. leptopotum*（小野荞麦）	鹤庆	Y23	*F. homotropicum*	永胜
Y11	*F. lineare*（线叶野荞麦）	永胜	Y24	*F. esculentum* ssp. *ancestralis*	永胜
Y12	*F. tataricum*（苦荞）	宁蒗	Y25	*F. esculentum* ssp. *ancestralis*	宁蒗
Y13	*F. tataricum* ssp. *Potanini*	宁蒗	Y26	*F. esculentum*（甜荞）	永胜

岩野荞麦（*F. gilesii*）仅发现分布在滇西北海拔2100～2400m的金沙江和澜沧江边的一些地方。考察中只找到2个分布群体，但分布地的生长数量却比较多，群体比较大。主要生长在无其他杂草生长的荒坡上。

F. esculentum ssp. *ancestralis*、*F. capillatum* 及 *F. homotropinum* 发现仅分布在滇西北海拔1800～2800m的金沙江两岸的山坡上。这3种野生荞麦种的生长环境很相似，几乎都生长在特别干旱、贫瘠的无其他杂草生长的碎石堆上或崖石上，是滇西北的主要植物种群和地方特有种。由于 *F. homotropinum* 的花序短、小花少、有效花少、落粒性强等特点，使得其结实率低，分布范围窄，分布地的数量少，群体小；*F. capillatum* 的分布范围较 *F. homotropinum* 广；*F. esculentum* ssp. *ancestralis* 分布的范围最广，数量最多，群体最大。在 *F. capillatum* 的分布地经常发现有 *F. esculentum* ssp. *ancestralis* 的分布，但在 *F. esculentum* ssp. *ancestralis* 的分布地，则不一定有 *F. capillatum* 的分布。另外，虽然这3种野生荞麦种的生长环境很相似，但在 *F. homotropinum* 的分布地未发现有 *F. esculentum* ssp. *ancestralis* 和 *F. capillatum* 的分布，在 *F. esculentum* ssp. *ancestralis* 和 *F. capillatum* 的分布地未发现有 *F. homotropinum* 的分布，即 *F. homotropinum* 的分布地与 *F. esculentum* ssp. *ancestralis* 和 *F. capillatum* 的分布地不重叠。

F. tataricum ssp. *potanini* 仅分布在滇西北海拔2300～3000m气候比较冷凉的高海拔山区，分布范围比较窄，是当地田间、路边、墙头和山坡的主要杂草。该种属于花柱等长、自花授粉类型，结实率比较高，所以它的分布地区群体很大。

抽葶野荞麦（*F. statice*）分布范围相对较小，主要集中分布在滇中和滇南的一些地方，是滇中石灰岩山上的主要杂草，多生长于灌丛中和阴坡上，属于多年生的野生种。它的根系基部稍微有些膨大，分布地的群体比较大。

线叶野荞麦（*F. lineare*）是荞麦野生种中分布范围最窄，分布数量最少的一个种，只在滇西找到，而且主要生长在新开采的无杂草生长的碎石堆上，植株比较弱小。*F. jinshmense* 目前仅发现分布在滇西北。

3. 云南野生荞麦资源的分布中心

不同的野生荞麦资源在云南分布的范围不同，从其种数和分布点上来看，却集中为两个主要的分布中心。

滇西中心，主要包括大理、丽江、迪庆等市州。该分布中心是云南野生荞麦资源种数分布面和点最多的一个中心，是云南省苦荞主产区。该中心野生荞麦资源的丰富性和优异性居世界之首，备受国内外专家的关注。全省13个种、2个变种和2个亚种，该中心就分布有10个种，2个变种，2个亚种，占全省野生荞麦资源种类的3/4，即包括金荞麦 *F. cymosum*，硬枝万年荞 *F. urophllum*，小野荞麦 *F. leptopodum*，疏穗小野荞麦 *F. leptopodum* var. *grossii*，细柄野荞麦 *F. gracilipes*，齿翅野荞麦 *F. gracilipes* var. *odontopterum*，线叶野荞麦 *F. lineare*，尾叶野荞麦 *F. caudatum*，岩野荞麦 *F. gilessi*，*F. homotropicnm*，*F. capillatum*，*F. jinshmzense*，*F. esculentum* ssp. *ancestralis*，*F. tataricum* ssp. *potanini* 等，及待鉴定、命名的新发现的荞麦野生种。其中疏穗小野荞麦、岩野荞麦、尾叶野荞麦、线叶野荞麦、红花型的硬枝万年荞及 *F. capillatum*，*F. homotropicnm*，*F. esculentum* ssp. *ancestralis* 和 *F. tataricum* ssp. *potanini* 等是该中心的地方特有种。该分布中心的金荞麦多以茎秆直立、株型高大、分枝较少的类型为主，可能是由于其适应生长在灌木丛中的缘故。

滇中中心，主要包括昆明、玉溪等市。该分布中心的野生荞麦资源的种数、分布点相对都比较少，全省13个种、2个变种、2个亚种中，只分布有5个种，1个变种，即包括金荞麦 *F. cymosum*，硬枝万年荞 *F. urophllum*，抽葶野荞麦 *F. statice*，小野荞麦 *F. leptopodum*，细柄野荞麦 *F. gracilipes*，齿翅野荞麦 *F. gracilipes* var. *odontopterum* 等，其中抽葶野荞麦是该中心的地方特有种。

其他地区如滇西南、滇南、滇东、滇东南及边境线也有野生荞麦资源的交叉分布，但分布的种类和数量相对都比较少，多以金荞麦、硬枝万年荞、细柄野荞麦及其变种分布为主。

第三节　云南野生荞麦资源的植物学性状和优异性评价

一、云南野生荞麦资源的植物学性状

以《中国植物志》和《云南植物志》中荞麦属植物的的性状描述和分类标准为准，并参考Ohnishi 和 Yasui 的相关报道，分别从根、茎、叶、花、籽粒和育性系统等性状，对云南野生荞麦资源进行植物学性状鉴定和分类描述。野生荞麦资源主要分为多年生和一年生两大类。

1. 多年生野生荞麦资源的植物学性状

多年生的野生荞麦资源主要包括金荞麦 F. cymosum，硬枝万年荞 F. urophyllum，抽葶野荞麦 F. statice 三个种。这三个种的根、茎、叶、花、籽粒的大小和形状差异很大，育性系统相同，都属于异花授粉植物。

（1）金荞麦 *Fagopyrum dibotrys*（D. Don）Hara

别名：赤地利、透骨消、金锁银开、土茯苓、万年荞、野荞麦、苦荞麦、天荞麦、荞麦当归、荞麦三七、铁拳头等，被列为中国二级保护植物。

金荞麦属多年生草本植物，高约 50 ~ 250cm。地下根分块根和须根两种，以块根为主。块根木质化，呈不规则的团块或圆柱状，常有瘤状分枝；表面呈棕褐色，有横向环节及纵皱纹密布点状皮孔，并有凹陷的圆形根痕，质坚硬，不易折断，断面淡黄白色或淡棕红色，有放射状纹理，中央髓部色较深；茎分直立和匍匐两种类型。直立型的一般茎秆粗壮，分枝极少，基部无分枝，长得比较高大，多在 1.5m 以上；叶片薄而宽呈浅绿色或绿色，主要分布在 2200m 左右的高寒山区，多生长在灌木、半灌木丛中。匍匐型的较前者分枝多，而且分枝主要集中在基部，生长旺盛，主茎分枝不明显，叶片相对厚而肥大，呈深绿色或绿色，多生长在路边、田埂、水边、草丛中。直立的和匍匐的分枝都具纵棱，无毛，呈红色、红褐色或绿色；叶形大多呈卵状三角形或戟状三角形，顶端渐尖，基部心形或戟形，长 4 ~ 12cm，宽 3 ~ 11cm。叶柄长可达 12cm。托叶鞘膜质，近筒状，褐色，长 7 ~ 13cm。花序呈伞房状，与甜荞的相似，顶生或腋生，花梗长 2 ~ 3cm。花被 5 深裂，椭圆形，长 2.5 ~ 3mm，呈白色；雄蕊 8，花药红色或黄色，花柱 3，柱头头状，花柱异长；自交不亲和，属常异花授粉植物；瘦果呈三棱形，长 6 ~ 8mm，黑色、褐色或红褐色，外皮光滑，无光泽，有的棱角上有刺，露出于宿存花被的 2/3，千粒重平均 27.76g，一般在 20 ~ 35g。

（2）硬枝万年荞 *Fagopurum urophyllum*（Bur. et Franch）H. Gross

硬枝万年荞是荞麦属中唯一长得比较高大的多年生半灌木植物，高度在 5m 以上。茎直立，多分枝，具纵棱，无毛。老枝木质化，红褐色，稍开裂。新枝草质，绿色。茎、枝可以攀缘在周围林木上，长得很高，高者可达 9 ~ 10m；叶形呈卵状长三角形或箭形，顶端长而渐尖或尾状尖，基部心形或箭形或宽而圆钝的耳垂形，新枝在阳光充足，土壤肥沃环境下长的叶，主要以卵状长三角形为主，长 3 ~ 10cm，宽 2 ~ 5cm。老枝或恶劣环境下长的叶主要以箭形为主，长 2 ~ 6cm，宽 2 ~ 4cm。基部叶柄长可达到 10cm，向上逐渐变短，花序处几乎无柄，叶柄上具短绒毛。托叶鞘膜质，顶端尖，长 5mm。花序呈圆锥状聚伞花序簇，花序长而排列稀疏，顶生或腋生，顶生的长可达50cm，花梗细长；花被5深裂，椭圆形，长2～3mm，白色、红色或粉红色，其中以白花为主。只在滇西个别地方找到1或2处红花和粉红色花的硬枝万年荞，在昆明盆栽观察，其植物学形态特征与白花的明显不同，花药红色或黄色，雄蕊8，花柱3，柱头头状，花柱异长，自交不亲和，属常异花授粉植物；瘦果呈短三棱形，长宽几乎相等，约3～4mm，外皮光滑，有光泽，呈褐色，微露出于宿存的花被外。千粒重平均6.15g，一般在5.5～7.0g。

（3）抽葶野荞麦 *Fagopyrum statice*（Levl.）H. Gross

抽葶野荞麦属多年生草本植物，高50～100cm。地下根稍微有些膨大，呈木质化。茎直立，具细纵棱，下部节间短，分枝主要集中在基部；茎色呈红色、红褐色或绿色。叶片多集中在茎和分枝的基部，基部的叶片团而肥厚，呈宽卵形或卵状三角形，顶端急尖，基部卵形或平截。长1.2～3cm，宽1～1.2cm。向上叶片逐渐小而少，上部近花序处的叶片呈戟形或线形。叶色呈墨绿色、红绿色或绿色。叶柄基部的极长，向上逐渐变短以致无柄。托叶鞘膜质，顶端尖，长1.5mm；花序呈圆锥状疏离聚伞花序簇，花序长而纤细，顶生，花梗细长。花被5深裂，椭圆形，长1～2.5mm，白色或粉红色。雄蕊8，红色或黄色，花柱3，柱头头状，花柱异长，自交不亲和，属常异花授粉植物；瘦果呈短三棱形，长宽几乎相等，约1～2mm，外皮光滑，有光泽，呈褐色，包在花被中，其千粒重平均1.18g，一般在1.0～1.5g。

2. 一年生野生荞麦资源的植物学性状

一年生野生荞麦资源主要包括细柄野荞麦 *F. gracilipes*，齿翅野荞麦 *F. odontopterum*，小野荞麦 *F. leptopodum*，疏穗小野荞麦 *F. grossii*，线叶野荞麦 *F. lineare*，尾叶荞麦 *F. caudatum*，岩野荞麦 *F. gilesii*，*F. esculentum* ssp. *ancestralis*，*F. tataricum* ssp. *potanini*，*F. homotropicnm*，*F. capillatum*，*F. jinshmense*，*F. callianthum*，*F. pleioramosum* 等10个种，2个亚种，2个变种。为了比对 *F. esculentum* ssp. *ancestralis* 和 *F. tataricum* ssp. *potanini* 两个亚种性状描述的需要，甜荞 *F. esculentum* 和苦荞 *F. esculentum* 两个栽培种也被列入。

（1）细柄野荞麦 *Fagopyrum gracilipes*（Hemsl.）Damm. ex Diels

a. 细柄野荞麦（原变种）*Fagopyrum gracilipes* var. *gracilipes*

细柄野荞麦属一年生草本植物，高20～80cm。茎直立，多分枝，分枝有直立和匍匐两种类型，具纵棱，有毛；叶片呈卵状三角形，顶部渐尖，基部宽心形，长1.5～3.5cm，宽1～2.5cm，绿色。基部的叶柄较长，约2～3cm，具一毛，向上叶柄逐渐变短至无柄。托叶鞘膜质，顶端尖，长5mm；花序呈聚伞花序簇，顶生或腋生，花序梗细长。花被5深裂，椭圆形，长2mm，红色或粉红色。雄蕊8，花柱3，柱头头状，花柱等长，自交亲和，属自花授粉植物。瘦果呈短三棱形，长宽几乎相等，约2.5～3mm。外皮光滑，有光泽，呈褐色，包在花被中。千粒重平均1.15g，一般在1.0～2.0g。

b. 齿翅野荞麦 *Fagopyrum gracilipes* var. *odontopterum*

与细柄野荞麦的区别在于其瘦果的三棱上有翅，籽粒颜色偏红。千粒重比细柄野荞麦稍大些，平均3.15g，一般在2.0～4.0g。

（2）小野荞麦 *Fagpopyrum leptopodum*（Diels）Hedb.

a. 小野荞麦 *Fagpopyrum leptopodum* var. *leptopodum*

小野荞麦属一年生草本植物，高10～50cm。茎直立，多分枝，无毛，细弱，呈红色或绿色；叶片多集中在茎和分枝的基部，由下而上叶片逐渐小而少，叶形由卵状三角形向戟状三角形转变，长1.5～2.5cm，宽0.5～1.5cm，顶端渐尖或尾尖，基部戟形或平截，绿色。叶柄长1～2cm。托叶鞘膜质，顶端尖；花序呈聚伞花序簇，顶生或腋生，花梗细长，具关节，长2～3mm。花被5深裂，椭圆形，长1～2mm，白色或粉红色；雄蕊8，红色或黄色，花柱3，柱头头状，花柱异长，自交不亲和，属常异花授粉植物；瘦果呈短三棱形，长宽几乎相等，约2～3mm。外皮光滑，有光泽，呈黑褐色或黄褐色，包在花被中。千粒重平均0.6g，一般在0.5~0.7g。

b. 疏穗小野荞麦 *Fagopyrum leptopodum*（Diels）Hedb. var. *grossii*（Levl.）Lauener et Ferguson

与小野荞麦的区别在于，①花序排列稀疏，每族小花上一般只有1朵小花，小野荞麦一般有2~3朵小花，花色比小野荞麦的白；②植株相对比较高，大约60~110cm；③分布范围也不同于小野荞麦，与 *Fagopyrum esculentum* Moench ssp. *ancestralis* Ohnishi 分布很相似，几乎生长在同一个地方，主要分布在金沙江沿岸的斜坡上；④千粒重平均1.6g，一般在1.5~1.7g。

（3）线叶野荞麦 *Fagopyrum lineare*（Samuelsson）Harald

线叶野荞麦属一年生草本植物，高10~70cm。茎细弱，直立，多分枝，具纵棱，无毛，红色或绿色；叶片细小，叶形呈戟状线形，基部戟形，顶端极尖，略向下反卷，长1~2cm，宽0.2~0.4cm，红色或绿色，以红色为主。叶柄长2~3mm。托叶鞘膜质，顶端尖，长2.5mm。花序呈聚伞花序簇，顶生或腋生，花序梗细长。花被5深裂，椭圆形，长1~1.5mm，白色或淡红色。雄蕊8，呈红色或黄色，花柱3，柱头头状，花柱异长，自交不亲和，属常异花授粉植物；瘦果呈短三棱形，长宽几乎相等，约1.5~2mm，外皮光滑，有光泽，包在花被中。千粒重平均0.8g，一般在0.6~1.0g。

（4）尾叶荞麦（疏穗野荞麦）*Fagopyrum caudatum*（Samuelsson）A. J. Li

尾叶荞麦属一年生草本植物，高30~50cm。茎自基部分枝，枝外倾或上升，有细纵棱，节间长1.5~3.0cm，上部的可长达8cm；叶片呈三角状箭形或长箭形，先端尖，基部裂片披针形，长1~3cm，宽0.4~0.6cm，两面无毛，下面中脉微突出。叶柄长0.8~11.2cm。托叶鞘膜质，黄褐色，偏斜，先端尖，长4~5mm；总状花序呈穗状，极稀疏，间断，长3~6cm，顶生或腋生，有数个总状花序再组成圆锥状，苞片偏斜，膜质，长2~2.5mm，先端渐尖，黄褐色，每苞内具2~3朵花。花梗细弱，长3~4mm，顶端具关节。花被长约1.5mm，5深裂，裂片椭圆形，先端圆，白色或淡红色，果节稍增大。雄蕊8，花药椭圆形，花柱3，柱头头状，花柱异长，自交不亲和，属常异花授粉植物；瘦果呈宽卵形，具3锐棱，稍有光泽，长4~5mm，突出花被之外。千粒重平均0.7g，一般在0.5~0.8g。花期5~6月，果实7~10月。主要分布在林缘、路边、灌丛、溪边等。

（5）岩野荞麦（心叶荞麦）*Fagopyrum gilesii*（Hemsl.）Hedb.

岩野荞麦属一年生草本植物，高10~30cm。茎直立，自基部分枝，无毛，具细纵棱。叶片呈心形，长1~3cm，宽0.8~2.5cm，先端极尖，基部心形，肥厚有光泽，深绿色，沿叶脉具小乳头状突起，下部叶叶柄长可达5cm，比叶片长，上部叶较小，无毛；托叶鞘膜质，偏斜，长3~5mm，无毛，先端尖；总状花序呈头状，直径0.6~0.8cm，通常成对；着生于二歧分枝的先端。苞片漏斗状，先端尖，无毛，长2.5~3.0mm，每苞内含2~3朵花。花梗细弱，长3~4mm，顶端具关节。花被长2~2.5mm，5深裂，裂片椭圆形，淡红色。雄蕊比花被短，花柱3，柱头头状，花柱异长，自交不亲和，属常异花授粉植物。瘦果呈长卵形，具3棱，黄褐色，微有光泽，长3~4mm，突出宿存花被之外。千粒重平均0.4g，一般在0.3~0.5g。花期7~8月，果实8~9月。主要分布在石坡、山谷、灌丛等。

（6）甜荞 *Fagopyrum esculentum* Moench

a. 甜荞 *Fagopyrum esculentum* Moench

甜荞属一年生草本植物，高30~90cm。分枝呈绿色或红色，具纵棱，无毛或于一侧沿纵棱具乳头状突起。叶片呈三角形或卵状三角形，先端渐尖，基部心形，长2.5~7.0cm，宽2.0~5.0cm，两面沿叶脉具乳头状突起。下部叶具长叶柄，上部叶较小，近无梗。托叶鞘膜质，短筒状，长约5cm，先端偏斜，无缘毛，易破裂，易脱落；花序呈总状或伞房状，顶生或腋生，花序梗一侧具小突起。苞片卵形，长约2.5mm，绿色，边缘膜质，每苞内具3~5朵花。花梗比苞片长，无关节。花被长3～4mm，5深裂，裂片椭圆形，白色或淡红色。雄蕊8，比花被短，花药淡红色。花柱3，柱头头状，花柱异长，自交不亲和，属常异花授粉植物。瘦果呈卵形，具3锐棱，先端渐尖，暗褐色，无光泽，长5～6mm，比宿存花被长。其千粒重平均26.1g，一般在23.5～27.5g。花期6～7月，果期8～9月。

b. *Fagopyrum esculentum* Moench ssp. *ancestralis* Ohnishi

属一年生草本植物，高50～100cm。茎直立，基部的茎节上生有许多气生根，多分枝，具纵棱，无毛；叶片呈三角形或卵状三角形，长2～4cm，宽1.5～3cm，顶端渐尖，基部心形。叶柄由下而上逐渐变短至无柄。托叶鞘膜质，长3mm。花序呈聚伞花序簇，顶生或腋生。花被5深裂，椭圆形，长3mm，白色或淡红色。雄蕊8，花柱3，柱头头状，花柱异长，自交不亲和，属常异花授粉植物。瘦果呈长三棱形，棱角钝，呈褐色，外皮光滑，无光泽，长4～4.5mm，宽2～3mm，露出于花被之外。千粒重平均13.20g，一般在12.0～14.0g之间。花期6～7月，果期8～9月。

F. esculentum ssp. *ancestralis* 与甜荞 *F. esculentum* 的区别在于：①叶片厚而有光泽，分枝细长，分枝多集中在基部的节上；②花和瘦果比栽培甜荞稍小些，种子有较长的休眠期，未成熟的种子易破碎；③有比较长的营养生长期。

（7）苦荞 *Fagopyrum tataricum*（L.）Gaertn

a. 苦荞 *Fagopyrum tataricum*（L.）Gaertn

苦荞属一年生草本植物，高30～70cm。茎直立，茎和分枝呈绿色或微紫色，有细纵棱，一侧具乳头状突起。叶片呈宽三角形，长2～7cm，宽2～4cm，两面沿叶脉具乳头状突起；苦荞的下部叶具长叶柄，上部叶较小，具短柄。托叶鞘偏斜，膜质，黄褐色，长约5mm；花序呈总状花序，顶生或腋生，花排列稀疏。苞片卵形，每苞内具2～4朵花，长2～3mm，花梗中部有关节。花被长约2mm，5深裂，裂片椭圆形，白色或淡红色。雄蕊8，比花被短。花柱3，柱头头状，花柱等长，自交亲和，属自花授粉植物。瘦果呈长卵形，具3棱及3条纵沟，上部棱角锐利，下部圆钝，个别具波状齿，黑褐色，无光泽，长5～6mm，比宿存花被长。千粒重平均23.5g，一般在19.8～27.3g。花期6～7月，果期8～9月。

b. *Fagopyrum tataricum* ssp. *potanini* Batalin

属一年生草本植物，与栽培苦荞 *F. tataricum* 很相似，高30～80cm。茎直立，多分枝，但在开花初期它的分枝比较少，主茎比较矮，具纵棱，无毛。叶片呈箭状三角形，顶端极尖，基部箭形，长2～3cm，宽1.5～2cm；托叶鞘膜质，顶端尖，长5mm；叶柄长0.8～1cm。花序呈聚伞花序簇，顶生或腋生，花排列稀疏；花被5深裂，椭圆形，长1～2mm，白色。雄蕊8，花柱3，柱头头状，花柱等长，自交亲和，属自花授粉植物。瘦果呈长三棱形，有腹沟，锐棱，棱上有大小不等的刺，外皮不光滑，棕色，长4mm，宽3mm，露出于花被之外，千粒重平均12.72g，一般在12.0～13.0g。花期6～7月，果期8～9月。

（8）*Fagopyrum homotropicnm* Ohnishi

Fagopyrum homotropicnm 的植物学形态特征和农艺性状与甜荞 *Fagopyrum esculentum* 的极相似，属一年生草本植物，高50～120cm。茎和分枝比较细弱，一般不能直立生长，呈绿色或红色，具纵棱，无毛或于一侧沿纵棱具乳头状突起；叶片呈三角形或卵状三角形，先端渐尖，基部心形，长3.8cm，宽5.9cm，下部叶具长叶柄，上部叶较短，近无柄。托叶鞘膜质，短筒状，长约3cm，先端偏斜，无缘毛，易破裂，易脱落。花序呈总状，顶生或腋生，花序很短，长1～2cm。苞片卵形，长约2.5mm，绿色，边缘膜质，每苞内只有1～2朵小花，小花很少。花梗比较长，无关节，花被长1.4mm，宽0.5mm，5深裂，裂片椭圆形，白色或淡红色。雄蕊8，花药红色。花柱3，柱头头状，花柱等长，自交亲和，闭花授精，属常自花授粉植物。瘦果呈三棱形，三棱上有翅，先端极尖，暗褐色，无光泽，比宿存花被长。千粒重平均10.2g，一般在9.0

~11g。花期6~8月，花期比较长，果期8~9月。*F. homotropicnm* 实际生长在贫瘠的土壤上，甚至是在碎石堆上。

(9) *Fagopyrum capillatum* Ohnishi

该种与疏穗小野荞麦的形态特征很相似，茎秆直立，无毛，株高多在100cm以上。叶片呈卵圆形，托叶鞘膜质，有绒毛；花序聚伞花序族，花大而白，排列稀疏，花柱异长，自交不亲和，属常异花授粉植物。该种的分布与 *F. esculentum* ssp. *ancestralis* 很相似，几乎在同一地方。

(10) *Fagopyrum jinshmense* Ohsako et Ohnoshi

该种与岩野荞麦的形态特征很相似，茎秆直立，红色，植株不高，大约20~30cm。叶片卵圆形，红色。花序聚伞花序簇，白色，花柱异长，自交不亲和，属常异花授粉植物。分布地的群体比较大。云南、四川和西藏均有分布。

(11) *Fagopyrum callianthum* Ohnishi

Fagopyrum callianthum 茎秆直立，长得不高，高度一般都小于50cm。该种与其他野生种的区别在于叶脉比较突出，托叶鞘膜质透明，无绒毛，其上还有一些绿色的条纹；花比较大，长3.8~4.5mm，是野生荞麦种中最漂亮的，虽属花柱异长型，但可以在自然状态下自交结实；种子相对比较大，完全包在花被中；该种主要分布在四川，主要生长在特别干旱的山坡或悬崖上，偶尔也生长旱地中。

(12) *Fagopyrum pleioramosum* Ohnishi

该种的主要特点是在植株的基部节上有许多分枝，分枝沿地面平伸，长可达100cm，呈匍匐形。茎、枝上无绒毛；托叶鞘上有绒毛；花序聚伞花序簇，虽属花柱异长型，但能自交结实，而且结实率很高；种子形态与细柄野荞麦比较相似，长3.1~3.6mm。果期10~11月。该种是四川岷江上游的地方特有种。

二、云南野生荞麦资源的优异性评价

云南野生荞麦资源主要生长在高寒、干旱、贫瘠的生态环境下，甚至是生长在无其他杂草生长的岩石堆上，所以具有其独特的抗逆性，是抗逆性育种的理想材料。云南作为荞麦的起源中心、遗传多样性中心，不仅拥有丰富的野生荞麦资源，而且还拥有栽培荞麦的亲缘野生种，是研究荞麦起源、演化和远缘杂交育种的理想材料。此外，云南一些荞麦野生种还有其独特的优异性和开发利用价值，比较典型的如 *F. homotropicnm* 和金荞麦 *F. cymosum*。

F. homotropicnm 具有耐瘠、耐霜冻、自交亲和、药用成分含量高等特性。加拿大、日本、韩国和中国等均已用 *F. homotropicnm* 与栽培甜荞进行种间远缘杂交，通过人工授粉、胚挽救等技术培育出了自交结实的甜荞新品种，使栽培甜荞由异交结实变为自交结实，其产量比一般甜荞高60%。

金荞麦 *F. cymosum* 的块根是民间传统的一种中草药，具有清热、解毒、消炎之功效，民间常把金荞麦的根冬天挖来，除去杂质，洗净晒干煮水喝，以治疗腹痛、腹胀、痢疾和妇科病等。现代药学研究表明金荞麦的根可用于治疗细菌性痢疾、麻疹及原发性痛经等；能抑制血小板聚集，降低还原反应和增强巨噬细胞的吞噬能力等；有预防癌的作用及抗癌活性。目前云南省曲靖市人民医院，已从金荞麦块根中提取出原花色素的缩合性单宁类物质的混合物（主要包括表儿茶素、素儿茶素-3-没食子酸酯等），研制成抗癌中药“威麦宁”。“威麦宁”对肺癌有一定的治疗效果，其有效率达71%，是一种很有发展前景的抗癌中药，现已进入美国二期临床试验，是第一个打入美国市场的中成药。金荞麦块根的有效成分为双聚原矢车菊元、海柯皂元、β-谷甾醇、对香豆酸、阿魏酸、赤地利和单宁混合物等。进入市场的金荞麦药物还有金荞麦片、急支糖精、金荞麦浸膏散（鸡乐）等。金荞麦还可作为“报警植物”以监视空气中氟的污染。

第四节 云南野生荞麦资源的遗传多样性和亲缘关系

云南野生荞麦资源遗传多样性和亲缘关系分析采用RAPD技术，材料为10个云南荞麦野生种（包括1个变种和2个亚种）和2个栽培种，共26份材料。具体种名和详细来源见表5－2。各材料的鉴定定名以《中国植物志》（1999）、《云南植物志》（2000）和《云南种子与植物名录》（1984）的分类标准为准，并参考Ohnishi（1998a，b）的报道。由于岩野荞麦（*F. gilesii*）、疏穗小野荞麦（*F. leptopotum* var. *grossii*）、尾叶荞麦（*F. caudatum*）、*F. jinshaense* 和 *F. capillatum* 4个种1个变种最近才搜集到，所以未能列入该研究中。

一、用RAPD技术分析

实验材料的种子在室温下浸泡12小时，在28℃光照培养箱中催芽，发芽后种植在花盆中，待长到3～4片叶龄时，取长势好、无病虫害的幼嫩茎叶提取DNA。

1. **DNA的提取**

采用在CTAB（Rogers、Bendich，1985）基础上改进的SDS微量快速提取法提取，即取0.1gl～2周龄健康幼苗的嫩茎、叶，用小手术剪尽量剪碎，放入置于冰上的已灭菌的1.5ml离心管中，并加入400ul的DNA提取液（50mm Tris－CL，25mm EDTA，300mm NaCl，1% SDS，1% PVP），用已灭菌的细的玻棒将材料充分捣碎，使溶液呈深绿色的糊状，再加入400ul的DNA提取液，充分混合均匀，从中取出400ul的混合液置于另一灭菌的1.5ml离心管中，而后加入400ul的氯仿，充分混合均匀，用10000rpm离心30秒种，弃去上清液，再加入800ul的纯酒精，混合均匀，高速离心3分钟，弃去上清液，沉淀用70%乙醇漂洗1～2次，室温下倒立离心管，使DNA沉淀自然风干，最后用50ul的TE（10mm Tris－Cl，lmm EDTA，H_2O）溶解DNA，用含0.25ug/ml溴化乙锭的0.8%琼脂糖凝胶电泳检测后，置于－20℃冰箱中保存备用。

2. **RAPD扩增反应**

反应体系：采用总体积为25uL，其中含$MgCl_2$的浓度为2.0mm，每种dNTP的浓度为0.1mm，Taq酶为0.5u，Tric－HCl为10mm PH 9.0，KCl为50mm，引物为0.1um，模板DNA为8ng。

PCR扩增程序：94℃预变性180s，94℃变性30s，37℃退火40s，72℃延伸60s，共进行40个循环，最后72℃延伸420s时。扩增产物用2%琼脂糖凝胶（含0.5ug/ml溴化乙锭）电泳，紫外照相。

资料统计分析：用λDNA/EcoRⅠ＋HindⅢ作分子量标记，每个样品的扩增带按有或无记录，“有”赋值为1，“无”赋值为0，得到“0、1”矩阵。统计过程中对于重复性不好、无规律的弱带不予记录。按照Nei氏遗传相似性系数的统计方法，计算各样品间的遗传相似性系数（GS）和遗传差异（GD），其中$GS=2N_{AB}/(NA+NB)$，$GD=1-GS$，N_{AB}是样品A和样品B共有的条带数，N_A、N_B分别是样品A和样品B具有的条带数。利用STATISTICA软件的非加权组欧式遗传距离法（Unweighted pair－group average Euclidean distances means）对RAPD扩增结果进行聚类分析，建立样品间的亲缘关系树形图。

RAPD扩增结果：从Operon公司的400多个不同随机引物中，筛选出扩增性好、带形清晰、强弱分明且重复性好的引物作正式扩增，筛选出的引物及其序列见表5－3。利用筛选出的19个引物对26个材料进行RAPD扩增反应，共获得162条DNA扩增带，平均每个引物可扩增出8.53

条带；其中153条带具有多态性，约占总带数的94.4%，平均每个RAPD引物可获得8.05条多态性带，多态性带的比率平均是94.8%，其变化范围是75%～100%，表明云南野生荞麦种质资源的遗传多样性很丰富。

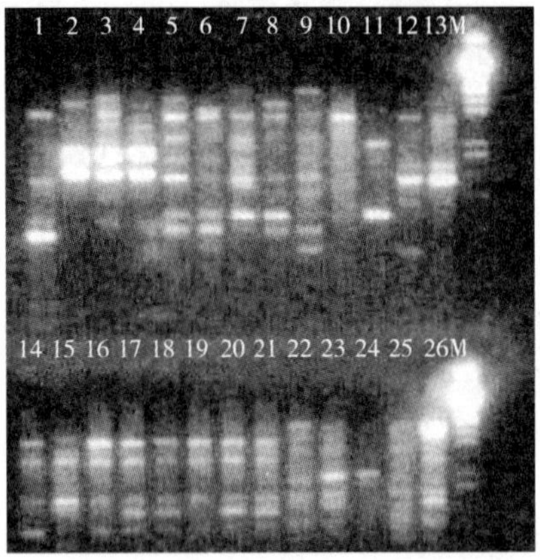

图5-2 基因组DNA的随机扩增图谱

Fig. 5-2 Random Amplified Polymorphic DNAs

表5-3 19个有效RAPD引物序列及其在26份云南野生荞麦资源材料上的扩增结果

Table 5-3 The Sequences and amplifications of 19 effective RAPD Primers on 26 testing materials

Primer	Primer Sequence (5′→3′)	Number of DNA bands	Number of polymorphic band	Polymorphic bands (%)
OPA-11	CAATCGCCGT	11	10	90.9
OPA-12	TCGGCGATAG	8	7	87.5
OPC-15	GACGGATCAG	10	10	100
OPD-13	GGGGTGACGA	8	8	100
OPF-12	ACGGTACCAG	8	8	100
OPF-13	GGCTGCAGAA	7	7	100
OPG-16	AGCGTCCTCC	8	8	100
OPL-18	ACCACCCACC	9	8	88.9
OPM-05	GGGAACGTGT	7	7	100
OPM-06	CTGGGCAACT	7	6	85.7
OPM-13	GGTGGTCAAG	10	10	100
OPN-06	GAGACGCACA	9	9	100
OPN-08	ACCTCAGCTC	8	6	75.0
OPN-09	TGCCGGCTTG	8	8	100
OPO-06	CCACGGGAAG	6	6	100
OPR-12	ACAGGTGCGT	8	7	87.5
OPT-01	GGGCCACTCA	8	8	100

续表 5-3

Primer	Primer Sequence (5′→3′)	Number of DNA bands	Number of polymorphic band	Polymorphic bands (%)
OPT-06	CAAGGGCAGA	8	8	100
OPT-07	GGCAGGCTGT	14	12	85.7
	Total	162	153	
	Average	8.53	8.05	94.8

二、云南野生荞麦种质资源的遗传多样性分析

在由162个RAPD标记获得的Nei氏相似性系数矩阵（表5-3）中，各材料间的相似性系数分布在0.163~0.982之间，平均相似性系数为0.443，说明云南野生荞麦种质资源之间具有丰富的多样性；不同种间的平均相似性系数为0.411，不同种内的平均相似性系数为0.786，表明云南野生荞麦种质资源各种间的平均相似性远低于种内的平均相似性系数，也就是说在云南野生荞麦种质资源中，种间比种内具有更丰富的多样性；不同种的种内多样性相比：*F. urophyllum*（0.354）> *F. tataricum* ssp. *Potanini*（0.231）> *F. cymosum*（0.226）> *F. gracilipes*（0.2）> *F. homotropicum*（0.174）> *F. gracilipes* var. *odontopterum*（0.091）；各类群之间的多样性相比：Ⅰ（0.574）>Ⅱ（0.455）>Ⅲ（0.227）。

三、云南野生荞麦种质资源的亲缘关系分析

采用STATISTICA统计软件的欧式遗传距离对RAPD扩增结果进行聚类分析，从聚类图（图5-3）上可看出26份云南荞麦野生种被聚为三大类群：第Ⅰ大类群称为小粒种类群（包括5个种，1个变种：*F. statice*、*F. leptopotum*、*F. urophyllum*、*F. lineare*、*F. gracilipes* 和 *F. gracilipes* var. *odontopterum*）；第Ⅱ大类群称为甜荞类群（包括3个种，1个亚种：*F. cymosum*，*F. esculentum*，*F. esculentum* ssp. *ancestralis* 和 *F. homotropicum*）；第Ⅲ大类群称为苦荞类群（包括1个种，1个亚种：*F. tataricum* 和 *F. tataricum* ssp. *potanini*）。

第Ⅰ大类群（小粒种类群）各个种的共同特点是：籽粒细小（长、宽1~3mm）、具三棱、外皮光滑有光泽、呈红褐色，籽粒的2/3或全部包在花被中。在该类群中 *F. gracilipes* 和 *F. gracilipes* var. *odontopterum* 聚为一类（$Ⅰ_1$）；白花的 *F. urophyllum* 聚为一类（$Ⅰ_2$）；*F. statice* 和 *F. leptopotum* 聚为一类（$Ⅰ_3$）。$Ⅰ_1$ 首先与红花 *F. urophyllum*、*F. lineare* 聚为一类，再与 $Ⅰ_2$、$Ⅰ_3$ 聚成第Ⅰ大类群。红花的 *F. urophyllum* 未被聚在白花的 *F. urophyllum* 类群（$Ⅰ_2$）中，这与王莉花等在野生荞麦资源考察搜集和鉴定过程中发现的红花 *F. urophyllum* 与白花 *F. urophyllum* 在其分布和植物学性状上有着明显差异的结果相一致，与Kishima et al.（1995）的cpDNA的RFLP分析结果基本一致，与Ohnishi（1996）的荞麦形态学特征、同功酶及cpDNA的多样性分析结果也一致，说明红花 *F. urophyllum* 与白花 *F. urophyllum* 亲缘关系比较远，红花 *F. urophyllum* 很可能是一个新的生态类型。

第Ⅱ大类群（甜荞类群）各个种的共同特点是：籽粒较大（长、宽6~8mm）、具三棱、外皮光滑有光泽、呈红褐色，籽粒露出于花被之外。在该类群中 *F. esculentum*、*F. esculentum* ssp. *ancestralis* 和 *F. homotropicum* 聚为一类（$Ⅱ_1$），所有 *F. cymosum* 聚为一类（$Ⅱ_2$），$Ⅱ_1$ 和 $Ⅱ_2$ 再聚成第Ⅱ大类群。在第 $Ⅱ_1$ 类群中可看出 *F. esculentum* 与 *F. esculentum* ssp. *ancestralis* 的亲缘关系比与 *F. homotropicum* 的近，虽然与Ohnishi（1996）进行的荞麦形态学特征、同功酶及cpDNA的多

样性分析结果不同，但与王莉花等在隔离温室进行的人工授粉种间杂交结果（*F. esculentum* 与 *F. esculentum ssp. ancestralis* 的杂交成功率比与 *F. homotropicum* 的高）相一致，该结果也为 Ohnishi（1998a，b）提出的 *F. esculentum* 的祖先是 *F. esculentum* ssp. *ancestralis* 提供了一定的理论基础。*F. esculentum* 与 *F. homotropicum* 聚为一类（$Ⅱ_1$），说明它们之间亲缘关系比较近，为进行 *F. esculentum* 和 *F. homotropicum* 的种间杂交可行性提供了一定的理论依据。*F. cymosum* 被聚入该类群中，说明 *F. cymosum* 与 *F. esculentum* 的亲缘关系比与 *F. tataricum* 近，该结果虽与 Sharma（2002），Ohsako（2000）和赵佐成（2000）等的分析结果不同，但与 Steward（1930）和 Suvorova et al.（1999）的分析结果一致。

第Ⅲ大类群（苦荞类群）各个种的共同特点是：籽粒大小介于前两者之间（长 4～6mm，宽 2～3mm）、无棱具腹沟、外皮粗糙无光泽，呈灰、黑色，籽粒露出于花被之外，种子有苦味。该类群中的 *F. tataricum* 和 *F. tataricum* ssp. *potanini* 从其他荞麦种中被划分了出来，从籽粒外形上可明显看出，*F. tataricum* 和 *F. tataricum* ssp. *potanini* 与第Ⅰ大类群和第Ⅱ大类群中的其他荞麦种有着显著的差异，也就是说：*F. tataricum* 或 *F. tataricum* ssp. *potanini* 与其他荞麦种之间的亲缘关系比较远，该结果与 Steward（1930）的传统形态学分析结果相一致。

根据聚类结果及其三大类群的特点，可得出第Ⅰ大类群（小粒种类群）和第Ⅱ大类群（甜荞类群）亲缘关系比较近，第Ⅲ大类群（苦荞类群）与第Ⅰ大类群（小粒种类群）或第Ⅱ大类群（甜荞类群）的亲缘关系都比较远。

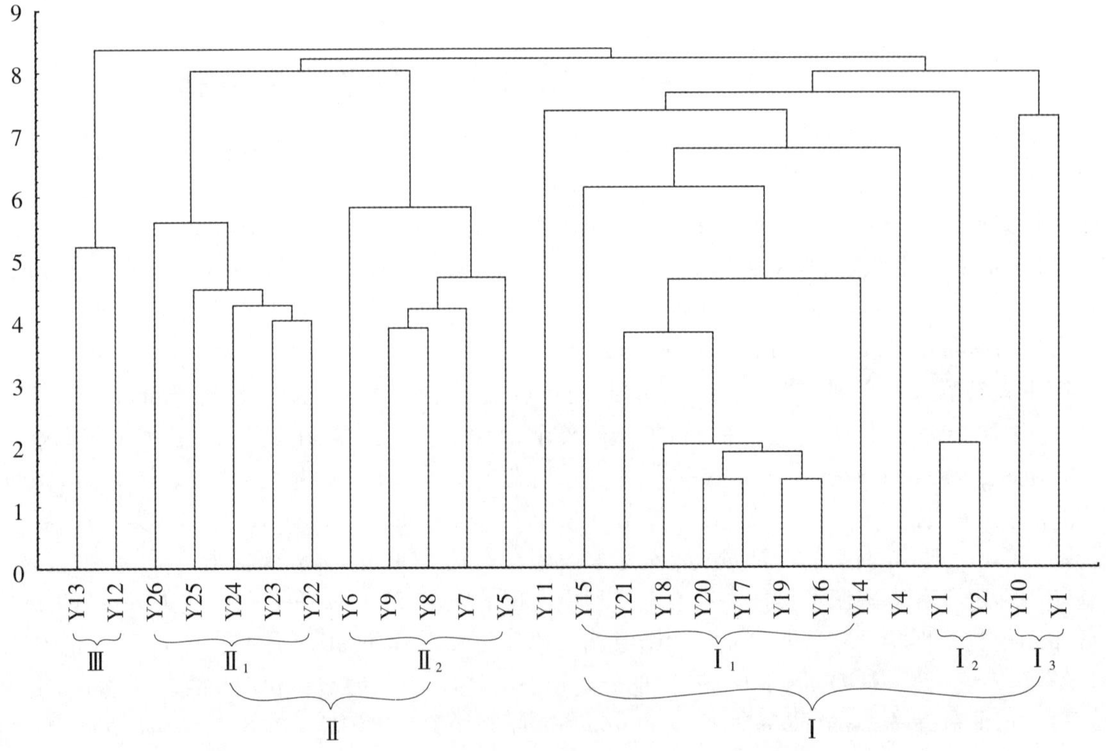

图 5－3　26 个云南不同荞麦野生种的聚类分析树形图

Fig5－3　The cluster analysis of 26 wild buckwheat species from Yunnan

Y1*F. statice*；Y2、Y3、Y4*F. urophyllum*；Y5、Y6、Y7、Y8、Y9*F. cymosum*；Y10*F. leptopotum*；Y11*F. lineare*；Y12*F. tataricum*；Y13*F. tataricum* ssp. *Potanini*；Y14、Y15、Y16、Y17、Y18 *F. gracilipes*；Y19、Y20、Y21*F. odontopterum*；Y22、Y23*F. homotropicum*；Y24、Y25*F. esculentum* ssp. *ancestralis*；Y26*F. esculentum*

参考文献

〔1〕王建军，王莉花，王振鸿．荞麦—值得开发利用的作物．云南农业科技，1999，11（6）：12～15

〔2〕向敏，顾振纶．金荞麦的药理作用．中国野生植物资源，1999，18（2）：9～11

〔3〕中国科学院中国植物志编辑委员会主编．中国植物志．北京：科学出版社，1999，108～117

〔4〕王莉花，叶昌荣，王建军等．云南野生荞麦资源的特征特性与地理分布．荞麦动态，2000（2）：1～3

〔5〕中国科学院昆明植物研究所主编．云南植物志．云南人民出版社，2000，301～370

〔6〕赵佐成，周明德，罗定泽等．中国荞麦属果实形态特征．植物分类学报，2000，38（5）：486～489

〔7〕王莉花，叶昌荣，王建军．云南荞麦野生种 DNA 提取与 RAPD 反应体系建立．荞麦动态，2001，2：10～12

〔8〕王莉花，叶昌荣，王建军．云南野生荞麦资源的分布概况．荞麦动态，2002，2：1～3

〔9〕吴征镒（主编）．pp. 云南种子与植物名录．昆明：云南人民出版社，1984，271～182

〔10〕赵佐成，周明德，罗定泽，陈国坤，侯鑫．中国荞麦属果实形态特征．植物分类学报，2000，38（5）：486～489

〔11〕王莉花，叶昌荣，肖卿，殷富有．云南野生荞麦资源地理分布的考察研究．西南农业学报，2004，17（2）：156～159

〔12〕Bretschneider E. History of European botanical discoveries in China. Acad. sci. 1898. Petersburg.

〔13〕Vavilov，N. I. Centers of origin of cultivated plant. papers Appl. Bot. Genet. Plant Breed. 16（2）.（in Russian）English translation：In D. Love，1992. Origin and geography of cultivated plants. Cambridge Univ. Press，Cambridge. 1926

〔14〕Steward，A. N. The Polygoneae of eastern Asia. Cont. GreyHerb. of Hm2rvard Univ. 1930，88：1～129

〔15〕Campbell C. G. 1976. Buckwheat. In Evolution of Crop plants，1976，pp. 235～237. Longman London.

〔16〕Tal，M. Physiology of polyploids. In H. W. Lewis（ed.）polyploidy，61～75，plenum，1980. New York.

〔17〕North－west plant Institute of Academia Sinica. Flora of Qinlin. Scientific press，Beijin. 1981

〔18〕Ohnishi O. Isozyme variation in comm. Buckwheat and its related species. Buckwheat Research Proc. 2nd Intl. Symp. Buckwheat at Miyazaki，1983，pp. 39～50

〔19〕Ohnishi O. population genetics of cultivated common buckwheat，Fagopyrum esculentum Moench. IV. Allozyme variability in Nepali and kashmirian populations. Japan. J. Genet. 1985，60：293～305

〔20〕Wang T. Y. Buckwheat germplasm resources in Tibet. In Buckwheat Research Association in China（ed.）A collection of scientific treatises on buckwheat in China，49～51. Scientific pub. Beilin，1986

〔21〕Ohnishi O. and Nishimoto T.，Poplation genetics of cultivated common buckwheat，Fagopyrum esculentum Moench，V. Further studies on allozyme variability in the Indian and Nepali Himalaya. Jpn. J. Genet，1988，63：51～66

〔22〕Ohnishi O. population genetics of cultivated common buckwheat，Fagopyrum esculentum Moench. VII. Allozyme variability in Japan，Korea and Chm2na. Japan. J. Genet. 1988，63：507～522

〔23〕Song，Z. C. Wild buckwheat germ－plasm resources in Guizhou province. In Buckwheat Research Association in China（ed.）A collection of scientific treatises on Buckwheat in China，52～53. Scientific pub. 1989，Beijin

〔24〕Ohnishi O. Cultivated buckwheat species and their relatives in the Himalaya and southern China. Proc. 4th Intl. Symp. Buckwheat at Orel，1989，pp：562～571

〔25〕Ohnishi O. Discovery of the wild ancestior of common buckwheat. Fagopyrum，1990（11）：5～10

〔26〕Ohnishi O. Discovery of the wild ancestor of common buckwheat. Fagopyrum 1991，11：5～10

〔27〕Ohnishi O. Buckwheat in Bhutan. Fagopyrum 1992，12：5～13

〔28〕Wang，T. Y. and Lu. Wild buckwheat in China. Proc. 5th Intl. Symp. Buckwheat at Taiyuan，1992：60～63

〔29〕Ohnishi O. A memorandum on the distribution of buckwheat species in Tibet and the Himalayan hills：Has buckwheat crossed the Himalayas? Fagopyrum 1993a，13：3～10

〔30〕 Ohnishi O. population genetics of cultivated common buckwheat, Fagopyrum esculentum Moench. IX. Concluding remarks on worldwild survey of allozyme variability. Japan. J. Genet. 1993b, 68: 317 ~ 326

〔31〕 Ohnishi O. Buckwheat in Karakoram and Hindukush. Fagopyrum 1994, 13: 3 ~ 10

〔32〕 Ohnishi O. In press. Search for the wild ancestor of buckwheat. III. The wild ancestors of cultivated common buckwheat, Fagopyrum esculentum and tatary buckwheat, F. tatarium Econ. Bot

〔33〕 Ohnishi O and Yasuo Yasui, 1998a, Search for wild buckwheat species in high mountain regions of Yunnan and Sichuan provinces of China, Fagopyrum, 15: 8 ~ 17

〔34〕 Ohnishi O, 1998b, Search for the wild ancestor of buckwheat Ⅰ Description of new Fagopyrum species and their distribution in China, Fagopyrum, 15: 18 ~ 28

〔35〕 Steward A. N. 1930, The Polygoneae of Eastern Asia, Contrib. Gray Herb. Hm2rv. Univ. 88: 1 ~ 129

〔36〕 Rogers S. O. and Bendich A. J., 1985, Extraction of DNA from milligram amounts of fresh, herbarium and mummified plant tissues. Plant Mol Biol, 5: 69 ~ 76

〔37〕 Ye N. G. and G. Q. Guo, 1992, Classification、origin and evolution of genus Fagopyrum in china, Proceeding of the 5th International Symposium on Buckwheat, Taiyuan, Shanxi, China, pp: 19 ~ 28

〔38〕 Hirose T., Ujihm2ra A., Kitabayashi H., and Minami M., 1994, Interspecific cross – compatibity in Fagopyrum according to pollen tube growth, Breed Sciences, 44: 307 ~ 314

〔39〕 Kishima Y., Ogura K., Mizukami K., Mikami T., and Adachi T., 1995, Chloroplast DNA analysis in buckwheat species: Phylogenetic relationships, origin of the reproductive systems and extended inverted repeats, Plant Sci., 108: 173 ~ 179

〔40〕 Ohmi Ohnishi and Yoshihiro Matsuoka. 1996, Search for the wild ancestor of buckwheat Ⅱ. Taxonomy of Fagopyrum (Polygonaceae) species based on morphology, isozymes and cpDNA variability, Genes Genet. Syst., 71: 383 ~ 390

〔41〕 Yasui Y. and O. Ohnishi, 1998a, Interspecific relationships in Fagopyrum (Polygonaceae) revealed by the nucleotide sequences of the rbcL and accD genes and their intergenic region, American Journal of Botany, 85: 1134 ~ 1142

〔42〕 Yasui Y. and O. Ohnishi, 1998b, Phylogenetic relationships among Fagopyrum species revealed by the nucleotide sequences of the ITS region of the nuclear Rrna gene, Genetic Systems, 73: 201 ~ 210

〔43〕 Suvorova G. N., H. Funatsuki and F. Terami, 1999, Phylogenetic relationships among cultivars, species and hybrids in the genus Fagopyrum Mill. Assessed by RAPD analysis, Russian Journal of Genetics 35 (12): 1428 ~ 1432

〔44〕 Ohsako T. and Ohmi Ohnishi, 2000, Intra – and interspecific phylogeny of wild Fagopyrum (Polygonaceae) species based on nucleotide sequences of noncoding regions in chloroplast DNA, American Journal of Botany, 87 (4): 573 ~ 582

〔45〕 Sharma T. R. and S. Jana, 2002, Species relationships in Fagopyrum revealed by PCR – based DNA fingerprinting, Theoretical and Applied Genetics, 105 (2 – 3): 306 ~ 312

〔46〕 Chen Q. F., 1999a, A study of resources of Fagopyrum (Polygonaceae) native to China, Botanical Journal of the Linnean Society, 130: 53 ~ 54

〔47〕 Chen Q. F., 1999b, Hybridization between Fagopyrum (Polygonaceae) species native to China, Botanical Journal of the Linnean Society, 131: 177 ~ 185

〔48〕 Chen Qing – Fu, Sai. L. K. Hsam and Friedrich J. Zeller, 2004, A study of cytology, isozyme and interspecific hybridization on the big – achene group of buckwheat species (Fagopyrum, Polygonaceae), Crop science

〔49〕 Yamane K. and O. Ohnishi, 2001, Phylogenetic relationships among natural populations of perennial buckwheat, Fagopyrum cymosum Meisn by allozyme variation, Genetic Resources and Crop Evolution 48 (1): 69 ~ 77

〔50〕 Yamane K. Y. Yasui and O. Ohnishi, 2003, Intraspecific cpDNA variations of diploid and tetraploid perennial buckwheat, Fagopyrum cymosum (Polygonaceae), American Journal of Botany 90: 339 ~ 346

第六章　小宗作物种质资源的利用及开发前景

云南小宗作物多数种植于荒山、坡地、闲田劣地，不施用化肥和农药，属于无公害、无污染的绿色食物源。改革开放以来，人们的生活在温饱问题解决的基础上，饮食营养正向着健康长寿、祛病强身的方向发展，绿色天然保健食品成为广大消费者追求的时尚。许多发达国家已经认识到“粗粮”的重要性，饮食结构正经历着由细返粗、由纯返杂、由精返原的阶段。小宗作物是具有以上功能的食物资源，高粱、谷子、荞麦、籽粒苋、薏苡、糜子、稷等作物营养价值高，含有大米、白面主粮作物中较少或没有的营养成分，粗蛋白含量7.25%～17.5%、粗脂肪含量2.54%～5.85%、粗纤维含量3.41%～6.02%，还含有核黄素、硫氨素、多种氨基酸、钙、铁、磷、硒等微量矿物质和维生素，具有高蛋白、高纤维、高氨基酸、低脂肪、低糖、低热量和一些特有的药理作用，很适合当前人们追求健康的需要。市场上杂粮精制食品如麸皮面包、青稞面包、荞麦面包和苋粉面包很畅销，各地名特风味食品争相面世。国内外一个以崇尚健康长寿为中心的食物消费大市场已初步形成。国际农产品贸易市场外商对荞麦、青稞、薏苡、谷子、糜子、稷等珍稀小宗作物需求量大，给小宗作物的开发利用提供了极好的机遇，结合国家对西部大开发的决策，大力发展小宗作物生产具有广阔的前景。

小宗作物从营养学方面看，具有粮用、菜用、药用和粮、菜、药、饲交叉兼用等多种用途的特点，具有医食同源，祛病强身的功效，各种作物一般都具有某些主粮所不具备或含量较少的营养物质，对补充人体需要，增强自身抵抗力，调节肌体，健身防病起到了直接或辅助的作用。中国人民的膳食历来是以粮食和蔬菜为主，肉、奶、蛋为辅，有利于营养和健康的饮食结构。在营养总供给量中，由粮食提供的热能占70%以上，提供的蛋白质占60%以上。特别是广大农村，由粮食提供的营养占了更大的比例。

国家食物与营养咨询委员会专家在论述全面建设小康社会中的食物与营养问题时，认为随着改革开放和现代化建设的深入发展，城乡人民生活水平有了极大的转变和提高。特别是1980年以来，“米袋子”、“菜篮子”工程取得了显著成效，人均粮食、油料、糖料占有量分别增长了11.6%，80%和28%，水果、肉类分别增长了2倍多和1倍多。肉、奶、蛋、水产、谷物、油脂的市场供应相当丰富，人民群众的饮食习惯开始脱离了传统观念，觉得生活好了，就应该是“大鱼大肉，精米白面”。一段时间人们只重视鱼、肉、奶、蛋的营养与美味，而对主食——粮食的营养却重视不够，且品种单一，数量减少。据统计，中国城市人口人均年消耗粮食，1990年是130kg，1995年降为97kg，减少了33kg，与此同时副食及蔬菜消耗量显著增加。1991～1996年，人均食用的肉类从27.1kg增加到49.5kg，蛋类从8kg增加到16kg，水产品由11.7kg增加到22.9kg，蔬菜由178.7kg增加到225kg，水果由19.1kg增加到83.3kg。然而，生活质量的提高，人体积累了过多的高蛋白、高脂肪、碳水化合物等大量营养物质，与营养失衡有关的超重、肥胖人群增多，也带来了高血压、心脑血管疾病、癌症及糖尿病等。所谓“城市文明病”的发病率上升。据调查，在上海市，居民死因前两类已从50年前的麻疹、肺结核，改变为恶性肿瘤、心脑血管疾病。

专家认为，不良的饮食习惯，对于心脑血管疾病有诱发作用，营养不平衡造成了疾病模式的改变，与人们膳食结构中主食的变化有关。不吃主粮，隐藏危机，现代人们，一反过去以吃饭为主的习惯，改为以吃菜为主，主食却吃得越来越少，事实上，谷类食物中含有大量粗纤维和碳水化合物，是维生素 B 的主要来源。若缺乏维生素 B 对人体肝脏不利，而摄入动物脂肪时，如果碳水化合物的摄入量不足，会发生代谢不全，还会损害脑部健康。主食也不应只吃大米、白面，而要从多个粮种中摄取营养。当然粮食各品种中也存在着某些营养素不足的问题，粮食在加工、保管、烹饪过程中又会造成一些营养损失，为了弥补单一粮食营养不全的缺陷，根据营养来源，应该提倡粮食品种互相搭配，糙米杂粮合理食用的原则。一般禾谷类粮食蛋白质含量为：大米 6.7% ~8.3%，面粉 7.2% ~12.1%，玉米 8.5% ~9.0%，小米 9.3% ~9.7%，高粱 6.7% ~7.3%，荞麦 10.5% ~12.0%，糜子 10.6% ~13.6%，青稞 11.1% ~13.4%，燕麦 12.5% ~15.6%。构成蛋白质的各种元素分别组成不同的氨基酸，其中有八种氨基酸人体自身不能合成，必须从食物中摄取，称为必需氨基酸。高粱、谷子、玉米、荞麦、糜子、青稞、燕麦等杂粮，含有多种氨基酸、维生素和微量矿质元素（钙、铁、磷等），粗脂肪、粗纤维、胡萝卜素、硫胺素、核黄素、尼克酸等营养元素。特别是荞麦含有人体所需 18 种以上的氨基酸和维生素，尤其含有“芦丁”、“烟酸”是治疗高血压，控制糖尿病、微血管脆弱性出血和消化系统积食、泄泻，肠胃不适等的直接用药或辅助治疗剂。野生金荞麦的块根研制合成的中西药物是治疗高血压、冠心病、支气管哮喘等病的首选药物。荞麦的嫩苗和鲜叶含有极丰富的叶绿素和维生素 E。从种子、根茎，到苗叶都具有药食兼备、裹腹强身的作用，被誉为防癌治病、健美减肥的食疗佳品。

高粱、谷子、糜子、稷、稗、薏苡、籽粒苋等粮（药、菜）所含营养成分与大米，小麦不完全相同，都是低糖，低脂肪，低热量的食物，某些氨基酸，维生素含量又高于主粮大米、白面。人体通过从粮食中吸收的糖（单糖、双糖、多糖）在血液中不会形成高血糖，通过粮食吸收的脂肪，主要生理功能是提供热能和参与构成人体的各部分器官组织，不会形成肥胖。同时植物性油脂又是维生素 A. 维生素 P、维生素 E、维生素 K 的良好溶剂，可帮助人体吸收这些营养成分，保持正常的生长发育和健康需要。

在人均日粮数量逐渐减少的情况下，应重视从提高质量来满足需要，单独吃一种粮食营养不全。要采用两种以上粮食搭配的办法，使粮食中的食物蛋白相互补充，提高粮食利用的生理价值，称为“营养互补”。如大米和玉米，单独食用时，生理价值是 77 和 60，混合食用便提高到 83；大米和面粉，单独食用是 77 和 55，混合食用是 79；大米和高粱，单独食用是 77 和 56，混合食用是 81。如今，发达国家已经认识到粗粮的重要，食品市场也兴起“红绿黑黄”色的饮食导向，国外麸皮面包、青稞面包、荞麦面包很畅销。中国食物资源丰富，粮、菜作物品种繁多，饮食文化源远流长，如今更应该保持并发扬有利的饮食传统习惯，多吃杂粮蔬菜，少吃高糖，高热量，高脂肪的油腻副食。粗粮中含有膳食纤维，能够减少饱和脂肪酸的吸收，增加血管弹性。多吃水果蔬菜能帮助降低血压、血脂。水果蔬菜中含有维生素 C，能够软化血管、减轻动脉硬化。营养学家估计，饮食中的粗粮成分占到 30% ~40% 的话，能使血压下降 10 ~15mm/Hg，从中国古代医学家、营养学家和长寿老人的经验得出，经现代医学研究证明：长寿的秘诀就是：“饮食清淡，食源广泛，热量平衡是关键”。

小宗作物的特点是具有药食兼备，美容健身的多种功能和各有侧重的营养成分，很适合当前人们追求健康长寿的饮食潮流，大力发展小宗作物生产，满足消费市场的需要，使这些藏匿深山不起眼的无公害杂粮走出国门，出口创汇，为人类健康服务，为经济建设作贡献。

小宗作物用作饲草饲料也具有很好的开发利用价值，云南的畜牧业虽然在农业经济中占有重要地位，但长期以来传统的养殖办法是“放牧养畜”，对自然资源是一种掠夺性的利用，对生态环境有较大的破坏。放牧养畜越发展，单位面积土地的载畜量越多，对生态环境的破坏越大，致使水土流失、土壤沙化、泥石流、局部性洪涝灾害也就越多。放牧养畜与环境保护形成恶性循环，这显然与我国当前西部大开发的政策是不相宜的。放牧超量除对生态环境不利外，对畜牧业自身的发展也弊多利少，所养牲畜育肥慢，出栏时间长，疾病传染和寄生虫病多。为了保护生态环境，发展畜牧业，应采取变“放牧养畜”为“种草养畜”的办法，实现二者兼顾。将边远山地、零星分散、土质瘠薄的瘦田瘦地改种饲草饲料用于养畜，经济效益和生态效益会更高。近年来市场上牛羊肉、奶产品的消费量日渐增加。据调查，目前人均年占有肉食量（不含水产品）70kg 左右，其中猪肉占68%，鸡鸭禽肉占19%，牛肉占8%，羊肉占4%。牛羊肉、奶产品对中国来说是现代化的特点，具有三高三低：高蛋白、高磷脂、高氨基酸，低脂肪、低胆固醇、低腥味的保健功能。放牧养畜与现今商品经济时代，要求生产周期短，出栏快，经济效益高不相适应。现在饲养奶牛、奶山羊、育肥牛、育肥羊和育肥猪不需要长时间地放牧。因此，大力发展饲料作物，变放养为圈养，零星养殖为规模化饲养，将是发展畜牧业的主要途径。推广种植甜高粱、饲用稗、籽粒苋等青绿饲料则是大力发展草食畜禽的有效办法。

第一节　荞麦资源的药用、食用价值与开发利用

荞麦具有很高的药用价值和营养价值，是一种药食兼备，美容健身的营养源和药用源作物。

一、荞麦的药用价值

荞麦含有很高的药用成分—生物类黄酮。20 世纪 30 年代中期，匈牙利科学家 Szent Gyorgyi 分离出类黄酮混合物，此后才有了维生素 P 的概念。1942 年，德国药物化学家首次制成芸香苷，是类黄酮物质之一。从此全世界都在进行类黄酮化合物的实验。类黄酮广泛存在于自然界中，种类很多，现今已有 800 多种不同的类黄酮得到鉴定。荞麦中的芦丁就是类黄酮化合物，含量很高，苦荞中含量约为 1.08% ~6.60%，甜荞中含量在 0.02% ~0.798%。芦丁能维持毛细血管的抵抗力，降低其通透性及脆性，促进细胞增生和防止血细胞凝集。此外，尚有抗炎、抗过敏、利尿、解痉、镇咳、降血压、血脂、强心，保护溃疡面等作用。荞麦是医药工业提取芦丁的主要原料。

苦荞黄酮的主要成分为槲皮素、芦丁、莰非醇、桑色素，与其他植物黄酮（如银杏黄酮）相似，同样具有良好的扩张血管、降低胆固醇的作用。临床实验证实，苦荞黄酮对冠心病、心脑血管病和周围血管病均有良好的治疗作用。①苦荞黄酮提取物的药理作用可归纳为抗心肌缺血和扩张血管，降低血压，抗心律失常，降低毛细血管通透性与保护血管渗透压，降血脂和动脉粥样硬化等方面的作用。②抗癌作用，肿瘤专家大量研究证明，各种致癌因子引起细胞裂变所形成的癌细胞，其生长及发展与体内免疫功能和微血管循环功能有密切关系。当这些功能发生障碍，癌细胞或癌栓便会迅速生长，发展成为实体瘤。黄酮物质具有活血化瘀抗栓塞，改良微循环，提高免疫力功能，因此，对防止肿瘤的发生和抑制癌细胞的发生及生长具有重要作用。③抑菌、杀菌作用：施用 0.08% 苦荞黄酮溶液在 8 小时内对大肠杆菌、枯草杆菌、金黄色葡萄球菌的杀灭能力达 83% ~85%，48 小时可达 92% ~93%。在外科上应用具有明显的防腐生肌、抗炎灭菌功效。④日用化妆品的应用：用苦荞黄酮作药物制成的牙膏、皮肤营养剂、防晒霜、洗浴祛痒剂等保健护肤用品广泛用于人们的日常生活中。苦荞黄酮分子中还含有活泼的酚羟基，对由于蛋白质、脂肪腐败分解的产物所产生的恶臭有中和、分解作用，除臭效果明显。如用该黄酮配制的混合乳化水剂喷洒冰箱一次，可除去臭味，清除污渍达到 90% 以上的灭菌效果保持一个月。⑤食品中的应用：利用苦荞黄酮已研制出袋泡茶、快餐粉、颗粒粉挂面、方便面、面包、饼干、豆

腐、饮料、啤酒、牛奶、口香糖等食品。这类食品口感好、易保存，具有抑菌、杀菌、除口臭、除烟味、除蒜味等明显功效，并有降血糖、尿糖、血脂等保健功能。产品经北京、天津、四川、唐山等地临床试验，总有效率达87%～93%，并无任何不良反应。

荞麦中的芸香苷和维生素PP，有助于毛细血管壁的强壮，提高毛细血管的渗透性，故可防治肺出血、肾脏炎、偏头痛、腥红热、麻疹等，还可治疗白血性浮肿及因放射性辐射而引起的血管渗透性破坏。荞麦还含有较多的胱氨酸及半胱氨酸，对放射性有保护和恢复作用。荞麦营养成分如表6－1。

表6－1 荞麦籽粒、茎、叶的营养成分含量表

Table 6－1 The nutrition composition of the seed、stem and leaf

类型	籽粒				茎秆		叶片	
	Vp (%)	Vc (mg/100g)	V_{b6} (mg/100g)	Ve (mg/100g)	Vp (%)	类黄酮 (%)	Vp (%)	类黄酮 (%)
苦荞	6～7	0.82～1.08	0.02	1.347	0.28	0.38	4.14	5.02
甜荞	0.3		0.02	1.104	0.24	0.54	1.67	4.11

中国古医书中有许多关于荞麦防病治病的记载，早在公元62年，《备急千金要方》记有“荞麦味酸，微寒、无毒、食之动大热风，其中生食，动刺风令人身痒”。唐朝著名医学家孟冼、张鼎（621～713）著《食疗本草》载，荞麦可“实肠胃、益气力，续精神，利耳目，能炼五脏滓秽。多食即微泻。秸秆烧灰，淋洗六畜癞疮及骡马躁蹄”。云南著名药物学家兰茂（1397～1476）著《滇南本草》关于野生荞麦的利用有记载：“土茯苓（金荞麦）味苦、微涩、性平，治五淋、赤（白）浊、杨梅疮”。1970年昆明军区后勤部卫生部编《云南中草药选》，1971年云南省卫生局编《云南中草药》，1973年昆明市畜牧兽医站、中国人民解放军昆字323部队、昆明植物研究所合编的《兽医中草药选》，1983年全国中草药编写组编著的《全国中草药汇编》，1986年江苏新医学院编《中药大词典》等均记载：荞麦性甘、温、平、酸、涩、凉、寒，入肝、脾、胃肠、肺经，能杀肠道菌虫，消积化滞、凉血、除湿解毒。能蚀体内恶肉，治高血压、糖尿病引起的视网膜炎及羊毛疔等多种疾病。

荞麦皮壳作药忱，有“安神明目，降压醒脑的功效。治神经衰弱、失眠、眼目昏花”。据《古今图书集成》中载，“用荞麦皮壳，黑豆皮、绿豆皮、决明子、菊花同作忱，至老明目”。云南民间用荞麦糠壳储藏腊肉，可使腊肉年久不哈喇，不变质、无异味。

现代医学进一步研究证明，荞麦确有杀灭肠道病菌，消积化滞、凉血、除湿、解毒等功效。用荞麦青体可治疗坏血病，植株鲜汁可治眼角膜炎。近年来，利用荞麦根（块根）、茎、叶、花、种子这一宝贵的资源研制生产出“芦丁片”、“槲皮素片”、“金荞麦片”、“威麦灵胶囊”、“荞麦软膏”、“急支糖浆”等多种名贵中成药品。芦丁能维持毛细血管的抵抗力，降低其通透性及脆性，促进细胞增生和防止血细胞凝集。此外，尚有抗炎、抗过敏、利尿、解痉、镇咳、降血压、血脂、强心，保护溃疡面等作用。并特别指出，用云南产“金荞麦”制成的“威麦灵胶囊”，主要用于治疗肺癌，其作用有：①抗癌；②抑制肿瘤细胞肺浸染和细胞转移；③降血糖血脂作用；④抗菌作用；⑤镇咳祛痰作用；⑥对巨噬细胞吞噬功能的改善等。荞麦类药物制品还治疗肺出血、胸膜炎、出血性肾炎，鼻、喉、齿龈出血及胃出血、胃溃疡、支气管炎、肺气肿、降血糖、血脂。使用荞麦软膏能治疗丘疹、湿疹、痱子等皮肤病。

此外，直接食用荞麦食品，可起到滋补、强身、健胃、助消化等健康美容的作用。

二、荞麦的营养价值

荞麦是世界传统化、多样化和自然化的食品原料。国际食品营养学家研究证实，荞麦籽粒、茎叶、花蜜等部位的营养成分不仅含量丰富而全面，蛋白质、脂肪、维生素、微量元素含量普遍高于大米、小麦和玉米等主要粮食，而且还含有其他禾谷类粮食所没有的叶绿素、维生素 P、胡萝卜素、粗纤维等多种营养元素。荞麦面粉制品，食味甘软可口，适口性好，不但适宜老、弱、病、残、婴幼儿及各类人员食用，而且吃荞麦食品还有不会使人过于发胖的特殊功能。据资料介绍，日本、朝鲜、韩国、前苏联、印度、巴基斯坦、法国、瑞典、加拿大等许多国家都很重视荞麦的开发利用和食品研究。一些国家正在出现荞麦食品“热”。日本，是世界荞麦消费的第一大国，仅东京就有荞面馆6000多家，吃法多样，日本认为荞麦食品有“青春美容”之功效，已作为营养保健食品进入千家万户，成为日常生活的必需品。中国是世界荞麦生产大国，在食用、药用和药食兼用方面具有悠久的文化传统。

(1) 蛋白质。荞麦中的蛋白质早已被证明有很高的生物学价值（Sare，1955），荞麦所含蛋白质远远超过禾本科主要粮食作物的含量，尤其是苦荞，含粗蛋白 10.5%，明显高于小麦面粉的 9.9%，大米的 7.8% 和玉米的 8.5%。甜荞粗蛋白虽含量稍低 6.5%，但其他营养物质比较全面，(见表 6－2)。

表 6－2　荞麦与小麦粉、大米、玉米营养成分比较表

Table6－2　The comparision of nutrition composition among buckwheat、wheat、rice and corn

成　分	甜荞	苦荞	小麦粉	大米	玉米
粗蛋白（%）	6.5	10.5	9.9	7.8	8.5
粗脂肪（%）	1.37	2.15	1.8	1.3	4.3
淀粉（%）	67.9	73.11	74.6	76.6	72.2
粗纤维（%）	1.01	1.62	0.6	0.4	1.3
V_{b1}（mg/100g）	0.08	0.18	0.46	0.11	0.31
V_{b2}（mg/100g）	0.12	0.50	0.06	0.02	0.10
Vp（%）	0.095－0.21	3.05	0	0	0
Vpp（mg/100g）	2.7	2.55	2.5	1.4	2.0
叶绿素（mg/100g）	1.304	0.42	0	0	0
钾（%）	0.29	0.40	0.195	1.72	0.270
钠（%）	0.032	0.033	0.0018	0.0017	0.0023
钙（%）	0.038	0.016	0.038	0.009	0.022
镁（%）	0.14	0.22	0.051	0.063	0.060
铁（%）	0.014	0.086	0.0042	0.024	0.0016
铜（mg/L）	4.0	4.59	4.0	2.2	…
锰（mg/L）	10.3	11.70	…	…	…
锌（mg/L）	17	18.50	22.8	17.2	…

荞麦的蛋白质，不仅含量丰富，而且比例适当，可以有效地供给人体促进机体的发育。目前，国际上常用“化学分”作评定食物蛋白质营养价值的指针，化学分值越高，说明蛋白质越易消化。以鸡蛋的蛋白质的比例为标准，化学分值为100。甜荞的化学分值为63、苦荞为55，均高于小麦38、大米49、玉米40，因而荞麦比禾谷类作物有较好的营养价值（见表6－3）。

许多科学家、医学家指出，荞麦是高质量蛋白质的潜在来源。荞麦的蛋白质与其他禾谷类作物蛋白质不同，小麦的蛋白质主要是麦谷蛋白与胶蛋白，粘性很强，而荞麦蛋白主要是谷蛋白，水溶性清蛋白和盐溶性球蛋白，这类蛋白粘性弱，近似于豆类蛋白，尤其是苦荞，水溶性清蛋白和盐溶性球蛋白占蛋白质总量的50%以上。属于高质量蛋白质。

表6－3　　蛋白质的化学分值比较表

Table 6－3　　The comparision of protein quality of different crops

作物	苏氨酸	缬氨酸	蛋氨酸	亮氨酸	赖氨酸	色氨酸	异亮氨酸	苯丙氨酸	化学分
鸡蛋	100	100	100	100	100	100	100	100	100
甜荞	84	80	70	84	103	110	63	103	63
苦荞	81	72	55	82	103	110	66	89	55
小麦	61	57	45	80	38	70	54	78	38
大米	74	70	55	96	55	100	49	75	49
玉米	81	70	60	147	45	40	71	78	40

（2）氨基酸。荞麦含有18种氨基酸，含量比较丰富，尤其人体必需的8种氨基酸，苦荞的含量均高于小麦、大米及玉米。色氨酸的含量，苦荞为0.1876%，是玉米（0.053%）的3.53倍，是小麦（0.122%）的1.54倍，是大米（0.119%）的1.57倍；甜荞为0.1094%，是玉米（0.053%）的2.06倍。赖氨酸的含量，苦荞为0.6884%，是小麦（0.262%）的2.62倍，是大米（0.277%）的2.48倍，是玉米（0.251%）的2.74倍。甜荞为0.4214%，是玉米（0.251%）的1.7倍。蛋氨酸的含量，苦荞为0.1834%，是小麦（0.151%）的1.21倍，是大米（0.141%）的1.30倍，是玉米（0.161%）的1.14倍；甜荞为0.1504%，是大米（0.141%）的1.07倍。苏氨酸的含量，苦荞为0.4178%，是小麦（0.328%）的1.27倍，是大米（0.283%）的1.47倍，是玉米（0.347%）的1.20倍。缬氨酸的含量，苦荞为0.5493%，是小麦（0.454%）的1.21倍，是大米（0.403%）的1.36倍，是玉米（0.444%）的1.23倍。亮氨酸的含量，苦荞为0.7570%，是大米（0.662%）的1.14倍。异亮氨酸的含量，苦荞为0.4542%，是小麦（0.384%）的1.18倍，是大米（0.245%）的1.85倍，是玉米（0.402%）的1.12倍。苯丙氨酸的含量，苦荞为0.5431%，是小麦（0.487%）的1.12倍，是大米（0.343%）的1.58倍，是玉米（0.395%）的1.37倍。另外，精氨酸的含量也比较高，苦荞为1.014g/100g，是小麦（0.416g/100g）的2倍多，是玉米（0.321g/100g）的3倍多（见表6－4）。

（3）粗脂肪。荞麦含有9种脂肪酸，其中油酸和亚油酸含量最高，占到总脂肪酸含量的80%左右。另外，苦荞中还发现含有硬脂酸，肉豆蔻酸和两个未知酸，其中硬脂酸含量为2.51%，肉豆蔻酸为0.35%。荞麦的脂肪在常温条件下呈固形物，苦荞脂肪呈黄绿色。

（4）淀粉。荞麦籽粒中淀粉的含量平均70.5%，其中苦荞为73.11%，甜荞为67.9%，均低于小麦面粉（74.6%）、大米（76.6%）和玉米（72.2%）（如表6－2）。荞麦淀粉中，支链淀粉含量在80%以上，直链淀粉不足20%，支链淀粉呈多角形的单粒体，近似大米淀粉，但颗粒较大，容易醣化，与一般谷类淀粉比较，荞麦淀粉食用后易被人体消化吸收。

表 6-4 荞麦与小麦、大米、玉米中 8 种必需氨基酸含量比较

Table 6-4 The contrast of 8 necessary amino acid among buckwheat、wheat、rice and corn

氨基酸	甜荞（%）	苦荞（%）	小麦（%）	大米（%）	玉米（%）
苏氨酸	0.2736	0.4178	0.328	0.283	0.347
缬氨酸	0.3805	0.5493	0.454	0.403	0.444
蛋氨酸	0.1504	0.1834	0.151	0.141	0.161
亮氨酸	0.4754	0.7570	0.763	0.662	1.128
赖氨酸	0.4214	0.6884	0.262	0.277	0.251
色氨酸	0.1094	0.1876	0.122	0.119	0.053
异亮氨酸	0.2735	0.4542	0.384	0.245	0.402
苯丙氨酸	0.3864	0.5431	0.487	0.343	0.395

（5）维生素。维生素是维护身体健康，促进生长发育和调节生理功能所必需的一类有机化合物。荞麦中还含有维生素 B_1，B_2，PP，P，其中维生素 B_2 和维生素 P 含量很丰富。苦荞维生素 B_2 的含量为 0.50mg/100g，是小麦粉（0.06 mg/100g）的 8.3 倍，是大米（0.02 mg/100g）的 25 倍，是玉米（0.10 mg/100g）的 5 倍。甜荞维生素 B_2 的含量为 0.12 mg/100g，是小麦粉的 2 倍，大米的 6 倍，玉米的 1.2 倍；苦荞维生素含量为 2.55mg/100g，是小麦粉（2.5mg/100g）的 1.02 倍，大米（1.4mg/100g）的 1.84 倍，玉米（2.0 mg/100g）的 0.27 倍（见表 6-2）。Vp（生物类黄酮）是一组存在于蔬菜、水果、花和谷物中的天然色素，多呈黄色，他们好似天然维生素 C 的伴侣，但又不存在于合成的 Vc 中。以黄酮类化合物为主要成分的荞麦多酚，是荞麦中最重要的保健功能因子。植物多酚是 20 世纪发现的最后一种营养元素。荞麦作为一种健康食品资源正风靡世界，主要在于其内有高生物价的蛋白质和丰富的维生素，并富含生育酚和尼克酸等多种营养成分，在治疗高血压、控制糖尿病和微血管脆弱性出血有一定的功效。荞麦还含有维生素 E，含量比小麦高，维生素 E 对中老年延年益寿、增强儿童智力发育有重要作用。荞麦维生素的特殊之处还在于含有其他谷类作物所不具备的芦丁（Vpp）及维生素 C。维生素 C 是人体的重要物质，被医学家和营养学家誉为“生命之源”。

（6）矿物质及粗纤维。荞麦矿物质和微量元素含量丰富，其中镁含量极高，镁可以减少血清胆固醇的含量，预防动脉血管硬化和高血压。苦荞中镁的含量为 0.22%，是小麦（0.051%）的 4.31 倍，大米（0.063%）的 3.49 倍，玉米（0.060%）的 3.67 倍。铁、铜、钠的含量也很高，苦荞中铁的含量为 0.086%，均超过小麦（0.0042%），大米（0.024%）和玉米（0.0016%）。

荞麦中铜的含量也很高，约为 4.59mg/L。铜在人体内能促进铁的吸收作用，有利于非成熟性血球血红素的形成，缺铜会引起铁的不足或流失，导致缺铁性贫血病的发生，尤其是青少年。如在婴幼儿食品中添加荞麦粉，增加食品中微量元素，提高营养价值，对婴幼儿的发育成长是很有帮助的。

一般甜荞含锌 38.8mg/L，苦荞 35.2mg/L。锌是人体必需的一种微量元素。如今，锌的营养缺乏在全世界都相当普遍，是营养学上的一个主要问题。荞麦是一些重要营养源的来源，含有中等量的锌，其中的 41% 是水溶性的，经池田小夜子等研究，充分证明荞麦中的锌可被人体吸收利用（池田等 1989，1990～1992）。

荞麦中还含有纤维素，对防治糖尿病、高血脂是有积极作用的。粗纤维能帮助消化，“清

扫”肠胃，推动积食，缩短积食在肠胃中停留时间，减少细菌分解食物所产生的毒素对肠壁的破坏而影响吸收功能。荞麦中粗纤维的含量苦荞为 1.62%，甜荞为 1.01%。

另外，荞麦还含有苦味素。苦味素有清热解毒、消炎止痛作用，以及含有其他粮食中所没有的叶绿素。甜荞叶绿素含量 1.304mg/100g，苦荞叶绿素含量为 0.42mg/100g。

总之，荞麦的各种营养素是全面的，无论甜荞还是苦荞，都是营养丰富的食品原料，又有很高的药用价值，是一种值得大力开发的营养源和药膳源。

三、荞麦的食用方法

荞麦具有独特的香味，吃法很多。以荞麦为主的风味小吃、美食品种繁多、加工技艺精湛。清乾隆年间，清廷每年就用荞麦拨御面，宴请四十八旗满、蒙王公贵族。当时被称为“拨面之乡”的河北省隆化县张三营就有荞面馆 29 家。据考证，张三营盛产白荞（即甜荞）面。至今已有 1000 多年的历史。其吃法很多，最流行的就是拨面和御面了。清朝自乾隆皇帝以后，诸帝每次去围猎，经过这里都要去吃白荞面或拨面。同时在北京、天津、内蒙及东北等地的许多城镇都有荞面馆。

至今中国北京城的荞麦馆已日渐增多。钓鱼台国宾馆餐厅就增加了荞麦拨面食品，重大喜庆节日，中央领导人招待贵宾举行的盛大国宴，其中就有荞麦食品。

荞麦在中国民间食用方法五花八门，多种多样，南北各地截然不同。陕西、山西、内蒙、河北、江西等省区以煮食、带汤水的食法为主，如北方风味的就有猫耳朵（又名“碾疙瘩”、“碾饦饦”）、疙团、格饦儿、阳曲灌肠、荞面蒸饺、荞麦凉粉、蝌蚪凉粉、酸汤凉粉、荞面碗、烤饦、臊子面饦饦、剁荞面汤、拨御面、羊汤荞面、页面、削荞面、荞面煎饼、荞面烙饼、荞面蒸饼、扒糕、荞麦糕、荞麦血糕、搅团等。

云南的吃法以干食为主，西南地区少数民族外出劳动或长途旅行通常带“晌午”（午饭）。这晌午多是荞麦食品，因而形成了干食荞麦食品的习惯，但也有其他吃法。云南的荞食品种有荞面烤饼（荞粑粑）、荞面煎饼、荞面烙饼、荞面馒头、荞面包子、荞饦、荞糕、荞面疙瘩饭、荞窝窝头、荞面片汤、甜荞凉粉、荞米粒饭（干饭、稀饭）、荞三子饭（荞子、麦子、苞谷）。

近年来，随着市场经济的深入开展，以荞麦为主料制成的成品或半成品开始得到了充分的交流和发展，荞麦和荞麦类食品受到广大消费者的喜爱。在荞麦食品开发研究方面，除继承和发扬原有传统工艺外，近年来开发和引进了许多加工工艺和食用方法，使荞麦这一特殊的营养保健食物源得到了充分的利用。国内已加工生产出来的中西制品有：荞麦挂面、荞麦方便面、配制好的营养荞粉（奶粉、豆粉、花生粉等）、荞丝、荞酥、荞串（月饼）、夹沙荞饼（月饼）、荞麦蛋糕、荞面油炸果、荞酒、荞醋、荞麦营养茶、苦荞维夫饼干、荞麦面包、荞麦豆乳及荞麦豆腐、荞麦芽菜等。

随着全球无公害绿色食品大潮的兴起，过去不起眼的荞麦嫩苗、枝叶，转眼之间以“荞菜”的美名登上了大雅之堂。由于荞麦自身具有多方面的营养成分，又多生于高山瘦地、远离人群、不施化肥、不打农药的无公害环境，荞麦青体成为真正的纯天然绿色食品，深受广大消费者青睐。目前一些地区已采用类似生产豆芽的方式进行工厂化生产“荞芽”，大部分产品满足出口和高档宾馆饭店还供不应求，成为当今营养保健的绿色食品。

四、荞麦的其他用途

1. 荞麦是很好的蜜源作物

在传统的农业经济中，荞麦、油菜、紫云英是中国著名的三大蜜源作物，历来很受养蜂业的重视，随着生态恶化，耕地减少，植被破坏的加剧，野生蜜源大量减少，蜜蜂采蜜的范围日渐缩小，荞麦花蜜成为主要蜜源之一。

荞麦花蜜质量高，含蛋白质丰富，含40%左右的葡萄糖。荞麦花期长达40～60天，开花时期正是天高气爽、气温日渐下降的秋季，也是蜂群产蜜量最高的季节。每公顷荞麦一般产蜜60～75kg，高的可达105～120kg。据不完全统计，我国年产蜂蜜10万吨左右，其中荞麦花蜜占2万吨以上。蜂蜜除直接食用外，还是食品工业、制药工业、轻化工业的重要原料，又是农村脱贫致富的财源之一。许多异花授粉作物要增产，还离不开蜜蜂来采蜜授粉。因此，种荞养蜂是一举两得的好事。

2. 荞麦作绿肥

荞麦速生快长，播种20～30天便可形成郁蔽，在急等用地、培肥地力和熟化土壤等方面，可作先锋作物或短期绿肥使用，也能起到肥田富地、改良土壤的功效。据研究，荞麦茎秆中含有35%～40%的氧化钾，可为农田提供丰富的钾肥。同时，荞麦也是耕作制度中轮作换茬的理想"伙伴"和良好的绿肥作物。

3. 荞麦作饲料

荞麦对于发展畜牧业有很大意义，特别是发展家庭饲养业。荞麦的茎秆、荞壳和麸皮是牲畜的好饲料。根据C. N. NOMOB的资料，1kg荞麦皮壳碎屑中含有0.057g蛋白质，等于0.5g饲料单位的营养价值，含淀粉60%～75%，并富含脂肪、铁、磷、钙等矿物质和维生素B_1、B_2，其营养价值为玉米的71%，国外大多用荞壳、荞糠等配合成浓缩饲料，喂养鸡、鸭、牛、猪等，提高其生长速度、产蛋率、奶质和肉质。另外，荞麦比其他饲料作物生育期短，营养生长迅速，能在短时间内提供大量的优质青饲料（每公顷可以收青体19.5～22.5吨）。荞麦的青苗、干草和青贮料有较高的营养价值，其中含粗蛋白质4.6%，粗脂肪0.9%，碳水化合物19.5%。能育肥畜禽，增加固态脂肪（瘦肉）、食用肉质和产蛋率。特别是对幼畜禽非常有益，能提高雏鸡的生长速度和仔猪的抗病能力。荞麦茎秆与豆科、禾本科茎秆混合制成混合饲料效果更好。

五、云南的荞麦生产

1. 荞麦的生产概况

云南省荞麦栽培历史悠久，面积宽广，品种资源丰富，生产潜力大。据统计：云南的荞麦生产，1946年4.74万hm^2，总产7700t，单产162.4kg/hm^2；1949年后生产得到了很大的发展，1956年荞麦面积发展到20.09万hm^2，占全省总面积的6%，10年增加了42.4倍，总产145084t，单产722kg/hm^2，分别增加了18.8倍和4.5倍。1963年全省17个地州，合计种植荞麦21.547万hm^2，总产121929t，单产659kg/hm^2。重点在曲靖、昭通、红河、临沧、思茅、文山、大理、丽江、楚雄等市州。但平均单产偏低，总面积增加了7.23%，但总产量下降了18.99%，相应的单产也减少了9.56%（见表6－5）。自1966年以来，云南荞麦生产经过几起几落的动荡，面积锐减，产量下降，多年处于低谷徘徊状态。至1980年，随着全省农业生产的好转，主要粮食作物产量稳定增加，荞麦生产也走出低谷，面积产量逐步回升，荞麦生产摆脱了30多年的停滞状态，到1995年，已恢复到10.8180万hm^2。总产量113890t，单产达到1053 kg/hm^2，虽然面积不可能恢复到历史最大面积的1963年，但单产却比1963年增加了59.78%。近年来，在改革开放和市场经济的推动下，荞麦生产呈现出飞速发展的势头，1998年面积产量更上一层楼，达到13.3860万hm^2，总产15.5万t、单产1158kg/ hm^2的新台阶，面积、总产和单产分别比1995年又增长了23.74%、36.18%和9.97%。初步形成了在稳定面积的基础上提高单产，在提高单产的基础上增加总产的良性循环，较好地突出云南荞麦生产的优势。

1985年以来，云南省各地农业生产复苏后欣欣向荣，荞麦生产在曲靖、昭通、丽江、怒江、思茅等主产区5个地州率先发展起来。综合统计，5市州荞麦面积6.8万hm^2，总产7.51万t，面积和总产分别占全省荞麦的78%和83%。

表6－5 云南省各州（市）荞麦生产面积和产量表

Table 6－5 The area and out put of buckwheat in Yunnan province

地（州）市	1963年			1995年			1998年		
	面积（hm^2）	单产（kg/hm^2）	总产（t）	面积（hm^2）	单产（kg/hm^2）	总产（t）	面积（hm^2）	单产（kg/hm^2）	总产（t）
全省合计	215467	0.659	121929	108180	1.053	113890	133860	1.158	155096
昆明市	2933	0.803	2354	2199	1.751	3851	4544	0.886	4027
东川市	5800	0.629	3645	1100	1.155	1271	1065	1.127	1200
昭通市	16800	0.660	11088	18403	0.997	18354	12717	0.904	11494
曲靖市	33933	0.548	18579	38185	1.349	51531	47157	1.425	67191
楚雄州	9467	0.143	1349	169	1.195	202	2195	1.389	3050
玉溪市	5400	0.698	3767	863	2.232	1926	799	2.080	1662
红河州	12333	0.705	8695	——	——	——	360	0.500	180
文山州	19133	0.495	9471	11729	0.525	6158	11261	1.181	13302
思茅市	34600	0.458	15830	8000	0.750	6000	12613	0.786	9919
临沧市	26933	0.534	1491	10766	0.727	7827	13927	0.930	12948
西双版纳州	1000	0.528	53	——	——	——	183	0.902	165
大理州	10333	0.885	915	3038	1.980	6015	12602	1.380	17391
保山市	7200	0.705	508	——	——	——	1100	1.091	1200
德宏州	5267	0.623	328	698	0.610	426	666	0.847	564
丽江市	11200	0.645	722	5000	0.600	3000	5506	0.726	4000
怒江州	8600	0.425	361	5246	0.763	4003	4587	0.829	3803
迪庆州	7867	0.425	334	2784	1.195	3326	2578	1.164	3000

地处滇西北的华坪县，常年荞麦面积较大，20世纪中期全县平均在667hm^2左右，单产750kg/hm^2，总产500.3t，最高年产量为1964年，单产1200kg/hm^2，总产达到800.4t，增产37.5%。

滇南的文山县居住着壮、苗、傣、回、汉等民族，荞麦是山区、高寒地区的主要粮食作物之一，1955～1975年的20年期间荞麦播种面积在3334～5000hm^2之间，占全县总面积的12%～15%，总产量5000～6000t，占全县总产量的8%～10%。至1993年，面积减少了46.7%，仍有2272.6 hm^2，总产减少了51.03%，只有3184t，但单产平均1401kg/hm^2，增加了51.46%。

云南省的富宁、马关、孟连和绿春等边境县，利用气候温热、雨量充沛的自然条件种植冬荞、春荞，并获得高产。如马关县，1956年全县种荞6666.7hm^2，1970年6000hm^2，1984年减少到1792.1hm^2。其中，冬荞969.7hm^2，占54.1%；春荞822.4hm^2，占45.9%，总产1747t，单产947.8kg/hm^2。1990年随着市场经济的发展，面积有所回升，冬荞2540hm^2，占61.3%；春荞1605.4hm^2，占38.7%，合计4145.4hm^2，总产3047t，单产735kg/hm^2。

绿春县1985年种冬荞2454.8hm^2，总产1779.8t，春荞（白花甜荞）918.2hm^2，总产

578.5t，占当年粮食总产的5%。

总之，全省各地都在积极利用自己的优势努力发展荞麦生产，云南荞麦产销两旺的机制已步入正轨。

2. 云南荞麦的生产前景

云南荞麦生产很有发展前途。近年来，随着改革开放的深入发展，各级党委政府坚持贯彻保持水土、涵养水源，退耕还林、还草，禁止毁林开荒等一系列保护生态环境措施，彻底结束了历史上刀耕火种的原始生产方式。采用固定面积，增施肥料等科学种荞技术，扩大荞麦生产，对优化云南粮食产业结构的比重，促进粮食可持续发展，改善人们的食物结构，推动山区农业经济的增长具有重要意义。尤其是当今市场需求日趋旺盛的情况下，应抓住机遇，发挥优势，发展荞麦生产。

(1) 优越的气候条件。荞麦是喜温、喜湿、喜光作物。在摄氏12℃以上的温度条件下就能发芽生长，生育期70~100天，全省范围内温、光、水三大气候因素均能满足荞麦生长的需要。

(2) 丰富的土地资源。云南境内地形地貌多种多样，形成了各种不同的耕作制度与种植方式，滇东北玉米、马铃薯间套地区，马铃薯收后接种荞麦是最理想的间套方式。在高海拔冷凉山区生产节令一季有余、两季不足的地区，有相当大的面积可用来种荞麦，改一季为两季。气候温热地区大春作物收后，温、光、水还十分充足，仍可抢种一季晚秋作物—秋荞，提高土地利用率，多收一季作物。

(3) 良好的开发基础。云南种荞麦历史悠久，农民有丰富的种植经验，增产潜力大。只要科研、推广部门能针对该地区荞麦生产上存在的主要问题，适当加以引导，产量和质量便能提高。

(4) 有丰富的荞麦品种资源可供广大荞麦产区选择利用。省内各级科技部门还在不断地引进和选育优良品系，更新老品种，推广新品种，促进荞麦生产的健康发展。

近年来，各地农业科研、推广部门，根据优化粮食结构的需要及荞麦在农业生产中的作用，开展了荞麦资源的综合生产利用研究。在品种选育、栽培技术及产后加工等方面取得了一些进展，评出了产量高、性状好、生育期适中的荞麦品种。根据荞麦的营养成分与疗疾功能，对荞麦原料进行加工、转化研究，在研制营养型与功能型食品等方面取得了良好的进展。随着思想认识的转变，观念意识的更新，云南荞麦资源综合开发利用的深化，荞麦产业必将在云南省发挥更大的作用，而且荞麦也必将成为21世纪人们健身防病和药食兼备的重要食品。荞麦资源的开发利用也是云南省广大山区提高单产的有利条件之一。如滇西北迪庆、怒江、丽江、大理一带多种植扁子荞、长嘴苦荞、黑荞、圆子荞、红花荞、大苦荞等；滇东北曲靖、昭通及东川、寻甸一带多种植驮荞、长嘴苦荞、黑苦荞、大苦荞等。

3. 荞麦栽培技术要点

荞麦不是低产作物。因为生育期短，叶片少，光合面积少，开花早，花期长（25~40天），营养生长与生殖生长同时进行，养分供应不足，常有落花落蕾，甚至不结实现象，致使产量不高。但荞麦对农业生产技术措施反映很敏感。据永胜县农技推广中心连续10年在该县羊坪彝族自治乡（海拔2800m）的二道水沟村的试验研究，主要措施抓了固定面积，引用良种，增施氮、磷、钾肥，合理密植，改革刀耕火种、毁林开荒的落后原始耕作方式。几年来，示范苦荞样板地28.9hm^2，平均单产达到2286kg/hm^2。其中，一农户的荞地0.43hm^2，折合单产量为3825.6kg/hm^2。海拔2600m的刘家村一农户的0.27hm^2，折合产量3544.4kg/hm^2。东马场村在二荒地上种红花甜荞，施用尿素300 kg/hm^2作种肥，产量2350.5kg/hm^2。永善县茂林乡龙门寨村，15.3hm^2苦荞通过改进栽培技术、增施肥料、改撒播为条（点）播，单产达到4072.5kg/hm^2。师宗县米岗乡一农户种日本“茨城甜荞”0.27hm^2，折合单产3173kg/hm^2。许多事实证明，只要提高科学种荞水平，产量是能提高的。

云南荞麦生产重点在山区和海拔2300m以上冷凉地区，生产方式以夏荞和秋荞为主，海拔

1800～2200m 地区重点是秋荞；海拔 1700m 以下地区冬荞生产面积为多。栽培技术应抓住主要环节，就可大大地提高产量。

（1）播种节令。农谚说："早播 3 天不结籽，晚播 3 天霜打死"，掌握播种节令很关键，高海拔地区气温低，无霜期短。夏荞播种应在断霜后气温回升的 4～5 月初，农事节令清明至立夏阶段；以秋荞为主的中海拔地区播种节令掌握在 7～8 月初的立秋至白露，这段时间雨量逐渐减少，气温平稳下降，有利于荞麦开花结籽。

（2）种子处理：荞麦种子有 20%～25% 的成熟不好，播前可用清水选种法，将种子倒入清水缸中搅拌，捞出上浮的秕粒，只用沉在水底的饱粒，晒干待播。

（3）合理密植，改革耕作技术。云南过去荞麦以撒播为主，播种量大，稀密不匀。近年来改撒播为条播、点播，节约用种，稀密适度。还应掌握瘦地宜密、肥地宜稀的合理密植原则。

（4）增施肥料。山区荞麦地普遍不施肥或肥力低下，缺肥是制约增产的关键，在过去每公顷施农家肥和灰肥 7000～10000 kg 的基础上，增施氮化肥 75～120 kg，磷（钾）化肥 750～1500kg/ hm^2 拌种施用，氮肥三分之二作种肥，三分之一作追肥或全部作种肥。施用化肥应掌握看苗施肥，肥地少施或不施、瘦地多施或重施。荞麦施肥要早，因其生育期短，施晚了荞麦恋青反而减产。

（5）适时收割。荞麦是无限花序作物，植株上一边开花结籽，下一边籽粒成熟掉落。应随时注意观察，达到 70%～80% 籽粒成熟即可收割，才能获得高产。

第二节　高粱种质资源的开发利用

高粱是中国北方的主要粮食作物之一。高粱的根系发达，可利用深层土壤的水分和养分，抗土壤干旱和大气干旱。高粱只需吸收自身重量 40%～50% 的水分。温度在 10～12℃时开始发芽。其蒸腾系数（332）低于玉米（368）、小麦（514）。高粱耐瘠薄，对肥料利用率高。因此，在国内旱粮作物产区中，凡不适宜玉米、小麦栽培的干旱、半干旱瘠薄地，改种高粱能获得较高的产量。高粱还有较好的抗涝和耐盐碱能力，对土壤要求不严，在 pH 值 5.5～8.5 的各类土壤上都能正常生长。因此，高粱也是适于盐碱、瘠薄和低洼地区广泛栽培的高产作物。

一、食用高粱的开发利用

高粱作粮食的用途已很久远，单宁含量在 0.5% 以下的品种可作为食用高粱。东北各地习惯将高粱籽粒碾磨去皮壳，制成高粱米、面食用。特别喜爱掺有豆类做成的高粱米干饭或稀饭。黄河流域一带则习惯于将高粱籽粒加工成面粉，做成各种风味独特的面食。人们视高粱为"粗粮"，实际上高粱籽粒含有的营养成分和可释放的热量不亚于大米、玉米和小麦面粉（见表6－6）。

表 6－6　高粱等几种主要谷类食物营养成分的比较表

Table 6－6　The nutrition composition of several cereal crops

种类	热量（大卡 cae）	蛋白质（g）	脂肪（g）	醣（g）	钙（g）	磷（g）	铁（g）
高粱	360	8.1	2.7	75.6	7	188	4.1
大米	351	7.3	1.4	77.2	16	183	2.3
标准面粉	354	9.9	1.4	74.6	38	268	4.2
玉米	362	8.5	4.3	72.2	22	210	1.6

但是高粱米面的营养食用价值却不及大米、玉米和小麦面粉，原因在于高粱米面中易消化的碱溶性蛋白质含量少于大米、玉米和小麦面粉，难消化的醇溶性蛋白质含量却又多于大米、玉米和小麦面粉；高粱籽粒蛋白质的氨基酸组成也不平衡，明显缺乏人体所必需的赖氨酸、色氨酸等，而亮氨酸和异亮氨酸含量又过多（见表6－7），再加上高粱种皮中含有单宁，往往与蛋白质结合成为肠胃不易消化吸收的络合物。从而使高粱蛋白质的消化吸收程度降低，单宁苦涩味也影响高粱米、面的适口性、影响了高粱的食用价值。但是高粱作为一种粮食作物，因其抗逆性强，在不能生产其他作物的干旱、瘠薄地区仍有一定的收成，解决了这些地方人口的吃饭问题。虽然高粱米面食味欠佳，有苦涩味，但民间在食用高粱的加工上有很多办法：一般工业用、饲料用多采用干粉加工法，直接将高粱籽粒碾磨过筛即成。作食用的高粱制粉则采用湿法制粉，将高粱先用水浸泡2～3天，每天换一次水，将溶解了单宁的红水去掉，再用石磨将浸泡发涨的高粱籽粒磨成浆，滤水晒干。湿法制成的粉比干法制的粉消化率由53.07%提高到58.3%，消化率提高约5%，并且用湿法制的粉质地既白又细，单宁含量极低，改善了适口性，且易保管，食用方便。

表6－7　高粱等几种谷物的主要氨基酸含量表

Table 6－7　The major amino acids content of several cereal crops

种类	赖氨酸（mg）	色氨酸（mg）	蛋氨酸（mg）	苏氨酸（mg）	亮氨酸（mg）	异亮氨酸（mg）	缬氨酸（mg）	精氨酸（mg）
高粱	2160	980	1680	36910	16000	3720	5240	3190
玉米	3670	780	1630	4400	15200	3280	4950	4700
小麦	2440	1140	1410	3060	7110	3580	4220	4290
稻米	3520	1680	1730	3850	8400	3540	5430	8200

云南主要食用的是糯高粱品种，也采用湿法磨粉，做成的食品有汤圆、窝头、煎饼、团子、粑粑等。作为一种地方名特风味食品，调剂生活，增加花色品种，受到广大群众的喜爱。

北方高粱的吃法较多，有蒸食、煮食、烙食、炒食；蒸食有鱼鱼、刨渣、窝窝、条条、饺子、囤囤、发糕等。煮食有饦饦、面条、面片、钢丝面、面疙瘩汤、刀削面。烙食有煎饼、发面大饼、大饼子。炒食有炒面、油茶面等多种多样吃法。最近城乡集贸市场有高粱与小麦面粉混合制成的馒头、窝头上市，销路很好。两种以上粮食品种混合食用，还改善了适口性，提高了食用价值。

二、粒用高粱的开发利用

粒用高粱口感苦涩味较重，多食对肠胃不利，当今以酿酒为主。中国栽培的高粱以粒用为主，元代（1279～1368）《王祯农书》中写道："蜀黍，其子作米食，余及牛马"在我国高粱除食用和饲用外，酿酒的原料中主要还是高粱。明朝李时珍《本草纲目》称："烧酒并非古法，自元时始创之"。而胡锡文（1981）认为春秋时期的《补记·内则》"粱醴清糟当是中国高粱酿酒的最早记载"。因此，中国是最早采用高粱制造蒸溜酒的国家。

驰名中外的几种名酒，多是用高粱做主料或做佐料酿制而成的，高粱籽粒的化学成分与酒的产量及品味关系密切。常用的酿酒高粱籽粒化学成分为淀粉60%～65%，粗蛋白6.8%～10%，粗脂肪3.6%～4.7%，粗纤维1.6%～2.4%，单宁0.2%～0.5%。淀粉是生产酒精的主要成分，也是微生物生长繁殖的主要热源。高粱淀粉含量依品种而异，一般糯性高粱支链淀粉含量多，是出酒高的基础，对提高高粱酒的质量有密切的关系。籽粒中的蛋白质在发酵过程中经蛋白酶水解生成氨基酸，氨基酸又经酵母作用转变为高级醇类。高级醇类就是白酒香味的重要组成部分。因此，尤其是天门冬氨酸和谷氨酸较多的蛋白质及蛋白酶与酒的优美风味密切相关。酿酒高粱的脂肪含量不宜过多，脂肪过多，酒有杂味，遇冷时酒易显浑浊。高粱籽粒的单宁含量较高，含有微量的单宁对发酵过程中的有害微生物有一定的抑制作用，能提高出酒率。单宁产生的丁香酸和丁香醛等香味物质，又能增强白酒的芳香风味。因此，含有适量单宁的高粱品种是酿制优质酒的佳料。但是单宁味苦涩，性收敛，单宁含量过高的品种，妨碍酵母生长发育，降低发酵能力，有损酒的风味和产量。可选用单宁酶作用强的曲霉和酵母，使单宁充分氧化，将单宁酶水解成没食子酸和葡萄糖，降低对酿酒发酵的危害性，增加酒的香醇度。

中国享誉海内外的八大名酒茅台酒、汾酒、泸州特曲、五粮液、剑南春、古井贡酒、洋河大曲、董酒都是以高粱为主料，生产工艺经过几百年的经验总结出来的，有的甚至是上千年的历史。各地小有名气的地方名特酒也多以高粱为主料生产、勾兑而成的。

粒用高粱不仅是酿酒工业和酒精生产的主要原料，也用来作饲料，制淀粉，制饴糖，制醋，驰名中外的山西老陈醋就是高粱酿造的。近年利用粒用高粱酿制啤酒已取得成功，进一步拓宽了粒用高粱的开发利用前景，提高了经济效益，给高粱产区带来了新的机遇。

三、糖用高粱的开发利用

糖用高粱即甜高粱，是普通高粱的变种。省外有称糖高粱、芦粟、甜秫、甜秆等，云南多称甜秆高粱。它与扫帚高粱、宿根高粱及苏丹草近缘，都是禾本科多年生草本植物，但在冬天有霜冻的地区不能露地过冬，因此只能作一年生作物栽培。甜高粱同普通高粱一样，也能结出优良的种子，但产量通常较粒用高粱略低，一般 1500 ~ 2250kg/hm^2。但甜高粱的茎秆比粒用高粱粗，植株也较高，茎秆多汁且富含糖分。甜高粱是中国古老的农作物之一，有悠久的栽培历史，但因近期在新品种选育上缺乏深入的研究，因而现有的品种经济性状差，未能满足生产上的要求。近年来，随着科学技术研究的发展，甜高粱成为新兴的糖料作物、饲料作物和能源作物。甜高粱有适应性广，抗逆性强，生长迅速、糖分积累快、生物学产量高等优点，因而引起国际上的广泛重视。许多国家相继开展了甜高粱的开发利用研究。

甜高粱研究和利用较先进的国家是美国，其最早的甜高粱品种——“中国琥珀”，是 1853 年通过法国驻上海领事从上海崇明岛引进的“中国北方甘蔗”（即甜高粱）开始种植的。前苏联则于“二战”后，1947 年从中国引进甜高粱“813 号中国琥珀”品种在亚美尼亚种植，并获得 65250kg/hm^2 的高产。目前，由于甜高粱具有很多优点，世界上许多发达国家和发展中国家如美国、日本、巴西、墨西哥、阿根廷、意大利、澳大利亚、印度、法国、新西兰等都在积极进行开发和利用研究。

甜高粱的生理特点：甜高粱与甘蔗、玉米、黍、粟等作物属于四碳（C_4）作物，C_4 作物具有较高的光合速率。它的光饱和点高，二氧化碳补偿点低，光呼吸率低，光合强度大，因此甜高粱的单位面积生产率极高。据美国 Mille 研究，每生产 1 单位干物质所投入的能量相对来说比玉米、水稻等作物都少，其投入产出比为 1∶4。

在 C_4 作物中，又以糖秆作物（甘蔗、甜高粱）的生物产量最高。这些作物之所以值得重视，是因为它们的碳水化合物的产量高达 65% ~75%，茎秆可以加工成糖，也可以直接发酵生成酒精。

甘蔗被认为是利用太阳能最有效的生物“转换器”，一方面是它的高光合速率，更重要的还是它的生长周期比任何作物都长。甘蔗的最大短期生产率为 50 ~ 54g/m^2 土地 · 日，而大麦、小麦、大豆等作物的最大短期生产率仅为 34 ~ 39g/m^2 土地 · 日，甜高粱同化 CO_2 具有很高的效率，最大的短期生产率为 51g/m^2 土地 · 日，仅次于甘蔗。

甜高粱与甘蔗相比具有很多优点，一是生育期短，120～160天，甘蔗210～270天；二是甜高粱用种子繁殖成本低，每公顷只需3～4.5kg，甘蔗用种苗繁殖，每公顷需9000kg；三是甜高粱有多种用途，茎秆和籽粒可作饲料，甘蔗不能作饲料。从产糖的角度看，甘蔗总的可发酵的糖比甜高粱高，但甜高粱的纤维比甘蔗高，甘蔗的生物产量高，但甜高粱的生长期短，在热带、亚热带地区一年可收获二次。加之甜高粱还可收获籽粒。

1956年曾被列为全国甜高粱优异品种的省编号R05、国家编号10289的云南甜高粱是镇雄甜高粱。镇雄甜高粱为云南镇雄县农家品种，在当地栽培历史悠久，主要分布于海拔800～1500m的河谷温热地区。1956年以前，一般籽粒产量1500～2250kg/hm^2，鲜秆产量2250～4500kg/hm^2。镇雄甜高粱芽鞘紫色，幼苗绿色，株高206cm，节间较长，叶片较宽，穗颈弯曲，穗长38cm，散穗帚形。单穗粒重47.8g，壳色紫色，粒黄褐色，卵圆形，千粒重17.8g。蛋白质含量约12.67%，其中赖氨酸含量约1.82%，单宁含量约1.31%。中熟、全生育期133天，一般无分蘖、茎秆坚韧、不易倒伏。不易脱粒，着壳率占16%，茎秆含糖量6.06%，其中蔗糖含量约4.18%。不抗蚜虫与螟虫，赤斑病较轻。

1. 甜高粱的糖用价值

甜高粱与普通粒用高粱相比，最大的区别是成熟时茎秆中含有大量的甜汁。糖分含量很高，主要有蔗糖、葡萄糖、果糖，还含有淀粉、果胶、有机酸、树胶质、蜡质物、色素、粗纤维等。一般品种（系）蔗糖含量可达5.7%～6.6%；汁液锤度（Bx）13.1%～21.2%，出汁率61.2%～72.0%，视纯度60.0%～78.1%。甜高粱的汁液中依其蔗糖、葡萄糖的含量不同，又可进一步分为糖晶型甜高粱和糖浆型甜高粱。因用途不同对甜高粱茎秆中糖的成分要求也不同，用作制结晶糖的甜高粱，要求其汁液中锤度（Bx）和视纯度要高；用作制糖浆的甜高粱，要求葡萄糖含量要高，视纯度要低；用作酿酒，制酒精、味精等的甜高粱，则要求汁液锤度（Bx）较高。国外引进的甜高粱凯勒、雷伊等品种汁液主要含蔗糖，适于制取结晶糖。泰斯、M－81E汁液主要含葡萄糖，适于制取糖浆。糖浆型品种不能生产结晶糖，因为它的视纯度低，无法结晶。同样，糖晶型品种也不能用以生产糖浆，因为视纯度高，糖浆在储藏过程中蔗糖会自行结晶而降低糖浆的品质。国内北京、天津、河北、河南等省市进行了试验示范，取得了较好的经济效益。

甜高粱最适宜的生长温度为20～35℃，土层5cm深的地温12～13℃便可播种。从播种到籽粒成熟需10℃以上积温依品种的不同而异。如极早熟品种意达利只需1500℃左右，中熟品种雷伊、凯勒大约需要1800℃，晚熟品种泰斯、M－81E、考利等约需2000℃。而甘蔗生长需积温依品种不同也在1750～2250℃以上。因此，甜高粱比甘蔗早熟，可使糖厂榨季提早2～3个月，给糖厂和附近的农民带来相应的经济效益。

甜高粱的生长期短，但可发酵的糖产量却很高。北京植物园栽培的泰斯、M－81E、雷伊和凯勒每公顷产糖分别为705.5kg、642.3kg、685.1kg和702.3kg。甘肃省张掖地区农业科学研究所栽培的凯勒和BJK－38，每公顷产糖933.9kg和969.8kg，分别比甜菜（对照359.2kg）高2.6倍和2.7倍。

榨汁后的尾液糖蜜和废渣还含有一定的糖分，经过发酵可生产甜高粱渣酒，一般每100kg废渣可酿造50度白酒3～5kg，每公斤尾液糖蜜可制醋4～5kg。废渣还可制包装纸、纤维板、隔音板、隔热板。农村无生产板、纸设备的可将废渣晒干粉碎喂猪或直接作燃料、垫圈沤肥、作菇料、沼气原料等。

2. 甜高粱的饲用价值

近年来，由于蔗糖业的发展，市场糖料物资丰富，甜高粱制糖已成过去。但用甜高粱作青贮饲料则是一项新型的开发项目。

甜高粱植株高大具有抗旱、耐涝、耐盐碱，对土壤要求不严，生长迅速，糖分积累快。茎秆鲜嫩，富含糖分，叶片柔软，适口性好，汁水回甜。与玉米相比较，株高250~270cm，玉米210~240cm；茎粗1.20~1.35cm，玉米1.12~1.25cm。甜高粱茎秆汁水多，玉米茎秆干燥，有髓，水分少；加之甜高粱产量高，适应性强，每公顷可收7.5~22.5t鲜秆；质量好，甜高粱茎秆富含糖分适口性好，降低成本，甜高粱每公顷用种量9~12kg，玉米120~135kg，节约种子费用90%多；经济效益好，甜高粱除生产茎秆外，每公顷还可收获1000~1500kg种子，价值2000~3000元，是极优良的饲料作物。

作为饲料用的甜高粱与作糖用、酿造用的甜高粱有些差别。饲用甜高粱要求产草量高，可溶性碳水化合物和蛋白质的含量高，但氢氰酸和单宁的含量要低。作为青料和青储饲料以茎粗、分蘖少、可溶性碳水化合物含量高的甜高粱品种最为合适。如用以放牧或作干草，则以茎细小、分蘖多和再生能力强而快的特点的苏丹草型的高粱更为合适。

当前中国大面积栽培甜高粱，实际上以作饲料为多。除气候寒冷的青藏高原和个别省区外，全国已推广到24个省市区。仅北京、天津面积就在4000hm^2。最多的是河南、河北等省，甜高粱种植面积已超过5300~6000hm^2。云南省在省种畜场（官渡区小哨乡）和寻甸县马街镇作过饲用栽培示范。M-81E、雷伊、考利等品种每公顷产鲜秆3万~4.5万kg，含糖量3.8%~7.2%，作为青储饲料栽培，不但要求饲料的粗蛋白和营养可消化性要高，而且也要求高的生物鲜产量，甜高粱则兼备了二者之优。

在气候温热地区甜高粱和粒用高粱在主穗受到虫蛀、风折或正常采收等受损后，能激活茎基部节位浅沟中的休眠芽产生分蘖，形成再生高粱，供青贮或收获籽粒。甜高粱饲用需要青储加工。高粱的绿色叶片含有氢氰酸。氢氰酸有毒，在夏季高温季节，牲畜吃了含有氢氰酸的高粱茎叶有中毒的危险，特别是饲喂早期生长阶段的高粱青料更危险。因此甜高粱主产区多用甜高粱秆制作青储饲料，故不会出现中毒问题。但如果作为青绿饲料直接喂用，也要待叶片萎蔫，收割晾晒半天后才能饲喂。

制备青储饲料的容器很多，有塑料袋、青储窖、青储壕、青储槽、青储塔等，可根据储量的多少和需要选择适当的容器和窖型，量少者可用塑料袋或用红砖水泥砌的青储池，量多者可用青储壕、青储槽等大型容器。作青储饲料的甜高粱，待种子乳熟至蜡熟阶段即可收获。收获过早产量低、质量差；收获过迟，水分散失多，纤维含量增加、糖分转化输送到种子降低适口性。边收割边粉碎，可用E-28型饲料联合收割机收获，茎秆粉碎程度调至长度3cm以下。大型青储，入窖时要迅速堆满，用拖拉机来回压实，尽量不留空隙，然后用双层无毒型塑料薄膜密封，上面用沙袋压实固定。青储饲料封堆后要经常检查，发现有破洞应及时封严堵死，防止透气漏水。青储一个月后，发出酒香味即可开窖取料饲用；取后立即用塑料薄膜覆盖，尽量减少与空气接触，防止取后透气发酵。中小型农牧场及私人养殖户可采用长宽适中的青贮池或用塑料袋青贮等小规模的方式均可收到良好的效益。甜高粱还可做糖化秸秆饲料和秆渣饲料等。

3. 甜高粱的能源价值

甜高粱既是C_4作物，生物产量一般可为甜菜和玉米的两倍，属生物产量能源系统中的“高能作物”。其成分很适合酿酒生产酒精。云南省寻甸县羊街镇用土法作酿酒试验，500kg鲜秆烤得51.8度白酒40kg，出酒率8%，经昆明市卫生防疫站按食品卫生要求化验结果，符合饮用酒标准。这批酒存放两个月未产生浑浊、沉淀，保持色泽清亮透明，酒味有芳香醇正之感。种植甜高粱生产酒精是最理想的能源作物。每亩甜高粱每天合成的碳水化合物可生产酒精3.2L，而玉米只能生产1.0L，小麦0.2L，普通高粱0.6L，其单位面积的生产率最高。

甜高粱单位面积酒精的产量比甘蔗略低，每公顷3053L，甘蔗一年一季，每公顷产酒精4680L，甜高粱为甘蔗的65.23%。而甜高粱生育期短，收获后还可种一季夏粮，经济效益更高。

4. 甜高粱的栽培技术

甜高粱适应性很强，从砂壤土到粘重土均能生长，但以肥沃疏松、排水良好的壤土为宜。发芽温度要求12℃以上，低于10℃幼苗停止生长。甜高粱根系发达、入土深、分布广，有很强的抗旱能力。且茎秆表面有一层蜡粉，可减少水分蒸发，若遇高温干燥、旱象持续时间较长时，叶片能自行卷筒，抵御灾害。生产同等重量的干物质所需水分比小麦少一半。

（1）平整土地。甜高粱种子稍小，芽鞘短，顶土力弱，要求土壤细碎平整，播种沟（塘）内土要细、底要平。播种时土壤墒情要好。如果到播种节令土壤墒情仍差，就将播种沟（塘）开深，以保证有足够种子发芽所需的水分。

（2）施足底肥。每公顷需要施农家肥15～30t，施肥方法是将粗肥集中施入沟（塘）底部，细肥用作盖种肥。作底肥的磷肥每公顷1.5t，均匀撒在播种沟（塘）内。

（3）选种播种。云南的高粱生产属“大春”（秋粮）作物，大部分地区一年只种一次，即夏播秋收。云南夏播高粱的节令多数地区是4月初至5月末，基本上有两个月的时间。一是中海拔或气温稍低的地区宜4月播种，低海拔温热河谷地区可推迟到5月中旬、下旬播；二是根据各地雨季来临的早迟决定播种时间。但也不能等雨播种，云南的气候特点是春旱持续时间长，必须要抓住最佳节令播种浇水出苗，甜高粱才有足够的生长发育时间。

选用品种要根据自己的生产目的而定，制糖、酿酒和作青贮饲料用的分别选用所需品种，才能达到预定目的。选好用种，播前应筛簸翻晒、去杂去劣、泥水选种，选用饱满健壮的种子出苗率才高。播后覆土约3cm，墒情差的给水只能浇水，速灌，不能漫灌，否则地温降低、土壤板结影响出苗。

（4）合理密植。可采用宽窄行或等行距播种。

宽窄行：宽行距60cm，窄行距30cm，株距7～10cm，留单株，每公顷留苗70000～75000株。其优点是利于田间中耕管理。

等行距：行宽统一为45～50cm，株距仍是7～10cm，留单株，每公顷留苗68000～72000株。其优点是开行理墒省工省力，操作方便。

（5）中耕管理。甜高粱出苗初期长势较弱，与田间杂草争水争肥争光处于劣势。待到4～5片真叶时，开始第一次查苗补缺、间苗定苗，缺苗断行的用间出的大苗补齐，行里草大遮光的要拔除杂草，行间可进行第一次浅锄松土。到7～8片叶时，结合追肥进行第二次中耕除草，每公顷追施尿素300～450kg。待苗高1米左右时进行培土上行。从第一次中耕就要注意去蘖。甜高粱幼苗长出3～5片叶后，即从根节上发出分蘖，大多数品种都具有分蘖能力，而且比粒用高粱强。一般情况下苗期要去除分蘖2～3次，只留主茎，才能集中养分获得高产。

中耕管理当中，注意防治病虫灾害，云南高粱一般病害主要有黑穗病、锈病、大斑病，发生后，一是应及时拔除烧毁或深埋；二可用药剂百菌清、退菌特、叶枯灵等防治。虫害苗期主要是地老虎，中后期蚜虫、粘虫、螟虫等，可用百树菊酯、溴氰菊酯、功夫等防治。切记慎用农药，因高粱对多种农药敏感，（特别是有机磷制剂）会造成药害。

（6）收获利用。高粱种子的成熟过程是穗子中部先成熟，其次是上部，最后是下部。籽粒是否成熟，只需检查穗基部籽粒达到蜡熟便可收获了。若制糖、酿酒用，收获时先割穗子，待7～10天使茎秆糖分转化后再割，可提高含糖量1%左右。榨汁时，叶片、叶鞘可分离出来作牲畜饲草或晒干储备。种子脱粒后反复晾晒收藏保存，除留种外其余部分视同粒用高粱酿酒或作饲料使用。

第三节 籽粒苋的开发利用及生产

云南籽粒苋生产历史悠久，种质资源丰富，是农家不可缺少的菜、饲和粮兼用作物。1988年，云南参加全国籽粒苋协作组承担美国籽粒苋引种试点工作，并取得成功，开创了种质资源研究利用的工作。通过繁种、鉴定对农艺性状、经济性状及籽粒苋的生物学特征特性作了系统的总结，初步摸清了籽粒苋的生长习性、经济效益及营养成分，在云南玉溪一食品厂进行了食品加工销售试点工作。但由于当时生产方式未能突破传统模式，只停留在炸花粘糖的小食品、甜食品老式花样上，未能进入主系列食品范畴，加之人们对籽粒苋的高营养成分尚不了解，今后，随着人们保健意识增强，生产工艺的提高，籽粒苋食品将逐步进入食物主流，成为广大消费者健康长寿的保健食品。

一、籽粒苋的营养价值

著名经济学家于光远、著名植物生理学家娄成后指出：籽粒苋具有营养价值高，适应性强，繁殖系数大等三大优点，籽粒苋是一种抗逆性强，适应性广，根系发达、生长迅速、枝叶繁茂、优质高产的作物。它具有耐瘠薄、耐干旱、耐盐碱、播量小，繁殖系数大，营养价值高，抗病力强以及产量高的优点。农田生产费用投入少，农田能量产出为一般作物的3~6倍，可见其成本低、效率高、收益大，对发展农业生产具有事半功倍的意义。

籽粒苋是一种新型的粮、饲、菜及观赏兼用的作物，又是一种优质营养源。它既可以作苋米食用，又可与小麦、玉米面混合食用，并显著提高营养价值，对改善人们的食物结构及提高食品的营养水平很有贡献。很多学者认为籽粒苋是“古已有之，后望无穷”的作物，是“人类未来的粮食作物”，有可能成为给世界人民提供丰富蛋白质、维生素、赖氨酸和矿物质的未来重要营养源。籽粒苋所含的各种营养元素丰富，是谷类作物无可比拟的。国际上对粒用、菜用苋等品种资源收集、育种、优异种质利用等进行科学研究的国家和地区有美国、巴西、尼日利亚、加纳、墨西哥、秘鲁、印度尼西亚、意大利、肯尼亚、朝鲜、波多黎各、印度、日本、泰国、荷兰、乌干达、英国、赞比亚等，并已取得一定的成果。中国对籽粒苋的研究正处于起步阶段，在食品加工、饲料生产上已取得一定的成效。

籽粒苋茎叶柔嫩，青香可口，食味甚佳，从幼苗到成株，从茎叶到种子都可采摘食用。作蔬菜、作粮食，又能作猪、牛、羊、兔、鸡、鸭、鹅、鱼的青绿饲料，糠壳秸秆粉碎后仍是大小牲畜的上好饲料。过去一直被认为是猪饲料，每年种植采集仅供饲喂家畜家禽，人们只在春夏之交蔬菜淡季时才采摘幼苗及嫩茎作蔬菜食用。美国营养学家John Robson在研究中发现籽粒苋的种子和叶片里含有组成平衡，质量较高的蛋白质，其中赖氨酸的含量尤为丰富。这一发现重新引起了人们对苋的重视，从而在世界范围内掀起了一股研究籽粒苋的热潮。其实籽粒苋全身是宝，特别含有人体所必须而又易于消化、吸收的脂肪、蛋白质、粗纤维等成分。据分析，含粗蛋白21.66%~25.59%，粗脂肪6.28%~6.68%，粗纤维4.11%~5.03%，总糖3.63%~3.85%。赖氨酸、亮氨酸、金氨酸、缬氨酸、异亮氨酸等8种氨基酸的含量也较高，总量达14.99%~22.49%，其中赖氨酸和谷氨酸高达1.03%~1.44%和2.24%，是大米、小麦、玉米等主要禾谷类粮食作物所不及的。还含有钙2.12%~5.12%，镁1.35%，磷0.51%，铁0.18%、铜0.12%，钾4.93%~12.51%，锰4.30%，铝0.18%，以及锡3.2mg/100g，硼9.2mg/100g，锌49mg/100g，钛17mg/100g等12种矿物质和微量元素。很适合当前食物营养结构的改善，成为健美减肥的首选食品。茎叶除直接鲜食外，还可作为食品工业的主料或配料加工生产成蔬菜罐头，脱水蔬菜和盐渍蔬菜。籽粒苋的幼苗及嫩茎、叶是很好的蔬菜，风味宜人，适口性好，而且营养丰富，其蛋白质、脂肪、维生素及矿物质营养可与菠菜相比。中国及亚洲、非洲和美洲人民早已把苋菜作为重要蔬菜品种加以利用。幼苗、嫩茎、叶片由于含有较多的纤维与灰分，故苋菜的干物重高于菠菜，叶中粗蛋白含量为鲜重的3.5%。经测定，氮的可消化率为88%，叶中（除苏氨酸外）多数氨基酸含量较多。苋叶还富含矿物质钙、铁、磷等。100g鲜重中，所含矿物质为：钙146～486mg，磷45～123mg，铁2.2～16mg，钠4～115mg，钾411～575mg。可见，嫩叶是一个很有价值的蛋白源。

二、籽粒苋的利用途径

1. 制作食品

国外对籽粒苋的利用相当普遍。种子含支链淀粉76.6%，直链淀粉23.7%，糯性，经粉碎后作为添加剂与谷物面粉按一定比例混合加工成甜咸糕饼、面包、早晚茶点，旅游袋装酥脆食品等各种风味独特的主副食物。因此，开发利用籽粒苋有十分重要的意义。如墨西哥用籽粒苋加工销售的产品已达93.6%，他们将苋面和玉米面、小麦面混合后制成的面食出售，很有销路。由于二者的价格相同，所以混合制成的食品价格没有变动，但营养成分提高。如用苋面与小麦面20∶80；10∶90或15∶85等适当比例做出的饼干、糕点也都达到优质水平，可与纯面粉做的饼干、面包相媲美，也常用20%的苋面粉和80%的玉米面粉混合制成一种大众化玉米食品，还有将籽粒苋炸花膨化后撒在一种名为“快乐”的小甜饼上食用，风味独特，深受消费者欢迎。

墨西哥食品科研人员还发现籽粒苋经发芽后其营养价值更高。发芽48小时和72小时多次取样化验分析，蛋白质含量分别从发芽前的15.5%，提高到20.8%和21.9%；粗蛋白从14.4%增至16.8%和17.6%；粗纤维从3.9%增至4.6%和4.7%。活性赖氨酸在发芽48小时基本无变化，为5.8%和5.7%，72小时则略有下降，为4.9%；脂肪含量则由8%分别降至4.5%和3.3%。当发芽72小时后，芽已基本达3cm左右，其颜色已由淡红色加深为深红色和黄色，大大提高了使用价值。干燥后磨成粉呈粉红色，是食品、药品、化妆品难得的天然营养添加剂和食品色素。美国专门研究籽粒苋的科研机构罗代尔（Rodale）中心实验室，自1974年以来研制了数百个有关苋的食品谱，如带有苋的肉菜烩饭、薄煎饼、烤面饼、面包、松软糕、烤薄饼、苹果布丁、卷饼、玉米饼、饼干、小甜饼、油炸玉米饼等许多焙烤风味食品，还有用千穗谷做的杏仁软糖，已在市场销售。用苋为主料做的薄片、饼干等食品已成为美国、秘鲁、巴西及欧洲许多国家的快餐食品，并已进入保健食品商店和食品链锁店，市场上受到广大消费者的欢迎。籽粒苋食品可分为热型食品和冷型食品两种，热型食品经过蒸（煮）熟后才能食用；冷型食品可直接食用，如苋片及多种籽粒苋膨化，挤压食品与早餐谷物，糕饼同吃增加营养。

籽粒苋作为食品开发利用，具有广泛的应用前景。在欧美已步入正轨，走向商品化、工业化已有二十多年的历史。

2. 工业原料及保健成分添加剂

（1）籽粒苋淀粉粒直径极小，仅为1～3um，可用作食品增稠剂，化妆品及食品的喷粉，洗衣用淀粉及用于生产生物降解膜。

（2）苋蛋白在食品配方中可用作乳化剂。

（3）苋油中还含有海鲨烯，含量较高，达7%～8%。海鲨烯可用作化妆品、渗透剂和计算机磁盘润滑油等，以前海鲨烯主要来自鲨鱼和鲸的肝脏中提炼，今后可考虑从苋油中提炼替代。

（4）苋红素：纯净的苋红素为玫瑰红或紫红色固体粉末，无异味，易溶于水和醋酸，对光、热、氧都具有较好的稳定性，可作为天然色素，用于食品、药品和化妆品。

（5）生育三烯醇：在籽粒苋种子中含量较高，它能抑制人体胆固醇的合成，制药工业用于降低胆固醇的含量。

3. **优质饲料**

云南发展畜牧业受到饲草饲料的限制是个普遍存在的问题。如果把少部分低产田地改种籽粒苋，扩大饲料作物生产比重，对促进畜牧业发展很有意义。籽粒苋作青饲料，营养价值与豆科紫花苜蓿相近，远远高于一般常用的饲草饲料。作为青绿饲料品种，籽粒苋也很有生产使用价值。籽粒苋植株高大，生长迅速，枝叶繁茂，茎叶营养丰富。现蕾初期，鲜茎叶含钙2.03%。开花盛期植株干物质中，叶部粗蛋白含28.31%，赖氨酸含0.72%；茎秆粗蛋白含15.57%，赖氨酸含0.30%。收获种子后的半青茎叶干物质中，粗蛋白含9.9%，与玉米籽粒相同。赖氨酸含量比小麦高2倍，比玉米高3倍。尤其令人注目的是鲜茎叶的高钙含量，对防治畜禽的佝偻病，成畜、成禽骨质疏松，以及母牛产后瘫痪等有重要的生理治疗及康复作用。还含有铁、磷、钾等多种营养元素。

籽粒苋在云南分布范围较广。由于籽粒苋适应性强、产量高、营养价值高，是一种很好的优质饲料。

（1）适应性广：在北纬32°~45°，东经83°~126°均可种植，从海拔600~3500m，凡有人群居住的地方都有籽粒苋。无论高寒山区和低热河谷地区都能生长结实。籽粒苋耐瘠薄、耐酸碱，也耐粗放耕作。繁殖系数大、播种量少、生产成本低，每公顷只需种子300g。每克有种子1500~1700粒，可保证每公顷留苗15万~24万株。

（2）产量高：籽粒苋是C_4作物，光合产物高。抗旱能力强，根系发达，主根入土深度50~80cm，能吸收深层土壤的水分，生长迅速，很快形成冠层，田间生长占有强大的优势。一般每公顷种子产量1500~2250kg，鲜草产量11200~75000kg。即使在瘠薄的土地上，也能获得一定的产量。

三、籽粒苋的生产技术

生产利用较容易。据河北省沧州市农林科学院试验，沧州年降雨量600mm，且雨水分布不均，1986~1989年连续4年做旱作栽培试验。在玉米、大豆处于干旱萎蔫的同一地块上，籽粒苋均未表现旱象。其耐旱性与谷子、高粱接近。在瘠薄沙土地、盐荒地及新垦生地上，耕层土壤有机质含量仅为0.6%的土地试种，无论直播或移栽，当年生长都表现良好。1989年遇到严重干旱，很多作物播种后出苗率低，苗期死亡率高；大豆、小豆、绿豆、芝麻全苗率只有60%左右，而籽粒苋则达到90%以上。

一般农场、畜牧场，养殖专业户和农村自养自食户均可根据自己的需要安排适当面积生产籽粒苋青绿饲料。按当地播种节令操作，以大春产量较高。播前平整土地，精细碎土，施足底肥农家肥，从管理、收获方便考虑，以条播为好，行距33cm，株距10cm。播后盖土2cm或松动播种沟土壤，使种子自行下落，过分春旱应适当浇水保苗。中耕除草2~3次，生长旺盛期追施氮、磷化肥75~150kg/hm^2。在水肥条件基本满足的情况下，出苗45天，株高达1.5m时，一次刈割每公顷产青饲料30000~67500kg，专门作为青饲料生产，可在出苗40天，株高1m左右时开始刈割，以后每隔40天割一次，留茬高40~50cm，加强水肥管理使其再生，整个生育期一般可刈割2~3次，收青绿饲料6~8t。有条件的地方，实行食品、蔬菜加工与青绿饲料生产利用的农工商联合体制，更能提高籽粒苋的生产利用效率。

第四节 谷子的开发利用与生产

谷子去壳后叫小米，曾是中国北方主要的粮食作物之一。谷子集中在黑龙江以南、淮河流域以北广大地区。历史上黑龙江、辽宁、吉林、内蒙古、河北、山西、陕西、甘肃、宁夏、山东等省区，谷子种植面积一般占当地粮食作物面积的15% ~20%，有些地区甚至占到30%以上。谷子产量的高低直接影响到当地的粮食总产，在国民经济中占有重要的地位。

主产区栽种谷子，一是食用，二是收获谷草作饲料。作为食用的谷子（小米），食味品质十分重要。经长期选择培育，出现了不少名贵品种和集中产区。如山西省沁县的沁州黄米，河北省尉县的桃花米，北京市大兴县采育镇的小米，山东省章丘县的龙山米和金乡县的金米等，都曾是清代皇宫的“贡米”。

谷子谷粒外层包被有坚实的外壳，具有防潮、防热、防虫的作用，故较耐储藏，古代被称之为带“盔甲”的粮食。历代兵家多以谷子充做最好的军粮，如洛阳出土隋唐时代的含嘉仓，就储存了大量的谷子。中原各地的“义仓”中也多以储藏谷子为主，是历代民间的重要备荒粮食。从古到今经过千百次的生产变革，至今中国北方农民储存粮食还是以谷子为主。据调查，有储存几十年而不坏者。近年来，在内蒙古自治区昭乌达盟出土的辽代谷子，距今有700多年还能发芽，长成植株并抽穗结粒。在近代中国革命史上，以“小米加步枪”取得了抗日战争和解放战争的伟大胜利，为中国革命立下了赫赫战功。

云南省谷子品质较好。从粗蛋白、粗脂肪和赖氨酸指标的平均值来看，个别品种单项营养含量更高，如贡山县大穗晚熟小米粗蛋白含量达18.33%，贡山县的白小谷赖氨酸含量达0.33%，墨江县的栖格小米粗脂肪含量达5.38%。这些优异种质的营养含量均处于国内相应该项目的指标上线，可作为云南食品开发和品种选育利用的亲本种质。

一、谷子的营养价值

谷子（小米）营养丰富，食味好，耐饥饿，做饭简便，容易携带，很适合做军粮。一般可作焖饭，煮粥。磨成面可以蒸年糕、蒸馍，制混合粉面条、煎饼、发糕，做粽子、粘豆色、油炸糕、切糕、凉糕等甜咸食品。小米锅巴成为享誉中外的名特小食品。小米还可酿酒、制糖、制醋、入药。明代李时珍在《本草纲目》中以“粟米气味咸，微寒无毒，主治养胃气，去脾胃中热，益气。陈者苦寒，活胃热，消渴，利小便”。“粟芽气味苦温，无毒，主治寒中、下气，除热、除烦、消食”。

据对全国入库的1227份品种资源的蛋白质含量分析，谷子蛋白质含量在10% ~13.9%之间，平均含量11.73%，最高者为20.34%，最低的也有8.45%，与大米、小麦，玉米、高粱等主要禾谷类粮食营养成分比较如表6－8。小米蛋白质含量比大米高31.0%，比小麦面粉高16.1%，比玉米高31.8%，比高粱高25.0%。

表6－8　几种禾谷类作物蛋白质含量比较表

Table 6－8　Comparision of protain content among several cereal crops

资料来源	小米（%）	大米（%）	小麦粉（%）	玉米粉（%）	高粱米（%）
中国医学科学院	9.7	8.3	9.4	8.5	8.4
中国科学院卫生研究所	12.7	8.8	9.9	8.5	
平均	11.2	8.55	9.65	8.5	8.4

谷子氨基酸的含量也很丰富，特别是人体所需蛋氨酸、色氨酸、赖氨酸、苏氨酸和苯丙氨酸的含量均高于大米、玉米、小麦及高粱米（见表6－9），居五谷之首。根据对谷子品种资源的氨基酸含量分析，小米的营养成分与主粮相比，5种氨基酸的含量都明显高于其他粮种。

表 6 – 9 谷子和几种主要成粮的氨基酸含量表

Table 6 – 9 The amino acids content of several cereal crops

种类	蛋氨酸		色氨酸		赖氨酸		苏氨酸		苯丙氨酸	
	含量 (mg/100g)	%	含量 (mg/100g)	%	含量 (mg/100g)	%	含量 (mg/100g)	%	含量 (mg/100g)	%
小米	297	100	194	100	334	100	463	100	546	100
大米	132	44.4	120	61.9	250	74.9	272	58.7	328	60.1
小麦粉	180	60.6	123	63.4	274	82.0	347	74.9	527	96.5
高粱米	160	53.9	100	50.8	236	70.7	419	90.5	574	105.1
玉米	157	52.9	68	30.1	254	76.0	372	80.3	412	75.5

谷子的矿物质和维生素的含量也比较高（见表 6 – 10），谷粒中维生素 B_1 的含量：每公斤小米含 5.9mg，小麦面粉 2.5mg，大米 1.8mg；维生素 B_2 的含量各为 0.9mg，0.6mg，0.3mg。另外，还含有维生素 E 和胡萝卜素及粗纤维。由此可知小米的营养价值是很高的。然而，小米蛋白质的生理价值又是比较低的（见表 6 – 11）。例如主要粮食蛋白质的生理价值：大米为 77、小麦为 67，玉米为 60，甘薯 72，马铃薯 67，而小米只有 57。因此，食用小米时，最好与其他粮食混合食用，加工成面粉混食，更能提高小米的生理价值。同时，也使人体从粮食中获得全面、均衡的营养素。

表 6 – 10 主要禾谷类作物籽粒中矿物质及维生素成分表

Table 6 – 10 The content of minerals and vitamins in seeds of main cereal crops

种类	钙 (mg/100g)	磷 (mg/100g)	铁 (mg/100g)	钾 (mg/100g)	钠 (mg/100g)	镁 (mg/100g)	铜 (mg/100g)
小米	22.7	243.0	2.50	1072.9	/	159.3	0.39
大米	13.6	207.5	0.48	122.07	125.13	50.5	0.20
小麦	32.0	245.5	3.16	159.2	101.0	59.9	0.13
玉米	16.8	263.5	1.76	367.4	77.7	165.1	0.15
高粱	25.6	654.8	15.7	374.8	12.1	187.6	0.42
种类	锌 (mg/100g)	锰 (mg/100g)	B_2 (mg/100g)	B_1 (mg/100g)	烟酸 (mg/100g)	胡萝卜素 (mg/100g)	
小米	2.28	0.92	0.12	0.57	0.16	0.19	
大米	1.49	1.39	0.07	0.34	2.50	/	
小麦	1.08	1.02	0.10	/	4.00	/	
玉米	2.24	0.68	0.10	0.34	2.30	0.10	
高粱	1.29	1.51	0.45	1.80	7.50		

表 6－11 几种粮食混合后蛋白质的生理价值

Table 6－11 The physiological value of the protein in flours mixed with several cereals

种类	混合比例（%）	蛋白质生理价值	
		单独食用时	混合食用时
玉米 小米 大豆	40 40 20	60 57 64	73
高粱 玉米 大豆	30 50 20	56 60 64	75
小麦 小米 大豆 大米	40 10 25 25	67 57 64 77	89
玉米 大豆	75 25	60 64	76

二、云南谷子的生产

云南的土壤、气候、雨量和光温很适合谷子的生长发育，改过去的撒播为点播、条播。种植密度改盲目密植为合理密植，即瘦地宜密、肥地宜稀的原则，耕地坚持轮作换茬，不连作，不重茬。底肥以农家肥为主，追肥用 N、P 化肥或复合肥。就可提高谷子单位面积产量。

根据谷子整个生育阶段的特征特性，总结出“五喜五怕”的栽培管理模式。①播种到出苗“喜潮怕旱”，要注意给足出苗水才能保证全苗。②出苗到拔节“喜壮怕弱”，施足底肥进行中耕追肥，促使苗全苗壮。③拔节到抽穗阶段“喜水怕旱”，自然降水少，有条件的地方应及时进行浇水灌溉，促进小穗分化和正常抽穗。④开花至灌浆期“喜晒怕涝”，大多数地区正处于雨水集中、防洪排涝季节，田间应清沟排水、坡地梳垄防洪、清除田间杂草，使谷子下部通风透光，有利于扬花授粉、减少涝灾和消除病虫灾害滋生环境。⑤灌浆成熟期“喜绿怕黄”，中后期要求的重要条件是不能脱肥、脱水和受涝，保持青枝绿叶、干爽利索，成熟后自然落黄，才能获得稳产高产。长期以来，由于云南省各地耕作制度的不同和自然气候的差异，形成了具有各种经济价值和特异性状的生产品种和农家品种。这些品种对生态环境和耕作制度有着较高的适应性。如抗旱、耐湿、耐寒、耐瘠类型及早熟、丰产等多种多样有实用价值的品种。贡山县优异种质资源仍在继续利用，怒江独龙族人民千百年来生产生活中离不开谷子。过去大部分在陡坡地、轮歇地、二荒地粗放生产，现在这些险峻陡峭的山地退耕还林地后，这一地方粮食作物仍在平缓耕地上种植，收获的小米作食用和酿酒，谷草作饲草饲料。

现今养鸟、遛鸟成为多数休闲人群的爱好，谷子是最好的鸟食，各地农村利用本地现有的和引入的优异谷种生产供作鸟食已初具规模，每年约需数百吨。如晋宁红小米（大红袍）（国家编号 27351，省编号 S93），开远早小米（国家编号 26507，省编号 S72），嵩明红戌谷（国家编号 154145，省编号 S51）及凤庆小红米（国家编号 15401，省编号 S35）等红壳大粒型都是鸟喜欢吃的谷子优良品种，作为谷子的新用途，民间自发地开发利用。

随着小食品消费市场的扩大，给小米生产带来了极大的机遇。目前谷子播种面积正在逐年稳步回升。以小米为主的粮食和小食品正走销消费者市场，如小米系列食品、小米酥蛋卷、婴幼儿米粉、米豆冰淇淋等。日本、韩国、新加坡及港台等国家和地区，从中国大量进口小米加工生产当地居民喜爱的小食品供应市场。小米已成为当今国内外食品加工工业的主要原材料。

近年来，科技人员相继培育出一大批高产、优质、抗病、抗倒的优良品种供生产上选择应用。典型的如山西省农业科学院谷子研究所选育的晋谷22号，河北省张家口地区农业科学研究所选育的张谷8号、张谷9号，山东省农业科学院选育的鲁谷4号，河北省农业科学院选育的冀谷6号，以及黑龙江省的龙谷、陕西省延安地区的安谷、内蒙古赤峰地区的赤谷等一大批适宜当地生产的优良品种推广应用。

云南从山西等省引进晋谷，冀谷示范推广已付诸行动，以期获得一二个优良品种投入生产。

第五节　薏苡的开发利用与生产

一、薏苡的开发利用价值

1. 药用价值

薏苡是一种古老的药食兼用作物。《本草经》曰："薏苡仁味甘，微寒，主筋急痉挛，不可曲伸，久风湿痹下气，久服轻身益气，利肠胃，消水肿。其根下三虫（蛔虫、绦虫、蛲虫），古方大抵心肺药多用之。"东汉建武十七年（公元41年）伏波将军马援率兵南征岭南时，士兵患瘴气病，食当地薏米而愈。明代药物学家李时珍所著《本草纲目》就记录了以薏苡为药的方剂就达13种，主要治疗伤寒热病、风寒风湿、中暑、杀虫等症。

多种疾病效果明显，自唐代以来，积累的古中医验方及民间单方上百剂。薏苡全株从根、茎、叶、种子均可入药。历史上许多医学家用薏苡作主药或配伍治肺痈、胸隔、疝气、积食，治黄胆疸病、水肿、风湿等多种疾病。

现代医学临床研究证明，薏苡仁中还含有薏仁脂、薏仁素（薏仁内脂）、甾体化合物、顺十八稀酸、豆甾醇β和r-谷甾醇、微量α-谷甾醇和硬脂酸、葡萄糖、氯化钾等多种药用成分。具有利尿、清炎、健脾、补肺、镇痛、祛湿热、去面斑、排脓、去肿等功效，并对子宫癌、乳腺癌有抑制作用。目前许多医学科学家将薏苡仁用于抗癌临床，已初步取得成效，不仅能增强癌细胞的敏感性和放疗化疗药物的毒性，而且还能直接杀伤癌细胞，促进红细胞的免疫功能，对肝癌患者的癌细胞有较好的毒性作用，诱导癌细胞凋亡，抑制血管生成。薏仁素有解热镇痛，降低血压的作用。低浓度薏仁油对呼吸、心脏、横纹肌、平滑肌有兴奋作用，高浓度可显著扩大肺血管，改善肺脏血液循环，增强肺功能。β-谷甾醇有抗血胆固醇，止咳，平喘，抗炎作用，综合应用对胃癌、肺癌、直肠癌、子宫癌、乳腺癌等疾病有直接或间接的抑制预防作用，还用于肠炎、肝炎、阑尾炎、皮炎、湿疹、脚气、高血压症的直接或辅助治疗，药用范围十分广泛。薏苡仁脂有杀灭艾氏腹水癌癌细胞的作用，薏苡醇、薏苡脂是现代医学研究公认的抗癌新药。1961年日本浮田忠之进等发现由薏苡仁中分离出来的薏苡仁酯是一种有效的抗癌物质。现研究证明薏苡仁酯具有显著的抑杀癌细胞，抗癌细胞转移的作用，也具有整体地提高肌体免疫功能，保证正常组织细胞活力，改善体质的功效，是一种平稳可靠的广谱抗癌新药。最新研究表明：薏苡仁的活性成分（薏仁脂、薏仁油）及总提取物均有很强的抗肿瘤作用，对鼻咽癌的放射治疗常有薏苡仁做辅助治疗，可增强鼻咽癌CNE-22细胞对放射的敏感性，从而提高疗效。另外，薏苡仁具有"益气主消渴"作用，为中医临床治疗消渴（糖尿病）常用药物之一。随着经济发展和生活方式的改变，患糖尿病人群逐年上升，已成为威胁人类健康的重要疾病，使用的降糖药物多为化学药物，作用单一，不良反应多。薏苡仁多糖类成分不仅影响胰岛素受体后糖代谢，还可抑制糖原的分解和促进糖异生作用，可用于多种类型的糖尿病，且毒副作用少，是一种具有开发前景的纯天然降糖药物。

由于薏苡具有许多独特的功能和效应倍受青睐。近年来，国内外大批专家学者对其进行了多方面的研究。山西省农业大学药用作物研究所与山西省医科大学共同研究用薏苡为主料，配有相关中药精制而成的"薏珠感冒片"，经山西医科大学第一附属医院临床130例试验，感冒病人服用薏珠感冒片后20～30分钟见效，鼻塞、流涕症状中止，总有效率达91%。1996年9月在国家科委举办的"星火计划实施十周年暨'八五'农业科技攻关成果博览会"上被评为优秀项目。江苏省太仓市中医院研究用"大青薏苡仁汤"中药方剂治疗青少年面部扁平疣疗效达75.73%。

2. 食用价值

薏苡是一种营养价值很高的食物，过去薏苡曾作为药用植物栽培，面积少、产量低。古代将薏苡作贡品，供皇宫贵族享用，被称之为"薏苡明珠"。在欧洲被誉为"生命健康之禾"受到重视。在日本，民间一直被视为珍贵的保健滋补食品。如今，中国卫生部已将薏苡确定为药、食兼用品，在天然保健品中，有一般食物所不能替代的营养价值和药用价值。经过营养学家、食品研究专家的悉心研究分析，将这一过去主要作为药用的薏苡推上药食兼用的地位，充分发挥了薏苡的保健功能，越来越多的被人们开发利用，其系列产品成为当今保健品市场的首选珍品，已被追求时尚、祛病强身、健康长寿的消费者所接受。

表6－12所示的薏苡各种营养成分分析结果，蛋白质含量14.0%～22.7%，平均比水稻、小麦、玉米、高粱等作物高5～8个百分点；脂肪含量6.1%～7.5%，也平均高出2～5个百分点。多数氨基酸含量如亮氨酸、苯丙氨酸、缬氨酸等及对人体有益的不饱和脂肪酸如油酸、亚油酸含量也较高。所含氨基酸及不饱和脂肪酸也比其他粮食作物高。尤其表中所列云南的地方品种"滇二"检测结果脂肪和亚油酸两项指标均高于其余5个品种，初步揭示了云南薏苡种质的优异性。除上述营养成分外，还含有淀粉60%～70%，可溶性糖6.38%～8.25%，无机盐矿物质钾、钠、钙、镁、锌、铁、磷等29种微量元素，是最具竞争实力开发生产保健食品的优异资源。

表6－12　薏苡川谷品质分析表

Table 6－12　The quality analysis of Job，s tears

（单位:%）

种质	产地	蛋白质	脂肪	异亮氨酸	亮氨酸	苯丙氨酸	赖氨酸	苏氨酸	脯氨酸	缬氨酸	谷氨酸	油酸	亚油酸	亚麻酸
滇二	云南	14.0	7.5	0.48	1.63	0.64	0.28	0.36	0.86	0.68	2.86	50.0	35.0	0.36
紫云川谷	贵州	17.9	7.0	0.62	2.11	0.81	0.32	0.42	1.07	0.86	3.65	50.4	33.1	0.64
那坡白	广西	17.8	7.1	0.60	2.12	0.76	0.28	0.40	1.06	0.82	3.36	51.4	33.9	0.56
草珠子	北京	20.9	6.1	0.72	2.58	0.90	0.31	0.44	1.24	0.93	4.40	53.8	33.9	0.28
野六谷	贵州	22.7	6.9	0.78	2.83	0.94	0.34	0.52	1.33	1.01	4.80	55.5	32.5	0.47
薏苡	山东	19.5	7.1	0.66	2.36	0.84	0.32	0.44	1.18	0.88	4.05	52.7	33.9	0.54

《食疗本草》中，有多剂药膳食品配方都是以薏苡为主料或配料的处方。食品科学和营养研究部门对薏苡的天然保健价值作了充分的肯定，系列薏苡保健食品、保健药物及化妆品等相继开发问世，现已生产出"玉兰油美白润肤霜"，日本用薏苡制造出浴用剂、美容剂等保健用品已销售多年。

薏苡国内开发利用最早的是"八宝粥"，已享誉20多年。近来山西省农业大学药用作物研究所生产的“薏龙奶”、“薏龙粥”、“薏米糊”等营养保健食品投放市场很受消费者欢迎。相继问市的还有多家保健食品。保健药物生产单位生产的薏米乳精、薏米速溶精、薏苡营养粉、薏米糕点、薏米饼干、茶食、薏米面条、饮料、酒、醋、酱油、航空食品等多种。民间则以薏苡为主药或配伍加工生产的医药、保健药膳小吃不计其数。

3. **饲用价值**

薏苡具药、食兼用外，近年已开发成为饲草饲料利用，是一种多用途的植物。薏苡植株高大健壮，根系发达，在土质瘦薄的轮歇地、二荒地均能生长，株高随水肥而异。薏苡再生能力强，根部茎节上有休眠芽，通过采青收割，可促进和激活休眠芽萌发，产生更多的分蘖，提高了薏苡作为饲草生产的利用价值。

高金香等（1994）报道，薏苡割青的生物产量较高，每公顷产量达75.8t，比玉米墨白1号（60.1t）和凤引1号（57.2t）分别增产26.1%和32.5%。薏苡作为青饲料喂奶牛，产奶量明显增加，喂前检测乳脂率为4.1，喂后两天检测乳脂率为4.85，提高了0.75个百分点。新鲜薏苡茎秆可饲养草食动物，加工成干草粉，也是很好的饲料，干草粉的营养含量也很高。其营养成分为干物质（DM）90.6%，粗脂肪（CL）5.02%，粗纤维（CF）20.2%，粗蛋白（CP）7.65%，粗灰分（CA）9.6%，无氮浸出物（NFE）48.1%，Ca 1.57%，P 0.32%。

薏苡茎叶光滑，草质柔嫩多汁，再生能力强，鲜草产量高，富含多种营养成分（见表6－13），饲用经济价值很高，适宜各种体制的农场、畜牧场和个体养殖场（户）种植饲喂牲畜。

表6－13 薏苡鲜饲草营养成分含量表

Table 6－13 The nutrition composition content of Job, s tears

水分（%）	干物质						
	粗蛋白（%）	粗脂肪（%）	粗纤维（%）	粗灰分（%）	无氮浸出物（%）	钙（%）	磷（%）
14.55	11.12	0.79	27.61	16.38	29.12	0.49	0.12

生产薏苡作饲草，根据各地气候环境和水肥条件，雨水充足的地方，可采用一年播多次或播一次收多次的办法。收割后立即追肥促进其多发快长，可实现一年多种多收和一种多收，节省劳力和耕地面积。干旱少雨的地区一年收种一季，收获种子的，可适当稀植，作青贮、青饲的可以适当密植。种植方式采用塘播和条（行）播均可，施足底肥、适时追肥。不留种的待株高100cm以上，现蕾开花前营养生长最旺盛时期收割，留种的除收获种子外，还可收获秸秆作干草或青储饲料。

薏苡在文化、宗教方面也有一定的作用。薏苡在山区和民族地区作为传统手工艺品的原料受到广泛应用，厚壳薏苡用线串起，成为典雅大方的手链、项链、头饰等装饰品及各种特色文具，代表了当地少数民族的某种文化习俗，在一些宗教活动中也有薏苡产品的应用，表示某些宗教的意义。现今已开发出用薏苡珠生产汽车软席座，靠垫、门帘、窗帘等，市场销量看好。为厚壳薏苡找到了应用前景。

二、薏苡的生产技术

薏苡是C_4作物。耕作粗放条件下一般每公顷产量1500～3000kg。若耕作技术稍加改进，增施肥料、合理密植、改撒播为条播等基本栽培措施，产量会更高。薏苡适应性较强，耐盐碱，耐瘠薄，对土壤要求不严，但要获取高产，还是应满足其基本的条件。

1. **选地整地**

薏苡喜温喜湿，苗期耐涝不耐旱。应选择阳光充足、土层深厚、潮湿、保水性能良好的夹沙壤土。前作收后施入农家肥每公顷 30 ~45t，过磷酸钙 450 ~750kg ，肥料在耕地时翻入土中，深耕 30cm。

2. **种子处理**

危害薏苡最严重的病害是黑粉病，也叫黑穗病，又称“灰包”、“火烟包”，播种前要进行种子消毒处理。首先将经过风选、盐水选过的种子在阳光下暴晒 2 ~3 天后，按下列方法之一进行处理：①石灰水浸种，将种子装入布袋内，浸入 4% ~5% 的石灰水中 24 ~48 小时，浸种时不要破坏水面上的石灰水膜。也可用 1∶1∶100 的波尔多液浸种 24 ~48 小时后，捞出用清水冲洗。②温水浸种，用 60℃温水浸泡种子 30 分钟。③开水烫种，种子装入箩筐内在冷水中浸 12 小时，提起滤干水后再在开水中浸烫 8 ~12 秒钟，立即取出摊开散热晾干。④药剂拌种，用 20% 粉锈灵或 50% 多菌灵，或者 50% 甲基托布津任取一种按种子量的 0.4% 拌种，经过处理的种子应及时播种。

3. **适时播种**

云南薏苡播种适宜时期是清明至立夏（4 月 5 日至 5 月 7 日）阶段，以直播为主。播种前精细整地碎土，采用条播和条行点（塘）播的方法均可。条播，行距 40 ~45cm，株距 10 ~15cm（40 ~45 × 10 ~15）留单株。点（塘）播，行距 40 ~45cm，塘距 30cm（40 ~45 × 30），每塘留苗 3 ~4 株。薏苡播后 15 天才能出苗，必要时可摧芽播种。每公顷播种量 15 ~20 kg，播种前按地形、坡向在适当的距离开出排水沟，便于雨季防洪排涝。

4. **田间管理**

苗长出 3 ~4 片真叶时进行第一次中耕除草，初次定苗。若有缺塘断行，可用间出的大苗补齐。待苗高 30 ~40cm 时进行第二次中耕追肥和定苗，再拔除一些多余的苗，严格掌握“合理”定植的分寸。追肥，每公顷施硫酸铵 75 ~150kg 或尿素 45 ~75kg。全生育期中耕除草 2 ~3 次，追肥 2 次。在第三次中耕追肥时应将田间老叶、脚叶去掉，清沟排水，提土壅根，保持下部通风透光，促进棵苗肥壮，防止倒伏和减少病虫灾害。

薏苡花单性，雌雄同株异花，雄小穗位于雌花之上，雄穗开花先于雌花 3 ~4 天，花期可持续 3 ~7 天，花期不太协调，应从始花期开始每隔 2 ~4 天进行一次人工辅助授粉，可采用人工拉绳自植株顶部经过，振动茎秆，促进花粉飞扬，提高结实率。

5. **防治病虫**

薏苡黑穗病主要危害穗粒，受害种子肿大胀裂，呈褐色瘤状，黑粉外露，散出黑色病菌孢子粉飞扬传染健康植株，造成减产。一般减产 20% ~30%，严重者可达 80% 以上。

病害防治方法：①选用无病种子，播种前进行严格的种子消毒处理。②田间发现病株立即拔除烧毁，病株穴撒上生石灰粉或用 5% 石灰水浇灌消灭病源。③实行轮作，种过薏苡的田地第二年改种非禾本科作物，不能再种薏苡。当年收获后薏苡秸秆、糠壳等应在年前集中烧毁，以断绝病源。④在田间选择健康、无病虫害的植株采种作下一年使用。

虫害防治办法：虫害主要有地下害虫和粘虫、玉米螟，发生时可用：①苗期和成株期用敌敌畏乳剂 50% 加水 1000 ~1500 倍，或用 80% 的敌敌畏加水 1500 ~2000 倍液喷雾，连续使用 2 ~3 次消灭地下害虫。②用糖酒醋毒饵诱杀，配制比例为 90% 的敌百虫：酒：水：糖：醋以 0.15∶1∶2∶3∶4为比例，用温水溶解混合搅匀，分散置于田间，可诱杀多种蛾类成虫。

6. **适时收获**

薏苡因分枝习性强，先分枝的先开花、先结果，造成种子成熟不一致。9 ~10 月间植株茎叶转黄，中下部种子由青转白或转浅褐至淡黑色，达到 80% 以上成熟即可收获。采收过早青秕多，不饱满，品质差。采收过晚落粒增多，损失大。采收时先割倒薏苡在田地里晒放2～3天，使植株失水后更容易脱粒。

薏苡这一宝贵的药食兼用植物资源已为国内外所重视，对薏苡的产量和质量提出了更高的要求。市场需求量很大。据外贸部门统计，截止2000年国际市场每年约需10万t以上，目前，云南薏苡的总产量约1万t，还不能满足日本、韩国市场。因此加倍重视，抓住机遇，将云南的薏苡资源优势转变为地区经济优势，挖掘生产潜力形成本地区的一项支柱产业。

第六节 其他小宗作物的开发利用

一、地　肤

地肤，俗称扫帚菜、扫帚苗、条帚苗、地肤子等，是双子叶一年生草本植物，菜、饲、药兼用作物。在云南多生于海拔1000～2100m的坝区、丘陵、沙地、河滩、村边路旁、盐碱地和陈年垃圾堆周围，在果园、菜地、房前屋后的闲田空地上常见有栽培。扫帚苗抗旱耐瘠，尤耐盐碱，在东南沿海地区常用作先锋脱盐作物，为后作创造良好的土壤环境。株高一般1～1.5m，叶互生，多分枝，稠密，呈狭长状披针形。开花前枝叶柔嫩多汁，牲畜、家禽喜吃，种子细小，扁球形，黑褐色，由花被片、果皮和种子等共同称为“地肤子”。主要用途是幼苗期作蔬菜和青绿饲料，植株萌发力强，采摘后每个叶腋间都可能发生新芽，种子成熟后自行脱落，传播后代，无需种植。茎秆木质化后多用作庭院、场地扫帚，故名扫帚苗。

地肤以药用为主，籽粒及苞壳入中药，名“地肤子”。《本草经》云：“地肤子味苦、寒。主治膀胱热疾、利小便、补中益精气。久服耳聪目明，轻身耐老”。《别录》称地肤无毒，可去皮肤中热气，散恶疮、疝、瘕，强阴，使人润泽。民间用扫帚苗的青苗煮水洗浴，可治疗疥疮、皮肤瘙痒，对老年人皮肤干燥用扫帚苗煮的水洗浴起到止痒滋润，保护肌肤的作用。用其嫩茎叶煮水连渣服用，可治荨麻疹。用未老化的种子榨汁滴眼，可治疗火眼（角膜炎）等眼疾。现代医学研究证明，确如中医理论所云：地肤性寒，味甘苦。籽粒中含有机化合物三萜皂甙，具有清热利尿功能，能治疗皮肤湿疮、小便淋沥、脚气水肿等症。

地肤云南各地都有生长，尤以温暖平坝最多，其幼苗和嫩尖可作蔬菜，用来炒食、凉拌和作饺子馅。籽粒可榨油供食用和化工、医药应用。茎秆木质化后用于庭院、打场作扫帚，过去农村曾用老化后的茎秆烧灰煮碱（俗称土碱），碱灰水可食用，亦可淋洗牲畜烂蹄、疥疮。地肤茎叶还可作青绿饲料。

与地肤（扫帚苗）类似的一个变种名孔雀松（var. *Culat*），分枝更多，叶更拢窄。全株卵圆形或球形，叶淡绿色，入秋后变为红色或紫红色。外形美丽高雅，园艺上多用作观赏品种，广种于公园、庭院。

二、藜

藜属植物分布极广，云南省各地都有，在这里藜属植物指的是杖藜、藜（滇灰藜）和小藜。“杖藜”俗称大灰条、红心灰条，是一年生草本，株高可达1～3m，茎秆直立粗壮，具条棱及绿色或紫色条纹。“藜”在云南有称“滇灰藜”者，民间俗称灰条菜。“小藜”亦称灰苋菜，一年生草本。藜是重要的淡季野生蔬菜品种之一。全年均可采食，也是农户养殖的主要饲料来源。藜生长繁茂，萌发力强，多生于沟边、路旁、房前屋后、菜地、果园、二荒地和废地等空闲地上，自生自灭，种子边成熟边散落，也可以家种，中、小型饲养场（户）采集种子播撒或育苗移栽生产青绿藜属饲料，边采边发。若适当追肥，可延长采摘利用时间，使用极为方便。

藜是云南温热、河谷地区常年四季的蔬菜和饲料。藜嫩尖和幼苗作蔬菜食用，营养丰富，清香可口，具有清热活血的作用，特别是滇灰藜，适应性，抗逆性极强，种子成熟后，自行散落，无需种植，得来容易。是广大农村饲养猪鸡小家畜家禽的主要饲料之一。土质肥沃，水肥条件基本满足的地方，主根入土深，茎秆无限萌发能力强，背风向阳处冬天霜冻只能毁其地上部分，条件适合又可萌发生长。藜也是菜、饲、药兼用作物。《嘉佑本草》说：灰条（即藜）味甘平，无毒、主恶疮、毒虫、蜘蛛咬伤。全草入药，取老苗或枝叶熬成药汤，可去人畜疥癣、风瘙。

杖藜嫩茎叶主要用于蔬菜、饲料。老茎木质化后作拐杖，故得名杖藜。种子还可榨油，能食用。

三、稗　类

稗类作物主要有食用稗、饲用稗、稗谷和野稗等。食用稗耐寒耐旱，根系发达，生长茂盛、生育期短。云南遇到持续干旱年景，水稻、玉米等大宗作物栽种节令延误时，改种稗子仍有收成。一些不能种水稻的高寒冷凉山区、广种薄收的冷浸田和雷响田，边远分散农、林、牧生产交错的地区也多种食用稗。种子可作口粮或畜禽饲料，酿酒、制饴糖。茎叶可作青绿饲料或干草收贮作冬季饲草饲料。

稗也是一种中草药。明朝李时珍《本草纲目》称稗："米气味辛、甘苦微寒，实肠胃，壮精神。苗根主治金疮损伤及出血不已，捣敷或研末掺之即止"。

稗米饭富含淀粉和碳水化合物，低脂肪、低热量，很适宜当今健身减肥的需要，是一种无公害，无污染的绿色自然保健食品，具有独特的开发价值。

作为饲草饲料稗类作物为一年生禾本科草本植物。草质柔嫩多汁、适口性好，可作青饲、青储和制干料等多种用途。用作人工种植的畜禽饲草，对发展圈养牲畜十分有利。稗类作物营养成分高，经吉林省农业科学院分析，结果如表6－14。

表6－14　稗草的化学成分表

Table 6－14　The chemical composition content of barnyard grass

时期	重复	水分（%）	粗蛋白（%）	粗脂肪（%）	粗纤维（%）	无氮浸出物（%）	粗灰分（%）
抽穗	Ⅰ	11.02	7.22	1.96	29.11	42.75	7.84
	Ⅱ	7.80	9.42	2.45	36.15	35.88	10.30
扬花期	Ⅲ	/	6.28	1.92	28.29	41.42	8.59
	合计平均	9.41	7.61	2.11	31.18	40.02	8.91

结果表明，稗草的营养成分比谷草、麦秸和稻草都高，其粗蛋白高出一倍多，仅次于豆秸（9.36%）。

1. 食用稗

食用稗以收获籽粒为主，也可作饲草饲料。食用稗茎秆粗壮肥实，株高100～150cm，叶长20～50cm，穗型纺锤型中紧、不落粒，风干粮、草比约为1∶1～2，籽粒产量高，平均每公顷1500～2250kg。1970年以前，作为救荒作物在云南的一些边远山区、干旱缺粮地区还有生产，至今山箐田、锈水田和在高寒冷凉山区水稻、玉米不能成熟的地方（如剑川县马登乡）仍有少量种植，以收获粮草作为口粮和畜禽饲料。如今，由于交通条件的改善，广大农村人民生活水平的提高，特别是最近国家提出实施西部大开发的战略目标，食用稗面积急剧减少。但作为饲草饲料使用，仍有栽培价值，既可食用，又可作精饲料。

2. **稗谷** ***E. frumentacea***

稗谷最早为辽宁省农家稗中的一个变种，经中国农业科学院土壤肥料研究所发现并培育成饲料作物。稗谷在选种过程中，曾先后在云南曲靖、安徽安庆、北京西郊、江苏南京、辽宁北票等有代表性的地区组织试验示范表现良好，在7个参试品种中，稗谷秸秆和籽粒生物产量均居第一位。

稗谷植株高大、粗壮，株高150～220cm，分蘖力强，单株有效分蘖2.5个左右，叶片长而宽，成熟谷穗似尖头谷子。籽粒灰白色像稗子，故称稗谷。稗谷个体发育健壮，最大单株鲜重2.8kg，群体整齐，无论主茎、分蘖茎成熟后株高、穗长基本一致，生产性状好。

稗谷茎叶繁茂、柔嫩，秸秆中空，叶量所占比重大。据测定，孕穗期叶量占地上部分的60%，抽穗期占45%，开花期占40%，成熟期占29%。平均稗谷植株茎、叶比为3∶2，风干稗谷草粗蛋白含量为6.66%，高于谷草。稗谷粒青白色，蛋白质含量为14.63%，高于谷子蛋白质含量（11.86%）3.23个百分点。既可食用，又可做精料。鲜草食口性好，各种畜禽都喜欢吃，制干或收获种子后的秸秆又是牲畜的良好越冬饲草之一。

3. **野稗** ***E. crusgalii***

野稗为一年生禾本科草本植物，云南俗称稗子、稗草等。野稗茎秆斜生，株高50～150cm，茎粗0.6～0.8cm；叶片扁平、条型光滑，宽0.5～1.0cm，长10～50cm；圆锥花序，直立，呈不规则塔形；种子稍大于谷子，千粒重3～4g。野稗在云南全省各地都有，成为水田、旱地的杂草。近来由于生产条件的改善和科学种田水平的提高，野稗野生和种植的面积在减少，仅个别抛荒田地有成片的生长。据测定，野稗的营养价值较高，与谷草相比，根内蛋白质含量为3.56%，比谷草高0.67个百分点；其茎叶蛋白质含量为2.56%～3.09%，高于谷草0.47～1.0个百分点；籽粒中粗蛋白含量也相对高一些。作为一种粮饲兼用型作物，既可人工栽培、规模种植，也可作为自然退化草场、荒山、坡地的补播草种。鉴于野稗自然落粒性强，用作人工草场或自然草场的草种可简化播种工序。籽粒可食，也可作精料，花期以前的植株适口性好，可以青饲和青储，收获种子后的秸秆柔软回甜，也是较好的牲畜越冬饲草之一。

野稗的生产比较容易，具有耐旱、耐涝、耐瘠、生长势强和分蘖力强的竞争优势。只要能满足其生长的基本条件便可迅速形成冠层，生育期短，萌发力强，可多次收割而获得高产。

4. **饲用稗 Vav.** ***mitis***

饲用稗也称饲料稗，为禾本科稗属的一种，一年生草本植物。植株低于稗谷，高于野稗，但与水肥条件有关，水肥条件好仍能长得高大壮实。具有分蘖力强、耐旱、耐涝和耐瘠等特点；籽粒产量不高，且叶片较细小，植株青饲、青储、制干均好。

四、糜　子

糜子籽粒比谷子大而美观，去壳后叫黄米，不论煮粥、作饭或制糕点小吃，风味十分鲜美，是北方广大地区的主要食用作物之一。上古时候即用以酿酒、祭祀、作贡品。如今糜黍用来加工制作各种酥脆袋装方便食品。种子收获后的干草也是很好的牲畜饲草饲料。

糯性的黍称为糜子。在中国西北干旱和半干旱地区，糜子至今仍是特色的粮食作物之一。糜子耐瘠、耐旱、生育期短、根系发达，对水肥利用率高，全株无废物，从种子到茎秆都是上好的粮食和饲草饲料。籽粒出米率高达80%以上，所含营养成分高，蛋白质9.7%～13.6%，脂肪1.5%～2.7%，碳水化合物67.6%～72.5%。与其他禾谷类粮食相比较，糜子中蛋白质、脂肪含量都高于大米、小麦（见表6－15），其中人体必需8种氨基酸的含量均显著高于其他禾谷类粮食；维生素E及维生素B_1、B_2的含量也普遍高于大米、小麦；糜黍中还含有β－胡萝卜素（大米中不含β－胡萝卜素），可以转化为维生素A；无机盐和微量元素也都不同程度地高于其他粮食作物，其中镁的含量分别是大米的3.4倍、小麦的2.3倍、玉米的1.05倍，钙的含量是大米和玉米的2.3倍。还含有钾、铁、钠、锰、锌、铜、磷等多种矿质元素。

糜子的蛋白质主要是清蛋白，其平均占蛋白质总量的14.73%；其次为谷蛋白和球蛋白，分别占蛋白质总量的12.39%和5.65%；醇溶蛋白含量较低，仅占2.56%。与小麦籽粒蛋白质相比较，两者差异较大，主要表现为小麦蛋白质中，醇溶蛋白质含量高（占总量的71.2%），这类蛋白粘性强、难消化；而糜黍蛋白主要是水溶性清蛋白、盐溶性球蛋白及谷蛋白，这类蛋白粘性差，近似豆类蛋白。因此，糜黍蛋白质优于大米、小麦及玉米。此外，糜黍氨基酸的种类及18种氨基酸含量、比例都高而合理。其中8种人体必需的氨基酸含量均高于大米、小麦和玉米，尤其是蛋氨酸，其含量是大米、小麦和玉米的2倍多；色氨酸含量也是小麦的1.5倍、玉米的2.5倍。小麦蛋白质缺乏蛋氨酸和色氨酸，玉米蛋白质中亮氨酸含量很高，但色氨酸含量又很低，而糜黍蛋白质中几种主要氨基酸都在中等以上含量，必需的氨基酸较为平衡。可见，糜黍是禾谷类粮食中蛋白质品质较好的谷物。

表6-15　糜子与其他谷类粮食营养成分比较

Table 6-15　Comparision of nutrition composition between proso and other cereal crops

成分＼食物	大黄米（糯性）（%）	黄米（粳性）（%）	小麦粉（%）	大米（%）	玉米粉（%）
蛋白质	13.6	9.7	11.2	7.4	8.0
脂肪	2.7	1.5	1.5	0.8	4.5
膳食纤维	3.5	4.4	2.1	0.7	6.2
碳水化合物	67.6	72.5	71.5	72.2	66.9

糜子中的淀粉主要是支链淀粉（87.3%～95.5%），直链淀粉比例很低。在粳性糜子中，直链淀粉含量约为4.5%～12.7%，平均7.5%。糯性糜子中直链淀粉含量仅为0.3%左右，有的品种甚至不含直链淀粉。糜子淀粉中直链淀粉占的比例明显低于小麦、玉米和非糯型水稻，其特点表现为适口性好、易为人体消化。

糜子中β-胡萝卜素的含量是荞麦的2.5倍，而大米、燕麦和大麦中几乎没有。β-胡萝卜素可在人体小肠壁里转化为维生素A，维生素A可以维持眼睛的视力、维持上皮组织的健康（如呼吸道、消化道、泌尿系统等），促进生长发育、增加对传染病的抵抗力。糜子中维生素E的含量非常高，是大米的6倍，它可以维持人体肌肉的正常代谢及中枢神经、血管系统的完整机能，防止出现生殖系统疾病。维生素B_2的含量也与大米相近，可防止癞皮病，调节神经系统肠胃道和表皮细胞活力。糜子中无机盐的含量也十分丰富。它对人体心脏活动具有重要的调节作用，可使心脏的节律及兴奋传导减弱，而有利于心脏舒张和休息，并可减少胆固醇含量，扩张血管，预防心肌梗塞和动脉硬化，防治高血压。其次Ca、Fe、Zn、Cu的含量也比较高，对人体内的营养及正常代谢起着十分重要的作用。

可见，糜子具有一定药理作用，常食糜子对某些疾病，如高血压、糖尿病、冠心病及心脑血管疾病有预防和缓解作用。并能防止衰老，促进新陈代谢，增强抗癌防癌的抵抗力。

云南糜子均被《中国黍稷（糜）品种志》一书列为全国优异种质资源加以推广应用。近年来，随着城乡人民生活的改善，国内外对糜子的需求量大增。用糜子可生产许多风味独特的食品，如油炸糕、粘糕、粘豆包、面饼、汤圆和粽子等。糜黍还是上好的酿酒原料，用糜黍米酿造黄酒在中国历史悠久，特别是在长江以北的广大地区，人们习惯用糜黍酿造黄酒，尤其是山东、河北的黄酒产量较高。历史上最有名气的如“即墨老酒”、“兰陵美酒”都是用糜黍酿造的，至今仍在继续扩大生产。据测定，陕西定边群众生产的黄酒中含有14种氨基酸。总酶量为1.24～1.54g/100ml，总糖量为63.38～84.44g/100ml，干物质15.4%～17.8%，维生素B_1、B_2、B_6的含量分别为21.5～24ug/100ml，1.95～2.55ug/100ml和59－62.5ug/100ml。如果对传统的生产工艺加以科学改进，还可制成黄酒系列营养保健饮料。

糜子的籽粒可作饲料外，糜糠、秕粒、茎秆、颖壳也是较好的家畜家禽饲料，含有蛋白质、脂肪、粗纤维及碳水化合物、矿质元素等多种营养素。糜子还可作为一年生牧草栽培，可以青饲或晒干青贮，糜青干草含蛋白质10.3%、粗脂肪3.5%、碳水化合物48.1%，很适合圈养牲畜作饲料。

五、龙爪稷

龙爪稷是禾本科一年生草本植物。籽粒圆球形，棕红色至黑褐色，千粒重2.5～4.0g，属粮饲兼用型农作物。过去只作为救荒粮食生产利用，在云南是用来填闲补缺的“杂粮”品种，耕作粗放，产量不高，每公顷产籽粒1500～2250kg。收种后的干草用作冬季牲畜饲草饲料。

近年来，随着农业产业结构的变更，粮食生产已满足需要。中国南方各省饲养奶牛和育肥肉牛的农牧场、站，以及西藏、新疆、青海、内蒙和国外日本等许多国家和地区开始将龙爪稷用作饲草饲料生产。由于龙爪稷根系发达，丛状生长，有抗旱、耐涝、耐瘠等优点，南方多种于干旱、瘠薄的盐碱地和其他作物没有收成的劣地上，一般每公顷可收草15000kg左右。

龙爪稷较抗旱、耐涝、耐瘠。据河北省农林科学院测定，苗期因种子小，胚乳供给幼苗的养分少、顶土力弱、根系发育暂不健全、生长缓慢、易被杂草覆盖；到成株期，应用测定植株萎蔫系数的方法，测试龙爪稷和豫谷1号两种作物的抗旱能力，结果表明龙爪稷死亡时的土壤含水量为2.94%，而豫谷1号为3.01%，证明龙爪稷比豫谷1号抗旱能力更强。

耐涝性鉴定：将龙爪稷和豫谷1号置于水淹条件下处理，处理Ⅰ，土壤处于饱和含水量时，龙爪稷生长发育良好，豫谷1号叶片发黄，但未死亡；处理Ⅱ，当水面淹没植株三分之二至全株时，龙爪稷顶部叶片呈蔟状、变黄，豫谷1号已死亡。撤水静置7天后，龙爪稷恢复生机，豫谷1号倒伏后变为腐烂状，彻底死亡。证明龙抓稷比豫谷耐涝性更强。

龙爪稷生长繁茂，株高90～120cm，茎叶光滑无毛，柔嫩多汁、适口性好，鲜草营养丰富。据测定，经抽穗前取样，对12项主要指标的检测结果：粗蛋白含量为10.50%，粗脂肪2.16%，粗纤维27.10%，灰分8.72%，无氮浸出物37.80%。植株营养成分在禾本科饲草中名列前茅，是一种集高产、优质于一身的粮饲兼用作物。

龙爪稷为C_4植物，生物产量高，全生育期90～120天，分蘖性强，中部节位有分枝，作为饲草利用叶、茎比例高。在云南无霜期长的地方，可采取多次播种的办法每月播一次，除留一块地收种外，其余到孕穗至抽穗初期收割饲喂圈养牲畜。割后施肥促进生长，一般可收割2～3次，每公顷产45000～75000kg或者产干草22500～30000kg。用作饲草生产时，龙爪稷最大的优点是鲜草和风干草产量高，质量好，缺点是种子小，苗期生长缓慢，要获得高产，播种出苗相当重要。每公顷施有机肥15000～30000kg、磷肥450kg作底肥，尿素120～150kg作种肥。播种沟（塘）土粒要细，覆土1.5～2cm，适当密植，及早除草定苗，缺塘断行可移苗补栽，成苗后生长便日趋繁茂。

龙爪稷是古老的粮、饲、药兼用作物。明朝李时珍《本草纲目》曾有论述：“稷子其味粗涩，气味甘、无毒，主治补中益气、厚肠胃、提精神……”籽实供食用、饲用或酿酒、制粉。鲜草割饲圈养牲畜、产仔母畜和老、弱、幼畜，干草贮备作冬季饲草饲料。

龙爪稷含有人体所需的大部分营养物质。1960年前由于生产量少，不是主要作物，龙爪稷生产得不到重视，加之过去科研、生产部门也未涉足该领域，因此，种质资源几乎近于丢失，经过几年的努力，先后征集到20多份，龙爪稷在省内已属珍稀、濒危种质，应认真加强繁殖鉴定，妥善入库保管。云南的文山、思茅、临沧等地州，过去民间有用龙爪稷磨成面做烤饼、粑粑、蒸、煮、煎、炸等小食品食用。昭通地区金沙江沿岸的县、乡民间用其作粉蒸肉米糁。近来思茅市的乡镇企业酒厂，用龙爪稷酿造的“小红米酒”畅销思茅地区及附近县市。随着龙爪稷的开发利用，原产地的商品化、产业化的发展，黍稷将成为该地区调整产业结构的项目之一。

六、饲用粟

饲用粟是禾本科一年生草本植物，又称粟草、草谷、草米、狗尾草等。粟草类植物在一般农业生产中不收获利用，一般农田中的粟草多作为杂草除去。自然界中在温暖湿润的山坡、草地常与其他禾本科牧草混生，很少发现它为单独种群存在。由于其农艺性状接近谷类作物，属于濒临灭绝的物种加以收集入库，作为谷子有性杂交的桥梁作物和饲料作物保存利用。

饲用粟处于野生状态，植株斜向生长，分枝多达5~7个，株形丛状、披散。云南省各地都有，多生于低凹潮湿、山间槽地和林地周围，土质较好的阴坡、零星和成片的天然草场。粟草是大小牲畜和野生动物爱吃的干鲜草料，自生自灭，无需种植，生长繁殖力极强。随着退耕还林还草的政策落实，饲用粟草天然牧场的面积将会越来越大。饲用粟还是新建和更新改造人工草场的重要品种，因其茎秆较细，含水量少，可鲜饲、放牧和制干作冬季饲草。由于其繁殖力强，只要在适当时候有一定的雨水，人工草场便可长期利用、保持稳产高产。

据有关资料报道，饲用粟与野生牧草比较，营养价值略高（见表6-16）。

表6-16　每100g饲草营养成分表

Table 6-16　The nutrition composition content per 100 gram forage grass

营养含量	粟草	猫尾草	苏丹草
粗蛋白（g）	5.8	3.4	3.6
粗脂肪（g）	2.1	1.4	1.0
碳水化合物（g）	53.6	48.4	58.3
营养物质总量（g）	61.5	53.2	62.9

饲用粟还是绿化荒山、防止水土流失、保持生态平衡的一种绿色植被。据观察，其根系发达，须根多而密，每丛植株须根向四周辐射，半径30cm以上，从而起到防风固沙、吸纳径流、保持水土的功效。因此，积极发展和保护饲用粟的生产，是保持水土、保护野生动物、发展畜牧业等，具有多种效益的好事。

参考文献

〔1〕张履鹏编著．粟及其栽培技术．北京：农业出版社，1981，9：11~12
〔2〕李庆龙，柯惠玲编著．粮食营养与人体健康．北京：农业出版社，1984，4：184
〔3〕朱锡义．荞麦的营养价值与综合利用．云南农业科技，1986，1：40~41
〔4〕陆大彪，王天云，史锁达编著．荞麦．北京：科学普及出版社，1986，10：1~7
〔5〕朱德元．多用途的籽粒苋．云南农业科技，1987，6：34~35
〔6〕岳绍先，孙鸿良，唐德富等编著．籽粒苋栽培技术．哈尔滨：黑龙江科学技术出版社，1987，8：1~2，4~13

〔7〕山西省农业科学院品种资源研究所，内蒙古伊盟农业科学研究所主编．中国黍稷（糜）品种资源目录（续编一）．呼和浩特市内蒙古农科院自印，1987，12：53～54
〔8〕傅学礼．粮糖两用甜高粱 M－81E 大有发展前途．云南农业科技，1988，2：19～20
〔9〕和继祖．抗旱优质的新兴经济作物．美国籽粒苋．云南农业科技，1988，3：34～35
〔10〕辽宁省农业科学院主编．中国高粱栽培学．北京：农业出版社，1988，12：395～397
〔11〕王振鸿．用途广泛的甜高粱．云南农业科技，1990，3：31～32
〔12〕山西省农业科学院作物品种资源研究所，内蒙古伊克昭盟农业科学研究所主编．中国黍稷（糜）品种志．北京：农业出版社，1990，10：149～150
〔13〕陈良正译．籽粒苋发芽后营养价值显著提高．云南农业科技，1991，2：46
〔14〕中国农业科学院作物品种资源研究所陈家驹主编．中国谷子遗传资源目录（1986～1990 年）．北京：农业出版社，1991，5：316
〔15〕金宝义．“一百家子”白荞面饸洛．荞麦动态，1991，1：40；生物类黄酮，36～39
〔16〕黎大爵，廖馥荪编著．甜高粱及其利用．北京：1992，8：1～5，12～17，22～28，60
〔17〕云南省绿春县地方志编撰委员会编．绿春县志．云南人民出版社，1992，8：199
〔18〕中国农业科学院作物品种资源研究所，辽宁省农业科学院主编．中国高粱品种资源目录（1982～1989 年续编）．中国农业出版社，1992，12：118～119、198～200、204、207、209、217、220
〔19〕岳绍先，孙鸿良，唐德富编著．籽粒苋在中国的研究与开发．北京：中国农业科技出版社，1993，2（1）：11～12
〔20〕张喜文，武钊编著．谷子栽培生理．北京：中国农业出版社，1993，3：23～24
〔21〕林汝法主编．中国荞麦．北京：中国农业出版社，1994，8：226～237
〔22〕池田小夜子等．荞麦中的锌，加工和烹饪过程中的化学形态变化．荞麦动态，1994，1：35～36
〔23〕云南省马关县地方志编撰委员会编．马关县志．北京：生活、读书、新知三联书店出版社，1996，8：190～191
〔24〕王星玉主编．中国黍稷．中国农作物，1996，11：1～3
〔25〕王斌，张雄．糜子的营养成分与营养价值．粟类作物，（糜子专辑）1997，1（总第 27 期）西北农业大学印：67～69
〔26〕云南省华坪县地方志编撰委员会编．华坪县志．昆明：云南民族出版社，1997，10：171
〔27〕赵明和，邱福康．鞑靼荞（苦荞）黄酮的特性及应用．荞麦动态，1997，（2）：27～28
〔28〕云南省文山县地方志编撰委员会编．文山县志．昆明：云南人民出版社，1998，8：266
〔29〕中国农业科学院作物品种资源研究所主编．中国高粱品种资源目录（1991～1995 年续编）．中国农业出版社，1998，11：84～85、350、353、358
〔30〕柴岩主编．糜子．北京：中国农业出版社，1999，2：225～240
〔31〕武之新，阎学东主编．农区人工种草及利用技术．北京：气象出版社，1999，6 月：26～106
〔32〕张昌持．湖南荞麦开发利用前景．作物研究，2000，2：58
〔33〕陈成斌．广西薏苡资源的保护、收集、整理与利用．广西农业科学，2000，3：10～13
〔34〕赵晓明等著．薏苡．北京：中国林业出版社，2000，11 月：21～23
〔35〕林汝法，柴岩，廖琴等主编．中国小杂粮．中国农业科技出版社，2002，8：169～170，189～190
〔36〕包佩燕，梁雪，王一波．薏苡仁脂的波谱表征及量子化学研究．计算机与应用化学，第 20 卷，第一期，2003，1：46～47
〔37〕高志明．薏苡高产栽培技术．云南农业科技，2003，3，39～40
〔38〕张国庆．薏苡栽培技术．安徽农学通报，2003，9：58～59
〔39〕赵素霞，程再兴，李连珍等．薏苡药理研究新进展．河南中医，2004，2：8～84

附 表

1. 云南省高粱种质资源入国家库名录

1. The catalogue for the sorghum germplasm of Yunnan prinvince in the state storeroom

国家编号	省编号	品种名称	原产地	保存单位	芽鞘色	幼苗色	株高(cm)	茎粗(cm)	主脉色	穗型	穗形	穗长(cm)	穗柄长(cm)	颖壳包被度	壳色	粒色	穗粒重(g)	千粒重(g)	生育期(天)	分蘖性	倒伏性	丝黑穗病(%)	着壳率(%)	角质率(%)	粗蛋白(%)	赖氨酸(%)	单宁(%)
499		马尾高粱	镇雄	辽宁省农科院	白	绿	256	1.30	白	散	帚	39.4			紫红	黄褐	36.9	25.2	153	弱	2	47.5	14.3		12.59	1.43	1.66
533		龙头街高粱	昆明	辽宁省农科院	绿	深绿	213	1.53	白	紧	圆筒	27.0			黄红	黄红	72.9	21.6	132	无	1	48.3	19.0		10.73	2.33	0.89
666		红壳饭高粱	新平	辽宁省农科院	白绿	绿	182			散	帚	32.0			紫红	黄红	21.8	19.1	163	中	2	16.6	38.0		11.09	2.34	2.51
691		红高粱	镇康	辽宁省农科院	绿	绿	205			散	伞	32.0	47	1/2	红黄	黄红	50.0	24.5	112	中	3	45.7	39.0	70	11.27	1.69	1.73
700		红糯高粱	昭通	辽宁省农科院	绿	绿	210			散	帚	28.8			紫红	黄褐	28.9	23.2	133	无	2	35.6	24.0		11.97	2.17	1.27
718		呈贡红高粱	呈贡	辽宁省农科院	浅绿	绿	228			紧	纺锤	23.0			深紫	红	44.1	31.4	140	无	1	56.1	13.0		12.27	1.57	2.15
721		饭高粱	安宁	辽宁省农科院	绿	深绿	267			散	伞	36.0			紫红	黄红	57.0	28.3	132	中	2	46.9	66.5		14.38	1.60	1.12
722		饭高粱	丽江	辽宁省农科院	白	深绿	186			散	帚	37.0			褐紫	黄褐	27.4	16.4	142	中	2	21.2	62.0		12.72	1.81	1.37
723		饭高粱	洱源	辽宁省农科院	绿	深绿	232			散	帚	39.5			紫红	黄褐	40.8	22.0	142	中	2	40.6	71.9		13.67	4.49	1.64
724		饭高粱	祥云	辽宁省农科院	绿	深绿	297			散	伞	32.0		全包	黑	浅黄	40.0	21.0	134	中	2	23.7	70.2		13.76	2.18	2.02
784		弯把高粱	蒙自	辽宁省农科院	绿	深绿	255	2.00		散	帚	33.5			紫红	黄	57.9	19.2	166	中	2	22.6	58.0		13.52	1.41	3.29
816		高脚高粱	易门	辽宁省农科院	浅绿	绿	257			散	帚	25.3			紫红	红褐	72.9	34.7	142	中	2	43.3	44.0	70	14.09	2.20	1.53
913		黑壳高粱	蒙自	辽宁省农科院	绿	绿	314			散	伞	34.0			紫黑	紫黄	40.3	22.4	171	无	2	6.6	87.0		14.86	1.75	2.89
921		黑高粱	兰坪	辽宁省农科院	绿	绿	250			散	长圆	35.0		全包	深紫	黄褐	35.0	17.3	142	中	2	23.1	99.5		14.11	2.27	2.81
930		黑糯高粱	昭通	辽宁省农科院	绿	绿	179			散	帚	34.8			黑	黄褐	20.3	22.2	133	无	2	25.3	30.0		12.05	2.07	1.12
947		楚雄高粱	镇雄	辽宁省农科院	绿	绿	305			散	伞	32.0			紫黑	黄褐	39.7	25.2	140	中	2	31.2	13.0		13.91	1.94	0.80
974		矮脚高粱	易门	辽宁省农科院	绿	绿	199			散	帚	28.0			紫红	黄褐	35.6	26.4	140	中	2	20.3	76.7		11.95	2.26	1.43
995		糯高粱	大姚	辽宁省农科院	绿	绿	147			散	帚	27.0		1/3	深紫	黄褐	50.9	22.9	140	中	2	64.0	17.0		9.76	2.46	1.84

续表 1

国家编号	省编号	品种名称	原产地	保存单位	芽鞘色	幼苗色	株高(cm)	茎粗(cm)	主脉色	穗型	穗形	穗长(cm)	穗柄长(cm)	颖壳包被度	壳色	粒色	穗粒重(g)	千粒重(g)	生育期(天)	分蘖性	倒伏性	丝黑穗病(%)	着壳率(%)	角质率(%)	粗蛋白(%)	赖氨酸(%)	单宁(%)
997		糯高粱	元江	辽宁省农科院	绿	绿	273			散	帚	39.0			紫红	黄	51.5	19.5	152	中	2	21.4	13.0		11.97	2.84	2.00
1003		糯高粱	丽江	辽宁省农科院	绿	绿	279			散	帚	33.0			紫红	黄褐	46.4	22.4	142	中	2	18.7	59.0		11.39	1.67	2.34
1005		糯高粱	祥云	辽宁省农科院	绿	紫绿	261			散	帚	33.3		1/4	紫红	红褐	42.0	23.2	138	强	2	37.5	19.0		11.76	2.47	0.98
1008		糯高粱	新平	辽宁省农科院	绿	绿	288			散	帚	36.0		1/3	紫红	黄	62.4	24.3	140	中	2	45.5	24.0		13.26	1.96	1.61
1021		甜高粱	镇雄	辽宁省农科院	绿	绿	206			散	帚	38.0			红紫	黄褐	47.8	17.8	133	无	2	44.0	16.0		12.67	1.82	1.31
1724	R072	スス゛ホ	日本	云南省农科院	白		155		蜡	紧	纺锤	31.3		1/2	黑紫	褐	85.0	26.5	121	1.0		3	84.0	10	12.88	2.48	0.03
1729	R073	モロコシ	日本	云南省农科院	绿		168		白	散	帚	24.7		1/2	黑紫	红褐	72.0	16.0	124	3.0		5	22.0	20	10.62	2.54	2.07
9985	843	104－1（维西）	维西	中国农科院品资所	紫	淡紫	304	1.64	白	散	圆锥	29.8	69.5	1/2	紫	红	40.6	24.7	110	中	2	26.1	11.5	75	14.51	2.00	1.28
9986	高 06	大白高粱（巧家）	巧家	云南省农科院	紫	紫	222	1.03	白	散	帚	33.6	46.8	2/3	紫红	黄	90.0	22.4	128	弱	2	78.1	27.5	10	9.02	2.10	1.95
9987	R33	大黑壳高粱（墨江）	墨江	云南省农科院	白	绿	277	1.24	白	散	帚	29.8	55.2	1/2	紫	黄	34.0	10.5	136	强	1	66.7	9.0	80	10.52	1.90	2.27
9988	R40	大黑高粱（墨江）	墨江	云南省农科院	紫	黑绿	235	1.06	白	散	帚	28.6	42.3	3/4	紫黑	褐	12.7	7.5	138	弱	1	84.5	96.5	10	13.06	1.68	1.73
9989	R53	大黑高粱（文山）	文山	云南省农科院	紫	绿	217	1.22	白	散	帚	34.6	61.9	全包	紫	土黄	58.8	21.0	116	强	1	64.9	47.5	50	13.48	1.70	1.73
9990	高 38	马尾高粱（镇康）	镇康	云南省农科院	紫	淡紫	217	0.76	白	散	帚	31.0	50.0	3/4	紫	褐	8.0	12.9	137	无	1	96.3	22.5	70	13.87	2.23	1.56

续表 1

国家编号	省编号	品种名称	原产地	保存单位	芽鞘色	幼苗色	株高(cm)	茎粗(cm)	主脉色	穗型	穗形	穗长(cm)	穗柄长(cm)	颖壳包被度	壳色	粒色	穗粒重(g)	千粒重(g)	生育期(天)	分蘖性	倒伏性	丝黑穗病(%)	着壳率(%)	角质率(%)	粗蛋白(%)	赖氨酸(%)	单宁(%)
9991	高 29	水高粱(玉溪)	玉溪	云南省农科院	紫	绿	214	1.16	白	散	伞	31.2	62.5	1/2	黑紫	红	51.9	25.5	125	弱	1	68.8	14.0	60	13.89	1.87	1.58
9992	R16	生罗之初(绿春)	绿春	云南省农科院	紫	绿	300	1.73	白	散	帚	40.8	48.3	全包	黑红	褐	33.0	12.8	159	强	1	73.6	92.0	50	13.22	1.81	2.54
9993	R13	本地高粱(维西)	维西	云南省农科院	紫	黑绿	262	1.17	白	散	伞	31.9	59.3	1/2	紫	土红	58.6	20.0	121	强	1	49.1	15.5	90	12.72	1.80	1.49
9994	R15	本地高粱(维西)	维西	云南省农科院	紫	绿	280	1.35	白	散	伞	28.0	55.4	1/2	紫黑	红	61.4	20.0	132	弱	1	50.9	41.0	50	12.25	1.87	1.65
9995	R57	本地高粱(丘北)	丘北	云南省农科院	紫	绿	159	1.15	白	散	帚	33.0	50.1	1/2	紫	红	45.0	17.7	116	强	1	58.0	47.5	70	10.94	1.82	2.04
9996	R60	本地高粱(广南)	广南	云南省农科院	紫	黑绿	280	1.45	白	散	帚	36.7	46.5	3/4	淡紫	黄	22.0	5.5	145	无	1	94.2	96.5	90	11.49	1.74	3.00
9997	R51	本地高粱(文山)	文山	云南省农科院	紫	淡紫	292	1.22	白	散	帚	29.0	44.4	全包	紫	褐	21.3	11.0	136	强	1		100.	20	11.79	1.69	1.91
9998	R55	本地高粱(富宁)	富宁	云南省农科院	紫	绿	195	1.59	白	中散	帚	28.0	44.1	全包	黑紫	淡褐	87.1	27.2	154	强	1		100.	60	15.92	1.63	2.26
9999	R11	白高粱(永德)	永德	云南省农科院	白	绿	291	1.31	白	散	伞	31.6	42.7	1/2	绿	白	25.0	9.1	145	强	1		15.5	10	12.35	1.94	0.98
10000	高 01	白糯高粱(昭通)	昭通	云南省农科院	紫	淡紫	176	1.08	白	散	帚	30.7	56.9	1/2	紫	褐	41.4	23.4	114	强	1	76.9	21.0	10			

续表 1

国家编号	省编号	品种名称	原产地	保存单位	芽鞘色	幼苗色	株高(cm)	茎粗(cm)	主脉色	穗型	穗形	穗长(cm)	穗柄长(cm)	颖壳包被度	壳色	粒色	穗粒重(g)	千粒重(g)	生育期(天)	分蘖性	倒伏性	丝黑穗病(%)	着壳率(%)	角质率(%)	粗蛋白(%)	赖氨酸(%)	单宁(%)
10001	高 43	白糯高粱(兰坪)	兰坪	云南省农科院	紫	紫	256	1.14	白	散	帚	34.8	61.7	1/2	紫	黄	53.0	19.1	126	强	1	86.2	28.5	50			
10002	高 55	红马尾高粱(永善)	永善	云南省农科院	紫	绿	269	1.16	白	散	帚	28.6	55.0	1/3	紫	褐	55.0	21.6	121	弱	1	67.8	11.0	20	13.37	1.72	1.70
10003	高 20	红高粱(武定)	武定	云南省农科院	紫	紫	270	1.15	白	散	帚	36.1	54.0	1/2	紫	红	45.0	18.0	121	强	1	67.3	85.0	70	11.95	1.92	1.63
10004	高 24	红高粱(盐津)	盐津	云南省农科院	紫	紫	252	1.23	白	散	伞	25.7	57.8	1/2	黑	紫	38.3	26.0	131	强	1	41.2	00.	30	13.51	1.70	1.68
10005	R31	红高粱(墨江)	墨江	云南省农科院	紫	绿	291	1.35	白	散	帚	34.4	51.5	3/4	紫	褐	57.0	17.0	136	强	1		78.0	70	11.50	1.91	2.11
10006	R03	红高粱(永德)	永德	云南省农科院	紫	黑绿	206	1.26	白	散	帚	38.7	51.8	1/2	紫	褐	43.0	15.0	126	强	1	73.2	26.5	60	9.38	2.23	1.23
10007	R17	红高粱(新平)	新平	云南省农科院	紫	淡紫	199	1.30	白	散	伞	29.2	54.9	1/2	紫	白黄	43.3	18.0	134	弱	1	60.0	43.5	90	15.04	1.86	1.85
10008	R68	红高粱(富民)	富民	云南省农科院	紫	绿	275	1.44	白	散	帚	30.5	57.7	全包	黑红	褐	39.6	19.0	134	弱	1	93.9	100.0	70	14.56	1.71	2.33
10009	高 42	红糯高粱(兰坪)	兰坪	云南省农科院	紫	紫	294	1.37	白	散	帚	28.5	52.7	3/4	紫	褐	51.0	15.1	123	强	1	59.3	73.0	70	10.55	2.18	1.55
10010	R20	红糯高粱(新平)	新平	云南省农科院	紫	绿	251	1.17	白	散	帚	30.0	58.7	2/3	紫	褐	40.8	15.9	126	弱	1		66.5	70	15.58	1.79	2.00

续表 1

国家编号	省编号	品种名称	原产地	保存单位	芽鞘色	幼苗色	株高(cm)	茎粗(cm)	主脉色	穗型	穗形	穗长(cm)	穗柄长(cm)	颖壳包被度	壳色	粒色	穗粒重(g)	千粒重(g)	生育期(天)	分蘖性	倒伏性	丝黑穗病(%)	着壳率(%)	角质率(%)	粗蛋白(%)	赖氨酸(%)	单宁(%)
10011	R62	红糯高粱(砚山)	砚山	云南省农科院	紫	绿	265	1.24	白	散	帚	35.7	58.2	1/2	紫	黄	70.8	21.5	134	弱	2	59.1	51.0	80	11.09	1.98	2.79
10012	R61	杂交高粱(砚山)	砚山	云南省农科院	紫	绿	167	1.24	白	散	帚	34.2	48.0	1/3	棕	土红	32.0	13.3	131	强	1	89.7	16.0	90	11.37	1.84	1.85
10013	R45	杂交高粱(文山)	文山	云南省农科院	紫	紫	202	1.02	白	散	帚	29.7	47.0	1/2	紫	土红	22.5	11.5	137	无	1		16.5	10	12.85	1.71	1.52
10014	R27	达拉普(福贡)	福贡	云南省农科院	紫	黑绿	231	1.23	白绿	散	帚	21.5	27.8	1/2	紫红	黄	31.7	12.5	138	强	1	64.5	1.0	60	11.66	1.80	2.26
10015	R28	达拉斥(福贡)	福贡	云南省农科院	紫	黑绿	269	1.35	白绿	散	帚	36.4	59.6	1/2	紫	土黄	36.3	13.0	131	强	1	69.4	6.5	60	10.55	1.70	1.53
10016	841	达拉牛	福贡	中国农科院品资所	紫	淡紫	328	1.59	白	散	圆锥	45.1	62.3	1/2	红	褐	40.3	22.4	112	弱	2	26.8	25.2	75	10.73	2.05	1.27
10017	R32	早糯高粱(墨江)	墨江	云南省农科院	紫	黑绿	303	1.36	白	散	帚	34.3	60.4	3/4	紫	褐	56.3	16.0	136	强	1	57.8	93.0	70	11.74	1.95	2.15
10018	高 52	吉林高粱(官渡)	官渡	云南省农科院	紫	绿	207	1.00	白	散	帚	29.5	56.5	1/2	黑	土黄	30.0	21.0	120	无	1	80.6	30.0	20	12.66	1.89	1.39
10019	R41	迟白高粱(墨江)	墨江	云南省农科院	紫	淡紫	312	1.98	白	散	帚	27.8	35.0	4/5	黄	淡黄	54.0	13.0	191	强	1		86.6	90	14.37	1.94	2.76
10020	R50	迟高粱(文山)	文山	云南省农科院	紫	紫	234	1.26	白	散	帚	31.8	48.6	3/4	紫	褐	32.5	11.0	137	无	1	84.3	100.0	50	12.50	2.08	1.87

续表 1

国家编号	省编号	品种名称	原产地	保存单位	芽鞘色	幼苗色	株高(cm)	茎粗(cm)	主脉色	穗型	穗形	穗长(cm)	穗柄长(cm)	颖壳包被度	壳色	粒色	穗粒重(g)	千粒重(g)	生育期(天)	分蘖性	倒伏性	丝黑穗病(%)	着壳率(%)	角质率(%)	粗蛋白(%)	赖氨酸(%)	单宁(%)
10021	R37	迟高粱(墨江)	墨江	云南省农科院	紫	绿	260	1.40	白	散	帚	35.0	62.0	4/5	黑紫	褐	50.0	7.5	153	强	1		90.3	40	13.89	1.87	2.02
10022	高 21	饭高粱(武定)	武定	云南省农科院	绿	绿	140	1.32	白	散	纺锤	26.7	38.8	1/4	黑	褐	47.1	26.5	116	弱	1	72.7	22.5	60	9.02	2.21	1.76
10023	高 07	饭高粱(宣威)	宣威	云南省农科院	紫	紫	208	1.06	白	散	帚	35.0	55.3	4/5	紫黑	褐	33.5	24.5	126	弱	1	22.3	99.5	30	11.32	1.76	1.56
10024	高 09	饭高粱(陆良)	陆良	云南省农科院	紫	紫	153	0.90	白	散	帚	31.4	42.7	1/2	黑	褐	50.0	22.0	126	强	1	76.3	70.3	50	10.35	1.93	1.74
10025	高 30	饭高粱(玉溪)	玉溪	云南省农科院	紫	黑绿	271	1.20	白	散	帚	31.8	50.4	1/3	黑紫	红	63.0	25.0	124	弱	1	76.3	18.5	50	9.66	2.17	1.97
10026	R29	饭高粱(镇康)	镇康	云南省农科院	紫	绿	287	1.20	白	散	帚	31.5	61.5	1/2	紫	土黄	45.0	22.0	138	强	1	51.3	76.5	60	12.05	1.99	1.61
10027	R02	饭高粱(云县)	云县	云南省农科院	紫	淡紫	273	1.83	白	散	棒	29.8	22.8	1/2	紫红	褐	56.6	14.9	159	强	1	85.7	38.0	30	12.57	1.75	1.46
10028	R69	饭高粱(富民)	富民	云南省农科院	紫	绿	227	1.52	白	散	帚	35.8	58.3	2/3	紫	淡褐	48.3	19.3	134	弱	1	89.1	37.7	30	13.03	1.68	1.68
10029	R48	弯把高粱(文山)	文山	云南省农科院	紫	紫	275	1.59	白	散	帚	39.1	52.4	全包	紫黑	褐	30.0	15.0	148	强	1	77.6	90.0	30	11.85	1.85	1.90
10030	725	高粱(新平)	新平	中国农科院品资所	紫	绿	318	1.35	白	散	圆锥	29.1	52.8	1/2	紫	褐	49.0	20.9	106	强	2	52.2	12.8	40	13.42	2.38	1.82

续表 1

国家编号	省编号	品种名称	原产地	保存单位	芽鞘色	幼苗色	株高(cm)	茎粗(cm)	主脉色	穗型	穗形	穗长(cm)	穗柄长(cm)	颖壳包被度	壳色	粒色	穗粒重(g)	千粒重(g)	生育期(天)	分蘖性	倒伏性	丝黑穗病(%)	着壳率(%)	角质率(%)	粗蛋白(%)	赖氨酸(%)	单宁(%)
10031	727	高粱（凤庆）	凤庆	中国农科院品资所	紫	绿	359	1.46	白	散	纺锤	30.2	58.5	1/2	红	黄	32.2	23.0	126	弱	4	46.7	5.3	40	11.77	2.47	1.90
10032	R46	高粱（文山）	文山	云南省农科院	紫	紫	304	1.64	白	散	帚	34.2	47.8	2/3	紫	褐	36.8	13.7	142	强	1	85.5	10.7	50	12.95	1.77	2.05
10033	R66	高脚高粱（建水）	建水	云南省农科院	紫	淡紫	329	1.10	白	散	帚	30.0	60.0	1/2	紫	乳黄	43.0	21.0	114	强	1		12.5	80	11.99	2.00	1.41
10034	R30	高脚高粱（墨江）	墨江	云南省农科院	紫	绿	339	1.34	白	散	帚	32.7	61.4	3/4	紫	褐	45.8	10.5	136	强	1	81.3	87.5	70	11.91	2.01	1.97
10035	R63	高脚高粱（绿春）	绿春	云南省农科院	紫	黑绿	267	1.14	白	散	帚	27.6	56.3	4/5	黑	褐	35.0	18.0	136	弱	1	63.6	100.0	20	12.88	1.78	0.48
10036	高 16	高脚高粱（建水）	建水	云南省农科院	绿	绿	259	1.24	白	散	帚	38.2	55.6	2/3	紫	白黄	40.0	19.5	132	强	1	36.6	86.0	80	12.27	1.63	1.94
10037	R23	高脚糯高粱（新平）	新平	云南省农科院	紫	紫	254	1.06	白	散	帚	33.6	63.0	2/3	紫	土黄	33.3	13.0	124	无	1		77.5	40	12.52	1.59	1.77
10038	高 13	高脚白糯高粱（蒙自）	蒙自	云南省农科院	绿	绿	283	1.20	白	散	帚	31.4	54.9	3/4	紫	黄	30.8	16.5	145	强	1	62.1	4.0	60	13.48	1.63	3.20
10039	R07	高秆糯高粱（镇雄）	镇雄	云南省农科院	紫	绿	254	1.36	白	散	帚	35.6	55.3	1/2	红	褐	72.1	20.5	124	弱	1	71.7	6.0	80	11.53	1.73	2.43
10040	R65	绿高粱（巧家）	巧家	云南省农科院	紫	紫	201	0.96	白	散	帚	25.6	49.0	3/4	黑	褐	26.7	13.0	128	弱	1	65.2	81.5	20	10.74	1.95	1.69

续表 1

国家编号	省编号	品种名称	原产地	保存单位	芽鞘色	幼苗色	株高(cm)	茎粗(cm)	主脉色	穗型	穗形	穗长(cm)	穗柄长(cm)	颖壳包被度	壳色	粒色	穗粒重(g)	千粒重(g)	生育期(天)	分蘖性	倒伏性	丝黑穗病(%)	着壳率(%)	角质率(%)	粗蛋白(%)	赖氨酸(%)	单宁(%)
10041	R43	黄壳高粱(墨江)	墨江	云南省农科院	紫	淡紫	358	1.75	白	散	帚	33.2	59.7	4/5	黑红	褐	41.5	17.7	131	强	1	66.7	7.0	50	12.80	1.71	1.75
10042	高 26	黑高粱(丽江)	丽江	云南省农科院	紫	黑绿	237	0.98	白	散	伞	27.2	55.4	1/2	黑	褐	41.9	24.5	124	强	1	61.9	76.5	80	12.91	1.78	1.44
10043	高 27	黑高粱(丽江)	丽江	云南省农科院	紫	绿	264	1.07	白	散	伞	25.6	61.5	1/3	黑	土红	96.0	28.0	126	强	3	64.4	40.0	80	13.94	1.93	0.79
10044	R64	黑高粱(墨江)	墨江	云南省农科院	紫	绿	295	1.23	白	散	纺锤	23.5	45.9	4/5	黑灰	白	35.8	12.0	136	弱	1		94.5	50	11.54	2.07	0.50
10045	高 40	黑高粱(泸水)	泸水	云南省农科院	紫	紫	182	1.10	褐	散	帚	29.0	68.0	1/3	紫	褐	25.0	15.1	131	弱	1	70.7	4.0	80	10.91	2.10	1.19
10046	高 56	黑马尾高粱(永善)	永善	云南省农科院	紫	紫	268	1.11	白	散	帚	37.8	66.3	1/2	黑	红	62.1	23.0	136	弱	2	80.9	10.5	10	10.91	2.01	2.10
10047	R58	黑暴糯高粱(广南)	广南	云南省农科院	紫	黑绿	186	1.40	白	散	帚	38.0	50.3	1/2	紫红	褐	45.0	13.4	132	强	1		29.0	70	13.48	1.78	0.98
10048	R21	黑糯高粱(新平)	新平	云南省农科院	紫	黑绿	181	1.11	白	散	帚	30.0	46.6	1/2	紫	土黄	50.0	19.9	108	强	1	13.3	79.0	70	10.94	1.82	2.00
10049	R54	黑糯高粱(麻栗坡)	麻栗坡	云南省农科院	紫	黑绿	289	1.71	白	散	帚	37.4	60.8	全包	黑	褐	29.0	15.3	148	强	1	92.9	37.7	30	13.29	1.80	1.67
10050	高 14	黑糯高粱(蒙自)	蒙自	云南省农科院	白	绿	245	0.82	白	散	帚	36.2	60.1	1/2	紫黑	土黄	20.0	13.0	138	弱	1	77.2	8.5	70	13.91	1.58	1.90

续表 1

国家编号	省编号	品种名称	原产地	保存单位	芽鞘色	幼苗色	株高(cm)	茎粗(cm)	主脉色	穗型	穗形	穗长(cm)	穗柄长(cm)	颖壳包被度	壳色	粒色	穗粒重(g)	千粒重(g)	生育期(天)	分蘖性	倒伏性	丝黑穗病(%)	着壳率(%)	角质率(%)	粗蛋白(%)	赖氨酸(%)	单宁(%)
10051	R06	矮子糯高粱(镇雄)	镇雄	云南省农科院	紫	紫	157	1.17	白	散	帚	33.8	55.7	1/3	紫	土黄	34.0	20.7	122	强	1	68.8	25.0	80	12.68	1.89	0.93
10052	R08	矮子糯高粱(镇雄)	镇雄	云南省农科院	紫	绿	185	0.94	白	散	帚	31.2	56.2	1/2	紫	褐	35.0	20.0	131	弱	1	35.9	17.0	80	11.13	2.33	1.09
10053	R09	矮秆糯高粱(镇雄)	镇雄	云南省农科院	紫	绿	146	1.04	白	散	帚	25.5	36.2	1/2	紫	褐	27.9	13.5	136	强	1	57.6	15.0	60	13.62	2.05	1.02
10054	R19	矮脚糯高粱(新平)	新平	云南省农科院	紫	绿	215	1.35	白	散	伞	26.8	47.5	1/2	紫红	褐	43.0	26.5	136	弱	1	80.9	86.5	80	11.01	2.45	1.97
10055	R39	矮脚高粱(墨江)	墨江	云南省农科院	紫	绿	199	1.24	白	散	帚	29.2	51.5	1/2	紫	褐	40.0	16.0	136	弱	1	65.4	87.5	40	11.65	2.14	1.72
10056	R52	矮脚高粱(文山)	文山	云南省农科院	紫	紫	222	1.16	白	散	帚	31.0	47.3	4/5	黑	褐	20.0	5.5	137	强	1	97.4	99.5	40	13.49	2.00	3.04
10057	R49	矮脚高粱(文山)	文山	云南省农科院	紫	绿	231	1.71	白	散	帚	41.5	41.5	全包	紫红	褐	20.8	7.8	142	中	1	64.3	93.6	30	11.40	1.92	3.18
10058	840	矮高粱(腾冲)	腾冲	中国农科院品资所	绿	绿	156	1.62	蜡绿	中散	圆锥	28.4	33.5	1/2	紫	红	55.0	20.5	116	弱	1	27.3	33.3	75	11.76	2.47	2.32
10059	高 08	糯高粱(宣威)	宣威	云南省农科院	紫	紫	233	1.06	白	散	帚	35.9	63.2	1/2	紫	红	53.1	25.0	124	强	1	44.3	65.0	50	12.38	1.85	1.52
10060	高 10	糯高粱(陆良)	陆良	云南省农科院	紫	紫	191	1.08	白	散	帚	31.1	51.1	1/2	紫	褐	53.1	23.0	122	强	1	81.7	67.5	80	12.57	1.75	1.43

续表 1

国家编号	省编号	品种名称	原产地	保存单位	芽鞘色	幼苗色	株高(cm)	茎粗(cm)	主脉色	穗型	穗形	穗长(cm)	穗柄长(cm)	颖壳包被度	壳色	粒色	穗粒重(g)	千粒重(g)	生育期(天)	分蘖性	倒伏性	丝黑穗病(%)	着壳率(%)	角质率(%)	粗蛋白(%)	赖氨酸(%)	单宁(%)
10061	R10	糯高粱(漾濞)	漾濞	云南省农科院	紫	绿	153	1.45	白	散	帚	26.4	39.6	3/4	紫红	褐	25.4	12.7	139	弱	1	83.7	13.0	30	11.95	1.84	2.14
10062	R67	糯高粱(富民)	富民	云南省农科院	紫	绿	251	1.62	白	侧散	帚	36.7	63.5	1/2	黑紫	褐	44.2	19.4	138	弱	1	93.0	20.0	50	12.22	1.96	1.56
10063	R42	糯高粱(墨江)	墨江	云南省农科院	紫	绿	336	1.33	白	散	帚	33.0	67.9	1/2	紫红	褐	28.6	19.9	144	强	1		3.0	70	15.34	1.62	1.97
10064	高 17	糯高粱(石屏)	石屏	云南省农科院	紫	紫	216	1.16	白	散	帚	31.9	51.3	1/2	紫	红	45.6	19.9	132	强	1	87.2	5.0	10	12.22	1.81	1.76
10065	高 19	糯高粱(牟定)	牟定	云南省农科院	紫	淡紫	286	1.08	白	散	帚	28.6	72.9	1/2	黑	紫	33.3	24.5	114	强	1	62.4	34.0	30	12.52	2.31	0.68
10066	高 22	糯高粱(大姚)	大姚	云南省农科院	紫	紫	154	1.16	白	散	帚	26.1	40.7	1/2	紫	褐	50.6	22.5	120	强	1	77.4	39.5	10	10.09	2.27	1.83
10067	高 31	糯高粱(华宁)	华宁	云南省农科院	紫	黑紫	204	1.14	白	散	帚	34.4	58.7	1/2	紫红	褐	68.1	22.0	124	弱	1	77.4	28.5	30	12.27	1.79	2.17
10068	高 45	糯高粱(祥云)	祥云	云南省农科院	绿	绿	284	1.03	白	散	帚	31.6	63.0	1/2	红	褐	28.3	15.5	131	强	1	74.7	4.0	80	10.62	1.97	1.97
10069	高 46	糯高粱(祥云)	祥云	云南省农科院	绿	绿	285	1.12	白	散	帚	35.2	64.0	1/2	紫	棕红	49.0	18.5	131	强	1	81.3	25.5	70	10.18	1.96	1.89
10070	842	糯高粱(贡山)	贡山	中国农科院品资所	紫	淡紫	319	1.56	白	散	圆锥	40.1	69.6	3/5	紫	褐	53.3	23.3	116	弱	2	41.9	10.1	70	13.36	2.47	1.73

续表 1

国家编号	省编号	品种名称	原产地	保存单位	芽鞘色	幼苗色	株高(cm)	茎粗(cm)	主脉色	穗型	穗形	穗长(cm)	穗柄长(cm)	颖壳包被度	壳色	粒色	穗粒重(g)	千粒重(g)	生育期(天)	分蘖性	倒伏性	丝黑穗病(%)	着壳率(%)	角质率(%)	粗蛋白(%)	赖氨酸(%)	单宁(%)
10071	高49	糯高粱(洱源)	洱源	云南省农科院	紫红	绿	209	1.14	白	散	帚	30.6	52.0	1/2	红	褐	34.3	14.3	131	弱	1	75.0	66.5	60	11.17	1.70	0.99
10072	R01	糯高粱(云县)	云县	云南省农科院	紫	黑绿	166	0.84	白	散	帚	28.9	52.0	1/3	紫	红	32.7	20.0	131	弱	1	77.0	24.0	70	11.30	1.68	0.91
10073	R12	糯高粱(宾川)	宾川	云南省农科院	紫	黑绿	204	1.08	白	散	伞	29.5	54.4	2/3	紫	褐	41.9	13.8	131	弱	1	75.0	38.5	70	11.53	1.90	1.61
10074	R18	糯高粱(新平)	新平	云南省农科院	紫	绿	192	1.15	白	散	伞	25.4	38.4	1/2	紫红	褐	37.5	16.6	136	弱	1	71.6	13.5	90	11.49	1.91	1.69
10075	R22	糯高粱(新平)	新平	云南省农科院	紫	绿	242	1.15	白	散	帚	30.0	52.3	1/2	紫红	黄	32.2	13.5	136	强	1	80.3	75.0	40	10.83	2.03	1.63
10076	R34	糯高粱(墨江)	墨江	云南省农科院	紫	淡紫	198	0.95	白	散	帚	27.0	52.5	全包	紫黑	土黄	30.0	13.0	137	无	1	92.3	97.5	60	11.09	2.07	2.16
10287	R26	王普达拉(福贡)	福贡	云南省农科院	紫	绿	278	1.20	绿	散	帚	37.4	58.5	1/2	紫红	红	48.6	13.5	138	强	1		2.5	10	12.46	1.84	2.32
10288	R38	本地高粱蔗(墨江)	墨江	云南省农科院	白	绿	277	1.24	白	散	帚	29.8	55.2	1/2	紫	褐	34.0	10.5	136	强	1		9.0	50	11.49	1.91	1.62
10289	R05	甜高粱(镇雄)	镇雄	云南省农科院	紫	紫	263	1.47	蜡	中散	杯	15.8	47.4	1/3	紫	红	19.2	11.5	136	强	1	79.6	7.5	10	12.14	3.04	0.31
10290	R24	甜高粱(凤庆)	凤庆	云南省农科院	紫	黑绿	312	1.45	白绿	散	帚	28.0	50.3	2/3	红	褐	29.2	17.3	145	强	1	72.9	61.0	10	10.95	1.91	2.07

续表 1

国家编号	省编号	品种名称	原产地	保存单位	芽鞘色	幼苗色	株高(cm)	茎粗(cm)	主脉色	穗型	穗形	穗长(cm)	穗柄长(cm)	颖壳包被度	壳色	粒色	穗粒重(g)	千粒重(g)	生育期(天)	分蘖性	倒伏性	丝黑穗病(%)	着壳率(%)	角质率(%)	粗蛋白(%)	赖氨酸(%)	单宁(%)
10291	R35	甜高粱（墨江）	墨江	云南省农科院	紫	紫	247	0.87	白	散	帚	31.5	47.0	1/2	紫	土黄	12.5	10.5	137	无	1	91.9	56.5	70	11.99	2.08	1.72
12006	R127	大穗高粱（中甸）	中甸	云南省农科院	紫	淡紫	249	1.34	白	散	帚	30.2	34.9	1/2	黑紫	深褐	74.0	29.0	143	中	1		57.0	20			
12007	R082	水尾高粱（澄江）	澄江	云南省农科院	紫	绿	279	1.11	白	散	帚	33.9	65.6	2/3	黑	褐	24.0	21.3	134	强	1		85.0	50			
12008	R085	丰谷高粱（西畴）	西畴	云南省农科院	紫	绿	274	1.23	白	散	帚	40.9	67.1	3/4	黑紫	褐	61.0	20.0	126	强	1		90.0	70			
12009	R108	长脖子高粱（元谋）	元谋	云南省农科院	白	绿	259	1.22	白	散	帚	36.3	55.5	1/3	红褐	褐	83.0	25.9	126	强	1		83.0	40			
12010	R089	白高粱（文山）	文山	云南省农科院	白	绿	293	1.29	白	散	帚	36.0	47.0	2/3	紫红	白	35.0	26.9	135	强	1		98.0	90			
12011	R140	白高粱（禄丰）	禄丰	云南省农科院	白	绿	183	1.64	蜡	紧	纺锤	25.0	36.4	1/2	黑	白	85.0	34.1	124	弱	1		8.0	50			
12012	R141	白高粱（禄丰）	禄丰	云南省农科院	白	绿	161	1.56	蜡	中	纺锤	29.5	41.6	1/2	淡红	褐	55.0	27.7	155	无	1		1.0	50			
12013	R154	白高粱（官渡）	昆明官渡	云南省农科院	绿	绿	151	0.82	蜡	中散	纺锤	19.6	52.8	1/3	黑	白	33.0	34.7	111	强	1		13.0	50			
12014	R116	白粒高粱（元谋）	元谋	云南省农科院	白	绿	220	1.38	白	散	帚	26.5	55.2	2/3	淡紫	黄白	19.0	9.3	158	强	1		90.0	10			

续表 1

国家编号	省编号	品种名称	原产地	保存单位	芽鞘色	幼苗色	株高(cm)	茎粗(cm)	主脉色	穗型	穗形	穗长(cm)	穗柄长(cm)	颖壳包被度	壳色	粒色	穗粒重(g)	千粒重(g)	生育期(天)	分蘖性	倒伏性	丝黑穗病(%)	着壳率(%)	角质率(%)	粗蛋白(%)	赖氨酸(%)	单宁(%)
12015	R118	白米高粱(元谋)	元谋	云南省农科院	白	绿	219	1.18	白	散	帚	27.8	55.9	2/3	淡红	绿白	5.0	8.0	160	强	1		72.0	10			
12016	R148	白粒高粱(云龙)	云龙	云南省农科院	白	绿	265	1.12	白	散	帚	30.1	54.6	2/3	草白	褐	60.0	20.0	143	强	1		97.0	50			
12017	R071	本地高粱(富民)	富民	云南省农科院	白	绿	260	1.50	白	散	帚	30.8	53.1	1/2	紫红	褐	66.0	24.0	143	强	1		8.0	50			
12018	R132	东北白高粱(永胜)	永胜	云南省农科院	白	绿	147	0.89	蜡	中散	纺锤	18.1	49.4	2/3	黑紫	白	50.0	17.3	111	强	1		61.0	70			
12019	R086	竹园高粱(弥勒)	弥勒	云南省农科院	紫	绿	338	1.11	白	散	帚	29.9	55.4	1/1	黑	褐	47.0	15.7	137	强	1		99.0	10			
12020	R111	团穗高粱(元谋)	元谋	云南省农科院	白	绿	284	1.46	蜡	散	帚	26.6	44.7	1/3	黑	深褐	84.0	20.1	137	强	1		5.0	10			
12021	R151	米高粱(晋宁)	晋宁	云南省农科院	紫	绿	286	1.12	白	散	帚	31.2	60.3	2/3	黑紫	褐	67.0	25.6	137	中	1		31.0	10			
12022	R088	红高粱(开远)	开远	云南省农科院	紫	绿	285	1.19	白	散	帚	28.1	45.5	7/8	紫红	褐	51.0	20.0	137	强	1		96.0	60			
12023	R100	红高粱(西畴)	西畴	云南省农科院	紫	绿	237	1.15	白	散	帚	30.0	47.5	1/2	黑紫	褐	65.0	18.7	131	强	1		10.0	60			
12024	R099	红高粱(武定)	武定	云南省农科院	白	绿	159	1.28	白	散	帚	29.8	40.2	1/4	黑	褐	60.0	19.3	131	强	1		5.0	10			

续表 1

国家编号	省编号	品种名称	原产地	保存单位	芽鞘色	幼苗色	株高(cm)	茎粗(cm)	主脉色	穗型	穗形	穗长(cm)	穗柄长(cm)	颖壳包被度	壳色	粒色	穗粒重(g)	千粒重(g)	生育期(天)	分蘖性	倒伏性	丝黑穗病(%)	着壳率(%)	角质率(%)	粗蛋白(%)	赖氨酸(%)	单宁(%)
12025	R103	红高粱(昆明)	昆明	云南省农科院	白	绿	223	1.24	白	散	帚	30.5	41.0	1/2	紫红	褐	73.0	23.7	126	中	1		19.0	80			
12026	R106	红高粱(元谋)	元谋	云南省农科院	紫	绿	270	1.30	白	散	帚	30.4	59.7	3/4	紫红	褐	70.0	24.0	143	强	1		56.0	30			
12027	R126	红高粱(中甸)	中甸	云南省农科院	紫	绿	260	1.08	白	散	帚	37.6	58.2	4/5	紫红	褐	87.0	23.3	131	弱	1		85.0	40			
12028	R128	红高粱(永胜)	永胜	云南省农科院	紫	绿	262	1.08	白	散	帚	32.2	67.0	1/1	黑红	褐	30.0	19.3	125	强	1		95.0	50			
12029	R129	红高粱(永胜)	永胜	云南省农科院	绿	绿	291	1.51	蜡	中	纺锤	30.5	54.7	1/3	黑	褐红	66.0	15.3	153	强	1		2.0	40			
12030	R131	红高粱(永胜)	永胜	云南省农科院	白	绿	271	1.25	白	散	帚	25.4	45.7	1/2	紫红	褐	88.0	35.3	125	强	1		72.0	40			
12031	R134	红高粱(丽江)	丽江	云南省农科院	紫	绿	296	1.18	白	散	帚	35.8	52.5	1/2	紫红	褐	60.0	18.0	135	强	1		27.0	40			
12032	R136	红高粱(楚雄)	楚雄	云南省农科院	紫	绿	205	1.23	白	散	帚	29.8	56.9	4/5	紫红	褐	46.0	21.0	112	中	1		99.0	60			
12033	R139	红高粱(禄丰)	禄丰	云南省农科院	紫	绿	246	1.15	白	散	帚	30.3	44.5	1/3	棕	褐	117.0	28.0	126	强	1		66.0	50			
12034	R143	红高粱(昆明)	昆明	云南省农科院	紫	绿	305	1.17	白	散	帚	37.0	53.5	1/2	紫红	褐	82.0	32.7	135	强	1		54.0	50			

续表 1

国家编号	省编号	品种名称	原产地	保存单位	芽鞘色	幼苗色	株高(cm)	茎粗(cm)	主脉色	穗型	穗形	穗长(cm)	穗柄长(cm)	颖壳包被度	壳色	粒色	穗粒重(g)	千粒重(g)	生育期(天)	分蘖性	倒伏性	丝黑穗病(%)	着壳率(%)	角质率(%)	粗蛋白(%)	赖氨酸(%)	单宁(%)
12035	R144	红高粱（官渡）	官渡	云南省农科院	白	绿	188	1.17	白	散	帚	30.3	49.4	2/3	黑紫	深褐	66.0	21.3	118	强	1		79.0	40			
12036	R145	红高粱（云龙）	云龙	云南省农科院	紫	绿	228	1.06	白	散	帚	40.8	54.7	1/2	棕红	褐	61.0	17.0	143	强	1		51.0	50			
12037	R138	红米高粱（晋宁）	晋宁	云南省农科院	紫	绿	271	1.11	白	中	杯	18.4	43.4	1/3	黑紫	红褐	61.0	25.0	128	弱	1		34.0	50			
12038	R090	红壳高粱（砚山）	砚山	云南省农科院	紫	紫	199	1.17	白	散	帚	38.9	51.6	1/2	棕黑	褐	73.0	21.3	135	弱	1		66.0	10			
12039	R117	红壳白高粱（元谋）	元谋	云南省农科院	紫	紫	268	1.15	白	散	帚	32.1	47.4	1/2	红棕	褐	79.0	26.0	143	强	1		23.0	60			
12040	R102	豆沙关高粱（大关）	大关	云南省农科院	紫	绿	331	1.38	白	散	帚	35.0	45.1	1/2	紫红	褐	92.0	22.0	143	强	1		32.0	60			
12041	R091	陇陶红高粱（丘北）	丘北	云南省农科院	紫	绿	271	1.20	白	散	帚	28.8	49.8	3/4	紫黑	褐	50.0	23.7	134	强	1		76.0	20			
12042	R083	饭高粱（澄江）	澄江	云南省农科院	紫	绿	179	1.31	白	散	帚	28.0	37.9	1/2	紫红	褐	53.0	22.3	135	强	1		73.0	50			
12043	R096	饭高粱（禄丰）	禄丰	云南省农科院	紫	绿	264	1.13	白	散	帚	29.9	45.5	4/5	黑	褐	43.0	18.0	124	弱	1		100.0	50			
12044	R105	饭高粱（景东）	景东	云南省农科院	紫	绿	198	1.22	白	散	帚	29.4	42.0	1/2	紫红	褐	67.0	22.7	126	强	1		35.0	60			

续表 1

国家编号	省编号	品种名称	原产地	保存单位	芽鞘色	幼苗色	株高(cm)	茎粗(cm)	主脉色	穗型	穗形	穗长(cm)	穗柄长(cm)	颖壳包被度	壳色	粒色	穗粒重(g)	千粒重(g)	生育期(天)	分蘖性	倒伏性	丝黑穗病(%)	着壳率(%)	角质率(%)	粗蛋白(%)	赖氨酸(%)	单宁(%)
12045	R149	饭高粱(云龙)	云龙	云南省农科院	紫	绿	193	1.21	白	散	帚	36.5	44.9	2/3	紫红	褐	71.0	16.7	134	强	1		40.0	10			
12046	R130	披散高粱(永胜)	永胜	云南省农科院	绿	绿	292	1.18	白	散	帚	33.7	61.8	2/3	黑	淡褐	33.0	19.0	125	强	1		98.0	50			
12047	R135	紫高粱(南华)	南华	云南省农科院	紫	绿	250	0.98	白	散	帚	26.8	52.8	4/5	紫红	褐	60.0	23.7	131	强	1		98.0	70			
12048	R124	紫高粱(宾川)	宾川	云南省农科院	紫	绿	240	1.32	白	散	帚	34.6	51.3	9/9	黑蓝	褐	53.0	22.0	124	强	1		100.0	40			
12049	R133	紫红高粱(丽江)	丽江	云南省农科院	紫	绿	324	0.89	白	散	帚	35.8	66.1	9/10	紫红	褐	19.0	16.7	141	强	1		95.0	30			
12050	R152	紫红高粱(晋宁)	晋宁	云南省农科院	紫	绿	307	1.18	白	散	帚	32.1	57.7	9/10	黑紫	褐	32.0	22.7	124	强	1		98.0	30			
12051	R150	酒高粱(晋宁)	晋宁	云南省农科院	紫	绿	276	1.16	白	散	帚	33.3	1.2	4/5	紫红	淡褐	73.0	22.3	122	强	1		99.0	10			
12052	R084	酒高粱(河口)	河口	云南省农科院	紫	紫	270	1.18	白	散	帚	30.5	57.4	2/3	黑紫	褐	78.0	26.7	126	强	1		90.0	50			
12053	R110	高脚高粱(元谋)	元谋	云南省农科院	白	绿	256	1.19	白	散	帚	34.4	56.5	1/3	草白	褐	58.0	30.0	137	强	1		5.0	40			
12054	R147	高脚高粱(云龙)	云龙	云南省农科院	紫	绿	302	1.09	白	散	帚	25.4	48.8	1/2	黑	褐	41.0	20.3	148	强	2		93.0	10			

续表 1

国家编号	省编号	品种名称	原产地	保存单位	芽鞘色	幼苗色	株高(cm)	茎粗(cm)	主脉色	穗型	穗形	穗长(cm)	穗柄长(cm)	颖壳包被度	壳色	粒色	穗粒重(g)	千粒重(g)	生育期(天)	分蘖性	倒伏性	丝黑穗病(%)	着壳率(%)	角质率(%)	粗蛋白(%)	赖氨酸(%)	单宁(%)
12055	R101	高脚红高粱(呈贡)	呈贡	云南省农科院	紫	绿	283	1.20	白	散	杯	24.9	49.8	1/2	黑	红	77.0	30.5	134	无	1		30.0	10			
12056	R107	黄红糯高粱(元谋)	元谋	云南省农科院	紫	绿	296	1.46	白	散	帚	32.3	50.3	1/2	黑紫	褐	108.0	23.3	134	强	1		72.0	10			
12057	R115	黄壳黄米高粱(元谋)	元谋	云南省农科院	紫	绿	261	1.24	白	散	帚	29.3	49.6	2/3	紫红	褐	82.0	26.0	134	弱	1		69.0	50			
12058	R092	维米高粱(砚山)	砚山	云南省农科院	紫	绿	254	1.05	白	散	帚	32.1	61.8	1/2	紫红	褐	41.0	21.3	132	强	1		91.0	50			
12059	R094	散穗高粱(呈贡)	呈贡	云南省农科院	紫	绿	194	1.32	白	散	帚	28.5	40.6	1/2	黑紫	褐	85.0	24.3	124	中	1		50.0	10			
12060	R087	黑高粱(开远)	开远	云南省农科院	紫	绿	207	0.97	白	散	帚	30.5	50.6	2/3	黑	褐	38.0	22.0	123	强	1		99.0	70			
12061	R120	黑高粱(祥云)	祥云	云南省农科院	紫	绿	220	0.92	白	散	帚	34.2	72.0	7/8	黑	褐	51.0	21.3	123	强	1		99.0	30			
12062	R121	黑高粱(祥云)	祥云	云南省农科院	白	绿	197	1.53	白	散	帚	23.3	37.6	1/2	黑	褐	68.0	22.0	140	中	1		81.0	10			
12063	R137	黑高粱(禄丰)	禄丰	云南省农科院	紫	绿	255	1.07	白	散	帚	36.4	69.4	4/5	黑	褐	57.0	19.3	118	强	1		99.0	70			
12064	R109	黑壳高粱(元谋)	元谋	云南省农科院	紫	绿	302	1.24	白	散	帚	36.4	50.2	1/1	黑	褐	63.0	16.7	149	强	1		100.0	10			

续表 1

国家编号	省编号	品种名称	原产地	保存单位	芽鞘色	幼苗色	株高(cm)	茎粗(cm)	主脉色	穗型	穗形	穗长(cm)	穗柄长(cm)	颖壳包被度	壳色	粒色	穗粒重(g)	千粒重(g)	生育期(天)	分蘖性	倒伏性	丝黑穗病(%)	着壳率(%)	角质率(%)	粗蛋白(%)	赖氨酸(%)	单宁(%)
12065	R119	黑壳高粱(弥渡)	弥渡	云南省农科院	紫	绿	282	1.13	白	散	帚	37.0	60.7	4/5	黑	褐	83.0	20.0	133	强	1		90.0	10			
12066	R122	喜州高粱(大理)	大理	云南省农科院	紫	绿	180	1.13	白	散	帚	30.5	38.0	2/3	黑紫	褐	73.0	20.3	124	强	1		58.0	20			
12067	R093	矮脚高粱(路南)	路南	云南省农科院	紫	绿	204	1.33	白	散	帚	29.0	39.6	7/8	黑	褐红	47.0	19.0	125	强	1		88.0	80			
12068	R112	矮脚高粱(元谋)	元谋	云南省农科院	紫	绿	190	1.07	白	散	帚	32.3	37.6	1/2	黑	褐	63.0	15.3	158	强	1		91.0	10			
12069	R098	矮脚红高粱(安宁)	安宁	云南省农科院	紫	绿	168	1.11	白	散	帚	32.1	38.8	1/2	紫红	褐	66.0	20.3	143	强	1		23.0	60			
12070	R142	矮林小红高粱(安宁)	安宁	云南省农科院	白	绿	238	1.08	白	散	帚	30.3	62.3	2/3	黑紫	褐	55.0	26.0	117	强	1		93.0	50			
12071	R095	糯高粱(禄丰)	禄丰	云南省农科院	紫	绿	187	1.08	白	散	帚	26.6	54.1	1/2	黑紫	褐	60.0	25.3	124	中	1		48.0	20			
12072	R104	糯高粱(景东)	景东	云南省农科院	白	绿	320	1.39	白	散	帚	36.8	53.3	2/3	紫红	褐	58.0	15.7	158	强	1		49.0	10			
12073	R123	糯高粱(宾川)	宾川	云南省农科院	白	绿	287	1.38	白	散	帚	31.8	57.8	2/3	黑紫	褐	81.0	22.7	137	强	1		91.0	10			

续表 1

国家编号	省编号	品种名称	原产地	保存单位	芽鞘色	幼苗色	株高(cm)	茎粗(cm)	主脉色	穗型	穗形	穗长(cm)	穗柄长(cm)	颖壳包被度	壳色	粒色	穗粒重(g)	千粒重(g)	生育期(天)	分蘖性	倒伏性	丝黑穗病(%)	着壳率(%)	角质率(%)	粗蛋白(%)	赖氨酸(%)	单宁(%)
12074	R146	糯高粱（云龙）	云龙	云南省农科院	紫	绿	265	1.13	白	散	帚	36.8	59.1	1/2	黑紫	褐	90.0	21.7	134	强	1		8.0	50			
12075	R153	糯高粱（嵩明）	嵩明	云南省农科院	紫	紫	248	1.03	白	散	帚	26.0	44.3	2/3	黑	褐	67.0	30.3	136	强	1		69.0	10			
12713	R114	甜秆高粱（元谋）	元谋	云南省农科院	白	绿	247	1.63	蜡	散	纺锤	26.5	35.4	1/3	黑	褐	111.0	24.0	143	强	1		24.0	50			
12726	R097	扫帚高粱（禄丰）	禄丰	云南省农科院	紫	绿	314	1.35	蜡白	散	帚	40.9	41.4	3/4	褐黄	褐	58.0	20.7	126	无	1		95.0	70			
12727	R125	扫帚高粱（中甸）	中甸	云南省农科院	紫	绿	251	1.58	白	散	帚	35.1	35.2	1/1	棕红	褐	66.0	23.3	134	弱	1		100.0	20			

2. 云南省谷子资源入国家库名录

2. The catalogue for the foxtail millet germplasm of Yunnan prinvince in the state storeroom

国家编号	省编号	品种名称	原产地	保存单位	幼苗叶色	幼苗鞘色	单株茎数	主茎长度(cm)	主茎直径(cm)	主茎节数	单株秆重(g)	单株穗重(g)	单株粒重(g)	千粒重(g)	粳糯性	主穗长度(cm)	穗型	刺毛长度	穗松紧	粒色	米色	抽穗日数(天)	生育期(天)	粗蛋白(%)	粗脂肪(%)
14654	云南 67	糯小米垂牛	贡山	中国农科院品资所	绿	绿	1.7	148.3	0.50	16.7	23.5	10.0	3.3	1.39	粳	20.1	圆	中短	紧	白	黄	85.0	124	16.78	3.67
14655	云南 68	饭小米垂秋	贡山	中国农科院品资所	绿	紫	1.0	103.0	0.50	10.4	10.0	14.3	11.7	1.40	粳	31.7	纺锤	短	紧	白	黄	93.5	126	9.70	3.68
14656	云南 78－1	早熟小米	贡山	中国农科院品资所	绿	绿	2.2	138.8	0.50	13.3	25.0	10.8	6.0	1.30	粳	21.3	长纺锤	短无	中紧	黄	黄	80.0	118	18.11	4.11
14657	云南 78－2	大穗晚熟小米	贡山	中国农科院品资所	绿	绿	2.0	167.5	0.50	22.5	62.5	11.5	2.5	1.80	粳	30.5	纺锤	中	中紧	黄	白	102.5	135	18.33	4.11
14658	云南 78－3	小米	贡山	中国农科院品资所	绿	绿	5.0	165.5	0.70	22.5	22.0	30.0	3.4	1.20	粳	31.5	纺锤	中	紧	黄	白	102.5	138	13.44	3.72
14659	云南 99	独龙江小米	贡山	中国农科院品资所	绿	红绿	1.7	147.0	0.60	16.4	4.2	5.3	1.7	1.00	粳	22.9	纺锤	短无	紧	灰	灰	96.5	131	13.07	3.33
14660	云南 129	饭小米	贡山	中国农科院品资所	绿	绿	1.0	117.5	0.30	8.5	4.2	2.4	1.8	1.60	粳	12.7	纺锤	短无	中紧	白	黄	45.0	84	14.97	3.07
14661	云南 130	本地小米	贡山	中国农科院品资所	绿	绿	1.5	127.1	0.30	10.6	6.1	3.6	2.6	1.60	粳	12.5	纺锤	短无	中紧	白	黄	47.0	87	14.17	3.06
14662	云南 131	旱小米	贡山	中国农科院品资所	绿	绿	1.0	111.7	0.30	9.1	3.4	2.0	1.4	1.60	粳	11.9	纺锤	短无	中紧	白	黄	74.0	126	14.03	3.10
14663	云南 24	黑小米	云南	中国农科院品资所	绿	紫	2.7	176.1	0.40	21.3	45.6	33.0	9.0	1.00	粳	23.0	猫足	短	紧	黑	灰	120.0	146	15.71	3.47

续表 2

国家编号	省编号	品种名称	原产地	保存单位	幼苗叶色	幼苗鞘色	单株茎数	主茎长度(cm)	主茎直径(cm)	主茎节数	单株秆重(g)	单株穗重(g)	单株粒重(g)	千粒重(g)	粳糯性	主穗长度(cm)	穗型	刺毛长度	穗松紧	粒色	米色	抽穗日数(天)	生育期(天)	粗蛋白(%)	粗脂肪(%)
14664	云南 75	小米(稗子)	云南	中国农科院品资所	绿	绿	1.0	158.5	0.40	20.6	22.5	8.8	3.4	1.20	粳	32.5	纺锤	短、中	松	白	黄	50.0	90	13.76	3.60
14665	云南 76	狗尾巴小米	云南	中国农科院品资所	绿	绿	1.0	165.2	0.40	20.3	28.3	10.0	4.2	1.20	糯	35.3	纺锤	中	松	白	黄	100.0	138	13.45	3.34
14666	云南 77	小米(稗子)	云南	中国农科院品资所	绿	绿	1.0	148.6	0.40	19.4	21.0	8.0	3.0	1.60	糯	32.8	纺锤	中	中	白	黄	51.0	90	12.45	3.67
14667	82－823	竹阱谷子	云南	中国农科院品资所	绿	绿	1.1	103.0	0.60	18.0	10.0	11.4	8.3	1.80	粳	18.0	纺锤	短	中紧	杏黄	黄	114.0	146	13.63	3.37
14668	云南 132	版纳黑小米	西双版纳	中国农科院品资所	绿	绿	1.1	99.5	0.40	12.7	3.4	3.5	2.0	1.20	粳	17.5	纺锤	短	中	黑	灰黄	60.0	97	12.54	4.23
15385	25	糯小米	德钦	云南省农科院	绿	绿	1.2	119.2	0.40	7.7	10.1	12.2	9.6	2.10	糯	19.4	纺锤	中	松	桔红	黄	59.0	122	14.00	3.41
15386	1	小米	贡山	云南省农科院	绿	紫	1.0	119.8	0.60	12.3	16.6	14.2	9.8	1.60	糯	33.6	圆锥	短	松	白	黄	80.0	138	16.27	4.21
15387	2	糯小米	贡山	云南省农科院	绿	绿	2.3	101.9	0.40	8.8	13.5	13.4	9.5	2.00	粳	19.1	纺锤	长	松	白	黄	69.0	122	11.47	4.86
15388	3	早小米	贡山	云南省农科院	绿	绿	1.3	138.4	0.60	12.2	17.2	13.2	9.1	2.10	粳	21.5	纺锤	长	紧	白	黄	98.0	145	12.63	4.45
15389	4	独龙江小米	贡山	云南省农科院	绿	紫	1.0	130.8	0.50	11.7	14.0	10.1	7.8	1.90	粳	20.7	圆锥	短	紧	灰	青绿	73.0	121	14.61	5.02

续表 2

国家编号	省编号	品种名称	原产地	保存单位	幼苗叶色	幼苗鞘色	单株茎数	主茎长度(cm)	主茎直径(cm)	主茎节数	单株秆重(g)	单株穗重(g)	单株粒重(g)	千粒重(g)	粳糯性	主穗长度(cm)	穗型	刺毛长度	穗松紧	粒色	米色	抽穗日数(天)	生育期(天)	粗蛋白(%)	粗脂肪(%)
15390	5	小米	贡山	云南省农科院	绿	绿	1.5	99.4	0.50	8.9	12.0	10.5	8.1	1.90	粳	20.0	圆锥	无	紧	灰	浅灰	54.0	106	13.28	4.50
15391	7	本地小米	贡山	云南省农科院	绿	绿	1.4	124.2	0.50	10.6	14.3	8.9	5.7	2.10	粳	23.8	纺锤	短	松	乳白	黄	96.0	143	13.36	5.05
15392	31	糯小米	福贡	云南省农科院	绿	紫	1.0	104.4	0.60	10.6	12.4	11.6	7.3	1.90	糯	37.6	纺锤	短	松	乳白	淡黄	91.0	131	10.72	4.90
15393	32	小 米	福贡	云南省农科院	绿	紫	1.4	126.6	0.50	9.5	8.0	5.6	3.8	1.70	粳	29.0	圆锥	短	紧	灰白	淡黄	80.0	126	12.73	3.99
15394	33	小 米	福贡	云南省农科院	绿	紫	1.0	109.0	0.60	10.2	17.6	10.8	7.0	2.00	粳	16.0	纺锤	短	紧	灰	淡黄	84.0	140		
15395	34	小 米	福贡	云南省农科院	绿	紫	1.0	126.0	0.50	11.1	11.4	7.5	3.4	2.00	粳	17.6	圆锥	短	松	灰白	黄	93.0	138	13.52	3.66
15396	40	锤 罗	福贡	云南省农科院	绿	绿	1.4	108.7	0.50	8.5	12.2	12.1	9.4	1.50	粳	20.5	纺锤	短	紧	灰	青绿	69.0	122	13.64	4.48
15397	18	小 米	漾濞	云南省农科院	绿	绿	1.0	143.6	0.60	12.6	16.7	14.4	10.5	1.90	糯	28.6	圆锥	短	紧	桔红	黄	88.0	134	11.92	3.78
15398	19	小 米	漾濞	云南省农科院	绿	绿	1.0	131.3	0.50	12.6	17.0	12.2	8.6	1.60	糯	24.7	圆锥	短	紧	桔红	淡黄	87.0	134	11.58	3.51
15399	22	小 米	漾濞	云南省农科院	绿	绿	1.2	127.0	0.50	9.0	12.9	10.9	7.4	2.10	糯	26.1	猫足	长	松	黄	淡黄	73.0	121	15.26	3.87

续表 2

国家编号	省编号	品种名称	原产地	保存单位	幼苗叶色	幼苗鞘色	单株茎数	主茎长度(cm)	主茎直径(cm)	主茎节数	单株秆重(g)	单株穗重(g)	单株粒重(g)	千粒重(g)	粳糯性	主穗长度(cm)	穗型	刺毛长度	穗松紧	粒色	米色	抽穗日数(天)	生育期(天)	粗蛋白(%)	粗脂肪(%)
15400	23	小米	漾濞	云南省农科院	绿	绿	1.3	121.5	0.50	9.8	11.2	8.4	5.3	2.00	糯	23.4	猫足	长	松	淡黄	淡黄	73.0	121	15.15	3.92
15401	35	小红米	凤庆	云南省农科院	绿	红	1.4	166.5	0.50	11.6	15.1	10.0	7.2	2.30	糯	20.4	纺锤	长	松	红	黄	74.0	114		
15402	36	狗尾巴	凤庆	云南省农科院	绿	绿	1.0	106.8	0.60	10.1	14.6	19.4	12.8	2.30	糯	27.7	纺锤	中	松	奶黄	淡黄	82.0	134	11.67	3.97
15403	37	小米	凤庆	云南省农科院	绿	绿	1.1	105.8	0.50	11.4	15.6	18.8	12.5	2.00	糯	27.1	纺锤	长	松	淡黄	淡黄	82.0	134	12.09	4.71
15404	11	小米	永德	云南省农科院	绿	绿	1.3	130.2	0.50	12.2	11.2	9.4	5.2	2.00	糯	31.1	棒形	短	松	桔红	黄	87.0	131	14.03	4.84
15405	20	小米	永德	云南省农科院	绿	绿	1.0	122.3	0.60	12.0	15.1	14.4	9.8	2.00	糯	27.7	纺锤	短	松	白	淡黄	83.0	134	12.33	4.76
15406	14	小米	镇康	云南省农科院	绿	绿	2.3	147.6	0.60	14.5	14.3	14.8	9.5	2.50	粳	17.9	纺锤	短	松	白	黄	73.0	115		
15407	21	小米	镇康	云南省农科院	绿	绿	1.1	121.2	0.50	12.7	11.1	13.2	9.8	2.00	糯	27.0	圆锥	短	紧	桔红	黄	85.0	134	13.18	5.12
15408	41	小米	镇康	云南省农科院	绿	绿	1.2	130.1	0.50	12.5	17.1	17.9	13.1	2.00	糯	26.8	纺锤	长	松	淡黄	淡黄	85.0	126	10.91	4.45
15409	16	小米	双江	云南省农科院	绿	绿	1.1	153.9	0.60	14.2	24.8	15.3	9.6	1.80	糯	27.3	纺锤	长	松	乳白	黄	91.0	136	13.11	4.55

续表 2

国家编号	省编号	品种名称	原产地	保存单位	幼苗叶色	幼苗鞘色	单株茎数	主茎长度(cm)	主茎直径(cm)	主茎节数	单株秆重(g)	单株穗重(g)	单株粒重(g)	千粒重(g)	粳糯性	主穗长度(cm)	穗型	刺毛长度	穗松紧	粒色	米色	抽穗日数(天)	生育期(天)	粗蛋白(%)	粗脂肪(%)
15410	13	小 米	双江	云南省农科院	绿	绿	1.0	119.6	0.60	12.8	16.6	16.8	11.6	1.40	糯	28.9	纺锤	长	松	淡黄	黄	87.0	138	13.21	4.95
15411	15	黍 子	沧源	云南省农科院	绿	绿	1.1	136.1	0.60	15.1	19.8	8.6	4.3	1.50	糯	12.6	纺锤	无	松	灰白	淡黄	92.0	145		
15412	38	黑小米	澜沧	云南省农科院	绿	紫	1.1	141.1	0.50	12.1	22.5	17.1	13.7	2.10	糯粳	25.6	猫足	短	紧	黑	黄	91.0	134		
15413	39	小 米	澜沧	云南省农科院	绿	紫	1.0	131.6	0.60	11.4	20.1	15.2	12.9	2.00	粳	23.4	纺锤	长	松	白	黄	96.0	134		
15414	53	白小米	澜沧	云南省农科院	绿	红	2.2	182.4	0.60	14.5	30.2	14.2	11.1	2.20	糯	26.7	纺锤	中	松	黄	白	101.0	166		
15415	51	红戍谷	嵩明	云南省农科院	绿	绿	1.2	165.9	0.60	10.0	18.2	14.6	9.8	1.80	糯	22.3	纺锤	长	松	桔红	黄	81.0	136		
15416	50	小红谷	富民	云南省农科院	绿	紫	1.9	164.2	0.50	10.4	14.1	10.6	6.2	1.50	糯	23.8	纺锤	长	松	红	黄	69.0	130		
15417	54	白糯徐谷	富民	云南省农科院	绿	绿	1.1	97.7	0.50	8.6	9.0	6.3	4.0	1.50	粳	16.7	圆筒	长	中	黄	黄	45.0	97		
15418	55	红饭徐谷	富民	云南省农科院	绿	紫	2.0	169.8	0.60	12.6	19.6	9.5	7.4	2.20	粳	17.6	纺锤	长	松	红	黄	78.0	148		
15419	52	大红袍	蒙自	云南省农科院	绿	紫	1.3	118.5	0.40	10.0	17.3	12.2	8.4	1.50	粳	16.1	纺锤	中	松	桔红	淡黄	76.0	121		

续表 2

国家编号	省编号	品种名称	原产地	保存单位	幼苗叶色	幼苗鞘色	单株茎数	主茎长度(cm)	主茎直径(cm)	主茎节数	单株秆重(g)	单株穗重(g)	单株粒重(g)	千粒重(g)	粳糯性	主穗长度(cm)	穗型	刺毛长度	穗松紧	粒色	米色	抽穗日数(天)	生育期(天)	粗蛋白(%)	粗脂肪(%)
15420	28	狗尾巴小米	墨江	云南省农科院	绿	绿	1.0	121.5	0.60	12.0	20.2	13.7	7.6	2.00	粳	24.5	棒形	长	松	白	白	110.0	145	11.37	4.73
15421	29	猫尾巴	墨江	云南省农科院	绿	绿	1.0	133.7	0.50	11.4	11.6	10.8	7.0	1.40	糯	21.3	圆锥	长	松	灰	黄	87.0	131	13.66	4.82
15422	30	狗尾巴	墨江	云南省农科院	绿	绿	1.1	110.9	0.60	12.9	15.5	13.9	8.4	1.90	糯	28.5	纺锤	长	松	淡黄	淡黄	96.0	145	12.13	5.38
15423	44	栖格小米	墨江	云南省农科院	绿	绿	1.1	134.7	0.50	13.3	15.0	9.0	6.4	2.00	糯	30.8	圆锥	短	松	黄红	淡黄	80.0	138	13.43	3.98
25795	滇 S64	大红谷	寻甸	云南省农科院	紫绿	紫	1.5	122.0	0.50	10.9	12.8	16.6	12.8	2.60	糯	23.2	纺锤	长	松	红	黄	71.0	122	12.31	4.54
25796	滇 S59	红雀谷	禄劝	云南省农科院	紫绿	紫	1.4	131.0	0.40	10.9	16.0	9.8	5.0	1.80	糯	19.0	纺锤	长	松	金黄	淡黄	75.0	150		
25797	滇 S61	小黄粟谷	富民	云南省农科院	绿	紫	2.8	142.0	0.40	12.3	15.8	6.8	5.2	1.90	粳	20.2	鞭绳	短	紧	白	白	94.0			
25798	滇 S57	细红谷	嵩明	云南省农科院	紫绿	紫	1.6	131.0	0.50	10.6	14.1	12.6	10.3	2.40	糯	27.0	纺锤	长	松	红	黄	74.0			
25799	滇 S62	白小谷	呈贡	云南省农科院	紫绿	黄绿	1.0	121.0	0.50	13.3	15.6	14.7	9.8	1.70	糯	16.3	纺锤	无	紧	黄灰	黄	93.0	147		
25800	滇 S60	小黄谷	晋宁	云南省农科院	紫绿	紫	2.1	129.0	0.40	10.9	17.7	9.1	7.6	2.40	糯	18.8	纺锤	长	松	浅黄	白	71.0	127	13.44	4.94

续表 2

国家编号	省编号	品种名称	原产地	保存单位	幼苗叶色	幼苗鞘色	单株茎数	主茎长度(cm)	主茎直径(cm)	主茎节数	单株秆重(g)	单株穗重(g)	单株粒重(g)	千粒重(g)	粳糯性	主穗长度(cm)	穗型	刺毛长度	穗松紧	粒色	米色	抽穗日数(天)	生育期(天)	粗蛋白(%)	粗脂肪(%)
25801	滇 S63	新路小米	昆明	云南省农科院	紫绿	紫	1.5	124.0	0.50	10.9	12.3	12.4	8.9	2.70	糯	22.0	纺锤	长	松	红	黄	72.0	132	11.94	4.98
25802	滇 S56	大红谷	安宁	云南省农科院	紫绿	紫	2.0	117.0	0.50	10.1	16.0	20.8	15.5	2.70	糯	24.2	纺锤	长	松	红	黄	72.0	145		
25803	滇 S67	红粟谷	安宁	云南省农科院	黄绿	黄绿	1.6	116.0	0.50	10.0	15.4	19.9	11.4	3.60	糯	28.4	纺锤	长	松	红	白	75.0	127	9.92	4.30
25804	滇 S58	红粟谷	武定	云南省农科院	紫绿	紫	1.6	120.0	0.50	10.1	13.0	15.0	1.0	2.80	糯	25.1	纺锤	长	松	红	黄	74.0	127	14.70	4.28
25805	滇 S69	糯小米	永胜	云南省农科院	黄绿	黄绿	1.3	119.0	0.60	11.8	16.0	10.3	7.9	1.90	糯	23.9	纺锤	长	松	浅黄	白	93.0	132	10.23	5.15
25806	滇 S70	饭小米	永胜	云南省农科院	黄绿	黄绿	1.2	116.0	0.50	11.5	13.0	12.2	9.0	2.30	糯	22.5	纺锤	短	松	黄灰	淡黄	74.0	125	10.59	4.46
25807	滇 S68	小黄米	祥云	云南省农科院	黄绿	黄绿	1.0	112.0	0.50	10.0	17.1	22.4	13.9	2.60	糯	21.2	纺锤	长	松	黄	黄	76.0	132	13.62	3.75
25808	滇 S65	糯粟谷	开远	云南省农科院	紫	紫	1.4	119.0	0.50	9.9	11.3	8.0	5.4	2.80	糯	25.2	鞭绳	长	松	黄	黄	49.0	119	15.97	5.16
25809	滇 S66	黄粟谷	蒙自	云南省农科院	绿	绿	1.0	106.0	0.60	10.6	6.2	6.2	4.2	2.80	粳	24.6	纺锤	无	松	黄	黄	81.0	134	14.79	4.28
26503	滇 S73	红糯粟谷	富民	云南省农科院	紫绿	淡紫	1.0	111.0	0.40	10.2	9.0	7.0	5.7	2.10	糯	19.9	纺锤	长	松	金黄	黄	69.0	146		

续表 2

国家编号	省编号	品种名称	原产地	保存单位	幼苗叶色	幼苗鞘色	单株茎数	主茎长度(cm)	三茎直径(cm)	主茎节数	单株秆重(g)	单株穗重(g)	单株粒重(g)	千粒重(g)	粳糯性	主穗长度(cm)	穗型	刺毛长度	穗松紧	粒色	米色	抽穗日数(天)	生育期(天)	粗蛋白(%)	粗脂肪(%)
26504	滇 S75	白粟米	安宁	云南省农科院	绿	绿	1.0	111.0	0.60	11.0	10.1	8.3	6.1	2.20	糯	21.0	纺锤	长	松	白	白	60.0	128		
26505	滇 S76	狗尾谷（黄）	禄丰	云南省农科院	紫绿	淡紫	2.7	142.0	0.40	11.4	18.4	6.0	4.7	1.80	糯	23.2	圆筒	短	紧	白	浅黄	76.0	147		
26506	滇 S77	狗尾谷（红）	禄丰	云南省农科院	紫绿	淡紫	2.3	127.0	0.40	10.1	18.7	9.8	7.0	2.40	粳	26.5	纺锤	长	松	红	白	73.0	150		
26507	滇 S72	早小米	开远	云南省农科院	绿	绿	2.0	48.0	0.30	6.2	1.9	4.3	3.0	2.20	糯	12.5	纺锤	长	松	白	黄	51.0	94		
26508	滇 S78	小 米	勐海	云南省农科院	黄绿	黄绿	1.2	115.0	0.50	10.3	11.1	9.1	7.2	2.30	粳糯	20.6	纺锤	长	松	黄	黄	61.0	129		
27346	滇 S89	椒 谷	富源	云南省农科院	绿	绿	1.0	95.0	0.55	12.0	13.0	6.0	3.0	2.00	糯	24.4	纺锤	长	松	浅黄	浅黄	125	154		
27347	滇 S85	倘甸细谷	寻甸	云南省农科院	绿	绿	1.1	79.0	0.47	7.9	5.0	6.0	5.0	2.90	粳	17.3	棍棒	短	紧	黄白	浅黄	62	102		
27348	滇 S09	红糯粟谷	富民	云南省农科院	紫绿	淡绿	1.0	130.0	0.54	9.7	8.0	6.0	4.8	2.50	糯	20.2	纺锤	长	松	红	黄	83	132		
27349	滇 S82	小黄米	安宁	云南省农科院	绿	绿	1.0	129.0	0.52	12.1	21.0	14.0	8.2	1.80	糯	28.2	纺锤	长	松	浅棕	浅黄	117	149		
27350	滇 S100	黄小米	安宁	云南省农科院	绿	绿	1.0	131.0	0.50	12.0	22.0	15.0	8.7	1.60	糯	29.0	棍棒	无	紧	棕黄	黄	115	146		

续表 2

国家编号	省编号	品种名称	原产地	保存单位	幼苗叶色	幼苗鞘色	单株茎数	主茎长度(cm)	主茎直径(cm)	主茎节数	单株秆重(g)	单株穗重(g)	单株粒重(g)	千粒重(g)	粳糯性	主穗长度(cm)	穗型	刺毛长度	穗松紧	粒色	米色	抽穗日数(天)	生育期(天)	粗蛋白(%)	粗脂肪(%)
27351	滇 S93	红小米	晋宁	云南省农科院	紫绿	紫	1.0	152.0	0.49	8.9	15.0	14.2	12.1	2.10	粳	26.0	纺锤	长	松	红	浅黄	87	133		
27352	滇 S94	黄小米	晋宁	云南省农科院	绿	绿	1.0	78.0	0.54	7.7	6.5	7.5	5.5	3.00	粳	21.1	纺锤	短	紧	浅黄	浅黄	67	100		
27353	滇 S103	粟谷	澄江	云南省农科院	绿	绿	1.0	82.0	0.64	8.8	5.9	8.2	5.9	3.50	粳	21.7	纺锤	短	紧	浅棕	白	62			
27354	滇 S104	黄粟谷	澄江	云南省农科院	绿	绿	1.0	75.0	0.57	8.7	5.5	9.0	6.5	3.60	粳糯	19.2	纺锤	短	紧	黄	黄	58			
27355	滇 S111	黄粟谷	丘北	云南省农科院	绿	绿	1.0	151.0	0.50	10.4	18.0	17.5	12.5	2.10	糯	26.1	纺锤	长	紧	金黄	浅黄	95	141		
27356	滇 S105	粳小米	富宁	云南省农科院	绿	绿	1.0	168.0	0.61	12.8	22.8	13.6	10.8	2.00	粳糯	34.9	长纺锤	长	松	红	白	112	161		
27357	滇 S106	糯小米	富宁	云南省农科院	绿	绿	1.0	142.0	0.65	15.7	19.0	12.5	8.0	1.30	粳	26.4	长锥	短	紧	浅棕	白	139	182		
27358	滇 S138	黄小米	砚山	云南省农科院	紫绿	紫	1.0	81.0	0.45	8.6	4.0	3.5	2.3	2.70	粳	17.7	猫足	短	紧	浅黄	浅黄	67	101		
27359	滇 S135	红粟米	文山	云南省农科院	紫绿	紫	1.0	156.0	0.52	10.5	24.0	14.0	10.0	2.10	粳	30.2	长锥	长	松	红	白	87	136		
27360	滇 S136	白粟米	文山	云南省农科院	紫绿	紫	1.0	172.0	0.61	12.7	27.0	19.5	16.5	1.60	粳	35.9	鞭绳	短	松	白	白	110	171		

续表 2

国家编号	省编号	品种名称	原产地	保存单位	幼苗叶色	幼苗鞘色	单株茎数	主茎长度(cm)	主茎直径(cm)	主茎节数	单株秆重(g)	单株穗重(g)	单株粒重(g)	千粒重(g)	粳糯性	主穗长度(cm)	穗型	刺毛长度	穗松紧	粒色	米色	抽穗日数(天)	生育期(天)	粗蛋白(%)	粗脂肪(%)
27361	滇 S140	黄小米	永仁	云南省农科院	绿	绿	1.0	139.0	0.46	7.0	16.0	10.2	7.8	3.00	粳	28.6	纺锤	长	松	黄	黄	91	131		
27362	滇 S137	小黄谷	大姚	云南省农科院	绿	绿	1.0	162.0	0.60	11.2	20.0	13.0	11.0	1.90	粳	32.9	长纺锤	长	松	黄	黄	102	153		
27363	滇 S120	小红谷	大姚	云南省农科院	紫绿	紫	1.0	158.0	0.58	10.1	22.0	12.6	10.1	2.30	粳	30.1	猫足	长	松	红	黄	90	141		
27364	滇 S49	狗尾谷（红）	禄丰	云南省农科院	紫绿	淡紫	1.0	140.0	0.51	10.1	11.0	5.0	3.3	2.30	糯	24.7	纺锤	长	松	金黄	白	87	130		
27365	滇 S83	狗尾谷（黄）	楚雄	云南省农科院	绿	绿	1.0	135.0	0.67	11.4	21.0	11.0	7.6	1.70	糯	23.0	纺锤	长	松	白	浅黄	108	142		
27366	滇 S84	狗尾谷（黑）	楚雄	云南省农科院	绿	绿	1.0	142.0	0.56	12.5	12.0	18.0	9.3	1.60	近糯	21.0	细纺锤	短	紧	黑	灰黑	103	150		
27367	滇 S122	黑小米	双柏	云南省农科院	绿	绿	1.0	152.0	0.60	10.0	24.0	15.0	9.6	2.20	粳	35.0	鞭绳	短	松	黑	黄	106	155		
27368	滇 S123	光头小米	双柏	云南省农科院	绿	绿	1.0	159.0	0.55	11.0	13.3	19.1	14.2	1.90	粳	31.0	长纺锤	无	紧	黄	黄	105	160		
27369	滇 S124	红小米	双柏	云南省农科院	紫绿	紫	1.0	164.0	0.52	10.5	13.5	14.5	9.0	1.60	粳	30.3	长纺锤	长	松	红	黄	95	146		
27370	滇 S101	红粟米	鹤庆	云南省农科院	紫绿	紫	1.0	163.0	0.63	10.0	16.0	11.0	9.9	1.90	粳	20.8	纺锤	长	松	红	白	78	112		

续表 2

国家编号	省编号	品种名称	原产地	保存单位	幼苗叶色	幼苗鞘色	单株茎数	主茎长度（cm）	主茎直径（cm）	主茎节数	单株秆重（g）	单株穗重（g）	单株粒重（g）	千粒重（g）	粳糯性	主穗长度（cm）	穗型	刺毛长度	穗松紧	粒色	米色	抽穗日数（天）	生育期（天）	粗蛋白（%）	粗脂肪（%）
27371	滇 S97	小黄谷	南涧	云南省农科院	绿	绿	1.0	141.0	0.44	10.1	13.5	11.0	8.0	1.50	糯	25.1	纺锤	短	松	白	浅黄	90	129		
27372	滇 S86	糯小米	云县	云南省农科院	绿	绿	1.0	156.0	0.59	13.1	17.8	11.0	5.2	1.40	糯	21.9	纺锤	长	松	白	浅黄	103	140		
27373	滇 S87	饭小米	云县	云南省农科院	绿	绿	1.0	149.0	0.60	11.4	11.0	4.0	2.0	1.70	糯	23.1	纺锤	长	紧	白	浅黄	106	140		
27374	滇 S88	小米	云县	云南省农科院	绿	绿	1.0	147.0	0.62	12.6	22.0	8.0	5.7	1.40	糯	23.8	棍棒	短	紧	白	浅黄	104	140		
27375	滇 S99	小黄米	云县	云南省农科院	绿	绿	1.0	148.0	0.61	12.5	23.0	7.0	5.3	1.30	糯	24.0	纺锤	长	松	白	浅黄	105	141		
27376	滇 S95	白小米	孟连	云南省农科院	绿	绿	1.0	162.0	0.58	11.0	23.7	15.6	10.6	1.70	糯	29.8	纺锤	长	松	白	黄	106	161		
27377	滇 S96	小粟米	孟连	云南省农科院	绿	绿	1.2	146.0	0.51	14.0	26.0	17.0	12.5	1.70	糯	23.1	棍棒	长	松	白	黄	126	177		
27378	滇 S144	小米	勐海	云南省农科院	绿	淡紫	1.3	144.0	0.51	11.3	21.0	13.0	9.5	1.40	粳	25.2	纺锤	短	松	黄	浅黄	114	145		
27384	滇 S116	红小米	昆明	云南省农科院	淡绿	紫	1.0	135.0	0.50	10.2	15.3	15.0	12.3	2.50	粳糯	28.4	纺锤	长	松	红	白	87	145		
27385	滇 S127	细粟米	广南	云南省农科院	绿	淡紫	1.0	129.0	0.48	9.6	11.7	8.3	5.9	1.50	粳糯	18.8	纺锤	长	松	灰白	灰白	81	142		
27386	滇 S117	左门粟米	姚安	云南省农科院	绿	紫	1.0	138.0	0.40	10.0	14.8	14.6	11.0	2.20	粳	16.8	纺锤	长	松	白	黄	77	135		

3. 云南省荞麦资源入国家库名录

3. The catalogue for the buckwheat germplasm of Yunnan prinvince in the state storeroom

国家编号	省编号	品种名称	原产地	保存单位	株型	茎色	叶色	花色	籽粒颜色	籽粒形状	腹沟	棱翅	株高（cm）	主茎节数（个）	主茎分枝数（个）	生育期（天）	落粒性	倒伏性	单株粒重（g）	千粒重（g）
915	Q0081	路南荞麦	路南	云南省农科院		浅红	绿	白	深褐	长		无	119.9	13.5	4.1	67	轻	中	3.51	27.2
916	Q0075	巧家荞麦	巧家	云南省农科院		红	绿	粉	褐	长		无	92.5	8.9	3.1	76	轻	强	1.87	26.4
917	Q0083	马街荞麦	罗平	云南省农科院		浅红	绿	粉红	褐	长		无	108.2	10.7	3.0	69	轻	强	2.24	23.0
918	Q0025	洛河荞麦	玉溪	云南省农科院		红	绿	粉	褐	长		无	120.0	12.9	3.7	68	轻	强	3.37	26.0
919	Q0046	华宁甜荞	华宁	云南省农科院		浅红	绿	粉	褐	长		无	110.7	13.8	4.2	84	轻	强	9.55	28.6
920	Q0024	绿春荞麦	绿春	云南省农科院		红	绿	粉	深褐	长		无	114.1	14.2	3.0	88	重	强	7.83	25.0
921	Q0029	墨江甜荞	墨江	云南省农科院		红	绿	红	褐	长		无	110.4	11.7	3.3	67	轻	强	6.05	27.0
922	Q0019	荞麦	云龙	云南省农科院		红	绿	粉	褐	长		无	133.4	15.3	3.9	87	轻	中	2.50	21.2
923	Q0011	福贡甜荞	福贡	云南省农科院		红	绿	粉	褐灰	长		无	134.9	17.4	4.1	86	轻	中	3.15	19.0
924	Q0001	中甸荞麦	中甸	云南省农科院		红	绿	粉红	灰褐	长		无	107.0	13.3	3.1	74	轻	强	6.83	20.8
925	Q0041	哈坝花荞	中甸	云南省农科院		红	绿	粉红	褐	长		无	121.5	12.3	3.3	69	轻	强	3.78	25.4
926	Q0043	尼西荞麦	中甸	云南省农科院		绿	绿	红粉	灰褐	长		无	101.3	12.0	2.6	69	重	强	3.65	25.4
927	Q0016	中寨荞麦	镇康	云南省农科院		绿	绿	白	褐	长		无	146.7	17.0	5.2	86	重	强	2.25	18.6
928	Q0017	南伞荞麦	镇康	云南省农科院		绿	绿	白	褐灰	长		无	141.7	15.2	5.0	87	轻	强	1.12	19.8
929	Q0045	木厂荞麦	镇康	云南省农科院		红	绿	白	深褐	长		无	128.3	15.4	4.1	80	轻	强	3.70	28.2
930	082	黑褐色花荞	腾冲	永胜县农技中心		粉红	浅绿	粉红	黑	宽		无	155.0	15.0	5.0	125	轻	强	3.00	20.5
931	083	花荞	贡山	永胜县农技中心		浅红	浅绿	粉红	棕	宽		无	98.0	8.0	3.2	111	轻	弱	2.30	18.9
932	084	花荞	会泽	永胜县农技中心		浅红	浅绿	粉红	棕	宽		无	106.8	10.8	4.5	94	轻	弱	3.10	26.8
933	085	小黑花荞	维西	永胜县农技中心		粉红	浅绿	粉红	黑	宽		无	140.4	11.6	4.2	100	轻	强	3.00	22.4

续表 3

国家编号	省编号	品种名称	原产地	保存单位	株型	茎色	叶色	花色	籽粒颜色	籽粒形状	腹沟	棱翅	株高（cm）	主茎节数（个）	主茎分枝数（个）	生育期（天）	落粒性	倒伏性	单株粒重（g）	千粒重（g）
934	086	褐色花荞	维西	永胜县农技中心		粉红	浅绿	粉红	棕	宽		无	147.2	12.6	3.4	100	轻	强	2.60	22.1
935	087	大灰白色花荞	维西	永胜县农技中心		粉红	浅绿	粉红	棕	宽		无	149.2	12.2	4.2	100	轻	强	2.80	22.5
936	088	花荞（长型）	维西	永胜县农技中心		粉红	浅绿	粉红	棕	宽		无	118.0	13.0	5.6	124	轻	强	2.50	24.2
937	089	花荞	镇康	永胜县农技中心		粉红	深绿	白	棕	宽		无	140.5	13.0	6.0	122	轻	强	2.40	21.1
938	090	花荞	武定	永胜县农技中心		粉红	浅绿	粉红	棕	宽		无	105.5	10.0	4.0	92	轻	强	4.30	25.5
939	091	花荞	罗平	永胜县农技中心		浅红	浅绿	粉红	棕	宽		无	118.5	11.4	5.0	89	重	弱	3.40	24.4
940	092	花荞	蒙自	永胜县农技中心		浅红	浅绿	粉红	棕	宽		无	111.4	10.4	4.2	89	轻	弱	3.70	29.5
941	093	花荞	南涧	永胜县农技中心		浅红	浅绿	白	黑	宽		无	111.8	11.4	4.0	102	轻	弱	3.00	22.0
942	094	花荞	文山	永胜县农技中心		浅红	浅绿	粉红	褐	宽		无	112.4	10.4	4.0	92	轻	强	3.40	27.0
943	095	花荞	宾川	永胜县农技中心		浅红	浅绿	粉	褐	宽		无	127.4	11.4	6.2	130	轻	强	3.20	25.1
944	096	红白花荞	永胜	永胜县农技中心		浅红	浅绿	白	褐	宽		无	141.4	14.4	6.2	125	轻	强	3.20	24.6
945	097	白花荞	永胜	永胜县农技中心		浅红	浅绿	白	褐	宽		无	132.8	13.6	5.4	120	轻	强	2.50	24.2
946	098	白花荞	永胜	永胜县农技中心		粉红	浅绿	白	褐	宽		无	129.2	12.6	3.8	130	轻	中	2.90	22.4
947	099	花荞	永胜	永胜县农技中心		粉红	浅绿	白	褐	宽		无	143.6	15.6	4.6	132	轻	中	3.10	24.6
948	100	红花荞	永胜	永胜县农技中心		粉红	浅绿	粉红	褐	宽		无	132.8	13.8	4.4	132	轻	中	2.60	22.8
949	101	花荞	永胜	永胜县农技中心		浅红	浅绿	粉	褐	宽		无	177.4	17.0	6.2	103	轻	强	4.80	24.8
950	102	白花荞	永胜	永胜县农技中心		粉红	浅绿	白	褐	宽		无	139.8	13.6	4.8	130	轻	强	4.40	25.8
951	103	红花荞	永胜	永胜县农技中心		粉红	浅绿	粉红	褐	宽		无	149.4	13.2	4.0	125	轻	强	2.80	23.1
952	104	红花荞	永胜	永胜县农技中心		粉红	浅绿	粉红	棕	宽		无	124.2	11.8	3.2	115	轻	强	3.60	25.8
953	105	红花荞	永胜	永胜县农技中心		粉红	浅绿	粉红	棕	宽		无	118.4	10.2	4.0	105	轻	中	3.10	25.7

续表 3

国家编号	省编号	品种名称	原产地	保存单位	株型	茎色	叶色	花色	籽粒颜色	籽粒形状	腹沟	棱翅	株高（cm）	主茎节数（个）	主茎分枝数（个）	生育期（天）	落粒性	倒伏性	单株粒重（g）	千粒重（g）
954	106	红花荞	永胜	永胜县农技中心		粉红	浅绿	粉红	棕	宽		无	129.0	12.2	3.6	114	重	弱	3.00	24.0
955	107	白花荞	永善	永胜县农技中心		浅红	浅绿	粉红	棕	宽		无	109.5	10.2	3.1	99	重	弱	3.30	23.5
956	108	红花荞	永善	永胜县农技中心		粉红	浅绿	粉红	棕	宽		无	116.2	10.3	3.5	99	重	弱	4.10	24.8
957	109	红花荞	永善	永胜县农技中心		浅红	浅绿	粉红	褐	宽		无	100.5	10.1	3.5	99	轻	强	3.60	24.0
958	110	花荞	昭通	永胜县农技中心		粉红	浅绿	粉红	棕	宽		无	90.0	9.5	3.8	96	轻	强	4.60	24.8
959	111	黑褐花荞	腾冲	永胜县农技中心		粉红	浅绿	粉	棕	宽		无	148.6	12.8	4.2	105	轻	强	2.20	19.8
960	112	花荞	元谋	永胜县农技中心		粉红	浅绿	粉	棕	宽		无	130.4	12.4	4.2	95	轻	强	3.00	23.5
961	113	花荞	镇沅	永胜县农技中心		粉红	浅绿	粉	棕	宽		无	114.4	10.2	3.4	103	轻	中	3.60	22.5
962	114	花荞	宣威	永胜县农技中心		浅红	浅绿	粉	棕	宽		无	128.4	10.8	4.2	101	轻	弱	3.10	25.0
963	115	花荞	会泽	永胜县农技中心		粉红	浅绿	白	棕	宽		无	138.3	12.8	5.2	101	轻	中	4.20	29.0
964	116	选花荞	省农科院	永胜县农技中心		浅红	浅绿	粉	棕	宽		无	85.9	6.3	2.8	88	重	强	3.40	29.5
1388	Q0021	老鸦荞	漾濞	云南农科院粮作所		绿	绿	绿	深灰	长宽		无	129.4	18.4	5.3	82	重	强	4.38	12.4
1389	Q0022	小村苦荞	漾濞	云南农科院粮作所		绿	绿	绿	深灰	长		无	129.9	19.5	4.8	81	重	强	5.01	16.8
1390	Q0092	刺荞	永胜	云南农科院粮作所		浅红	绿	绿	灰	宽		有	134.4	18.1	5.3	102	轻	强	1.29	18.2
1391	Q0008	贡山苦荞	贡山	云南农科院粮作所		绿	绿	绿	黑	长		无	136.5	23.2	5.0	114	重	强	3.27	8.8
1392	Q0009	贡山苦荞	贡山	云南农科院粮作所		绿	绿	绿	深灰	长		无	128.9	17.7	6.5	81	轻	强	3.14	13.8
1393	Q0010	贡山苦荞	贡山	云南农科院粮作所		绿	绿	绿	棕、灰	宽长		无	136.1	20.7	5.9	85	重	强	3.25	13.8
1394	Q0012	贡山苦荞	贡山	云南农科院粮作所		绿	绿	绿	棕	宽		无	134.3	17.9	5.7	86	重	强	5.11	10.1
1395	Q0032	黑山荞	福贡	云南农科院粮作所		绿	绿	绿	深灰	宽长		无	141.7	20.5	5.2	82	轻	强	3.76	17.4
1396	Q0033	福贡苦荞	福贡	云南农科院粮作所		绿	绿	绿	棕、灰	宽		无	145.1	18.7	4.8	86	重	强	2.60	13.4

续表 3

国家编号	省编号	品种名称	原产地	保存单位	株型	茎色	叶色	花色	籽粒颜色	籽粒形状	腹沟	棱翅	株高（cm）	主茎节数（个）	主茎分枝数（个）	生育期（天）	落粒性	倒伏性	单株粒重（g）	千粒重（g）
1397	Q0034	马吉苦荞	福贡	云南农科院粮作所		绿	绿	绿	棕	宽		无	147.5	18.2	5.7	86	重	强	5.09	9.8
1398	Q0002	圆苦荞	中甸	云南农科院粮作所		绿	绿	绿	棕	宽		无	131.6	20.7	6.1	103	重	强	3.82	12.8
1399	Q0003	黑苦荞	中甸	云南农科院粮作所		绿	绿	绿	黑	长		无	125.5	19.0	5.3	86	重	强	3.19	12.6
1400	Q0005	中甸苦荞	中甸	云南农科院粮作所		绿	绿	绿	灰褐	长宽		无	119.4	15.8	6.2	82	重	强	4.14	14.4
1401	Q0020	中甸苦荞	中甸	云南农科院粮作所		绿	绿	绿	深灰	宽		无	123.5	18.3	4.9	82	重	强	6.02	13.8
1402	Q0040	哈巴苦荞	中甸	云南农科院粮作所		绿	绿	绿	深灰	宽		无	115.8	14.9	4.5	83	重	中	3.32	14.6
1403	Q0042	尼西苦荞	中甸	云南农科院粮作所		绿	绿	绿	深灰	长		无	92.5	16.9	5.4	85	重	强	3.62	18.6
1404	Q0015	营盘苦荞	镇康	云南农科院粮作所		绿	绿	绿	深灰	长		无	104.2	19.5	7.7	80	轻	强	5.63	15.6
1405	Q0018	细苦荞	镇康	云南农科院粮作所		绿	绿	绿	深灰	长		无	142.7	19.3	5.4	82	轻	强	4.68	16.8
1406	Q0044	细苦荞	镇康	云南农科院粮作所		绿	绿	绿	深灰	长		无	128.0	21.4	8.0	82	轻	强	4.01	18.0
1407	Q0082	亩竹菁苦荞	路南	云南农科院粮作所		绿	绿	绿	深灰	长		无	146.0	19.9	3.1	73	轻	强	6.88	21.4
1408	Q0079	大白原苦荞	巧家	云南农科院粮作所		绿	绿	绿	灰	长		无	144.7	19.8	3.2	80	重	中	2.91	16.6
1409	Q0039	龙潭苦荞	宣威	云南农科院粮作所		绿	绿	绿	灰	长		无	121.9	18.2	5.5	76	重	强	3.68	18.2
1410	Q0084	马街苦荞	罗平	云南农科院粮作所		绿	绿	绿	深灰	宽		无	119.7	15.1	3.6	72	重	中	3.07	18.8
1411	Q0027	洛河苦荞	玉溪	云南农科院粮作所		绿	绿	绿	深灰	长宽		无	139.2	19.9	6.4	82	轻	强	3.83	16.8
1412	Q0047	华宁苦荞	华宁	云南农科院粮作所		绿	绿	绿	深灰	宽长		无	123.4	19.8	6.9	85	重	强	6.00	17.0
1413	Q0026	新化苦荞	新平	云南农科院粮作所		绿	绿	绿	深灰	长		无	132.9	20.0	5.8	81	重	强	5.43	17.4
1414	Q0028	圆籽荞	开远	云南农科院粮作所		绿	绿	绿	灰	宽		无	140.7	19.8	6.8	81	轻	强	6.25	17.4
1415	Q0023	大兴苦荞	绿春	云南农科院粮作所		绿	绿	绿	深灰	长		无	138.9	20.7	5.0	81	轻	强	3.77	15.4
1416	Q0037	和戛苦荞	思茅	云南农科院粮作所		绿	绿	白	深灰	长		无	137.8	18.9	4.5	81	轻	强	3.65	17.8

续表 3

国家编号	省编号	品种名称	原产地	保存单位	株型	茎色	叶色	花色	籽粒颜色	籽粒形状	腹沟	棱翅	株高（cm）	主茎节数（个）	主茎分枝数（个）	生育期（天）	落粒性	倒伏性	单株粒重（g）	千粒重（g）
1417	Q0030	墨江苦荞	墨江	云南农科院粮作所		绿	绿	绿	深灰	长		无	146. 2	20. 6	4. 4	81	轻	强	3. 81	20. 8
1418	001	小黑圆籽苦荞	永胜	永胜县农技中心		浅红	深绿	浅绿	黑	宽		无	137. 0	15. 8	3. 6	97	轻	强	3. 40	19. 4
1419	002	黑扁籽苦荞	永胜	永胜县农技中心		粉红	深绿	浅绿	黑	长		无	151. 1	15. 5	5. 8	97	轻	中	6. 20	21. 3
1420	003	扁籽苦荞	永胜	永胜县农技中心		浅红	深绿	浅绿	灰	宽		无	152. 0	15. 4	6. 4	98	轻	弱	4. 60	23. 5
1421	004	刺苦荞	永胜	永胜县农技中心		绿	深绿	浅绿	灰	宽		有	159. 1	12. 9	6. 0	90	轻	弱	5. 40	22. 2
1422	005	圆籽苦荞	永胜	永胜县农技中心		绿	深绿	浅绿	灰	宽		无	159. 4	13. 3	5. 1	92	轻	弱	4. 80	23. 3
1423	006	小圆籽苦荞	永胜	永胜县农技中心		浅红	深绿	浅绿	灰	长		无	159. 2	14. 4	5. 5	92	轻	弱	4. 30	21. 2
1424	007	小扁籽苦荞	永胜	永胜县农技中心		绿	深绿	浅绿	灰	长		无	117. 8	12. 4	5. 0	84	轻	强	5. 60	22. 5
1425	008	大扁籽苦荞	永胜	永胜县农技中心		绿	深绿	浅绿	黑	长		无	128. 5	12. 6	6. 2	86	重	强	4. 80	19. 5
1426	009	长嘴苦荞	永胜	永胜县农技中心		浅绿	深绿	浅绿	褐	长		无	174. 3	17. 6	10. 0	99	轻	强	4. 10	18. 4
1427	010	黄花苦荞	永胜	永胜县农技中心		绿	深绿	浅绿	褐	宽		无	160. 4	16. 8	5. 2	104	轻	弱	3. 60	19. 2
1428	011	扁籽大苦荞	永胜	永胜县农技中心		浅红	深绿	浅绿	棕	长		无	141. 1	12. 5	6. 1	87	轻	中	4. 60	23. 1
1429	012	米苦荞	永胜	永胜县农技中心		浅红	深绿	浅绿	灰	长		无	164. 6	13. 9	6. 8	90	轻	弱	3. 80	21. 1
1430	013	米苦荞	永胜	永胜县农技中心		粉红	深绿	绿	褐	长		无	182. 2	16. 4	6. 8	101	轻	中	2. 10	18. 8
1431	014	圆籽荞	永胜	永胜县农技中心		绿	深绿	绿	灰	长		无	169. 1	13. 5	6. 4	92	轻	强	5. 30	21. 0
1432	015	小圆籽荞	腾冲	永胜县农技中心		绿	深绿	浅绿	灰	宽		无	149. 3	13. 3	5. 6	89	轻	强	3. 30	19. 6
1433	016	中圆籽荞	腾冲	永胜县农技中心		绿	深绿	浅绿	灰	宽		无	138. 4	12. 4	5. 0	88	轻	强	4. 00	20. 4
1434	017	小米荞（细圆荞）	腾冲	永胜县农技中心		绿	深绿	浅绿	灰	宽		无	143. 2	13. 4	5. 3	86	轻	强	3. 30	19. 8
1435	018	细苦荞	腾冲	永胜县农技中心		绿	深绿	浅绿	灰	宽		无	142. 0	13. 8	5. 6	86	轻	强	6. 10	23. 1
1436	019	小圆籽荞	漾濞	永胜县农技中心		绿	深绿	浅绿	灰	宽		无	138. 4	17. 0	8. 4	87	轻	强	3. 80	20. 0

续表 3

国家编号	省编号	品种名称	原产地	保存单位	株型	茎色	叶色	花色	籽粒颜色	籽粒形状	腹沟	棱翅	株高（cm）	主茎节数（个）	主茎分枝数（个）	生育期（天）	落粒性	倒伏性	单株粒重（g）	千粒重（g）
1437	020	老板荞	腾冲	永胜县农技中心		绿	深绿	浅绿	灰	宽		无	145.3	13.2	5.7	85	重	强	4.00	21.6
1438	021	熊峰荞	腾冲	永胜县农技中心		绿	深绿	浅绿	褐	长		无	186.4	17.0	5.8	96	轻	中	4.30	21.2
1439	022	大苦荞	永善	永胜县农技中心		绿	深绿	浅绿	褐	长		无	147.6	13.4	7.0	87	重	弱	4.00	21.4
1440	023	小圆籽荞	永善	永胜县农技中心		绿	深绿	浅绿	灰	宽		无	136.3	12.5	6.8	89	轻	强	6.70	22.2
1441	024	大圆籽荞	永善	永胜县农技中心		绿	深绿	浅绿	灰	长		无	142.7	12.3	6.2	87	轻	强	5.50	21.6
1442	025	大苦荞	永善	永胜县农技中心		绿	深绿	浅绿	灰	长		无	158.3	12.3	6.3	87	轻	强	5.70	23.0
1443	026	长嘴苦荞	永善	永胜县农技中心		绿	深绿	浅绿	灰	长		无	138.2	12.3	5.6	87	重	中	3.40	22.5
1444	027	大苦荞	永善	永胜县农技中心		浅红	深绿	浅绿	灰	长		无	129.4	11.4	5.4	89	轻	强	3.80	21.2
1445	028	白杆荞	永善	永胜县农技中心		绿	深绿	浅绿	灰	长		无	138.1	13.4	5.8	86	轻	强	3.00	19.0
1446	029	圆籽荞	宁蒗	永胜县农技中心		浅红	深绿	浅绿	灰	宽		无	140.8	13.6	5.9	90	轻	强	5.90	22.8
1447	030	扁籽荞	宁蒗	永胜县农技中心		浅红	深绿	浅绿	灰	长		无	132.2	12.1	5.3	86	轻	强	4.70	23.7
1448	031	米苦荞	宁蒗	永胜县农技中心		绿	深绿	浅绿	褐	长		无	161.4	13.7	5.8	86	轻	强	4.70	22.8
1449	032	麻雀荞	宁蒗	永胜县农技中心		绿	深绿	浅绿	褐	长		无	151.4	15.4	5.9	86	轻	强	7.20	23.2
1450	033	苦荞（额拉乌起）	宁蒗	永胜县农技中心		浅红	深绿	浅绿	灰	宽		无	147.9	14.5	5.6	88	重	强	5.40	21.6
1451	034	苦荞（额伍）	宁蒗	永胜县农技中心		绿	深绿	浅绿	灰	长		无	185.9	14.4	5.9	87	轻	中	3.60	22.5
1452	035	苦荞（额士）	宁蒗	永胜县农技中心		浅红	深绿	浅绿	灰	长		无	161.1	14.6	6.6	87	轻	中	4.70	23.2
1453	036	圆籽荞	宁蒗	永胜县农技中心		绿	深绿	浅绿	褐	宽		无	162.6	15.8	7.2	104	轻	强	4.80	17.7
1454	037	田籽荞	宁蒗	永胜县农技中心		浅红	深绿	浅绿	褐	长		无	157.1	14.1	6.1	85	轻	中	5.40	23.0
1455	038	苦荞（额阿莫）	宁蒗	永胜县农技中心		浅红	深绿	浅绿	褐	长		无	147.8	13.2	5.2	85	轻	中	4.90	21.4
1456	039	苦荞（额阿莫）	宁蒗	永胜县农技中心		绿	深绿	浅绿	褐	长		无	159.4	13.8	5.3	93	轻	中	4.80	22.3

续表 3

国家编号	省编号	品种名称	原产地	保存单位	株型	茎色	叶色	花色	籽粒颜色	籽粒形状	腹沟	棱翅	株高(cm)	主茎节数(个)	主茎分枝数(个)	生育期(天)	落粒性	倒伏性	单株粒重(g)	千粒重(g)
1457	040	扁籽荞（额觉）	宁蒗	永胜县农技中心		绿	深绿	浅绿	褐	长		无	151.7	15.3	5.5	89	轻	中	4.50	22.8
1458	041	扁籽荞（额拉）	宁蒗	永胜县农技中心		绿	深绿	浅绿	灰	长		无	164.1	15.4	5.6	89	轻	中	4.90	22.4
1459	042	雀籽荞	宁蒗	永胜县农技中心		绿	深绿	浅绿	褐	长		无	177.2	14.8	5.8	92	轻	中	3.70	21.3
1460	043	苦荞（额拉乌起）	宁蒗	永胜县农技中心		绿	深绿	浅绿	棕	长		无	171.6	14.1	5.7	89	轻	中	5.10	24.0
1461	044	苦荞	中甸	永胜县农技中心		绿	深绿	浅绿	灰	宽		无	147.2	16.0	6.0	96	轻	中	2.50	18.5
1462	045	大苦荞	维西	永胜县农技中心		绿	深绿	浅绿	褐	长		无	164.2	15.6	5.0	97	重	弱	3.50	20.8
1463	046	大苦荞	中甸	永胜县农技中心		浅红	深绿	浅绿	褐	长		无	146.0	16.0	11.0	71	轻	强	5.40	17.8
1464	047	细红苦荞	维西	永胜县农技中心		浅红	深绿	浅绿	褐	宽		无	159.3	14.6	4.8	102	轻	强	2.20	17.6
1465	048	扁籽荞	丽江	永胜县农技中心		绿	深绿	浅绿	褐	长		无	131.2	13.2	6.0	89	轻	强	4.40	20.6
1466	049	圆籽荞	丽江	永胜县农技中心		绿	深绿	浅绿	棕	长		无	144.0	15.2	7.0	92	轻	强	3.40	20.4
1467	050	扁籽荞	丽江	永胜县农技中心		绿	深绿	浅绿	灰	长		无	180.0	16.4	7.2	95	轻	弱	4.00	20.7
1468	051	苦荞（椭圆）	福贡	永胜县农技中心		绿	深绿	浅绿	褐	长		无	134.7	14.5	7.5	96	轻	强	4.10	20.3
1469	052	红小苦荞	贡山	永胜县农技中心		绿	深绿	浅绿	褐	宽		无	163.0	14.5	9.5	95	轻	强	1.50	18.4
1470	053	圆籽荞	宾川	永胜县农技中心		浅红	深绿	浅绿	灰	长		无	153.3	13.3	5.5	93	轻	强	5.80	21.4
1471	054	黑籽荞	宾川	永胜县农技中心		绿	深绿	浅绿	棕	宽		无	164.3	14.0	6.0	91	轻	强	3.40	22.8
1472	055	圆籽荞	宣威	永胜县农技中心		绿	深绿	浅绿	灰	宽		无	129.6	14.1	6.8	97	轻	强	6.00	23.0
1473	056	扁籽荞	宣威	永胜县农技中心		浅红	深绿	浅绿	灰	长		无	110.1	11.8	4.8	87	轻	强	2.80	22.2
1474	057	苦荞	宣威	永胜县农技中心		绿	深绿	浅绿	灰	长		无	133.7	12.5	4.3	84	轻	中	2.80	21.8
1475	058	苦荞	宣威	永胜县农技中心		绿	深绿	浅绿	灰	长		无	163.2	13.9	5.9	91	轻	弱	2.70	21.4
1476	059	大苦荞	会泽	永胜县农技中心		绿	深绿	浅绿	灰	宽		无	164.1	14.1	6.5	94	重	中	4.80	21.2

续表 3

国家编号	省编号	品种名称	原产地	保存单位	株型	茎色	叶色	花色	籽粒颜色	籽粒形状	腹沟	棱翅	株高（cm）	主茎节数（个）	主茎分枝数（个）	生育期（天）	落粒性	倒伏性	单株粒重（g）	千粒重（g）
1477	060	苦荞	会泽	永胜县农技中心		绿	深绿	浅绿	灰	长		无	166.8	14.1	4.2	91	轻	中	3.90	22.0
1478	061	黑苦荞	会泽	永胜县农技中心		绿	深绿	浅绿	黑	长		无	165.5	15.5	4.6	93	轻	强	3.00	23.1
1479	062	细苦荞	会泽	永胜县农技中心		绿	深绿	浅绿	灰	长		无	167.4	13.5	5.1	97	轻	强	3.20	23.0
1480	063	小米荞	彝良	永胜县农技中心		浅红	深绿	浅绿	灰	长		无	139.8	12.4	6.8	92	轻	强	4.70	19.2
1481	064	驮荞	彝良	永胜县农技中心		绿	深绿	浅绿	灰	长		无	131.1	13.0	7.9	87	轻	强	9.30	21.2
1482	065	苦荞	镇康	永胜县农技中心		绿	深绿	浅绿	褐	长		无	147.5	16.7	8.7	100	轻	强	7.90	21.3
1483	066	苦荞	文山	永胜县农技中心		绿	深绿	浅绿	灰	长		无	147.9	15.1	6.1	86	轻	强	5.30	24.9
1484	067	团荞	文山	永胜县农技中心		绿	深绿	浅绿	灰	宽		无	163.3	14.2	5.0	89	轻	强	5.50	24.8
1485	068	长苦荞	文山	永胜县农技中心		浅红	深绿	浅绿	灰	长		无	124.3	16.0	6.1	94	轻	中	8.00	24.4
1486	069	苦荞	华宁	永胜县农技中心		绿	深绿	浅绿	褐	宽		无	170.0	18.0	10.0	97	轻	强	9.50	23.1
1487	070	白云苦荞	昭通	永胜县农技中心		绿	深绿	浅绿	褐	长		无	112.4	15.0	4.8	96	轻	强	3.60	20.1
1488	071	长嘴苦荞	昭通	永胜县农技中心		浅红	深绿	浅绿	褐	长		无	130.0	12.0	7.3	85	轻	强	8.80	24.4
1489	072	小圆籽荞	巧家	永胜县农技中心		绿	深绿	浅绿	灰	宽		无	175.8	14.8	5.9	93	轻	中	9.30	15.2
1490	073	尖嘴荞	会泽	永胜县农技中心		绿	深绿	浅绿	灰	长		无	152.1	13.2	6.7	85	轻	强	7.60	24.0
1491	074	圆籽荞	会泽	永胜县农技中心		绿	深绿	浅绿	灰	长		无	172.7	14.2	7.5	94	重	弱	3.10	22.1
1492	075	苦荞	新平	永胜县农技中心		绿	深绿	浅绿	灰	长		无	141.2	15.5	7.0	100	轻	中	8.70	20.8
1493	076	苦荞	贡山	永胜县农技中心		绿	深绿	浅绿	棕	长		无	144.4	15.6	6.5	92	轻	强	8.10	22.4
1494	077	团棵荞	开远	永胜县农技中心		绿	深绿	浅绿	棕	长		无	143.3	16.0	7.0	97	轻	强	6.10	21.7
1495	078	云选 1 号	永胜	永胜县农技中心		绿	深绿	浅绿	褐	长		无	162.7	13.9	5.3	92	轻	强	4.60	21.8
1496	079	苦荞	元谋	永胜县农技中心		绿	深绿	浅绿	灰	长		无	147.7	14.8	7.1	89	轻	强	6.50	20.0

续表 3

国家编号	省编号	品种名称	原产地	保存单位	株型	茎色	叶色	花色	籽粒颜色	籽粒形状	腹沟	棱翅	株高（cm）	主茎节数（个）	主茎分枝数（个）	生育期（天）	落粒性	倒伏性	单株粒重（g）	千粒重（g）
1497	080	苦荞	元谋	永胜县农技中心		绿	深绿	浅绿	褐	长		无	147.7	14.2	6.3	92	轻	中	6.40	21.4
1498	081	苦荞	武定	永胜县农技中心		绿	深绿	浅绿	褐	长		无	181.2	16.8	6.3	94	轻	中	7.40	21.8
2300	21	勐海甜荞	勐海	宁蒗县农技中心	松散	红	绿	浅红	褐	三棱	无	无	125.0	10.0	5.0	88		抗	3.00	23.0
2301	22	永德甜荞	永德	宁蒗县农技中心	紧凑	红	绿	浅红	褐	三棱	无	无	125.0	9.0	4.0	88		抗	3.50	25.0
2302	23	困山甜荞	景谷	宁蒗县农技中心	紧凑	红	绿	白	褐	三棱	无	无	120.0	8.0	4.0	88		抗	3.50	25.0
2303	24	竹山甜荞	宜良	宁蒗县农技中心	紧凑	红	绿	白	褐	三棱	无	无	120.0	9.0	4.0	88		抗	4.50	24.0
2304	25	格热	宁蒗	宁蒗县农技中心	紧凑	红	绿	白	褐	三棱	无	无	120.0	10.0	5.0	88		抗	3.00	22.0
2305	26	格起	宁蒗	宁蒗县农技中心	松散	红	绿	白	褐	三棱	无	无	120.0	8.0	4.0	93		抗	2.50	21.0
2306	27	本地甜荞	宁蒗	宁蒗县农技中心	松散	紫红	绿	红	褐	三棱	无	无	100.0	9.0	4.0	96		抗	4.80	20.0
2307	28	日本甜荞	路南	宁蒗县农技中心	紧凑	浅绿	浅绿	白	褐	三棱	无	无	166.5	10.0	5.0	82		抗	5.00	31.2
2635	004	长苦荞	昭通	四川西昌农专	紧凑	绿	浅绿	黄绿	褐	长锥	有	无	47.4	7.4	3.2	72		抗	1.37	25.0
2636	005	六月黄	昭通	四川西昌农专	紧凑	绿	绿	黄绿	褐	长锥	有	无	51.6	6.0	3.0	68		抗	1.45	22.4
2645	014	富苦荞	曲靖	四川西昌农专	紧凑	绿	浅绿	黄绿	灰	短锥	有	无	44.3	6.9	3.7	81		抗	1.67	20.6
2687	01	元谋苦荞	元谋	宁蒗县农技中心	紧凑	棕	绿	白	浅褐	桃形	有	无	90.0	8.0	5.0	90		不抗	10.50	22.5
2688	02	格兔	宁蒗	宁蒗县农技中心	紧凑	棕	绿	白	灰	短锥	有	无	90.0	9.0	4.0	90		不抗	10.00	22.2
2689	03	格起	宁蒗	宁蒗县农技中心	紧凑	绿	绿	白	灰	短锥	有	无	95.0	10.0	6.0	90		不抗	5.00	24.0
2690	04	格那务起	宁蒗	宁蒗县农技中心	紧凑	绿	绿	白	灰	短锥	有	无	93.0	10.0	6.0	90		不抗	9.10	22.0
2691	05	出格	宁蒗	宁蒗县农技中心	紧凑	绿	绿	白	深褐	短锥	有	无	109.0	12.0	7.0	90		不抗	5.80	22.0
2692	06	笼姑磨	宁蒗	宁蒗县农技中心	紧凑	绿	绿	白	褐	短锥	有	无	97.0	11.0	8.0	90		不抗	8.90	20.9
2693	07	内蒙荞	宁蒗	宁蒗县农技中心	紧凑	浅绿	深绿	白	浅褐	短锥	有	无	137.4	16.7	2.0	80		不抗	5.10	22.5

续表 3

国家编号	省编号	品种名称	原产地	保存单位	株型	茎色	叶色	花色	籽粒颜色	籽粒形状	腹沟	棱翅	株高（cm）	主茎节数（个）	主茎分枝数（个）	生育期（天）	落粒性	倒伏性	单株粒重（g）	千粒重（g）
2694	08	225	宁蒗	宁蒗县农技中心	紧凑	绿	绿	白	浅褐	短锥	有	无	101.0	15.0	9.0	90		不抗	5.00	21.9
2695	09	野籽荞	盐源	宁蒗县农技中心	紧凑	棕	深绿	白	黑	短锥	有	无	86.5	17.6	1.9	81		不抗	4.05	16.9
2696	10	粗额	宁蒗	宁蒗县农技中心	紧凑	棕	深绿	白	褐	短锥	有	无	107.0	15.5	9.0	85		不抗	5.00	22.4
2697	11	格那务起	盐源	宁蒗县农技中心	紧凑	绿	绿	白	灰	短锥	有	有	110.0	16.0	9.0	90		不抗	7.10	21.0
2698	12	格那	宁蒗	宁蒗县农技中心	紧凑	绿	绿	白	灰	短锥	有	无	105.0	9.0	9.0	90		不抗	4.90	19.0
2699	13	额拉	宁蒗	宁蒗县农技中心	紧凑	棕	绿	白	浅灰	短锥	有	无	100.0	9.0	3.0	90		不抗	5.30	20.0
2700	14	选 15	宁蒗	宁蒗县农技中心	紧凑	棕	绿	白	棕	短锥	有	无	93.0	11.0	6.0	90		不抗	8.40	22.5
2701	15	老鸦荞	宁蒗	宁蒗县农技中心	紧凑	棕	绿	白	黑	桃形	有	无	132.0	10.0	9.0	75		不抗	11.70	23.0
2702	16	鲁甸荞	鲁甸	宁蒗县农技中心	紧凑	棕	绿	白	灰	短锥	有	无	95.9	16.5	3.2	77		抗	9.20	21.8
2703	17	麻雀荞	宁蒗	宁蒗县农技中心	紧凑	深绿	绿	白	浅褐	短锥	有	无	103.0	15.0	2.5	76		不抗	4.00	15.9
2704	18	360	宁蒗	宁蒗县农技中心	紧凑	深绿	绿	白	褐	短锥	有	无	85.0	7.0	5.0	90		不抗	5.00	20.5
2705	19	麻籽荞	宁蒗	宁蒗县农技中心	紧凑	深绿	绿	浅绿	褐	长锥	有	无	79.0	9.0	8.0	90		不抗	8.00	22.0
2706	20	圆子荞	宁蒗	宁蒗县农技中心	紧凑	深绿	绿	浅绿	褐	短锥	有	无	132.0	15.8	7.2	95		抗	8.90	23.5
2803	29	泸沽野荞	宁蒗	宁蒗县农技中心	紧凑	绿	绿	白	深褐	桃形	无	无	158.8	18.1	11.6	120		抗		61.0
2804	30	大兴野荞	宁蒗	宁蒗县农技中心	紧凑	棕	深绿	白	深褐	桃形	无	无	145.0	10.0	12.0	115		抗		65.0
2972	1	剑川白花荞	剑川	云南省农科院品资站	紧凑	红	深绿	红	棕	三棱锥	无	无	96.8	6.0	4	75		抗	4.56	23.2
2973	6	寻甸甜荞	寻甸	云南省农科院品资站	紧凑	绿	绿	白	褐	三棱锥	无	无	78.8	5.5	3	95		不抗	1.7	24.3
2980	21	富源甜荞	富源	云南省农科院品资站	紧凑	红	绿	粉红/白	棕	三棱锥	无	无	76.8	6.8	3	95		不抗	3.8	28.4
2984	33	贡山甜荞	贡山	云南省农科院品资站	紧凑	红	浅绿	粉红	褐	三棱锥	无	无	94.5	8.8	4	104		抗	1.66	19.8
2987	38	宣威甜荞 2	贡山	云南省农科院品资站	紧凑	红	绿	白/粉红	褐	三棱锥	无	无	78.0	9.3	4	104		抗	7.9	27.4

续表 3

国家编号	省编号	品种名称	原产地	保存单位	株型	茎色	叶色	花色	籽粒颜色	籽粒形状	腹沟	棱翅	株高（cm）	主茎节数（个）	主茎分枝数（个）	生育期（天）	落粒性	倒伏性	单株粒重（g）	千粒重（g）
2989	47	西畴花荞	西畴	云南省农科院品资站	紧凑	红	浅绿	白/粉红	棕	三棱锥	无	无	92.3	8.8	2	104		不抗	4.8	22.6
2990	50	莫 吃	姚安	云南省农科院品资站	紧凑	红	绿	白/粉红	褐	三棱锥	无	无	59.6	6.6	3	95		不抗	1.78	26.4
2991	52	中甸花荞	中甸	云南省农科院品资站	紧凑	紫红	绿	粉红	棕	三棱锥	无	无	79.0	6.0	3	95		不抗	1.1	23
2992	55	镇雄甜荞	镇雄	云南省农科院品资站	紧凑	红	深绿	红	褐	三棱锥	无	无	94.3	8.8	3	104		抗	3.95	23.9
2993	61	大理甜荞	大理	云南省农科院品资站	紧凑	红	红	粉红	褐	圆形	无	无	128.0	13.0	4	98		抗	4.6	29.2
2994	65	宜良甜荞	宜良	云南省农科院品资站	紧凑	红	87	粉红	褐	圆形	无	无	135.2	12.0	6	98		抗	2.1	27.8
2995	71	勐腊甜荞	勐腊	云南省农科院品资站	紧凑	红	绿	粉红	褐	圆形	无	无	130.0	12.0	4	98		抗	1.4	25.6
2996	76	马楠小白荞	永善	云南省农科院品资站	紧凑	红	绿	红	褐	圆形	无	无	96.6	11.0	3	98		抗	0.6	18.4
2997	78	会泽甜荞	会泽	云南省农科院品资站	紧凑	红	绿	粉红	褐	圆形	无	无	98.0	13.0	5	98		抗	2.5	24.6
2999	3	剑川苦荞	剑川	云南省农科院品资站	紧凑	红	绿	浅黄	灰	短棱锥	有	无	82.8	9.0	4	94		抗	3.08	21.2
3000	4	剑川秋荞	剑川	云南省农科院品资站	紧凑	红	深绿	浅黄	灰	不规则	有	有	69.6	10.0	6	94		抗	3.64	21.1
3001	5	安宁大苦荞	安宁	云南省农科院品资站	紧凑	绿	深绿	浅黄	灰	桃形	有	无	94.0	8.0	3	94		抗	3.96	24.8
3002	7	寻甸团荞	寻甸	云南省农科院品资站	紧凑	绿	深绿	浅黄	灰	短棱锥	有	无	99.8	9.0	3	94		抗	2.64	25.6
3003	8	寻甸尖嘴苦荞	寻甸	云南省农科院品资站	紧凑	绿	深绿	浅黄	灰	桃形	有	无	93.2	9.0	4.4	94		抗	4.06	23.8
3004	9	祥云苦荞	祥云	云南省农科院品资站	紧凑	绿	绿	浅黄	灰	短棱锥	有	无	88.9	8.0	4	93		抗	2.64	21.9
3009	19	富源苦荞	富源	云南省农科院品资站	紧凑	绿	绿	黄绿	灰	短棱锥	有	无	70.2	8.0	3	94		抗	3.24	24.2
3020	39	武定苦荞 1	武定	云南省农科院品资站	紧凑	绿	绿	黄绿	灰	短棱锥	有	无	74.0	9.0	4	94		抗	3.26	24.4
3021	40	武定苦荞 2	武定	云南省农科院品资站	紧凑	绿	绿	黄绿	灰	短棱锥	有	无	62.0	8.0	3	94		抗	3.68	24.1
3022	41	大姚苦荞	大姚	云南省农科院品资站	紧凑	绿	绿	黄绿	灰	短棱锥	有	无	87.8	8.0	4	94		抗	4	22.5
3025	45	呈贡苦荞	呈贡	云南省农科院品资站	紧凑	绿	绿	黄绿	灰	短棱锥	有	无	52.0	12.0	8	79		抗	3.3	17.2

续表 3

国家编号	省编号	品种名称	原产地	保存单位	株型	茎色	叶色	花色	籽粒颜色	籽粒形状	腹沟	棱翅	株高（cm）	主茎节数（个）	主茎分枝数（个）	生育期（天）	落粒性	倒伏性	单株粒重（g）	千粒重（g）
3026	46	西畴小米荞	西畴	云南省农科院品资站	紧凑	绿	绿	黄绿	灰	长棱锥	有	无	98.2	11.0	4	104		抗	2.1	24.6
3027	48	阁 莫 嘛	姚安	云南省农科院品资站	紧凑	红	绿	黄绿	灰	短棱锥	有	无	76.7	8.0	4	94		抗	3.76	25.4
3029	51	莫麦喏	姚安	云南省农科院品资站	紧凑	红	绿	黄绿	灰	桃形	有	无	80.2	7.0	4.8	94		抗	2.02	23.6
3030	53	镇雄细米荞	镇雄	云南省农科院品资站	紧凑	绿	绿	浅黄	棕	长棱锥	有	无	63.8	8.0	3	104		抗	4.05	25.7
3033	57	姚安西拉	姚安	云南省农科院品资站	紧凑	绿	深绿	浅黄	灰	不规则	有	有	84.3	12.0	2	104		不抗	3.2	26.7
3034	58	文山苦荞	文山	云南省农科院品资站	紧凑	绿	深绿	浅黄	灰	三棱锥	有	无	64.4	9.0	4	94		抗	1.5	18.4
3035	59	嵩明苦荞	嵩明	云南省农科院品资站	紧凑	绿	深绿	浅黄	灰	三棱锥	有	无	67.8	8.0	4	94		抗	2	18.1
3037	62	巍山苦荞	巍山	云南省农科院品资站	紧凑	红	绿	黄绿	灰	三棱锥	有	无	61.1	18.4	5	98		抗	0.5	19.5
3038	64	宜良苦荞	宜良	云南省农科院品资站	紧凑	红	绿	黄绿	灰	三棱锥	有	无	52.3	13.0	4	98		抗	0.1	16.5
3039	66	腾冲小白荞	腾冲	云南省农科院品资站	紧凑	红	绿	黄绿	灰	三棱锥	有	无	86.9	18.0	7	98		抗	0.9	17.5
3040	69	腾冲刺荞	腾冲	云南省农科院品资站	紧凑	绿	绿	黄绿	灰	短棱锥	有	无	42.6	16.0	5	98		抗	1.1	16.1
3041	70	腾冲熊掌荞	腾冲	云南省农科院品资站	紧凑	绿	绿	黄绿	灰	三棱锥	有	无	49.7	15.3	5	98		抗	0.8	23.3
3042	77	马楠苦荞	永善	云南省农科院品资站	紧凑	红	绿	黄绿	灰	三棱锥	有	无	53.9	15.0	5	98		抗	2.5	24.6
3043	79	会泽苦荞	会泽	云南省农科院品资站	紧凑	红	绿	黄绿	灰	三棱锥	无	无	98.0	13.0	9	98		抗	0.7	20.2
3044	28	大板桥甜荞	昆明	云南省农科院品资站	紧凑	红	深绿	白/粉红	褐	三棱锥	无	无	87.0	8.8	4	94		抗	4.8	22.7
3045	14	师宗甜荞	会泽	云南省农科院品资站	紧凑	紫红	深绿	红/粉红	棕	三棱锥	无	无	79.3	7.0	3	94		不抗	2.28	24.6
3046	15	师宗甜荞	师宗	云南省农科院品资站	紧凑	紫红	绿	红	棕	三棱锥	无	无	90.5	6.5	3	94		不抗	2.34	25.3
3047	16	师宗甜荞	师宗	云南省农科院品资站	紧凑	紫红	绿	红	棕	三棱锥	无	无	72.8	6.9	3	94		不抗	3.73	24.3
3048	18	曲靖甜荞	曲靖	云南省农科院品资站	紧凑	紫红	深绿	红	棕	三棱锥	无	无	90.8	7.8	3	94		抗	2.8	24.7
3049	26	河口甜荞	河口	云南省农科院品资站	紧凑	红	浅绿	白/粉红	褐	三棱锥	无	无	88.5	8.8	4	94		抗	9.9	22.1

续表 3

国家编号	省编号	品种名称	原产地	保存单位	株型	茎色	叶色	花色	籽粒颜色	籽粒形状	腹沟	棱翅	株高（cm）	主茎节数（个）	主茎分枝数（个）	生育期（天）	落粒性	倒伏性	单株粒重（g）	千粒重（g）
3050	34	贡山小籽甜荞	贡山	云南省农科院品资站	紧凑	红	浅绿	粉红	褐	三棱锥	无	无	101.8	11.5	5	104		抗	5.08	20
3051	37	宣威甜荞	宣威	云南省农科院品资站	紧凑	红	绿	白/粉白	褐	三棱锥	无	无	79.5	7.5	3	94		抗	4.1	26
3052	44	姚安甜荞	姚安	云南省农科院品资站	紧凑	红	绿	白/粉红	棕	三棱锥	无	无	84.5	7.5	3	104		不抗	5.04	25.3
3053	2	剑川冬米荞	剑川	云南省农科院品资站	紧凑	绿	绿	浅黄	灰	桃 形	有	无	100.8	8.0	4	92		抗	2.66	21
3054	10	贡山苦荞	贡山	云南省农科院品资站	紧凑	绿	绿	黄绿	灰	短棱锥	有	无	78.8	9.0	5	94		抗	3.88	19.9
3055	12	文山长荞	文山	云南省农科院品资站	紧凑	绿	绿	黄绿	灰	短棱锥	有	无	76.8	11.0	3	94		抗	4.36	25.6
3056	13	小 麻 籽	嵩明	云南省农科院品资站	紧凑	绿	绿	黄绿	灰	短棱锥	有	无	63.4	8.0	4	94		抗	1.6	24.4
3057	17	富源苦荞	富源	云南省农科院品资站	紧凑	绿	绿	浅黄	灰	短棱锥	有	无	97.6	11.0	5	94		抗	4.2	23
3058	22	楚雄苦荞	楚雄	云南省农科院品资站	紧凑	红	绿	黄绿	灰	短棱锥	有	无	62.8	8.0	4.6	94		抗	2.6	24.4
3059	31	棋盘寺苦荞	昆明	云南省农科院品资站	紧凑	绿	绿	黄绿	灰	短棱锥	有	无	78.8	8.0	4	92		抗	2.8	24.6
3060	35	宣威苦荞 1	曲靖	云南省农科院品资站	紧凑	红	绿	黄绿	灰	不规则	有	无	70.8	9.0	4	94		抗	3.7	25.6
3061	42	姚安苦荞	姚安	云南省农科院品资站	紧凑	绿	绿	黄绿	灰	桃形	有	无	64.5	7.0	3	94		抗	4.58	23.6
3062	54	镇雄白苦荞	镇雄	云南省农科院品资站	紧凑	绿	深绿	浅黄	灰	短棱锥	有	无	80.5	9.0	4	104		抗	5.16	24.5
3063	56	阿子营苦荞	嵩明	云南省农科院品资站	紧凑	绿	绿	浅黄	褐	桃形	有	无	89.8	9.0	3	104		不抗	3.12	26.2
3064	11	贡山甜荞	贡山	云南省农科院品资站	紧凑	红	浅绿	粉红/白	褐	三棱锥	无	无	86.0	7.3	3	94		抗	3.01	20.3
3065	20	临沧甜荞	临沧	云南省农科院品资站	紧凑	红	绿	白	褐	三棱锥	无	无	83.4	8.8	4	94		抗	2.78	25
3066	23	嵩明苦荞	嵩明	云南省农科院品资站	紧凑	绿	绿	黄绿	灰	三棱锥	有	无	36.2	4.0	4	94		抗	2.8	18.8
3067	24	寻甸甜荞	寻甸	云南省农科院品资站	紧凑	红	浅绿	白	褐	三棱锥	无	无	77.3	8.0	3.3	94		抗	2.8	20.1
3068	25	寻甸苦荞	寻甸	云南省农科院品资站	紧凑	绿	绿	黄绿	灰	三棱锥	有	无	68.2	7.0	3	97		抗	3	19.7
3069	27	大板桥苦荞	昆明	云南省农科院品资站	紧凑	绿	绿	黄绿	灰	三棱锥	无	无	79.2	8.0	4	90		抗	4.2	21.6

续表 3

国家编号	省编号	品种名称	原产地	保存单位	株型	茎色	叶色	花色	籽粒颜色	籽粒形状	腹沟	棱翅	株高（cm）	主茎节数（个）	主茎分枝数（个）	生育期（天）	落粒性	倒伏性	单株粒重（g）	千粒重（g）
3070	29	大板桥灰苦荞	昆明	云南省农科院品资站	紧凑	绿	绿	黄绿	灰	三棱锥	有	无	80.2	6.8	3	91		抗	2.7	18.8
3071	30	大板桥黑苦荞	昆明	云南省农科院品资站	紧凑	绿	绿	黄绿	黑	三棱锥	有	无	82.2	7.8	5	91		抗	3.3	20.2
3072	32	棋盘寺有翼苦荞	昆明	云南省农科院品资站	紧凑	绿	绿	黄绿	灰	三棱锥	有	有	79.0	7.0	4	91		抗	3.4	23.8
3073	36	宣威苦荞2	寻甸	云南省农科院品资站	紧凑	绿	绿	黄绿	灰	三棱锥	有	无	79.2	8.0	3	94		抗	4.8	24.2
3074	43	姚安黑苦荞	姚安	云南省农科院品资站	紧凑	绿	绿	黄绿	黑	三棱锥	有	无	80.0	7.8	4	94		抗	5.2	21.8
3075	49	易若哥	姚安	云南省农科院品资站	紧凑	绿	绿	黄绿	灰	三棱锥	有	无	67.8	7.0	3	94		抗	3.2	20.2
3076	60	安宁小圆籽苦荞	安宁	云南省农科院品资站	紧凑	绿	深绿	浅黄	灰	短棱锥	有	无	70.1	10.0	5	94		抗	2.2	20.2

4. 云南省籽粒苋种质资源入国家库名录

4. The catalogue for the amaranth germplasm of Yunnan prinvince in the state storeroom

国家编号	省编号	保存单位	品种名称	原产地	播种期（月 日）	成熟期（月 日）	生育期（天）	株高（cm）	茎色	叶色	主花序长度（cm）	花序性	花序色	粒色	千粒重（g）
ZX003	51	中国农科院作物所	昆明红苋	昆明	4.23	9.20	143	235.0	绿	绿	105.0	直立	紫	黑	0.55
ZX007	55	中国农科院作物所	广南黄苋	广南	4.23	9.25	148	207.0	绿	绿	121.0	直立	紫粉	黑	0.57
ZX602	19	四川省美菇县农业局	坨坨矮	华坪	5.14	8.28	98	162.0	绿	绿	42.0	直立	绿	白	0.80
ZX652	T02	云南省农科院品资站	小红米	双江	6.02	10.04	117	127.0	绿	黑绿	78.0	下垂	红	红	0.83
ZX653	T03	云南省农科院品资站	马尾粟米	双江	6.02	10.18	131	222.0	绿	绿	67.0	直立	绿	棕	0.73
ZX654	T04	云南省农科院品资站	直立糯粟米	双江	6.02	9.30	113	134.0	绿	绿紫	65.0	直立	紫	棕	0.90
ZX655	T05	云南省农科院品资站	粟米	双江	6.02	10.04	117	155.0	绿	绿	67.0	直立	绿	棕	0.90
ZX656	T06	云南省农科院品资站	硬粟米	双江	6.02	10.06	119	126.0	绿	绿	50.0	直立	棕	棕	0.90
ZX657	T07	云南省农科院品资站	小米	双江	6.02	10.04	117	167.0	绿	黑绿	81.0	直立	紫	黑	0.90
ZX658	T09	云南省农科院品资站	天粟米	福贡	5.21	10.18	143	232.0	绿	紫绿	64.0	直立	绿	棕	0.80
ZX659	T10	云南省农科院品资站	红穗仙米	福贡	6.02	10.04	117	141.0	绿	紫绿	59.0	直立	紫	黑棕	0.93
ZX660	T11	云南省农科院品资站	天仙米	福贡	6.02	10.10	123	163.0	绿	黑绿	71.0	直立	紫	黑棕	0.83
ZX661	T27	云南省农科院品资站	天仙米	福贡	6.02	9.30	113	172.0	紫绿	绿紫	67.0	直立	紫	白	0.87
ZX662	T28	云南省农科院品资站	天粟米	福贡	6.02	10.06	119	175.0	绿	紫绿	66.0	直立	紫	白	1.00
ZX663	T12	云南省农科院品资站	粟米	临沧	6.02	10.10	123	161.0	绿	黑绿	68.0	直立	紫	棕	0.83
ZX664	T13	云南省农科院品资站	粟米	临沧	6.02	10.19	132	106.0	绿	白绿	77.0	下垂	红	红	0.83
ZX665	T14	云南省农科院品资站	粟米	临沧	6.02	10.03	116	159.0	绿	紫绿	50.0	直立	绿	白	0.87
ZX666	T16	云南省农科院品资站	糯灰条	漾濞	6.02	10.04	117	150.0	绿	白绿	51.0	下垂	红	红	0.90
ZX667	T17	云南省农科院品资站	糯灰条	漾濞	5.21	9.21	116	229.0	红		65.0	直立	红	黑	0.73

续表 4

国家编号	省编号	保存单位	品种名称	原产地	播种期（月 日）	成熟期（月 日）	生育期（天）	株高（cm）	茎色	叶色	主花序长度（cm）	花序性	花序色	粒色	千粒重（g）
ZX668	T18	云南省农科院品资站	黑灰条	漾濞	6.02	10.04	117	108.0	紫绿	紫绿	53.0	直立	紫	棕	0.93
ZX669	T20	云南省农科院品资站	糯灰条	漾濞	6.02	10.19	132	122.0	绿	白绿	53.0	下垂	绿	棕	0.80
ZX670	T19	云南省农科院品资站	小米菜	保山	6.02	10.04	117	162.0	紫绿	绿紫	71.0	直立	紫	白	0.85
ZX671	T25	云南省农科院品资站	细米	新平	6.02	9.30	113	146.0	绿	绿紫	58.0	下垂	紫	棕	0.88
ZX672	T21	云南省农科院品资站	扫把细米	新平	6.02	10.06	119	161.0	绿	绿	69.0	直立	绿	棕	0.87
ZX673	T22	云南省农科院品资站	白细米	新平	5.21	10.19	144	246.0	红	红	63.0	直立	红	白	0.67
ZX674	T23	云南省农科院品资站	马尾细米	新平	6.02	9.25	108	151.0	紫绿	紫绿	61.0	直立	紫	黑棕	0.93
ZX675	T24	云南省农科院品资站	马尾细米	新平	6.02	10.19	132	139.0	绿	白绿	55.0	下垂	紫	红	0.87
ZX676	T30	云南省农科院品资站	长穗仙米	禄丰	6.02	10.19	132	112.0	绿	白绿	53.0	下垂	紫	红	0.87
ZX677	T57	云南省农科院品资站	白小米	禄丰	5.21	10.21	146	132.0	绿	绿	60.0	直立	棕红	白	0.73
ZX678	T31	云南省农科院品资站	红壳仙米	开远	6.02	10.14	127	179.0	绿	紫绿	70.0	直立	紫	棕	0.87
ZX679	T33	云南省农科院品资站	灰色仙米	开远	6.02	10.10	123	164.0	绿	黑绿	53.0	直立	红	棕	0.93
ZX680	T32	云南省农科院品资站	杨林仙米	嵩明	6.02	10.10	123	130.0	绿	白绿	55.0	下垂	绿	玫红	0.87
ZX681	T73	云南省农科院品资站	红穗黑仙米	嵩明	5.21	10.05	130	198.0	条红	绿	56.0	直立	土红	黑	0.77
ZX682	T36	云南省农科院品资站	绿仙米	楚雄	6.02	10.04	117	118.0	绿	黑绿	52.0	直立	绿	棕黄	1.03
ZX683	T37	云南省农科院品资站	红壳仙米	楚雄	6.02	10.04	117	132.0	紫绿	黑绿	50.0	直立	紫	棕黄	1.07
ZX684	T38	云南省农科院品资站	土红仙米	楚雄	6.02	9.30	113	119.0	绿	黑绿	46.0	直立	红棕	棕	0.95
ZX685	T39	云南省农科院品资站	上哨红仙米	楚雄	6.02	9.30	113	142.0	紫红	黑绿	49.0	直立	紫	黑棕	0.97
ZX686	T40	云南省农科院品资站	上哨绿仙米	楚雄	6.02	9.30	113	133.0	淡绿	绿	43.0	直立	棕黄	黑棕	0.90
ZX687	T41	云南省农科院品资站	上哨土红仙米	楚雄	6.02	10.04	117	114.0	淡绿	黑绿	35.0	直立	红棕	黑棕	0.90

续表 4

国家编号	省编号	保存单位	品种名称	原产地	播种期（月 日）	成熟期（月 日）	生育期（天）	株高（cm）	茎色	叶色	主花序长度（cm）	花序性	花序色	粒色	千粒重（g）
ZX688	T42	云南省农科院品资站	曲穗红仙米	祥云	6.02	9.30	113	134.0	紫绿	黑绿	49.0	直立	玫红	白	1.10
ZX689	T43	云南省农科院品资站	曲穗土黄仙米	祥云	6.02	10.16	129	144.0	绿	黑绿	48.0	直立	金黄	白	1.20
ZX690	T44	云南省农科院品资站	曲穗绿仙米	中甸	6.02	10.10	123	168.0	绿	绿	55.0	直立	绿	白	1.07
ZX691	T45	云南省农科院品资站	石鼓绿仙米	丽江	6.02	10.06	119	155.0	绿	绿	49.0	直立	绿	白	1.00
ZX692	T46	云南省农科院品资站	石鼓黄仙米	丽江	6.02	10.06	119	165.0	绿	绿	61.0	直立	红棕	白	0.94
ZX693	T47	云南省农科院品资站	石鼓红仙米	丽江	6.02	10.06	119	171.0	绿	紫绿	61.0	直立	紫	白	0.93
ZX694	91－25	云南省农科院品资站	红穗黑仙米	丽江	6.02	10.04	117	171.0	紫绿	紫绿	54.0	直立	紫	黑棕	0.88
ZX695	91－13	云南省农科院品资站	白玉米	姚安	6.02	10.10	123	143.0	紫绿	黑绿	50.0	直立	紫	白	1.00
ZX696	91－26	云南省农科院品资站	马尾仙米	姚安	6.02	10.19	132	111.0	绿	白绿	62.0	下垂	紫	玫红	0.78
ZX697	91－14	云南省农科院品资站	白粒苋	潞西	6.02	10.06	119	132.0	紫绿	绿	42.0	直立	绿	白	0.93
ZX698	91－15	云南省农科院品资站	黑粒苋	潞西	6.02	10.19	132	176.0	紫绿	紫绿	56.0	直立	紫	黑棕	1.00
ZX699	91－37	云南省农科院品资站	野刺苋	潞西	5.21	10.21	146	217.0	绿	绿	56.0	直立	绿	黑	0.73
ZX700	91－16	云南省农科院品资站	红穗苋	广南	6.02	10.06	119	160.0	绿	绿	50.0	直立	绿	白	0.94
ZX701	91－17	云南省农科院品资站	紫穗苋	广南	6.02	10.04	117	156.0	绿	绿	49.0	直立	红棕	黑	1.07
ZX702	91－18	云南省农科院品资站	黑凤尾	宣威	6.02	10.04	117	135.0	绿	绿	43.0	直立	绿	黑	0.94
ZX703	91－19	云南省农科院品资站	白凤尾	宣威	6.02	10.04	117	144.0	绿	绿	45.0	直立	绿	白	0.98
ZX704	91－20	云南省农科院品资站	绿穗苋（黑）	蒙自	6.02	10.08	121	162.0	绿	绿	50.0	直立	紫	棕	0.90
ZX705	91－21	云南省农科院品资站	绿穗苋（白）	蒙自	6.02	10.10	123	167.0	绿	绿	52.0	直立	红	白	1.07
ZX706	91－42	云南省农科院品资站	紫穗苋	蒙自	6.02	10.16	129	159.0	紫绿	黑绿	47.0	直立	紫	黑棕	0.95
ZX707	91－22	云南省农科院品资站	召夸老来红	陆良	5.21	10.21	133	253.0	条红	绿	71.0	直立	红棕	白	0.76

续表 4

国家编号	省编号	保存单位	品种名称	原产地	播种期（月 日）	成熟期（月 日）	生育期（天）	株高（cm）	茎色	叶色	主花序长度（cm）	花序性	花序色	粒色	千粒重（g）
ZX708	91－28	云南省农科院品资站	红穗小米	安宁	6.02	10.08	121	145.0	绿	紫绿	46.0	直立	紫	白	0.80
ZX709	91－29	云南省农科院品资站	白小米	安宁	6.02	10.10	123	145.0	绿	绿	45.0	直立	红棕	白	0.87
ZX710	91－30	云南省农科院品资站	马尾仙米	安宁	6.02	10.16	129	107.0	绿	白绿	72.0	下垂	紫	玫红	0.90
ZX711	91－33	云南省农科院品资站	始甸红小米	安宁	6.02	10.04	117	161.0	绿	翠绿	49.0	直立	绿	白	0.98
ZX712	91－38	云南省农科院品资站	长坡小米	安宁	6.02	10.10	123	111.0	绿	翠绿	39.0	直立	棕褐	棕	0.93
ZX713	91－41	云南省农科院品资站	黄小米	安宁	6.02	10.10	123	102.0	紫绿	翠绿	33.0	直立	绿	黑	0.88
ZX714	91－31	云南省农科院品资站	红穗小米	建水	6.02	10.10	123	179.0	绿	黑绿	52.0	直立	紫	棕	0.90
ZX715	T081	云南省农科院品资站	小黄米	建水	6.02	10.10	123	175.0	绿	黑绿	55.0	直立	紫	金黄	0.94
ZX716	91－44	云南省农科院品资站	狗尾红仙米	剑川	6.02	10.19	132	105.0	绿	白绿	62.0	下垂	紫	玫红	0.93
ZX717	T082	云南省农科院品资站	红球穗黑仙米	剑川	5.21	10.08	133	242.0	红	红	55.0	直立	红	黑棕	0.77
ZX718	T048	云南省农科院品资站	垂穗红仙米	西山	6.02	10.19	132	117.0	绿	白绿	47.0	下垂	紫	玫红	0.80
ZX719	T034	云南省农科院品资站	绿穗黑仙米	西山	6.02	10.16	129	120.0	绿	黑紫	37.0	直立	绿	黑棕	0.95
ZX720	T050	云南省农科院品资站	串红黑小米	西山	6.02	10.16	129	128.0	绿	绿紫	41.0	直立	褐红	黑	0.94
ZX721	91－32	云南省农科院品资站	紫直白小米	西山	6.02	10.10	123	179.0	绿	黑绿	55.0	直立	紫	白	0.83
ZX722	T052	云南省农科院品资站	紫直黑小米	西山	6.02	9.30	113	107.0	紫绿	黑绿	44.0	直立	紫	黑	0.91
ZX723	T035	云南省农科院品资站	矮脚马尾仙米	官渡	6.02	9.30	113	113.0	绿	白绿	49.0	下垂	紫	玫红	0.90
ZX724	91－12	云南省农科院品资站	绿穗黑小米	官渡	6.02	10.04	117	108.0	紫绿	黑绿	37.0	直立	紫	黑棕	0.91
ZX725	T088	云南省农科院品资站	紫穗白小米	官渡	5.21	10.08	133	227.0	红	红	62.0	直立	红	白	0.71
ZX726	T059	云南省农科院品资站	红旱菜	官渡	5.21	11.02	158	109.0	紫	紫	14.0	直立	紫	黑	0.77
ZX727	T060	云南省农科院品资站	绿旱菜	官渡	6.02	10.19	132	36.0	红	黑绿	7.0	直立	绿	黑	0.53

续表 4

国家编号	省编号	保存单位	品种名称	原产地	播种期（月 日）	成熟期（月 日）	生育期（天）	株高（cm）	茎色	叶色	主花序长度（cm）	花序性	花序色	粒色	千粒重（g）
ZX728	T061	云南省农科院品资站	小米菜	官渡	6. 02	10. 04	117	160. 0	紫绿	黑绿	48. 0	直立	紫	黑棕	0. 88
ZX729	T053	云南省农科院品资站	白仙米	云龙	6. 02	10. 06	119	148. 0	绿	绿	49. 0	直立	红棕	白	0. 93
ZX730	T054	云南省农科院品资站	黑仙米	云龙	6. 02	10. 04	117	129. 0	绿	绿	54. 0	直立	棕灰	棕	0. 94
ZX731	T055	云南省农科院品资站	白小米	寻甸	6. 02	10. 16	129	149. 0	绿	黑绿	46. 0	直立	红棕	白	0. 88
ZX732	T056	云南省农科院品资站	黑小米	寻甸	6. 02	10. 06	129	125. 0	绿	黑绿	44. 0	直立	金黄	棕	0. 67
ZX733	T062	云南省农科院品资站	红仙米	会泽	5. 21	10. 20	145	232. 0	绿	绿	71. 0	直立	红	白	0. 73
ZX734	T063	云南省农科院品资站	绿仙米	会泽	5. 21	10. 20	145	221. 0	绿	绿	49. 0	直立	棕	白	0. 73
ZX735	T064	云南省农科院品资站	红吊挂	会泽	5. 21	10. 28	153	211. 0	绿	绿	49. 0	下垂	红	红	0. 75
ZX736	T065	云南省农科院品资站	红穗白凤尾	曲靖	5. 21	10. 19	144	200. 0	红	红	49. 0	直立	红	白	0. 75
ZX737	T066	云南省农科院品资站	红穗黑凤尾	曲靖	5. 21	9. 18	113	187. 0	淡绿	绿	66. 0	直立	黄	棕	0. 77
ZX738	T067	云南省农科院品资站	红穗棕凤尾	曲靖	5. 21	10. 18	143	238. 0	红	红	62. 0	直立	红	棕	0. 80
ZX739	T068	云南省农科院品资站	白仙米	马龙	5. 21	10. 24	149	194. 0	绿	绿	42. 0	直立	棕	白	0. 80
ZX740	T069	云南省农科院品资站	红马尾仙米	马龙	5. 21	10. 28	153	208. 0	绿	绿	50. 0	下垂	玫红	红	0. 73
ZX741	T070	云南省农科院品资站	绿马尾仙米	马龙	5. 21	10. 30	155	188. 0	绿	绿	45. 0	下垂	绿	红	0. 73
ZX742	T071	云南省农科院品资站	红穗小米	武定	5. 21	9. 18	114	162. 0	绿	绿	63. 0	直立	红	棕	0. 78
ZX743	T072	云南省农科院品资站	绿穗小米	武定	5. 21	9. 18	114	167. 0	绿	绿	64. 0	直立	黄	棕	0. 80
ZX744	T087	云南省农科院品资站	绿直穗仙米	呈贡	5. 21	10. 20	145	183. 0	条红	绿	51. 0	直立	棕红	黑	0. 73
ZX745	T074	云南省农科院品资站	红直穗仙米	呈贡	5. 21	10. 21	146	185. 0	红	红	42. 0	直立	红	棕	0. 67
ZX746	T075	云南省农科院品资站	红垂穗仙米	呈贡	5. 21	10. 25	150	167. 0	绿	绿	56. 0	下垂	红	红	0. 67
ZX747	T076	云南省农科院品资站	绿垂穗仙米	呈贡	5. 21	10. 28	153	184. 0	绿	绿	35. 0	下垂	绿	红	0. 73

续表 4

国家编号	省编号	保存单位	品种名称	原产地	播种期（月.日）	成熟期（月.日）	生育期（天）	株高（cm）	茎色	叶色	主花序长度（cm）	花序性	花序色	粒色	千粒重（g）
ZX748	T077	云南省农科院品资站	红穗白仙米	晋宁	5.21	10.20	145	253.0	红	红	59.0	直立	红	白	0.75
ZX749	T078	云南省农科院品资站	红穗黑小米	晋宁	5.21	10.18	143	196.0	红	红	50.0	直立	红	棕	0.80
ZX750	T079	云南省农科院品资站	绿穗黑小米	晋宁	5.21	10.25	150	235.0	绿	绿	60.0	直立	淡棕	棕	0.80
ZX751	T080	云南省农科院品资站	红垂穗小米	晋宁	5.21	10.26	151	205.0	绿	绿	38.0	下垂	玫红	红	0.67

5. 云南省薏苡种质资源入国家库名录

5. The catalogue for the jobs tears germplasm of Yunnan prinvince in the state storeroom

国家编号	省编号	保存单位	品种名称	原产地	播种期（月日）	出苗期（月日）	成熟期（月日）	株高（cm）	叶鞘色	叶色	有效分蘖数	花药色	柱头色	粒形	粒色	千粒重（g）
Z1006	GY122	中国农科院品资所	滇 2	云南	6.20	7.05	12.15	164.6	红	绿	8.0	黄		卵形	棕灰	123.50
Z1024	GYI79	中国农科院品资所	云南薏苡	沧源	6.28	7.07	11.04	186.8	绿	绿	3.8	黄	紫	卵圆	黄褐	74.1
ZI146	GY012	广西农科院品资所	富宁白壳	富宁	6.20	6.28	11.28	206.6	绿	浅绿	1.6	黄	白	圆	白	113.0
Z1147	GY013	广西农科院品资所	富宁黑壳	富宁	6.20	6.28	11.25	160.2	紫	绿	1.8	浅紫	紫	圆	紫黑	93.3
待编号	滇 H002	云南农科院品资站	六谷	广南	4.23	5.08	10.05	187	紫	紫	0.3	褐	紫红	尖卵	深灰	290.4
待编号	滇 H003	云南农科院品资站	糯六谷	广南	4.23	5.08	10.05	191	紫	紫	0.4	绿黄	紫	尖卵	白	105.0
待编号	滇 H004	云南农科院品资站	六谷	马关	4.23	5.07	10.10	203	紫	紫	0.5	褐	紫红	尖卵	黑灰	318.0
待编号	滇 H005	云南农科院品资站	桥头六谷	河口	4.23	5.07	10.01	184	紫	紫	0.3	褐	紫红	长卵	黑	280.0
待编号	滇 H006	云南农科院品资站	糯六谷	富宁	4.23	5.07	10.12	181	紫	紫	0.2	黄	浅褐	尖卵	黑	285.0
待编号	滇 H007	云南农科院品资站	八寨六谷	马关	4.23	5.08	10.02	178	紫	紫	0.7	褐红	紫红	尖卵	白	108.7
待编号	滇 H010	云南农科院品资站	六谷	西畴	4.23	5.18	10.12	202	紫	紫	0.5	黄	紫红	卵圆	灰白	235.0
待编号	滇 H013	云南农科院品资站	数珠谷	昆明	4.23	5.15	10.01	192	绿	绿	1.4	黄	紫红	尖卵	淡灰	173.0
待编号	滇 H014	云南农科院品资站	文茂六谷	云县	4.23	5.08	10.30	201	紫	紫	0	褐	紫	卵圆	花灰	248.0
待编号	滇 H015	云南农科院品资站	营上六谷	富源	4.23	5.18	10.20	112	紫	紫	0	黄	紫	卵圆	白	110.0
待编号	滇 H016	云南农科院品资站	小街六谷	文山	4.14	5.04	11.22	182	紫	紫	0.3	褐	紫	尖卵	黑灰	102.0
待编号	滇 H023	云南农科院品资站	饭六谷	澜沧	4.14	4.28	10.05	175	紫	紫	0.9	紫褐	紫	卵圆	灰白	160.0
待编号	滇 H024	云南农科院品资站	糯六谷	澜沧	4.14	4.28	11.05	214	绿	绿	0.4	黄绿	紫	卵圆	白	89.0
待编号	滇 H025	云南农科院品资站	饭六谷	勐海	4.14	4.30	11.25	242	紫	紫	0.3	浅褐	紫	尖卵	黑灰	115.0
待编号	滇 H026	云南农科院品资站	糯六谷	勐海	4.14	4.28	11.15	256	紫	紫	1.36	黄	紫	尖卵	灰白	115.0

续表 5

国家编号	省编号	保存单位	品种名称	原产地	播种期（月日）	出苗期（月日）	成熟期（月日）	株高（cm）	叶鞘色	叶色	有效分蘖数	花药色	柱头色	粒形	粒色	千粒重（g）
待编号	滇 H027	云南农科院品资站	巴达糯六谷	勐海	4.14	5.04	11.12	229	紫	紫	0.4	黄	紫	卵	灰白	190.0
待编号	滇 H028	云南农科院品资站	野六谷	勐海	4.14	5.04	11.22	279	紫	紫	0.6	黄	紫	卵圆	绿白	155.0
待编号	滇 H029	云南农科院品资站	南雅六谷	孟连	4.14	5.04	10.01	185	紫	紫	1.0	黄	紫	尖卵	灰黑	90.0
待编号	滇 H030	云南农科院品资站	那素六谷	富宁	4.14	4.28	11.15	268	紫	紫	0.2	黄	紫	卵圆	白绿	100.0
待编号	滇 H031	云南农科院品资站	旧腮六谷	富宁	4.14	4.30	10.10	172	紫	紫	1.0	黄	紫	尖卵	灰白	105.0
待编号	滇 H032	云南农科院品资站	硬六谷	富宁												
待编号	滇 H033	云南农科院品资站	糯六谷	富宁												
待编号	滇 H35	云南农科院品资站	黑糯六谷	河口												
待编号	滇 H38	云南农科院品资站	硬六谷	兰坪												
待编号	滇 H39	云南农科院品资站	多年生六谷	昆明												

6. 云南省藜属、地肤属种质资源入国家库名录

6. The catalogue for the Chenopodium、Kochia germplasm of Yunnan prinvince in the state storeroom

国家编号	省编号	保存单位	品种名称	原产地	播种期（月 日）	成熟期（月 日）	生育期（天）	株高（cm）	茎色	叶色	主花序长度（cm）	花序性	花序色	粒色	千粒重（g）
ZL008	T90	云南省农科院品资站	红心灰藜	安宁	5.08	9.28	140	233.0	红绿	绿	54.0	下垂	红	黑	1.30
ZD009	T89	云南省农科院品资站	扫帚菜	昆明	5.12	10.18	156	166.0	绿	灰绿	1.8	卵圆	绿白	淡褐	1.30

7. 云南省黍种质资源入国家库名录

7. The catalogue for the proso germplasm of Yunnan prinvince in the state storeroom

国家编号	省编号	品种名称	原产地	保存单位	株高（cm）	主穗长（cm）	主茎节数	花序色	穗型	粒色	米色	单株	粒重（g）	千粒重（g）	播种期（月日）	出苗期（月日）	抽穗期（月日）	成熟期（月日）	生育期（天）	落粒性	倒伏性（级）
4855	01	芒康小黍	双江	云南省农科院	132	37.20	7.10	绿	侧	黄	淡黄	15.00	5.7	5.20	5.27	7.25	9.01	96	中		
4856	02	白小黍	德钦	云南省农科院	147	28.10	8.60	绿	侧	黄	淡黄	14.10	6.9	5.20	5.27	8.04	9.11	106			
4857	03	细黍	墨江	云南省农科院	139	36.20	8.10	绿	侧	白	淡黄	20.10	4.5	5.20	5.26	7.17	9.02	98			
4858	04	靠陆	墨江	云南省农科院	145	39.20	8.00	绿	侧	白	淡黄	8.40	4.4	5.20	5.26	7.17	9.02	98			
4859	05	早红小黍	官渡	云南省农科院	109	29.90	7.80	绿	侧	红	黄	7.90	6.5	5.20	5.26	7.13	8.27	92			
4860	06	长穗白小黍	官渡	云南省农科院	118	41.10	6.90	绿	侧	黄	淡黄	15.50	4.5	5.20	5.26	7.29	8.25	90			
5818	031－024	白黍	云南	伊盟农科所	115	26.70	7.50	绿	侧	白灰	淡黄	3.80	8.5	5.20	5.26	7.30	9.17	114	轻	2	
6890	云南 32	白小米	云南	中国农科院品资所	51	11.20	4.00	绿	散	白	黄	7.50	5.1	5.20	5.22	7.26	9.22	123	重	0	

8. 云南省狗尾草种质资源入国家库名录

8. The catalogue for the foxtailgrass germplasm of Yunnan prinvince in the state storeroom

国家编号	省编号	品种名称	原产地	保存单位	幼苗叶色	幼苗鞘色	一株茎数	主茎长度(cm)	主茎节数	主穗长度(cm)	穗型	刺毛长短	粒色	米色	抽穗日数(天)	生育期(天)	一株秆重(g)	一株粒重(g)	千粒重(g)	落粒性	倒伏性	备注
G012	张 18	狗尾草	云南	河北张家口地区农科所	绿	绿	5.6	162.0	9.0	20.0	纺锤	长	浅黄	灰	59	99	76.5	12.8	1.5	中	0	青狗尾草
G027	中品 81963	狗尾草	昆明	黑龙江农科院	绿	紫	2.6	93.6	11.1	13.3	纺锤	中	青灰	灰黑	44	82	6.0	2.1	0.8	强	0	青狗尾草
G058	晋谷 279	狗尾草	云南	山西农科院谷子所	绿	绿	4.7	110.9	10.9	19.4	纺锤	长	灰青	淡黄	67	128	29.5	12.1	1.4	强	3	青狗尾草
G176	滇 S74	饲用草谷	洱源	云南省农科院	绿	绿	1.4	132.7	15.4	13.7	纺锤	中长	青灰	灰黑	46	76	5.0	1.0	1.02	强	1	青狗尾草

9. 云南省食用稗种质资源入国家库名录

9. The catalogue for the barnyard millet germplasm of Yunnan prinvince in the state storeroom

国家编号	省编号	品种名称	原产地	保存单位	一株茎数	主茎长度(cm)	主茎直径(cm)	主茎节数	主穗长度(cm)	穗型	粒色	米色	出苗—抽穗日数	生育期(天)	一株秆重(g)	一株粒重(g)	千粒重(g)	落粒性	倒伏性
B110	滇 S71	食用稗	丽江	云南省农科院品资站	3.0	150.0	0.60	7.8	17.7	纺锤	草灰	牙白	86	132	14.6	6.1	4.00	中	0
B127	滇 H17	食用稗	富源	云南省农科院品资站	2.8	155.0	0.76	7.8	162	纺锤	灰褐	灰白	83	115	13.0	1.4	5.50	不	0
B128	滇 H18	白稗	宜良	云南省农科院品资站	4.2	160.0	0.56	7.6	24.9	纺锤	灰	灰黄	99	126	24.0	6.1	11.00	不	0
B129	滇 H08	食用稗	昆明	云南省农科院品资站	5.6	80.0	0.34	5.5	15.1	纺锤	灰白	灰绿	97	119	3.1	1.9	3.30	强	1
B130	滇 H19	青稗	昆明	云南省农科院品资站	7.7	61.0	0.37	5.9	14.7	梭形	灰绿	浅灰黄	87	109	2.6	2.5	1.80	强	0
B131	滇 H09	食用稗	安宁	云南省农科院品资站	3.3	92.0	0.26	6.3	14.7	纺锤	灰	灰白	91	117	2.7	1.6	2.80	强	1
B132	滇 H21	食用稗	姚安	云南省农科院品资站	1.3	123.0	0.48	10.2	18.8	纺锤	灰	灰黄	113	134	8.8	3.2	4.10	弱	0
B133	滇 H11	大稗	剑川	云南省农科院品资站	1.5	100.0	0.60	7.0	13.2	纺锤	浅灰白	灰黄	79	113	4.6	4.0	11.50	弱	0
B134	滇 H12	红毛稗	剑川	云南省农科院品资站	5.8	154.0	0.74	6.8	16.4	纺锤	灰	灰白	73	107	14.0	3.6	4.90	弱	0
B135	滇 H20	旱稗	勐海	云南省农科院品资站	2.3	155.0	0.36	8.4	18.2	纺锤	深灰	灰黄	149	172	30.0	3.7	4.20	弱	0

10. 云南省龙爪稷种质资源入国家库名录

10. The catalogue for the finger millet germplasm of Yunnan prinvince in the state storeroom

国家编号	省编号	品种名称	原产地	保存单位	一株茎数	主茎长度(cm)	主茎直径(cm)	主茎节数	主穗长度(cm)	主穗分枝数	粒色	米色	出苗—抽穗日数	生育期(天)	一株秆重(g)	一株粒重(g)	千粒重(g)	落粒性	倒伏性
L013	中品 78	小红米	云南	中国农科院品资所	1.2	95.5	0.92	7.3	6.8	10.9	灰褐	棕红	112	148	7.4	3.3	1.95		0
L014	中品 97	德露邦打	贡山	中国农科院品资所	1.3	101.7	0.73	7.5	9.2	7.9	灰褐	棕红	109	149	9.9	3.8	1.75		0
L015	中品 98	杂九邦打	贡山	中国农科院品资所	1.9	98.9	0.73	9.1	7.9	10.5	灰褐	棕	118	154	8.5	3.4	2.00		0

续表 10

国家编号	省编号	品种名称	原产地	保存单位	一株茎数	主茎长度（cm）	主茎直径（cm）	主茎节数	主穗长度（cm）	主穗分枝数	粒色	米色	出苗—抽穗日数	生育期（天）	一株秆重（g）	一株粒重（g）	千粒重（g）	落粒性	倒伏性
L016	中品 132	红米	腾冲	中国农科院品资所	1.2	86.3	0.90	7.8	7.5	8.0	灰褐	红	116	152	24.3	1.5	1.35		0
L064	滇 S06	察隅小米	贡山	云南省农科院	6.0	114.0	0.60	5.0	5.3	5.7	褐	紫黑	73	131	16.1	7.1	2.40		0
L065	滇 S08	印度谷子	贡山	云南省农科院	7.5	108.0	0.50	6.1	6.1	5.9	褐	红	92	141	19.0	5.6	2.30		0
L066	滇 S26	红米	龙陵	云南省农科院	8.7	102.0	0.50	5.6	5.4	5.4	褐	红	104	144	12.5	6.0	3.40		0
L067	滇 S12	小 红 米	云县	云南省农科院	8.0	108.0	0.50	5.6	5.3	5.3	褐	红	92	141	13.4	7.0	2.30		0
L068	滇 S27	团团小红米	墨江	云南省农科院	10.3	93.0	0.40	5.9	5.7	6.0	褐灰	红	102	144	14.0	5.4	3.40		0
L069	滇 S45	粟 子	勐海	云南省农科院	10.6	100.0	0.40	5.5	5.0	5.5	褐	红	102	139	21.2	5.9	2.20		0
L268	滇 S90	多 子	富源	云南省农科院	1.2	130.0	0.63	6.6	11.8	7.1	褐	红	117	169	23.0	5.1	2.80		0
L269	滇 S91	多 子	曲靖	云南省农科院	1.1	128.0	0.58	6.4	10.6	6.7	褐	红	117	169	20.0	4.7	2.40		0
L270	滇 S107	鸡爪稗	富宁	云南省农科院	4.1	136.0	0.66	6.5	15.7	7.3	褐	黄红	109	157	65.0	6.0	2.90		0
L271	滇 S108	鸡爪稗	富宁	云南省农科院	5.7	91.0	0.66	4.7	7.1	10.9	褐	红	114	175	46.0	6.6	2.10		0
L272	滇 S112	小红米	砚山	云南省农科院	3.4	110.0	0.50	6.0	7.6	7.0	褐	红	114	165	39.0	5.2	1.60		0
L273	滇 S80	小红米	麻栗坡	云南省农科院	1.4	107.0	0.83	6.2	8.7	7.4	褐	红	119	160	16.0	5.3	2.90		0
L274	滇 S79	小红米	马关	云南省农科院	1.3	126.0	0.70	7.3	11.3	6.7	褐	黄红	117	154	36.0	3.5	2.20		0
L275	滇 S81	小红米	马关	云南省农科院	1.3	96.0	0.63	7.1	7.9	6.8	褐	红	138	166	35.0	2.5	1.70		0
L276	滇 S92	鸡爪稗	云县	云南省农科院	1.0	116.0	0.56	6.3	7.8	7.7	褐	红	119	169	17.0	4.3	2.30		0
L277	滇 S102	鸡爪稗	云县	云南省农科院	5.3	81.0	0.60	7.0	11.0	9.0	褐	红	112	167	34.0	6.5	2.20		0
L278	滇 S98	小红米	孟连	云南省农科院	3.5	132.0	0.49	7.4	8.7	7.0	褐	紫红、黑	111	155	34.0	4.1	2.80		0

云南作物种质资源

YUNNAN CROP GERMPLASM RESOURCES

蔬菜篇

Volume Vegetable

主编：周立端

Chief editor: Zhou Liduan

副主编：龙荣华

Deputy editor: Long Ronghua

编写单位：云南省农业科学院园艺作物研究所

云南省农业科学院生物技术与种质资源研究所

编写人员：（按姓氏笔画排序）

龙荣华　龙洪进　刘发万　杨兴华

杨敏杰　张丽琴　周立瑞　孟金贵

龚亚菊　韩嘉义　暴卓然

审稿人员：

朱德蔚　吴明珠　吴自强　魏荣城

一、根菜类

宜良臭参
Codonopsis bulleyana Forest ex Diels

昆明三月萝卜 *Raphanus sativus* L. var. *longipinnatus* Bailey

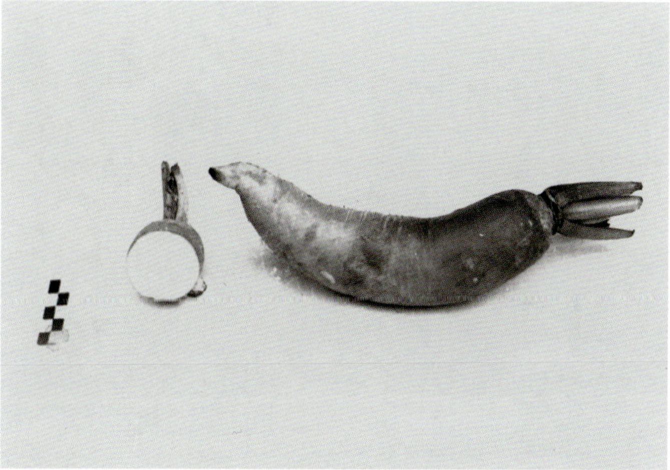

紫红萝卜 *Raphanus sativus* L. var. *longipinnatus* Bailey

冬萝卜
Raphanus sativus L. var. *longipinnatus* Bailey

巧家红萝卜 *Raphanus sativus* L. var. *longipinnatus* Bailey

昆明半节红
Raphanus sativus L. var. *longipinnatus* Bailey

昆明水萝卜
Raphanus sativus L. var. *longipinnatus* Bailey

通海春籽萝卜
Raphanus sativus L. var. *longipinnatus* Bailey

玉溪冬萝卜
Raphanus sativus L. var. *longipinnatus* Bailey

芜菁甘蓝
Brassica napobrassica(L.) DC.

二、瓜　类

昆明癞瓜

Cucurbita moschata Duch. ex Poir. var. *melonaeformis* Bailey

通海癞瓜

Cucurbita moschata Duch. ex Poir. var. *melonaeformis* Bailey

昆明大麦瓜

Cucurbita moschata Duch. ex Poir. var. *melonaeformis* Bailey

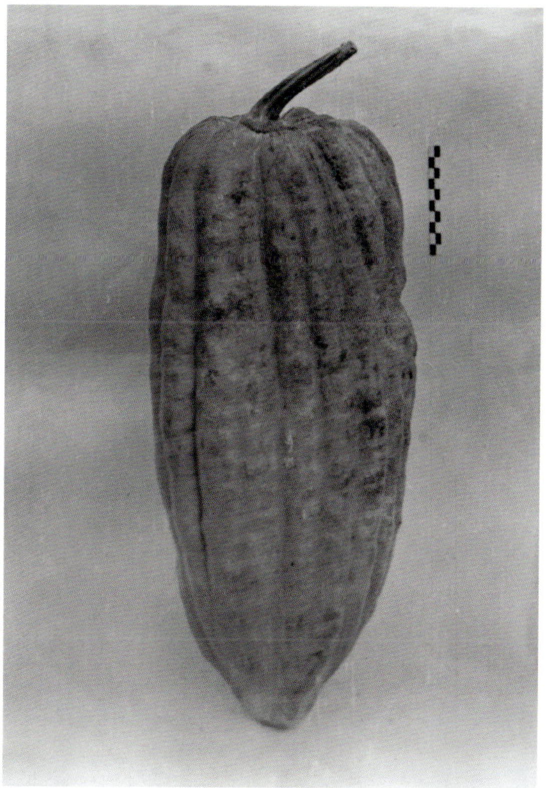

中国长形南瓜

Cucurbita moschata Duch. ex Poir. var. *toonas* Makino

开远白打瓜

Cucurbita moschata Duch. ex Poir. var. *toonas* Makino

易门姜饼瓜

***Cucurbita moschata* Duch. ex Poir. var. *melonaeformis* Bailey**

黑籽南瓜（特有南瓜种类）

***Cucurbita ficifolia* Bouche**

昆明黑绿小毛瓜

***Cucurbita moschata* Duch. ex Poir. var. *melonaeformis* Bailey**

昆明黑绿麦瓜

***Cucurbita moschata* Duch. ex Poir. var. *melonaeformis* Bailey**

长形版纳黄瓜

***Cucumis sativus* L. var. *xishuangbannanesis* Qi et Yuan.**

圆形版纳黄瓜

***Cucumis sativus* L. var. *xishuangbannanesis* Qi et Yuan.**

昆明本地早黄瓜 ***Cucumis sativus* L.**

昆明早黄瓜

西双版纳黄瓜（新变种）

老熟西双版纳黄瓜（纵剖面）

***Cucumis sativus* L. var. *xishuangbannanesis* Qi et Yuan.**

云南野甜瓜　***Cucumis yunnanensis* Wu**

昭通大黄瓜　***Cucumis sativus* L.**

云南野甜瓜

***Cucumis yunnanensis* Wu**

昆明马尾丝瓜

Luffa cylindrica **(L.) M. J. Roem. var.** ***longsissima*** **Makino**

思茅短丝瓜

Luffa cylindrica **(L.) M. J. Roem. var.** ***minor*** **Chakr.**

瑞丽短丝瓜

Luffa cylindrica **(L.) M. J. Roem. var.** ***minor*** **Chakr.**

元江短丝瓜

Luffa cylindrica **(L.) M. J. Roem. var.** ***minor*** **Chakr.**

个旧短丝瓜　*Luffa cylindrica* (L.) M. J. Roem. var. *minor* Chakr.

十棱丝瓜　*Luffa acutangula* (L.) Roxb.

大理丝瓜
Luffa cylindrica (L.) M. J. Roem. var. *minor* Chakr.

大白苦瓜 ***Momordica charantia* L.**

粉皮冬瓜

***Benincasa hispida* Cogn.**

勐伦野苦瓜 ***Momordica charantia* L.**

细籽冬瓜 ***Benincasa hispida* Cogn.**

长瓠瓜　*Lagenaria siceraria* (Molina) Standl. var. *clavata* Hara

葫芦形瓠瓜

Lagenaria siceraria (Molina) Standl. var. *gourda* (Ser.) Hara

洋丝瓜（佛手瓜）　*Sechium edule* (Jacq.) Swartz

蛇瓜　*Trichosanthes anguina* L.

辣椒瓜(特有瓜类)
Cyclanthera pedata (L.) Sehrad.

钮子瓜　*Zehneria maysorensis* Arn. in Hook.

腾冲老鼠瓜　*Trichosanthes* sp.

三、茄果类

昆明紫长茄
Solanum melongena L. var. *serpentinum* L. H. Bailey

大理棒头茄
Solanum melongena L. var. *serpentinum* L. H. Bailey

马来亚茄
Solanum melongena L. var. *serpentinum* L. H. Bailey

开远胭脂茄
Solanum melongena L. var. *serpentinum* L. H. Bailey

大理荷包茄
Solanum melongena L. var. *esculentum* Nees

祥云荷包茄
Solanum melongena L. var. *esculentum* Nees

建水紫红茄
***Solanum melongena* L. var. *serpentinum* L. H. Bailey**

建水白圆茄
***Solanum melongena* L. var. *esculentum* Nees**

西双版纳小紫茄
***Solanum melongena* L. var. *esculentum* Nees**

野茄(黄香果)
***Solanum coagulans* Forsk.**

思茅白野茄
Solanum melongena L. var. *esculentum* Nees

直把小苦子(樱桃野茄)
Solanum melongena L. var. *esculentum* Nees

思茅紫野茄
Solanum melongena L. var. *esculentum* Nees

苦茄
Solanum yingjiangense Liu Li et Zhou

盈江苦茄

Solanum yingjiangense **Liu Li et Zhou**

腾冲红茄　*Solanum integrifolium* **Poir.**

昆明牛心辣

Capsicum annuum **L. var.** *breviconoideum* **Haz.**

昭通大牛角辣

Capsicum annuum **L. var.** *longum* **Bailey**

昆明铁角辣

Capsicum annuum **L. var.** *longum* **Bailey**

迤车辣
Capsicum annuum L. var. *dactylus* M.

会泽迤车辣线形椒
Capsicum annuum L. var. *dactylus* M.

保山大辣　*Capsicum annuum* L. var. *longum* Bailey

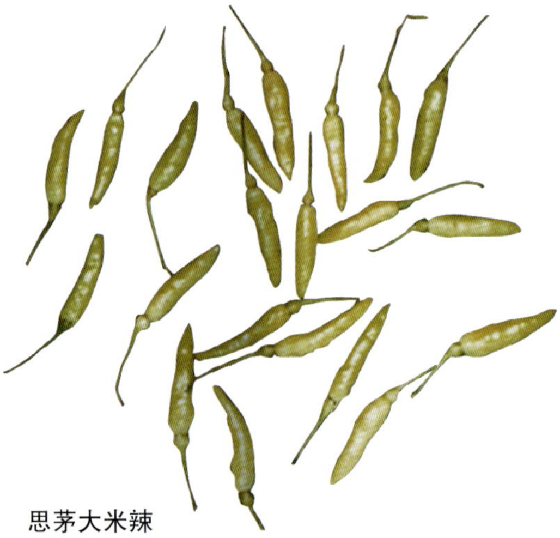

思茅大米辣
Capsicum annuum L. var. *capsicum annuum* L.

羊角辣
Capsicum annuum L. var. *longum* Bailey

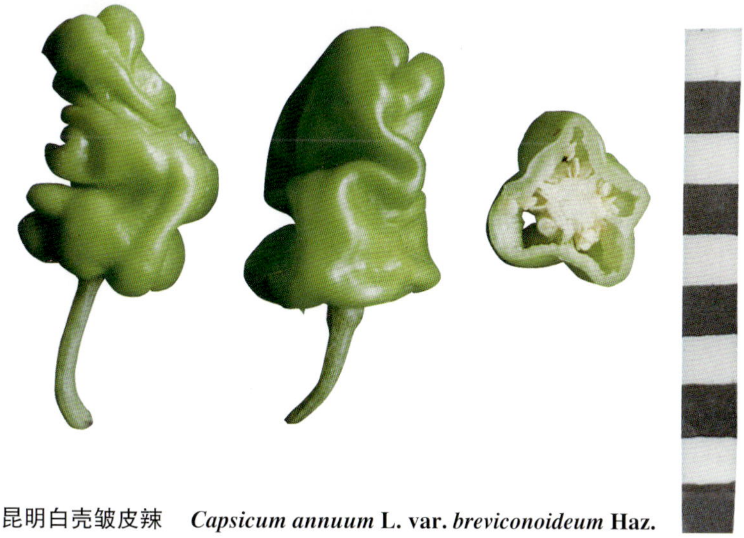

昆明白壳皱皮辣 *Capsicum annuum* L. var. *breviconoideum* Haz.

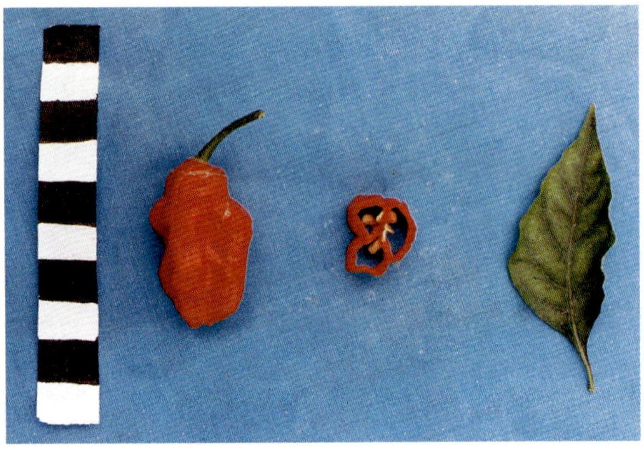

思茅涮辣(珍稀特有的种质资源)　*Capsicum frutescens* L. var. *shuanlaense* Z. Liu et L.

昆明羊角辣
Capsicum annuum L. var. *longum* Bailey

昭通大牛角辣
Capsicum annuum L. var. *longum* Bailey

黑皮辣 *Capsicum annuum* L. var. *capsicum annuum* L.

思茅樱桃番茄
Lycopersicon esculentum Mill. var. *cerasiforme* Alef.

保丰辣椒 *Capsicum annuum* L. var. *longum* Bailey

引进樱桃番茄
Lycopersicon esculentum Mill. var. *cerasiforme* Alef.

树番茄
Cyphomandra betacea Sendt.

四、豆类

玉溪高菜豆
Phaseolus vulgaris L. var. *chinensis* L.

昆明花雀蛋豆
Phaseolus vulgaris L. var. *chinensis* L.

昆明大刀豆
Phaseolus vulgaris L. var. *chinensis*.

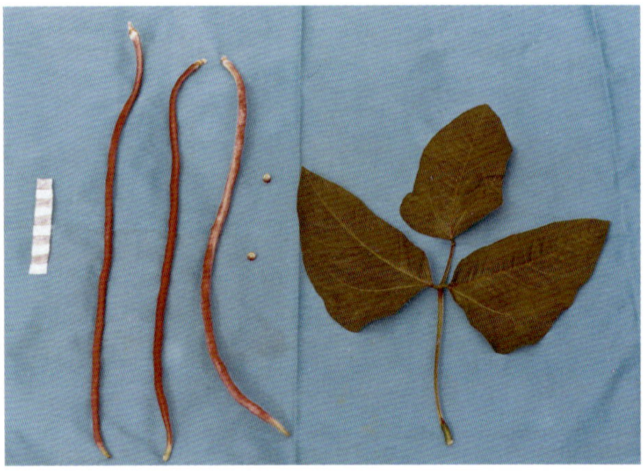

紫花豇豆
Vigna unguiculata (L.) Walp. ssp. *sesquipedalis* (L). Verdc.

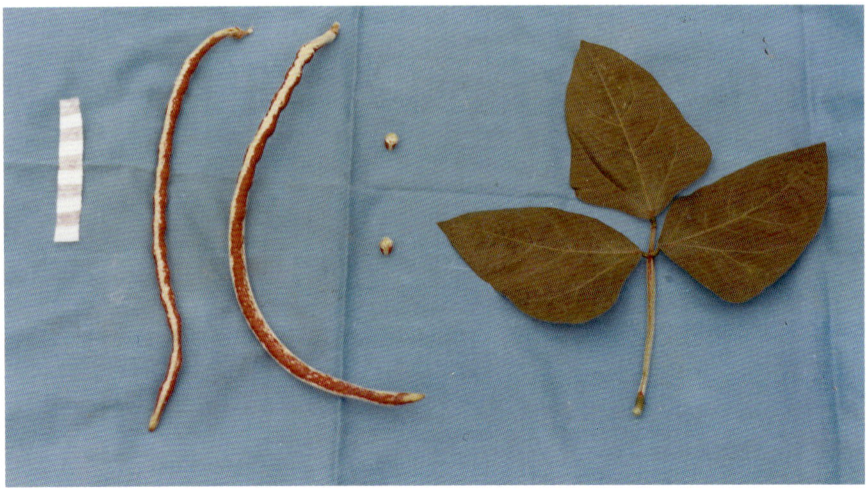

昆明金边豇豆
Vigna unguiculata (L.) Walp. ssp. *sesquipedalis* (L.) Verdc.

伸手白扁豆　*Dolichos lablab* L.

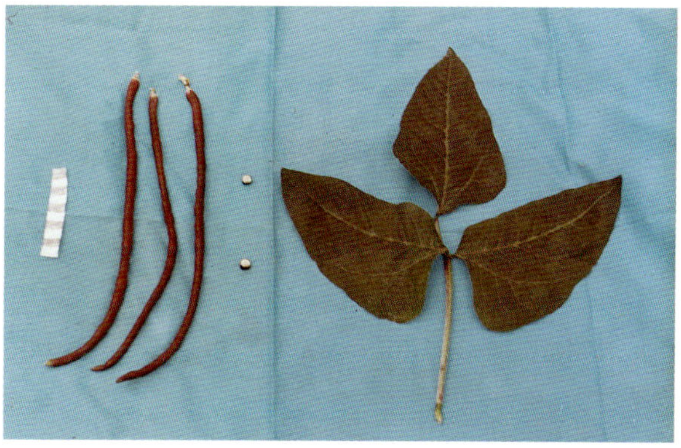

紫豇豆

Vigna unguiculata (L.) Walp. ssp. *sesquipedalis* (L.) Verdc.

裹藤白扁豆　*Dolichos lablab* L.

莱豆(荷包豆)　*Phaseolus limensis* Macf.

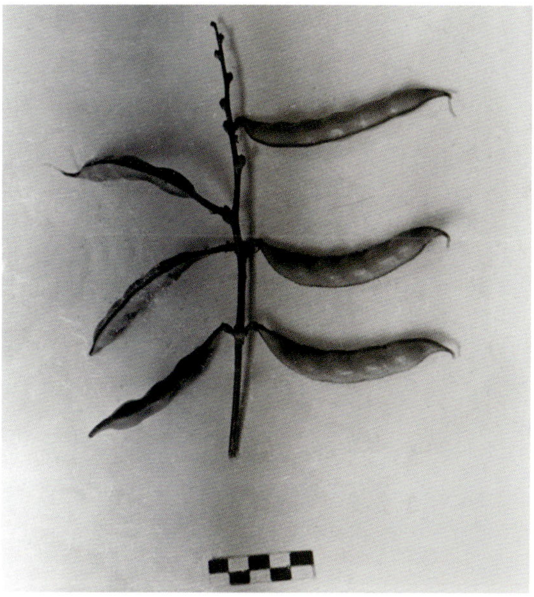

小扁豆　*Dolichos lablab* L.

德宏四棱豆　*Psophocarpus tetragonolobus* (L.) DC.

五、白菜类

大种江苏白　*Brassica campestris* L. ssp. *pekinensis* (Lour.) Olsson var. *cephalata* Tsen et Lee.

白菜心
Brassica campestris L. ssp. *chinensis* (L.) Makino var. *utilis* Tsen et Lee.

会泽黑二茵白菜
Brassica campestris L. ssp. *pekinensis* (Lour.) Olsson var. *dissoluta* Li.

会泽大裹心白菜
Brassica campestris **L. ssp.** ***pekinensis*** **(Lour.) Olsson var.** ***laxa*** **Tsen et Lee.**

东川黑叶白
Brassica campestris **L. ssp.** ***pekinensis*** **(Lour.) Olsson var.** ***infacta*** **Li**

通海早白菜
Brassica campestris **L. ssp.** ***pekinensis*** **(Lour.) Olsson var.** ***cephalata*** **Tsen et Lee.**

保山瓢匙白
Brassica campestris **L. ssp.** ***chinensis*** **(L.) Makino var.** ***communis*** **Tsen et Lee.**

昆明矮桩成都白
Brassica campestris L. ssp. *pekinensis* (Lour.) Olsson var. *cephalata* Tsen et Lee.

昆明乌塌菜
Brassica campestris L. ssp. *chinensis* (L.) Makino var. *rosularis* Tsen et Lee.

黄秧白
Brassica campestris L. ssp. *pekinensis* (Lour.) Olsson var. *laxa* Tsen et Lee.

绿叶白
Brassica campestris L. ssp. *pekinensis* (Lour.) Ols-son var. *infacta* Li.

六、芥菜类

萝卜叶根用芥菜

Brassica juncea **(L.) Czern. et Coss. var.** ***megarrhiza*** **Tsen et Lee**

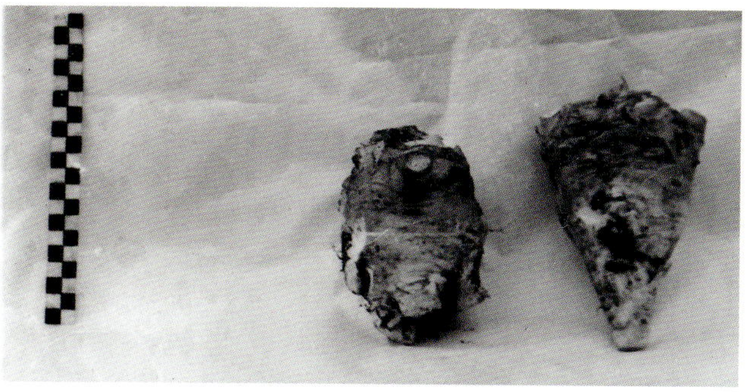

昆明萝卜叶根用芥菜

Brassica juncea **(L.) Czern. et Coss. var.** ***megarrhiza*** **Tsen et Lee**

大叶芥菜(下关大茎菜) ***Brassica juncea*** **(L.) Czern. et Coss. var.** ***rugosa*** **Bailey**

昆明粉杆青菜

Brassica juncea **(L.) Czern. et Coss. var.** ***rugosa*** **Bailey**

个旧鸡啄叶青菜 ***Brassica juncea*** **(L.) Czern. et Coss. var.** ***multiseta*** **Bailey**

中甸鸡冠青菜
Brassica juncea (L.) Czern. et Coss. var. *rugosa* Bailey

腾冲大叶青菜
Brassica juncea (L.) Czern. et Coss. var. *latipa* Li.

包心苦菜　*Brassica juncea* (L.) Czern. et Coss. var. *strumata* Tsen et Lee

中甸春不老青菜
Brassica juncea (L.) Czern. et Coss. var. *latipa* Li

扁杆青菜
Brassica juncea (L.) Czern. et Coss. var. *latipa* Li

七、甘蓝类

建水青花

***Brassica oleracea* L. var. *italica* P.**

昆明大种花菜

***Brassica oleracea* L. var. *botrytis* L.**

蒙自花菜

***Brassica oleracea* L. var. *botrytis* L.**

八、芋 类

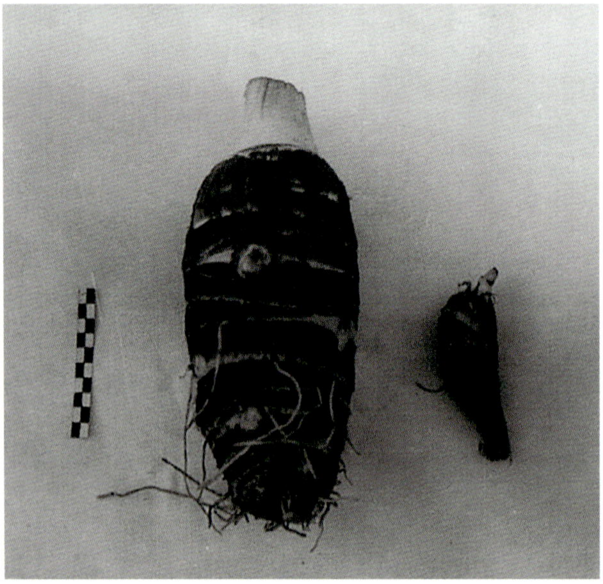

瑞丽芋 *Colocasia esculenta solitarius* Chang

河口紫杆芋 *Colocasia esculenta* var. *peliolatus* Chang

开远鸡腿芋
Colocasia esculenta compactus Chang

绿杆芋头花
Colocasia esculenta var. *in-florescens* Chang

河口芋菜
Colocasia esculenta (L.) Schott var. *petiolatus* Chang

红杆芋
Colocasia esculenta (L.) Schott var. *petiolatus* Chang

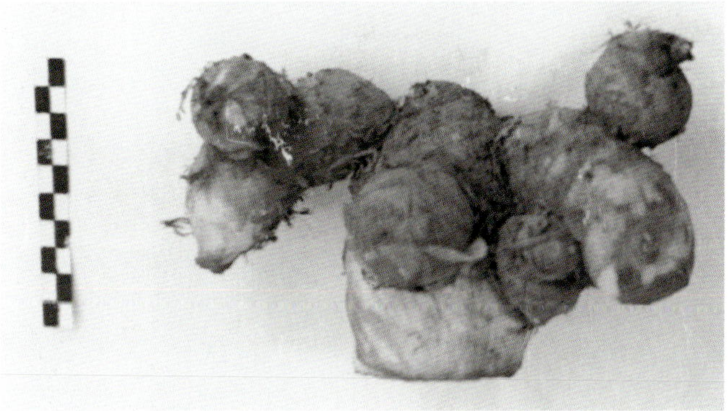

白芋　*Colocasia esculenta globuliferum* Chang

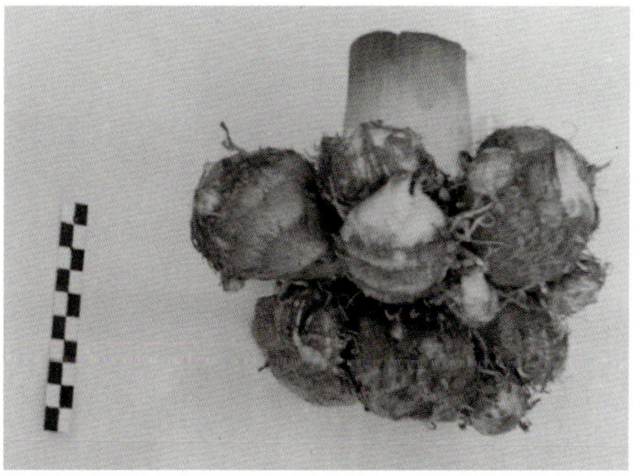

绿杆芋　*Colocasia esculenta compactus* Chang

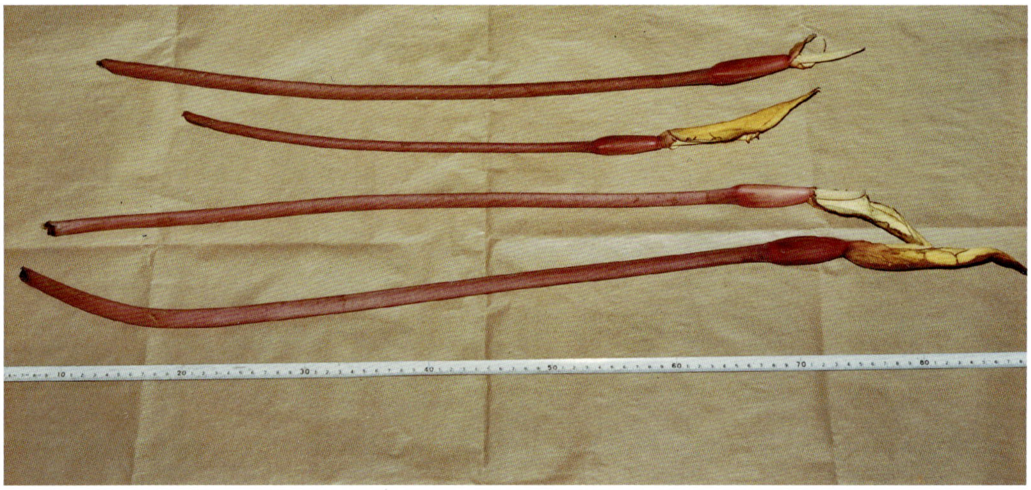

芋头花　*Colocasia esculenta* var. *inflorescens* Chang

倒掌山药 *Dioscorea batatas* Decne.

火炕山药 *Dioscorea batatas* Decne. var *typical* Makino

富民棒山药 *Dioscorea batatas* Decne. var. *rakuda* Makino

罗平黄姜 *Zingiber officinale* Roscoe.

黄花菜 *Hemerocallis citrina* Baroni

九、水生菜类

草芽 *Typha latifolia* L.

打线蛇慈姑 *Sagittaria sagittifolia* L.

十、绿叶蔬菜类

耐热良种——苦荬叶莴笋 *Lactuca sativa* L. var. *asparagina* Baiey

昆明粉叶莴笋 *Lactuca sativa* L. var. *asparagina* Baiey

开远尖叶莴笋

***Lactuca sativa* L. var. *asparagina* Baiey**

建水苦荬叶莴笋

***Lactuca sativa* L. var. *asparagina* Baiey**

圆叶莴笋　***Lactuca sativa* L. var. *asparagina* Baiey**

绿小米菜 *Amaranthus mangostanus* L.

红苋菜 *Amaranthus mangostanus* L.

薄荷
Mentha haplocalyx Briq.

红梗牛皮菜
Beta vulgaris L. var. *cicla* L.

枸杞尖
Lycium chinense Mill

黎蒿
Artemisia selengensis **Turcz. ex Besser**

茼蒿
Chrysanthemum coronarium **L.**

大理芝麻菜　***Eruca sativa*** **Mill.**

昆明茴香　***Foneniculum vulgare*** **Mill.**

豆腐菜
Basella alba **L.**

圆叶菠菜　*Spinacia oleracea* L. var. *inermis* Peterm.

蕹菜　*Ipomoea aquatica* Forsk.

芫荽　*Coriandrum sativum* L.

十一、葱蒜类

弥渡紫皮蒜

***Allium sativum* L.**

草果

***Amomum tsao-ko* Crevost et Lemaire**

八角

***Illicium verum* Hook. f.**

宽叶茎菜 *Allium hookeri* Thwaites

山韭菜根
Allium hookeri Thwaites

洋蒜
Allium sativum L.

分葱
Allium fistulosum L. var. *caespitosum* Makino

红葱
Allium schoenoprasum L.

窄叶根韭
Allium tuberosum Rottl. ex Spr.

十二、杂类

牛蒡　*Arctium lappa* L.

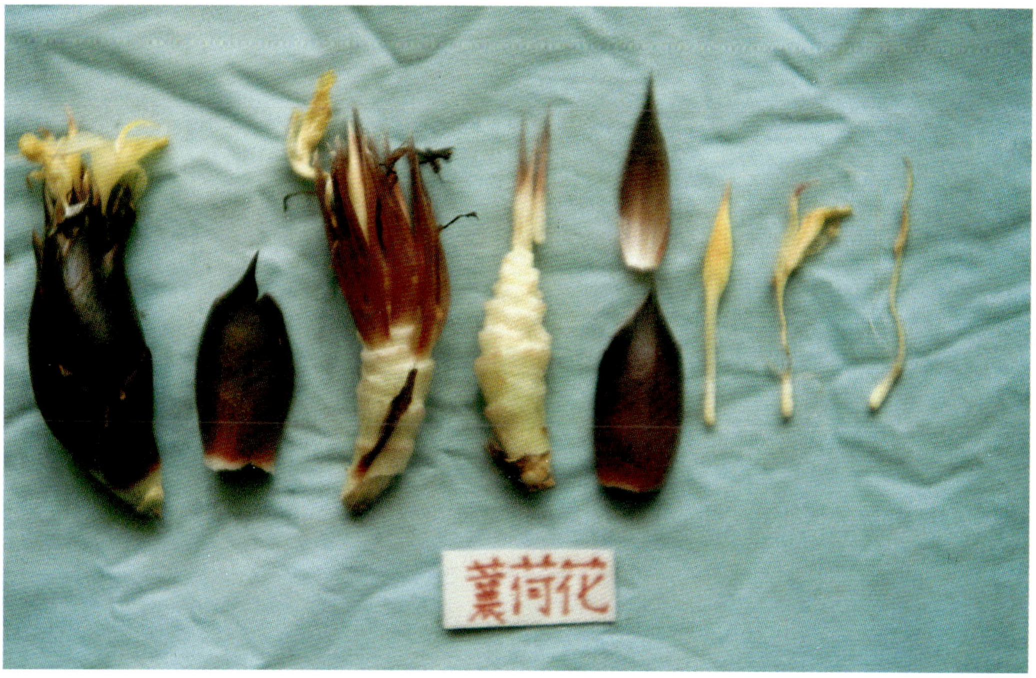

蘘荷花　*Zingiber mioga* (Thunb.) Rosc.

十三、野菜类

大理海菜花

Ottelia acuminata (Gagnep.) Dandy

云南木鳖(果实)

Momordica dioica Roxb. ex Willd.

高河菜

***Megacarpaea delawyi* Franch.**

刺芫荽

***Eryngium foetidum* L.**

云南山嵛菜

***Eutrema yunnanense* Franch.**

吉龙草
Elsholtzia communis (Coll. et Hemsl.) Diels

树花　*Evernina mesomorpha* Nyl.

车前草　*Plantago erosa*

金雀花
Caragana sinica (Buc' hoz.) Rehd.

甜菜　*Melientha longistaminea* W. Z. Li

绿蕨菜
Pteridium aquilinum (L.) kuhn.

酸木瓜(红花) *Chaenomeles speciosa* (Sweet) Nakai

弯根 *Colocasia fallax* Schott.

香香菜 *Elsholtzia kachinensis* Prain

地涌金莲 *Musella lasiocarpa* (Fr.) C. Y. Wu ex H. W. Li

鸡脚刺　*Cirsium chlorolepis* **Petrak ex Hand. –Mazz.**

臭菜　*Acacia pennata* **(L.) Willd.**

竹叶菜
Smilacina oleracea **(Baker) Hook. F.**

元江芦荟　*Aloe vera* **L. var.** *chinensis* **(Haw.) Berg.**

十四、蔬菜栽培新技术

冷凉山区夏秋蔬菜生产

蔬菜拱棚栽培

塑料拱棚大面积栽培蔬菜

无土栽培生菜（水培）

无土栽培樱桃番茄（基质培）

红茄　*Solanum integrifolium* Poiy.

南瓜　*Cucurbita moschata* Duch. ex Poir.

前 言

云南蔬菜类植物是在立体气候、立体地形条件下生长和繁衍的，加之各民族及不同地区群众食用习惯不同，再经过长期自然选择和人工选择，孕育出了丰富多彩的种质资源，特别是特殊种类、变种，以及优良地方品种备受广大科技工作者注目。

在云南省有关部门的领导及大力支持下，广大蔬菜科技人员经过30多年的努力，云南蔬菜种质资源考察、调查、收集、鉴定、整理、入库保存的基础上，应用云南省蔬菜种质资源及引进优良品种资源推动了蔬菜产业的发展。本篇编写内容包括云南蔬菜种质资源概况、蔬菜栽培历史、蔬菜种植区划，以及蔬菜种质资源的分类及生态类型与演变，13大类蔬菜种质资源的分布、优良品种农艺性状、抗性鉴定和开发利用与展望，野生蔬菜种质资源种类分布、分类以及驯化栽培与开发利用，并提出野生蔬菜的保护意见等。

近年来，随着科学技术的发展，农业产业结构的调整，现代蔬菜加工业的兴起，促进了蔬菜产业的迅速发展。人们消费的多样化，对蔬菜生产的品种的质量、营养和用途都有更高的要求。在世界经济全球化的形势下，云南具有面向东南亚的地理区位优势，可以利用云南丰富多样的自然资源优势，周年生产蔬菜出口到周边国家，同时可以加强与国内外的合作，促使云南蔬菜生产和技术在中国和东盟经济圈中发挥更重要的作用，蔬菜也将成为云南农业的经济支柱产业之一。

为了系统地总结云南蔬菜种质资源方面的研究工作，更好地发挥云南蔬菜资源优势，组织多年从事云南蔬菜研究的11位专家编写了《云南作物种质资源·蔬菜篇》。全篇共分5章，其中第一章第一节由龙荣华、韩嘉义撰写，第二节由杨兴华撰写；第一章第三节、第二章、第三章第一节、第十节由周立端撰写；第三章第二节、第三节、第八节由龙荣华撰写，第四节由张丽琴撰写，第五节由龙洪进、龚亚菊、刘发万撰写，第六节由龙荣华、暴卓然撰写，第七节、第九节、第十一节由韩嘉义撰写，第十二节由孟金贵撰写；第四章第一节、第三节、第四节由杨敏杰、刘发万撰写，第二节由张丽琴、刘发万撰写；第五章由龙荣华、周立端撰写。魏蓉城、朱德蔚、吴明珠、吴自强等多位专家对本篇提出许多宝贵意见和建议，并对稿件进行精心的审定。在此，谨一并表示衷心感谢。

鉴于云南省蔬菜资源研究不够深入，时间仓促，错漏之处在所难免，敬请读者批评指正。

编 者

目 录

第一章 云南蔬菜种质资源概况

第一节 云南蔬菜栽培历史

一、云南蔬菜生产发展历史

云南蔬菜栽培历史悠久，据南北朝时期郦道元所著《水经注》以及《丽江府志》、《昭通县志》、《腾冲县志》记载，早在1500多年以前云南就已有白菜、山药等近百种蔬菜栽培。贾思勰所著《齐民要术》记载：公元480年，今大理市就种植有芋。明嘉靖《大理府志》记载的蔬菜有白菜、青菜、山韭菜、芹、芝麻菜、芋花、荷苞豆、金雀花、藜蒿等38种。昆明的蔬菜在明朝时期，不包括野生蔬菜和菌类就已有葱、韭、茴香、芥菜、白菜、苦菜、豌豆、蒜、刀豆、豇豆、芫荽、生菜、菠菜、扁豆、芹菜、萝卜、胡萝卜、冬寒菜、苋菜、甜瓜、西瓜、冬瓜、丝瓜、黄瓜、山药等蔬菜。又据明朝李元阳纂《嘉靖大理府志》，嘉靖四十二年即有莱茹之属三十八；《昆明县志》清道光辛丑镘版记载，昆明当时就有芸薹、莱菔（萝卜）、苤蓝、豆类、瓜类等数十种蔬菜栽培。至1917年《大理县志》记载蔬菜种类已增到72种。但多年来，虽然云南具有特殊的自然地理环境条件，蔬菜品种资源丰富多样，野生蔬菜资源较多，但由于种植面积小，集中在城市近郊栽培，生产水平较低，所以商品蔬菜供应量少，且品种较为单调，淡旺季供应不均现象突出。

抗日战争时期，沿海地区及各地的群众纷纷迁进云南，居民人口剧增，也带来了一些外地蔬菜品种和先进的种菜技术，对云南蔬菜生产有较大促进，如江苏白、成都白等大白菜及番茄、洋葱等都是当时从南京、成都等地引入的；但城市蔬菜供应量仍然很少，广大农村缺菜状况较为突出。城市依靠郊区农民利用菜园菜田作副业性种植蔬菜和家庭腌制品季节性供应，不仅淡旺供应不均，且数量不足，种类单调；广大农村，尤其是山区或半山区，多数以种植瓜类、豆类、茄子、辣椒、芥菜、萝卜、白菜等地方性大众蔬菜为主，季节性生产，自产自销，半鲜、半腌制品的消费状况；南部湿热地区，处于传统生产和消费的习惯，不少地方均是通过采集或利用野生蔬菜来维持对蔬菜的需要；高寒山区缺菜状况更为突出，有的以食盐、辣椒和茶代菜。这一时期的蔬菜生产处于自产自销、自给自足的状态。

二、蔬菜生产发展现状

新中国成立以后，随着社会经济的发展，城市人口迅猛增长，为保障人民生活需要，在大中城市成立了蔬菜公司，并组建了蔬菜种子门市，对云南的蔬菜发展和保障人民生活需要起了重要作用。20世纪50年代初期，云南省蔬菜播种面积仅4万 hm^2 左右，平均单产约12000kg/hm^2，总产量48万t左右，产值约2880万元。20世纪60年代初期，因连续遭受自然灾害，粮食减产，曾提出以瓜菜代粮，蔬菜种植面积迅速扩大。1963年云南省蔬菜播种面积达5.43万 hm^2 左右，平均单产约18000kg/hm^2，蔬菜总产量97.8万t左右，产值约6846万元。随着城乡人口不断增加，群众生活水平逐步提高，蔬菜种植面积不断扩大。1975年云南省蔬菜播种面积达7.03万 hm^2 左右，平均单产约21880.5kg/hm^2，总产量达158.2万t左右，产值约12654万元。1978年以后，云南省为了能进一步促进农村经济快速发展，把“冬早蔬菜”列为重点发展工程。建设蔬菜基地及蔬菜营销体系等措施，1995 年云南省冬早蔬菜种植区域扩大到 16 个地州市的 80 多个县（市）。党的十一届三中全会以后，特别是 1984 年全国蔬菜产销体制改革以来，蔬菜生产突破了长期性的“就地生产，就地供应”和“统购包销”的计划经济体制，开始向大生产、大市场转变，云南蔬菜生产优势得到进一步发挥。利用云南低海拔温热河谷地区热量充足，早春气温回升快的自然条件，生产冬春季节提早上市的各类时鲜蔬菜。20 世纪 80 年代末期，随着科技进步，经济的快速发展，云南蔬菜产业化得到了进一步的发展，利用城郊冷凉山区夏季气候温暖的自然优势，大力发展夏季冷凉蔬菜，初步形成“冬菜北运”和“夏菜南调”的蔬菜生产基地。除供应省内市场外，每年销往全国 100 多个城市，主要品种有番茄、茄子、黄瓜、菜豆、洋葱、蒜头、蒜薹、白菜、结球甘蓝、花椰菜、青花菜、菠菜、西芹等，使云南的蔬菜生产逐渐成为面向国内外市场的蔬菜生产基地之一。通过多年的发展，云南已初步形成了独具特色的蔬菜生产格局，成为全国重要的商品蔬菜主产区。

20 世纪 80 年代以来，结合农村产业结构调整，各地因地制宜开发生产各类时鲜商品蔬菜，全省 125 个农业县（市、区）均有栽培面积不等的商品蔬菜，初步形成了与云南立体气候相适应的常年菜与季节菜相结合、鲜菜生产与加工菜原料生产相结合、城郊专用菜地与季节性菜地相结合，粮菜间套种、果树与蔬菜间套种等多种栽培形式相结合、内供与外销相结合，以及栽培蔬菜与野生蔬菜开发利用相结合的具有云南特色的蔬菜生产格局。省内市场供应能力明显增强，省外销售渠道逐步拓宽。国外看好云南蔬菜生产优势，与云南签订大量购销合同及建立外销蔬菜基地。1986 年云南省蔬菜播种面积达 12.6 万 hm^2 左右，平均单产约 22500kg/hm^2，蔬菜总产量 283.5 万 t 左右，产值约 8.4 亿元，与 20 世纪 50 年代初期相比，蔬菜种植面积增长约 2.15 倍，单产提高约 0.88 倍，总产提高约 4.9 倍，产值增长 28 倍左右，蔬菜生产在云南省种植业中正逐步成为一项新兴产业。1995 年冬至 1996 年春，外销量达 35 万 t 左右，占全国同期同类商品交易量的 25% 左右，居全国第 3 位。云南省蔬菜生产呈逐年稳步发展态式，1997 年云南省蔬菜种植面积达到 22.6 万 hm^2 左右，产量约 650 万 t，总产值约 20.54 亿元。到 2001 年，云南的蔬菜绝对总产量为约 653.2 万 t，比上年增长约 11.7%；2002 年云南省的蔬菜播种面积达 37.3 万 hm^2 左右，产量达 798.6 万 t 左右，外销量近 70 万 t，产值约 70 亿元；2003 年云南省的蔬菜面积平稳增长，已达 50.3 万 hm^2 左右，产量约 839 万 t；2004 年云南省蔬菜种植面积达 52 万 hm^2 左右，产量约 950 万 t，产值约 95 亿元；2005 年云南省蔬菜播种面积约 49.2 万 hm^2，产量约 971 万 t，产值约 103 亿元，出口创汇约 6182 万美元。从 2000 年开始，云南省已大力开展无公害蔬菜及绿色食品蔬菜的优质栽培技术研究，到 2004 年底，云南已通过绿色食品认证的蔬菜面积约 0.73 万 hm^2，产量约 10.6t，产值约 1.03 亿元，已有 5 家企业通过绿色食品认证；通过无公害食品认证面积达 1.7 万 hm^2 左右，产量约 34 万 t，产值约 4.5 亿元，生产、加工、销售无公害蔬菜的企业已有 46 家。

元谋、曲江、呈贡等大型外销蔬菜批发市场建成，云南省每年调出省外的蔬菜达 60 多万 t，出口约 2 万 t。占全国同期同类商品交易量的 1/4 左右，已销往省外 100 多个大中城市，特别是每年 11 月至翌年 5 月上市的冬春早熟蔬菜，以其“早、优、廉”的优势享誉全国。近 10 多年来，云南蔬菜的销售已逐步开拓了以东北、西北、华北为主的省外市场；以香港、澳门为主的特区市场和以新加坡、日本、泰国及周边国家为主的出口市场、边贸市场。现云南所生产的蔬菜已远销 30 多个国家。预计，在两到三年后，云南省蔬菜年产量将达到 1600 万 t，其中外销量约占一半左右。

生产技术显著提高，产业地位逐渐上升。近 10 余年来，各级农业部门加强了蔬菜科技队伍建设，并围绕生产需要和市场变化，积极引进推广适销对路优良新品种、新技术，促使蔬菜生产技术水平、生产能力及综合经济效益均有明显提高。近年来，云南省蔬菜播种面积占农作物总播种面积的3.5%～4%，而蔬菜产值已占同期种植业产值的18%～20%。呈贡、弥渡、元谋、建水、官渡、通海、大理、宾川等主产县、市、区，蔬菜年产值都达到了5000万～1亿元，成为当地农村经济的骨干产业。

三、蔬菜资源开发利用

云南蔬菜种质资源极为丰富，据云南省农业科学院园艺作物研究所和各州市在1980～1988年对云南省蔬菜资源的不完全调查收集，共有27科，83属，栽培蔬菜214个种和变种，基本概括了全国南北各地的主要蔬菜种类。从调查中发现，各地方除了利用一些优良品种外，还大量开发利用地方品种资源及野生蔬菜资源。

1. 充分利用地方品种资源

云南地方资源丘北辣椒，罗平黄姜、荷包豆、白花芸豆、红花芸豆，建水青花菜、三月萝卜，开远藠头，曲靖韭菜花、黑籽南瓜、姜柄瓜、小麦瓜，晋宁癞瓜、大白苦瓜、大米辣，建水樱桃辣、苦荬叶莴苣等均已被开发利用。有些品种可直接开发利用，如“黑籽南瓜”除用作饲料外，还用来作保护地黄瓜嫁接栽培的砧木材料。1988年以来“丘北辣椒”以香辣味浓作为品质优良的干椒就名扬国内外，目前作为当地的名牌产品开发，栽培面积逐年扩大，文山、昭通等地州每年栽培约4000hm^2；玉溪年栽培“大白苦瓜”面积约4万hm^2，每年都有10多万t产品上市；罗平黄姜年种植约1万多hm^2；云南省地方品种白壳皱皮辣椒皮薄、胎座大、品质优良、具有浓郁的鲜辣味，耐抗病性、耐瘠薄性等优良特性，昆明市农业科学技术研究所、昆明绿生蔬菜研究所、个旧以及省内外等部门作为育种材料选育出一些新品种，应用于大面积生产；三月萝卜抗抽薹、抗逆力较强，耐病毒病较强等优良性状名扬国内外，已被作为育种材料应用于培育新品种，推广应用于大面积生产。

2. 大量开发野生蔬菜资源

云南是一个少数民族聚集的地方，山地较多，少数民族大多居住在山区，他们原来的生活方式主要是靠吃山茅野菜。20世纪80年代，据有关部门抽查统计民间经常食用的野生蔬菜近500余种，如臭菜、竹笋、刺芫荽、灰条菜、荠菜、蕨菜、扫把菜、蕺菜、抽筋菜、龙葵、苦刺花、棠梨花、白杜鹃花、象耳朵叶、槐花、石榴花、苦凉菜、车前草、铁树梢、藜蒿、野辣椒、水香菜、荆芥等。昆明呈贡县矣六乡1997年已将藜蒿作为外销产品开发，每年约有几十吨的产品上市；玉溪市澄江县、江川县近几年来将蕺菜开发形成当地的外销主要产品。昆明市一些公司将野生蔬菜作为无公害蔬菜开发上市，受到市场青睐。目前，在公开出版物中发表的已鉴定的云南野生蔬菜资源已达108科，272属，375种。

四、蔬菜产业发展优势

云南具有世界瞩目的得天独厚气候优势及丰富种质资源，也具有邻近东南亚国际市场的区位优势。云南省种植蔬菜除了土地与劳动力价格较低廉外，大多数地区均开展了无公害蔬菜栽培，“冬春早熟蔬菜”和“夏秋反季蔬菜”已形成明显产业优势，产品远销100多个大中城市及新加坡、泰国、日本等国家。引进西芹、生菜、青花菜、结球甘蓝、花椰菜、洋蓟、牛蒡等优良品种开发出口蔬菜，年均调出量约为50万t以上，成为全国南菜北运和外销蔬菜重要基地之一。

新一轮农业结构调整对发展蔬菜带来了很大机遇：一是种植业结构调整为蔬菜发展提供了空间；二是我国加入WTO，极大地推动了蔬菜产品的出口；三是人们饮食结构改变，扩大了对名优蔬菜的要求；四是发达国家蔬菜生产弱化，对农业实行高度保护，必将减少不具备比较优势的农产品生产，发展一些集约化程度高、规模效益高的农业产品，而让出蔬菜等农产品市场份额，这就为云南省扩大蔬菜出口提供了难得的机遇。因此，充分利用云南地形、地势、生态气候环境多样的优势，大力发展优质适销及季节差的蔬菜产品去占领国际市场，形成参与国际大市场竞争的行列。如早熟蔬菜鲜椒、番茄，冬春洋葱、甘蓝、胡萝卜，早熟蒜薹、大蒜，春夏豌豆、豌豆苗、豆类等；开发高附加值、高营养的蔬菜及深加工产品；种植国际市场流行的，公认具有药用保健价值的蔬菜—圃菜、芦笋、洋蓟、牛蒡、山药，以及特色蔬菜等。

1. **气候优势**

利用云南低海拔温热河谷及海拔 500～1500m 地区热量充足和早春气温回升快的特点，生产可于冬春季节提早上市的各类时鲜蔬菜，是发展云南蔬菜产业的最大优势。如元谋等低海拔温热河谷地区的冬早蔬菜、外销蔬菜种植已有近 20 年的历史，近些年来像元谋蔬菜种植面积基本稳定在 0.4 万 hm^2 左右，外销蔬菜约 13 万 t，产值 1.2 亿元左右，是该地种植的一大产业。全省每年生产的蔬菜销往全国 24 个省、市、自治区的 100 多个大中城市，同时部分蔬菜外销俄罗斯、韩国、日本、新加坡等国及港澳地区，外销蔬菜占全国蔬菜南菜北运的 10%。尚有大理、南涧、公郎盆坝、建水、个旧、开远等也是种植冬早蔬菜的天然温室。

利用云南中部、南部、西部部分区域冬春丰富的热量资源，提前栽培的喜温蔬菜和利用云南中部、西部、西北部、东北部交通沿线附近部分山区、半山区夏秋气候冷凉地区栽培的喜冷凉蔬菜，具有较强填淡补缺的反季蔬菜优势，其发展潜力巨大。

2. **种质资源特色优势**

云南是全国植物种类最多的省份，蔬菜种质资源居各省前茅。优良地方栽培品种有昆明紫长茄、白壳皱皮辣、建水草芽、澜沧山药、开远藠头、弥渡芋头及大蒜、弥勒南瓜、东川苤兰、曲靖韭菜花、玉溪冬瓜、易门姜柄瓜、昆明三月萝卜、通海莴笋、安宁弯葱、丘北辣椒、祥云辣椒、会泽乐业辣、迤车辣、弥渡大蒜、罗平黄姜等。部分珍稀资源，如涮辣、大树辣、小米辣、黑籽南瓜、西双版纳黄瓜、苦茄、野苦瓜、荷包豆、四棱豆、木本番茄、根用韭菜等可直接开发利用。在野生蔬菜资源开发上初步形成一定规模的有刺苞菜、马齿苋、金雀花、阳荷、臭菜、甜菜、地涌金莲等。还有食用笋类 20 余种，年产笋干 1500t 左右。

3. **区位优势**

云南地处祖国西南边陲，与缅甸、越南等国接壤，还有部分国际河流，素有“植物王国”、“香料之乡”、“天然花园”、“药物宝库”等许多美称。有热带、亚热带、温带及寒温带等植物类型分布，古老的、衍生的，甚至外来的植物种类和类群也很多，都给云南发展蔬菜提供了许多宝贵种质资源。云南省委、省政府已经提出利用云南生物资源优势，培育、壮大绿色重点产业，建设绿色经济强省的新思路。近年来，围绕云南省农村产业结构调整和西部大开发战略，各级农业部门都不同程度加强了蔬菜科技队伍建设，并围绕生产需要和市场变化，积极引进推广蔬菜新品种及配套新技术。“九五”以来，在各级政府支持下，许多地、州、市、县相继建立了蔬菜科技示范基地和示范园，有力地促进了云南省蔬菜产业的快速发展。

东盟是云南边贸经济发展的一个大市场。2003 年我国政府与东盟国家签订“零关税协议”，是我国与东盟国家全面扩大开放，加强经贸往来的一个前奏。这为云南蔬菜出口东盟国家提供了良好机遇，同时，也极大地推动了云南优质蔬菜产业的快速发展。以新加坡、日本、泰国为主的出口市场和以周边国家为主的边贸市场，都看好云南优质蔬菜生产优势，与云南签订大量购销合同及建立外销优质蔬菜生产基地。因此，在今后蔬菜生产只要坚持“以市场为导向，以提高经济效益为中心，依靠科技进步，发挥自然优势，加快深度和广度开发”，则会成为振兴云南农村经济的优势产业。

4. **比较效益高**

蔬菜作物生产周期短、见效快、经济效益高。由于蔬菜属精耕细作园艺作物，需投入大量劳力，符合云南的省情。这样，就可以降低生产成本，增强与省外产区的竞争能力。

5. 市场容量大

据测算，云南省内蔬菜每年需要量约600万t（其中，城市消费约150万t，农村自食菜约380万吨，旅游、饮食、加工等约70万t），国内外市场在目前每年60万t左右的基础上，可望逐步增加至100万t以上。

6. 蔬菜制种优势

中国既是世界蔬菜生产大国，也是世界蔬菜种子消耗大国之一。美国、荷兰、法国、德国、丹麦、意大利则为世界蔬菜种子主要出口国，约占世界出口额50%（其中，美国1.5亿美元、荷兰2亿美元、法国7500万美元、日本3000万美元，我国还不到1000万美元）。其次，亚洲的中国、泰国、印度、南韩、越南，美洲的智利等，也是蔬菜种子生产大国。美国是世界上最大的蔬菜种子消费大国，也是最大的出口国，日本是最大的进口国，中国则是最大的自产自销国，对蔬菜种子的出口量非常小。

云南省的蔬菜生产所需种子，除食用菌类、蕨类、笋类、薯类等用种外，其他种子的75%～80%靠外省供给，每年买种不低于1000t左右；支出费用约2亿元。目前，云南省的蔬菜制种、繁种面积约0.12万hm^2左右，主要集中于昆明、元谋、峨山、宾川、景洪、建水、石屏、永仁、弥渡、弥勒、华坪、东川、嵩明、姚安、开远、个旧等地。重点为省外品种青花菜、花椰菜、番茄、莴笋、甜椒、白菜、芥蓝、生菜等，面积约433.3hm^2；其次为本地品种：苤蓝、大葱、皱皮辣、冬瓜、姜柄瓜、小麦瓜、苦瓜、菜豆等，面积约366.7hm^2。虽然，国内黄瓜、西瓜、辣椒、甘蓝、番茄、花椰菜等品种制种竞争相当激烈，而且科研已具有一定水平，市场多被抢占。但是，叶用芥菜、黄姜、黑籽南瓜、辣椒、茄子、莴笋等由于用种量较大，仍然具有发展空间；花椰菜、青花菜、芥蓝、瓜、豆等尽管有较强市场竞争，但云南省一些地方品种资源具有较好性状和一定市场竞争力。因此，这类蔬菜及野生蔬菜制种、繁种应成为云南省蔬菜种子产业化研发的首选，尚可利用云南低海拔温热河谷，冬季无霜地区优越的气候条件加代繁种。

五、蔬菜发展存在的问题

云南蔬菜产业近年来虽在生产规模、生产技术和流通经营诸方面都取得较大成就，但与云南的蔬菜生产条件、社会需求和市场前景、资源潜力相比较还存在不少问题。

1. 生产管理体制不健全，科技力量薄弱

蔬菜是贮藏和运输都困难的易损商品，对产供销的生产服务，贮运加工的技术服务要求很严格。近几年蔬菜生产工作和技术推广服务体系有所加强，但多数菜区仍很不健全，尤其是边远地区更为突出。科技力量投入也较其他行业少，在重要规划中也未对蔬菜列项。

2. 生产基础设施差，抗灾能力低，市场管理体制不健全

蔬菜生产虽然已经成为一项规模大、产出高的产业，但生产的基础设施仍然较差。主要表现在：

（1）蔬菜基地基础建设差，尤其是近年发展起来的外销蔬菜基地，大多缺乏科学的土壤改良、排灌系统、田间道路等建设。

（2）设施栽培较其他省份落后，多数菜农的设施栽培都是简易的竹架大棚，但设计和建设都不够规范和科学，保温和降温能力都较差，抗灾能力更差。即便是一些钢架大棚，在保温和降温能力都还存在许多问题，如有些大棚的温度调控设施差，往往影响到蔬菜的正常生产；有些大棚在建造时，只考虑了降温，而忽略了保温问题；有些虽然两者都考虑到了，但效果不甚理想。

（3）缺乏地方品种繁育基地，优良地方品种种性退化严重，很多科研单位及种子部门优良杂交品种极少，大部分依靠省外、国外进口，并且种子来源渠道比较混乱，种子质量不能保证。

（4）外销蔬菜种类较单调，高档蔬菜少。现在外销蔬菜的种类大多是白菜、萝卜、莴笋、结球甘蓝等几种较普通的蔬菜，如高档蔬菜彩色辣椒、结球莴笋、西芹、豌豆苗、甜脆豌豆、绿皮甜脆蚕豆等外销较少。

（5）部分农民对无公害蔬菜和绿色蔬菜栽培意识较差。缺少系统的无公害蔬菜和绿色蔬菜栽培培训和宣传教育。

（6）缺少无公害蔬菜或绿色蔬菜栽培所需的生物农药、生物肥料以及缺乏无公害蔬菜和绿色蔬菜栽培和上市管理体制。

3. 发展不平衡，蔬菜种类结构欠合理

从总体看，云南蔬菜生产自然条件和品种资源具有一定的优势，但目前地区间的生产发展很不平衡。昆明、玉溪、大理、通海、建水、元谋等地区蔬菜生产规模及栽培技术水平都较高，市场供应和营销较强；有的地区，尤其是边疆少数民族地区，蔬菜生产规模小，生产技术水平较低，群众自食蔬菜多数仍以粗菜为主，并且菜种比较单调，产出节令集中，淡旺季明显。

第二节　云南蔬菜资源的生态类型与分类演化

云南地处低纬高原，全省地势从西北向东南倾斜呈阶梯状下降，山岭纵横，形成了高原、山地、平坝、河谷相间分布的地形地貌，表现出以山地高原为主，镶嵌着大小不一及形态各异的山间盆地的特征，海拔高差显著。从南部河口最低点海拔 76.4m 到最高点德钦县境内的梅里雪山主锋海拔 6740m，两者高差 6663.6m，实属全国罕见。从南到北随着纬度的增加和海拔的升高，气候变化非常显着，分布有北热带、南亚热带、中亚热带、北亚热带、南温带、中温带及北温带等 7 个气候带。更为重要的是各类地形分布上纵横交织、错综复杂，这些差异对光、热、水等气候要素起着重大的再分配作用，表现为突出的水平地域差异和垂直地带上的差异，具有典型的立体气候。在小范围区域内的生态条件多样性也十分明显，民间有“十里不同天”之说，有的地方其气候受海拔高度影响大于纬度影响，形成复杂多样、兼容万物的生态环境。为多种多样的蔬菜种质资源提供了一定的生态环境，从而演变成丰富的生态类型及多态型变异。

一、云南蔬菜种质资源植物学分类

云南生态环境条件的多样性，为多种多样蔬菜物种的生存、繁衍提供了适宜的生态环境，造就了丰富多样的蔬菜种质资源。在这些种质资源中的栽培种和半栽培种，总共有种及变种 214 个，分属于 27 科，83 属；野生种质资源在第四章专门介绍。

（一）双子叶植物纲　Dicotyledoneae

1. 藜科 Chenopodiaceae

（1）菠菜属 *Spinacia* L.

菠菜 *S. oleracea* L.

有刺菠菜 var. *spinosa* Moench

无刺菠菜 var. *inermis* Peterm

（2）菾菜属 *Beta* L.

菾菜（甜菜）*B. vulgaris* L.

叶菾菜 var. *cicla* L.

根菾菜 var. *rapacea* Koch.

2. 落葵科 Basellaceae

落葵属 *Basella* L.

紫落葵 *B. rubra* L.

小叶落葵 *B. alba* L.

3. 苋科 Amaranthaceae

苋属 *Amaranthus* L.

苋菜 *A. mangostanus* L.（*A. tricolor* L.）

4. 蝶形花科 Papilionaceae

（1）菜豆属 *Phaseolus* L.

菜豆 *P. vulgaris* L.

食荚菜豆 *P. vulgaris* L. var. *chinensis* L.

矮生菜豆 var. *humilis* Alef.

多花菜豆 *P. coccineus* L.

大莱豆（荷包豆） *P. limensis* Macf.

小莱豆 *P. lunatus* L.

（2）豇豆属 *Vigna* Savi

豇豆 *V. unguiculata*（L.）Walp.

矮豇豆（普通豇豆）ssp. *unguiculata*（L.）Verdc.

长豇豆 ssp. *sesquipedalis*（L.）Verdc.

（3）蚕豆属 *Vicia* L.

蚕豆 *V. faba* L.

大粒蚕豆 var. *major* L.

小粒蚕豆 var. *minor* L.

（4）大豆属 *Glycine* Willd.

毛豆 *G. max*（L.）Merr.

（5）豌豆属 *Pisum* L.

豌豆 *P. sativum* L.

菜用豌豆 var. *hortense* Poir.

软荚豌豆 var. *macrocarpon* Ser.

粮用豌豆（芽菜用）var. *arvense*（L.）Poir.

（6）刀豆属 *Canavalia* DC.

蔓性刀豆 *C. gladiata*（Jacq.）DC.

矮生刀豆 *C. ensiformis*（L.）DC.

（7）藜豆属 *Stizolobium* P. Br

藜豆 *S. capitatum* Kuntze

（8）四棱豆属 *Psophocarpus* Neck. ex DC.

四棱豆 *P. tetragonolobus*（L.）DC.

（9）扁豆属 *Dolichos* L.

扁豆 *D. lablab* L.

（10）豆薯属 *Pachyrhizus* Rich. ex DC.

豆薯 *P. erosus*（L.）Urban.

（11）葛属 *Pueraria* DC.

葛根 *P. thomsoni* Benth.

5. 锦葵科 Malvaceae

（1）木槿属 *Abelmoschus* Medicus

黄秋葵 *A. esculentus*（L.）Moench

（2）锦葵属 *Malva* L.

冬寒菜 *M. verticillata* L.

6. 十字花科 Cruciferae

（1）芸薹属 *Brassica* L.

芸薹 *B. campestris* L.

白菜 ssp. *chinensis*（L.）Makino

普通白菜 var. *communis* Tsen et Lee

乌塌菜 var. *rosularis* Tsen et Lee

菜薹 var. *utilis* Tsen et Lee

紫菜薹 var. *tai - tsai* Hort

大白菜 ssp. *pekinensis*（Lour.）Olsson

散叶大白菜 var. *dissoluta* Li

半结球大白菜 var. *infacta* Li

花心大白菜 var. *laxa* Tsen et Lee.

结球大白菜 var. *cephalata* Tsen et Lee.

芜菁 ssp. *rapifera* Matzg

芥菜 *B. juncea*（L.）Czern. et Coss.

根用芥菜（大头菜）var. *megarrhiza* Tsen et Lee

茎用芥菜 var. *crassicaulis* Chen et Yang

花叶芥（从裂叶芥）var. *multisecta* Bailey

叶瘤芥 var. *strumata* Tsen et Lee

宽柄芥 var. *latipa* Li

分蘖芥（雪里蕻）var. *multiceps* Tsen et Lee

大叶芥菜 var. *rugosa* Bailey

小叶芥菜 var. *foliosa* Bailey

薹用芥菜 var. *utitis* Li

甘蓝 *B. oleracea* L.

结球甘蓝 var. *capitata* L.

抱子甘蓝 var. *germmifera* Zenker.

花椰菜 var. *botrytis* L.

青花菜 var. *italica* P.

球茎甘蓝 var. *caulorapa* DC.

羽衣甘蓝 var. *acephala* DC.

芜菁甘蓝 *B. napobrassica*（L.）DC.

芥蓝 *B. alboglabra* L. H. Bailey

（2）萝卜属 *Raphanus* L.

萝卜 *R. sativus* L.

中国萝卜 var. *longipinnatus* Bailey

四季萝卜 var. *rabiculus* Pers.

（3）豆瓣菜属 *Nasturtium* R. Br.

豆瓣菜 *N. officinale* R. Br.

（4）荠属 *Capsella* Medic

荠菜 *C. bursa－pastoris*（L.）Medic.

（5）山嵛菜属 *Eutrema* R. Br.

山嵛菜（山葵）*Eutrema wasabi*（Siebold）Maxim.

（6）芝麻菜属 *Eruca* Mill.

芝麻菜 *E. sativa* Mill.

（7）辣根属 *Armoracia* Gaertn.

辣根 *A. rusticana*（Lam）Gaertn.

7. 葫芦科 Cucurbitaceae

（1）甜瓜属 *Cucumis* L.

黄瓜 *C. sativus* L.

版纳黄瓜 var. *xishuangbannaensis* Qi et Yuan

西南野黄瓜 var. *hardwickii*（Royle）Alef.

野黄瓜 *C. hystrix* Chakr.

云南野黄瓜 *C. yunnanensis* Wu

甜瓜 *C. melo* L.

菜瓜 var. *flexuosus* Naud.

（2）冬瓜属 *Benincasa* Savi.

冬瓜 *B. hispida* Cogn.

（3）瓠瓜属 *Lagenaria* Ser.

瓠瓜 *L. siceraria*（Molina）Standl.

长瓠瓜 var. *clavata* Hara

团瓠瓜 var. *depressa*（Ser.）Hara

葫芦瓠瓜 var. *gourda*（Ser.）Hara

（4）南瓜属 *Cucurbita*

中国南瓜 *C. moschata* Duch. ex Poir.（Duch ex Lam）

扁圆形中国南瓜 var. *melonaeformis* Bailey

长形中国南瓜 var. *toonas* Makino

印度南瓜（笋瓜）*C. maxima* Duch. ex Lam.

美洲南瓜（西葫芦）*C. pepo* L.

矮生西葫芦 var. *condensa* L. H. Bailey

黑籽南瓜 *C. ficifolia* Bouche

（5）西瓜属 *Citrullus* Schrad.

西瓜 *C. lanatus*（Thunb.）Matsum. et Nakai

（6）丝瓜属 *Luffa* Mill.

普通丝瓜 *L. cylindrica*（L.）M. J. Roem.

小丝瓜 var. *minor* Chakr.

长丝瓜 var. *longsissima* Makino

棱角丝瓜 *L. acutangula*（L.）Roxb.

(7) 苦瓜属 *Momordica* L.

苦瓜 *M. charantia* L.

(8) 佛手瓜属 *Sechium* P. Browne

佛手瓜 *S. edule* (Jacq.) Swartz

(9) 栝楼属 *Trichosanthes* L.

蛇瓜 *T. anguina* L.

老鼠瓜 *T.* sp.

(10) 辣椒瓜属 *Cyclanthera* Sehrad

辣椒瓜（小雀瓜）*C. pedata* (L.) Sehrad

8. 伞形花科 Umbelliferae

(1) 胡萝卜属 *Daucus* L.

胡萝卜 *D. carota* L. var. *sativa* DC.

野胡萝卜 *D. carota* L. var. *carota* Hoffm.

(2) 芹属 *Apium* L.

芹菜 *A. graveolens* L.

西芹 var. *dulce* (Mill.) DC.

(3) 茴香属 *Foeniculum* Mill.

茴香 *F. vulgare* Mill.

大茴香 var. *azoricum* (Mill.) Thell.

球茎茴香 var. *dulce* Batt. et Trab.

(4) 芫荽属 *Coriandrum* L.

芫荽 *C. sativum* L.

(5) 水芹属 *Oenanthe* L.

水芹 *O. javanica* (Bl.) DC.

或 *O. stolonifera* (Roxb) DC.

9. 蔷薇科 Rosaceae

草莓属 *Fragaria* L.

凤梨草莓 *F. ananassa* Duch.

智利草莓 *F. chiloensis* (L.) Ehrh.

10. 菱科 Trapaceae

菱属 *Trapa* L.

四角菱 *T. quadrispinosa* Roxb.

菱角（乌菱）*T. bicornis* Osb.

11. 茄科 Solanaceae

(1) 茄属 *Solanum* L.

茄子 *S. melongena* L.

圆茄 var. *esculentum* Nees

长茄 var. *serpentinum* L. H. Bailey

矮茄 var. *depressum* Bailey

苦茄 *S. yingjiangense* Liu Li et Zhou

红茄 *S. integrifolium* Poir.

刺天茄 *S. indicum* L.

水茄 *S. torvum* Sw.

野茄 *S. coagulans* Forsk.

马铃薯 *S. tuberosum* L.

（2）番茄属 *Lycopersicon* Mill.

番茄 *L. esculentum* Mill.

普通番茄 var. *commune* Bailey

樱桃番茄 var. *cerasiforme* Alef.

大叶番茄 var. *grandifolium* Bailey

（3）辣椒属 *Capsicum* L.

辣椒 *C. annuum* L.

灯笼椒（甜椒）var. *grossum*（L.）Sendt.

樱桃椒 var. *cerasiforme* Bailey

圆锥椒（朝天椒）var. *conoides*（Mill.）Irish.

长辣椒（牛角椒）var. *longum* Bailey

簇生椒 var. *fasciculatum*（Sturt.）Irish.

指形椒 var. *dactylus* M.

短锥椒 var. *breviconoideum* Haz.

萝卜角果形椒 var. *capsicum annuum* L.

涮辣 *C. frutescens* L. var. *shuanlaense* Z. Liu et L.

（4）树番茄属 *Cyphomandra* Sendt.

树番茄 *C. betacea* Sendt.

（5）枸杞属 *Lycium*

枸杞 *Lycium chinense* Mill

12．唇形科 Labiatae

（1）草石蚕属 *Stachys* L.

草石蚕 *S. sieboldii* Miq.

（2）薄荷属 *Mentha* L.

薄荷 *M. haplocalyx* Briq.

13．楝科 Meliaceae

香椿属 *Toona* Roem.

香椿 *T. sinensis*（A. Juss.）Roem.

14．旋花科 Convolvulaceae

番薯属 *Ipomoea* L.

蕹菜 *I. aquatica* Forsk.

甘薯（红薯）*I. batatas*（L.）Lam.

15．菊科 Compositae

（1）莴苣属 *Lactuca* L.

莴苣 *L. sativa* L.

皱叶莴苣 var. *crispa* L.

直立莴苣 var. *longifolia* Lam.

结球莴苣 var. *capitata* DC.

茎用莴苣（莴笋）var. *asparagina* Baiey

散叶莴苣 var. *intybacea* Hort.

（2）茼蒿属 *Chrysanthemum* L.

茼蒿 *C. coronarium* L.

（3）向日葵属 *Helianthus* L.

菊芋（洋姜）*H. tuberosus* L.

（4）牛蒡属 *Arctium* L.

牛蒡 *A. lappa* L.

（5）婆罗门参属 *Tragopogon* L.

婆罗门参 *T. porrifolius* L.

（6）三七草属 *Gynura* Cass

紫背天葵 *G. bicolor*（Rox ex Willd.）DC.

（7）菜蓟属 *Cynara*

朝鲜蓟 *C. scolymus* L.

16. 桔梗科 Campanulaceae

党参属 *Codonopsis* Wall

臭参 *C. bulleyana* Forest ex Diels

17. 三白草科 Saururaceae

蕺菜属 *Houttuynia* Thunb.

蕺菜（鱼腥草）*H. cordata* Thunb.

18. 睡莲科 Nymphaeaceae

莲属 *Nelumbo* Adans.

莲藕 *N. nucifera* Gaertn.

（二）单子叶植物纲 Monocotyledoneae

1. 泽泻科 Alismataceae

慈姑属 *Sagittaria* L.

慈姑 *S. sagittifolia* L.

2. 百合科 Liliaceae

（1）葱属 *Allium* L.

韭 *A. tuberosum* Rottl. ex Spr.

根韭 *A. hookeri* Thwaites

葱 *A. fistulosum* L.

大葱 var. *giganteum* Makino

分葱 var. *caespitosum* Makino

洋葱 *A. cepa* L.

大蒜 *A. sativum* L.

薤 *A. chinense* G. Don

火葱 *A. ledebourianum* Roem. et Schult.

小葱（细香葱）*A. schoenoprasum* L.

韭葱 *A. porrum* L.

（2）天门冬属 *Asparagus* L.

芦笋（石刁柏）*A. officinalis* L.

（3）萱草属 *Hemerocallis* L.

金针菜（黄花菜）*H. citrina* Baroni

（4）百合属 *Lilium* L.

白花百合（龙牙百合）*L. brownii* var. *viridulum* Baker

天香百合 *L. auratum* var. *tricolor* Baker

（5）芦荟属 *Aloe* L.

中国芦荟 *A. vera* L. var. *chinensis*（Haw.）Berg.

3. 莎草科 Cyperaceae

荸荠属 *Eleocharis* R. Br.

荸荠 *E. tuberosa*（Roxb.）Roem. et Schult.

4. 薯蓣科 Dioscoreaceae

薯蓣属 *Dioscorea* L.

山药 *D. batatas* Decne.

长山药 var. *typical* Makino

棒山药 var. *rakuda* Makino

佛掌山药 var. *tsukune* Makino

田薯 *D. alata* L.

5. 姜科 Zingiberaceae

姜属 *Zingiber* Boehm

姜 *Z. officinale* Roscoe.

蘘荷 *Z. mioga*（Thunb.）Rosc.

6. 禾本科 Gramineae

（1）刚竹属 *Phyllostachys* S. ct Z.

毛竹 *P. pubescens* Mazel ex H. De Lehaie

（2）牡竹属 *Dendrocalamus* Nees

甜龙竹 *D. brandisii*（Munro）Kurz.

野龙竹 *D. semiscandens* Gamble ex Oliver

巨龙竹 *D. sinicus* Chia et J. L. Sun

（3）空竹属 *Cephalostachyum* Munro

香糯竹 *C. pergracile* Munro

（4）泰竹属 *Thyrsostachys* Gamble

泰竹 *T. siamensis*（Kurz ex Munro）Gamble

（5）方竹属 *Chimonobambusa* Makino

刺竹 *C. brevinoda* Hsueh et W. P. Zhang

（6）香竹属 *Chimonocalamus* Hsueh et Yi

香竹 *C. delicatus* Hsueh et Yi

（7）筇竹属 *Qiongzhuea* Nees

罗汉竹 *Q. tumidissinoda* Hsueh et Yi

（8）篩簩竹属 *Schizostachyum* Nees

沙罗竹 *S. funghomii* Mclure

（9）箭竹属 *Fargesia* Franch

香笋竹 *F. yunnanensis* Hsueh et Yi

（10）玉蜀黍属 *Zea* L.

菜用玉米 *Z. mays* L.

甜玉米 var. *rugosa* Bonaf.

糯玉米 var. *sinensis*

御麦 var. *amylacea sacharata* Kulesh

（11）菰属 *Zizania* L.

茭瓜 *Z. caduciflora*（Turcz.）Hand. - Mazz

7. 天南星科 Araceae

（1）芋属 *Colocasia* Schott

芋 *C. esculenta*（L.）Schott

叶柄用芋变种 var. *petiolatus* Chang

球茎用芋变种 var. *cormosus* Chang

多子芋 *C. esculenta globuliferum* Chang

多头芋 *C. esculenta compactus* Chang

魁芋 *C. esculenta solitarius* Chang

花用芋 var. *inflorescens* Chang

假芋 C. fallax

滴水芋（大野芋）C. sp.

（2）魔芋属 *Amorphophallus* Bl.

花魔芋 *A. konjac* K. Koch

白魔芋 *A. albus* Liu et Chen

8. 香蒲科 Typhaceae

香蒲属 *Typha* L.

蒲菜（草芽）*T. latifolia* L.

9. 水鳖科 Hydrocharitaceae

海菜花属 *Ottelia* Pers

海菜花 *O. acuminate*（Gagnep.）Dandy

二、云南气候环境与蔬菜种质资源生态型分布特点

1. 云南蔬菜种、变种及地方品种极为丰富

据不完全调查统计共有种、变种 214 种，野生蔬菜 375 种。其中尚有云南特有珍稀种类，新种苦茄、新变种“涮辣”、“西双版纳黄瓜”及黑籽南瓜、辣椒瓜、蛇瓜、老鼠瓜、根用韭菜、芝麻菜、大米辣等，有待于进一步地开发应用。

2. 云南蔬菜种质资源具有明显的立体分布特点

由于海拔差异大而形成明显的垂直气候带，导致蔬菜种质资源表现出明显的立体分布特点。如辣椒类种质资源垂直生态表现十分明显，由南到北，由低海拔到高海拔，由北热带、南亚热带、北亚热带到暖温带、中温带，辣椒果形由小到大，果肉由薄到厚，辣味依次减弱。如南部海拔 1000m 以下北热带气候层热带雨淋气候的景洪、勐腊等地的野生小米辣、大米辣、黑皮辣等辣味强；瑞丽、思茅等湿热地区的辣椒新变种涮辣，果肉及隔膜极辣，不能直接食用，辣椒素易溶于温热水中；由于冬季气候温暖可宿根多年生果羊角形的大树辣、大米辣、果肉薄的黑皮辣，辣味强及具鲜香味；南亚热带的建水、石屏、丘北等县的丘北辣、唠叨辣、樱桃辣香辣味浓，辣味不及前者。地处中亚热带、北亚热带中部海拔 1700 ~ 2000m 的昆明、楚雄、禄丰、曲靖、会

泽、大理、昭通等县、市，以大果形的灯笼椒、大牛角椒、小牛角辣、线形椒的乐业椒、迤车辣、铁壳椒为主，大果形灯笼椒、大牛角椒果肉厚，辣味较少而甜，乐业辣、迤车辣果肉较薄，具香辣味，是山区干椒优良地方品种资源。皱皮辣是云南以绿熟果供食用的优良地方品种，适应地区较广，适宜短日照。海拔2200m以上地区多分布果皮厚硬的厚皮铁角辣。

白菜类在北亚热带、南温带的昆明、玉溪、通海、楚雄、大理、保山、腾冲、文山、曲靖等地多为结球大白菜、半结球大白菜及花心种大白菜。地方品种有高桩成都白、矮桩成都白、通海早白菜、迟白菜、保山包头白、大种江苏白、小种江苏白、花心种东川黑叶白、昆明大黄心等以及普通白菜昆明蒜头白、保山瓢羹白等；中温带的会泽、丽江、维西等地主要是耐寒力强、抗抽薹的会泽黑二英、中甸黑叶子白等，低海拔北热带的景洪、元江、瑞丽等地多引种外地品种在冬季栽培一季，南亚热带气候的思茅等地有耐湿热的小白菜。叶用芥菜在北亚热带、南温带的昆明、玉溪、保山、大理等地有叶柄宽而肥厚的包包苦菜、花叶苦菜、扁梗青菜等，也有窄叶柄适宜做腌菜的粉梗青菜、油梗青菜等。中温带、北温带等高海拔地区大都为耐寒性强、抗抽薹的花叶深裂、窄叶柄及较宽叶柄叶用芥菜，如中甸春不老苦菜、鸡冠青菜等地方品种。北热带地区的景洪、勐腊等县热坝区仅有耐湿热的小苦菜品种，如勐腊花叶小苦菜等。

茄子大果形品质优良的品种大都分布于云南中部、中南部及西部海拔1700～1900m的城市郊区，而半栽培种苦茄、小紫茄、野生种白野茄、紫野茄，小苦子分布于云南西南部、南部海拔低的盈江、瑞丽、景洪等地。

三、云南蔬菜种质资源的生态型多样性

云南属高原季风气候区，干湿季分明，加之地形地貌错综复杂，高差悬殊，水热、土壤、植被等条件，千差万别，生态环境差异很大。在各种复杂多样的生态环境中，既为多种多样的蔬菜物种寻求与生物学特性相适应的环境条件生存、繁衍，同时在特定的环境条件下，受自然力的影响和人为的选择，因而使同一物种的蔬菜产生新的变种或类型。加之，云南历史上交通不便，地域性强，长期驯化、演变，由之产生形形色色多样性的生态型和季节型变异，形成了丰富的地方品种。

1. 云南特有的种和变种

在长期的生产活动中，由于人为地选择和自然环境的作用，定向改变了蔬菜群体的基因频率，产生适应其自然环境的新种和新变种。如西双版纳栽培的“山地黄瓜”许多性状，与一般栽培的华南型黄瓜有较大差异。初步鉴定，它是介于黄瓜和网纹甜瓜之间的新类型，基本性状仍属黄瓜。外形似网纹甜瓜，但染色体$2n=14$，产于西双版纳热带雨林低山区。“版纳黄瓜”已鉴定属于黄瓜的新变种。还有云南野黄瓜 *Cucumis yunnanensis* Wu 是甜瓜属的一个种，其染色体$2n=24$。耐寒力强的昭通大黄瓜，生态条件和瓜的形态与锡金黄瓜 *Cucumis sativus* L. var. *sikkimesis* 相似，以及西南野黄瓜 *Cucumis sativus* var. *hardwickii*（Koyle）Alef. 是黄瓜野生变种。

2. 云南辣椒种质资源十分丰富，类型多样，并有其各自适宜的生态适宜区

纵观云南全省，自南向北，地势由低到高，气温由热到寒，辣椒的生态环境差异很大。如涮辣、小米辣、大米辣、黑皮辣、皱皮辣、小铁角辣、樱桃辣、大牛角辣、牛心椒、灯笼椒等，在这些类型中又有许多品种。大树辣分布在南部湿热区，由于冬季气候温暖，可宿根多年栽培，株高3m左右，茎粗4cm以上，果短羊角形，单果重5～7g；野生种小米辣、涮辣产于与缅甸、老挝接壤的湿热边境地区，果圆锥形，味极辣。樱桃辣产于建水等地，植株较矮，果圆锥形、圆形，果肉较厚，种子多，味辣；以及主产于云南南部和中部地区的皱皮辣，果灯笼圆锥形，果柄下凹，外形蛹状皱缩，幼果白绿色，有光泽，老熟果红色，皮薄质软，辣味中等；牛角辣以云南东北部及中部地区栽培广；昭通大牛角辣果长牛角形，长约20cm，横径粗2～3cm，肉厚，外皮

革质，单果重20～30g，汁多，以绿熟果、红熟果供食。还有小牛角辣及适宜山区栽培的线形椒类属干椒品种，以及南部海拔1400m多的丘北小椒种子多、干椒油分多，香辣味。这些变种或多类型，为云南所特有的资源。

3. **多态型变异**

同种蔬菜在不同的地理环境和栽培条件下，演变而成多态型变异。这种变异，虽属同一个种，但在形态特征，产品品质上均差异很大。云南的芋类蔬菜，同种中有野生芋、栽培芋。在栽培芋中，有以食肥嫩花薹为主的红芋，食叶炳为主的叶用芋，食地下匍匐茎的弯根芋和食用地下块茎的芋头等。芋头按块茎形状，分为人头芋、象腿芋（竹笋芋）、棕包芋、鸭蛋芋、狗爪芋；一般大型种以食母芋为主，小型种多以食子芋为主；按生态条件分，有耐旱的山芋，有水生的水芋；按叶片色泽分，有绿芋、白芋、黑杆芋和紫芋，各种形态中又有多个品种。

芥菜类蔬菜，栽培的有多个变种，即叶用芥（青菜、苦菜）、茎用芥（榨菜、笋子青菜）、薹用芥、根用芥。叶用芥菜按其形态特征分宽梗芥和圆杆芥，在两大类型中又有大叶芥、花叶芥和小叶芥以及之间的过渡型，其品种丰富多样。

扁豆也有多态类型，有高蔓、矮生，其荚色有紫荚、白荚、绿荚、红边绿荚等；质地有硬荚、软荚；种子有黑色、白色、棕黄色；花穗着生有明枝扁豆、暗枝扁豆；熟性有夏秋采收的早熟、中熟种，还有深冬至早春采收的晚熟种。

在云南中部及东北部栽培的多花菜豆，类型也多样，有长蔓种、短蔓种；花色有红花、白花；籽粒有白色、黑花色等。

还有莱豆、四棱豆及蒲菜（草芽、草皮笋）等，均为云南特有种质资源。

4. **生态型变异**

云南由于各地生态条件差异很大，各蔬菜长期在不同地区栽培，发生生态变异而形成了许多生态型。如有性喜温暖湿润气候，无明显的棱刺和瓜把，在云南栽培历史悠久，经过长期地演变，有适应高温多湿的“版纳黄瓜”；适应云南中部地区栽培的“山地黄瓜”；适应冷凉气候的“昭通大黄瓜”，其果大，单瓜可达3kg以上。

5. **季节型的变异**

同种蔬菜在不同的季节栽培，因各种季节气候条件不同而导致变异，为调节周年供应经长期在各种气候条件下栽培驯化形成不同品种。如萝卜有冬萝卜型、春萝卜型和四季萝卜型。昆明三月萝卜与昆明冬萝卜其植物学形态相同。冬萝卜秋季播种，冬季收获，如昆明“水萝卜”、通海“冬籽萝卜”，海拔2200m高山地区的“山地萝卜”春季播种，夏秋收获；在云南中部、西部等地栽培的春萝卜，冬季播种，春季收获，北部高山区春播夏收，如“三月萝卜”、“春籽水萝卜”；四季萝卜又称热萝卜，春季、夏季播种，夏秋季收获，如“半截红萝卜”、“满身红萝卜”等。

在云南中部等地区，大白菜周年都可栽培上市，除地方品种外，外引的品种也有适应不同季节的季节型品种。如“高桩成都白”、“矮桩成都白”、青岛“鲁春白”、“津青”系列和北京“小杂”系列白菜等。

莴笋的季节型较丰富，几乎周年均有栽培供应市场。“大圆叶莴笋”、“大白莴笋”秋播冬收，高产、品质佳；“尖叶莴笋”、“香莴笋”可秋延后播种，早春上市；耐湿热抗抽薹的建水“苦荬叶莴笋”及“红莴笋”，春夏播种，夏秋上市。

叶用芥菜，有丰富的季节型。“扁杆青”、“花叶圆杆青”、“粉杆青”、“一把筷”，适宜秋播冬收；嵩明“圆杆春不老”、会泽“包包青菜”，耐寒，晚熟，秋末栽培，早春上市供应春淡；“鸡心芥”（包心芥）、“广东花叶青菜”，耐湿热，可春播夏收，夏播秋收。

6. 野生种栽培驯化型

云南野生资源作蔬菜供食的种质资源极为丰富。根据各地各民族的喜好，将野生种进行培育驯化，以适应市场需求。在栽培条件下，逐步形成驯化品系或品种。如云南东北部、中部的“鱼腥菜”（蕺耳根）、昭通的“小香苏”，西部的“紫背天葵”，南部的“少花龙葵”、“臭菜”、“小荠菜”、“刺芫荽”，元谋的“白花菜”，元江的“蓼菜”、“苦凉菜”，建水等地的“水芹菜”，昆明地区的“藜蒿”、“荠菜”、“西洋菜”、“黏山药”等品种。

上述各种、变种及各变异类型，都是各地在长期的生产中，通过环境条件及人为选择，不断发掘变异，逐步演变而来。随着生产的发展，社会的进步，生态条件的变化，以及人们物质生活不断提高的要求，现有格局已经不适应。因此，必须依靠引种和育种等手段，以加快蔬菜演变过程，进一步满足生产和供应的需求。云南省自20世纪70年代以来，大力发展外销蔬菜，除发掘地方品种外，还大量向外地引种，并成为主栽品种，如津研系列黄瓜、山东系列大白菜、四川温江地区“红七星”大蒜，以及引入了西芹、青花菜、甜脆玉米、洋葱、球茎茴香等；选育了云杂8号、云抗1号、云抗2号番茄，楚茄1号茄子，云白1号白菜，东川苤菜，昆甘1号甘蓝等新品种和类型，使蔬菜的基因发生了大量的交流和重组，大大丰富了蔬菜的种质资源。

四、云南蔬菜种质资源的演变

云南地处中国蔬菜起源中心与印度起源中心的接壤地带，区域特征明显。云南野生蔬菜资源极为丰富，由野生种演变为丰富多样的栽培品种。我们对其演变研究较少，有待继续研究。

西双版纳黄瓜为景洪一带基诺族喜爱食用的黄瓜种类，常常用老熟瓜桔黄色心室拌米饭作为节日喜庆用的彩色米饭。此变种为群众常年不断选育而出。

西南野黄瓜为景洪、金平一带的野生种，主要生长在海拔1500～1900m的山谷林中或山坡灌丛中，也分布在贵州、广西；印度东北部、尼泊尔、缅甸和泰国亦有分布。

黄瓜的起源早在19世纪中迪克多勒（Decandelle）氏推论黄瓜原产印度。其后胡克（Hooker）在喜马拉雅山脉的Kumann－Sikkim一带发现了野生黄瓜 *Cucumis sativus* Hardwickii Royal 并鉴定为黄瓜的原种。1970年日本组织的喜马拉雅考察团，在尼泊尔、锡金一带再次发现野生黄瓜，并鉴定其染色体组 $2n=14$ 与栽培种相同，与栽培种杂交的 F_1 正常授粉授精开花。该考察团在同一地区发现可食用的黄瓜变种 *Cucumis sativus* L. var. *sikkinensis* Hooker。

云南有野甜瓜、西南野黄瓜，以及黄瓜与甜瓜的中间种西双版纳黄瓜，还有形态似锡金黄瓜的昭通大黄瓜。因此，云南是否为黄瓜的原产地有待进一步研究确定。

茄子原产于东南亚、印度。云南野生茄子种质资源极为丰富，果形有长棒形、圆球形、卵形，色泽有紫色、桔黄色、白色等，但多数种类刺毛多，品质差。通过长期地选育，逐步演变为品质优良、色泽艳丽适宜各地群众喜爱食用的优良地方品种。

云南特有优质高档蔬菜草芽，即为野生蔬菜人工驯化栽培种，元谋尚有野生草芽生长。

云南芋种质资源极多，如盈江野芋一般食用叶柄、花薹，多分布在水草地带，随着水的涨落而发生生态变异。如元江甜弯根由野生驯化栽培为水芋，食用地下匍匐茎的。现在生产上栽培的芋头大都由野生芋经长期地自然选择，形成水旱兼用芋，以及食用芋，再演变为品种丰富的优良旱芋品种。

第三节　云南省蔬菜种植区划

云南地域辽阔，地势、地貌复杂，自然气候类型多样，蔬菜作物种类及品种众多，不同的种类及品种对环境条件有特定的要求，以致种植区域、海拔、季节和产量、品质有明显的区别，从而形成多种不同的蔬菜生产区域。从云南蔬菜状况分析，一方面具有自食性和商品性生产相结合的特点，另一方面具有鲜菜而每天需要的消费特点，蔬菜生产与消费状况有密切的关系。蔬菜生产不仅属于种植业的范畴，受自然条件的制约，还受到经济条件、价格和市场等因素的影响。

一、全省蔬菜区划的依据

（1）蔬菜生产的自然生态环境和经济技术条件具有相对一致性。

（2）蔬菜生产现状、品种类型、耕作制度大体类似。

（3）蔬菜生产的发展方向和主要措施具有共同性。

（4）蔬菜消费和市场目标的相对一致性。

（5）保持县级行政区的完整和区域连片的原则。

依据上述5个分区基本原则，把区块、温热类型、市场目标结合在一起，将全省蔬菜划分为三个种植区。为较准确地反映其自然气候和生产特点，各种植区内又分为2个层。这样的区块与种植层结合、划分种植区。

二、云南蔬菜区划

1. 滇南三主作区及冬春早熟菜区

本区即北热带、南亚热带生态区，包括云南南部边境的文山、富宁、红河、思茅、麻栗坡、开远、河口、孟连、西双版纳及元谋、元江等炎热河谷区，即冬春早熟菜区。

（1）北热带层：本层包括南部的边境河口、景洪、勐腊、孟定及低海拔多热河谷海拔1000m以下地区，其中最低的河口海拔仅76.4m，年平均气温21～23.8℃，≥10℃年积温在6000～8246℃，夏秋高温多湿，最冷月平均气温在15℃以上，夏长无明显的冬季，多数地区终年无霜。喜温蔬菜，如瓜类、茄果类、豆类均能在冬春栽培，生长结果良好。自20世纪90年代以来，冬季采收的番茄、青椒、茄子、菜豆、西瓜等大面积栽培运销省内外。该区大都为冬春季栽培一季，多为水旱轮作。本区在生产冬早、春早喜温蔬菜具有优越条件，被誉为“天然温室”，已发展成为南菜北调蔬菜基地。元江、元谋及东川的小江河谷区曾被国内外选用作西瓜、番茄等杂交一代制种、加代繁种的生产基地。

（2）南亚热带层区：本层主要为思茅、芒市、云县、双江、陇川、盘溪、开远、蒙自、建水、石屏、六库、华坪、新村和巧家等地，海拔800～1400m，年平均气温18～20.5℃，≥10℃年积温6000～7500℃，无霜期320～345天，冬季有轻霜，最冷月平均气温≥11℃。本区蔬菜一年多作多熟，同一种蔬菜可延长生产供应期。喜温、耐热蔬菜从早春到秋季都可种植，番茄、茄子、青椒、黄瓜、西葫芦、菜豆、豌豆等可以春、秋种植两季，春季早熟果菜可在4月上市，秋季可延至9～11月上市；喜冷凉蔬菜多以秋播为主要种植期，一些耐寒、半耐寒蔬菜，除正季栽培外，还能利用耐抽薹蔬菜品种冬播春收，如结球甘蓝、球茎甘蓝、花椰菜、青花菜、莴笋和芹菜等，冬播生长良好，3～4月上市。本层发展早春和晚秋喜温、耐热蔬菜具有优势，建水、个旧的乍甸、华宁的盘溪和东川的新村河谷区等已建成春早蔬菜生产基地。

本区两个层区，以喜温、耐热蔬菜种植为主，栽培种中还有特有生态类型，并且在边境地区有不少野生种质资源，边境热带地区少数民族喜食的特有种类及其与边境接壤国家引入的品种，唯耐寒蔬菜的资源较少。

2. 滇中二三主作区

本区包括中亚热带、北亚热带暖温生态区，包括文山、红河、临沧等市州的北部县市及曲靖、昆明、玉溪、楚雄、大理等市、州。其海拔1500～2000m，年平均气温14～19℃，≥10℃年活动积温4250～6500℃，年降水量800～1200mm。热量资源较为充足，气候温和，夏无酷暑，冬无严寒，雨量较充沛，干湿季分明，5～10月为雨季，降雨量占年降雨量的80%以上。土壤主要是红壤，经济文化发达，交通方便，栽培技术水平较高，产出效益好。蔬菜栽培以二熟制为主，也有三熟制。本区按生态环境垂直分带，分为二层。

（1）中亚热带层：本层包括文山、丘北、弥勒、宜良、玉溪、易门、禄丰、宾川、施甸和永仁等，海拔在1200～1600m的坝区、河谷及半山区。年平均气温16～19℃，≥10℃年活动积温5000～6500℃，无霜期250～320天，最冷月平均气温8～11℃，年降雨量800～1000mm。耐热、喜温、喜冷凉、耐寒蔬菜均可种植，并以一年二至三熟制栽培为主，茄果类、瓜类、豆类蔬菜晚冬和早春播种，春末、夏初收获，多数喜温蔬菜的栽培多表现高产、品质优，喜冷凉的叶菜类、根菜类和一些绿叶菜类，多以秋播为主，冬春季收获，产量、品质均较好。丘北有大宗生产的红干椒，色鲜、味香、辣味强，驰名国内外市场。

（2）北亚热带层：本层包括昆明、呈贡、晋宁、安宁、富民、禄劝、嵩明、寻甸、曲靖、马龙、陆良、师宗、罗平、玉溪、江川、澄江、华宁、通海、易门、楚雄、姚安、大姚、南华、大理、弥渡、永平、洱源、砚山、保山及腾冲等地，海拔1600～2000m的坝区。年平均气温14～16℃，≥10℃年活动积温4200～5000℃，无霜期230～260天，年降雨量900～1200mm。喜温、喜冷凉蔬菜生长良好，茄果类、瓜类、豆类春种夏收、叶菜类、根菜类等主要是秋播，冬春收获；许多喜冷凉蔬菜和绿叶菜类，选用适宜春夏季栽培的品种，在昆明等地区，甘蓝类、白菜类、芥菜类、根茎类，以及莴笋、芹菜、葱、韭菜几乎周年都可栽培上市，昆明夏秋生产的结球大白菜、萝卜、结球甘蓝、青花菜、花椰菜、豌豆尖、豌豆等远销国内外。

除已有的丰富品种资源外，还从国内外引入大量优良品种资源。

3. 温带、寒温带一主作冷凉生态区

本区包括云南东北部的会泽、宣威、昭通、鲁甸、镇雄、威信及西北部的丽江、宁浪、中甸及维西、德钦等地，海拔2000～4000m，地势高峻，气候冷凉，年平均气温7～12℃，≥10℃年活积温650～4200℃。土壤为红壤、黄壤及高山草甸土。又可分为二层。

（1）南温带、中温带层：本层包括昭通、鲁甸、镇雄、宣威、会泽、剑川、兰坪、丽江及宁浪等坝区。海拔2000～2600m，年平均气温10～13℃，≥10℃年积温3000～4200℃，最热月18～20℃，夏季短、冬季长，无霜期190～220天，冬季霜冻较明显。喜温、喜冷凉蔬菜也可种植，一年可种1熟，短季蔬菜也可生产2季。喜温蔬菜生长期短，春种夏收，生育期易遇低温，故应选择耐低温，生育期较短的品种，喜冷凉蔬菜多夏秋季播种，冬季收获。本层蔬菜生产以会泽、宣威、昭通、丽江等地较为发达，产量高、品质佳，会泽的地方品种“黑二茵”、“东川黑叶白”大白菜，“铜茗苤蓝”和“春不老青菜”具有特强的晚熟性和抗寒性，可延迟供应解决春淡蔬菜。

（2）寒温层：本层包括德钦、中甸及昭通的大山包，东川的落雪、烂泥坪等地。海拔2600～4000m，年平均气温7℃左右，≥10℃年活动积温600～1600℃，最热月平均气温11.7～13.2℃，属高寒地区，冬长无夏，无霜期103～147天，冬季常年积雪。一般一年一熟制，喜温蔬菜少有露地栽培；仅限于夏季种植喜冷凉叶菜类，多以甘蓝类、白菜类、芥菜类、芜菁、萝卜等蔬菜为主，或生长期短的撒播蔬菜可多作栽培；有少数蔬菜还可越冬栽培，如菠菜等秋季播种，春季开始生长，解决春淡缺菜。当地利用河谷区繁殖种子，本层也有一些供食的野生蔬菜资源，如蕨菜、刺老苞等。喜冷凉蔬菜有抗抽薹的中甸鸡冠青菜、黑叶子白菜，德钦引种的芜菁甘蓝品种，产量高，品质优良，对解决当地缺菜起到一定作用。

由于云南地形、地势复杂，气候生态环境多种多样加之利用高产、优质，抗病、抗抽薹，耐热、耐湿、耐寒抗病等品种资源及引进优良品种，大多种蔬菜可以全年生产，周年采收，蔬菜外销国内市场。

图 1－1 云南省蔬菜种植区划图

Fig. 1－1 Vegetable planting divsions map in Yunnan

参 考 文 献

〔1〕中国科学院植物研究所主编．中国高等植物科属检索表．北京：科学出版社，1979

〔2〕中国科学院植物研究所主编．中国高等植物科属检索表．北京：科学出版社，1985

〔3〕云南省志编纂委员会．续云南通志长编（下册）．昆明：云南人民出版社，1986. 6

〔4〕中国科学院植物研究所主编．中国高等植物图鉴（第二册）．北京：科学出版社，1987

〔5〕中国农业科学院蔬菜花卉研究所主编．中国蔬菜栽培学．北京：农业出版社，1988

〔6〕云南省科学技术委员会，中国科学院昆明分院．云南生物资源开发战略研究．昆明：云南科技出版社，1990. 12

〔7〕云南省农牧渔业厅．云南省种植业区划．昆明：云南科技出版社，1992

〔8〕昆明市农业志．昆明：云南大学出版社，1995

〔9〕新编云南省情编委会．新编云南省情．昆明：云南人民出版社，1996

〔10〕昆明市科学技术委员会．昆明市科技志．昆明：云南人民出版社，1998

〔11〕云南百科全书编纂委员会．云南百科全书．北京：中国大百科全书出版社，1999. 9

〔12〕中国农业科学院蔬菜花卉研究所主编．中国蔬菜品种志．北京：中国农业科技出版社，2001. 6

第二章　云南蔬菜资源的考察、收集及保存研究

第一节　云南蔬菜资源的考察与收集

一、考察概况

1957 年以前，西南农业科学研究所对云南省昆明市呈贡、官渡、西山等县区及晋宁、玉溪、通海、蒙自、建水、开远、个旧、大理、弥渡、保山、芒市等蔬菜主产县、市的蔬菜品种资源进行考察及收集。初步了解云南主产区蔬菜地方品种，并收集生产上应用的优良地方品种近 80 多份，积累调查原始资料。20 世纪 60 年代，云南省农业试验站对昆明市郊县区及东川、会泽、个旧等地较全面地调查蔬菜地方品种，收集地方品种近 100 份。

1979 年 9～10 月、1980 年 9～10 月，根据全国农作物品种资源会议精神，受国家科委和农牧鱼业部委托，由中国农业科学院蔬菜花卉研究所和云南省农业科学院园艺作物研究所等，组成云南蔬菜资源考察组，对云南省的昆明、呈贡、晋宁、玉溪、通海、元江、景洪、建水、开远、丘北、文山、会泽、昭通、保山、腾冲等 13 个市州的 31 个县市，进行蔬菜种质资源考察收集工作。这次考察的重点为茄果类、瓜类蔬菜。深入重点菜区、山区以及民族地区，调查、访问结合田间蔬菜品种资源形态特征观察，初步查明茄果类、瓜类蔬菜的种类、类型品种及其分布地区、海拔高低和生态环境，收集了各种蔬菜种子及拍摄标本。从考察收集工作中充分反映了云南茄果类、瓜类蔬菜种质资源的遗传多样性，不仅种类、品种类型繁多，尚有许多新种、新变种及特殊种类，以及近缘野生种，极大的丰富了中国蔬菜种质资源宝库。而且为茄果类、瓜类蔬菜的分类及演化、生态分布研究提供了重要而丰富的种质材料。发掘并首次报道：辣椒新变种—涮辣，并定名为 *Capsicum frutescans* L. var. *shuanlaense* Zhou Lu et L.；茄子新种—苦茄，定名为 *Solanum yingjiangense* L. L. et Z.；黄瓜新变种—西双版纳黄瓜，定名为 *Cucumis sativus* L. var. *xishuang-bannanesis* Qi et Yuan。从这次考察收集的辣椒种质资源中，充分反映出云南辣椒种质资源的遗传多样性。这些辣椒种质资源中，无论从果形、果实大小、色泽、果肉厚薄、辣味强弱，一年生或多年生，栽培种或野生种，基本包括了我国南北各地的主要辣椒类型，尤其是小果型辣椒，更是琳琅满目，种类、品种繁多，居全国之冠。

二、收集的特有种类

小果型辣椒果形有萝卜角果形、麦粒形、细指形、小短羊角形、小圆锥形、樱桃形和卵状圆锥形 7 种。其中有：果麦粒形单果重仅 0. 15～0. 25g 的野生小米辣，还有果圆形、圆锥形单果重 8g 左右，果肉较厚，干鲜兼用的樱桃辣。萝卜角果形，抗热、耐湿，辣味强，适应性广，鲜香辣味的大米辣，以及果小圆锥形，抗热、耐湿、耐病的黑皮辣。还发掘出果卵状圆锥形，辣味极强，辣椒素含量极高，易溶于水，被誉为辣椒之王的“涮辣”。涮辣的花冠小，绿白色，果卵状圆锥形，果基部花萼宿存短小、不明显，果实辣味极强，不能作蔬菜食用，只能作调味品。

大米辣抗热、耐湿、抗病性强。在云南景洪、思茅、元江等夏季高温多雨气温超过 30℃的

环境条件下，仍能正常生长，开花结实，果实累累，且辣味强，具鲜香辣味，除新鲜食用外，腌制成多种腌制品及辣椒酱受到消费者青睐。其独特的品质风味，具有直接利用价值。黑皮辣具有抗热、耐湿、抗病特性，在昆明栽培也能正常开花结实，可作为抗热、耐湿、耐病育种的优良种质材料。丘北细指形小椒，以种子多，果肉较厚，含油分多而著称，是著名干椒品种。还有石屏具香辣味的哕叨辣，建水的干鲜兼用为滇南人民最喜爱食用的樱桃辣，以及昆明、建水、通海、玉溪等县市，唯一以绿椒供食的白壳皱皮辣，果皮绿白色，具有光泽好，皮软、胎座大，具有浓郁的鲜香辣味，以其优良的品质深受广大群众及省外人们的欢迎。还有会泽的线形椒乐业辣、迤车辣均是干椒优良地方品种，可直接利用，也可作育种亲本利用。

甜椒类的昆明柿花辣、灯笼辣，肉厚味甜，辣味少，主要以红椒供食。

辣椒在云南省的分布极广，遍布全省，自最低海拔 74.6m 的河口至海拔 2200m 以下地区均有分布，垂直分布较为明显，由云南南部低海拔到北部高海拔，果形由小到大，果肉由薄到厚，辣味由强到弱。云南东北部高寒地区有辣味强的会泽乐业辣、迤车辣，及云南中部的昆明铁角辣、大理羊角辣等线形椒是适宜作干椒的地方品种，同时也是山区人民佐餐的主要蔬菜之一。

云南茄子种类、品种类型繁多，栽培品种果形有圆形、高圆形、长圆形、荷包形、长卵圆形、羊角形和牛角形等，嫩果皮色有紫红色、紫色、绿色和白色等。这次考察到的有艳紫色、品质优良的通海紫长茄；果皮底色白具浅紫红条纹，品质较优良的开远胭脂茄；果圆形、肉质软、皮薄，品质极优良的建水白团茄、羊奶茄；云南西部著名的荷包茄、棒头茄等优良地方品种，可供生产上直接利用或作育种材料。

云南南部、西南部茄子野生、近缘种极为丰富，果形大小、色泽丰富多样，大多数可食用，微苦，具清凉解暑作用。考察发掘的茄子新种—苦茄，植株表面无星状绒毛及皮刺，花萼长度大于或等于花冠，绿熟果基部宿存花萼长达果顶，与花冠等长，或者更长或稍短，是栽培茄近缘新种。国内外尚无报道，本次考察并首次报道并定名 *Solanum yingjiangense* Liu Li et Z. 。云南另一类优良地方品种及半栽培种以及丰富的近缘野生种质资源，具耐热、耐湿、抗病等特点，也为我国茄子分类、演化、生态、分布研究提供了重要的种质资源。

云南省茄子地方品种及近缘半栽培种或野生种分布较广，栽培种主要分布云南省中部、中南部、西南部、东部、东北部的昆明、建水、玉溪、大理、保山、昭通等地区。半栽培种及近缘野生种主要分布云南南部的西双版纳的景洪、勐腊及西南部的瑞丽、盈江等地。

云南的瓜类蔬菜种类齐全，主要有黄瓜、中国南瓜、长形中国南瓜、圆形中国南瓜、美洲南瓜、印度南瓜、黑籽南瓜、冬瓜、苦瓜、佛手瓜、瓠瓜等 16 种以上，以及许多近缘野生种。

普通黄瓜以昆明早黄瓜和地黄瓜为代表，分布云南省各市、县城郊及山地。瓜形短圆柱形或短柱略呈三棱形，黑刺、瘤稀，嫩果绿色与浅绿色相间，稍老易发黄，质脆味甜，品质好，适宜熟食和加工。

黄瓜在云南虽品种不多，但由于其受生态环境、地理位置及民族风俗习惯的影响，有一些特殊黄瓜类型，其中以西双版纳黄瓜最为特殊，果形有圆形、短柱形，果皮色分为 6 种，即嫩瓜绿色、浅绿色、老熟瓜皮色白色、灰绿白色、棕黄色等，组成 6 个类型，单果重 1～1.5kg，最大果重 3kg。果顶有一个很大的果脐，圆形果最为明显，圆形果多为 5 个心室，嫩果果肉和胎座为绿白色，老熟瓜果肉和胎座为桔红色，且由外层向内层桔红色由浅到深，单瓜种子比普通黄瓜多，一般 300～400 粒，有的超过 1000 粒。根据西双版纳黄瓜植物学特征及基本特性，确定该类型在甜瓜属中属于特殊种，其染色体 2n = 14，与普通黄瓜相同。过氧化物酶酶谱分析结果，凡属甜瓜者无论是厚皮甜瓜或是薄皮甜瓜都具有 A、B、C 三个谱带，而黄瓜只有 A、B 两个谱带，西双版纳黄瓜与普通黄瓜酶带区基本相同，进一步确定了西双版纳黄瓜属于黄瓜，不属于甜瓜。与此同时，用西双版纳黄瓜与甜瓜和普通黄瓜进行杂交试验。与黄瓜杂交可育，一代杂种果形、果面有棱沟，果皮色泽、刺瘤及果肉色泽等与亲本有很大差别，果形指数为2.8～3.6，较亲本普通黄瓜叶儿三、北京大刺瓜果形指数9.6、9.1低得多。老熟瓜果肉均表现橙色，与西双版纳黄瓜相同，说明与普通黄瓜杂交后表现显性。西双版纳黄瓜与普通甜瓜或是厚皮甜瓜杂交，表现不稔实，无成熟种籽。

西双版纳黄瓜的果具圆形、短筒形和椭圆形，果肉橙色，且具大果脐。这些虽有甜瓜（*Cucumis melo* L.）的特征，但是综合以上试验分析，仍与普通黄瓜相同，以及西双版纳黄瓜与普通黄瓜杂交具可育性，证明西双版纳黄瓜属黄瓜，但又与普通黄瓜性状不同，因此确定西双版纳黄瓜是黄瓜的一个新变种，是黄瓜与甜瓜之间的中间类型。并定名为 *Cucumis sativus* L. var. *xishuangbannanesis* Qi et Yuan。云南野黄瓜（*Cucumis yunnanensis* Wu）是甜瓜属的一个野生种，分布于西双版纳热带雨林中，染色体2n＝24，与普通黄瓜（*Cucumis sativus* L.）2n＝14不是一个种，和西印度黄瓜（*Cucumis anguria* L.）2n＝24，染色体虽然相同，瓜形及瓜大小也较相似，但没有西印度黄瓜的长果梗，这对研究甜瓜属的分类、演化、起源有重要意义。

昭通大黄瓜，属华南型大型黄瓜，晚熟、生长期长，分布云南东北部的鲁甸、东部的师宗、西北部的中甸金沙江边桥头镇，以及西部的腾冲等地。适宜在气候冷凉，月平均20℃左右的气候条件下生长，果大，单瓜重2kg以上，最大单瓜重达5kg，瓜形长棒形，两端稍小，生长势强，可攀缘树干生长。

南瓜是云南最普遍的蔬菜，以中国南瓜栽培面积最广泛，边远山区或是城市郊区均有种植，或者套种于玉米等旱粮地中，即采收嫩瓜上市或食用，绝大部分为扁圆种，主要品种有大麦瓜、小麦瓜、癞瓜、姜柄瓜等。中国南瓜还有长型种，如盈江、陇川的长柱形南瓜，及开远葫芦形中国南瓜中的白打瓜等。

美洲南瓜（西葫芦）城市郊区栽培的有短蔓种及长蔓种，以采收嫩瓜供应春淡季之外，山区大都与玉米等作物间作，收获种子出售，其瓜肉用作饲料。

印度南瓜在云南栽培普遍，一般为大果型，皮色有桔红、墨绿和乳白等，一般食用老瓜及种子。

黑籽南瓜在国内首次发现及报道。黑籽南瓜的种子种皮黑色，有大粒、小粒之分，分布在昭通、鲁甸、会泽、寻甸、永仁、丽江、腾冲等县、市，当地称米线瓜、搅丝瓜。除嫩瓜可供食用及作饲料外，尚可作黄瓜砧木嫁接栽培的黄瓜，对大棚温室黄瓜枯萎病和黄瓜疫病土传病害基本免疫，且根系在低温条件下生长性较其他南瓜作砧木嫁接栽培的好，是黄瓜的理想砧木。据中国农业科学院蔬菜花卉研究所戚春章等所做黑籽南瓜嫁接黄瓜试验，用云南黑籽南瓜嫁接北京大刺与长春密刺，嫁接成活率达98%～100%，均与对照南砧1号相同，不同年份略超过南砧1号。冬季温室栽培云南黑籽南瓜作砧木的嫁接栽培小区产量，较未嫁接的增产35%～73.5%。不同品种增产不同，较南砧1号作砧木的北京大刺增产约28.5%，长春密刺增产约49.1%，春季大棚栽培增产不明显。嫁接栽培后对黄瓜品质风味无影响，目前应用黑籽南瓜作砧木已在大棚和温室黄瓜嫁接栽培中广泛应用。

冬瓜品种主要有粉皮三棱冬瓜、青皮冬瓜和版纳山地冬瓜。粉皮三棱冬瓜外形三棱柱形，瓜大，瓜皮绿色，老熟后蜡粉多。青皮冬瓜长圆筒形，瓜长，瓜皮绿色，蜡粉少。版纳山地冬瓜最为特殊，短圆筒形，深绿色，蜡粉厚，心室小、肉厚、肉质致密、稍脆。

丝瓜品种较多，有品质优良的昆明马尾丝瓜及品质差的短丝瓜、十棱丝瓜。马尾丝瓜分布昆明等县市城郊，瓜细长。短丝瓜分布于云南南部高温地区的腾冲、瑞丽、芒市、思茅、勐腊等地。短丝瓜及十棱丝瓜果面有10条深绿色纵条，果小，但结果多。

苦瓜有云南肉质较脆的大白苦瓜及单瓜重仅25g的瑞丽小苦瓜。

佛手瓜〔*Sechium edule*（Jacq.）Swartz〕在云南省除高寒山区及河谷热区，如元江坝区等地没有栽培外，全省山区和城郊菜区均有栽培，主要作为蔬菜淡季及边疆山区缺菜的补充菜种。

瓠瓜在云南保山、腾冲、思茅等地有长1m形似牛腿的大瓠瓜及勐腊县僾尼族的白皮带白斑圆形似葫芦形的瓠瓜。

栝楼属不仅有栽培种—蛇瓜，尚有近缘种老鼠瓜（*Trichosanthes* sp.），为蛇瓜分类、演化研究提供重要的种质资源。

稀有瓜类—辣椒瓜（*Cyclanthera pedata*（L.）Sehrad.）为辣椒瓜属，原产中美洲，国内尚未公开发表。植株生长势很强，茎细，蔓长5~6m，分枝极多，叶掌状深裂，每节结果1~2个，瓜形如短牛角椒形，肉薄，嫩瓜质脆，有清香味，可炒食等。分布于云南的鲁甸、会泽、腾冲、陇川等地，各地均有零星栽培。辣椒瓜是一种稀有瓜类蔬菜，1952年和1960年有人曾在云南西部和西藏采到过枝叶标本，由北京植物所保存，但无作为分类依据的主要器官如雄花和果实标本，且当时对辣椒瓜用途不清，国内尚无报道。

云南还有许多野生瓜类，如野苦瓜分布西双版纳灌木草丛中，是苦瓜的近缘野生种；以及蛇瓜的近缘野生种老鼠瓜，还有钮子瓜。云南的野生瓜类资源非常丰富，野苦瓜、老鼠瓜等对研究苦瓜属和栝楼属的起源、分类、分布以及杂交育种等都有一定价值。

豆类蔬菜资源也十分丰富，主要有菜豆、豇豆、扁豆、莱豆（荷包豆）、多花菜豆（芸豆）、青毛豆、豌豆、蚕豆、四棱豆等10多种。这次考察豆类资源甚多，还有分布云南省南部、西南部蛋白质含量极高，高达28%~40%、脂肪15%~18%，有热带大豆之美称的云南稀有特产豆类蔬菜四棱豆（*Psophocarpus tetragonolobus* DC.）。

扁豆中荚宽扁达3.1cm的大荚扁豆。还有淀粉粒极细，品质优良的荷包豆（莱豆）、多花菜豆、白芸豆、花芸豆等，白芸豆等豆类已成为云南外销豆类蔬菜。

第二节　云南蔬菜资源的征集与保存

一、蔬菜资源的征集

根据国家科委、农业部批转的全国农作物品种资源科研工作会议精神和关于开展农作物品种资源补充征集的通知要求，1980年及1981年云南省农业科学院园艺作物研究所在云南省科委、云南省农业厅、云南省商业厅、云南省农业科学院组织领导下，云南省农业厅、云南省商业厅、云南省农业科学院联合发文至各专州、市农业部门、商业部门，召开全省蔬菜品种资源工作会议，组成云南省蔬菜资源调查收集协作组，讨论制订云南蔬菜品种资源工作的意见，印发了会议纪要和调查征集的通知，云南省农业科学院园艺作物研究所先后组织专业调查组，于1979~1983年、1986~1988年分别深入昆明、红河、保山、大理、玉溪、曲靖、迪庆、临沧、文山等州市与各州市配合进行调查收集蔬菜品种资源，完成云南省17个地、州、市，87个县市的调查收集工作。共收集蔬菜品种资源材料2198份。以辣椒类、茄子类、瓜类、白菜类、芥菜类、萝卜类、甘蓝类和豆类蔬菜品种最多。1988~1992年对收集的材料进行田间播种观察鉴定整理，繁种送国家作物种质资源库保存共604份。

二、蔬菜种子贮藏试验

在昆明气候条件下，对十字花科、茄科、藜科等部分蔬菜种子进行贮藏试验，室内贮藏室干燥，无阳光照射的种子柜放置与干燥器保存，室内贮藏3~10年测定各种蔬菜种子发芽率，十字花科的白菜类、芥菜类等种子存放5年发芽率在70%左右，以后逐年降低，存放10年的发芽率在50%左右。茄果类蔬菜番茄种子贮藏期最长，贮藏10年的种子，发芽率达80%左右，最高可达 90% 左右。其次为茄子，而辣椒种子耐贮藏性较差，贮藏期 3 年发芽率达 70% 左右，在干燥器中贮存 3 年种子发芽率可达 75%。各种蔬菜种子贮藏期与蔬菜种类和种子质量密切相关。

第三节　黄瓜辣椒新变种染色体及同工酶研究

一、西双版纳黄瓜染色体测定和同工酶研究

云南黄瓜种质资源，大都为华南型黄瓜，新变种西双版纳黄瓜由于瓜形、果皮色泽及老熟瓜心室桔黄色，与甜瓜相似。为了进一步确定西双版纳黄瓜为黄瓜新变种，故进行了染色体观察及过氧化物酶及同工酶谱分析，以及杂交试验。试验结果表明，西双版纳黄瓜从外形、皮色、大果脐、肉色、心室数等虽具有甜瓜的特征，但染色体及过氧化物酶同工酶谱，依照电泳测试观察结果如下：

（1）西双版纳黄瓜染色体数 2n = 14，与甜瓜 2n = 24 不同。

（2）黄瓜和甜瓜过氧化物酶同工酶酶谱测定：过氧化物同工酶依照电泳迁移的快慢，将酶带分为分子量大的慢带区 A 和分子量小的快带区 C，以及介于两者之间的中间区 B，凡属甜瓜、薄皮亚种或厚皮亚种都具有 A、B、C 三个条带，而西双版纳黄瓜只有 A、B 两个条带，没有快带区 C，因此，西双版纳黄瓜属于黄瓜新变种。

（3）杂交试验：西双版纳黄瓜与普通黄瓜杂交可育。与普通甜瓜、厚皮甜瓜、野甜瓜杂交均不可育。与普通黄瓜杂交 F_1 的植株生长势，第一雌花节位和雌花率，果实果形，果肉色泽表现中间类型，西双版纳黄瓜均表现显性（如表 2－1，表 2－2）。

表 2－1　　一代杂种及亲本的植株生长势及雌花率

Table 2－1　　Growth Vigor and Female Flowers Rate of Fybrid F1 and Their Parents

观察项目 Observed / 亲本及 F_1 Parents and F_1	植株生长势 Plant growth vigor							第一雎花节位及雎花率 Node position of first flower				
	蔓长 Length of vine		节间 Length of internode			最大叶片叶面积 Area of the biggest lamina		开花期（月、日）Flower period (month/day)	第一雌花位 First female flwer position	F_1 第一雌花雌花率比母本 ± 节位% F_1 first female flwer/female parent ± burl position		F_2 雌花率比母本 ±% F_2 Rate of female flower/female parent
	(cm)	F_1 比亲本 ±% F_1 parent ±%	节数 Number of nodes	F_1 比亲本 ±% F_1 parent ±%	平均节间长 Average length of internode	(cm^2)	F_1 比亲本 ±% F_1 parent ±%					
长春密刺	157	0	16.5	0	9.7	286.8	0	11.2	7.1	0	85.4	0
长密 × 短灰白	384	+143	37.2	+125	10.3	302.7	+7	11.12	17.1	+10	19.0	－66.4
北京大刺	220	0	18.8	0	11.7	357.8	0	10.28	6.8	0	31.2	0
北京大刺 × 圆灰白	372	+86	34.6	+97	10.8	336.9	－6	11.26	10.9	+4.1	18.4	－12.8
叶儿三	226	0	21.4	0	10.6	465.1	0	11.2	7.8	0	43.7	0
叶儿三 × 短灰白	326	+44	33.6	+57	10.6	465.1	+32	11.8	11.2	+3.4	16.6	－27.1
贵阳架黄瓜	250	0	28.0	0	8.9	450.5	0	10.2	12.0	0	18.4	0
贵架 × 圆灰白	372	+49	42.4	+51	8.8	452.5	0	11.8	17.7	+5.7	13.6	－4.8
江陵白黄瓜	200	0	22.3	0	9.0	301.1	0	11.2	8.0	0	21.9	0

续表 2－1

观察项目 Observed / 亲本及 F_1 Parents and F_1	植株生长势 Plant growth vigor							第一雌花节位及雌花率 Node position of first flower				
	蔓长 Length of vine		节间 Length of internode			最大叶片叶面积 Area of the biggest lamina		开花期（月、日）Flower period (month/day)	第一雌花位 First female flwer position	F_1 第一雌花雌花率比母本±节位% F_1 first female flwer/female parent ± burl position		F_2 雌花率比母本±% F_2 Rate of female flower/female parent
	(cm)	F_1 比亲本±% F_1 parent ±%	节数 Number of nodes	F_1 比亲本±% F_1 parent ±%	平均节间长 Average length of internode	(cm^2)	F_1 比亲本±% F_1 parent ±%					
江白×圆灰白	316	+58	31.6	+41	8.9	404.8	+31	11.7	12.2	+4.2	24.4	+2.5
榔梨草黄瓜	260	0	27.0	0	9.6	360.7	0	10.3	8.3	0	71.3	0
榔梨草×圆灰白	288	+11	32.4	+20	8.9	40.1	+11	11.6	14.0	+5.7	18.6	-52.7
短棕黄	240	0	32.0	0	7.5	433.3	0	12.2	16.9	0	20.4	0
短棕黄×南京架瓜	334	+39	33.4	+4	10.0	345.7	-20	11.13	12.3	+4.6	20.7	-0.3
南京架黄瓜	312		28.5		11.0	371.3		10.2	9.1		26.4	

戚春章等，1983 年 Qi Chunzhang etc，1983

表 2－2 一代杂种及亲本的植株生长势及瓠果特征

Table 2－2 Growth Vigor and Fruit Characters of Hybrid F1 and Their Parents

项目 Items / 亲本及 F_1 Parents and F_1	果长(cm) Length of fruit	果实横径(cm) Diameter of fruit	果形指数(长/横) Index of fruit shape(length/width)	果形 Shape of fruit	果肉色泽 Colour and luster of fruit flesh
长春密刺	29.8	3.5	8.5	长棒	白
长密×短灰白	19.5	5.8	3.3	短棒	橙
北京大刺	38.4	4.6	9.1	长棒	白
北京大刺×短灰白	17.2	4.9	3.5	短棒	橙
叶儿三	34.8	3.5	9.6	长棒	白
叶儿三×短灰白	20.8	5.7	3.6	短棒	橙
贵阳架黄瓜	24.0	5.2	4.6	短圆柱	白
贵架×圆灰白	17.0	6.0	2.8	短圆柱	橙
江陵白黄瓜	25.5	4.8	5.3	短圆柱	白
江白×圆灰白	21.5	6.0	3.6	短圆柱	橙
榔梨早黄瓜	27.8	4.2	6.6	短棒	白
榔梨早×圆灰白	18.3	5.6	3.3	短圆柱	橙
南京架黄瓜	33.5	4.9	6.8	棒形	白
短棕黄×南京架黄瓜	17.6	5.3	3.3	短圆柱	橙
短棕黄	33.0	16.0	2.1	短圆柱	橙
短灰白	30.0	8.5	3.5	短圆柱	橙
短乳白	23.0	14.5	1.6	长圆	橙
短棕黄	17.0	17.0	1.0	方圆	橙
圆灰白	18.0	17.0	1.1	方圆	橙
圆乳白	14.0	13.0	1.2	圆	橙

注：短棕黄、圆灰白等均为西双版纳黄瓜。有的为产地调查的数字。

戚春章等，1983 年 Qi Chunzhang etc，1983

二、辣椒干种子酯酶同工酶研究

李佩华等1985年对“辣椒干种子酯酶同工酶研究”同工酶结构的差异反映了基因差异，为了研究辣椒新变种—云南涮辣，应用不同基因型的材料进行辣椒干种子酯酶同工酶研究，供试材料22份，其中包括一年生大果型辣椒、甜椒和一年生小型辛辣椒。

为了便于同工酶酶谱进行比较分析，测定酶带的相对迁移距离和表型，在下面分析时，将同工酶带的表型定为5级（见表2－3）。

表2－3 同工酶带表型的级别

Table 2－3 Grading of ESTA Types

酶带表型级别 Grade	一 First	二 Second	三 Third	四 Fourth	五 Fifth
酶带表型符号 Symbol of the Grades	■	□□□□□	—	▭	○○○○○
酶带形态 Shape of ESTA Stripes Grade	带宽色深	带宽色较深	带窄色较深	带宽色浅	带模糊

李佩华等，1984年 （Li Peihua etc，1984）

1. 辣椒干种子酯酶特征同工酶带

从表2－4和图2－1看出，供试材料酯酶同工酶酶谱为14条，而其特征酶带，即不同辣椒材料间相似的酶带出现在酶谱中的慢带区，它们分别为ESTA1、ESTA2、ESTA3 3条带，表型1单位，它们的迁移距离为5.50cm、5.75cm、6.00cm，酶带宽、色深，3条带几乎连在一起，形成一条宽1cm左右的酶带，这是辣椒属特有的酶带。

表2－4 辣椒干种子酯酶ESTA同工酶酶带相对迁移距离和表型

Table 2－4 Comparatively Moving Distance and Grade of ESTA Types of Dry Seeds on Different Hot Pepper

酶区 Enzyme area	慢带区 Slow strip area			中间带区 Middle strip area				快带区 Fast strip area						
酶带号 Number of enzyme strip	1	2	3	4	5	6	7	8	9	10	11	12	13	14
相对迁移距离(cm) Comparatively moving distance	5.5	5.75	6.00	6.50	7.00	7.25	7.50	7.70	8.00	8.25	8.50	8.75	9.00	9.55
酶带表型级别 Grade	1	1	1	4	4	4	5	5	3	3	2	2	3	4

注：不同品种同一酶带的表型可能不一致。在表中标出的酶带表型是最大的级别。

李佩华等，1984年 Li Peihua etc，1984

2. 辣椒干种子酯酶同工酶酶谱类型

分析供试的22份辣椒材料干种酯酶同工酶酶谱表型，获得4种类型，见图2－1，供试材料和来源见表2－5。

Ⅰ型：具有酶带为ESTA1、ESTA2、ESTA3、ESTA5、ESTA6、ESTA10、ESTA11和ESTA12共8条带。供试的一年生辣椒中的绝大多数材料和下垂辣椒均属此类型。

Ⅱ型：具有酶带ESTA1、ESTA2、ESTA3、ESTA4、ESTA5、ESTA7、ESTA10、ESTA11、ESTA12和ESTA14共10条带。试材中仅延庆大尖椒属于此类型。

Ⅲ型：具有酶带 ESTA1、ESTA2、ESTA3、ESTA5、ESTA6、ESTA7、ESTA8、ESTA9、ESTA10、ESTA11 和 ESTA13 共 11 条带。试材中仅云南涮辣属于此类型。

Ⅳ型：具有酶带 ESTA1、ESTA2、ESTA3、ESTA5、ESTA7、ESTA10、ESTA11 和 ESTA12 共 8 条带。试材中多年生灌木状辣椒（云南小米辣）和国外引入的一年生小辣椒 83－180 材料属于此类型。

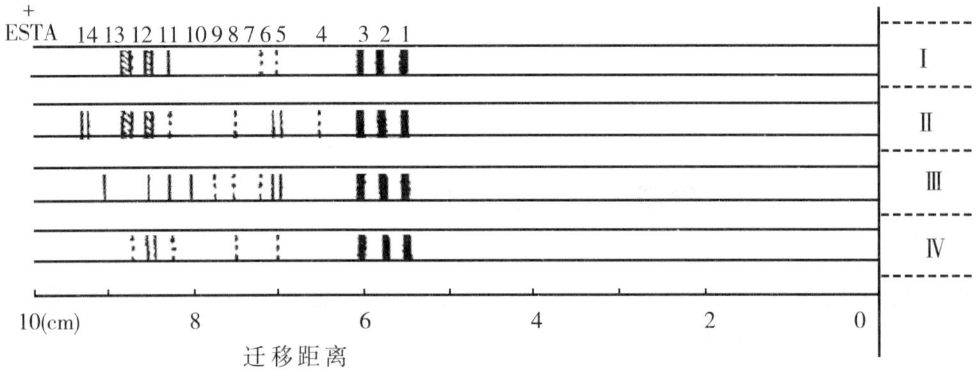

图 2－1 辣椒酯酶 EST 同工酶酶谱型（李佩华等，1984 年）

Fig. 2－1 EST Types of Dry Seeds on Different Hot Pepper（Li Peihua etc，1984）

辣椒干种子酯酶同工酶酶谱分析初步结果表明，供试的一年生辣椒 3 个不同品种，除延庆大尖椒和 83－180 外的 15 份试材，下垂辣椒的 2 份试材和云南的大树辣等虽然其园艺性状，如茎叶、花、果实和成熟期等特征特性具有明显的差异，但它们的干种子酯酶同工酶酶谱类型是一致的，同属Ⅰ型，说明它们虽然园艺性状不同，而其遗传本质相似，具有密切的亲缘关系。

多年生灌木状辣椒如云南小米辣等 4 份试材在酯酶同工酶酶谱中观察到，其干种子酯酶同工酶酶谱表型是不同的，小米辣和 83－180 属Ⅳ型；云南涮辣属Ⅲ型，延庆大尖椒属Ⅱ型。为此它们在遗传本质上有差异，分别属不同类型。云南涮辣同工酶酶谱表型与一般栽培种辣椒不同，遗传本质上有差异，加之其植物学形态特征与栽培种差异较大，为此定为新变种“云南涮辣”。

表 2－5 供试材料及来源

Table 2－5 Name and Origin of Different Hot Pepper Materials

顺序号 No	学　名 Latin name	代号和名称 Code & name	来　源 Origin	生活型 Life form
1	*C. annuum* ssp. *grossum*	茄门	本所	一年生
2		早丰		一年生
3		金勋章	保加利亚	一年生
4	*C. annuum* ssp. *grossum*	延庆大尖椒	北市延庆	一年生
5	*C. annuum* ssp. *grossum*	伏地尖	湖南	一年生
6	*C. annuum* ssp. *grossum*	伏地尖	湖南	一年生
7	*C. annuum* ssp. *grossum*	什仿椒	四川	一年生
8	*C. annuum* ssp. *grossum*			一年生
9	*C. annuum* ssp. *cerasiforme*	樱桃椒	云南	一年生

续表 2－5

顺序号 No	学　名 Latin name	代号和名称 Code & name	来　源 Origin	生活型 Life form
10		樱桃椒		一年生
11		83－19	日本	一年生
12		83－23	墨西哥	一年生
13		83－127	乌干达	一年生
14		83－153	意大利	一年生
15		83－164	法国	一年生
16		83－168	法国	一年生
17		83－180	法国	一年生
18		82－2	东德	一年生
19		82－3	东德	一年生
20		小米辣	云南	多年生
21	*C. frutescens L.*	涮辣	云南	一年生和多年生
22	待定	大树辣	云南	多年生

参　考　文　献

〔1〕中国农业科学院蔬菜研究所，云南省农业科学院园艺作物研究所编．云南省蔬菜品种资源考察总结（内部资料）．1981. 3
〔2〕戚春章，袁珍珍．黄瓜嫁接的优良砧木—云南黑籽南瓜．北京：中国蔬菜，1983. 3
〔3〕戚春章，袁珍珍，李玉湘．黄瓜新类型—西双版纳黄瓜．北京：园艺学报，1983. 10（4）
〔4〕刘红，周立端，李佩华．茄属新种苦茄、辣椒新变种涮辣和变型大树辣．北京：园艺学报，1984. 4
〔5〕李佩华，姚永慧，徐新宇等．辣椒种子酯酶同工酶的初步研究．北京：中国蔬菜，1985. 4
〔6〕中国农业科学院蔬菜花卉研究所主编．中国蔬菜栽培学．北京：农业出版社，1988
〔7〕云南省农业科学院园艺作物研究所．云南省蔬菜品种资源调查收集总结报告（内部资料）．1991
〔8〕中国农业科学院蔬菜花卉研究所主编．中国蔬菜品种志．北京：农业出版社，2001. 6

第三章　丰富多彩的云南蔬菜资源

云南蔬菜种质资源十分丰富，种类品种繁多，共收集到各种蔬菜资源材料2198份，在资源的调查中，除一般种类外，还发掘出新种苦茄、新变种西双版纳黄瓜及涮辣等云南特有珍稀种质材料。同时，也找到许多近缘半栽培种及野生种类的蔬菜种质资源。

第一节　根菜类蔬菜资源

云南根菜类蔬菜资源丰富，主要有10种，按植物学分类为5科，8属，分布广泛，不仅分布于主要城市郊区，在各个大小不同的平坝区、广大山区和高寒山区均有分布。其中，以萝卜种质资源最多。

一、萝　卜

萝卜（*R. sativus* L.）为十字花科（Cruciferae）萝卜属（*Raphanus*）。萝卜的起源，各位研究学者说法各异。据N. I. Vavilov（1923～1931）、Darlington（1945、1955）调查，认为萝卜起源于中亚细亚中心和中国—日本中心。Bailey认为，中国、日本的萝卜是由原产于中国的 *Raphanus sativus* 演变而来。萝卜在中国栽培历史悠久，早在公元前400年《尔雅》一书已有记载。宋代苏颂曾说："莱菔南北通有，北土尤多"。为云南省主要蔬菜，萝卜营养丰富，每100g鲜品含水分87～95g，糖1.5～6.4g，纤维素0.8～1.7g，维生素C 8～29mg，含芥辣油，具有特有辣味。据新近研究食用萝卜有防癌作用，萝卜中含有木质素，能使人体内的巨噬细胞活力增强，巨噬细胞可有效地吞噬致病细菌和癌细胞。云南栽培历史悠久，种质资源丰富，有中国萝卜（var. *longipinnatus* Bailey）和四季萝卜（var. *rabiculus* Pers.）两个变种。

（一）萝卜种质资源的地理分布

云南萝卜种质资源分布广泛，主要集中分布于云南中部、中南部、东部、西部、西南部等海拔1500～1900m的地区，中亚热带、北亚热带气候层的昆明（呈贡、昆阳、安宁、嵩明、宜良）、楚雄、玉溪、通海、曲靖、江川、澄江、华宁、大理、弥渡、保山、腾冲等地。由于本区气候温暖，夏无酷暑，冬无严寒，雨量充沛，干湿二季分明，适宜萝卜生长发育，加之，有许多县市为老菜区，是萝卜种质资源最多，不同生态型地方品种最为丰富的地区。其中，有耐热又耐低温霜冻、抗抽薹，能在春季3～5月蔬菜淡季采收的冬春萝卜，以及丰产、优质、抗病性、抗逆力强的秋冬萝卜；生长在雨水充沛的夏季，耐湿、较耐热、较抗黑腐病的夏秋萝卜；还有较抗抽薹，晚春季节播种，夏季采收，生长期短的小型品种夏萝卜，以及较耐抽薹，全年均可播种的满身红萝卜等等。云南中南部、东北部河谷地区海拔850～1400m，南亚热带气候层的巧家、建水、石屏等地是萝卜种质资源较少的地区，一般为较耐旱，肉质根较短，肉质较脆、汁少，夏秋播种的秋萝卜。云南西北部、东北部海拔2000～2200m，南温带气候层的昭通、会泽、鲁甸、丽江等地萝卜种质资源较多，有耐寒、抗抽薹，可在气候温暖的夏季播种的夏秋萝卜及早秋播种，冬季采收的秋冬萝卜。云南西北部海拔2600m以上北温带气候层的中甸、德钦长冬无夏，气候寒冷，夏季可利用抗抽薹及耐寒品种栽培一季萝卜，在河谷、山区繁种，也是萝卜种质资源较多的地区。云南南部海拔800m以下，北热带气候层的景洪、勐腊、瑞丽等地，不适宜萝卜生长发育，种质资源极为匮乏，在该区，未发现萝卜地方品种。

（二）萝卜种质资源的农艺性状

云南复杂的地理气候环境，长期孕育及人工选择下培育出丰富多样的萝卜种质资源。

1. 中国萝卜

中国萝卜按栽培季节分为4类。

（1）冬春萝卜。冬季播种，3～5月蔬菜春淡季节采收，有耐寒、较耐旱、耐热、冬性强，在苗期经受低温霜冻气候仍能保持丰产、品质优良等性状，抗抽薹能力极强，是云南最优良的萝卜种质资源。但品种间抗抽薹性、抗病性以及耐寒性、耐热性、品质及丰产性略有差异。

三月萝卜：叶簇半直立，叶片13片左右；株高32cm左右，板叶、最大叶长49cm左右，宽12～13cm，叶长倒卵形，绿色较深，背面浅绿色，有蜡粉，中肋及叶脉浅紫红色。肉质根长圆筒形或长圆筒形下部渐细，出土部分浅绿色，入土部分白色，肉质致密，水分较多，味甜、微辣，品质优良。单个肉质根重约960g，单产约64800kg/hm^2。可周年播种栽培，但以9月至翌年1月播种为主，3～5月采收。抗抽薹性强，耐病毒病，是优质高产冬春萝卜品种之一。

十月萝卜：叶簇半直立，板叶、叶绿色，中肋及叶脉浅紫红色，最大叶长约34.2cm，宽约10.8cm，叶长倒卵形。肉质根长圆筒形，根长约21.3cm，横径约7.3cm，出土部分浅绿色，入土部分白色。肉质脆，味甜，水分较多，辛辣味较少，品质优。单个肉质根重约1020g，单产约68850kg/hm^2。9月下旬至11月播种，第二年3～4月采收。分布宣威、会泽等地。

通海春籽萝卜：叶簇半直立，板叶，长椭圆形，叶缘微波状，深绿色，叶脉及中肋淡紫红色。肉质根圆筒形，根长21cm左右，根横径约7.5cm，出土部分淡绿色，入土部分白色。出土部分长约占肉质根长的1/4。肉质脆嫩、汁多、味甜，品质优良。单个肉质根重约700g，单产约55350kg/hm^2。抗逆力强，耐抽薹性强。10月下旬至12月播种，第二年3～4月下旬采收。

中甸春籽萝卜：叶簇半直立，板叶，叶缘全缘，叶片数较少，叶深绿色，叶脉浅紫红色。肉质根长圆筒形，长约38cm，直径10cm左右，出土部分约占肉质根总长的1/3，浅绿色，入土部分白色。肉质脆嫩，汁较多，辛辣味较淡，品质优良。单个肉质根重约650g，单产约43875kg/hm^2。较抗花叶病毒病，抗抽薹性强。

四季萝卜：叶簇半直立，板叶，叶形长倒卵形、叶缘浅裂微波状，绿色较深，叶面微皱，叶绿色，中肋及叶脉浅紫色，最大叶长约37.2cm，宽约13.6cm，生长势较强。肉质根长圆锥形，长约23cm，横径约6.6cm。出土部分浅绿色，入土部分白色。肉白色，肉质脆，味甜、微辣，水分较多。单个肉质根重约1.1kg，单产约72225kg/hm^2。10～11月播种，第二年3～4月采收。分布大理、丽江等县市。

（2）秋冬萝卜。秋季播种，冬季采收，是萝卜种植的主要季节，萝卜种质资源最多，大多为产量高，品质优良，较耐黑腐病的地方品种，也有肉质根肉为红色，可提炼红色素的地方品种。

昆明冬萝卜：叶簇半直立，板叶，叶缘全缘，叶柄具小翼叶，叶深绿色，叶脉浅紫红色。肉质根长圆筒形，出土部分浅绿色，入土部分白色，肉白色。根长30～32cm，横径8.3～10cm。出土部分约占肉质根总长的1/3，单根重约1.1kg，产量高，单产可达74250kg/hm^2。耐湿，较耐花叶病毒病、抗黑腐病。肉质脆嫩、汁较多、味甜，品质优良。是秋冬萝卜的主要品种，生长期75～100天。主要分布昆明、玉溪等地。

通海水萝卜：叶簇半直立，板叶，叶缘全缘，叶柄有小翼叶，叶绿色，叶脉绿白色。肉质根长圆筒形，肉质根长30～33cm，横径9～10cm，出土部分约占1/3，白绿色，入土部分白色。肉质细嫩、汁多、味甜，辛辣味淡。单个肉质根重1.2kg左右，产量高，单产可达81000kg/hm^2。

较抗黑腐病及花叶病毒病。生长期70～100天，主要分布通海、江川等地。

紫红萝卜：叶簇半直立，板叶，深绿色，叶脉浅紫红色，叶缘波状。肉质根长圆柱形，长约22cm，横径7cm左右，出土部分约占根长的1/4，浅绿色，入土部分白色。肉白色，抽薹后肉色转为鲜紫红色，肉质较细、汁少，甜味淡。主要用作提炼红色素。8～9月播种，翌年1～2月采收，生长期约120天。较抗黑腐病，较耐瘦瘠、多山地栽培，栽植较稀。产量不高，单个肉质根重约1.2kg，单产约54000kg/hm^2。代表品种有昆明紫红萝卜、东川紫萝卜等。

巧家红萝卜：叶簇直立、板叶、叶绿色，叶脉浅紫色。肉质根近圆形，长约15cm，横径12cm左右。出土部分约占肉质根总长的1/3，浅紫红色，入土部分白色。肉白色，肉质致密、细嫩，辛辣味稍重。较耐热、耐湿，适宜山地栽培，较耐黑腐病、花叶病毒病。7～8月播种，10～11月采收，生长期75～90天，早中熟品种。产量较低，单个肉质根重约0.8kg，单产约48000kg/hm^2。

（3）春夏萝卜。春季播种，夏季采收，生长期较短的小型萝卜种质资源。

半节红萝卜：叶簇直立，花叶，深绿色，叶脉浅紫红，肉质根圆柱形，根长约15cm，横径5cm左右。出土部分约占肉质根长的1/2，浅紫红色，入土部分白色。肉白色，肉质细嫩，水分多，味稍淡。较耐湿、耐热，较抗黑腐病、炭疽病，冬性较强。单个肉质根重0.3kg左右，单产约27000kg/hm^2。4～5月播种，6～9月采收，对夏淡蔬菜的解决起到良好作用。生长期55～70天，早熟品种。分布昆明、玉溪等地。

（4）夏秋萝卜。夏季播种，秋季采收，生长期在湿热的夏季，有较抗黑腐病及较耐瘦瘠地，适宜菜区及山地栽培。

象腿萝卜：叶簇横展，花叶，叶深刻缺裂，绿色，叶柄、叶脉白绿色，肉质根长圆筒形，长约33cm，横径8cm左右。出土部分约占1/4，全根白色。较耐黑腐病、花叶病毒病，耐湿、耐热。单个肉质根重约1.2kg，单产约84375kg/hm^2。6月中旬至7月播种，8～10月采收，生长期65～80天，中熟，分布昆明、会泽等地。

山地萝卜：昆明地方品种。叶簇半直立，板叶，叶缘全缘，近叶柄部具缺裂，肉质根长圆柱形或长圆筒形，根长20～22cm，横径5.5～6.5cm。出土部分约占肉质根总长的1/3多，浅绿色或白色，入土部分白色。肉白色，肉质致密、较嫩，汁多，辛辣味较重。6～7月播种，9～10月采收，生长期80～85天。可生食、熟食及腌制和脱水干制等。单个肉质根重约800g，单产约54000kg/hm^2。此外，尚有昭通山地萝卜、鲁甸山地萝卜等。

2. 四季萝卜

这是小型萝卜品种，生长期短。

东川四季萝卜：叶簇半直立，板叶，叶缘波状，微有缺裂，深绿色，叶脉紫红色。肉质根短圆柱形，紫红色，肉白色，肉质细嫩，味淡，辛辣味较浓。根长约13cm，横径4cm左右，出土部分约占1/3。单根重约0.25kg，冬性较强，自2月开始播种，全年可播，生长期45～60天，单产约22500kg/hm^2。分布昆明、东川等地。

3. 引进品种

20世纪80年代后期，从日本、韩国，以及台湾等地引进优良萝卜品种试验示范推广，目前在生产上推广面积大的有白玉春、春白玉、大跃进等品种。

（1）大根王F_1萝卜。肉质根直筒形，长约50cm，粗约10cm，单根重约2.5kg。皮色白，极颈部浅绿色，抗病毒病，较耐寒。辣味极淡，适于生食、炒煮、腌渍等，也适于作饲料用。

（2）韩春白玉萝卜。生长快，播种后85天左右可收获，品质极优、肉质致密，不易糠心。口感好，根皮光滑洁白，单个肉质根重1.4～1.8kg。极少发生裂根，商品性高。抗病、高产，适合早春保护地和高冷地栽培。

（3）白玉春萝卜。叶数少，根肥大，抽薹迟。长圆筒形，根部全白，根状整齐，商品性好。糠心晚，歧根，裂根少。大棚、露地均可栽培，播种后60天左右可收获。

（4）YR白春。低温条件下生长良好，耐抽薹，播种后60天左右可收获。根部白色，根状均匀，长圆筒形，曲根、裂根少。肉质白，味道好，品质优秀，适于腌渍加工。

（5）早光萝卜。适于早春保护地、露地和夏季高冷凉地区栽培。叶色浓绿、生长旺盛，抽薹晚。根皮光滑，皮色乳白，歧根发生少。播种后60天左右可收获，单根重1～1.4kg。

（6）大跃进萝卜。属秋种品种，从播种至收获约需60～65天，该品种淡青肩，肉质根长35cm左右，横径6～7cm，单个肉质根重约1.2kg。该品种播期为7～9月。

（7）碧玉春。抽薹稳定，适于春保护地、露地栽培。叶数少，播种后60～65天采收。根长32～36cm，横径6～7cm，单个肉质根重1.2～1.4kg。皮色滑、洁白，根形美观。

（三）云南萝卜种质资源的抗病性

云南大部分地区生态环境适宜萝卜生长，应用不同品种可四季栽培，全年采收，但夏秋雨季由于湿度大，气温较高，容易发生萝卜黑腐病、软腐病。而冬春季干旱少雨，蚜虫等害虫普遍发生，危害较大，传播花叶病毒病。为此，田间观察各品种花叶病毒病、软腐病发病株数及病情轻、中、重分别统计初步鉴定各品种的抗病性（见表3－1）。

表3－1　　云南萝卜种质资源的抗病性

Table 3－1　　Yunnan Radish germplasm resources resistant to disease

抗病性 disease resistance	软腐病、花叶病毒病 Radish Rhizopus soft rot、mosaic
强 strong	昆明半节红、三月萝卜、东川紫萝卜、东川四季萝卜、玉溪春萝卜、保山五月萝卜、昆明冬萝卜、通海水萝卜、会泽象腿萝卜等
弱 weak	腾冲冬萝卜、易门冬萝卜等
中 middle	除了以上品种外，其余品种对黑腐病、花叶病毒病表现中抗

注：田间鉴定资料

（四）云南萝卜种质资源的抗抽薹性

云南萝卜种质资源中冬性强，抽薹期晚，3～5月采收，肉质根已充分膨大，肉质脆嫩，抗抽薹的种质资源有：昆明三月萝卜、通海春籽萝卜、保山五月萝卜、宣威十月萝卜等（见表3－2）。

表3－2　　云南冬春萝卜不同品种抗抽薹性

Table 3－2　　Winter and spring radish varieties resistant to bolting in yunnan

品种名称 Name	来源 Origin	播种期 Sown date	出苗期 Germination date	定苗期 Thinning date	收获期 Harvest date	定植期 Planting date	抽薹期 Bolting date	开花期 Abloom date	种子成熟期 Seed mature date	单根重（kg） Weight per root
春籽萝卜 Chunzi radish	通海	1/9	8/9	19/10	20/11	21/11	5/2	15/2	－	0.82
三月萝卜 Sanyue radish	昆明	1/9	15/9	19/10	20/11	21/11	15/3	25/3	29/4	0.96
春籽萝卜 Chunzi radish	个旧	1/9	8/9	19/10	20/11	21/11	29/2	11/3	－	0.87

续表 3－2

品种名称 Name	来源 Origin	播种期 Sown date	出苗期 Germination date	定苗期 Thinning date	收获期 Harvest date	定植期 Planting date	抽薹期 Bolting date	开花期 Abloom date	种子成熟期 Seed mature date	单根重（kg）Weight per root
三月萝卜 Sanyue radish	个旧	1/9	8/9	19/10	20/11	21/11	6/3	11/3	8/4	0.8
三月萝卜 Sanyue radish	易门	1/9	10/9	19/10	20/11	21/11	－	－	－	－
三月萝卜 Sanyue radish	易门	1/9	10/9	19/10	20/11	21/11	－	－	－	－
三月萝卜 Sanyue radish	大理	1/9	10/9	19/10	20/11	21/11	7/2	6/3	－	1.07
五月萝卜 Sanyue radish	保山	1/9	8/9	19/10	20/11	21/11	6/3	16/3	－	1.02

注：1. 对各品种进行植物学及生物学特征特性观察，记载春萝卜的抽薹期、开花期、种子成熟期等，由于播种期为秋季，其抽薹期仍延迟至2～3月，表明其抗抽薹性状。

2. 定植期为种株定植期。

（五）云南优异萝卜种质资源的开发利用

云南萝卜种质资源产量较高，品质优良。昆明三月萝卜、通海春籽萝卜、大理四季萝卜、保山五月萝卜等地方品种，冬性强，高抗抽薹，已在云南各地及贵州、广西、四川等省区生产上大面积推广应用。

三月萝卜、五月萝卜、大理四季萝卜等优良种质资源，具有耐寒，冬性强，在春淡季节上市，不易抽薹和糠心，品质优良等特性，是冬春萝卜优良育种材料；巧家红皮萝卜、昆明半截红萝卜具有耐热性，较抗病毒病，夏季生长良好，不易糠心的特点，是耐热萝卜育种材料。早在20世纪70年代，日本、韩国为丰富育种资源多次引种昆明三月萝卜、保山五月萝卜等地方品种。

20世纪80年代中期，从省外及日本、韩国等地，先后引进冬春萝卜白玉春、白光、大根及秋冬萝卜南畔洲等品种，利用云南立体气候，选择适宜播种期，全年均可采收。产品销售省内外市场，主要供应外销及出口。

二、胡萝卜

胡萝卜（*D. carota* L. var. *sativa* DC.）为伞形科（Umbelliferae）胡萝卜属（*Daucus*）。多数学者认为胡萝卜起源于欧洲的英国及中亚细亚等地，栽培历史已有2000多年。我国栽培胡萝卜据明朝李时珍著《本草纲目》记载“元时1280～1367年始自胡地来”。

胡萝卜的营养丰富，肉质根含有蔗糖、葡萄糖、淀粉、脂肪、纤维素、维生素C以及钾、钙、磷、铁等，维生素可达1%，含有丰富的β胡萝卜素。有降低血压、强心、消炎、抗过敏等医药作用，对贫血、肠胃、肺病等也有治疗作用。可生食、熟食。

云南栽培历史悠久，有特色胡萝卜种质资源。尚有野生胡萝卜（*D. carota* L. var. *carota* Hoffm.）资源也可利用。胡萝卜适应性强，栽培容易，病虫害少，耐贮藏运输，对调节蔬菜市场有较大作用。

云南胡萝卜种质资源分布广泛，各市县城郊及山区均有分布。还有分布于德钦、丽江、大理、景东、师宗等地海拔1900m以上的山坡、路旁或田间的野生资源。根据胡萝卜肉质根的形状，云南胡萝卜种质资源分为长圆柱形和长圆锥形。

（一）云南胡萝卜种质资源的主要类型及其农艺性状

1. 胡萝卜

（1）黄胡萝卜。昆明地方品种。云南栽培面积最多，分布最广的品种。叶簇较直立，叶绿色，叶柄基部浅绿色，肉质根细长，圆锥形。长 38～40cm，最粗横茎 3.8～4cm。外皮浅黄色和桔黄色，韧皮部浅黄色和桔黄色，中心柱中粗。根肩较小，肉质根单根重 220～230g。肉质致密、水分多、脆甜、风味较浓、具清香味、品质优良，符合云南人民食用习惯，受到广大群众喜爱。抗逆性强，栽培管理较粗放，尚可套种在玉米地中。生长期 120～150 天，中晚熟，6～8 月播种，10 月至翌年 1 月采收。在土层深厚的红壤土栽培，深挖深翻，增施有机肥，肉质根长可达 50cm。抗逆力强，适宜土层深厚的山地栽培，粗放栽培管理也可获得一定产量。中晚熟，适于生食及熟食，也可脱水干制。此外，尚有玉溪黄胡萝卜、会泽胡萝卜、昭通胡萝卜等。

（2）红胡萝卜。会泽地方品种。叶簇较直立，叶绿色较深，叶柄浅绿，肉质根长圆锥形，长 36～40cm，最粗横茎 3.6～4cm。外皮桔红色和浅桔红色，肉桔红色，中心柱中粗，根肩较小。肉质致密，水分较多，风味浓，味甜，品质中上。单个肉质根重约 230g。生长期 110 天左右，晚熟，6～8 月播种，10 月至翌年 1 月采收。此外，尚有东川红胡萝卜等。

（3）十香菜。昆明地方品种。分布昆明、楚雄等地。叶簇半直立，叶绿色，叶柄浅绿，肉质根长圆柱形，长 20cm 左右，横茎 2.8cm 左右，单个肉质根重约 150g。外皮桔红色，韧皮部桔红色，木质部小，根肩部中等。肉质致密，风味浓，鲜食为主。生长期 90 天左右，昆明 5～10 月播种，8 月至翌年 1 月采收。

（4）中甸红胡萝卜。中甸地方品种，分布中甸、维西等县。叶簇半直立，叶绿色，叶柄浅绿，肉质根长圆锥形。根长 20cm 左右，横茎 4cm 左右，单个肉质根重约 150g。外皮桔红色，韧皮部桔红色，根肩部中大，木质部粗，肉质脆硬，汁较少，风味浓。较耐瘦瘠，生长期 100 天左右，当地 6 月播种，9～11 月采收等。

2. 野生胡萝卜

植株高 30～110cm。茎单生，上生白色粗硬毛。基生叶长圆形，2～3 回羽状分裂，叶裂片线形或披针形，叶柄长 3～10cm，柄基部有叶鞘，顶端尖锐。根圆锥形，与栽培种形状相似，较栽培种小；花期 5～7 月，花为白色小花，复伞形花序，花序梗长 10～50cm，花梗上有粗的硬细毛；花冠 5 瓣，呈倒卵形，花丝细长，柱头短；果为悬果，圆卵形，多刺毛。野生胡萝卜是一种常食用的野生蔬菜，在春季可采摘嫩茎叶炒食或做汤，秋冬季挖根食用。分布德钦、丽江、大理等地。

3. 引进品种

20 世纪 80 年代，云南开始从国外引进胡萝卜品种，引进的黑田五寸人参、夏莳五寸人参等品种。由于其生长期短，可提前和推迟播种期，已在昆明、楚雄、玉溪、大理等市生产上推广应用，提早和延长采收供应期，为增加市场季节种类花色品种，丰富群众生活起到一定的作用。

（1）改良新黑田 5 寸胡萝卜。红心率高，表皮光滑，根形美观，商品性高。生长快，红心率高，根形均匀一致，外观优秀。根近圆柱形，颜色鲜红，有光泽，商品性佳。耐热性好，歧根、裂根少，抗病性强，易栽培。根长 18～22cm，根径 4～4.6cm，单根重 220～260g。

（2）夏莳五寸人参。早中熟品种，生长期 100～110 天。肉质根长圆锥形，橙黄色，较耐热。单根重约 0.6kg，肉质艮硬，水分较少。3～10 月上旬播种，6 月至翌年 1 月采收。

（二）云南胡萝卜资源的开发应用

云南胡萝卜地方品种在城市郊区及山区种植较多，适应山区栽培，仍然在生产上应用，是云南人民喜爱食用的一种保健蔬菜，具清香味，适应城市、农村、山区广大群众食用习惯。胡萝卜不仅适宜生食，也可熟食，并能加工成腌制酱菜、干制及作胡萝卜汁饮料等。还可做宴席上的雕花盘菜。

云南胡萝卜地方品种具有质脆、味甜、汁多、肉质细嫩等优点，如巧家胡萝卜、昆明十香菜、具有较耐热、较耐瘦瘠，夏季生长良好，不易糠心的特点，是比较理想的胡萝卜育种材料。云南野生胡萝卜耐寒、抗热、抗逆力强，也可作为抗性育种种质材料。

三、芜　菁

芜菁（*B. campestris* L. ssp. *rapifera* Metzg.）为十字花科（Cruciferae）芸薹属（Brassica）。芜菁肉质根有较丰富的营养，干物质含量较高，一般为9.5%～12%。肉质根每100g鲜重含糖类3.8～6.4g，粗蛋白0.4～2.1g，纤维素0.8～2.0g，维生素C 19～63mg，以及较丰富的矿物盐。芜菁起源中心在地中海沿岸及阿富汗、巴基斯坦、外高加索等地，由油用亚种（ssp. *oleifera*）演化而来。中国栽培芜菁历史悠久，公元154年汉桓帝诏曰："横水为灾，五谷不登，令所伤群国皆种芜菁，以助民食。"东汉时期已普遍种植。国内的西北、华北、浙、闽及云、贵等地栽培芜菁较为普遍，但是随着马铃薯及其他蔬菜的引进和栽培制度的变革，芜菁的栽培面积已大大减少。云南芜菁种质资源分布范围较小，主要分布在云南东北部、西部、西北部海拔1950～2400m的东川、会泽、鲁甸、昭通、丽江、鹤庆等地的山区。

（一）芜菁种质资源主要类型及其农艺性状

（1）东川白蔓菁。叶簇半直立，叶长椭圆形似匙形，叶绿色较深，叶缘波状，叶脉绿白色。肉质根扁圆形，单个重500～2000g，出土部分浅绿，入土部分白色。水分较少，味甜，肉白色，品质佳。耐寒、耐瘠薄、耐贮藏，抗逆力强，山地栽培可以获得丰产，成为山区群众的主要蔬菜。4～5月播种，10～11月收获。分布东川、昭通、鹤庆等地。

（2）中甸绿蔓菁。叶簇半直立，叶长匙形，叶柄基部有缺裂片，绿色，叶脉绿白。肉质根扁圆形，单个重500～900g，出土部分浅绿色，入土部分白色，肉白色。肉质较嫩，汁少，味甜，品质佳。耐寒性强，耐霜冻。生长期130天左右，5～6月播种，9～11月上旬采收。在土层深厚的土壤栽培，生长期较长。分布中甸、德钦、维西等地。

（3）东川紫蔓菁。叶簇半直立，叶长椭圆形，叶缘浅缺裂，叶绿色，叶脉中肋浅紫红色。肉质根扁圆形，单个重510g左右，出土部分紫红色，入土部分白色。肉白色，肉质脆嫩、汁较多，味甜。6～8月播种，9～12月采收，生长期90～100天，分布东川、昭通等地。

（4）会泽绿蔓菁。叶簇半直立，叶绿色。肉质根扁圆形，单个重350g以上，出土部分浅绿色或浅紫红色，入土部分白色，肉白色。肉质较硬，汁少。耐瘠薄，耐寒性强，耐霜冻，冬性强，不易抽薹。6～7月播种，9～11月采收，生长期90～100天。

（二）云南芜菁种质资源的利用

芜菁在云南省栽培不多，东川、会泽、昭通、大理、丽江、鹤庆、中甸等地的山区种植，其中以鹤庆芜菁品质最佳。

芜菁肉质柔嫩、致密，煮食风味甚佳，也可炒食，耐贮藏，可以代粮及作饲料，也可以盐渍、腌制。可在缺菜山区推广利用。

四、芜菁甘蓝

芜菁甘蓝〔*B. napobrassica*（L.）DC.〕为十字花科（Cruciferae）芸薹属（*Brassica*），在云

南省德钦县山区有少量栽培。肉质根干物质较多，一般达7.1%～9%。芜菁甘蓝耐寒性、抗逆力强，在云南分布范围较小，在海拔3588m北温带气候层德钦县等山区种植。

（一）云南芜菁甘蓝种质资源主要类型及其农艺性状

（1）德钦白皮洋萝卜。叶簇横展匍匐，叶缘缺裂，叶灰绿色。肉质根短圆锥形，单个重610g左右，皮白色，肉白色。肉质致密，水分较多，味甜。植株耐寒力强，耐瘠薄土壤，栽培粗放的条件下也能生长良好。产量高，单产33000～36000kg/hm^2。当地5月播种，10月采收，生长期150天左右。

（2）德钦黄皮洋萝卜。叶簇横展匍匐，叶缘具缺裂，叶灰绿色。肉质根短圆锥形，单个重620g左右，皮浅黄色，肉白色。肉质致密，汁中等。当地5月播种，10月采收，生长期达140天左右，单产约36000kg/hm^2。耐瘦瘠、耐寒力强，抗病、抗逆力强。

（二）云南芜菁甘蓝种质资源的利用

芜菁甘蓝适应性广，抗寒、抗逆性强，容易栽培，是适应高寒山区容易栽培的蔬菜，已在海拔3000～4000m的高寒山区推广利用。

五、根菾菜

根菾菜（*B. vulgaris* L. var. *rapacea* Koch.）起源于地中海，明代传入中国，为藜科（Chenopodiaceae）菾菜属（*Beta*）。这是菾菜中能形成肉紫色肉质根的一个变种，肉质根颜色艳丽，含纤维素少，肉质柔软，糖分含量8%～15%。云南根菾菜在高寒山区及城市郊区有少量栽培，又叫红菜头。

维西红菜头：叶簇半直立，叶长椭圆形，绿色，叶脉红紫，肉质根扁圆锥形，紫红色。肉质较软而脆，汁少，味甜，产量高。

六、牛 蒡

牛蒡（*A. lappa* L.）为菊科（Compositae）牛蒡属（*Arctium*）。牛蒡原产亚洲。云南有野生牛蒡种质资源。分布海拔1800～2500m的大理、丽江、昆明等地山区。

云南野生牛蒡：株高55～80cm，茎粗壮，上部多分枝，微有被毛，基生叶大，卵形，丛生、叶互生，心形，叶柄长。7～8月开花，头状花序，8～9月结果，为瘦果，椭圆形或倒卵形，有短刚毛，冠毛，有肥大的肉质根，稍短，外形似栽培种。牛蒡根、叶柄及嫩叶均可食用。肉质细腻而脆、水分少、有特殊清香味，内含牛蒡甙、生物碱、菊糖及丰富的维生素B、C及铜、锰、锌等矿物质，是一种保健食品。

近年来，云南有关企业引进的日本牛蒡，已在禄丰、双柏、元谋等地建立规模化生产基地，产品主要出口日本。

七、辣 根

辣根〔*Armoracia rusticana*（Lam）Gaertn〕为十字花科（Cruciferae）辣根属（*Armoracia*）。云南栽培时间不长，20世纪80年代中期从上海引进，只在昆明、开远等地少量种植。

株高55～65cm，叶绿色，长椭圆形或披针形，叶柄长，叶缘有缺刻，根长圆柱形，长25～50cm。外皮厚，粗糙，肉质白，侧枝多，易生不定根。翌年4～5月抽生花薹，薹高55～75cm，花小，花不育。6月结荚，不易得到种子。因此，一般用根茎部的不定芽进行无性繁殖。

辣根以肉质根供食，根有特殊辛辣味，含有烯丙（基）硫氰酸，有利尿、消炎止疼、兴奋神经的功效。主要作调料蔬菜。

八、云南山嵛菜

山嵛菜（*E. wasabi* Maxim.）为十字花科（Cruciferae）山嵛菜属（*Eutrema*）。云南山嵛菜野生种、变种极多，但利用极少，近年来云南引进日本山嵛菜岛根3号等品种，已大量栽培，在丽江、大理、昆明等地建成近400hm^2规模生产基地，年产鲜根750t左右，叶柄3000t左右，加工制品出口日本，约占日本进口山嵛菜加工产品的70%左右。

九、臭　参

臭参（*C. bulleyana* Forest ex Diels）为桔梗科（Campanulaceae）党参属（*Codonopsis*）。主产云南，是云南特有保健药、食兼用根菜类蔬菜，栽培历史悠久，是群众喜爱食用的滋补保健蔬菜。除人工栽培种植外，在高山、林区尚有许多野生种分布，种质资源十分丰富。

（一）云南臭参种质资源分布

人工栽培臭参主要分布于云南中部的宜良、石林、玉溪、通海、陆良等地，云南西部、西北部的丽江、鹤庆、中甸、德钦、东北部的会泽等地山区也有少量栽培。野生种分布广泛，在海拔600～3000m的山林、灌木丛及草丛阳坡均有野生臭参资源分布。

（二）臭参种质资源农艺性状

昆明市宜良县山区人工栽培的臭参肉质根圆柱形，根长和横径粗细与栽培年代长短和排栽行株距以及栽培管理技术密切相关。一般栽培两年以上，根长15cm左右，下部分杈，横径2cm左右，最长的可达50cm，最短的仅5cm。根顶部着生短根茎，其上有许多瘤状茎痕。肉质根浅黄白色，肉白色，中心柱直径约0.5cm，根表皮具有不规则环横皱拆及皱沟，根上部分布多且较明显，向下逐步减少。根部破损处有淡黄色粘乳汁流出，根部折断处抽出粘黏细丝，表皮容易撕去。肉质根具有特殊浓郁臭味。炖食则味微甘而面，洗净风干后炖食甘甜味浓，风味极佳。人工栽培臭参，一般5月上中旬播种育苗，11月将苗挖出放置室内通风处，堆放1个多月后排栽，每公顷用苗30万～45万株，第二年发苗，10月至次年3月采收。单产约6000～10500kg/hm^2。

臭参为多年生草本植物。含有丰富的V_B，尤以V_{B5}、V_{B6}、V_{B11}含量最高，含V_A也较多，还含有丰富的微量元素钾、钙、钠、镁、铜、铁、锌、锰，其中以钾的含量最高，呈高钾低钠比例现象，对预防和治疗高血压症、糖尿病、冠心病和肾脏等疾病有良好的功能。据药物化学成分测定，臭参含有黄酮香豆素、挥发油、糖、氨基酸、蛋白质、生物碱、有机酸、鞣质、酚类、树脂等成分。对补气血、助消化等有明显的作用，是值得进一步大力开发的滋补保健蔬菜。

第二节　白菜类蔬菜资源

白菜类蔬菜为十字花科（Cruciferae）芸薹属（*Brassica*），白菜起源于中国，云南各地均有种植，有种及变种10个。

一、云南白菜类蔬菜种质资源的地理分布与自然气候的关系

由于云南地形、地势复杂，多种气候环境对蔬菜种质资源产生极大的影响。如云南东北部的会泽、西北部的中甸虎跳峡镇等地，海拔1900～2100m南温带气候环境长期驯化孕育出耐寒及抗抽薹的中甸黑叶子白菜，耐寒及抗抽薹性强的会泽皱叶黑二英白菜、滑叶黑二英白菜等；还有

耐寒、耐抽薹，可在11月播种，抗病毒病，叶柄肥厚，不结球的蒜头白及保山调羹白等分布在云南中部、中南部、西部、西南部海拔1900m左右的昆明、保山、腾冲、曲靖、通海、建水、个旧等北亚热带气候层。云南白菜类蔬菜种质资源最为丰富，除了有耐寒的、喜冷凉的品种以外，还有可在夏秋栽培，品质优良，结球大白菜，如叶球高、倒平头和卵形的昆明高桩成都白及矮桩成都白、通海早白菜、迟白菜、个旧鸡窝白菜和花心种的黄秧白、东川黑叶白菜、大黄心白菜，以及不结球的乌塌菜、广菜心等。这些品种分布于云南经济文化较发达，群众食用要求较高的地区。加之，在一年之中，不同的地区不同季节，利用不同的品种均可栽培白菜，如思茅、西双版纳、河口、瑞丽等地区一年可以栽培两季，即使在高寒地区也可以利用夏季气候温暖的条件栽培一季。因此，各地通过长期不同自然气候条件的驯化和人工选择，使云南白菜类蔬菜不仅种类和变种较多，且适应各种气候条件，及抗病虫害的品种较多，且独具特色。

二、云南白菜类蔬菜种质资源主要农艺性状

（一）大白菜〔*Brassica campestris* L. ssp. *pekinensis*（Lour.）Olsson〕

1. 散叶大白菜（var. *dissoluta* Li）

株型半开展，叶片披张，株高45～55cm；叶黑绿色，叶面多皱或微皱，不结球，纤维多，口感较好。抗逆性强，抗寒、较耐旱；具有冬性强、高抗抽薹等优良性状。在云南高寒地区的会泽、昭通、鲁甸等地秋播越冬栽培；在中部亚热带气候层秋末播种，春季采收，生长期90～120天。产量高，单株重达2.5kg左右，单产达131250kg/hm^{2}左右。是大白菜抗抽薹育种的宝贵资源。代表品种有滑叶黑二英、中甸黑叶子白、鹤庆黑叶子白等。

黑叶子白菜：株高45.8m左右，外叶深绿色，叶柄绿白色，叶面微缩。不结球，单株重1.8kg左右，单产94500kg/hm^{2}左右。高抗病毒病、霜霉病、软腐病等。味淡，品质中。生长期95天左右，分布在中甸等地。

黑叶白菜：株高44.8cm左右，开展度[①]55cm×64cm，外叶黑绿色，叶柄绿白色，叶面较较皱。不结球，单株重2kg左右，单产105000kg/hm^{2}左右。中抗病毒病、软腐病，抗霜霉病较强。贮藏性中等，口感稍淡，纤维较多。生长期100天左右，分布在鹤庆等地。

皱叶黑二茵：株高34cm，开展度61cm×65cm，外叶黑绿色，叶柄绿白色，叶面皱。不结球，单株重1.5kg左右，单产78750kg/hm^{2}左右。抗病毒病及霜霉病，较抗软腐病。味淡、肉质粗。生长期95天左右，分布在会泽等地。

2. 半结球大白菜（var. *infacta* Li）

植株半直立，外叶深绿，叶面微皱，心叶黄绿色，叶球松，似筒形，抗逆性较强，较耐旱、耐寒，品质中上，产量高。

东川黑二茵：株高53cm左右，开展度65cm×65cm，株形较直立，外叶暗深绿色，叶面皱缩，心叶黄色舒心，叶球松，为半包心型，品质较差。抗逆性强，适应性广，抗寒、耐旱，冬性强、抽薹迟。单株重2～2.5kg，单产约105000～131250kg/hm^2。生长期100～130天，分布东川、会泽、宣威等地方。该品种虽然品质较差，栽培面积较小，但有些性状优良，所以仍是育种的好材料。

3. 花心大白菜（var. *laxa* Tsen et Lee.）

植株半直立，叶黄绿色，微皱或较光滑，叶球长筒形，球叶花心，鸡油黄或淡黄色，拧抱。中抗病毒病、软腐病等。代表品种东川黑叶白、黄秧白、昆明大黄心等。

---

① 开展度：植株外叶开展最宽处，包括纵横两个垂直方向

昆明大黄心：株高 39～45cm，开展度 46cm×50cm，外叶黄绿色，叶柄白色，叶面较平或微皱。叶球长筒形，拧抱，球心花心，味淡。单球重 1.5～1.8kg，单产 78750～94500kg/hm^2。抗病毒病、霜霉病、软腐病能力强，抗抽薹。10 月中旬至翌年 1 月中旬播种，1 月下旬至 5 月上旬收获，生长期 80～110 天。分布昆明城郊、海口等地。

黄秧白：株高 38.9cm 左右，开展度 46cm×54cm。叶片黄绿，叶柄白色，叶面平滑。叶球筒形，球心花心，似花盘，味淡。叶球重约 1.5kg，单产约 78750kg/hm^2。抗病毒病、霜霉病、软腐病中等，贮藏性中等，7 月下旬至 8 月下旬播种，10 月上旬至 12 月中旬收获，生长期 100 天左右。分布昆明等地。

会泽大裹心：株高 54cm 左右，开展度 60cm×60cm，株形较直立。外叶绿色，叶面平滑，心叶黄色翻心松散，为半包心型，味略淡，耐贮藏性差。抗霜霉病，不抗病毒病、软腐病，较耐寒、耐旱。7 月下旬至 8 月中旬播种，10 月上旬至 12 下旬采收。单株重 1.8～2kg，单产约 94500～14000kg/hm^2。分布东川、会泽等地方。

4. 结球大白菜（var. *cephalata* Tsen et Lee.）

结球大白菜变种的品种很多，大部分为 20 世纪中期由外地引入，通过长期栽培驯化改良，适应云南的气候，成为云南省地方品种。植株开展，外叶较宽大，绿色或深绿色，叶面皱或微皱，株高有高、中、矮三类。球形有叠抱、褶抱，叶球形状卵圆形、圆球形、平头形、直筒形或细长筒形等。较耐夏季温暖多雨气候，耐软腐病、霜霉病等，如昆明大种江苏白、小种江苏白、高桩成都白、矮桩成都白，通海迟白菜、通海早白菜、个旧鸡窝白等。品质优良，供应季节较长，深受消费者喜爱，在市场供应方面占有较大份额。

（1）卵圆型。叶球卵圆形，球形指数约为 1.5。叶球抱合方式为褶抱或合抱。代表品种有大种江苏白、小种江苏白、曲靖卷心白菜、高桩白、大绿白等。

大种江苏白：株高约 45cm，开展度 58cm×58cm。外叶绿色，叶柄白色，叶面微皱，叶球长筒形，合抱，球心舒心，口感略甜。单球重 2kg 左右，单产 105000kg/hm^2 左右。中抗病毒病、霜霉病、软腐病。8 月上旬至 8 月下旬播种，11 月下旬至 12 月下旬收获。生长期 90～100 天。分布昆明等地。

（2）平头型。叶球倒圆锥形，球形指数近于 1，球顶平，叠抱。代表品种有成都白、祥云卷心白菜、大青口、通海迟白菜、鸡窝白等。

高桩成都白：外叶较开展，绿色，叶面皱缩，心叶浅绿色。叶球为平头卵圆形，耐热、耐湿，肉质柔嫩，口感甜，品质优。昆明等地多在 4～10 月播种。单株重 2kg 左右，单产 105000kg/hm^2 左右。春夏栽培 80 天左右成熟，晚秋栽培 100～120 天成熟。

矮桩成都白：外叶较开展，绿色，叶面皱缩，心叶浅绿色。叶球为扁圆球形，耐热、耐湿，肉质柔嫩，口感甜，品质优。昆明等地多在 4～10 月播种。单株重 1.8kg 左右，单产 94500 kg/hm^{2}左右。春夏栽培 70 天左右成熟，晚秋栽培约 100 天成熟。

（3）直筒型。叶球细长圆筒形，叶球长倒卵形，球形指数约为 4，球顶钝尖，近于闭合，拧抱。代表品种有云白 1 号、翻心白菜、青麻叶白菜、矮脚白白菜、小白口白菜等。

大青口：株高 40cm 左右，开展度 56cm×56cm。叶片绿色，叶柄绿白色，叶面皱缩。叶球长筒形，叠抱，球心包心，口感略甜，贮藏性强。球重 2.5kg 左右，单产约 131250kg/hm^2。抗病毒病能力强，抗软腐病、霜霉病较强。8 月上旬至 8 月下旬播种，11 月中旬至 12 月下旬收获。生长期 90～110 天，分布开远等地。

青麻菜：株高约 42cm，开展度 44cm×63cm。叶片深绿色，叶柄浅绿色，叶面光滑，叶球长筒形，合抱，球心舒心，口感略甜。单球重 2～2.5kg，单产 105000～131250kg/hm^2。较耐病毒病、霜霉病，抗软腐病中等偏上。7 月下旬至 8 月下旬播种，10 月中旬至 12 月中旬收获。生长期 80～95 天，分布昆明、丽江等地。

（二）白菜〔*Brassica campestris* L. ssp. *chinensis*（L.）Makino〕

1. 普通白菜（var. *communis* Tsen et Lee.）

昆明蒜头白：株高约 28～56cm，植株较直立或直立，束腰或不束腰。叶长椭圆形，绿色或深绿色，叶面光滑，有的品种叶柄长且厚，白色；有的品种叶柄较短，灰白色。抗旱性强，抗病虫性强，耐抽薹。单产 36000～60000kg/hm^2。播种期 10 月上旬至 11 月，翌年 2～4 月采收。生长期 85～100 天，分布昆明、景东、保山等地。

2. 乌塌菜（var. *rosularis* Tsen et Lee.）

昆明乌塌菜：植株半开展，株高约 20.5cm。叶长椭圆形，黑绿色，叶面皱或微皱，叶柄较短、薄，单株重约 0.3kg，单产约 20250kg/hm^2。生长期短，较耐寒，抗病性强，风味极好，一般 7 月上旬至 11 月上旬播种，9 月中旬至翌年 2 月下旬收获。生长期 65～78 天，分布昆明、建水、个旧等地。

3. 菜薹（var. *utilis* Tsen et Lee.）

昆明广菜心：叶匙形，绿色，叶缘全缘，叶柄细长，白色。食用花薹，株高约 28cm，主薹高 20～25cm，主薹横径约 1.25cm，薹色浅绿，薹数 4～5 枝，抗逆性中等，抗病虫性中等，生长快。味甜、质嫩，品质优良。适宜播种期 7 月下旬至翌年 2 月下旬，9 月下旬至翌年 4 月采收。生长期 70 天左右，分布昆明、玉溪等地。

4. 选育的品种及引进品种

近几年，云南省农业科学院园艺作物研究所、昆明市农业科学技术研究所、昆明绿生蔬菜研究所等单位选育和引进品种。

（1）云白 1 号。植株高约 43cm，开展度 50cm×50cm，植株直筒形，生长势中等。外叶绿色，叶帮白色，心叶浅绿、微皱。叶球重 1.5～2.5kg，品质好，单产 76500～78750kg/hm^2。耐湿、耐热，较抗软腐病、霜霉病。属早熟型，播种后约 65 天即可收获。

（2）小杂 55。一代杂交种，生长势强，生长期 55 天左右。叶球短筒形，球顶半舒半包，心叶嫩黄，外叶浅绿色，耐热，抗病强。单株重 1kg 左右，单产 52500kg/hm^2 左右。云南省滇中地区适宜春秋两季种植，每公顷栽 52500 株左右，但多以春季种植为主，可提早上市，经济效益好。春季种植应根据当地气候条件适时播种，不可太早，以免发生未熟抽薹现象。

（3）小杂 56。适应性广泛的早熟品种，定植后 55～60 天采收；叶球高桩，外展内包，外叶浅绿，芯叶乳黄，单株净菜重约 2kg。抗病、耐湿热。

（4）北京小杂 60。定植后 60～65 天采收；外叶绿色，叶缘波装，叶面微皱，叠抱，结球紧实，单株 2.5kg 以上；适宜栽植区域广泛。

（5）秋绿 60。该品种为秋早熟青麻叶一代杂交种。生育期 60～65 天，高桩直筒类型。株高约 47cm，开展度 50cm×50cm。单球重 2～2.5kg，单产净菜 105000kg/hm^2 左右。株形直产紧凑，叶色深绿，叶帮密植。一般以当地日平均温度 25℃为适宜播种期，每公顷栽种约 45000 株。

（6）日本长腰白菜 70。该品种为早熟种，从播种至收获约 70 天。株形直立，呈炮弹状，抱合紧实，包叶绿色，单株重约 1.5～2kg。适播期为 7 月中旬至 9 月中旬。

（7）双冠王白菜。省内最新育成品种，早熟、晚抽薹之冠，故名“双冠王”。叶色深绿，叶球紧实，炮弹形，单球重 2kg 左右。播种后 50 天收获，低温结球性佳，极晚抽薹品种。播种温度应保持在 10℃以上，才能避免抽薹。在云南省中部地区，2 月至 10 月底播种，可行露地栽培；11 月至翌年 1 月播种，必须行地膜覆盖保温栽培。每公顷栽 52500 株左右。

（8）青岛 83－1 白菜。株高 45cm 左右，开展度 50cm×50cm。叶片深绿色，叶柄淡绿，叶缘及叶面均波状，刺毛多。叶球炮弹形，合抱，球顶舒心。包心紧实，品质佳，抗性强。单球重约2.5kg，单产约112500kg/hm^2。生长期65~90天，云南省滇中地区4~9月直播，6月至翌年2月中旬收获。每公顷种45000株左右。

（9）优早4号白菜。中熟，生长期65~90天。株高45cm左右，开展度55cm×55cm左右。外片绿色，叶柄绿白，叶缘波状，叶面皱缩，刺毛疏而软。叶球炮弹形，合抱，球顶舒心，包心紧实。品质佳，抗性强。单球重3kg左右，单产120000kg/hm^{2}左右。云南省滇中地区4~9月播种，6~12月收获。每公顷栽37500株左右。

（10）绿美白菜。中熟，生长期60~90天，外叶绿色较深，有光泽，株形紧凑，清秀美观，耐贮运，品质极佳。单球重3kg左右，单产120000kg/hm^{2}左右。云南省滇中地区4~9月播种，6~12月收获。每公顷栽37500株左右。

（11）绿优2号白菜。中熟，生长期60~90天。株高44cm左右，开展度53cm×53cm。叶片绿色，叶柄绿白，叶面皱缩。叶球炮弹形，合抱，球顶舒心，包心紧实。品质佳，抗病毒病、霜霉病、软腐病和黑斑病。单球重3kg左右，单产120000kg/hm^{2}左右。云南省滇中地区4~9月播种，6~12月收获。每公顷栽37500株左右。

（12）绿生春秋黄白菜。中早熟种，生长期60天左右。株高35cm左右，开展度48cm×48cm。外叶浅绿色，叶柄绿白，叶缘波状，叶面略皱，刺毛疏而软。心叶嫩黄色，合抱，球顶舒心，品质佳，抗病强。单球重3kg左右，单产105000kg/hm^{2}左右。云南省滇中地区3~9月底播种，6~12月收获。每公顷栽37500株左右。

（13）早抗王白菜。早熟，生长期50~80天。抗病性强，抗早衰，耐湿热。叶色浅绿，叶面光滑，无毛。叶球叠抱，白帮。品质优。净菜率70%以上，单球重1.5kg左右，单产75000kg/hm^{2}左右。云南省滇中地区5~9月份均可播种，其他地区可根据当地的适宜温度播种。采用直播，每公顷52500~60000株。

（14）夏绿白菜。引进国外材料杂交育成，早熟、耐热，生长期50天左右。株高32cm左右，开展度58cm×58cm左右。外叶亮绿色，叶面较皱，刺毛极少，叶柄薄嫩，绿白色。叶球卵圆形，叠抱，抗病强，品质极佳，优于夏阳白菜。单球重1.5kg左右，单产60000kg/hm^{2}左右。云南省滇中地区5~9月播种，6~12月收获，其他地区可根据当地的适宜温度播种。采用直播，每公顷栽52500株左右。

（15）绿生抗病王白菜。中熟，生长期60天左右。株高45cm左右，开展度53cm×53cm。叶片绿色，叶柄绿白，叶面皱缩。叶球炮弹形，合抱，球顶舒心，包心紧实，品质佳。抗病毒病、霜霉病、软腐病、黑斑病及烧心病。单球重3kg左右，单产105000kg/hm^{2}左右。云南省滇中地区4~9月播种，6~12月收获。每公顷栽37500株左右。

（16）津绿55白菜。为青麻叶类型大白菜，生长期60~70天。株高45cm左右，开展度40cm×40cm左右。叶片深绿色，叶柄绿白，叶面皱缩。叶球高桩直筒形，拧抱，包心紧实。高抗病毒病、霜霉病和软腐病三大病害。品质极佳，质细味甜，耐贮运。球重2.5kg左右，单产120000kg/hm^{2}左右。云南省滇中地区5~9月播种，7~12月收获。每公顷栽52500株左右。

（17）绿生青麻叶。生长势强，较耐热、耐湿、抗寒。中熟种，生长期为70~90天，品质佳。株高60cm左右，开展度52cm×52cm。叶为花叶，浅裂，绿色。茎为棍棒形，茎长50cm左右，茎粗7cm左右，外皮黄绿色，肉质茎白色。单株茎重1kg左右，单产茎重75000kg/hm^{2}左右。最佳播种节令为7月下旬至9月中旬，株行距约35cm×45cm，每公顷栽67500株左右。

（18）大青麻叶白菜。天津引入，经多年提纯复壮而成。株高70cm左右，开展度60cm×60cm。莲座叶直立，深绿，叶柄白色，叶缘及叶面均皱缩。叶球圆筒形，包心紧实，品质佳，抗性强，生长期90天左右。单球重4kg左右，单产150000kg/hm^{2}左右。云南省滇中地区作小白菜栽培，可周年播种，行撒播栽培，周年收获。作大白菜栽培，多采用直播，最适播期为8～9月，11月至翌年2月中旬收获，每公顷栽45000株左右。

（19）中青麻叶白菜。天津引入，经多年提纯复壮而成。株高60cm左右，开展度55cm×55cm。莲座叶直立，深绿，叶柄浅绿，叶缘及叶面均皱缩。叶球圆筒形，包心紧实，品质佳，抗性强。生长期90天左右，单球重2.5kg左右，单产112500kg/hm^{2}左右。云南省滇中地区作小白菜栽培，可周年播种，行撒播栽培，周年收获。作大白菜栽培，多采用直播，最适播期为8～9月，11月至翌年2月中旬收获，每公顷栽45000株左右。

（20）96－5瓢儿白菜。引进品种，株高17cm左右，开展度24cm×25cm。叶色绿色，叶柄淡绿色，叶形汤匙形。单株重350g左右，单产45000～60000kg/hm^2。昆明及滇中地区3～10月播种，4月～11月定植，5月至翌年2月收获。株行距约20cm×20cm。

（21）四九－19菜心。早熟，黄绿色，耐热，耐雨水，抗逆性强，适应性广。

（22）绿生翠绿菜心。抗热耐湿，生长快速旺盛，叶片长椭圆形，油绿色，有光泽，薹质脆嫩，纤维少，品质极佳。单产30000kg/hm^{2}左右。云南省滇中地区可周年撒播或点播栽培，周年收获。

（23）四九菜心。广州引进品种。叶片长椭圆形，青绿色，叶柄浅绿色。生长势强。薹质脆嫩，纤维少，品质佳。抗逆性强。单产22500kg/hm^{2}左右。在昆明及滇中地区可周年撒播栽培，周年收获。

三、云南白菜类蔬菜种质资源农艺性状评价

经田间播种鉴定及群众长期栽培结果表明：云南白菜类蔬菜种质资源无论是大白菜中的散叶大白菜、半结球大白菜、花心大白菜、结球大白菜，还是白菜中的普通白菜、乌塌菜、菜薹等，均发掘出不少优良地方品种。

会泽黑二菌、皱叶黑二菌、中甸黑叶子白、大黄心白菜、昆明蒜头白、保山调羹白等抗寒性及抗抽薹性能强。它们可供直接利用和作为育种材料。

适宜昆明、通海、玉溪等地栽培的昆明高桩成都白、矮桩成都白、个旧鸡窝白、通海迟白菜、通海早白菜等较抗病毒病。昆明大种江苏白、小种江苏白、昆明黄秧白、东川黑叶白、玉溪黄秧白等耐病毒病、抗逆性强。

大白菜中，结球大白菜品质最为优良，纤维少、肉质细嫩、鲜甜，以及外观好，受群众欢迎的昆明大种江苏白、小种江苏白、昆明高桩成都白、矮桩成都白、通海迟白菜、早白菜等，江苏白叶球形似炮弹，外形美观；昆明高桩成都白、通海迟白菜等叶球平头倒卵形、美观。其次，花心大白菜中的昆明大黄心、黄秧白，会泽小裹心、大裹心等叶球花心，鸡油黄色，肉质纤维稍多、鲜甜味稍差，但其花心为鸡油黄色，别具风味，特别是其供应期在2月下旬至4月的昆明大黄心深受群众喜爱。半结球变种的东川黑叶白、东川黑二菌大白菜肉质纤维较多而粗，肉质脆，品质稍差。会泽黑二英、中甸黑叶子白纤维多，鲜甜味也次于以上品种。

四、云南白菜种质资源的开发利用

自20世纪80年代以来，云南省数家单位对白菜类蔬菜种质资源经过长期地不断提纯复壮及杂交育种，先后选育出云白1号、云白2号、昆明大黄心、绿生系列白菜等品种。与此同时，随着全国大白菜杂一代品种选育及推广应用，云南大量引进大白菜杂一代品种试种，在大面积商品菜区示范推广应用，如青岛83－1、津绿系列55和56、韩国星星、小杂55、小杂56、白菜王、春晓白菜、春大将、五月蔓青菜、上海青、四九菜心等，不断丰富了云南白菜种质资源。尤以青岛83－1大白菜，自20世纪80年代试种成功后，成为云南省大白菜主栽品种一直延续至今仍有

一定栽培面积。云南省农业科学院园艺作物研究所选育出抗热、耐湿，品质优良的云白1号、云白2号在云南省南部有一定面积推广应用。昆明市农业科学技术研究所、昆明绿生蔬菜研究所等单位选育出大白菜杂一代品种在生产上推广应用。

目前，随着生物技术的应用，蔬菜作物分子标记技术的研究在广度和深度上都有了很大的发展，白菜已构建了基因遗传图谱，但云南白菜种质资源的开发与国内外相比，还存在很大差距。

第三节 甘蓝类蔬菜资源

甘蓝类蔬菜为十字花科（Cruciferae）芸薹属（*Brassica*）。甘兰起源于地中海至北海沿岸，由不结球甘兰、野生甘兰演化而来，至今仍有野生型变种 *B. oleracea* Var. *sylverestris*。在长期栽培过程中演化成多个变种。甘兰类蔬菜营养含量丰富，尤其是花椰菜维生素含量最高，每100g鲜花球中含维生素C 88mg，高于其他蔬菜，与青甜椒（每100g鲜椒含维生素C 89mg）相同，仅低于红甜椒（每100g鲜椒含维生素C 159mg）与青尖椒（每100g鲜椒含维生素C 185mg）。云南甘蓝（*B. oleracea* L.）类蔬菜虽然大部分由外地引进，但云南栽培甘蓝类蔬菜的历史比较悠久，在长期的栽培过程中，通过自然气候驯化及人工选择，孕育出许多适应不同气候及栽培季节的地方品种。有种和变种7个，尤其还有一些特殊变种及抗逆性强的种质资源，如以花球硕大著称的昆明大种花菜，早播抗抽薹的昆明小种结球甘蓝，球茎长圆筒形的象腿苤蓝，以及云南独有的种质资源建水青花菜，引种多年经人工及自然气候选育的东川苤蓝等。

一、云南甘蓝类蔬菜种质资源的地理分布

甘蓝类蔬菜种质资源在云南省分布范围广泛，由南亚热带至南温带地区的文山、建水等县市至海拔在1000～2200m的亚热带气候带都有分布，且其栽培季节各不同，各地区根据当地气候自然条件及结合群众食用习惯，不断选育出适应当地的许多优良地方品种。

1. 结球甘蓝（var. *capitata* L.）

主要分布在云南省中部、中南部、西部、西南部，海拔1000～1800m的北亚热带气候层的昆明、玉溪、通海、曲靖等地区。其品种有昆明大种莲花白、昆明小种莲花白、牛心莲花白、黑叶大平头等。分布在北热带、南亚热带地区的品种有普洱京白菜、建水大平头、黑叶小平头等；分布在海拔1900～2000m南温带气候较寒冷的昭通、会泽、鲁甸、维西等地区，多较耐寒，生长期较长，易包心的晚熟大种莲花白、牛心莲花白等。在云南南部海拔800m以下北热带气候结球甘蓝地方品种极少。

2. 花椰菜（var. *botrytis* L.）

主要分布云南中部、中南部、西南部，海拔1000～1800m南亚热带至北亚热带气候层的通海、昆明、个旧、建水、蒙自、开远、保山、曲靖、大理、普洱、玉溪等地栽培。其品种有昆明大种花菜、通海迟花菜、尖叶花菜、普洱本地洋花菜、蒙自花菜、保山迟花菜、扭心花菜、个旧小花菜等。东北部、西北部海拔1900m以上的昭通、鲁甸、丽江等南温带气候带花椰菜地方品种较少。南部低海拔，北热带气候层的景洪、勐腊、瑞丽等地为花椰菜种质资源匮乏地区。

3. 球茎甘蓝（var. *caulorapa* DC.）

主要分布云南中部、中南部、西部南亚热带至北亚热带气候层的昆明、通海、保山、曲靖、开远、个旧、东川等地，春夏早秋栽培。其品种有昆明团苤蓝、东川苤蓝、天津苤蓝、通海苤蓝、易门大苤蓝、保山苤蓝、开远苤蓝、个旧苤蓝和生长期长，春季栽培的大型品种昆明长苤蓝等；西北部海拔1900～2200m南温带气候层的昭通、鲁甸、宣威、大理、丽江等地球茎甘蓝地方品种较少，仅有耐寒力强的丽江绿皮团苤蓝、大理苤蓝等；南部低海拔北热带气候层的景洪、

勐腊、孟连等地没有收集到球茎甘蓝地方品种。

4. **青花菜（var. *italica* P.）**

云南海拔1200～1600m南亚热带气候层的建水、石屏等地分布建水青花菜，为云南特有地方品种或变种。

其他甘蓝类蔬菜的分布，如芥蓝及近几年新引进的抱子甘蓝、羽衣甘蓝优良品种主要分布在昆明一带。

二、云南甘蓝类蔬菜种质资源农艺性状

（一）结球甘蓝种质资源主要农艺性状

结球甘蓝是甘蓝蔬菜中最主要的蔬菜之一，供应期长，周年生产。云南的结球甘蓝地方品种按叶球形状可分为圆头型和平头型两个类型，代表品种见表3－3。

表3－3 **两种类型结球甘蓝及其代表品种**

Table 3－3 **Two types of cabbage and their representatives**

类型（按叶球分类） Type（according to leaf－cone）	代 表 品 种 Representatives
圆头型结球甘蓝 Round cabbage	昆明牛心莲花白、东川莲花白、小种莲花白等
平头型结球甘蓝 Flat cabbage	建水大平头、昆明大种莲花白、黑叶大平头、小平头等

1. **圆头型结球甘蓝**

（1）昆明牛心莲花白。开展度52cm×61cm。外叶数13片左右，灰绿色，叶面平滑，蜡粉多。叶球浅绿色，牛心形，纵径17cm左右，横径23cm左右，紧实度中等，叶球中心柱高约7cm。叶球重约1.1kg，单产37950～42000kg/hm^2。耐寒性、耐热性较强，抗病毒病较强。品质较好，较早熟，生长期约100天。10月下旬至翌年2月播种，定植期为12月下旬至翌年3月，于5月上旬至7月采收。冬性强，耐抽薹性好。分布昆明、个旧等地。

（2）东川莲花白。株高约38cm，开展度60cm×65cm。外叶灰绿色，蜡粉较多，叶球紧实，叶球重约1.5kg。单产约52500kg/hm^2。抗病虫性中等，较耐湿。中熟，生长期100天左右。12月下旬至翌年4月下旬播种，于4月下旬至8月上旬采收。分布昆明、东川等地。

2. **平头型结球甘蓝**

建水大平头：开展度51cm×56cm。外叶11片左右，灰绿色，叶面平滑。叶球扁圆，淡绿色，纵径约16cm，横径约24cm，包心较紧实，中心柱高约6cm，叶球重约1.7kg，单产49500～52500kg/hm^2。抗病毒病较强，冬性较弱，耐寒性较差。品质较好，早熟，定植至始收100～120天，适宜春夏秋季栽培。昆明一般于3～6月播种育苗，5～8月定植，8月至翌年1月采收。分布昆明、建水、个旧、普洱、石屏、丘北等地。

大种莲花白：株高31～37cm，开展度56cm×60cm，外叶灰绿色，蜡粉多，叶球扁圆，纵径约16cm，横径约24cm，包心较紧实。叶球重约1.9kg，单产85500kg/hm^2。抗花叶病毒病、软腐病，耐湿热。品质中上，中晚熟，定植至始收100～120天，适宜春夏秋季栽培。昆明一般于3～6月播种育苗，5～8月定植，8月至翌年1月采收。分布昆明、建水、个旧、玉溪、石屏、通海、丘北等地。

3. 省内选育及引进品种

（1）昆甘 2 号。该品种是品质极佳的早熟甘蓝一代杂交种，植株开展度 58cm×58cm。外叶 7～11 片，叶球圆球形，叶球紧实，冬性强。单球重 1.5kg 左右，单产 52500kg/hm^2 左右。适应性强，云南省滇中地区 11 月至翌年 8 月播种，1～9 月幼苗 6～7 片真叶时定植。每公顷栽 52500 株左右。

（2）昆甘 1 号。早熟种，植株开展度 50cm×60cm。外叶 13～15 片，叶色深绿，蜡粉中等，叶球紧实，牛心形，黄绿色。单球重约 1kg，单产 60000kg/hm^2 左右。冬性强，定植到收获 60～70 天。株行距约 33cm×40cm，每公顷栽 60000 株左右。

（3）早生紫甘蓝。叶球为圆球形，球重约 1kg，定植后 65～75 天可以收获。叶色深紫，比其他常规品种结球整齐，商品性好，裂球晚，耐贮运，适合春秋两季种植。

（4）晚丰甘蓝。晚熟，定植后 100～110 天采收。叶色灰绿，蜡粉重，叶球扁圆，单球重 3.5～4kg；脱水加工表现优良；适宜秋季栽培。

（5）中甘 11 号。植株开展度 46cm×46cm。外叶 14～17 片，叶色深绿，蜡粉中等，叶球近圆形。适应性强。品质优良，耐贮运。定植到收获 50 天左右。单产 52500kg/hm^2 左右。

（6）京丰 1 号。适应性强，开展度 55cm×55cm。外叶浅灰绿色，蜡粉中等。叶球扁圆形，淡黄白色。单球重 3kg 左右，单产 120000kg/hm^2 左右。

（二）花椰菜种质资源主要农艺性状

花椰菜是甘蓝类中主要的蔬菜之一，主要有云南大型花球和小型花球两个类型。

1. 大型花球品种

（1）大种洋花菜。植株高 68～71cm，开展度 67cm×87cm。外叶灰绿色，叶面蜡粉多，叶面茸毛无或少，白色。花叶扁圆形或近圆形、紧密，乳白色或乳黄白色，花球重 1.2～1.4kg。单产 37500～39000kg/hm^2。较耐寒，较抗花叶病毒病、霜霉病。品质好。中晚熟品种，定植至收获 113～120 天。播种期 7～8 月下旬，收获期 11～12 月上旬。分布昆明、保山、通海、蒙自等地。

（2）通海大花菜。植株高 29～52cm，开展度 55cm×66cm。外叶灰绿色，叶面蜡粉中等，球面茸毛少，白色。花叶扁圆、紧密，乳黄白色。花球重约 1.4kg。单产约 46500kg/hm^2。较耐寒，较抗花叶病毒病、软腐病。品质好，中晚熟品种，生长期 116 天左右。播种期 7 月下旬至 9 月下旬，收获期 11 月中下旬至翌年 1 月上旬。分布昆明、通海、蒙自、保山等地。

（3）保山迟花菜。植株高约 46cm，开展度 62cm×62cm。外叶浅绿色，叶面蜡粉中等。花叶扁圆、紧密，乳白色。花球重约 0.4kg，单产约 14250kg/hm^2。较耐霜冻，抗病虫性中等。品质好。晚熟品种，生长期约 130 天。在当地播种期 9～10 月中旬，收获期 1 月下旬至 2 月下旬。分布保山、蒙自、通海等地。

2. 小型花球品种

（1）东川螺剑花菜。植株高约 49cm，开展度 53cm×53cm。外叶绿色，叶面蜡粉中等，叶面茸毛少，淡黄色。花叶近圆形、紧密，洁白色。花球重约 1.6kg，单产约 42450kg/hm^2。较耐热，抗花叶病毒病。品质好，中熟品种，定植至收获约 91 天。播种期 8 月上旬至 9 月上旬，收获期 11 月中旬至 12 月上旬。分布东川等地。

（2）尖叶花菜。植株高 29～52cm，开展度 55cm×66cm。外叶灰绿色，叶面蜡粉中等，叶面茸毛少，乳白色。花叶扁圆、较紧，乳白色。花球重 0.5～0.6kg，单产 16500～31500kg/hm^2。较耐霜、耐热，抗花叶病毒病。品质好，中晚熟品种，定植至收获 110～120 天。播种期 10 月下旬至 11 月中旬，收获期 2 月中旬至 3 月上旬。分布昆明、玉溪、开远、个旧等地。

3. 引进品种

（1）日本雪山。日本引进，早中熟，花球扁圆球形。花球致密乳白色，单个花球重1～1.5kg，单产52500kg/hm^{2}左右。抗病性中等，品质优良。春秋季播种，苗期45天左右，定植至采收55～70天。

（2）雪白。日本引进品种，早熟品种，花球紧实白色。单球重0.85kg，单产40800kg/hm^{2}左右。春秋季播种，定植至采收48天左右。

（3）云山。晚熟品种，花球扁圆球形，花球紧实致密，白色，抗病性强。定植至采收60～70天。单球重1.5～2kg，单产67500～90000kg/hm^2。

（三）球茎甘蓝种质资源主要农艺性状

球茎甘蓝按球茎的形状可分为扁圆球形和长圆球形（见表3－4）。

表3－4 两种类型球茎甘蓝及其代表品种

Table 3－4 Two types of kohlrabi and their representatives

类 型 Type	代 表 品 种 Representatives
扁圆球形球茎甘蓝 Oblate kohlrabi	东川苤蓝、曲靖苤蓝、通海苤蓝、下关紫苤蓝、昆明团苤蓝、天津苤蓝等
长圆球形球茎甘蓝 Length kohlrabi	易门大苤蓝、昆明长苤蓝等

1. 扁圆球形球茎甘蓝种质资源农艺性状

（1）东川苤蓝。植株高约36cm，叶簇半直立，叶数13片左右。球茎扁圆形，皮绿色，肉质脆嫩，水分含量中等。单球重0.8kg左右，产量较高，约62700kg/hm^2。耐热性好，较抗花叶病毒病。早、中熟品种，生长期约70天，在当地2月中旬至10月中旬播种，5月中旬至2月中旬收获。分布昆明、东川、通海等地。

（2）紫苤蓝。植株高约31cm，叶簇开展，叶数17片左右。球茎圆球形，皮紫色，肉质脆嫩，水分含量中等。单球重约0.5kg，单产约23025kg/hm^2。耐霜冻，抗病虫性中等。中熟品种，生长期100天左右。在当地种植播种期为3月中旬至9月中旬，收获期为6月下旬至翌年3月下旬。分布昆明、建水、曲靖、通海、大理、玉溪等地。

（3）曲靖苤蓝。中熟品种，植株高约37.2cm，叶簇半直立，叶数21片左右。球茎扁圆形，皮浅黄色，肉质脆嫩，水分含量多。单球重约0.7kg，单产约43500kg/hm^2。耐霜霉病，较抗花叶病毒病。生长期100天左右，播种期3～9月中旬，收获期为6月下旬至翌年2月下旬。

（4）通海苤蓝。中熟品种，植株高37～44cm，叶簇半直立，叶数18片左右。球茎扁圆形，皮浅绿色，肉质脆嫩，水分含量中等。单球重0.4kg左右，单产约17200kg/hm^2。可作苤蓝干丝。耐湿、耐旱，较耐霜霉病。生长期100天左右，播种期为3～10月中旬，收获期为6月中旬至翌年2月中旬。

2. 长圆球形球茎甘蓝种质资源农艺性状

昆明长苤蓝：植株高32～35cm，叶簇半直立，叶数15片左右。球茎长圆形，皮浅绿色，肉质硬，水分含量少。单球重0.8kg左右，单产约39900kg/hm^{2}左右。较耐寒及霜冻，较抗花叶病毒病。中熟品种，生长期100天左右。分布昆明等地。

3. 引进苤蓝品种

天津苤蓝：引进后，经多年提纯复壮，成为云南昆明地方品种。植株高33～38cm，叶簇半开展，叶数20～33片左右。球茎扁圆形，皮浅绿色，肉质脆嫩，水分含量少。单球重0.5～0.8kg，单产约39750～36000kg/hm²。中熟种，生长期100天左右。2月下旬至10月播种，6月中旬至翌年2月中旬收获。分布昆明、鲁甸、个旧等地。

（四）青花菜种质资源农艺性状

在云南青花菜资源中，最具代表性的品种有建水青花菜、建水紫青花菜，属云南省特有种质资源。

1. 建水青花菜

植株高36cm左右，花球长椭圆形盘状，叶片灰绿色，叶缘浅裂，叶柄淡绿、短。主薹高约21.2cm，主薹茎粗约2cm，薹浅灰绿色，花盘绿色，小花黄色。口感鲜甜，肉质极脆嫩，食之别具风味。与引进青花菜品种相比，较抗病、抗逆性较强，风味佳，口感较好。中、晚熟品种，生长期120天左右，在当地10月下旬至2月直播或育苗移栽至4月下旬陆续收获，可收获数次，以第一次采收的花盘品质最好。单产25000kg/hm²左右。

2. 建水紫青花菜

形态特征、生育特征与建水青花菜相似。仅花盘紫色，小花紫色。

3. 引进青花菜

近10多年来，云南省引进杂一代品种很多，如玉冠青花菜、蔓陀绿青花菜、富士绿西兰花等，上述品种在昆明等地推广面积大，种植时间最长。对外销蔬菜发展起到一定促进作用。

（1）蔓陀绿西兰花。中早熟，秋季定植后60天左右收获。株形直立，侧枝少，适应性广，可用于春秋栽培。花蕾小，花球蘑菇形，紧凑，不易散花，采收期长。既可采收250～300g的花球用于保鲜出口，单产9375～11250kg/hm²。又可采收500g以上的大花球用于加工或内销，单产约18750kg/hm²。适宜凉爽气候条件下栽培。春季育苗苗龄40～50天；秋季栽培育苗苗龄25～30天。秋季栽培每公顷37500株左右，春季可适当密植。

（2）优秀青花菜。一般春播和夏播，适应性广，早熟品种。播种后90～95天可以收获。花球单重350～400g，花蕾粒小，单产12075～15000kg/hm²。株形稍直立，大小适中，侧枝少。适宜栽培密度为34500～37500株/hm²。

（3）玉冠西兰花。中早熟品种，定植后55～60天采收。生长势强，对湿度及营养条件不敏感，容易栽培，花蕾紧密，大小均一，抗霜霉病。

（五）芥蓝种质资源农艺性状

芥蓝（*B. alboglabra* L. H. Bailey）为十字花科（Cruciferae）芸薹属（*Brassica*）。云南省的芥蓝品种不多，主要的有黄花芥蓝和白花芥蓝。以肥嫩的花薹和嫩叶供食用，肉质脆嫩、香甜。

1. 白花芥蓝

植株高约22cm，基生大叶宽披针形。叶片灰绿色，叶缘波状，叶柄绿白色且短。主薹高约19cm，主薹径1.5～2cm，主薹浅绿色。每株约有10薹，花白色。抗逆性和抗病虫性中等。风味鲜甜，肉质脆嫩，纤维较少，品质产量均优于黄花芥蓝。早熟，生长期约65～85天。云南省中部地区6月至10月下旬播种，8月下旬至翌年3月中旬采收。

2. 黄花芥蓝

植株高约23cm，基生大叶倒卵形。叶片灰绿色，叶缘波状，叶柄绿白色且短。主薹高约16.5cm，主薹径约1.35cm，主薹浅绿色。每株约有11薹，花黄色。抗逆性和抗病性中等。风味较鲜甜，肉质脆嫩，纤维较少，品质略低于白花芥蓝。早熟，生长期约80天。

3. **引进芥蓝品种**

(1) 中花1号芥蓝。中熟，叶近圆形，色深绿，微皱。主薹高约24cm，粗约2.2cm。长势强，适应性广，稍耐热，较抗霜霉病，质优，丰产，稳产，宜出口。

(2) 中花芥蓝。中熟，叶色深绿，节疏。薹粗匀直，较耐热，抗病性强，丰产，稳产。

(3) 白花芥蓝。出口型早熟优良品种，食味脆甜，营养价值高。叶略尖形，叶面微皱，深绿色，有蜡粉，花白色。从播种到采收60天左右。茎杆粗肥，嫩绿，主薹萌发力强有力。商品性好，适应范围广，单产22500kg/hm^{2}左右。

(4) 甜脆芥蓝。引进种，早熟，长势强，耐热，耐湿。叶略尖形，叶面微皱，深绿色，有蜡粉。花白色。茎杆粗壮，嫩绿，品质佳，皮薄，纤维少，味甜。单产22500kg/hm^{2}左右。可周年直播栽培。株行距约20cm×25cm。

(5) 尖叶中花芥蓝。可周年直播栽培，早熟。叶片大而厚，椭圆形，深绿色，叶面皱缩，蜡粉多。薹叶狭卵形，主薹高25~30cm，横径1.5cm左右。白花，初花时花蕾着生较紧密，菜薹品质佳，皮薄，纤维少，脆嫩，味甜。主薹重50g左右，侧薹萌发力较强，主薹收后，可收2~3次侧薹。单产约22500kg/hm^2。

（六）抱子甘蓝及羽衣甘蓝

1. **抱子甘蓝（var. *gemmifera* Zenker）**

均为引进种。

早生子持：由日本引进，极早熟，较耐热。植株高生型，一般株高达100cm左右，蜡粉较少。小叶球圆形，横径约2.5cm，绿色，整齐而紧实。品质优良，在高温或低温下均能结球，顶芽能形成叶球，每株收芽球90个左右。从定植到收获约需90天左右。

探险者：由荷兰引进，晚熟种，耐寒性强。植株生长势粗壮，叶绿色，有蜡粉。芽球多，圆球形，绿色，紧实而光滑，品质极佳。定植后150天左右收获。

多拉米克：由荷兰引进，中高型。芽球光滑，易采收，耐贮藏。耐热性较强，从定植到收获120天左右。

京引1号：由北京市农林科学院引进，矮生型，株高38cm。叶片椭圆形，绿色，叶缘上抱。芽球较小，圆球形，紧实，从定植到收获约120天左右。

2. **羽衣甘蓝（var. *acephala* DC.）**

均为引进种。

绿羽衣甘蓝：株高约40cm。叶色深绿，有皱褶，叶缘羽状浅裂，叶长椭圆形，采收时间长。单产可达45000~60000kg/hm^2。

花羽衣甘蓝：株高40~50cm，开展度35~40cm。外叶深绿色，内叶红色，可观赏40天左右，连续采收50天左右。单产可达45000~60000kg/hm^2。

三、云南甘蓝类蔬菜种质资源抗病性鉴定

据田间小区观察、记载，调查各品种发病株数，以及分别轻、中、重统计株数及结合调查访问，得出初步鉴定结果。

昆明大种莲花白、普洱本地京白菜、个旧小平头等较抗花叶病毒病；建水大平头结球甘蓝等抗霜霉病；昆明大种莲花白、昆明小种莲花白、个旧小种莲花白、开远大平头等较抗软腐病。

昆明大种花菜、昆明高桩花菜、120天花菜、通海花菜、通海迟洋花、扭心花菜、大理中熟花菜、大理洋花菜等较耐寒；通海90天花菜等较耐霜霉病；大种花菜、高桩花菜、东川螺剑花、通海花菜等较抗病毒病；通海迟洋花菜等较抗软腐病。玉溪尖叶花菜、蒙自洋花菜等抗病性

较强。

天津苤蓝、通海苤蓝、丽江苤蓝等较抗霜霉病；东川苤蓝1号、通海团苤蓝、曲靖苤蓝、易门大苤蓝、通海苤蓝等较抗花叶病毒病；保山苤蓝等抗花叶病毒病。

云南省建水青花菜田间鉴定中未发现病株，生长健壮，表现抗病性较好，较引进青花菜杂一代品种的抗病性适应性强。

昆明白花芥蓝、黄花芥蓝抗病性好。

四、云南甘蓝类蔬菜种质资源的开发利用

20世纪60~70年代，对小种莲花白、大种莲花白、牛心莲花白、大种花椰菜提纯复壮，推广应用于大面积生产，种子自给率达60%以上。许多单位利用云南地方品种育出了一些优良品种。云南省昆明市农业科学技术研究所育成昆甘1号、2号等甘蓝品种，东川园艺站引种培育的东川苤蓝等，推广应用于大面积生产，栽培面积大，覆盖面广。江西省南昌市蔬菜研究所引进昆明大种花菜作育种材料。

随着甘蓝类蔬菜杂一代品种选育和推广应用，国内外已开展了小孢子培养、原生质体融合等现代技术方面的研究，已构建遗传基因图谱。云南省在20世纪80年代开始引进甘蓝类蔬菜杂一代品种，如早熟、结球紧实的中甘11号、12号结球甘蓝在云南省昆明、玉溪、楚雄、元谋、姚安、大姚、禄丰、曲靖、建水、保山等县市大面积推广栽培，不仅供应云南省内大中小城市，尚外销省外及出口创汇。另外，抗抽薹性极强的杂一代品种京丰1号推广面积也较大，以及大型晚熟品种晚丰甘蓝以叶球大，结球整齐深受菜农的喜爱等。在云南省推广应用的杂一代花菜品种已多次更新，目前生产上推广应用的有日本新富士山花菜、紫云花菜、香港的盛来花菜等品种，以及天津苤蓝已在生产上广泛应用，并充分利用云南的立体气候，达到周年生产，大量销往省外和外销出口。

第四节　芥菜类蔬菜资源

芥菜〔*B. juncea*（L.）Czern. et Coss.〕据《野菜博录》记载和胡先萧、李家文（1981）、汪良中（1982）及陈材林（1990）等的研究，中国西北部地区有黑芥，也有野生芥菜及其原始亲本的共存区。因此证明中国是芥菜的原生起源中心或起源中心之一，经长期栽培，芥菜器官产生多种变异，经自然选择和人工选择，演变出许多类型和变种。芥菜富含维生素、蛋白质、糖类和矿物质，不仅是一种很好的鲜食蔬菜，也是重要的加工蔬菜原料，栽培历史悠久。在云南省芥菜栽培历史也十分悠久，分布广泛，与白菜、萝卜一样，为云南省最普遍、栽培季节最长的蔬菜。其主要供作鲜食蔬菜和民间腌制咸菜。

一、云南芥菜种质资源的地理分布与自然气候的关系

叶用芥菜在芥菜类蔬菜中种质资源最为丰富，全省栽培最普遍，适应性最广。分布云南省中部、西南部、东部、东北部、西北部城市郊区、坝区、山区，栽培广泛，由于云南各地海拔不同，高差极其悬殊，受各地小气候影响，及人工选择，形成适应各种气候类型的种、变种及品种。一般大型包心的类型和品种多分布云南中部、西部、东部，小型散叶品种，适应较广泛，分布云南省各大中小城市城郊、山区、坝区。

根用芥菜有较强的耐寒力。主要分布在昆明、大理、保山等地。在昆明的气候情况下，除了重霜气候，嫩叶会稍受冻害外，一般年景都能安全越冬。

茎用芥菜的生育期较长，对温度条件的要求也较叶用芥菜严格，对气候的适应性和耐病毒病

的能力较叶用芥菜差，主要分布在昆明和省内中部地区，秋季播种，冬季收获。

二、云南芥菜种质资源的分类

经过长期地栽培，几乎所有的芥菜器官都发生了变异，经自然选择和人工选择，演变出了众多类型。通过对云南省芥菜资源进行广泛调查、收集，共获得芥菜类蔬菜地方品种127份，送交国家种质资源库125份。同时，对云南省的芥菜类蔬菜地方品种进行分类整理，共有根芥、茎芥、叶芥、薹芥4大类、9个变种。全国有芥菜类蔬菜5大类、17个变种。

芥菜类蔬菜为十字花科（Cruciferae）芸薹属（*Brassica*）。具体分为根用芥菜、茎用芥菜、叶用芥菜和薹芥4种，其中，叶用芥菜又分为大叶芥、小叶芥、花叶芥、宽柄芥、分蘖芥、叶瘤芥等6种。

三、云南芥菜种质资源主要农艺性状鉴定

（一）根用芥菜（var. *megarrhiza* Tsen et Lee）

1. 萝卜叶芥菜

植株半开展，株高约41cm，开展度约50cm×50cm。叶长椭圆形，深绿色，叶片浅裂，下部裂片3~4对；叶面平滑，刺毛中，蜡粉少，叶柄浅绿色。根头部有许多明显的“叶苞”，肉质根圆锥形，纵径约19cm，横径约8.7cm，地上部长约5.9cm；外皮浅绿色，地下部外皮白色，表面粗糙。平均单根重约500g，产量较低，一般单产芥头约18000kg/hm^2。芥辣味浓，质地致密、细嫩，水分少，品质好，中熟。较耐寒、耐旱，适应性强，较抗白锈病，耐芜菁花叶病毒病。主要用于腌渍，是云南“玫瑰大头菜”的主要加工制品原料。主要分布昆明市郊县。

2. 花叶芥菜

植株半直立，株高39cm左右，开展度约54cm×54cm。叶椭圆形，绿色。叶片二回羽状全裂，叶面平滑，刺毛少，蜡粉中，叶柄浅绿色。根头部有多个明显的“叶苞”，肉质根长圆锥形，纵径约20cm，横径约8cm，地上部分长约6cm。肉质根皮色浅绿，地下部分白色，表面粗糙。单根重650g左右。中早熟，播种至收获90~100天。较耐寒、耐旱、耐热，抗白锈病，不抗病毒病。芥辣味浓，肉质致密，细嫩，水分少，品质好。适宜腌渍，也是加工“玫瑰大头菜”的主要原料。

3. 芝麻叶芥菜

云南地方品种，叶为花叶，叶缘深裂，叶柄细长，灰绿色，有蜡粉。出土部分比例为1/3左右，浅绿色，有瘤状突起；入土部分为白色。品质佳。单根重500g左右，单产22500kg/hm^{2}左右。

滇中地区最佳播种为白露前后10天，即8月底至9月中旬。特殊年份在8月底秋季温度特高，此时播种会发生未熟抽薹现象，应及时多次打薹，仍有一定产量。过晚播种，会影响产量。

（二）茎用芥菜（var. *crassicaulis* Chen et Yang）

笋子芥菜：植株半直立，株高47~70cm，开展度45cm×55cm。叶长椭圆形，长约50cm，宽约24cm，绿色或深绿色，叶缘波状或全缘，叶面较皱，刺毛稀疏，蜡粉少，叶柄长2~3cm。肉质茎长棒状，纵径约23cm，横径5.5~6.5cm，肉质茎外皮浅绿色。单个肉质茎重500~550g，产量高，单产24750~32400kg/hm^2。中熟，耐肥，较耐病毒病。肉质茎皮薄，芥辣味淡，肉质嫩，品质好。适宜鲜食，也可腌渍。主要品种有昆明笋子菜等。

另外，由四川引进的草腰子、三转子等茎用芥菜供鲜食用。

（三）大叶芥菜（var. *rugosa* Bailey）

大叶芥菜适应性很强，在云南省广泛分布。

1. **圆杆苦菜**

建水地方品种，植株较直立，株高 42cm，开展度 55cm × 55cm。叶长倒卵圆形，长 58cm，宽 27cm，绿色。叶缘全缘，叶面微皱，有刺毛，被蜡粉。叶柄浅绿色，长 3 ~ 6cm，宽 2 ~ 3cm，厚 0. 8 ~ 1. 1cm，横断面扁圆形。单株重 1. 2 ~ 1. 9kg，产量高，单产可达 85500kg/hm^2。中熟，抗病毒病，较耐涝、耐旱、耐寒。叶质柔嫩，水分多，芥辣味较浓，品质较好。适宜熟食，也可腌渍。分布建水、个旧等地。

2. **印尼青菜**

思茅引进栽培多年，植株较直立，株高 62cm，开展度 75cm × 80cm。叶长椭圆形，长约 45cm，宽约 23cm，绿色。叶片浅裂，叶面微皱。叶柄浅绿色，叶柄宽约 3cm，厚约 0. 8cm，横断面扁圆形。单株重约 1. 3kg。早熟，耐湿、耐热，抗芜菁花叶病毒病，不耐寒。叶质柔嫩、脆，芥辣味淡，纤维少，水分较多，品质较好。适宜鲜食和腌渍。

3. **三月清青菜**

植株较直立，紧凑，株高 50 ~ 60cm，开展度 60cm × 65cm。叶长倒卵圆形，长 50 ~ 54cm，宽约 25cm，绿色。叶缘具浅锯齿，叶面微皱，有少量刺毛，少被蜡粉。叶柄浅绿色，细窄，长 10 ~ 12cm，宽 1. 5 ~ 2cm，厚约 1cm，横断面扁圆形。单株重 1. 8 ~ 2kg，产量高，在适宜季节播种，单产可达 90000kg/hm^2。耐寒、耐热、耐涝、耐肥，较抗芜菁花叶病毒病及白锈病。芥辣味浓，纤维较多，品质中等。鲜食、腌渍均可。分布思茅等地。

4. **粉杆青菜**

弥渡地方品种，植株直立，紧凑，株高 45 ~ 55cm，开展度 45cm × 60cm。叶长倒卵圆形，长 45 ~ 50cm，宽 20 ~ 22cm，绿色。叶缘具浅锯齿，叶面平滑，有少量刺毛，蜡粉多。叶柄浅绿色，长 18 ~ 20cm，宽 3. 5 ~ 4cm，厚 0. 8 ~ 1cm，横断面扁圆形，蜡粉较多。单株重 1. 2 ~ 1. 7kg，单产约 76500kg/hm^2。较耐寒、耐旱，耐芜菁花叶病毒病、白锈病。纤维少，水分多，芥辣味较浓，品质较好。熟食和腌渍均可。

（四）小叶芥菜（var. *foliosa* Bailey）

主要分布在云南省大理、建水、勐腊等云南省南部地区城郊。

1. **绿杆青菜**

弥渡地方品种。植株较直立，紧凑，株高 60 ~ 70cm，开展度 51cm × 51cm。叶长椭圆形，长约 53cm，宽 15 ~ 25cm，绿色。适于密植，叶缘有波状浅锯齿，下部深裂，叶面平滑，蜡粉较少。叶柄细窄，浅绿色，长约 13cm，基部最宽达 3cm 左右，横断面半圆形，中肋突出。单株重约 1. 1kg，单产 57750 ~ 78750kg/hm^2。中熟，抗逆性强，适应性广，耐湿热、较耐旱、高抗芜菁花叶病毒病。纤维少，叶质柔嫩，水分多，芥辣味较浓，品质较好。适应加工腌渍和鲜食。

2. **油杆苦菜**

昆明地方品种，植株较直立，株高约 54cm，开展度 56cm × 60cm。叶长倒卵圆形，全叶长约 60cm，宽约 14cm，绿色。叶缘有浅锯齿，下部裂片 2 ~ 4 对，叶面微皱，被蜡粉少。叶柄白色，长约 27cm，宽约 2. 5cm，厚约 1. 2cm，横断面半圆形。单株重约 1. 4kg，单产 63000kg/hm^2 左右。抗逆性较强，较耐病毒病、耐湿热。叶质嫩脆，纤维少，水分较多，芥辣味较淡。适宜鲜食，也可加工腌制。

3. **勐腊小苦菜**

植株半开展，较松散，株高约59cm，开展度55cm×61cm。叶长椭圆形，长约67cm，宽约18cm，绿色。叶片深裂至全裂，下部裂片2～3对，叶面中皱。叶柄细窄，长约28cm，宽约2cm，厚约0.8cm，横断面近圆形，浅绿色。单株重可达540g。耐热、较耐旱、耐涝，抽薹早。叶质细嫩，芥辣味淡，熟食清香、味略苦。主要用于熟食。

尚有昆明一把筷青菜、澄江油杆青、大理白杆青菜等。

（五）花叶芥（var. *multisecta* Bailey）

云南花叶芥形态特征与《中国蔬菜品种志》所列差异较大，但与《中国蔬菜栽培学》所列形态特征相同。

1. **花叶苦菜**

昆明地方品种，植株直立，株高约52cm，开展度约60cm×70cm。叶长椭圆形，狭长，叶长47～52cm，宽19～21cm，深绿色或紫绿色。叶片深裂，下部具小裂片3～4对，叶面微皱，蜡粉较多。叶柄浅绿色，长25～28cm，叶柄基最宽达3cm，横断面半圆形。单株重约1.2kg。较耐热、耐寒、耐涝及耐霜冻，较耐病毒病，有的品种抗抽薹。芥辣味浓，品质中等，主要用于鲜食及腌渍。分布昆明、个旧、石屏、开远、景洪等。

2. **花叶青菜**

建水地方品种，植株较直立，紧凑，株高约57cm，开展度约60cm×71cm。叶长椭圆形，长约58cm，宽约21cm，深绿色。叶缘深裂至全裂，下部裂片3～4对，叶面微皱。叶柄细窄，绿色，长约22cm，宽约3.2cm，厚约1cm，横断面扁圆形。单株重约2kg，单产可达90000kg/hm^2。抗逆性强，耐热、耐湿、耐寒，适应性广，较抗芜菁花叶病毒病。叶质纤维少，嫩脆，芥辣味中。主要用于鲜食，也可腌渍。尚有鸡爪叶青菜。

3. **中甸鸡冠青菜**

植株半开展，株高约38cm，开展度约50cm×50cm。叶卵圆形，宽约19cm，深绿色，叶脉紫红色。叶缘深缺裂，叶面皱缩，刺毛少，蜡粉多。叶柄白绿色，长约16cm，宽约5cm，厚约0.8cm，横断面扁弧形，中肋宽达7.6cm。耐寒力强、较耐旱，不易抽薹，抗芜菁花叶病毒病及白锈病。芥辣味较浓，品质较差。产量中等，单株重约1.1kg，单产达49500kg/hm^2。宜熟食或加工腌渍。

（六）宽柄芥菜（var. *latipa* Li）

宽柄芥菜品种较多。

1. **春不老青菜**

中甸地方品种。植株半直立，株高40～45cm，开展度约60cm×65cm。叶长椭圆形，长40～45cm，宽约21cm，叶绿色，侧脉紫色。叶缘具细齿或深缺裂，下部裂片1～2对，叶面较皱。叶柄浅绿色，长约5cm，宽约3cm，厚0.5～0.8cm，横断面扁圆形。单株1～1.2kg。抗逆性强，耐寒、耐旱、较耐抽薹、较抗花叶病毒病。叶质纤维多，较粗，芥辣味浓，品质中，适宜鲜食，也可腌渍。德钦春不老苦菜等也属同类品种。

2. **东川扁杆青菜**

植株半直立，株形开展，株高46～53cm，开展度约60cm×70cm。叶椭圆形，长46～52cm，宽30～32cm，绿色。叶缘全缘，叶面泡状皱缩，少被蜡粉和刺毛。叶柄和中肋白绿色，长约12cm，宽约6cm，厚约1.1cm，横断面扁弧形，中肋宽达8.5cm。单株重约1.3kg，最大可达2.5kg，单产约58500kg/hm^2。较耐热、耐涝、不抗寒，易受霜冻为害，较抗芜菁花叶病毒病、叶斑病。叶质细嫩，芥辣味淡，品质较好。适宜鲜食，亦可加工腌渍。

（七）叶瘤芥菜（var. *strumata* Tsen et Lee）

叶瘤芥菜的产品器官是抱合的叶柄和中肋，主作鲜食和泡菜。此变种主要分布在云南省昆明市郊县及德钦县。有2个类型，主要有如下地方品种。

1. **德钦皱叶青菜**

植株半直立，株高30～40cm，开展度为55cm×60cm左右。叶卵圆形，长35～40cm，宽30～35cm，绿色。叶片浅裂，叶面微皱，叶柄扁阔宽厚，浅绿色，长4～5cm，宽约5cm，厚0.8～1cm，横断面扁弧形，纵径15～20cm，横径18～22cm，叶柄上有瘤状凸起。单株重约1kg。耐寒、耐热、耐肥及较耐病毒病。叶质纤维少，水分较多，脆嫩，芥辣味较浓，品质好，适用于鲜食，也可加工腌渍。

2. **昆明包包苦菜**

植株半直立，紧凑，株高30～35cm，开展度约40cm×45cm。叶阔椭圆形，长30～35cm，宽约30cm，绿色。叶缘波状，叶面微皱。叶柄浅绿色，长6～8cm，宽3～4cm，厚0.8～1cm，横断面扁圆形，中肋宽约12cm。叶柄和中肋合抱，心叶外露，合抱体较松散，圆球形，纵径约16cm，横径12～14cm。单株重0.8～1.2kg。耐寒，较耐病毒病。叶质纤维少，水分较多，脆嫩，芥辣味较浓，品质较好，适宜鲜食。

（八）薹用芥菜（var. *utilis* Li）

昆明芥菜薹

又名辣菜，分布广泛。植株半直立，株高约20cm，开展度约50cm×60cm。叶色深绿，叶片有浅锯齿，叶柄浅绿色，柄短。主薹高可达15.5cm，横径约1.4cm，单株肥大，花薹约5～6个。抗性中等，薹脆嫩、多汁，纤维少，芥辣味浓。

如上所述，在众多类型的芥菜种质资源中，有耐抽薹和抗病毒病的品种。据田间观察，如中甸鸡冠青冬性极强，耐抽薹，冬播至翌年的6月仍未抽薹，且叶柄较宽，肉质较嫩，是可以直接利用的优良品种资源及育种材料。云南叶用芥菜中弥渡绿杆青菜高抗芜菁花叶病毒病，其次建水花叶青菜、云南春不老、东川扁杆青菜等较抗芜菁花叶病毒病。

尚有分蘖芥（var. *multiceps* Tsen et lee）雪里蕻，栽培面积少。

（九）提纯复壮品种

1. **绿杆青菜**

中熟种，冬性强，品质佳，分蘖性弱。叶片披针形，深绿色，无蜡粉。作小青菜栽培最好，深受菜农及消费者欢迎，可周年播种，周年收获。作大青菜栽培，8～10月播种，直播及育苗移栽均可，11月至翌年2月收获，每公顷栽54000株左右。单株重1.6kg左右，单产86400kg/hm^{2}以上。系云南地方绿杆青菜中综合性状最佳的优良品种。

2. **牛肋巴青菜**

中晚熟种，冬性。叶片长椭圆形，叶面皱缩，绿色。叶柄宽厚，浅绿色，无蜡粉。产量高，单株重1.5kg左右，单产81000kg/hm^{2}左右。由于冬性强，品质佳，因此是春淡供应极优的绿叶蔬菜之一。作小青菜栽培，周年播种栽培，周年收获。作大青菜栽培8～10月播种，直播及育苗移栽均可，11月至翌年3月收获。每公顷栽54000株左右。

3. **粉杆青菜**

中熟种，冬性强，分蘖性弱。叶片长椭圆形，浅绿色。叶柄粗长，灰绿色，蜡粉多。植株高约70cm，开展度约50cm。单株重1.6kg左右，单产135000kg/hm^{2}左右。因该品种叶柄粗长，制淹菜成菜率高，品质佳，故主要于秋冬栽培，每公顷约栽52500株。也可周年撒播作小青菜栽培，鲜食用，还可周年点播作半膘菜栽培，作淹制水淹菜的原料。

4. **宽叶青菜**

早熟种。叶片卵圆形，叶面皱缩，绿色。叶柄宽厚，浅绿色，无蜡粉。单株重2kg左右，单产120000kg/hm^{2}左右。12月至翌年4月可撒播作小青菜栽培；5~8月播种作半膘菜栽培，株行距约15cm×20cm；9~11月播种作大青菜栽培，株行距约35cm×40cm。

5. **花叶青菜**

晚熟种。冬性强，抽薹迟，叶色深绿色，叶缘深裂，叶柄较宽厚，抗逆性强，丰产，一般单株重2kg左右，单产105000kg/hm^{2}左右。作小青菜栽培，周年播种栽培，周年收获。作大青菜栽培，8~10月播种，11月至翌年4月收获。

6. **花叶棒菜**

生长势强，较耐热、耐湿、抗寒。中熟种，生长期为70~90天，品质佳，株高约60cm，开展度约52cm。叶为花叶，浅裂，绿色。茎为棍棒形，茎长50cm左右，茎粗7cm左右，外皮黄绿色，肉质茎白色。单株茎重1kg左右，单产茎重75000kg/hm^{2}左右。最佳播种为7月下旬至9月中旬。

7. **板叶棒菜**

生长势强。较耐热，耐湿，抗寒。早熟种，生长期60~80天。株高45cm左右，叶为板叶，全绿，长椭圆形，绿色。茎为棍棒形，茎长40cm左右，茎粗6cm左右。外皮黄绿色，肉质茎白色，品质佳。单株重800g左右，单产60000kg/hm^{2}左右。滇中地区8~9月播种。

四、云南芥菜种质资源的开发利用

云南省芥菜类地方品种中，叶用芥菜通常用于鲜食或腌制。除云南中部地区外，其余大部分地区都喜食用圆杆芥菜，进行腌渍加工，如比较出名的“弥渡酸腌菜”就是利用当地的地方品种“弥渡绿杆”腌渍而成的。

根用芥菜在云南省一般都叫芥菜，肉质根叫芥头，未加工前叫生芥，加工后叫熟芥，也就是大头菜。云南大头菜有黄芥和黑芥两种。黄芥是只用盐腌未经酱渍的一种大头菜，一般民间自制自用。而黑芥除用盐腌外，还需经老酱和香料浸渍，主供外销。标准的黑芥，外表墨绿色，内心深红色，咸中有甜，清脆而有香味，既适于长期贮存，亦耐远运。营养成分亦较高，经分析每500g产品中含有硫胺素0.15mg、核黄素0.75mg、尼克酸7mg、蛋白质18.5g、脂肪3.5g、碳水化合物95g、粗纤维14.5g、无机盐114g。昆明永香斋所产的“云南玫瑰大头菜”是云南传统名特产之一，始创于明末清初，已有300多年历史。选用芥辣味浓，肉质致密，细嫩，水分少，品质好的昆明萝卜叶芥菜、昆明花叶芥菜为原料，配加其他辅料，经一定工序制作而成。其特点是色泽褐红，表里一致，脆嫩滋润，甜咸适口，鲜美回甜，具有芥菜固有的香味和浓郁的酱香气及玫瑰花香气，含有多种维生素和谷氨酸、赖氨酸等17种氨基酸成分，营养丰富。在国内乃至国际久负盛名，远销东南亚诸国，以及香港。在国内亦是席上佳品，馈赠远方亲友的礼物，曾在1911年巴拿马国际博览会上获奖。昆明生产的“滇池牌”云南玫瑰大头菜，于1981年被评为“商业部系统全国优质产品”。

目前，国内外利用RAPD分子标记方法对芥菜的重要农艺性状进行了研究，还开展了小孢子培养研究，构建了遗传基因图谱。而云南许多研究部门只利用丰富的芥菜地方品种资源开展育种工作，通过对一些具有优异性状的地方品种进行提纯复壮，筛选出许多不同类型的品种。叶用芥菜如花叶牛肋巴苦菜、板叶牛肋巴苦菜，宽叶青1号、2号、3号，绿杆青1号、2号，以及粉杆青1号、2号等；根用芥菜如春城1号花叶大头菜、春城2号板叶大头菜、8306－60等；茎用芥菜如春城1号花叶棒球、春城2号板叶芥菜等。这些芥菜品种主要供应云南省各地及外销四川、贵州等省，每年销售种子量约1000～2000kg。

第五节　茄果类蔬菜资源

云南省茄果类蔬菜栽培历史悠久，分布地域广泛，从海拔76.4m的河口至海拔2200m的丽江、中甸县的虎跳峡均有栽培。云南省中部、西部、东北部、西北部城市郊区、坝区、山区群众经常食用的蔬菜，尤以辣椒更是群众喜爱食用的蔬菜。在云南多种气候长期影响及人工选择下，云南茄果类蔬菜种、变种、品种繁多，尚有若干特殊稀有种类。

一、番　茄

番茄（*L. esculentum* Mill.）为茄科（Solanaceae）番茄属（*Lycopersicon*）。番茄起源于南美洲的秘鲁、厄瓜多尔等国家，最早是清代由欧洲或东南亚传入中国。云南省栽培番茄从20世纪50～60年代开始普及，目前云南省各地均有栽培。番茄品种大部分由国外和省外引入，本地地方品种较少。但云南却有特殊类型品种，由于云南省南部湿热气候长期的影响，孕育出了耐湿热、较耐疫病、病毒病的樱桃番茄、酸汤果等。

（一）云南番茄种质资源的分类及农艺性状的评价

云南省栽培的番茄，主要有普通番茄（var. *commune* Bailey）和樱桃番茄（var. *cerasiforme* Alef.）2个变种。

1. 普通番茄

（1）昆明大红番茄。植株蔓性，无限生长型。普通叶型，叶色绿，主茎11片叶着生第一花序。果实扁圆形，纵径约4.9cm，横径约5.8cm，果形指数0.8。果皮红色，果面光滑，果脐中，无果肩。果肉红色，不易裂果，单果重约160～180g。中熟，较耐湿，较耐晚疫病、花叶病毒病。单产60000～62000kg/hm^2，肉质较面，味酸甜，品质好，用以鲜食。

（2）192大红番茄。由昆明大红番茄提纯选育而成。

（3）瑞丽小圆红番茄。植株蔓性，无限生长。普通叶型，绿色，主茎7片叶着生第一花序。果扁圆形，纵径约3.5cm，横径约4.9cm，果形指数0.7。果皮橘红色，果面平滑，无果肩，果脐小，果肉粉红色。不易裂果，单果重仅50g。早熟品种，耐寒性中等，耐热性较强。较抗花叶病毒病、晚疫病，肉质软，味酸，品质中等，鲜食为主。单产约30000kg/hm^2。

（4）酸汤果。无限生长型，始花节位9～15节。果圆形，大红色，果面有少数棱沟，肉色红，肉质软，味酸。风味浓，品质较差，但可作育种材料。单果重约30g，耐热耐湿，较耐晚疫病。

2. 樱桃番茄

热带、亚热带地区半栽培种，分布云南西双版纳、德宏及思茅等地。植株蔓生，无限生长型。普通叶型，绿色，主茎5～7片叶着生第一花序。花序果穗排列整齐，果小圆球形，纵径约1.8cm，横径约1.9cm，果形整齐。果皮红色，果面光滑，果脐小，无果肩。果肉红色，不易裂果，单果重约4.5g。中、早熟品种，耐寒性较弱，较耐热，耐晚疫病，较抗番茄花叶病毒病。肉质软，味酸。品质中等，以鲜食为主。单产约15000kg/hm^2。分布思茅、西双版纳、瑞丽、临沧等地。

（二）抗病性及抗逆性

云南的番茄资源虽然不多，但仍表现出较好的抗病性及耐热、耐湿性。

抗病性：云南樱桃番茄、酸汤果、瑞丽小圆红番茄耐晚疫病，樱桃番茄抗烟草花叶病毒病较强。

耐寒性：昆明大红番茄较耐寒。在春季低温提早栽培条件下，其生长较外引品种好，开花结果较早，落花落果现象少。

耐热、耐湿性：云南樱桃番茄、酸汤果、瑞丽小圆红番茄较耐热、耐湿，192 大红番茄耐湿性次之。

（三）云南番茄种质资源的开发利用

番茄在云南省是栽培面积最大的果菜类蔬菜之一，深受城乡消费者的喜爱，樱桃番茄被当水果食用。番茄除供应云南省市场外，在冬春季是一类大宗外销蔬菜，产品销往全国各地及周边国家。由于本地品种较少，从 20 世纪 50 年代至今，云南省引进大批常规种和杂交种。如强力米寿、佛罗雷德、农大 23、农大 24、早粉 2 号、瓦尔特、加拿大 8 号、春丰、北京大红、狮子头、大平顶、中丰、毛粉 802、中蔬 4 号、中杂 8 号、中杂 9 号、红玉、金世纪，以及引进许多樱桃番茄等，满足了番茄供应市场。

云南省蔬菜工作者从 20 世纪 80 年代以来，才开始进行番茄的杂交选育工作。1991 ~ 1995 年，云南省农业科学院园艺作物研究所选出 8807、8808、8811 和 8904 等 4 个组合，均为有限生长型，果实扁圆形，红色，单果重 155 ~ 178g，具有丰产、较耐贮藏等优点，在元谋、元江、开远和宾川等地区示范推广。

云南农业大学园林园艺学院选出适应外销的番茄杂一代品种“云杂 8 号”，2002 年通过云南省品种审定委员会登记。该品种为有限生长型，较抗旱、抗晚疫病，果实大红色，高圆形，耐贮运，单果重 250g 左右，是一个适应云南省冬季干热河谷地区露地栽培的品种。在元谋、宾川等地推广。

虽然云南省开展了番茄品种选育及引进优良品种试验示范推广，但与国外及省外相比具有较大差距。国内外，在番茄的开发利用方面开展了许多研究工作，如开展了航天诱变育种、转基因、构建遗传基因图谱等工作。

二、茄 子

茄子（*S. melongena* L.）为茄科（Solanaceae）茄属（*Solanum*）。茄子起源于亚洲南部热带地区，古印度为最早驯化地，至今印度仍有茄子的野生种。中国栽培茄子历史悠久，是茄子第二起源地，云南西双版纳有野生种分布。在云南省栽培普遍，历史悠久，种质资源丰富，有种和变种 5 个，近缘野生种 3 个。经调查、收集、整理，约有种质材料 103 份，其中 99 份存入国家长期库，对 103 份茄子资源进行的鉴定，为今后的茄子研究工作奠定了基础。

（一）云南茄子种质资源的地理分布与自然气候的关系

在云南省的中部、西部如昆明、寻甸、玉溪、江川、通海、易门、建水、个旧、楚雄、元谋、曲靖、陆良、昭通、会泽、东川、祥云、大理、丽江、保山和华坪等海拔较高地区，蔬菜栽培历史悠久，种植水平较高，当地农民经过长期的人工选择选育出适宜当地栽培及消费者食用习惯的优良品种。这些品种大都具有果型较大，品质优良，商品性好，产量高等优点，如昆明紫长茄、通海长茄、易门羊角茄、大理荷包茄及棒头茄、华坪墨长茄、建水白团茄等。特别是昆明紫长茄，一直是昆明等地区的茄子主栽品种之一。

在云南省南部、西南部的西双版纳州、德宏州、普洱市、红河州等海拔较低地区，特别是与缅甸、老挝接壤的南部湿热地区，属北热带、南亚热带气候，茄子野生近缘种极为丰富。这些地区的茄子，无论是栽培种，还是野生种，植株长势强，其果实大部分较小，茎叶多具刺毛，抗湿热、抗逆力、抗病力均极强，包括有腾冲红茄（*S. integrifolium* Poir.）、刺天茄（*S. indicum* L.）和水茄（*S. torvum* Sw.）等，以及发现的新种苦茄（*S. yingjiangense* Liu. Li. et Zhou）。这些野茄有的不仅可以食用，而且还具有较好的药用价值，此外还可以作为嫁接栽培种的砧木，有效防除土传病害。已收集24份近缘野生种，如苦茄、腾冲红茄、刺天茄、水茄等为茄子演化和分类，以及起源研究提供了宝贵的种质资源。

（二）云南茄子种质资源的主要农艺性状

1. 圆茄（var. *esculentum* Nees）

圆茄类有栽培种，大多为野茄，如水茄、刺天茄等。

（1）建水白团茄。云南省建水县地方品种，主要分布在建水、石屏等县。株高约70cm，首花节位7~8节。果实高圆形，白色，纵径10cm左右，横径8cm左右。单果重150g左右，单产约55000kg/hm^2。为晚熟品种，耐热性较强，耐涝性中等，耐黄萎病能力中等，抗虫性较弱。品质较好，除可食用外，也是一个较好的观赏品种。

（2）华坪紫团茄。云南省华坪县地方品种，株高约65cm，首花节位7~8节。果实紫色，圆形，横径约14cm，纵径约11cm。单果重约200g，单产约22500kg/hm^2。为中熟品种，较耐热，耐黄萎病能力中等。

（3）昆明团茄。昆明市地方品种，主要分布于昆明、玉溪、通海等市县。株高81cm左右，首花节位10~12节。果卵圆形，深紫色，横径9cm左右，纵径14cm左右。单果重约350g，单产约62000kg/hm^2。为晚熟品种，耐热性和耐涝性中等，耐黄萎病能力中等。抗虫性弱，肉质致密，品质较好，适宜切条晒干后腌制茄子酢，商品率较高。

（4）大理荷包茄。云南省大理市地方品种，主要分布在大理、祥云、宾川、弥渡、保山、楚雄、丽江等市县。株高约75cm，首花节位7~8节。果荷包形，紫色，纵径约17cm，横径约9cm。单果重约270g，单产约67000kg/hm^2。为晚熟品种，耐热性和耐涝性中等，耐黄萎病能力中等，抗虫性弱，肉质松，品质好。

2. 长茄（var. *serpentinum* L. H. Bailey）

在茄子资源中数量最多，分布广，大多分布于云南省中部、西南部等栽培历史悠久的老菜区，品种有昆明紫长茄、易门羊角茄、通海长茄、开远胭脂茄、开远瘪茄、马来西亚茄、竹丝茄等。

（1）昆明紫长茄。云南省昆明市优良地方品种，栽培历史悠久，至今仍为昆明地区主栽品种之一。主要分布在昆明、玉溪、江川、建水、蒙自、个旧、楚雄、元谋、曲靖、寻甸、陆良、昭通、会泽、东川、大理、祥云、丽江、保山等县市。株高85~100cm，首花节位9~10节，茎深紫色。叶长卵圆形，深绿色。花紫色，果形长棒形或羊角形，商品果纵径约32cm，横径约5cm。果皮色有鲜紫色和深紫色，有光泽。单果重150~190g，单产约68000kg/hm^2。为中晚熟品种，耐热性、耐涝性中等，耐黄萎病，抗虫性弱。果肉乳白色，皮薄，细嫩，肉质松，品质较好，商品性佳。

（2）易门羊角茄。云南省易门县优良地方品种，主要分布在易门、玉溪、建水、通海等市、县。株高88~100cm，首花节位9~11节。叶长卵圆形，绿色，花浅紫色。果长羊角形，商品果纵径约30cm，横径约4.7cm。果皮鲜紫色，单果重180~200g，果长约25cm，单产约45000

kg/hm²。为晚熟品种。耐热性和耐湿性中等，抗虫性中等。肉质松，风味浓，品质较好。

（3）通海长茄。玉溪市通海县优良地方品种，株高88～105cm，首花节位10～12节。果皮鲜紫色，有光泽。果肉乳白色，商品性佳。单果重160～175g，果长约30cm，横径约4.5cm，单产60000kg/hm²以上。耐热性和耐湿性中等，抗虫性中等。肉质松，风味浓，品质较好。

（4）开远胭脂茄。开远市优良地方品种，株高94～110cm，首花节位10～12节。果形长牛角形，果皮鲜紫色，有光泽。果实纵径30cm左右，横径4.7cm左右，单果重160～200g，产量约57000kg/hm²。为中晚熟品种，耐热性强，耐涝性中等，抗病性较强，抗虫性弱。果肉较松软，品质好。

（5）开远瘪茄。云南省开远市地方品种，主要分布在开远、个旧、石屏、弥渡等市县。株高80cm左右，首花节位6～9节。叶长卵形，深绿色，花浅紫色。果长羊角形，商品果纵径29～32cm，横径4～6cm，果皮紫色，单果重120～260g，单产约70000kg/hm²。为晚熟品种，耐热性强，耐涝性中等，耐黄萎病能力中等，抗虫性较弱。肉质松，品质较好。

（6）马来西亚茄。主要分布在云南省景洪、勐腊、勐海、芒市、元江等市县。株高69cm左右，首花节位为第6节。叶卵圆形，深绿色，花白色，果实短牛角形，商品果纵径19cm左右，横径4.9cm左右。果皮浅绿色，单果重约130g，单产约33700kg/hm²。为晚熟品种，耐热性和耐涝性、强，耐黄萎病的能力中等，抗虫力弱。肉质致密，品质差。

（7）大理白长茄。主要分布在大理、宾川、元江等市县。株高约84cm，首花节位第10～12节。叶长卵圆形，绿色，花白色。果长羊角形，商品果纵径约23cm，横径约5.3cm。果皮白色，单果重约200g，单产约39000kg/hm²。为晚熟品种。耐热性和耐涝性较强，耐黄萎病力中等，抗虫性较弱。肉质较致密。

（8）大理棒头茄。云南省下关地方品种，主要分布在大理、玉溪、建水、通海等市县。株高109cm左右，首花节位第7～9节。叶长卵圆形，花紫色。果实棒锤形，商品果纵径20～21cm，横径约5.7cm。果顶部宽，果皮紫色。单果重约220g，单产约64500kg/hm²。为晚熟品种。较耐热，耐涝性强，耐黄萎病能力中等，肉质较松，品质较好 。

（9）竹丝茄。由四川引进，经过多年栽培及选种，已成为思茅市、西双版纳州优良地方品种，因果肉松软，品质优良，当地人俗称“糯茄”。株高75～125cm，首花节位10～12节。果牛角形，果皮紫绿色，有丝状红斑，单果重170～190g，横径6cm左右，单产约60000kg/hm²。较耐热耐湿，耐黄萎病能力中等。

（10）华坪长茄。丽江地区华坪县优良地方品种，株高70～90cm，首花节位10～11节。果长棒形，黑紫色，有光泽，肉质松软，品质优良。单果重250～300g，果长25～30cm，横径6～7cm，单产67500kg/hm²左右。耐湿热性中等，耐黄萎病能力中等。

3. 矮茄（var. *depressum* Bailey）

铜罐茄：植株较矮，叶大，生长势旺盛。果短圆筒形，紫红色，坐果率高，结果期长。单果重200g，单产60000kg/hm²。果皮较厚，种子多，品质差。在元谋、麻栗坡等热区夏季可以栽培，也可作为育种材料。

4. 苦茄（大苦子、苦凉果）（*S. yingjiangense* Liu Li et Zhou）

半栽培种，分布于云南省潞西和盈江等地，山野林地自生或半栽培化。株高89～150cm，茎直立，光滑无毛，始花节位10～12节。叶大，叶柄较短，无毛。叶片为宽倒卵针形，光滑，绿色。花浅紫白色。果扁圆形，浅绿色或带有浅紫色，宿存花萼外包果实，萼片可达绿熟果顶或者熟果纵径的2/3处，老熟果棕褐色。果纵径5.5～8.2cm，横径6～12cm，单果重150～200g，单产约38000kg/hm²。带苦味，品质差。为晚熟品种，植株生长势较强，具耐热、耐湿和抗病虫的特性。

5. 腾冲红茄（*S. integrifolium* Poir.）

1979～1980年首次发现，该近缘种分布于云南省腾冲地区。株高约105cm，始花节位第10节，茎绿色。叶长卵圆形，绿色，茎、叶上均生有坚硬的大刺。花白色，果实扁圆形，有4条深棱沟，形成对称的4瓣。果纵径2.2～3.0cm，横径4.2～5.0cm，青熟果果皮绿色，老熟果果皮橘红色。果肉种子多，单果重30～50g。中晚熟品种。抗逆性强，较耐黄萎病。肉淡黄色，透明、质软、汁多、味很苦，果实可食用，当地人用开水烫或烧烤后蘸作料吃，也可做汤食用，有清凉作用。可作为茄子嫁接的砧木用。

（三）云南近缘野生茄子种质资源

云南省近缘野生茄种类繁多，分布于南部湿热地区，目前，已收集24种。

1. 刺天茄（*S. indicum* L.）

分布于西双版纳、思茅等地区。株高80～100cm，枝、叶柄和叶脉上有刺。叶绿色，卵形。总状花序腋生，花冠浅紫色。果实嫩绿色，有白色纹理，老熟果桔红色，圆形，横径约0.8cm，纵径约0.7cm，单果重约0.45g，果实有苦味。耐热、耐湿性强，抗黄萎病能力中等，抗虫性较强。

2. 水茄（*S. torvum* Sw.）

分布于西双版纳、思茅地区等。株高200～300cm，茎杆疏生皮刺。叶绿色，卵形。花白色，花序腋生。果绿色，圆形，直径1.5cm左右，单果重1g左右。耐热、耐湿性强，耐黄萎病能力中等，抗虫性好。果实有苦味，可油炸或炒食，是当地人喜食的一种野菜。

3. 野茄（*S. coagulans* Forsk.）

分布于云南省西双版纳、思茅等地。株高50～200cm，全株密生灰褐色绒毛和皮刺。叶绿色，卵圆形。花序腋外生，花浅紫色。宿存萼片上有大硬刺，青熟果上部绿色，底部白色有花纹，老熟果黄色。耐热、耐湿性强，耐黄萎病能力中等，抗虫性好，青熟果可烤食、炒食，也可去种子后生食，是为数较少的可以生食的茄子品种之一，也是当地人喜爱的一种野生蔬菜。

（四）云南茄子种质资源的丰产性、耐湿热性、抗病性

茄子产量由土壤肥力、栽培管理技术与品种性状决定，大多数茄子品种丰产性较好，单产达62000～68000kg/hm^2，有的在45000kg/hm^{2}左右；品质优良和较好，色泽鲜艳，外观好，商品性好。据田间观察，竹丝茄、马来西亚茄、下关白长茄、建水白团茄、开远瘪茄、开远胭脂茄及野茄等耐热、耐湿；野茄子和观赏茄中抗黄萎病；昆明紫长茄、腾冲红茄、建水白团茄、刺天茄和水茄等耐黄萎病。

（五）云南茄子种质资源的开发利用

茄子在云南蔬菜生产中占有较重要位置。昆明紫长茄、易门羊角茄、通海长茄、开远瘪茄、华坪墨长茄等，在云南省昆明市郊呈贡、晋宁、思茅、曲靖、玉溪、红河、保山、丽江等州市，仍然是当地主栽品种之一，受到种植者和消费者的欢迎。竹丝茄，因其产量高，耐热、耐湿，口感糯性，在思茅、西双版纳等地仍然是主栽品种之一。还有建水白团茄在建水县仍有种植。大理荷包茄、棒头茄等仍在大理、丽江等地大面积生产上应用。

上述优良地方品种产量高，商品性好，除筛选后直接应用于生产外，也作为茄子育种的亲本材料应用。楚雄州农业学校曾于1991年育成“楚茄杂1号”，并通过楚雄州农作物品种审定委员会审定。近年来，昆明市农业科学技术研究所育成2个优良组合（9314、9211），云南省农业科学院园艺作物研究所育成2个优良组合（云茄1号和云茄3号），以上组合在生产上示范种植

后，得到示范区农户的认可和欢迎，有待进行品种审定或登记。虽然，在茄子的开发利用方面，曾做了许多工作，但与国内外研究水平相比，差距较大。国内外的育种研究已达到了较高水平，如运用细胞工程技术、基因工程改良、分子标记辅助育种等现代生物技术在茄子遗传育种研究上，并取得了较大的进展。

由于各地对茄子消费的习惯不同，云南省城乡居民多以长茄为主，果皮颜色以紫色最受欢迎。因此，具有这种性状的种质材料，在云南茄子育种工作中，是重要的育种原始材料，有较好的应用前景。此外，云南丰富的野茄资源为茄子抗黄萎病、抗热、耐湿研究提供了宝贵的种质资源，同时也为茄子分类、演化、起源研究提供了重要资源材料。

三、辣 椒

辣椒（*C. annuum* L.）为茄科（Solanaceae）辣椒属（*Capsicum*）。辣椒原产南美洲，中国明代开始有辣椒的记载。云南栽培历史悠久，资源丰富，有种及变种9个。分布地区较广，除部分高寒山区外，从海拔76.4m的河口至海拔3300m的中甸均有分布，以云南中部、南部、西部、东北部种植最多。云南辣椒的品种类型也极其丰富多彩，几乎包括了中国大部分辣椒种类及变种，有鲜食型品种、干鲜兼用型品种及干椒品种，其中包括抗热、耐湿，结果多，适应湿热地区栽培的优良地方品种；多年生的木本辣椒；辣味极强，有辣椒王之称的涮辣，以及野生种类—小米辣等。尤其是小果型（单果重在10g以下）辣椒品种类型之多，堪列全国之首。按照《中国植物志》及《云南植物志》的分类，云南除有栽培种辣椒（*C. annuum* L.）外，尚有野生种小米辣（*C. frutescens*）。

（一）云南辣椒种质资源的地理分布及与自然气候的关系

由于云南地形地貌复杂，海拔梯度悬殊极大，各地气候受海拔高度影响形成了多种多样的地方小气候和生态环境。辣椒在长期的自然选择与人工选择下，形成了许多适应不同气候，各具特色的地方品种和野生种。各类气候对辣椒品种的形成有着直接的影响，从其果形、果实大小、果肉厚薄、辣味强弱等方面的不同表现，都反映出这种气候与品种形成之间的直接联系。其基本分布规律为由南到北，由低海拔地区到高海拔地区，果形由小到大，果肉由薄到厚，辣味由强到弱。

云南辣椒品种间果实大小差异很大。小辣椒型品种单果重最小的仅0.15g，一般1~7g，果纵径0.8~12.5cm，横径0.3~3cm，如小米辣、黑皮辣等，主要分布在南部湿热，年均温17.7~23.8℃、海拔76.4~1300m的热带、南亚热带的景洪、勐腊、思茅、瑞丽、畹町、元江、河口、屏边等地。唠叨辣、樱桃辣及丘北辣椒主要分布在中亚热带的建水、石屏、马关、丘北等地。大辣椒型品种单果重最大的超过160g，一般为40~130g，果纵径4.52~5.7cm，横径4.3~9.3cm，如灯笼辣、大菜椒、牛心椒、羊角椒、长辣椒、白壳皱皮辣等，主要分布于年均温11.7~16℃、海拔1700~2100m的南温带、北亚热带的昆明、大理、下关、保山、祥云、昭通、会泽等地。

辣椒辣味强弱与气温及海拔高度有密切关系。海拔76.4~1300m，年均温17.7~23.8℃，热带、南亚热带的景洪、勐腊、元江、思茅等地和海拔1300~1600m，年均温15.5~21.5℃的建水、石屏、丘北等地，以及海拔1650~2100m的北亚热带、暖温带、温带的昆明、大理、下关、会泽、昭通等地的辣椒品种，辣味依次减弱。热带、亚热带低海拔地区的辣椒品种如大米辣、小米辣、黑皮辣、涮辣、大树辣等水分少、辣味强或特强；中亚热带的建水、丘北等地的樱桃辣、丘北辣辣味稍次于小米辣、大米辣、涮辣、黑皮辣；昆明牛心辣、柿花辣、会泽灯笼辣、昭通大牛角椒、小牛角椒等果肉甜，辣味少，水分多。

云南辣椒品种果肉厚薄与辣味强弱有相似规律。热带、南亚热带小椒型品种果肉薄，肉厚0.07~0.2cm；中亚热带辣椒品种稍厚，肉厚0.15~0.4cm；北亚热带、暖温带、温带的辣椒品种果肉厚，一般为0.2~0.25cm；昆明牛心椒、柿花椒、灯笼椒及昭通大牛角椒、会泽灯笼椒，果肉厚0.4~0.6cm；而海拔2300m的温带地区则为果皮厚、硬的厚皮细羊角椒。

从果形看云南的热带、南亚热带低海拔地区的景洪、瑞丽、元江、思茅、屏边等地的辣椒品种多为小圆锥形、樱桃形、小指形、小羊角形；而北亚热带、暖温带、温带等海拔较高的地区，如昆明、昭通、会泽、大理、下关等地的辣椒则多为灯笼形、牛角形、大羊角形、长线形椒类。

表3-5 各类辣椒变种的代表品种

Table 3-5 Representatives kinds of pepper varieties

变种类型 Variety type	代表品种 Representatives
灯笼椒变种	昆明红灯笼椒、祥云灯笼辣等
长角椒变种	昭通大牛角辣、保山大辣椒、昆明长羊角椒等
指形椒变种	丘北辣椒、红细椒等
短锥椒变种	昆明牛心椒、建水白壳皱皮辣等
樱桃椒变种	建水樱桃椒
簇生椒变种	屏边簇生椒
涮　　辣	思茅、瑞丽、德宏等地分布涮辣
萝卜角果辣	思茅、瑞丽大米辣、个旧曼毫小椒、紫皮辣等

（二）云南辣椒种质资源主要农艺性状

1. 灯笼椒〔var. *grossum*（L.）Sendt.〕

昆明地方品种，植株粗壮高大，叶深绿色，卵形、椭圆形。果形为长灯笼形。果面光滑，果基部凹入，基部花萼平展，果顶部微凹。绿熟果深绿或绿色，老熟果深红色，心室3~5个。色泽艳丽，果肉厚，汁较多。果面纵棱或光滑，皮较薄而软。较抗炭疽病。分布昆明、建水、曲靖等地。

2. 长角椒（var. *longum* Bailey）

（1）保山大辣椒。云南保山地方品种，植株生长势较强，株高62cm左右。叶长卵形，始花节位11节，果基部花萼多平展，果长牛角形。喜温暖气候，较耐低温、较耐旱。肉较厚，味带甜味。鲜食或腌渍均可。

（2）昭通大牛角椒。云南省昭通市地方品种。植株长势较强，株高约65cm，分枝中等。始花节位第9节，坐果率高，果实着生向下。果实长羊角形，青熟果绿色，老熟果大红色。果外皮厚，味香辣，肉厚0.4cm左右。中熟，4月上旬播种，7月上旬至10月中旬采收。单果重30g左右，单产约12000kg/hm^2。抗病性中等。干制、鲜食或腌渍均可。

（3）会泽乐业辣。云南省会泽县地方品种。植株长势较强，分枝中等。始花节位第9~11节，中熟，坐果率一般。果实长羊角形，青熟果深绿色，老熟果深红色。果长15cm左右，横径约1.6cm，单果重约17g，一般单产干椒2250~3000kg/hm^2。辣味中等，肉较薄。抗病性中等。

（4）大蒜子辣。云南省保山地方品种。植株生长势强，分枝中等。始花节位第11~13节，中熟，坐果率中等偏下。果实牛角形，青熟果深绿色，老熟果鲜红色。果长约15cm，横径约

3cm，单果重约45g，一般单产干椒约15000kg/hm²。味香辣，肉薄。抗TMV、CMV和炭疽病强。

尚有昭通小牛角椒、昆明羊角椒等。

3. 指形椒（var. *dactylus* M.）

（1）丘北小椒。云南省丘北县地方品种，植株生长势中等，叶长椭圆形。果基部花萼下包或浅下包，果形指形，果顶向上或向下。第一花着生9～12节，果长8～10cm，横径1.9cm左右。嫩果绿色，老熟果深红色，有光泽。果肉薄，皮稍厚，种子多，水分少，味辣。种子含油分多，香辣味浓。易感染炭疽病。该品种在杂优利用时，作为母本与绝大多数辣椒品种杂交坐果率低。

（2）龙头山小辣。云南省鲁甸县地方品种，植株较矮小，分枝较多。始花节位第13节，中早熟，坐果率高。青熟果绿色，老熟果红色。果长约9cm，横径约0.8cm，单果重约2.5g，一般单产干椒2250～3000kg/hm²。味香辣，肉薄。抗病性强。

4. 短锥椒（var. *breviconoideum* Haz.）

白壳皱皮辣：云南省地方品种，分布各地，建水、个旧等地栽培。植株长势中等，株高66cm左右，分枝中等，叶长卵圆形。始花节位第8～11节，中熟，坐果率高。果实长圆锥形，胎座大，青熟果白绿色或绿色，老熟果大红色。具鲜香辣味，肉厚约0.14cm。抗病性强。单果重约8g，单产约13500kg/hm²。

5. 樱桃椒（var. *cerasiforme* Bailey）

建水樱桃辣：云南建水地方品种，植株生长势强，分枝较多。茎叶绿色，叶长卵形或椭圆形。果单生向上，果形指数1左右。果基部花萼平展，果扁圆球形、圆锥形，单果重8g左右，果纵径3.1cm左右，横径2.7cm左右，果肉厚0.25～0.4cm，3心室，果肉稍厚，味香辣，可鲜食或干制，也可腌制。较耐寒、耐旱。

6. 簇生椒〔var. *fasciculatum*（Sturt.）Irish.〕

屏边簇生椒：植株生长势弱，叶长条形，分枝少。节间短。每一个分枝顶端簇生辣椒，每簇4～10个果，最多的达10多个。果顶向上，果形为指形，青熟果绿色，后变成黄色，老熟果桔红色，单果重2.8～4.1g，果纵径3.8～5.2cm，横径0.6～0.8cm，2～3心室，果肉薄，微辣，胎座辣味强。结果期长，尚有观赏价值。

7. 涮辣（var. *shuanlaense* Z. Liu et L.）

云南思茅等地方品种，为云南特有珍稀种质资源，分布思茅、瑞丽、德宏等地。植株强健。株高约160cm，开展度约150cm×170cm。茎叶绿色，光滑，花小，花浅绿色或浅绿白色，始花节位第15节。果卵状短圆锥形，花萼极小，平展或浅下包，紧扣果基部。嫩果浅绿色，常带紫色斑、微皱。老熟果桔红色转鲜红色，有光泽。单果重4.5～7g，果纵径3.7～7.6cm，横径2.4～3cm，3心室，种子少，鲜果肉及隔膜均具辛辣味，辣味极强，辣椒素含量高达2.5%～3.64%。不能直接食用，只能将果切开，在热汤中涮几下，汤即有辛辣味。涮辣喜高温高湿环境。

涮辣作作父本与栽培种 *C. annnum* L. 杂交时能正常结果，但表现出明显的杂交不捻性，即杂交种子完全没有生活力或发芽率极低。

涮辣种子发芽困难，发芽率低。在昆明温室中可宿根多年栽培，植株矮。

8. 萝卜角果辣（var. *c. annuum* L.）

大米辣：云南省地方品种，植株分枝较多。植株生长势强，分枝多，株高65～80cm。茎叶光滑，绿色。花小，花冠淡黄绿，坐果多。单生，果顶多数向上，少数侧生或向下。始花节位第10～12节，中熟，坐果率高。果实细长圆锥形。果长3cm左右，横径约0.7cm，味香辣，肉薄。绿熟果浅绿色、浅黄绿色，老熟果红色，果面微皱。单果重1.5～2g，一般单产6000kg/hm²。抗炭疽病、病毒病等，抗热、耐湿性强。果肉薄，辣味强，具鲜香辣味。可生食、熟食，也可腌制泡椒、辣椒酱以及干制。

据江苏农业学报（2001. 17：244 ~ 247）报道：云南大米辣高抗黄瓜花叶病毒病和炭疽病，平均相对病情指数分别为 3. 16146 和 3. 12535，辣椒素含量极高，平均值为 0. 4247%，辣味浓烈，耐热、耐湿且生长势强。可作为 CMV 和炭疽病的抗源材料用于辣椒抗 CMV 和炭疽病育种研究。

小米辣：云南景洪野生种，群众已进行驯化栽培，在云南许多地区均有分布。株高约 110cm，开展度约 75cm × 100cm，植株长势中等，分枝中等，始花节位第 15 节。柱头突出。花药蓝色或紫色，花丝白色。花冠绿白色，花瓣基部无散状黄色斑点。果实生长直立，晚熟，坐果率高。果实麦粒形，青熟果绿色，老熟果鲜红色，果顶部钝尖，果面微皱。果长约 1cm，横径约 0. 7cm，单果重约 0. 2g，一般鲜椒单产 2250 ~ 3000kg/hm^2。味香辣，肉薄，2 心室。抗病性强。鲜食、腌制或制干。

（三）云南优异辣椒种质资源

云南的辣椒种质资源许多具有较好的农艺性状，尤其是在干制辣椒品种中品种最多，鲜椒中也有一些资源具有较好的农艺性状，著名的干椒品种丘北辣椒、乐业辣，鲜椒品种保山大辣椒、昭通大牛角辣、铁角辣、白壳皱皮辣等，属于优良的辣椒种质资源。

根据李锡香等辣椒遗传资源评价数据库信息分析：云南省的龙头山小辣具有抗 CMV 和对炭疽病免疫的特点，大蒜子辣表现对 TMV、CMV 和炭疽病的免疫特性，所以云南具有抗病性强的优良辣椒种质资源。

（四）云南辣椒种质资源的丰产性、品质、熟性、辣味等

辣椒的丰产性主要由单株果数和单果重组成。从总体上看，云南高产的辣椒种质资源不是很多，其主要原因是云南的辣椒品种资源多为小型辣椒类型，而大果形的品种、尤其是甜椒型品种匮乏。但云南的许多辣椒资源单株结果数都较高，如保山大辣椒、保山细辣、易门七寸椒、黄菜辣、小米辣、丘北辣椒等，单株结果数都在 100 个以上。这些品种若与其他果重型品种杂交，可选育出丰产的辣椒品种。其他的丰产品种有昭通大牛角椒、保山大辣椒等，单产都在 22500 kg/hm^{2}以上，是较好的丰产性育种的辣椒种质资源；产量较高的干制辣椒品种有保山细辣、易门七寸椒等。

云南优质的辣椒资源也很多，尤其是干制辣椒品种资源丰富。最著名的优质干椒品种为丘北辣椒，表现出香辣味强、含油量高的特点，是著名的出口干椒品种；昭通大牛角椒是优质的加工型品种，可腌制或加工成辣椒酱，同时也可鲜食。此外，乐业羊角椒、祥云辣椒、龙头山小辣、七寸椒、唠叨辣等都具有香辣味强的特点；皱皮辣则是鲜香辣味都较优良的优质鲜食绿椒品种。云南辣椒资源多为偏辣型品种，甜椒型品种则很少。以辣味强著称的涮辣，其次有小米辣、大米辣、黑皮辣、皱皮辣、丘北辣椒等。

相对来讲，云南早熟和极早熟的资源不是很多，大多数都为中熟品种，或偏向于中晚熟、晚熟。昭通大牛角椒、会泽黄菜椒、铁角辣、大米辣、涮辣等都为晚熟品种；大蒜子辣、七寸椒则为中熟品种；早熟品种仅有皱皮辣、东川细羊角椒、下关圆锥椒等少数几个品种。

（五）云南辣椒种质资源的抗病、抗逆性

相对来讲，由于抗病、抗逆性与自然选择的方向是一致的，因此，云南抗病、抗逆性强的资源较多。生长在南部湿热地区的品种一般都具有耐高温潮湿、抗病性强的特点，如小米辣、大米

辣、涮辣、大树辣等；生长在高海拔地区的厚皮铁壳辣则较耐寒；据李锡香等辣椒遗传资源评价数据库信息分析，云南省的龙头山小辣具有抗 CMV 和对炭疽病免疫的特点。据刘建华等“辣椒种质资源对疫霉的抗病性鉴定研究”以及湖南省植物保护研究所、湖南省蔬菜研究所、江苏省蔬菜研究所、西北农业大学园艺系等对朝天椒、尖椒、线椒、牛角椒、羊角椒、甜椒、柿子椒、皱皮椒等 8 类辣椒的平均相对抗病性指数进行比较分析，结果表明，皱皮椒对疫霉病的抗病性最强；会泽牛心辣、个旧长辣较抗疫病；皱皮辣较耐病毒病和炭疽病，同时兼抗疫病；据中国农业科学院蔬菜花卉研究所和江苏农业科学院蔬菜研究所对全国 1040 份辣椒资源所作的抗病性鉴定表明：云南省的龙头山小辣具有抗 CMV 和对炭疽病免疫的特点；大蒜子辣也表现出对 TMV、CMV 和炭疽病的免疫特性。

（六）云南野生辣椒种质资源

小米辣主要分布在云南省北热带及亚热带地区的西双版纳等地，多长在荒坡、沟谷边及房屋旁、路边。多年生灌木，叶小卵形，深绿色，叶背叶脉明显，花小，浅黄绿色，果单生或丛生，果顶向上，老熟果红色。2～3 年生的高可达 1.82m 左右，开展度达 0.94m×1.52m 左右。茎叶光滑，绿色，花冠浅黄绿色。果向上，多数单生，少数一节着生 2 果，青熟果绿色，老熟果红色。单果重 0.13～0.25g，果纵径 0.8～3cm，横径 0.25～0.63cm，具 2 心室，果肉薄，肉质软，辣味强，果易自花萼处脱落于地，自行繁殖。

（七）云南辣椒种质资源的开发利用

云南有丰富的辣椒种质资源，但其开发利用的程度却很低。目前在生产上应用面积较大的品种有丘北辣椒、皱皮辣、昭通大牛角椒等，近年来，小米辣、大米辣也常常被加工成罐头、辣椒酱、干椒等制品出售，但这些品种大多混杂，种性退化严重，导致了产量的下降和商品性的降低。迄今为止，云南省昆明市农业科学技术研究所选育了昆椒 1 号辣椒在生产上推广应用，另外，仅有白壳皱皮辣、保山大牛角椒、丘北辣椒、乐业辣、迤车辣等线形椒曾被利用于新品种的选育中，以及省外引种选育并大面积推广利用，但许多品种的优异性状都未被充分利用。因此，如何充分利用小米辣抗病、抗逆性强，坐果率高的特点，利用丘北辣椒优质的特点，利用大蒜子辣抗病性强的特点，选育抗病、优质、丰产的品种，成了育种工作者急需解决的问题。

（八）开发云南辣椒种质资源的建议

面对云南丰富的辣椒种质资源和许多资源所具有的优异性状，同时针对云南大果形品种较少，甜椒型品种匮乏的现状，在云南辣椒种质资源的开发利用上，应注意抓好以下几个方面的工作。

（1）进一步补充收集云南的辣椒种质资源，做好资源的入库保存工作。

（2）广泛收集和引进国内外辣椒属栽培种、半野生种以及野生种，并从中筛选出抗源及高品质、丰产的资源，可以加速云南省辣椒种质资源的开发利用及新品种的选育。

（3）加强辣椒主要病害种群及其消长规律、生理小种或株系的研究。

（4）开展辣椒分类和主要性状遗传规律的研究。

（5）广泛开展国际国内的交流与合作，多渠道引进人才和筹集资金。

第六节　瓜类蔬菜资源

云南瓜类蔬菜种质资源繁多，为 11 个属，其资源多样性位居全国前茅。其中，有许多特殊变种、野生种，分布范围较广泛。由于各类气候的长期驯化及人工选择，孕育出云南丰富多彩的瓜类蔬菜种质资源。南部的瓜类耐热、抗湿，如十棱丝瓜、牛腿瓠瓜、蛇瓜等；海拔 1200 ~ 1800m 的亚热带气候层，尚有珍稀种类最富盛名的新变种—西双版纳黄瓜，从其瓜形、大果脐及色泽又分为 9 种类型；中部亚热带地区广泛分布的有普通黄瓜，还有云南省东北部、西北部的昭通大黄瓜及黑籽南瓜。黑籽南瓜已成为北方黄瓜病害防治广泛应用的黄瓜抗病砧木。分布南部湿热地区的长 1m 多形似牛腿的大瓠瓜，以及极耐热、抗病的蛇瓜，云南特有的辣椒瓜，野生瓜类资源老鼠瓜、野甜瓜等形成了云南省瓜类种质资源丰富多彩的种类格局。

一、南　瓜

南瓜为葫芦科（Cucurbitaceae）南瓜属（*Cucurbita*）。根据考古资料及品种资源分布，确认南瓜起源于北美洲，中国明代（14 世纪）贾铭的《饮食须知》中有“南瓜”味甘、性温的记载。云南有 7 个种和变种。南瓜为云南人民群众喜爱食用的主要蔬菜，分布广泛，种质资源繁多，据调查收集有 124 份。尤其以中国南瓜品种资源最为丰富。

（一）南瓜种质资源农艺性状

1. 中国南瓜（*C. moschata* Duch. ex Poir.）

中国南瓜有扁圆形中国南瓜、长形中国南瓜两个变种。

（1）扁圆形中国南瓜（var. *melonaeformis* Bailey），主要有以下几类。

小毛瓜：昆明地方品种，叶掌状长三角形。果扁圆形，嫩瓜浅绿色、绿色。果面光滑，具鲜亮光泽。果柄较粗。果肉浅黄色或黄色，肉质细嫩、较面，味鲜甜。单瓜重 0.5 ~ 1.2kg。早熟，播种至采收嫩瓜 80 天左右，以食嫩瓜为主，品质优良。老熟瓜桔黄色或浅棕黄色，可食用或作饲料。植株生长势中等，第一瓜着生节位 7 ~ 11 节。较耐白粉病。

七叶瓜：昆明、建水地方品种，别名小毛瓜、小青瓜。植株生长势较弱，蔓长 1m 以上，分枝少，叶掌状五角形，始花节位 5 ~ 9 节。商品瓜扁圆形，具多条纵沟，果皮绿色、绿白色，瓜肉绿白色。早熟，耐寒，较抗病毒病、白粉病。肉质细嫩，味甜。各地七叶瓜又有一定差异，可分为 3 种类型，即绿皮型，瓜皮油绿色，质脆，味甜，品质佳；花皮型，瓜皮淡绿色，具深绿色网状花纹，结瓜较早，品质较好；白皮型，嫩瓜白绿色，瓜肉较薄，品质稍次。单瓜重 250 ~ 400g，单产约 22500kg/hm^2。播种后 75 ~ 80 天开始采收。3 月上旬播种，5 月下旬至 7 月下旬收获。

小面瓜：蔓长，有分枝，叶掌状五角形。始花节位 19 节。瓜扁圆形，有多条纵沟，幼瓜绿色，瓜肉绿白色，老熟瓜橙黄色，具蜡粉，瓜肉黄白色。较耐湿热，耐白粉病。肉质致密，微甜，品质中上。单瓜重约 2kg，单产约 18000kg/hm^2。中熟种，播种后 120 天左右开始采收。4 月上旬播种，8 月上旬采收。分布勐海、景洪、景东等地。

昆明大麦瓜：果扁圆形、瓜大。瓜表面具有深浅不同纵沟 20 条左右，深的瓜瓣分成桔瓣状，浅的瓜面平滑，表面无瘤状突起。嫩瓜扁圆形，表面平滑，绿色，老熟瓜桔黄色或棕黄色。晚熟，播种至采收老瓜 100 ~ 130 天，也以食老瓜为主。单瓜重 11 ~ 16kg，老瓜肉桔黄色，果面蜡粉多，肉质面甜，耐贮藏。嫩瓜也采收食用，播种至采收嫩瓜约 70 天。生长势强，叶茂密，抗逆力强，较耐旱，耐瘦瘠土地，较抗白粉病。

晋宁大癞瓜：昆明晋宁等地方品种，以食用老熟瓜为主。晚熟种，一般 4 月下旬播种，9 月至 10 月上旬采收。瓜大，扁圆形。瓜表面具有深纵棱沟约 20 条，分瓣不均匀。瓜瓣上密布大小不等瘤状突起肉瘤，大的如核桃，小的如豆粒。老瓜棕黄色或橙黄色，果面蜡粉较少。单瓜重 18kg 左右，大的可达 22kg。纵径 12.5 ~ 17.5cm，横径 38 ~ 40cm。肉橙黄色，肉质致密，皮薄，味甜而面，品质好。除熟食外，尚可制南瓜干片等。分枝较多，适宜山地栽培。嫩瓜扁圆，果面光滑，绿色，肉质细嫩、鲜甜，品质较优良。栽培历史悠久，其中有许多优良材料。

癞瓜：中熟种，瓜扁圆形。瓜面有浅纵沟约20条，有瘤状突起，瘤状大小均匀纵向排列。主要分布昆明郊区。单瓜重5.5kg左右，纵径15cm左右，横径32cm左右，皮色土黄，果面具蜡粉，肉桔黄色。肉厚3.2cm左右，肉质细面，味甜，品质中等。嫩瓜绿色，可食用嫩瓜。

姜柄瓜：易门县地方品种，又名林丝桥南瓜。瓜形扁圆形，果面分瓣，瓣形大小不规则。一般果面有10条深纵沟，有的凸出有浅棱沟，形似姜块，故又名姜柄瓜。瓜肉极厚，食用嫩瓜，胎座小，可连胎座食用。嫩瓜鲜绿色，肉浅黄色。肉质细嫩、面而鲜甜，品质极优，以品质优良著称省内外。植株生长势强，第12~15节着生第一瓜，茎叶茂盛。原产易门城郊林丝桥，故又名林丝桥南瓜。目前仍在云南省大面积推广应用。

（2）长形中国南瓜（var. *toonas* Makino）

陇川长棱柱形南瓜：瓜长棱柱形，长约43cm，近果梗一端横径约8cm，另一端横径约13cm。果面约18条较浅纵沟。老熟后瓜面棕红色，肉桔红色，果肉厚2.5~3cm，味面稍甜，品质佳。植株生长势强，第一雌花着生在18~20节，结瓜少，叶掌状形，耐热性强。

长柱形南瓜：瓜长棱柱形，长约50cm，横径约23cm，瓜脐部较狭窄呈尖形，瓜面有纵沟或浅纵沟约19条。老熟瓜皮桔黄色或棕黄色，肉深桔黄色，肉厚5.3cm左右，瓜顶部厚约10cm。单瓜重12kg左右，肉质面，较甜，品质较好，植株生长势强，第16节以后着生第一雌花。分布昆明城郊山区及富民县等。

开远白打瓜：云南开远地方品种，瓜葫芦形。果形端正，果面具有浅纵沟，纵径约25cm，横径颈粗上部细，约12cm，下部约22cm。老熟瓜浅棕黄色，果肉厚约3cm，桔黄色，肉质较细、稍面，味稍淡，品质中等。主要分布开远市郊区。

尚有大理牛心瓜等。

2. 美洲南瓜（*C. pepo* L.）

（1）长蔓西葫芦（*C. pepo* L.）

大香瓜：瓜短圆筒形，瓜蔓长。第一朵雌花着生在7~13节，嫩瓜浅绿色或绿色，瓜较大，肉质稍粗，味较淡，嫩瓜单瓜重0.45~0.65kg。老瓜桔黄色、灰黄色，肉质较粗，味淡。昆明等城郊以食嫩瓜为主。品种较多，分布昆明、大理、个旧等地。

（2）矮生西葫芦（var. *condensa* L. H. Bailey）

青笋瓜：瓜短圆筒形，嫩瓜皮白绿、绿或深绿，具细密网纹，称芝麻皮青笋瓜，瓜蔓短，约1.2m。雌花始着生在第5~7节位，节间短，以后出现雌花多，一般以具细网纹浅绿色外观，品质最好，肉质脆嫩，鲜甜，单瓜重约0.35~0.5kg。老熟瓜桔黄色、棕黄色，蜡粉少，味淡，品质中下。主要分布昆明、玉溪、大理等地。

尚有巍山大香瓜、大理大香瓜等为长蔓西葫芦分布全省气候温暖的山区，品质差。主要作饲料和采收种子销售。各地品种不同，均为美洲南瓜。

3. 印度南瓜（*C. maxima* Duch. ex Lam.）

印度南瓜在城市郊区、山区或半山区广泛栽培，主要分布在中部、东北部、西部。瓜长椭圆形或短椭圆形。老瓜，皮灰绿色、深绿色，有的墨绿色瓜面具绿灰色纵条斑，第一雌花着生节位18节，瓜大小差异大，有单瓜重达30kg以上的，也有仅7~8kg的。植株生长势强，蔓长，节间较长，瓜柄圆，耐粗放栽培。品种有昆明绿皮大洋瓜、大理洋瓜、下关灰绿洋瓜等。

还有瓜长椭圆形或牛心形，食用老瓜，结果节位8~18节，老熟瓜金红色或白色，色泽艳丽，单瓜重6~20kg。果面光滑，瓜肉味较甜，品质中上。主要品种有鲁甸金瓜、巍山白皮大洋瓜、红皮洋瓜、勐海大洋南瓜、德钦的枕头瓜等。

4. 黑籽南瓜（*C. ficifolia* Bouche）

云南特有南瓜种类，在海拔1500～2200m地区均有分布，瓜蔓可攀援树干生长，主要分布在东北部、中部、西北部山区村寨。瓜圆筒形，果面绿色，镶浅黄色花纹斑，或果面深绿色，镶黄白色纵条斑，老熟瓜皮坚硬，肉白色、肉质粗，味淡，品质差。单瓜重8～15kg。嫩瓜食用时，煮后瓜瓤可搅成粗粉丝状，炒食。故群众又称之为搅丝瓜、米线瓜。主要作饲料，瓜蔓也可作饲料。种子黑色，地方品种较多，按种子大小分，种子有大粒、小粒之分。大籽类型：长势强，分枝多，果大，种子大。由种至收，历时160天左右。小籽类型：果较小，种子较小，由种植至采收历时140～145天。按果皮颜色不同，黑籽南瓜又可分为白皮和花皮。白皮黑籽南瓜果皮呈白色，肉白色。花皮黑籽南瓜，果皮以淡绿色为主，中间相嵌深绿色条斑，肉白色。

黑籽南瓜根系发达，生长势强，蔓长可达20m左右，分枝多，子蔓、孙蔓数十条，单株结瓜较多。黑籽南瓜喜温暖气候，不耐高温，怕霜冻，在长日照条件下不能开花结实。云南气候适于繁殖黑籽南瓜种子。黄瓜用黑籽南瓜作砧木嫁接后，对枯萎病、疫病等土传病害可以免疫，是黄瓜理想的抗病砧木。目前已广泛用于北方黄瓜保护地栽培。近年来，为供应北方温室黄瓜砧木用种，种植黑籽南瓜面积逐年扩大，年供种量达数百吨，累计外销黑籽南瓜种子数千吨以上。

日本黑籽南瓜由外地引进，分布昆明市、富民、东川一带，蔓长，分枝多，叶似黑籽南瓜。始花节位19节。果实圆筒形，绿白色，上有白色斑。种子黑色。耐寒、耐旱、耐瘠。嫩果肉粗，可炒食。老瓜肉粗可作饲料，采种用黑籽南瓜。单果重5kg。晚熟种，播种后160天左右开始采收。

（二）南瓜种质资源抗病性、抗逆力

据田间播种观察，地方品种大癞瓜、大麦瓜等较耐旱、耐湿，较抗白粉病、耐病毒病，抗逆力较强；姜柄瓜抗白粉病、病毒病，生长势较弱的小毛瓜类抗性稍弱；白皮洋瓜、红皮洋瓜山地栽培耐瘦瘠土地，较耐白粉病；山地香瓜耐旱、耐白粉病；黑籽南瓜抗白粉病、病毒病、枯萎病能力强，根系发达，耐寒性强，在低温2～4℃条件下，根系仍能正常生长。

二、黄　瓜

黄瓜（*C. sativus* L.）为葫芦科（Cucurbitaceae）甜瓜属（*Cucumis*）。黄瓜起源于印度西部，据史料记载传入中国的时期是公元前138～119年，汉朝从中东地区引入形成华北型黄瓜。有史料记载春秋战国时期从印度、锡金经缅甸传入云南。当时已经开通了从四川成都经云南丽江、保山、腾冲至缅甸、印度的南方丝绸之路，传入的黄瓜则形成华南型黄瓜。云南黄瓜种类品种虽没有南瓜多，共有2个种和变种、2个近缘野生种。但特有珍稀种类、新变种西双版纳黄瓜，以及耐寒性强，瓜大的昭通大黄瓜等。

（一）黄瓜种质资源农艺性状

1. 普通黄瓜

（1）山地黄瓜。云南省山区、半山区均有分布，属华南型黄瓜。生长势较旺盛，瓜圆柱形或略呈三棱短柱形，瓜面具黑刺，刺瘤稀。瘤不明显，瓜绿色、浅绿纵条，嫩瓜易变黄，食用成熟瓜为黄绿色、黄色或绿黄条相间；老熟瓜黄褐色，网纹少或稍多，果肉白色或绿白色，水分较少，肉质脆嫩，风味浓。瓜长约20cm，横径约6cm，单瓜重0.8kg左右，生长期约110天，抗逆力强，耐霜霉病。可在土壤较瘦瘠的山地栽培，栽培较为粗放。适于生食、凉拌、熟食，采收幼嫩瓜可腌制酱黄瓜。蔓长，分枝多，叶五角形，始花节位13节。果实短圆柱形，具浅纵棱和较稀疏的瘤刺，刺黑色。商品瓜绿色，老熟瓜黄褐色，具细网纹。较耐旱、耐瘠，抗病力较强。瓜

肉脆甜，单瓜重 330g，单产约 15000kg/hm^2。中熟种，种植后 90 天左右开始收获，4 月下旬播种。

（2）昆明寸金黄瓜。属华南型黄瓜，分布在云南主要城市郊区。生长势较旺盛，瓜短圆柱形，瓜面具黑刺、瘤稀。嫩瓜绿色与浅黄色相间，肉质脆嫩，风味浓，适于生食、凉拌、熟食，采幼嫩瓜腌制酱黄瓜。瓜长约 15cm 左右，横径约 3.5cm，单瓜重 0.3kg 左右，生长期 90～100 天，抗逆力较强，耐霜霉病。适宜一般菜地栽培。

（3）昭通大黄瓜。主要分布在东北的鲁甸、东部的师宗、西北的中甸金沙江边桥头镇、西部的腾冲等地，一般零星种植。属华南型黄瓜，其生态类型及瓜型与锡金黄瓜（*C. sativus* L. var. *sikkimesis*）相似。生长势强，耐寒、较耐瘦瘠地栽培，瓜大，单瓜重 2.5kg 以上。瓜长棒形，绿色，不抗枯萎病。嫩瓜黄绿色，瘤稀黑刺，肉白色，肉质致密略脆，味淡，具 4 心室。老熟瓜棕色，有网纹。昭通大黄瓜适于海拔 1800～2000m，月平均温度 20℃左右的凉爽气候条件下生长。若在海拔 1800m 以下地区栽培，易患枯萎病。植株生长势极强，一般攀缘在树或篱笆上，攀高 4～5m，分枝多，主侧蔓都能结果，成熟期晚，嫩瓜在 8～9 月才能采收，老熟瓜可长到 10 月份。昭通大黄瓜与西双版纳黄瓜外形上有明显区别，瓜形指数大于 3。瓜基部及瓜顶部两端稍细，而短筒形的西双版纳黄瓜两端大小基本相同。

2. 西双版纳黄瓜

主要分布在西双版纳州及思茅地区的热带雨林，是黄瓜的一个新变种。由于长期生长在热带雨林气候，耐湿、抗热性强。植株匍匐生长，生长势极强，一般植株主蔓长达 6.6m，有 80 多节，分枝多，全株蔓长 28.7m，合计 908 节。叶片掌状心脏形，缺刻浅，叶色浓绿。单株结果 10～20 个，大瓜单瓜的种子数一般 300 粒，最多的超过 1000 粒。西双版纳黄瓜按果形分为 3 种，即圆形、短筒形和椭圆形。圆形瓜果形指数为 1 左右，单瓜重 1～1.5kg，最大果重 3kg 左右。短筒形和椭圆形瓜果形指数为 1.5 左右，单瓜重 2～3kg，最大果重超过 5kg。

按果皮的颜色可以分为 3 种，即嫩瓜和老熟瓜均为乳白色；嫩瓜绿色，老熟瓜灰绿色；嫩瓜浅绿转浅黄色，老熟瓜棕黄色。嫩瓜乳白和绿皮者，无论果形或长或圆均为无刺，黄皮瓜均为黑刺；乳白皮瓜老熟后无网纹，表皮光滑，其余两种皮色，不论瓜形长圆，老熟后均有网纹，且网纹细密，布满全瓜。

由上述 3 种果形和 3 种皮色组成的 9 个类型的西双版纳黄瓜，即老熟瓜为圆形乳白皮、圆形灰绿皮、圆形棕黄皮、短筒形乳白皮、短筒形灰绿皮、短筒形棕黄皮、椭圆形乳白皮、椭圆形灰绿皮、椭圆形棕黄皮均有瘤刺。

西双版纳黄瓜嫩瓜肉厚皮老、水分少，具黄瓜清香味，老熟后胎座稍带酸味。西双版纳黄瓜还具有网纹甜瓜的特征，除了瓜形为圆形之外，果脐部特别大，一般横径为 2～3cm，甚至有的达到 4.6cm，且脐部凸出，果脐由环状粗皮的外圈及正常果皮内圈组成，具有两性花果脐的特征。老熟后果肉和胎座均为桔红色，色泽由浅渐深，胎座部最深，大多为 5 心室，较普通黄瓜多 2 个心室，瓜表面布满网纹，具有网纹甜瓜的形态特征，染色体 2n＝14，是黄瓜区别于甜瓜的基本特点。

西双版纳黄瓜从外形、皮色、大脐、肉色、心室等方面虽有甜瓜的特征，但从染色体数 2n＝14、杂交试验以及过氧化物酶同工酶等方面的鉴定，证明属于黄瓜。但这个种与普通黄瓜明显不同，除有许多硬皮甜瓜的特征外，且有适宜热带雨林区炎热多雨季节生长，生长势很强的特点，故认为是黄瓜的一个新变种，并已定名 *C. sativus* L. var. *xishuangbannanesis* Qi et Yuan.。西双版纳黄瓜耐热、耐湿，抗病性强。

西双版纳黄瓜不仅在生产供应上为当地热带地区解决夏秋蔬菜起到很大作用，而且丰富了黄瓜种质资源，对研究黄瓜的起源和分类，研究甜瓜属的进化是一个很有价值的材料。

（二）黄瓜种质资源抗性

西双版纳黄瓜抗热、耐湿性强，在北热带高温多雨气候条件下仍能正常生长开花结实，果实生长发育正常，是湿热地区夏淡缺菜季节的优良品种。昭通大黄瓜耐寒力强，在气温较低约15～18℃的气候条件下，仍能正常开花授粉，果实发育良好，瓜体大，植株生长势极强。西双版纳黄瓜抗枯萎病、较耐霜霉病，山地黄瓜、寸金黄瓜较耐枯萎病、霜霉病，昭通大黄瓜较耐霜霉病，易感枯萎病等。

（三）云南特有黄瓜种质资源的利用

西双版纳黄瓜为黄瓜新变种，是黄瓜与甜瓜的中间种，西双版纳黄瓜的发现为黄瓜增加了新变种，加之还有形态特征不同的昭通大黄瓜，为蔬菜栽培学增加了新内容，为黄瓜的起源、演化、分类研究提供了种质材料，也为黄瓜新品种选育提供了丰富的种质材料。目前，云南黄瓜种质资源尚在生产中直接利用。

三、甜　瓜

甜瓜（*C. melo* L.）为葫芦科（Cucurbitaceae）甜瓜属（*Cucumis*）。云南甜瓜有普通甜瓜（var. *makuwa* Makino）和菜瓜（var. *flexuosus* Naud.）2 个种和近缘野生种 1 个。甜瓜长椭圆形，果面浅黄绿色、肉白色。肉质较疏松，味较甜。

菜瓜在主要城市郊区有少量栽培。

四、西　瓜

西瓜〔*C. lanatus*（Thunb.）Matsum. et Nakai〕为葫芦科（Cucurbitaceae）西瓜属（*Citrulles*）。西瓜仅在景洪悠乐村看到一种，瓜皮墨绿色，有不明显浅色纵条斑，圆形，红瓤，汁多，味较甜，未见突出的病害。

近年来，云南省从国内外引进许多西瓜杂一代优良品种试种推广，利用省内热区栽培早熟西瓜运销省外大中城市。从外地引进种植多年，主要分布西双版纳、德宏、思茅、化念等地。蔓长，有分枝。叶羽状深裂，微带白粉。果圆球形或椭圆形，果皮绿色、墨绿色或花皮。瓜肉红色，瓜子黑色。中早熟，较耐湿热，抗病力中等。味甜，汁多，品质中上。单果重 2～3kg。

五、冬　瓜

冬瓜（*B. hispida* Cogn.）为葫芦科（Cucurbitaceae），冬瓜属（*Benincasa*）。冬瓜起源于中国和印度，中国早有栽培，秦汉的《神农本草经》已有冬瓜的记载。冬瓜在云南栽培极普遍，全省各县市均有栽培，品种较多。

（1）细籽冬瓜（青皮冬瓜）。瓜长圆筒形，无棱，瓜皮深绿，蜡粉多，肉白色，厚约 5cm，瓜长 33～45cm，横径 28～30cm，也有瓜长与横径相近的肉白色瓜，表面有茸毛，种子卵形，光边。肉质绵，品质中下。分布大理、昆明等地。

（2）西双版纳山地冬瓜。瓜圆筒形，皮深绿色，蜡粉极厚，瓜长约 30cm，横径约 20cm，单瓜重约 6.4kg，瓜肉极厚达 4cm，果肉边缘浅绿色，由外向内逐渐由浅绿变为白绿，胎座小，胎座及种子仅有 0.6kg 左右，占整瓜重的十分之一。肉质细密，水分少，肉质脆。耐热性强。可供生产直接利用或作育种材料。可炒食。无论鲜食或制密饯品质均优良。此品种有较大开发前景。

（3）三棱子冬瓜。昆明、大理、玉溪、建水、保山、昭通、东川等地均有栽培。为短三棱筒形，及少数短圆筒形，皮绿色，幼嫩时茸毛多，老熟后蜡粉厚，单瓜重 10～15kg，大的可达

35kg，肉质松略面，水多，品质中上，种子似卵形，毛边和少数光边。

综上所述，冬瓜中以西双版纳冬瓜抗热性强，在热带雨林气候下，正常生长开花结实，8～10月采收。三棱子冬瓜抗热性次之。

六、丝 瓜

丝瓜〔*L. cylindrica*（L.）M. J. Roem.〕为葫芦科（Cucurbitaceae）丝瓜属（*Luffa*）。丝瓜起源于亚洲亚热带，最早栽培在印度。云南丝瓜种质资源较多，品种类型丰富，有4个种和变种。主要分布于亚热带的保山、建水、个旧、开远、昆明、大理等地。

1. 长丝瓜（var. *longsissima* Makino）

（1）马尾丝瓜。瓜细长棒形，嫩瓜黑绿色，长30～40cm，最长可达50cm以上，横径约2.5cm，果面有10多条黑绿色纵条，果梗部细，皮稍厚，老瓜长1m左右，果顶部粗，横径约8cm，浅土黄色。肉浅绿或绿白色。肉质软，细腻，品质好。藤蔓长，攀延生长，一般搭成棚架，嫩瓜瓜形直，外观好。第一瓜着生于第8节。分布昆明、巍山、开远等地。

（2）大理丝瓜。瓜棒形或短棒形，第一瓜着生8～10节，瓜长20～22cm，横径约4.2cm，绿色，果面有近10条浅棱，生长势强。果绿色稍深，肉白色，肉质细软，味香甜，品质优良。老熟瓜灰褐色，煮熟后，风味浓，汤色清。

（3）玉溪香丝瓜。生长势中等，瓜短棒形，长约18cm，果绿色，果面具深绿纵条纹，第一瓜着生节位5～8节，结果多。果肉浅黄白色、或白色，皮薄，肉质细腻而软，有清香味，品质佳。分布玉溪、个旧等地。

（4）糯米香丝瓜。生长势中等，瓜棒形，又似纺缍形状。嫩瓜长26～30cm，瓜皮深灰绿色，横径2cm左右，先端略细，中部略粗。果梗圆，果面有白色茸毛，肉白色，质软，具有糯米清香味，煮时糯米香味外溢，故称糯米香丝瓜。品质极佳，但产量低。分布玉溪、保山等地。

2. 小丝瓜（var. *minor* Chakr.）

本变种与原变种的主要区别为叶较小，长、宽均为5～9cm，果实长仅3～6cm。原产于西双版纳，生长在低海拔林缘或灌丛中。

3. 十棱丝瓜〔*L. acutangula*（L.）Roxb.〕

十棱丝瓜长约15cm，横径约3cm。果面有10条纵向翅状突起，似棱角，果皮坚硬。肉质粗，风味淡，品质差。主要用老瓜丝网作洗刷锅、碗等用具。鲁甸、西双版纳、石屏、芒市有少量栽培。

如上所述，在众多的丝瓜资源中，有许多种性优良的丝瓜品种和类型，如长丝瓜、巍山长丝瓜、大理丝瓜均较抗病，抗逆力强。棒形丝瓜、糯米香丝瓜较耐热，肉质风味香甜，品质佳。马尾丝瓜产量较高，品质较优良，适应性较强。十棱丝瓜抗病、抗热、耐湿、耐瘦瘠土壤。

七、苦 瓜

苦瓜（*M. charantia* L.）为葫芦科（Cucurbitaceae）苦瓜属（*Momordica*）。云南苦瓜种质资源较为丰富，有栽培种和野苦瓜（*M. charantia* L.）两个种。

（1）大白苦瓜。植株生长势较强，第一瓜着生在第13～15节，果形长纺缍形，两端细，果面布满粗肉瘤，肉瘤纵向排列，绿白色，具光泽。瓜长20cm左右，最粗部横径达6cm。肉厚约0.9cm。肉质较脆，有清凉苦味，味较浓，品质优。为消费者喜食品种。老熟瓜瓜瓤绛红色，为苦瓜育种的优良品种。分布昆明、玉溪、建水等地。

（2）绿皮苦瓜。植株生长势强，结果较多，果短纺缍形，瓜长约18cm，瓜最粗部横径5.5cm左右。外皮绿色，果面具有粗细肉瘤状物，纵向排列，果肉厚约0.8cm，绿色，肉质脆，苦味稍淡，老熟瓜胎座红色，种子较一般苦瓜种子小。

（3）小苦瓜。德宏州瑞丽有栽培，果小单瓜重约25g，瓜短棱形，长约6cm，横径最粗部约3.4cm，皮绿色，果面有10行瘤状物组成的纵条，纵条间有4～10个不等的小肉瘤。果肉绿色，肉厚约0.4cm，肉质脆，有苦味。老熟瓜胎座红色，3心室，每瓜约有种子10多粒，苦瓜籽稍小，呈褐色。

另外，还有抗性强、品质较差的野苦瓜，待进一步研究整理鉴定。

八、佛手瓜

佛手瓜〔*S. edule*（Jacq.）Swartz〕为葫芦科（Cucurbitaceae）佛手瓜属（*Sechium*）。云南佛手瓜又称洋丝瓜，分布广泛。尤其在海拔1200～1900m的南温带至南亚热带气候的山区、坝区普遍栽培。佛手瓜生长势很强，为多年生宿根瓜类，攀缘树干生长，搭架栽培。一株可覆盖地面10～100m^2，分枝多，结瓜多，单蓬可结瓜上千个，结瓜期长。瓜形倒卵形，瓜面有明显纵沟5条，将瓜分成5块，每个凸起块又分为两块，顶端有一条缝合线，瓜面粗糙，上面有小肉瘤和刚毛刺，果面绿色、淡绿色，单瓜重450～620g。在蔬菜淡季，尤其是湿热地区的思茅、景洪、瑞丽等地的蔬菜淡季佛手瓜成了供应市场的主要蔬菜。

另外，还有一种无刺洋丝瓜，如元江县因远镇洋丝瓜，耐瘦瘠，抗病性强，抗逆力强，但不耐霜冻。

九、瓠　瓜

瓠瓜〔*L. siceraria*（Molina）Standl.〕为葫芦科（Cucurbitaceae）瓠瓜属（*Lagenaria*）。云南瓠瓜种质资源较为丰富，有3个变种。

1. 长瓠瓜（var. *clavata* Hara）

（1）思茅长瓠瓜。思茅地方品种。植株生长势较强，分枝少，主蔓第18节出现雌花，瓜棒状圆筒形，长约50cm，浅绿色，果面密布茸毛。单瓜重约1.2kg，肉白色，肉质细软，品质好。老熟瓜褐黄色，皮稍硬。

（2）牛腿大瓠瓜。腾冲县地方品种，分布腾冲、思茅等地南亚热带气候的山区村寨，栽培在房前屋后。植株生长势强，攀援生长，雌花始花节位在18～20节。瓜长棒形，长可达1m以上，瓜顶部分粗形似牛腿，肉质稍粗，品质中等，其他省较少见。嫩瓜绿色，果面密布茸毛，老熟瓜褐黄色，单瓜重3～4kg。

2. 葫芦瓠瓜〔var. *gourda*（Ser.）Hara〕

勐腊地方品种，植株生长势较强，瓜葫芦形。皮白绿色，具白斑，老熟瓜褐黄色，可制成水瓢或制成盛小样物品的容器。高约20～25cm，最粗部横径18cm左右，肉白色，味淡，品质差。分布勐腊、保山、腾冲等地。

3. 团瓠瓜〔var. *depressa*（Ser.）Hara〕

分布腾冲等地，瓜圆形。

瓠瓜适应性强，棒形、牛腿形、葫芦形瓠瓜较抗病毒病、枯萎病，耐热性强，适应性广，生长良好。

十、蛇　瓜

蛇瓜（*T. anguina* L.）为葫芦科（Cucurbitaceae）栝楼属（*Trichosanthes*）。

（1）蛇瓜。植物学上也有称豆角黄瓜的，植株生长势较强。瓜形细长棒形，盘状弯曲，外形似蛇形，浅灰绿色，果顶及瓜柄稍细，皮薄，肉质较疏松，绿白色，味淡。抗热性强、抗病，可在元江夏季气温38℃的气候条件下正常生长开花结果，结果数多，适应性强，在北亚热带气候条件下生长也良好。分布元江、昆明等地。

（2）老鼠瓜（*T.* sp.）。老鼠瓜是蛇瓜的近缘种，蔓生，攀援缠绕于灌木或杂草中。叶掌状，雄花聚生在长花梗上，总状花序，雌花单生，花形似高杯，雌雄花的萼片均5裂，似针状，花冠白色，5裂，花瓣边缘先端呈丝状细裂。果纺缍形，嫩瓜长11cm左右，横径约3.5cm，果皮具黑绿和白绿纵条，向果顶均匀分布，有特殊臭味，不堪食用。老熟瓜桔红色，果肉软，种子外包有红色瓜瓤，有甜味。种子灰褐色，边缘略有锯齿。与蛇瓜的种子相似。分布瑞丽等地。

十一、辣椒瓜

辣椒瓜〔*C. pedata*（L.）Sehrad.〕为葫芦科（Cucurbitaceae）辣椒瓜属（*Cyclanthera*）。云南特有瓜类，蔓生，攀援树干生长或搭架栽培。生长势强，分枝多，蔓长达5m左右，茎细，叶掌状深裂，卷须分3叉，雄花复总状花序，雌花双生，每节能结瓜1～2个。单株可结瓜3～3.5kg。果顶向上，瓜长约6cm，果形似圆锥形，外形极像辣椒，尖端略呈尖状，嫩瓜浅绿色，背面有稀疏白刺毛。果肉薄，肉质脆嫩，有清香味，可炒食、煮汤等。种子长方形，一端有翅，种皮上有十字形凸起如龟状。适于温暖地区生长。分布鲁甸、会泽等地。在昆明市寻甸县试种成功。

十二、野生瓜类

云南的野生瓜类很多，现介绍主要几种。

（1）西南野黄瓜〔*C. sativus* L. var. *hardwickii*（Royle）Alef.〕。黄瓜野生变种。分布在西双版纳和金平县海拔1500～1900m地带。生长在山谷树林中或山坡灌木丛中。单叶互生，瓜长圆形或球形，长5～6cm，横径4～5cm，表面平滑，无瘤状突起。抗逆力强。

（2）野黄瓜（*C. hystrix* Chakr.）。分布西双版纳州、屏边等地海拔620～1550m的山谷河边湿润处、林下或灌丛中。一年生攀援草本，全株密被长硬毛，萼筒狭钟状，萼齿线形。叶长4～7cm，宽3.5～6.5cm，具不规则浅裂，叶柄长6～10cm，花期6～8月，果期8～10月。果实长圆球形，密被具长刺的瘤状突起，长2～5cm，横径1～1.5cm。

（3）云南野黄瓜（*C. yunnanensis* Wu）。云南野黄瓜是甜瓜属的一个种，分布西双版纳、思茅等热带雨林。当地叫刺瓜、酸黄瓜。叶心脏椭圆形，长约4.5cm，中部横径约2cm，深绿色。瓜长倒卵形，瓜表面布满细肉瘤，似针状，果柄短，仅约0.5cm，果肉薄，具3心室。嫩瓜具有清香味，老瓜味酸，种子小卵圆形，种皮上具有短茸毛。据测试，云南野黄瓜染色体2n＝24，与普通黄瓜2n＝14不是同一种，和西印度黄瓜（*Cucumis anguria*）2n＝24染色体和瓜形虽然相同，但果柄短，与西印度黄瓜具长果柄不同，故该种为云南野甜瓜。这对研究甜瓜属的分类演化具有重要意义。

（4）野苦瓜（*M. charantia* L.）。分布勐腊县勐仑乡山坡，蔓生，生长在灌木中。叶心脏形，绿色，无缺刻。叶长约8.5cm，宽约8.5cm，叶面、叶背光滑，叶柄长约6.5cm，5棱，单卷须，花冠钟状，花瓣5枚，黄色，花柄长约7cm，5棱，无苞叶。瓜椭圆形，长约4.2cm，横径约3cm，嫩瓜绿色，瓜面有9条纵向瘤状凸起，表面光滑，肉厚约0.4cm，白绿色，肉质脆嫩，有清香苦味。老熟瓜桔红色，种子包有深红色瓜瓤，味甜，种子黑色，方形，种子小。与栽培苦瓜不同，栽培苦瓜叶掌状深裂，叶片有苦瓜特有的苦味及长花梗上有苞叶，而野苦瓜叶心脏形，叶苦味淡及长花梗上无苞叶。

（5）老鼠屎瓜（*T. ovigera* Bl.）。又名鸭蛋瓜，为栝楼属（*Trichosanthes*）。果棱形，长约3.5cm，横径约1.5cm，皮绿色，果面有10条深绿的细纵棱凸起，分布均匀，老熟瓜桔红色。种子周围包有墨色瓜瓤，有苦味，种子单边墨色，像老鼠屎，种皮光滑。分布瑞丽、勐腊等地。

（6）钮子瓜（*Zehneria maysorensis* Arn. in Hook.）产昆明、楚雄、鹤庆、漾濞、保山、沧源、蒙自和西双版纳地区，生于海拔650～2100m的山坡林缘或路边灌丛中。草质攀援藤本，花果期8～11月。果实球形或卵形，径1～1.4cm，浆果状，光滑无毛；果梗长5～10mm，细，无毛；种子长卵圆形，长约4mm，宽约2.5mm，淡灰色，压扁，平滑，边缘稍增厚，拱起。

十三、引进瓜类

近几年来，云南省引进各种瓜类优良品种。

（1）密本南瓜。瓜形好，卖价就好，产量高，效益更高。分枝性强，第一雌花着生15～16节，瓜为棒锤形。瓜顶端膨大，种子少且都集中在瓜顶端上，品质优良，单瓜重约3～3.5kg，单产30000kg/hm^{2}以上。肉厚，淀粉细腻、味甜、水分少、口感好。

（2）大将板栗南瓜。生长中等，坐果良好，果重1.2～1.5kg，果扁圆形，果形一致，果皮浓绿色带浅绿色条纹及斑点。叶较小，植株中等，容易栽培。果肉金黄色、肉厚、粉质、味道极佳。

（3）东升南瓜。抗性极强、产量特高、商品性好。耐热、耐寒、抗病，抗逆性强，早熟，易坐果，特丰产，单果重1.5～2kg，产量可达30000kg/hm^{2}左右。果实圆球形，膨大快，果皮深桔红色，肉厚细腻，鲜食、特耐贮运。

（4）甜栗南瓜。食味佳，产量高，易栽培。生长势强，低温下生育良好，坐果稳定的高产品种。果皮暗绿色，有光泽，果形稳定，商品性高。果肉浓黄色，粉质、甜味好，果肉厚，可食部位多。

（5）美国红玉南瓜。早熟品种，植株生长势强，蔓生，主侧蔓均可结瓜，单株结瓜10～15个。嫩瓜淡黄色，老瓜金黄色，外表光滑，美丽引人，商品性好。果肉黄色，口感甜面，品质上乘。株行距0.4～0.5m×1.6×1.8m，每公顷栽800～1000株。单瓜重250g左右，单产45000kg/hm^{2}左右。抗病性强，适应性广，既可大面积种植，亦可庭院观赏栽培。

（6）红蕾南瓜。早熟种，生长势稳健，全生育期80天左右，果实厚扁球形，果面深黄至红色，果色美丽，果肉橙红色，肉质紧细，高粉，水少，品质极佳。株行距约4m×8m，易坐果，单株可坐果2～3个，单瓜重1.5kg左右，单产30000kg/hm^{2}左右。

（7）帝王西葫芦。早熟品种，从开花到采瓜需4～6天。果实圆柱形，浅绿色，坐瓜能力强，高产。果肉乳白色，品质佳。抗病性好，耐运输，耐低温。适合保护地和露地种植。

（8）碧翠苦瓜。早熟，瓜长28～33cm，瓜色油绿色，瓜形好，肉厚，耐雨水，适应性广。

（9）黑美人西瓜。极早熟，果长椭圆形，单果重2.5～3.5kg，果黑绿色有不明显黑斑纹，肉深红。品质上，肉厚质嫩汁多，味甜。耐热，较耐病，生育期65～70天。

（10）小兰西瓜。极早熟，果圆形或圆筒形，单果重1.5～2kg，果淡绿色狭条斑，肉黄红。品质上，肉嫩汁多。适应性强。生育期70天左右。

第七节　豆类蔬菜资源

云南豆类蔬菜种质资源的地理分布广泛，城市郊区、山区、高寒山区均有栽培。豆类蔬菜富含蛋白质及较多的碳水化合物、脂肪、钙、磷和多种维生素，是营养价值高的蔬菜，嫩荚及鲜豆粒味鲜美，是云南省城乡群众喜爱食用的蔬菜。

豆类蔬菜为蝶形花科（Papilionace），云南豆类蔬菜种类品种繁多，共有9个属，21个种和变种，分布全省各地。从海拔76.4m的河口至海拔3400m的德钦均有豆类蔬菜分布。以云南中部、西部的昆明、楚雄、大理、保山等地气候温暖，无霜期长，豆类蔬菜种类品种最为丰富，品质优良；西南部的保山、施甸、腾冲、芒市等气候温和，无霜期长，冬季霜冻较轻的地区豇豆、莱豆（荷包豆）品种多，而南部湿热的景洪、瑞丽有抗热、耐湿的四棱豆种植。东北部的昭通、鲁甸等气候较冷凉，冬季霜期较长而霜冻较重的地区有耐寒性较强的菜豆品种，楚雄的南华等山区已有大面积多花菜豆（芸豆）规模化生产，成为外销生产基地。在海拔3400m气候寒冷，无霜期短的高寒山区德钦也有多花菜豆种植。云南的豆类蔬菜，多数都是常规种。

豆类蔬菜为云南省山区、半山区主要蔬菜，多自已采种，各地按照当地的食用习惯及气候环境条件选育出不同的地方品种。豆类蔬菜是粮菜兼用、菜饲兼用菜类，为此品种资源极为丰富。

一、菜 豆

菜豆（*P. vulgaris* L.）为蝶形花科菜豆属（*Phaseolus*）。菜豆是云南的重要蔬菜，更是广大山区人民的主要蔬菜。菜豆嫩荚营养丰富，每100克新鲜产品含蛋白质2.4～6克，脂肪0.2克及碳水化合物，多种维生素和矿质元素等；其干籽粒中蛋白质含量较高，每100克产品中含量为22～25克，含碳水化合物59.6%，尚含有较多的精氨酸、亮氨酸、赖氨酸等人体所必需的氨基酸成分，能补充粮食作物氨基酸含量的不足。菜豆的嫩荚不仅营养丰富，而且味道鲜美，不仅可以鲜食，还是制罐、速冻和干制的原料。菜豆的干籽粒除菜、粮兼用外，还是制馅和制作糕点的原料。其茎叶含蛋白质6%～10%，是牲畜的优良饲料。菜种子还可入药治病。

普通菜豆起源于美洲的中部和南部，约在16世纪传入中国。根据前苏联植物学家研究，食荚菜豆是由普通菜豆产生失去果壁上硬质层的因基突变而形成的。这种变异发生在中国，因此，中国被认为是菜豆的次生起源中心，食荚菜豆为普通菜豆的一个变种。云南菜豆有3个种和变种。地方品种资源很多，已收集到资源材料129份，适应性广，云南中部、中南部、西部、东北部、西北部海拔900～2200m亚热带、南温带、北温带气候层，于昆明、个旧、通海、建水、玉溪、丘北、文山、昭通、鲁甸、会泽、文山以及迪庆的德钦等地均有栽培。老熟种子含蛋白质22.5%，碳水化合物59.6%，除作蔬菜食用外，尚可代粮，是菜粮兼用种类。栽培历史悠久，分布广泛。在国际上，已用RAPD标记标定了菜豆的多个抗炭疽病基因和抗锈病基因。

（一）食荚菜豆（P. *vulgaris* var. *chinensis* L.）

（1）泥鳅豆。昆明地方品种，茎蔓生。生长势较旺盛，自第二节、第三节开始分枝。三出复叶，心脏形，深绿色。花白色。嫩荚浅绿色，略弯曲，荚长约22cm，宽约1.2cm，荚厚约1.3cm。豆荚横断面近圆形，单荚重约18g，每荚有种子5～8粒。种子肾脏形，褐黄色，荚肉厚，品质优，较抗锈病。单产约18000kg/hm^2。分布昆明、玉溪、丘北、昭通等地。

（2）紫花高菜豆。玉溪地方品种，高蔓。生长势极强，自第三节开始分枝。叶心脏三出复叶，叶片较大，绿色，花浅紫色，嫩荚长约23cm，微弯曲，荚宽约1.2cm，荚厚约1.2cm，荚横断面近圆形，荚肉厚，单荚重约19g，每荚有籽粒8粒左右，种子肾形。单产22500kg/hm^2。分布昆明、玉溪、楚雄等地。

（3）白棒豆。东川地方品种，茎蔓生。生长势强，株高约187cm，花白色。荚绿白色，棍棒形，长约18cm，宽约1.7cm，荚肉较厚，厚约1.5cm。豆荚横断面近圆形，纤维少，品质较佳。产量较高，在夏季冷凉气候环境下正常生长开花，结荚，产量中等，单产20550kg/hm^{2}左右。分布东川、德钦等地。

（4）乳扇豆。开远地方品种，茎蔓生。生长势强，三出复叶、心脏形。花淡紫色，豆荚宽扁条形，浅绿色或浅灰绿色，荚长18～22cm，宽2cm左右，厚约0.8cm。单荚重12～17g，种子宽肾脏形、浅灰色，单产约16500kg/hm^2。分布开远、东川等地。

（5）昆明花雀蛋豆。茎半蔓生，生长势中等，株高约119cm，花白色。荚长约16cm，宽约1.5cm，厚约1.2cm，荚扁条形，横断面扁圆形，嫩荚淡绿色，成熟时荚面带粉红色花纹。种子椭圆形似雀蛋，软荚，豆粒香甜而面，荚肉较软，品质优，荚易老，可食用豆粒，豆粒面而香，带糯性。单产13500kg/hm^2左右。分布昆明、大理、临沧等地。

尚有昭通黑籽菜豆、蓝泥鳅豆、东川大花豆等。

（二）矮生菜豆

矮生菜豆（var. *humilis* Alef.）有硬荚和软荚，食豆粒硬荚品种多，还有菜粮兼用品种。

（1）小刀豆。昆明地方品种，矮生，株高50cm左右，花白色。荚短条形微弯，荚长10.7～12cm，宽1.1～1.8cm，厚0.4～0.74cm，单荚重约7.2g。嫩荚纤维少，荚肉较厚，种子肾形，淡黄色。早熟，生长期90天左右。品质中上，产量较高，单产9000～10315kg/hm^2。分布昆明、玉溪、东川等地，尚有东川奶油豆等。

（2）鸡腰子豆。矮生，株高40cm左右，分枝较多，花淡紫色。荚扁条形，荚长约16cm，宽约1.4cm，厚约1cm。抗锈病、耐炭疽病，种子鸡腰子形，嫩荚可食用，老熟后食用子粒，豆粒大，紫红色，色泽艳丽。单产22500kg/hm^2。分布峨山、昭通、大理、弥渡等地。

在硬荚矮生菜豆品种中，还有昭通花生豆，以及菜粮兼用、菜饲兼用品种的昭通黄鸡豆、洋豇豆、会泽矮菜豆、保山鸡窝豆、开远鸡腰子豆等40多个品种材料。

（三）引进优良菜豆品种

近几年，云南省引进优良菜豆品种，试验推广应用于大面积生产。

（1）日本五月绿2号菜豆。日本引进品种，早熟、丰产、抗寒力强，品质极佳。矮生，株高33cm左右，开展度30cm左右，食用嫩荚，皮色为绿色。播种至收获嫩荚56天左右。单株结荚27～35个。单荚重9g左右，高产者可达34500kg/hm^2左右。滇中地区2月中旬至7月底可陆续播种。株行距约100cm×120cm，每穴播种4～5粒。

（2）天马思农架豆王。中熟、蔓生、生长旺盛，叶色深绿，叶片肥大。从结荚至完熟，无筋、无纤维、荚肉厚，商品性好，品质鲜嫩，是一个高产抗病的优良品种，适合全国各地种植。从播种到收获嫩荚75天左右，产量高、生长势强、抗病。单产75000kg/hm^2左右。

（3）巨龙1号架豆。中熟，蔓生，开白花，纤维少，颜色深绿，结荚早而密，豆角顺直，宽约2.5cm左右，长30cm左右，抗病。高产，商品性佳，全国大部分地区适合春秋两季栽培。

（4）世纪巨龙架豆王。中早熟，植株蔓生，生长势强。嫩荚为绿色，籽粒白色呈肾形。荚长30～32cm，荚宽3cm左右，单荚重30g左右，单株荚可达2500g以上。

（5）超级一点红油豆。蔓生，生长势强，中早熟，嫩荚扁条形，鲜绿色，平均荚长20cm左右，宽2.1cm左右，单荚重25g。外观好，商品性极优，尤其适宜温室、大棚提前或延后栽培。

（6）闽豆。中早熟，植株生长旺盛，分枝力强，豆荚顺直，微扁，无筋，无纤维，肉厚鲜嫩，坐果率极高，荚长35cm左右，是一种高产、抗病品种。

这些丰富多样的菜豆品种中，蔓生型的昆明泥鳅豆、玉溪紫花高菜豆等品种具有荚肉厚，肉质嫩，味甜，风味佳，适应性强，较抗锈病，产量较高等优异性状。昭通黑籽菜豆、东川白棒豆、德钦棒棒豆耐寒力、抗逆力强，搞锈病力强，产量高，荚肉厚，为耐寒丰产优质品种。还有半蔓生，荚粒两用，嫩荚软，食之鲜甜而面，豆粒香甜的昆明花生豆，品质极佳。

二、多花菜豆

多花菜豆（*P. coccineus* L.）为蝶形花科（Papilionaceae）菜豆属（*Phaseolus*）。多花菜豆的

嫩荚、鲜籽粒和种子营养丰富。栽培历史悠久，以食用豆粒为主，较耐寒、耐旱。云南有大白芸豆、黑芸豆、花芸豆等，分布海拔1900m左右的楚雄、丽江、大理、曲靖、通海、昭通等地山区，是云南出口外销的豆类蔬菜之一。

(1) 黑芸豆。茎蔓生，植株生长势极强，花紫红色，豆荚宽扁条形，绿色，硬荚，主食豆粒。荚长约15.8cm，宽1.9～2cm，豆粒大，长卵圆形，深紫黑色，具灰红条斑，千粒重约150g。产量高，较耐涝、抗病虫性中等、较耐瘦瘠。适宜山区栽培，单产豆荚约12000kg/hm^2。

(2) 花芸豆。茎蔓生，植株生长势极强，花红色，豆荚扁条形，绿色，硬荚，主食豆粒。荚长14.8～16.0cm，宽1.9～2.05cm，种子大，长圆形，深紫黑色，具花斑，千粒重约155g。产量高，耐旱、耐寒，抗病、较耐瘦瘠。适宜山区栽培，单产豆荚约12000kg/hm^2。

(3) 白芸豆。茎蔓生，植株生长势极强，花白色，豆荚扁条形，绿色，硬荚，主食豆粒。荚长14.8～15.8cm，宽1.9～2cm，种子大，长圆形，白色，千粒重100～150g。产量高，耐旱、耐寒，抗病、较耐瘦瘠。适宜山区栽培，单产豆荚约12000kg/hm^2。

三、莱　豆

莱豆（*P. limensis* Macf.）又名荷包豆，为蝶形花科（Papilionaceae）菜豆属（*Phaseolus*）。云南特有优质豆类，种子籽粒肥大，淀粉粒极细，为此，食之细腻香甜而面，十分爽口。有莱豆和小莱豆（*P. lunatus* L.）两个种。目前，云南省尚未收集到小莱豆种质资源。主要分布在海拔1600～1990m的大理、保山等地，豆粒淀粉粒细腻，是食用豆粒豆类中品质最优良的种类。

荷包豆：云南大理地方品种，茎蔓生。植株生长势强，分枝极多，花白色，荚扁形，绿色，硬荚，以豆粒供食，为豆中之珍品。荚长约11.8cm，宽约2.3cm，厚约1.1cm。豆粒荷包形，浅绿色，表面有紫红色斑纹，单荚重17g左右。嫩时淡绿色，成熟后为红白斑纹，品质优，产量较高，单产豆荚约24000kg/hm^2。分布大理、保山等地。

四、扁　豆

扁豆（*D. lablab* L.）又名架豆、插豆、眉豆、白花豆，为蝶形花科（Papilionaceae）扁豆属（*Dolichos*）。扁豆原产亚洲，于汉晋时传入中国，云南有成片种植田块。分布广泛，除高寒山区外，云南省各地栽培普遍。扁豆品种资源丰富，尤其是山区。

（一）扁豆类蔬菜种质资源主要农艺性状

(1) 白扁豆。昆明地方品种，根据花序梗长短分为明枝白花豆与暗枝白花豆。茎蔓生，植株生长势强，花白色，花序梗短，包裹在藤蔓节位上开花结荚即暗枝白花豆；花序梗长，伸出叶从外开花结荚，即明枝白花豆。荚长7.1～7.5cm，宽1.6～1.8cm，厚约0.9cm，单荚重6.5g左右，绿白色，有光泽。荚肉厚，肉质嫩，纤维少，品质好。豆粒白色。单产约12000kg/hm^2。分布昆明、玉溪等地。

(2) 巍山宽荚扁豆。茎蔓生，生长势较强，分枝较多，花白色或紫色。荚扁宽，浅绿色至绿白色，近荚缝线处绿色或紫红色，荚缝线深紫色或紫色。荚长约11cm，宽约2.5cm，厚1～1.2cm，种子黑色，纤维较少，抗逆力强，品质较佳。分布巍山、永德等地。

（二）扁豆类优异种质资源

扁豆类资源以明枝白花豆、暗枝白花豆丰产性，荚肉较厚，肉质嫩，味甜香，风味好，抗病适应性强，为扁豆中优良品种资源，已在大面积生产上推广应用，在海拔1900m以下地区扁豆品种资源中，尚有荚宽约3cm的品种，嫩荚色泽有浅绿、绿、浅紫色等，有待进一步调查、收集、鉴定、整理，以丰富豆类蔬菜种质资源。为扁豆品种选育增加种质材料。

五、豇　豆

豇豆〔*V. unguiculata*（L.）Walp.〕为蝶形花科（Papilionaceae）豇豆属（*Vigna*）。云南豇豆有长豇豆〔ssp. *sesquipedalis*（L.）Verdc.〕和矮豇豆〔ssp. *unguiculata*（L.）Verdc.〕2个种，地方品种较多。

（一）长豇豆

云南的豇豆有白豇豆、红豇豆、绿豇豆、牛血豇豆、金边豇豆等。

（1）白豇豆。茎蔓生，主蔓结荚为主。花白色，豆荚长条形，绿白色，荚长约49cm，宽约0.8cm，厚约0.8cm，单荚重约16g，肉质嫩，纤维少，品质佳。种子肾形，紫红色，耐热性强，单产约18000kg/hm^2。分布建水、昆明等地。

（2）红豇豆。昆明地方品种，茎蔓生，生长势强。荚深紫色，荚长，较粗，荚肉较薄，肉质较粗，味淡，而产量高，单荚重约20g，单产约22500kg/hm^2。抗病、抗逆力强。

（3）绿豇豆。昆明地方品种，茎蔓生，花淡紫白色。豆荚长，绿色，长约38cm，宽约1cm，厚约0.9cm，单荚重20g左右。荚肉较薄，肉质稍粗，品质中等，种子肾形，褐色或黑色。

（4）牛血豇豆。保山地方品种。茎蔓生，生长势强，花紫色或深紫色。荚较长、而粗，长约30cm，宽约1cm，厚约0.9cm，单荚重20g左右。肉质稍粗，种子肾形，黑色。耐热，品质较优，产量高，单产约30000kg/hm^2。

（5）金边豇豆。昆明地方品种，茎蔓生，花紫白色。豆荚短，荚长约28cm，宽0.8～0.9cm。荚面浅紫色，荚两边边缘嵌绿黄色的金边。适应性广，较耐寒，抗逆强，结荚多，单产22500kg/hm^2。适宜于城郊及山区栽培或间种地边。

（二）矮豇豆

开远矮豇豆：短蔓，豆荚绿白色，不需要搭架，产量低，品质中下。

（三）引进豇豆品种

红嘴燕豇豆：在云南已栽培多年，茎蔓生，花紫白色。豆荚细长，绿白色，而荚顶部有浅紫红色喙。豆荚长30～60cm，宽约0.9cm，厚约0.9cm。种子肾形，紫红色。品质好，丰产性好，品质优良。单产约30000kg/hm^2。

之豇－28：在热带地区栽培，荚长可达1m，产量高，肉质嫩，鲜甜，品质佳。已大面积推广应用，昆明、建水、东川等地栽培，面积较多。

六、大　豆

大豆（毛豆）〔*G. max*（L.）Merr.〕为蝶形花科（Papilionaceae）大豆属（*Glycine*），食用鲜嫩豆粒。

（1）早大豆：株高约36cm，花紫白色。嫩豆粒浅绿色，一般作冬播春收，以早春鲜毛豆蔬菜食用。

（2）百日豆：引进品种百日豆，矮生，抗病、耐热，早熟。主要分布于保山一带。

七、四棱豆

四棱豆〔*P. tetragonolobus*（L.）DC.〕为蝶形花科（Papilionaceae）四棱豆属（*Psopho-*

carpus)，栽培历史悠久，主要分布于云南南部海拔 800～1500m 的思茅、勐海、保山、元谋、麻栗坡等地，零星种植。生长势强，茎绿色，花白色，嫩荚绿色，荚长约 15.5cm，荚面有四个纵棱角，棱角上有锯齿状翼，豆粒含蛋白质近 40%，脂肪 15%～18% 与大豆营养价值相媲美，故有热带大豆之美称。昆明在塑料大棚中栽培生长良好，结荚多。

八、豌 豆

豌豆（*P. sativum* L.）为蝶形花科（Papilionaceae）豌豆属（*Pisum*）。云南有 4 个种和变种，地方品种较多，栽培普遍，分布广泛。全省均有分布，主要分布昆明、大理、丘北、沧源、文山、临沧等地。食新鲜嫩豆粒、嫩荚、嫩尖等。

（一）菜用豌豆（var. *hortense* Poir.）

（1）白豌豆。半蔓生，分枝力强。株高约 102cm，花白色。豆荚镰刀形，淡绿色长约 5.5cm，宽约 1.1cm，厚约 0.8cm，单荚重 1.7g 左右，种子圆形，光滑，黄白色，食用豆粒，亦可采豌豆、嫩叶尖食用。耐旱力、抗逆性强。分布昆明、大理、文山、玉溪、临沧等地。

（2）麻豌豆。半蔓生，分枝力强，食用嫩尖为主，花紫红色，豆荚较扁条形，长约 5cm，宽 0.8～1cm，厚约 0.7cm。每荚有种子 3～5 粒，种子圆形。分布文山、临沧等地。

各地尚有一些地方品种。

（二）软荚豌豆（var. *macrocarpon* Ser.）

（1）大理小荚菜豌豆。蔓生，株高约 112cm。花紫红色。豆荚条形，绿色，长约 6.8cm，宽约 1.1cm，厚约 0.8cm，单荚重 4g 左右，种子圆形，荚小，嫩荚肉质脆嫩，味甜，纤维少，品质优良。单产约 13500kg/hm^2。分布大理、巍山等地。

（2）昆明大荚豌豆。蔓生，株高约 150cm，花紫色。豆荚宽扁，浅绿色，长约 10cm，宽约 2cm，厚约 1cm，单荚重 10g 左右。种子圆形而皱，嫩荚肉质嫩而脆，鲜甜，纤维少，单产约 12000kg/hm^2。

（3）食荚 1 号大菜豌豆。由四川引进软荚豌豆品种，是云南省推广面积最大的品种，已在昆明、建水、通海、玉溪、楚雄等州市推广应用，由于表现较早熟，蔓较矮，易搭架，结荚多，荚大，荚长约 11.6cm，宽约 2.2cm，厚约 1.1cm。单荚重 12g 左右，浅黄绿色，肉质脆嫩，鲜甜，品质优良，丰产性好，但耐疫病力较弱。种子圆形微皱。已成为云南省外销品种之一。

（4）紫花大菜豌豆。引进品种，在昆明栽培多年。蔓生，株高 145cm 左右，生长势旺，花紫色，荚扁条形，浅绿色，长 10～12cm，宽约 2cm，厚 1～1.2cm。单荚重 8～10g，肉质嫩，纤维少，种子褐色或褐红色。耐白粉病、疫病，抗逆力强。丰产性好，单产约 10500kg/hm^2。

（三）粮用豌豆

粮用豌豆〔var. *arvense*（L.）Poir.〕主要作芽菜用。

（四）引进品种

云南省引进甜脆豌豆品种有法国大荚、台中 11 号、台中 13 号、奇珍甜脆豌豆等，已在生产上应用。

台湾豆苗：20 世纪 80 年代由台湾引进，主要以采收豌豆苗食用。矮蔓，生长势强，茎粗叶肥而大。播种后约 50 天开始采收豌豆嫩尖叶，叶绿色，叶柄浅绿色，叶较肥厚，肉质嫩，味鲜甜，具豌豆清香味。种子圆形，乳白色豆脐部黑色。出口的需整理成两叶夹一心，以保证品质优良。供应市场及外销出口东南亚国家及港澳地区。

无须豌豆：由四川引进。茎叶肥嫩，无卷须，结荚小，主要用作采食豌豆苗。但其豆苗不如台湾豆苗肥嫩。

九、蚕　豆

蚕豆（*V. faba* L.）为蝶形花科（Papilionaceae）蚕豆属（*Vicia*）。蚕豆原产亚洲西南到非洲北部一带，云南是蚕豆面积最大的省区之一，有3个种和变种。干熟豆多为粮食，鲜豆多作菜用，是粮食、蔬菜兼用作物。

（一）大粒蚕豆（var. *major* L.）

（1）昆明大白蚕豆。株高100cm左右，叶椭圆形，绿色。荚长8～9cm，宽2～2.5cm，每荚有种子2～3粒。种皮白色，千粒重1000g左右，分枝力中等，品质好，以鲜豆米供食。

（2）云豆315。株高90～100cm，荚长8～9cm，宽约2.5cm，每荚有种子2～3粒。豆粒种皮浅绿色，豆脐黑色，鲜豆粒含糖量高，鲜荚绿色，豆粒外形色泽好，品质好，适宜夏播，冬季收获。

还有菜用蚕豆324，云南省农科院粮作所豆类研究室通过杂交选育育成。大荚大粒，荚绿色，豆粒鲜绿，豆脐绿色，单产高，约30000kg/hm^2。豆粒含糖分高，品质极优良，深受消费者喜爱，群众称其为甜脆蚕豆，是一个优良菜用蚕豆品种，2003年获云南省科技进步一等奖。

（二）小粒蚕豆（var. *minor* L.）

豆荚小，豆粒绿皮，籽粒小，如保山小绿豆等。

保山的透心绿（又名小绿豆）主要供炒豆食用，豆粒绿色，品质佳。

十、藜　豆

藜豆（*S. capitatum* Kuntze）为蝶形花科（Papilionaceae）藜豆属（*Stizolobium*）。

耿马的猫爪豆：分布云南热区耿马、华坪、芒市、腾冲、永善、弥勒等地，生长势强，叶面有茸毛，结荚性好，产量高。种子需经煮沸或炒干磨粉后食用。也可作饲料。

十一、刀　豆

刀豆为蝶形花科（Papilionaceae）刀豆属（*Canavalia*）。云南省零星栽培，开远等地发现野生刀豆。有蔓性刀豆〔*C. gladiata*（Jacq.）DC.〕和矮生刀豆〔*C. ensiformis*（L.）DC.〕2个种，地方品种较多。

1. 蔓性刀豆

大刀豆：分布在昆明周边地区，植株蔓生，花冠紫色。荚镰刀形，绿色。荚长约20.3cm，宽约1.2cm，厚约1.2cm；豆粒肾形，中等大小，褐黄色。中熟品种，4月中下旬播种，7月中旬至9月中旬收获，播种至采收嫩荚约83天左右，老荚约120天左右。耐湿，抗病虫性中等，嫩荚品质好，含纤维少。单荚鲜重18.1g左右，单产嫩荚约18000kg/hm^2。

2. 矮生刀豆

少数地区栽培。

第八节　薯芋类蔬菜资源

云南省薯芋类蔬菜种类繁多，主要有7科9属14个种及变种，适应的气候较广泛，主要分布在海拔250~3000m范围内，在云南省的经济、社会发展中有着举足轻重的地位。在云南南部热带地区，有芋的野生近缘种。如在盈江县允乡海拔600m的林下有盈江野芋，在金平、河口以及西双版纳等地也有野生近缘种。

2002年，云南省薯芋类栽培面积约513110hm^2，总产量1538800t左右，产量超过小麦，成为继水稻、玉米之后的第三大作物。其中马铃薯的栽培面积最大，常年种植面积和产量占薯类作物的70%以上，分布遍及云南全省，主产区在昭通、曲靖、昆明、丽江、迪庆、保山、楚雄等州市。甘薯种植面积90000hm^{2}以上，主要分布在低纬热带、亚热带地区，主产区在红河、临沧、文山、思茅、德宏、西双版纳、楚雄等州市，以及昭通市、东川区的金沙江等河谷地带。魔芋分布在全省各地，主要栽培区在昭通市、楚雄州、曲靖市、大理州，栽培面积10000hm^{2}以上。木薯分布在滇南热带地区，红河州、文山州、普洱市等是主产区，栽培面积也在60000hm^{2}左右。其他如芭蕉芋、山药、芋等在全省均有广泛分布。芭蕉芋是饲料和淀粉加工原料作物，山药和芋大多作为蔬菜，山药也作为药用，但尚未形成规模化种植。

一、云南省薯芋类蔬菜种质资源

（一）马铃薯

马铃薯（*S. tuberosum* L.）为茄科（Solanaceae）茄属（*Solanum*），起源于南美州大陆安第斯山区，演化中心在玻利维亚和秘鲁。据文字记载，云南在19世纪前期已大面积种植马铃薯，且品种有紫花和白花两种。在国际上，马铃薯的发展已向广度和深度方面发展，在分子水平方面作了许多文章，已构建了遗传基因图谱。

云南是中国种植马铃薯较早的省份之一。马铃薯在云南被称为洋芋，是城乡人民喜爱食用的蔬菜，又是边远山区群众的主要粮食。马铃薯的引进栽培无疑对全省社会和经济的发展产生了巨大的影响。在土壤贫瘠、无灌溉的丘陵和高寒冷凉山区种植马铃薯亦可获得较高产量。这对于解决广大山区人民的温饱和发展山区经济，起到了重要作用。云南省马铃薯种质资源极丰富，有小的类似微型薯，外形似“指形”的个旧小薯，大的类似“牛角”形状各异的颜色不同的马铃薯。从20世纪40年代至今，在云南推广种植过的马铃薯有小乌洋芋、巫峡洋芋、米拉（Mira）、马尔科、河坝洋芋、大乌洋芋、大白花洋芋、克疫、印西克、红皮洋芋、老鼠洋芋、江川紫芋等；云南省选育和推广的新品种有会-2、合作88、合作23、中甸红、威芋3号、白花大西洋、CFK69.1、中心24、中薯3号等。在1998年后，在云南建立了脱毒马铃薯种薯繁育体系，这对提高马铃薯产量，作出了显著的贡献，促进了马铃薯产业的快速发展。

（1）紫马铃薯。昆明、开远、下关等地方品种，菜用薯，株高58cm左右，开展度60cm×60cm左右。叶片长椭圆形，深绿色。块茎长扁圆形，皮紫色，肉淡黄白色。抗逆性较差，抗病虫性中等，较耐贮藏。肉质软糯。块茎平均重约82g，单产约30000kg/hm^2。生长期2月下旬至6月下旬。

（2）大白马铃薯。昆明、开远地方品种，菜用薯，株高62cm左右，开展度65cm×65cm左右。叶长圆形，绿色。块茎长圆形，皮浅黄色，肉黄白色。抗逆性较强，抗病虫性中等，较耐贮藏。肉质细面。块茎平均重约102g，单产约37500kg/hm^2。生长期2月下旬至7月下旬。

（3）个旧小薯。个旧地方品种，分布个旧、建水山区。生长势与栽培的土壤肥力及栽培管理技术密切相关。株高50cm左右，叶深绿色，块茎似指形，单株结薯5~6个，单个块茎重20g左右，浅黄色，肉质细软而香糯。品质上，是菜用薯优良品种，产量低。由于其品质优良，至今仍在生产上应用。

群众喜爱的菜用薯有“合作88”等，块茎中等大小，外形光滑，芽眼少，品质优良。

（二）芋

芋〔*C. esculenta*（L.）Schott〕为天南星科（Araceae）芋属（*Colocasia*）。原产中国、印度和马来半岛等热带沼泽地带。考古发现云南西部的景颇族最早栽培的是芋而不是谷物。云南大部分地区均有栽培。一般为一年生，以地下块茎作蔬菜或粮食，其叶柄、花或花茎也可食用，茎叶可作饲料。块茎可作淀粉、酒精的生产原料，块茎中含有丰富的营养成分，以及较多的维生素 B_1 和 B_2 等，营养价值高，芋头较耐贮藏，延长供应季节。国内外应用原生质体融合、小孢子培养、离体诱导和种质离体保存等方法对芋进行了深入研究。云南芋类分叶用、球茎用、花用以及野生芋。

1. 叶柄用芋（var. *petiolatus* Chang）

这类品种的球茎不发达，球茎中所含草酸钙较多，麻味较重，不易去除。叶柄肥大，无涩味，主要以叶柄和花苞为主食。品种有麻芋头、麻弯根、人头芋、芋菜等。主要分布在个旧、中甸、元江、江川、姚安、施甸、石屏等地。

（1）麻芋头。植株高 130 ~ 140cm，开展度 119cm × 120cm，分蘖性弱。叶墨绿色，叶片数 13 ~ 20，叶稍深紫绿色，大叶柄长约 120cm。母芋长圆形，母芋平均大小 9.85cm × 16cm 左右，子芋平均大小约 4.3cm × 13cm。每株母芋平均重约 0.77kg，子芋平均重约 0.16kg，每株子芋数 1 个，每株芋平均重约 0.93kg。生长期 3 月中旬至 10 月下旬，块茎很少，麻味较重，不能食用，一般作饲料。主要食用叶柄、花苞，但风味较差。较耐瘠，抗病性中等。分布个旧、开远等地。

（2）人头芋。植株高约 150cm，开展度 176cm × 127cm。叶长椭圆形，灰绿色，叶鞘数6 ~ 7。每株母芋重约 0.34kg，子芋平均重约 0.19kg，母芋大小约 11.4cm × 7.4cm，子芋大小约 8cm × 4.1cm。芋黄棕色，椭圆形，肉粉白黄色，芋节数 10 ~ 14。芋有麻味，主要食用花薹及叶柄，味差。较耐湿，抗病性中等。平均单产 30000 ~ 37500kg/hm^2。主要分布在姚安、施甸等地。

（3）芋菜。植株高约 100cm，开展度 90cm × 160cm。叶椭圆，灰绿色，叶鞘数 13 ~ 15。每株母芋重约 0.67kg，子芋重约 0.03kg，平均单产约 7500kg/hm^2。母芋大小 15cm × 8.8cm 左右，子芋大小 5cm × 3.1cm 左右。芋棕色，长圆头形，肉白色，芋节数 9 ~ 12。耐热，抗病性强，芋脆，品质差，主要食用叶柄。主要分布在石屏一带。

2. 球茎用芋（var. *cormosus* Chang）

（1）多子芋（*C. esculenta globuliferum* Chang）该类种质资源母芋不发达，子芋大而多，群生，占总重量一半以上；圆形或椭圆形，与母芋的连接较明显，易分离，肉质细软，风味好；母芋纤维多，肉质粗，风味差。本类型多为早熟品种，种质资源丰富，代表品种有象腿芋、槽子芋、红芋、抱娘芋、雨林红梗芋、棕芋、荷叶芋等。分布在昆明、保山、个旧、施甸、蒙自、石屏、开远等地方。

雨林红梗芋：为紫芋，植株紫红色，球茎卵形。母芋较发达，抽生花薹多。球茎、叶柄、花薹及佛焰苞均可食，为云南特产蔬菜之一。

红芋：又名紫芋、芋头花。植株高 135cm 左右，开展度 110cm × 110cm，分蘖性强，叶稍浅紫色。叶片长约 30cm，宽约 30cm，叶柄淡紫红色。极易开花，花薹粗长。地下有肥大球茎，球茎上侧芽有倒卵形小球茎，母芋长圆形，每株有子芋 5 个左右，每株产芋约 0.5kg，单产约 18000kg/hm^2。7 ~ 9 月，从球茎顶部叶腋处抽生淡紫红色花薹，长 35 ~ 75cm，花薹顶部生肉穗花序，花序外着生佛焰苞 1 片。秋末初冬下霜时，地上部分干枯。耐热，抗病性中等。球茎、叶柄、花薹均可食用，味清香，肉质细嫩可口。分布于昆明、红河州、玉溪等海拔 1000 ~ 2000m 的地方。

象腿芋：植株高约 150cm，开展度 110cm × 170cm。叶椭圆形，灰黄绿色，叶鞘数 4 ~ 6。每株约有母芋 1 个，子芋 7 个，母芋重约 0.9kg，子芋重约 1kg，单产约 43500kg/hm^2。母芋大小约 20.3cm×8.1cm，子芋平均大小约 16.2cm×5.3cm。芋黄棕色，长圆棍，肉乳黄，芋节数 6～8。品质差，芋不面、脆，带麻味，不宜食用。该种质资源较耐湿，抗病性中等。主要分布在个旧一带。

槽子芋：植株高约 140cm，开展度 110cm×136cm。叶长椭圆，绿中镶嵌灰黄色，叶鞘数5～8。母芋重约 0.2kg，子芋重约 0.38kg，平均单产 67500kg/hm^2 左右。母芋大小约 11cm×5.9cm，子芋大小约 7.9cm×4.4cm。芋黄棕色，不规则形状，肉质粉白色，芋节数 6～8。品质佳，子芋面、香，母芋脆。较耐旱、耐湿，抗病性中等。主要分布在保山一带。

抱娘芋：植株高约 130cm，开展度 110cm×100cm。叶长椭圆，深绿色，叶鞘数约 40。母芋重约 0.16kg，子芋重约 0.24kg，平均单产约 33750kg/hm^2。母芋大小约 9.5cm×5.6cm，子芋大小约 8.3cm×3.1cm。芋深棕色，长椭圆，芋节数 7～9。品质中等，较耐旱，抗病性中等。主要分布在施甸、姚安等地方。

棕芋：植株高约 140cm，开展度 138cm×100cm。叶长椭圆，深黄绿色，叶鞘数约 34。母芋重 0.2kg 左右，子芋重 0.3kg 左右，平均单产约 30000kg/hm^2。母芋大小约 12.5cm×4.6cm，子芋大小约 11.2cm×4.3cm，芋深棕色，长椭圆，肉粉红，芋节数 9～11。品质中等，耐热，抗病性中等，贮藏性中等。主要分布在蒙自一带。

（2）多头芋（*C. esculenta compactus* Chang）该类型芋球茎分蘖丛生，母芋与子芋块茎无明显差别。植株较矮，一般 50～60cm，块茎形状不规则，母芋和子芋间的连接紧密，不易分离，母芋和子芋的区别不明显。主要代表品种有黑杆芋、绿杆大芋等。分布在个旧、石屏、蒙自等地方。

黑杆芋：植株高约 150cm，开展度 90cm×82cm，分蘖性弱。叶椭圆形，黄绿色，肉质黄绿，叶鞘数 11～18。母芋重约 0.2kg，子芋重约 0.2kg，平均单产芋约 18000kg/hm^2。母芋大小约 6.5cm×7.5cm，子芋大小约 4.9cm×4.3cm。芋棕色，形状不规则，肉质白色，芋节数 6～10。品质好，子芋面、细香，母芋面。较耐湿、热、抗病性中等，贮藏性中等。蒙自、石屏等地方品种。

绿杆大芋：植株高约 132cm，开展度 70cm×69cm。叶椭圆形，灰绿色，叶鞘数 10～18，母芋重约 0.2kg，子芋重约 0.1kg，平均单产芋约 16500kg/hm^2。母芋大小约 10cm×6.8cm，子芋大小约 4.5cm×3.7cm。芋棕色，形状不规则，肉白色，芋节数 6～9。品质好，较耐湿、热、抗病性中等。个旧地方品种。

（3）魁芋（*C. esculenta solitarius* Chang）该类型芋母芋发达，芋重量占总重一半以上，子芋少而小，供繁殖用。植株高大，可达 100～160cm。母芋多为长椭圆形或圆柱形，肥大，子芋较少，中等大小。魁芋肉质细软，富含淀粉，品质风味很好。大部分为晚熟品种。品种有黑杆籽芋、水棕芋、白杆籽芋、紫杆芋、小白芋、鸡腿芋等。

黑杆籽芋：植株高约 102cm，开展度 85cm×95cm，分蘖性弱。叶长椭圆形，灰墨绿色，叶鞘数 5 左右。每株母芋重 0.5kg 左右，子芋重 0.4kg 左右，单产芋约 22500kg/hm^2。母芋大小约 25.5cm×7.9cm，子芋大小约 6.2cm×4.9cm。芋黄棕色，椭圆形，肉白色，芋节数 7～10。品质好，较耐湿、热、抗病虫性中等。蒙自、石屏等地方品种。

水棕芋：植株高 110cm 左右，开展度 76cm×140cm，分蘖性弱。叶长椭圆，墨绿色，叶鞘数 4～6。母芋重 0.6kg 左右，子芋重 0.1kg 左右，单产约 36000kg/hm^2。母芋大小约 16cm×8.9cm，子芋大小约 6.5cm×3.1cm。芋棕黄色，纺锤形，肉白色，芋节数 7～12。品质较好，耐热，抗病性中等，耐贮性中等。石屏等地方品种。

紫杆芋：植株高 120cm 左右，开展度 160cm×70cm，分蘖性弱。叶长椭圆，黄绿色，叶鞘数9～10。母芋重0.5kg左右，子芋重0.4kg左右，单产约30000kg/hm^2。母芋大小约10cm×9.3cm，子芋大小约5cm×5cm。芋棕色，棒槌形，肉白色，芋节数5～13。品质稍差。耐热，抗病虫性强，耐贮性差。保山、化美等地方品种。

小白芋：植株高150cm左右，开展度100cm×60cm，分蘖性中等。叶长椭圆，灰绿色，叶鞘数9～20。母芋重0.4kg左右，子芋重0.3kg左右，单产约33000kg/hm^2。母芋大小约10.6cm×7.7cm，子芋大小约6.8cm×3.8cm。芋棕色，圆柱形，肉白色，芋节数7～11。品质好，较耐旱，抗病性中等。保山等地方品种。

鸡腿芋：植株高137cm左右，开展度106cm×84cm，分蘖性强。叶长椭圆，灰绿色，叶鞘数8～14。母芋重0.3kg左右，子芋重0.2kg左右，单产约25500kg/hm^2。母芋大小约10cm×7cm，子芋大小约8.5cm×9.2cm。芋黄棕色，纺锤形，肉白色，芋节数5～13。品质中等，耐热，抗病虫性中等，耐贮性中等。开远等地方品种。

3. 花用芋（var. *inflorescens* Chang）

该类型品种属云南特有种类，以采收花序或花梗为主，而球茎含纤维多，麻口，一般不食用，子芋与多子芋相似，但子芋数量明显少。如开花芋（云南红芋）、甜弯根等。

（1）开花芋。植株高179cm左右，开展度93cm×80cm，分蘖性中等。叶长椭圆，灰绿色，叶鞘数约5。母芋重0.8kg左右，子芋重0.4kg左右，母芋大小约16.5cm×8.6cm，子芋大小约10.5cm×4.6cm。芋黄棕色，圆纺锤形，肉乳黄色，芋节数6～8。花柄长80cm左右，浅紫色，佛焰包淡黄色，花柄及佛焰包供食，品质差。耐热、抗病性强，耐贮性中等。保山等地方品种。

（2）甜弯根。水生，匍匐茎长20～50cm，匍匐茎顶端也形成小植株。花、叶柄和匍匐茎都可以作蔬菜，做成的菜肴有一股清香而无异味，花柄肉质细软，可炒食，品质优良。当地的傣族还用匍匐茎作腌渍，味道也很独特，别具风味。分布云南省元江县等气候炎热的地区。

（3）开远水芋。又名芋菜，以叶柄为食用器官，芋头作饲料。植株较一般芋头高，叶柄肥厚，绿色，供食用。株高约150cm，开展度61cm×37cm，叶柄长约135cm，叶柄横径达8cm左右。组织疏松、质软绵、纤维少。生长于水田或水沟边，花茎亦可食用。食用叶柄和作饲料，分布云南南部及东南部的个旧、开远、文山、马关及西部的大理等地。

4. 野生近缘种质资源

（1）盈江野芋。云南省南部湿热地区盈江、金平、河口及西双版纳等地，海拔600m的热带雨林内都有分布。植株高42cm左右，匍匐茎发达。每根匍匐茎的顶端都形成小芋，匍匐茎粗0.2～0.5cm，匍匐茎的长短不一，长的可达112cm左右，最短的只有18cm左右，生长在沼泽湿地。

（2）墨江甜芋。属野芋，叶柄绿色，植株高大，球茎不发达，抽生匍匐茎多、粗达1cm左右。以嫩匍匐茎及叶柄供食用，为云南特产蔬菜。

（3）假芋 *Colocasia fallax schott* 分布云南南部沟谷林及灌木丛中，块茎小，球形，直径1～1.5cm。叶柄圆柱形，纤细，长8～30cm；叶片薄革质，近圆形，盾形，长8～15cm，宽5～12cm，花序柄一般纤细，绿色，背面紫红色，长7～15cm。佛焰苞淡绿色或黄色。食用嫩叶柄及花柄和佛焰包。

（4）山野芋，大野芋 *Calocasia* sp. 分布云南省南部低山沟谷中。叶丛生，叶柄淡绿色，有白粉，长达1.5m，下部鞘状1/2闭合。叶长圆心形，边缘波状，花柄近圆柱形，常5～8个并列于同一叶柄鞘内，先后抽出。花序乳黄色。食用叶柄和叶鞘。

（三）山　药

山药（*Dioscorea batatas* Decne.）为薯蓣科（Dioscoreaceae）薯蓣属（*Dioscorea*）。中国是山

药亚洲群中重要原产地和驯化中心，主要有山药和田薯（*D. alata* L.）两个种及长山药（var. *typical Makino*）、棒山药（*var. rakuda* Makino）、佛掌山药（var. *taukuml* Makino）3 个变种。在云南不仅栽培历史悠久，品种、种类繁多，而且分布较广，除昆明、开远、禄丰、宜良、建水、通海、普洱、大理、弥渡、西盟等地出产外，其他地方也有栽培。

云南栽培的山药有普洱的紫山药、广南的深山药、火炕山药、脚板山药、禄丰的牛尾山药、宜良脚板薯、弥渡黑薯、昆明毛山药（又名鸡心山药）、沧源长薯、黎板薯、丘北生山药、称砣山药、鸡肠山药、姜饼山药、文山钻地龙山药等。

1. 棒山药

（1）普洱紫山药。植株藤本，叶心脏形，绿色。块茎不正圆，皮紫色，肉白色，块茎平均重约 520g，单产约 24000kg/hm^2。抗逆性中等，抗病虫性中等。肉质糯香。生长期 3 月下旬至 8 月下旬。普洱地方品种。

（2）青山药。又名参薯、大薯、四棱山药，云南省多数州市都有分布，野生类型和栽培类型均有。生长于海拔 500～1800m 的森林或灌木丛中。块茎因品种类型不同而有棒状、筒形、球形、扁块形、圆锥形、指状分枝形等。皮色有黄褐色、黑褐色、紫色。肉色有白色、象牙黄色或浅紫色。块茎重 1～6kg。薯块白色肉质细软，象牙黄色薯块肉质面，红色薯块肉质较粗。块茎含淀粉 21% 左右。茎四棱，具膜质翅，无毛，无刺。藤右旋缠绕生长，生长旺盛，攀高可达 10m。茎基部叶为互生，中上部叶为对生，心状三角形或心状卵形，长 8～19cm，宽 5～8cm，叶基心形，全缘，部分叶腋有圆球形的零余子。蒴果具三翅，宽大于长度，顶端下凹，柄短，下垂。喜温暖，耐寒力差。春季种植，10～12 月收获。

（3）粘山药。名牛尾参、粘黏黏。云南原产，野生类型，多数地州都有分布。生长于海拔 700～2600m 的森林、灌木丛中。块茎圆柱形，皮黄褐色，肉白色，富含淀粉，并含蛋白质、V_C 及磷、铁、钙等。藤茎左旋，无刺、无毛。单叶互生，叶片长 7～12cm，叶片宽 7～12cm。花单性，雌雄异株，蒴果长圆形，具三翅。适应性强，耐热、耐寒力均较栽培山药强。

2. 长山药

长山药如文山火炕山药、沧源长薯、文山钻地龙山药等。植株生长势强，薯块长 60～70cm，横径 3～10cm。

3. 佛掌山药

佛掌山药如脚板山药、称砣山药、黎板薯等。

脚板山药：有野生和栽培种类，分布于宜良、贡山、德钦、丽江、鹤庆、宾川、弥渡等地方，生长于海拔 1600～2500m 的山坡灌木丛或沟谷阔叶林下。农村零星种植。块茎似脚板，皮黄褐色，肉白色或黄白色，肉质细软。块茎含水 75% 左右，淀粉 16%～20%，粗蛋白 2.5%～2.7%。藤茎右旋，无毛、无棱翅，单叶对生，在幼苗和花枝上互生，偶有三叶轮生。叶片三角状卵形或三角状阔卵形，基部阔心脏形，长 5～10cm，基部宽 2～8cm，光滑无毛。蒴果球形或扁球形，具三翅，果柄短，下垂。喜温和气候，耐寒力中等。春季种植，秋季茎叶干枯时收获。

4. 田 薯

（1）胜利白薯。开远地方品种，植株高约 295cm。叶心脏形，绿色。块茎纺锤形，皮金黄白色，肉白色。抗逆性中等，抗病虫性中等，较不耐贮藏。肉质软细而面。块茎平均重约 380g，单产约 45000kg/hm^2。生育期 3 月下旬至 8 月上旬。

（2）黄心白薯。开远地方品种，植株高约 200cm。叶阔心脏形，淡绿色。块茎纺锤形，皮黄色，肉淡黄色。抗逆性中等，抗病虫性中等。肉质面而甜。块茎平均重约 200g。单产约 37500kg/hm^2。生育期 3 月下旬至 8 月中旬。

（四）魔　芋

魔芋为天南星科（Araceae）魔芋属（*Amorphophallus*）。云南省是中国魔芋资源最多的省份，调查已知的有花魔芋、白魔芋、疣柄魔芋、西盟魔芋、滇越魔芋、勐海魔芋、南蛇棒魔芋、矮魔芋、红河魔芋等。全省16个州市都有魔芋分布。生产上应用最多的为白魔芋、花魔芋，主要作“魔芋豆腐”供食用。

（1）白魔芋（*A. albus* Liu et Chen）植株50～100cm，叶柄和花茎绿色，无紫褐色斑块。球茎较花魔芋小，重0.5～2kg。栽培一年的较小，栽培2～3年的球茎大，最大的可达3kg。皮青褐色，肉白色，干魔芋片色白质细。喜温暖气候。主要分布在海拔500～1200m，金沙江河谷地区，永善种植较多。

（2）花魔芋（*A. konjac* K. Koch）株高1～2m，由球茎中央抽生一具直立长柄的叶，叶柄高达0.5～1.5m以上，叶片宽大掌状分裂。叶柄淡绿色，有紫褐色斑块。春季由球茎中部抽生肥大穗花序。球茎扁球形，横径10～20cm，重1～3kg，多年生球茎可达12kg左右。皮棕褐色，肉白色，富含淀粉及胶质。抗逆性、耐寒性、抗病性强。肉质较好。分布海拔1800m以上山区。代表品种有开远魔芋、下关魔芋等。

（五）姜

姜（*Z. officinale* Roscoe.）为姜科（Zingiberaceae）姜属（*Zingiber*）。姜原产中国南部及东南亚、印度一带。云南姜的种质资源主要分布在开远、玉溪、罗平、弥渡等地，代表品种主要有罗平黄姜、玉溪黄姜、弥渡姜等。在国内外，已运用组织培养学和现代生物化学等技术，从细胞水平、生化水平乃至分子水平等研究了生姜多倍体的诱导。在云南，云南省农业科学院生物技术与品种资源研究所应用组织培养脱毒技术生产脱毒种苗，起到了良好效果。

（1）罗平黄姜。植株高28～35cm，地上茎分蘖数5～7枝。块茎皮淡黄色，肉浅黄色、嫩芽紫红色。抗逆性、抗病性较强，较耐贮运。品质较好，辛辣重，为云南优良种质资源，产品外销国内外。生食、熟食，淹渍均可，较适宜加工。肉质根单个重0.08～0.15kg，单产约52500kg/hm^{2}左右。生长期150天左右，3月上旬播种，8月上旬可收获。近年来，由于多年连作，姜瘟病蔓延，产量逐年下降，云南省农业科学院正在研究解决。

（2）玉溪黄姜。植株高40cm左右，地上茎分蘖数5～7枝。根茎皮浅土黄色，肉黄白色，嫩芽紫红色。抗逆性、抗病性强，较耐贮运。品质好，生、熟食、淹渍均可。肉质根单个重约0.2kg，单产约58000kg/hm^{2}左右。生长期约170天，3月上旬播种，8月下旬收获。

（六）豆　薯

豆薯〔*P. erosus*（L.）Urban.〕，原产美洲的热带地区，大约清朝经海路由欧洲传入中国。豆薯鲜块根食蛋白质、脂肪、碳水化合物、粗纤维和丰富矿物盐类及维生素A、D等，淀粉含量达22%。云南豆薯又名土瓜、地瓜，为蝶形花科（Papilionaceae）豆薯属（*Pachyrhizus*），喜高温。分布在昆明、开远、临沧、宜良等地，各地均有零星种植。云南省地方品种少。植株滕本，叶阔心脏形，绿色。块根扁圆，有浅棱沟，皮黄白色。抗逆性、抗病虫性中等，不耐贮藏。肉质细甜。单个块根重200g左右，单产约22500kg/hm^{2}左右。生长期从3月上旬至7月下旬。可作蔬菜食用。

（七）葛

葛（*P. thomsonii* Benth.）为蝶形花科（Papilionaceae）葛属（*Pueraria*）。葛根在云南省零

星分布，未见大面积栽培。多年生缠绕藤本植物。主要品种及其主要农艺性状。

（1）大叶粉葛。叶片较大，绿色。块根长粗棒形，表皮皱褶多，晚熟，淀粉含量较高，适于加工制粉。但纤维较多。主要分布在昆明、红河、玉溪一带。

（2）细叶粉葛。叶片较小，浓绿色。块根纺锤形，表皮皱褶较少，早熟，味甘甜，纤维少，品质优良。主要分布在昭通、曲靖一带。

（3）柴葛。小叶长约15cm，宽约14cm。块根长棒形，晚熟，纤维多，品质差，多作药用。主要分布在楚雄、丽江等地。

（八）菊 芋

菊芋（*H. tuberosus* L.）为菊科（Compositae）向日葵属（*Helianthus*），在云南种类较少。植株高约133cm，开展度25～44cm。叶披针形，绿色，块茎不规则，似姜块，故又称洋姜。皮黄白色，肉白色。抗逆性强，抗病虫性强。肉质甜、脆嫩。可加工腌制品供食。块茎平均重约50～100g，单产52500kg/hm^{2}左右。栽培粗放，产量高，常套种在地埂上。生长期12月下旬至翌年6月下旬。主要分布在开远、昆明等地。

（九）草石蚕

草石蚕（甘露子）（*S. sieboldii* Miq.）为唇形科（Labiatae）草石蚕属（*Stachys*）。

昆明甘露子：云南保山、昆明、大理、开远等地零星种植，地方品种少。植株高约45cm，开展度约37cm×52cm，叶椭圆形，深灰绿色。块茎长纺锤螺旋形，皮白色，肉白色。抗逆性强，抗病虫性强，较耐贮藏。块茎平均重约5g，单产7500kg/hm^{2}左右。生长期4月上旬至9月中旬。肉质细嫩，主要用作炒食和腌制。

（十）甘 薯

甘薯〔*I. batatas*（L.）Lam.〕为旋花科（Convolvulaceae）番薯属（*Ipomoea*）。甘薯在云南普遍被称为红薯。由于种植历史悠久，云南独特的生态环境条件，极为丰富的甘薯生态类型，造就了丰富多彩的云南甘薯地方品种资源。长期以来，云南省因交通不便，以及文化的不发达，与内地的甘薯品种交换极少，原始的地方品种经受改良品种的冲击较弱，至今仍存留较多珍贵的甘薯种质。据调查，全省现有甘薯地方品种材料约40个，具有较多的独特优良性状，可作杂交亲本之用。有的地方品种还可直接应用于生产，如蒙自黄心甘薯、富源乌薯、盈江红皮薯、甘心红薯、漆薯、东川白花薯、香薯等。其中，一些品种仍然直接在云南省甘薯生产中使用。近年来，引进了胜南薯、苏薯3号、苏薯4号、皖薯4号等甘薯新品种，丰富了云南的甘薯品种资源。在云南主要分布在金沙江河谷地区，北纬24°以南，北纬25°附近的广大中部、南部地带以及西北部低热河谷区。

二、云南薯芋类蔬菜种质资源的开发利用

云南省大部分地方都栽培薯芋类蔬菜。最近一些年来，在宜良县城周围已大规模种植芋。弥渡绿芋、白芋栽培面积大，销售至省内外大中小城市。栽培面积在不断增加，但也存在种质资源的保护利用。保护物种及其遗传多样性的目的是为了更好地利用生物资源。由于芋头种质资源受到各种各样，来自人为或周围环境改变的影响，品种的丢失时有发生。为了避免种质资源的丢失，依据植物的生物学特性和物种数量的多少，可以采取就地保护、迁地保护和建立种质基因圃等途径解决。但随着新品种的不断出现，一些具有优良遗传基因的芋头品种将逐渐减少应用，甚至消失。因此应开发地方名特优产品、选育抗病虫品种和加强科学试验。

山药的适应性强，用途广，块茎营养价值高，经过进一步加工可制成各种食品、饮料及滋补品。因此，既可用作佳肴，还是一种上佳的滋补治病中药。随着日本及香港、台湾等国家或地区的经济发展，对山药的需求量在迅速增多，云南省及时利用当地山药种资源扩大栽培面积，并加强产品的开发和深加工产品充实国际市场，创取外汇，对发展当地经济有着良好的前景。如2002年以来，楚雄州禄丰县、文山州等大量种植山药，并开发加工品及深加工产品。

在中国，魔芋作为药品和食物利用的历史悠久。在云南，虽然栽培历史比较悠久，但因栽培和加工等技术条件和人们对魔芋产品价值认识的限制，长期以来，魔芋一直处于半野生和零星种植状态。但进入20世纪80年代以来，人们对魔芋食品的消费在不断增加，同时也不断地利用魔芋的保健作用开发产品。近年来，随着魔芋产品的不断出口，云南省应用生物技术，解决魔芋生产中的病害问题，促进了魔芋的持续发展，一些加工企业也应运而生。总之，云南省的魔芋生产与加工开发正向良性方向发展，从事魔芋的种植与加工具有广泛的前景。

其他薯芋类蔬菜的种植面积也在不断扩大，一些附产品也在不断上市。生物技术被大量用在薯芋类蔬菜的病害防治上。如罗平县多年来，一直大面积种植罗平黄姜，导致块茎感染病毒，种性退化严重，云南省农业科学院生物技术研究所采用组织培养技术，解决罗平黄姜受病毒病影响的问题，保障罗平黄姜的种植面积，促进了当地经济的发展。

总之，云南省薯芋类蔬菜种质资源较丰富，它们有较好的应用前景，更具有较高的开发和利用价值。

第九节　水生蔬菜资源

云南水生蔬菜种类及品种较多，尚有特殊种类。水生蔬菜栽培历史较长，主要分布在海拔2000m以下的滨湖沿岸和水资源丰富的低湿地。云南水生蔬菜共收集及异地保存的资源有10多份，共7科7属8个种和变种。

一、茭　瓜

茭瓜〔*Z. caduciflora*（Turcz.）Hand. - Mazz.〕又称茭白，为禾本科（Gramineae）菰属（*Zizania*）。栽培历史悠久，是云南广大消费者喜爱食用的时鲜蔬菜，种质资源较丰富。

（1）昆明红壳茭瓜。株高150cm以上，叶长超过50cm，叶片绿色，叶鞘浅紫红色，分蘖较强。茭白约5节，长15～20cm，横径5.5～6cm。茭白白色，肉质较嫩，易变浅红，有纤维。单个茭瓜较小，结瓜少，单产较低。分布昆明、玉溪等地。

（2）富民绿壳茭瓜。株高150～200cm，叶片狭长，剑形，绿色，叶鞘有浅紫红色斑点。茭白有3～4节，中间较粗，先端渐细，每节有一叶和一芽，嫩时乳白色。结瓜多，茭白长约20cm，横径约5cm，单个重150～200g。分蘖力强，纤维少，肉质脆嫩，品质优良。产量高，推广应用面积不断扩大。分布昆明、玉溪等地，以昆明市富民县的八街乡的茭瓜最为著名。

（3）昆明白茭瓜。植株高大，叶片及叶鞘均为绿色。茭瓜细长，洁白，长20～30cm，品质优，产量高。分布昆明、大理等地。

二、慈　姑

慈姑（*S. sagittifolia* L.）为泽泻科（Alismataceae）慈姑属（*Sagittaria*）。云南省各地均有零星栽培，以云南中部和南部栽培较多，栽培历史久远。按慈姑外皮颜色分为2个类型。

（1）昆明慈姑。株高100cm以上，叶箭形，长约23cm，宽约9cm，叶柄长约92cm。球茎长圆球形，皮黄白色，顶芽较长。单个球茎重22～25g，单产15000～22500kg/hm^2。

（2）老鹳嘴慈姑。株高 90～100cm，叶箭形，叶长约 45cm，叶柄长约 90cm。球茎圆形，顶芽较短而粗，微弯曲，外皮浅黄或红褐色，肉质白色。单球茎重约 25g，单产约 22500kg/hm^2。

三、莲 藕

莲藕（*N. nucifera* Gaertn.）为睡莲科（Nymphaeaceae）莲属（*Nelumbo*）。栽培历史悠久，分布呈贡、澄江、玉溪、江川、新平、建水、文山、丘北、广南、弥渡、保山等地。

（1）红花藕。株高约 160cm，叶宽大，圆形，直径 50～60cm，叶柄长 150～200cm。藕节总长 86～92cm，肉质面，淀粉含量高，是加工澄江仙湖牌藕粉的优良品种。每条藕有 3 节，单个藕重 1.5kg 左右，单产 12000～15000kg/hm^2。藕节细长，顶芽尖长，色泽灰白色，熟食面而甜，为云南群众喜爱。分布昆明呈贡、澄江等地。栽培面积逐年扩大，以供鲜食及加工藕粉等原料。

（2）寸金藕。丘北县地方品种，早熟，株高 156cm 左右。叶近圆形，花浅粉红色。单个藕重 1.8kg 左右，单产约 1250kg/hm^2。藕长 90cm 左右，4～5 节，肉质较脆。

近年引进浅水藕鄂莲 4 号、5 号、3735 等，藕粗大，乳白色，产量高，易采收。肉质脆，已在昆明、玉溪、江川、澄江等地推广。

四、草 芽

草芽（蒲菜）（*T. latifolia* L.）为香蒲科（Typhaceae）香蒲属（*Typha*），云南特产、稀有蔬菜。草芽喜较湿热气候。主要分布于海拔 1000～1600m 的建水、石屏、开远等地。

植株高 80～120cm，开展度 60cm×80cm，分蘖力极强。每株有叶 10～12 片，着生于短缩茎上，叶鞘长 30～50cm，叶长 60～70cm，宽 1.5～1.8cm，叶剑形，深绿色。每年采收多次，单产 22500kg/hm^2 左右。食用地下匍匐茎，嫩茎芽长 20～30cm，粗 1～1.5cm，有 5～6 节。肉质脆嫩、鲜甜，深受建水、石屏、开远、个旧、昆明等地群众喜爱。

尚有适宜旱地栽培的草席笋，分布云南省元谋县，原为野生，后加以人工管理，由于气候炎热，蒲草生长特别旺盛。6 月末，约有 1/3～1/2 的植株会抽薹，需将抽薹的蒲草割掉，以促生新株，提高蒲草产量。割下来的蒲叶，剥去外叶，采收似茭白的短缩茎，味似茭瓜的美味特产蔬菜。

五、荸 荠

荸荠〔*E. tuberosa*（Roxb.）Roem. et Schult.〕为莎草科（Cyperaceae）荸荠属（*Eleocharis*）。

昆明荸荠：株高 80cm 左右。球茎扁圆形，深紫色，芽较粗直。球茎单个重 16g 左右，横径约 3.1cm，球茎高约 1.7cm。内肉白色，生食甜脆，品质较佳。昆明、建水、石屏等地零星栽培。

六、豆瓣菜

昆明豆瓣菜（*N. officinale* R. Br.）为十字花科（Cruciferae）豆瓣菜属（*Nasturtium*）。茎柔弱匍匐，高 20～40cm，腋芽萌发力强，多从基部抽生侧枝，茎上也能生不定根。叶为卵圆形，奇数羽状复叶，小叶 1～4 对，顶端一片稍大，深绿色，气温低时变为暗紫红色，宽约 2cm。花小，白色，总状花。以肥沃土壤、有长流水灌溉的地区为宜。分布昆明、开远等地。

七、菱 角

四角菱（*T. quadrispinosa* Roxb.）和菱角（*Trapa bicornis* Osb.）为菱科（Trapaceae）菱属

(*Trapa*)。在云南保山等地有少量栽培。

第十节 绿叶蔬菜资源

云南的绿叶蔬菜科、属、种、变种繁多，尚有特殊种类，分为8科13个属20个种和变种。

一、莴 苣

莴苣（*L. sativa* L.）为菊科（Compositae）莴苣属（*Lactuca*）。莴苣原产地中海沿岸，由野生种 *L. scariala* L. 演变而来，大约在隋代传入中国。经长期栽培驯化，在中国演变出以肥大肉质茎的变种茎用莴苣，又名莴笋。云南莴苣有6个种和变种，为云南主要绿叶蔬菜之一。其中，以茎用莴苣品种资源最为丰富，优良品种较多。

（一）莴苣品种资源分布

云南莴苣主要分布于云南中部、中南部、西部的昆明、玉溪、保山、大理、建水、石屏、蒙自、个旧等地。其中，中南部的建水、蒙自、开远、个旧最多。云南莴苣长期受冬季霜冻、春季干旱、夏秋多雨的气候环境影响，以及建水、蒙自等地群众食用习惯的需求，选育出丰富多样的品种。

（二）莴苣品种资源主要农艺性状

1. 茎用莴苣（var. *asparagina* Baiey）

（1）苦荬叶莴笋。建水地方品种，中熟品种。抗热、抗抽薹性强，抗霜霉病、病毒病，超过四川二白皮莴笋。秋季较二白皮早播，可以提早上市，解决秋淡蔬菜供应。株高46～56cm，开展度46cm左右，生长势较强。叶长卵形，叶缘深裂，深绿色，最大叶长34～36cm，宽16～20cm。肉质茎长30～36cm，茎粗6cm，节间长1～1.2cm。茎皮色白绿色，肉绿色，味甜、肉质脆嫩，纤维少。单株重500～800g，单产可达82500～90000kg/hm^2，是云南最优良的莴笋品种。耐热、耐湿，抗抽薹性强，较耐霜冻，抗霜霉病、病毒病，是解决秋淡的优良品种。20世纪80年代开始，在昆明、玉溪等地及长江流域的上海、杭州、南京、武汉等大中城市试种推广，表现良好，早秋播种，9～10月可以采收，解决秋淡蔬菜供应。上海、南京、杭州等大中城市累计推广超过33000hm^2，云南昆明、思茅、玉溪、普洱、大理等地也已大面积推广，2～9月上旬播种，6～12月采收。

（2）挂丝红莴笋。昆明地方品种，20世纪60年代由四川引进，经驯化选育成的改良种。株高50～60cm，开展度48～50cm，生产势强。叶长椭圆形，叶缘全缘，心叶镶紫红色边，最大叶长33～35cm，宽13～14cm。肉质茎长棍棒形，茎长33～40cm，横径6～7cm，节稀，节间距1.2cm左右。茎皮绿白色，光照强的季节容易呈现紫色斑块，肉浅绿色，味甜、品质优。生长期90～130天，中晚熟品种。适应性强，但对高温敏感，故春夏播种容易抽薹。单个茎重700～1000g，单产75000～150000kg/hm^2，是冬春季优质高产莴笋品种。

（3）开远尖叶莴笋。株高45～50cm，开展度46cm左右，生产势较强，叶披针形，叶面较皱，最大叶长27～34cm，宽约12cm。节间密，节间距约0.9cm。肉质茎长棍棒形，茎长27～34cm，横径约5.5cm。茎皮白绿色，肉浅绿色。生长期120～150天。8～12月播种，8月可直播，9～12月播种的须育苗移栽。抗抽薹性强，适宜密植，单株重500～700g，单产60000～75000 kg/hm^2，是解决4～5月蔬菜春淡的高产优质品种。

（4）建水绣球莴笋。株高35～42cm，开展度约25cm，株形紧凑，生长势中等。叶椭圆形，淡绿色，叶缘全缘，叶面皱，最大叶长 30～35cm，肉质茎长 30～35cm，横径约 5cm，节较稀，节间长 1cm 左右。肉质细嫩而脆，口感极好，以品质优良著称，深受群众喜爱。中熟品种，生长期 90～110 天，单株茎重 400～600g，单产 90000～97500kg/hm^2，是品质最优良的冬春莴笋品种。

尚有丰产、品质优良的蒙自白叶莴笋、昆明绿叶莴笋、个旧绿叶莴笋、玉溪粉叶莴笋、巧家白莴笋等。

2. 叶用莴苣

云南省叶用莴苣较少，大多为引进品种或引进栽培多年的品种，有散叶莴苣（var. *intybacea* Hort.）、直立莴苣（var. *longifolia* Lam.）、皱叶莴苣（var. *crispa* L.）、结球莴苣（var. *capitata* DC.）等。

（1）花叶生菜。株高约 28cm，开展度 26～30cm，叶椭圆形，叶缘波状缺裂，叶面皱，叶长 18～20cm，宽约 10cm，浅绿色，中肋白绿色，肉质脆嫩，生食或炒食。单株重 300g 左右，单产约 22500kg/hm^2。3 月至 10 月上旬播种，生长期 60～80 天。主要分布在昆明、玉溪、思茅、曲靖等地。

（2）大理生菜。株高约 25.8cm，开展度 28～29cm。短椭圆形，最大叶长约 21cm，宽约 9cm，叶全缘，尖端圆形，黄绿色，叶面皱，中肋绿白色。肉质脆，纤维少，品质较优。重约 350g，单产约 22625kg/hm^2。主要分布大理、保山、临沧等地。

3. 引进品种

近年来，昆明春都蔬菜种苗研究所多年提纯复壮出优良品种，同时，许多单位引进了一些优良品种来满足云南市场，通过利用云南气候条件全年均可播种采收，推广应用于大面积生产，产品主要供省内市场及省外市场以及出口创汇。

（1）圆叶 1 号莴笋。多年提纯复壮，生长势强，叶簇大，叶片长椭圆形，绿色，着生较密，茎棍棒形，长 48cm 左右。皮绿白色，茎肉绿色，肉质细嫩，品质佳，适应性强，抽薹迟，丰产，晚熟。云南滇中地区可周年播种栽培，每公顷栽 75000 株左右，单产 90000kg/hm^2 左右。

（2）春都 3 号莴笋。品种系昆明春都蔬菜花卉种苗研究所从苦荬叶新选出的中熟优质大花叶品种，株高 50～60cm，叶绿色，叶缘大波浪状呈大花叶型，嫩茎浅绿色、节稀、肉绿色俱香味，味甜、质脆口感好。高抗抽薹、耐高温，单株重 800～1000g，单产 75000～90000kg/hm^2。

（3）快大 068 球茎莴苣。植株生长势强，叶缘波状有裂刻，呈大波状花叶型。茎棍棒形，长 45cm 左右，茎皮绿白色。茎肉绿色，肉质细嫩，品质佳，耐湿热，中熟。云南滇中地区 2～9 月播种。每公顷栽 75000 株左右，单产 90000kg/hm^2 以上。

（4）绿生 97－3 生菜。引进品种，高 32cm 左右，开展度 34～40cm。叶黄绿色，圆形。叶缘波状，有裂刻，叶面皱缩。单株重 360g 左右。昆明及滇中地区可周年播种栽培，周年收获。高温季节播种，株行距约 30cm×30cm，也可直播。

（5）绿生优质抗病四季生菜。引进品种，株形紧凑直立，株高 25cm 左右，开展度 28cm 左右。叶倒卵圆形，青绿色，有光泽，耐寒，耐湿热，全年均可播种，不易抽薹老化。色泽青翠，肉质脆嫩清甜爽口，无苦味，生食、汤菜、炒食、火锅皆宜。播种后约 45～50 天可收，易栽培，产量高，是一个非常理想的生菜品种。可周年播种，周年收获，多行育苗移栽，4～5 片真叶时定植，株行距约 30cm×30cm，也可直播。

二、菠　菜

菠菜（*S. oleracea* L.）为藜科（Chenopodiaceae）菠菜属（*Spinacia*），有 2 个变种。栽培历史悠久，是云南主要绿叶蔬菜之一。

1. 有刺菠菜（var. *spinosa* Moench）

尖叶菠菜：又名小菠菜，叶簇直立，叶箭形，较窄。株高 26cm 左右，开展度约 28cm × 17cm。最大叶长 16.8cm 左右，宽 4cm 左右。叶柄长 7cm 左右，叶深绿色，基部深缺裂，叶基部淡紫色，叶面光滑。较抗霜霉病、病毒病，较耐湿、耐寒。肉质脆嫩而软，味甜，涩味少。产量较低，单株重 63g 左右，单产 15000 ~ 17250kg/hm^2。种子有刺，品质优良，是云南省优良地方品种。分布昆明、沾益、建水、大理、保山等地。

其中，以昆明尖叶菠菜、沾益尖叶菠菜较抗霜霉病、病毒病，肉质脆嫩而软，纤维少，味甜，产量较高，是云南品质优异地方品种。

2. 无刺菠菜（var. *inermis* Peterm）

圆叶菠菜：叶簇半直立，叶椭圆形，株高约 28.7cm，开展度约 21cm × 18cm。最大叶长约 18cm，宽约 5.2cm，叶柄长约 7.5cm。叶片较厚，深绿色，叶面微皱。种子近圆形无刺，较耐湿、耐寒、抗霜霉病、耐病毒病，肉质纤维稍多、味甜，品质较优。产量高，单株重约 68g，单产约 18750kg/hm^2。分布开远、昆明、弥渡等地。

近 10 多年来，云南出口创汇蔬菜发展迅猛，引进高产优质抗病新超能菠菜 398F_1、全能菠菜 F_1 及日本的急先锋 F_1 等品种栽培面积日益扩大，成为新的主栽品种。夏秋季外销省外及出口东南亚国家及港澳地区。

三、芹　菜

芹菜（*A. graveolens* L.）为伞形花科（Umbelliferae）芹属（*Apium*）。芹菜原产地中海沿岸，汉代通过丝绸之路由中亚传入中国，经过千百年的栽培训化，形成了具有中国特色的地方品种。云南芹菜有 2 个种和变种。云南种植芹菜历史悠久，分布广泛，海拔 2800m 以下的昆明、建水、巧家、彝良、蒙自、个旧、寻甸等地均有分布。

1. 芹　菜

（1）白芹。株高 45cm 左右，开展度约 25cm × 25cm。奇数二回羽状复叶，小叶近圆形，深缺裂，叶柄长约 26cm，宽约 0.9cm，厚约 0.7cm，叶柄白色空心。耐热、耐湿、耐寒，较抗锈病。适宜密植，产量高，香气浓，叶柄肉质嫩，纤维少，产量高，品质优。单株重约 150g，单产约 52500kg/hm^2，春早季密植栽培单产达 60000 ~ 75000kg/hm^2。深受群众喜爱。分布个旧、建水、昆明等地。

（2）绿芹。株高 40cm 左右，开展度约 27cm × 27cm。二回羽状复叶，小叶近圆形，具缺裂及锯齿，绿色，叶柄长约 26.1cm，宽约 0.9cm，厚约 0.9cm，浅绿，稍空心，纤维较少。抗锈病、耐热、耐湿。肉质脆嫩，香气较浓，风味淡，品质中等。一般栽植较稀，较高产，单株重约 120g，单产约 60000kg/hm^2。分布建水、个旧等地。

（3）彝良香芹。昭通彝良地方品种，株高 40cm 左右，开展度约 28cm × 28cm。小叶黄绿色，奇数二回羽状复叶，叶缺裂深，有锯齿，最大叶柄长约 22cm，宽约 0.6cm，厚约 0.5cm，叶柄白色，空心。耐热、耐湿，较耐旱，较抗锈病。纤维少，肉质脆嫩，香气浓，品质优良。单株重约 122g，单产约 37500kg/hm^2。

2. 引进品种

西芹〔var. *dulce*（Mill.）DC.〕

（1）文图拉西芹。株高约 70cm，叶柄宽厚翠绿，有光泽，第一节长 30cm 以上，质地脆嫩，纤维少，品质佳。产量高。适合保护地及春、秋露地栽培。

（2）四季西芹。形态介于西芹和绿芹之间，株高约 70cm，8 片叶左右，叶柄宽厚翠绿，质地脆嫩，纤维小，品质佳。株形紧凑，产量高，单株重 600g 以上。由定植到收获 80 天左右。

（3）泰国脆芹。抗热、抗病，株高 60～70cm。叶色淡绿色，茎黄绿色，心黄白色。质地脆嫩，纤维少，清香味浓，商品性极佳。

（4）白杆芹菜。植株直立，株高 70cm 左右，生长势强，且较抗寒耐热。叶绿色，叶柄白色，纤维少，组织柔嫩，香味浓郁，品质极佳。单产 105000kg/hm^2 左右。

四、芝麻菜

芝麻菜（*E. sativa* Mill.）为十字花科（Cruciferae）芝麻菜属（*Eruca*），云南特有珍稀蔬菜，因其全株具有芝麻香味而得名。云南栽培历史悠久，分布海拔 1200～2000m 的大理、弥渡、保山、腾冲、洱源、宾川、永仁、禄丰、施甸、曲靖、楚雄等地。

大理芝麻菜：株高 30～40cm，茎粗 0.3～0.4cm。叶羽状深裂，叶缘波状。叶绿色，叶柄长 6cm 左右。茎圆形，上有细茸毛。黄花，花瓣上有黑色纵条纹。果为角果，种子黄色细小，千粒重约 1.1g。食用嫩茎叶，可生食，也可熟食，具有较浓郁的芝麻香味。喜冷凉湿润和疏松肥沃土壤。

五、茼　蒿

茼蒿（*C. coronarium* L.）为菊科（Compositae）茼蒿属（*Chrysanthemun*）。适应性强，生长期短。云南栽培历史悠久，分布较广，在海拔 800～2000m 的昆明、玉溪、曲靖、楚雄、红河等州市均有栽培。

（1）板叶茼蒿。叶簇直立，叶大，长倒卵形，浅绿，叶缘浅缺刻，缺刻少。叶稍厚，生长期短。纤维少，肉质嫩，具清香，品质优。产量高，单株重 16g 左右，单产约 15000kg/hm^2，为高产优质、抗病、抗逆性强的大叶茼蒿品种。分布昆明、思茅等地。

（2）开远细叶茼蒿。叶狭小，浅绿色，叶缘缺刻多，缺裂深，叶稍薄，叶面光滑，耐热，生长期短。香味浓，品质优良，单株重约 10g，单产约 13500kg/hm^2，优质丰产。

六、苋　菜

苋菜（*A. mangostanus* L.）为苋科（Amaranthaceae）苋属（*Amaranthus*）。苋菜原产中国，中国有苋属约 13 个种，少数栽培种主要分布在中国和印度。中国自古栽培苋菜，《尔雅》（公元前 300～前 200 年）曾记"蕢赤苋"。云南苋菜分布广泛，各地均有栽培，品种较多。

（1）绿苋菜。株高 23～25cm，叶卵形、椭圆形。叶长 8cm 左右，宽 4.2cm 左右，叶柄长约 3cm，叶绿色，茎浅绿色，肉质较嫩。耐瘠薄，耐热，较耐寒，抗逆力强，抗病力强，适应粗放栽培，山区栽培多，各地品种不同。单株重约 22g，单产约 27000kg/hm^2。代表品种有昆明小米菜、巍山绿苋菜等。

（2）红苋菜。株高 22cm 左右，叶椭圆形，长约 7cm，宽约 3.7cm，红紫色，叶柄及茎浅紫红色，肉质软糯，品质优良。单株重 20～25g，单产 24000～25000 kg/hm^2。代表品种有优质高产的昆明红苋菜、大理红苋菜等。

（3）花苋菜。东川地方品种，株高约 31cm。叶卵圆形，绿色叶柄浅绿，叶脉附近紫红色，叶面微皱，肉质柔软。较耐热、抗逆力强、抗病，优质丰产。单株重约 18g，单产约 22500 kg/hm^2。分布昆明、东川、玉溪、个旧、大理等地。

七、蕹　菜

蕹菜（*I. aquatica* Forsk.）为旋花科（Convolvulaceae）番薯属（*Ipomoea*）。蕹菜原产于中国和印度热带雨林地区，广泛分布于亚洲热带、亚热带各地。中国自古就有栽培，晋代嵇含著

《南方草木状》有利用苇筏漂浮水中栽培蕹菜的记载，书中称之为“奇蔬”。蕹菜营养丰富，含有蛋白质、脂肪、碳水化合物及钙、磷、铁等矿物质。中国华南、西南地区栽培最多。云南蕹菜分布于海拔100～2000m的昆明、河口、元江、勐腊、景洪、思茅、双江、富宁、六库、建水、开远、石屏、华坪、弥勒等地。

（1）尖叶蕹菜。云南地方品种。叶长椭圆形和宽披针形，基部宽，叶绿色，茎和叶柄浅绿色，中空。适应性强，耐高温，耐湿，旱地栽培。肉质脆嫩，多次采收，早熟，品质优良。产量高，单株重20～28g，单产约19500kg/hm^2。分布开远、昆明等地。

（2）水蕹菜。云南开远地方品种。叶短披针形，绿色，叶柄和茎浅绿色，耐高温，肉质柔嫩，品质优，用藤蔓插繁，栽培于水田，分次采收，抗病虫，产量高，年单产约45000kg/hm^2。

八、落　葵

落葵（*Basella*. Sp.）为落葵科（Basellaceae）落葵属（*Basella*），原产亚洲的中国南部和印度东部一带，中国栽培历史悠久。《尔雅》公元前300～前200年就有关于落葵的记载，云南有2个种。

1. 小叶落葵（*B. alba* L.）

青梗落葵：又名豆腐菜，云南昆明地方品种。蔓生，生长势强，分枝多。叶近圆形，绿色，叶柄和茎淡绿色，叶长约7cm，叶宽约5.5cm，根系发达。茎圆形，食用嫩茎叶，肉质软滑。茎向上攀延生长，茎叶生长快，需不断摘叶及嫩尖食用，促进分枝。高抗病虫害，栽培面积不大。

2. 紫落葵（*B. rubra* L.）

红梗落葵：云南大理地方品种。蔓生，生长势强，叶绿色，茎紫红色，根系发达，茎圆形，叶生长较快，分枝多，需每天采摘叶片及嫩尖，叶软滑，高抗病虫。

九、紫背天葵

紫背天葵〔*G. bicolor*（Willd.）DC.〕为菊科（Compositae）三七草属（*Gynura*）。适应性广，抗逆力强，分布河口、昆明、楚雄、玉溪、曲靖等地州市县。

（1）河口大叶紫背天葵。云南省河口县地方品种。叶长椭圆形，叶片和茎稍长，叶背和茎均为紫红色，汁液稍多。抗逆力强，适应性强，抗病、耐热、耐湿性强。

（2）昆明紫背天葵。云南省昆明市地方品种，生长势较强，分蘖力强。叶长卵形，叶缘有锯齿，叶绿色，稍带紫色，叶背紫红色。耐热，耐湿、耐寒，抗病。节间容易生根，扦插繁殖，肉质较嫩，栽培一次连续采收。

十、叶菾菜

叶菾菜（牛皮菜）（*B. vulgaris* L. var. *cicla* L.）为藜科（Chenopodiaceae）菾菜属（*Beta*），分布于海拔1000～2500m的东川、建水、个旧、蒙自、宾川、元谋、腾冲、巧家、丽江、中甸等地。主要有白梗、绿梗、红梗3个类型。

（1）白梗叶菾菜。植株半直立，叶椭圆形，叶大，绿色，叶面微皱，叶柄较宽，白色。耐热、耐寒，抗病虫，适应性强。分次采收，叶片食用，味淡，肉质较嫩，品质较好。单株重约1.2kg，单产约60000kg/hm^2，也可作饲料，高产品种。分布开远、昆明等地。

（2）绿梗叶菾菜。植株半直立，叶长椭圆形，深绿色，叶柄窄，浅绿色，适应性强，耐寒性好，耐旱，较耐瘦瘠。肉质纤维稍多，味淡，品质中等。分次采收叶片，单株重约1.1kg，单产约52500kg/hm^2。分布维西等地。

（3）红梗叶菾菜。植株半直立，叶长椭圆形，绿色，叶柄及叶脉均为红色，叶柄窄。适应性强，耐寒、较耐旱、抗病。肉质较嫩，品质中等，色泽艳丽。单株重约1kg，单产约45000 kg/hm^2。分布维西等地。

十一、茴 香

茴香（*F. vulgare* Mill.）为伞形花科（Umbelliferae）茴香属（*Foeniculum*），有3个种和变种。分布于海拔400～1900m的红河、思茅、临沧、保山、玉溪、楚雄、曲靖等地。四季皆可栽培，周年供应市场，增加蔬菜花色品种。

（1）小茴香（F. *vulgare* Mill.）。云南昆明地方品种，植株直立，株高28～30cm。叶羽状深裂，绿色或深绿色，单株叶5～8片，叶全长约35.6cm，宽约5cm，叶柄长约21.5cm。中早熟，肉质较嫩，香味浓。耐湿，较耐旱，抗病。高产品种，单株20～28g，高产品种，单产21000～22500kg/hm^2。分布昆明、个旧等地。

（2）大茴香〔var. *azoricum*（Mill.）Thell.〕。株高32～33cm，叶色深绿，叶6～9片，最大叶长39～42cm，宽约6cm，叶柄长约22cm，单株叶片数6片。中熟，肉质较嫩，香味浓。产量较高，单株重30～32g，单产23000kg/hm^2，抗逆性较强，分布东川等地。

20世纪80年代引进球茎茴香（var. *dulce* Batt. et Trab.），推广面积少量。

十二、芫 荽

芫荽（*C. sativum* L.）为伞形花科（Umbelliferae）芫荽属（*Coriandrum*），为调料绿叶蔬菜，又称香菜。适应性较强，生长期较短，分布广泛。在海拔1000～2000m的昆明、东川、保山、大理、个旧、开远、蒙自、建水、玉溪、楚雄、曲靖等地均有分布。

（1）大叶芫荽。植株高23～32cm，叶簇直立。大叶片椭圆形，小叶近长圆形三回复叶，绿色，叶缘细锯齿状，叶面光滑，叶柄细长，浅绿色。根较粗，肉质脆，香味浓，耐寒、较耐湿，适应性广。优质丰产，单株重8.5～12g，单产约9075kg/hm^2。分布昆明、东川、保山等地。

（2）细叶芫荽。植株高约18～22cm，叶簇较直立。大叶长椭圆，小叶长圆形三回复叶，绿色，叶缘针状或细锯齿，叶面光滑。根茎细，肉质较脆，香味较浓，耐湿热，较耐寒，适应性广泛，品质优良。单株重7～9g，单产7500kg/hm^{2}左右。主要分布昆明、东川、思茅等地。

（3）超级香菜。引进品种，适应性广，易种植，生长快速，耐抽薹。株高40cm左右，开展度25cm左右。叶片大、叶缘齿状，叶色深绿色，叶柄绿白。植株鲜嫩，纤维少，香味浓郁。单株重30g左右，单产37500kg/hm^{2}左右。

十三、薄 荷

薄荷（*M. haplocalyx* Briq.）为唇形科（Labiatae）薄荷属（*Mentha*）。分布广泛，在开远、弥勒和宜良、元江等地均有种植，还有野生种*M. haplocalyx* Briq.。

主要农艺性状：植株匍匐生长，叶长卵圆形，尖端渐尖，叶绿色，叶柄短，叶脉浅绿色，茎红绿色。耐热、耐寒、耐湿、耐旱。抗病，适应性广，栽培粗放，分枝极多。分布昆明、开远等全省各地。

野薄荷与栽培种相似，叶深绿，肉质较粗，香味浓。

十四、水 芹

水芹〔*O. javanica*（Bl.）DC.〕为伞形花科（Umbelliferae）水芹属（*Oenanthe*）。在南部湿热地区有少量种植。

十五、冬寒菜

冬寒菜为锦葵科（Malvaceae）锦葵属（*Malva*）。原产亚洲东部，广泛分布于东半球北温带及亚热带地区。中国自古就作为蔬菜栽培，云南冬寒菜品种较少，分布昆明、玉溪、楚雄、大理等城市郊区。为丰富蔬菜种类，城郊农民栽培于田边地角，供应市场。

（本节有周小平提供部分材料）

第十一节　葱蒜类蔬菜资源

云南葱蒜类蔬菜栽培历史悠久，分布广泛，地方品种较多。主要有洋葱、大蒜、韭菜、大葱、小葱、分葱、火葱、韭葱、薤头等。

葱蒜类蔬菜大多原产亚洲西部，属大陆性气候，耐寒性强，适应性广，栽培普遍。云南的洋葱、大蒜由于得天独厚的立体气候，春季气温回升快，因而上市早，耐贮藏，也是云南主要外销蔬菜；蒜薹、韭菜花、薤头是加工腌渍的原料。

葱蒜类蔬菜为百合科（Liliaceae）葱属（*Allium*）。据不完全调查、收集、整理，共有葱蒜类蔬菜种质资源10个种（或变种）。

一、洋　葱

洋葱（*A. cepa* L.）又名团葱、圆葱。栽培面积大，产量高，是云南外销蔬菜中数量最大的种类。由于“立体气候”条件，云南洋葱以上市早而闻名。冬洋葱从12月至次年1月上市，主要以黄皮洋葱为主。产地以元谋等低海拔温热河谷地区为主。春洋葱4～5月上市，主产区建水、华宁、通海、江川、宜良，有红皮洋葱、黄皮洋葱。种植洋葱已成为农民增收致富的产业，建水、通海种植洋葱收入上万元的农户不少。

1. 传统品种

（1）红皮洋葱。20世纪30年代传入中国栽培至今。植株生长势强，叶直立，叶色深绿，鳞茎扁圆形，外皮紫红色，鳞皮淡红色，辛辣味浓，组织致密，耐贮藏运输，产量高。适应云南中部昆明、通海、建水、江川、澄江等地栽培，耐抽薹，球茎整齐，球形美观，产品主要外销。分布昆明、建水、通海等地。

（2）黄皮洋葱。多为短日型早熟种。叶簇开展，叶色浅绿，鳞茎高，圆球形或扁圆球形，葱头外皮浅黄色或铜黄色，肉质白色。大部分为引进品种。

2. 引进品种

（1）易拉德洋葱。美国引进，生长势中等，叶细管状，绿色，蜡粉少，鳞茎椭圆形，外皮浅褐黄色，鳞片乳白色，适宜密植。单个鳞茎350g左右。肉质脆，辛辣味重，产品出口俄罗斯。

（2）卡尔洋葱。短日照黄皮洋葱品种，鳞茎矮桩球形，球大，品质佳，极早熟，抗分蘖，抗病能力强，商品性好，产量高，特别抗抽薹。

（3）天堂洋葱。短日照黄皮洋葱品种，鳞茎矮桩球形，球大，品质佳，极早熟。抗分蘖，抗病能力强，商品性好，产量高，特别抗抽薹。

（4）戈彼。短日照黄皮洋葱品种，鳞茎矮桩球形，球大，品质佳，极早熟。抗分蘖，抗病能力强，商品性好，产量高，特别抗抽薹。

（5）黄冠洋葱。短日照黄皮洋葱品种，鳞茎矮桩球形，球大，品质佳，极早熟。抗分蘖，抗病能力强，商品性好，产量高，特别抗抽薹。

（6）紫玉洋葱。中熟品种，鳞茎扁圆形，外皮紫色，鳞片肥厚，辣味浓，无分瓣。耐贮藏，商品性好，单球重300g以上，单产900000kg/hm^{2}以上。

二、大 蒜

云南大蒜（*A. sativum* L.）栽培历史久远，分布广泛，地方品种较多，山区及边远地区还有野蒜分布。20世纪60～70年代，主栽品种为昭通紫皮蒜、弥渡紫皮蒜，面积约1333.3hm^2。20世纪80年代以后引入四川温江蒜，成为主栽品种，面积每年稳定在13333.3hm^{2}左右，成为一大产业。也是外销的大宗蔬菜之一。

（1）白皮蒜。株高50cm左右，叶长约49cm，假茎近30cm。蒜头圆形，蒜瓣较大，大小均匀，皮白色。中熟，产量高，单产约26000kg/hm^2。分布弥渡、昆明等地。

（2）紫皮蒜。生长势较强，株高50～60cm，叶长28～34cm。蒜头长圆形，蒜瓣大小较均匀，外皮浅紫色，中熟种，生长期210～220天。分布昭通、弥渡、昆明呈贡等地。

（3）红七星大蒜。从四川引进栽培20多年，在云南推广面积约占大蒜栽培面积的90%，目前成为产地主栽品种。株高50～60cm，叶长30～34cm，绿色质稍硬，鳞茎扁球形，外皮淡紫色，有蒜瓣4～6瓣。中、早熟，生长期140～160天。

（4）通海菜蒜。株高50～60cm，叶半直立，深绿色，长30～40cm。蒜头尖圆形，外皮淡紫色，蒜瓣排列不整齐，每头有10多瓣。蒜叶质软、味香，不易抽薹，以食用青蒜为主。

云南农业大学韩嘉义教授20世纪80年代，从四川温江引进红七星大蒜品种，在昆明和玉溪的澄江、江川等地多点试种及播前开展低温处理试验以及独蒜栽培技术。摸索出红七星大蒜在播种前40天袋内温度控制在0～5℃，可促进大蒜提早出苗、出苗整齐，获得早熟优质丰产的良好效果。目前已在玉溪、大理、楚雄等州市大面积生产上推广。在蒜薹抽生较晚的地区，鳞茎开始膨大期通过控制氮肥，增施磷钾肥，独头蒜增多，虽蒜头产量较低，但产值增加。

三、韭 菜

韭菜（*A. tuberosum* Rottl. ex Spr.）原产中国，栽培历史悠久。云南省各地均有栽培，地方品种较多。韭菜按叶形分为大叶韭或宽叶韭、小韭菜、细叶韭。也有根据其食用部位分为叶用韭和叶薹用韭；还有按抽薹迟早分为早熟韭、晚熟韭等。

（1）细叶韭。株高约43cm，叶片三棱形，长30cm左右，宽0.4～0.5cm，分蘖力较强，绿色。假茎长7～8cm，横茎约0.5cm，浅绿色，韭味浓，品质优，韭薹细，产量低。耐寒、耐热、抗逆力较强。在边远民族地区均有栽培。代表品种有沧源细叶韭、维西细韭菜等。

（2）宽叶韭。生长势旺盛，株高47cm左右，叶长约32cm，叶宽0.7～1cm，假茎长8～9cm，横茎0.7～0.8cm。分蘖力强，产量高，香味不如细叶韭，叶、薹兼用，品质优良。有软叶韭与硬叶韭两类，软叶韭利用培土、培沙可栽培成为著名的三色韭菜。代表品种有昆明硬叶韭菜、硬叶韭菜、通海韭菜等。

（3）薹用韭。株高45cm左右，分蘖力较强，叶长约31cm，宽约0.9cm。风味浓，韭薹抽生早，采收次数多。代表品种有建水早薹韭菜等。

（4）花用韭。叶长约35cm，宽约0.8cm，分蘖力较强。假茎长约6.5cm，采韭菜花为主，腌制著名的曲靖韭菜花。分布曲靖、昆明、建水、通海、江川等地。

近年引进陕西的汉中韭、河南平顶山的791、雪韭等，也有一定推广面积。

四、根韭菜

根韭菜（*A. hookeri* Thwaites）又名苤菜、宽叶根韭菜、山韭菜、大韭菜。多年生草本植物，适应性强，分布广，勐海、沧源、潞西、大理、保山、建水、临沧、丽江、贡山、维西等均有分布。根韭菜主要食用粗壮的肉质根和肥嫩硕长的韭菜薹，叶片经软化栽培也作黄芽韭食用。韭菜的肉质根经加工腌渍成酸味或酸甜适中的腌韭根，或者晒干脱水后用油煎炸，香脆可口，耐贮藏。根韭菜尚有许多种和变种以及野生种，有待进一步收集、整理、鉴定、分类研究。如保山市道人山野生根韭菜遍布全山。根韭菜有宽叶种及窄叶种。

（1）宽叶根韭菜。云南地方品种，株高约34.2cm。叶片长条形，较宽，长40～50cm，叶宽2.5cm左右。假茎圆柱状，横茎1～1.5cm，花薹长40～60cm，横茎0.3～0.5cm。伞形花序，花白色，子房能膨大，但不能结实。肉质根横茎2～2.5cm。单产肉质根15000～18750kg/hm^2，韭菜薹约7500kg/hm^{2}或韭黄7500～9000kg/hm^2。代表品种有大理宽叶山韭菜、保山根韭菜、丽江宽叶韭菜等。

（2）窄叶根韭。云南地方品种。

勐海根韭：株高31.2cm左右，叶片长条形稍窄，黄绿色，根、薹、叶均可食用，味淡。分布勐海、大理、德宏等地。

腾冲根韭菜：株高约33cm，叶宽1.4cm左右，分蘖力强，耐湿、抗逆力强。单产肉质根约13500kg/hm^2。

五、葱

葱有大葱（*A. fistulosum* L. var. *giganteum* Makino）和分葱（*A. fistulosum* L. var. *caespitosum* Makino）两个变种。云南大葱栽培普遍，分布广，历史悠久。

1. 大　葱

安宁大葱：株高74cm左右，假茎（葱白）长24～30cm，横茎1.2～2cm。由于多次排栽，培土软化，形成直角弯曲的弯葱，而且在短缩茎下部有一褐色突起的根盘为其特点。以葱白弯曲、洁白，香甜度适中而出名。单产约18000kg/hm^2。如安宁弯葱，文山、丘北也有栽培。

昆明大葱：昆明地方品种，株高约30cm，假茎长22cm左右。其分蘖力和辛味较安宁大葱强，香甜风味不如安宁大葱。分布昆明、玉溪、大理、保山等地。

2. 分　葱

西畴四季葱：株高30～40cm，中管状，细长，分蘖力强，四季均可采收，不抽薹或少抽薹。

六、小　葱

小葱（*A. schoenoprasum* L.）。

东川细香葱：又名细葱、香葱。葱细，葱清香味浓，品质优。分布广，栽培面积小。管状叶较细，叶直立，簇生，高26～38cm，产量较低。分布耿马、孟定、砚山、兰坪、东川、昭通等地。

七、火　葱

又称胡葱（*A. ledebourianum* Roem. Et Schult.）。

丽江火葱：植株稍矮，株高28cm左右，叶色较绿，分蘖力强，能开花但不结籽，鳞茎大小如薤头，外皮红褐色、桔红色，耐寒。秋播夏枯，食用葱头及葱株。品质较差，能抽葱薹，可以食用。单产葱薹约2250kg/hm^2，葱头15000～22500kg/hm^2。分布沧源、文山、丘北、耿马、孟定、富宁、维西等地。

八、韭　葱

韭葱（*A. porrum* L.）株高50～60cm，叶长40～50cm，叶宽1～2cm，绿色，上有蜡粉，假

茎粗壮肥大，横茎 1~2cm，鳞茎稍肥大，不分瓣，能抽薹，花薹粗壮，味稍淡，品质差。以种子繁殖，适应性广，耐寒、耐热，生长势旺盛。以叶片供食用。昆明、红河、文山等地均有少量栽培。

九、薤 头

薤头（*A. chinense* G. Don）云南各地均有栽培，品种较多。

（1）开远薤头。株高 40~50cm，叶丛生，管状细长，深绿有蜡粉，生长势旺盛，分蘖力强。鳞茎呈纺锤形，白色，一丛有 5~6 个，多的达 10 多个，单个鳞茎长约 3.9cm，横茎 1.5~2.2cm。能抽薹开花，但不能结籽，无性分株繁殖。薤头以大小均匀，皮软、脆嫩无渣，主要加工甜薤头。一般 2~3 月播种，8~9 月收获，单产约 22500kg/hm^2。分布昆明、开远等地。

（2）马龙薤头。株高 45cm 左右，叶管状细长，绿色具蜡粉，鳞茎椭圆形，每丛 6~10 个，鳞茎白色，肉质脆嫩，产量较高。分布马龙、大理等地。

第十二节 多年生及杂类蔬菜种质资源

云南多年生蔬菜虽不甚多，但有特殊种类，种质资源丰富。

一、香 椿

香椿〔*T. sinensis*（A. Juss.）Roem.〕，又名椿甜树，为楝科（Meliaceae）香椿属（*Toona*）。香椿原产中国，公元前 369~286 年已有香椿载培记载，栽培历史悠久。香椿营养丰富，据测定香椿每 100g 嫩茎叶含维生素 C 115mg，蛋白质 7.2g，脂肪 0.4g，糖类 7.2g，钙 143mg，磷 135mg，胡萝卜素 1.36mg，硫胺素 0.05mg 等。多年生落叶乔木，云南香椿种类品种很多，种质资源丰富，以含油分多，香味浓，早熟著称省内外。云南香椿分布广泛，在海拔 1000~2400m 的昆明、嵩明、富宁、会泽、镇雄等地分布较多。各地的种类品种不同，许多地方品种尚未摸清。目前云南香椿根据食用部分的色泽、油分含量分为红油香椿、紫油香椿、绿油香椿等。

（1）红油椿。树冠紧凑，生长旺盛，枝条粗壮，皮孔稍稀。嫩芽生长 7~10cm 时采摘，较早熟，4 月上旬开始采收。芽初放时鲜红色，展叶初期变鲜紫色，光泽油亮，嫩叶有皱纹，披针形，叶肉较薄，叶缘有细锯齿，肥厚，食之无渣，香味浓，品质优。

（2）紫油椿。枝条粗，皮孔稀，嫩芽生长 7~11cm 时采摘。叶芽向外开张，芽暗紫褐色，有光泽，嫩叶绿褐色，叶肉较厚，叶全缘，4~5 月采收。香味浓郁，脆嫩多汁，纤维少，味甜无渣，含油多，品质佳，为椿中极品。其糖、蛋白质、胡萝卜素、硫胺素、核黄素、维生素 C、芳香油等含量均高出普通香椿 1~1.5 倍。

（3）绿香椿。树冠直立，树皮青色或绿褐色、光滑。皮孔大而稀，嫩芽生长 7~12cm 时采摘。芽初放时绿褐色，展叶后羽叶前端小叶边缘呈淡红棕色、光亮、有皱缩，其余小叶为绿色。该品种主干明显，生长旺盛，嫩芽香气较淡，易木质化，品质差。

1990 年以来，已在云南陆良、峨山化念、昆明等地开发利用红油椿、紫油椿资源。陆良山区已建成百万株规模生产基地，生产的椿芽，产品供不应求。山东、河南、新疆等省区引种云南红油椿、紫油椿推广种植，累计推广销售种子 80 多吨。云南香椿种质资源极为丰富，有待深入调查，系统观察及同功酶等分类研究，以摸清种、变种及地方品种的资源状况。

二、枸 杞

枸杞（*L. chinense* Mill.）为茄科（Solanaceae）枸杞属（*Lycium*）多年生灌木。枸杞原产中

国，已有3000年的栽培历史。云南枸杞分布在海拔600～2000m的亚热带和温带地区，近年来人工栽培发展较快，在露地及大棚均有种植。

云南枸杞作为菜用枸杞，主要栽培种为枸杞菜和枸杞芽（*Lycium chiense* Miller.），株型为多分枝的灌木，株高50～100cm，枝细长柔弱常弯曲下垂，有棘刺。叶卵状披针形，全缘、有叶柄，采摘嫩茎尖及叶食用。分大叶种、小叶种，大叶枸杞叶肉较薄，味淡，但产量高；小叶枸杞叶肉较厚，味浓，质优，产量较低。

开发利用情况：枸杞是药、食同源，菜、药兼用的植物；繁殖系数大，生长快，管理省工，病虫害少，近年来云南有一定面积生产。

三、黄花菜

黄花菜（*H. citrina* Baroni）为百合科（Liliaceae）萱草属（*Hemerocallis*）多年生草本植物。以肥嫩花蕾供食用。黄花菜原产亚洲及欧洲，中国是原产地之一。于汉代开始栽培，约有2000多年的栽培历史。黄花菜是一种保健食品，具有药用价值，是传统的出口蔬菜之一。中国又是世界上黄花菜唯一形成商品菜的国家，在国际市场上享有很高的声誉。云南省是黄花菜主产区之一。

云南黄花菜分布昆明、马龙、个旧、大理等市县。地方品种有大理黄花菜、马龙黄花菜、个旧黄花菜等。

大理黄花菜：栽培历史悠久。株高1.2m左右，花长9.2cm左右。

四、蘘　荷

蘘荷〔*Z. mioga*（Thunb.）Rosc.〕为姜科（Zingiberaceae）姜属（*Zingiber*）多年生宿根草本植物。

云南蘘荷资源分布在海拔600～1900m的昭通、文山、西畴等地。1990年，西畴本地蘘荷已大面积栽培，加工制成罐头、泡菜和饮料销售国内外。产品供不应求，在广州新品种新技术博览会获银奖。

五、百　合

百合（*L. lancifolium* Thunb.）为百合科（Liliaceae）百合属（*Lilium*）多年生宿根植物。百合营养丰富，除含有糖类、蛋白质、脂肪、果胶外，还含有钙磷铁等矿物元素和维生素B_1、B_2及百合甙A、百合甙B等特有的营养物质，是一种保健蔬菜。云南百合种、变种、品种极多，据云南植物志介绍，云南有百合23种，有4种是引种栽培。其中，含淀粉多，可作蔬菜的有4种。云南百合分布范围广，大都分布山区。有待进一步调查、收集、整理、鉴定和开发利用。

（1）山百合（*L. brownii* F. E. Brown. ex Niellez）。分布碧江、泸水、福贡、凤庆、景东、江川、昆明、镇雄、大关、屏边、马关、西畴、富宁、砚山等，海拔700～2500m的草坡、常绿阔叶林内，石灰岩山灌草丛。鳞茎近球形，白色、黄白色，高约4.2cm，直径5～7cm，鳞瓣数十枚，卵状披针形。鳞茎富含淀粉，作蔬菜用，也可作清凉饮料；还可入药，有清心安神之效；花大，芳香，同时也可用作观赏植物和香料植物。

（2）蒜头百合（*L. sempervivoideum* Lvl.）。分布禄劝、昭通等，海拔1400～2600m的灌丛和草坡。鳞茎卵圆形，黄白色，高2～4cm，直径3～5cm，鳞瓣20～30枚，披针形。鳞茎富含淀粉，作蔬菜用；可入药，有润肺止咳之效。

（3）滇百合（*L. bakerianum* Coll. et Hemsl.）。分布贡山、昆明、中甸、丽江、思茅、永胜等，海拔1800～2800m的草坡、林缘。鳞茎宽卵圆形至球形，白色，高2～4cm，直径3～5cm，鳞瓣数十枚，卵形或披针形。鳞茎肉质，富含淀粉，作蔬菜用。

（4）川百合（*L. davidii* Duchartre）。分布贡山、昆明、中甸、丽江、临沧、维西、大理、洱源、剑川等，海拔1700～3100m的疏林、山谷阔叶林、山坡、草地。鳞茎宽卵圆形至卵球形，白色，高2～5cm，直径2～5cm，鳞瓣数十枚，卵形或披针形。鳞茎肉质，富含淀粉，优质、高产，作蔬菜用。

六、菜玉米

菜玉米（*Zea. mays* L.）为禾本科（Gramineae）玉米属（*Zea*）一年生草本植物。玉米在云南一般称包谷，菜玉米也叫菜包谷。玉米分为硬粒型、马齿型、中间型、糯质型、甜质型等5个变种。云南有许多地方菜玉米资源，如糯质型（var. *sinensis*）和甜质型（var. *rugosa* Bonaf.）主要做蔬菜栽培，统称为菜玉米。

1．甜质型菜玉米

云南地方品种有楚雄甜玉米、永善甜玉米。该类玉米植株矮小，分蘖力强，果穗小，叶片多，包叶长，成熟后干子粒呈半透明皱缩状态，早熟，产量低。近年来，引进甜质型菜玉米栽培的品种。

（1）甜玉米。这种玉米比普通玉米甜，生产上应用的有上海市农科院育成的8701、2005，北京农业大学育成的甜单1号以及泰国甜玉米。

（2）超甜玉米。这种玉米比普通玉米含糖量高出一倍多，具有甜、香、脆的特点。生产上应用的有中国农业科学院育成的甜玉2号，浙江农业大学育成的超甜88，还从美国引进美甜1号等。

（3）广甜2号。株形半紧凑，株高1.8m左右，果穗圆筒形，长23～25cm，单穗重400～500g，单产18000kg/hm^2左右。籽粒黄白相间，品质优，皮薄无渣，抗病性强，适应性广。

（4）红甜脆玉米。早熟种，株高2m左右，穗位高度20～50cm，穗长20cm左右，穗粗8cm左右，穗粒行数12行左右，穗粒橙红色，味甜而脆，品质佳。单产18000kg/hm^2左右。成熟期较早。株行距约40cm×60cm，每穴2株。

（5）白甜脆玉米。中早熟种。株高1.7m左右。穗位高度20～40cm，穗长17cm左右，穗粗7cm左右，穗粒行数14行左右，穗粒白色。品质佳，味道嫩时甜脆，稍老时变糯。单产18000kg/hm^2左右。

2．糯质型菜玉米

云南省地方栽培品种有白糯和黄糯两种。

（1）白糯。有巧家白糯、宜良白糯等两个品种。该类玉米植株矮小，分蘖力弱，果穗较小，成熟早，质糯、软，成熟后籽粒乳白色，光泽好。干种子籽粒较小，呈白色光亮，产量低。

（2）黄糯。有保山糯玉米、碧江糯玉米、永善糯玉米等三个品种。该类玉米植株外形、子粒形状和胚乳的性质等和白糯基本相同，只是子粒的色泽为黄色。

（3）四路糯。云南西双版纳栽培的一种具有玉米原始特征的糯玉米品种，该品种子粒在果穗上只有四行，故称“四路糯”。质优、糯性好，产量低，仍受当地傣族人民的喜爱。

近年来，云南省农业科学院粮食作物研究所选育推广的糯质型菜玉米还有五彩糯玉米、紫光糯玉米、白甜糯及甜糯888等，云南省昆明市绿生蔬菜研究所选育推广的红甜脆、白甜脆及黄甜糯等良种，此外，还从国外引进一些优良品种在生产上推广。

广糯1号甜糯：早熟，株形半紧凑，果穗圆筒形，长19～21cm，单穗重300～400g，单产15000kg/hm^2左右。籽粒纯白色，口感好，糯性强，抗病性强，适应性广。

3．御 麦

“御麦”（*Z. mays* L. var. *amylacea sacharata* Kulesh）是专门作蔬菜食用的一种玉米，为禾本

科（Gramineae）玉米属（*Zea*）。它与普通菜玉米不同。御麦果穗上的子粒大小不一，并且排列不成行，整个果穗凸凹不平。御麦果穗圆柱形或圆锥形，果皮和种皮薄而软，主要采收嫩果炒食或煮食，味甜而浓，鲜嫩可口，品质极佳。株高1.5～2m，茎粗壮，节间短，叶色浅绿，每株结果穗一个，极少结两个，栽培方法与甜玉米、糯玉米基本相同。御麦耐寒性较强，可适当早播。

云南菜玉米主要分布在500～1900m的昆明、楚雄、开远、建水、永善、保山等市县，栽培历史悠久。

七、树番茄

树番茄（*C. betasea* Sendt.）为茄科（Solanaceae）树番茄属（*Cyphomandra*）多年生常绿或落叶灌木。栽种一年可连续采果8～9年。是云南特有多年生蔬菜，果实红熟期长达一个多月，7～9月为盛收期，果酸味浓，可作调味菜，有增进食欲和帮助消化等作用。

云南主要分布在海拔100～1400m的西双版纳、元江、元谋、孟定、德宏、文山、思茅、巧家、开远、建水、石屏、华坪等市县。其中以保山、腾冲栽培历史悠久。

树番茄株高3～5m，花芽顶生，聚伞花序，花穗多，每花穗结果3～5个，果卵形，未成熟果绿色，果实转色期长，成熟果暗紫色、淡红色、桔黄色，需软熟后食用，也可食用成熟鲜果，有草莓香味，味酸，当地群众也作为调料品食用。昆明试种表现冬季落叶早，结果迟，转色极慢，产量低。树番茄耐高温，抗病，抗逆力强。1990年前后省外曾大量引种栽培，外销种子约40kg。

八、竹　笋

1．云南竹笋品种资源分布

竹原产于东南亚，中国是竹起源中心。

竹笋为禾本科（Gramineae）竹亚科（Bambusoideae）。云南竹笋种质资源极为丰富，不同生态环境育出不同种类。分布广泛，从海拔76.4～2000m的地区均有分布。喜热耐湿、不耐低温霜冻气候的甜龙竹、野甜龙竹、香糯竹、泰竹分布湿热和干热河谷海拔600～1500m的西双版纳、瑞丽、临沧等市县河谷热区；喜温暖气候，较耐旱、耐湿的香笋竹分布在海拔1200～1500m的文山、怒江、个旧、屏边等林地；喜冷凉气候，耐瘦瘠的罗汉竹等分布在海拔1500～2000m的个旧、昭通、镇雄、彝良、威信等地山区。

竹笋含有纤维素和碳水化合物，还含有维生素、矿物质和蛋白质，所含蛋白质中有10多种氨基酸，其中有赖氨酸、色氨酸、苯丙氨酸、亮氨酸、异亮氨酸、蛋氨酸、缬氨酸、苏氨酸等8种为人体必需的氨基酸，为营养丰富的优良保健蔬菜。

2．竹笋品种资源主要农艺性状

（1）甜龙竹〔*D. brandisii*（Munro）Kurz.〕。为牡竹属（*Dendrocalamus*）大型丛生竹类。丛生、节部多分枝，笋期6～10月。竹笋圆锥形，粗大，笋壳黄绿或红棕色，怕霜雪，是良好的笋用竹。笋适宜鲜食，栽后第二年可年产鲜笋约7500kg/hm^2，笋产量逐年增加，年产量可达约13000kg/hm^2。秆高达15～20m，横径达10～15cm以上。分布云南西部至南部及东南部边缘地区。其笋鲜脆香甜，无苦味，品质极佳，盛夏发笋，笋体肥壮，最宜鲜食，无论炖炒都是宴上佳品，也是制作保鲜笋和调味笋产品的最佳原料。其品质远超过省外出口的大宗产品毛竹笋和麻竹笋。是国内外品质一流的笋类，具有广阔开发前景的特优笋用竹。

（2）西双版纳甜竹（*D. hamiltonii* Nees et Arn. ex Munro）。别名甜笋竹、甜竹、甜龙竹。为牡竹属，性状与甜龙竹相似。只产西双版纳，是西双版纳最好的笋用竹之一。秆直立或有时外倾，高12～18m，横径10～18cm，节内及节下各具一圈浓密的灰白色至黄褐色绒毛；箨叶三角形直立。食之笋味美，有“甜竹”之称。分布西双版纳海拔580~600m地带。

(3) 刺竹（短节方竹）(*C. brevinoda* Hsueh et W. P. Zhang)。为方竹属（*Chimonobambusa*）。分布阔叶林中或单独形成纯林。适应性较强，在冬季轻霜地区生长良好，竹笋细嫩，鲜食可口，秋季产笋。分布在彝良、富民海拔1000~2000m的阔叶林下。

(4) 香糯竹（*C. pergracile* Munro）。为空竹属（*Cephalostachyum*）。当地傣族群众用其幼秆烧制糯米竹筒饭，风味芳香甜糯，独具民族特色。长约25cm的一段竹筒糯米饭，售价10元以上，尚供不应求。秆材是优质造纸原料。笋期6~7月。香糯竹外观优美，是价格较贵的笋材两用竹笋资源。分布德宏、临沧、思茅、西双版纳等地区海拔500~1200m的山地。西双版纳栽培较多，有成片纯林。

(5) 泰竹（实心竹、条竹）〔*T. siamensis*（Kurz ex Munro）Gamble〕。为泰竹属（*Thyrsostachys*）。秆茎密，竹丛茎直，枝叶优雅秀美，鲜笋可食用，秆材可作伞把、棚架、旗竿及椽子等，有很高的观赏价值，被誉为“竹中少女”。在云南金沙江等干热河谷地区泰竹繁殖成活率极高，几乎达到100%，定植约30天即可长到1.5m左右，生长特别快，是云南干热河谷地区建设生态经济竹林的优良竹种。分布于云南西南和南部地区，西双版纳分布最多。

(6) 香笋竹（云南箭竹）(*F. yunnanensis* Hsueh et Yi) 为箭竹属（*Fargesia*）。香笋竹为云南能在秋季产笋的特色优质竹笋，且笋质鲜嫩，味香甜，营养价值高，味佳美，产笋量高，笋期7~9月，可填补秋季市场缺少竹笋空白。在昆明市场上称甜笋。分布于双江、凤庆、永仁、大姚、宁蒗、丽江、宾川、洱源、大理、昆明等海拔1700~2430m的地带。

(7) 罗汉竹（筇竹）(*Q. tumidissinoda* Hsueh et Yi)。为筇竹属（*Qiongzhuea*）。罗汉竹除食用外，极富观赏价值，又是工艺用竹，是我国重点保护植物之一。该竹种耐寒、耐瘠，适宜春、夏栽植。单个竹笋100~200g，产笋期4月，笋体细长圆锥形，笋壳紫绿色。笋香味甚佳，云南省还加工笋干及罐头销往日本等地。分布于大理、威信、彝良等海拔1650~2200m的常绿阔叶林下。

(8) 沙罗竹（大薄竹）(*S. funghomii* Mclure)。为筛竻竹属（*Schizostachyum*）。沙罗竹为大型丛生竹类，秆壁薄且韧性强，可用于编织，做水烟筒。竹笋长圆锥形，淡黄色，背面有少量白色毛，腹面贴生小刺毛。鲜笋无苦涩味、质嫩，品质优良，多春季集中发笋。分布德宏、临沧、金平、河口、屏边、文山、西双版纳等海拔800m左右的沟谷地带，河口县也有栽培。

(9) 旱竹（杭竹）(*P. praecox* C. D. Chu et C. S. Chao)。为刚竹属（*Phyllostachys*）。竹笋为圆锥形，嫩笋黄褐色或紫褐色，密生棕色刺毛，单笋重1~3kg，竹笋肉厚，细嫩，味佳，产笋期早，采收时间长，可在4月上市，产量高，昆明西山有栽培。宜鲜食或加工玉兰片。

（竹笋材料由暴竹然、暴江山先生及云南师范大学竹类研究所提供，谨表谢意。）

九、芦　笋

芦笋（*A. officinalis* L.）为百合科（Liliaceae）天门冬属（*Asparagus*）植物。云南栽培芦笋品种由美国引进，目前栽培的品种主要有玛丽华盛顿、玛丽华盛顿500号、玛丽华盛顿500W、加州309、VC72、加州803等高产优质品种。

云南芦笋栽培历史不长，面积少，仅分布在昆明、曲靖、个旧、易门等地。

十、中国芦荟

中国芦荟〔*A. vera L.* var. *chinensis*（Haw.）Berg.〕为百合科（Liliaceae）芦荟属（*Aloe*）多年生肉质草本植物。

云南省主要有元江芦荟。中国芦荟与库拉索芦荟主要化学成分基本一致，分布部位也相同。

均含有多种氨基酸、维生素、矿物质、单糖及多糖活性酶等有益成分。具有医疗、美容、保健、药用、食用、观赏等多种功能，素有“天然美容师”、“家庭医生”等美称。

中国芦荟在元江有野生分布。具有分蘖力极强、适应性广、容易栽培的特性。

十一、草 莓

草莓有凤梨草莓（*F. xananassa* Duch.）和智利草莓〔*Fragaria chiloensis*（L.）Ehrh.〕两个种，为蔷薇科（Rosaceae）草莓属（*Fragaria*）。在昆明和玉溪等地栽培。

（本节有周小平提供部分材料）

参 考 文 献

〔1〕兰茂，滇南本草整理组．滇南本草二卷．昆明：云南人民出版社，1977
〔2〕浙江农业大学主编．蔬菜栽培学总论．北京：农业出版社，1979
〔3〕浙江农业大学主编．蔬菜栽培学各论（第二版）．北京：农业出版社，1980
〔4〕蒋名川编著．大白菜栽培．北京：中国农业出版社，1981
〔5〕魏文麟．芥菜分类研究．北京：园艺学报，1982.9（4）
〔6〕中国科学院昆明植物研究所．云南种子植物名录（上、下册）．昆明：云南人民出版社，1984
〔7〕中国农业科学院蔬菜花卉研究所主编．中国蔬菜栽培学．北京：农业出版社，1987.8
〔8〕云南农业大学园艺系主编．昆明市蔬菜品种志．昆明：云南科技出版社，1987
〔9〕中国科学院昆明植物研究所．云南植物志．第七卷．北京：科学出版社，1987
〔10〕关佩聪．芥蓝品种及栽培简介．中国园艺学会编．中国名特蔬菜论文集．北京：中国科学技术出版社，1988
〔11〕蔡克华．云南红芋．中国园艺学会编．中国名特蔬菜论文集．北京：中国科学技术出版社，1988
〔12〕杨以耕，刘念慈等．芥菜分类研究．北京：园艺学报，1989.16（2）
〔13〕陈材林，杨以耕等．中国芥菜分布的研究．西南农业学报，1990.1（17）
〔14〕蒋先明主编．中国农业百科全书（蔬菜卷）．北京：农业出版社，1990.11
〔15〕云南省农业科学院园艺作物研究所．云南省蔬菜品种资源目录（内部资料）.1991.6
〔16〕云南省农业科学院园艺作物研究所．云南省蔬菜品种资源调查收集总结报告（内部资料）.1991.6
〔17〕中国农业科学院蔬菜花卉研究所主编．中国蔬菜品种资源目录（第一册）．北京：万国学术出版社，1992.1
〔18〕陈材林，周光凡等．中国芥菜起源探讨．西南农业学报，1992.5（3）
〔19〕中国农学会遗传资源学会编．中国作物遗传资源．北京：中国农业出版社，1994.9
〔20〕杨保国，孔庆东．芋种质资源的分类研究．北京：园艺学进展，1994
〔21〕刘佩英．中国芥菜．北京：中国农业出版社，1994
〔22〕李式军等．珍稀名优蔬菜80种．北京：中国农业出版社，1995
〔23〕中国科学院昆明植物研究所．云南植物志（第六卷）．北京：科学出版社，1995
〔24〕云南省地方志编纂委员会编．云南省志．农业篇．昆明：云南人民出版社，1996.8
〔25〕刘汉忠．29种名优特蔬菜栽培．北京：中国农业出版社，1997
〔26〕中国科学院昆明植物研究所．云南植物志（第八卷）．北京：科学出版社，1997
〔27〕何启伟，苏德恕，赵德婉主编．山东蔬菜．上海：上海科学技术出版社，1997.11
〔28〕中国农业科学院蔬菜花卉研究所主编．中国蔬菜品种资源目录（第二册）．北京：气象出版社，1998.1
〔29〕侯宽昭．中国种子植物科属词典（第二版）．北京：科学出版社，1998

〔30〕谢国生，胡立勇等编著．魔芋、荸荠、山药栽培与加工．北京：科学技术文献出版社，1998
〔31〕刘宜生．中国大白菜．北京：中国农业出版社，1998
〔32〕普迎冬，杨永平，许建初等．云南芋头种质资源及利用．作物品种资源．北京：1999.1
〔33〕昆明市官渡区地方志编纂委员会编．官渡区志．昆明：云南人民出版社，1999.9
〔34〕张玉环，马可，张萍编著．甘蓝、菜花、绿菜花反季节栽培．北京：中国计量出版社，1999.10
〔35〕周光华主编．蔬菜优质高产栽培的理论基础．济南：山东科学技术出版社，1999
〔36〕昆明市官渡区农业局编．官渡区农业志．昆明：云南人民出版社，1999
〔37〕李锡香等．辣椒遗传资源评价数据库信息分析．北京：计算机与农业，1999. 增刊
〔38〕饶璐璐．名特优新蔬菜129种．北京：中国农业出版社，2000
〔39〕中国农业科学院蔬菜花卉研究所主编．中国蔬菜品种志．北京：农业科技出版社，2001.6
〔40〕段琼芬，王有琼，赵虹等．云南省特产植物药臭参的开发利用价值研究．中国林副特产．2002.2
〔41〕许又凯等．云南热带野生蔬菜．北京：科学出版社，2002.6
〔42〕龚亚菊，周立端等．云南省茄子种质资源研究及利用．长江蔬菜．武汉：2003.5
〔43〕孙茂林主编．云南作物种质资源（薯类篇）．昆明：云南科技出版社，2005

第四章　云南野生蔬菜种质资源

野生蔬菜是相对于栽培蔬菜而言的，是蔬菜种质资源的重要组成部分。一切栽培蔬菜均起源于野生蔬菜。野生蔬菜按其生长状态和用途可分为3类。

一是目前还处在野生状态下，没有人工栽培或极少人工栽培用作蔬菜的植物，如小根蒜（*Allium macrostemon*）、清明菜（*Gnaphalium affine*）、棠梨花（*Pyrus pashia*）、白花羊蹄甲（*Bauhinia variegata*）等。二是既有野生分布同时又有部分人工栽培的植物，如香椿（*Toona sinensis*）、藜蒿（*Artemisia selengensis*）、鱼腥草（*Houttuynia cordata*）、荠菜（*Capsella bursa－pastoris*）和一些种类的竹笋等。三是一般情况下用作药用、观赏、薪柴或其他用途的植物等，如观赏植物木槿（*Hibicus syriacus*）、药用植物小木通（*Clematis gouriana*）、薪柴用植物铁刀木（*Cassia siamea*）、水果植物番木瓜（*Carica papaya*）等，因部分人用其花卉、嫩茎叶或果实等部位作为蔬菜，也将其归于野生蔬菜。野生藻类等也属于野生蔬菜的范围。野生蔬菜的范围和种类也因空间和时间的变化而有所不同。

第一节　云南野生蔬菜资源种类与分布

一、云南野生蔬菜分布概况

云南省地形地势复杂，海拔差异大，立体气候特征明显，并且大部分地区属亚热带气候，生态环境为各种植物的生长提供了优越的自然条件，是我国植物资源最丰富的省份，素有“植物王国”和“植物宝库”之称。据统计，全国高等植物约3万多种，云南省就有1.7万多种，占全国高等植物种数的62.9%。据估计在我国可以作为蔬菜的植物资源约有213科，815属，1800余种，其中在云南就约有500余种，占全国可食性蔬菜资源的1/4多。目前在公开出版物中发表的已鉴定的云南野生蔬菜资源有108科，272属，375种。

云南省居住着很多种少数民族，他们长期生活在一定的区域内，对当地的野生食用植物（野生蔬菜）资源十分熟悉，形成了一定区域性的饮食习惯；不同地区对野生蔬菜的应用方法也各不相同，使云南野生蔬菜的应用十分广泛而且具有较强的地域性和丰富多彩的人文特点。全省各地几乎都有各具特色的野生蔬菜种类及其独到的食用方法。如西双版纳的刺芫荽（*Eryngium foetidum* ）、臭菜（*Acacia pennata*），思茅的龙葵（*Solanum photeinocarpum*），德宏的吉龙草（*Elsholtzia communis*）、木姜子（*Litsea cubeba*），保山的刺五加（*Acanthopanax gracilistylus*）、宽叶韭（*Allium hookeri*），丽江的山嵛菜（*Eutrema yunnanense*），大理的高河菜（*Megacarpaea delavayi*），迪庆的竹叶菜（*Smilacina oleracea*），曲靖的小根蒜，玉溪的金雀花（*Caragana sinica*），昭通的竹节参（*Commelina communis*），文山的阳荷（*Zingiber striolatum*），红河的守宫木（*Sauropus androgynus*），楚雄的苦绳花（*Dregea sinensis*）、臭头菜（*Premna steppicola*），怒江的酸（甜）木瓜（*Chaenomeles speciosa*），昆明的地涌金莲（*Musella lasiocarpa*）、棠梨花等等不胜枚举。而且人们还在不断地寻找和发现新的野生蔬菜，丰富野生蔬菜知识，增加野菜的种类。如新近引种的西番莲，西双版纳的哈尼族采食其嫩茎叶，使之成为一种新的野生蔬菜。

野生蔬菜资源的分布与地理环境、气候环境有着密切的关系。有的野生蔬菜在全省各地都有分布，如荠菜、车前草（*Plantago erosa*），在滇西高海拔区的迪庆、丽江有分布，在滇南及滇西南低热的西双版纳，德宏等地区也有分布；但有的种类其分布的地域性较强，如高河菜大部分分布在大理苍山（海拔3500～4000m）山顶上，竹叶菜仅分布在迪庆、怒江海拔3500m以上的山林中；攀枝花（*Bombax malabaricum*）、番木瓜、刺芋（*Lasia spinosa*）、水蕨菜（*Callipteris esculenta*）等则只生长在热带、亚热带地区。有些野生蔬菜虽然分布较广，但食用的地域狭窄，如（红）血满草（*Sambucus adnata*）仅在丽江的金江乡见到有出售。同一种植物在不同的地区采食部位不同，如竹节参，昭通人习惯食用其肉质根，其他地方则采食其嫩茎叶。云南全省各地都采食楤木芽（*Aralia chinensis*），而冷凉地区出产的芽苞就比较热地区出产的芽苞大，品质好。总之，云南野生蔬菜种类多而且复杂，涉及面广，其分布、使用种类及食用方法既有共性又具有较强的地域性。

二、云南特有野生蔬菜资源

云南野生蔬菜资源丰富，特别是有些地域性的传统野生蔬菜种类，具有营养、保健、美味和调味等特点，加之，民间长期形成的传统食用方法，使之成为具有当地特色的风味独特的美味佳肴。

1. 云南山嵛菜（*Eutrema yunnanense*）

十字花科山嵛菜属多年生宿根草本植物。植株高达30～60cm，叶片暗绿色，表面无光泽，民间称为“五叶菜”。在大理白族聚居地喜洲、周城一带，有一道传统的白族名菜“火烧猪”，其调味配料就是采用五叶菜腌渍的酸菜。据介绍，五叶菜有避腥味、杀菌、防止腹泻的作用，这与日本山嵛菜（*Eutrema wasabia* Maxim）“消除腥味、杀死细菌、防止腹泻”的用途不谋而合。滇西北山区另一种数量较大的野生山嵛菜—柔山嵛菜（var. *tenerum*），是其变种，细柔山嵛菜植株较矮小，高约20～30cm，须根性，茎直立，中空。叶基生或茎生，叶片心形，叶缘有不明显的波状圆齿或粗大不规则圆齿，叶面光滑无毛，绿色。花白色。分布于滇西北山区。春夏季在农贸市场有出售。当地群众俗称“山白菜”。食用部位为嫩茎叶，可炒食、煮食或腌渍。

2. 臭菜（*Acacia pennata*）

又名蛇藤、羽叶金合欢、萢哈（傣族）等，为含羞草科攀援多刺藤本植物。生长于热带地区平坝、沟谷或林缘灌丛中，分布在西双版纳、德宏、思茅、临沧、红河等地。臭菜植株具有特殊臭味，其食用部位为嫩茎尖。每100g臭菜嫩茎尖干物质含蛋白质51.16g、氨基酸25.86g。臭菜的嫩茎尖鲜时有臭味，用它与鱼、贝类同煮，不但自身臭味消失，还可以去腥、提味；将其切碎与鲜鸡蛋拌匀后煎食，味道极鲜美；做成臭菜蛋花汤也别具风味。傣族民间单方，用臭菜与鸡蛋同食可驱小儿蛔虫。臭菜在当地农贸市场有销售，价格较高。

3. 高河菜（*Megacarpaea delavayi*）

十字花科高河菜属多年生草本植物。株高30～70cm，肉质根，肥厚。茎直立，有短柔毛。羽状复叶，基生叶及茎下部叶具叶柄。总状花序顶生，花粉红色或紫色。分布于滇西北的鹤庆、漾濞、大理苍山等地。高河菜6～8月采集，食用全株。每100g高河菜干物质中含总糖0.62g，蛋白质24.08g，粗纤维12.52g，粗脂肪3.16g。每100g鲜样品中含胡萝卜素5.69mg，V_{B1} 0.02mg，V_B20.02mg，V_C135.7mg。高河菜具有治疗痢疾、肺热咳嗽、胃热积滞、消化不良的功效。高河菜味辛辣，当地群众一般腌渍成咸菜食用。其制作方法颇为独特，即将洗净晾去水气的高河菜用沸水烫一下，沥干，撒上芝麻、姜丝、食盐，用热菜籽油浸拌后装入瓦罐内，密封放置。半月后即可食用，其风味可保持一年不变。

4. 云南木鳖（*Momordica dioica*）

葫芦科苦瓜属多年生攀援草本植物。具块状根，茎枝纤细，无毛，具纵向棱沟。单叶互生，卵状心形，叶面绿色，花单性，雌雄异株，单生于叶腋，花冠淡黄色。果实卵球形或阔卵形，先端具短喙，基部圆形，果皮具瘤状凸起，有光泽，具有较好的商品性。分布于滇西、滇南山区，是我国具有的4种苦瓜属植物之一，目前仅在云南有发现。产地群众称云南木鳖的果实为“野苦瓜”，其可食部分为青熟果实。在种子未成熟时，其果肉、胎座及未成熟种子均可食用，具有苦瓜的清香、脆嫩，有汁液，而几乎无苦味，口感好。

云南木鳖是苦瓜的近缘种，在我国分布的苦瓜属4种植物中，云南木鳖在植株长势、果皮形状、外观色泽及种子形状等性状与栽培种苦瓜极为相似。这对于研究苦瓜属植物的演化可能具有重要价值。

5. **吉龙草**（*Elsholtzia communis*）

唇形科香薷属一年生草本植物，高约60cm。全株有浓郁的柠檬醛香气。茎直立，常带紫红色，密被下曲的白色短柔毛，自基部以上多分枝。分枝细长，被白色短柔毛。叶卵形至长圆形，叶缘锯齿，草质，上面被白色柔毛；叶柄短，长2～5mm，密被白色短柔毛。穗状花序生于茎顶上，圆柱形，径0.8～1cm，紧密，花冠长约3mm，漏斗形，淡蓝色。小坚果长圆形，长约0.7mm。开花结果期10～12月。盈江、瑞丽、潞西、威信、镇雄等地有分布。吉龙草植物含油量1.7%，其主要成分为柠檬醛，具有悦人的香味。2～10月可采嫩茎叶、花序食用，10～12月采集其干花序食用。作调味作料，煮牛肉、鱼等时放入可去腥味。具有祛风解表、化积消食的功效。吉龙草是一种具有民族特色和地方特色的香料食用植物。

6. **竹叶菜**（*Smilacina oleracea*）

百合科鹿药属多年生宿根性草本植物。植株高30～60cm，有时达150cm。根状茎近块状或不规则圆柱状，节膨大，节间较细长，茎绿色变紫色。叶绿色，长圆形或卵状长圆形，全缘，近无柄或具短柄。通常为总状花序，花单生，白色带紫色边缘或淡紫色、紫色；浆果近球形，直径6～7mm，熟时红色。花期5～7月，果9月成熟。生长于海拔2200～4000m的丛林、灌丛草地或草坝中，分布在云南省德钦、香格里拉、维西、贡山、碧江、福贡、丽江等地。竹叶菜的食用部分为幼嫩茎或嫩芽、嫩叶，可作火锅配菜，作汤、炒食。竹叶菜鲜嫩味美，是高原地区最具特色的野生蔬菜之一。

7. **树花**（***Evernina mesomorpha* Nyl.**）

松萝科扁枝衣属地衣。地衣体扁枝状至棱柱状，基本无背腹之分，二叉式分枝，半直立状或悬垂型，半柔软而具弹性；枯草黄色、白黄色或黄绿色。表面不同程度地具粉芽或小瘤状裂芽或二者兼而有之，具有明显纵向凹穴与褶皱。树花生长在高山针叶、阔叶林老树树皮、岩石或土壤上，滇西北分布较多。树花含松萝酸及扁枝衣酸。树花地衣体全年均可采收，可鲜食或制成干品。食用时去杂质洗净，干品则放入热水中泡发洗净，然后在开水中烫漂后加作料凉拌、炒食或炖肉等。其味清爽可口，是滇西群众喜爱的食用的地衣植物。

8. **海菜花**（*Ottelia acuminata*）

水鳖科多年生沉水植物。有4个变种，即海菜花（var. *acuminata*）、通海海菜花（var. *tonhaiensis*）、波叶海菜花（var. *crispa*）、路南海菜花（var. *lunanensis*）。海菜花根茎生于水底，叶基生，具细长的叶柄与长椭圆形至披针形或心形的叶片，有5～11条基出纵脉。花序外具膜质具棱脊的佛焰苞；花白色或淡黄色，雌雄异株，雌花序中具多个子房，雄花具12枚雄蕊，开花时漂浮于水面，花瓣均为倒心形，种子圆柱形。海菜花植株完全沉浸于水中，高度可随水深度或年龄而变化，从几十厘米到两米不等。云南海拔2700m以下的嵩明、宜良、路南、石屏、砚山、罗平、通海、昆明、剑川、鹤庆、丽江、洱源、大理、勐海、宁蒗等县市的湖泊、池塘及沟渠浅水中均有分布。海菜花食用部位主要为花葶和叶，可作汤、炒食；还可与米面、辣椒和调味料腌制成海菜花鲊。海菜花是高原湖泊地区居民习食的一种特色野生蔬菜。此外，海菜花因全株沉浸于水中，对水质污染十分敏感，是一种水环境清洁度的指示植物。

三、野生蔬菜的分类

野生蔬菜的分类，可以按植物学分类法进行分类，也可以按食用部位或植物类型进行分类。

（一）按植物学分类

此处为便于查阅，按照植物学分类法进行分类（从低等植物到高等植物顺序）。表4-1是目前云南省已公开发表，并已鉴定的野生蔬菜种类。

表4-1 云南野生蔬菜分类表

Table 4-1 The classfication of wilol vegetable in Yunnan

序号 No	科 Family	种类 Species	拉丁名 Latin name	备注 Remarks
1	念珠藻 Nostoc sp	水木耳	*Nostoccommune* Vauch.	本科有1种
2	绒薹 Trichocoleaceae	绒薹	*Trichocolea tomentella*(Ehrb.) Dum.	本科有1种
3	多囊薹科 Lepidolaenaceae	囊绒薹	*Trichocoleopsis sacculata*(Mitt.) Okam.	本科有1种
4	脐衣科 Umbilicaceae	石花菜	*Umbilicaria esculenta*(Miyoshi) Minks Syn. *gyrophora esculenta* Miyoshi	本科有1种
5	松萝科 Usneaceae	长松萝	*Usnea longisssima* Ach.	本科有2种
		树花	*Evernia mesomorpha*. Nyl.	
6	凤尾蕨科 Pteridaceae	蕨	*Pteridium aquilinum*(L.) Kuhn var. *latiusculum*(Desv.) Underw.	本科有3种
		密毛蕨	*Pteridium revolutum*(Bl.) Nakai	
		蕨菜	*Pteridium aquilinum*(L.) Kuhn.	
7	乌毛蕨科 Blechnaceae	乌毛蕨	*Blechnum orientale* L.	本科有1种
8	蹄盖蕨科 Athyriaceae	水蕨菜	*Callipteris esculenta* (Retz.) J. Sm. ex Moore et Houlst.	本科有1种
9	铁角蕨科 Aspleniaceae	半边铁角蕨	*Asplenium unilaterale* Lam.	本科有1种
10	蚌壳蕨科 Dicksoniaceae	金毛狗	*Cibotium barometz*(L.) J. Sm.	本科有1种
11	莲座蕨 Angiopteridaceae	食用莲座蕨	*Angiopteris esculenta* Ching	本科有1种
12	水蕨科 Paekeriaceae	粗梗水蕨	*Ceratopteris thalictroides*(L.) Brongn.	本科有2种
		水蕨	*C. thalictroides*(L.) Brongn. [*C. siliquosa*(L.) Cop.]	
13	苹科 Marsileaceae	苹(四叶苹)	*Marsilea quadrifolia* L.	本科有1种
14	苏铁科 Cycadaceae	象尾菜(云南苏铁)	*Cycas siamensis* Miq.	木科有1种
15	松科 Pinnaceae	云南油杉	*Keteleeria evelyniana* Mast.	本科有1种
16	樟科 Lauraceae	木姜子	*Litsea cubeba*(Lour.) Pers.	本科有2种
		细毛樟	*Cinnamomum tenuipilum* Kosterm.	
17	木兰科 Magnoliaceae	玉兰	*Magnolia denudata* Desr. Ex Lamk.	本科有1种
18	毛茛科 Ranunculaceae	野棉花	*Anemone hupehensis* Lemoine	本科有2种
		小木通	*Clematis armandii* Franch.	
19	睡莲科 Nymphaeaceae	荷花	*Nelumbo nucifera* Gartn.	本科有2种
		睡莲	*Nymphaea lotus* L. var. *pubescens*(Willd.) Hook. f. et Thans	

续表 4－1

序号 No	科 Family	种类 Species	拉丁名 Latin name	备 注 Remarks
20	防己科 Menispermaceae	滑板菜	*Parabaena sagittata*（Wall.）Miers	本科有 2 种
		绿藤	*Tinospora crispa*（L.）Miers ex Hook. f. et Thoms	
21	胡椒科 Piperaceae	假蒟	*Piper sarmentosum* Roxb.	本科有 2 种
		黄花胡椒（野蒌）	*P. flaviflorum* C. DC.	
22	三白草科 Saururaceae	鱼腥草	*Houttuynia cordata* Thunb.	本科有 1 种
23	白花菜科 Capparidaceae	树头菜	*Crateva unilocularis* Buch. －Ham.	本科有 1 种
24	十字花科 Cruciferae	遏兰菜	*Thlaspi arvense* L.	本科有 10 种
		云南山嵛菜	*Eutrema yunnanense* Franch.	
		焯菜	*Rorippa indica*（L.）Hiern	
		高河菜	*Megacarpaea delavayi* Franch.	
		荠菜	*Capsella bursa－pastoris*（L.）Medic.	
		豆瓣菜	*Nasturtium officinale* R. Br.	
		沼泽焯菜	*Rorippa palustris*（Leyss.）Bess.	
		小花南芥菜	*Arabis alpina* L.	
		独行菜	*Lepidium apetalum* Willd.	
		板蓝根	*Isatis indigotica* Fort.	
25	堇菜科 Violaceae	犁头草	*Viola philippica* Cav.	本科有 2 种
		如意草	*V. hamiltoniana* D. Don	
26	茅膏菜科 Droseraceae	茅膏菜	*Drosera peltata* J. E. Smith	本科有 1 种
27	石竹科 Caryophyllaceae	牛繁缕	*Myosoton aquaticum*（L.）Moench.	本科有 3 种
		女娄菜	*Melandrium apricum*（Turcz.）Rohrb.	
		繁缕	*Stellaria media*（L.）Cyrillus	
28	马齿苋科 Portulacaceae	马齿苋	*Portulaca oleracea* L.	本科有 2 种
		土人参	*Talinum paniculatum*（Jacq.）Gaertn.	
29	蓼科 Polygonaceae	何首乌	*Polygonum multiflorum* Thunb.	本科有 10 种
		火炭母	*P. chinense* L.	
		扁蓄	*P. aviculare* L.	
		虎杖	*Reynoutria japonica* Houtt.	
		香蓼	*P. viscosum* Buch. －Ham. Ex D. Don	
		酸模叶蓼	*P. lapathifolium* L.	
		水蓼	*P. hydropiper* L.	
		尼泊尔酸模	*Rumex nepalensis* Spreng.	
		酸模	*R. acetosa* L.	
		天荞麦	*Fagopyrum dibotrys*（D. Don）Hara	

续表 4－1

序号 No	科 Family	种类 Species	拉丁名 Latin name	备 注 Remarks
30	商陆科 Phytolaccaceae	商陆	*Phytolacca acinosa* Roxb.	本科有 1 种
31	藜科 Chonopodiaceae	地肤	*Kochia scoparia* (L.) Schrad.	本科有 4 种
		灰条菜	*Chenopodium album* L.	
		猪毛菜	*Salsola collina* Pall.	
		千针苋	*Acroglochin persicarioides*(Poir.) Moq.	
32	苋科 Amaranthaceae	刺苋	*Amaranthus spinosus* L.	本科有 8 种
		空心莲子草	*Altenanthera philoxeroides*(Mart.) Griseb.	
		凹头苋	*Amaranthus lividus* L.	
		鸡冠花	*Celosia cristata* L.	
		苋	*A. tricolor* L.	
		皱果苋	*A. viridis* L.	
		青葙	*Celosia argentea* L.	
		牛膝	*Achyranthes bidentata* Blume	
33	落葵科 Basellaceae	落葵薯(藤三七)	*Anredera cordifolia* (Tenore) van Steenis	本科有 1 种
34	酢浆草科 Oxalidaceae	酢浆草	*Oxalis corniculata* L.	本科有 2 种
		铜锤草	*O. corymbosa* DC.	
35	凤仙花科 Balsaminaceae	凤仙花	*Impatiens balsamina* L.	本科有 2 种
		大苞凤仙花	*I. balansae* Hook. f.	
36	千屈菜科 Lythraceae	虾子花	*Woodfordia fruticosa* (L.) Kurz	本科有 3 种
		水苋菜	*Ammannia baceifera* L.	
		节节菜	*Rotala indica* (Willd) Koehne.	
37	柳叶菜科 Onagraceae	柳叶菜	*Epilobium hirsutum* L.	本科有 1 种
38	西番莲科 Passifloraceae	西番莲	*Passiflora caerulea* L.	本科有 1 种
39	葫芦科 Cucurbitaceae	木鳖	*Momordica cochinchinensis* (Lour.)Spreng.	本科有 14 种
		云南木鳖	*M. dioica* Roxb. ex Willd.	
		红钮子	*Mukia maderaspatana* (L.) Roem.	
		钮子瓜	*Melothria mucronata* (BI) Cogn.	
		辣椒瓜	*Cyclanthera pedata* (L.)Sehrad.	
		南瓜花	*Cucurbita moschata* Duch	
		老鼠瓜	*Trichosanthes ovigera* Bl.	
		油瓜	*Hodgsonia macrocarpa* (Bl.)Cogn. var. *capniocarpa* (Ridl.) Tsai ex A. M. Lu et Z. Y. Zhang	
		瓜叶栝楼	*Trichosanthes cucumerina* L.	
		红瓜	*Coccinia grandis* (L.)Voigt	

续表 4－1

序号 No	科 Family	种类 Species	拉丁名 Latin name	备注 Remarks
39	葫芦科 Cucurbitaceae	金瓜	*Gymnopetalum chinense* (Lour) Merr.	
		绞股蓝	*Gynostemma pentaphyllum* (Thunb.) Makino	
		大苞赤瓟	*Thladiantha cordifolia* (Bl.) Cogn.	
		密毛栝楼	*Trichosanthes villosa* Bl.	
40	秋海棠科 Begoniaceae	秋海棠	*Begonia grandis* Dry.	本科有2种
		野海棠	*B. crassirostris* Irmsch.	
41	番木瓜科 Caricaeae	番木瓜	*Carica papaya* L.	本科有1种
42	仙人掌科 Cactaceae	仙人掌	*Opuntia monacantha* (Willd.) Haw.	本科有1种
43	山茶科 Theaceae	茶	*Camellia sinensis* (L.) O. Kuntze	本科有1种
44	杜英科 Elaeocarpaceae	滇藏杜英	*Elaeocarpus braceanus* Watt. et C. B. Clarke	本科有6种
		假樱叶杜英	*El. prunifolioides* Hu	
		水石榕	*El. hainanensis* Oliv.	
		圆果杜英	*El. sphaericus* (Gagn) K. Schum.	
		山杜英	*El. Sylvestris* (Lour.) Poir.	
		披针叶杜英	*El. lanceaefolius* Roxb.	
45	石榴科 Punicaceae	石榴花	*Punica granatum* L.	本科有1种
46	木棉科 Bombacaeae	攀枝花	*Bombax malabaricum* DC.	本科有1种
47	锦葵科 Malvaceae	木槿	*Hibiscus syriacus* L.	本科有8种
		玫瑰茄	*H. sabdariffa* L.	
		木芙蓉	*H. mutabilis* L.	
		野西瓜苗	*H. trionum* L.	
		粑粑叶	*Malva verticillata* L.	
		蜀葵	*Althaea rosea* (L.) Cav.	
		秋葵	*Abelmoschus spicatus* (Thunb.) Makino	
		黄秋葵	*A. esculents* (L.) Moench	
48	大戟科 Euphorbiaceae	守宫木	*Sauropus androgynus* (L.) Merr.	本科有5种
		滇橄榄	*Phyllanthus emblica* L.	
		叶下珠	*P. urinaria* L.	
		木薯	*Manihot esculenta* Grantz	
		重阳木	*Bischofia javanica* Bl.	
49	蔷薇科 Rosaceae	青刺尖	*Prinsepia utilis* Royle	本科有11种
		水杨梅	*Geum aleppicum* Jacq.	
		火棘	*Pyracantha fortuneana* (Maxim.) Li	
		白牛筋	*Dichotomanthes tristaniaecarpa* Kurz	

续表 4－1

序号 No	科 Family	种类 Species	拉丁名 Latin name	备 注 Remarks
49	蔷薇科 Rosaceae	棠梨花	*Pyrus pashia* Buch. －Ham. ex D. Don	
		月季花	*Rosa chinensis* Jacq.	
		移依	*Docynia delavayi*（Franch.）Schneid.	
		酸木瓜	*Chaenomeles speciosa*（Sweet）Nakai	
		倒挂刺	*Rosa longicuspis* A. Bertoloni	
		黄龙尾	*Agrimonia pilosa* Ldb. var. *nepalensis*（D. Don）Nakai	
		地榆	*Sanguisorba officinalis* L.	
50	苏木科 Caesalpiniaceae	白花羊蹄甲	*Bauhinia variegata* L.	本科有 8 种
		茳芒决明	*Cassia sophera* L.	
		铁刀木	*C. siamea* Lam.	
		腊肠树	*C. fistula* L.	
		无忧花	*Saraca dives* Pierre	
		酸角	*Tamarindus indica* L.	
		滇皂荚	*Gleditsia delavayi* Franch.	
		皂角芽	*G. sinensis* Lam.	
51	含羞草科 Mimosaceae	臭菜	*Acacia pennata*（L.）Willd.	本科有 2 种
		肉果金合欢	*A. concinna*（Willd.）DC.	
52	蝶形花 Papilionaceae	大花田菁	*Sesbania grandiflora*（L.）Pers.	本科有 14 种
		木豆	*Cajauns cajan*（L.）Millsp.	
		天蓝苜蓿	*Medicago lupulina* L.	
		南苜蓿	*M. polymorpha* L.	
		金雀花	*Caragana sinica*（Buc'hoz）Rehd.	
		刺槐	*Robinia pseudoacacia* L.	
		小雀花	*Campylotropis polyantha*（Fr.）Schindl.	
		苦刺	*Sophora davidii*（Franch.）Skeels.	
		地八角	*Astragalus sinicus* L.	
		紫藤	*Wisteria sinensis*（Sims.）Sweet	
		歪头菜	*Vicia unijuga* A. Br.	
		野葛	*Pueraria edulis* Pamp.	
		葛根	*P. lobata*（Willd.）Ohwi	
		刺桐	*Erythrina arborescens* Roxb.	
53	杨柳科 Salicaceae	垂柳	*Salix babylonica* L.	本科有 1 种
54	桑科 Moraceae	木瓜榕	*Ficus auriculata* Lour.	
		厚皮榕	*F. callosa* Willd.	

续表 4－1

序号 No	科 Family	种类 Species	拉丁名 Latin name	备　注 Remarks
54	桑科 Moraceae	苹果榕	*F. oligodon* Miq.	本科有 8 种
		突脉榕	*F. vasculosa* Wall.	
		黄葛树	*F. virens* Ait. var. *sublanceolata* (Miq.) Corner	
		聚果榕	*F. racemosa* L.	
		桑	*Morus alba* L.	
		构树	*Broussonetia papyrifera*(L.)L. Hergt. ex Vent.	
55	荨麻科 Urticaceae	盘托楼梯草	*Elatostema dissectum* Wedd.	本科有 6 种
		假楼梯草	*Lecanthus peduncularis* (Royle)Wedd.	
		糯米草	*Memorialis hirta* (Bl.) Wedd.	
		荨麻	*Laportea bulbifera* (Sieb. et Zucc.) Wedd.	
		小荨麻	*Urtica atrichocaulis* (Hand. －Mazz.) C. J. Chen	
		红雾水葛	*Pouzolzia sanguinea* (Bl.)Merr.	
56	卫矛科 Celastraceae	灯油藤	*Celastrus paniculatus* Willd.	本科有 1 种
57	赤苍藤科 Erythropalaceae	赤苍藤	*Erythropalum scandens* Bl.	本科有 1 种
58	山柚子科 Opiliaceae	长蕊甜菜	*Melientha longistaminea* W. Z. Li	本科有 1 种
59	葡萄科 Vitaceae	粉果藤	*Cissus luzoniensis* (Merr.) C. L. Li	本科有 1 种
60	芸香科 Rutaceae	竹叶椒	*Zanthoxylum aramatum* DC.	本科有 4 种
		刺花椒	*Z. acanthopodium* DC.	
		野花椒	*Z. simulans* Hance	
		柚子	*Citrus maximum* (Burm.) Merr.	
61	苦木科 Simaroubaceae	中国苦树	*Picrasma chinensis* P. Y. Chen	本科有 1 种
62	橄榄科 Burseraceae	橄榄	*Canarium album* (Lour.) Rauesch.	本科有 1 种
63	楝科 Meliaceae	香椿	*Toona sinensis* (A. Juss.) Roem.	本科有 1 种
64	无患子科 Sapindaceae	滨木患	*Arytera litoralis* Bl.	本科有 1 种
65	漆树科 Anacardiaceae	芒果	*Mangifera indica* L.	本科有 4 种
		盐肤木	*Rhus chinensis* Mill.	
		黄连木	*Pistacia chinensis* Bunge	
		槟榔青	*Spondias pinnata*(L. f.)Kurz	
66	五加科 Araliaceae	通脱木	*Tetrapanax papyrifer* (Hook.)K. Koch	本科有 8 种
		楤木	*Aralia chinensis* L.	
		刺五加(白簕)	*Acanthopanax trifoliatus* (L.)Meer.	
		梁旺茶	*Nothopanax delavayi*(Fr.) Harms ex Diels	
		刺通草	*Trevesia palmata* (Roxb.)Vis.	
		掌裂柏那参	*Brassaiopsis hainla* (Buch. －Ham. ex D. Don)Seem.	

续表 4－1

序号 No	科 Family	种类 Species	拉丁名 Latin name	备 注 Remarks
66	五加科 Araliaceae	阔翅柏那参	*Br. palmipes* Forrest ex W. W. Smith	
		小叶楤木	*Aralia foliolosa*(Wall.)Seem	
67	伞形科 Umbelliferae	水芹	*Oenanthe javanica* (Bl.) DC.	本科有 11 种
		线叶水芹	*O. linearis* Wall. ex DC.	
		少花水芹	*O. benghalensis*(Roxb.)Benth. ef Hook. f.	
		中华水芹	*O. sinense* Dunn	
		积雪草	*Centella asiatica* (Linn.)Urban	
		川芎	*Ligusticum chuanxiong* Hort ex S. H. Qiu et al.	
		刺芫荽	*Eryngium foetidum* L.	
		鸭儿芹	*Cryptotaenia japonica* Hassk.	
		紫茎芹	*Nothosmyrnium japonicum* Miq.	
		薄片变豆菜	*Sanicula lamelligera* Hance	
		天胡荽	*Hydrocotyle sibthorpioides* Lam.	
68	紫金牛科 Myrsinaceae	酸薹菜	*Ardisia solanacea* Roxb.	本科有 3 种
		走马胎	*A. gigantifolia* Stapf	
		白花酸藤果	*Embelia ribes* Burm. F.	
69	马钱科 Loganiaceae	粗糠花	*Buddleja officinalis* Maxim.	本科有 1 种
70	杜鹃花科 Ericaceae	大白花杜鹃	*Rhododendron decorum* Franch.	本科有 1 种
71	木犀科 Oleaceae	女贞	*Ligustrum lucidum* Ait.	本科有 2 种
		茉莉花	*Jasminum sambac*(L.)Ait	
72	夹竹桃 Apocynaceae	鸡蛋花	*Plumeria rubra* L. cv. Acutifolia	本科有 3 种
		毛车藤	*Amalocalyx yunnanensis* Tsiang	
		酸叶胶藤	*Ecdysanthera rosea* Hook. et Arn.	
73	萝藦科 Asclepiadaceae	苦绳花	*Dregea sinensis* Hemsl.	本科有 4 种
		南山藤	*D. volubilis* (L. f.) Benth. ex Hook. F.	
		轮叶白前	*Cynanchum verticillatum* Hemsl.	
		刺瓜	*C. corymbosum* Wight	
74	茜草科 Rubiaceae	云南鸡矢藤	*Paederia yunanensis* (Levl.) Rehd.	本科有 2 种
		具苞藏药木	*Hyptianthera bracteata* Craib	
75	忍冬科 Caprifoliaceae	金银花	*Lonicera japonia* Thunb.	本科有 2 种
		血满草	*Sambucus adnata* Wall. ex DC.	
76	川续断科 Dipsacaceae	川续断	*Dipsacus asperoides* C. Y. Cheng et T. M. Ai	本科有 2 种
		大川续断	*D. chinensis* Batal.	

续表 4－1

序号 No	科 Family	种类 Species	拉丁名 Latin name	备 注 Remarks
77	菊科 Compositae	白苞蒿	*Artemisia lactiflora* Wall. ex DC.	本科有 24 种
		蒌蒿	*Ar. selengensis* Turcz. ex Bess.	
		艾蒿	*Ar. argyi* Levl. et Vant.	
		茵陈蒿	*Ar. capillaris* Thunb.	
		牡蒿	*Ar. japonica* Thunb.	
		牛膝菊	*Galinsoga Parviflora* Cav.	
		清明菜	*Gnaphalium affine* D. Don	
		蒲公英	*Tarxacum mongolicum* Hand. －Mazz.	
		裂叶苣荬菜	*Lactuca dolichophylla* kitam.	
		滇苦荬菜	*Sonchus oleraceus* L.	
		花叶滇苦菜	*S. asper* (L.) Hill	
		鬼针草	*Bidens pilosa* Linn.	
		野菊	*Dendranthema indicum* (L.) Des Moul.	
		紫背天葵	*Gynura cusimbua*(D. Don)S. Moore	
		民革菜	*Crassocephalum crepidioides* (Benth.) S. Moore	
		钻叶紫菀	*Aster subulatus* Michx.	
		大蓟	*Cirsium chlorolepis* Petrak ex Hand. －Mazz.	
		牛蒡	*Arctium lappa* L.	
		水朝阳花	*Inula helianthus－aquatilis* C. Y. Wu et Ling	
		马兰	*Kalimeris indica* (L.)Sch. －Bip.	
		鱼眼草	*Dichrocephala intagrifolia* (L. f.) O. Ktze	
		沼菊	*Enydra flucluans* Lour.	
		小白酒草	*Conyza canadensis* (L.)Cronq.	
		毛连菜	*Picris hieracioides* L.	
78	报春花科 Primulaceae	珍珠菜	*Lysimachia clethroides* Duby	本科有 1 种
79	车前科 Plantaginaceae	大车前	*Plantago major* L.	本科有 2 种
		小车前	*P. erosa* Wall.	
80	桔梗科 Campanulaceae	土党参	*Campanumoea javanica* Bl.	本科有 2 种
		臭参	*Codonopsis bulleyana* Forrst ex Diels	
81	楔瓣花科 Sphenocleaceae	尖瓣花	*Sphenoclea zeylanica* Gaertn.	本科有 1 种
82	半边莲科 Lobeliaceae	铜锤玉带草	*Pratia nummularia* (Lam.) A. Br. et Aschers.	本科有 1 种
83	紫草科 Boraginaceae	倒提壶	*Cynoglossum amabile* Stapf et Drumm.	本科有 4 种
		厚壳树	*Ehretia thyrsiflora* (Sieb. et Zucc.) Nakai	
		长花厚壳树	*E. longiflora* champ. ex Benth.	

续表 4－1

序号 No	科 Family	种类 Species	拉丁名 Latin name	备 注 Remarks
83	紫草科 Boraginaceae	附地菜	*Trigonotis peduncularis*(Trev.)Benth. ex Barker et Moore	
84	茄科 Solanaceae	龙葵	*Solanum nigrum* L.	本科有 11 种
		少花龙葵	*S. photeinocarpum* Nakamura et Odashima	
		旋花茄	*S. spirale* Roxb.	
		白茄	*S. melongena* L.	
		野茄	*S. coagulans* Forsk.	
		水茄	*S. torvum* Swartz	
		刺天茄	*S. indicum* L.	
		红茄	*S. integrifolium* Poir.	
		枸杞	*Lycium chinense* Mill.	
		小米辣	*Capsicum frutescens* L.	
		树番茄	*Syphomandra betacea* sendtn.	
85	旋花科 Convolvulaceae	红薯尖	*Ipomoea batatas* (L.) Lam.	本科有 5 种
		牵牛花	*Pharbitis nil*(L.)Choisy	
		滇土瓜	*Merremia hungaiensis* (Lingelsh. et Borza)R. C. Fang	
		马蹄金	*Dichondra repens* Forst.	
		打碗花	*Calystegia hederacea* Wall.	
86	玄参科 Scrophulariaceae	水八角	*Limnophila rugosa* (Roth.) Merr.	本科有 3 种
		野甘草	*Scoparia dulcis* L.	
		北水苦荬	*Veronica anagallis－aquatica* L.	
87	紫葳科 Bignoniaceae	炮仗花	*Millingtonia hortensis* L. f.	本科有 4 种
		火烧花	*Mayodendron igneum* (kurz) kurz	
		千张纸	*Oroxylum indicum*(L.) Kurz	
		西南猫尾木	*Dolichandrone stipulata* (Wall.) Benth. et Hook. F.	
88	爵床科 Acanthaceae	多花可爱花	*Pseuderanthemum polyanthum*(C. B. Clarke) Merr.	本科有 2 种
		大花山牵牛	*Thunbergia grandiflora* Rottl. ex Willd. Roxb.	
89	马鞭草科 Verbenaceae	广东臭茉莉	*Clerodendrum colebrookianum* Walp.	本科有 4 种
		赪桐	*C. japonicum* (Thunb.) Sweet	
		臭头菜	*C. trichotomum* Thunb.	
		马鞭草	*Verbena officinalis* L.	
90	唇形科 Labiatae	益母草	*Leonurus heterophyllus* Sweet	
		夏枯草	*Prunella vulgaris* L.	
		野薄荷	*Mentha haplocalyx* Briq.	
		地参	*Lycopus lucidus* Turcz.	

续表 4 – 1

序号 No	科 Family	种类 Species	拉丁名 Latin name	备　注 Remarks
90	唇形科 Labiatae	野紫苏	*Perilla frutescens* (L.) Britt.	本科有 13 种
		水香薷	*Elsholtzia kachinensis* Prain	
		登龙菜	*Lamium amplexicaule* L.	
		罗勒	*Ocimum basilicum* L.	
		藿香	*Agastache rugosa*(Fisch. et Mey.)O. Ktze.	
		吉龙草	*Elsholtzia communis* (Coll. et Hemsl.) Diels	
		风轮菜	*Clinopodium repens* (D. Don) Wall.	
		凉粉草	*Mesona chinensis* Benth.	
		野草香	*Elsholtzia cypriani* (Pavol.)C. Y. Wu et S. Chow	
91	水鳖科 Hydrocharitaceae	海菜花	*Ottelia acuminata* (Gagnep.) Dandy	本科有 1 种
92	泽泻科 Alismataceae	野慈姑	*Sagittaria trifolia* L.	本科有 1 种
93	眼子菜科 Potamogetonaceae	川蔓藻	*Ruppia rostellata* Koch.	本科有 1 种
94	鸭跖草 Commelinaceae	竹节参(鸭跖草)	*Commelina communis* L.	本科有 2 种
		竹叶子	*Spatholirion volubile* Edgew.	
95	芭蕉科 Musaceae	地涌金莲	*Musella lasiocarpa* (Fr.) C. Y. Wu ex H. W. Li	本科有 2 种
		小果野芭蕉	*Musa acuminata* Colla	
96	姜科 Zingiberaceae	阳荷	*Zingiber striolatum* Diels	本科有 16 种
		脆舌姜	*Z. fragile* S. Q. Tong	
		圆瓣姜	*Z. orbiculatum* S. Q. Tong	
		红球姜	*Z. zerumbet* (L.)Smith	
		红豆蔻	*Alpinia galanga* (L.) Willd.	
		箭杆风	*A. stachyodes* Hance	
		黑果山姜	*A. nigra*(Gaertn.) Burtt	
		长柄山姜	*A. kwangsiensis* T. L. Wu et Senjen Chen	
		荽味砂仁	*Amomum coriandriodorum* S. Q. Tong	
		九翅砂仁	*A. maximum* Roxb.	
		沙姜	*Kaempferia galanga* L.	
		喙花姜	*Rhynchanthus beesianus* W. W. Smith	
		闭鞘姜	*Costus speciosus* (Koen.)Smith	
		姜黄	*Curcuma longa* L.	
		瓷玫瑰	*Etlingera elatior* (Jack) R. M. Smith	
		舞花姜	*Globba racemosa* Smith	
97	美人蕉科 Cannaceae	芭蕉芋	*Canna edulis* Ker – Gawl.	本科有 1 种

续表 4－1

序号 No	科 Family	种类 Species	拉丁名 Latin name	备 注 Remarks
98	百合科 Liliaceae	竹叶菜	*Smilacina oleracea* (Baker) Hook. f.	本科有 6 种
		中华芦荟	*Aloe vera* L. var. *chinensis* (Haw) Berger	
		黄精	*Polygonatum kingianum* Coll. et Hemsl.	
		百合(卷丹)	*Lilium lancifolium* Thunb.	
		竹节菜	*Smilacina henryi* (Baker) Wang et Tang	
		黄花菜	*Hemerocallis fulva* L.	
99	菝葜科 Smilacaceae	菝葜	*Smilax china* Linn.	本科有 2 种
		短柱肖菝葜	*Heterosmilax yunnaneansis* Gagenp.	
100	石蒜科 Amaryllidaceae	宽叶韭	*Allium hookeri* Thwaites	本科有 3 种
		小根蒜	*A. macrostemon* Bunge	
		野葱	*A. chrysanthum* Regel	
101	雨久花科 Pontederiaceae	雨久花	*Monochoria korsa－kowii* Kegel et Maack	本科有 3 种
		鸭舌草	*M. vaginalis* (Burm. f.) C. Presl	
		箭叶雨久花	*M. hastata* (L.) Solms	
102	天南星科 Araceae	滴水芋	*Colocasia esculenta* (L.) Schott	本科有 7 种
		假芋	*C. fallax* Schott.	
		紫芋	*C. tonoimo* Nakai	
		刺芋	*Lasia spinosa* (L.) Thwait	
		石菖蒲	*Acorus tatarinowii* Schott	
		大麻芋	*Homalomena gigantea* Engl.	
		磨芋	*Amorphophallus yunnanensis* Engl.	
103	鸢尾科 Iridaceae	小红蒜	*Eleutherine plicata* Herb.	本科有 1 种
104	箭根薯科 Taccaceae	老虎须	*Tacca chantrieri* Andre	本科有 1 种
105	薯蓣科 Dioscoreaceae	野山药	*Dioscorea subcalva* Prain et Burk.	本科有 4 种
		云南薯蓣	*D. yunnanensis* Prain et Burk.	
		褐苞薯蓣	*D. persimilis* Prainc ct Burk.	
		粘黏黏	*D. melanophyma* Prain et Burk.	
106	棕榈科 Palmae	棕榈	*Trachycarpus fortunei* (Hook. f.) H. Wendl.	本科有 6 种
		蒲葵	*Livistona saribus* (Lour.) Merr.	
		桄榔	*Arenga pinnata* (Wurmb.) Merr.	
		青棕	*Caryota ochlandra* Hance	
		董棕	*C. urens* L.	
		油棕	*Elaeis guineensis* Jacq.	
107	兰科 Orchidaceae	石斛	*Dendrobium crystallinum* Rchb. f.	本科有 1 种

续表 4－1

序号 No	科 Family	种类 Species	拉丁名 Latin name	备　注 Remarks
108	禾木科 Gramineae	香茅草	*Cymbopogon citratus*(DC.) Stapf	本科有 13 种
		牛筋草	*Eleusine indica*(L.) Gaertn.	
		巨龙竹	*Dendrocalamus giganteus* Munro	
		版纳甜竹	*D. hamiltonii* Nees et Arn. ex Munro	
		麻竹	*D. latiflorus* Munro	
		勃氏甜龙竹	*D. brandisii*(Munro) Kurz	
		流苏香竹	*Chimonocalamus fimbriatus* Hsueh et Yi	
		大薄竹	*Bambusa pallida* Munro	
		苦竹	*Pleioblastus amarus* Keng f.	
		毛金竹	*Phyllostachys nigra* (Lodd. ex Lindl.) Munro var. *henonis* (Bean) Stapf ex Rendle	
		刺竹子	*Chimonobambusa pachystachys* Hsueh er Yi	
		空竹	*Cephalostachyum fuchsianum* Gamble	
		毛滇竹	*Gigantochloa albociliata* (Munro) Karz *Oxytenanhera albo－ciliata* Munro	

（二）植物类型分类

按植物类型分类，可分为木本类和草本类。

（1）木本类野生蔬菜一般为多年生植物，还可细分为乔木类、灌木类和木质藤本类等。这类野生蔬菜有香椿、木瓜榕、苦刺花、金雀花、臭菜等。

（2）草本类野生蔬菜，多为一年生植物或季节性生长的植物，如蕺菜、荠菜、马齿苋和车前草等。

（三）食用部位分类

按食用部位分类主要是指按植物全株或嫩茎叶、花序、果实、根等进行分类。

（1）花类野生蔬菜种类比较多，如鸡蛋花、白花羊蹄、木槿、大白花杜鹃、棠梨花等。食用干花的种类有金银花、攀枝花、百合花等。该类植物通常还包括一些食用花序类植物，如芭蕉花等。

（2）茎叶类野生蔬菜，通常占野生蔬菜种类数量的 60%～70%。

（3）果实类野生蔬菜，如苦茄、树番茄、杜英、千张纸、木姜子、辣椒瓜、酸木瓜、小米辣等。

（4）根茎类野生蔬菜，主要有臭参、鸡脚刺、牛蒡、黄精、滇土瓜、粘山药、葛根等。

（5）全株可食类野生蔬菜，有的野生蔬菜在不同的季节可能食用同一植株的不同部位。如鱼腥草，春夏可采食其嫩茎叶，秋冬季挖取地下根茎食用。此类野生蔬菜还有青刺尖、野花椒、紫苏、苦果、滇橄榄等。

第二节 云南野生蔬菜驯化栽培与开发利用

云南野生蔬菜资源丰富，但多为单株或零星生长在各种各样的植物群落中，生长地域局限性很大，给规模开发利用带来许多困难。特别是那些经济价值较高的珍稀种类，由于长期只开发而不保护，导致采收过度，资源濒临枯竭。为了很好地保护野生蔬菜资源，同时提高野生蔬菜的商品利用率，以充分发挥云南野生蔬菜资源和气候条件的优势，适应市场的需要，因此，必须有计划地开展野生蔬菜的人工驯化栽培，由采集野生资源为主逐步向可持续保护和人工栽培转化，实现以人工栽培为主，适当采集野生为辅的方式开发利用云南野生蔬菜资源。

云南民间特别是少数民族聚居的地区很早就有采集和食用野生蔬菜的习惯。由于人口急剧增加，部分野生蔬菜被采集的频度提高，而丰富的资源，相对来说，又是有限的。为了能开发出大量的野生蔬菜，于是就开始了野生蔬菜的人工栽培。最初的人工栽培，一般是将它们栽培到园圃。西双版纳地区许多野生蔬菜人工栽培大都在远离山区的村寨，位于山间或山脚的村寨，栽培野生蔬菜种类比坝区少。这与村民的采集方便与否有较大关系。栽培野生蔬菜包括一些木本类蔬菜，如臭菜〔*Acacia pennata*（L.）Willd.〕、树头菜（*Crateva unilocularis* Buch. Ham.）、木瓜榕（*Ficus auriculata* Lour.）；调料类蔬菜，如刺芫荽（*Eryngium foetidum* L.）、香茅草〔*Cymbopogon citratus*（DC.）Stapf〕、水香薷（*Elsholtzia kachinensis* Prain）等。这些野菜的采集时间长，几乎全年采集，方便和满足其日常食用。旱季在河滩上栽培少花龙葵（*Solanum photeinocarpum* Nakaura et Odashima）和其他蔬菜等，是野菜栽培的萌芽和雏形。

一、在云南已驯化成功，并有一定面积的种类

目前，在云南省已经驯化栽培成功，并有一定栽培面积的野生蔬菜品种有蒌蒿、鱼腥草、枸杞、荠菜、紫背天葵、地参、灰条菜、弯根、水芹菜、根韭菜等。

1. 蒌蒿（*Artemisia selengensis* Turcz. ex Besser）

又名藜蒿、水蒿、柳蒿，菊科蒿属多年生草本植物。云南省各地均有分布，在昆明、大理等地很早就已开始人工驯化栽培。

蒌蒿地下茎粗壮白色，地上茎直立，高 50～150cm，有纵棱，紫红色，无毛。单叶互生抱茎，基叶羽状深裂，披针形或条状披针形，先端渐尖，边缘具有疏浅锯齿，叶背面密被灰白色毛。头状花序多数集成复总状花序，具条形苞片，苞片及花均黄色。瘦果微小无毛。花期 7～8 月，果期 9～10 月。

春季采集嫩茎，软化后食用，清香鲜美，脆嫩爽口，有清凉、平抑肝火、祛风除湿，理气散寒的功效。秋季可采挖其地下根食用，软化后的嫩茎炒食，荤素皆宜，还可凉拌，做馅；其根可炒食、煮汤。

蒌蒿喜潮湿，繁殖方式有扦插繁殖、分株繁殖和种子繁殖。扦插繁殖是目前蒌蒿进行人工栽培的主要繁殖方式。扦插可在每年 6～8 月进行，选无病虫危害的健壮母株，剪取长 15～20cm 的枝条，扦插时按行距 10～20cm 开浅沟，将插条按 5～6cm 的株距，沿沟摆放，覆盖土，填平沟，将土踏实，立即浇足水，并注意遮荫，约 7～10 天后插条开始发根。11～12 月当苗高 20～30cm 时，用镰刀割下枝条，在阴暗处进行软化处理，2～3 天后，除去叶片及老茎，余下肥嫩白净的嫩梢即可上市。

2. 鱼腥草（*Houttuynia cordata* Thunb.）

又名蕺菜、壁虱菜、侧耳根。三白草科蕺菜属一年生或多年生草本。分布于滇中、滇西、滇西北、滇南。生长于海拔 1500～2500m 的林缘水沟边，湿润的路边、村旁、沟边、田埂沟边等。

鱼腥草植株塌地而生，茎部直立，常呈紫色。地下茎匍匐生长，白色，节上着生许多不定根；叶互生，呈心形或宽卵形，长3~8cm，宽4~6cm，先端渐尖，基部心形，全缘。穗状花序生于茎的上端，花冠白色。花期5~6月，果期10~11月。蒴果卵圆形。

据分析，鱼腥草的鲜茎叶除含有相当数量的蛋白质及碳水化合物以外，更富含维生素、氨基酸，以及钙、磷、铁等多种人体必需的营养成分，尤其还含有槲皮苷等保健物质。是一种十分可贵的保健蔬菜。但野生的鱼腥草远不能满足日益扩大的市场需求，20世纪80年代末，云南部分地区开展了鱼腥草的人工栽培研究。现已形成了一套完善的人工驯化栽培技术，目前人工栽培面积近万亩。

（1）选地整地。鱼腥草喜湿忌旱，选择排灌方便的旱地或水田种植。整地是先犁耙，并作成1.3~1.5m宽的低畦，再横向挖好宽约15cm，深约20cm的种植沟，沟间距约25cm。

（2）种苗采集。鱼腥草主要利用地下茎进行无性繁殖，一般宜于冬季将无损伤、健壮的根状茎挖出作为种苗，并将其埋入松土下盖上薄膜越冬，待翌年春季萌芽后，再挖起并切成9~12cm长的小段，每段有3~4个节，然后进行栽种。

（3）栽种管理。“清明”前后栽种。栽前在种植沟内每亩施入1500~2500kg腐熟的有机肥加适量草木灰作基肥，并与泥土充分拌匀，再覆上约3cm厚的碎泥；然后每隔6~8cm放一根种苗，随即盖上6~7cm厚的碎泥，并酌情浇水。栽完后，注意保湿防旱。在基肥充足的情况下，一般可再追肥。必要时，也可在生长旺期薄施一次粪水，以促进增产多收。日常管理的关键是保持土壤湿润，切勿受旱，否则，须根多、品质差。

幼苗期还须注意及时进行中耕除草。此外，在花蕾刚现时，宜及早摘除，并结合进行一次摘心，以抑制其徒长。

鱼腥草可周年采挖。一般春、夏季宜采收嫩茎叶，秋、冬季宜挖取地下茎。

食用部位为根茎及嫩茎叶，可凉拌、做汤或炒食。有清热利湿、消肿、利尿、解毒排脓等功效。

3. 香椿（*Toona sinensis* Roem.）

又名椿菜、椿头、臭椿，为楝科椿属多年生落叶乔木。云南省各地均有分布，生于树林旁、路边及房前屋后，香椿是多年生木本蔬菜，有红椿、紫椿和绿椿之分。

云南省在20世纪80年代初就开始香椿的人工栽培研究，近年来各地大力开发香椿资源，开始作为商品蔬菜生产。栽培形式上形成了露地矮化栽培为主，大棚温室矮化栽培为辅的栽培模式。主要品种有黑油椿和红油椿，绿香椿品质较差，极少用于作蔬菜栽培。繁殖可用种子或扦插进行繁殖。

（1）育苗。种子从壮年树上采收，果实变褐未裂前为适采期。1~2月即可播种育苗。播种前用温水浸种24小时，后于25~28℃催芽。当30%的种子露白时，即可播种。每亩（667㎡）用种量为3~5kg。播种后10~15天齐苗。苗高10~15cm时间苗，保持株距15~20cm、行距20~30cm。苗约高20cm后，结合浇水每亩（667m^2）施复合肥5~7.5kg，促使苗木生长旺盛。幼苗先在母本苗圃培育1年，即可定植。还可采取人工扦插繁殖。

（2）定植。定植一般在春季进行，株行距为80~100cm，栽15000株/hm^2左右。定植前每穴施腐熟有机肥3~4kg。植株长到30~40cm高时，剪去顶芽，保留主干15~20cm高度，促使主干下部萌发2~3个侧枝，作为一级侧枝。如果根部萌生根蘖也应保留，只掐去顶芽。当一级侧枝长到30cm以上时，也要掐去顶芽，保留5~10cm长，促使萌发侧枝。摘心时间一般为6~7月，不能太晚，否则影响采芽产量。矮化栽培要注意控制植株高度，以方便采摘为好。

（3）追肥及灌溉。每年春季每棵穴施或开沟环施有机肥3~5kg。返青后剪去枯枝，嫩茎采摘后浇水。夏季、秋季浇水和施肥有利于恢复生长势并促进枝芽充实饱满。入冬前要注意浇水防冻。

（4）采收食用。定植后第2年即可开始采摘嫩芽。主要采摘主干枝的嫩芽，开摘最初的一两年每年只采收1次。顶芽采收后，上侧位芽又萌发出新芽。3年后，每年可采收两三次。

采集香椿嫩茎芽，凉拌、炒鸡蛋或腌渍。其嫩尖生食或熟食均有止血固精、健胃消炎、去燥湿、祛风利湿的功效。

4. 枸杞（*Lycium chinense* Mill.）

枸杞为茄科落叶灌木，云南省均有分布，生于荒坡、路旁、村边。株高30~60cm。枝细弱，弯曲下垂，茎节有短刺，生于叶腋。叶互生或簇生于短枝上，长卵形，全缘，叶柄短。花腋生，通常数朵簇生，花冠漏斗状，花萼钟状，花冠淡紫色。浆果卵形至长椭圆形，熟时鲜红色，种子细小扁平，千粒重约2.56g。花果期6~9月。近年来，枸杞开始作为商品蔬菜生产。

（1）育苗。枸杞育苗方法为有性繁殖和无性繁殖两种，生产上一般采用无性繁殖（扦插）进行生产。在枸杞发芽前，采集生长健壮，粗约0.4~0.6cm，长10cm左右的一年生枝条作为插条，每个插条保留2~3个芽。用a－萘乙酸处理后，再置于24~26℃的温床上促进生根，有60%左右的插条形成愈伤组织，并有部分长出白根时，即可进行扦插。扦插按行距约15cm，株距约10cm进行，插条上端保留1~2个芽露出地面，然后盖上地膜。插条发芽后及时将地膜撤掉。苗齐以后可追施稀薄的人粪尿。

（2）定植。在苗高约15cm时即可移栽，起苗时应少伤根系，不折断苗木。种植密度一般以株行距约15cm×20cm为宜。

（3）肥水管理。枸杞需肥较多，除移栽时施足基肥外，还必须根据生长势及时合理追施肥料。苗木栽植半月后便可成活，开始萌芽抽梢，这时即可淡施肥水，每公顷施尿素约75kg。隔半月左右再施用一次氮肥，每公顷施尿素约75kg或磷铵约150kg，至10月中下旬落叶前重施一次有机肥料，每公顷施饼肥约4500kg（或腐熟的猪粪约30000kg）、磷肥600~750kg，作为基肥。每次采摘后，均要及时松土，并追肥，每公顷施磷铵或尿素75~150kg，并视天气情况进行田间灌水。平时田间除草和中耕时要及时对根部进行培土，以促发根部不定芽的发生，产生肥嫩的基生梢。

（4）修剪。枸杞粗枝干及根颈处的皮层厚，易萌生徒长性的枝芽，这些基生枝条肥硕，嫩度好，是优质上等的芽菜。因此，每次采摘后要及时对主干枝进行下压回缩至根颈上5~10cm的部位，有利于促发基生芽的萌发，增加优质芽菜的产量。修剪时要注意，在生长期不宜一次性剪完，以保障根系生长的叶面光合养分的供给，可采间隔或错落式回缩，基本上保证采摘面在20~30cm即可。进入7月份，要全园放梢生长，有利于枸杞植株安全越夏。8月下旬，可对全园进行一次露骨平剪，以便促发秋季芽菜的生长。到12月至翌年1月份落叶时，再作一次重修剪。

（5）采收食用。枸杞自播种后50~60天即可开始收获。先采收生长旺盛的枝条，留下其余的幼枝继续生长，当新枝长到40~50cm基部叶片老化前，采取嫩枝，采摘长度为10~15cm，具体以手感持嫩为度，采摘要分批及时进行。

春、夏、秋季均可采食嫩茎叶，可素炒，炒鸡蛋，还可用沸腾水烫后，配以调料凉拌。有消热解毒之效；亦可作汤，有降火、降血压的作用。嫩叶晒干可代茶饮，有健胃、利尿、解热的功效。

5. 紫背天葵〔*Gynura cusimbua*（D. Don）S. Moore〕

又名木耳菜、血皮菜、红背菜。菊科多年生宿根常绿草本，分布在云南的东北部，生于荒坡、草地、林边、溪水边。

根系发达，全株肉质，茎直立，株高25~40cm，分枝强，茎带紫色。叶互生，宽4~6cm，长10~20cm，披针形，叶面浓绿色，叶背紫红色，色泽匀称，有光泽，边缘有锯齿。头状花序，呈伞状排列，花黄色，两性。瘦果，很少结实。花期10~11月。

4~10月均可采食，采食嫩茎叶，可素炒、炒猪肝、凉拌、煮汤。对咳血、血崩、痛经、血气亏、支气管炎、盆腔炎、中署有一定功效；外用治创伤、止血等。

紫背天葵的节部易生不定根，目前多采用扦插繁殖育苗。在昆明地区除冬季外均可扦插繁殖。从健壮的母株上剪取6~8cm长的顶芽，若顶芽很长，可再剪成2段，每段带3~5节，摘去枝条基部老叶，插于苗床上。苗床可用土壤、细沙加草炭或珍珠岩等。扦插距离为6~10cm。枝条插入约1/2，浇透水，盖上塑料小拱棚保温、保湿，保持20℃，经常浇水，约10~15天后成活，成活后即可带土移植。

移栽成活后浇水原则是“见干见湿”，追肥以氮肥为主，每采摘一次追一次水肥。但栽植前每公顷应施入熟腐优质农家肥约30000kg，加三元复合肥225~300kg作底肥深施。紫背天葵抗逆性强，适应性较广，耐旱、耐热，夏季高温干旱也能正常生长，日照充足生长旺盛，冬季生长减缓。在春秋两季生长快，全年陆续生长，每半月采收一次嫩茎叶，采后萌发更多新枝叶，若降霜前用拱棚覆盖，即可实现周年采摘，提高产量。单产12000~15000kg/hm^2。

6. 地参（*Lycopus lucidus* Turcz.）

又名地笋、地肠子、节节高、宝塔菜。唇形科多年生草本，在海拔1800~2700m的地区均能生长，剑川、丽江、鹤庆多有栽培。

株高50~150cm，茎四棱，中空。根状茎横走，节上有须根，顶端膨大呈圆柱形，肉质，白色。叶对生，叶片矩圆状披针形，长4~8cm，下面有凹腺点，叶柄极短或近于无，叶缘锯齿状。花序无梗，球形，多花密集，花萼钟状，花冠白色，长约3mm。小坚果倒卵圆状三棱形。

霜降节令后开始收获地下膨大根茎食用，可炒食、煮食、腌制，还可干制后油炸食用。活血、益气、消水肿，全草为妇科要药。

以无性繁殖为主，生产上用根茎节进行繁殖。地参在温度10℃以上，湿度适宜的条件下开始萌芽。温度在15℃以上能够顺利出苗生长，温度在20℃以上发育最快。立春后就可以栽植，按行距40~45cm开沟，深10~13cm。将选出的无病健壮的地下根茎斜放入沟内，覆土，稍镇压后浇水。10天左右出苗，生长期240~320天。一般产鲜品22500~30000kg/hm^2，产干品3000~4500kg/hm^2。

地参是云南白族地区传统的斋菜，从20世纪70年代起，人们开始有意识地进行野生地参驯化栽培。20世纪80年代初期，栽培的地参已成为大理州迎宾待客餐桌上的佳肴，馈赠亲友的礼品。从1990年经国家商标局批准“石钟山”牌地参商标开始，市场上一直很畅销。近几年来，地参产品多次参加名特产品展销。在1992年第三届中国艺术节上展销，受到了中商部领导同志的高度赞赏。同年，在大理三月街民族节上获“金花奖”奖。

7. 灰条菜（*Chenopodium album* L.）

又名灰灰菜，为藜科一年生草本。云南省各地均有分布，是民间最常见的野生蔬菜。生于田间、路旁、荒坡、堤岸、河滩等地。

株高60~120cm，茎直立，粗壮，多分枝，有棱及绿色或紫色条纹。单叶互生，具长柄，叶片菱状三角形或卵形，先端钝或渐尖，基部楔形，边缘有不规则锯齿或浅裂，其上部的叶较小，披针形，边缘微裂或全缘，背面被粉粒，灰白色。圆锥花序顶生或腋生，花小，黄绿色。苞果椭圆形，种子黑色，光亮。花期5~9月，6月果实渐次成熟。

4~6月采集幼苗及嫩茎叶，洗净后可炒食、凉拌或煮汤。具有止痢、止痒的作用。

灰条菜人工栽培主要是在早春季节，一般利用种子繁殖，于年后至春分播种，生产上多采用撒播和条播方法，条播行距为15~20cm。当株高15~20cm时，可整株采收获上市。

8. **弯根**（*Colocasia fallax* Schott.）

又名假芋、野芋，天南星科水生草本植物。产于玉溪、景洪、思茅，常见于海拔850～1400m的疏林和灌丛中，元江一带较多栽培于湿地中。

多年生草本，株高约1m。块茎小，球形，匍匐茎发达。叶片绿色，薄革质，钝卵形，近圆形，盾状，长8～15cm，宽5～12cm；叶柄绿色，圆柱形。匍匐茎黄白色或浅绿色，内部肉质充实，白色，呈圆柱形，长20～50cm，直径0.7～0.9cm；茎上有节，节间长8～12cm，每节着生一抱茎鳞片叶。花为肉穗花序，柱状，有佛焰苞一片，绿色或黄色。花序下段为雌花区，中段为中性花区，上段为雄花区，雄花区上部为细长纺锤状附属体，附属体长度超过雄花区长度，是与芋的主要区别。

云南人工栽培主要集中在元江一带，栽培品种有两种类型：一类叶柄深绿色，麻味重，主作饲料；另一类叶柄浅绿色，麻味轻，作菜用。

（1）栽培季节及栽培方式。在元江河谷几乎全年均可栽培，但以2～3月或7月移栽的较多，约2个月后即可陆续采收匍匐茎（即弯根），7～9月采收花序。弯根习惯上以一年生栽培为主，即春季栽培冬季平茬，次年又重新栽植。亦可以多年生栽培，由于多年生植株母芋球茎过高，叶片变小，匍匐茎瘦弱，产量和质量都较次，所以采用一年生栽培为好。

（2）品种的选择及育苗。弯根可分为甜弯根和麻弯根，一般栽培上均选用甜弯根。生产上从生产田中选择具有甜弯根特性的健壮植株留2～3个匍匐茎，待先端形成小球茎并长成新的植株后，采用分株繁殖。多栽培于肥沃的水塘中，移栽在浅水田内培养芋苗。

（3）整地移栽。根据弯根对环境条件的要求应选择比较肥沃的低湿地或沼泽地，冬闲时进行翻犁炕晒，立春后约按37500kg/hm^{2}施入充分腐熟的农家肥，灌水后深翻，做到肥足泥化，并保持约3cm的浅水层，即可移栽。移栽不宜过深，栽稳即可。按约40cm×50cm的株行距定植。

（4）田间管理。栽植成活后可施入120～150kg/hm^{2}的速效氮肥提苗，并及时清除田间杂草和枯黄叶片，杂草和枯黄叶片可踏入泥土中作为肥料。植株生长前期保持2～3cm深的水位，匍匐茎长出及采收期间为降低土温，可维持4～7cm深的水位。采收旺盛期可适当追施磷钙肥。

（5）采收及食用。当匍匐茎长至40～50cm时即可陆续采收“弯根”。方法是用刀小心从母茎处割下即可，不要伤及其他幼小嫩芽。如采收不及时，匍匐茎长到5～6节，在先端形成一小球茎，小球茎上部长出叶片，下部生不定根，形成一新的植株。所以采收弯根时最迟须在小球茎长根前，否则匍匐茎逐渐衰老枯萎，不堪食用。匍匐茎一般每周采摘一次，一次每株14根。每年产量可达25500kg/hm^{2}左右。花茎抽生时要及时采收，以免消耗植株营养。每年6～8月，从母株的叶腋处抽生花茎2～3枝，当花茎长50～70cm时，要及时采收，采收时掐住花序下部轻轻抽出即可，产茎量90000kg/hm^{2}左右。叶柄的采收可依食用时间随时采摘。

采摘来的匍匐茎先轻轻刮去表皮，切成寸段炒食，或与肉、豆豉爆炒后炒食、炖食，味清香，质地绵软滑腻，尤其适合于中老年人食用。或者加工腌制，腌渍弯根已成为元江等地优等产品，深受群众喜爱。加工方法是将采收的弯根切成10cm长的茎段，清洗干净，晾干后加入适量食盐、辣椒、花椒等调料腌渍后食用或出售。

9. **水芹**〔*Oenanthe javanica*（Bl.）DC.〕

又名水芹菜，伞形科多年生草本植物。产于昭通、大关、鹤庆、大理、维西、碧江、贡山、昆明、富民、西双版纳、西畴、文山、麻栗坡等地，生于海拔1000～2800m的沼泽、潮湿低洼处及河边。水芹菜是云南民间食用较为广泛的野生蔬菜之一。

水芹为二年生至多年生草本，株高30～80cm。茎圆柱形，绿色中空，具纵纹沟，基部匍匐，节较膨大，茎节上生白色须根，中、上部具分枝。羽状复叶、互生，茎下部叶柄长3～8cm，基部具膜质鞘，叶片轮廓三角形至卵状三角形。复伞形花序，顶生，双悬果。

水芹以其嫩茎和叶柄供食用，其味鲜美，营养保健价值较高。富含蛋白质、碳水化合物、钙、磷、铁、多种维生素等营养成分和膳食纤维、黄酮等保健成分。药入胃经，有清热、解毒、宣肺、利湿的功效。嫩茎叶可炒食、煮汤或作腌菜。

目前，在云南建水、思茅等地有人工栽培。栽培方法上有浅水栽培、深水栽培和旱田润湿栽培等，各有特色，但主要以浅水栽培为主。

（1）水田选择。应选择地势不过于低洼、能灌能排的水田。要求土壤含有机质 1.5% 以上，保水保肥力较强，淤泥层较厚，土壤微酸性到中性的田块。

（2）整地施肥。整地时应先放干田水，深耕细耙（耕深 20～30cm）。施入腐熟有机肥 30000～45000kg/hm^2，尿素 225～300kg/hm^2，整平，保证能做到排灌均匀。

（3）催芽和排种。水芹早熟栽培必须先行催芽，适期排种，才能达到早熟、早上市的目的。一般栽培则无需催芽，待气候适宜时排种。但生长和采收相应推迟。催芽常在排种前 15 天左右开始进行。云南多在 8 月上、中旬，当地气温降至 27℃左右时开始。先从留种田中，收割老熟的母茎，要求茎粗 1cm 左右，剔除过粗、过细的母茎，将其基部理齐，除去杂物，捆成 30cm 左右的捆，并剪除无芽或只有细小腋芽的顶梢。将捆好的母茎交叉堆放于接近水源的树荫下，堆底先垫一层稻草，堆高和直径一般不超过 2m，堆上再盖一层草，早、晚各洒浇凉水 1 次，降温保湿，保持堆内温度 20～25℃，以促进母茎各节腋芽萌发。每隔 5～7 天，于清晨凉爽时翻堆 1 次，冲洗去烂叶残屑，重新堆好。经 15 天左右，多数萌芽萌发，长达 2～3cm 时，即可排种。排种一般于当地气温降至 25℃左右时进行。排种母茎间彼此相距 5～6cm。排种应选阴天或在晴天下午 3～4 时开始，以防烈日晒萎芽苗。约需排种母茎 3000～3750kg/hm^2。排种后保持沟中有水，田面充分湿润而无水层。特别是催芽后排种的，要防止浅水日晒后升温过高，烫伤新根。

（4）田间管理。播种后由于气温仍然较高，田间应保持湿润而无水层，防止积水和土壤干裂，如遇暴雨，应及时抢排积水，防止种苗漂浮或沤烂。排种后 15～20 天，大多数母茎腋芽萌生的新苗已长出新根和新叶时，排水搁田 1～2 天，使土壤稍干或出现细丝裂纹，以促进根系深扎。进入旺盛生长阶段，需持续保持浅水。

水芹菜生长期间，一般追肥 3 次。第一次结合搁田追施速效氮肥，可用 20% 的腐熟粪水或 1% 的尿素水溶液 1500kg/hm^2 浇施。如基肥充足，新苗生长嫩而旺，这次追肥也可以不施。以后 2 次追肥在第一次追肥后每隔 20 天左右进行 1 次，用量比第一次追肥增加 20%～30%，3 次追肥必须有机肥和化肥交替使用，以防品质变劣。缺钾土壤还需 2 次追肥之间追施 1 次钾肥，撒施草木灰 90kg/hm^2 或硫酸钾 225kg/hm^2。每次追肥前应排干田水，追肥后 1 天还水。

播种约 30 天后，当新苗达 15cm 左右时，结合除草，进行匀苗补缺。将生长过密的苗连根拔出一部分，每 2～3 株簇，移栽于缺苗处。同时对生长过高的苗适当深栽，使全田植株生长比较均匀整齐。

（5）软化。为提高产品品质，常在日平均气温降到 15℃左右，株高达 35～40cm 时，进行深栽软化。方法是将植株逐一拔起，每 5～10 株为一束，理齐根部，双手抱紧，指尖合拢下伸，将植株成束棵插入泥中，深 15～18cm，使植株下部投入泥中，在缺光条件下，逐渐软化变白。软化期间灌入浅水，但应停止施肥，以防引起腐烂。

（6）采收。水芹排种后 90 天左右即可开始采收。根据市场需要从冬季一直到春季分期分批陆续采收上市。在长江流域，从 11 月中、下旬开始，一直收到次年 3 月结束。采收时，将植株连根拔起，洗尽污泥，剔除黄叶，将植株理齐后上市。

10. **宽叶韭（*Allium hookeri* Thwaites）**

又名苤菜、根韭菜、大韭菜、野韭菜等，百合科葱属多年生草本。生于海拔 3000～4000m 的湿润山坡，常人工栽培。分布于滇南、滇东北、滇西、滇西北等地。

二年生至多年生草本，须根系，具短粗条形肉质根，分布浅，鳞茎狭圆锥状，鳞茎外皮白色，膜质，不破裂。叶基生，条形至宽条形，中脉明显。花茎扁圆柱形，伞形花序近圆球形，花白色，子房膨大但不结实。花期7~8月。

7~8月采食韭菜薹，秋冬季采挖地下肉质根。韭菜薹可炒食，肉质根可与猪脚、排骨炖汤，也可腌渍、油炸，还可切段加入盐、辣椒捣碎后佐餐。民间有补神壮体、滋补下乳之说。

云南主要分布于滇西、滇南、滇东北，以大理、保山、腾冲、龙陵、潞西等地分布广泛，食用普遍，栽培历史悠久。经过长期地人工驯化栽培，形成了一套比较完善的栽培技术。

（1）选择苗种。每年秋末冬初将整株挖起，剪下肉质根加工食用，留下短缩茎及根丛，贮藏至翌春种植，也可就地留种次春挖掘后种植；也有的采取异地调种，秋冬季节即从高海拔冷凉地区引入中低海拔的温热坝区可达早熟高产的目的。

（2）整地施肥。根韭菜喜温、喜肥、喜湿，所以栽植地应选择疏松肥沃的壤土或沙壤土，并施入有机肥22500~30000kg/hm^2，然后做成1~1.5m的高畦。

（3）种植。种植期一般在立春前后，如用地膜覆盖则种植期和采收期还可提早。按株行距约20cm×40cm，每丛有2~3苗定植，需要种根750kg/hm^{2}左右。

（4）田间管理。根韭菜定植后在温湿度适宜的条件下生长很快，3~5月是叶片生长的旺盛期，要保持土壤湿润，不能受旱，并注意中耕除草，适当追肥。6月以后陆续抽薹，进入采薹期应追施速效氮肥2~3次，以提高花薹产量、促进根系发达。

（5）采收。根韭菜主要采食肉质根和韭菜薹，花薹期比较长，可从6月采到10月下旬，但以7~9月为盛产期，一般单产11250~15000kg/hm^2。韭根根据加工需要一般从9~11月均可采挖，单产韭根15000~22500kg/hm^2。韭根可以鲜食但主要供加工咸菜韭菜根，方法是将采回的韭根洗净晾干，切成小段加入盐、辣子等作料拌匀入罐即成腌韭根，也可加入适量红糖腌成甜咸适中的甜韭根。

生产上有些地方进行软化栽培，生产黄芽韭，黄芽韭产量高。

二、具有开发潜力，并已经开始进行人工驯化的种类

具有开发潜力，并已经开始进行人工驯化的种类有蒲公英、少花龙葵、马齿苋、马兰、白苞蒿、地肤、罗勒、青刺尖、川芎、刺五加、守宫木、土人参、刺芫荽、金雀花、楤木、臭菜藤、藿香、黄花苜蓿、牛繁缕、树番茄等。

1. 蒲公英（*Taraxacum mongolicum* Hand. -Mazz.）

别名黄花地丁、婆婆丁、黄花三七等，菊科多年生草本。云南省均有分布，生长于田间、荒坡、荒地、沟边、草丛、河滩沙地、林下。

植株光滑，质地柔软，含白色乳汁，株高15~30cm。叶为根出叶，呈莲座状，无柄，簇生，披针形或倒披针形，淡绿色至紫红色，表面光滑或具疏软毛，全缘或深浅不同的羽状分裂，叶端三角状钝尖或锐尖，多为戟形。花茎1个至数个出自叶丛，无叶，头状花序，黄色。瘦果长卵形，有条棱。花期3~10月。果实自4月渐次成熟。

春季挖取幼苗或采摘嫩叶片食用，炒食、作汤、凉拌，蘸酱生食或盐渍咸菜，还可作成蒲公英咖啡、蒲公英根粉、蒲公英酒、蒲公英花粉、饮料等。清热解毒，利胆、利尿、促进乳汁分泌。其含铁量高，为野菜之王。

初春到盛夏均可播种，播种量2~4g/m^2，撒播和条播均可，条播的行距为12~15cm。除种子直播外，还可采用根茎栽植，于9~10月，挖取蒲公英老根切成2~4cm的小段，栽入浅沟内，浇水，就可以。

2. **少花龙葵**（*Solanum photeinocarpum* **Nakaura et Odashima**）

又名苦凉菜、白花苦菜、苦菜，茄科一年生草本。分布于云南省各地，生长于沟边、林下阴湿处。苦凉菜是云南热带、亚热带地区最常食用的野生蔬菜。

株高 30～100cm，茎直立，多分枝，茎绿色无毛。单叶互生，叶片卵形或长椭圆形，基部楔形，下延至柄成狭翅，先端短尖，边缘波状或全缘，叶面光滑或有疏生短柔毛，叶柄较短。花序呈伞形，腋外生，花白色。浆果球形，成熟时黑色。花期 7～8 月。果期 8～9 月。

采集幼嫩苗及嫩叶。在南部地区几乎周年均可采食，滇中地区夏秋季采食。先用开水烫漂后炒食、做汤、凉拌。具有清热解毒、利湿消肿的功效。

1～2 月中旬利用种子播种，可撒播或育苗移栽。育苗时，当幼苗 5～6 片叶时进行移栽，定植株行距约 30cm×35cm。植株长到 8～10cm 时，摘去顶端，促进侧芽生长，当侧芽长到 20cm 长时，采收侧芽。

3. **马齿苋**（*Portulaca oleracea* **Linn.**）

又名瓜子菜、长命菜、指甲菜，为马齿苋科一年生肉质草本植物。各地均有分布。马齿苋适应性极强，广泛分布在河岸边、池塘边、沟边、山坡草地、田野、路边及住宅附近，几乎随处可见。

全株光滑无毛。由基部分枝，茎圆柱形长达 30～35cm，淡绿色，阳面带紫红色。叶对生，倒卵形，叶柄极短，叶片肥厚，全缘，似瓜的子叶，表面深绿色；托叶小，干膜质。花黄色，通常 3～5 朵簇生于枝端叶腋，无梗，花瓣倒卵状长圆形，子房半下位。蒴果短圆锥形。种子小，数量多，黑褐色有光泽。花期 6～8 月。果期 7～9 月。

用沸水烫后可炒食、凉拌或煮汤。马齿苋具有降低血糖，促进胰岛素的分泌，保持血糖的稳定作用，对心血管有保护作用。能预防血小板聚集，冠状动脉痉挛和血栓形成，有效防治冠心病；此外，还具有凉血解毒、清热利湿之功效。

利用种子繁殖，于 2～3 月份播种，采用撒播或条播。马齿苋种子细小，故要精心整地，以条播为好。为了播种密度均匀，要用 10 倍种子量的细沙拌后再播，播后不需覆土，只要用水喷湿畦面即可。出苗后间苗，使株距保持 9～10cm，让苗继续生长。株高约 25cm 以上时，便可采收，采收时要在靠近根部留下 2～3 节位，以便腋芽继续生长，供陆续采收。马齿苋也可用茎杆扦插繁殖。

4. **马兰**〔*Kalimeris indica*（**L.**）**Sch. –Bip.**〕

又名马兰头、老妈妈拐杖，菊科马兰属多年生草本。各地均有分布，生长于溪边、路边、宅边、田埂边。

茎直立。叶互生，质薄，倒披针形或倒卵状矩圆形，顶端钝或尖，基部渐狭无叶柄，边缘有疏粗锯齿或羽状浅裂，上部叶小，无柄全缘。头状花序，单生于枝端并排成疏伞房状，总苞片 2～3 层，倒披针形，舌状花 1 层，舌片淡紫色或白色，筒状花多层，筒部被短毛。瘦果倒卵状短圆形，极扁，褐色，冠毛易脱落，不等长。

早春 2～4 月间即可采集马兰的幼苗及嫩叶，炒食、凉拌均可，清香味美。马兰繁殖可采用分株或种子播种法，目前生产上多采用种子播种法。马兰一般春季播种，播种方法用撒播，为了撒播均匀将种子与 3～4 倍的细土混匀，薄薄的撒在畦面上，然后用木板轻轻地压实。清明前后采收，5 月下旬开花，6～10 月种子成熟。

5. **白苞蒿**（*Artemisia lactifeora* **Wall. ex DC.**）

又名小黑药、珍珠菜，白苞蒿为菊科蒿属多年生草本。分布于红河州金平、蒙自、屏边等地，生长于村边林缘、山谷阴地、溪旁及荒地。

株高 60～120cm，直径 5～10mm。茎紫色、直立、六棱、无毛。叶片深绿色，羽状全裂，裂片有深或浅锯齿，顶端渐尖；叶形多变异，长7~18cm，宽5~12cm。在枝端排列成短或长的复总状花序，总苞卵形，长约2mm，无梗，总苞片白色或黄色。瘦果，无毛。

3~8月采集其嫩苗、嫩茎叶，也可采收洗净后晒干备用。其鲜嫩茎叶可炒食、煮汤、凉拌及作馅的配料等，干品舂碎成粉与鸡蛋调匀，加油盐蒸熟即食。理气活血、破血通经、利温、解毒、消肿。

白苞蒿以分株繁殖和扦插繁殖为主。扦插时期不限，全年均可进行，但以春、秋两季扦插成活率高。扦插材料在健壮母株中截取带3~5个芽的枝茎，扦插于苗床中，入土约为茎枝的2/3，插后浇透水，保湿，春季约10天发根，冬季需2~3周才能发根。分株繁殖通常于秋季进行。

6. 地肤〔*Kochia scoparia*（Linn.）Schrad.〕

又名铁扫帚、扫帚菜、地肤子，为藜科地肤属一年生草本。生长于海拔600~2100m的村旁、路边、田埂、草坡，分布于昆明、玉溪、红河、大理等地。

株高0.8~1.5m，茎直立，易分枝，如扫帚状。绿色或秋后呈淡紫色，被短柔毛或长柔毛。单叶互生，线状披针形或披针形，无毛或具软毛，先端渐尖。穗状花序，花杂性，单生或数朵簇生于叶腋，无梗。胞果扁球形，包于宿存花被内。瘦果卵形，黑褐色。花期6~9月，果期8~10月。

3~7月间采集幼苗或嫩茎叶。地肤幼苗或嫩茎叶洗净后，用沸水焯一下，换清水浸泡后炒食、凉拌、做汤、做馅。清湿热、利尿作用。其果实可祛风止痒，清热利水。

地肤喜阳，适应性强，耐寒耐热，耐旱耐瘠薄。种子发芽适温为20~23℃，幼苗生长适温为15~25℃。昆明地区2月下旬至3月上旬播种，多采用条播。按行距约15cm开深约0.5cm的浅沟，干籽条播，播种量为30~45kg/hm^2。为便于播匀，可将种子与细潮土混匀后播种。播后盖1层细潮土（厚度以盖住种子为准），踩实，随即浇水。播种后7~10天出苗。苗高15~20cm时，齐根割断，除去败叶，扎成5cm粗的捆，即可上市出售。

7. 罗勒（*Ocimum basilicum* Linn.）

又名荆芥、转转香、帕友新（傣语），唇形科罗勒属一年生草本植物。生长于海拔1500m以下的山坡路边或山谷林缘，分布滇南、滇西、滇东北等地区，昆明也有栽培。

株高50~70cm。茎四棱形，全株被稀疏柔毛，叶腋多次分枝。叶对生，全缘，叶片卵圆形或长椭圆形，长3~5cm，宽约3cm。花在花茎上分层轮生，成轮伞花序，组成下部间断上部连续的假总状花序。花冠唇形白色，雄蕊4枚，柱头1枚，每花能形成小坚果4个。坚果黑褐色，椭圆形，千粒重2g左右。花期6~7月，果期8~9月。

春、夏季可采集嫩茎叶，秋季采收成熟的花穗，晾干。将嫩茎叶洗净，切碎后加调料凉拌、炒食、作汤、油炸食用；炖鸡、煮鱼时放入晾干的花穗，可增加风味，去除腥味。有消暑解毒、消食开胃的功效。叶可提炼芳香油，茎叶可入药，有健胃的效果。

2月上旬至3月下旬播种，采用直播或育苗移栽，直播时开浅沟将种子均匀撒入，覆薄土，播后浇水。播种后3~5天出苗，苗高6~7cm时开始间拔幼苗食用。育苗移栽是在苗高8cm左右定植，种植株行距为30cm×40~50cm。主茎高约20cm以后，则采摘幼嫩茎叶供应上市。陆续采收一直到8月上旬。

8. 青刺尖（*Prinsepia utilis* Royle）

又名扁核木、狗奶子，蔷薇科灌木，各地均有分布。

株高约1~2m。茎枝具棱，灰绿色，常被白粉。小枝被黄褐色短柔毛，着生2~3cm绿色硬刺。矩圆状卵形单叶长5~8cm，宽2~3cm，无毛，缘有细锯齿或全缘，互生，钝尖，基部近圆形，叶柄长约1cm，无毛。总状花序，腋生或生侧枝顶端，花梗长约6mm，无毛。花白色，花瓣倒卵形。核果，紫红色，椭圆形，有粉霜。核为左右压扁的卵球形。花果期4~8月。

春季采摘嫩叶茎，夏秋季采集果实榨油。用沸水烫漂后凉拌或炒食，亦可腌制食用。种子炼油食用或药用。种子富含油脂，一般出油率30%左右，可软化血管，降低血脂、血糖。

采用播种或扦插方式育苗成苗率都很高，一般在2～3月播种，翌年的3～7月可采收嫩尖，三年后进入盛收期。扦插繁殖方法，选取一年生半木质化枝条，剪成长10～15cm的插条，下部切口要平滑，留2～3片叶，切口蘸生根粉，扦插株行距约4cm×5cm，深度为插条的1/2～2/3。基质为珍珠岩或沙壤土，插后浇透水，注意适当遮阴保湿。约20～30天即可长出新根。通常用作绿篱。

9. **刺五加**（***Acanthopanax gracilistylus* W. W. Smith.**）

又名五加参、五加皮，五加科多年生灌木。分布于中部、西部及南部，村旁常有用作围篱栽培，生长于常绿阔叶林中。

茎被密刺，散生或有少量直立分枝。小叶3～5，纸质，短柄，被毛或无毛，小叶柄长0.5～2cm；幼叶椭圆状倒卵形至矩圆形，长7～13cm，缘有锐尖重锯齿，柄长3～12cm。伞形花序，单顶生或2～4聚生，具多花，直径3～4cm。果具5棱，近球形或卵形，长约6～8mm。

春、夏季采摘嫩茎叶食用。清洗后放入沸水中焯一下捞出沥干，素炒、煮汤或凉拌。根皮、茎皮具有舒筋活血、祛风化痰的功效；嫩茎叶可清热消炎。

刺五加一般采用扦插繁殖方法，选取一年生半木质化枝条，剪成长10～15cm的插条，下部切口要平滑，留2～3片叶，而后用100ppm萘乙酸溶液浸泡处理12小时。扦插株行距约4cm×5cm，深度为插条的1/2～2/3。基质为珍珠岩或沙壤土，插后浇透水。注意适当遮荫、保湿，约40天即可长出新根。

10. **守宫木**〔***Sauropus androgynus*（L.）Merr.**〕

又名越南菜、树豌豆菜、甜菜，大戟科多年生灌木。在德宏州、西双版纳、红河州及元江县等热带和南亚热带地区，海拔1000～1100m处有栽培及野生分布。生长于林下、路旁、山坡庭院，也有在地边作植物篱笆。

株高1～1.5m。茎直立，小枝绿色，无毛。叶互生，膜状披针形、卵形或卵状矩圆形，长3～10cm，宽1.5～3.5cm，边缘全缘，先端钝或急尖，基部钝或圆形。花单性，雌雄同株异花，无花瓣，雄花花萼盘状，6浅裂，淡紫红色，雌花花萼6深裂，果期增大。蒴果扁球形。无柄，种子三棱形。

全年可采集其嫩茎叶食用。嫩茎叶洗净后可煮汤、炒食，其味极鲜美，颇似豌豆尖。在东南亚地区是外销日本的高档蔬菜，其叶片干燥粉碎后可作产妇的催乳剂。

采用营养袋扦插育苗，移栽后成活率高，一般在4～5月进行。选健壮株具有2～3个节，半木质化的茎作插穗，插穗长度为20～30cm。扦插前切口蘸生根粉，以提高插穗成活率。每个营养袋内插一根穗，插穗入土约10～15cm。前期可在苗床上搭建遮荫网遮荫，保持20℃以上的温度和湿润的环境条件，营养袋育苗的成株率可在85%以上。

11. **土人参**〔***Talinum paniculatum*（Jacq.）Gaertn.**〕

又名人参菜、花苃参，马齿苋科多年生草本植物。星散分布于各地，喜生于半阴半阳的墙头、墙脚、寺庙房瓦上及山坡岩石缝中或地边。

直立草本，具肉质纺锤根及须根，似人参状，肉质。全株光华，茎叶肉质、多汁，叶腋间均能萌发新枝。叶倒卵形，全缘，深绿色，对生或互生，分枝上三叶轮生。秋季开花，花小，五瓣，粉红色，呈顶生或侧生的圆锥花序，花淡红色。蒴果圆球形，每一小果实约含种子15～24粒，种子细小而压扁，黑色，圆形。

嫩茎叶及肉质根均可作蔬菜食用。嫩茎叶可炒食、作汤；根可炖汤。

繁殖方法有种子、分株、扦插繁殖三种方式。种子繁殖于每年初秋播种，10天左右出苗。

于春、夏季较温暖季节进行分株繁殖，用嫩枝扦插，露地宜于春夏季进行，温室中则周年均可扦插。扦插材料选健壮枝稍，长约 6 ~ 10cm，带 1 ~ 2 个叶片于节下截断，扦插株行距约 5cm × 10cm，插入深度为枝条的 1/3 或斜插 2/3。苗床土用珍珠岩或砂土。扦插后适当遮光、保湿、保温。

12. **刺芫荽**（***Eryngium foetidum* L.**）

又名缅芫荽、洋芫荽、香菜、大芫荽、假芫荽，伞形科刺芫荽属二年生或多年生草本。分布于西双版纳、思茅、德宏、红河、文山等地。生长于海拔 150 ~ 1500m 的林缘、湿润的路边、村旁、沟边、田埂等潮湿的土壤上。

株高 10 ~ 40cm，茎直立，上部有 3 ~ 5 个分枝。基生叶革质，披针形或倒披针形，顶端钝，基部渐窄，边缘有尖锐锯齿，上面深绿色，下面淡绿色；茎生叶着生在每一叉状分枝的基部，对生、无柄、边缘有深锯齿。头状花序生于茎的分叉处及上部枝条的短枝上，呈圆柱形，顶端尖锐。聚伞花序，花白色，种子极小，褐色。

刺芫荽大多作调料用，可凉拌；在鱼汤、牛肉汤中加入刺芫荽可除腥味，汤鲜、味美。刺芫荽富含胡萝卜素、维生素 B_1、维生素 B_2、维生素 C 及人体所需的多种微量元素。具有疏风散寒、引气消滞功效。

采用种子繁殖，于每年 3 月左右播种。

13. **金雀花**〔***Caragana sinica*（Buc' hoz）Rehd.**〕

又名黄雀花、小雀花、惊蛰花、锦鸡儿，豆科锦鸡儿属多年生落叶小灌木。分布于大理、晋宁、禄劝、武定、富民、宜良等地，生长于山坡、灌丛或栽培于庭园。

株高 1 ~ 2m。树皮深褐色，小枝有棱，无毛。托叶三角形，硬化成针刺；小叶 2 对，羽状，有时假掌状，上部 1 对常较下部为大，厚革质或硬纸质，倒卵形或长圆状倒卵形，先端圆形或微缺，基部楔形或宽楔形，上面深绿色，下面淡绿色。花单生叶腋，花冠黄色，常带红色，花萼钟状。子房无毛，荚果圆筒状。花期 3 ~ 6 月。

3 ~ 4 月采摘花及花蕾。将花及花蕾洗干净后素炒、炒鸡蛋、炒肉丝、炖猪肉或蒸鸡蛋，味道香甜可口。具有祛风活血、舒筋活络、除湿利尿、化痰止咳的功效。

一般采用扦插繁殖方法，选取一年生半健壮无损伤木质化枝条，剪成长 10 ~ 15cm 的插条，下部切口要平滑，留 2 ~ 3 片叶，切口蘸生根粉，扦插株行距约 5cm × 5cm，深度为插条的 1/2 ~ 2/3。基质为珍珠岩或沙壤土，插后浇透水，注意适当遮荫保湿。

14. **楤木**（***Aralia chinensis* Linn.**）

又名树头菜、刺老苞、刺老鸦、刺苞菜，五加科楤木属多年生乔木。云南省各地均有分布，生长于海拔 250 ~ 3000m 的沟谷、山坡、丛林山区。

株高 1.5 ~ 6m。地下根茎于地表 5 ~ 6cm 处横走。树皮呈剥落状，粗糙不平，并散生坚硬针刺。小枝被黄棕色绒毛，疏生短刺。叶互生，为 2 ~ 3 回奇数羽状复叶，长 40 ~ 80cm，叶柄密生短柔毛，有刺或无刺，叶片阔卵形、卵形或椭圆形，先端尖、边缘有锯齿，脉上有刺。伞形花序聚生为顶生伞房状圆锥花序，花小，淡黄色。浆果状核果，黑色。花期 8 月，果期 9 ~ 10 月。

3 ~ 5 月采食嫩芽。嫩芽采收后，用沸水焯一下，再换清水浸泡，即可炒食、做汤、蘸酱，也可不经漂洗直接炒食。此外，还可进行加工保鲜。富含天门冬氨酸、丙氨酸、异亮氨酸、丝氨酸、谷氨酸、亮氨酸、甘氨酸、赖氨酸、脯氨酸、精氨酸等多种氨基酸。根皮入药，具有利湿化痰、活血止痛的功用；新鲜的楤木芽具有滋阴润燥、止泻、止痢的功效。

种子繁殖，将楤木种子用 40℃ 温水浸泡 24 小时后捞出，拌入砂子，放在 8℃ 左右的地方，约 30 天后，温度再升到 13℃ 左右。处理过程中保持砂子湿润，每隔 7 天左右翻一次。当裂口率达到 1/3 时即可播种。插根繁殖亦可收到很好的效果，挖取楤木的根条，剪成 15 ~ 20cm 长的小段，斜插在苗床里，株距为15～20cm，扦插后覆盖草席保湿，30～40天后开始发芽。

15. **臭菜藤**〔*Acacia intsia*（**Linn.**）**Willd.**〕

又名："亚冬"、"帕哈"（傣语），含羞草科多刺攀援木质藤本。分布在西双版纳、德宏、红河、思茅、临沧等地，生长于热带、亚热带地区林缘灌木丛、沟谷等地。

嫩枝圆柱形，有纵棱。二回羽状复叶，羽片8～22对，有小叶30～35对，无柄，条形，长3～6mm，宽1～1.5mm。头状花序，单生或2～4个聚生，组成顶生或腋生的圆锥花序，花白色。荚果条形薄带状，种子扁，长圆形。

将洗净的嫩茎叶切细，与鸡蛋拌匀后炒食，味甚佳；与新鲜的鱼一起煮，味道独特；也可用沸水烫漂后凉拌。

臭菜可用种子繁殖，但种子出苗率低，生长缓慢，生产上以扦插繁殖为主。采用营养袋扦插育苗，移栽后成活率高，一般在3月进行，选健壮株具有2～3个节，半木质化的茎蔓作插穗，插穗长度为20～30cm，扦插前可用30mg/L萘乙酸溶液浸泡15分钟，以提高插穗成活率，每个营养袋内插一根穗，插穗入土10～13cm。前期可在苗床上搭建遮荫网遮荫，保持20℃以上的温度和湿润的环境条件，营养袋育苗的成株率可在85%以上，扦插苗30～35天就可移栽。

16. **藿香**〔*Agastache rugosus*（**Fisch. et Mey.**）**O. Ktze.**〕

又名土藿香、野藿香、合香，唇形科藿香属多年生芳香草本。各地均有分布，生于海拔200～900m的山坡、林缘、灌丛、河滩草地等处。

株高50～100cm。茎直立，四棱，上部分枝，被微柔毛。叶对生，卵形至披针状卵形，有柄，边缘具钝齿，背面被微柔毛和腺点。轮伞花序多花，在主茎或分枝上排列成顶生的穗状花序，苞片披针形，花萼管状钟形，花冠淡紫蓝色，二唇形。小坚果倒卵状圆形，腹面具棱，顶端具短硬毛。花期7～8月。果期8～9月。

4～6月采摘其嫩茎叶。将嫩叶洗净，用沸水焯后，换清水浸泡10～20分钟，炒食、凉拌或做汤。采集新鲜花序洗净后蘸酱生食或做调料。藿香为高钙、高胡萝卜素蔬菜，含粗蛋白也较丰富。性微温、味辛香，有利湿除风、清热止渴等作用。

利用种子繁殖，1月中旬至2月中旬播种。

17. **川芎**〔*Ligusticum chuanxiong* **Hart ex S. H. Qiu et al.**〕

又名细叶川芎、芎藭，为伞形科多年生草本。生长于土壤肥沃、干湿适中、排水良好的地方，在保山市、红河州的金平县等地有分布。

株高40～70cm。根茎发达，形成不规则的结节状拳形团块，下端有很多须根，具浓烈香气。茎直立，丛生，圆柱形，具纵长条纹，上部分枝，中空有节，基部的节明显膨大成盘状，易生根。叶片轮廓为卵状三角形，有长柄，基部扩大抱茎；小叶3～5对，叶片羽状深裂，裂叶细小，表面深绿色，背面淡绿色。

春夏采摘嫩叶，夏秋采挖根茎。嫩叶可炒牛肉、炒鸡蛋、煮肉汤。根茎可炖肉、泡酒或晒干入药。味辛、性温、活血行气、祛风止痛。

分株繁殖通常于秋季进行。用带有节间的地上茎节或带有芽眼的根茎作为繁殖材料。

18. **牛繁缕**〔*Myosoton aquatica*（**L.**）**Moench.**〕

又名鹅肠菜、鹅肠草、抽筋草，石竹科一年或二年生草本植物。分布广泛，主要生长在温带地区、云南海拔500～3700m的范围内。生于山坡、路旁、林下、田间、菜地沟边等。

茎纤细平软，蔓延地上，由基部多分枝。叶卵形，长1～2.5cm，宽1～1.8cm，先端尖或锐尖，基部渐狭，圆形或心形，全缘，两面无毛。花常组成顶生疏散的聚伞花序，花梗细弱，花后延长，有柔毛，花白色。果卵球形，种子近圆形，略扁，成熟时暗棕色。花果期全年都有。

春、夏采集嫩苗、嫩茎。用沸水烫后，炒食、凉拌或作汤。全草入药，有清热、解毒、消肿之功效，外敷可治疖疱等。

牛繁缕喜温和湿润的环境，云南一般在雨季生长旺盛，冬季也能见到。适宜的生长适温为13～23℃。能耐较轻的霜冻。牛繁缕茎虽纤细平软，但生命力较强，田边繁殖较快。

三、云南特有并具有开发潜力，但尚待开展人工驯化的种类

云南特有并具有开发潜力，但目前尚未开展人工驯化栽培或开展人工驯化栽培有困难的种类，有高河菜、长柱鹿药、小根蒜、海菜花等。

1. 高河菜（*Megacarpaea delawyi* Franch.）

十字花科多年生草本植物。生长于海拔2500～2800m的高山箐沟、草坡、石隙，分布在鹤庆、漾濞、大理苍山等地。

株高30～70cm，茎直立，分枝，有短柔毛。根肉质、肥厚。羽状复叶，基生叶及茎下部叶具柄，中上部叶抱合。总状花序顶生，成圆锥花序状，总花梗及花梗皆有毛，花粉红色或紫色。短角果，顶端深裂。种子扁平，每室1枚。

6～8月采集全株，洗净，用开水微烫、沥干，加芝麻、姜丝、热香油浸拌入土罐内，腌成咸菜。味辛、性凉、清热、健胃、消食，治痢疾、肺热咳嗽、胃热积滞、消化不良。

2. 长柱鹿药〔*Smilacina oleracea*（Baker）Hook. f.〕

别名竹叶菜，百合科一年生草本植物。生于草丛、林缘等阴湿地，怒江州、迪庆州、丽江市均有分布。

茎直立有节。叶阔卵形，锐尖，光滑，顶端锐尖，叶基部有叶鞘，叶脉平行。6～8月采嫩苗或嫩芽叶。

竹叶菜嫩苗或嫩芽叶洗净煮汤、炒食或晒干作火锅配菜。性平，具提神、明目之功效。

竹叶菜目前已被大量采集加工成干制品市售，但仅靠野生资源已不能满足市场需求，是亟待进行人工驯化栽培的野生蔬菜种类。

3. 海菜花〔*Ottelia acuminata*（Gagn.）Dandy〕

别名龙爪菜，水鳖科多年生沉水草本。生于海拔2700m以下的湖泊、池塘、沟渠和水田中，分布于大理的洱海，洱源的茈碧湖、西湖，剑川的剑湖，丽江的玉湖、黑龙潭，江川的星云湖，石屏的异龙湖，嵩明县白邑乡黑龙潭。都生于深4m以内的广阔水域，形成稳定的沉水植物群落，成为云南高原湖泊的象征；但在水体受污染，或放养鱼类过量的情况下，海菜花群落便可能消失，如昆明的滇池，海菜花群落是在20世纪70年代初减少至灭绝的。

叶具柄，叶片长短随水深而变异很大；叶片形态大小也因时因地而异，通常为长圆形或长卵圆形，基部为心形或深心形，叶缘波状或有细锯齿。雌雄异株，花葶从叶丛中抽出，上升至水面，通常与水深相等，圆柱形，光滑；花葶顶生佛焰苞，佛焰苞内含雌花或雄花数朵；花在水面开放，花白、蕊黄。成熟果褐色，伸长近三棱状纺锤形；果皮肉质，富含粘液。种子多数下垂，先端有毛。花期全年。

全年可采食花葶及嫩叶。全草入药，味淡、甘，性平，清热止咳、益气固脱。可将花葶或嫩叶洗净在沸水中烫漂后凉拌、炒食、煮汤或腌渍。

四、野生蔬菜开发应注意的问题

野生蔬菜经过长期人工栽培后，会失去野生蔬菜的特性。因而必须采取人工栽培和保护利用相结合的措施，并在人工栽培时尽量吻合其原有生长环境条件以保持其野生的特性。

由于人们对大多数野生蔬菜的生长发育特点、生态适应性、反季节栽培和贮运技术等研究不够，目前人工栽培的野生蔬菜的采摘季节性强、采摘时间比较集中，而且耐贮性差。因此，在进

行野生蔬菜开发利用的同时，必须做好市场潜力的调查，注意种类和品种的选择和开发规模的适度。

随着人们对野生蔬菜的不断了解和市场野生蔬菜需求量的增加，再逐步增加人工栽培野生蔬菜的种类和扩大野生蔬菜人工驯化栽培的面积，避免造成不必要的损失。

第三节　云南野生蔬菜开发利用前景

一、云南野生蔬菜资源调查基本情况

云南是一个多民族省份，各民族采集食用野生蔬菜有悠久的历史。《大理府志》明嘉清四十二年记载的蔬菜属植物中就有荠菜、芝麻菜、芋花、金雀花等野生蔬菜。《昆明县志》清道光年间记载的野生蔬菜有荠菜、麦蓝菜、牛蒡、香薷、枸杞、黄精、萱草等。就是现今，野生蔬菜还是各民族常食和喜食的种类。

20 世纪 50 年代以来，云南省科技、卫生、部队等部门，对省内各地野生蔬菜资源的分布与种类进行了地区性或全省性的调查。

1959 ~ 1961 年，昆明军区因为部队野外分散执勤、行军野营时蔬菜供应不足，对滇南、滇西境地区的野生蔬菜进行了调查。其调查到野生蔬菜、野生果实资源 292 种，其中，测定了 V_C、V_{B1}、V_{B2}、胡萝卜素的有 208 种，进行了分类鉴定的有 79 种。

1961 年，云南省卫生厅卫生防疫站对昆明市富民县民间食用的野生蔬菜进行了调查，对调查到的 55 种野生蔬菜进行了营养成分（蛋白质、脂肪、粗纤维、钙、铁、磷、V_{B1}、V_{B2}等）测定和分类鉴定。德宏科技工作者许本汉在德宏州工作的 40 年间，对德宏州的傣族、景颇族食用的野生蔬菜资源进行了调查收集，并对傣族、景颇族食用野生蔬菜的习俗，采食应用特点等进行了记载和描述。对 107 种野生蔬菜进行了分类鉴定。

1979 ~ 1989 年，云南省农业科学院园艺作物研究所周立端等在调查栽培蔬菜品种资源的同时，调查到一批珍稀、野生、半野生蔬菜资源，如黑籽南瓜（*Cucurbita fioi folia*），辣椒瓜（*Cyclanthera pedata*），西双版纳黄瓜（*Cucumis sativus*），野茄（*Solanum coagulans*）等；对 65 种野生蔬菜进行了分类鉴定。

1996 ~ 1998 年，中国科学院西双版纳热带植物园许又凯等对云南热带野生蔬菜资源进行调查收集，已分类整理的种类有 284 种，发表 149 种。

2000 ~ 2002 年，云南省农科院组成野生蔬菜资源调查组，对全省各地食用野生蔬菜资源进行调查研究，目前调查到野生蔬菜有 250 种，已分类鉴定的有 212 种，测定了 22 种野生蔬菜的营养成分（淀粉、蛋白质、粗纤维、脂肪、钙、钾、磷、铁、镁、锌、V_C、V_{B1}、V_{B2}及胡萝卜素等）。

将以上述各个时期的调查结果进行整理汇集，目前已公开发表的野生蔬菜种类有 375 种。

二、野生蔬菜资源的开发价值及利用现状

（一）野生蔬菜资源的开发价值

1. 资源丰富、贮量大

云南省野生蔬菜资源极其丰富，资源贮量大，加之是多民族集居地，各民族素来有采食野生蔬菜的习惯，全省各地市场几乎都有销售。据许又凯等人对西双版纳勐腊县勐仑镇为期一年的市场调查，野生蔬菜占市场销售蔬菜量的 22% ~45%。2000 年 7 月，云南省农业科学院野生蔬菜

资源调查组在思茅市城区的一个农贸市场里统计，一天内出售野生蔬菜的种类达23种之多，占整个农贸市场蔬菜种类的33%左右。1994年，王洁如等人在对西双版纳基诺族传统食用植物的民族植物学研究中指出，基诺族的菜肴绝大部分采自其周围的林地和山野；基诺族传统食用植物达到179种和变种，其中野生蔬菜是最大的一个类群，达86种。

据估计，全省苦刺花自然生长面积近有6.67万hm^2，金平县水蕨菜年产量可达1000t，西双版纳的白花羊蹄甲资源蕴藏量在2000~4000t，全省各地涌金莲贮藏量约有300万t。在滇南及滇西南地区，有的野生蔬菜几乎可以全年供应。如刺芫荽、滑板菜、刺五加尖、臭菜、守宫木、龙葵、积雪草、仙人掌、芦荟等。在滇中及其他地区，野生蔬菜的销售也可以形成周年供应的格局。以昆明地区为例，春季有苦刺花、棠梨花、香椿芽、金雀花、桑花、青刺尖、繁缕、楤木芽、梁王茶、刺五加、小根蒜、灰条菜、地肤等20余种；夏秋季有水芹、紫背天葵、罗勒、野茄、蒲公英、马齿苋、龙葵、苋菜、川芎、白苞蒿、钻形紫菀等40余种；秋冬季有鸭跖草根、黄精、荠菜、黄花苜蓿、地参、地涌金莲、山药、佛手瓜根块、牛蒡、臭参等10余种。再以西双版纳地区为例，西双版纳的干热季2~5月，是当地植物生长的高峰期，也是采集各种野生蔬菜嫩茎叶的大好季节，如臭菜、水芹、香椿、树头菜、刺通草、火烧花、民革菜、旋花茄、楤木芽、臭牡丹、刺芋、白花羊蹄甲、厚皮榕、突脉榕、黄葛树等。由于热带植物资源的生物多样性，物候期的不同，故同类植物一年四季可以采集食用。如干季的苦竹笋，湿季的毛滇竹笋、巨龙竹笋等；西双版纳除竹笋外可以全年采集的野生蔬菜还有木瓜榕、番木瓜、刺芫荽、守宫木、刺五加、香蓼、水香薷、龙葵、水蕨菜、香茅草、四叶萍、天荞麦、民革菜、沼菊、滴水芋、芭蕉花、滑板菜等。云南省的红河州、思茅市、保山市、德宏州、临沧市及文山州等地的野生蔬菜的种类和食用也非常广泛。

云南野生蔬菜可加工种类多，如香椿、苦刺花、荍蕒、棠梨花、青刺尖、竹叶菜、余甘子、高河菜、山嵛菜、楤木芽、小米辣、杉松尖、假芋、蕨菜、宽叶韭、树头菜等已制成保鲜或腌制产品自用或市售；木姜子、攀枝花、吉龙草、树花、长松萝、青蛙皮、地参、石花菜等已制成干制品销售；树番茄、棕苞、芭蕉花、水苦子、鱼腥草、刺芫荽等耐长途贮运。

2. 野生蔬菜的营养和保健功能

（1）野生蔬菜的营养价值

野生蔬菜含有人体所必需的蛋白质、脂肪、粗纤维、维生素、矿物质等多种营养物质，营养价值较高。《云南地区野菜图谱》一书中列出了100种野生蔬菜的胡萝卜素、V_{B1}、V_{B2}和V_C的含量。《云南民间常吃的野菜》一书中发表了55种野生蔬菜的水分、蛋白质、粗脂肪、粗纤维、灰分、胡萝卜素、V_{B1}、V_{B2}、V_C、尼克酸、磷、钙、铁的含量。2001年，云南省农科院野生蔬菜调查组分析了22种野生蔬菜的总糖、蛋白质、粗脂肪、粗纤维、胡萝卜素、V_{B1}、V_{B2}、V_C、磷、钾、钙、镁、铁、锌等含量。表4-2中列出20种常见的野生蔬菜和20种栽培蔬菜的营养成分并进行了分析比较。

从表4-2中可以看出20种野生蔬菜中蛋白质含量超过2.0g/100g的种类有15种，20种栽培蔬菜中蛋白质含量超过2.0g/100g的有8种；20种野生蔬菜中钾、钙含量的平均值分别为302mg/100g和82mg/100g，19种栽培蔬菜中钾、钙含量的平均值分别为241mg/100g和59.3mg/100g。其中灰条菜钾含量640mg/100g，枸杞尖的钙含量285mg/100g都远高于栽培蔬菜。

（2）野生蔬菜的药用功能和保健价值

大多数野生蔬菜都具有药用功能和保健价值。但因各种野生蔬菜所含的成分不同，具有的保健功能也不一样。如民间常见的马齿苋，具有清热解毒、散血消肿之功效，新鲜植株含左旋去甲基肾上腺素、多巴明；茎叶含蛋白质、粗脂肪、糖类、钙、V_{B1}、V_{B2}、V_C、尼克酸等营养成分；尚含生物碱、香豆精类、强心甙、蒽醌甙等。马齿苋对痢疾杆菌、葡萄球菌有较强的抑制作用。

表 4－2　　20 种野生蔬菜（简称野菜）与 20 种栽培蔬菜营养对照表＊＊

Table 4－2　　Nutritional table of 20 wild vegetables and 20 cultivated vegetables

编号 No	野菜名称 Wild vegetable name	蛋白质 (g) protein	胡萝卜素 (mg) carotene	V_C (mg)	钾 (mg) potassium	钙 (mg) calcium	蔬菜名称 vegetable name	蛋白质 (g) protein	胡萝卜素 (mg) carotene	V_C (mg)	钾 (mg) potassium	钙 (mg) calciump
1	荠菜	3.6	2.8	30	190	252	大白菜	1.2	0.032	15	214	43
2	藜蒿	2.3	0.155	4	233	38.0	四季豆	2.3	0.287	9	127	37
3	蕺菜	3.1		10	273	40.0	菠菜	3.7	0.803	15	475	77
4	蕺菜叶	2.2	0.536	13	465	73.0	苤蓝	1.8		28	260	36
5	香椿	5.4	0.169	28	470	112.	豌豆尖	4.2	0.477	68	199	61.0
6	灰条菜	5.0	1.623	38	640	315	油菜薹	3.3	0.909	62	155	127.0
7	枸杞尖	5.3	0.701	27	433	285	牛皮菜	1.4	0.847	11	376	86
8	水香薷	2.3	0.611	7	293	82	番茄	1.2	0.325	22	167	10
9	南瓜尖	2.4	1.130	38	206	91	胡萝卜	0.9	4.00	8		
10	棕苞花	4.5	2.190	8	546	65	白萝卜	0.8		14	145	35
11	石榴花＊	0.9		0.1	36	52	韭菜薹	2.9	0.082	34	190	14.0
12	山药	2.5		11	531	20	茴香	4.1	1.531	8	201	52.0
13	芋头花	1.1	0.09	12	278	26	落葵	1.8	1.109	54	212	123
14	野芹菜	1.0	0.538	20	240	71	皱皮辣	1.7	0.106	108	220	14
15	棠梨花＊	3.2			13	63	菜花	3.4	0.063	79	273	27
16	苦刺花＊	2.5			22	57	生菜	1.4	0.34	7	213	32
17	白花＊	1.6		26	275	28	芫荽	2.9		21	533	146
18	槐花	4.3		1.5	294	37	黄瓜	0.8	0.069	10	142	25
19	金雀花	4.1	0.633	51	201	20	芥菜	2.7	1.090	53	244	111
20	树番茄	1.7	0.720	24	418	13	芥蓝	3.5	0.558	65	241	72.0

注：＊＊引自《云南食物成分表》，云南食品工业协会等编著，2003

＊为煮过后测定的样品

鬼针草、蕺菜、龙葵、荠菜、蒲公英、车前草等具有清热、解毒、消炎等作用；水杨梅（*Geum alppicum*）行气止痛、平肝补肾，民间称之为头晕药；绞股蓝因含有人参皂甙而誉为“南方人参”，绞股蓝能促进消化和提高肌体的免疫功能；黄精具有补中益气的作用。最近有报告马齿苋、蕺菜、香椿以及楤木芽等有很高的抗氧化指数，对消除体内自由基，延缓衰老有一定的作用。

3. 野生蔬菜的食用

作为野生蔬菜的食用部位，必须根据不同季节和植物的不同发育阶段进行有效采集。在传统的采集中，生长期多采集叶芽、嫩叶作蔬菜；现蕾开花期多以花和花蕾作各种食料；结果期采集幼果和成熟果作为蔬菜和调味料；休眠期采集其果实（如董棕）、根茎及块根（如薯蓣）作为食物。由此形成了民族植物饮食文化同当地野生植物物候期的有机结合。

大多数野生蔬菜，如守宫木、荠菜、竹叶菜、犁板菜、绿藤、紫背天葵、臭菜、竹叶子、鸭跖草根、地参、臭参等采回洗净后可直接加工食用；而有一部分野生蔬菜则需要烫漂去除苦涩味后方可加工食用，如刺五加、龙葵、皂角芽、旱蕨菜、杉松尖、地涌金莲、拔荬及大多数可食用花类。

值得一提的是云南省各族人民在长期生活实践中，根据当地野生蔬菜的特点、创造出的特色食用方法，已成为当地的旅游名菜。如傣族的番茄喃咪，其主要配料是刺芫荽、小米辣和番茄，切碎后加盐作成作料，其味极鲜；臭菜采摘后闻之有特殊的臭味，但用其嫩茎尖煎鸡蛋、煮鱼、煮臭豆腐，不但自身臭味消失，还可克腥提味；将各种野生蔬菜的嫩茎叶作成杂菜汤，其味鲜美可口；用香茅草将鲜鱼或切条的猪肉捆扎起来进行烧烤，用香茅草的嫩茎炒鸡等，烧烤过或烹调过的香茅草散发出淡淡的清香。在墨江哈尼族饮食中，春菜是一种传统的食用加工方法，即简便，又美味，即把采来的野生蔬菜，如象耳朵叶、鱼腥草、刺五加、臭牡丹、大白花（白花羊蹄甲）、棠梨花等烫漂后沥干，加盐、大蒜、辣椒、豆豉或花生，混合舂细后食用。临沧地区佤族的小鸡稀饭很有名气，其中刺芫荽是做小鸡稀饭不可缺少的配料。川芎的根茎是一味传统的中药材，但红河州的哈尼族将其嫩叶作为蔬菜，炒肉、烧汤；具有特殊的香味。白族民间用热菜籽油、芝麻腌制高河菜，可保持1年不变味；把海菜花做成鲊，可以长期食用。食用花类是基诺族传统食用植物的重要组成成分，有近20种；其中，采集量最大的是大白花，是基诺族春末夏初时餐桌上的佳肴。基诺地区食花现象的普遍性，使基诺族成为食花文化的创造者之一。

4. 无公害食品与安全性问题

一般而言，野生蔬菜生长在环境未受或少受破坏的生态条件下，其土壤、大气和天然降水很少被污染。在这种地区采集的野生蔬菜，可以达到无公害食品要求。但如果所在地区有较大的工业污染源，其污染物通过大气或污水排放方式进入周围的环境，在这种环境内生长的野生蔬菜必然受到污染。人工驯化栽培的野生蔬菜，可能是自身原有的抗性和特异气息，一般比栽培种蔬菜较抗虫，病害轻。

野生蔬菜是人类从众多植物中经过长期的实践筛选的，其安全性一般是可靠的。在卫生部批准的三批药食两用植物名单上菊花、薄荷、红花、芫荽、香薷、山药、百合、蕺菜、马齿苋、蒲公英、金银花、葛根等，既是药用植物也是日常食用的野生蔬菜。

目前对植物性食物的毒性的知识越来越受到人们的重视，但要严格地划分有毒植物和无毒植物是很困难的，也是不科学的。因为人们日常食用的许多重要作物也含有毒物质，如土豆、青菜、四季豆等；有的野生蔬菜如龙葵，含有龙葵碱和茄碱等有毒物质，采集回来进行烫漂后即可食用；又如灰条菜，因鲜菜内含有卟林质，连续大量食用会引起日光过敏性皮炎，皮肤痒感或浮肿，尤其是茎端有红色粉粒的红心红叶的灰条菜更为明显；再如商陆，其根有大毒，但食用其嫩茎叶则是安全的。当然，对自己不熟悉的野生蔬菜在没有把握的情况下，不要随意采摘和食用。

5. 野生蔬菜资源在蔬菜育种中的重要性

野生蔬菜资源中的许多种类品质好或抗逆性强，可作为蔬菜育种的种质材料或嫁接材料。如黑籽南瓜因其高抗枯萎病，是黄瓜最理想的抗病砧木。以其籽似南瓜籽但呈黑色而得名；成熟果的瓜瓤很像米线或粉丝，产地群众又称之为“米线瓜”或“粉丝瓜”。原产于拉丁美洲，分布于中国西南地区低纬度高海拔1600~2000m的山区，在一些少数民族散居的地区有半野生种分布。据推测，黑籽南瓜可能早在汉唐时期经印度、缅甸至滇西这条南方丝绸之路传入云南。黑籽南瓜喜欢温凉气候，不耐严寒与酷热，在土温较低情况下，能比其他瓜类迅速伸长新根，根系高抗枯病，不怕土壤重茬，是中国温室黄瓜最理想的抗病砧木。黑籽南瓜在中国北方长日照条件下开花结果推迟，至霜期来时种子还不能成熟，因此在北方不能留种；而在中国南方由于气候酷热，也不适于生长。四川及贵州一些山区也曾大力发展黑籽南瓜，但因空气湿度、日照、气温、雨量等条件不适，种子产量及抗病性均逊于云南出产的黑籽南瓜。黑籽南瓜一般分为大粒种和小粒种，大粒种平均长约19mm，宽约14mm；小粒种长约15mm，宽约9mm。据赖众民从云南采集的300份不同大小的种子样本中观察出大小粒之间还有不同程度的中间类型，说明种子大小实为一连续数量性状。大粒种根系粗大，生长势强，侧蔓多，结瓜多而大。小粒种上述性状不及大粒种，从北方温室黄瓜嫁接的经济效益看，仍以云南黑籽南瓜的大粒种较小粒种优越。

抗性优越的野生蔬菜资源还有野生黄旦头茄、小紫茄、马来亚茄、苦茄、白苦茄、紫野茄等，具有抗黄萎病、绵疫病而且耐湿热性状，其中苦茄还具有抗虫性。北方和广东已经开始将野茄作为茄子或番茄的嫁接砧木。野生小米辣抗病、耐湿热；野樱桃番茄耐花叶病毒及疫病；野苦瓜抗病耐湿热。葫芦科苦瓜属植物的云南木鳖，是我国分布的4苦瓜属植物中的1种。云南木鳖在植株长势、果实皮瘤形状、外观色泽及种子形状等方面与栽培种苦瓜极为相似，这对研究苦瓜属植物的演化将具有重要意义。这些优良的野生种质资源材料丰富了云南省及中国蔬菜种质基因库，也为蔬菜育种，分类演化，起源研究和直接利用提供了极为珍贵的材料。

云南滇西一带普遍食用的宽叶韭，习惯称为苤菜。其植株能开花，子房也能膨大，但不结实，人工栽培时用根进行无性繁殖。为了弄清其不结实原因，魏蓉城等人通过观察花粉母细胞的减数分裂，发现其减数分裂异常，两次分裂后期都出现染色体桥或落后染色体，后期和末期形成微核的细胞较多。进而分析染色体组型，只有部分染色体可以配对，有若干条染色体明显难以配对，呈单存在。染色体组型分析表明，苤菜的22条染色体，只有14条可以配对，有8条不能配对。因此，它表示葱属植物的一个新的染色体基数。经与葱（*Allium fistulosum*）和四倍体韭菜（*Allium tuberosum*）的染色体初步对比，在7对染色体中，有几条与韭菜的染色体相近，在不能配对的8条染色体中，有几条形态上大体类似于葱的染色体。由此推测，苤菜不能配对的8条染色体，可能来自染色体基数为8的葱属组（*S. schoennoprasum* G. Don）植物，为一个染色体组；能够配对的7对染色体组，可能来自染色体基数为7的其他组韭菜类植物，为两个相同的染色体组。因此，苤菜可能是由葱组植物和另一组韭菜植物天然杂交而形成的异源三倍体，染色体组型为2n（7对）苤n′（8条），是一个远缘杂种。又由于韭菜与葱均属于葱属植物，所以n与n′有部分同缘性；苤菜的减数分裂异常，不能形成能育的花粉，高度不育，兼具韭菜和葱的形态特征和气味；在抗病性、耐瘠薄、生长势等方面都显示出较强的特性。由此推断苤菜可能是由远缘杂交种经长期无性繁殖演化而来。因此，无性繁殖在植物演化中也的确具有一定的意义。

目前云南野生蔬菜资源作为种质材料的利用情况不太理想。应用较好的有黑籽南瓜。它已经成为北方日光温室黄瓜种植中不可缺少的砧木材料。最近野生茄子资源也开始用作茄子、番茄的嫁接材料。但就云南丰富的野生蔬菜资源来说，其资源的利用研究和开发与其资源贮量和种类是极不相称的。

（二）野生蔬菜开发利用现状

云南各民族采集食用野生蔬菜已有悠久的历史，有的植物在农家生活中已成为多功能植物，围篱植物便是一个典型实例。在傣族庭院植物调查中，刺五加、西番莲、藤三七、臭菜、竹叶椒、芭蕉芋、木鳖、绿藤、白花苦子、守宫木等植物常作为绿色围篱植物，既方便采摘食用又能起到防护作用。而庭院作物也是半人工栽培野生蔬菜的一种方式，红河州金平县蔓棚村的傣族农户王继先家在约80m^{2}的院子里种植有南山藤、红豆蔻、千张纸、小米辣、番木瓜、守宫木、白花苦子、假蒟、芭蕉等野生食用植物。在西双版纳州景洪市嘎洒镇农科员岩光（傣族）家庭院内人工种有香茅草、刺芫荽、竹叶椒、树头菜、木鳖、守宫木、红纽子等野生食用植物。但这些野生蔬菜的种植是零星分散的，以方便自己采食为目的，形不成商品。

云南有很多种类的野生蔬菜可以通过人工栽培技术形成规模化种植，从而在数量和质量上保证鲜销产品和加工原料的需求。据不完全统计，全省进行人工或半人工栽培的野生蔬菜种类约

30 余种。开发较为成功，又有一定规模的野生蔬菜种类有宽叶韭、蒌蒿、鱼腥草、臭参等。随着市场经济的发展需求，一些价值较高的野生蔬菜如楤木芽，在墨江县、云县、昭通等地已开始有一定面积的种植；守宫木在元江、思茅、金平、绿春等地也开始有一定面积的人工种植。但总体说来，云南省的野生蔬菜开发进展缓慢，种类少、规模小，形不成产业，给加工、销售带来困难。野生蔬菜资源利用率不高；而且资源分散，基本上以采集野生资源为主（如竹叶菜），缺乏采保并行的措施，有部分野生资源已面临枯竭（如老鼠屎辣、轮叶白前、云南木鳖等）。人工驯化栽培研究较少，有的人工栽培野生蔬菜时，由于对植物的特性和所需生态条件了解研究不够，其生长状况不如野生状态时好。此外，对野生蔬菜的宣传不够，认识不足。这些问题导致了野生蔬菜的鲜产品和加工产品在市场上销售量有限，反过来这种状况又制约了野生蔬菜的开发速度。

云南野生蔬菜资源具有生物多样性，而且贮藏量大，云南各族人民历来有食用野生蔬菜的习惯，就使得野生蔬菜资源的开发具有优越的基础条件；加之野生蔬菜适应性广，抗逆性强，无需防治病虫，符合绿色食品的要求。随着对野生蔬菜的深入研究，已发现野生蔬菜含有丰富的特殊生物活性物质，对人体有一定的保健作用或对于防治某些疾病有一定的疗效，野生蔬菜越来越受到众多消费者的青睐。近年来，野生蔬菜的加工开发研究也有了较好的发展，使野生蔬菜的开发有了更大的空间。综上所述，云南野生蔬菜资源有较好的开发利用前景。

第四节　云南野生蔬菜资源的保护

随着生活水平和科学技术的不断提高，人们对野生蔬菜营养保健价值研究的逐渐深化，野生蔬菜的营养保健价值逐渐被人们认识，集体或个人大量采集野生蔬菜资源，致使野生蔬菜的天然贮量逐年减少。加之，天然林的大量砍伐、开荒种地、城市扩建，工业污染等因素，部分野生或半野生种类或品种几乎到了枯竭的边缘。云南省的情况也好不了多少，甚至重严重。比如 20 世纪 80 年代调查到的野苦瓜、野黄瓜资源，现今已变得十分稀少了。又如昆明的滇池因水体污染，滇池中原来生长着的海菜花已全部火绝。在 2003 年云南省农业厅组织的云南农业野生植物资源现状调查项目中，调查小组在进行野生水蕨（*Ceratopteris siliquosa*）资源调查时，发现这一珍稀水生（沼泽）植物的生态环境发生了极大的变化，原来的沼泽地几乎都改造成了种粮食作物的水田；而且随着种植业结构的调整，有的又改成种植旱地经济作物。水生（沼泽）植物——水蕨正面临着严重的生存危机。同样地，许多目前尚未人工栽培或保护的野生食用植物，都面临着环境变迁、人为过度垦伐的威胁。

一、云南野生蔬菜资源的特点

（一）云南野生蔬菜资源不仅种类多、分布广，而且具有生物多样化的特点

许多野生蔬菜和半野生蔬菜资源需要特定气候环境孕育。例如竹叶菜必须在云南高寒地区的香格里拉、德钦才适宜生长；守宫木（越南甜菜）、臭菜必须在热带雨林地区景洪、思茅、河口等地才能正常生长。因此，云南丰富的野生蔬菜种质资源分别适应于云南各种各样的生态环境条件，北至海拔 4000m 以上的高寒山区，南至海拔 100m 以下的热带河谷，随着气候带的水平和垂直变化，各种生物及种群均有自己的分布区域。

（二）许多野生蔬菜种类地域性强

云南植物资源有较强的地或性。如云南保山市北部的道人山是野生根用韭菜（苤菜）的集中产地，0.2 万多公顷连成一片。其分布的起点是海拔 2945m，并且随着海拔的升高，野生苤菜

自然生长密度增加，长势愈强，在海拔 3000m 以上的地带，野生苤菜自然生长的密度很均匀，丛与丛之间距离整齐一致，就像人工栽培的一样，丛距 16 ~ 23cm。但是，野生苤菜分布范围稳定，界线非常明显。经多点调查，在海拔 2945m 以下地区没有发现野生苤菜资源。东坡于西坡仅隔 5 ~ 10m，西坡野生苤菜生长密集，东坡却不长野生苤菜。野生苤菜移植于较低海拔后，由于环境的改变，生长不良，新根少，不分蘖，抽薹开花以后，自身养分消耗殆尽，全株逐渐枯死。这种强烈的区域性特点，有利的一面是可以形成地域性经济；不利一面是除本地区外，不易向外推广，资源利用面窄有时会导致产品的销路不畅，经济价值体现不明显。再如臭菜、香蓼等野生蔬菜资源主要分布在云南南部地区，中部地区的大多数人就不习惯食用。这些特点都显示出云南野生蔬菜资源的地域性特色。

云南野生蔬菜资源确实丰富，但许多种类数量少而分散，应该注意保护资源，然后有计划地逐步引种、驯化、栽培、繁育，这样才能充分发挥云南野生蔬菜资源的开发利用潜力。

二、野生蔬菜资源的保护

野生蔬菜资源是栽培蔬菜原生境的原始基因库。现代良种培育过程中强烈的选择和近交，必然导致基因单一化；盲目改良品种导致基因稀释和置换。这种多重基因的丢失，有可能使某些控制特殊价值性状的基因随之丢失，无法复得。一旦环境发生恶化或某种病害爆发，人类可能无法再得到某些物种的抗逆性状的基因。野生蔬菜资源若不抓紧保护，则会因人为或自然因素，使其资源大量损失和灭绝。因此，野生蔬菜资源的保护十分重要，要制定相应的政策法规、保护条例。建议在全省野生蔬菜资源调查的基础上进行重点调查，提出保护措施，落实保护方案。

（一）摸清家底，选择重点进行保护

2002 年，农业部发布了《农业野生植物保护办法》，启动实施了“野生大豆等农业野生植物保护专项计划”，以濒危野生植物为重点，开展主要农作物野生近缘植物资源调查，抢救性收集，原生境保护。2003 年，云南省农业厅立项，启动农业野生植物资源现状调查，摸清云南省农业野生植物资源量及其原生环境的基本现状和存在的问题，为进一步保护和利用农业野生植物资源，保护其原生地生物多样性和生态环境，建立完善云南农业野生植物保护管理制度，为农业部制定《国家重点保护农业野生植物行动计划》提供依据。2003 年，完成了云南野生虫草、野生稻、野生水蕨、野生百合及野生辣椒资源现状调查。

（二）野生蔬菜资源的保护措施

对于野生蔬菜资源的开发利用，要有计划、有步骤、有选择地进行，对于珍稀濒危资源，在没有摸清人工繁育技术之前，应严禁开发，积极保护。

1. 建立野生农业植物资源库

收集保存农业野生植物繁殖种子。2002 年，中国农业科学院品种资源研究所已开始启动野生蔬菜资源种子收集保存。2002 年，云南省农业科学院园艺作物研究所入该库野生蔬菜资源 41 种（份）。资源库已开始承担起保护物种多样性，保护所有珍稀濒危物种的重任。

2. 建立野生农业植物保护区、自然保护区

建立自然保护区是保护自然生物种质的重要手段，可使当今世界上还存在的珍稀濒危物种、植被的自然类型及一切生物资源，包括其现有生产力状况，以及其千百万年来形成的自然生态系统特殊性，得以在自然保护区内保存下来，并自然地繁衍和演化。云南省于 1958 年以来，在全省范围内开始建立具有代表性的自然保护区、自然保护点，到 1981 年，建设了 22 个自然保护区和 12 个保护点。此项工作目前还在继续进行，野生农业植物资源保护区启动较早的是野生稻资

源的保护。野生蔬菜资源的保护区目前尚未确定和启动，但已开始着手调查云南珍稀濒危植物的现状。建议尽快建立野生蔬菜资源的保护区、保护点。

3. 建立野生蔬菜资源圃

1984 年，国务院环境保护委员会公布中国第一批《珍稀濒危保护植物名录》，强调保护的意义是“合理利用野生植物资源、保护珍稀濒危植物，对发展经济、开发科学研究、改善自然环境、维持生态平衡、丰富人民生活都具有重要意义。”云南野生蔬菜资源丰富，种类多样化，繁殖体系也往往呈多样化，这给自然保护带来局限。如芋属植物资源，是无性繁殖植物，其分布于全省各地，难以做到自然保护；有的野生蔬菜资源种类由于生态环境遭到破坏或正在丧失，其种群数量急剧减少，难以自然保护；特别值得提出的是栽培蔬菜的野生近缘种资源，由于栽培蔬菜品种迅速推广，以及种植面积的不断增加，使得传统蔬菜品种及野生近缘种蔬菜的市场份额越来越小。这导致一些野生近缘种资源处于自生自灭的境地，有的种类逐渐减少或已十分稀少，如具抗逆性强的黄旦茄、野苦瓜等。这些野生植物资源需要人为地保护。目前，云南省农业科学院园艺作物研究所在试验地内保存着 82 种野生蔬菜资源，中国科学院西双版纳热带植物园内引种了 100 余种野生蔬菜资源，但这些保存种类都将可能随着研究项目的结束而减少或逐渐放弃。因此，在提出野生植物原生境建立自然保护区的同时，要考虑建立野生农业植物迁地建圃保存。将在自然保护区以外的珍稀濒危植物保护起来，并且进行进一步地观察研究，使野生农业植物资源得以永续利用。

参 考 文 献

〔1〕云南省卫生厅编著．云南民间常吃的野菜．1961
〔2〕昆明军区后勤部．云南地区野菜图谱．昆明军区后勤部印刷，1965
〔3〕昆明军区后勤部卫生部编．云南中草药选．1970. 12
〔4〕云南中草药．云南人民出版社，1971
〔5〕云南思茅中草药选．广东省韶关地区新华印刷厂，1971
〔6〕中国科学院植物研究所主编．中国高等植物图鉴．北京：科学出版社，1972
〔7〕中国科学院昆明植物研究所．云南植物志．北京：科学出版社，1977. 1
〔8〕中国科学院昆明植物研究所．云南植物志．北京：科学出版社，1979. 2
〔9〕中国科学院中国植物志编辑委员会著．中国植物志（第六十七卷第二分册）．北京：科学出版社，1979
〔10〕中国科学院中国植物志编辑委员会著．中国植物志（第十四卷）．北京：科学出版社，1980
〔11〕中国科学院中国植物志编辑委员会著．中国植物志（第十六卷第二分册）．北京：科学出版社，1981
〔12〕中国科学院昆明植物研究所．云南植物志．北京：科学出版社，1983. 3
〔13〕中国科学院昆明植物研究所编．云南种子植物名录．昆明：云南人民出版社，1984
〔14〕魏蓉城．茎菜不育性的细胞学研究．云南农业科技，1985. 4
〔15〕中国科学院青藏高原综合科学考察队魏江春，姜玉梅．西藏地衣．北京：科学出版社，1986. 4
〔16〕中国科学院昆明植物研究所编著．云南植物志（第四卷）．北京：科学出版社，1986
〔17〕江苏新医学院编著．中药大词典．上海：科学技术出版社，1986
〔18〕中国科学院植物研究所编．中国高等植物图鉴（1～5 册）．北京：科学出版社，1987
〔19〕吴金陵著．中国地衣植物图谱．北京：中国展望出版社，1987
〔20〕云南省科委，云南省科协，中科院昆明分院主编．云南生物资源合理开发利用论文集．昆明：云南人民出版社，1987
〔21〕古晋芳．道人山野茎菜资源调查与栽培鉴定．云南农业科技，1988. 3

〔22〕暴卓然，梁明清．云南特产蔬菜资源．中国蔬菜，1990. 6
〔23〕赖众民．黑籽南瓜—优异的种子资源．云南农业科技，1991. 4
〔24〕中国科学院昆明植物研究所．云南植物志．北京：科学出版社，1991. 5
〔25〕周立端等．云南蔬菜资源调查收集总结报告（内部资料）. 1991. 6
〔26〕中国科学院中国植物志编辑委员会著．中国植物志．北京：科学出版社，1991
〔27〕谢凤勋，胡廷松主编．中药原色图谱及栽培技术．北京：金盾出版社，1994. 2
〔28〕中国科学院昆明植物研究所．云南植物志．北京：科学出版社，1995. 6
〔29〕王洁如，龙春林．基诺族传统食用植物的民族植物学研究．云南植物研究，1995. 17（2）
〔30〕中国科学院中国植物志编辑委员会著．中国植物志（第九卷第一分册）．北京：科学出版社，1996
〔31〕全国中草药汇编编写组．全国中草药汇编彩色图谱．北京：人民卫生出版社，1996
〔32〕中国科学院昆明植物研究所．云南植物志．北京：科学出版社，1997. 7
〔33〕中国科学院中国植物志编辑委员会著．中国植物志（第四十三卷第三分册）．北京：科学出版社，1997
〔34〕韩嘉义．云南名特优蔬菜栽培．昆明：云南科技出版社，1997
〔35〕熊子仙．云南资源植物学．昆明：云南教育出版社，1997
〔36〕程必强，喻学俭．西双版纳热带植物园香料植物．热带植物研究，1998. 43
〔37〕柏文军．南京地区 4 种野菜的栽培技术．长江蔬菜，1999. 11
〔38〕肖润林，李玲．几种主要野生蔬菜的人工驯化和栽培技术．农业现代化研究，1999. 20
〔39〕张汝霖编著．贵州高原野生食用蔬菜．贵阳：贵州教育出版社，1999
〔40〕中国科学院中国植物志编辑委员会著．中国植物志（第十九卷）．北京：科学出版社，1999
〔41〕中国科学院中国植物志编辑委员会著．中国植物志（第五十二卷第一分册）．北京：科学出版社，1999
〔42〕宁曙辉，薛颖 . 60 种蔬菜抗氧化作用的研究．安徽农业科学，2000. 5
〔43〕中国科学院昆明植物研究所．云南植物志．北京：科学出版社，2000. 11
〔44〕许本汉．德宏野生蔬菜．潞西：德宏民族出版社，2001
〔45〕陈子牛，李泸，易伟．昆明地区野生蔬菜种质资源探讨．长江蔬菜，2002. 8
〔47〕孟金贵．云南民间常食野菜种类及方法．长江蔬菜，2002. 8
〔48〕许又凯，刘宏茂编著．中国云南热带野生蔬菜．北京：科学出版社，2002
〔49〕云南食品工业协会等编著．云南食物成分表．昆明：云南科技出版社，2003
〔50〕杨敏杰，龚亚菊等．云南野生蔬菜资源调查研究．西南农业学报，2004. 17（1）
〔51〕中国科学院昆明植物研究所编著．云南植物志（第十三卷）．北京：科学出版社，2004
〔52〕杨敏杰，张丽琴等．云南野生食用香料植物资源．中国蔬菜，2005（4）
〔53〕Chen Yilin et al. Diverysity of Chinese Edible Plants. Third International Symposium on Diversification of Vegetable Crops. Final program and abstrat, 24 ~ 27 September, 1996, Beijing, China

第五章　云南蔬菜资源开发利用与展望

一、云南省自然气候与蔬菜资源概况

云南省位于北纬21°8′2″～29°15′8″和东经97°31′39″～106°11′47″，北回归线横贯云南省南部，最高海拔6740m，最低海拔76.4m。云南省地形地貌复杂，境内高山深谷纵横交错，气候类型多样。大部分地区夏无酷热、冬无严寒、热量丰富，并且有效利用率高，光照充足，光质好，为蔬菜作物生长及蔬菜种质资源的丰富多样性创造了十分有利的自然气候条件。

由于云南优良的气候环境、特殊的地理条件和悠久的栽培历史文化形成了独具特色的蔬菜种质资源。云南蔬菜资源极为丰富，仅据目前调查收集鉴定的蔬菜品种资源分属27科83属214个种和变种。还有民间常吃、常见的野生蔬菜及野生食用菌资源更是丰富多样，不胜枚举。

二、云南省蔬菜资源分布特点

云南省的蔬菜资源分布范围广阔，无论是山区、半山区、坝区及城市郊区均有分布。其分布特点、主要栽培种类大都分布于蔬菜栽培历史悠久的昆明、玉溪、通海、易门、江川、建水、石屏、个旧、蒙自、会泽、昭通、大理、下关、弥渡、宾川、祥云、保山、腾冲等大中城市郊区。垂直分布明显，许多特有、珍稀和野生和半栽培蔬菜资源需要特定气候环境孕育，以适应其生长发育，如西双版纳黄瓜、瑞丽大黄瓜、涮辣、大米辣、苦茄等分布于海拔1300m以下南部湿热地区的西双版纳、思茅、盈江、瑞丽等地；近缘野生种小苦子、白野茄、小米辣、野苦瓜、老鼠瓜等主要分布在南部湿热的河谷地区；喜冷凉气候、抗抽薹的鸡冠青菜、黑叶白、黑二英白菜、竹节菜、野韭菜、野蒜分布于海拔2000～3300m温带高原地区的迪庆州的中甸县、德钦等地。茄子大果型品质优良的品种大都分布于云南省中部、中南部、西部海拔1800m左右的城市郊区，而半栽培种—苦茄、小紫茄、白野茄、小苦子等分布于云南省西南部、南部海拔较低的盈江、景洪等地。有的种类随海拔高度其品种垂直生态型较为明显，例如辣椒，在海拔1700～1900m地区多属于大型品种，果大肉厚，汁多、辣味较轻，如昆明牛心辣椒、昭通牛角辣椒；海拔2000m以上地区仅有厚皮、肉薄的羊角椒，如丽江铁角辣；海拔1000m以下地区，辣椒多属于小果型品种，肉薄、辣味重，如大米辣、曼毫小辣椒、涮辣等，南部海拔1451.5m的丘北小椒种子多，果肉中厚，是制干椒的优良品种。南部西双版纳州景洪引种昆明牛角辣椒，果型逐年变小，辣味增加。叶用芥菜、豆类、瓜类等蔬菜山区、半山区种类、品种极为丰富，分布广泛。

三、云南省蔬菜资源开发利用现状

云南的地方蔬菜种质资源已被大量开发利用。大部分为直接利用及应用优良地方品种开展品种选育，主要采用提纯复壮提高品种优良性状及杂交育种。

1. 黑籽南瓜的利用

黑籽南瓜在我国北方大棚、日光温室黄瓜生产中，至今仍被广泛应用作为黄瓜嫁接的砧木材料。经大量试验表明，云南黑籽南瓜作黄瓜砧木不仅对黄瓜枯萎病、疫病等土传病害可以起到免疫作用；根系耐持续低温能力强，在正常生产情况下，若遇气温骤降和寒流侵袭时，植株待低温和寒流过后仍能恢复正常生长。另外，利用云南黑籽南瓜作黄瓜砧木嫁接黄瓜对提早黄瓜成熟采收，提早供应市场均能起到良好作用；能保持黄瓜品质、风味不变，单产高，最高的达到75000kg/hm^2 左右。1990 年以后，云南省年外销黑籽南瓜种子达千吨以上，累计外销量已近 20 万 t。目前，云南黑籽南瓜已成为北方黄瓜保护地栽培应用的主要砧木种子。由于云南黑籽南瓜种子生长期长，单产低及其耐瘦瘠地栽培，繁种地一般均分布在山区和半山区，因此，繁殖黑籽南瓜种子对增加云南山区农民收入，改善山区农民生活，发展山区农村经济起到一定的作用。

2. 辣椒资源的开发

丘北辣椒以干椒种子含油分多，味香辣著称。文山州经作站早在 1983 年开始提纯复壮，选出优良品种推广应用于生产。近几年来，加强了科技投入，云南省农业科学院园艺作物研究所、文山州农业科学技术研究所等有关部门，在过去提纯复壮的基础上进一步开展品种系统选育工作，重点以提高丘北辣椒品质为重点，选出干椒红色素含量高及其种子多、油分含量高，光泽艳丽，香辣味极佳以及抗炭疽病强的品种。在提高品质的基础上逐步提高其抗病性，以提高单位面积产量及商品性。同时，在系统选育的基础上，采用边选育边推广的方法，推广优良品种及配套栽培技术，目前云南省推广面积。已达 3.67 万 hm^2 左右。同时，开展了丘北辣椒系列加工产品的研发工作，如辣椒油、辣椒粉、辣椒罐头等，以提高产品附加值，改变单一干制原料外销局面。进一步拓宽国内外市场，为今后更大发展寻求销售渠道，为丘北辣椒种质资源得以充分发挥作用，促使丘北辣椒产业循序渐进发展壮大，从而使丘北辣椒产业成为当地支柱产业，为增加农民收入、发展农村经济起到一定作用。

自 1983 年以来，由于大米辣抗热、耐湿、抗逆力强的优良特性，以及其鲜香、味浓的优良品质，深受广大消费者的喜爱，栽培面积不断扩大，已在北热带的思茅、景洪、瑞丽等地推广栽培，还扩大到元江、玉溪、河口、新平、墨江、永德等县，鲜椒销往省内各城市及省外。另外，尚有大米辣加工产品—大米辣酱、腌制大米辣等十分畅销。大米辣已成为他们每餐必备的佐餐佳品。目前大米辣连片规模推广种植面积约超千公顷。仅建水县规划年种植约 7000hm^2，并建鲜椒加工厂。大米辣虽单产较低，但产值高，可成为一项热区较大宗的产品，为增加农民收入起到一定作用。

云南白壳皱皮辣为云南唯一以采收绿椒鲜食为主的品种，色泽好、光泽艳丽、皮薄软、胎座大、鲜辣味浓，风味佳以及抗病、高产。由于果实大小适中，果皮白绿色，果面皱凹较少而浅，果肉嫩软，辣味适度、鲜香，深受省内外人民喜爱。早在 1985 年，昆明市农业科学技术研究所等部门就对其开始进行提纯复壮工作，多年来，一直在生产上推广利用。20 世纪 90 年代开始进行杂交选育，选出的品种果形大，肉厚、色白绿，光泽度好，胎座大，鲜辣味浓以及抗病性较强，结果多，现已推广应用于生产。

正在开发利用于生产中的辣椒资源还有石屏的唠叨辣、昭通大牛角椒、小牛角椒、昆明铁角辣以及会泽的乐业辣、线形椒等。

3. 茄子和瓜类的开发

昆明紫长茄以果长棒形，紫色，光泽度好，肉质软，风味佳，单产高，较抗茄子黄萎病等著称，一直在生产上推广利用。20 世纪 80 年代中期开始提纯复壮，使昆明紫长茄优良性状得以保持及进一步改良。因此，昆明紫长茄一直在云南省推广应用，产品销售省内外；大理的荷包茄、建水白团茄、棒头茄等适宜当地群众消费习惯。这些地方品种资源仍在当地生产上应用。

易门姜柄瓜为嫩瓜品质最优良的品种，嫩瓜瓜肉厚，水分较少，肉质面而鲜甜，深受群众喜爱，种植面积逐年扩大，产品销售省内外。昆明绿生蔬菜研究所等单位不断开展提纯复壮选育，以保持品种纯度，在生产上推广应用，累计推广面积 3 万 hm^2 左右。昆明小毛瓜为中国南瓜中最早熟品种，是解决 4 ~5 月的春淡优良品种。其耐旱力较强，果扁圆形，绿色具光泽，肉质鲜嫩，味甜，果实生长快，开花至食用成熟期短仅 10 ~15 天，较抗病毒病。它的优良性状早就名扬省内外，推广面积不断扩大。昆明马尾丝瓜以瓜条细长，灰绿色，适应性强，单产较高，肉质细软，味鲜甜，风味佳，深受消费者青睐，适于棚架栽培，目前仍然是云南省丝瓜主栽品种，在云南省城市郊区被大量推广应用。大理丝瓜以其结瓜多，瓜条中等长，抗逆力强，单产高，肉厚、肉质软糯，味鲜，单产高，品质极优，一直在生产上推广利用。玉溪大白苦瓜果面肉瘤较多，绿白色，具光泽，色泽艳丽，肉厚，风味浓，不仅在云南省大面积推广利用，而且在四川、贵州等省也有栽培，面积在不断扩大，每年都有10多万吨产品上市销售。寸金黄瓜、山地黄瓜以其瓜肉厚，心室小，抗霜霉病、白粉病能力强，云南省各地推广应用。昆明采收嫩瓜制酱黄瓜，傣族用大芫荽作凉拌蔬菜，风味独特，已在云南省范围内大面积生产推广应用，提纯选育工作也在不断进行。粉皮冬瓜以个大，单产高，肉厚、质软等品质优良著称，加之，不断提纯选育保持优良性状，目前仍在云南省大面积生产上推广利用。西双版纳山地冬瓜个较小、蜡粉厚，瓜肉厚，胎座小，仅占瓜重的1/10，肉质致密，水分少，炒食略脆，耐湿热。在西双版纳、思茅等地生产上仍推广利用。长瓠瓜以其瓜长棒形，食味好，可煮汤、炒食，仍在生产上推广利用，可丰富蔬菜种类。老熟瓜壳可制水瓢，也可做装种子及药品等的干葫芦以防潮。蛇瓜以其抗热性强，在元江夏季高温30℃左右仍能正常生长。其瓜条弯卷似蛇形，有较高观赏价值，适应性广，在昆明也可栽培。佛手瓜为云南特产蔬菜，极丰产，采收期长，城市郊区、山区、半山区群众广泛栽培，肉质细嫩，炒食、煮汤、泡菜均可。辣椒瓜抗逆力强，病虫害少，炒食具清香味，仍在生产上推广利用。

4. 豆类资源开发

大白蚕豆栽培较粗放，豆香味。青绿蚕豆的豆粒皮色嫩绿，味鲜甜而面，播种期提早作秋季初冬供应品种。利用地区气候差异，可提早在2月开始采收嫩蚕豆，为此仍在生产上广泛利用。大白芸豆、花芸豆、多花菜豆为云南省特有豆类蔬菜，在山区栽培面积广泛。由于山区气候适宜其生长，产量较高，以其豆粒面而香，籽粒皮薄，品质优良，大部分外销及出口创汇，云南省楚雄、南华、大姚、姚安等推广种植面积广，是山区人民致富的一项较好产业，提纯复壮选育工作一直在进行中。

5. 叶菜和萝卜资源的利用

广菜心生长迅速，肉质嫩，深受消费者和生产者欢迎，仍在生产上推广应用，特别是春淡4～6月供应市场很受欢迎。小青菜以其叶柄较厚，叶片深绿仍在生产上推广应用。叶用芥菜中的包包苦菜以其叶柄大而肥厚，鲜食筋少，味清香，肉质嫩，鲜食、腌制、泡菜均为最佳产品。粉杆青菜、花叶苦菜一直在生产上推广应用。鸡冠青菜耐抽薹，品质较好，在中甸等高海拔地区推广应用。黄秧白、东川黑叶白等地方品种在广大山区广泛栽培利用。萝卜叶芥菜、花叶芥菜块根大，水分含量低是腌制云南著名玫瑰大头菜的原料，腌制出的玫瑰大头菜脆嫩、味鲜，是云南省传统外销产品，至今在昆明等地仍较大面积推广应用。

三月萝卜抗抽薹强，日本、韩国曾多次引种。紫红萝卜在昆明、东川、安宁等地方仍有栽培，加工厂收购提取红色素，但品种选育工作跟不上，红色素含量低影响其发展。昆明白芹菜以其适于密植，生长期短，叶柄白，肉质细，为云南人民喜爱品种。

昆明市农业科学技术研究所早在20世纪80年代开展皱皮辣品种选育，选出昆椒1号、2号，继而昆明绿生蔬菜研究所等单位对姜柄瓜、苦荬叶莴笋、白杆青菜、绿杆青菜、花叶苦菜、三月萝卜等不断提纯复壮，选育出了丰产性、品质、抗性均优品种，建立原种基地及大面积隔离繁种基地，繁育良种供生产上推广应用。

四、云南省蔬菜资源开发利用的基础与市场潜力

目前，中国已基本形成了与现阶段生产水平相适应的区域布局。2000年，全国蔬菜、瓜类

种植面积超过0.7万 hm^2 以上的县（区）已达881个，其中2万 hm^2 以上的县（区）达174个。从国际市场看，全世界蔬菜贸易量在不断增加，许多国家和地区对蔬菜产品的进口均在逐年增多，因此，中国外销潜力很大。仅东南亚的新加坡、马来西亚、印度尼西亚等国家，每年蔬菜进口量大约需要200万t，再加上其他国家，需求量更大。云南省的气候、种质资源及潜在的市场优势都为云南省蔬菜资源的开发利用提供了基础和广阔的开发空间。

云南具有令世界瞩目和得天独厚的气候优势及植物资源优势，也具有邻近东南亚国际市场的区位优势，许多种类全年可以生产及采收，填补各地淡季缺菜需要。云南省委、省政府为了能较好地抓住发展本地经济的有利时机，适时提出利用云南生物资源优势，培育、壮大绿色重点产业，建设绿色经济强省的新思路。云南省“南菜北运”和其他高海拔地区的“夏菜南调及北调”，均在国内产生了一定影响。

东盟是云南边贸经济发展的一个大市场。2003年，中国政府与东盟国家签订“零关税协议”。这是中国与东盟国家全面扩大开放、加强经贸往来的一个前奏。这将为云南蔬菜出口东盟国家提供良好机遇，同时，也极大地推动了云南蔬菜资源的快速开发利用。加之，香港、澳门市场和新加坡、日本、泰国为主的出口市场和周边国家为主的边贸市场，都看好云南丰富的地方蔬菜资源和优质蔬菜生产优势，与云南签订大量购销合同及建立外销优质蔬菜生产基地。因此，“十五”以后，云南蔬菜生产只要坚持“以市场为导向，以提高经济效益为中心，依靠科技进步，发挥自然优势，加快深度和广度开发。”则会成为服务城市，振兴云南农村经济的优势产业。

另外，蔬菜资源的开发要与产业结构调整要求和蔬菜种子生产相结合。单就国内看，蔬菜种子市场都有很大潜力，针对蔬菜生产种子需求量大的特点，利用云南省丰富多样的蔬菜种质资源繁育优质原种和杂种亲本、繁殖优良生产用种、配制优质杂交一代种子，应用国内外先进育种技术RAPD分子标记及航天诱导等选育更多耐寒、耐抽薹的适宜反季节栽培的优良品种，具有更广阔的市场应用前景。

新一轮农业结构调整对开发云南蔬菜种质资源和发展蔬菜产业带来了很大的机遇：一是种植业结构调整为蔬菜发展提供了空间；二是我国加入WTO，极大推动了蔬菜产品的出口。据联合国粮农组织资料表明，国际蔬菜市场近年来缺口较大，蔬菜出口势头看好。世界各国进口需求总量与上市交易量差额为500多万t。出现蔬菜缺口较大的原因主要有两点：一是许多发达国家蔬菜自给不足，如加拿大、英国、瑞士、日本等；二是上市的品种不够丰富；三是人们饮食结构的改变；四是发达国家蔬菜生产弱化，对农业实行高度保护，必将减少不具备比较优势的农产品生产，发展一些机械化程度高、规模效益高的农业产品，而让出蔬菜等农产品市场份额，这就为云南省扩大地方蔬菜出口提供了难得的机遇。再说中国加入WTO后，农产品生产面向国内外两个市场，所以通过发展蔬菜等劳动密集型产品，且具有价格竞争优势的产品，来弥补受规模经营限制的粮、棉、油大宗农产品的生产，即用劳动力资源的优势来弥补耕地不足的劣势，充分利用地方品种资源抗病性、适应性强以及品质优良等优势，以量大、质优的产品去占领国际市场，形成自己的品牌，参与国际大市场竞争的独特风格。

五、云南省蔬菜种质资源与云南蔬菜的发展关系

蔬菜种质资源的利用与人类的起源，乃至农业的发展密切相关。保护蔬菜种质资源，就是保护蔬菜种质遗传多样性资源。蔬菜的遗传多样性丰富程度直接制约蔬菜种质资源的质量和生产力，是云南省乃至国家蔬菜种质资源的重要特征，关系到资源安全问题。在特定意义上，一个物种甚至可以影响民族的兴衰，一个物种基因也可以决定一个产业的成败。所以说：“保护生物种质资源就是保护人类自己。”

培育出高产、高效、优质的蔬菜品种，优异蔬菜种质资源基因是关键。人们普遍认识到，蔬菜育种实质上是蔬菜种质资源再加工。因此，保护云南省蔬菜种质资源多样性是云南省农业经济可持续发展的重点内容之一。

云南省丰富多样的蔬菜种质资源对云南蔬菜的发展起着重要的、积极的、创造性的推动作用。蔬菜种质资源多样性由于人的参与发挥了巨大的潜力。只要注意保护、适度开发、促进良性循环和持续利用，是可以使生态系统不仅维持平衡，而且还可能使这种平衡向着有利于人类与生物、社会与自然协调发展的方向移动，形成一种新的农业生态平衡。

蔬菜种质资源是蔬菜多样性的核心组成部分，是蔬菜的天然基因库，研究开发蔬菜种质资源，可以通过人工培育出优质高产的蔬菜品种，提供丰富的种质资源，为蔬菜育种服务，为人类的发展做出贡献。

六、促进云南地方蔬菜种质资源持续开发利用的思路与对策

1. 促进云南省地方蔬菜持续发展的基本思路

中国加入 WTO 后，面对新的国际市场形势。云南省委、省政府决策要把云南省生物资源的开发从过去注重自然资源的初级开发，转变到广泛运用现代高新技术，努力提高质量和效益上来。于是，提出“始终坚持解放思想、实事求是的思想路线”，紧紧抓住西部大开发的重大历史机遇，以改革开放为动力，强化基础设施建设，着力改善生态环境，调整优化经济结构，努力振兴科技教育，把云南建成“绿色经济强省”和中国连接东南亚、南亚的国际大通道。面对这种机遇，云南省的蔬菜种质资源开发利用必须站在世界农业的高度开发。必须以加快推进云南省蔬菜产业结构调整，加大力度开发地方品种资源，强化现有的比较优势种类，达到真正确保农民根本利益为目的，以特有蔬菜、野生蔬菜等为重点，大力发展优质品牌蔬菜，尽快抢占省内及国内外市场，从而促进云南省蔬菜可持续发展。

2. 促进云南省蔬菜种质资源持续开发利用的对策

（1）加速人才培养和智力开发。近些年来，云南省的蔬菜资源在开发利用方面有所发展，有的地区，虽然蔬菜资源很丰富，由于科技人才严重短缺，一方面是原有科技人员数量极少、知识结构不配套，不能适应蔬菜科技发展的需要；另一方面是具有蔬菜资源的乡镇基层科技力量薄弱，直接影响了蔬菜资源的开发与利用。因此，加速蔬菜科技人才培训和智力开发，是实现云南省蔬菜资源开发利用迅速发展的首要对策。为此，云南省有关部门应根据蔬菜资源开发的需要，加速培训蔬菜研究和加工专业科技人才。此外，农业科研单位，采取多渠道培训基层科技骨干，逐渐形成多层次的智力网络，为蔬菜资源进一步开发打下可靠的基础。

（2）合理开发，摸清和保护好资源。要对云南省各地蔬菜资源做进一步考察，摸清底数。在开发利用资源的同时要注意保护蔬菜资源。要做到有规划、有计划、有步骤地开发，避免因盲目性而造成的蔬菜种质资源的枯竭，或者没有后劲，要做到让云南省的蔬菜产业能持续发展。

（3）加强地方资源良种繁育、标准化与监测、市场信息服务三大体系建设。加大建设产地批发市场，加强地方蔬菜品种的良种繁育工作，制定种子规范的标准化程序，并实行严格监测，积极发展配送、连锁等多种行业的现代物流方式，扩大电子商务、拍卖等现代交易手段。加强省内以及国内市场流通体系建设，打破地区封锁和垄断，减少地方蔬菜产品流通的中间环节，以降低成本，建设好蔬菜产品集散、配送储藏、拍卖及营销信息系统。加快建立地方蔬菜专业信息网站，及时、准确地收集、分析、预测、发布蔬菜产品的生产、加工和进口贸易信息，各国农产品市场情况、进口标准和法律法规等。

（4）强化地方资源产品加工增值，推进产业化经营。在 2010 年即将到来这段时间内，要围绕重点产品，加强专用品种的选育与开发，引导生产和加工企业逐步向专业化、基地化方向发

展。要在适宜的主产区建设蔬菜生产基地，同时加强建设深加工产品（如辣椒酱、蕃茄酱、大蒜油等产品）。另外，对地方蔬菜产品加工龙头企业要进行一定额度的扶持。鼓励发展一批规模大、起点高、带动能力强的蔬菜产品加工龙头企业，形成在国际市场上有竞争力的龙头企业和名牌产品。把发展蔬菜产品加工企业与推进农业产业化经营结合起来，鼓励龙头企业、流通组织、中介组织与农民结成利益共同体，带动农民进入国际市场。

（5）合理开发当地的野生蔬菜或地方蔬菜资源。根据蔬菜消费趋向多样化的现实，开发野生蔬菜可以丰富蔬菜种类及色彩，因此合理开发野生及地方蔬菜资源势在必行。目前，荠菜、山芋、竹笋等品种在市场上已成为固定“角色”。

（6）大力发展绿色蔬菜。随着农业和整个国民经济的发展，居民生活水平的提高，食品消费已由温饱型向质量型转变，人们都希望消费绿色食品。发展绿色食品符合人类追求健康长寿和与大自然和谐共存的世界潮流。从食品发展趋势看，无污染、无公害的绿色食品将成为国际食品贸易的主流。另外，中国加入 WTO 后，农产品生产一定要立足国内外两个市场，所以大力发展绿色蔬菜尤为重要。发展绿色蔬菜，云南具有得天独厚的自然地理环境条件。由于山多、雨量充沛、植被丰富，是发展绿色蔬菜的最适宜地区。地方品种资源本身就有较强的抗病性、适应性，在种植过程中，很少施用化学肥料及农药，大都种植在植被较好，无任何污染的地方，生产出来的蔬菜产品本身就是绿色的。这样的产品在现实生活中已越来越少，更受青睐。这类蔬菜菜农种得放心，卖得放心，消费者吃得也放心。这样的产品具有较强的市场竞争力。

（7）全面提高产品质量。一是要根据市场需要，选用高产、优质的蔬菜良种，特别是重视地方蔬菜品种的选育和利用。二是在蔬菜栽培管理中，要严格控制氮素化肥的用量，增施有机肥，在有条件的地区逐步按照蔬菜作物的需求，实行配方平衡施肥或测土施肥。三是以提高品质风味为重点。四是在病虫害防治上要严格贯彻“预防为主，综合防治”的原则，采用生态控制、生物防治和高效、低毒、低残留化学防治相结合的控防措施，严格控制产品中农药残留超标问题。

（8）树立品牌意识，创名牌产品。面对蔬菜市场竞争的不断加剧，要发挥地方资源优势，树立地方特色品牌，创造出国外市场上较高知名度的地方名牌产品。这是实现产品上档次和产业升级的重要环节，也才能使云南的蔬菜产品在市场竞争中立于不败之地。

七、云南蔬菜资源的开发前景及展望

蔬菜是人们生活中不可或缺的食物，价值较其他农作物高，是一种创汇型产品。蔬菜产业化发展在中国农业发展中具有独特的地位、优势。改革开放以来，中国蔬菜生产发展迅速，为增加农民收入，丰富城乡市场和振兴农村经济做出了积极贡献。2000 年，中国园艺作物总产值约 4800 亿元人民币，占农业总产值的 27% 以上，占经济作物总产值的 70% 以上，在种植业中仅次于粮食作物。蔬菜产业成为农民现金收入重要来源和农村经济的增长点。加入 WTO 后，云南省蔬菜产业发展面临极好的机遇，同时也面临更激烈的挑战。另外，联合国粮农组织发布的统计资料表明，国际蔬菜市场缺口较大，销售前景较好。

因此，今后云南省发展蔬菜种植的指导思想及趋势应该是：稳定面积；增加花色品种、增加出口创汇；保证总量平衡、保证价格平稳、保证安全高效；优化技术体系；以产业化为途径，建立起高效稳定的蔬菜产业化经营体系，尽快实现全省蔬菜由量扩张到质的飞跃。

近年来，随着农业产业结构的调整，云南省蔬菜面积迅速扩大，传统蔬菜已出现季节性、区域性过剩，加之农药、化肥成本居高不下，菜农收益下降，种植品种亟待调整，野生蔬菜及蔬菜地方资源的开发作为蔬菜品种的一种新的补充，可以丰富餐桌的同时，将为蔬菜产业发展注入新的活力。此外，野生蔬菜及一些蔬菜地方种质资源本身具有较强抗性及较强适应环境的能力，农户种植难度小，农户只要在种植过程中，选择无污染环境的地方种植，就很容易达到高档蔬菜产品生产要求。所以说，云南的地方蔬菜种质资源开发利用前景和市场应用前景较好。

虽然云南省有丰富的蔬菜种质资源，但是，云南的蔬菜生产、科研与沿海地区及北方发达省份相比，相对落后。因此，如果不加以重视和合理开发利用，则资源的流失和浪费将会很大，云南的蔬菜生产、科研与蔬菜发达省份的差距将更大。建议有关部门应该重视蔬菜种质资源的进一步开发应用，如资源的收集、整理、鉴定以及资源库的建立、资源基因分析、基因库建立等工作，同时，加大对蔬菜生产与科研的投入和支持。这样，云南的蔬菜产业将会快速而健康发展。

参 考 文 献

〔1〕中共云南省委政策研究室主编．云南省情．昆明：云南人民出版社，1986. 1
〔2〕云南省农牧渔业厅．云南省种植业区划．昆明：云南科技出版社，1992. 2
〔3〕欧阳绪清．可持续发展农业的挑战与对策．可持续发展的理论与实践．北京：科技出版社，1992
〔4〕刘宝珩．我国野生蔬菜资源开发利用的现状与对策．北京：农牧情报研究，1993. 4
〔5〕中国农学会遗传资源学会编．中国作物遗传资源．北京：中国农业出版社，1994
〔6〕龙荣华．抓住机遇，促进云南农业持续发展．科技进步与对策．昆明：云南科技出版社，2001. 5
〔7〕刘旭主编．中国生物种质资源科学报告．北京：科学出版社，2003
〔8〕龙荣华，张思竹，秦荣．正确分析形势，促进云南蔬菜产业持续发展．昆明：云南科技管理，2004. 3